KB238014

열혈강의

서블릿/JSP 웹 프로그래밍

with HTML+CSS+XML+자바스크립트

열.혈.강.의

서블릿/JSP 웹 프로그래밍

with HTML+CSS+XML+자바스크립트

발행일 2012년 5월 16일 초판

지은이 김승현
발행인 최홍석

편집 최홍석
표지 디자인 이대범
내지 디자인 이대범, 김혜정
업무 지원 이인호, 고대광

발행처 주식회사 프리렉
출판등록 2000년 3월 7일　제 13-634호
주소 경기도 부천시 원미구 상동 532-12 나루빌딩 401호
전화 032-326-7282(代)
팩스 032-326-5866
홈페이지 www.freelec.co.kr
ISBN 978-89-6540-021-9

서블릿/JSP 웹 프로그래밍

with

HTML+CSS+XML+JavaScript

프리렉

인터넷 강의 및 쿠폰 사용 안내

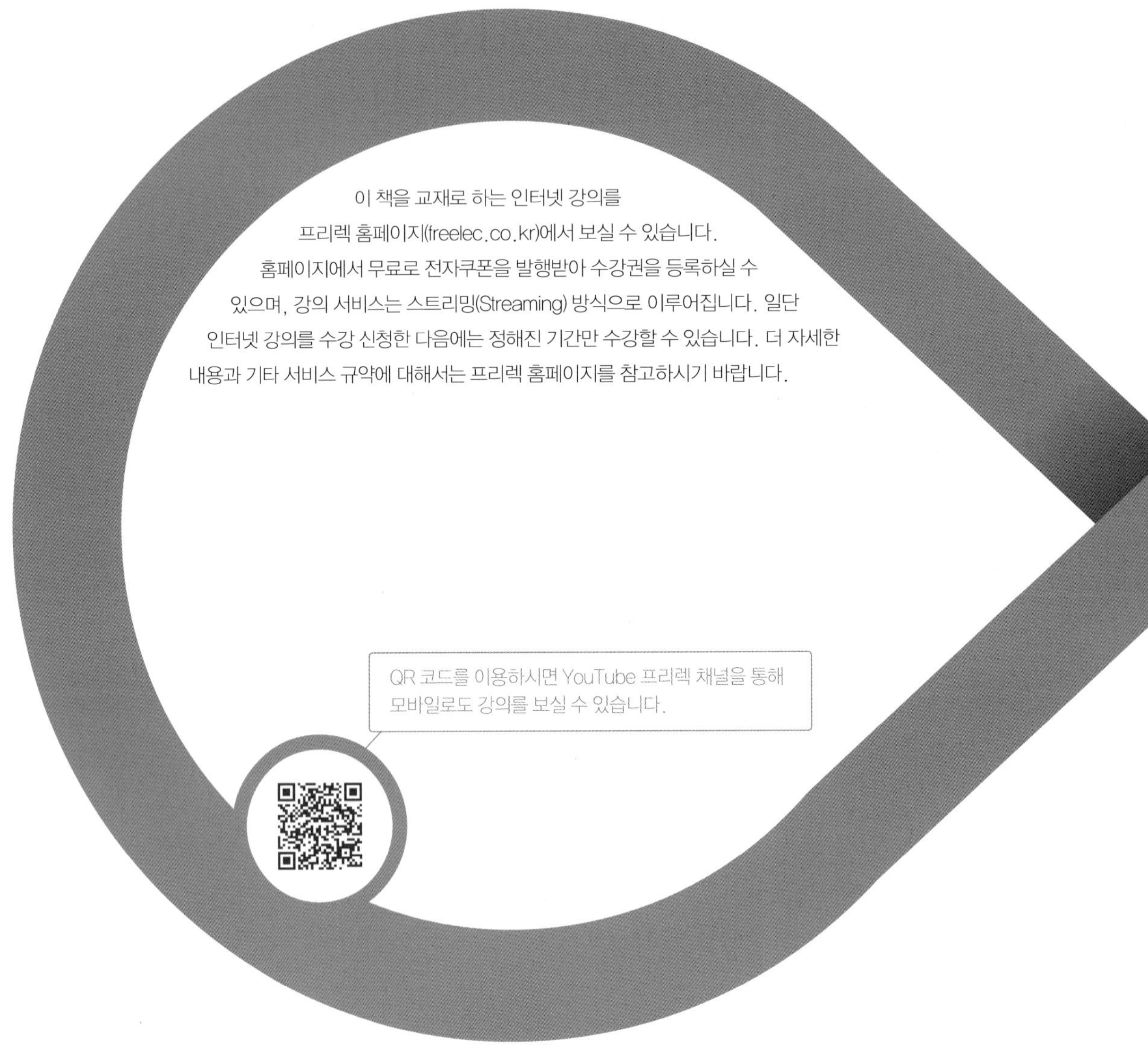

이 책을 교재로 하는 인터넷 강의를
프리렉 홈페이지(freelec.co.kr)에서 보실 수 있습니다.
홈페이지에서 무료로 전자쿠폰을 발행받아 수강권을 등록하실 수
있으며, 강의 서비스는 스트리밍(Streaming) 방식으로 이루어집니다. 일단
인터넷 강의를 수강 신청한 다음에는 정해진 기간만 수강할 수 있습니다. 더 자세한
내용과 기타 서비스 규약에 대해서는 프리렉 홈페이지를 참고하시기 바랍니다.

QR 코드를 이용하시면 YouTube 프리렉 채널을 통해
모바일로도 강의를 보실 수 있습니다.

이 책은 전자쿠폰을 발행하므로 인터넷 강의를 수강하시려면
다음의 절차를 따르시면 됩니다.

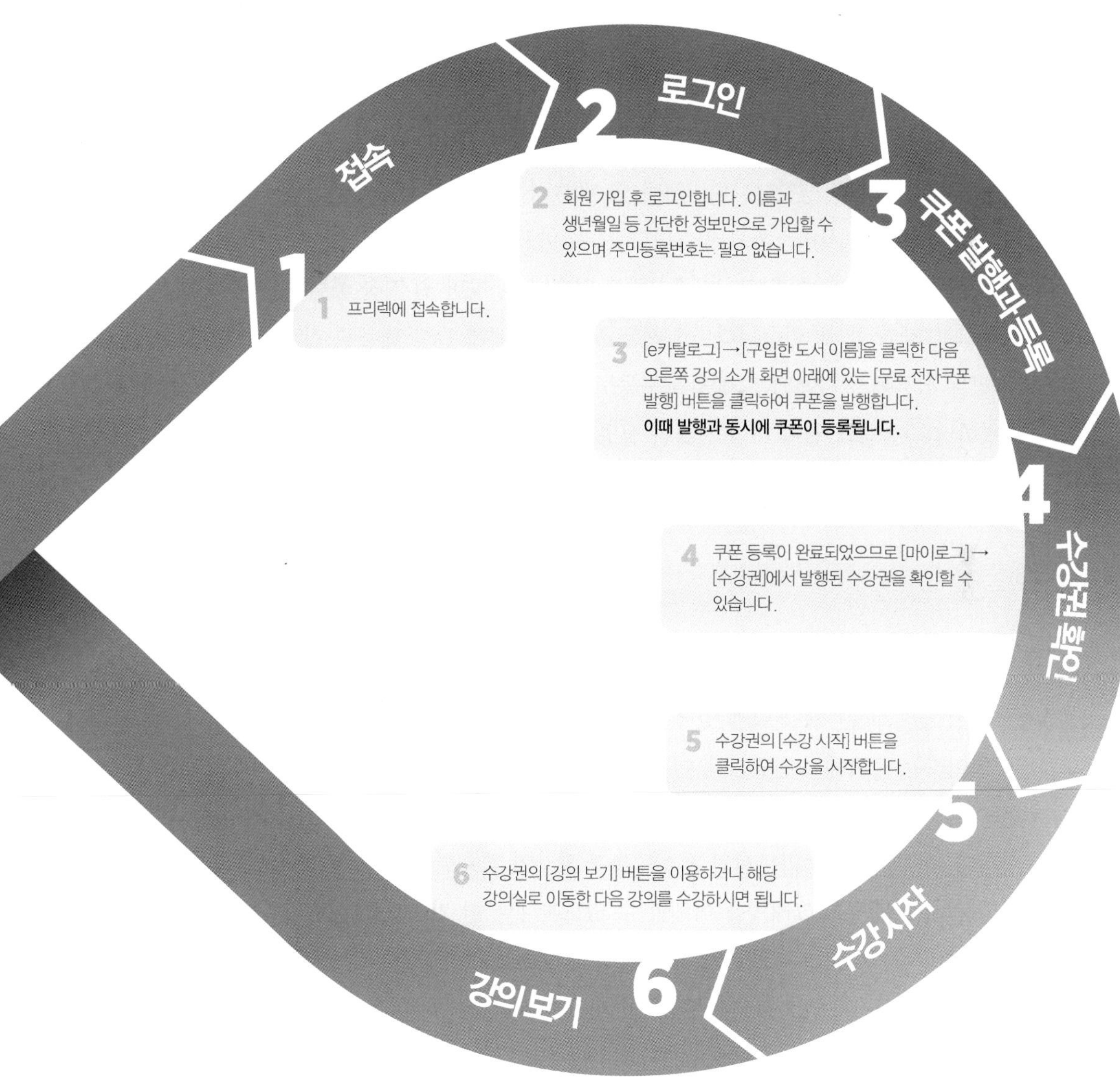

접속
로그인
쿠폰 발행과 등록
수강권 확인
수강 시작
강의보기

1 프리렉에 접속합니다.

2 회원 가입 후 로그인합니다. 이름과 생년월일 등 간단한 정보만으로 가입할 수 있으며 주민등록번호는 필요 없습니다.

3 [e카탈로그]→[구입한 도서 이름]을 클릭한 다음 오른쪽 강의 소개 화면 아래에 있는 [무료 전자쿠폰 발행] 버튼을 클릭하여 쿠폰을 발행합니다. 이때 발행과 동시에 쿠폰이 등록됩니다.

4 쿠폰 등록이 완료되었으므로 [마이로그]→ [수강권]에서 발행된 수강권을 확인할 수 있습니다.

5 수강권의 [수강 시작] 버튼을 클릭하여 수강을 시작합니다.

6 수강권의 [강의 보기] 버튼을 이용하거나 해당 강의실로 이동한 다음 강의를 수강하시면 됩니다.

추천인의 글

이 책을 보면 1999년 서블릿을 처음 배울 때의 기억을 떠올립니다. 2012년 현재, 영화의 대사 하나가 생각납니다. "자바 웹 개발, 살아 있네!" 금융권 시스템의 대부분은 자바 기반의 웹으로 서비스하고 있습니다. 쉽게 바뀌지는 않을 것 같습니다. 제가 운영하는 OKJSP의 방문객도 매년 15%씩 증가하고 있습니다. 자바 웹 기술 공식은 '자바 + 웹 = 서블릿/JSP'라고 할 수 있습니다. 이 책은 서블릿/JSP에 관한 내용과 함께 생산성을 높일 수 있는 실무에서 사용되는 개발 도구들도 함께 다루고 있습니다. 열혈강의 자바 강의로 유명한 김승현님의 웹에 대한 친절한 설명과 실제 경험이 담긴 내용이 자바 웹 개발을 시작하는 독자 여러분에게 좋은 가이드가 될 것입니다.

OKJSP 커뮤니티 대표 운영자 / 허광남
okjsp.pe.kr

JSP는 그간 웹 개발에 있어서 가장 많이 사용된 페이지 언어 중 하나입니다. 페이지 언어라는 측면에서 간단하게 여겨질 수 있으나 PHP나 ASP와 달리 자바 플랫폼의 많은 기반 기술을 활용할 수 있는 복합된 아키텍처 구성이 쉬운 플랫폼 접근 언어로 보아야 합니다. 이 책은 자바 입문서의 베스트셀러 작가인 김승현씨가 쓴 책으로, 자바의 기초와 잘 연결하여 웹 프로그래밍을 이해할 수 있도록 튼튼한 가이드를 해줍니다. 초보자도 쉽게 자바의 아키텍처를 이해하기 쉽게 설명되어 초보와 중급자 모두에게 도움이 될 것 같습니다.

오픈소스 uEngine BPM 프로젝트 매니저 / 장진영
uengine.org

HTML 기초부터 다양한 예제로 배우는
서블릿/JSP 웹 프로그래밍!

자바로 웹 프로그램을 만드는 일은 참으로 매력적이다. 초기에 사람들은 자바가 웹 시장에 진입하는 것에 비관적인 입장이었다. 그러나 자바는 사용자들의 요구사항을 받아들이며 꾸준하게 개선한 결과, 지금의 자바 웹 전성기를 만들었다. 또한, 오픈 소스라는 광대한 세계가 배경이 되고, 자바를 이용한 프레임워크라는 도구들이 만들어지면서, 자바는 명실상부한 웹 세계의 황제로 떠오르게 되었다.

이렇듯 자바가 성장할 수 있었던 이유는 자바라는 언어가 가지는 특징 때문이었다. 다른 언어와 비교해서 거의 완벽한 객체지향 언어를 지향한다는 점과 시스템에 독립적이라는 점, 인터페이스를 통해 다중 상속을 가능하게 한다는 점, 멀티스레드를 지원한다는 점, 그리고 소스 대부분이 오픈되어 있다는 점이 자바가 성장할 수밖에 없었던 특징이라 할 수 있다.

이 중에서도 가장 강력한 특징은 바로 오픈 소스라는 점이다. 수많은 개발자가 공개된 소스를 자신의 취향에 맞게 수정하고, 새로운 프로젝트를 만들기도 하면서 수많은 추종자를 양산했다. 이는 세계 곳곳에 자바 개발자를 깔아 두는 것과 마찬가지 효과를 보였다.

자바를 기반으로 웹 관련 프레임워크가 많이 만들어지는 이유도 이 때문이다. 만일 닷넷을 기반으로 프레임워크를 개발하다가 닷넷의 기능 중 일부 API를 변경해야 한다면 어떻게 하겠는가? MS사에 전화를 걸어 바꿔 달라고 요청할 것인가? 자바는 그럴 필요가 없다. 자신이 바로 수정해서 사용하면 된다.

글쓴이 **김승현은**

| 경력 |
- 서울대, 홍익대, 숭실대, 중앙대 특강 강사
- HIT(현대기술정보), KCC, SK 강사
- 프리렉, 중앙일보 온라인 강사
- 중앙일보 ITEA 일본 취업반 전담 강사
- 현 오픈소스 uEngine BPM 커뮤니티 프로젝트매니저
- 현 ㈜유엔진솔루션즈 연구소장

| 저서 |
- 열혈강의 Java Programming(프리렉, 2006)

이 책에서는 이렇게 멋진 자바로 웹 프로그램을 만드는 일에 관해서 이야기한다. 그러나 자바가 아무리 멋진 언어라 하더라도, 웹에서의 표준 표현 규칙인 HTML이 없으면 아무것도 할 수 없다. 따라서 이 책에서는 서블릿과 JSP뿐만 아니라, 자바 웹 프로젝트를 하면서 반드시 알아야 할 몇 가지 언어와 기술을 함께 소개한다.

서블릿이나 JSP를 배우기에 앞서 필요한 내용을 제대로 공부하려면 이 책 한 권으로 부족하므로 깊이 있게 다루지는 않았다. 그러나 이 책에 실린 내용만 알더라도 입문자가 웹 프로젝트를 진행하는 데 무리가 없도록 필요한 만큼을 충실하게 다루었다. 만일 Part 1의 내용을 이미 알고 있다면, Part 2부터 배워도 괜찮다. 그러나 한 번쯤은 읽어 보기를 권한다.

마지막으로 오랜 집필 기간 동안 물심양면으로 지원해 주신 프리렉의 최홍석 사장님께 감사의 인사를 드린다. 또한, 사랑하는 나의 아내와 두 아들에게도 감사의 마음을 전한다.

모두 훌륭한 자바 웹 개발자가 되기를 기원하며 김승현
2012년 봄이 다가올 즈음에

이 책의 구성 및 특징

Part 1 웹 프로그래밍 : 기초편(1장 ~ 10장)

Part 1에서는 웹 프로그래밍을 실습하는 데 필요한 웹 서버를 구축하고 환경을 설정하는 방법을 소개한다. 그리고 HTML, CSS, XML, 자바스크립트, 애플릿을 필요한 만큼 다루며, 프로젝트 관리와 빌드 자동화 도구, 자바의 기본 입출력과 데이터베이스에 접속하는 기술을 다룬다. 또한 DTO, DAO, MVC 패턴에 대해서 배운다.

Part 2 웹 프로그래밍 : 서블릿편(11장 ~ 19장)

Part 2에서는 자바로 구성되는 웹 프로그램의 송수신과 동작 방식에 대한 이해를 위해 서블릿의 파일 구조와 실행 순서, 라이프 사이클에 대해서 다룬다. 또한 서블릿의 상속 클래스, 요청과 응답, 한글 처리, 서블릿 관련 API를 이용한 다양한 예제를 수록하였다. 그리고 웹 프로그램에서 데이터를 저장하는 영역과 쿠키에 대해서 다루고, 서블릿에서 파일 업로드나 데이터베이스에 접근하는 방법, MIME 타입별 데이터 처리와 이미지 처리, 서블릿 필터 클래스와 이벤트, 그리고 서블릿과 애플릿의 데이터 통신과 스레드 처리에 대해서 다룬다.

Part 3 웹 프로그래밍 : JSP편(20장 ~ 25장)

Part 3에서는 JSP의 구성 요소와 라이프 사이클을 다룬다. 또한, JSP 페이지에서 별도로 선언하지 않고서도 사용할 수 있는 디폴트 객체와 데이터 저장 영역을 소개한다. 액션 원소와 세 가지 지시어 원소를 다루고, 사용자 정의 태그 taglib를 만드는 방법과 EL, JSTL을 다룬다.

차례

// Part

02 웹 프로그래밍 :
서블릿편

Round 11 - 19

// Part

03

웹 프로그래밍 :
JSP편

Round 20 - 25

웹 프로그래밍 : 기초편

Part 1
웹 프로그래밍 : 기초편

제 1 장

웹 프로그래밍에 필요한
준비 사항들

▌컴퓨터의 기능이 과거에 비해 월등히 나아졌다고는 하지만 일상에서 대화하듯
이 우리의 이야기를 알아 듣는 수준까지는 이르지 못했다. 컴퓨터에게 어떤 작업
을 요구하려면 이에 맞는 방식을 공부해야만 한다. 그러나 방식 자체가 너무 황당
한 것이어서 쉽사리 일반인이 이해하기는 어렵다. 그나마 컴퓨터 언어를 만들어
서 다소 쉬워졌을 뿐이다.

그러면 컴퓨터 언어로 문서를 작성해서 컴퓨터에 작업을 요구하면 컴퓨터는 이
문서를 이해할 수 있을까? 그렇지도 않다. 이 문서를 컴퓨터가 이해하는 문서 형
식으로 변환해야 하는 추가 작업이 필요하나. 이것을 컴파일이라고 한나.

Round 01

1.1 자바 환경 설정　**1.2** 웹 서버의 필요성과 종류　**1.3** 웹 서버 톰캣의 설치와 구동
1.4 웹 서버 레진의 설치와 구동　**1.5** 개발 도구의 설치와 사용법

목표

· 웹 프로그래밍에서 웹 서버가 갖는 의미를 안다.

· 웹 서버를 설치하고 구동할 수 있다.

· 웹 프로그래밍에 사용하는 개발 도구를 설치하고 사용할 수 있다.

활용

웹 서버

특정 컴퓨터에 다음(Daum) 사이트처럼 웹 브라우저의 주소 표시줄을 통해 접속하는 대상 컴퓨터로서의 기능을 갖게 하려면 이 컴퓨터에 웹 서버를 설치해야 한다. 자바 기반의 웹 서버로는 대표적으로 톰캣과 레진이 있다.

통합 개발 도구(IDE)

웹 프로그램을 작성하면서 다른 프레임을 넣을 수 있는 통합 개발 도구를 많이 사용한다. 여기서 다른 프레임이란 웹 브라우저나 데이터베이스 연결 화면이 되겠다. 자바 기반에서는 이클립스(Eclipse)가 대표적인 통합 개발 도구이다.

 들어가기 전에

처음에 컴파일러(Compiler)인 JDK를 설치한다. 이것은 자바라는 컴퓨터 언어로 작성한 문서를 컴퓨터가 이해하는 문서로 변환해 준다. JDK를 사용해서 컴퓨터와 컴퓨터 언어로 작성한 문서를 통해서 작업을 요구할 수 있다.

다음으로 웹 서버를 설치한다. 이 책에서는 컴퓨터 한 대가 아닌 여러 대를 네트워크로 연결하여 데이터를 주고받는 환경 즉 웹에서 실행되는 프로그램을 만들게 된다. 웹에서 데이터를 주고받으려면 웹 서버와 웹 브라우저가 있어야 한다. 웹 서버는 이번 라운드에서 소개할 것이고, 웹 브라우저는 넷스케이프나 인터넷 익스플로러를 떠올리면 된다.

마지막으로 이클립스를 설치한다. 컴퓨터에 작업을 요구하려면 메모장이나 MS 워드로 문서를 작성해서 컴퓨터에 전달해야 한다. 이러한 문서를 작성할 때 사용하는 프로그램을 편집 도구(Editor Tool)라고 한다. 이클립스는 자바 기반의 대표적인 편집 도구이다.

이 프로그램들 외에도 앞으로 많은 프로그램을 설치해야 하지만 현재는 이것으로 충분하다. 나머지 프로그램은 해당 라운드에서 필요한 내용을 설명할 것이므로 벌써부터 걱정하지 않아도 된다. 배우면서 느끼겠지만 설치할 프로그램이 상당히 많다. 쉽지는 않겠지만 반복해서 꼭 익혀두기 바란다.

1.1 자바 환경 설정

아마 대부분의 독자는 이 절을 여유롭게 건너뛸 수 있을 것이다. 서블릿(Servlet)이나 JSP(Java Server Page)를 배우려는 독자는 자바 기초를 알고 있는 수준일 테니 컴퓨터에 JDK가 설치되어 있는 것은 기정 사실이나 다름 없다. 그러나 현장에서 보면 자바 기초를 배우지 않고 다른 컴퓨터 언어를 배우다가 곧바로 서블릿과 JSP를 배우는 경우도 심심찮게 본다. 이 책에서는 모든 상황을 고려해서 JDK부터 설치하겠다. 참고로 JDK를 설치할 경로와 폴더 이름은 필자와 맞추기 바란다. 그래야 따라 하기에 문제가 없다.

우선 오라클 사이트인 http://www.oracle.com에 접속을 해보자. 오라클이 자바를 인수했기 때문에 다음과 같이 오라클 페이지로 들어가야 한다. 여기서 자바와 관련된 파일을 내려 받게 된다. 버그 리포트나 자바 정보도 찾을 수 있다.

참고로 이 책에서 파일을 내려 받기 위해서 지금처럼 특정 사이트에 접속하는 경우 해당 사이트의 업데이트는 책의 내용과 다를수 있다. 이런 경우 왼쪽의 QR코드를 확인하기 하란다.

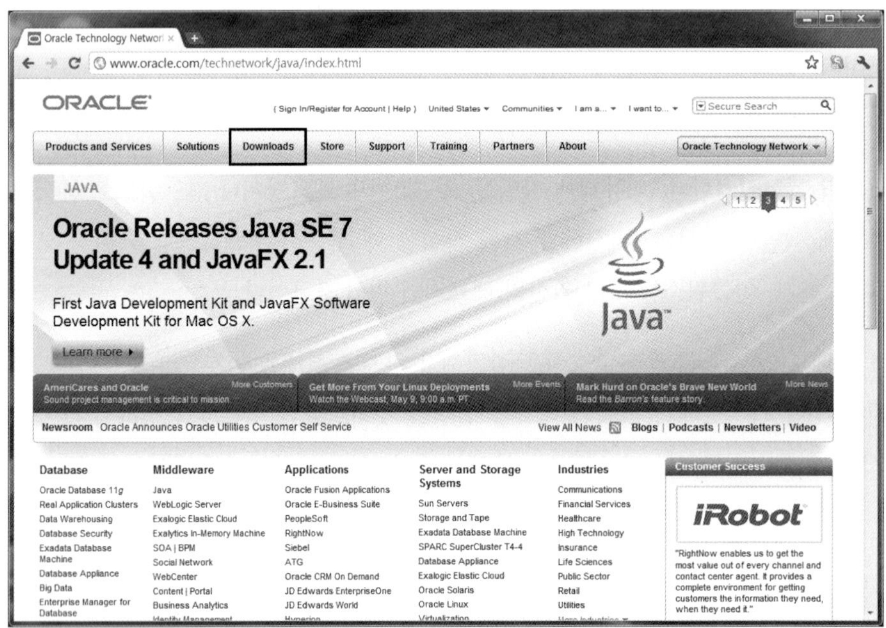

위쪽 [Downloads] 메뉴를 선택하여 나오는 새 페이지의 본문에서 [Java] 영역을 찾는다.
여기서 [Java SE] 링크를 클릭하자.

현재 자바는 버전이 7까지 나와 있다. 필자의 열혈강의 자바 책에서는 버전을 5로 설명했지만, 이제는 버전 6도 안정기에 접어들어서 이 책에서는 버전 6을 설치하겠다. [Previous Releases] 링크를 클릭하여 Java SE 6를 내려 받자. 그리고 화면 오른쪽의 [Java Resources] 영역에서 [APIs] 링크를 클릭하여 API도 내려 받아 압축을 풀어놓기 바란다.

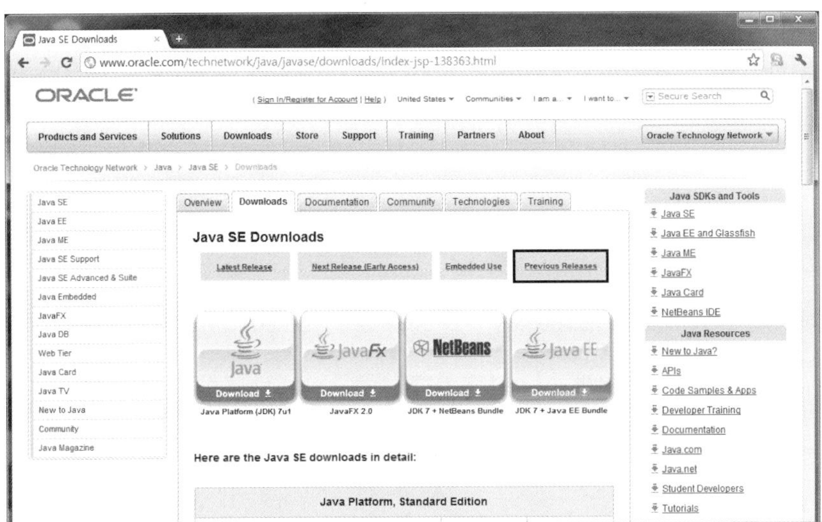

[Java SE Downloads] 영역에서 [Previous Release] 링크를 클릭하자.

새 페이지의 [Java SE] 영역에서 [Java SE 6] 링크를 클릭하자. 그런 다음 다시 새 페이지에서
[Java SE Development Kit 6u29] 링크를 클릭하면 다음과 같은 화면이 보인다. 라이센스에
대해 동의를 구하게 되는데 동의하지 않으면 내려 받아지지 않는다.

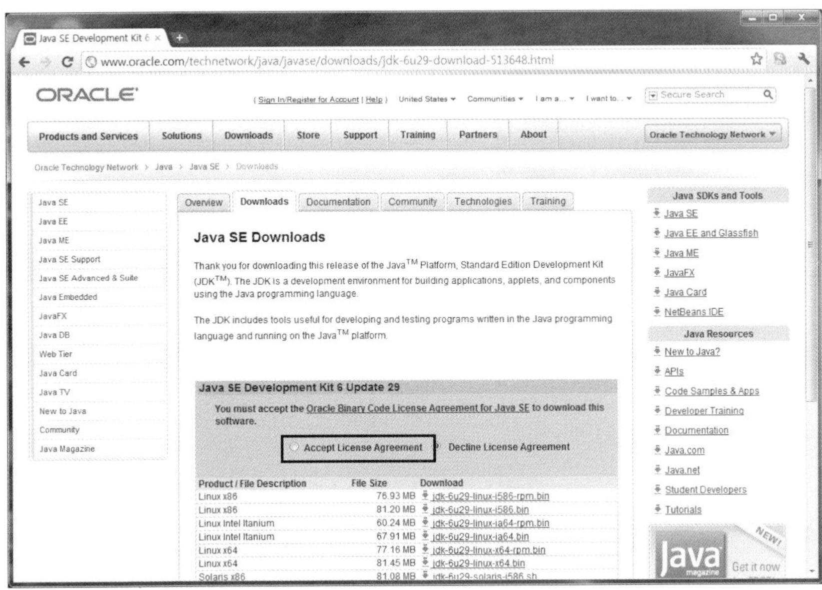

[Accept License Agreement] 라디오 단추를 누른다.

대부분의 독자가 윈도우 운영체제를 사용할 것이다. 또한, 본인 시스템이 x86을 지원하는지 x64를 지원하는지도 확인해야 한다. x86은 32비트 시스템을 지원하고, x64는 64비트 시스템을 지원한다. 필자는 [jdk-6u29-windows-i586 .exe]링크를 클릭했다.

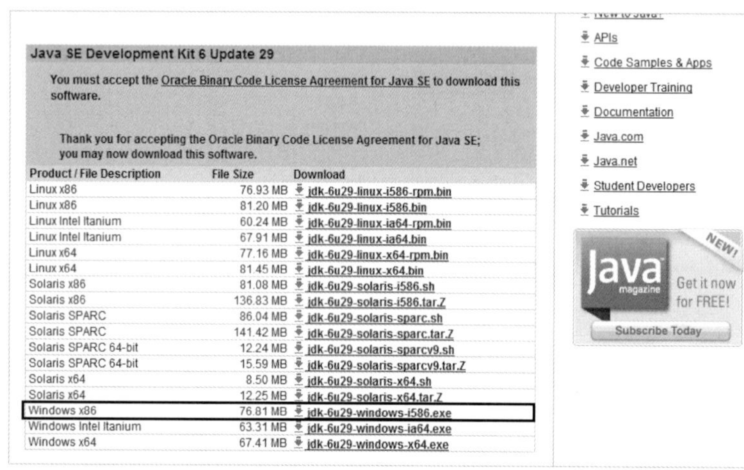

운영체제별로 JDK를
내려 받을 수 있다.

자바 관련 설치 파일들을 저장할 폴더를 마련하고서 그곳에 저장해 두도록 하겠다. 이렇게 하면 재설치에 유용하다. 폴더 **C:\Web_Java\Install_Files**가 없을 테니 직접 만들어야 한다. 필자와 동일한 경로와 폴더 이름을 따라 하자.

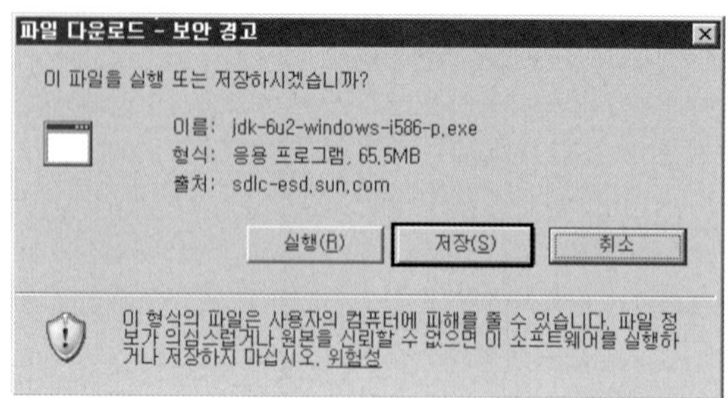

대화 상자에서 바로 〈실행〉을 누르지 말고
〈저장〉을 누르자.

필자는 Install_Files 폴더에 JDK 6과 API를 모두 내려 받았다.

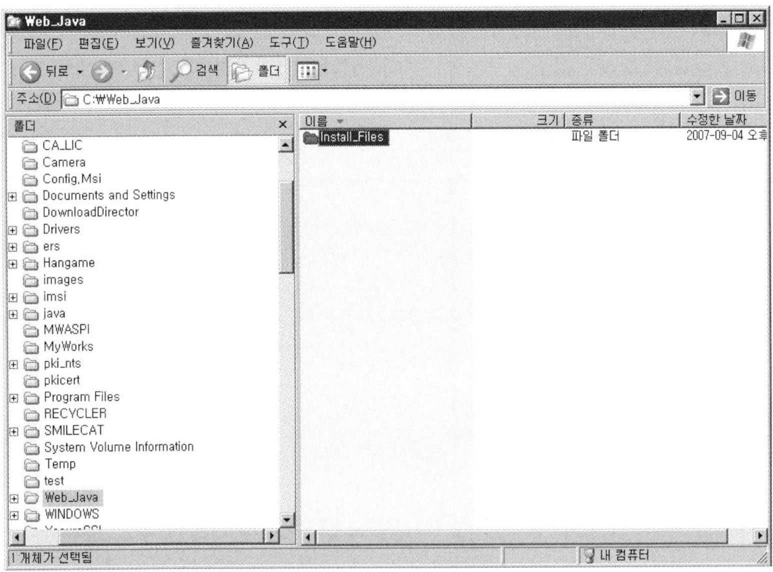

내려 받은 파일 중 JDK 설치 파일을 더블 클릭하여 실행하자. 만약 보안 경고를 알리는 대화 상자가 뜨면 〈실행〉을 누르면 된다.

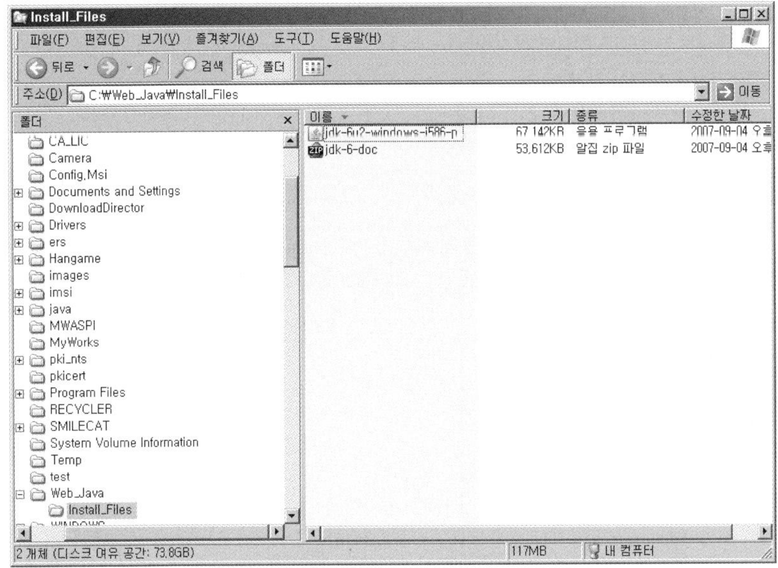

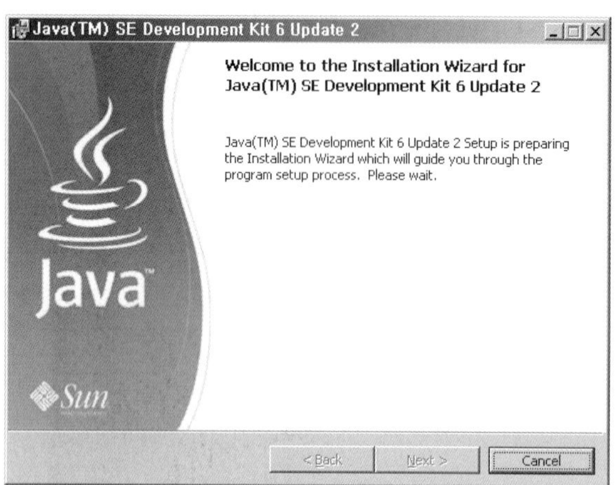

실행 중에 다음과 같은 화면이 뜨는데, 이때는 그냥 기다리면 된다.

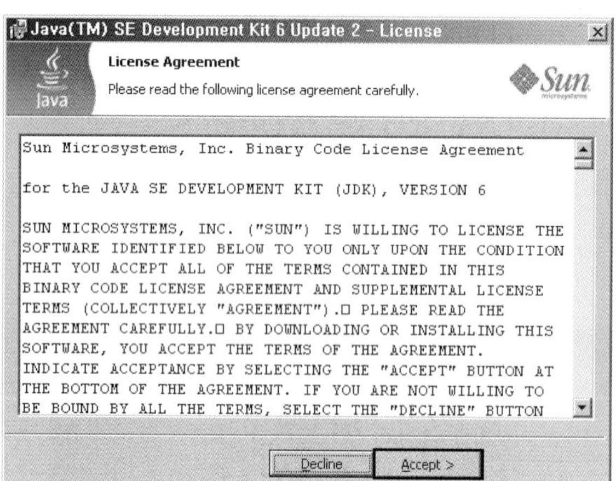

다음으로 라이센스에 대해서 동의를 구하는 대화 상자가 뜨는데, 〈Accept〉를 눌러서 진행을 한다.

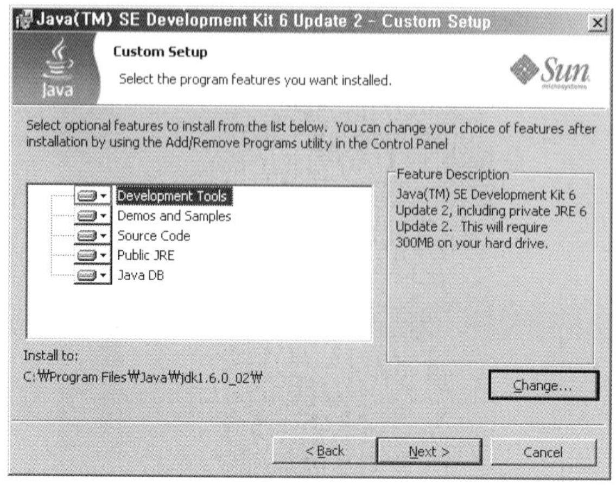

그러면 설치할 경로를 설정하는 대화 상자가 나온다. 오른쪽 〈Change..〉를 누른다.

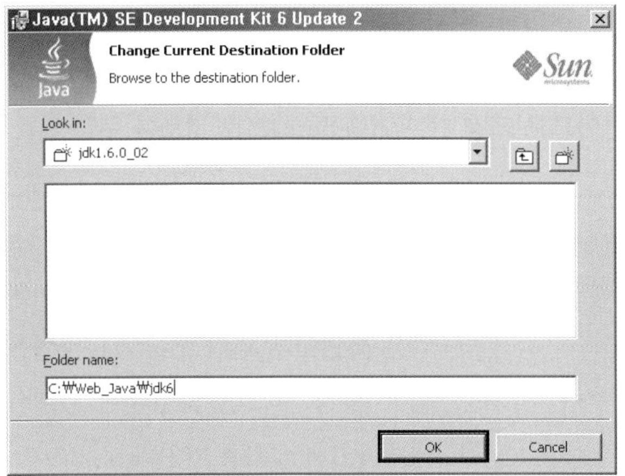

입력할 경로는 C:\Web_Java\jdk6이
다. 여기서 \와 W를 구분하는 것에
주의하자. 강의 경험에 비추면 수업
중 학생들이 많이 틀리는 부분이다.

[Folder name] 입력 상자에 경로를 입력하고
〈OK〉를 누른다.

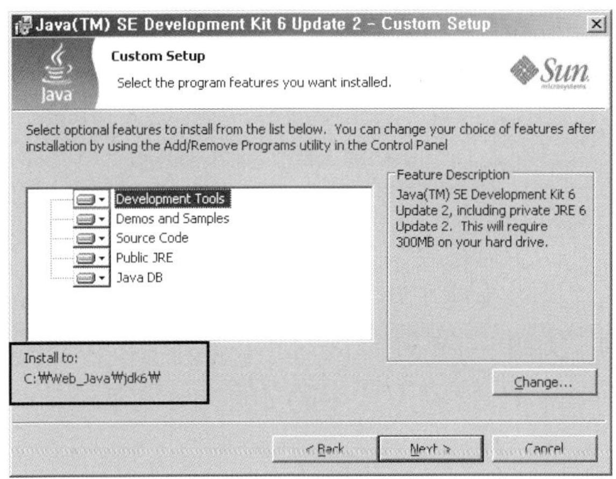

이와 같이 [Install to]에 적힌 경로가
C:\Web_Java\jdk6으로 수정되었다
면 성공이다. 계속해서 진행한다.

[Install to]에 적힌 경로가 수정되었다. 〈Next〉를
누른다.

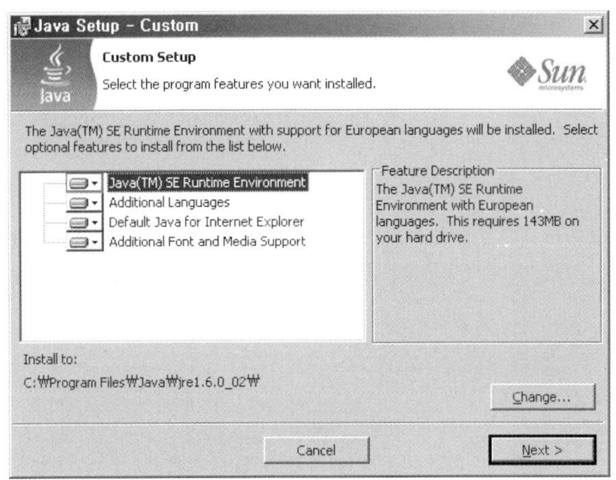

앞서 화면과 비슷한데, 자세히 보면
조금 다르다. 앞서 화면은 JDK를 설
치하는 화면이고, 지금 화면은 JRE를
설치하는 화면이다.

JDK와 JRE는 필자의 열혈강의 자바 책에서 차이를 설명했었다. JDK는 개발자용으로 컴파일러(Compiler)와 인터프리터(Interpreter)가 모두 있다. JRE는 사용자용으로 인터프리터만 있다. 애플릿(Applet)이 참조하는 폴더가 여기이므로 그냥 기본값(Default)으로 경로를 두면 된다. 다음으로 넘어간다.

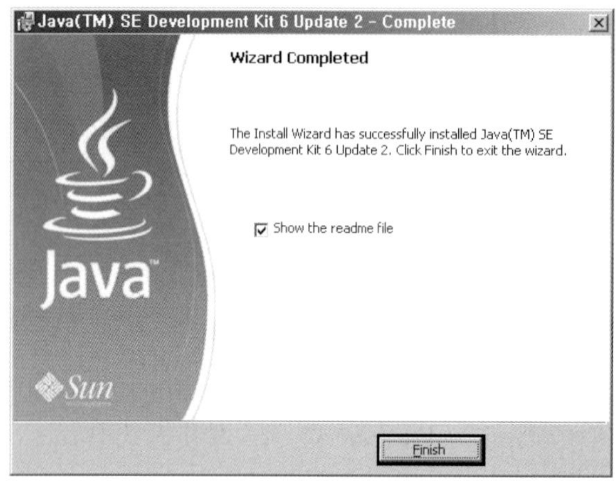

설치하는 과정이 모두 끝나면 이와 같은 화면이 보인다. readme 파일을 읽고 싶지 않으면 확인란에 선택을 해제하고서 설치를 마친다.

〈Finish〉를 누르면 설치가 완료된다.

이제 지금까지 설치한 내용을 우리 시스템이 인식하게 해야 한다. 운영체제별로 조금씩 다른데, 여기서는 윈도우 XP를 기준으로 설명하겠다. **[시작]** → [설정] → [제어판]을 차례대로 선택하면 시스템 아이콘이 있다. 이 아이콘을 더블 클릭하면 [시스템 등록 정보] 대화 상자가 보인다. 여기서 [고급] 탭을 선택한다.

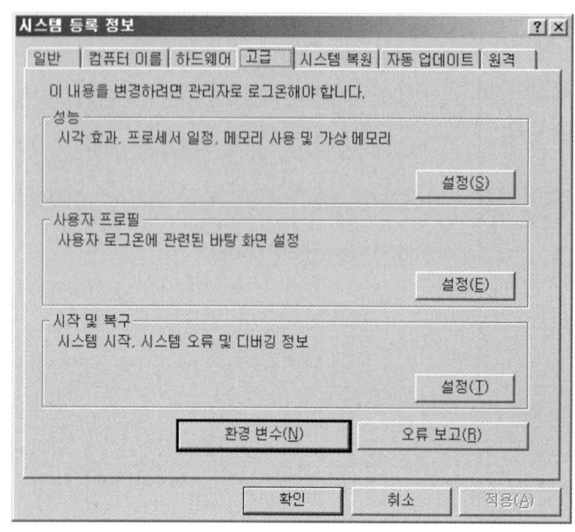

[고급] 탭을 선택하고
화면 아래쪽 〈환경 변수(N)〉를 누른다.

〈환경 변수(N)〉를 누르면 시스템이 경로를 인식하게 하는 값을 등록하는 대화 상자가 열린다.
[환경 변수] 대화 상자에서 위쪽은 윈도우에 로그인한 사용자만 인식하는 정보를 등록하는 영역
이고, 아래쪽은 컴퓨터를 사용하는 모든 사용자가 인식하는 정보를 등록하는 영역이다. 당연히
아래쪽 [시스템 변수]에서 작업을 하는 것이 바람직하다. [변수] 필드에 CLASSPATH라는 이름
이 있으면 더블 클릭하고, 그렇지 않으면 〈새로 만들기〉를 누르자. 일반적으로 CLASSPATH
변수는 없다.

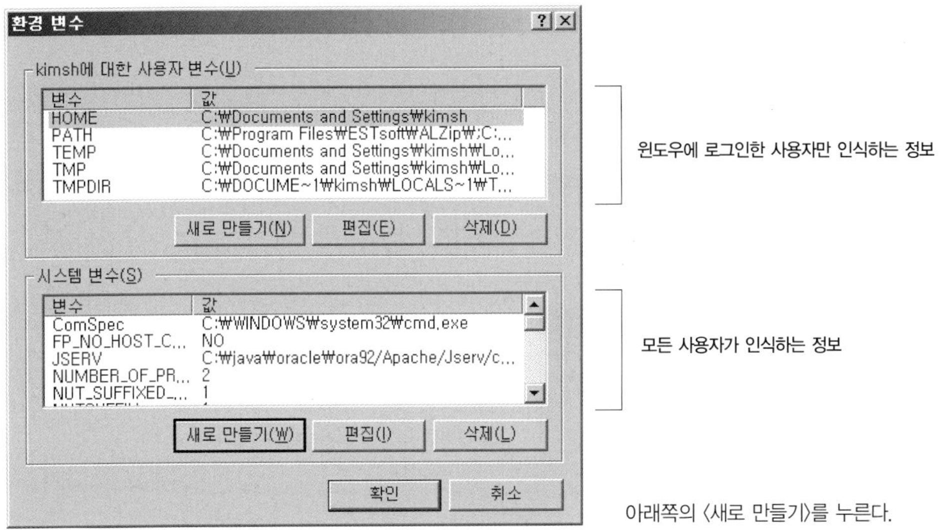

아래쪽의 〈새로 만들기〉를 누른다.

기존에 CLASSPATH 변수가 있어서 더블 클릭했다면 [변수 값] 필드에 지금부터 작성하는 내
용을 참고해서 적으면 된다. [새 시스템 변수] 대화 상자에서 [변수 이름]에는 CLASSPATH라고
적고, [변수 값]에는 %classpath%;.을 적는다. %classpath%는 기존의 CLASSPATH 변수를
그대로 사용하겠다는 의미이다. .(마침표)는 현재 위치를 의미한다. 둘을 연결하는 연결자로
;(세미콜론)이 사용되었다. 따라서 의미가 「%classpath% + .」이 되는 것이다.

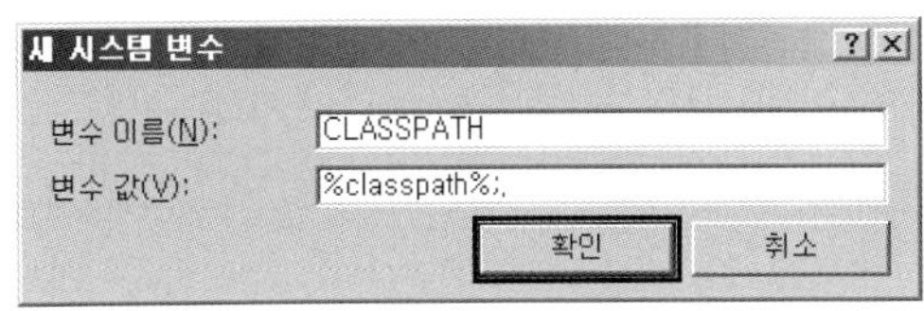

해당 입력 상자에 값을 입력하고서 〈확인〉을 누른다.

다음으로 JDK가 설치된 폴더를 등록하기 위해 앞서 작업을 다시 한다. [환경 변수] 대화 상자에
서 아래쪽 〈새로 만들기〉를 누르자. 이번에는 [변수 이름]에는 JAVA_HOME이라고 적고, [변수
값]에는 C:\Web_Java\jdk6이라고 적는다.

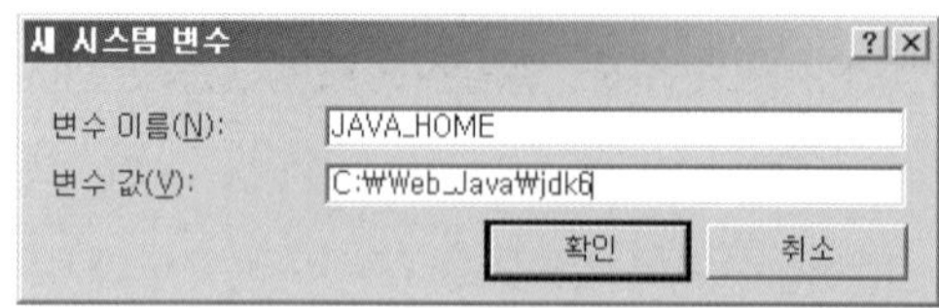

해당 입력 상자에 값을 입력하고서 〈확인〉을 누른다.

마지막으로 실행 파일들이 있는 폴더를 등록해야 한다. 이 시스템 변수는 이미 있을 것이다. [환
경 변수] 대화 상자의 아래쪽 [시스템 변수]영역의 [변수] 필드에서 **Path**를 찾아 더블 클릭하자.
여러 가지 설정 정보가 보일 것이다. 필자와 동일하지 않아도 무관하다

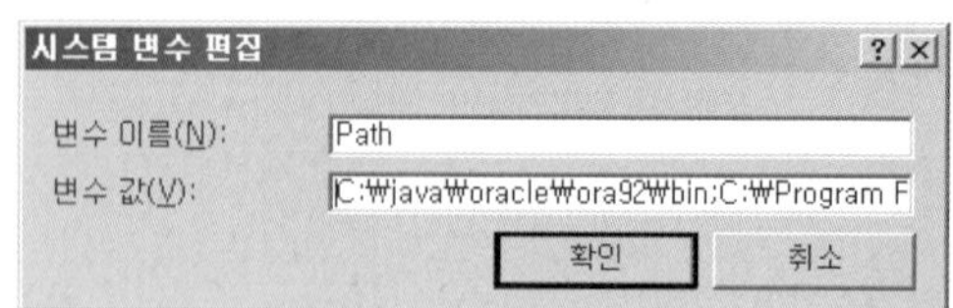

이 화면과 달라도 상관없다.

[변수 값]의 맨 앞에 **%JAVA_HOME%\bin;**을 추가하자. 마지막에 ;(세미콜론)을 적는 것이 중요
하다. 세미콜론은 앞에서도 보았지만 환경 변수 설정에서 앞과 뒤 문자열을 연결해 준다.

[변수 값] 입력 상자의 값을 수정하고 〈확인〉을 누른다.

이제 환경 변수 설정이 제대로 되었는지 확인만 하면 자바 환경 설정은 끝이다. **[시작]** → [프로
그램] → [보조프로그램] → [명령 프롬프트]를 차례대로 선택하자. 그러고서 명령 프롬프트 창
에서 다음 명령을 실행하자.

실행 ▶ java -version

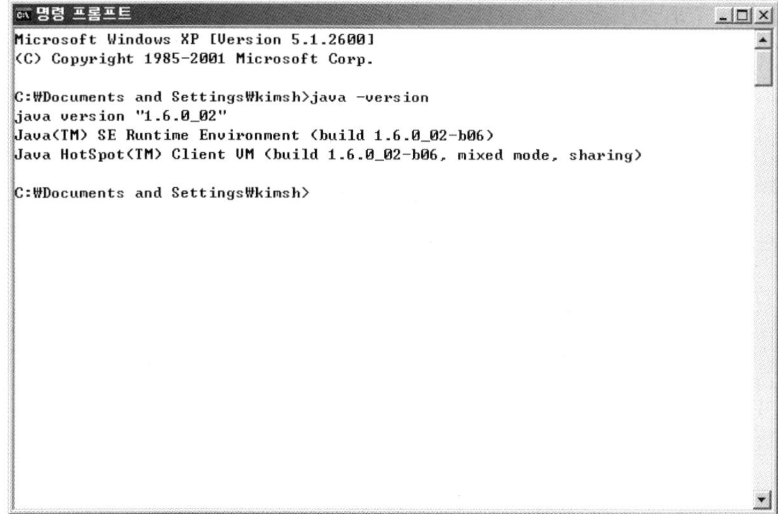

명령을 실행한 화면이다.

화면의 메시지처럼 1.6 버전이 잘 설치되었다고 표시되어야 한다. 두 번째로 다음을 실행하자.
javac 사용법이 화면에서와 같이 나오면 설치가 모두 정상적으로 완료된 것이다.

실행 ▶ javac

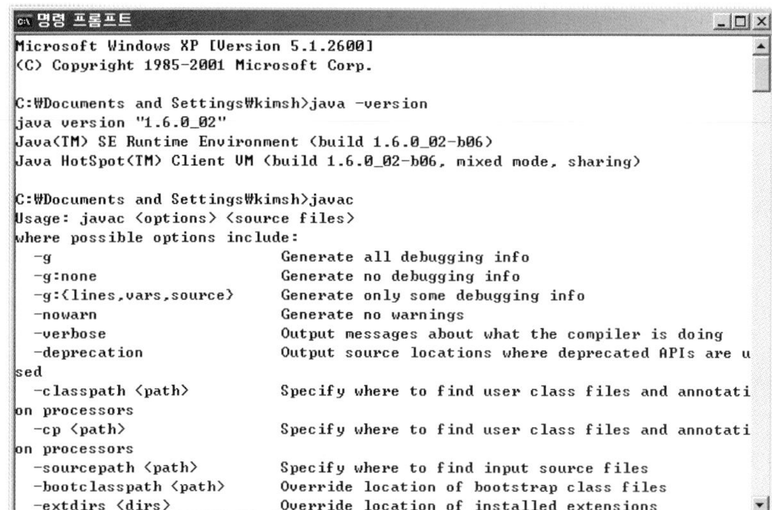

명령을 실행한 화면이다.

JDK 6 버전의 API 공식 문서는 우리가 설치한 C:\Web_Java\jdk6 폴더에 압축을 풀어서 필요할 때 보면 된다. 내려 받은 파일 중 API 문서를 압축해 놓은 파일을 더블 클릭하면 압축을 푸는 화면이 뜬다. 〈압축풀기〉를 누르면 경로가 표시되고, 이 경로를 다음과 같이 C:\Web_Java\jdk6 으로 수정하면 된다.

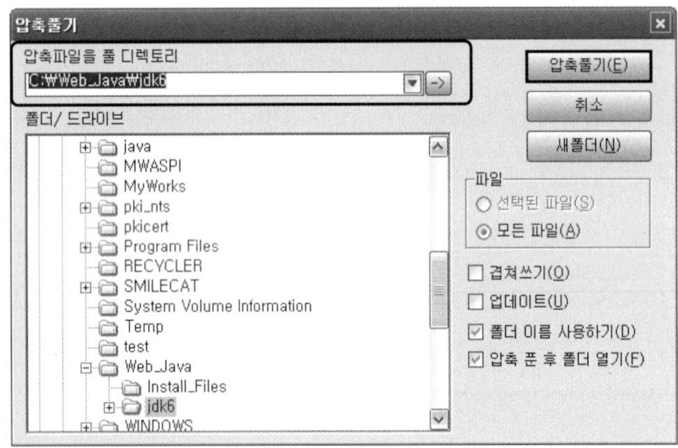

디렉터리를 수정하고 〈압축풀기〉를 누른다.

경로를 수정하였으면 〈압축풀기〉를 눌러서 API 설치도 마무리하자. 시간이 조금 걸릴 것이다. 자바 환경 설정에 대해서 알아보았으니, 다음은 웹 서버에 대해서 알아보도록 하자.

1.2 웹 서버의 필요성과 종류

웹 프로그램은 컴퓨터 간의 데이터 교환을 목적으로 한다. 즉 네트워크 통신이 필수적이다. 그러나 웹 프로그램마다 네트워크 통신 기능을 매번 구현한다는 것은 여간 힘든 것이 아니다. 아마 자바를 열심히 배운 독자라면 필자의 의견에 동의할 것이다. 개발자 역시도 대부분 그렇다. 그런데 웹 프로그램에서 네트워크 통신 기술이 어떤 형태로 적용되는지부터 먼저 살펴보자.

예를 들어 프리렉 홈페이지에서 회원 가입을 한다고 가정하자.

❶ 웹 브라우저의 주소 표시줄에 http://www.freelec.co.kr을 입력하고 이동한다.

❷ 프리렉 홈페이지가 뜨면 회원 가입을 누른다.

❸ 회원 가입 페이지에서 관련 정보를 입력하고서 전송을 누른다.

❹ 회원 가입이 완료되었음을 알리는 메시지가 화면에 출력된다.

각 단계에서 네트워크 통신이 어떤 형태로 발생할까? ❶번에서 독자 컴퓨터에서 주소를 넣고 이동을 누르면 프리렉 컴퓨터는 독자 컴퓨터에 자신의 홈페이지를 전송한다. 이렇게 전송된 내용은 독자 컴퓨터의 화면에 출력된다. ❷번에서 독자 컴퓨터에서 회원 가입을 누르면 프리렉 컴퓨터는 무엇을 선택했는지를 인식해서 독자 컴퓨터에 필요한 화면을 다시 전송한다. ❸번에서도 ❹번에서도 유사한 형태의 네트워크 통신이 발생한다.

이렇듯 웹 프로그램은 동작 하나를 수행해도 네트워크 통신이 발생한다. 이러한 기능을 개발자가 모두 구현해야 하는 것일까? 결론부터 말하자면 그럴 필요가 없다. 개발자의 고민을 덜어 줄 방법으로 웹에서 네트워크 통신을 구현하는 프로그램을 미리 만들어 두었다. 웹 서버와 웹 브라우저가 그것이다. 둘을 사용하면 웹에서 네트워크 통신을 통해 데이터를 교환하는 것이 가능하다. 개발자가 직접 구현할 필요도 없고 걱정할 필요도 없다.

그러면 웹 서버와 웹 브라우저는 어디에서 내려 받고 어떻게 설치하는지 공부해 보자. 우선 웹 브라우저는 따로 내려 받아 설치하지 않아도 된다. 대부분은 윈도우 운영체제를 사용하고 있을 텐데, 운영체제의 기본 설치 파일 중 explorer.exe라는 것이 있다. 인터넷 익스플로러가 바로 웹 브라우저다. 이외에도 넷스케이프, 오페라, 모질라 등과 같이 웹 브라우저는 다양하다. 각기 다른 회사에서 만든 제품일 뿐 네트워크 통신을 가능하게 해주는 프로그램들이다. 장단점이 있기는 하지만 우리 입장에서는 동일하다고 보면 된다.

다음으로 웹 서버는 웹 서비스를 하려는 컴퓨터에 직접 설치해야 한다. 웹 브라우저처럼 운영체제 설치와 함께 자동으로 설치되지 않는다. 컴퓨터에 웹 서버를 설치해서 구동하면 다른 컴퓨터에서 웹 브라우저를 통해 접근할 수 있다. 웹 서버 역시 배포한 회사에 따라 다양하게 있다. 대표적으로 톰캣(Tomcat)이 있다. 이외에도 Resin, JRun, JBoss, WebLogic, SAS 등이 있다. 장단점도 있다. 소스가 개방되어 있다든지, 무료로 사용한다든지, 안정성이 떨어진다든지 하는 장단점 말이다. 톰캣은 무료이면서 소스가 개방되어 있고, 자체적으로 자바의 웹 관련 API를 내장하고 있어서 많이 사용한다.

웹 컨테이너(웹 관련 자바 API를 내장하고 있는 웹 서버를 지칭)는 네트워크 통신뿐만 아니라, 보안, 병행성 관리, 라이프 사이클 관리 등의 기능도 가지고 있어서 개발자를 한층 편하게 해준다. 웹 프로그램에 있어서 웹 서버를 사용하는 것은 선택이 아니라 필수이다. Part 1에서 레진 (Resin) 서버를 Part 2와 Part 3에서는 톰캣 서버를 사용한다. 다음 절에서 톰캣과 레진을 차례 대로 설치해 보자.

1.3 웹 서버 톰캣의 설치와 구동

웹 서버 중에서 가장 많이 사용하는 것이 톰캣이다. 솔직히 웹 서버라고 보기는 힘들지만 웹 서 버로서의 기능을 갖고는 있다. 일반적으로 웹 서버는 웹 브라우저를 통해 접근하는 사용자를 웹 컨테이너와 연결해 준다. 여기서 웹 컨테이너는 특정 프로그램을 실행해 준다. 톰캣은 웹 컨테 이너에 가깝다. 실무에서는 아파치(Apache)나 IIS를 웹 서버로 사용하고, 이와 연결해서 톰캣 이라는 웹 컨테이너를 설치하곤 한다.

그러나 웹 서버와 웹 컨테이너를 연결하는 방법은 버전에 따라 너무 많이 다르기 때문에 연동해 서 실행하는 것은 설명하지 않겠다. 그냥 톰캣만으로도 웹 서버로서 기능을 하므로 톰캣만 설치 하도록 하자. 최신 버전은 현재 7.0이지만 Eclipse 3.2에서 지원하는 버전은 5.5가 끝이다. 따 라서 여기서는 5.5 버전을 설치하고 연동하겠다. 이 버전은 Servlet 2.4와 JSP 2.0을 지원한다.

톰캣을 내려 받을 수 있는 사이트는 http://jakarta.apache.org이다. 화면에서 왼쪽 메뉴를 살 펴보면 [Ex-Jakarta] 영역에 [Tomcat] 링크가 있다. 이 링크를 클릭하여 다음으로 넘어가자.

내려 받기 과정의
최신 설명 보기
▼

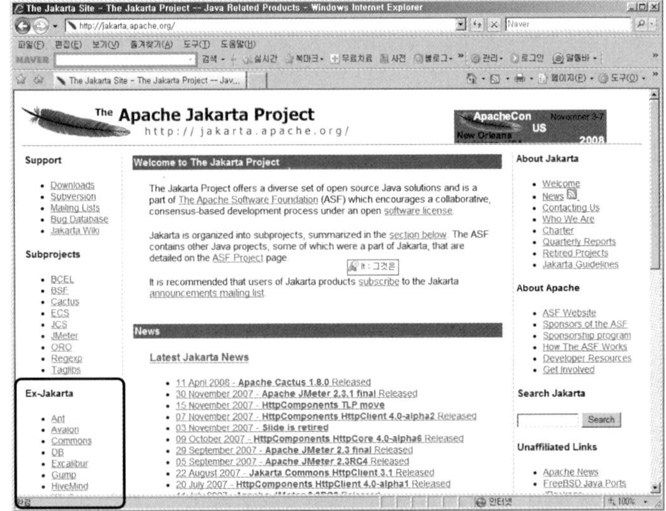

왼쪽 [Ex-Jakarta] 영역에서
[Tomcat] 링크를 클릭한다.

계속해서 왼쪽 메뉴의 [Download] 영역을 보면 [Tomcat 5.5] 링크가 있다. 이 링크를 클릭하자.

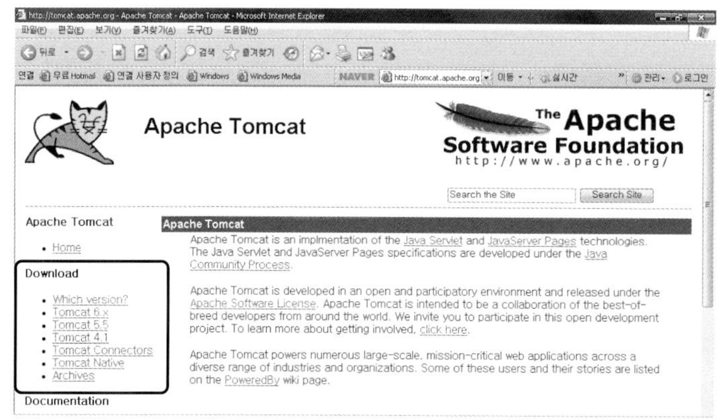

왼족 [Download] 영역에서 [Tomcat 5.5] 링크를 클릭한다.

이 페이지에서 아래로 조금 내려오면 5.5.26 (또는 최신)버전의 [Binary Distributions] 영역 첫 번째 부분에 [Core]가 보이고, 아래에 [Windows Service Installer(pgp, md5)] 링크가 보일 것이다. 이 링크를 클릭하면 내려 받을 수 있다.

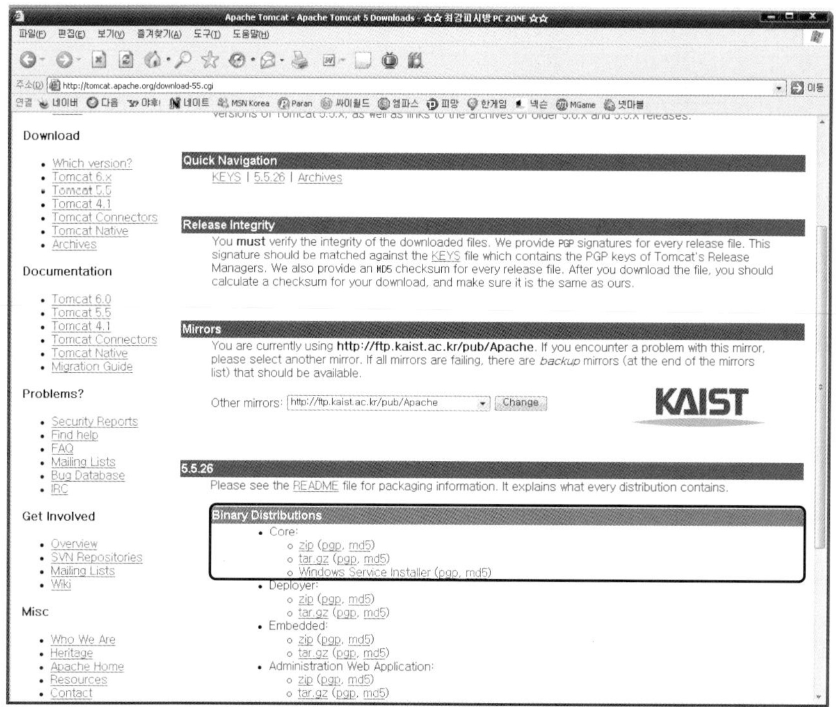

[Windows Service Installer(pgp, md5)] 링크를 클릭한다.

JDK를 내려 받을 때처럼 C:\Web_Java\Install_Files 폴더에 저장해 두도록 하자. 내려 받는 시간은 얼마 걸리지 않는다.

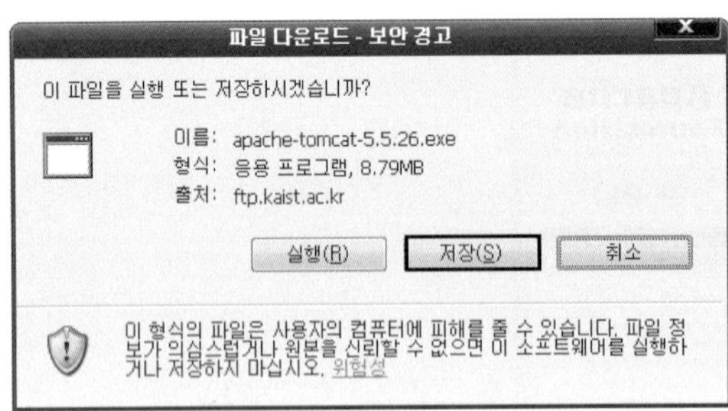

〈저장〉을 누른다.

내려 받기가 끝나고 파일을 더블 클릭하여 실행하면 [보안 경고] 대화 상자가 뜬다. 무시하고 그냥 〈실행〉을 누르자. 계속해서 진행한다.

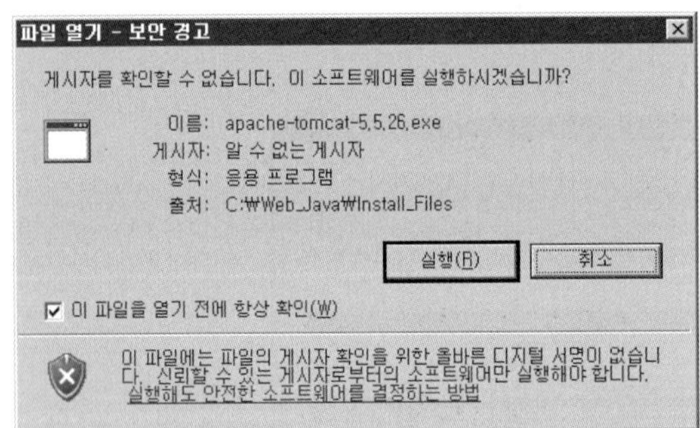

〈실행〉을 누른다.

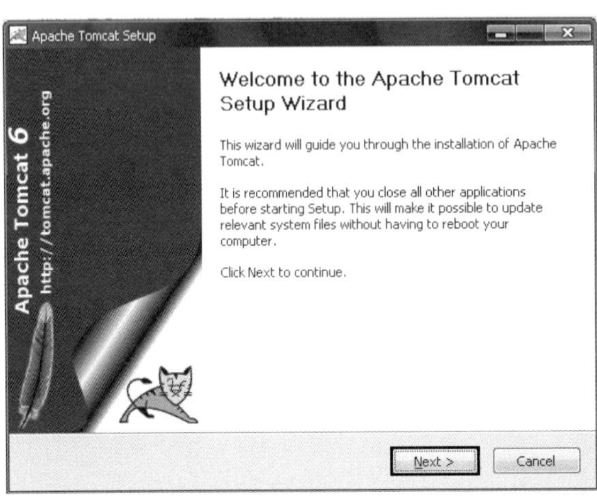

〈Next〉를 누른다.

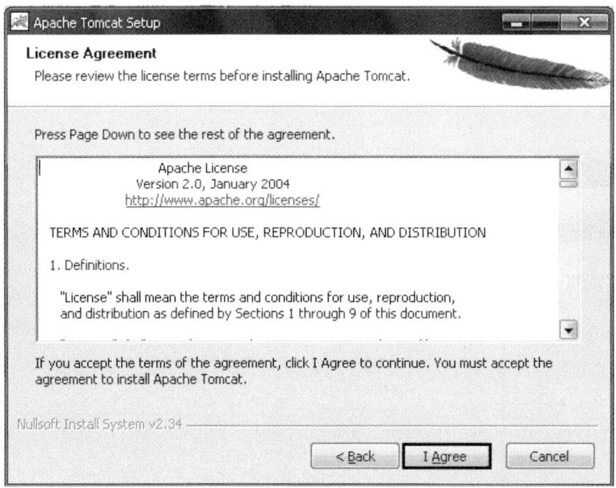

〈I Agree〉를 눌러야 다음으로 진행된다.

설치 유형을 설정하는 화면이다. 목록 상자에서 **Full**을 선택하면 예제까지 설치된다.

목록 상자에서 Full을 선택하고서 〈Next〉를 누른다.

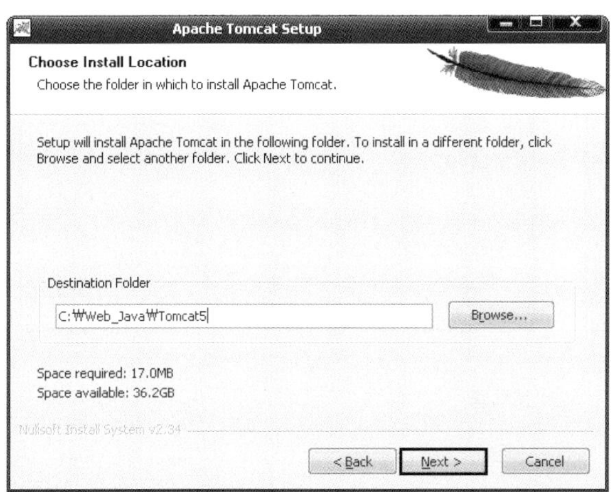

설치 경로를 설정하는 화면이다. 다음과 같이 띄어쓰기 없이 C:\Web_Java\Tomcat5이라고 적어야 한다.

입력 상자에 값을 입력하고서 〈Next〉를 누른다.

웹 서버의 포트 번호를 설정하는 화면이다. 나중에 다룰 내용이므로 포트(Port)에 **80**을, 사용자 이름(User Name)에 **admin**을, 비밀번호(Password)에 **1234**를 각각 적는다.

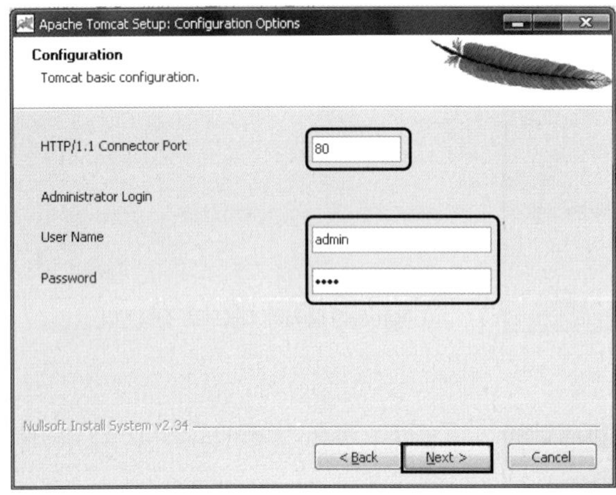

입력 상자에 값을 입력하고서 〈Next〉를 누른다.

마지막으로 JVM의 위치를 설정하는 화면이다. 자동으로 위치를 찾을 것이다. 자바가 설치되어 있지 않으면 톰캣(Tomcat)은 설치되지 않는다. 톰캣이 자바를 지원하는 웹 컨테이너 (Container)여서 자바 API의 지원 없이는 기능을 하지 않기 때문이다. 설치 중에는 다른 작업은 피하고 대기하면서 화면을 지켜보자.

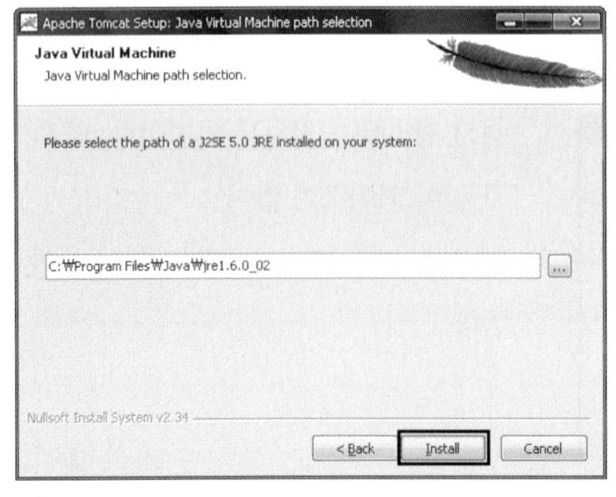

〈Install〉을 누른다.

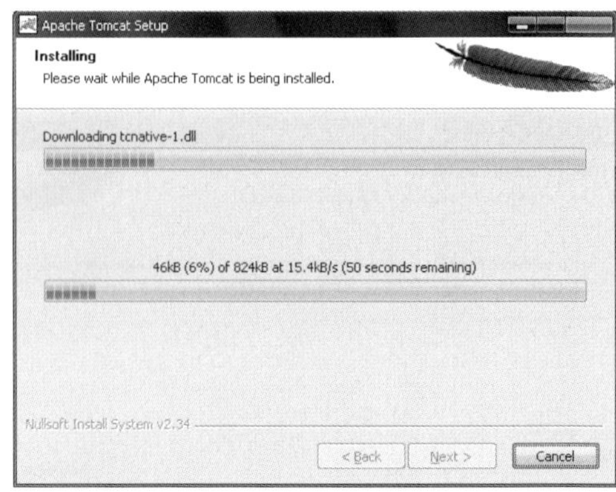

설치 중

〈Finish〉를 누르면 자동으로 톰캣이 실행되고 Readme 파일이 보일 것이다. 이 파일을 읽기 싫으면 [Show Readme] 확인란에 선택 해제하면 된다.

〈Finish〉를 누르면 톰캣이 실행된다.

톰캣이 실행되면 작업 표시줄(시계가 표시되는 영역)의 트레이 영역에 빨간색 깃털 모양의 아이콘이 생기고, 그 안에 Play 표시의 화살표가 녹색으로 보일 것이다.

톰캣이 실행된 화면

톰캣이 제대로 설치되었는지 확인해 보자. 웹 브라우저를 열고 주소 표시줄에 http://localhost 를 입력하고서 이동하면 톰캣의 Welcome 페이지가 표시된다. 나중에 Part 2로 넘어가면 톰캣이 수동으로 실행되게 설정을 변경한다. 지금은 자동으로 실행되게 그냥 두자.

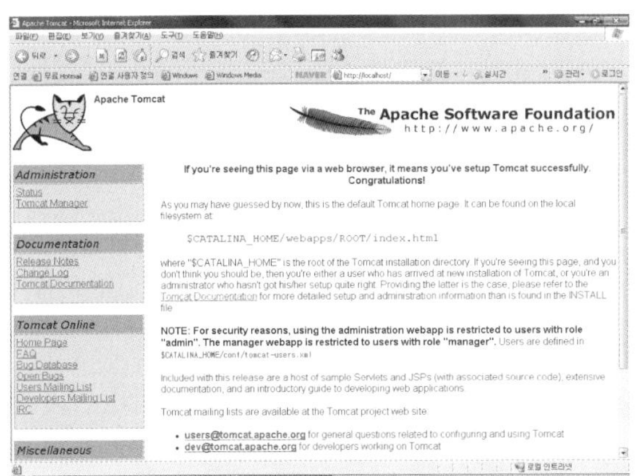

톰캣의 Welcome 페이지

1.4 웹 서버 레진의 설치와 구동

다음으로 웹 서버 레진(Resin)을 설치해 보자. 레진은 전체가 무료는 아니다. 일반과 프로페셔널 둘로 나뉘는데, 프로페셔널은 CPU마다 500달러를 라이센스 비용으로 지불해야 한다. 따라서 여기서는 일반 레진을 사용한다. 설치할 버전은 3.1인데 Servlet 2.5와 JSP 2.1을 지원한다.

레진을 내려 받는 사이트는 http://www.caucho.com이다. 화면에서 [Download Resin]이라는 이미지가 있다. 이 이미지를 클릭하면 바로 내려 받는 페이지로 이동한다. 새 페이지에서 조금만 아래로 내려가면 본문에 [Resin 3.1] 영역이 있고, 이곳에서 일반 버전의 [zip] 링크를 클릭해서 내려 받자.

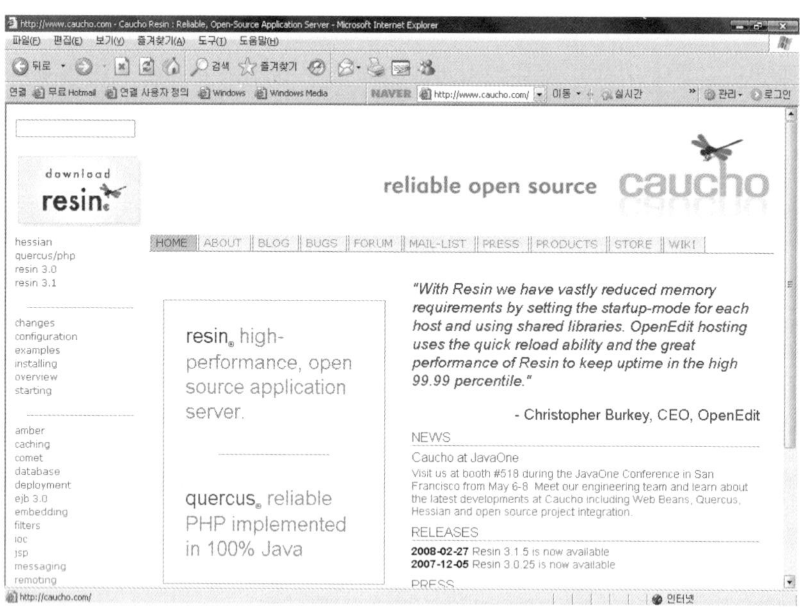

톰캣을 내려 받을 때처럼 C:\Web_Java\Install_Files 폴더에 저장하자. 레진은 설치 파일이 따로 없고, 단지 압축만 풀면 사용할 수 있다. 내려 받은 파일을 더블 클릭해서 압축을 푸는 프로그램과 연결되면 압축을 풀 디렉터리로 다음과 같이 C:\Web_Java를 지정하자.

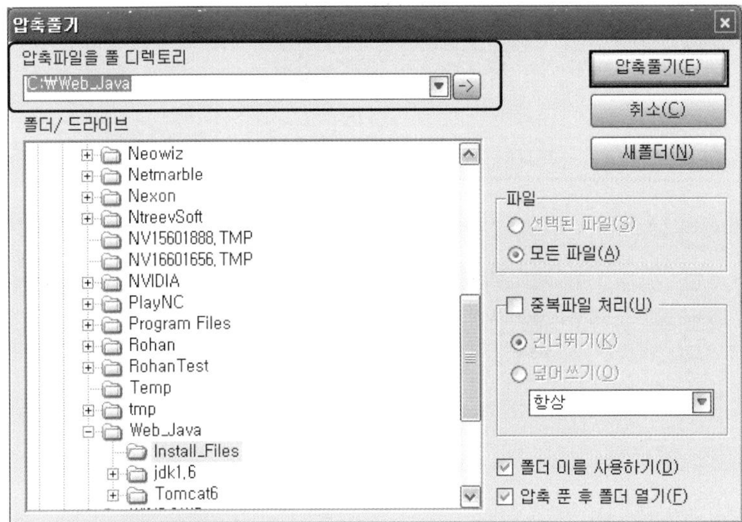

디렉터리를 지정하고 〈압축풀기〉를 누른다.

파일이 중첩되어 덮어쓰기와 관련된 대화 상자가 뜨면 그냥 기본값으로 하기 위해 〈확인〉을 누르면 된다.

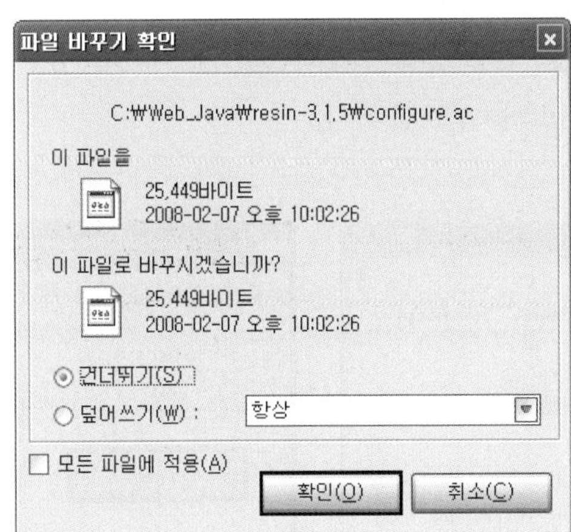

〈확인〉을 누른다.

이렇게 압축을 풀고 나면 설치가 끝난 것이다. 레진을 설치한 폴더의 잠자리 아이콘(httpd.exe)을 더블 클릭하면 레진이 실행된다. 레진은 자동으로 실행되지 않는다. 직접 실행해야 한다.

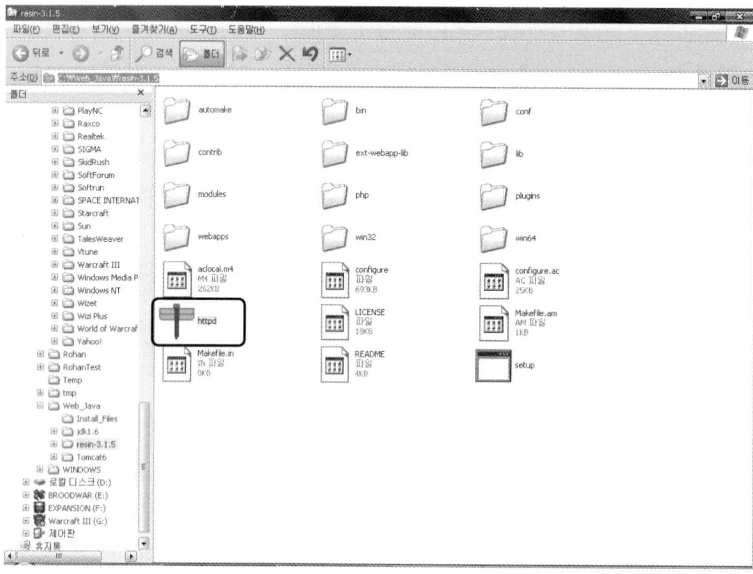

httpd.exe 파일을 실행한다.

레진을 실행하면 다음과 같이 두 개의 창이 뜬다. 이것을 닫아 버리면 당연히 실행이 멈춘다. 레
진은 기본 포트 번호로 8080을 사용하게 되어 있다. 사실 자바의 웹 컨테이너는 모두 기본 포트
번호로 8080을 사용한다. 톰캣에서는 우리가 포트 번호를 80으로 변경한 것이다. 레진을 멈추
게 하려면 오른쪽 창에서 [Stop]을 먼저 선택하고 〈Quit〉을 누르면 된다.

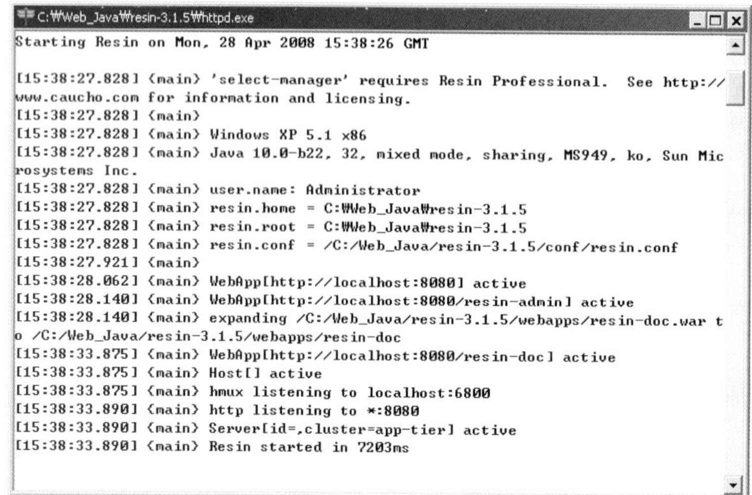
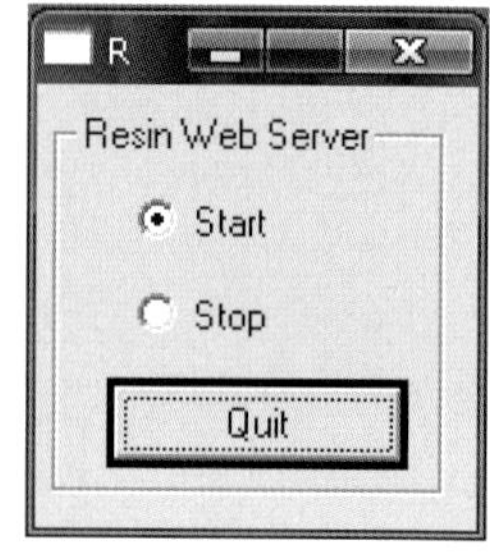

마지막으로 레진이 웹 서버로서 제대로 구동하는지 확인해 보자. 웹 브라우저를 열고 주소 표시
줄에 http://localhost:8080이라고 입력하자. 콜론(:) 뒤에 포트 번호를 적는 것을 잊지 말아야
한다. 설치가 제대로 되었으면 레진의 Welcome 페이지가 보일 것이다.

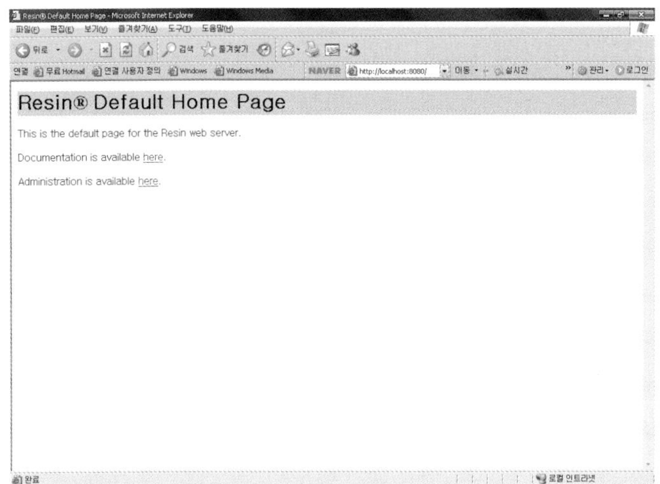

레진의 Welcome 페이지

이 책과 다르게 Caucho 사이트가 변경되었어도 내려 받아 설치하는 방법은 동일하다. 필요에
따라 최신 버전을 사용해도 괜찮지만 최신 버전보다는 조금 낮은 버전을 설치하는 것이 안정적
이다.

localhost는 자신의 컴퓨터가 서버일 경우 자기 자신이라는 의미로 루프백(Loopback)의 IP 주소이다. 또
다른 루프백의 IP 주소로는 127.0.0.1이 있다. 따라서 localhost 대신에 127.0.0.1을 적어도 결과는 동일하다.

도메인(Domain)은 다른 컴퓨터에서 서버 컴퓨터로 접근하기 위해 IP 주소 대신에 사용하는 주소이다. 당연
한 이야기지만 다른 컴퓨터에서 서버 컴퓨터로 접근하려면 서버의 IP 주소를 적어야 한다. 그러나 일반 사
용자들이 IP 주소를 일일이 기억하기는 힘든 노릇이다. 그래서 IP 주소 대신에 도메인을 사용한다.

예를 들면 프리렉 사이트에 접속하려면 원래는 http://123.211.212.45:800이라고 IP 주소를 적어야 한다. 하지
만, 우리는 http://www.freelec.co.kr이라고 도메인을 적어 접속하는 원리이다. 123.211.212.45는 설명하기 위
해 필자가 임의로 정한 IP 주소이지 프리렉 홈페이지의 주소는 아니다.

1.5 개발 도구의 설치와 사용법

마지막으로 웹 프로그래밍에 필요한 개발 도구(Tool)를 설치해 보자. IDE(Integrated Development Environment, 통합 개발 환경)를 지원하는 이클립스(Eclipse)를 설치하겠다. 웹 프로그램을 작성하면서 기본적으로 cmd 창과 웹 브라우저, 메모장을 열게 된다. 상당히 번거롭게 느껴지는 일이다. 그런데 이클립스 하나에서 모든 작업이 가능하다.

일반 이클립스는 웹 환경을 지원하는 편집기를 갖고 있지 않아서 여기서는 Eclipse IDE for Java EE Developers를 설치하도록 하겠다. 이클립스를 내려 받는 사이트는 http://www.eclipse.org이다. 홈페이지 위쪽 메뉴에서 [Downloads]를 클릭하자. 최신 버전보다는 안정적인 구 버전을 내려 받도록 하자. 여기서 내려 받는 팩(Pack)은 윈도우 플랫폼에 적용된다. 역시 **C:\Web_Java\Install_Files** 폴더에 저장하자. 파일은 모아서 관리하는 것이 좋다.

이클립스도 압축 파일이기 때문에 따로 설치할 필요가 없다. 레진 때처럼 압축만 풀면 된다. 내려 받은 파일을 더블 클릭하고서 압축을 푸는 프로그램이 실행되면 압축을 풀 디렉터리로 다음과 같이 **C:\Web_Java**를 지정하자.

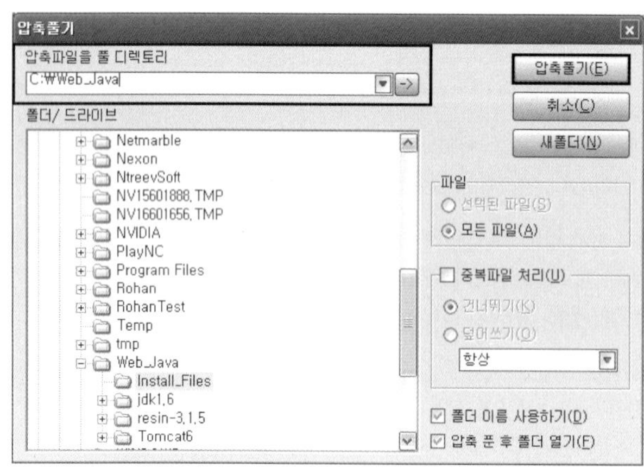

디렉터리를 지정하고 〈압축풀기〉를 누른다.

그런 다음 윈도우 탐색기로 **C:\Web_Java\eclipse** 폴더로 이동해서 eclipse.exe 파일을 실행해

보자. 이 파일을 복사해서 작업 표시줄의 빠른 실행 아이콘 영역에 붙이면 실행할 때마다 파일
을 찾아야 하는 번거로움을 피할 수 있다.

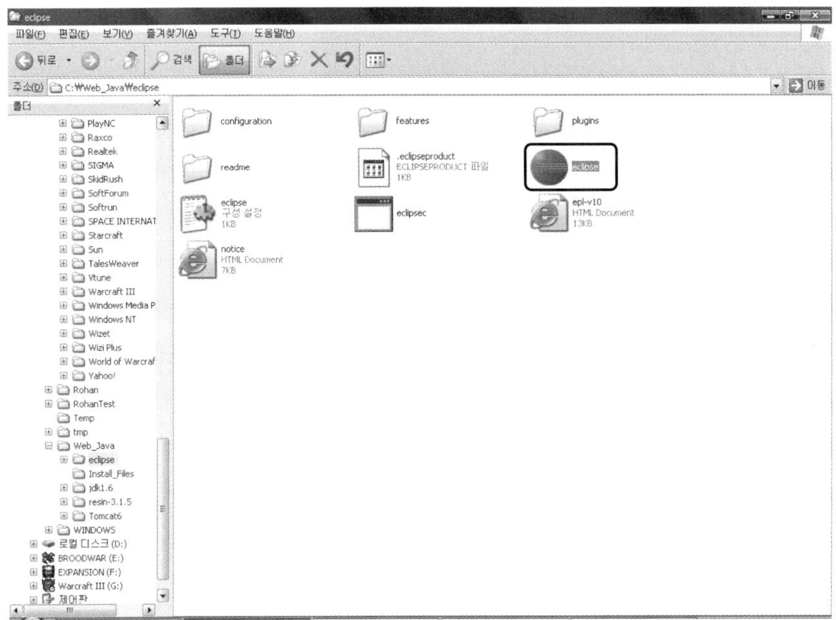

eclipse.exe를 실행한다.

처음 이클립스를 실행하면 우리가 만드는 파일을 저장할 폴더를 설정하는 창이 하나 열린다. 여
기에 띄어 쓰기 없이 C:\Web_Java\eclipse\workspace라고 적고, 아래의 확인란(이 값을 기본
값으로 사용하고 다시 묻지 않음)을 선택하고서 〈OK〉를 눌러 이클립스를 실행한다.

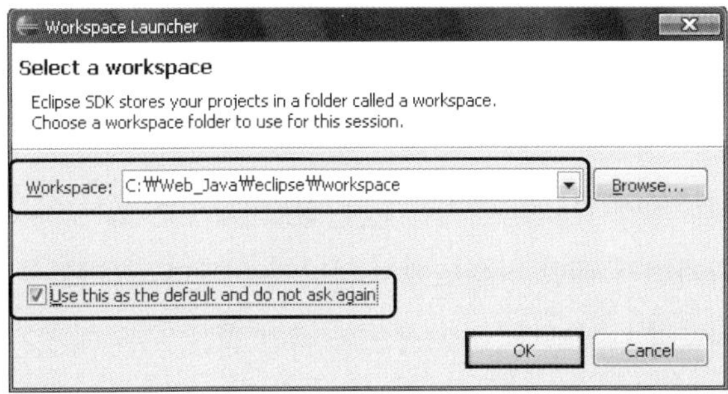

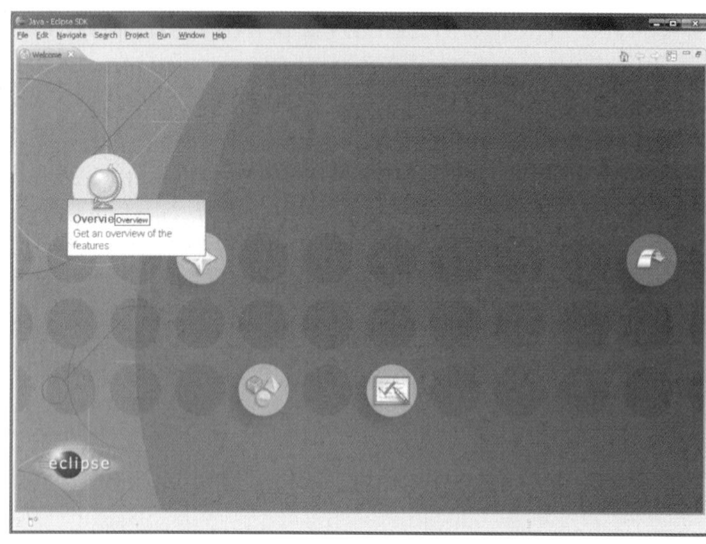

이클립스의 실행 화면이다.

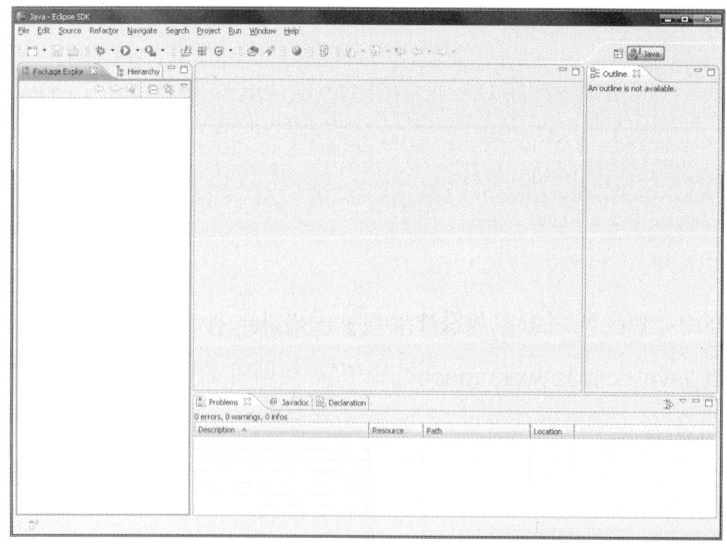

Welcome 바로 옆의 〈X〉를
누르면 나오는 화면이다.

기까지 모두 마무리되었으면 이제 웹 프로그래밍에 필요한 준비는 모두 끝난 것이다. 물론 이것
이 모두는 아니다. 나머지 준비는 진도를 나가면서 해당 라운드에서 하나씩 하겠다. 그리고 이
클립스 사용법은 이 책을 배우면서 하나씩 익혀 나가겠다. 참고적으로 내려 받은 모든 파일은
Install_Files 폴더에서 관리할 것이므로 폴더를 잘 보관하도록 하자.

마무리 하면서

프로그램을 개발하면서는 먼저 환경 설정부터 하게 된다. 이번 라운드는 자바 기반의 웹 프로그램을 개발할 때 필요한 환경 설정에 초점을 맞추어서 설명했다. 아직 웹 프로그래밍이 무엇인지 설명하지 않았다. 그러나 환경 설정은 앞서와 같이 개별 프로그램에 대해서 일련의 절차에 맞게 조작하는 작업이므로 내용을 모르는 상태에서도 가능하다.

이러한 환경 설정은 실무 작업자가 모두 알고 있어야 하는 사항이다. 독자는 처음부터 설치를 해보는 것이 좋다. 앞서도 이야기했지만 필자와 동일한 폴더와 경로를 사용하지 않은 독자가 있다면 다시 설치하기를 권한다. 원활한 수업 진행과 질문에 제대로 답하려면 꼭 필요하다. 고집 부리지 말고, 꼭 다시 설치하도록 하자. (^^;)

Part 1
웹 프로그래밍 : 기초편

제 2 장

웹 프로그램에 대한 이해

▌ 이번 라운드에서는 웹 프로그램을 다룬다. 여기서는 클라이언트(Client)와 서버(Server)라는 말이 자주 등장한다. 둘은 서비스를 제공하는 입장(서버)이냐 제공받는 입장(클라이언트)이냐로 구분한다. 예를 들면, 프리렉 사이트는 서버가 되고, 프리렉 회원은 클라이언트가 된다는 이야기다.

Round 02

2.1 웹 프로그램이란?　**2.2** 웹 프로그램의 실행 흐름　**2.3** 클라이언트 프로그램과 서버 프로그램

목표

· 웹 프로그램에 대하여 안다.

· 웹 프로그램이 실행되는 원리에 대하여 안다.

· 클라이언트측과 서버측 프로그램을 구분할 수 있다.

활용

웹 프로그램의 실행 흐름

사용자의 접근에서부터 요청을 처리하기까지의 과정을 이해함으로써 웹 프로그램이
어느 곳에서 어떤 동작을 하는지 파악하여 원하는 작업을 구현할 수 있다.

클라이언트측과 서버측 프로그램의 구분

웹 프로그램은 클라이언트 위주의 프로그램(HTML, 자바스크립트, 애플릿)과 서버
위주의 프로그램(서블릿, JSP, PHP)으로 나눌 수 있다.

 들어가기 전에

독자 여러분은 특정 기능을 구현하기 위해 자바와 같은 프로그램 언어로 실행 가능한 프로그램을 작성하였었다. 이런 프로그램은 운영 방법과 실행 방법에 따라 대화형과 배치형으로 구분한다.

대화형은 사용자가 컴퓨터에 정보를 입력하면 이에 응답하여 여러 작업을 구분해서 실행하는 프로그램이다. 웹 브라우저가 이에 해당한다. 배치형은 미리 작성한 코드대로 실행되는 프로그램이다. 예를 들어,

```
System.out.println("Hello Java!");
```

라는 코드가 있는 프로그램을 실행하면 사용자로부터 입력을 받지 않고도 콘솔 창에 Hello Java! 문자열을 출력한다.

그러나 실무에서는 어떤 분야에서 프로그램을 사용하는지에 따라 응용 프로그램, 유틸리티 프로그램, 시스템 프로그램, 웹 프로그램, 게임 프로그램 등으로 구분한다. 분야별로 프로그램을 작성하는 방법이나 실행되는 순서가 다를 수 있다. 그러므로 같은 언어를 사용하더라도 분야별로 방법은 제각기 익혀야 한다. 그러면 웹 프로그램이 어떻게 실행되는지 그리고 언제 사용하는지 지금부터 배워 보자.

2.1 웹 프로그램이란?

웹 프로그램은 월드 와이드 웹(World Wide Web, WWW)의 네트워크 통신 규약에 따라 컴퓨터 간에 데이터를 주고받는 네트워크 프로그램이다. 네트워크 통신에서는 서로 다른 환경(운영체제나 기종)이어도 데이터를 주고받아야 하기에 이런 규약이 반드시 필요하다. 그렇지 않으면 상대방 컴퓨터나 프로그램은 받은 데이터를 해석하지 못하게 된다.

원래 웹 프로그램은 HTML(Hyper Text Markup Language)로 작성하기 시작했다. HTML은

웹 서비스를 구현하기 위해 사용하는 텍스트 기반의 프로그램 언어이다. 정적인 웹 페이지를 요청한 상대방에 전달하는 것이 목적이었다. 따라서 동적인 웹 페이지가 필요할 때는 HTML이 한계를 보일 수밖에 없었다.

이것을 보완하기 위해 웹 프로그램 언어로 서블릿, JSP, ASP, PHP 등이 등장했다. 그 중에서 자바 기반의 웹 프로그램 언어가 서블릿(Servlet)과 JSP이다. 그러나 웹 프로그램이 실행되려면 HTML 코드와 반드시 조합되어야 하기 때문에 HTML 코드 없이는 웹 프로그램을 작성하는 것이 불가능하다. 결론적으로 서블릿과 JSP라는 웹 프로그램 언어는 HTML 코드 내부에 자바 언어를 넣는 기술로 정적인 웹 페이지에 동적인 변화가 가능하게 해주는 언어라고 생각하면 된다.

2.2 웹 프로그램의 실행 흐름

우리가 알고 있는 프로그램의 실행 흐름은 네 가지이다. 첫 번째는 public static void main(String[ ] ar)이라는 메서드의 시작 블록에서 끝 블록으로, 왼쪽에서 오른쪽으로, 위에서 아래로 진행되는 전형적인 로컬 응용 프로그램(Local Application)이다. 두 번째는 멀티스레드(Multithread)로 작성된 프로그램에서(여기서도 역시 main( ) 메서드에서 시작은 하지만) 각 스레드(Thread)의 구현 메서드인 public void run( ) 함수의 내용부가 시분할 개념에 의해 CPU를 점유해 가며 개별적으로 실행된다. 세 번째는 GUI 프로그램에서 프레임(Frame)이 실행되는 동안 스레드가 동작하면서 이벤트(Event)가 발생할 때마다 다시 특정 코드가 실행된다. 즉 로컬 응용 프로그램과 멀티스레드가 조합된 프로그램이다. 말은 다르지만 결론적으로 void main( ) 메서드에서 시작해서 끝난다는 점은 동일하다.

마지막 네 번째는 조금 특이한 경우이다. 바로 애플릿(Applet)의 실행 흐름이다. 애플릿은 웹 브라우저 내에서 실행되는 자바 프로그램으로 사용자가 해당 페이지를 요청하면 요청받은 페이지 내에 애플릿이 기술되어 있을 때 자바 코드의 main( ) 메서드를 찾지 않고

```
public void init() → public void start() → public void paint(Graphics g)
```

이 순서대로 메서드가 자동으로 실행된다. 그리고 사용자가 해당 페이지를 벗어날 때는

```
public void stop() → public void destroy()
```

이 순서대로 메서드가 자동으로 실행된다. 이것을 애플릿의 라이프 사이클(Life Cycle)이라고 부른다.

웹 프로그램의 실행 흐름은 앞서 기술한 네 가지가 결합된 형태라고 보면 틀리지 않다. 일단 기반이 되는 것은 사용자가 사용할 클라이언트 프로그램(웹 브라우저)이 있어야 하고, 사용자에게 웹 서비스를 제공할 서버 프로그램(웹 서버)이 있어야 한다.

| 웹 프로그램의 실행 흐름

❶ 웹 서비스를 제공하는 서버 프로그램이 실행 중이어야 한다.

예를 들어, 프리렉 컴퓨터는 항상 커져 있고, 웹 서버가 항상 실행되고 있다. 웹 서버가 실행되면 스레드에 의해 Listen 상태가 유지된다. 사용자가 언제 접속할지 모르기 때문에 계속해서 감시하고 있어야 한다.

❷ 사용자가 웹 브라우저를 실행해서, 주소 표시줄에 방문하려는 사이트의 도메인 이름을 적는다. 그런 다음 해당 페이지로 이동하려고 키보드에서 [Enter] 키를 친다.

원래 다른 컴퓨터에 접속을 하려면 IP 주소를 주소 표시줄에 입력해야 한다. 그러나 IP 주소는 xxx.xxx.xxx.xxx 와 같이 12자리의 숫자로 구성되어 있어서 기억하기는 힘들다. 따라서 IP 주소 대신에 해당 컴퓨터를 지칭하는 닉네임이 필요한데, 이것이 바로 도메인 이름(예: www.freelec.co.kr)이다.

도메인 이름을 관리하고 서비스해 주는 컴퓨터를 DNS(Domain Name Service) 서버라고 한다. 인터넷을 하려면 꼭 등록해야 하는 IP 주소이다. SK브로드밴드나 LG U+ 등과 같이 인터넷 서비스를 제공하는 회사는 DNS 서버를 함께 운영하고 있다. 만약 자기 컴퓨터의 DNS 서버를 확인하고 싶다면 명령 프롬프트 창에서 ipconfig -all이라고 실행하면 된다.

도메인 이름을 주소 표시줄에 적고서 [Enter] 키를 치면 DNS 서버에 도메인 이름에 대한 IP 주소를 물어본다. 그런 다음 DNS 서버가 알려준 IP 주소로 페이지를 요청하는 명령을 보낸다.

❸ 웹 서버가 Listen 상태로 있다가 사용자로부터 요청이 오면 하나의 스레드를 생성해서 사용자에게 요청한 페이지를 전송한다.

사용자의 요청은 대부분 페이지이므로 접속한 사용자의 IP 주소를 알아내서(자동으로), 해당 IP 주소로 서버가 갖고 있는 정보를 보낸다. 사용자와의 통신은 개별 스레드가 담당한다. 즉 다른 사용자와는 스레드를 공유하지 않는다. 따라서 내 정보를 다른 사용자가 볼 걱정은 하지 않아도 된다.

❹ 사용자의 웹 브라우저는 웹 서버로부터 받은 HTML 페이지를 파서(Parser)로 해석한 다음 화면에 내용을 표시해 준다.

HTML뿐 아니라 웹에서 사용하는 모든 내용은 그것을 해석하는 파서가 있다. 파서라는 것은 구문 해석기라고 보면 된다. 만약 파서가 해석할 수 없는 내용을 전송받으면 해석 실패로 실행되지 않는다. 즉, XML을 해석하는 파서나 HTML을 해석하는 파서 등은 시스템에 설치되어 있어야 내용의 해석이 가능하다. 이후의 라운드에서 XML 파서에 대해서는 다룰 것이다.

이들 중 ❸에서 실제로는 또 다른 프로그램의 실행 흐름이 발생한다. 이것은 다섯 번째로

```
public void init() → public void service() → public void destroy()
```

이 순서대로 메서드가 자동으로 실행된다. 이에 대한 설명은 서블릿과 JSP의 라이프 사이클(Life Cycle)을 다루는 장에서 설명할 것이다. 일단 웹 프로그램의 실행 흐름은 앞서 설명한 네 가지가 결합된 형태라는 생각이 들지 않는가?

2.3 클라이언트 프로그램과 서버 프로그램

웹 프로그램은 크게 두 가지 측면에서 생각해 볼 수 있다. 하나는 클라이언트(Client) 프로그램이고, 나머지 하나는 서버(Server) 프로그램이다. 클라이언트 프로그램에는 HTML, 자바스크립트, 애플릿 등이 있고, 서버 프로그램에는 서블릿, JSP 등이 있다.

둘의 차이점은 모든 내용이 클라이언트로 전송되어 실행되는가 아니면 필요한 정보만 서버로

전송되어 실행되는가로 구분한다. 서버로 전송되어 비즈니스 논리(Logic)가 수행되는 서버 프로그램은 한번의 내려 받기로 실행되는 클라이언트 프로그램에 비해 네트워크 부하가 더 발생한다. 만약 인터넷 속도가 느리다면 이런 부하가 속도에 많은 영향을 미치게 될 것이다. 따라서 굳이 서버로 전송해서 처리해야 하는 경우가 아니라면 클라이언트 프로그램을 이용하는 것이 바람직하다.

그럼 클라이언트 프로그램으로 할 수 있는 작업은 무엇일까? 회원 가입을 예로 들면 주민번호를 입력받는 경우 앞자리가 6자리이고 뒷자리가 7자리인지, 숫자로 되어 있는지 등에 대한 판단은 굳이 서버로 전송하지 않고서도 처리할 수 있는 문제이다. 이런 것들까지도 서버가 담당한다면 클라이언트나 서버 모두 부담이 될 것이다. 앞으로 배우겠지만 보안에 위배되지 않고 서버에 저장된 데이터가 필요하지 않은 작업은 대부분 클라이언트 프로그램이 담당한다.

우선 클라이언트와 서버 프로그램에 대해서 알아보고, 이클립스 사용법도 익힐 겸해서 클라이언트 프로그램과 서버 프로그램을 작성해 보자. 세부 내용보다는 전체 구성을 살펴본다고 생각하면 된다. 여기서 작성하는 파일의 위치를 아직 기억할 필요는 없지만 눈여겨보기 바란다.

웹 프로그램의 작성 순서

❶ 클라이언트측 HTML 페이지를 간단하게 작성한다.

❷ HTML 페이지 내에 회원 가입을 검증하는 비즈니스 논리가 있는데 자바스크립트(역시 클라이언트)로 구현한다.

❸ HTML 페이지에서 전송 단추를 누르면 서버 프로그램인 JSP가 이것을 받아 회원 가입에 대해서 비즈니스 논리를 처리한다. 실제 데이터베이스와 연동하지는 않는다.

먼저 이전 라운드에서와 같이 이클립스를 실행한다. 톰캣과 연동하기 위해서 환경 설정을 먼저 하자. 이클립스의 메뉴에서 [Window] → [Preferences]를 선택하면 환경 설정을 할 수 있는 대화 상자가 뜬다.

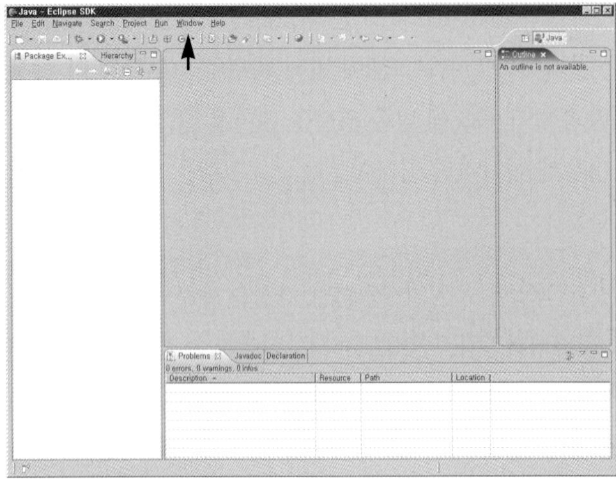

위쪽 메뉴 중 [Window]를 선택하고서
[Preferences]를 선택한다.

다음 대화 상자에서 왼쪽 트리 구조의 항목들 중 [Java] 항목을 확장하면 [Compiler] 항목이 있다. 이 항목을 클릭하자.

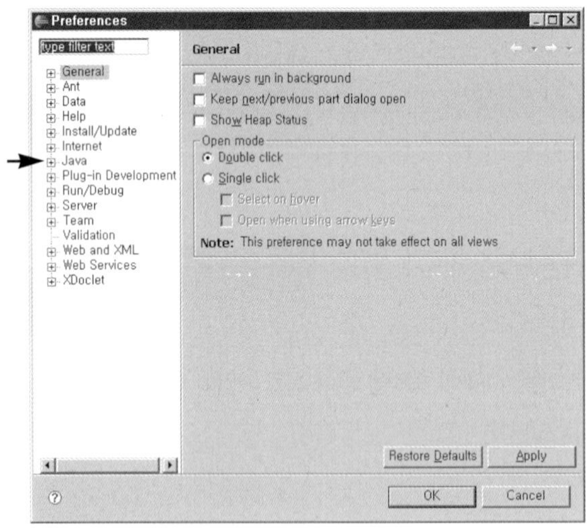

이 화면은 [Preferences] 대화 상자이다.

다음과 같이 JDK 버전을 변경하고 적용하면 경고 창이 뜨는데 모든 프로젝트에 적용하는지 묻는 것이다. 예라고 하면 된다.

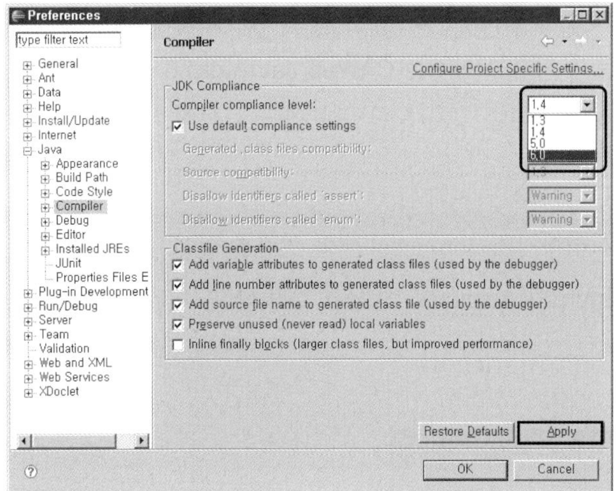

JDK 버전을 6.0으로 변경하고 〈Apply〉를
누른다.

다음으로 우리가 설치한 JDK의 경로가 제대로 설정되어 있는지 확인해 보자. 역시
[Preferences] 대화 상자에서 [Java] 항목을 확장하여 아래의 [Installed JREs] 항목을 클릭하
자. 필자와 설치한 내용이 같으면 C:/Web_Java/jdk1.6이라고 설정되었을 것이다. 그러나 일
부 시스템에서는 C:/Program Files/Java/Jre…으로 경로가 설정되는 경우도 있다. 중요하지
는 않지만 필자와 같은 경로를 유지하기 바란다. 만약 경로에 대한 설정을 변경하고 싶으면
[jdk1.6]을 클릭하면 오른쪽 〈Edit〉가 활성화된다. 이것을 눌러 원하는 경로로 지정하고 〈OK〉
를 누르면 된다.

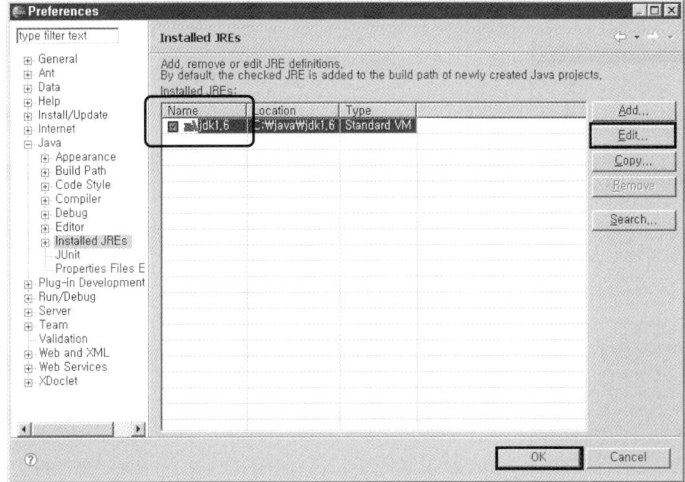

앞 화면에서는 [Location]이 C:\java\jdk1.6으로 잡혀 있다. 이것은 예전에 필자가 JDK를 설치해 둔 경로라서 그런 것이다. 그러므로 무시하고 독자는 **C:\Web_Java\jdk1.6**으로 설정하면 된다. 만일 설정을 변경했다면 [Preferences] 대화 상자를 닫았다 열어야 실제로 설정이 적용된다.

다음으로 이클립스와 연결할 서버를 등록하자. [Preferences] 대화 상자를 열어서 트리 구조의 항목 중 [Server]를 확장하여 아래의 [Install Runtimes] 항목을 클릭하자. 여기서 오른쪽의 ⟨Add⟩를 누르면 대화 상자가 뜬다.

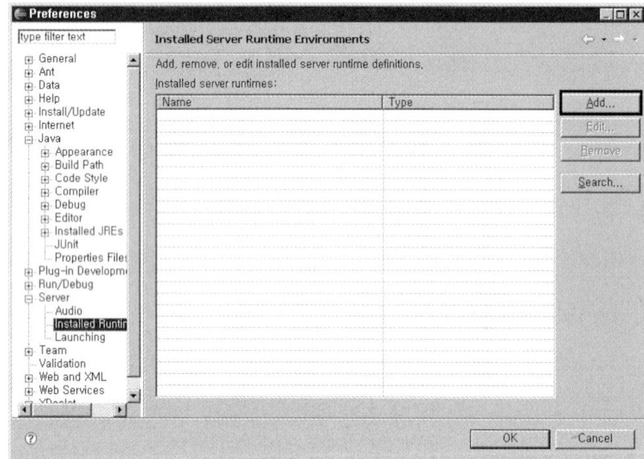

⟨Add⟩를 누른다.

여기서 이미 설치되어 있는 톰캣 5.5의 홈 디렉터리(Home Directory)를 설정하면 된다.

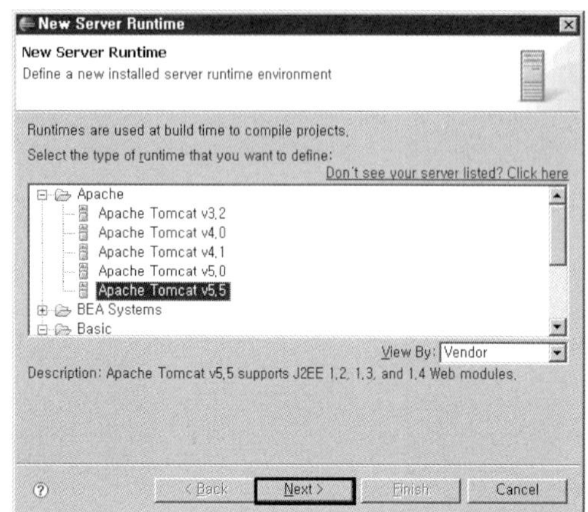

[Apache] 항목에서 5.5 버전을 선택하고서 ⟨Next⟩를 누른다.

다음 대화 상자에서 〈Browse...〉를 눌러서 경로를 지정하고 아래쪽 [JRE] 필드는 앞에서 등록
한 jdk1.6으로 설정한다. 그런 다음 〈Finish〉를 누른다. [Preferences] 대화 상자를 닫으면 일단
서버와의 연결은 마무리된다.

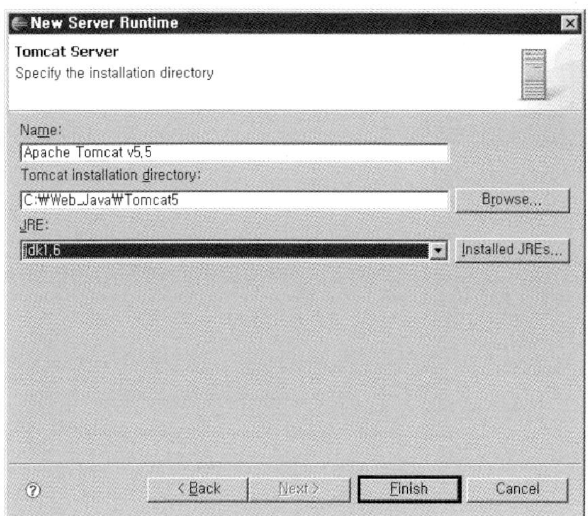

다음으로 웹 프로젝트를 작성하기 위해서 화면 구성(Perspective)을 해보자. 메뉴에서
[Window] → [Open Perspective] → [Other]를 차례대로 선택하면 [Open Perspective] 대화
상자가 뜬다.

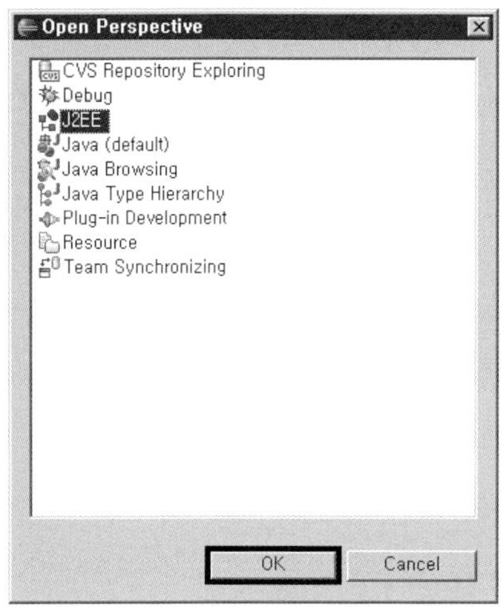

[J2EE] 항목을 선택하고 〈OK〉를 누른다.

J2EE로 화면 구성을 선택하면 이클립스의 화면이 다음과 같이 변경되고, 웹 프로그램을 작성할 준비가 모두 끝난다.

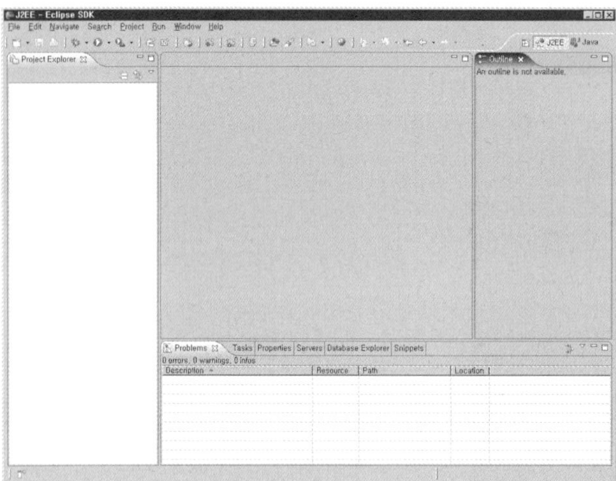

다음으로 동적인 웹 프로젝트(Dynamic Web Project)를 만들자. 왼쪽 프로젝트 탐색기(Project Explorer)의 흰색 화면에서 마우스 오른쪽을 클릭하여 바로 가기 메뉴에서 [New] → [Dynamic Web Project]를 선택한다. 그러면 다음과 같이 대화 상자가 뜬다. 프로젝트 이름에 Round02를 적고 〈Finish〉를 누른다. [Target Runtime] 필드에는 우리가 등록한 Apache Tomcat v5.5가 설정되어 있는지 확인하고, 설정이 되어 있지 않으면 〈New〉를 눌러 설정한다. 이전 작업을 제대로 했다면 자동으로 등록되어 있을 것이다.

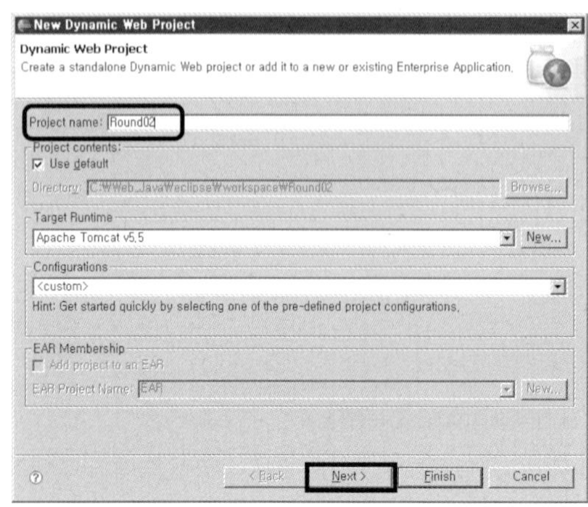

처음으로 프로젝트를 만들면 라이센스에 대하여 동의를 구하는 과정이 있는데 동의하면 된다.

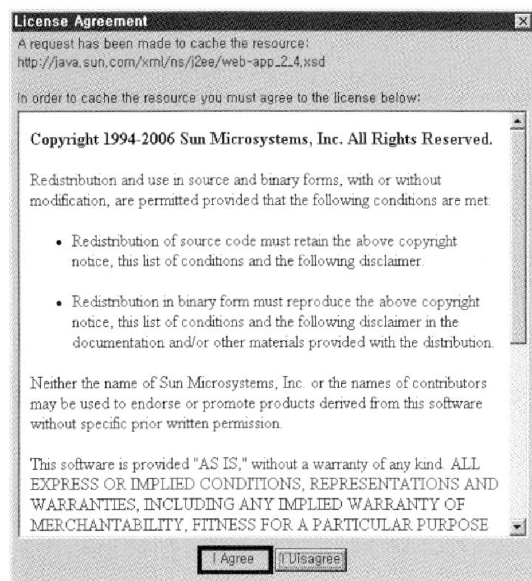

〈I Agree〉를 누른다.

왼쪽 프로젝트 탐색기에서 Round02 프로젝트를 확장하면 WebContent 폴더가 있을 것이다. 이
번 예제에서 만들어지는 모든 파일은 이곳에 있게 된다. **WebContent** 폴더를 마우스 오른쪽을
클릭하여 바로 가기 메뉴에서 **[New]** → [Html]을 선택한다.

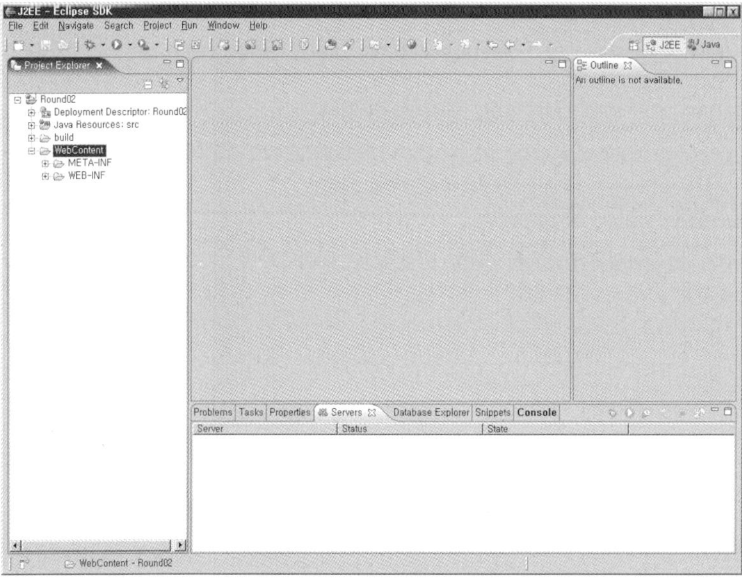

이 대화 상자에서 만들 파일의 이름을 입력하게 된다.

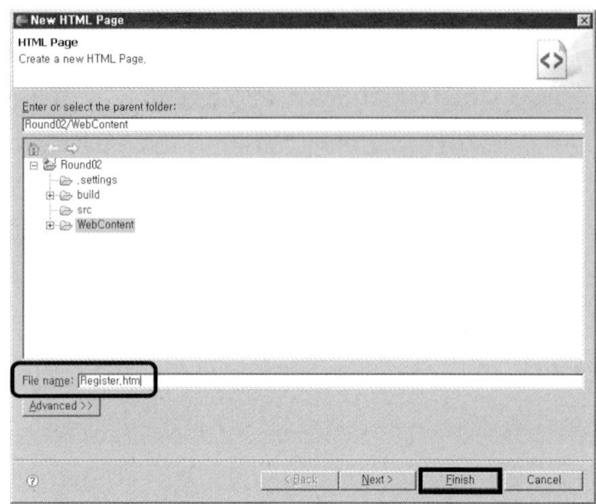

파일 이름에 Register.htm이라고 적고서 〈Finish〉
를 누른다.

HTML 문서가 만들어지면 기본적으로 작성되어 있는 코드가 있는데, 다음 화면처럼 코드를 수
정한다. 참고로 코드를 작성하는 화면만 보이게 하려면 위쪽의 [Register.htm]이라는 제목을
더블 클릭하면 된다. 원래대로 화면을 보이게 하려면 다시 더블 클릭하면 된다.

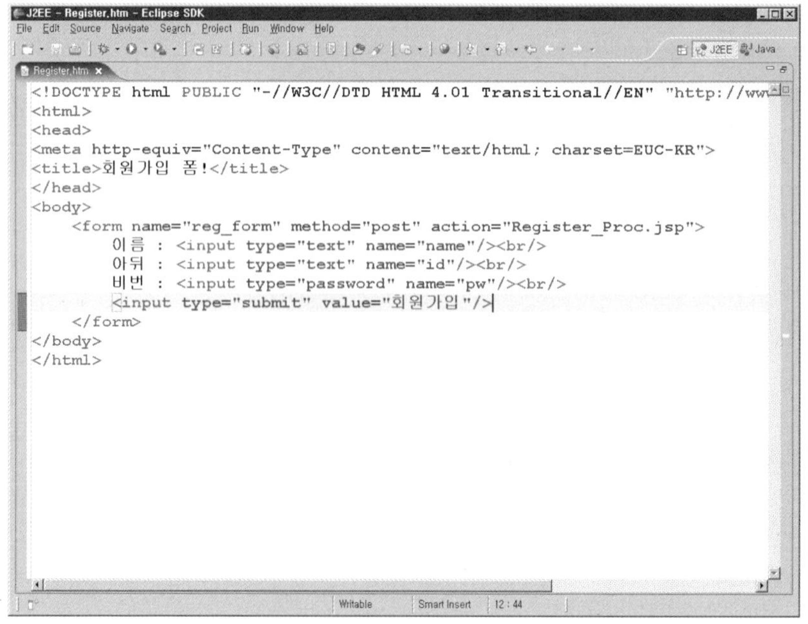


```html
<!DOCTYPE html PUBLIC "-//W3C//DTD HTML 4.01 Transitional//EN" "http://www
<html>
<head>
<meta http-equiv="Content-Type" content="text/html; charset=EUC-KR">
<title>회원가입 폼!</title>
</head>
<body>
    <form name="reg_form" method="post" action="Register_Proc.jsp">
        이름 : <input type="text" name="name"/><br/>
        아뒤 : <input type="text" name="id"/><br/>
        비번 : <input type="password" name="pw"/><br/>
        <input type="submit" value="회원가입"/>
    </form>
</body>
</html>
```

이제 수정한 파일을 웹에서 확인해 보자. 그러려면 왼쪽 프로젝트 탐색기에서 **Round02**를 마우스 오른쪽을 클릭한 후 바로 가기 메뉴에서 **[Run As]** → [Run On Server]를 선택해야 한다. 다음 대화 상자에서 〈Finish〉를 눌러서 프로젝트를 실행하면 웹에서 확인할 수 있다.

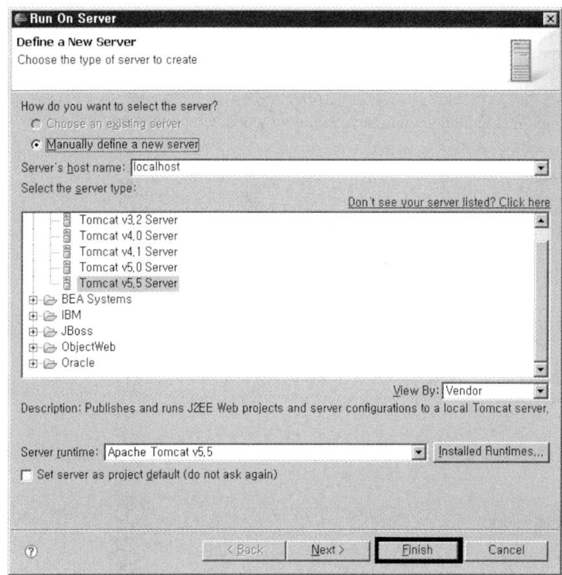

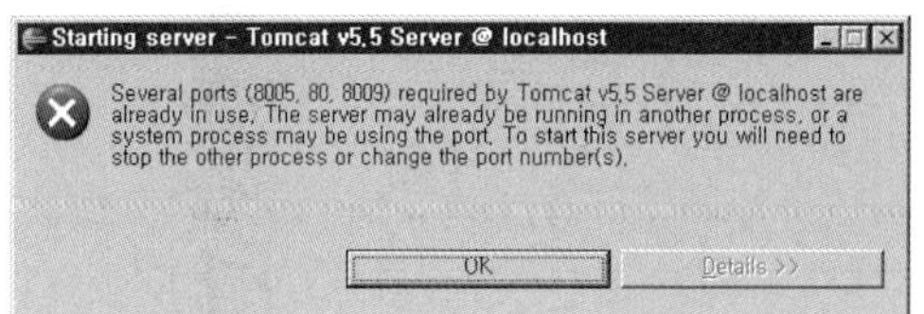

만약 다음과 같은 메시지가 뜨면 포트 간에 충돌이 생긴 것이다. 이미 톰캣이 구동되어 있다는 의미이다.

컴퓨터가 부팅될 때 톰캣이 자동으로 구동되는 것을 막기 위해서는 서비스 설정을 변경해야 한다. 바탕 화면의 **[시작]** → [설정] → [제어판] → [관리 도구] → [서비스]로 이동한다. 서비스 목록 중에서 [Apache Tomcat]를 찾아 더블 클릭한다.

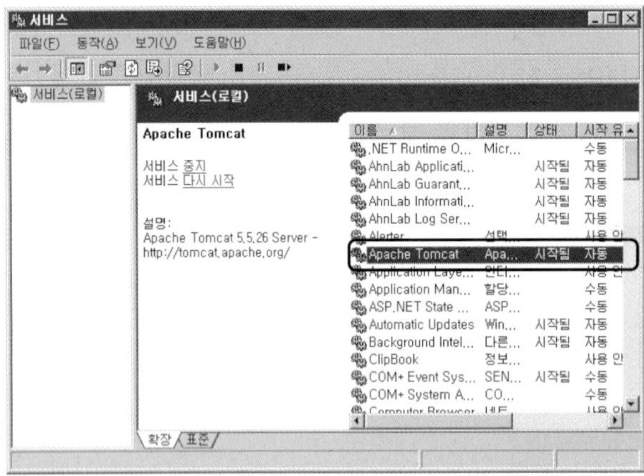

[Apache Tomcat]을 더블 클릭한다.

다음 속성 대화 상자에서 [시작 유형]을 **수동**으로 변경하고 [서비스 상태]에서 〈중지〉를 누른다.
그런 다음 〈적용〉을 누르고 대화 상자를 닫으면 된다.

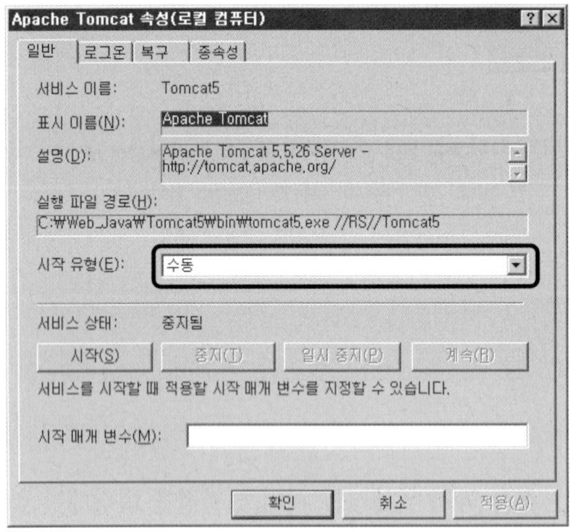

다시 왼쪽 프로젝트 탐색기의 **Round02**를 마우스 오른쪽을 클릭하여 바로 가기 메뉴에서 [Run
As] → [Run On Server]를 선택하면 다음과 같은 화면이 보인다. 이클립스에서 바로 프로젝트
를 실행할 수 있지만 웹 서비스를 이해하기 위해 이클립스에서의 실행은 뒤로 미룰 것이다. 오른
쪽 아래 패널의 [Servers] 탭을 선택하여 나온 화면에서 [Status]가 **Started**라고 보이면 된다.

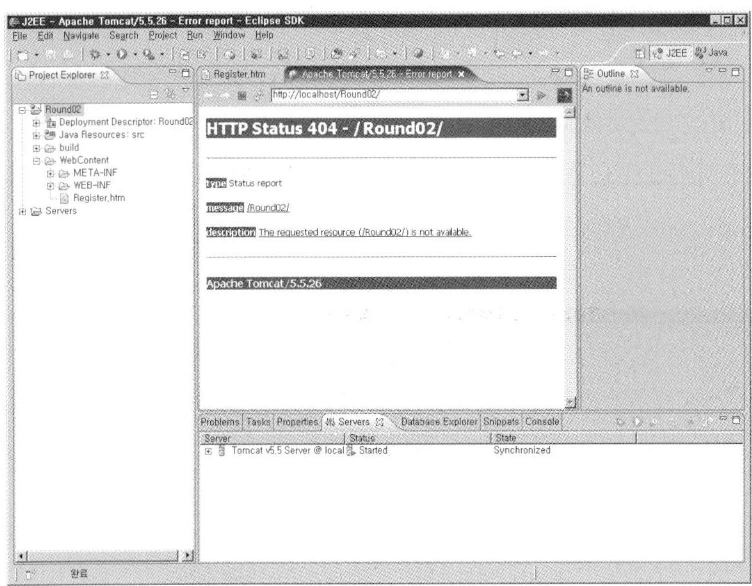

다음으로 인터넷 익스플로러(클라이언트 프로그램)를 실행하고 주소 표시줄에 **http://자신의_컴퓨터_IP_주소/Round02/Register.htm**이라고 입력하고서 Enter 키를 치자. 자신의 컴퓨터 IP 주소는 **[시작]** → [실행] → [cmd] → [ipconfig] 명령을 실행하면 알 수 있다. 이러한 HTML 페이지는 클라이언트 프로그램으로 서버(Server)에서서 클라이언트(Client)로 전송되어 실행된다. 이 페이지에서 입력한 어떤 글자도 회원가입 단추를 눌러 전송하기 전까지는 서버에서 인식하지 못한다.

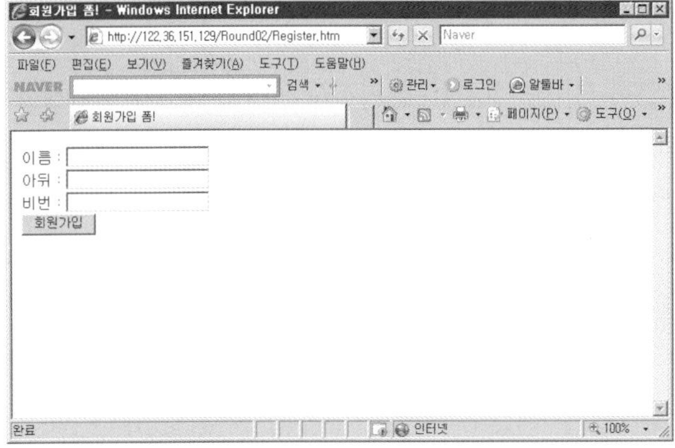

그럼 이 페이지에 클라이언트 프로그램 중 하나인 자바스크립트도 추가해 보자. 자바스크립트는 〈head〉 〈/head〉 태그 내에 작성할 것이다. 또한, 〈form〉 태그에도 코드 수정이 있을 것이다. 주의해서 작성하자. 서버로 전송하기 전에 아이디의 길이에 제한을 주는 비즈니스 논리를 적용하기 위해서이다. 만약 아이디가 네 자를 넘지 않으면 서버로 전송되지 않게 해서 서버의 부하를 줄이게 된다.

```html
<!DOCTYPE html PUBLIC "-//W3C//DTD HTML 4.01 Transitional//EN" "http://ww
<html>
<head>
<meta http-equiv="Content-Type" content="text/html; charset=EUC-KR">
<title>회원가입 폼!</title>
<script language="javascript">
<!--
    function check_form() {
        var id = document.reg_form.id.value;
        if(id == null || id.length < 4) {
            alert('아이디는 4자 이상이어야 한다!');
            return false;
        }
        return true;
    }
//-->
</script>
</head>
<body>
    <form name="reg_form" method="post"
        action="Register_Proc.jsp" onSubmit="return check_form()">
        이름 : <input type="text" name="name"/><br/>
        아뒤 : <input type="text" name="id"/><br/>
        비번 : <input type="password" name="pw"/><br/>
        <input type="submit" value="회원가입 "/>
    </form>
```

다시 인터넷 익스플로러를 실행해서 아이디를 네 자 이하로 적고 회원가입 단추를 누르면, 경고 창이 뜰 것이다. 네 자 이상을 적으면 당연히 서버로 전송된다. 여기서 서버는 다시 실행하지 않아도 된다. 단지 인터넷 익스플로러에서 새로 고침([F5])을 하면 자동으로 적용된다. 그러나 만약 적용이 되지 않으면 서버를 다시 실행하도록 하자. 이클립스 아래의 [Servers] 탭을 선택한 화면에서 [Status]가 **Started**인 글자를 마우스 오른쪽 클릭하여 바로 가기 메뉴에서 [Stop]을 선택한다. 그런 다음 다시 바로 가기 메뉴에서 [Start]를 선택하면 된다.

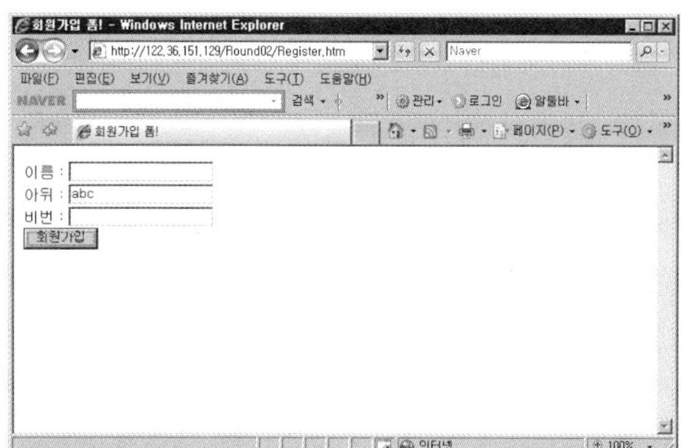

마지막으로 서버에서 넘어온 값을 받아서 등록하는 웹 프로그램을 JSP로 작성해 보자. 여기서 실제 데이터베이스에 값을 저장하지는 않겠다. 단지 받았다는 메시지만 남기도록 한다. 왼쪽 프로젝트 탐색기의 Round02 프로젝트의 WebContent 폴더에서 바로 가기 메뉴를 띄워서 [New] → [JSP]를 차례로 선택하자.

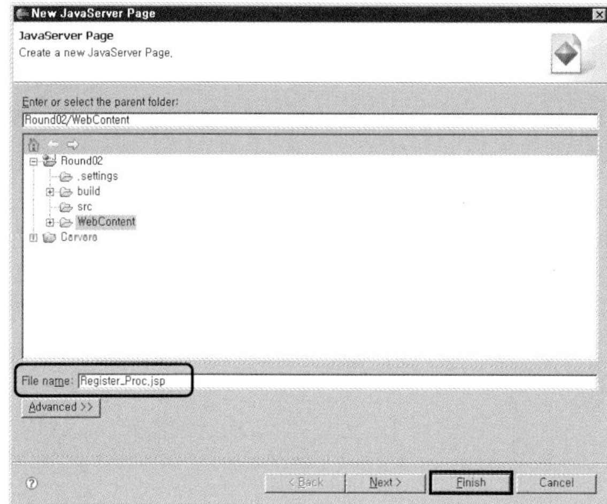

파일 이름으로 Register_Proc.jsp를 입력하고서
〈Finish〉를 누른다.

만들어진 JSP 파일 역시 앞서 만든 HTML 페이지와 비슷하게 생겼지만, JSP 프로그램은 클라이언트로 보내져 실행되지 않고 서버에서 처리하고서 결과만 클라이언트로 보낸다. 그러므로 서버 프로그램에 해당된다. 아직 클라이언트와 서버의 프로그램이 명확히 구분되지는 않을 것이다. 일단 HTML과 자바스크립트는 클라이언트 프로그램이라고 기억하고 JSP는 서버 프로그

램이라고 기억하자.

```
<%@ page language="java" contentType="text/html; charset=EUC-KR"
    pageEncoding="EUC-KR"%>
<%

    request.setCharacterEncoding("euc-kr");
    String name = request.getParameter("name");
    String id = request.getParameter("id");
    String pw = request.getParameter("pw");
%>
<!DOCTYPE html PUBLIC "-//W3C//DTD HTML 4.01 Transitional//EN" "http://www
<html>
<head>
<meta http-equiv="Content-Type" content="text/html; charset=EUC-KR">
<title>회원 가입 처리!</title>
</head>
<body>
    <%= name %>님!<br/>
    당신의 정보가 (id : <%= id %>, pw : <%= pw %>)로 등록 되었음을
    알려드립니다.
</body>
</html>
```

이제 **Round02** 프로젝트를 실행해 보자. 앞서와 같이 인터넷 익스플로러에서 실행한다.

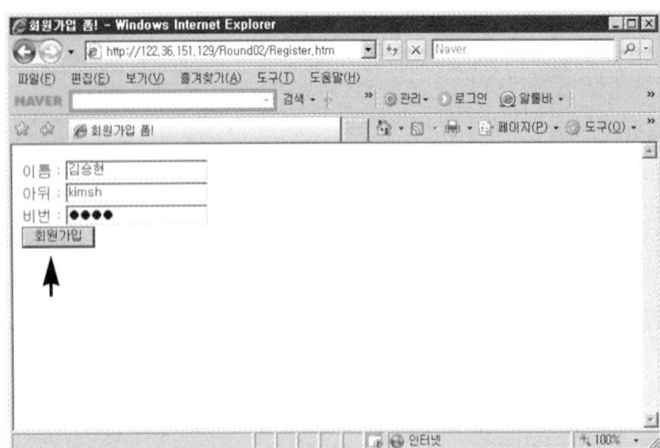

회원 정보를 입력하고 〈회원가입〉 단추를 누른다.

결과 페이지에서 주소 표시줄을 보면 Register.htm이 Register_Proc.jsp로 바뀌었음을 알 수 있다.

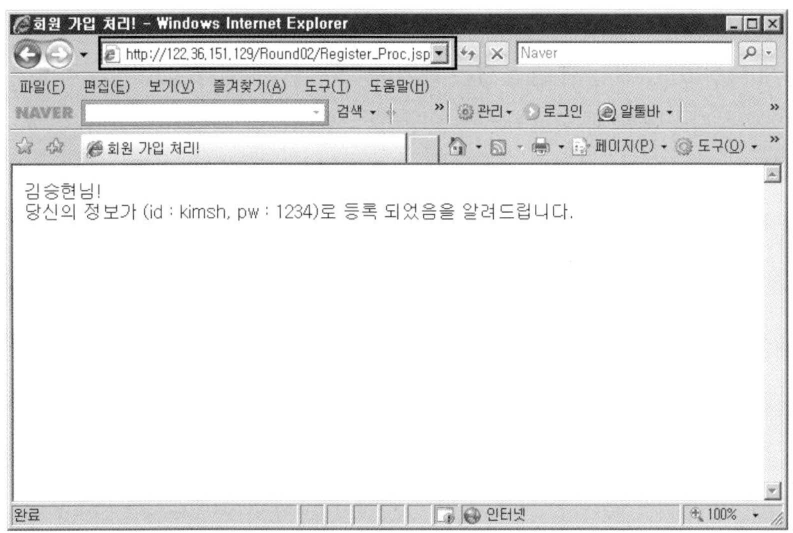

간단하게 나마 웹 프로그램을 작성하고 실행해 보았다. 주된 관점은 웹 프로젝트를 작성하고 클라이언트와 서버의 프로그램을 구분하는데 있다. 그러나 이것만 가지고는 명확히 무엇을 어떻게 해야 하는지 모를 수 있다. 너무 조급하게 생각하지 말고, 차근차근 배워 나가자. 그러다 보면 머지 않아 이해가 될 것이다.

우리가 이 책에서 중요하게 배우는 지식은 서버 프로그램과 관련이 있다. 그러나 클라이언트 프로그램에 관련된 지식 없이는 서버 프로그램의 지식은 무용지물이다, 앞서 경험했듯이 서버 프로그램 내부에도 어김없이 클라이언트 프로그램의 코드인 HTML이 포함되어 있지 않은가? 그래서 이 책에서는 Part 1에서 클라이언트 프로그램들에 관련된 지식을 먼저 소개한다. 물론 충분하지는 않다. 그래도 Part 2 서블릿과 Part 3의 JSP를 배우기에는 충분할 정도로 소개할 것이다.

마무리 하면서

웹 프로그램을 배우려면 선행해서 배워야 할 것이 많다. 웹의 기본인 HTML과 자바스크립트, 데이터를 관리하는 데이터베이스, 클라이언트에게 서비스를 하는 서버 프로그램 등이 그렇다. 이런 것들을 배우지 않으면 웹 프로그램을 배우는 것이 상당히 힘들다.

이번 라운드에서는 웹 프로그램의 시작으로 웹의 구성과 웹 프로그램의 실행 흐름, 웹 프로그램의 작성에 대해 간단하게 다루었다. 일단 다른 문제는 제외하고서 클라이언트와 서버의 관계는 알고 있어야 한다. 또한, 이클립스에서 웹 프로젝트를 작성하는 방법도 알고 있어야 한다.

제3장

웹 프로그램과 HTML

▌웹 프로그램은 웹에서 클라이언트 프로그램과 서버 프로그램 사이에 데이터를 교환할 목적으로 만들어지는 네트워크 프로그램이다. 이러한 네트워크 프로그램을 개발하면서 사용하는 기반 언어가 있는데, 바로 HTML(Hyper Text Markup Language)이다.

HTML은 초창기에서부터 지금까지 웹을 표현하려는 모든 곳에서 사용하는 웹 프로그램 언어이므로 반드시 익혀 두어야 한다. 태그가 많지 않아서 누구나 마음만 먹으면 짧은 시간 내에 익힐 수 있다.

Round 03

3.1 HTML의 기본 구조 **3.2** HTML의 기본 태그들 **3.3** 스타일 시트

목표

· HTML에 대하여 안다.
· HTML 태그에 대해여 암기한다.
· 스타일 시트에 대하여 안다.

활용

HTML의 기본 구조

웹 프로그램을 작성할 때 클라이언트가 보게 되는 GUI 화면은 전부 HTML이 담당한다. 그래서 HTML이 웹의 기초라고 할 수 있다. HTML의 기본 구조를 보면 웹 서비스를 가늠할 수 있다.

HTML 태그들

HTML은 태그 위주의 웹 프로그램 언어로 XML이나 SGML처럼 새로운 태그를 정의해서 사용하지 않고 이미 정의되어 있는 태그를 사용한다. 따라서 태그의 용도만 알면 활용에는 문제가 없다.

들어가기 전에

HTML은 마크업(Markup)을 이용하여 웹에서 클라이언트에게 내용을 적절하게 표시하도록 규약되어 있는 웹 프로그램 언어이다. 여기서 마크업은 〈html〉과 같은 태그를 이야기한다. 그리고 태그란 '〈'와 '〉' 사이에 특정 이름을 넣어 표시하는 기호이다.

HTML 페이지는 직접 코드를 작성하지 않고서도 유틸리티(나모 웹 에디터 등)를 이용해서 작성할 수 있다. 그러나 우리는 이런 유틸리티의 도움 없이도 작성할 수 있어야 한다. 왜냐하면 서블릿(Servlet)이나 JSP(Java Server Page)를 이용하는 웹 프로그램에도 HTML 코드는 포함되어 있다. 이들을 나중에 해석할 수 있으려면 HTML 코드를 작성하는 능력이 필요하다. 먼저 HTML 페이지를 간단하게 작성하면서 HTML을 배워 나가자.

3.1 HTML의 기본 구조

자바 프로그램을 배우면서 Hello Java!!라는 문자열을 출력한 경험이 있을 것이다. 마찬가지로 HTML에서도 이와 비슷한 예가 있다. 먼저 Round03 프로젝트를 만들고서 WebContent 폴더에서 Round03_001.htm 파일을 만들자. 방법은 앞 라운드의 Round02 프로젝트를 만들 때와 같다.

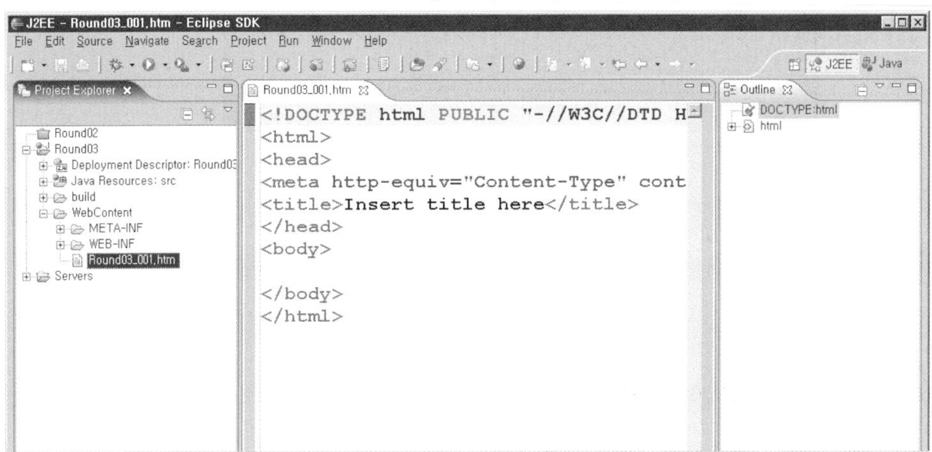

이클립스에서는 HTML 기본 코드를 자동으로 만들어 준다. 그러나 여기서는 기본 태그를 익히기 위해서 기본 코드를 모두 삭제하고 다음과 같이 코드를 다시 작성하자. 예제에서 HTML 파일의 확장자로 HTM을 사용했다. HTML도 사용할 수 있지만 HTM은 확장자가 3글자로 제한되는 운영체제를 위한 것이다. 여러 시스템에 공통적으로 적용하려면 습관적으로 확장자를 HTM으로 사용하는 것이 낫다.

예제	Round03_001.htm

```html
<html>
    <head>
        <title> 제목!</title>
    </head>
    <body>
        HELLO HTML!!!
    </body>
</html>
```

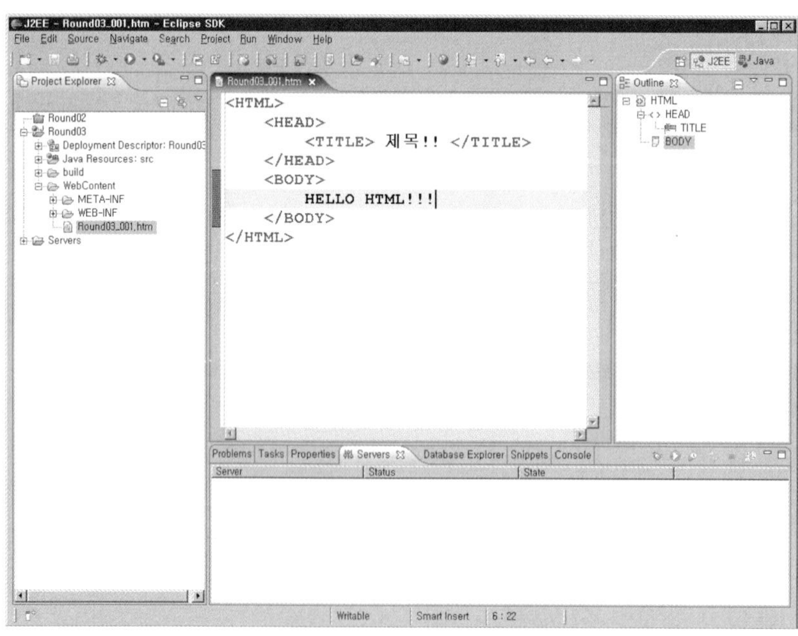

간단한 예제지만 코드에 대해서 설명하자면 모든 내용은 기본적으로 〈html〉과 〈/html〉 태그

사이에 적어야 한다. 가끔씩 생략하기도 하지만 원칙적으로 〈html〉 태그가 루트(Root) 태그여
야 한다. 이 태그는 웹 프로그램 언어가 HTML이라는 것을 알려준다. 〈html〉 태그는 〈head〉
태그와 〈body〉 태그를 내부에 포함할 수 있는데, 경우에 따라서는 〈body〉 태그 대신에
〈frameset〉 태그가 올 수도 있다. 〈frameset〉 태그는 뒤에서 다시 설명하겠다. 〈head〉 태그의
내용부에는 웹 페이지의 속성을 설정하고, 〈body〉 태그의 내용부에는 웹 페이지에서 보여줄 내
용을 적는다. 예제에서는 〈head〉 태그의 내용부에 〈title〉 태그로 제목을 적었고, 〈body〉 태그
의 내용부에 HELLO HTML!!이라는 문자열을 적었다.

이와 같이 코드를 작성했으면 인터넷 익스플로러(웹 클라이언트)를 통해 예제를 실행해 보자.
이번에는 Round02 프로젝트 때와는 다르게 웹 서버로 레진(Resin)을 이용하겠다. 레진의 관리
파일 영역을 우리가 작성하는 Round03으로 수정하면 실행하기 편하므로 루트(Root)부터 수정
하자. 톰캣은 이클립스와 연동하면서 자동으로 루트를 C:\Web_Java\eclipse\workspace로 설
정하기 때문에 이런 작업이 필요 없다. 탐색기를 실행해서 C:\Web_Java\resin3.1.5\conf 폴더
로 이동하자.

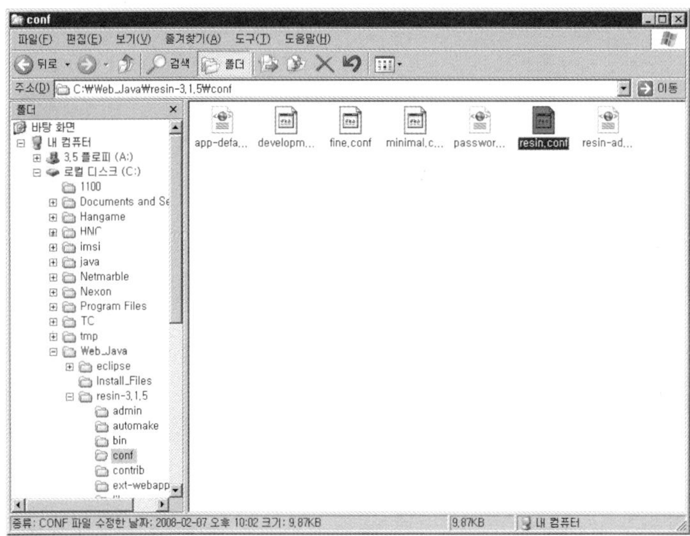

이 폴더 내에 resin.conf 파일을 워드 패드(Word Pad)로 열어 보자. 메모장(Note Pad)으로 열
면 내용을 확인하기 어려울 수 있으므로 워드 패드를 활용하자. 이 파일의 아래쪽 거의 끝에서
다음과 같은 내용을 찾아 수정하고 저장하자.

- 수정 전 : `<web-app id="/" root-directory=" webapps/ROOT"/>`

- 수정 후 : `<web-app id="/" root-directory="C:\Web_Java\eclipse\workspace"/>`

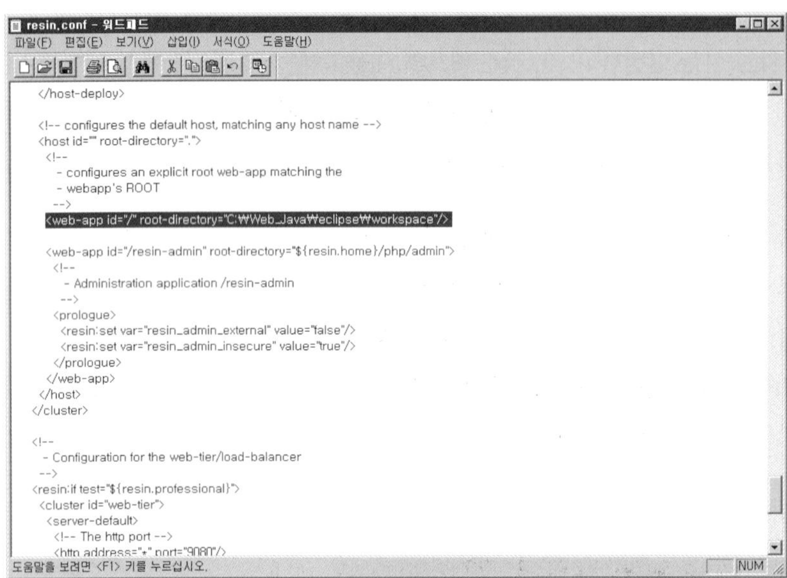

이제 레진을 구동하기 위해 탐색기에서 C:\Web_Java\resin3.1.5 폴더로 이동해서 httpd.exe
파일을 찾아보자. 이 파일을 더블 클릭하면 두 개의 창이 뜨면서 레진이 구동된다. 두 창 모두
실행되고 있어야 레진이 구동된 채 유지되므로 닫지 않도록 한다.

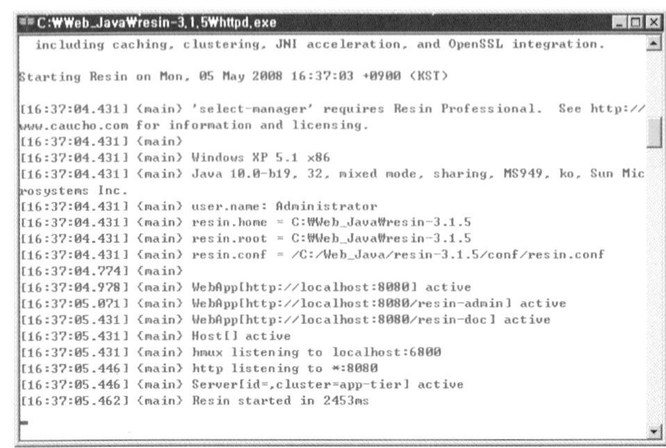

계속해서 인터넷 익스플로러를 실행하고 주소 표시줄에 다음과 같이 입력하고서 $\boxed{Enter}$ 키를 쳐서 프로젝트를 실행해 보자.

실행 ▶ http://자신의_IP_주소:8080/Round03/WebContent/Round03_001.htm

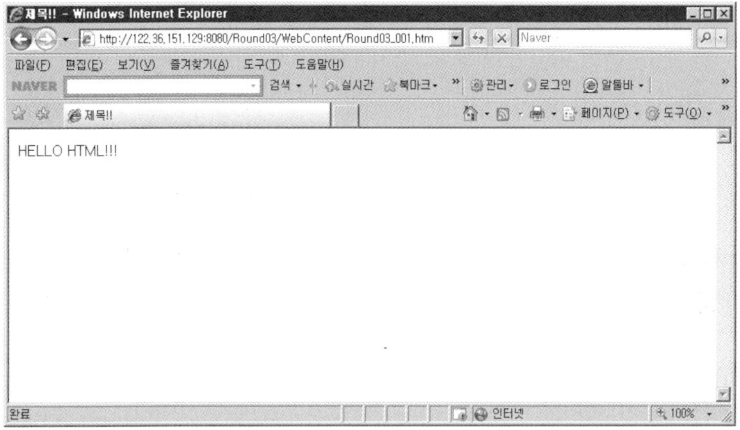

웹에서 자바 관련 서버의 기본 포트는 8080이다. 그래서 톰캣으로 예제를 실행했을 때와 다르게 주소 표시줄에 :8080을 적는 것이 중요하다. 우리가 라운드 1에서 두 개의 웹 서버를 설치했을 때 톰캣의 포트는 80으로 수정했고 레진의 포트는 그대로 두었었다.

그러나 웹에서 클라이언트의 기본 포트는 80이다. 그래서 주소 표시줄에 포트 번호를 따로 적지 않으면 웹에서 클라이언트는 80으로 해석한다. 톰캣의 경우 웹 브라우저의 주소 표시줄에 80을 적지 않은 이유이다. 웬만한 웹 사이트들은 모두 80번 포트를 사용하기 때문에 우리는 포트 번호를 신경 쓰지 않고 도메인 이름만 적으면 된다.

톰캣이나 레진 모두 웹 서비스를 해주는 서버 프로그램이기 때문에 어떤 서버를 사용해도 무방하다. 이번 라운드에서는 레진 위주로 예제를 실행하도록 하겠다. 그러나 나머지 라운드에서는 톰캣을 주로 이용하겠으며 인터넷 익스플로러는 이클립스에서 실행하겠다.

3.2 HTML의 기본 태그들

HTML에서 태그는 인터프리터(Interpreter)가 문서를 해석하는 기준이 되는 문자열이다. 그래서 태그의 종류나 관련된 속성 그리고 내용부에 따라 웹 페이지를 다양하게 구성할 수 있다. 태그는 다음과 같은 형식을 갖는다.

```
<태그이름 속성="값" 속성="값" ...> </태그이름>

<body bgcolor="red"> </body>
```

먼저 '〈와 〉' 사이에 태그의 이름을 적어 태그를 구분한다. 이때 대소문자는 구분하지 않는다. 또한, 속성에 값을 지정할 때 사용한 큰따옴표(" ")는 사용해도 되고 사용하지 않아도 된다. 단지 속성과 값을 구분하기 위해서 사용할 뿐이다. 그리고 속성은 필요 없으면 사용하지 않아도 된다.

그러면 지금부터 태그를 하나씩 배워 보자.

■ 본문 태그 3.2.1

이번에 살펴볼 〈body〉 태그에서는 다음과 같은 속성을 지정할 수 있다.

표 〈body〉 태그의 속성

속성	설명
background	배경 이미지(파일 이름이나 URL)를 지정한다.
bgcolor	배경색(색상이나 색상 코드)을 지정한다. 기본값은 흰색이다.
text	글꼴 색(색상이나 색상 코드)을 지정한다. 기본값은 검은색이다.
link	링크 색(색상이나 색상 코드)을 지정한다.
vlink	방문했던 링크 색(색상이나 색상 코드)을 지정한다.
alink	링크를 클릭하는 순간의 색(색상이나 색상 코드)을 지정한다.

색을 지정할 때는 일반적으로 # 기호와 함께 16진수 6자리를 사용한다. 세 가지 기본 색 Red, Green, Blue를 각 1바이트(Byte)씩 지정하여 혼합하는 방식으로 원하는 색을 나타낸다. 예를 들어 #ff0000(Red = ff = 256, Green = 00 = 0, Blue = 00 = 0)의 경우 Red 색만을 사용한다

는 의미이기 때문에 색은 Red를 나타낸다.

그러면 색의 비율은 어떻게 확인할 수 있을까? 가장 쉬운 방법은 윈도우가 제공하는 [색] 대화 상자를 이용하는 방법이다. 바탕 화면에서 바로 가기 메뉴를 띄워서 [속성] 메뉴를 선택하면 [디스플레이 등록 정보] 대화 상자가 보인다. 이 대화 상자에서 [화면 배색] 탭을 선택하고 아래쪽의 〈고급〉을 눌러 [고급 화면 배색] 대화 상자를 띄운다.

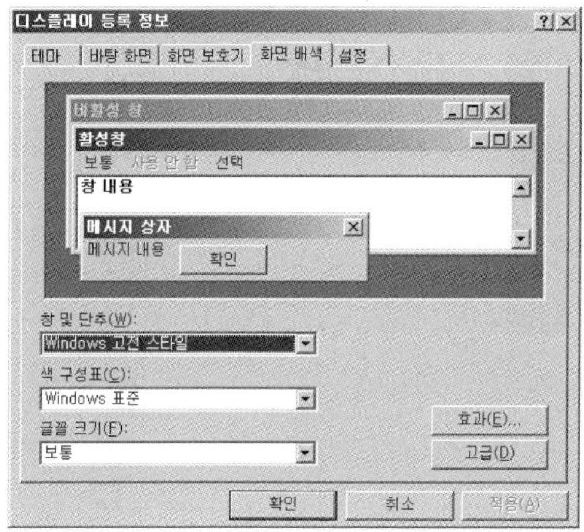

다음으로 [고급 화면 배색] 대화 상자 아래쪽의 [색] 목록 상자를 누르면 오른쪽 화면이 나타난다. 여기서 〈기타〉를 누르면 [색] 대화 상자가 보인다.

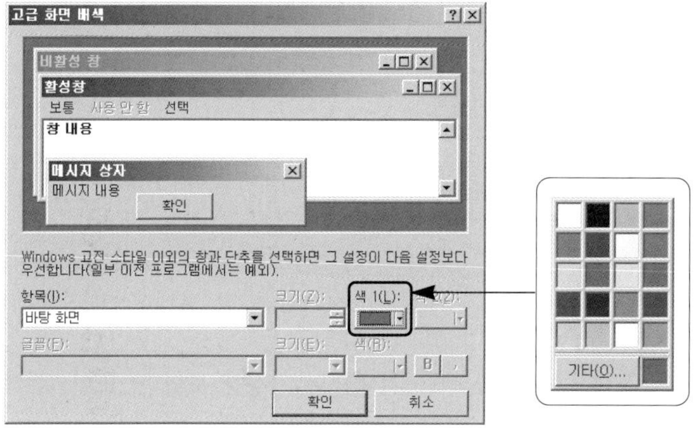

[색] 대화 상자에서 원하는 색을 찾으면 오른쪽 아래에 색의 비율이 표시되는데, 이것을 16진수로 바꾸면 해당 색을 지정할 때 사용할 수 있다. 예를 들어 윈도우의 바탕 화면 색은 Red = 58, Green = 110, Blue = 165이다. 세 값을 16진수로 변환하면 각각 Red = 3a, Green = 6e, Blue = a5가 된다. (16진수 2자리는 10진수의 0 ~ 255까지의 값을 의미한다.)

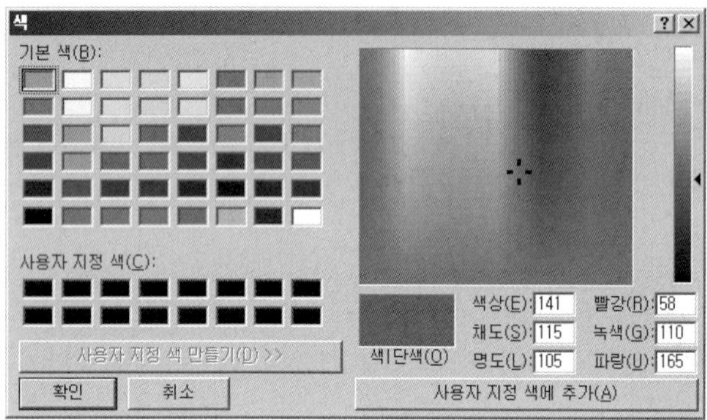

다음 예제는 〈body〉 태그를 활용하는 예이다. 당연히 레진은 구동 중이어야 한다. 그리고 앞서의 예제에서 설명한 것과 동일한 방법으로 예제를 실행하면 된다.

| 예제 | Round03_002.htm |

```html
<html>
    <head>
        <title>Hello HTML!!!</title>
    </head>
    <body bgcolor="#000000" text="#FFFFFF">
        <!- - 두 번째로 작성한 HTML - ->
        안녕하세요! 두 번째 HTML 파일입니다.
    </body>
</html>
```

예제에서는 웹 페이지의 배경색을 검정색으로, 글꼴 색을 흰색으로 지정해 보았다. 또한, 주석도 함께 사용해 보았는데, HTML에서 사용하는 주석은 '<!--'로 시작해서 '-->'로 끝난다. 자바에서 사용하는 주석인 '/* ~ */'와 동일하다고 보면 된다.

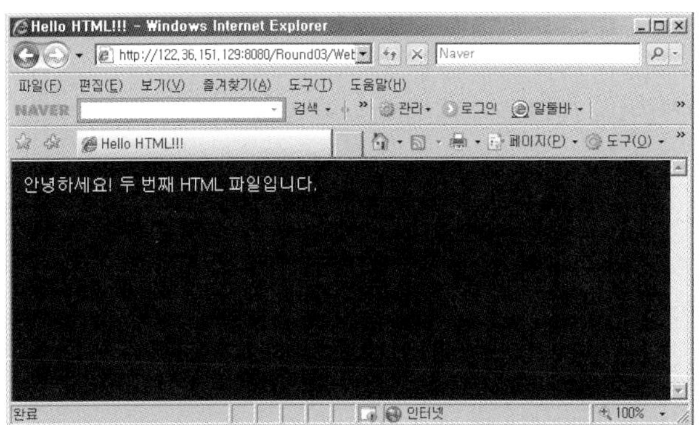

다음으로 HTML과 같은 마크업 언어에서는 대부분의 태그가 시작 태그와 끝 태그를 갖는다.

〈태그이름〉 〈/태그이름〉

그러나 HTML의 경우에는 사용상의 유연성을 위해 끝 태그를 사용하지 않는 경우도 있다.

〈태그이름〉

사실 모든 마크업 언어가 이러한 유연성을 지원하지는 않는다. XML과 같은 마크업 언어에서는 끝 태그를 적지 않으면 유효한(Valid) 문서가 아니라는 에러를 발생시킨다. 그리고 요즘 화두가 되고 있는 HTML5에서도 끝 태그를 사용할 것을 권고하고 있다. 향후 다른 마크업 언어와의 호환성을 위해서도 개발자 스스로가 끝 태그를 적는 습관을 갖는 것이 좋을 것이다.

끝 태그를 적는 것이 귀찮다면 다음과 같이 태그가 끝났음을 표시하는 형식을 사용하기 바란다.

〈태그이름/〉

```
<br/>
```

이와 같은 형식은 이미 예전부터 많이 사용하고 있었다. 끝 태그의 귀찮음이 낳은(?) 결과물이라고나 할까? 여하튼 태그가 되었든 프로그램 언어가 되었든 시작이 있으면 항상 끝을 지정하는 습관을 가지도록 하자.

▦ 문단 태그 ^{3.2.2}

이번에는 문단을 구성하면서 사용하는 예약어나 태그들에 대해서 살펴보자.

| 띄어쓰기 예약어

웹에서는 일반적으로 띄어쓰기가 한 칸만 허용된다. 따라서 ' '와 같은 예약어(Keyword)를 사용해야만 원하는 만큼 여러 칸을 띄어쓸 수 있다. 이러한 예약어는 & 기호와 ; 기호 사이에 문자열이 있는 형식을 취한다. 앞으로 하나씩 나올 때마다 사용해 보기로 하자.

|
 태그

줄 바꿈을 하는 태그이다. 별도의 속성이 없다. 끝 태그가 필요 없지만
과 같은 형식으로 사용하도록 하자.

| <p> 태그

단을 나누는 태그이다. 단을 정렬할 때 많이 사용한다. 끝 태그가 필요 없지만, 코드에서는 시작과 끝을 구분하는 것이 좋다.

표 <p> 태그의 속성

속성	설명
align	문단의 정렬(left, right, center)을 지정한다. 기본값은 left이다.

다음 예제는 띄어쓰기와 줄 바꿈, 단 나누기를 혼용한 예이다. 웹 페이지에서 문단을 구성할 때 자주 사용하므로 기억해 두자.

예제 | Round03_003.htm

```
<html>
    <head>
```

```
    <title>Hello HTML!!!</title>
  </head>
  <body>
    띄워쓰기 연습!<br/>
    <p>
    김 승 현<br/>
    김 승 현<br/>
    김   승   현<br/><br/>
    </p>
    <p align="center">
    이 승 현<br/>
    이 승 현<br/>
    이   승   현<br/><br/>
    </p>
  </body>
</html>
```

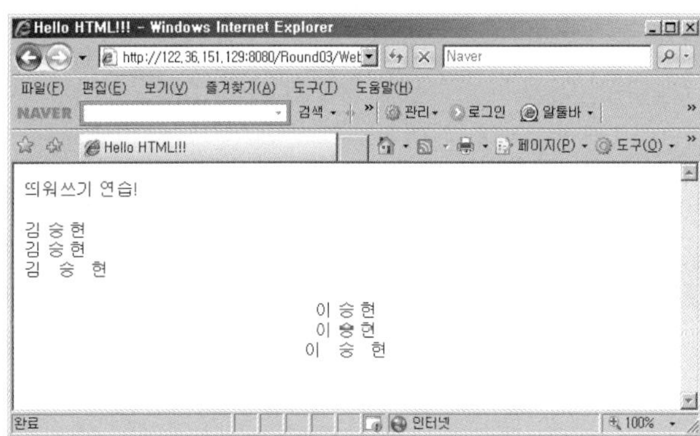

다음으로 〈hr〉 태그와 〈h〉 태그를 살펴보자.

| 〈hr〉 태그

이 태그는 수평선을 표시해 준다.

표 〈hr〉 태그의 속성

속성	설명
align	수평선의 정렬 방식(left, right, center)을 지정한다.
color	수평선의 색(색상이나 색상 코드)을 지정한다.
size	수평선의 굵기(픽셀)를 지정한다. 단위는 숫자이다.
width	수평선의 가로 길이(픽셀이나 %)를 지정한다.
noshade	그림자가 없는 평면의 수평선을 지정한다. 색을 사용하면 자동으로 적용된다.

| 〈h〉 태그

1부터 6 사이의 숫자와 함께 사용하여 글꼴 크기를 지정하는 태그이다. 헤드 라인을 표시하는
용도로 사용된다.

```
<h1>안녕하세요! </h1>  <h5> 안녕하세요!</h5>
```

다음 예제는 수평선을 그어 보고 헤드 라인을 넣어 본 예이다.

예제 | Round03_004.htm

```
<html>
  <head>
    <title>Hello HTML!!!</title>
  </head>
  <body>
    <p align="center">
    H 태그와 HR 태그!
    </p>

    <hr/> <!-- 전체 화면의 가로 분할 선 -->
    <hr width="20%"/> <!-- 전체 화면의 20% 크기의 가로 분할 선 -->
    <hr width="20%" align="left"/> <!-- 좌측 정렬 -->
    <hr width="20%" align="left" size="5"/> <!-- 분할 선 두께 -->
    <hr width="20%" align="left" size="5" color="#FF0000"/>
    <!-- 분할 선 색상 -->
```

```
        <p align="center">
        <h1>안녕하세요 김승현입니다.</h1>
        <h2>안녕하세요 김승현입니다.</h2>
        <h3>안녕하세요 김승현입니다.</h3>
        <h4>안녕하세요 김승현입니다.</h4>
        <h5>안녕하세요 김승현입니다.</h5>
        <h6>안녕하세요 김승현입니다.</h6>
        </p>
    </body>
</html>
```

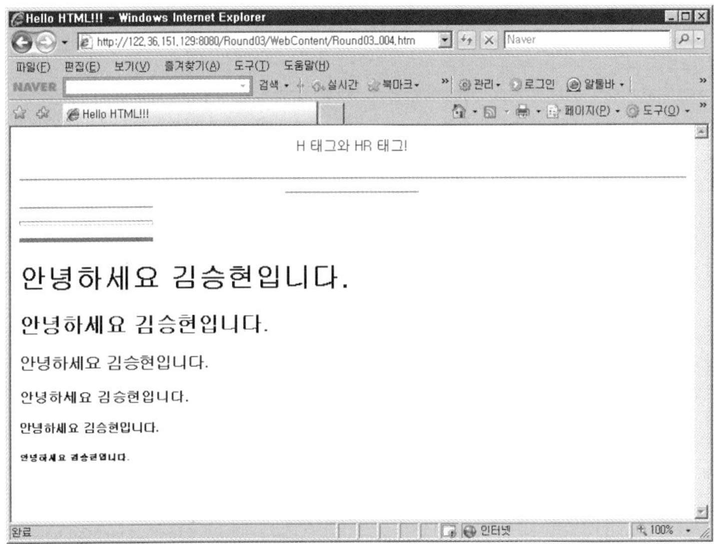

■ 텍스트 태그 ^{3.2.3}

다음으로 텍스트(Text)에 관련된 태그와 기타 유용한 태그들을 살펴보도록 하자.

| ⟨font⟩ 태그

글꼴이나 글꼴의 크기, 글꼴 색 등 텍스트와 관련된 속성을 지정할 때 사용한다.

표 〈font〉 태그의 속성

속성	설명
face	글꼴(굴림체, 궁서체, 돋움체, 바탕체)을 지정한다.
color	글꼴 색(색상이나 색상 코드)을 지정한다.
size	글꼴의 크기를 지정(1 ~ 7)한다. 기본값은 3이고 여기에 +, −로 지정할 수 있다.

| 〈marquee〉 태그

인터넷 익스플로러에서만 지원하는 태그로 글자나 이미지를 상하좌우로 움직일 수 있게 한다.

표 〈marquee〉 태그의 속성

속성	설명
behavior	스크롤 형태(scroll, slide, alternate)를 지정한다.
direction	스크롤 방향(left, right, up, down)을 지정한다. 기본값은 left이다.
scrolldelay	스크롤 지연 속도(숫자)를 지정한다. 단위는 1/1000초이다.
scrollmount	스크롤 픽셀 수(픽셀)를 지정한다.
bgcolor	스크롤 영역의 배경색(색상이나 색상 코드)을 지정한다.
height	스크롤 영역의 높이(픽셀)를 지정한다.
width	스크롤 영역의 넓이(픽셀)를 지정한다.
loop	스크롤 반복 횟수(숫자)를 지정한다. 기본값은 infinite이다.

앞서 설명한 태그들 외에도 다음과 같은 것들이 있다.

- 〈b〉, 〈strong〉 : 텍스트를 굵게 표시해 준다.

- 〈i〉, 〈em〉 : 텍스트를 이탤릭체로 표시해 준다.

- 〈u〉 : 텍스트에 밑줄을 표시해 준다.

- 〈sup〉 / 〈sub〉 : 텍스트를 위 첨자나 아래 첨자로 표시해 준다.

- 〈s〉 : 텍스트를 가로지르는 선을 표시해 준다.

- ⟨address⟩ : 주소나 연락처를 표시할 때 사용한다.

- ⟨pre⟩ : 코드에 작성한 내용을 그대로 표시할 때 사용한다.

- ⟨blockquote⟩ : 문단을 들여써서 하나의 덩어리로 표시할 때 사용한다.

- ⟨xmp⟩ : 코드에 작성한 내용 중 태그도 그대로 표시할 때 사용한다.

웹 페이지에서 태그만을 이용하여 화면을 꾸미는 것은 어렵다. 디자이너의 도움을 받아 스타일을 적용해야만 제대로 된 페이지를 꾸밀 수 있다. 스타일을 이용하는 방법은 이번 라운드 후반에서 배우게 될 것이다. 일단 HTML의 텍스트 태그만으로 꾸며 보자.

예제 | Round03_005.htm

```
<html>
    <head>
        <title>Hello HTML!!!</title>
    </head>
    <body>
        <font size="3">크기 3입니다.</font><br/>
        <font size="4" color="#00FF00">크기 4에 green 색상입니다.</font><br/>
        <font size="5" face="휴먼옛체">크기 5에 휴먼옛체 입니다.</font><br/>

        강조는 <b>굵게</b> 쓰여지는 Bold 태그 입니다.<br/>
        기울여 쓰기는 <i>이텔릭</i> 태그를 사용힙니다.<br/>

        <p align="center">
            <marquee behavior="alternate" direction="right"
                width="300" height="100" bgcolor="#FF00FF">
                움직이는 글자!
            </marquee>
        </p>

        <xmp>
            여기에 적히는 글자는 엔터키와 띄워쓰기...
            모두가 다 적용되며...
            태그도 적을 수 있습니다.
            <address> 태그는 주소 표현에 사용...
            <u> 태그는 언더라인 표현에 사용...
            <sup> 태그는 위첨자 표현에 사용...
```

```
        <sub> 태그는 아래첨자 표현에 사용...
    </xmp>

    </body>
</html>
```

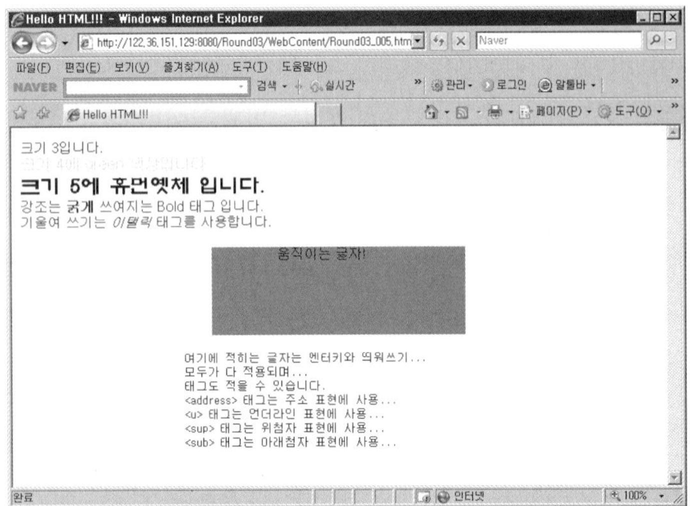

목록 태그 ^{3.2.4}

이번에는 텍스트를 목록으로 정리하는 태그들에 대해서 살펴보도록 하자.

| 〈ol〉 태그

이 태그의 이름은 Ordered List의 약자로 순번이 있는 목록으로 정렬할 때 사용한다. 목록의 항목을 표시하는 〈li〉 태그와 함께 사용한다.

표 〈ol〉 태그의 속성

속성	설명
type	각각의 목록 앞에 붙는 표식(A, a, I, i, 1)을 지정한다.
start	시작 번호(숫자)를 지정한다.

| 〈ul〉 태그

이 태그의 이름은 Unordered List의 약자로 순번이 없는 목록으로 정렬할 때 사용한다. 목록의 항목을 표시하는 〈li〉 태그와 함께 사용한다.

표 〈ul〉 태그의 속성

속성	설명
type	각각의 목록 앞에 붙는 표식(disc, circle, square)을 지정한다. 기본값은 disc이다.

| 〈dl〉 태그

이 태그의 이름은 Dictionary List의 약자로 〈ul〉 태그와 비슷하게 순번이 없는 목록으로 정렬할 때 사용한다. 〈li〉 태그 대신에 〈dt〉 태그와 〈dd〉 태그를 사용하는데 제목과 설명을 묶은 형식으로 목록을 구성할 수 있다.

목록 태그와 스타일 시트를 혼합하면 여러 가지 형태를 만들 수 있다. 요즘 많이 사용하는 자바스크립트의 프레임워크들은 이렇게 해서 만든 것이다. 예를 들어 jQuery의 treeView 같은 것이 이에 해당한다.

예제 | Round03_006.htm

```html
<html>
    <head>
        <title>Hello HTML!!!</title>
    </head>
    <body>
        <ol type="I" start="1">
            <li>바나나</li>
            <li>딸기</li>
            <li>파일애플</li>
        </ol>
        <br/><br/>
        <ul type="square">
            <li>컴퓨터</li>
            <li>모니터</li>
```

```
            <li>키보드</li>
        </ul>
        <br/><br/>
        <dl>
            <dt>김승현</dt>
            <dd>자바를 강의하는 강사!</dd>
            <dt>프리렉</dt>
            <dd>열혈강의 시리즈를 출판하는 회사!</dd>
        </dl>
    </body>
</html>
```

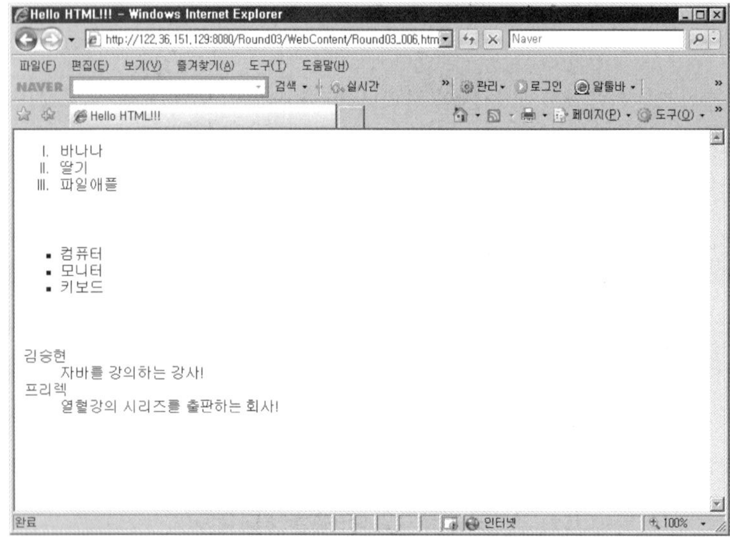

이미지, 링크, 사운드 태그 ^{3.2.5}

이번에는 웹 페이지에서 이미지를 표시하는 태그에 대해서 살펴보도록 하자. 웹에서 이미지는 기본적으로 정밀도보다는 전송 속도에 초점을 맞추고 있다. 따라서 사용하는 파일은 GIF, JPEG(JPG), PNG 정도로 제한된다.

이미지 태그를 사용하면서는 경로가 중요하다. 경로는 상대 경로와 절대 경로로 나누어진다. 상대 경로는 현재 HTML 파일이 있는 폴더를 기준으로 한다. 동일 폴더의 이미지 파일인지, 상위 폴더의 이미지 파일인지, 하위 폴더의 이미지 파일인지에 따라 다음과 같은 접근 방식을 사용한다.

- 동일 폴더 : 파일이름.확장자

- 상위 폴더 : ../파일이름.확장자

- 하위 폴더 : 폴더이름/파일이름.확장자

절대 경로는 단순히 로컬(Local) 경로를 이야기하는 것이 아니다. 따라서 C:\Web_Java\eclipse\workspace\Round03\WebContent라는 경로는 사용하기에 바람직하지 못하다. 절대 경로는 웹 경로를 이야기하는 것이다. 다음이 웹 경로로 사용하기에 적합하다.

```
http://서버의_IP_주소:8080/파일이름.확장자
```

| <img> 태그

이미지를 웹에서 보여줄 때 사용하는 태그이다. 서버가 이미지의 크기를 미리 알고 있으면 속도가 향상된다. 따라서 <img> 태그를 사용하면서 크기를 지정하는 것이 바람직하다.

다음 예제는 다양한 방식의 경로로 해당 이미지에 접근하는 코드를 담고 있다. 관련 이미지들은 WebContent 폴더에 images 폴더를 만들어서 넣어 두었다. 이미지 경로의 IP 주소는 서버의 IP 주소나 127.0.0.1, localhost를 사용할 수 있다. 예제에서 나오는 122.36.151.129는 필자의 서버 IP 주소이다.

| 예제 | Round03_007.htm |

```html
<html>
    <head>
        <title>Hello HTML!!!</title>
    </head>
    <body>
        <dl>
            <dt>겨울</dt>
            <dd>
            <img width="150" height="100" src="./images/겨울.jpg"/>
            </dd>
```

```
            <dt>석양</dt>
            <dd>
                <img width="150" height="100"
  ↳ src="http://122.36.151.129:8080/Round03/WebContent/images/석양.jpg"/>
            </dd>
            <dt>수련</dt>
            <dd>
                <img width="150" height="100" src="images/수련.jpg"/>
            </dd>
            <dt>푸른 언덕</dt>
            <dd>
                <img width="150" height="100" border="0" alt="푸른 언덕이다."
                                        ↳ src="images/푸른 언덕.jpg"/>
            </dd>
        </dl>
    </body>
</html>
```

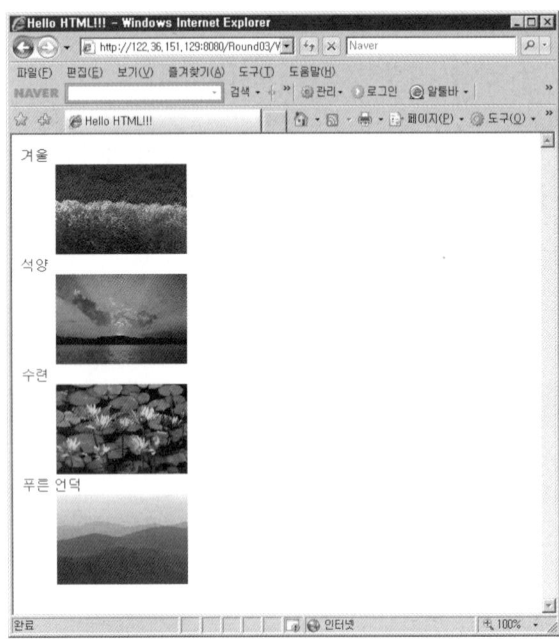

표 〈img〉 태그의 속성

속성	설명
src	이미지의 경로(파일의 경로나 URL)를 지정한다.
alt	이미지에 대한 설명(텍스트)을 적는다.
align	이미지의 정렬 방식(left, right, top, middle, bottom)을 지정한다.
border	이미지 주위의 테두리(숫자)를 지정한다. 0일 경우 테두리가 없다.
height	이미지 높이(픽셀)를 지정한다.
width	이미지 너비(픽셀)를 지정한다.
hspace	좌우 여백(픽셀)을 지정한다.
vspace	상하 여백(픽셀)을 지정한다.

HTML 문서는 여러 문서로 옮겨 다니기가 편하다는 장점이 있다. 링크를 클릭하면 원하는 페이지로 쉽게 이동이 된다. 이것은 〈a〉 태그 때문에 가능하다.

| 〈a〉 태그

링크를 만들 때 사용하는 태그이다. 이 태그를 사용하면 특정 경로의 웹 페이지로 이동할 수 있다.

표 〈a〉 태그의 속성

속성	설명
href	연결할 문서의 경로나 URL을 지정한다. · #name : 동일 문서에 name으로 지정한 곳으로 이동한다. · mailto:받는_사람_메일_주소?subject="제목" : 메일 보낼 때의 링크를 지정한다. · 기타 : 소리나 내려 받을 파일을 지정할 수 있다.
name	동일 문서 내 특정 위치로 이동하는 책갈피 기능을 한다.
target	링크된 내용이 열릴 대상(_blank, _parent, _self, _top)을 지정한다.

웹 페이지에 사운드 파일을 삽입하고 배경 음악처럼 재생할 수도 있다.

| 〈embed〉 태그

이 태그를 이용하면 웹 페이지에 사운드 파일을 삽입할 수 있다. 속성을 적절히 지정하여 미디어 플레이어도 함께 관리할 수 있다. 인터넷 익스플로러에서는 bgsound 속성이 〈embed〉 태그를 대신할 수 있다.

표 〈embed〉 태그의 속성

속성	설명
src	웹 페이지에 삽입할 사운드 파일(파일 경로나 URL)을 지정한다.
autostart	웹 페이지를 열었을 때 사운드 파일을 자동으로 재생할지 여부(True, False)를 지정한다.
hidden	미디어 플레이어를 화면에서 감출지 여부(True, False)를 지정한다.
width	미디어 플레이어를 화면에 보여줄 경우 너비(픽셀)를 지정한다.
height	미디어 플레이어를 화면에 보여줄 경우 높이(픽셀)를 지정한다.
loop	사운드 파일을 재생하는 반복 횟수(숫자)를 지정한다. True이면 무한 반복이고 False이면 한 번만 재생한다.

이번 예제에서 사용하는 사운드 파일은 WebContent 폴더에 sounds 폴더를 만들어서 넣어 두었다.

예제 | Round03_008.htm

```html
<html>
    <head>
        <title>Hello HTML!!!</title>
    </head>
    <body>
        플레이어!!!<br/>
        <embed src="./sounds/New_Stories.wma" width="300" height="100"
                    ↳ hidden="false" autostart="true" loop="3"/><br/><br/><br/>
        <a name="top"/>
        <a href="#bottom">화면의 하단으로 이동</a><br/><br/>
        <a href="http://www.freelec.co.kr">프리렉 사이트</a><br/><br/>
        <a href="http://www.daum.net" target="_blank">
            새창으로 다음 사이트 열기</a><br/><br/>
        <a href="http://www.dreamwiz.com" target="_self">
```

```
        현재창으로 드림위즈 열기</a><br/><br/>
    <br/><br/><br/><br/>여긴 여백...<br/><br/><br/><br/><br/>
    <br/><br/><br/><br/>여긴 여백...<br/><br/><br/><br/><br/>
    <br/><br/><br/><br/>여긴 여백...<br/><br/><br/><br/><br/>
    <a name="bottom"/>
    <a href="#top">화면의 상단으로 이동</a>
  </body>
</html>
```

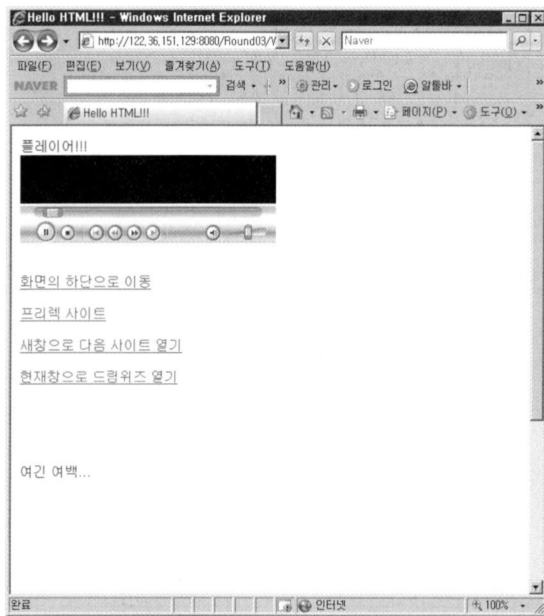

표 태그 ^{3.2.6}

다음으로 웹에서 표(Table)를 만드는 태그들에 대해서 살펴보도록 하자. 처음 접하는 독자라면 조금 어렵게 느껴지기도 한다. 먼저 태그와 속성부터 살펴보고 하나씩 차근차근 예제를 만들어 보자.

〈table〉 태그

이 태그는 표를 만들 때 사용한다. 하지만, 웹 페이지 전체를 구성하는 용도로도 사용한다.

표 〈table〉 태그의 속성

속성	설명
align	표의 정렬 방식(left, right, center)을 지정한다. 기본값은 left이다.
bgcolor	표의 배경색(색상이나 색상 코드)을 지정한다.
background	표의 배경 이미지(이미지 파일)를 지정한다.
border	표의 테두리 두께(0이나 픽셀)를 지정한다. 기본값은 1이다.
bordercolor	표의 테두리 색(색상이나 색상 코드)을 지정한다. 1 이상의 두께에 적용된다.
cellpaddin	셀 안쪽 여백(0이나 픽셀)을 지정한다.
cellspacing	셀과 셀 사이의 여백(0이나 픽셀)을 지정한다.
width	표의 너비(픽셀)를 지정한다.
height	표의 높이(픽셀)를 지정한다.
frame	표의 바깥쪽 테두리(above, below, border, box, lhs, rhs, hsides, vsides, void)를 지정한다.
rules	표의 안쪽 테두리(all, cols, rows, group, none)를 지정한다.

| 〈tr〉 태그

이 태그는 표에서 행을 관리할 때 사용한다.

표 〈tr〉 태그의 속성

속성	설명
align	행의 정렬 방식(left, right, center)을 지정한다. 기본값은 left이다.
bgcolor	행의 배경색(색상이나 색상 코드)을 지정한다.
valign	행의 세로 정렬 방식(top, middle, bottom)을 지정한다.
height	행의 높이(픽셀)를 지정한다.
rowspan	행의 병합(행의 개수)을 지정한다.

| 〈th〉와 〈td〉 태그

이들 태그는 표에서 열을 관리할 때 사용한다. 특히 〈th〉 태그는 열의 제목을 표시할 때 사용한

다. 기본적으로 굵게(Bold) 그리고 중앙 정렬이 적용된다. 그리고 〈td〉 태그는 열을 구분 지을
때 사용한다.

표 〈th〉와 〈td〉 태그의 속성

속성	설명
align	셀의 정렬 방식(left, right, center)을 지정한다. 기본값은 left이다.
valign	셀에서의 세로 정렬 방식(top, middle, bottom)을 지정한다. 기본값은 middle이다.
background	셀의 배경 이미지(이미지 파일)를 지정한다.
bgcolor	셀의 배경색(색상이나 색상 코드)을 지정한다.
colspan	셀의 병합(열의 개수)을 지정한다.
nowrap	셀에서 줄 바꿈이 되지 않도록 지정한다.
width	셀의 너비(픽셀)를 지정한다.

주의할 점은 빈 공백으로 셀을 만들 때에는 를 사용하여 공백임을 나타내야 한다.

〈table〉 태그 내에서 사용하는 태그들에는 다음과 같은 것들이 있다.

- 〈caption〉 : 표의 제목이나 간단한 설명을 표시할 때 사용한다.

- 〈col〉 : 모든 행에 대해 해낭 얼의 속성을 지정힐 때 사용힌다.

- 〈colgroup〉 : 여러 열을 하나의 그룹으로 묶어서 속성을 한번에 지정하는 태그로 span 속성을 사용해서
  몇 개의 열을 묶을지 표시하는 것이 가능하다.

- 〈thead〉 : 표 내부에서 또 다른 그룹을 지정한 경우 머리글을 지정해 준다.

- 〈tfoot〉 : 표 내부에서 또 다른 그룹을 지정한 경우 바닥글을 지정해 준다. 〈tbody〉 태그보다 우선해서 적
  는다.

- 〈tbody〉 : 표 내부에서 또 다른 그룹을 지정한 경우 본문을 지정해 준다.

먼저 표(Table)를 만드는 예제를 살펴보자. 예제들에 별다른 설명이 없어도 앞서 설명한 내용을
기준으로 쉬운 것부터 작성하였으므로 코드를 이해하는 데 어려움이 없을 것이다.

| 예제 | Round03_009.htm |

```html
<html>
    <head>
        <title>:: TableTest ::</title>
    </head>
    <body>
        <table border=1>
            <caption>제목</caption>
            <tr>
                <th>순번</th><th>이름</th>
            </tr>
            <tr>
                <td>1</td><td>aaa</td>
            </tr>
            <tr>
                <td>2</td><td>bbb</td>
            </tr>
        </table>
        내용끝...
    </body>
</html>
```

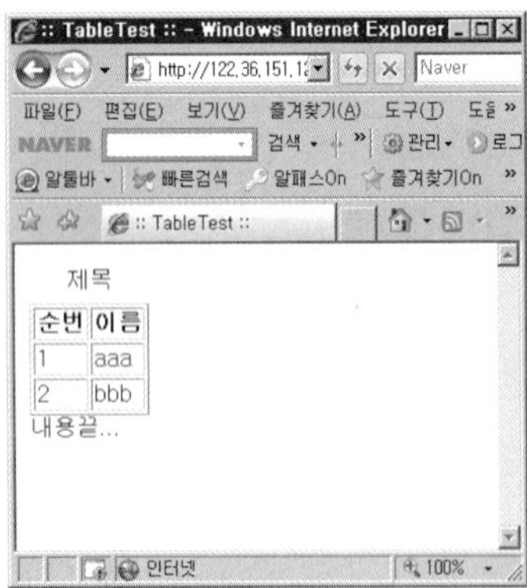

다음 예제는 〈thead〉와 〈tfoot〉, 〈tbody〉 태그를 사용하여 표를 구성한 예이다.

```html
<html>
    <body>
        <table border=1>
            <thead>
                <tr><th>순번</th><th>이름</th></tr>
            </thead>
            <tfoot>
                <tr><td></td><td>2005년 자료</td></tr>
            </tfoot>
            <tbody>
                <tr><td>1</td><td>aaa</td></tr>
                <tr><td>2</td><td>bbb</td></tr>
            </tbody>
        </table>
    </body>
</html>
```

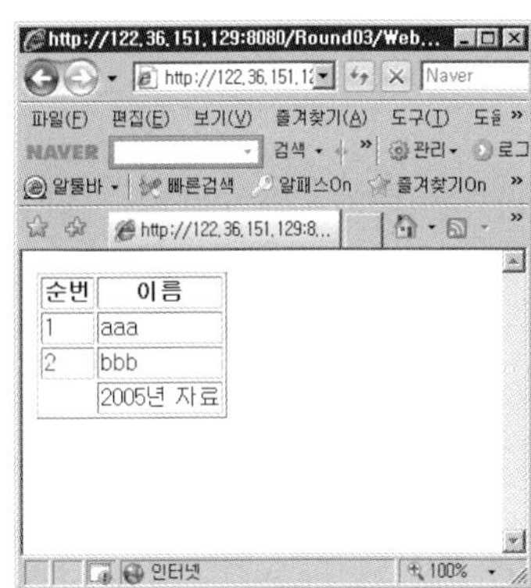

다음 예제는 〈td〉 태그의 속성인 가로 병합과 세로 병합을 이용하여 표를 구성한 예이다.


```html
<html>
    <head>
        <title>:: Table Test2 :: </title>
    </head>
```

```html
<body>
    <center>
        <table border=1>
            <tr>
                <td>1</td>
                <td colspan=2>2</td>
                <!--<td>3</td>-->
            </tr>
            <tr>
                <td>4</td>
                <td rowspan=2>5</td>
                <td>6</td>
            </tr>
            <tr>
                <td>7</td>
                <!--<td>8</td>-->
                <td>9</td>
            </tr>
        </table>
    </center>
</body>
</html>
```

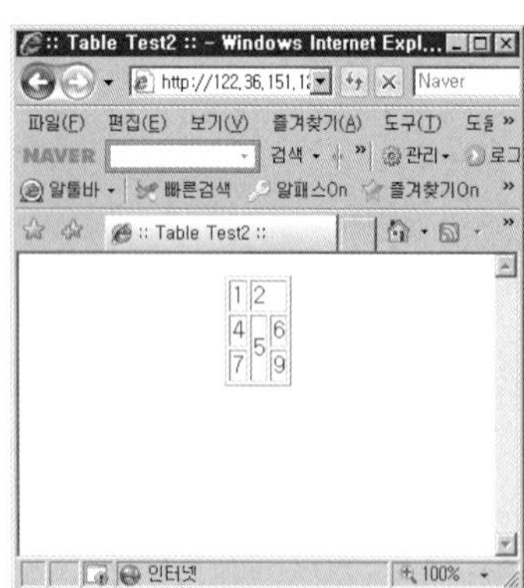

다음 예제는 colspan과 rowspan 속성을 사용하여 여러 형태로 셀을 병합한 예이다.

예제 | Round03_012.htm

```html
<html>
    <body>
        <table border=1>
            <tr><td>1</td><td colspan=2>2</td></tr>
            <tr><td rowspan=2 colspan=2>3</td><td>4</td></tr>
            <tr><td>5</td></tr>
            <tr><td>6</td><td>7</td><td>8</td></tr>
        </table>
    </body>
</html>
```

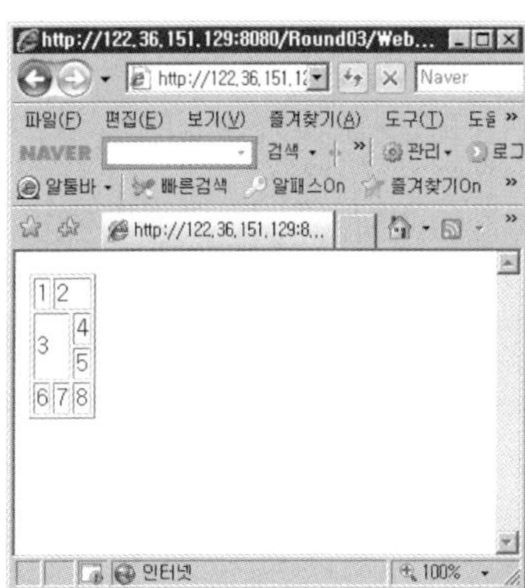

셀을 병합할 때는 전체에서 기준이 되는 분할 값은 기억하고 있어야 한다. 다시 말해 전체를 5
행 4열로 분할할 것인지 2행 3열로 분할할 것인지 등의 기준을 정하고서 내부를 병합해야 나중
에 혼란을 막을 수 있다.

예제 | Round03_013.htm

```html
<html>
    <body>
        <center>
            <table border="1">
                <tr>
                    <col align="center" width="100">
```

```html
        <colgroup span="2" width="150">
        </tr>
        <tr><th>순번</th><th colspan=2>이름</th></tr>
        <tr><td>1</td><td>aaa</td><td>M.</td></tr>
        <tr><td>2</td><td>bbb</td><td>KIM</td></tr>
        <tr><td>3</td><td>ccc</td><td>Lee</td></tr>
    </table>
  </center>
 </body>
</html>
```

마지막 예제는 웹 게시판의 폼(Form)을 구성하는 예이다. 이미지 파일은 역시 images 폴더에 넣어 두었다.

| 예제 | Round03_014.htm |

```html
<html>
  <body bgcolor="#000000" text="white" link="white" alink="white"
                                               ↳ vlink="white">
  <center>
  <table border='2' bordercolor='red' width='80%' frame='hsides'>
    <tr height='100'>
      <td colspan='2' align="center">
        <marquee behavior="alternate">
        TOP
```

```html
            </marquee>
        </td>
</tr>
<tr height='350'>
<td width='30%' valign='middle' align='center'>
    <table border='0'>
        <tr>
        <td align='center'>
            <a href="http://www.freelec.co.kr">
            <img width="50" height="30" src="images/logo.gif" border='0'>
            </a>
        </td>
        </tr>
        <tr>
        <td align='center'>
            <a href="http://www.freelec.co.kr">
            <img width="50" height="30" src="images/logo.gif" border='0'>
            </a>
        </td>
        </tr>
        <tr>
        <td align='center'>
            <a href="http://www.freelec.co.kr">
            <img width="50" height="30" src="images/logo.gif" border='0'>
            </a>
        </td>
        </tr>
        <tr>
        <td align='center'>
            <a href="http://www.freelec.co.kr">
            <img width="50" height="30" src="images/logo.gif" border='0'>
            </a>
        </td>
        </tr>
        <tr>
        <td align='center'>
            <a href="http://www.freelec.co.kr">
            <img width="50" height="30" src="images/logo.gif" border='0'>
            </a>
        </td>
```

```
            </tr>
        </table>
    </td>
    <td width='70%' valign='top' align='center'>
        <br>
        <table width='80%' border='1' frame='hsides'>
            <caption><h3>BOARD LIST!!!</h3></caption>
            <col align='center'>
            <col align='center'>
            <col align='center'>

            <tr>
            <th width="20%">글번호</th>
            <th width="50%">글제목</th>
            <th width="30%">작성자</th>
            </tr>
            <tr>
               <td>10</td>
               <td><a href="#">반갑습니다.</a></td>
               <td>김승현</td>
            </tr>
            <tr>
               <td>9</td>
               <td><a href="#">반갑습니다.</a></td>
               <td>김승현</td>
            </tr>
            <tr>
               <td>8</td>
               <td><a href="#">반갑습니다.</a></td>
               <td>김승현</td>
            </tr>
            <tr>
               <td>7</td>
               <td><a href="#">반갑습니다.</a></td>
               <td>김승현</td>
            </tr>
            <tr>
               <td>6</td>
               <td><a href="#">반갑습니다.</a></td>
               <td>김승현</td>
```

```html
      </tr>
      <tr>
        <td>5</td>
        <td><a href="#">반갑습니다.</a></td>
        <td>김승현</td>
      </tr>
      <tr>
        <td>4</td>
        <td><a href="#">반갑습니다.</a></td>
        <td>김승현</td>
      </tr>
      <tr>
        <td>3</td>
        <td><a href="#">반갑습니다.</a></td>
        <td>김승현</td>
      </tr>
      <tr>
        <td>2</td>
        <td><a href="#">반갑습니다.</a></td>
        <td>김승현</td>
      </tr>
      <tr>
        <td>1</td>
        <td><a href="#">반갑습니다.</a></td>
        <td>김승현</td>
      </tr>
    </table>
  </td>
  </tr>
  <tr height="100">
  <td colspan="2" align="center" background="images/겨울.jpg">
      <font color="white">만든이 : 김승현</font>
  </td>
  </tr>
 </table>
 </center>
 </body>
</html>
```

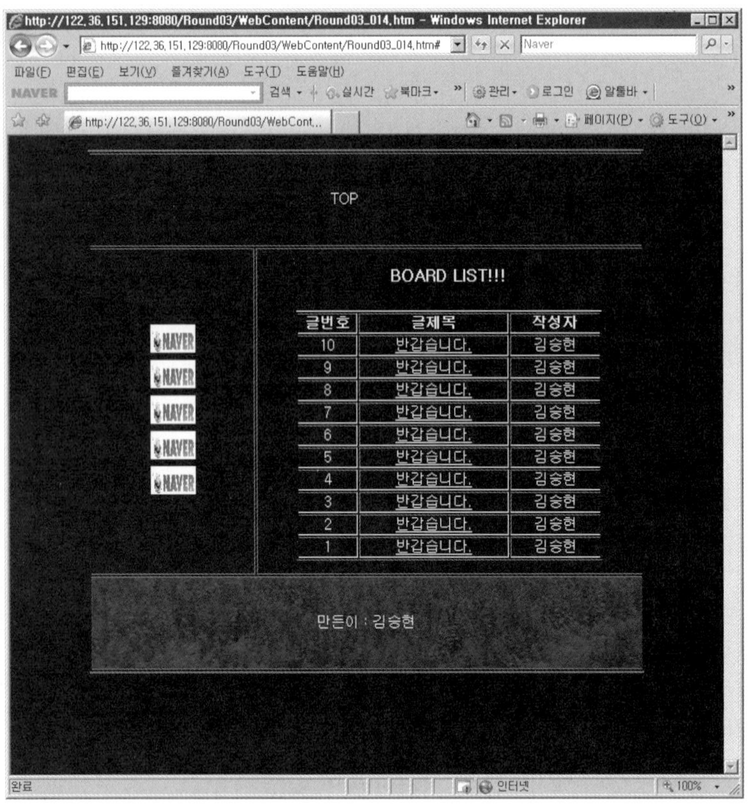

서블릿이나 JSP를 배우면서 폼을 많이 작성한다. 여기서는 단지 참고만 하도록 하자. 지금부터 이것 때문에 머리 아플 필요는 없다.

▋ 페이지 분할과 페이지 포함 태그 ^{3.2.7}

이번에는 웹 페이지에서 페이지를 나누는 태그에 대해서 살펴보도록 하자. 요즘 HTML5가 이슈화되면서 대부분의 화면 영역을 ⟨div⟩ 태그가 담당하게 되었다. 따라서 ⟨frameset⟩와 ⟨frame⟩, ⟨iframe⟩ 태그는 가치를 잃어가고 있다고 이야기를 한다. 그러나 현재 시점은 HTML5와 같은 표준화 코드로 넘어가는 과도기인 것이지 완전히 변화된 환경은 아니다. 즉, 기존에 개발되어 있는 많은 웹 사이트가 ⟨frameset⟩와 ⟨frame⟩, ⟨iframe⟩과 같은 태그로 구성되어 있다. 따라서 중요성은 덜할지 몰라도 이 태그를 배워 두지 않으면 향후 웹 개발자가 되었을 때 많은 곤란을 겪게 될 것이다.

| 〈frameset〉 태그

이 태그는 웹 페이지를 여러 영역으로 나눌 때 사용한다. 나누어진 영역들은 개별적으로 파일로 관리된다. 이때 〈frame〉 태그를 사용한다.

표 〈frameset〉 태그의 속성

속성	설명
rows	페이지를 상하(픽셀이나 %)로 나눌 때 사용한다.
cols	페이지를 좌우(픽셀이나 %)로 나눌 때 사용한다.
border	나누어진 프레임의 테두리(0이나 숫자)를 지정한다. 기본값은 1이다.
bordercolor	테두리 색(색상이나 색상 코드)을 지정한다.
frameborder	프레임을 구분하는 테두리를 화면에 표시할지 여부(yes, no)를 지정한다. 기본값은 yes이다. no의 경우 border 값을 0으로 해야 한다.

| 〈frame〉 태그

〈frameset〉 태그로 나누어진 영역들에 대하여 파일을 지정하는 태그이다.

표 〈frame〉 태그의 속성

속성	설명
name	프레임의 이름을 지정한다. target 속성을 사용할 때 필요하다.
src	프레임에 해당하는 파일(파일 경로와 파일 이름)을 지정한다.
noresize	프레임을 고정하여 크기가 바뀌지 않게 지정한다.
scrolling	프레임에 스크롤 막대가 표시되지 않게 지정(yes, no, auto)한다. 기본값은 auto이다.

다음 예제는 〈frameset〉 태그와 〈frame〉 태그를 다룬 예인데 다른 예제와 다르게 〈body〉 태그가 없는 것이 특징이다. HTML에서 〈html〉 태그 내에는 〈head〉와 〈body〉 태그가 있든지 아니면 〈head〉와 〈frameset〉 태그가 있어야 하기 때문이다. 예제에서 지정한 파일들(top.htm, left.htm, center.htm, bottom.htm)은 의미가 크지 않으므로 작성에 신경 쓰지 않아도 된다.

```
<html>
    <head>
        <title>:: Main Frame ::</title>
    </head>
    <frameset border=2 bordercolor="blue"
                         ┗ framespacing=4 rows="100, 350, *" frameBorder=yes>
        <frame src="top.htm" name="top">

        <frameset cols="30%, *">
            <frame src="left.htm" name="left">
            <frame src="center.htm" name="center">
        </frameset>

        <frame src="bottom.htm" name="bottom">
    </frameset>
</html>
```

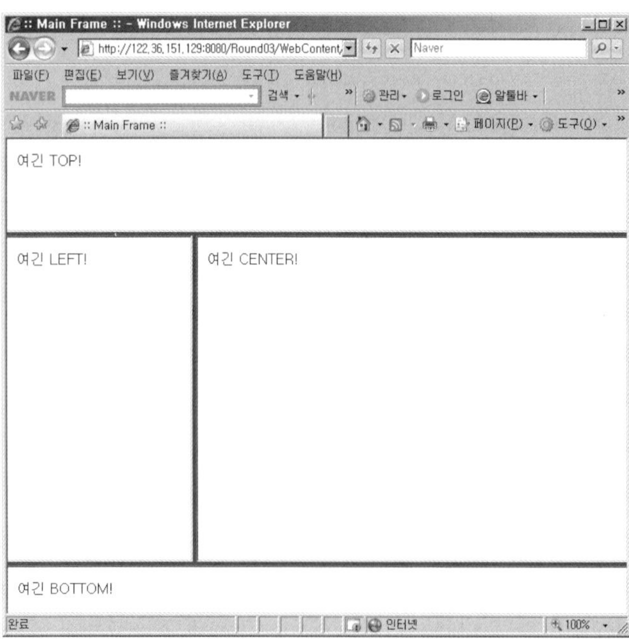

| 〈iframe〉 태그

다른 웹 페이지를 자신의 웹 페이지에 포함시키는 태그이다. 만약 프리렉 사이트를 자신의 웹 페이지에 포함시키려고 한다면 이 태그를 이용하면 된다.

표 〈iframe〉 태그의 속성

속성	설명
name	프레임의 이름을 지정한다. target 속성을 사용할 때 필요하다.
src	프레임에 해당하는 파일(파일 경로와 파일 이름)을 지정한다.
scrolling	프레임에 스크롤 막대가 표시되지 않게 지정(yes, no, auto)한다. 기본값은 auto이다.
align	프레임의 정렬 방식(left, right, center)을 지정한다.
width	프레임의 너비(픽셀)를 지정한다.
height	프레임의 높이(픽셀)를 지정한다.
frameborder	프레임을 구분하는 테두리를 표시할지 여부(0이나 숫자)를 지정한다.
bordercolor	테두리 색(색상이나 색상 코드)을 지정한다.

다음 예제는 〈iframe〉 태그를 사용한 예이다.

예제 | Round03_016.htm

```html
<html>
    <head>
        <title>Hello HTML!!!</title>
    </head>
    <body>
        <center>
            <h2>프리렉 사이트</h2>
            <hr width="80%"/>
            <iframe src="http://www.freelec.co.kr" width="600" height="400"/>
        </center>
    </body>
</html>
```

■ 폼을 구성하는 태그들 ^{3.2.8}

웹 프로그램에서 폼은 데이터를 전송할 때 주로 사용한다고 보면 된다. 회원 가입 폼을 보면 이름, 주민등록번호, 전화번호, 주소 등 다양한 데이터들이 있다. 개발자인 우리가 HTML을 사용하는 목적은 주로 이런 폼을 구성하는 데 있다. 폼이라고 하면 디자인을 떠올리는데 개발자에게는 HTML은 그냥 폼이다. 그만큼 웹 프로그램에서 폼이 중요하다는 의미이다.

| ⟨form⟩ 태그

이 태그는 자신의 태그 내에 있는 데이터를 지정한 웹 경로로 전송해 준다.

웹에서 데이터를 전송하는 방식은 여러 가지가 있지만, 대부분 GET과 POST 방식을 지원한다. 둘을 구분하자면 GET 방식은 질의(Query String) 형태로 256 ~ 4096바이트 정도의 데이터를 전송하는데 사용하고, POST 방식은 대용량의 데이터를 전송하는데 사용한다. 파일을 전송해야 하는 경우 GET 방식은 힘들다. 그러나 요즘은 GET 방식도 전송 용량에 제한을 두지 않아서 전송 방식을 구분하기가 조금은 모호해졌다.

표 ⟨form⟩ 태그의 속성

속성	설명
method	데이터를 전송하는 방식(get이나 post)을 지정한다.
name	폼의 이름을 지정한다. 자바스크립트에서 폼 내의 데이터를 구분할 때 사용한다.
action	폼 내의 데이터를 가지고 이동할 위치(URL이나 JSP 같은 프로그램)를 지정한다.
enctype	대용량 파일의 데이터 속성(multipart나 form-data)을 지정한다.

⟨form⟩ 태그 외에 폼을 구성하면서 사용하는 태그들에는 ⟨input⟩, ⟨textarea⟩, ⟨select⟩ 등이 있다. 이들을 통해 폼에 데이터를 적게 된다.

| ⟨input⟩ 태그

이 태그의 형식(Type)을 지정함에 따라 여러 형태의 필드를 폼에 구성할 수 있다. 또한, 지정한 형식에 따라서 적용할 수 있는 속성도 달라진다.

다음은 ⟨input⟩ 태그의 형식에 대한 간단한 설명이다.

- text : 한 줄짜리 텍스트를 입력받을 때 사용하는 형식이다.

- password : 비밀번호 형태로 텍스트를 입력받을 때 사용하는 형식이다.

- radio : 여러 항목 중 하나만 선택할 때 사용하는 형식이다.

- checkbox : 여러 항목을 동시에 선택할 때 사용하는 형식이다.

- button : 일반적으로 자바스크립트와 연계하여 사용한다.

- sumit : 폼의 내용을 action 속성이 지정한 위치로 전송할 때 사용하는 형식이다.

- reset : 폼의 내용을 초깃값으로 재설정할 때 사용하는 형식이다.

- hidden : 숨김 필드로 화면에 보여지지 않게 할 때 사용하는 형식이다. 하지만, action 속성을 사용하는 경우 다른 형식들에서와 마찬가지로 지정한 위치로 전송된다.

- file : 파일을 첨부할 때 사용하는 형식이다. 로컬(Local) 경로의 파일을 찾아서 전송하는 게시판 등에서 많이 사용한다.

표 〈input〉 태그의 속성

형식(Type)	속성(Attribute)	설명
text	name	필드를 구분하는 이름(텍스트)을 지정한다.
	size	대문자 A를 기준 삼아 필드의 크기(개수)를 지정한다.
	value	기본값(텍스트)을 지정한다.
	maxlength	필드에 입력할 수 있는 글자 수(개수)를 제한한다.
	readonly	필드를 읽기 전용으로 지정한다.
password	name	필드를 구분하는 이름(텍스트)을 지정한다.
	size	대문자 A를 기준 삼아 필드의 크기(개수)를 지정한다.
	maxlength	필드에 입력할 수 있는 글자 수(개수)를 제한한다.
radio/checkbox	name	필드를 구분하는 이름(텍스트)을 지정한다.
	value	데이터의 값(텍스트)을 지정한다.
	checked	현재 항목을 확인할지 여부를 지정한다.
button/sumit/reset/hidden	name	필드의 이름(텍스트)을 지정한다.
	value	단추에 표시할 글자(텍스트)를 지정한다.
file	name	필드의 이름(텍스트)을 지정한다.
	size	필드의 크기(숫자)를 지정한다.
	readonly	필드를 읽기 전용으로 지정한다.

| 〈select〉 태그

목록 상자나 콤보 박스로 폼을 구성할 때 사용하는 태그이다. 목록에서 하나나 여러 항목을 선택할 때 사용한다. 필드에 들어가는 항목은 〈option〉 태그를 이용하면 된다.

표 〈select〉 태그의 속성

속성	설명
name	필드의 이름(텍스트)을 지정한다.
size	목록 상자에 보여지는 항목(Item)의 개수(숫자)를 지정한다.
multiple	필드에서 여러 항목을 선택할 수 있게 해준다.

| 〈option〉 태그

〈select〉 태그가 만드는 필드의 항목을 만드는 태그이다. 끝 태그는 생략할 수 있지만 범위를 지정해 사용한다고 가정하고 반드시 적어야 한다.

표 〈option〉 태그의 속성

속성	설명
value	항목을 선택하였을 때 전송할 값을 지정한다.
selected	기본적으로 선택되는 항목을 지정하게 해준다.

| 〈textarea〉 태그

게시판이나 메일처럼 여러 줄에 걸쳐 데이터를 작성하고자 할 때 사용하는 태그이다. 여기에서 태그 내 공백에 주의해야 한다. 그리고 시작 태그와 끝 태그를 꼭 붙여 쓰도록 한다.

표 〈textarea〉 태그의 속성

속성	설명
name	필드의 이름(텍스트)을 지정한다.
cols	대문자 A를 기준으로 개수 만큼의 너비(개수)를 지정한다.
rows	대문자 A를 기준으로 개수 만큼의 높이(개수)를 지정한다.
readonly	필드를 읽기 전용으로 지정한다.

이렇게 폼을 구성하면서 사용하는 태그들은 그렇게 많지 않다. 그럼에도 이들 태그와 속성을 모른다면 웹 프로그램을 작성할 수 없게 된다. 다음 예제들을 가지고 폼을 작성해 보자. 첫 번째 예제는 로그인 폼이며, 텍스트 필드와 패스워드 필드로 구성되어 있다.

예제 | Round03_017.htm

```
<html>
    <head>
        <title>:: 제목 ::</title>
```

```
    </head>
    <body>
        <center>
            <form action="http://www.daum.net/index.html">
            <table border='1' width='40%'>
                <col align='right' width='30%'>
                <col align='center' width='70%'>
                <tr>
                    <td>ID : </td>
                    <td><input type="text" name="id"></td>
                </tr>
                <tr>
                    <td>PASS : </td>
                    <td><input type="password" name="pass"></td>
                </tr>
                <tr>
                    <td colspan='2'><input type="submit" value="로그인"></td>
                </tr>
            </table>
            </form>
        </center>
    </body>
</html>
```

다음 예제는 〈input〉 태그의 형식(Type)과 속성(Attribute)을 여러 가지로 지정하였을 때 어떻
게 폼이 만들어지는지 확인하는 예이다.

```
<html>
    <head><title>::INPUT DATA::</title></head>
    <body>
    <form enctype="multipart/form-data" method=post>
    HIDDEN : <input type="hidden" name="id" value="KSH">
    DATA : <input type="text" name="data" maxlength="5" value="data" readonly><br>
    PASS : <input type="password" name="pass" maxlength="5"><br>
    RADIO : <input type="radio" name="ra" value="man" checked>남성  <input
                              type="radio" name="ra" value="woman">여성<br>
    CHECK : <input type="checkbox" name="ch" value="1">컴퓨터<br>
    BUTTON : <input type="button" name="bt" value="누르기"><br>
    FILE ATTACH : <input type="file" value="찾아보기"><br>
    SUBMIT : <input type="submit" value="전송"><br>
    RESET : <input type="reset" value="초기화"><br>
    </form>
    </body>
</html>
```

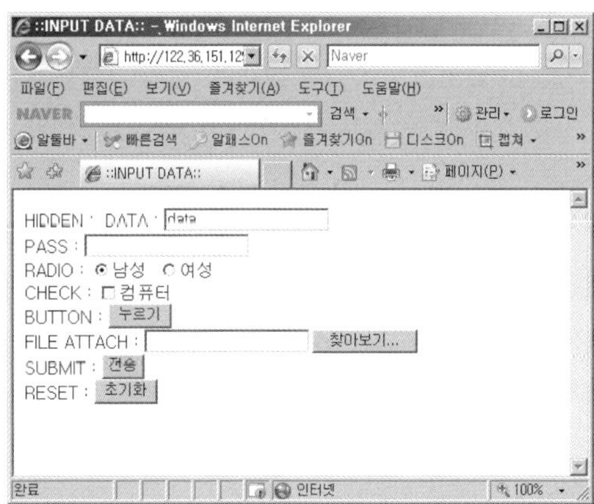

마지막으로 〈select〉 태그와 〈textarea〉 태그에 대한 예제를 작성해 보자.


```
<html>
    <head><title> </title></head>
```

```html
<body>
    <select name="choice">
        <option value="apple">사과</option>
        <option value="banana" selected>바나나</option>
        <option value="pineapple">파인애플</option>
    </select><br>
    <select name="choice1" multiple>
        <option value="apple" selected>사과</option>
        <option value="banana">바나나</option>
        <option value="pineapple">파인애플</option>
    </select><br>
    <textarea name="memo" cols="20" rows="10">메모 </textarea>
    <input type="submit" value="이동">
    </form>
</body>
</html>
```

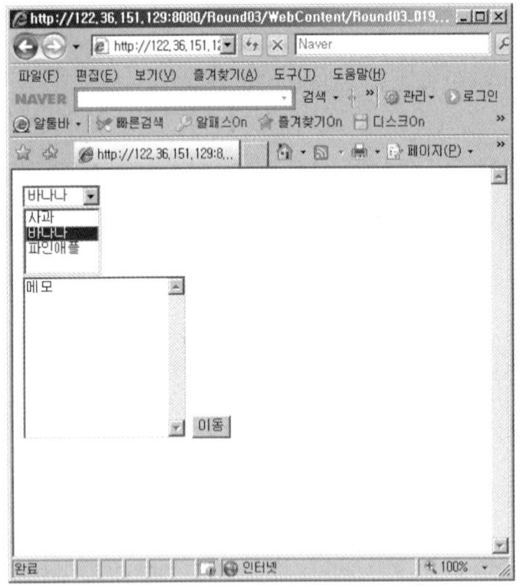

지금까지 다룬 HTML만으로도 기본적인 웹 페이지는 충분히 작성할 수 있다. 그러나 현업에서
는 HTML을 기반으로 하여 스타일 시트(Style Sheet)와 자바스크립트를 사용한다. 따라서 스
타일 시트의 코드를 병행해서 알지 않으면 현업에서 웹 페이지를 해석할 때 어려움이 생긴다.
또한, 다음 라운드에서 배울 자바스크립트를 사용하지 않으면 웹 프로그램에서 부하 문제가 생
긴다.

3.3 스타일 시트

스타일 시트는 CSS(Cascading Style Sheet)라고 한다. 자주 사용하는 스타일을 미리 정의해 두고 특정 이름으로 스타일을 호출하여 사용하는 방식의 코드를 말한다. 이렇게 하면 다음과 같은 장점이 생긴다.

- 코드의 관리와 수정이 쉬워진다.
- 웹 페이지를 로딩하는 속도가 빨라진다.
- 웹 페이지를 작성하는 시간이 줄어든다.

스타일 시트는 크게 세 가지로 나눈다. 첫 번째는 인라인 스타일 시트이고, 두 번째는 내부 스타일 시트, 마지막은 외부 스타일 시트이다.

▪ 인라인 스타일 시트 3.3.1

인라인 스타일 시트는 태그의 속성 값으로 스타일을 정의하게 된다.

```
<p style="color:red; font-size:30px;">스타일을_적용</p>
```

인라인 스타일 시트는 태그와 가장 가까이 있기 때문에 내부나 외부 스타일 시트보다 우선적으로 적용이 된다. 다음 예제는 〈p〉 태그를 이용해서 태그 내용부의 글꼴 색을 지정하는 인라인 스타일 시트 예이다.

| 예제 | Round03_020.htm |

```
<html>
    <head>
        <title>Hello HTML!!!</title>
    </head>
    <body>
        <p style="color:#0000FF">이건 파란색 이네요!</p>
    </body>
</html>
```

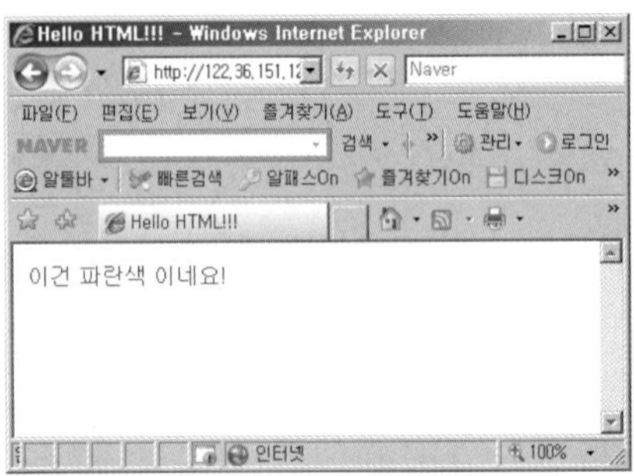

▦ 내부 스타일 시트 ^{3.3.2}

내부 스타일 시트는 〈head〉 태그 사이에 스타일을 정의하게 된다.

```
<style type="text/css">
<!--
          셀렉터 {속성 : 속성값; 속성 : 속성값; ...}
-->
</style>
```

내부 스타일 시트는 관리가 편한 특징이 있다. 외부 스타일 시트와 함께 태그 스타일과 클래스 스타일, 네임드(Named) 스타일을 만들 수 있다.

태그 스타일은 다음과 같이 정의한다.

태그이름 {속성: 속성값; 속성 : 속성값; ...}

태그 스타일은 특정 태그에 대해 동일한 속성을 지정할 때 사용한다.

클래스 스타일은 다음과 같이 정의한다.

.스타일이름 {속성 : 속성값; 속성 : 속성값; ...}

클래스 스타일은 태그 중에서 특정 태그에만 다른 속성을 지정하거나 속성을 추가할 때 사용한다.

네임드 스타일은 다음과 같이 정의한다.

#스타일이름 {속성 : 속성값; 속성 : 속성값; . . . }

네임드 스타일은 특정 범위를 지정하여 속성을 지정하고 싶을 때 사용한다. 클래스 스타일과 함께 <span> 태그 내부의 속성으로 많이 사용한다. 일반 태그에서도 사용할 수 있다.

다음 예제는 태그 스타일을 사용하여 글꼴의 크기와 색을 지정한 예이다.

| 예제 | Round03_021.htm |

```html
<html>
    <head>
        <title>Hello HTML!!!</title>
        <style type="text/css">
        <!--
            p {
                color : #00FF00;
                font-size : 15px;
            }
        -->
        </style>
    </head>
    <body>
        <p>이 글자는 GREEN 색상의 15픽셀 크기의 글자이다.</p>
    </body>
</html>
```

다음 예제는 앞서의 예제에 클래스 스타일을 사용하여 글꼴을 추가한 예이다.

| 예제 | Round03_022.htm |

```html
<html>
    <head>
        <title>Hello HTML!!!</title>
        <style type="text/css">
        <!--
            p {
                color : #00FF00;
                font-size : 15px;
            }
            .addP {
                font-family : 휴먼옛체;
            }
        -->
        </style>
    </head>
    <body>
        <p>이 글자는 GREEN 색상의 15픽셀 크기의 글자이다.</p>
        <p class="addP">
        이 글자는 GREEN 색상의 15픽셀 크기의 휴먼옛체 글꼴의 글자이다.
        </p>
    </body>
</html>
```

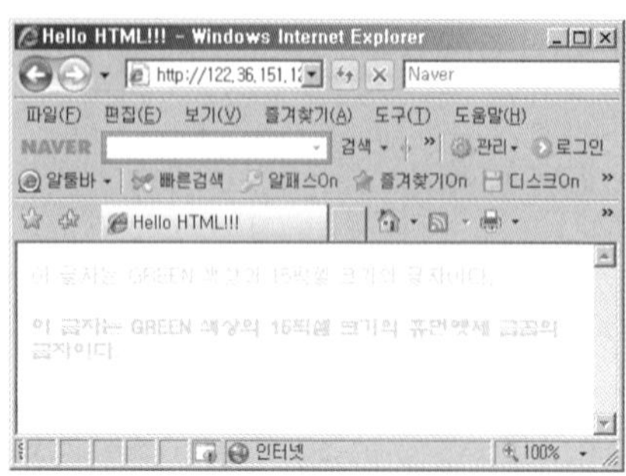

다음 예제는 앞서 예제에 네임드 스타일을 사용하여 '15픽셀'이라는 문자열을 빨간색(Red)으로 바꾼 예이다.

예제 | Round03_023.htm

```html
<html>
    <head>
        <title>Hello HTML!!!</title>
        <style type="text/css">
        <!--
            p {
                color : #00FF00;
                font-size : 15px;
            }
            .addP {
                font-family : 휴먼옛체;
            }
            #change_color {
                color : #FF0000;
            }
        -->
        </style>
    </head>
    <body>
        <p>이 글자는 GREEN 색상의
            <span id="change_color">15픽셀</span>
            크기의 글자이다.
        </p>
        <p class="addP">
            이 글자는 GREEN 색상의
            <span id="change_color">15픽셀</span>
            크기의 휴먼옛체 글꼴의 글자이다.
        </p>
    </body>
</html>
```

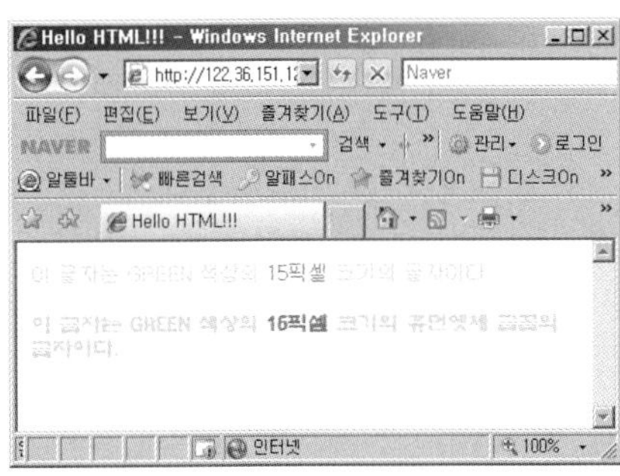

특정 태그의 내용부에 있는 태그에만 태그 스타일을 지정할 때는 다음과 같은 형식을 취해야
한다.

```
태그이름 태그이름 {속성 : 속성값; 속성 : 속성값;  ...}

h1 b {color : blue}
```

다음 예제는 〈h2〉 태그에는 적용되지 않고 〈h2〉 태그 내용부에 〈b〉 태그가 있을 때에만 태그
스타일이 적용되는 예이다.

예제 | Round03_024.htm

```
<html>
    <head>
        <title>Hello HTML!!!</title>
        <style type="text/css">
        <!--
            h2 b {
                color : #0000FF;
            }
        -->
        </style>
    </head>
    <body>
        <h2>이건 파란색 글자가 아님!</h2>
        <h2>이건 <b>여기만 파란색</b> 글자임!</h2>
    </body>
</html>
```

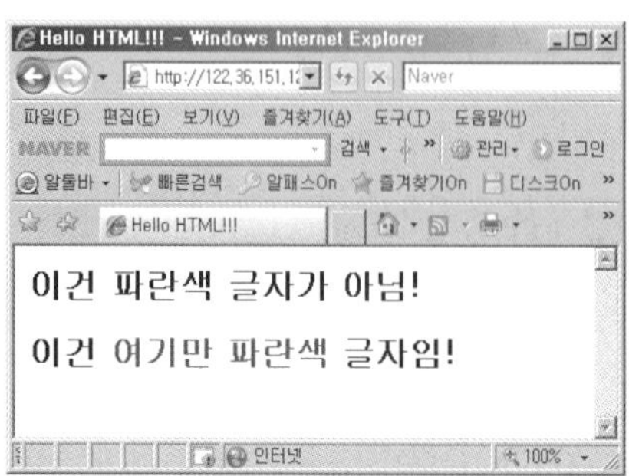

▓ 외부 스타일 시트 ^{3.3.3}

외부 스타일 시트는 하나의 문서를 확장자 CSS로 만들고 이 문서에 필요한 스타일들을 정의하게 된다. 외부 스타일 시트를 HTML 페이지로 호출하여 사용하려면 <head> 태그 사이에 다음과 같이 작성해야 한다.

```
<link rel="stylesheet" type="text/css" href="파일이름.css">
```

외부 스타일 시트를 사용하는 방법은 내부 스타일 시트 때와 동일하다.

다음 예제는 외부 스타일 시트를 사용한 예이다.

예제 | mystyle.css

```
@CHARSET "euc-kr";
p {
    color : #FF00FF;
}
```

예제 | Round03_025.htm

```
<html>
    <head>
        <title>Hello HTML!!!</title>
        <link rel="stylesheet" type="text/css" href="mystyle.css">
    </head>
    <body>
        <p>여기 글자는 자주색 입니다.</p>
    </body>
</html>
```

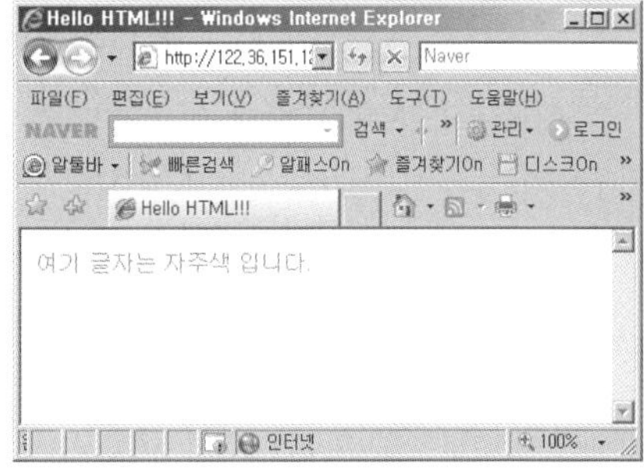

■ 속성 3.3.4

기본적으로 스타일 시트를 정의하는 방법에 익숙해졌다면 속성에 대해서 살펴보도록 하자. 스타일 시트에서는 포함 관계에 따라 자동으로 적용되는 속성도 있고 그렇지 않은 속성도 있다. 이런 관계를 상속이라고 한다. 예를 들면,

```
<body>
    <center>
        <h2><i>김승현</i>님 반갑습니다.</h2>
    </center>
</body>
```

여기서 〈body〉는 〈center〉의 부모이고, 〈center〉는 〈h2〉의 부모이고, 〈h2〉는 〈i〉의 부모라는 상속 관계가 성립한다. 따라서 〈body〉에 적용된 속성이 상속이 되는 속성이라면 이 속성은 〈center〉나 〈h2〉, 〈i〉에도 자동으로 적용된다. 앞으로 속성을 설명하면서 상속이 된다는 말은 이렇게 이해하면 된다.

먼저 글꼴 색과 배경에 관련된 속성들이다.

표 글꼴 색과 배경 관련 속성

속성	설명
color	글꼴 색을 지정한다. 상속이 되며 모든 태그에 적용이 가능하다. 예_ color:red, color:#FF0000, color:rgb(255, 0, 0)
background-color	배경색을 지정한다. 상속이 안 되며 모든 태그에 적용이 가능하다. 예_ background-color:red
background-image	배경 이미지를 지정한다. 상속이 안 되며 모든 태그에 적용이 가능하다. 예_ background-image:none, background-image:url("back.gif")
background-repeat	배경 이미지를 반복하게 해준다. 상속이 안 되며 모든 태그에 적용이 가능하다. 예_ background-repeat:no-repeat | repeat | repeat-x | repeat-y
background-attachment	배경 이미지를 고정시킬 때 사용한다. 상속이 안 되며 모든 태그에 적용이 가능하다. 예_ background-attachment:fixed | scroll

→ 다음 페이지에 계속

← 전 페이지에 이어

속성	설명
background-position	배경 이미지의 위치를 지정한다. 상속이 안 되며 블록 단위로 적용이 가능하다. no-repeat를 적용할 때 사용할 수 있다. 백분율 백분율, 길이 길이, 예약어-top, left, center, right, bottom 등으로 사용한다. 위치의 가로 세로를 설정할 때는 띄어쓰기를 해야 한다. **예_** background-position:right bottom
background	배경 이미지의 모든 속성을 한번에 지정한다. **예_** background:url("back.gif") center no-repeat fixed

다음 예제는 〈body〉 태그에 배경 이미지를 지정하고 〈textarea〉 태그에는 배경색을 지정한 예이다.

예제 | Round03_026.htm

```html
<html>
  <head>
    <style type="text/css">
      <!--
        body {
          background-image:url("images/겨울.jpg");
          background-repeat:no-repeat;
          background-position:center middle;
          background-attachment:fixed;
          color:#FFFFFF;
        }
        textarea {
          background-color:#FFFFFF;
          color:#000000;
        }
      -->
    </style>
    <title>::TEST::</title>
  </head>
  <body>
    <center>
      <h3>TEST</h3>
```

```
        <hr width=80%>
        <textarea cols=40 rows=20>데이터표시 영역</textarea>
    </center>
  </body>
</html>
```

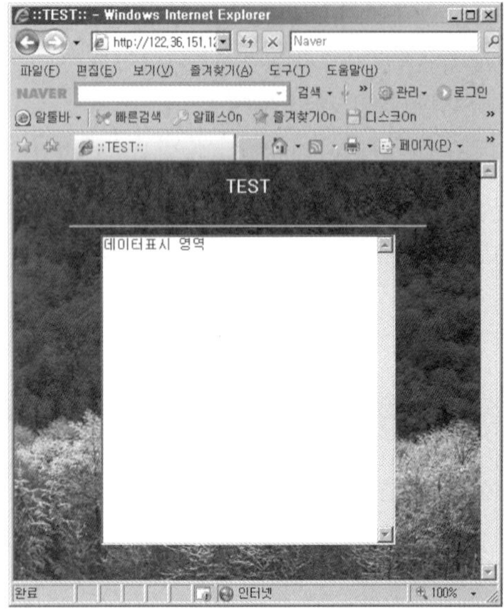

다음으로 글꼴과 텍스트, 목록에 관련된 속성들이다.

표 글꼴 관련 속성

속성	설명
font-family	글꼴의 종류를 지정한다. 상속이 되며 모든 태그에 적용이 가능하다. **예_** font-family:굴림체
font-style	글꼴의 스타일을 지정한다. 상속이 되며 모든 태그에 적용이 가능하다. **예_** font-style:nomal | italic | oblique
font-variant	작은 대문자를 사용한다. 상속이 되며 모든 태그에 적용이 가능하다. **예_** font-variant:nomal | small-caps
font-weight	글꼴의 굵기를 지정한다. 상속이 되며 모든 태그에 적용이 가능하다. **예_** font-weight:100 ~ 900 | nomal(400) | bolder | lighter | bold(700)

→ 다음 페이지에 계속

← 전 페이지에 이어

속성	설명
font-size	글꼴의 크기를 지정한다. 상속이 되며 모든 태그에 적용이 가능하다. 예_ font-size:xx-small ｜ x-small ｜ small ｜ medium ｜ large ｜ x-large ｜ xx-large ｜ lager ｜ smaller ｜ px ｜ pt ｜ %
font	글꼴 관련 속성을 한번에 지정한다. 예_ font:12pt 굴림

표 텍스트 관련 속성

속성	설명
text-indent	들여쓰기를 지정한다. 상속이 되며 블록 단위로 적용이 가능하다. 예_ text-indent:px ｜ %
text-align	텍스트 정렬 방식을 지정한다. 상속이 되며 블록 단위로 적용이 가능하다. 예_ text-align:left ｜ right ｜ center ｜ justify
text-decoration	링크 등의 장식 효과를 지정한다. 상속이 안 되며 모든 태그에 적용이 가능하다. 예_ text-decoration:none ｜ underline ｜ overline ｜ line-through 예_ a:hover(mouseover), a:link(link), a:active(click), a:visited(visited)
line-height	줄의 간격을 지정한다. 상속이 되며 모든 태그에 적용이 가능하다. 예_ line-height:nomal ｜ 숫자 ｜ px ｜ %
letter-spacing	문자 사이의 간격을 지정한다. 상속이 되며 모든 태그에 적용이 가능하다. 예_ letter-spacing:nomal ｜ px ｜ pt ｜ cm
word-spacing	단어 사이의 간격을 지정한다. 상속이 되며 모든 태그에 적용이 가능하다. 예_ word-spacing:nomal ｜ px ｜ pt ｜ cm
text-transform	영문 대소문자를 지정한다. 상속이 되며 모든 태그에 적용이 가능하다. 예_ text-transform:capitalize ｜ uppercase ｜ lowercase ｜ none

표 목록 관련 속성

속성	설명
list-style-type	목록 앞에 표시되는 순번이나 이미지 표식을 지정한다. 상속이 되며 목록에 적용이 가능하다. 예_ list-style-type:disc | circle | square | decimal | decimal-leading-zero | lower-roman | upper-roman | lower-alpha | upper-alpha | lower-latin | upper-latin | hebrew | armenian | georgian | cjk-ideographic | hiragana | katakana | hiragana-iroha | katakana-iroha | lower-greek | none
list-style-image	특정 이미지 파일로 목록의 이미지를 표시한다. 상속이 되며 목록에 적용이 가능하다. 예_ list-style-image:이미지경로 | none
list-style-position	목록과 이미지의 괴리를 표시한다. 상속이 되며 목록에 적용이 가능하다. 예_ list-style-position:inside | outside
list-style	목록 관련 속성을 한번에 지정한다. 예_ list-style:lower-latin inside

다음 예제는 간단히 텍스트에 속성을 지정하여 사용해 본 예이다.

예제 | Round03_027.htm

```html
<html>
    <head>
        <title>Hello HTML!!!</title>
        <style type="text/css">
        <!--
            body {
                font-family:휴먼옛체;
                font-size:15px;
            }
            #deco {
                text-decoration:underline overline;
            }
            .my_list {
                list-style-image:url("images/hand.gif");
            }
        -->
        </style>
    </head>
```

```
<body>
    안녕하세요!  
    <span id="deco">김승현</span>입니다.<br/>
    강의 가능 과목:<br/>
    <ul class="my_list">
        <li>Java Base Programming</li>
        <li>JFC(Swing)</li>
        <li>ORACLE</li>
        <li>MYSQL</li>
        <li>Java DataBase Programming</li>
        <li>Java Network Programming</li>
        <li>HTML &amp; Java Script</li>
        <li>Servlet &amp; JSP</li>
        <li>Struts &amp; Spring</li>
        <li>Enterprise Java Beans</li>
    </ul>
</body>
</html>
```

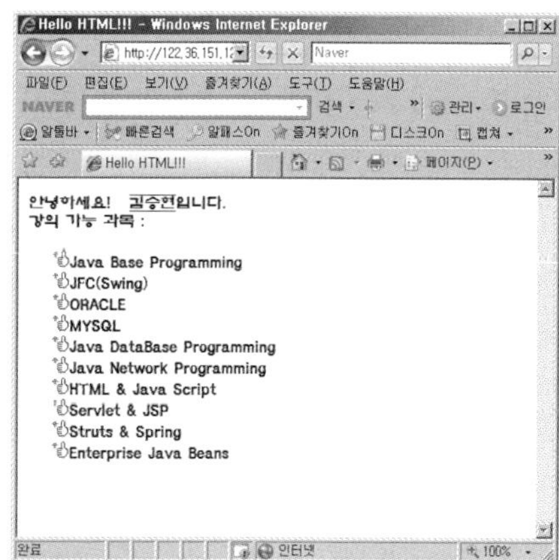

이번에는 상자(Box)를 표시하는 속성들이다. 상자에서 스타일이란 텍스트나 이미지 등이 보여
지는 실제 컨텐츠 영역이나 여백, 테두리 등을 말한다.

표 바깥 여백과 관련된 속성

속성	설명
margin-top	바깥 위쪽 여백(cm, %, auto)을 지정한다.
margin-right	바깥 오른쪽 여백(cm, %, auto)을 지정한다.
margin-bottom	바깥 아래쪽 여백(cm, %, auto)을 지정한다.
margin-left	바깥 왼쪽 여백(cm, %, auto)을 지정한다.
margin	바깥 여백을 한번에 지정한다. **예_** 2cm 1cm 3cm 2cm

▶ 상속이 안 되며 모든 태그에 적용이 가능하다.

표 안쪽 여백과 관련된 속성

속성	설명
padding-top	내부 위쪽 여백(cm, %, auto)을 지정한다.
padding-right	내부 오른쪽 여백(cm, %, auto)을 지정한다.
padding-bottom	내부 아래쪽 여백(cm, %, auto)을 지정한다.
padding-left	내부 왼쪽 여백(cm, %, auto)을 지정한다.
padding	내부 여백을 한번에 지정한다. **예_** 2cm 1cm 3cm 2cm

▶ 상속이 안 되며 모든 태그에 적용이 가능하다.

표 테두리와 관련된 속성

속성	설명
width	테두리의 굵기(thin, medium, thick, em)를 지정한다. 하위 속성으로 border-top-width, border-right-width, border-bottom-width, border-left-width, border-width가 있다. border-width 속성은 테두리의 굵기를 한번에 지정한다. **예_** thin medium 2em thick
color	테두리의 색(색상이나 색상 코드)을 지정한다. 하위 속성으로 border-top-color, border-right-color, border-bottom-color, border-left-color, border-color가 있다. border-color 속성은 테두리의 색을 한번에 지정한다. **예_** red green blue red

→ 다음 페이지에 계속

← 전 페이지에 이어

속성	설명
style	테두리의 스타일(none, dotted, dashed, solid, double, groove, ridge, inset, outset)을 지정한다. 하위 속성으로 border-top-style, border-right-style, border-bottom-style, border-left-style, border-style이 있다. border-style 속성은 테두리의 스타일을 한번에 지정한다. **예_** double dotted
전체 지정	방향별 전체 속성(width style color)을 지정한다. 하위 속성으로 border-top, border-right, border-bottom, border-left, border가 있다. border 속성은 테두리의 색, 굵기, 스타일을 한번에 지정한다. **예_** thick solid red

▶ 상속이 안 되며 모든 태그에 적용이 가능하다.

만약 전체 테두리를 없애려면 'border : 0'이라고 지정하면 된다.

다음 예제는 테두리에 관련된 속성을 사용한 예이다. 입력 필드에서 아래쪽 테두리만 나타나도록 폼을 구성하였다.

예제 | Round03_028.htm

```
<html>
  <head>
    <style type="text/css">
    <!--
        .mybox {
            border-top-style=none;
            border-left-style=none;
            border-right-style=none;
            border-bottom-style=solid;
            border-color=red;
            border-width=2px;
        }

    -->
    </style>
  </head>
```

```
<body>
    <table width=30% border=0>
    <tr>
        <td align=right width=30%>
            ID :
        </td>
        <td align=center width=70%>
            <input type="text" class="mybox" name="id" size=20>
        </td>
    </tr>
    <tr>
        <td align=right>
            PASS :
        </td>
        <td align=center>
            <input type="password" class="mybox" name="pass" size=21>
        </td>
    </tr>
    <tr>
        <td colspan=2 align=right>
            <input type="submit" value="OK">
        </td>
    </tr>
    </body>
</html>
```

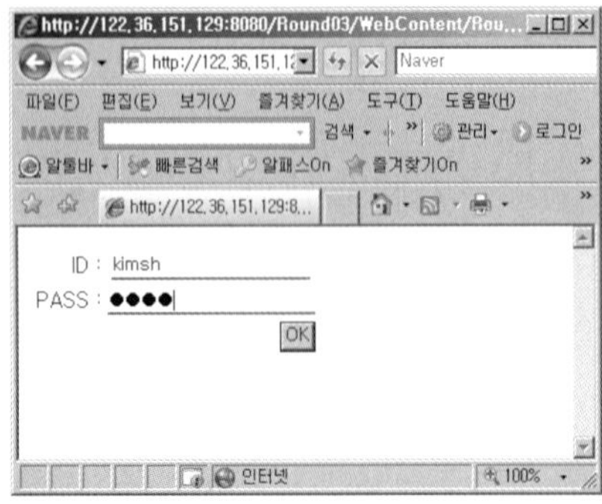

▪ 레이어 ³·³·⁵

마지막으로 레이어(Layer)를 살펴보자. 레이어는 투명한 패널(Panel) 정도로 생각하면 좋다. 화면을 구성할 때 투명한 패널을 여러 장 겹쳐서 사용하면 관리도 쉽고, 원하는 형태로 화면을 구성하기도 쉬울 것이다. 레이어는 투명하기 때문에 겹쳐 쌓을 수도 있고, 위치도 자유롭게 조정할 수 있다. 또한, 내용을 사라지게도 할 수 있고, 다시 보이게도 할 수 있다.

일반적으로 클래스 스타일과 네임드 스타일을 사용하여 레이어를 정의하고 〈div〉 태그로 레이어를 보여준다. 〈span〉 태그를 사용하는 경우도 있다.

표 레이어 관련 속성

속성	설명
left	레이어의 왼쪽 좌표(px, pt, %, auto)를 지정한다.
top	레이어의 위쪽 좌표(px, pt, %, auto)를 지정한다.
width	레이어의 너비(px, pt, %, auto)를 지정한다.
height	레이어의 높이(px, pt, %, auto)를 지정한다.
background-color	레이어의 배경색(색상이나 색상 코드)을 지정한다.
background-image:url("")	레이어의 배경 이미지(이미지 파일)를 지정한다.
visibility	레이어의 표시 여부(visible이나 hidden)를 지정한다.
z-index	레이어를 쌓는 순서(숫자나 auto)를 지정한다. 숫자가 높을수록 위에 표시된다.
position	절대 경로와 상대 경로(static, absolute, relative)를 지정한다.

클래스 스타일과 네임드 스타일을 적절히 활용하여 다음과 같이 예제를 만들어 보자

예제 | Round03_029.htm

```
<html>
    <head>
        <style type="text/css">
            <!--
                #mylayer1 { z-index:1}
                #mylayer2 { z-index:2}
                .mylayer3 { position:absolute; background-color:red;
```

```
                top:100px; left:100px; width:100px; height:100px}
            .mylayer4 { position:absolute; background-color:blue;
                top:150px; left:150px; width:100px; height:100px}
        -->
    </style>
</head>
<body>
    <div id="mylayer1" class="mylayer3">layer1</div>
    <div id="mylayer2" class="mylayer4">layer2</div>
</body>
</html>
```

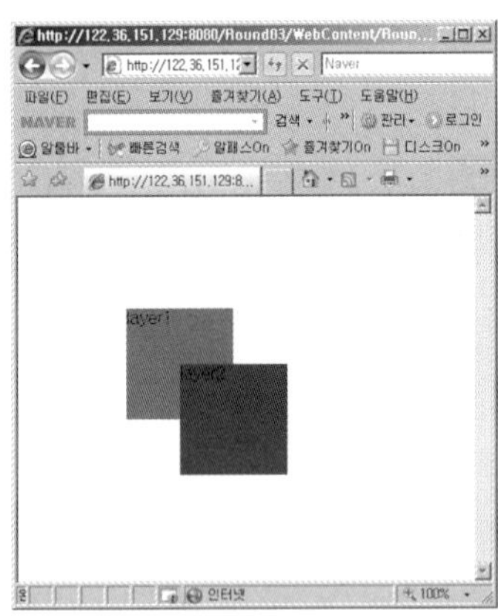

이것 외에도 스타일 시트를 가지고 할 수 있는 작업은 많이 있다. 그러나 개발자로서는 이 정도 만 알고 있으면 될 것 같다. 외워서 사용하지는 못하더라도 기본적으로 어떻게 하면 된다는 정 도는 기억하자.

마무리 하면서

이번 라운드에서는 웹 프로그램을 작성하면서 반드시 필요한 웹 프로그램 언어인 HTML을 소 개하였다. HTML에서 확실히 알아야 하는 것은 〈form〉 태그와 〈input〉 태그 정도이다. 그러나 이미 디자인된 웹 페이지를 유지 보수해야 하는 경우라면 이 정도의 태그만으로는 작업이 힘들 다. 능력 있는 웹 개발자가 목표라면 조금 귀찮겠지만 여기에서 다룬 HTML 태그들 모두와 스 타일 시트는 알고서 다음 라운드로 넘어가기 바란다.

제 4 장

웹 프로그램과 자바스크립트

▌ 이번 라운드에서는 자바스크립트를 다루겠다. 다루어야 하는 분량이 HTML 때와는 비교가 되지 않을 만큼 많다. 그러나 자바를 배운 독자라면 충분히 이해하고도 남을 것이다. 이미 배운 자바와 앞으로 배울 자바스크립트의 형태가 몇몇 차이점에도 불구하고 아주 유사하기 때문이다. 자바스크립트가 웹쪽 처리이다 보니 이와 관련된 단어들이 좀 낯설어 보일 뿐이다.

Round 04

4.1 자바스크립트의 기본 구문 4.2 변수와 연산자 4.3 대화 상자와 함수
4.4 제어문 4.5 이벤트와 이벤트 핸들러 4.6 사용자 정의 객체 4.7 내장 객체

목표

· 자바스크립트에 대하여 안다.
· 자바스크립트를 활용할 수 있다.

활용

자바스크립트

웹 페이지 내 데이터를 서버로 전송하기 이전에 유효성 검사와 같이 프로그램이 처리해야 하는 작업이 있다. 이런 작업을 자바스크립트가 처리하면 그만큼 서버의 부하를 줄일 수 있다.

 ## 들어가기 전에

자바스크립트는 클라이언트 프로그램을 개발하면서 사용하는 웹 프로그램 언어이다. 자바스크립트 역시 HTML과 마찬가지로 클라이언트 쪽으로 프로그램이 내려 받아져 실행된다. 때문에 굳이 서버로 데이터를 전송하지 않고서도 비즈니스 논리의 검증 같이 간단한 작업은 처리할 수 있다. 특정 데이터의 연산이나 비즈니스 논리의 검증, 유효성 검사 등은 프로그램이 아니면 구현이 불가능하다. HTML이 사용자(User)에게 인터페이스(Interface, 사용자 화면)를 제공하는 정도에 그친다면, 자바스크립트는 프로그램을 작성하는 것까지도 가능하다.

4.1 자바스크립트의 기본 구문

웹 페이지에서 회원 가입을 할 때 아이디의 길이가 4자 이상 12자 이하가 되어야 한다고 가정하면 아마도 자바 프로그램으로는 이렇게 코드를 작성할 것이다.

```
String id = "kimsh";
if(id == null || id.trim().length() < 4 || id.trim().length() > 12)
    System.out.println("id는 4 ~ 12글자 사이여야 합니다.");
```

이것을 웹 프로그램에서 처리하려고 한다면 어떻게 해야 할까?

먼저 HTML로 아이디를 입력받는 폼을 만들어야 하고, 폼을 통해 사용자로부터 입력받은 데이터를 서버로 전송해야 할 것이다. 계속해서 서버는 클라이언트에서 넘어온 데이터를 자바 코드 예에서처럼 비교하고, 다시 클라이언트에게 아이디의 길이가 올바른지에 대한 답을 넘겨주어야 할 것이다.

단지 아이디의 길이를 검증하는 간단한 비즈니스 논리인데도 웹 프로그램에서 처리하려면 서버와 클라이언트 사이에 네트워크 통신이 이루어져야 한다. 그러나 자바스크립트는 서버로 데이터를 전송하기 전에 자체적으로 유효성 검사를 할 수 있다. 이것이 웹 프로그램에서 자바스크립트를 사용하는 이유이다.

자바스크립트는 〈head〉나 〈body〉 태그 어디에든 작성할 수 있다. 하지만, 웹 페이지가 로딩되면서 처리하는 내용이 많기 때문에 〈body〉 태그보다는 〈head〉 태그에 작성하는 것이 좋다.

자바스크립트는 내부와 외부 스트립트로 구분한다. 내부 스크립트는 HTML 내부에 스크립트 코드를 모두 포함하는 방식이다. 우리가 다루는 예제들 대부분도 내부 스크립트로 선언해서 사용할 것이다. 그러나 실무에서는 내부 스크립트보다는 회사 자체 스크립트를 파일로 만들어 두고 가져와서(Import) 사용하는 경우가 많다. 이와 같이 만들어져 있는 파일을 HTML 내부로 가져와서 사용하는 방식이 외부 스크립트이다. 자바스크립트의 파일 확장자는 JS이다.

| 내부 스크립트

```
<script language="Javascript">
<!--
    스크립트를_작성하는_부분
//-->
</script>
```

| 외부 스크립트

```
<script language="Javascript" src="파일이름.js"></script>
```

내부 스크립트에서 눈여겨볼 부분이 있다. '〈!--'라는 HTML 주석의 시작과 '--〉'라는 HTML 주석의 끝이 〈script〉 태그 내부에 있다. 이것은 자바스크립트를 해석하지 못하는 웹 브라우저가 자바스크립트 내부 코드를 화면에 출력하는 것을 막기 위해서이다. 독자들도 습관적으로 적기 바란다.

또한, 마지막 부분의 '//--〉'에서 '//'를 함께 적었다. 이유는 자바스크립트가 '--〉'를 자바스크립트의 코드로 해석하는 것을 막기 위해서 주석으로 처리한 것이다. 자바스크립트에서 주석 처리는 자바에서와 마찬가지로 '//'와 '/* ~ */'를 사용한다.

그러면 내부 스크립트와 주석을 예제로 다루어 보자. 자바스크립트에서 텍스트를 출력하는 함수는 document.write( )이다. 자주 사용하므로 기억하기 바란다. 자바에서 System.out.println( ) 함수가 출력을 담당했던 것과 유사하다.

예제 | Round04_001.htm

```
<html>
    <head>
        <script language="JavaScript">
        <!--
            /*
            자바 스크립트 주석 처리와 내부 스크립트 선언!
            */
            document.write("Hello Java Script!!!<br/>");
            //이 부분은 주석 처리입니다.
        //-->
        </script>
        <title>자바 스크립트!</title>
    </head>
    <body>
        자바 스크립트 예제입니다.
    </body>
</html>
```

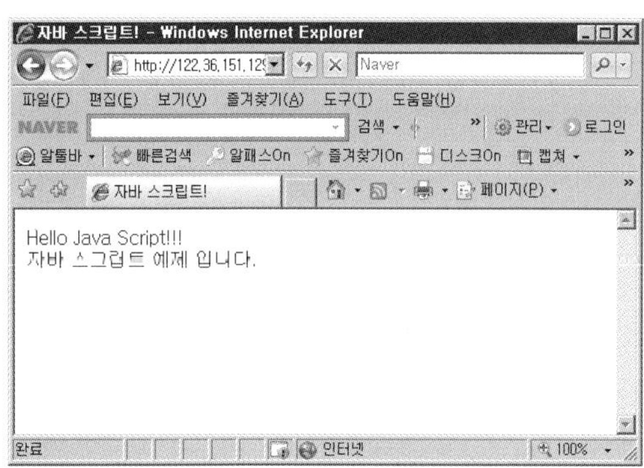

예제처럼 〈script〉 태그 내부에 자바스크립트의 코드가 바로 작성되어 있으면 그 부분은 특별한 호출이 없어도 실행된다. 그러나

```
<script>
    function 함수이름() {
        document.write("Hello Java Script!!!<br/>");
    }
</script>
```

이와 같이 함수 내에 코드가 작성되어 있으면 〈body〉 태그 내에서

```
<script>함수이름();</script>
```

이런 호출을 해주어야 함수가 실행되어 화면에 글자를 뿌릴 것이다. 만들어진 함수를 호출할 때에도 〈script〉 … 〈/script〉라는 태그를 적어야 한다는 것에 주의하기 바란다.

함수는 자바처럼 복잡하지 않다. 단지 function이라는 예약어와 함께 함수 이름만 지정해서 사용하면 된다. 매개 변수나 반환 값을 처리할 수도 있다. 자바스크립트에서는 반환 값의 자료형을 적지 않고 그냥 function이라고 선언만 하면 된다.

예제 | Round04_002.htm

```
<html>
    <head>
        <script language="JavaScript">
        <!--
            function aaa() {
                document.write("Hello Java Script!!!<br/>");
            }
        //-->
        </script>
    </head>
    <body>
        <script language="JavaScript">
        <!--
            aaa();
        //-->
        </script>
        이 코드처럼 body  태그 내에서 호출을 해야 함수는 실행 된다.
    </body>
</html>
```

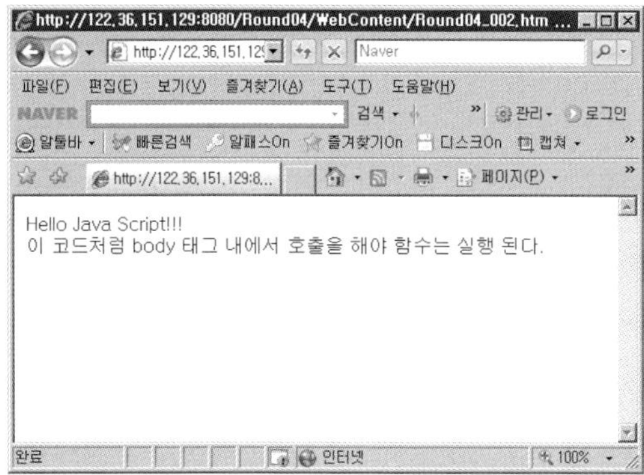

4.2 변수와 연산자

자바스크립트도 프로그램 언어라서 변수가 있고 연산 처리도 한다. 자바와 유사하기 때문에 빠른 속도로 배울 수 있을 것이다. 자바스크립트에서 변수 이름은 일반 프로그램 언어에서의 사용자 정의 명명 규칙을 그대로 따른다. 예를 들면, 시작 문자는 영문자이거나 '_'여야 한다는 것이나, 예약어나 공백 문자, 특수 문자를 사용하지 못한다는 등이 그렇다. 이러한 변수를 선언하는 형식은 다음과 같다.

```
var 변수이름 = 초깃값;
변수이름 = 초깃값;
```

여기서 주의할 점이 있다. 자바스크립트의 변수는 자료형을 따로 구분하지 않는다는 것이다. 자료형은 값이 대입될 때 자동으로 정해진다. 이것은 좋은 점이기도 하고 나쁜 점이기도 하다. 자료형을 따로 외울 필요가 없다는 점에서는 좋지만, 자료형을 구분하지 않기 때문에 원하는 시점에서 원하는 자료형을 표현할 때에는 몇 번 손질을 해야 한다.

또한, var라는 선언이 함수 내에 있으면 이 변수는 지역 변수를 의미한다. 그리고 함수 밖에 있으면 전역 변수를 의미한다. 지역 변수를 사용하는 예제와 전역 변수를 사용하는 예제를 만들어 비교해 보자.

| 예제 | Round04_003.htm |

```html
<html>
    <head>
        <script language="JavaScript">
        <!--
            function aaa() {
                var a = 5;
                var b = a + 5;
                var c = b + 5;
                document.write("b = " + b + "<br/>");
                document.write("c = " + c + "<br/>");
            }
        //-->
        </script>
    </head>
    <body>
        <script>
            aaa();
        </script>
    </body>
</html>
```

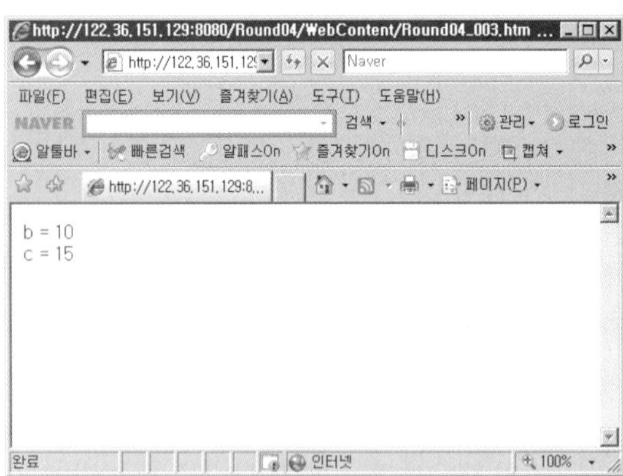

전역 변수를 사용하면 다음과 같이 변수를 페이지 내에서 공유할 수 있다.

```html
<html>
    <head>
        <script language="JavaScript">
        <!--
            var a = 5, b, c;
            function aaa() {
                b = a + 5;
                document.write("b = " + b + "<br>");
            }
            function bbb() {
                c = b + 5;
                document.write("c = " + c + "<br/>");
            }
        //-->
        </script>
    </head>
    <body>
        <script>
            aaa();
            bbb();
        </script>
    </body>
</html>
```

이렇게 일반적으로 페이지 단위에서는 전역 변수를 많이 사용한다. 이렇게 사용된 변수는 표준화 코드인 〈div〉 태그로 페이지를 표시할 때 유용하다.

다음으로 연산자 역시 자바에서와 마찬가지로 우선순위가 중요하다. 기초적인 내용은 자바에서 배웠을 테니 기억해야 할 연산자만 한번 나열해 보자.

표 연산자의 우선순위(Priority)

우선순위	연산자 종류	해당하는 연산자
높다	최우선 연산자	. [ ] ()
↑	단항 연산자	~ ! +/− ++/—(전위형) typeof
	산술 연산자	* / % + −
	시프트 연산자	《 》 》》
	관계 연산자	〉 〈 〉= 〈= == !=
	비트 연산자	& ^ |
	논리 연산자	&& ||
	삼항 연산자	? :
	대입 연산자	=
	배정 연산자	*= /= %= += −= 》= 《= 》》=
↓	후위형 증감 연산자	++/—
낮다	순차 연산자	,

이번 예제에서는 % 연산자로 현재 시간(초)을 가져와 1 ~ 5 사이의 난수를 발생하는 예이다. 여기에서 나오는 new Date( )와 같은 내장 객체나 alert( )와 같은 내장 함수는 나중에 따로 다룰 것이다. 또한, onClick( )과 같은 이벤트 핸들러도 나중에 다룰 것이므로 신경 쓰지 말자.

예제 | Round04_005.htm

```html
<html>
   <head>
      <script language="JavaScript">
      <!--
```

```
        function ranData() {
            var date = new Date();
            var x = date.getSeconds();
            var y = (x % 5) + 1;
            alert("난수 = " + y);
        }
    //-->
    </script>
  </head>
  <body>
    <a href="#" onClick="ranData()">누르면 난수 발생</a>
  </body>
</html>
```

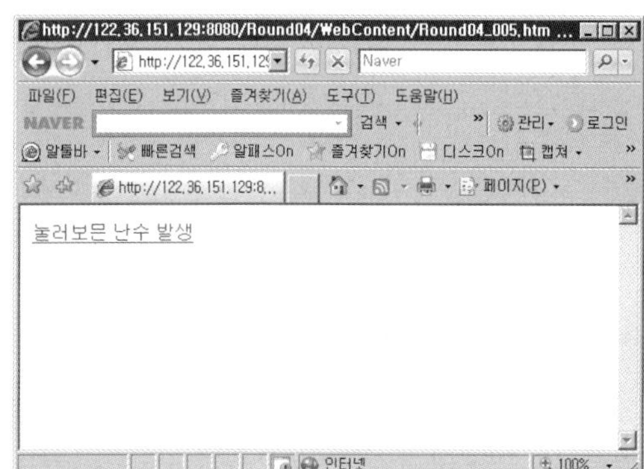

링크를 클릭하면 난수를 메시지로 보여준다.

예제에서 연산자의 우선순위 때문에 '(x % 5) + 1'와 같이 표현하지 않아도 상관없으나 독자의 이해를 돕기 위해 ( ) 연산자를 사용하였다.

4.3 대화 상자와 함수

자바스크립트에서 대화 상자는 팝업 창을 말한다. 예를 들면 경고를 위해 뜨는 창이나 내용을 확인하는 창, 내용을 입력받는 창 등이 그것이다. 자바스크립트에서는 이런 창을 사용할 수 있도록 관련 함수를 제공하고 있다.

▪ 경고 창(Alert) ⁴·³·¹

경고 창은 사용자에게 메시지를 보여줄 때 띄운다. alert( ) 함수를 사용하면 경고 창을 띄울 수 있다.

```
window.alert(문자열);  ──  window는 디폴트(Default) 객체이므로 생략할 수 있다.
```

alert( ) 함수는 매개 변수로 문자열을 가지며, 이 문자열이 사용자에게 보여줄 메시지이다.

이번 예제는 alert라는 내장 함수를 <script> 태그를 사용하지 않고 이벤트 핸들러에 바로 사용한 예이다. 앞서 배운 형식과 다르다고 해서 놀라지 않기 바란다.

| 예제 | Round04_006.htm |

```
<html>
    <head>
        <title>자바스크립트 테스트</title>
    </head>

    <body onLoad="javascript:alert('김승현의 홈 페이지에 오신 것을 환영합니다.')">

    </body>
</html>
```

여기에 사용한 'javascript:'는 생략할 수 있다. 주의할 점은 큰따옴표(" ") 안에 작은따옴표(' ')가 있다는 것인데, 작은따옴표 안에 큰따옴표가 있어도 된다. 그러나 혼용하면 프로그램이 해석하지 못한다. 예를 들어 '안녕! "김승현"님!'과 "안녕! '김승현'님!"은 해석하지만 "안녕! '김승현"님!'은 해석하지 못한다.

▪ 확인 창(Confirm) 4.3.2

확인 창은 사용자에게 확인을 받아야 하는 상황에 대해서 보여주고 확인과 취소로 의사를 확인 받기 위해 띄운다. confirm( ) 함수를 사용하면 확인 창을 띄울 수 있다.

```
window.confirm(문자열);
```
window는 디폴트 객체이므로 생략할 수 있다.

confirm( ) 함수는 매개 변수로 문자열을 가지며, 이 문자열이 사용자에게 보여줄 메시지이다. 메시지를 보고 사용자가 확인을 누르면 True가 반환되고 취소를 누르면 False가 반환된다.

이번 예제에서는 제어문과 이벤트 핸들러를 이용하여 사용자에게 상황에 대하여 확인을 받고 이에 대하여 처리해 보도록 하자.

예제 | Round04_007.htm

```
<html>
<head>
    <script language="JavaScript">
    <!--
        function question() {
            var ans = confirm("지금 비가오나요?")
            if(ans == true)
                alert("우산 들고 나가세요!")
            else
                alert("우산은 들고 나가지 않아도 되겠군요!")
        }
    //-->
    </script>
</head>
<body>
    <form>
        <input type="button" value="질문" onClick="question()">
    </form>
</body>
</html>
```

❶ 질문 단추를 누르면 확인 창이 뜬다.

❷ 확인 창

❸ 확인 창에서 〈확인〉을 누르면 보여지는 메시지

프롬프트 창(Prompt) ^{4.3.3}

프롬프트 창은 사용자로 하여금 특정 데이터를 입력하도록 해서 해당 내용을 웹 페이지에 반영할 때 띄운다. prompt( ) 함수를 사용하면 프롬프트 창을 띄울 수 있다.

```
window.prompt(문자열);
window.prompt(문자열, 문자열);   ——— 두 번째 문자열은 기본값을 표시해 준다.
```

여기에 입력한 내용은 전부 문자열로 반환되기 때문에 숫자를 사용하는 경우에는 parseInt( )와 같은 함수를 추가로 사용해야 한다.

이번 예제는 이름과 나이를 입력받아 결과를 화면에 출력하는 예이다. 예제를 실행하면서 웹 브라우저가 해석하지 못하면 웹 브라우저의 **[도구]** → [인터넷 옵션]을 선택해서 [보안] 탭의 [인터넷 보안 수준]을 **보통**으로 설정하자. 그러면 실행이 될 것이다.

예제 | Round04_008.htm

```
<html>
    <head>
        <title>자바스크립트 테스트</title>
        <script language="JavaScript">
        <!--
            function input_data() {
```

```
            var name = prompt("이름 = ", "홍길동");
            var age = prompt("나이 = ", 20);
            document.write(name + "님!<br/>");
            document.write("당신은 만 " + (age - 1) + "세 이십니다.");
        }
    //-->
    </script>
  </head>
  <body>
    <a href="#" onClick="input_data()">입력!</a>
  </body>
</html>
```

❶ 입력 링크를 클릭하면 프롬프트 창이 뜬다.

❷ 이름을 입력하고 있다.

❸ 나이를 입력하고 있다.

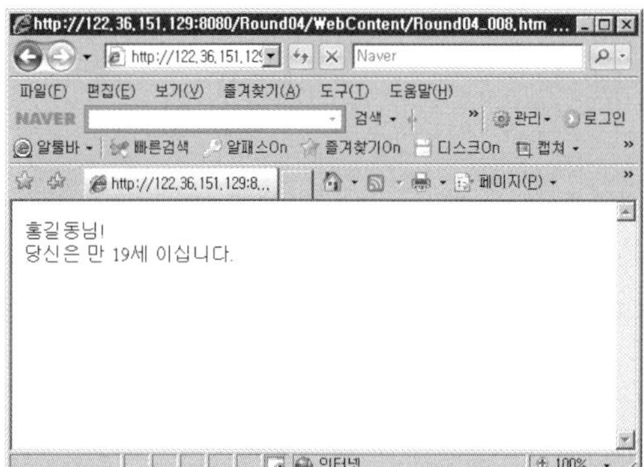

❹ 입력받은 이름과 나이를 보여주는 화면이다.

지금까지 살펴본 alert와 confirm, prompt 같은 함수들은 이미 만들어져 있는 함수이기 때문에 사용하는 방법만 익히면 된다. 이런 함수를 내장 함수(Built-in Function)라고 한다. 물론 내장 함수가 이것들만 있는 것은 아니다. 다른 내장 함수는 차차 살펴보도록 하겠다.

다음으로는 자바스크립트에서 사용자가 정의하는 함수를 만들어 보자. 자바 프로그램에서 함수를 정의해서 사용해 보았으면 어려운 개념은 아닐 것이다. 오히려 함수는 자바스크립트가 자바보다 쉽다.

자바스크립트에서 함수는 function이라는 예약어(Keyword)로 시작한다. 자바라면 반환 값의 자료형을 먼저 적어야 하겠지만, 자바스크립트는 그 자체가 자료형이 없어서 반환 값의 자료형을 적지 않아도 된다. 그냥 return 문을 작성하면 알아서 처리한다. 그리고 자료형이 없기 때문에 매개 변수들도 그냥 이름만 적는다.

```
function 함수이름(매개변수들) {
    실행할_내용;
    return 반환값;
}

function hap(a, b) {
    return a + b;
}
```

예에서 보는 것처럼 함수 처리가 아주 단순하다. 자료형이 없어서 이 정도만 정의해도 사용에는 문제가 없다.

자바스크립트에서 함수의 정의는 가급적 〈head〉 태그 내부에 두는 것이 좋다. 이유는 〈head〉 태그 내부가 웹 페이지가 로딩되면서 바로 해석되는 부분이기 때문에 〈body〉 태그 내부에서 정의도 되지 않은 함수를 사용하는 경우를 막기 위해서이다.

웹 프로그램은 코드를 순서대로 실행하는 절차적 프로그램이다. 자바처럼 클래스 내부의 어느 위치에 함수가 있어도 찾아내 해석하는 것은 불가능하다. 함수를 사용하려면 먼저 정의를 해야 한다. 순서가 아주 중요하다. 그러면 예제를 작성해서 함수를 처리해 보도록 하자.

```html
<html>
    <head>
        <title>자바스크립트 테스트</title>
        <script language="JavaScript">
        <!--
            function aaa() {
                document.write("매개변수가 없는 함수 호출!<br/>");
            }
            function bbb(x, y) {
                document.write(x + "값과 " + y + "이 전달된 함수 호출!<br/>");
            }
            function ccc(z) {
                document.write(z + "값에 100을 덧셈해서 되돌려 주는 함수 호출!<br/>");
                return z + 100;
            }
        //-->
        </script>
    </head>
    <body>
        <script>
            aaa();
            bbb(12, 34);
            var tot = ccc(50);
            document.write("ccc(50) 호출후 되돌아 온 값 = " + tot);
        </script>
    </body>
</html>
```

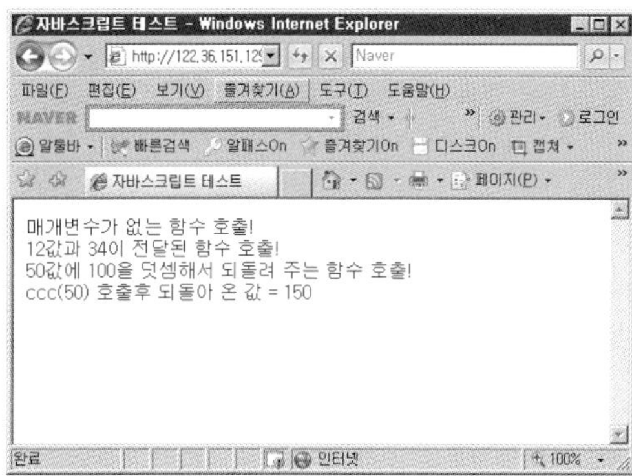

사용자 정의 함수를 활용하는지에 따라 코드의 간결성이나 재활용성이 높아진다.

4.4 제어문

자바스크립트에서 제어문도 자바에서와 차이가 없다. 따라서 일반적인 형식만 정의하고 예제를
가지고 관련 내용을 익혀 보도록 하자.

▮ if 문 ⁴·⁴·¹

if 문은 특정 조건을 만족하는지에 따라 실행하는 코드가 달라진다.

| if 문 형식

```
if(조건문) {
    조건이_참일_때_실행할_내용
}
else {
    조건이_거짓일_때_실행할_내용
}
```

이미 자바 프로그램을 배운 독자라면 어렵지 않게 내용을 이해할 수 있을 것이다.

| 예제 | Round04_010.htm |

```
<html>
    <head>
        <script language="JavaScript">
        <!--
            function check_sex() {
                var x = confirm("당신은 남성입니까?");
                if(x == 1) alert("남탕으로 들어가세요!");
                else alert("여탕으로 들어가세요!");
            }
        //-->
```

```
        </script>
    </head>
    <body>
        <a href="#" onClick="check_sex()">목욕탕</a>
    </body>
</html>
```

① 목욕탕 링크를 클릭하면 확인 창이 뜬다.

② 확인 창

③ 확인 창에서 〈확인〉을 누르면 보여지는 메시지

▌ switch ~ case 문 ^{4.4.2}

switch ~ case 문은 여러 값 중에서 값이 일치하는 위치에 있는 코드를 실행한다. if ~ else if ~ else if ~ else 문과 유사하다. 그러나 if 문은 조건을 비교할 때 위에서 아래로 차례대로 비교하는 반면 switch ~ case 문은 전체적인 값들을 미리 파악하고 있다가 값이 일치하는 위치로 한번에 이동한다. 그래서 실행 속도에서 차이를 보인다.

▌ switch ~ case 문 형식

```
switch(문자열이나숫자) {
    case 문자열이나숫자:실행할_내용; break;
    case 문자열이나숫자:실행할_내용; break;
    case 문자열이나숫자:실행할_내용; break;
}
```

특이한 점은 자바스크립트에서는 문자열을 switch ~ case 문으로 비교할 수 있다는 것이다.

이번 예제는 if 문보다 switch ~ case 문을 사용하는 것이 성능 측면에서 뛰어나다는 것을 보인
예이다.

| 예제 | Round04_011.htm |

```
<html>
    <head>
        <script language="JavaScript">
        <!--
            function info() {
                var jumin = prompt("주민번호(xxxxxx-xxxxxxx) : ", "");
                var a = jumin.length;
                if(a != 14 || jumin.charAt(6) != '-') {
                    alert("주민번호 형식이 잘못되었습니다.");
                    return;
                }
                var b = jumin.charAt(7);    ── 성별 자리
                //var c = jumin.charAt(8);  ── 출생지 자리
                var d = "";
                switch(b) {
                    case '9': case '1': case '3': d = "남성"; break;
                    case '0': case '2': case '4': d = "여성"; break;
                }
                alert("성별 : " + d);
            }
        //-->
        </script>
    </head>
    <body>
        <a href="#" onClick="info()">주민번호로 정보 구하기</a>
    </body>
</html>
```

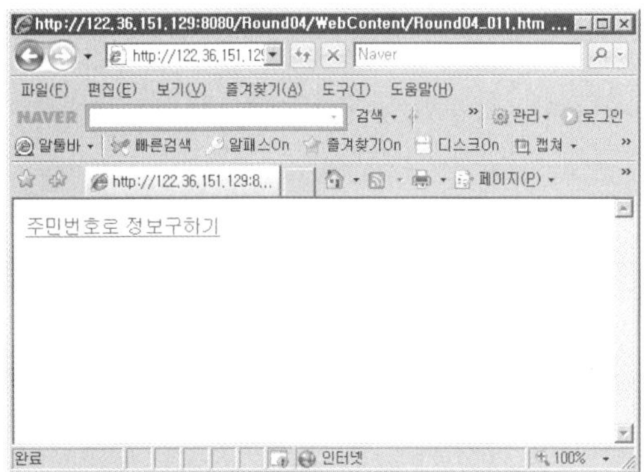

링크를 클릭하면 프롬프트 창이 뜬다.

프롬프트 창

입력받은 정보를 해석하여 결과를 보여주는 화면이다.

▪ for 문 ^{4.4.3}

for 문은 동일한 코드를 특정 횟수 동안 반복해서 실행하는 특징을 가지고 있다.

| for 문 형식

```
for (초기화영역 ; 조건부영역 ; 증감부영역) {
    반복해서_수행할_내용
}
```

이번 예제는 입력받은 단수에 따라 구구단을 출력하는 예이다.

예제 | Round04_012.htm

```
<html>
    <head>
        <script language="JavaScript">
        <!--
```

```
        function view_gugu(x) {
            for(i = 1; i <= 9; ++i) {
                document.write(x + " * " + i + " = " + x * i + "<br/>");
            }
        }
    //-->
    </script>
</head>
<body>
    구구단을 출력합니다!!!<br/>
    <script>
    <!--
        var dan = prompt("구구단 몇단 ?");
        view_gugu(dan);
    //-->
    </script>
</body>
</html>
```

단수를 입력받는 프롬프트 창이다.

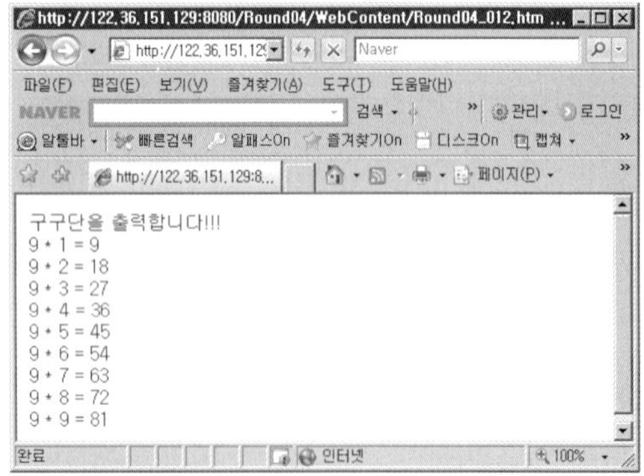

입력받은 단수의 구구단을 보여주는 화면이다.

:: while 문 ^{4.4.4}

while 문 역시 for 문처럼 반복해서 코드를 실행하는데, while 문은 수치에 의한 반복이 아니라 행위에 의한 반복에 많이 사용한다. 예를 들면 무한히 반복하라든지 특정 데이터가 입력될 때까지 반복하라든지 하는 경우이다.

| while 문 형식

```
while(조건문) {
    반복해서_수행할_내용
}
```

while 문도 for 문과 마찬가지로 루프(Loop)를 처리하기 때문에 for 문 대신에 사용할 수 있다.

예제 | Round04_013.htm

```html
<html>
    <head>
        <script language="JavaScript">
        <!--
            function view_gugu(x) {
                var i = 1;
                while(i <= 9) {
                    document.write(x + " * " + i + " = " + x * i + "<br/>");
                    ++i;
                }
            }
        //-->
        </script>
    </head>
    <body>
        구구단을 출력합니다!!!<br/>
        <script>
        <!--
            var dan = prompt("구구단 몇 단?");
            view_gugu(dan);
        //-->
        </script>
    </body>
</html>
```

단수를 입력받는 프롬프트 창이다.

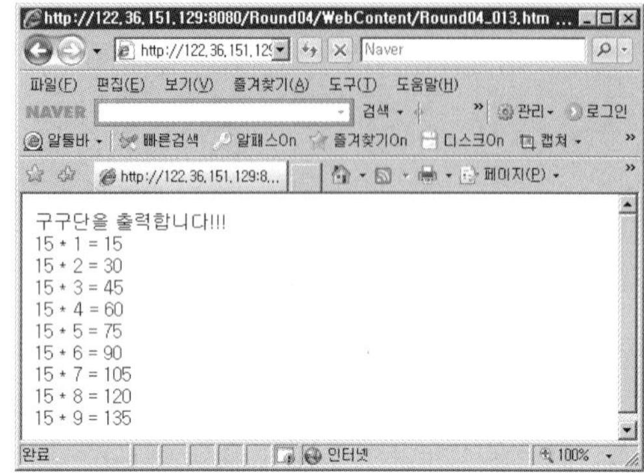

입력받은 단수의 구구단을 보여주는 화면이다.

do ~ while 문 ^{4.4.5}

do ~ while 문은 다른 제어문들과 다르게 먼저 한 번은 실행을 하고 나중에 조건을 비교한다. 예를 들어 국어 점수를 입력받아 0 ~ 100점 사이의 값이 아니면 다시 입력받도록 하는 경우이다.

do ~ while 문 형식

```
do {
    반복해서_수행할_내용
} while(조건문);
```

do ~ while 문을 사용하여 이번 예제처럼 값을 입력받은 후 조건과 비교하여 처리할 수 있지만 while 문과 if 문을 적절히 혼용해도 된다. 그러나 코드는 복잡해진다.

예제 | Round04_014.htm

```
<html>
    <head>
        <title>성적 처리!~</title>
```

```
  </head>
  <body>
    <script language="JavaScript">
    <!--
        do {
            var kor = prompt("국어 점수(0 ~ 100) = ");
        } while(kor < 0 || kor > 100);
        document.write("당신의 국어 점수는 " + kor + "점입니다.");
    //-->
    </script>
  </body>
</html>
```

점수를 입력받는 프롬프트 창이다. 입력 범위를 벗어나면
다시 창이 뜬다.

입력 범위 내의 수를 입력하고 있다.

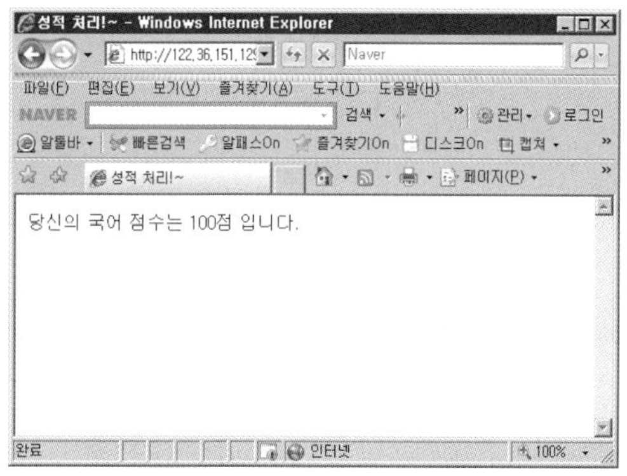

입력받은 점수를 보여주는 화면이다.

⋮ continue와 break 예약어 4.4.6

continue와 break는 반복문에서 사용하는 예약어이다. continue는 반복문을 다시 실행할 용
도로 만들어진 예약어이고, break는 반복문을 탈출할 용도로 만들어진 예약어이다. 이번 예제

는 continue를 이용하여 홀수 번째에서만 별을 찍는 예이다.

예제 | Round04_015.htm

```html
<html>
    <head>
        <title>별 찍기!</title>
    </head>
    <body>
        <script language="JavaScript">
        <!--
            for(i = 0; i < 10; ++i) {
                for(j = 0; j < 10; ++j) {
                    if(j % 2 == 0) continue;
                    document.write("★(" + j + ") ");
                }
                document.write("<br/>");
            }
        //-->
        </script>
    </body>
</html>
```

4.5 이벤트와 이벤트 핸들러

이벤트는 웹 페이지에서 사용자의 조작으로 일어날 수 있는 모든 사건을 말한다. 마우스를 움직이거나, 단추를 누르거나, 특정 폼을 선택하거나 등이 이벤트의 예이다. 이러한 이벤트가 발생했을 때 이것을 인식하고 특정 행위와 연결해 주는 것이 이벤트 핸들러이다.

이벤트 핸들러는 이벤트 이름 앞에 on이라는 예약어를 붙인다. 마우스 왼쪽 단추를 누르는 이벤트를 예로 들면 다음과 같은 코드가 된다.

```
<a href="#" onClick="aaa( )">클릭</a>
```

여기에서 Click이라는 이벤트의 이벤트 핸들러는 onClick이다. 사용자가 '클릭'이라는 링크를 클릭하면 onClick 이벤트 핸들러에서 지정한 aaa( )라는 자바스크립트 함수가 호출된다. 단, 이벤트 핸들러는 태그별로 사용할 수 있는 것이 있고 그렇지 않은 것도 있다.

다음은 기본적으로 알아야 하는 이벤트들이다.

- Blur : 텍스트 필드 같은 영역에서 포커스(Focus)가 빠져나갈 때 발생하는 이벤트이다.
- Focus : 텍스트 필드 같은 영역에 포커스가 주어질 때 발생하는 이벤트이다.
- Click : 마우스를 클릭힐 때 빌생하는 이벤트이다.
- Change : 〈select〉 태그와 같은 영역에서 데이터가 변경될 때 발생하는 이벤트이다.
- Select : 텍스트 필드 같은 영역에서 글자가 블록으로 선택될 때 발생하는 이벤트이다.
- Load : 〈body〉 태그에 많이 사용하며 페이지가 로딩될 때 발생하는 이벤트이다.
- Unload : 〈body〉 태그에 많이 사용하며 해당 페이지를 빠져나갈 때 발생하는 이벤트이다.
- Submit : Submit 단추를 누를 때 발생하는 이벤트이다.
- Reset : Reset 단추를 누를 때 발생하는 이벤트이다.

이것들 말고도 이벤트는 많다. 하지만, 이 정도만으로도 실제로 사용할 때는 충분하다. 나중에 현업에서 프로젝트를 담당할 때는 상황에 맞게 이벤트를 찾아가며 적용하면 된다.

지금부터 이벤트를 사용하는 예제를 몇 개 작성해 보자. 첫 번째 예제는 Load와 Unload 이벤트를 이용해서 웹 페이지를 방문하면 반갑다는 메시지를 출력하고, 빠져나가면 잘 가라는 메시지를 출력하는 예이다.

<table><tr><td>예제</td><td>Round04_016.htm</td></tr></table>

```html
<html>
    <head>
        <title>자바 스크립트의 이벤트!</title>
        <script language="JavaScript">
        <!--
            function load_msg() {
                alert('김승현의 홈피에 오신 걸 환영!');
            }
            function unload_msg() {
                alert('빠이빠이!!!');
            }
        //-->
        </script>
    </head>
    <body onLoad="load_msg()" onUnload="unload_msg()">
        <h1>김승현's HOME PAGE!!!</h1>
    </body>
</html>
```

웹 페이지가 로딩되면서 보여지는 메시지이다.

웹 페이지를 빠져나가면서 보여지는 메시지이다.

두 번째 예제는 Focus와 Blur 이벤트를 이용해서 텍스트 필드에 포커스가 있는지 확인하는 예이다.

```html
<html>
    <head>
        <title>자바 스크립트의 이벤트!</title>
        <script language="JavaScript">
        <!--
            function get_focus(x) {
                alert(x.name + "의 위치에 커서가 있습니다.");
            }
            function lose_focus(x) {
                alert(x.name + "의 위치에서 커서가 사라졌습니다.");
            }
        //-->
        </script>
    </head>
    <body>
        <form name="my_form">
            이름 : <input type="text" name="name" onFocus="get_focus(this)"
                                            ↳, onBlur="lose_focus(this)"/><br/>
            주소 : <input type="text" name="addr" onFocus="get_focus(this)"
                                            ↳, onBlur="lose_focus(this)"/><br/>
        </form>
    </body>
</html>
```

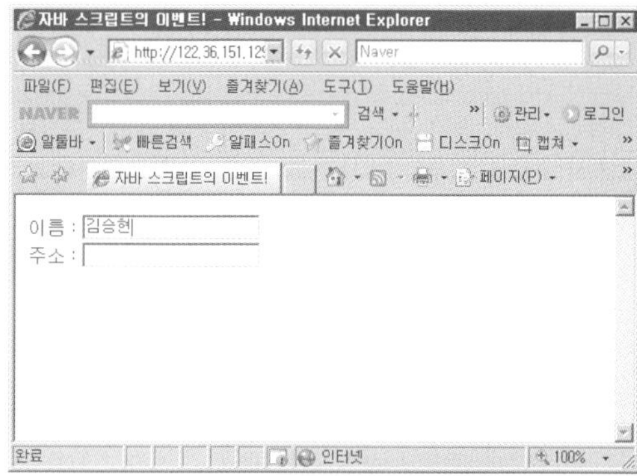

이름을 입력하는 텍스트 필드에서 포커스가
빠져나갔을 때 보여지는 메시지이다.

세 번째 예제는 Submit과 Reset 이벤트를 이용해서 서버로 데이터를 전송하기 직전에 이벤트
를 받아 처리할 수 있는지 확인하는 예이다.

| 예제 | Round04_018.htm |

```
<html>
    <head>
        <title>자바 스크립트의 이벤트!</title>
        <script language="JavaScript">
        <!--
            function check_form() {
                alert('서버로 전송 전 확인합니다.');
                return true;
            }
            function clear_form() {
                alert('폼 필드들을 초기화합니다.');
            }
        //-->
        </script>
    </head>
    <body>
        <form name="my_form" action="http://www.freelec.co.kr"
                    ↳,onSubmit="return check_form()" onReset="clear_form()">
            ID : <input type="text" name="id"/>
            <input type="submit" value="전송"/>
            <input type="reset" value="필드초기화"/>
        </form>
    </body>
</html>
```

에러 발생 시 False를 반환하고
그러면 서버로 전송되지 않는다.

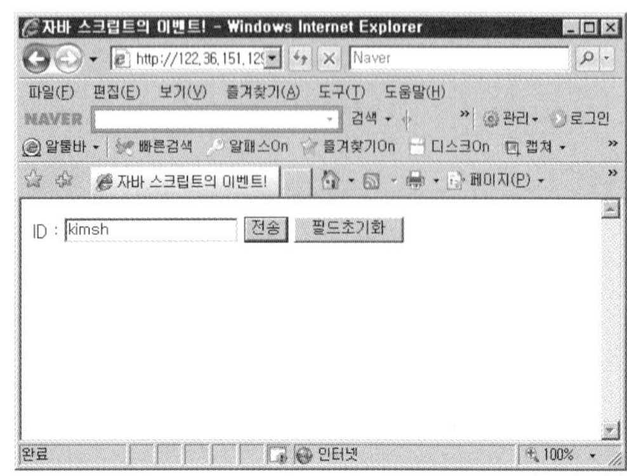

전송 단추를 눌렀을 때 보여지는
메시지이다.

주목할 코드는

```
onSubmit = "return check_form()"
```

이다. return 문이 있는데, check_form( ) 함수를 수행하고서 결과 값을 반환받을 것이고, 반환 값이 True인 경우에만 〈form〉 태그의 action 속성으로 지정한 URL로 데이터를 전송하겠다는 의미이다. 많이 사용하는 코드다. 꼭 기억하기 바란다.

마지막 예제는 Click과 Change, Select 이벤트를 다룬 예이다.

예제 | Round04_019.htm

```html
<html>
    <head>
        <title>자바 스크립트의 이벤트!</title>
        <script language="JavaScript">
        <!--
            function view_name() {
                var na = my_form.name.value;
                alert('선택한 이름 : ' + na);
            }
            function view_blood() {
                var bl = my_form.blood.options[my_form.blood.selectedIndex].value;
                alert('선택한 혈액형 : ' + bl);
            }
            function view_search() {
                alert('바이러스 검사를 시작합니다.');
            }
        //-->
        </script>
    </head>
    <body>
        <form name="my_form">
            이름 : <input type="text" name="name" onSelect="view_name()"/><br/>
            혈액형 : <select name="blood" onChange="view_blood()">
                    <option value="A">A형</option>
                    <option value="B">B형</option>
                    <option value="O">O형</option>
```

```
                    <option value="AB">AB형</option>
                    </select><br/>
        바이러스 검사 : <input type="button" value="검사"
                                    ↳ onClick="view_search()"/>
        </form>
    </body>
</html>
```

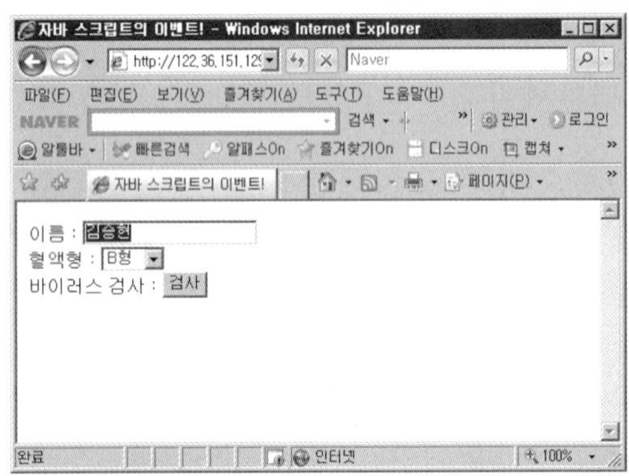

이름을 블록으로 선택했을 때
보여지는 메시지이다.

혈액형을 선택했을 때 보여지
는 메시지이다.

검사 단추를 눌렀을 때 보여지는
메시지이다.

예제를 테스트할 때 이름 텍스트 필드에 이름을 적고 마우스를 이용해 드래그하면서 선택하면
Select 이벤트가 발생할 것이다.

이벤트와 이벤트 핸들러는 이 정도로만 다루자. 실제로 사용하는 부분에서 다른 이벤트와 이벤
트 핸들러를 배워도 부족하지는 않다.

4.6 사용자 정의 객체

자바스크립트에서 객체는 생성하지 못하지만 이와 유사한 기능을 하는 사용자 정의 객체는 생성할 수 있다. 자바의 클래스와 거의 같은 맥락이기는 하지만 클래스라고 보기에는 구조가 좀 단순하다. 형식과 사용법만 일단은 익혀 두도록 하자.

| 사용자 정의 객체 형식

```
function 함수이름(매개변수들) {
    this를_이용하여_멤버를_지정
}
```

다음은 예이다.

```
function display() {
    document.write("name = " + this.name);
    document.write("age = " + this.age);
    document.write("addr = " + this.addr);
}

function person(name, age, addr) {
    this.name = name;
    this.age = age;
    this.addr = addr;
    this.disp = display;
}

var ps = new person("김승현", 20, "서울 양천구 목동");
ps.disp();
```

예를 살펴보면 자바와 비슷하게 new라는 동적 메모리 할당 연산자를 통해 사용자 정의 객체를 생성한다. 그런 다음에는 생성자 함수를 호출한다. 생성자 함수에는 객체를 가지고 사용할 수 있는 필드(변수)와 함수를 정의해야 한다. 필드와 함수를 정의할 때는 this라는 예약어를 사용해야 하는데, 이것은 멤버라는 의미이다.

예에서는 display( )라는 함수를 만들어 두고 person( ) 생성자 함수에서 disp라는 이름과 맵핑 (Mapping)을 하고 있다. 사용자 정의 객체를 사용할 때는 객체를 통해서 disp( )라고 호출해야 인식할 수 있다. 이번 예제는 앞의 예를 파일로 완성한 것이다.

예제 | Round04_020.htm

```html
<html>
    <head>
        <title>자바 스크립트의 이벤트!</title>
        <script language="JavaScript">
        <!--
            function display() {
                document.write("name = " + this.name + "<br/>");
                document.write("age = " + this.age + "<br/>");
                document.write("addr = " + this.addr + "<br/>");
            }

            function person(name, age, addr) {
                this.name = name;
                this.age = age;
                this.addr = addr;
                this.disp = display;
            }
        //-->
        </script>
    </head>
    <body>
        <script>
            var ps = new person("김승현", 20, "서울 양천구 목2동");
            ps.disp();
        </script>
    </body>
</html>
```

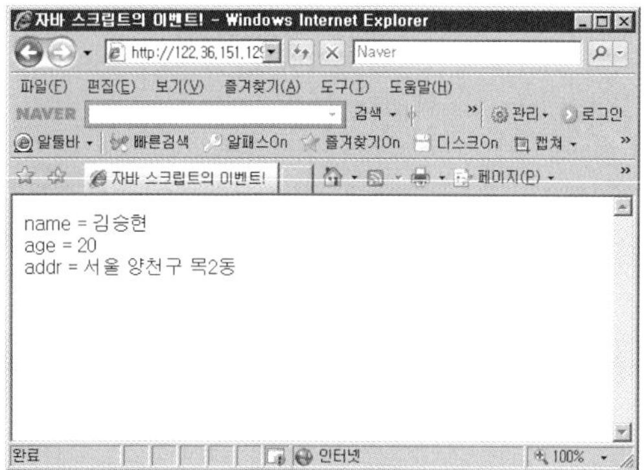

4.7 내장 객체

내장 객체는 자바스크립트에서 실행 형식을 미리 정의해 놓은 객체를 말한다. 상위 객체가 window 객체인 경우와 그렇지 않은 경우로 종류가 나누어진다. 일단 이 책이 자바스크립트 전용 책이 아니기 때문에 객체별로 간단히 소개만 하고 예제 몇 개만 작성해 보겠다.

내장 객체를 생성하는 방법은 자바 객체를 생성할 때와 동일하다. new라는 동적 메모리 할당 연산자를 사용한다. 그러나 자바스크립트는 변수의 자료형을 구분하지 않기 때문에 객체의 자료형을 선언할 필요가 없다. 굳이 선언한다면 var 정도로 해두자.

| Date 객체

이 객체는 날짜와 시간을 다룰 때 사용한다. 웹 브라우저를 실행하는 컴퓨터의 날짜와 시간을 알아내거나 저장하게 해준다.

```
var today = new Date()
var today = new Date(year, month, day)
```

함수에는 getYear( ), getMonth( ), getDate( ), getDay( ), getHours( ), getMinutes( ), getSeconds( ) 등이 있다.

| String 객체

이 객체는 자바스크립트에서 사용하는 문자열을 관리할 때 사용한다.

```
var str = "문자열";
```

함수와 속성에는 length, bold( ), big( ), small( ), strike( ), sub( ), sup( ), fontcolor("색상"), fontsize(크기) 등이 있다.

| Math 객체

이 객체는 삼각 함수, 지수 함수, 로그 함수 등 특수 함수와 파이, 오일러 상수 등 특수 상수를 제공한다. 동적 객체가 아니라 정적 객체(Static Object)이므로 new 연산자를 사용할 필요가 없다. 자바의 Math 클래스와 사용하는 방법이 동일하다고 보면 된다.

```
Math.sin(0.5)
Math.PI
```

함수와 속성에는 E, PI, sin(x), cos(x), tan(x), abs(x), log(x), pow(x, y), sqrt(x), random( ), round(x), floor(x), ceil(x), max(x, y), min(x, y) 등이 있다.

| Array 객체

이 객체는 배열을 관리할 때 사용한다. 기본 생성자로 객체를 생성하면 10개의 공간으로 시작하는 무한 배열을 처리할 수 있고, 객체의 크기를 직접 지정하면 해당 크기로 시작해 무한 배열로 처리할 수 있다.

```
var obj = new Array()
var obj = new Array(n)
```

함수와 속성에는 length, join([str]), sort(f), reverse( ), concat([ ]), slice(start, end) 등이 있다.

| Function 객체

이 객체는 간단한 함수를 정의할 때 사용한다.

```
var func = new Function([매개변수1, 매개변수2, ...], 실행할_내용부);
```

함수와 속성에는 arguments, prototype 등이 있다.

| Screen 객체

이 객체는 웹 브라우저를 실행하는 컴퓨터의 화면 해상도나 색상을 알고자 할 때 사용한다. 화면의 크기에 따라 배치를 변경하거나, 지원하는 색상에 따라 이미지를 변경한다. 이 객체 역시 객체를 생성할 필요 없이 바로 사용할 수 있다.

```
Screen.width
Screen.height
```

함수와 속성에는 height, width, availHeight, availWidth 등이 있다.

| window 객체

웹 브라우저 내장 객체들의 계층 구조에서 맨위에 있는 객체이다. window 객체 아래 객체를 가리킬 때 window 객체는 생략할 수 있다. 이 객체에는 open() 함수가 있는데, 다음에 나오는 document 객체의 open() 함수와는 다르다. window 객체의 open() 함수는 새로운 창을 생성하는 것이고, document 객체의 open() 함수는 현재 문서를 수정하는 권한을 갖는 것이다.

```
window.document.write() == document.write()
```

함수와 속성에는 status, self, parent, top, frames, opener, locationbar, menubar, scrollbars, statusbar, toolbar, tags, open( ), close( ), setTimeout( ), clearTimeout( ), setInterval( ), back( ), forward( ), home( ), stop( ), print( ), find( ), moveBy(x, y), moveTo(x, y), resizeBy(x, y), resizeTo(x, y), scrollBy(x, y), scrollTo(x, y) 등이 있다.

| document 객체

웹 브라우저 내장 객체들의 계층 구조 중에서 window 객체 바로 아래 객체로 HTML 문서의
〈body〉 ... 〈/body〉 태그 내용부에 있는 내용들과 주로 관련된다.

```
document.write();
```

함수와 속성에는 title, location, lastModified, referrer, bgColor, fgColor, linkColor,
alinkColor, vlinkColor, anchors, links, forms, cookie, images, applets, embeds, layer,
open( ), close( ), clear( ), write, writeln( ), setSelection( ) 등이 있다.

| History 객체

웹 브라우저 내장 객체들의 계층 구조 중에서 window 객체 바로 아래 객체로 웹 브라우저의 히
스토리 정보를 저장해 둔다. 히스토리 정보란 웹 브라우즈가 최근에 방문한 URL 주소를 의미
한다.

```
History.go(-1)
```

함수와 속성에는 length, back( ), forward( ), go(n) 등이 있다.

| Location 객체

이 객체는 현재 열려진 페이지의 URL 주소를 제공한다. 보통 웹 브라우저 위에 있는 문서 위치
(Location) 필드의 값을 저장하는 객체로 페이지가 여러 프레임으로 구성되어 여러 문서가 열
려 있으면 계층 구조상 맨위에 있는 문서의 URL 주소만을 취하며, 그 아래 문서의 URL 주소는
Frames 객체를 가지고 이용할 수 있다.

이상과 같이 자바스크립트에는 내장 객체가 많이 있다. 여기서는 자주 사용하는 내장 객체만 설
명했다. 내장 객체의 예제를 다 다루기에는 지면이 허락하지 않기 때문에 몇 가지 예제만 작성
하여 결과를 확인해 보도록 하자. 자바에서 사용해 본 Date나 String, Math 객체를 가지고 예
제를 작성해 보자.

```html
<html>
    <head>
        <title>내장 객체!</title>
        <script language="JavaScript">
        <!--
            function view_data() {
                var today = new Date();
                document.write("오늘의 날짜 : " + today.getYear() + "년 " +
                ↳ (today.getMonth() + 1) + "월 " + today.getDate() + "일<br/><br/>");
                var name = "김승현";
                document.write("당신의 이름은 " + name + "입니다.<br/>");
                document.write("글자 길이는 " + name.length + "자입니다.<br/><br/>");
                var su1 = 12;
                var su2 = 24;
                document.write(su1 + "과 " + su2 + "중 큰 수는 " + Math.max(su1, su2)
                                                         ↳ + "입니다.");
            }
        //-->
        </script>
    </head>
    <body>
        <script>
            view_data();
        </script>
    </body>
</html>
```

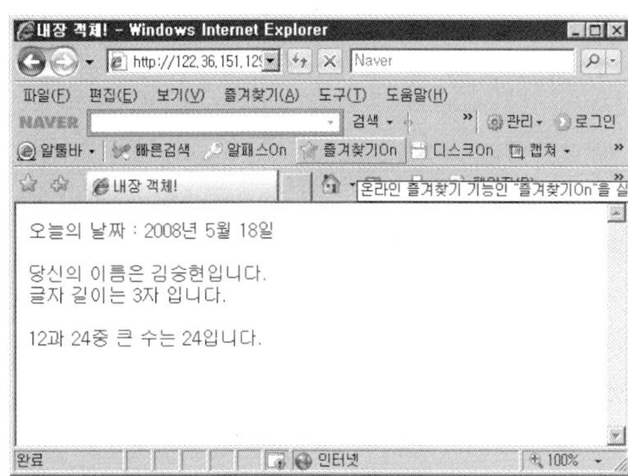

다음 예제는 window 객체를 이용해서 새 창을 화면의 중앙에 띄우는 예이다. 프레임을 화면의
중앙에 띄우는 방법과 동일하다.

| 예제 | Round04_022.htm |

```html
<html>
    <head>
        <title></title>
        <script language="JavaScript">
        <!--
            function open_win() {
                var width = 300;
                var height = 200;
                var left = screen.width / 2 - width / 2;
                var top = screen.height / 2 - height / 2;
                var mywin = window.open('http://www.freelec.co.kr', 'popup',
                            'top='+top+', left='+left+', width='+width+',
                                height='+height+', scrollbars=yes');
            }
        //-->
        </script>
    </head>
    <body>
        <input type="button" value="프리렉 사이트 새 창으로 띄우기
                                "onClick="javascript:open_win()"/>
    </body>
</html>
```

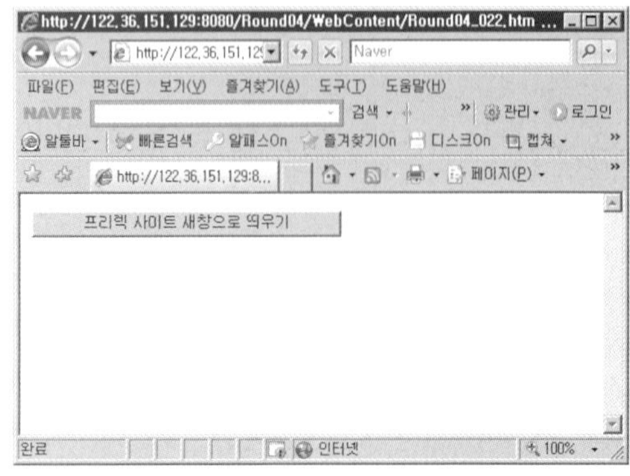

단추를 누르면 새 창으로 프리렉 사이트가 뜬다.

마무리 하면서

이번 라운드에서는 자바스크립트를 간단히 살펴보았다. 만약 자바스크립트가 없다면 우리는 웹 프로그램의 코드 대부분에 네트워크 통신 관련 코드를 넣어야 할 것이다. 이것은 서버의 성능 측면에서 상당한 부담이 된다.

자바스크립트를 단순히 덤이라고 생각한다면 이번 라운드를 통해 생각을 바꾸기 바란다. 실무에서 자바스크립트는 아주 중요하게 다뤄지고 있다. 그럼에도 자바스크립트를 제대로 활용하는 웹 개발자는 드물다. 단순히 다른 개발자나 디자이너가 작성한 자바스크립트 코드를 복사해서 사용하는 정도이다. 만약 독자 여러분이 중, 고급의 웹 개발자가 되려고 한다면 자바스크립트는 꼭 익혀 두기 바란다. 자바스크립트가 아니어도 되지만 자바를 배웠다면 배우기가 상당히 편한 스크립트이다.

제 5 장

웹 프로그램과 XML

▎라운드 3에서 HTML이라는 이미 정의되어 있는 마크업 언어에 대해 배웠었다. 그러면 HTML의 태그는 어떻게 정의하였을까? 해답은 바로 SGML(Standard Generalized Markup Language)에서 찾을 수 있다. SGML은 문서 처리에 다양하게 응용할 수 있고, 다양한 텍스트 입력 도구를 지원하며, 마크업이 되지 않은 일반 데이터와 함께 사용할 수 있는 등의 특징을 가진 마크업 언어이다. SGML의 대표적인 부산물이 HTML이다.

그러나 SGML은 작성하기가 너무 복잡하고 속성이나 형식이 너무 많아 SGML 문서를 해석하는 DTD를 설계하기가 상당히 어렵다. 일단 설계를 했어도 유지 보수에 너무 많은 시간이 소요된다. 그래서 XML이라는 확장형 마크업 언어가 대안이 되었다.

Round 05

5.1 XML 환경 설정　**5.2**　XML의 문법　**5.3** DTD의 문법
5.4 네임스페이스와 스키마　**5.5** 스타일 시트와 XSL

목표

· XML의 정의와 필요성에 대하여 안다.

· XML의 구성 요소에 대하여 안다.

· XML 문서를 해석하고 작성할 수 있다.

활용

XML(eXtensible Markup Language)

SGML의 형식에 준해서 만든 확장형 마크업 언어로 어떤 형식의 문서로든 대체되어
사용할 수 있는 특징이 있다.

DTD(Document Type Definition)와 스키마(Schema)

사용자 정의를 기반으로 하여 작성된 XML 문서를 해석할 때 기준이 되는 문서이다.
웹 서버의 경로를 지정하는 것만으로도 XML 문서를 해석할 수 있다.

들어가기 전에

로컬 응용 프로그램(Local Application)을 개발하기 위해서 자바를 배우듯이 태그들을 만들거나 문서의 형식을 지정하기 위해서는 SGML을 배워야 한다. XML은 SGML의 일부분이라고 할 수 있다. 결론적으로 XML은 태그를 만들거나 문서의 형식을 해석하는 언어를 개발하는데 있어서 다양한 문서 형식을 지원한다. 형식이 간단하며, DTD나 스키마(Schema)의 설계가 복잡하지 않고, 유지 보수가 쉽다.

XML은 일반 데이터의 구조화, 웹 브라우저의 정보 표시, HTML의 변형 처리, 계층 구조를 갖는 데이터의 관리, 데이터베이스와 같이 구조화된 데이터의 관리, 새로운 태그의 개발 등 전 영역에 걸쳐서 사용한다. 특히, 웹 프로그램에서 데이터 관리는 필수인데, XML이 담당한다. 따라서 웹 프로그램을 제대로 배우려면 XML의 기본부터 익혀야 한다.

5.1 XML 환경 설정

XML을 배우려면 다음과 같은 환경이 기본적으로 필요하다.

- XML 편집기(Editor) : XML 코드를 작성한다.
- XML 검사기(Validator) : XML 코드를 검증한다.
- XML 파서(Parser) : XML 코드를 해석한다.
- 웹 브라우저 : XML 문서를 화면에 보여준다.
- XML API : 웹 프로그램과 함께 사용한다.

파서(Parser), 웹 브라우저, XML API는 따로 설치할 필요가 없다. 파서는 Windows\system32 폴더에 msxml4.dll과 같은 파일들이 기본적으로 있기 때문이다. 웹 브라우저는 윈도우 운영체제를 설치하면 iexplore.exe와 같은 웹 브라우저가 설치되기 때문이다. 또한, XML API는 자바를 설치하면 기본적으로 설치된다. 자바 1.4 버전부터는 API가 기본적으로 내장된다. 이

전 버전은 API를 따로 내려 받았어야 했다. 이 책에서는 버전 1.6을 사용하고 있으니 상관은 없겠다. 따라서 편집기와 검사기만 설치하면 환경에 대한 준비는 모두 끝난다.

먼저 유니코드를 지원하는 편집기라면 메모장이나 Edit-Plus, XML-Spy 등 어떤 편집기든 관계없다. 그러나 이미 이클립스를 편집기로 사용하기 때문에 이클립스를 활용하도록 하자. 그런데 이클립스는 검사기로 사용하기가 조금 힘들다. 플러그 인(Plug-in)을 하나 설치하는 것이 좋겠다.

플러그 인을 내려 받기 위해 http://www.oxygenxml.com 사이트에 접속해 보자. 위쪽 메뉴 중 [Downloads]를 클릭하자.

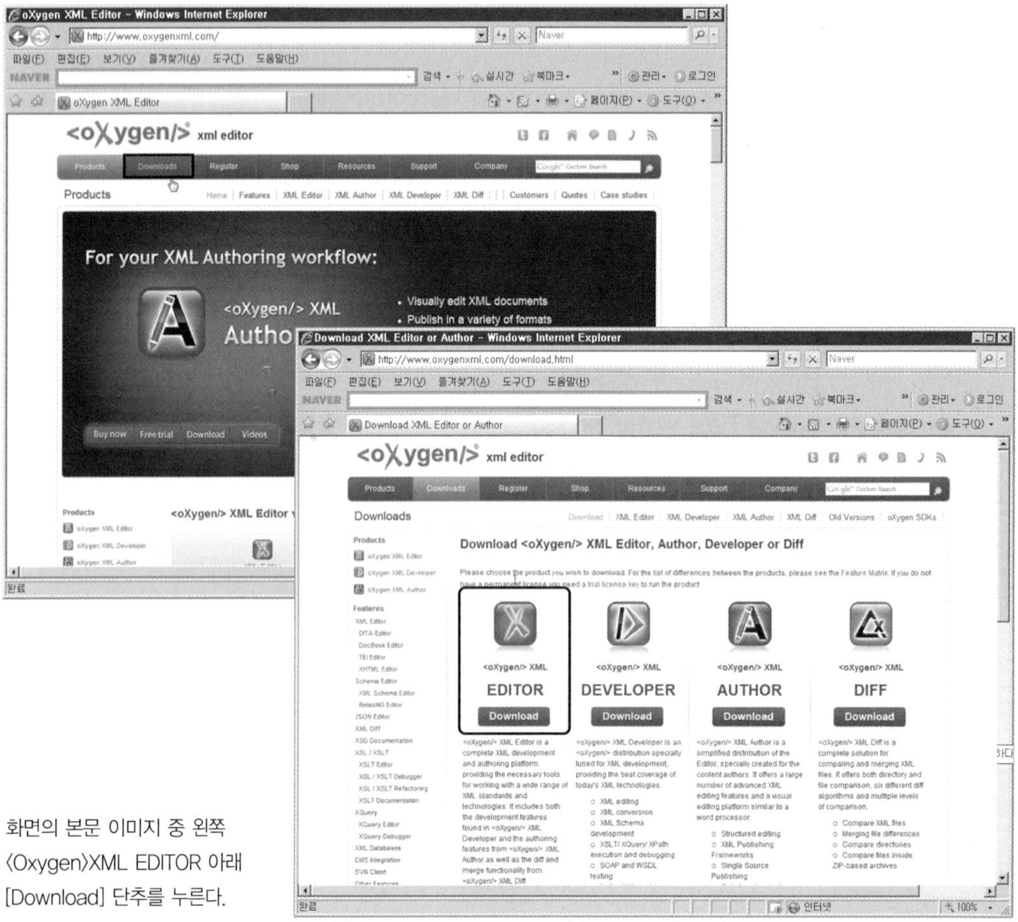

화면의 본문 이미지 중 왼쪽 〈Oxygen〉XML EDITOR 아래 [Download] 단추를 누른다.

화면 가운데 여러 탭 중에서
[Eclipse] 탭을 클릭한다.

여기서 살펴보면 Eclipse 3.3에 대한 플러그 인이 보이는데, 우리는 Eclipse 3.2를 설치했기 때문에 가운데 "If you are looking for an older version of ⟨oXygen/⟩ XML Editor click here"라는 문장을 찾아 [click here] 링크를 클릭하자.

화면을 아래 방향으로 스크롤하면 버전 8.2가 있는데 [Eclipse 3.2 Plugin zip distribution] 링크를 찾아 내려 받도록 하자. 파일은 **Web_Java**의 **Install_Files** 폴더에 저장해 두는 것이 좋겠다. 다 내려 받았으면 압축을 풀어 보자. 압축을 푸는 경로는 현재 내려 받은 폴더에 일단 풀어 두자.

압축을 풀면 다음처럼 features 폴더와 plugins 폴더가 보일 것이다. 두 폴더를 C:\Web_Java \eclise 폴더에 복사하자.

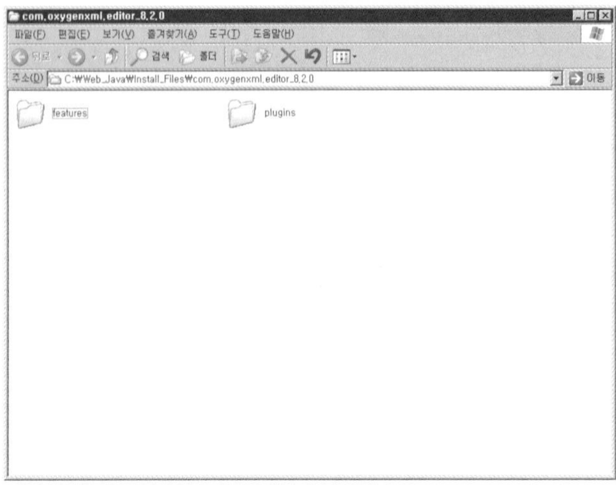

복사할 때 "덮어쓰겠습니까?"라고 묻는데, 덮어쓴다고 이전 파일이 없어지는 것이 아니라 없는
것만 새로 만들어지므로 크게 신경 쓸 필요는 없다. 〈모두 예〉를 누르면 된다.

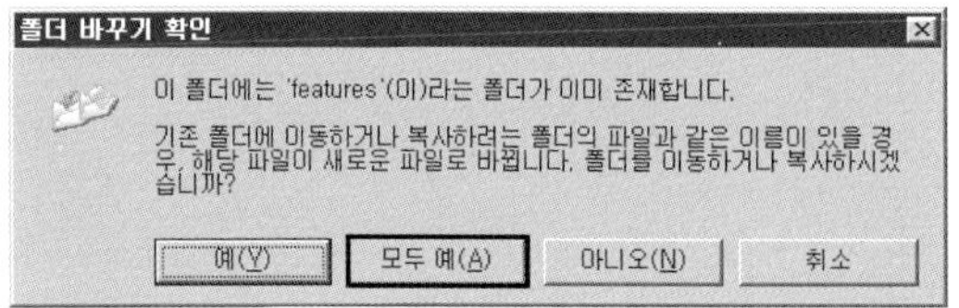

이렇게 덮어쓰고는 이클립스를 재실행해야 한다. 나중에 트라이얼 라이센스(Trial License) 기
간이 만료되어 oXygen XML을 지우고자 할 때는 C:\Web_Java\eclipse\features 폴더에서
com.oxygenxml.editor_8.2.0 폴더와, C:\Web_Java\eclipse\plugins 폴더에서
com.oxygenxml.editor_8.2.0 폴더를 삭제하면 깨끗하게 없어진다.

이클립스를 재실행했으면 XML 파일을 만들어 보자. 자세하게는 다음 절부터 배울 것이다. 이
번 절에서는 환경 설정과 실행에 무게를 두겠다. 먼저 Round05 프로젝트를 만들려고 할 때 다
음처럼 창이 하나 뜰 것이다. 이 창은 oXygen XML이 유료이므로 라이센스가 필요하다는 의미
인데, 우리는 30일 트라이얼 라이센스를 사용하기로 했으므로 화면 아래 왼쪽 〈Get trial
license〉를 누르자.

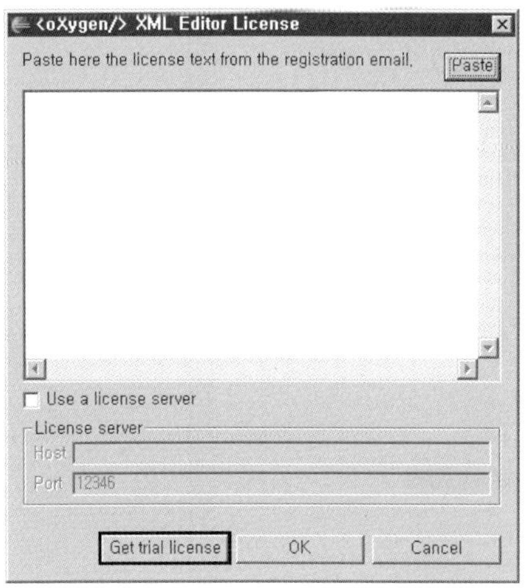

그러면 이메일을 묻는 등록 대화 상자가 보일 것이다. 이메일은 제대로 적어야 한다. 라이센스가 이메일로 오기 때문이다. 모든 항목을 적고서 〈Submit〉을 누르자. 성공 메시지가 출력될 것이고, 이때부터 우리는 메일이 도착하기를 손꼽아 기다리면 된다.

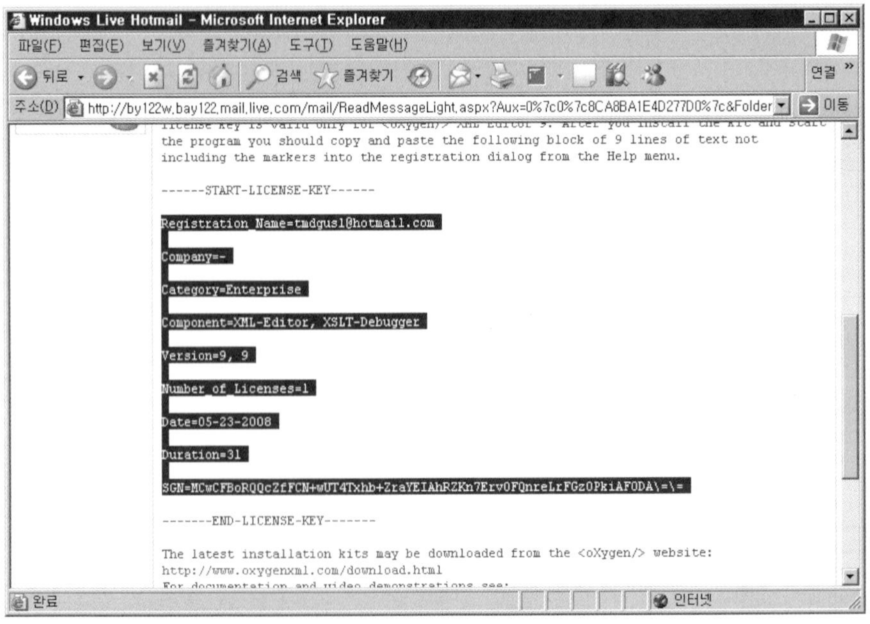

도착한 메일을 열어 보면 다음과 같은 형태일 텐데, 이 페이지에서 "──── START-LICENSE-KEY ─────────"라는 문장 바로 아래에서부터 "──────── END-LICENSE-KEY ──────────"라는 문장 바로 위까지를 복사하자.

그림과 같이 선택된 영역을 복사한다.

이제 복사한 텍스트를 조금 전 이클립스에서 프로젝트를 만들려고 할 때 보았던 대화 상자의 가운데 붙여 넣고서 〈OK〉를 누르자. 30일 동안은 무난히 사용할 수 있을 것이다. 주의할 점으로 라이센스 키를 복사해서 붙였을 때 이 화면처럼 줄 바꾸기가 되지 않는 경우가 있다. 그러면 직접 Enter 키를 쳐서 줄 바꾸기를 해야 정상적으로 라이센스가 인식된다.

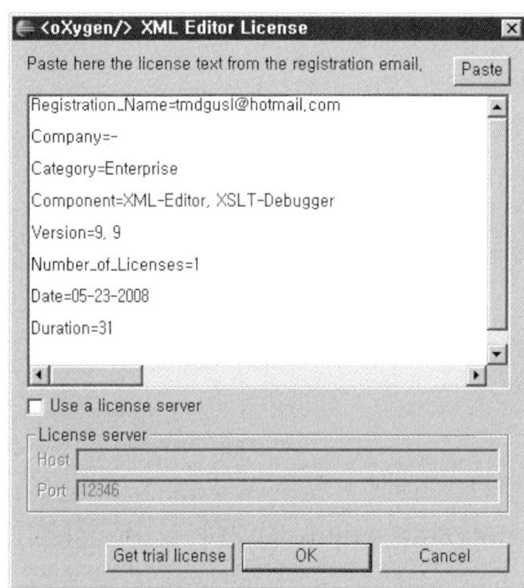

그리고 다음 메시지는 라이센스 키는 버전 9 것인데, 버전 8을 설치했다는 것이다. 일단 무시하고 그냥 사용해도 된다.

이제 'Hello XML'이라는 문자열을 출력하는 XML 파일을 만들어 보자. **WebContent** 폴더에서 바로 가기 메뉴를 띄워서 [**New**] → [Other] → [oXygen] → [XML File]을 선택하자. 나중에 배울 DTD나 XSD, XSL 파일 모두 여기에 있으므로 XML 관련 파일을 만들 때에는 이 폴더를 기억해 두도록 하자.

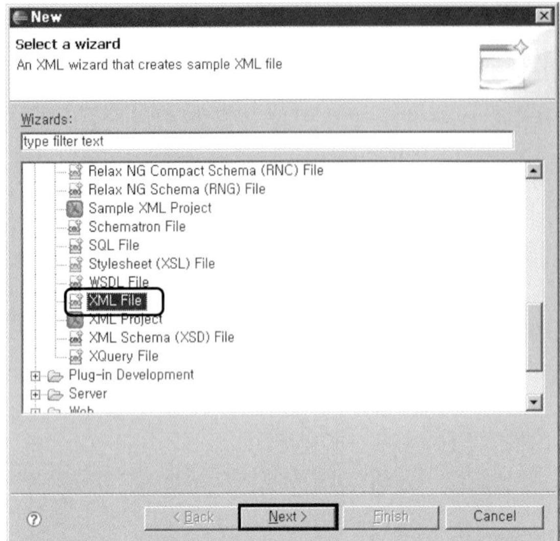

〈Next〉를 누른다.

파일 이름을 입력하는 창이 뜨는데, [File] 텍스트 상자에 helloXML.xml을 입력하고 〈Finish〉를
누르면 XML 파일이 만들어진다.

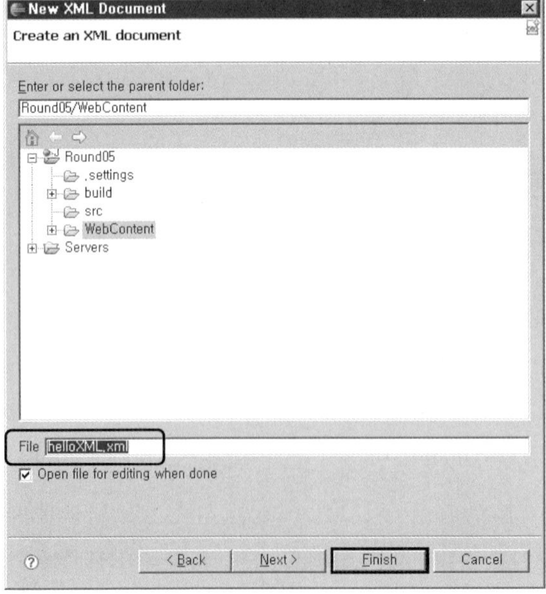

만들어진 파일에 다음 화면과 같이 코드를 작성해 보자. 1행은 자동으로 작성될 것이고, 다른 행은 우리가 직접 작성해야 한다. 태그 내부에 띄어쓰기가 있으면 안 된다. 주의하기 바란다.

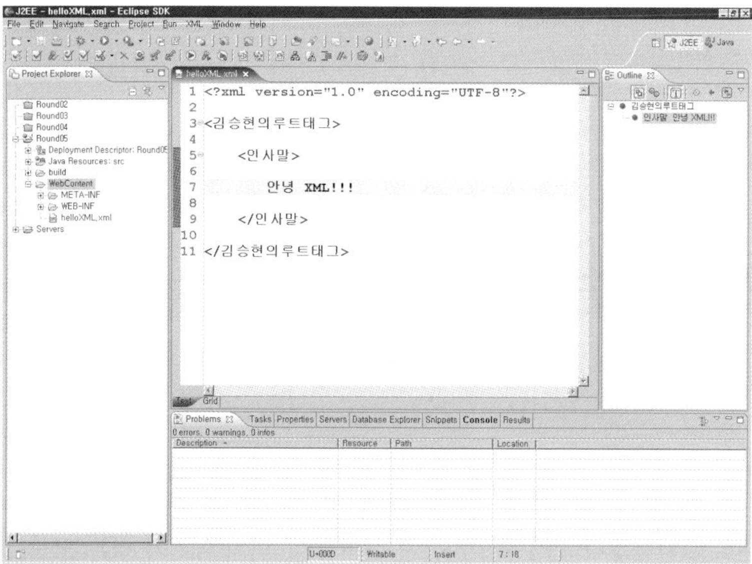

XML 코드를 작성하고서 두 가지를 확인해야 한다. 첫 번째는 XML 문법에 맞게 작성(Well-formed)되어서 XML 문서로서 적합한지 확인하는 문법 검사이고, 두 번째는 특정 마크업 언어의 구조에 맞게 작성(Valid)되어서 문서 해석에 문제가 없는지 확인하는 유효성 검사이다. 문법 검사는 XML 문법에 맞게 작성하기만 하면 되지만, 유효성 검사는 DTD나 스키마와 같이 XML 문서를 해석하는데 필요한 파일이 있어야 가능히다.

먼저 XML 문서가 문법에 맞게 작성되어 있는지를 확인해야 하는데, 이클립스는 문법 검사를 자동으로 해준다. 만일 문법에 어긋나는 코드가 있으면 빨간색 밑줄로 표시된다. 확인하기 위해 다음 화면에서처럼 '김승현의루트태그'에서 '김승현의 루트태그'로 '의'와 '루' 사이를 한 칸 띄어 보자. 그러면 이클립스는 문법에서 벗어났다는 것을 바로 확인해서 [Problems] 탭의 창을 통해 관련 메시지를 보여준다. 따라서 문법 검사는 별도로 신경 쓸 필요가 없다.

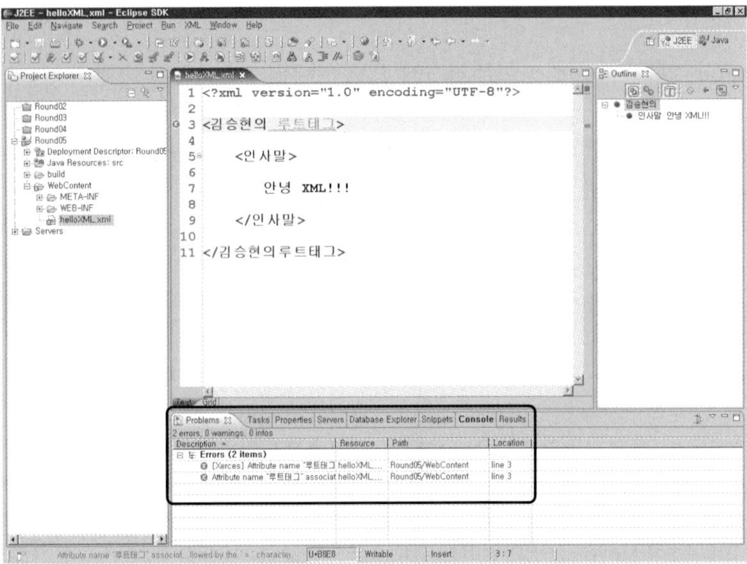

다음으로 XML 문서의 유효성 검사를 어떻게 확인하는지 살펴보자. 먼저 에러가 없는 코드로 되돌린 다음, 왼쪽 프로젝트 탐색기에서 helloXML.xml 파일을 마우스로 선택하자. 그래야 위쪽 메뉴 모음에서 XML 메뉴가 보이게 된다. 다음으로 [XML] → [Validate Document] 메뉴를 차례대로 선택해서 현재 문서에 대해 유효성 검사를 시작하자.

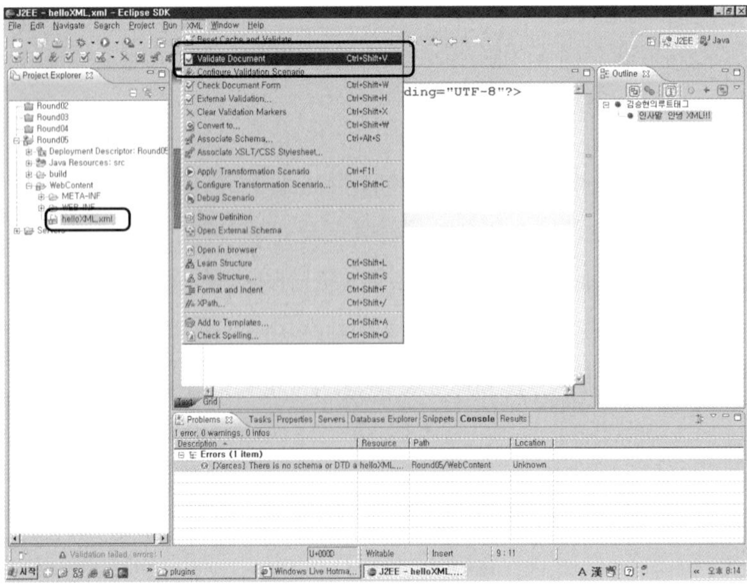

앞 화면에서 [Problems] 탭의 창에서 메시지를 읽어 보면 DTD나 스키마가 없어서 어떻게 해석해야 할지 모르겠다는 내용이다. DTD나 스키마는 지금 작성하지 않을 것이다. 그냥 넘어가자.

이제 작성한 helloXML.xml 파일을 웹 브라우저에서 실행할 차례이다. 라운드 3에서 배운 것처럼 레진을 구동하고 주소 표시줄에 다음과 같이 입력하여 XML 파일을 실행해 보자.

실행 ▶ `http://자신의_IP_주소:8080/Round05/WebContent/helloXML.xml`

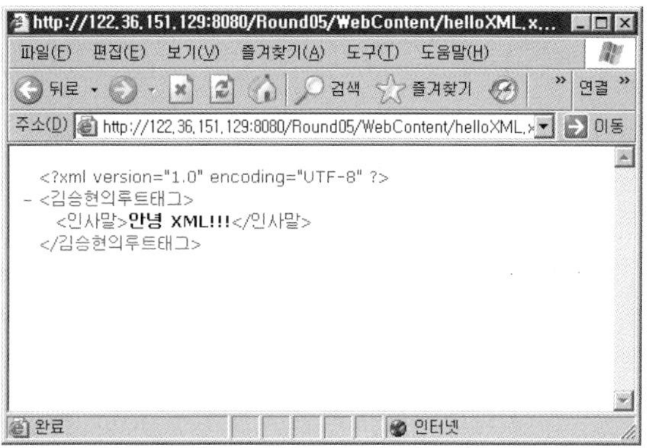

이것으로 XML 환경 설정은 마무리 짓자. 여하튼 XML은 태그로 이루어진 마크업 언어이다. XML 태그는 사용자 임의로 정의할 수 있다는 것과 XML 편집기와 검사기를 설치하는 방법만 기억하고 다음으로 넘어가자.

5.2 XML의 문법

기본적인 XML 환경 설정을 마무리했다면 지금부터는 XML 구문 형태와 DTD 작성을 배워 보도록 하자. XML은 다양한 기종과 형식의 문서를 지원하기 위해 만든 SGML과 유사한 형태의 언어이다. 가장 큰 특징은 태그를 이용하여 새로운 태그 언어를 만들어 낼 수 있다는 것이다. 참고로 새로운 태그 언어를 만들어 내는 언어를 메타 언어라고 한다. 그러나 XML을 이용하여 태그를 만들어 내는 데도 규칙은 있다. 다음은 XML 문서를 작성할 때 지켜야 하는 규칙들이다.

☑ 파일의 확장자는 XML이어야 한다.

☑ XML 문서는 서두(Prolog), 본문(Body), 기타(Misc)로 구성된다.

☑ 서두에는 XML 선언부, 프로세싱 지시자(Processing Instruction), 문서 유형의 선언이 들어간다.

☑ 서두에는 XML 선언부가 처음으로 온다. XML 선언부보다 먼저 오는 구성 요소는 없다. 공백과 주석 처리 조차도 그렇다.

☑ 본문에는 루트 태그와 자식 태그들이 들어간다. 루트 태그는 한 번만 적는다.

☑ 기타에는 주석 처리(<!-- ~ -->, HTML과 동일)와 공백이 들어간다.

다음은 XML 문서의 기본 구성이 잘 표현된 예이다.

| BaseXML.xml 예

```
<?xml version="1.0" encoding="euc-kr"?>                          XML 선언부
<?xml-stylesheet type="text/css" href="파일이름.css"?>           프로세싱 지시자
<!DOCTYPE 루트엘리먼트 SYSTEM "파일이름.dtd">                     문서 유형의 선언
<!-- 여기는 주석 처리 -->
<루트엘리먼트>
    <자식엘리먼트>
    </자식엘리먼트>
</루트엘리먼트>
```

예로 BaseXML 문서를 보면 어리둥절할 것이다. 그러나 배워야 하는 내용들이므로 서두부터 분석하도록 하자.

서두의 처음은 XML 선언부이다. 현재 문서가 XML로 작성되었다는 것을 알려준다. 반드시 적어야 한다.

```
<?xml version="1.0" encoding="euc-kr" standalone="yes"?>
```

앞서 규칙에서도 말했듯이 <?xml 앞에 어떠한 문자도 넣어서는 안 된다. 하다 못해 Enter 키를 한 번 치고 2행부터 코드를 작성하려고 해도 안 된다. 이건 규칙이기 때문에 이클립스에서는 절대적으로 지켜야 한다. 만약 다른 편집기를 사용하여 Enter 키를 치고 실행할 경우에 결과가 보

인다면 아마도 권고하는 범위 내에 있기 때문일 것이다. 우리는 무조건 안 된다고 생각하자.

다음으로 〈?xml에서 〈?x까지는 띄워쓰기를 해도 이클립스에서 에러로 처리한다. x 다음에 ml 은 띄어도 허용되지만 그래도 띄어쓰려고 노력하지는 말기 바란다. 여하튼 〈?xml이 문서의 맨 앞에 놓이는 것이 기억할 사항이다.

그러면 XML 선언부의 속성에는 어떠한 것들이 있을까?

표 XML 선언부의 속성

속성	설명
version	XML의 버전 정보를 지정한다.
encoding	문서의 인코딩 방식을 지정한다.
standalone	문서를 해석할 때 외부 파일 참조 여부를 지정한다.

version 속성은 현재 권고안이 1.0이다. XML이 나오고 지금까지 바뀌지 않았다. 권고안은 이렇게 사용하기를 바란다는 지침 정도로 보면 된다. 그러면 권고안을 지키지 않아도 관계없을까? 사실 그렇지는 않다. 말이 좋아 권고안이지 1.0이라고 적지 않으면 해석에 장애가 된다. 나중에 다른 버전이 나왔을 때의 확장성을 위해 만들어 둔 것이라고 보면 좋다. 지금은 외워야 한다.

encoding 속성은 현재 XML 문서의 인코딩 방식을 지정해 준다. 만약 XML의 코드를 영어로 작성해야 한다면 1바이트를 지원하는 인코딩인 ISO-8859-1을 사용해도 무방하다. 그러나 이렇게 인코딩을 지정하고서 한글로 작성하면 XML 문서를 저장하는 중에 에러가 발생한다. 저장 자체가 되지 않는다. 한글로 작성하려면 euc-kr이나 UTF-8, UTF-16과 같이 다국어를 지원하는 인코딩 방식을 지정해야 한다. 일단 우리는 기본값으로 euc-kr을 사용하자.

standalone 속성은 조금 어려울 수 있다. XML 문서만으로 해석이 가능한지 아니면 DTD와 같이 다른 문서를 참조해야 해석이 가능한지 여부를 지정해 준다. 기본값은 no이다. 속성을 지정하지 않으면 기본값이 적용된다. 그래서 반드시 DTD와 같이 다른 문서가 필요한 것이다.

그러면 standalone 속성을 yes라고 지정하는 경우는 어떤 경우일까? 라운드 3에서 배운 자바스크립트를 떠올려 보면 이해하기가 쉽다. 자바스크립트에서도 내부 자바스크립트와 외부 자바스크립트로 나누어져 있던 것을 기억할 것이다. DTD 역시도 XML 문서 외부에 따로 선언할 수도 있고 XML 문서 내부에 선언할 수도 있다. 그런데 DTD가 XML 문서 내부에 선언되면 외부에 따로 참조할 문서가 없어서 이럴 때는 standalone 속성을 yes로 지정한다. 이렇게 하면 XML 문서를 해석하는 파서가 번거로운 작업을 할 필요가 없어진다. 이렇듯 XML 문서를 작성할 때 서두의 선언부는 중요하다. 반드시 외우기 바란다.

서두의 XML 선언부 다음으로는 프로세싱 지시자나 문서 유형의 선언, 어느 것이 먼저 와도 관계없다. 프로세싱 지시자부터 설명해 보겠다. 현재의 XML 문서를 어떤 문서로 출력해야 하는지 형식을 지정해 준다.

스타일 시트를 예로 들면 우리가 어떤 태그를 사용할 경우에 태그에 스타일 시트를 적용하면 화면에 출력될 때 해당 형식으로 출력된다는 것을 알 것이다. 〈h2〉 태그에 스타일 시트를 사용하면 글꼴 색이 빨강으로 보이는 정도의 코드를 생각하면 된다. 프로세싱 지시자는 XML에서 사용자가 정의한 태그에 스타일 시트를 적용하는 것 정도로 생각하면 쉽다. 따라서 화면에 출력될 때 모든 태그는 프로세싱 지시자를 근거로 해서 출력된다.

| 예 1

```
<?xml-stylesheet type="text/css" href="파일이름.css"?>
```

| 예 2

```
<?xml-stylesheet type="text/css" href="#정의이름"?>
<루트엘리먼트>
<stylesheet id="정의이름"></stylesheet>
</루트엘리먼트>
```

예 1에서 〈?xml-stylesheet는 문서 출력 형식이 스타일 시트라는 것을 지정하는 것이다. type에는 스타일 시트의 MIME을 지정한다. MIME을 모를 수도 있는데, 웹상에서 문서를 해석하기 위한 예약어라고 보면 된다. 예를 들어 HTML의 MIME은 text/html이고 GIF 파일의 MIME은 image/gif이다. MIME에 대해서는 Part 2 서블릿에서 조금 더 자세히 다루기로 하자. 여하튼 문서 출력 형식을 지정하고 이것을 직접 정의한 파일이 바로 '파일이름.css'가 된다. 그런데 문서 출력 형식 역시도 외부 파일이 아니라 내부에 직접 정의할 수 있다. 예 2가 그렇다. # 기호와 함께 정의 이름을 적으면 파일이 아니라도 접근할 수 있다.

서두에서 문서 유형의 선언에는 문서 출력과는 관계없이 태그 자체를 해석하는 파일을 지정한다. 바로 여기가 DTD와 관련이 있다. 또한, XML 문서가 유효한지를 판단하는 요인이 된다. DTD에 대해서는 XML 문법을 다 설명하고 이어서 설명하겠다. 잠시 접어 두고 형식만 먼저 살펴보자.

| 형식 1

```
<!DOCTYPE 루트엘리먼트 SYSTEM "SYSTEM식별자">
```

| 형식 2

```
<!DOCTYPE 루트엘리먼트 PUBLIC "PUBLIC식별자" "SYSTEM식별자">
```

| 형식 3

```
<!DOCTYPE 루트엘리먼트 [DTD정의부]>
```

문서 유형을 선언하는 방식은 세 가지이다. 하나는 외부 파일이 있는 경우이고, 두 번째는 외부 파일이 있으면서 공개된 DTD를 사용하는 경우이고, 마지막은 내부에 정의해서 사용하는 경우이다. 여기에서 DTD 정의부는 지금 다루지 않겠다.

먼저 <!DOCTYPE는 예약어이다. 현재 XML 문서가 유효한지를 판단할 참고 문서를 지정하게 해준다. 다음으로 나오는 루트 엘리먼트는 본문에 적을 최상위 태그이다. 이 태그는 XML 문서에 반드시 한 번만 적어야 한다. 다른 태그들은 모두 루트 엘리먼트 내부에 적어야 한다는 의미이다.

다음으로 SYSTEM이라는 예약어와 PUBLIC이라는 예약어인데, DTD의 범위와 관련이 있다. XML은 사용자가 임의로 정의해서 사용하는 마크업 언어라 했다. 그런데 이렇게 정의한 태그를 나 혼자만 비공개적으로 사용한다면 SYSTEM에 해당하고, 공개적으로 사용한다면 PUBLIC에 해당한다. 정식으로 설명하자면 비공개 목적으로 만들어서 사용하는 외부 DTD 서브셋(Subset)을 지정할 때는 SYSTEM 예약어를 사용하고, 공개 목적으로 만들어서 사용하는 외부 DTD 서브셋을 지정할 때는 PUBLIC 예약어를 사용한다.

예를 들어 HTML과 같이 널리 공인된 DTD는 PUBLIC 예약어를 사용한다는 이야기다. 혹시 HTML 문서를 작성할 때 자동으로 작성된 코드를 자세히 살펴본 적이 있으면 이해할 수 있을 것이다. 다음 화면이 자동으로 작성된 HTML 문서이다.

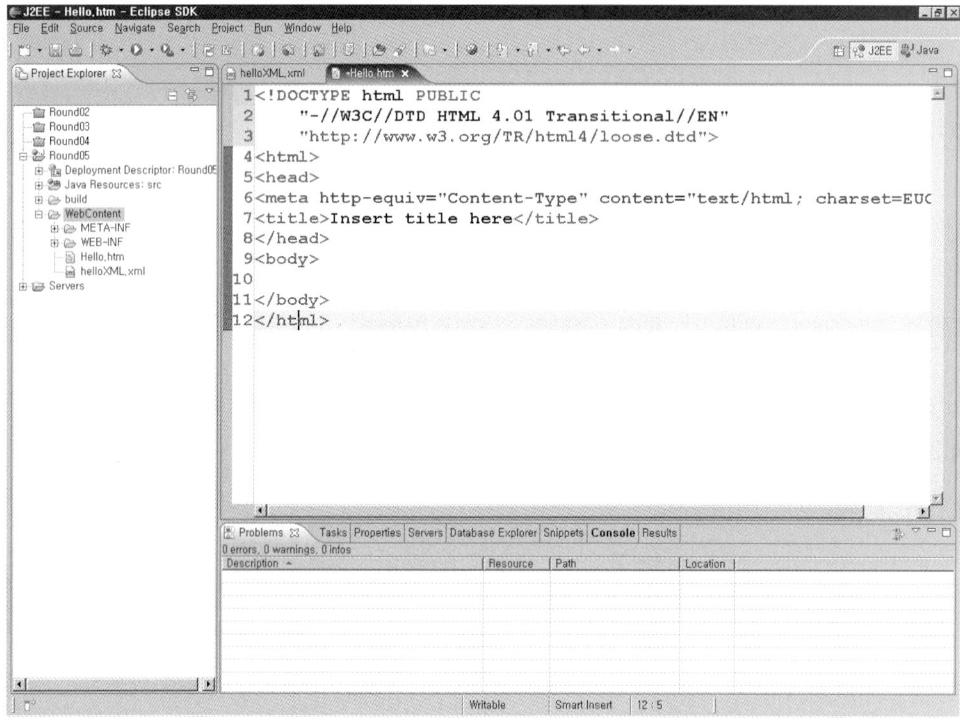

다음으로 SYSTEM 식별자와 PUBLIC 식별자이다. SYSTEM을 사용할 때는 비공개 목적이기 때문에 XML 문서를 해석하는 문서를 특별히 지정할 필요 없이 문서 이름만 적는다. 따라서 SYSTEM 식별자에는 DTD 파일의 이름과 경로를 적게 된다. 앞 화면에서 SYSTEM 식별자에는 loose.dtd라는 DTD 파일이 지정된 것을 알 수 있다.

```
http://www.w3.org/TR/html4/loose.dtd
```

그러나 PUBLIC을 사용할 때는 DTD를 개발한 회사와 버전, 유지 보수 업체 등의 정보가 필요하다. 따라서 이들 정보를 PUBLIC 식별자에 적게 된다. 앞 화면의 HTML 코드를 살펴보면, 다음과 같은 PUBLIC 식별자가 보인다.

```
-//W3C//DTD HTML 4.01 Transitional//EN
```

| PUBLIC 식별자

"국제공인업체유무//개발및유지보수회사//DTD이름과버전//개발언어"

PUBLIC 식별자에서 국제 공인업체 유무는 +와 −로 표현하는데, ISO와 같은 국제 공인 단체에 는 + 기호가 적용된다. 실제 XML 개발자에게는 기본적인 지식이다. 여하튼 PUBLIC이나 SYSTEM 모두 SYSTEM 식별자는 필요하다.

여기서 의심해 봐야 할 것이 있다. HTML 문서에는 XML 선언부를 왜 적지 않은 것일까? 이유 는 HTML이 XML이 아니라 SGML로 개발되었기 때문이다. 따라서 형식이 XML과 비슷하기 는 하지만 조금은 XML과 다르다. 참고하도록 하자.

다음으로 본문에 대해서 설명하도록 하겠다. XML의 본문은 크게 두 영역으로 구분된다. 하나 는 루트 엘리먼트이다. 앞서 설명한 것처럼 루트 엘리먼트는 모든 태그의 부모라고 할 수 있다. 자바와 비교하자면 클래스 이름이라 생각하면 된다. 루트 엘리먼트는 문서 유형의 선언 (<!DOCTYPE) 바로 다음에 선언되는 이름과 동일하게 작성해야 한다. 물론 해당 이름은 개발 자 마음이다. 여하튼 동일하게만 쓰면 된다. 다른 하나는 자식 엘리먼트인데 루트 엘리먼트를 제외한 모든 자식 엘리먼트는 여러 번 사용하는 것이 가능하다.

다음은 엘리먼트들이 따라야 하는 규칙들이다.

- ☑ 루트 엘리먼트는 한 번만 작성한다.

- ☑ 루트 엘리먼트는 여러 개의 자식 엘리먼트를 가질 수 있다.

- ☑ 루트 엘리먼트 아래 자식 엘리먼트들은 트리 구조로 구성된다.

- ☑ 엘리먼트는 시작 태그와 끝 태그로 구성된다.

- ☑ 엘리먼트의 이름에는 공백이나 특수 문자가 들어갈 수 없다. '_' , '-', '.', ':'는 제외된다.

- ☑ 엘리먼트 이름의 시작은 문자나 '_'만 가능하고 이후에는 숫자, '-', '.'도 사용할 수 있다. 콜론(:)은 네임스 페이스(Namespace)와 관련된 예약어이므로 가급적 사용을 피해야 한다.

- ☑ 엘리먼트의 이름은 xml로 시작할 수 없다.

- ☑ 엘리먼트의 이름은 대문자와 소문자를 구별한다.

☑ 엘리먼트의 시작 태그와 끝 태그는 중첩되어 사용할 수 없다.

☑ 엘리먼트의 시작 태그와 끝 태그의 이름은 동일해야 한다.

☑ 엘리먼트의 시작 태그는 〈로 시작하고 끝 태그는 〈/로 시작한다.

☑ 엘리먼트의 테그에서 '〈'와 '〈/' 다음에는 공백이 올 수 없다.

☑ 내용부가 없는 엘리먼트는 〈엘리먼트/〉와 같은 형식으로 시작 태그와 끝 태그를 혼합해서 사용하는 것이 가능하다.

☑ 엘리먼트는 속성과 내용부를 가질 수 있다.

```
<body bgColor="#000000">
    내용부
</body>
```

☑ 엘리먼트에서 속성을 적는 형식은 〈엘리먼트 속성="값"〉과 같고 끝 태그에는 속성을 적을 수 없다.

☑ 엘리먼트의 내용부에서 이미 예약된 '&'나 '〈'와 같은 기호는 사용할 수 없다. 반드시 사용해야 하는 경우라면 내장 엔티티((Built-in Entity)를 사용해야 한다.

```
〈엘리먼트〉
    〈김승현〉 & (이승현)
〈/엘리먼트〉
```

☑ 주석 처리는 HTML과 동일하게 '〈!--'로 시작해서 '--〉'로 끝난다.

이렇게 많은 규칙을 언제 다 외울까? 아마도 이런 고민을 할지도 모른다. 그러나 사용하다 보면 자연스럽게 외워진다. 억지로 외운다고 되는 것도 아니고, 그렇게 외운 것은 별로 쓸모도 없다. 실제로 XML 문서를 작성하면서 에러도 경험하고 그때마다 여기에 있는 규칙들과 하나씩 비교하면서 독자 스스로 무엇을 잘못했는지 파악하는 것이 훨씬 도움이 될 것이다.

그러면 이들 규칙에 맞추어서 XML 예제를 작성해 보자.

예제 | Round05_001.xml

```
<?xml version="1.0" encoding="UTF-8"?>
<!-- 문서 유형 선언 사용 안함 -->
```

```
<!-- 프로세싱 지시자 사용 안함 -->
<friend-list>
    <grade type="1">1학년 친구들</grade>
    <grade type="2">2학년 친구들</grade>
    <grade type="3">3학년 친구들</grade>
    <friend grade="1">
        <name last="김">승현</name>
        <tel local="02">1234-5678</tel>
    </friend>
    <friend grade="1">
        <name last="박">지윤</name>
        <picture src="pic.gif"/>
        <best-friend>김승현 &amp; 김지후</best-friend>
    </friend>
    <friend grade="3">
        <name last="최">지후</name>
        <tel local="053">4321-4321</tel>
    </friend>
</friend-list>
```

예제에서 태그 이름으로 friend-list에서 - 기호를 사용한 것과 속성으로 type ="1"이라고 작성한 것, 내용부에서 예약된 &를 표현하기 위해 &이라고 작성한 것 등이 살펴볼 부분들이다.

독자가 XML 태그를 만들면서 앞서의 규칙에 어긋나지 않도록 작성한다면 XML 문법상으로는 별 어려움이 없을 것이다. 그러나 다음에 설명하는 DTD의 문법은 XML의 문법처럼 만만하지가 않다.

5.3 DTD의 문법

DTD(Document Type Definition)는 XML 문서에서 사용하는 모든 구문에 대하여 정의를 내리는 문서이다. XML 문서는 문법과 유효성을 모두 만족시켜야 한다고 말했었다. 여기서 XML 문서를 작성하는 규칙만 지키면 문법 하나는 만족시키게 된다. 그러나 해당 XML 문서를 해석하려면 사용자가 임의로 정의한 태그와 속성에 대하여 사용 설명서가 필요하다. Round05_001.xml

문서를 예로 들면 〈friend-list〉라는 태그 내부에는 〈grade〉 태그와 〈friend〉 태그가 온다거나, 〈grade〉 태그의 속성으로 type을 사용한다는 등의 정의 말이다.

DTD 문서는 항상 XML 문서와 함께 배포한다. 요즘은 DTD 문서보다 스키마(Schema) 문서를 더 많이 배포하지만 말이다. DTD와 스키마 모두 XML 문서를 해석하는데 필요한 문서이다. 차이는 다음 절에서 배우기로 하고 여기서는 DTD의 문법을 살펴보도록 하자.

우선 DTD와 XML 문서를 연결하기 위해서 XML 문서의 서두에 문서 유형의 선언이라는 것을 해야 한다. 앞서 XML 환경 설정에서 설명했듯이 내부 DTD와 외부 DTD로 나누어진다. 내부 DTD는 XML 문서 내부에 DTD가 정의 있는 것이고, 외부 DTD는 DTD가 정의되어 있는 문서를 따로 만들어 둔 것이다.

| 내부 DTD

```
<?xml version="1.0" encoding="euc-kr" standalone="yes"?>
<!DOCTYPE friend-list [
    DTD_정의부
    ]>
```

| 외부 DTD

```
<?xml version="1.0" encoding="euc-kr" standalone="no"?>
<!DOCTYPE friend-list SYSTEM "Round05_001.dtd">
```

외부 DTD는 사용하는 방식에 따라 SYSTEM과 PUBLIC으로 구분된다고 이미 설명했다. 여기에서는 편의상 SYSTEM 방식만 사용하도록 하자. 이 책이 XML 전문가용이 아니어서 쉽게 배울 수 있는 방식만 설명할 것이다. 그리고 내부 DTD와 외부 DTD의 사용 빈도로 보면 외부 DTD가 높으므로 다루는 모든 예제는 외부 DTD로 제한을 두겠다.

다음은 DTD 문서에 작성할 수 있는 요소들이다.

- 처리 지침(Processing Instruction)
- 텍스트 선언(외부 DTD만 해당)

- 주석과 공백

- 엘리먼트(Element) 선언

- 속성(Attlist) 선언

- 엔티티(Entity) 선언

- 파라미터 엔티티 참조(Parameter Entity Reference)

- 노테이션(Notation) 선언

- 컨디셔널 섹션(Conditional Section)

여기서는 엘리먼트 선언, 속성 선언, 엔티티 선언에 대해서만 다루겠다. 먼저 엘리먼트를 선언하는 방법은 다음과 같다.

```
<!ELEMENT 엘리먼트이름 콘텐트유형>
```
───── 엘리먼트 이름이라는 것은 태그 이름이다.

다음은 콘텐트 유형들이다.

- #PCDATA : 내용부에 일반 문자열이 온다.
```
<!ELEMENT 엘리먼트이름 (#PCDATA)>
```
- 자식엘리먼트목록 : 내용부에 자식 엘리먼트가 온다.
```
<!ELEMENT 엘리먼트이름 (자식엘리먼트1, 자식엘리먼트2, ...)>
```
- EMPTY : 내용부가 없는 빈 엘리먼트이다.
```
<!ELEMENT 엘리먼트이름 EMPTY>
```
- MIXED : 내용부에 일반 문자열과 자식 엘리먼트가 섞여서 온다.
```
<!ELEMENT 엘리먼트이름 (#PCDATA | child)*>
```
- ANY : 내용부에 어떤 콘텐트 유형이든 올 수 있다.
```
<!ELEMENT 엘리먼트이름 ANY>
```

엘리먼트의 선언에서는 콘텐트 유형에 따라 XML에서 사용하는 엘리먼트(태그)의 형식이 정해진다. 첫 번째 콘텐트 유형인 #PCDATA로 다음과 같이 DTD를 선언하면,

```
<!ELEMENT name (#PCDATA)>
```
───── DTD 코드

XML 문서에서 name 엘리먼트 내부에는 다음과 같이 일반 문자열만 올 수 있다.

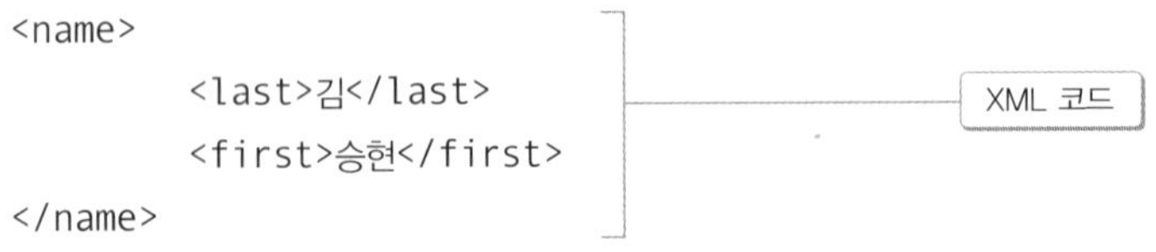

만약 DTD 문서를 무시하고 XML 문서에서 name 엘리먼트 내부에 다음과 같이 또 다른 태그를 넣으면,

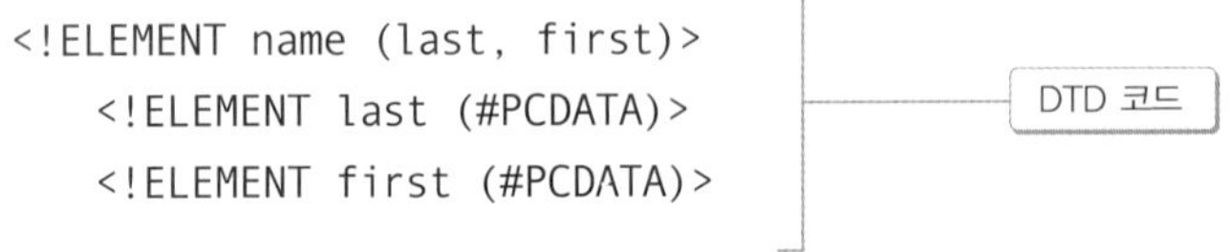

XML 문서는 문법은 맞지만 유효한 문서는 아니기 때문에 문제가 발생한다. 만약 XML 문서에서 name 엘리먼트 내부에 first와 last와 같은 엘리먼트를 넣고 싶고, first와 last 엘리먼트 내부에 문자열을 적고 싶으면 다음과 같이 DTD 문서를 수정해야 한다.

```
<!ELEMENT name (last, first)>
    <!ELEMENT last (#PCDATA)>
    <!ELEMENT first (#PCDATA)>
```


이렇게 XML 문서와 DTD 문서는 서로를 해석하고 실행될 수 있도록 연관된 문서이기 때문에 항상 하나의 쌍으로 구성되어 있어야 한다. 꼭 명심하자. DTD 문서가 없으면 XML 문서는 해석이 되지 않는다. 다시 말하지만 DTD와 동일한 기능을 하는 스키마가 있어도 된다.

앞의 콘텐트 유형 중에는 MIXED라고 해서 문자열과 자식 엘리먼트들을 함께 포함하는 것도 있고, ANY라고 해서 모든 유형을 포함하는 것도 있다. 그러나 이런 유형들을 많이 사용하면 XML 문서를 해석하는데 어려움을 줄 수도 있다. 때문에 가급적 사용을 피하는 것이 좋겠다. 마지막으로 XML 문서에서 엘리먼트 내용부에 아무것도 적을 필요가 없으면 EMPTY라는 콘텐트 유형을 적으면 된다.

그런데 여기서 기억해야 할 것이 있다. 자식 엘리먼트를 여럿 적다 보면 엘리먼트를 한 번만 적어야 하는 경우도 있고, 여러 번 적어야 하는 경우도 있다. 이럴 때 엘리먼트 개수에 대한 연산자를 사용하게 되는데, 형식은 다음과 같다.

- 콤마(,) : 엘리먼트 목록에 적은 순서대로 엘리먼트를 작성해야 하는 연산자이다.

- 선택(|) : 두 엘리먼트 중 하나만 사용할 수 있다는 의미의 연산자이다.

- 유무(?) : 엘리먼트가 없거나 하나 올 수 있다는 의미의 연산자이다.

- 다중(*) : 엘리먼트가 없거나 여러 번 반복해서 올 수 있다는 의미의 연산자이다.

- 다중(+) : 엘리먼트가 하나 이상 여러 번 반복해서 올 수 있다는 의미의 연산자이다.

만약 XML 문서에서 name 엘리먼트 내용부에 반드시 last 엘리먼트가 먼저 오고 다음으로 first 엘리먼트가 나와야 한다면 DTD 문서에서 엘리먼트 선언은 다음과 같이 콤마(,) 연산자를 사용해야 한다.

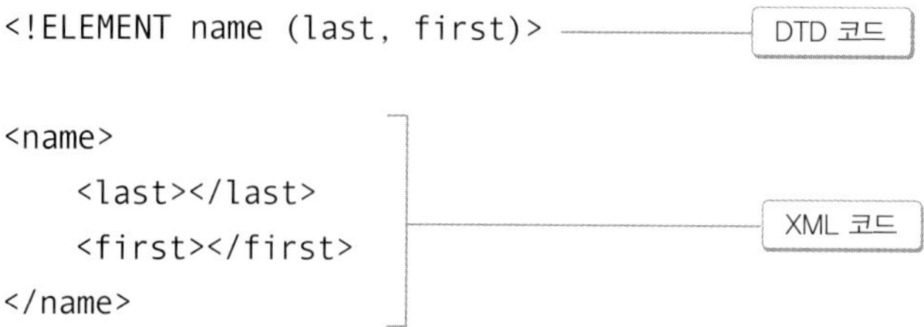

다른 예로 XML 문서에서 last 엘리먼트와 first 엘리먼트 중 하나만 사용한다면 DTD 문서에서 엘리먼트 선언은 다음과 같이 선택 연산자(|)를 사용해야 한다.

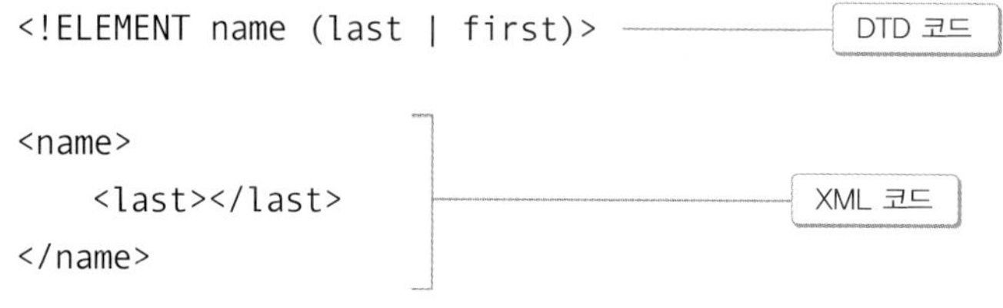

또는

```
<name>
    <first></first>
</name>
```
XML 코드

다른 예로 XML 문서에서 friend-list 엘리먼트 내용부에 friend 엘리먼트가 여러 번 반복해서
사용될 때 DTD 문서에서 엘리먼트 선언은 유무 연산자(?)나 다중 연산자(*, +)를 사용한다.
friend 엘리먼트를 전혀 사용하지 않거나 한 번만 사용해야 한다면 유무 연산자(?)를 사용하면
된다.

```
<!ELEMENT friend-list (friend?)>          DTD 코드

<friend-list>
</firend-list>                            XML 코드
```

또는

```
<friend-list>
    <friend></friend>                     XML 코드
<friend-list>
```

만약 XML 문서에서 반드시 한 번 이상 여러 번 friend 엘리먼트를 사용해야 한다면 DTD 문서
에서 엘리먼트 선언은 다음과 같이 다중 연산자(+)를 사용하면 된다.

```
<!ELEMENT friend-list (friend+)>          DTD 코드

<friend-list>
    <friend></friend>                     XML 코드
    <friend-list>
```

또는

```
<friend-list>
    <friend></friend>
    <friend></friend>                     XML 코드
  <friend></friend>
</friend-list>
```

이렇게 XML 문서에서 사용하는 엘리먼트에 대하여 DTD 문서에서 형식을 정확하게 맞추어 주어야 유효한 XML 문서로 인정받게 된다.

다음으로는 속성을 선언하는 방법을 살펴보자.

```
<!ATTLIST    엘리먼트이름    속성이름1    속성유형    디폴트선언
                            속성이름2    속성유형    디폴트선언 ...>
```

다음은 속성 유형들이다.

- CDATA : 일반 문자열이 값으로 사용된다.

- ENUMERATION : DTD에 나열된 값들 중에서 하나가 사용된다.

- ID : XML 문서 내에서 값이 유일해야 한다.

- IDREF[S] : ID의 속성 값으로 지정된 값이 사용된다.

- NMTOKEN[S] : 이름 명명 규칙에 준하는 값만 사용할 수 있다.

- NOTATION : DTD에 선언된 노테이션 이름만 사용할 수 있다.

- ENTITY : DTD에 선언된 엔티티 이름만 사용할 수 있다.

다음은 디폴트 선언들이다.

- #IMPLIED : 속성을 생략할 수 있다.

- #REQUIRFD : 반드시 속성을 적어야 한다.

- #FIXED : 지정한 문자열만 사용할 수 있다.

- "기본값" : 속성이 생략되었을 때 기본적으로 적용되는 값이다.

엘리먼트의 속성은 한 번에 한 개씩만 선언할 수도 있고, 한 번에 여러 개를 선언할 수도 있다. 예를 들어 HTML에서 배운 〈body〉 태그의 속성인 bgcolor와 text 두 값을 선언하는 DTD를 작성한다면,

```
<!ELEMENT BODY ANY>
   <!ATTLIST BODY bgColor CDATA #IMPLIED>
   <!ATTLIST BODY text CDATA #IMPLIED>
```

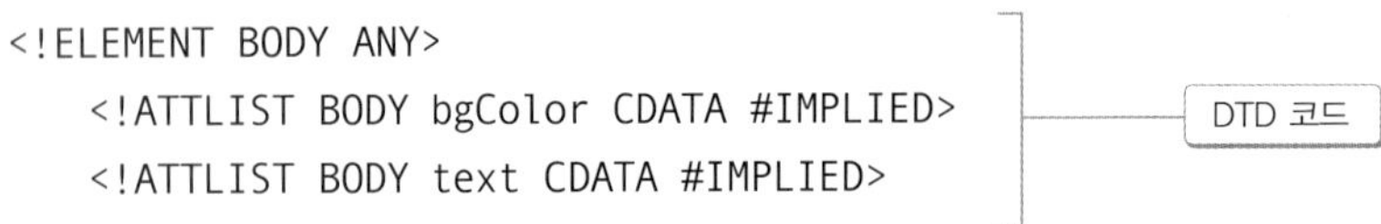

또는

```
<!ELEMENT BODY ANY>
   <!ATTLIST BODY bgColor CDATA #IMPLIED text CDATA #IMPLIED>
```

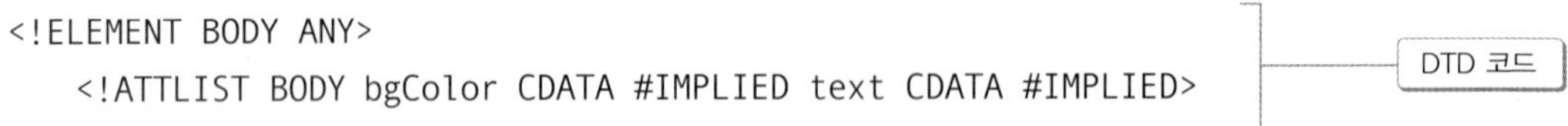

이렇게 두 가지 형태로 작성할 수 있다. 일단 속성을 선언하기 전에는 반드시 엘리먼트 선언을 해야 한다. 그래야 나중에 문제가 발생하지 않는다.

속성의 유형은 여러 가지이지만, 우리는 CDATA만 사용하기로 하자. 이 유형은 문자열을 값으로 갖는다는 의미이다. 함께 기억해야 하는 속성 유형으로 NMTOKEN이 있기는 하다. 이 유형은 이름 명명 규칙에 준하는 문자열을 이야기한다. 특수 문자를 사용하면 안 된다든지 하는 등 말이다. 그러나 여기서는 건너뛰자.

디폴트 선언은 엘리먼트를 사용하는 중에 반드시 속성을 사용해야 하는지(#REQUIRED), 그렇지 않은지(#IMPLIED), 지정한 값을 사용해야 하는지(#FIXED), 속성을 생략하였을 때 자동으로 기본값을 사용할 것인지를 지정해 준다.

만약 XML 문서에서 picture 엘리먼트를 사용할 때 사진 파일의 이름을 반드시 적게 하려면 DTD 문서에서 속성 선언은 다음과 같이 하면 된다.

```
<!ELEMENT picture EMPTY>
    <!ATTLIST picture src CDATA #REQUIRED>
```

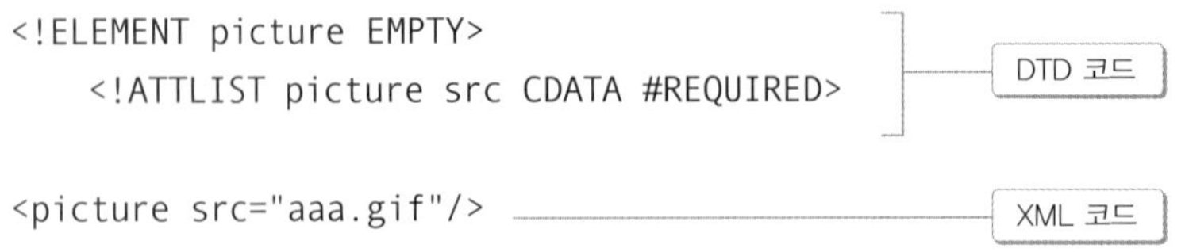


```
<picture src="aaa.gif"/>
```

XML 문서에서 src 속성을 적지 않고 〈picture/〉라고만 적으면 에러가 발생한다.

마지막으로 엔티티 선언을 살펴보도록 하자. 다음은 엔티티의 종류들이다.

- 도큐먼트(Document) 엔티티

- 외부 DTD 서브셋(Subset) 엔티티

- 내장(Built-in) 엔티티

- 내부 일반 파스드(Parsed) 엔티티

- 외부 일반 파스드 엔티티

- 외부 일반 언파스드 엔티티(노테이션과 함께 사용)

- 내부 파라미터(Parameter) 엔티티

- 외부 파라미터 엔티티

엔티티는 XML에서 데이터를 저장하는 물리적인 단위를 이야기한다. 실제 XML 문서 자체도 엔티티라고 불린다. 도큐먼트 엔티티는 XML 문서 자체를 이야기한다. 엔티티는 반복 작업에 대하여 효율성을 높일 목적으로 만들어졌다. 그래서 사용 방식이 조금씩 다르다. 그러나 엔티티를 사용할 때는 기본적으로 '&'와 ';' 혹은 '%'와 ';'을 사용한다.

다음은 엔티티를 선언하는 형식들이다.

- 내부 일반 파스드 엔티티 : `<!ENTITY 엔티티이름 "문자열">`

- 외부 일반 파스드 엔티티 : `<!ENTITY 엔티티이름 SYSTEM "URL">`

- 내부 파라미터 엔티티 : `<!ENTITY % 엔티티이름 "DTD정의부">`

- 외부 파라미터 엔티티 : `<!ENTITY % 엔티티이름 SYSTEM "URL">`

다음은 DTD나 XML 문서에서 엔티티를 사용하는 형식이다.

- 파스드 엔티티 : &엔티티이름; ──────────── | XML 코드 |
- 파라미터 엔티티 : %엔티티이름; ──────────── | DTD 코드 |

다양한 형식으로 엔티티를 선언할 수 있지만 여기서는 내부 일반 파스드 엔티티를 사용할 것이다. 그러면 이런 엔티티는 언제 사용하면 좋을까? 예를 들어 친구의 국적을 표시하기 위한 XML 문서가 있다고 가정하자.

```
<friend-list>
    <friend nation="KOREA">김승현</friend>
    <friend nation="KOREA">박지윤</friend>
    <friend nation="USA">최지후</friend>
    <friend nation="JAPAN">서연희</friend>
</friend-list>
```
XML 코드

예에서 나라 이름이 상당히 길고 복잡하다고 가정하면 매번 코드를 작성하기가 번거로울 것이다. 이럴 때 나라 이름에 대하여 특정 예약어를 지정하고, 이 예약어를 사용하는 방법이 있다. 이 예약어가 바로 엔티티이다. DTD 문서에서 엔티티를 선언해서 사용해 보자.

```
<!ELEMENT friend-list (friend+)>
    <!ELEMENT friend (#PCDATA)>
    <!ATTLIST friend nation NMTOKEN #REQUIRED>

<!ENTITY kr "KOREA">
<!ENTITY us "USA">
<!ENTITY jp "JAPAN">
```
DTD 코드

```
<friend-list>
        <friend nation="&kr;">김승현</friend>
        <friend nation="&kr;">박지윤</friend>
        <friend nation="&us;">최지후</friend>
        <friend nation="&jp;">서연희</friend>
</friend-list>
```
XML 코드

이러한 엔티티는 이미 내장되어 있기도 하다. 설명한 적이 있지만, & 기호에 대해 &이 있고, 〈 기호에 대해 <이 있다. 〉 기호는 >이고, ' 기호는 '이다. 실제로 이러한 엔티티들은 편의성보다는 태그와 함께 사용하는 기호들을 해석할 때 에러를 막으려는 의도가 더 크다.

여하튼 XML 문서를 작성할 때는 기본적으로 엘리먼트, 속성, 엔티티와 같은 것들을 미리 DTD 문서에 선언해 두고 사용해야 한다. 그래야 올바르게 사용하고 있다고 하겠다.

그러면 앞서 작성한 Round05_001.xml 문서에 대하여 DTD 문서를 작성해 보도록 하자. 당연한 이야기지만 Round05_001.xml 문서의 서두에 문서 유형을 선언하여 Round05_001.dtd

문서를 포함하도록 해야 한다.

예제 | Round05_001.xml

```xml
<?xml version="1.0" encoding="UTF-8"?>
<!DOCTYPE friend-list SYSTEM "Round05_001.dtd">
<!-- 프로세싱 지시자 사용 안함 -->
<friend-list>
```

중간 생략

```xml
</friend-list>
```

예제 | Round05_001.dtd

```xml
<?xml version="1.0" encoding="UTF-8"?>
<!ELEMENT friend-list (grade+, friend+)>

        <!ELEMENT grade (#PCDATA)>
        <!ATTLIST grade type ID #REQUIRED>
        <!ELEMENT friend (name, tel?, picture?, best-friend?)>
        <!ATTLIST friend grade IDREF #REQUIRED>
                <!ELEMENT name (#PCDATA)>
                <!ATTLIST name last CDATA #REQUIRED>
                <!ELEMENT tel (#PCDATA)>
                <!ATTLIST tel local CDATA #REQUIRED>
                <!ELEMENT picture EMPTY>
                <!ATTLIST picture src CDATA #REQUIRED>
                <!ELEMENT best-friend (#PCDATA)>
```

이렇게 작성한 XML과 DTD 문서가 있을 때 결과를 보려면 당연히 XML 문서를 실행해야 한다. DTD 문서는 XML 문서의 해석을 돕는 것이지 그 자체가 실행되는 것이 아니다. XML 환경 설정에서 배운 유효성 검사(Validation)를 통해 XML 문서가 유효한지 확인한 후에 실행해 보기 바란다. 이런 유효성 검사는 XML 문서와 DTD 문서 둘 다 해야 한다. DTD 문서 자체에 에러가 있으면 당연히 XML 문서에 적용되지 않는다.

5.4 네임스페이스와 스키마

앞서 배운 DTD 문서를 통해 XML 문서에서 엘리먼트를 사용해 보았다. XML 문서와 DTD 문서만 있으면 엘리먼트를 선언해서 사용하는 것이 그리 어려워 보이지는 않을 것이다. 그러나 문제는 DTD 문서에 몇 가지 단점이 있다는 것이다.

첫째는 동일한 이름의 엘리먼트를 구분하기 힘들다는 것이다.

두 예를 비교해 보면 동일한 이름의 엘리먼트를 구분할 방법이 없어서 항상 엘리먼트를 새로 만들어야 한다. 이미 만든 엘리먼트와 혼용하는 것은 힘들다고 봐야 한다.

둘째는 자료형에 대한 표현이 너무 약하다는 것이다.

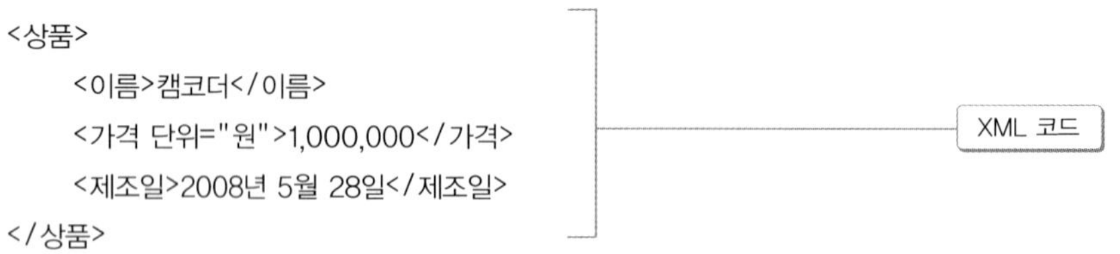

예를 DTD 문서에서 엘리먼트를 선언하면 이름과 가격, 제조일은 모두 #PCDATA로 콘텐트 유형을 선언해야 한다. 만약 자료형에 대한 표현이 풍부했다면 이름은 String, 가격은 Integer, 제조일은 Date로 표현할 수 있었을 것이다.

셋째는 DTD 문서 자체가 엘리먼트들이 따라야 하는 규칙을 지키지 않고 있다는 것이다. 앞서 설명한 것처럼 엘리먼트는 부모 엘리먼트 내부의 트리 구조로 자식 엘리먼트를 갖도록 해야 한다. 그러나 DTD의 경우 이 규칙을 무시하고 있다.

XML	DTD
<aaa> <bbb> <ccc></ccc> </bbb> </aaa>	〈!ELEMENT 엘리먼트이름 콘텐트유형〉 〈!ATTLIST 엘리먼트이름 속성이름 속성유형〉 〈!ELEMENT 엘리먼트이름1 콘텐트유형〉

두 예를 비교해 보면 XML의 경우 트리 구조를 갖지만 DTD의 경우 그렇지 않기 때문에 종속 관계가 불명확하다.

이들 외에도 몇 가지 단점이 더 있다. 하지만, 대표적으로는 이렇게 세 가지이다. DTD를 보완할 필요성이 분명해졌다. 첫째 문제를 해결하기 위해서 네임스페이스(Namespace)가 도입되었고, 둘째와 셋째 문제를 해결하기 위해서 네임스페이스를 이용하는 스키마가 도입되었다.

네임스페이스는 둘 이상의 XML 문서를 혼용할 때 엘리먼트 이름 간의 혼돈을 피하기 위한 기술이다. 예를 들면 다음과 같다.

```
<구매 xmlns:customer="http://www.kimsh.com/2008/Customer_Info"
    xmlns:product="http://www.kimsh.com/2008/Product_Info">
    <customer:이름>김승헌</customer:이름>
    <product:이름>캠코더</product:이름>
</구매>
```

예처럼 사용하면 이미 작성된 Customer_Info라는 XML 문서와 Product_Info라는 XML 문서에 있는 동일한 이름의 이름 엘리먼트를 하나의 XML 문서에서 혼용해도 구분할 수 있게 된다. 예에서 xmlns 예약어는 이미 만든 XML 태그를 가져와 사용할 때 이름을 지정해 준다.

하나만 더 기억하자면 네임스페이스를 선언하는 형식인데, 다른 네임스페이스와 완벽하게 구분하기 위해 약간 복잡해진다. 조금만 생각하면 세상의 모든 도메인 이름은 동일한 것이 있을 수 없다. 따라서 각 회사에서 개발하고 사용하는 XML을 완벽하게 구분해 주는 이름이라는 것이 도메인 이름이 될 수 있다는 말이다. 따라서 네임스페이스를 선언하는 형식을 다음과 같이 정했다.

프로토콜://웹서버.도메인이름/개발연도/XML의_구체적인_이름

이런 형식을 채택한다면 회사별로 개발된 XML이 완벽하게 구분될 것이고, 회사 내에서도 여러 개의 XML을 개발하여 사용할 수 있을 것이다.

둘째와 셋째 문제의 해결책인 스키마는 DTD 문서만으로 XML 문서의 구조를 정확하게 정의하기가 힘들어서 2001년 5월에 버전 1.1이 채택되어 지금까지 발전되고 사용되어 왔다. 스키마는 다음을 목표로 하여 만들어졌다.

- 자료형의 표현이 DTD보다 풍부해야 한다.

- XML로 표현되고 엘리먼트가 계층 구조를 가져야 한다.

- 많은 종류의 응용 프로그램에서 바로 사용할 수 있어야 한다.

- 설계가 복잡하지 않아야 한다.

- 시스템의 자원을 가능한 한 적게 사용해야 한다.

스키마를 사용하는 방법은 DTD와는 조금 다르다. 우선 XML 문서에는 반드시 다음이 포함되어야 한다.

```
<?xml version="1.0" encoding="euc-kr"?>
<!--   문서 유형 선언 필요 없음   -->
<!--   프로세싱 지시자는 나중에 필요 시 추가 -->
<루트엘리먼트
    xmlns:xsi="http://www.w3.org/2001/XMLSchema-instance"
    xsi:noNamespaceSchemaLocation="스키마문서URI">
    //XML  자식 엘리먼트
</루트엘리먼트>
```

다음으로 DTD 문서를 대신하는 XSD(XML Schema Definition) 문서를 작성해야 한다. 작성하는 형식은 다음과 같다.

```
<?xml version="1.0" encoding="euc-kr"?>
<xs:schema xmlns:xs="http://www.w3.org/2001/XMLSchema">
    외부_XML_스키마_문서를_참조하는_엘리먼트
    새로운_엘리먼트와_속성을_선언하는_엘리먼트
</xs:schema>
```

이 형식에 있는 W3C에서 새롭게 스키마를 만들어 배포하지 않는 이상 암기해야 한다. XML 문서에서 DOCTYPE의 선언 대신에 루트 엘리먼트 내부에 xmlns 예약어로 정의함으로써 스키마 인스턴스를 사용할 수 있다. XSD 문서와의 연결은 XML 문서에서 noNamespaceSchemaLocation 속성에 파일 이름을 적으면 된다.

그러면 간단한 XML 문서와 XSD 문서를 작성해 보도록 하자.

예제 | Round05_002.xml

```xml
<?xml version="1.0" encoding="UTF-8"?>
<friend-list
    xmlns:xsi="http://www.w3.org/2001/XMLSchema-instance"
    xsi:noNamespaceSchemaLocation="Round05_002.xsd">
    <friend>김승현</friend>
</friend-list>
```

예제 | Round05_002.xsd

```xml
<?xml version="1.0" encoding="UTF-8"?>
<xs:schema xmlns:xs="http://www.w3.org/2001/XMLSchema">
    <xs:element name="friend-list">
        <xs:complexType>
            <xs:sequence>
                <xs:element name="friend" type="xs:string"/>
            </xs:sequence>
        </xs:complexType>
    </xs:element>
</xs:schema>
```

XSD 문서는 기존 DTD 문서와 비교해 볼 때 내용이 상당히 복잡하고 어렵다는 생각을 할지도 모른다. 그러나 실제 구조를 보면 결코 어렵지 않다. 이 책에서는 설명하지 않겠지만 동일 구문의 반복은 그룹으로 묶어서 떼어 내는 기능도 XSD 형식에는 있기 때문에 스키마를 제대로 배운다면 DTD에 비하여 절대 복잡하지 않은 형식임을 알게 될 것이다.

일단 XSD 문서를 살펴보면 내부의 구조가 XML과 동일한 트리 구조를 갖고 있다는 사실을 알 수 있다. 또한, 자료형의 표현도 xs:string이라는 것을 보면 알 수 있듯이 자바처럼 다양한 자료형을 사용할 수 있다.

그러면 본격적으로 스키마의 문법을 살펴보도록 하자. 우선 XSD 문서에서 살펴본 것처럼 작성 형식에서 스키마의 시작 태그와 끝 태그 사이에 들어가는 내용은 둘이다.

- 외부 XML 스키마를 참조하는 엘리먼트

- 새로운 엘리먼트와 속성을 선언하는 엘리먼트

둘 중에서 우리가 배울 부분은 새 엘리먼트와 속성을 선언하는 엘리먼트이다. 먼저 XSD 문서에서 엘리먼트를 선언하는 방법은 다음과 같다.

```
<접두어:element name="태그이름" minOccurs="최소발생횟수" maxOccurs="최대발생횟수"
                                              type="접두어:자료형"/>
```

> `<!Element 엘리먼트이름 콘텐트유형>`
> DTD에서의 엘리먼트 선언과 비교하면서 DTD가 무엇이 부족한지 봐야 한다.

여기서 접두어는 xmlns 예약어로 지정한 이름인 xs를 의미한다. xs는 원한다면 다른 이름으로 바꿀 수도 있다. 단, XSD 문서 전체에 있는 xs를 모두 바꾸어야 한다. 이클립스는 xs라는 이름을 기본적으로 표시해 준다.

엘리먼트를 선언할 수 있는 이 태그의 속성으로는 name과 minOccurs, maxOccurs, type 등이 있다. name 속성에는 엘리먼트의 이름을 적고, minOccurs 속성에는 엘리먼트가 부모 엘리먼트 내에서 최소 몇 번 이상 사용되어야 하는지를 적는다. maxOccurs 속성에는 반대로 부모 엘리먼트 내에서 최대 몇 번까지 사용할 수 있는지를 적고, type 속성에는 엘리먼트의 내용부에 어떤 값을 사용할 수 있는지 자료형을 적는다.

만약 XML에서 다음과 같이 friend-list 엘리먼트 내용부에 적어도 하나 이상의 friend 엘리먼트를 적고 최대 2개까지의 friend 엘리먼트만 적을 수 있도록 엘리먼트를 선언하고 싶다고 가정하자.

```
<friend-list>
    <friend>김승현</friend>
    <friend>박지윤</friend>
</friend-list>
```

XSD 문서에서는 friend라는 엘리먼트를 다음과 같이 선언해야 한다.

```
<xs:element name="friend" minOccurs="1" maxOccurs="2" type="xs:string"/>
```

다음으로 XSD 문서에서 속성을 선언하는 방법에 대해서 알아보도록 하자.

```
<접두어:attribute name="속성이름" use="optional | required" default="기본값"
                                        └, type="접두어:자료형"/>
```

여기서 접두어 역시 xmlns 예약어로 지정한 이름을 사용해야 하고 name 속성의 값은 현재 엘리먼트의 속성 이름이 된다. 그런데 DTD에서는 각 속성들이 어떤 엘리먼트에 소속되는지를 정의하면서 선언을 하는데, 스키마에서는 현재 속성이 어떤 엘리먼트에 속하는지를 적는 부분이 없다. 이런 이유는 스키마가 트리 구조로 되어 있어서 작성한 후에 관계만 보면 자연히 어떤 엘리먼트의 속성인지 알 수 있기 때문이다.

use 속성에는 반드시 이 속성을 사용해야 하는지에 대한 여부를 지정하고, optional이라고 지정하면 선택 사항이 된다. 즉, 사용해도 되고 사용하지 않아도 되는 속성이 되어 버린다. default 속성에는 당연히 기본값을 지징하고, type 속성에는 속성 값의 자료형을 지정한다. 이것 외에도 속성이 있지만 이 책의 범위를 벗어나므로 생략하도록 하겠다.

그러면 이러한 엘리먼트와 속성을 선언하는 형식은 몇 가지가 있을까? 다음으로 나눌 수 있다.

- 자식 엘리먼트를 가지는 엘리먼트
- 자식 엘리먼트와 속성을 가지는 엘리먼트
- 일반 데이터를 가지는 엘리먼트
- 일반 데이터와 속성을 가지는 엘리먼트

첫 번째로 XML 문서에서 다음과 같이 자식 엘리먼트를 가지는 경우,

```
<name>
    <first></first>
    <last></last>
</name>
```


XSD 문서에서 엘리먼트와 속성을 선언하는 형식은 다음과 같다.

```
<접두어:element name="부모엘리먼트" minOccurs="최소" maxOccurs="최대">
    <접두어:complexType>
        <접두어:sequence>
            <접두어:element name="자식엘리먼트" minOccurs="" maxOccurs=""
                                                   ↳ type="접두어:자료형"/>
        </접두어:sequence>
    </접두어:complexType>
</접두어:element>
```

이와 같이 부모 엘리먼트의 내용부에 complexType 엘리먼트를 사용하여 일반 데이터가 아닌 엘리먼트가 들어간다는 사실을 알려야 한다. 그리고 순차적으로 엘리먼트가 있어야 한다는 sequence 엘리먼트를 사용하고서 원하는 자식 엘리먼트를 선언하면 된다.

sequence 대신에 choice 엘리먼트도 사용할 수 있다. 순서가 중요하지 않을 때 사용한다. 예를 들어 name 엘리먼트 내부에 first와 last가 순서대로 와야 한다면 sequence 엘리먼트를 사용해야 하고, first와 last의 순서가 바뀌어도 관계없다면 choice 엘리먼트를 사용해도 된다.

앞에서 예로 들었던 name 엘리먼트에 대해 XSD 문서에서 엘리먼트와 속성을 선언해 보자면 다음과 같다.

```
<xs:element name="name" minOccurs="0" maxOccurs="100">
    <xs:complexType>
        <xs:sequence>
            <xs:element name="first" minOccurs="1" maxOccurs="1"
                                       ↳ type="xs:string"/>
            <xs:element name="last" minOccurs="1" maxOccurs="1"
                                       ↳ type="xs:string"/>
```

```
        </xs:sequence>
    </xs:complexType>
</xs:element>
```

XSD 코드

여기서 minOccurs와 maxOccurs 속성은 기본값이 1이기 때문에 first와 last 엘리먼트를 선언할 때는 생략해도 된다. 또한, name 엘리먼트를 선언할 때 maxOccurs="100"처럼 최대 빈도를 지정할 때 무한히 사용할 수 있게 선언하고 싶다면 100이라는 숫자 대신 unbounded라는 예약어를 사용할 수도 있다.

두 번째로 자식 엘리먼트와 속성을 동시에 가지는 엘리먼트를 선언하려면 앞의 코드를 조금만 수정하면 된다. 만약 XML 문서가 다음과 같다고 가정하자.

```
<name sex="남성">
    <first></first>
    <last></last>
</name>
```

XML 코드

이런 경우에 대하여 XSD 문서에서 엘리먼트와 속성을 선언해 보자면 다음과 같다. sex 속성을 sequence 엘리먼트 바로 아래에 적으면 되는 것이다.

```
<xs:element name="name" minOccurs="0" maxOccurs="unbounded">
    <xs:complexType>
        <xs:sequence>
            <xs:element name="first" type="xs:string"/>
            <xs:element name="last" type="xs:stirng"/>
        </xs:sequence>
        <xs:attribute name="sex" use="required" default="" type="xs:stirng"/>
    </xs:complexType>
</xs:element>
```

XSD 코드

세 번째로 일반 데이터를 가지는 엘리먼트를 선언하려면 앞서 몇 가지 예에서 살펴보았듯이 다른 형식은 필요 없고 type 속성에 적절한 값을 지정하면 된다. first와 last 엘리먼트를 선언한 부분이 바로 일반 데이터를 가지는 엘리먼트를 선언한 부분이다.

네 번째로 일반 데이터와 속성을 동시에 가지는 엘리먼트를 선언할 때는 complexType 엘리먼트 내용부에 sequence나 choice 엘리먼트 대신에 simpleContent 엘리먼트를 가진다는 것이 차이이다. simpleContent 엘리먼트는 또다시 extension 엘리먼트를 가지는데, 전부 규칙이기 때문에 암기해야 한다. 만약 XML 문서가 다음과 같다고 가정하자.

```
<name last="김">승현</name>
```
XML 코드

이런 경우에 대하여 XSD 문서에서 엘리먼트와 속성을 선언해 보자면 다음과 같다.

```
<xs:element name="name" minOccurs="0" maxOccurs="unbounded">
    <xs:complexType>
        <xs:simpleContent>
            <xs:extension base="xs:string">
                <xs:attribute name="last" type="xs:string"/>
            </xs:extension>
        </xs:simpleContent>
    </xs:complexType>
</xs:element>
```
XSD 코드

그러면 Round05_001.xml 문서에 대하여 DTD가 아닌 스키마로 정의하면 어떻게 될까? 한번 작성해 보도록 하자.

예제 | Round05_003.xml

Round05_001.xml을 복사하고서 선언부만 수정하자.

```
<?xml version="1.0" encoding="UTF-8"?>
<friend-list xmlns:xsi="http://www.w3.org/2001/XMLSchema-instance"
    xsi:noNamespaceSchemaLocation="Round05_003.xsd">
    <grade type="1">1학년 친구들</grade>
    <grade type="2">2학년 친구들</grade>
    <grade type="3">3학년 친구들</grade>
    <friend grade="1">
        <name last="김">승현</name>
        <tel local="02">1234-5678</tel>
    </friend>
    <friend grade="1">
        <name last="박">지윤</name>
        <picture src="pic.gif"/>
```

```xml
    <best-friend>김승현 &amp; 김지후</best-friend>
  </friend>
  <friend grade="3">
    <name last="최">지후</name>
    <tel local="053">4321-4321</tel>
  </friend>
</friend-list>
```

예제 | Round05_003.xsd

```xml
<?xml version="1.0" encoding="UTF-8"?>
<xs:schema xmlns:xs="http://www.w3.org/2001/XMLSchema">
    <xs:element name="friend-list">
        <xs:complexType>
            <xs:sequence>
                <xs:element name="grade" maxOccurs="unbounded">
                    <xs:complexType>
                        <xs:simpleContent>
                            <xs:extension base="xs:string">
                                <xs:attribute name="type" use="required"
                                                    type="xs:int"/>
                            </xs:extension>
                        </xs:simpleContent>
                    </xs:complexType>
                </xs:element>
                <xs:element name="friend" maxOccurs="unbounded">
                    <xs:complexType>
                        <xs:sequence>
                            <xs:element name="name">
                                <xs:complexType>
                                    <xs:simpleContent>
                                        <xs:extension base="xs:string">
                                            <xs:attribute name="last" type="xs:string"/>
                                        </xs:extension>
                                    </xs:simpleContent>
                                </xs:complexType>
                            </xs:element>
                            <xs:choice maxOccurs="unbounded">
                                <xs:element name="tel">
                                    <xs:complexType>
```

```
                <xs:simpleContent>
                    <xs:extension base="xs:string">
                        <xs:attribute name="local"
                                        ↳ type="xs:string"/>
                    </xs:extension>
                </xs:simpleContent>
            </xs:complexType>
        </xs:element>
        <xs:element name="picture" nillable="true">
            <xs:complexType>
                <xs:attribute name="src" use="required"
                                ↳ type="xs:anyURI"/>
            </xs:complexType>
        </xs:element>
        <xs:element name="best-friend" type="xs:string"/>
      </xs:choice>
    </xs:sequence>
    <xs:attribute name="grade" use="required" type="xs:int"/>
      </xs:complexType>
    </xs:element>
  </xs:sequence>
</xs:complexType>
</xs:element>
</xs:schema>
```

조금 복잡해 보이지만 하나씩 살펴보면 앞서 설명한 규칙들과 맞아 떨어진다는 사실을 알게 된다. 실제 웹 프로그램을 작성하면서 XSD 문서까지 완벽하게 작성할 필요는 없다. 그러나 적어도 다른 개발자들이 작성한 XSD 문서를 해석할 수 있는 능력은 갖고 있어야 한다.

5.5 스타일 시트와 XSL

XML의 또 다른 능력은 문서를 원하는 형식으로 해석하는 것이다. XML의 엘리먼트가 웹 브라우저에 표시될 때 색상이나 상자 등을 지정하여 스타일을 처리하는 것이나, 특정 영역을 반복적으로 표시하는 것들이 예이다. 그러나 이것까지 다루기에는 범위가 넓기 때문에 스타일 시트로 해석되는 XML 예제 하나와 XSL로 해석되는 XML 예제 하나씩만을 다루어 보도록 하겠다. 예제에서는 프로세싱 지시자가 사용된다. 스타일 시트는 HTML을 다루면서 조금 다루어 봤으니 정말로 예제만 만들 것이고, XSL은 설명을 조금 곁들일 것이다.

첫 번째 예제는 라운드 3에서 배운 HTML과 스타일 시트를 흉내 내어 XML로 작성한 코드를 스타일 시트로 변경하는 예이다. 책 표지를 꾸며 보고 있다.

| 예제 | Round05_004.xml |

```xml
<?xml version="1.0" encoding="UTF-8"?>
<book>
    <title>열혈강의 SERVLET &amp; JSP</title>
    <author>김승현</author>
    <since>2008년</since>
    <index>
        <li>
            <sub-title>
                PART-I : 웹 프로그램을 위한 기초
            </sub-title>
            <contents>
                웹 프로그램을 위한 선수 지식 공부
            </contents>
        </li>
        <li>
            <sub-title>
                PART-II : 서블릿 프로그래밍
            </sub-title>
            <contents>
                자바를 위한 웹 프로그래밍 공부
            </contents>
        </li>
        <li>
            <sub-title>
                PART-III : JSP 프로그래밍
            </sub-title>
            <contents>
                자바의 자동화 웹 프로그래밍 공부
            </contents>
        </li>
```

```
    <li>부록 : Struts &amp; Spring 프레임워크 소개</li>
    </index>
</book>
```

그런데 해석하는 방식을 프로세싱 지시자를 통해 변경하고, 변경 내용을 스타일 시트와 같은 코드로 작성하여 연결하면 상황은 틀려진다. 우선 XML 선언부 아래에 다음의 코드를 추가하자.

예제 | Round05_004.xml

```
<?xml version="1.0" encoding="UTF-8"?>

<?xml-stylesheet type="text/css" href="Round05_004.css"?>

<book>
    <title>열혈강의 SERVLET &amp; JSP</title>
    <author>김승현</author>
```

이하 생략

다음으로 XML 문서(Round05_004.xml)를 해석할 스타일 시트(Round05_004.css)를 작성하자.

예제 | Round05_004.css

```
body1 {
    background-color : #000000;
    color : #ffffff;
    display : block;
}
title {
    font-size : 30px;
    background-color : #000000;
    color : #ffffff;
    border-style : double;
    border-width : 2px;
    border-color : #ff0000;
```

```css
    margin : 0px 100px 0px 100px;
    padding : 5px;
    text-align : center;
    display : block;
}
author, since {
    font-size : 15px;
    border-style : solid;
    border-width : 2px;
    border-color : #0000ff;
    margin : 0px 10px 0px 520px;
    padding : 5px;
    text-align : right;
    display : block;
}
index {
    border-style : solid;
    margin : 20px 0px 0px 0px;
    padding : 10px 0px 10px 30px;
    display : block;
}
sub-title {
    list-style-type : square;
    margin : 10px 0px;
    display : list-item;
}
contents {
    margin : 10px 0px 20px 0px;
    padding : 0px 0px 0px 10px;
    display : block;
}
```

이렇게 스타일 시트를 적용하고서 예제를 실행하면 결과는 다음과 같이 된다. 주의할 점은 인터넷 익스플로러는 캐시(Cache) 기능이 있어서 스타일 시트를 변경한다고 해서 바로 변경된 내용이 적용되지 않는다. 캐시 기능을 없애든지 아니면 인터넷 익스플로러를 종료하고 다시 실행해야 한다.

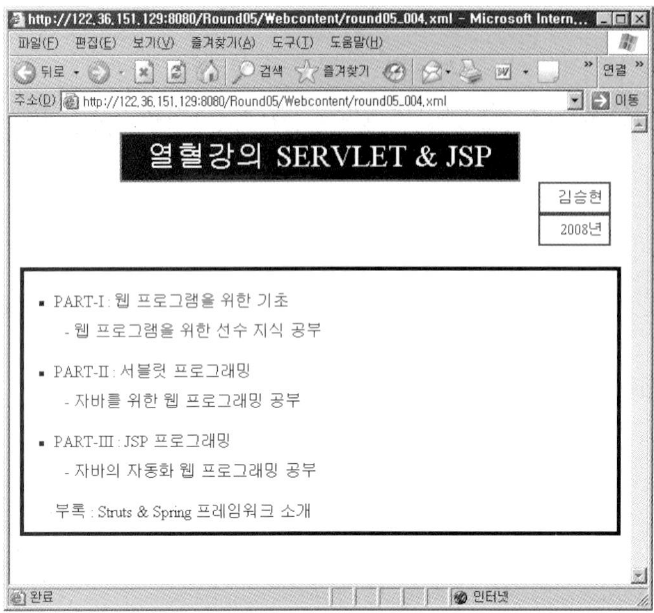

이렇게 동일한 XML 문서라도 해석하는 방식에 따라 전혀 다른 결과가 화면에 출력된다는 사실을 기억해야 한다. 스타일 시트를 사용해서 XML 문서의 화면 출력 형식을 지정하면 앞서와 같은 훌륭한(?) 화면으로 보여지지만 여기에도 조금은 문제가 있다.

첫 번째 문제는 XML로 작성된 내용을 변경하거나 순서를 바꾸어 출력하지 못한다는 것이다. 따라서 XML 코드 순서대로만 그대로 적용된다. 두 번째 문제는 XML 코드의 값을 계산하거나 없는 내용을 추가하지 못한다는 것이다. 따라서 화면에 출력하기를 원한다면 반드시 XML 문서에 모든 내용을 적어야 한다. 세 번째 문제는 엘리먼트의 속성으로 사용된 값을 이용할 수 없다는 것이다. 예를 들어 HTML과 같이

```
<body bgcolor="#ffffff">테스트</body>
```

라는 구문을 XML로 작성했다고 가정하면 ⟨body⟩ 태그의 bgcolor 속성의 값인 #ffffff을 가져와 사용할 수 없다. 태그의 내용부에 적은 테스트라는 문자열은 그대로 출력이 되지만 속성 값은 사용하지 못한다.

이와 같이 XML 문서와 스타일 시트를 연결하여 사용하면서는 몇 가지 문제가 있다. 때문에 새로운 방식으로 해석하는 주체가 필요하게 되었다. 바로 XSL(eXtensible Stylesheet Language) 문서이다. 일단 해석에 필요한 소스 파일인 XML 문서를 먼저 작성해 보자.

| 예제 | Round05_005.xml |

```
<?xml version="1.0" encoding="UTF-8"?>
<book-list>
    <book kind="소설">
        <title>정조 이산</title>
        <author>여설하</author>
        <price>10,000</price>
    </book>
    <book kind="IT">
        <title>열혈강의 자바</title>
        <author>김승현</author>
        <price>32,000</price>
    </book>
    <book kind="IT">
        <title>열혈강의 Servlet &amp; JSP</title>
        <author>김승현</author>
        <price>35,000</price>
    </book>
</book-list>
```

예제를 그냥 실행하면 결과는 다음과 같다.

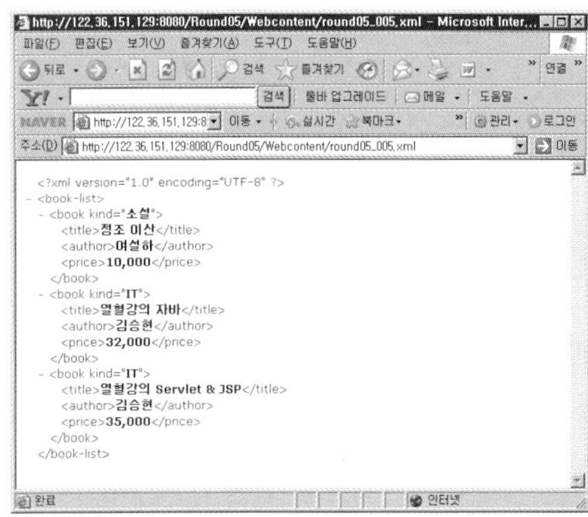

앞서 배운 스타일 시트를 사용한다면 모양을 조금은 꾸밀 수 있는데, 이번에는 스타일 시트가 아니라 HTML의 표로 출력해 보겠다. XSL을 이용하면 이런 해석이 가능하다.

우선 방금 작성한 XML 문서의 XML 선언부 아래에 프로세싱 지시자를 XSL 문서로 지정하고 파일 이름을 Round05_005.xsl로 연결하자.

예제 | Round05_005.xml

```
<?xml version="1.0" encoding="UTF-8"?>

<?xml-stylesheet type="text/xsl" href="Round05_005.xsl"?>

<book-list>
    <book kind="소설">
        <title>정조 이산</title>
```

이하 생략

이제 XSL 문서(Round05_005.xsl)를 작성해야 하는데, 간단히 XSL을 먼저 배우고서 문서를 작성하도록 하자.

XSL 문서 역시 XML 문서이다. XSL 문서는 스키마를 통해 미리 만들어져 있는 엘리먼트들을 사용한다. XSL 문서의 형식은 다음과 같다.

```
<?xml version="1.0" encoding="euc-kr"?>
<xsl:stylesheet version="1.0" xmlns:xsl="http://www.w3.org/1999/XSL/Transform">
    자식엘리먼트
</xsl:stylesheet>
```

XSL 문서의 형식은 대소문자 모두를 정확히 적어야 한다. 원래 네임스페이스를 사용하는 것들이 그렇다. 지정된 것이 아니면 인식하지 못한다. 여기서 자식 엘리먼트로 올 수 있는 엘리먼트들에는 import, include, output, template, variable, param 등이 있다. 우리가 이들 엘리먼트를 다 다루지는 않을 것이다. output 엘리먼트를 가지고 출력 형식을 지정하고 template 엘리먼트 정도만 사용해 볼 것이다.

output 엘리먼트는 XML 문서를 해석하는 유형을 지정해 준다. 예를 들어 XML을 그대로 XML로 해석할지 아니면 HTML로 해석할지 아니면 일반 텍스트로 해석할지를 지정한다. 사용하는 방법은 다음과 같다.

```
<xsl:output 속성="속성값" .../>
```

output 엘리먼트의 속성은 다음과 같다.

표 output 엘리먼트의 속성

속성	설명
method	문서를 해석하는 유형(XML, HTML, 텍스트)을 지정한다.
version	버전 정보를 1.0으로 지정한다. 그냥 무조건 1.0이다.
encoding	인코딩 방식(euc-kr, UTF-8 등)을 지정한다.
omit-xml-declaration	선언부 표시 여부(yes, no)를 결정한다.
standalone	include나 import 엘리먼트가 필요한지 여부(yes, no)와 XML을 읽어 들일 때 줄 바꿈도 읽어 들일지 여부(yes, no)를 지정한다.

다음은 XSL 문서에서 자식 엘리먼트로 output을 사용한 예이다.

```
<xsl:output method="html" version="1.0" encoding="euc-kr"
    omit-xml-declaration="yes"
    standalong="yes" indent="yes" />
```

일반적으로 모든 정보를 생략하고 다음과 같이 적어도 관계없다.

```
<xsl:output method="html" version="1.0"/>
```

전부 기본값들이 있어서 완전히 output 엘리먼트를 생략하는 경우도 있다. 여하튼, output 엘리먼트를 가지고 문서를 해석할 수 있는 기본을 마련하고, output 엘리먼트를 기준으로 XML 문서를 XSL 문서에서 불러와 사용해야 한다.

이제 XML 문서를 실제로 사용하는 template 엘리먼트에 대해서 살펴보자. template 엘리먼트에서 단계별 엘리먼트를 노드와 경로로 구분한다.

```
<aaa>
    <bbb></bbb>
</aaa>
```

예를 들어 이런 코드가 있다면 여기에 aaa나 bbb라는 엘리먼트는 노드가 되고 aaa/bbb는 경로가 된다. 따라서 aaa 노드 내에 있는 엘리먼트나 내용부를 가져와 해석을 새롭게 하고 싶으면 XSL 문서에서 template 엘리먼트로 해당 노드를 다음과 같이 지정하면 된다.

```
<xsl:template match="대상노드">해석할_내용</xsl:template>
```

해석할 내용에서 필요한 정보를 얻어 와야 하는데, 이때는 노드나 경로를 지정해서 내용을 가져온다.

Xpath의 표현 방법

- / : 문서 자체로 루트 노드이다.

- /노드이름/ ... /노드이름 : 특정 경로의 노드이다.

- //노드이름 또는 노드이름 : 동일한 이름의 노드이다.

- /노드이름/노드이름[@속성="값"] : 특정 속성의 값이 같은 노드이다.

- /노드이름/노드이름[@속성!="값"] : 특정 속성의 값이 다른 노드이다.

Xpath라는 것은 XML에서 경로를 표현하는 용어이다.

데이터나 템플릿 가져오기

- 〈xsl:value-of select="대상노드 or ."/〉 : 내용부(Content)의 내용을 가져온다.

- 〈xsl:value-of select="format-number(노드이름, '포맷형식')"/〉 : 내용부의 내용을 변환한다.

- 〈xsl:value-of select="@속성이름"/〉 : 속성을 가져온다.

- 〈xsl:copy-of select="노드 or @속성이름"/〉 : 속성이나 노드를 복사해 온다.

- 〈xsl:apply-templates select="대상노드"/〉 : 여러 개의 노드가 반복적으로 있을 경우 템플릿으로 만들어 두고 가져오면 자동으로 여러 행을 불러올 수 있다.

이것만 보고는 무슨 내용인지 잘 이해되지 않을 것이다. 여기서는 이해보다는 XSL을 이용하여 XML 문서를 변환할 수 있다는 사실만 알기 바란다. 그러면 앞서 만든 Round05_005.xml 문서를 XSL 문서를 통해 표로 변환해 보자.

예제 | Round05_005.xsl

```
<?xml version="1.0" encoding="UTF-8"?>
<!-- XSL Namespace 선언 -->
<xsl:stylesheet xmlns:xsl="http://www.w3.org/1999/XSL/Transform" version="1.0">
<!-- 해석 형식 지정 -->
    <xsl:output method="html" version="1.0" encoding="euc-kr" omit-xml-
                                    ↳ declaration="no" indent="yes"/>

<!-- book-list 태그에 대한 Template 선언 및 내용 정의-->
    <xsl:template match="/book-list">
        <html>
            <head>
                <title>
                    XML 파일 변환!
                </title>
            </head>
            <body>
                <center>
                    <h2>책 목록!</h2>
                    <table width="80%" border="1">
                        <tr>
                            <th>분류</th><th>제목</th>
                            <th>저자</th><th>가격(원)</th>
                        </tr>
<!-- book 태그에 대해 정의된 Template 반복적으로 불러오기 -->
                        <xsl:apply-templates select="book"/>
                    </table>
                </center>
            </body>
```

```
            </html>
        </xsl:template>
<!-- book 태그에 대한 Template 선언 및 내용 정의 -->
        <xsl:template match="book">
            <tr>
                <td align="center">
<!-- book 태그의 kind라는 속성 불러오기 -->
<xsl:value-of select="@kind"/>
                </td>
<!-- book 태그의 title 태그 Content 값 불러오기 -->
                <td><xsl:value-of select="title"/></td>
<!-- book 태그의 author Content 값 불러오기 -->
                <td align="center"><xsl:value-of select="author"/></td>
<!-- book 태그의 price 태그 Content 값 불러오기 -->
                <td align="center"><xsl:value-of select="price"/></td>
            </tr>
        </xsl:template>

</xsl:stylesheet>
```

예제를 실행하면 결과는 다음과 같다.

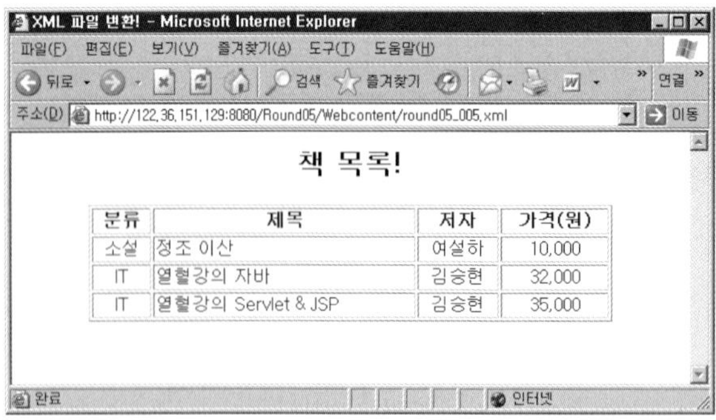

분류	제목	저자	가격(원)
소설	정조 이산	여설하	10,000
IT	열혈강의 자바	김승현	32,000
IT	열혈강의 Servlet & JSP	김승현	35,000

결론적으로 XML 문서는 연결하는 프로세싱 지시자에 따라서 원하는 형식으로 변환될 수 있다. 스타일 시트로 지정하는 것도 마찬가지이고, XSL 문서로 지정하는 것도 그렇고 모두 문서를 해석하는 형식을 지정하는 것뿐이다. 어떤 것을 사용하는 것이 좀더 효율적일지에 따라 내용상 차이가 있을 뿐이고, XSL을 사용하면 존재하지 않는 새로운 표현을 더 넣을 수도 있다.

마무리 하면서

이번 라운드에서 다룬 XML은 현재 개발자들에게 상당히 필수적인 기술이다. XML의 원래 목적이 모든 형식의 문서를 지원하는 것이기에 감히 무시할 수 없는 기술이라 하겠다. 특히, 데이터베이스와의 통신에 있어서 XML을 사용할 때의 효율성은 대단하다. 그러므로 조금 시간을 투자해서라도 반드시 XML의 기본 사용법 정도는 익혀 두기 바란다.

필자가 현장에서 학생을 가르쳐 본 결과 XML이 어디에 어떻게 사용되는지를 이해하지 못하고 과정을 마치는 경우를 많이 보았다. 그리고서는 실무에서 XML 때문에 상당히 힘들어 한다는 이야기도 종종 들었다. 이 책은 서블릿과 JSP를 다루는 책이여서 여기 담긴 이상의 내용을 지면에 담기는 힘들었다. 시간을 내서 독자 여러분 스스로 XML 한 권 정도는 배우면 좋겠다는 바람이다. 절대 이 책의 XML 내용이 XML의 전부가 아니다. XML과 자바를 연동하는 API도 있고, XML과 데이터베이스 그리고 자바 연동 기술도 있다. 실무에서는 꼭 필요한 기술들이므로 지금부터 조금씩이나마 배우기 바란다.

제 6 장

웹 프로그램과 애플릿

▌ 클라이언트 프로그램 중 마지막으로 애플릿을 배우도록 하자. 애플릿은 자바 프로그램으로 HTML이나 자바스크립트처럼 클라이언트 쪽으로 프로그램이 내려 받아져 실행된다. 다시 말해서 별도로 서버와의 네트워크 통신이 필요하지 않은 웹에서 실행되는 자바 프로그램이다.

이번 라운드에서는 사용자가 애플릿을 실제와 같게 실행했을 때 문제가 없도록 프로그램을 구현하는 것에 있다. 즉, 인터넷 익스플로러로 애플릿이 실행되어야 한다. 따라서 인터넷 익스플로러에서 애플릿 예제를 실행해 보는 것을 잊지 말기 바란다.

Round 06

6.1 애플릿의 실행 원리   **6.2** 애플릿 예제들

목표

· 애플릿에 대하여 안다.
· 애플릿의 실행 원리에 대하여 안다.

활용

애플릿(Applet)

애플릿은 웹에서 실행되는 자바 프로그램이다. HTML 코드에서 자바가 실행되도록 <applet> 태그를 지원하는 자바 기술이라 하겠다. 만약 여러분이 자바 프로그램을 클라이언트 쪽에서 실행하게 하고 싶다면 애플릿을 고려해야 한다.

 ## 들어가기 전에

서버는 자바의 객체지향 기술을 이용해서 간단한 계산이나 애니메이션 등을 웹에서 구현하는 프로그램 즉 애플릿을 사용자에게 웹 페이지와 함께 전송할 수 있다. 그래서 애플릿을 실행하는 중에도 서버와의 네트워크 부하가 적다.

애플릿이 실행되려면 기본적으로 Program Files 폴더에 JRE이 있어야 한다. 하지만, 자바의 JDK를 설치하면 자동으로 함께 설치되므로 걱정하지 않아도 된다. 또한, 인터넷 익스플로러가 설치되면서도 자동으로 JVM(Java Virtual Machine)이 설치되기 때문에 따로 환경 설정을 할 필요는 없다. 만약 애플릿이 실행되지 않으면 JDK를 다시 설치할 것을 권한다.

애플릿을 실행하는 방법은 세 가지이다. 첫 번째는 인터넷 익스플로러를 이용하는 것이고, 두 번째는 이클립스의 애플릿 실행 명령을 이용하는 것이고, 세 번째는 JDK와 함께 설치되는 실행 파일(Appletviewer.exe)을 이용하는 것이다. 어떤 것이든 문제는 없지만 인터넷 익스플로러를 이용하면 보안 정책이 적용되기 때문에 실행되지 않는 경우가 있다. 다른 두 방법으로 무리 없이 실행되더라도 말이다.

지금부터 애플릿을 다루어 보도록 하자. 웹 프로그램의 기초를 닦는 것이 목적이므로 간단한 실행 방식과 예제만 다루겠다.

6.1 애플릿의 실행 원리

애플릿은 웹에서 실행되는 자바 프로그램이다. 웹에서 애플릿이 실행되기 때문에 실행의 시작이나 흐름도 로컬 응용 프로그램(Local Application)과는 사뭇 다르다. 자바 로컬 응용 프로그램은 항상 public static void main(String[ ] ar)이라는 메서드를 기준으로 실행이 된다.

| 로컬 응용 프로그램의 라이프 사이클

```
static 초기화 구문 → public static void main(String[ ] ar) → protected void finalize()
```

이에 비해서 애플릿은 웹에서 실행되기 때문에 실행의 시작이 웹 프로그램 언어이다.

| 애플릿의 라이프 사이클

HTML 등으로 작성된 웹 페이지 → <applet> 태그 → 자바의 클래스 파일 실행

| 애플릿 자바 클래스 내의 라이프 사이클

```
public void init() → public void start() → public void paint(Graphics g) →
public void stop() → public void destroy()
```


또한, 애플릿을 구현하는 내용이 GUI와 관련되기 때문에 애플릿은 웹상의 자바 AWT 프로그램이라고 할 수 있다.

그러면 애플릿을 작성하는 규칙에 대해서 알아보자.

☑ HTML 코드 내 ⟨applet⟩ 태그로 자바 클래스를 지정한다.

☑ ⟨applet⟩ 태그에 포함된 자바 클래스는 java.applet.Applet이나 javax.swing.JApplet 클래스를 상속받아야 한다.

☑ 자바 클래스는 웹으로부터의 접속을 허용해야 하므로 반드시 접근 제한자가 public이여야 한다.

☑ 윈도우 운영체제 계열의 이벤트나 메서드를 사용할 수 없다. 예로 System.exit(0), WindowAdapter 등이 있다.

☑ 경로를 지정할 때 로컬 경로를 사용하지 않아야 한다. 애플릿은 내려 받아져서 실행되므로 해당 사용자의 컴퓨터에 필요한 파일이 없으면 문제가 발생한다. 서버의 경로를 지정하는 방식을 취해야 한다. getCodeBase( ), getDocumentBase( )와 같은 메서드를 지원한다.

☑ 매개 변수는 ⟨applet⟩ 태그 내에 ⟨param⟩ 태그를 통해 전달한다.

간단한 예제를 다루면서 애플릿을 작성하는 방법을 익혀 보자. 순서는 다음과 같다.

❶ HTML 코드를 작성한다.

❷ 자바 클래스 파일을 작성한다.

❸ 인터넷 익스플로러나 Appletviewer.exe로 실행한다.

첫 번째는 HTML 페이지를 작성하는 것이다. 라운드 3에서 HTML 예제를 다루어 보았으므로 여기서는 추가로 〈applet〉 태그에 대해서만 배우겠다. 다음은 〈applet〉 태그의 형식이다.

```
<applet code="클래스이름.class"
        width="픽셀너비"
        height="픽셀높이"
        [codebase="애플릿이_위치한_경로"
        alt="애플릿이_표시되지_않는_텍스트_전용_브라우저에서_표시할_내용"
        name="현재_페이지에_있는_여러_개의_애플릿을_구별하기_위한_이름"
        align="애플릿의_정렬_방식"
        vspace="세로_방향의_여백"
        hspace="가로_방향의_여백"]>
    <param name="매개변수1" value="속성값">
    <param name="매개변수2" value="속성값">
    <param name="매개변수3" value="속성값">
</applet>
```

여기서 실제로 필요한 속성은 code, width, height이다. 나머지는 선택 사항이므로 필요에 따라 사용하면 된다. 참고로 예제에서 사용한 IP 주소 122.36.151.129는 필자의 IP 주소이다. 독자는 독자에 맞게 수정하길 바란다. 이후 예제에서도 그렇다.

예제 | Round06_001.htm

```
<html>
    <head>
        <title>제목</title>
    </head>
    <body>
        <center>
            <h3>자바 애플릿!!!</h3>
            <applet
                codebase="http://122.36.151.129:8080/Round06/build/classes"
                code="Round06_001.class"
                width="300" height="200">
            </applet>
        </center>
    </body>
</html>
```

굵게 표시된 코드가 핵심이다. 이것이 HTML에서 자바 클래스 파일을 지정하는 방법이다. 코드에서 codebase 속성으로 자바 클래스 파일의 위치를 지정하는데, 웹 경로로 지정하면 해당 폴더에서 자바 클래스 파일을 찾게 된다. 이클립스는 자동으로 Build 폴더의 Classes 폴더에 컴파일한 파일을 만들어 준다.

두 번째로 자바 클래스 파일을 만들어 보자. Applet 클래스의 구조는 다음과 같다.

```
public class 클래스이름 extends Applet {
    public void init() { ... }
    public void start() { ... }
    public void paint(Graphics g) { ... }
    public void stop() { ... }
    public void destroy() { ... }
}
```

여기 있는 모든 메서드를 재정의(Overriding)할 필요는 없다. 필요한 메서드만 재정의해서 사용하면 된다. 일반적으로 각 메서드에서는 다음과 같은 작업들이 이루어진다.

- public void init( ) : 시작 시 화면 구성과 초기화

- public void start( ) : 이벤트 추가와 스레드 처리

- public void paint(Graphics g) : 그래픽 작업

- public void stop( ) : 페이지 업로드에 필요한 작업

- public void destroy( ) : 종료 시 메모리 해제

다음 예제는 기초적인 애플릿의 예이다. 애플릿을 실행하는 것만을 보여주기 위해 화면 구성과 초기화를 담당하는 init( ) 메서드만 작성하였다.

예제	Round06_001.java

```
01 :    import java.awt.*;
02 :    import java.applet.*;
03 :
04 :    public class Round06_001 extends Applet {
05 :        public void init() {
```

```
06 :            this.setLayout(new BorderLayout());
07 :            this.add("North", new Label("sample!"));
08 :            Label lb = new Label("Hello Applet!", Label.CENTER);
09 :            lb.setFont(new Font("Sans-Serif", Font.BOLD, 20));
10 :            lb.setBackground(Color.BLACK);
11 :            lb.setForeground(Color.WHITE);
12 :            this.add("Center", lb);
13 :            this.add("South", new Button("확인"));
14 :        }
15 :    }
```

예제 실행은 레진을 구동하고서 주소 표시줄에 다음과 같이 입력하여 실행하자. HTML이나 자바스크립트를 실행하듯이 하면 된다.

실행 ▶ http://자신의_IP_주소:8080/Round06/WebContent/Round06_001.htm

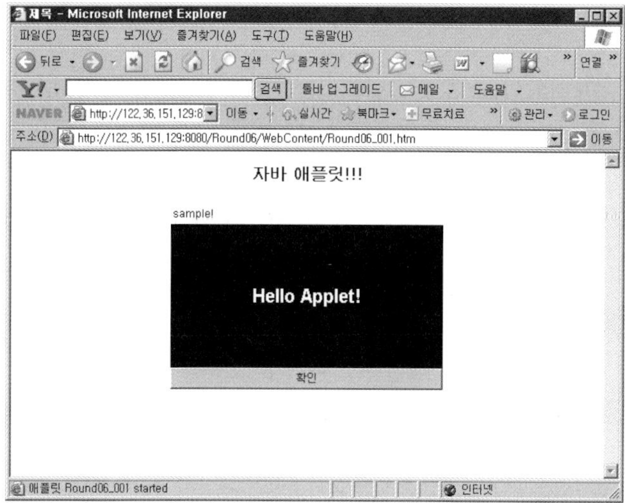

| 애플릿 실행 순서

❶ HTML 페이지를 실행한다.

❷ 〈applet〉 태그 중 code 속성으로 지정한 자바 클래스를 호출한다.

③ 클래스의 public void init( ) 메서드를 실행한다.

④ 클래스의 public void start( ) 메서드를 실행한다.

⑤ 클래스의 public void paint(Graphics g) 메서드를 실행한다.

⑥ 스레드가 대기 상태로 있는다.

⑦ 페이지가 바뀔 때 public void stop( ) 메서드를 실행한다.

⑧ 브라우저가 종료될 때 클래스의 stop( ) 메서드를 호출하고서 public void destroy( ) 메서드를 실행한다.

⑨ HTML 페이지의 나머지 코드를 실행한다.

여하튼 애플릿이 실행되기 위해서는 시작도 HTML 페이지에서 이루어지고, 끝도 HTML 페이지에서 이루어진다. 따라서 애플릿은 HTML 페이지의 코드 안에 들어 있어야 한다.

6.2 애플릿 예제들

이번에는 Applet 클래스에서 사용하는 메서드와 오디오 클립(Audio Clip)이라는 인터페이스를 살펴보도록 하자. 우선 Applet 클래스의 대표적인 메서드에는 다음과 같은 것들이 있다.

- getAppletContext( ) 메서드 : 현재 HTML 페이지에서 애플릿의 작업 영역을 AppletContext 객체에 저장한다.

- getAudioClip(URL url, String str) 메서드 : url 경로의 str이라는 이름의 오디오 파일을 AudioClip 클래스의 객체로 생성한다.

- getCodeBase( ) 메서드 : 〈applet〉 태그의 code 속성으로 지정된 자바 클래스 파일이 저장되어 있는 경로를 URL 경로로 얻어 낸다.

- getDocumentBase( ) 메서드 : 현재 실행 중인 HTML 페이지가 저장되어 있는 경로를 URL 경로로 얻어 낸다.

- getImage(URL url) 메서드 : url 경로의 이미지 파일을 Image 클래스의 객체로 생성한다.

- getParameter(String param) 메서드 : param 이름으로 전달받은 데이터를 얻어 낸다.

- init( ) 메서드 : 애플릿을 호출할 때 가장 먼저 실행되어 애플릿을 초기화한다.

- start( ) 메서드 : init( ) 메서드의 호출에 이어서 자동으로 실행된다.

- stop( ) 메서드 : HTML 페이지를 벗어날 때 자동으로 호출된다.

- resize(int w, int h) 메서드 : 현재 애플릿의 크기를 폭(w)과 높이(h)로 재조정한다.

- showStatus(String msg) 메서드 : 상태 표시줄에 메시지를 출력한다.

첫 번째 예제로 Applet 클래스의 각 메서드가 언제 호출되는지를 알아보기 위해서 호출 시점을 화면에 뿌려 보겠다. 우선 HTML 페이지에서 자바 클래스가 호출되면 init( ) 메서드가 호출되고, 다음으로 start( ) 메서드, paint( ) 메서드가 호출된다. 그러면 스레드가 대기 상태로 있다가 사용자가 현재 웹 페이지를 벗어나면 stop( )과 destroy( ) 메서드가 차례로 호출된다. 예제를 실행해서 처음 뜨는 init( ) → start( ) → paint( ) 메시지를 확인한 다음, 다른 페이지로 이동했다가 〈뒤로〉를 이용하여 현재 페이지로 돌아와 보자.

예제 │ Round06_002.htm

```
<html>
    <head>
        <title>제목</title>
    </head>
    <body>
        <center>
            <h3>자바 애플릿!!!</h3>
            <applet codebase="http://122.36.151.129:8080/Round06/build/classes"
                code="Round06_002.class"
                width="500" height="100">
            </applet>
        </center>
    </body>
</html>
```

예제 │ Round06_002.java

```
01 :    import java.applet.*;
02 :    import java.awt.*;
03 :    import java.awt.event.*;
04 :    public class Round06_002 extends Applet {
05 :        private static String data = "";
```

```
06 :        public void init() { data += "init() -> "; }
07 :        public void start() { data += "start() -> "; }
08 :        public void paint(Graphics g) {
09 :            //update(g);
10 :            data += "paint() -> ";
11 :            g.drawString(data, 30, 50);
12 :        }
13 :        public void stop() { data += "stop() -> "; }
14 :        public void destroy() { data += "destroy() -> "; }
15 :    }
```

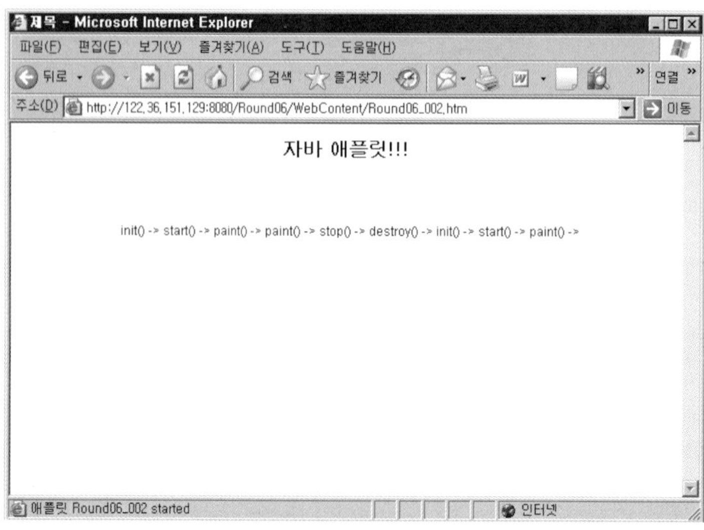

Q 코드 설명

Line **5**   `private static String data = "";`
사용자가 이동한 경로를 저장할 메모리로 프로그램이 종료될 때까지 메모리에서 데이터가 없어져서는 안 되기에 static으로 선언한다.

Line **6**   `public void init() { data += "init() -> "; }`
init( ) 메서드가 호출되면 "init( ) –〉"라는 문자열을 data 객체에 추가한다.

Line **7**   `public void start() { data += "start() -> "; }`
start( ) 메서드가 호출되면 "start( ) –〉"라는 문자열을 data 객체에 추가한다.

Line **8~12**   data 객체에 "paint( ) –〉"라는 문자열을 추가하고 현재까지 data 객체에 저장된 문자열을 화면에 보여준다.

Line **13**   `public void stop() { data += "stop() -> "; }`
stop( ) 메서드가 호출되면 "stop( ) –〉"라는 문자열을 data 객체에 추가한다.

Line **14**   `public void destroy() { data += "destroy() -> "; }`
destroy( ) 메서드가 호출되면 "destroy( ) –〉"라는 문자열을 data 객체에 추가한다.

이번에는 매개 변수를 사용하여 HTML 페이지에서 Applet 클래스로 값을 전달하는 예제를 작성해 보겠다. 예제의 자바 클래스에서 init( ) 메서드를 보면 getParameter("매개변수")가 사용되었다. 이것이 HTML 페이지에서 전달한 매개 변수를 애플릿에서 받는 방식이다. 그리고 HTML 페이지에서는 단순히 〈applet〉 태그 사이에 〈param〉 태그를 넣어 데이터를 전송하는 방식을 취했다. 특정 데이터가 수시로 변경될 때 자바 프로그램 자체에서 데이터를 변경하려면 다시 파일을 컴파일해야 하는 불편함이 있나. 그러나 이렇게 매개 변수를 이용하면 자바 프로그램을 다시 컴파일하지 않고서도 원하는 값을 불러 사용할 수 있다.

예제 | Round06_003.htm

```
<html>
    <head>
        <title>제목</title>
    </head>
    <body>
        <center>
            <h3>자바 애플릿!!!</h3>
```

```
<applet codebase="http://122.36.151.129:8080/Round06/build/classes"
    code="Round06_003.class"
    width="300" height="200">
    <param name="aaa" value="KIMSH"/>
    <param name="bbb" value="LEEJY"/>
</applet>
    </center>
    </body>
</html>
```

예제	Round06_003.java

```
01 :   import java.applet.*;
02 :   import java.awt.*;
03 :   import java.awt.event.*;
04 :   public class Round06_003 extends Applet {
05 :       String ccc = "";
06 :       String ddd = "";
07 :       public void init() {
08 :           ccc = this.getParameter("aaa");
09 :           ddd = this.getParameter("bbb");
10 :       }
11 :       //public void start() { }
12 :       public void paint(Graphics g) {
13 :           g.setFont(new Font("Sans-Serif", Font.BOLD, 20));
14 :           g.drawString(ccc, 30, 100);
15 :           g.drawString(ddd, 30, 150);
16 :       }
17 :       //public void stop() { }
18 :       //public void destroy() { }
19 :   }
```

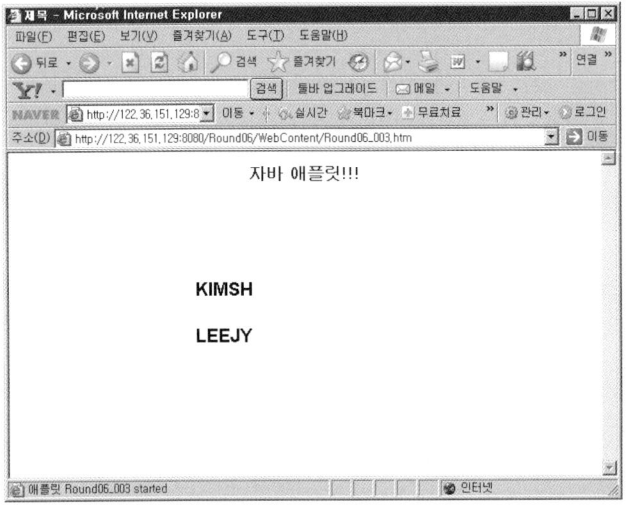

Q 코드 설명

Line **8**   `ccc = this.getParameter("aaa");`

aaa라는 이름의 초기화 매개 변수의 값을 얻어 낸다. 이것은 〈applet〉 태그의 〈param〉 태그로 전달할 수 있다.

Line **9**   `ddd = this.getParameter("bbb");`

bbb라는 이름의 초기화 매개 변수의 값을 얻어 낸다.

Line **12~16**   전달받은 내용을 화면에 보여준다.

다음으로 웹 브라우저에 시간을 표시하는 예제를 작성해 보자. 예제에서는 스레드를 이용하여 1초에 한 번씩 paint( ) 메서드를 호출하고 있다. 자바 AWT 프로그램과 동일하게 애플릿에서도 이런 작업이 가능하다는 의미이다.

예제 | Round06_004.htm

```
<html>
   <head>
      <title>제목</title>
   </head>
   <body>
```

```html
<center>
    <h3>자바 애플릿!!!</h3>
    <applet codebase="http://122.36.151.129:8080/Round06/build/classes"
        code="Round06_004.class"
        width="500" height="100">
    </applet>
</center>
</body>
</html>
```

예제	Round06_004.java

```java
01 :    import java.applet.*;
02 :    import java.awt.*;
03 :    import java.util.*;
04 :    public class Round06_004 extends Applet implements Runnable {
05 :        private Thread currentTh;
06 :        //public void init() { }
07 :        public void start() {
08 :            if(currentTh == null) {
09 :                currentTh = new Thread(this);
10 :                currentTh.start();
11 :            }
12 :        }
13 :        //public void update(Graphics g) { }
14 :        public void paint(Graphics g) {
15 :            Date d = new Date();
16 :            g.setFont(new Font("TimesRoman", Font.BOLD, 25));
17 :            g.drawString(d.toString(), 30, 50);
18 :        }
19 :        public void run() {
20 :            while(true) {
21 :                try {
22 :                    Thread.sleep(1000);
23 :                } catch(InterruptedException ee) { }
24 :                this.repaint();
25 :            }
26 :        }
27 :        //public void stop() { }
```

> update( ) 메서드를 재정의하지 않으면 자동으로 화면 초기화가 진행된다

```
28 :        //public void destroy() { }
29 :    }
```

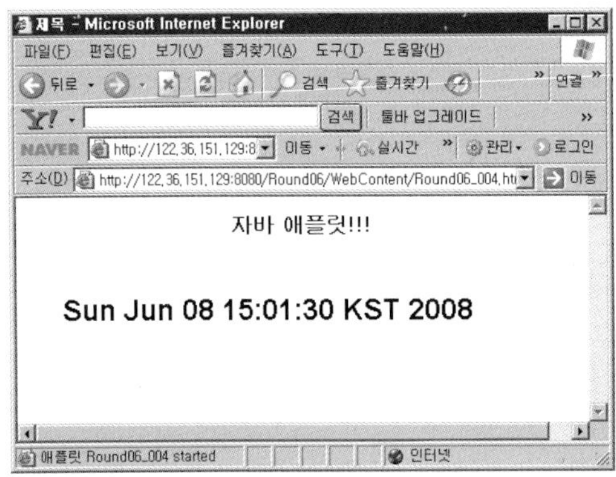

Q 코드 설명

Line **4**

public class Round06_004 extends Applet implements Runnable {

스레드를 처리하기 위해 Runnable 인터페이스를 구현한다. 이것을 구현하려면 당연히 public void run( ) 메서드를 재정의해야 한다. 그것이 또 다른 스레드로 작동할 것이다.

Line **5**

private Thread currentTh;

시간의 흐름을 관리하는 Thread 객체로 사용된다.

Line **8~10**

Thread 객체가 null이면 현재 클래스의 run( ) 메서드를 기준으로 새로운 Thread 객체를 생성하고 스레드를 시작한다.

Line **14~18**

화면에 현재 시간과 관련된 정보를 보여준다.

Line **19~26**

10행에서 스레드를 시작하면 실행되는 메서드로 1초에 한 번씩 update( ) 메서드를 호출하여 화면 초기화를 하고, paint( ) 메서드를 호출하여 현재 시간을 보여준다. 그러면 시간이 흘러가는 효과를 보인다. 여기에서 repaint( ) 메서드가 update( ) 메서드를 호출하고, 다음으로 paint( ) 메서드를 실행하게 한다.

이번에는 약간의 동작이 일어나도록 해보자. 0.08초 간격으로 text 매개 변수로 전달받은 문자와 text1 매개 변수로 전달받은 문자를 번갈아 가며 화면에 보여주게 만들고, 위치도 조금씩 바뀌도록 만들었다.

예제 | Round06_005.htm

```html
<html>
    <head>
        <title>제목</title>
    </head>
    <body>
        <center>
            <h3>자바 애플릿!!!</h3>
            <applet codebase="http://122.36.151.129:8080/Round06/build/classes"
                code="Round06_005.class"
                width="500" height="100">
                <param name="text" value="A"/>
                <param name="text1" value="B"/>
            </applet>
        </center>
    </body>
</html>
```

예제 | Round06_005.java

```java
01 :    import java.applet.*;
02 :    import java.awt.*;
03 :    public class Round06_005 extends Applet implements Runnable {
04 :        private String data = "";
05 :        private String data1 = "";
06 :        private int xpos = 0;
07 :        private Thread curThread = null;
08 :        private boolean bool = false;
09 :        public void init() {
10 :            data = this.getParameter("text");
11 :            data1 = this.getParameter("text1");
12 :        }
13 :        public void start() {
14 :            if(curThread == null) {
15 :                curThread = new Thread(this);
16 :                curThread.start();
17 :            }
18 :        }
```

```java
19 :     //public void update(Graphics g) { }
20 :     public void paint(Graphics g) {
21 :         g.setFont(new Font("Sans-Serif", Font.BOLD, 20));
22 :         if(bool = !bool) {
23 :             g.drawString(data, xpos, 30);
24 :         }
25 :         else {
26 :             g.drawString(data1, xpos, 30);
27 :         }
28 :     }
29 :     public void run() {
30 :         Dimension di = this.getSize();
31 :         for(int i = 0; i < di.getWidth(); i+=5) {
32 :             xpos = i;
33 :             this.repaint();
34 :             try {
35 :                 Thread.sleep(80);
36 :             } catch(InterruptedException ee) { }
37 :         }
38 :     }
39 :     //public void stop() { }
40 :     //public void destroy() { }
41 : }
```

> update( ) 메서드를
> 재정의하지 않으면
> 시계 예제처럼
> 화면을 자동으로 초기
> 화해 준다.

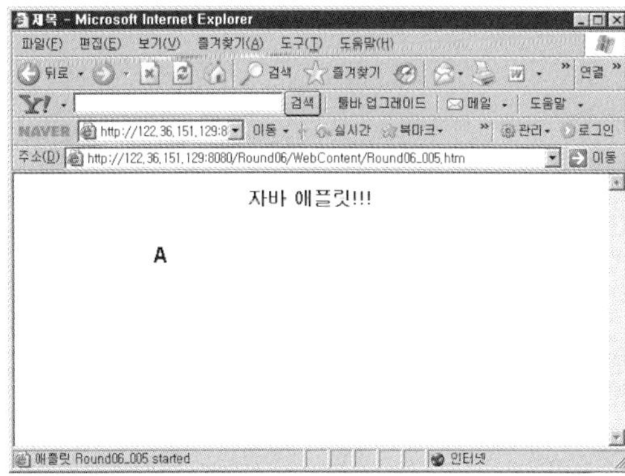

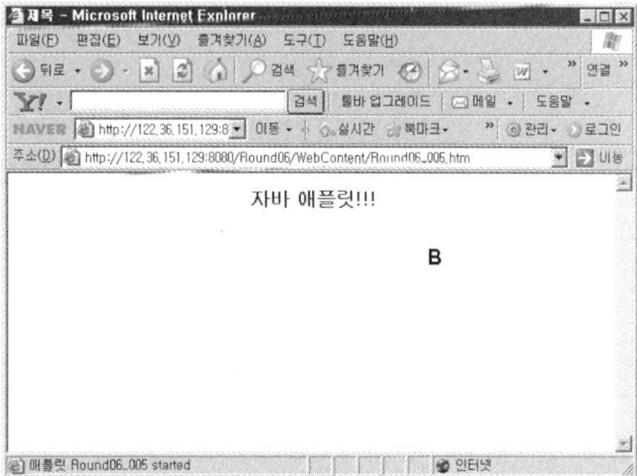

🔍 코드 설명

Line **4** —
```
private String data = "";
```
text 매개 변수로 전달받은 값을 저장하는 메모리이다.

Line **5** —
```
private String data1 = "";
```
text1 매개 변수로 전달받은 값을 저장하는 메모리이다.

Line **6** —
```
private int xpos = 0;
```
data나 data1의 값이 화면에 보여지는 X축의 위치를 관리하는 메모리이다.

Line **7** —
```
private Thread curThread = null;
```
현재 클래스의 Thread 객체를 저장하는 메모리이다.

Line **8** —
```
private boolean bool = false;
```
data와 data1의 값을 번갈아 가며 화면에 보여주기 위한 조건 값으로 사용된다.

Line **9~12** — HTML 페이지에서 〈param〉 태그에 의해서 전달받은 매개 변수 text와 text1의 값을 data 변수와 data1 변수에 저장한다.

Line **13~17** — 현재 클래스의 Thread 객체가 생성되지 않았으면 새롭게 생성하고 스레드를 시작하는 코드이다.

Line **22** —
```
if(bool = !bool){
```
bool의 값을 한 번 실행할 때마다 변경하여 True → False, False → True로 바꾸어 준다.

Line **29~38** — 0.08초 간격으로 화면의 폭만큼 X축을 0의 위치에서 5픽셀씩 이동하면서 paint( ) 메서드를 호출하는 메서드이다.

다음 예제는 자바 AWT 프로그램에서와 마찬가지로 특정 숫자를 매개 변수로 받아와 무작위로 색상과 위치를 정하고 해당 숫자만큼 별을 화면에 보여주는 예이다.

예제 | Round06_006.htm

```html
<html>
    <head>
        <title>제목</title>
    </head>
    <body>
        <center>
```

```html
<h3>자바 애플릿!!!</h3>
<applet codebase="http://122.36.151.129:8080/Round06/build/classes"
    code="Round06_006.class"
    width="500" height="500">
    <param name="number" value="100"/>
</applet>
</center>
</body>
</html>
```

예제	Round06_006.java

```java
01 :    import java.applet.*;
02 :    import java.awt.*;
03 :    public class Round06_006 extends Applet {
04 :        private int num = 0;
05 :        public void init() {
06 :            num = Integer.parseInt(this.getParameter("number"));
07 :        }
08 :        public void paint(Graphics g) {
09 :            Dimension di = this.getSize();
10 :            for(int i = 0; i < num; i++) {
11 :                g.setColor(new Color((int)(Math.random()
12 :                    * 256), (int)(Math.random() * 256),
13 :                    (int)(Math.random() * 256)));
14 :                int xpos = (int)(di.getWidth() * Math.random());
15 :                int ypos = (int)(di.getHeight() * Math.random());
16 :                g.setFont(new Font("TimesRoman", Font.BOLD, 15));
17 :                g.drawString("★", xpos, ypos);
18 :                try {
19 :                    Thread.sleep(100);
20 :                } catch(InterruptedException ee) { }
21 :            }
22 :        }
23 :    }
```

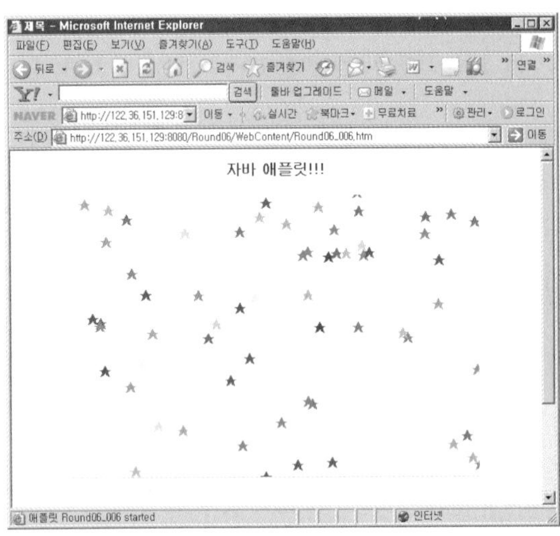

코드 설명

Line **6**
```
num = Integer.parseInt(this.getParameter("number"));
```
number라는 이름으로 전달받은 매개 변수의 값을 얻어 낸다.

Line **9**
```
Dimension di = this.getSize();
```
현재 애플릿이 포함된 크기를 Dimension 객체의 형태로 얻어 온다.

Line **10**
```
for(int i = 0; i < num; i++) {
```
매개 변수로 전달받은 값만큼 반복적으로 수행한다.

Line **11~13** 색상을 무작위로 정한다.

Line **14~15** X, Y축의 좌표를 무작위로 화면의 범위 내에서 정한다.

이상과 같이 애플릿으로 구현한 내용을 살펴보면 HTML 페이지에 애플릿이 포함되어 실행된다는 것을 제외하면 자바의 AWT 프로그램과 상당히 유사하다는 것을 알 수 있다. 물론, 똑같다는 의미는 아니다. FileDialog 클래스를 사용하거나 WindowEvent 클래스를 사용하는 경우에 문제가 발생한다. 단지 이야기하고 싶은 것은 웹 보안의 범위를 벗어나지 않으면 자바 AWT 프로그램의 규칙이 그대로 적용된다는 것이다. 따라서 자바 AWT 프로그램을 배운 독자라면 쉽게 애플릿을 이용할 수 있다.

AudioClip 인티페이스는 애플릿에서 단순한 오디오 파일을 재생할 수 있게 객체를 제공해 준다. 앞서와 같이 AudioClip 객체는 애플릿의 메서드를 통해 얻어 올 수 있다. 기억이 나지 않으면 앞에서 설명한 Applet 클래스의 메서드들을 다시 살펴보기 바란다.

```
AudioClip ac = Applet객체.getAudioClip(URL객체, 오디오파일);
```

여기서 오디오 파일은 AU나 WAV 등이다. 이들 외의 사운드 파일을 다루고 싶으면 자바의 사운드 패키지를 공부하기 바란다. 그리고 URL 객체는 오디오 파일이 있는 위치를 나타낸다. 그러나 경로가 웹에서 실행되기 때문에 로컬 경로를 사용하면 찾지 못한다. 예를 들면 C:\java\eclipse\workspace는 인식하지 못한다는 뜻이다.

그러면 어떻게 경로를 정할 것인가? 바로 getDocumentation( )이나 getCodeBase( ) 메서드를 사용하면 된다. getDocumentation( ) 메서드는 애플릿 코드를 포함하고 있는 HTML 페이지의 경로를 웹상의 URL 객체로 반환해 주고, getCodeBase( ) 메서드는 Applet 클래스의 경로를 웹상의 URL 객체로 반환해 준다.

```
AudioClip ac = this.getAudioClip(this.getCodeBase( ), "myaudio.au");
```

이미지를 사용할 때도 이와 유사하다.

그러년 산난히 이미지와 오디오 클립을 사용하는 예제를 작성해 보자. 기본 화면에 시작과 멈춤 단추가 표시되고 중앙에 이미지를 하나 배치해 둔다. 시작 단추를 누르면 이미지가 바뀌고 사운드가 나온다. 예제를 실행하려면 WebContent 폴디에 images 폴더와 sounds 폴더를 만들고, images 폴더에는 a.gif 파일과 b.gif 파일을 넣고, sounds 폴더에는 c.au 파일을 넣어야 한다.

예제 | Round06_007.htm

```html
<html>
    <head>
        <title>제목</title>
    </head>
    <body>
        <center>
            <h3>자바 애플릿!!!</h3>
```

```html
<applet codebase="http://122.36.151.129:8080/Round06/build/classes"
    code="Round06_007.class"
    width="300" height="200">
    <param name="img1" value="images/a.gif"/>
    <param name="img2" value="images/b.gif"/>
    <param name="sound" value="sounds/c.au"/>
</applet>
</center>
</body>
</html>
```

예제 | Round06_007.java

```java
01 :   import java.applet.*;
02 :   import java.awt.*;
03 :   import java.awt.event.*;
04 :   public class Round06_007 extends Applet implements ActionListener {
05 :       private Image img1 = null;
06 :       private Image img2 = null;
07 :       private AudioClip ac = null;
08 :       private Button start_bt = new Button("시작");
09 :       private Button end_bt = new Button("멈춤");
10 :       private boolean bool = false;
11 :       public void init() {
12 :           String img1_str = this.getParameter("img1");
13 :           String img2_str = this.getParameter("img2");
14 :           String sound_str = this.getParameter("sound");
15 :           img1 = this.getImage(this.getDocumentBase(), img1_str);
16 :           img2 = this.getImage(this.getDocumentBase(),img2_str);
17 :           ac = this.getAudioClip(this.getDocumentBase(),sound_str);
18 :           this.setLayout(new BorderLayout());
19 :           Panel p = new Panel(new FlowLayout());
20 :           p.add(start_bt);
21 :           p.add(end_bt);
22 :           this.add("South", p);
23 :       }
24 :       public void start() {
25 :           start_bt.addActionListener(this);
26 :           end_bt.addActionListener(this);
```

```
27 :         }
28 :     public void actionPerformed(ActionEvent e) {
29 :         if(e.getSource() == start_bt) {
30 :             ac.loop();
31 :             bool = true;
32 :             this.repaint();
33 :         }
34 :         else if(e.getSource() == end_bt) {
35 :             ac.stop();
36 :             bool = false;
37 :             this.repaint();
38 :         }
39 :     }
40 :     //public void update(Graphics g) { }
41 :     public void paint(Graphics g) {
42 :         if(bool) {
43 :             g.drawImage(img1, 20, 20, 260, 140, this);
44 :         }
45 :         else {
46 :             g.drawImage(img2, 20, 20, 260, 140, this);
47 :         }
48 :     }
49 :     public void stop() { }
50 :     //public void destroy() { }
51 :   }
```


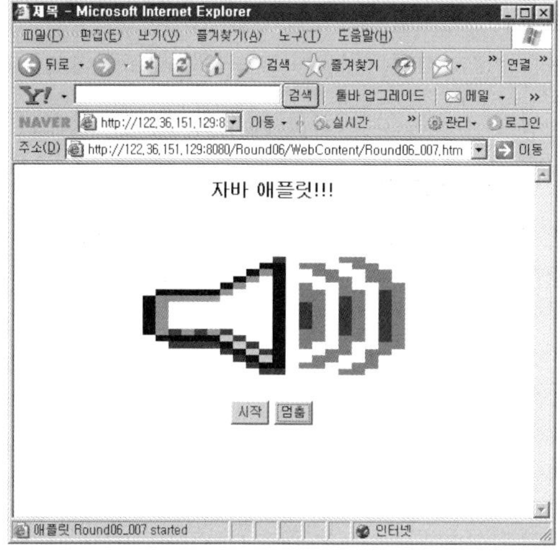

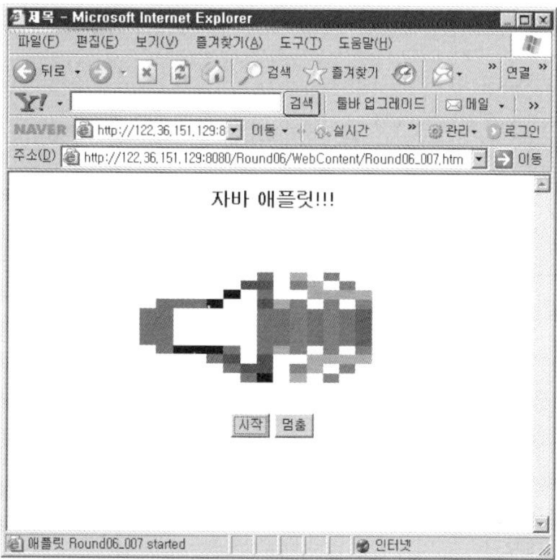

🔍 코드 설명

Line **12~17** ──── 매개 변수로 전달받은 값을 기준으로 이미지 객체 두 개와 사운드 객체 하나를 생성한다.

Line **29~33** ──── 시작 단추를 누르면 사운드를 무한히 반복하고 사운드가 울리는 이미지로 변경하기 위해 bool 변수의 값을 True로 변경한다. 그렇게 하고서 repaint( ) 메서드를 호출하면 paint( ) 메서드에서는 사운드가 울리는 이미지로 변경하여 다시 그려진다.

Line **34~38** ──── 멈춤 단추를 누르면 사운드가 멈추고 bool 변수의 값을 False로 변경한다.
그런 다음 repaint( ) 메서드가 호출되어 사운드가 울리지 않는 이미지가 다시 그려진다.

예제를 살펴보면 getDocumentBase( ) 메서드를 호출하는데, HTML 페이지의 경로를 URL 경로로 얻어 오려는 것이다. 만약 images 폴더와 sounds 폴더를 Round06 프로젝트의 src나 build 폴더에 만들었으면 getCodeBase( ) 메서드를 호출해야 한다. getCodeBase( ) 메서드는 자바 클래스 파일이 있는 경로를 URL 경로로 얻어 온다.

이미지와 사운드에 대해서는 좀더 많이 다루어야 하겠지만 여기서는 이런 기능이 있다는 정도로 다루었다. 원한다면 이미지와 사운드 관련 도서를 구해 공부하거나 인터넷에서 원하는 정보를 찾아보기 바란다.

마무리 하면서

이번 라운드에서는 애플릿이라는 자바 기술을 살펴보았다. 웹 프로그램을 개발하는데 있어 애플릿은 별로 의미가 없어 보일지도 모른다. 그러나 실무에서는 웹 프로그램을 개발하는 중에 애플릿을 상당히 많이 고려한다. 군이 서버와 네트워크 통신이 필요 없는 프로그램에서조차 서버 프로그램 기반으로 개발하면 네트워크 부하가 발생하여 성능의 저하를 가져오기 때문이다. 이런 경우에는 차라리 클라이언트 쪽으로 부하를 분산해서 서버의 부담을 줄이는 것이 효율적이다. 이러한 경우 애플릿은 쉽고 빠르게 클라이언트 쪽으로 기능을 넘길 수 있는 대안이 된다. 자바 기초에서 애플릿을 제대로 배우지 않았으면 여기에서 다시 한번 복습해 두기 바란다.

제 7 장

프로젝트 관리와 CVS

▌일반적으로 웹 프로그램을 개발할 때 팀 단위로 작업이 이루어지기 때문에 프로젝트 전체를 관리하는 데 많은 노력이 필요하다. 예를 들어, 파일을 버전별로 관리한다든지, 시간대별로 저장한다든지, 서로 다른 곳에서 같은 파일을 수정한다든지 등의 작업들을 처리하기가 쉽지는 않다. CVS(Concurrent Versions System)는 이들 작업을 그나마 효율적으로 처리하게 해준다. 이번 라운드에서는 규모가 큰 프로젝트에서 팀 단위로 작업하면서 사용하는 CVS를 살펴본다.

Round 07

7.1 CVS 환경 설정   **7.2** CVS 사용법

목표

· CVS에 대하여 안다.

활용

CVS(Concurrent Versions System)

CVS는 프로젝트를 관리할 때 사용하는 서버/클라이언트 통합 프로그램이다. 시간대별로, 사용자별로, 파일별로 프로젝트를 관리할 수 있어서 개발자로 하여금 프로젝트 관리에 소요되는 시간을 줄여 준다.

들어가기 전에

파일의 내용이 바뀌는 것을 단계적으로 확인할 수도 있고, 필요하면 원하는 버전으로 되돌려서 다시 작업을 할 수도 있는 파일 관리 방식을 버전 관리라고 한다. 이 방식으로 파일을 관리하면 같은 파일이 여럿 있어야 하기 때문에 저장 용량이 낭비된다. 그래서 개발자들은 버전 관리를 하면서 저장 용량이 적은 방식을 찾게 되었고, 해결책으로 Delta Compression 방식을 압축 알고리즘으로 도입하였다. 이 압축 방식은 파일이나 저장 내용의 차이만을 뽑아서 압축한다. 원본 파일은 하나만 있고 차이만을 압축하여 저장하기 때문에 저장 용량이 획기적으로 준다.

CVS(Concurrent Versions System)는 Delta Compression 방식으로 파일이나 프로젝트를 버전별로 관리해 주는 서버/클라이언트 통합 프로그램이다. 하지만, CVS로 단순히 버전만 관리하는 것은 아니다. 제품이 완성되고 릴리즈(Release)할 때 릴리즈별로 프로젝트를 관리하기도 하고, 제품의 버그를 관리하기도 한다. 시간대별 백업을 관리하기도 하고, 다중 사용자에 의한 동기화를 관리하기도 한다. 이제부터 CVS에 대한 환경 설정과 사용법에 대해서 배워 보자.

7.1 CVS 환경 설정

CVS는 서버와 클라이언트 두 영역으로 구분된다. 서버 쪽은 프로젝트의 원본 소스를 보관하는 프로그램이고, 클라이언트 쪽은 서버에 연결하여 원본 소스를 복사해 오는 프로그램이다. 둘 중에서 CVS 클라이언트는 따로 내려 받을 필요가 없다. 우리가 설치한 이클립스의 웹 버전인 Eclipse IDE for Java EE Developers에 CVS 클라이언트가 포함되어 있기 때문이다. 몇 가지 환경 설정만 하면 CVS 클라이언트는 해결된다. 여기서는 다른 하나인 CVS 서버를 내려 받아서 설치하고 환경 설정을 하도록 하겠다.

먼저 http://www.march-hare.com/cvsnt 사이트에 접속하여 CVS 서버 관련 파일을 내려 받자. 화면의 오른쪽 아래에 [Free 30 Day Trial ...] 링크가 있다. 이 링크를 클릭하자.

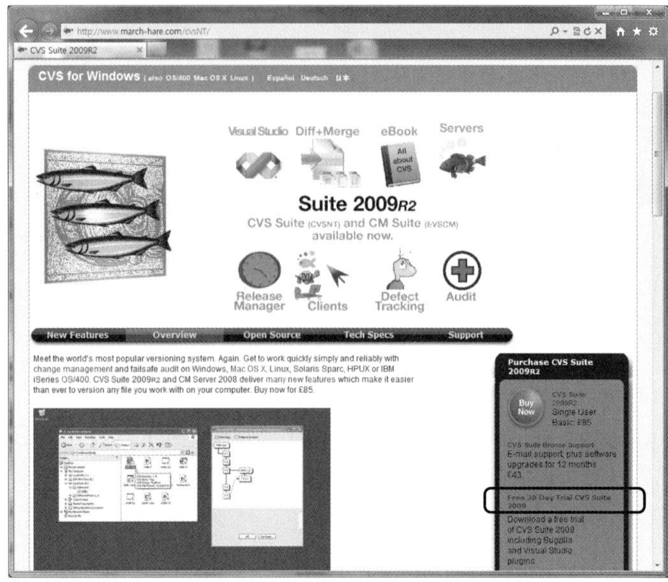

다음 화면에서 [Suite Windows Trial]을 선택하고 이메일을 적은 다음에 [Download Now]를 눌러서 내려 받도록 하자. 화면이 바뀌면서 팝업 창으로 파일이 내려 받아지는데, 팝업을 차단한 사용자들은 팝업을 허용해야 한다.

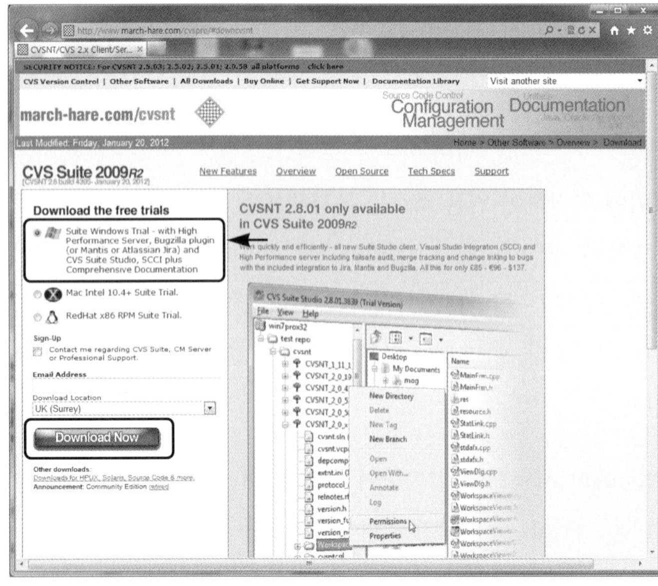

내려 받고서는 해당 파일을 더블 클릭하여 실행하자. 실행 후 〈Next〉를 누르고 라이센스에 동의하면 설치 화면이 뜬다.

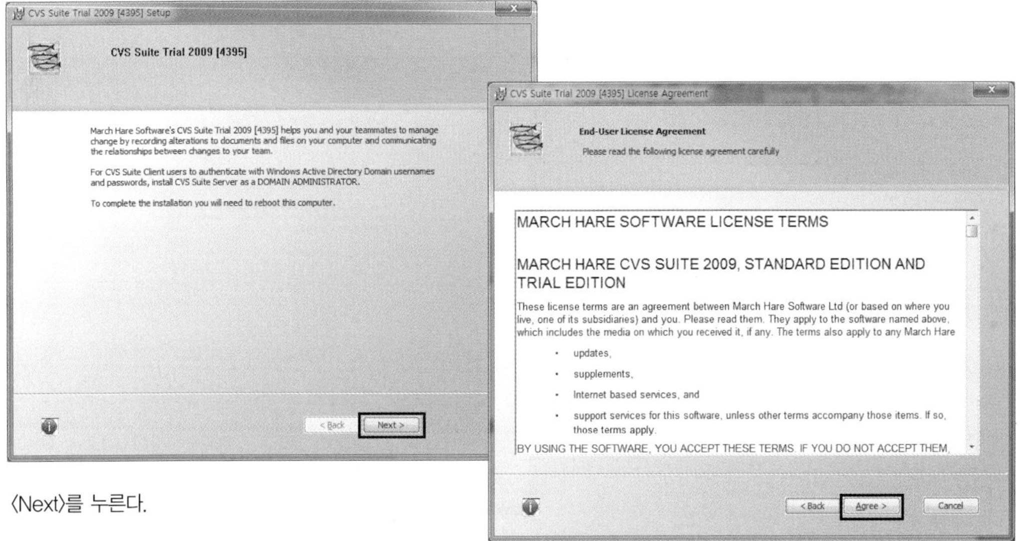

〈Next〉를 누른다.

〈Agree〉를 누른다.

서버와 클라이언트 모두를 설치하는 〈Server and Client〉를 누르자.

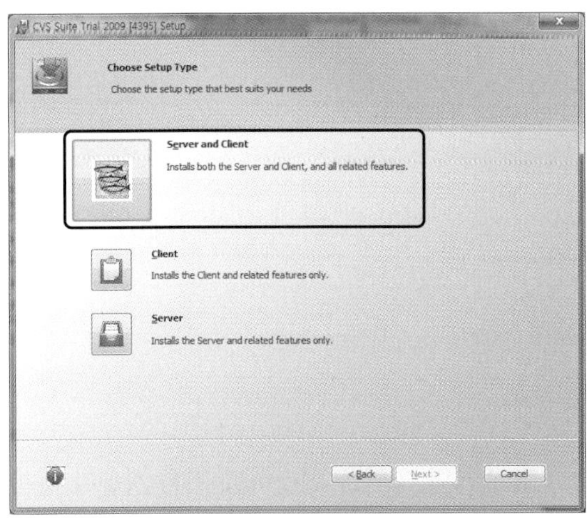

〈Server and Client〉를 누른다.

〈Install〉을 누르면 설치가 된다. 설치가 끝나면 〈Finish〉를 누르면 되는데, 일반적으로 컴퓨터를 재부팅해야 한다.

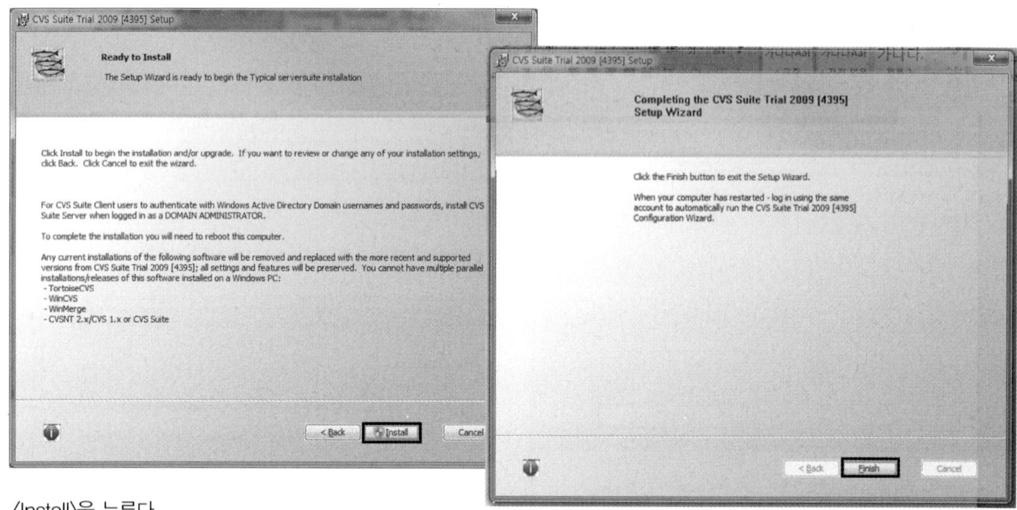

〈Install〉을 누른다.

〈Finish〉를 누른다.

컴퓨터 재부팅 때문에 다음과 같은 메시지가 표시되면 현재 떠 있는 대화 상자를 모두 종료하고, 〈Yes〉를 눌러 컴퓨터를 재부팅하자. CVS 서버 구동을 제어판의 서비스에 등록하는 작업 때문이다.

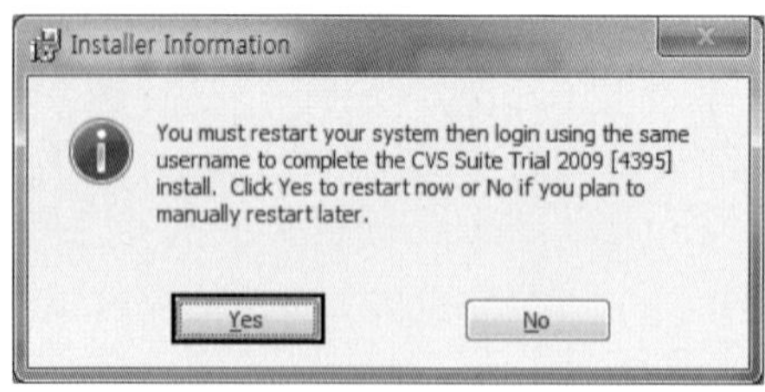

〈Yes〉를 누른다.

컴퓨터를 재부팅하였으면 프로젝트의 원본 소스를 관리할 영역을 설정하고 기본 사용자 등록 등의 작업을 하기 위해 **[시작]** → [프로그램] → [CVS Suite] → [CVS Suite Server]를 차례대로 선택하자. 실행은 일단 테스트가 목적이므로 **trial**로 하자. 최초 실행 시 저장 영역의 이름을 설정해 주어야 한다.

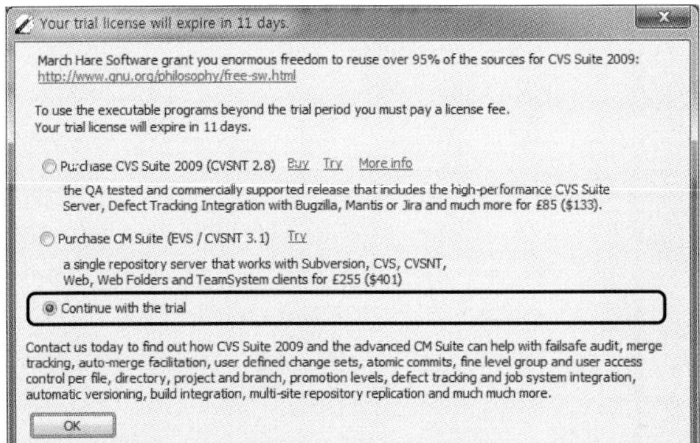

[Continue with the trial] 라디오 단추를 선택한다.

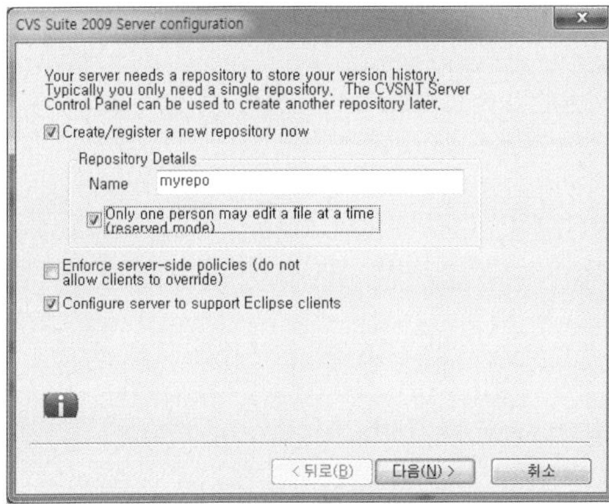

화면과 같이 설정한다.

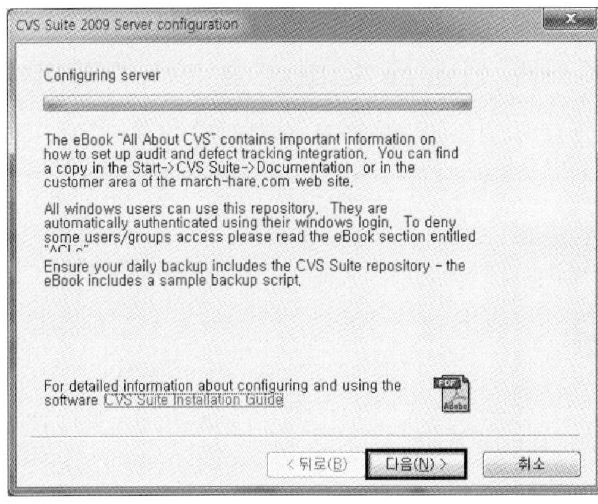

〈다음〉을 누른다.

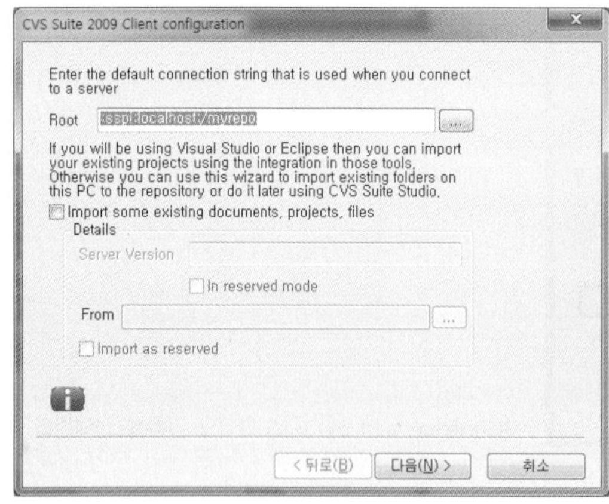

화면과 같이 설정한다.

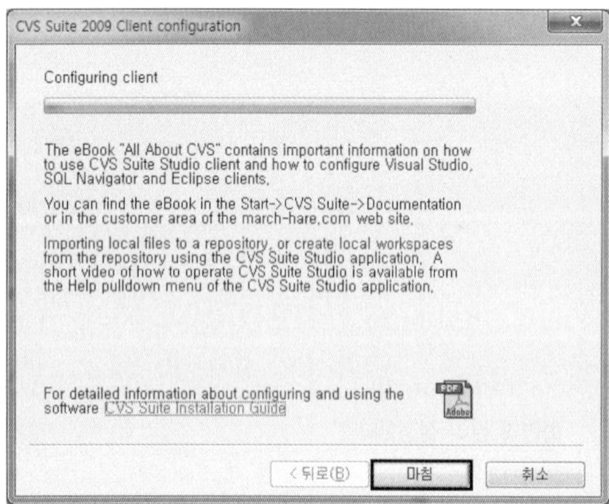

〈마침〉을 누른다.

환경 설정을 변경하기 위해서 대화 상자에서 왼쪽 아래 〈Change Settings〉을 누른 후 첫 번째 [About] 탭의 아래 [Services] 영역의 두 개 서비스 모두 〈Stop〉을 눌러 정지시킨다.

〈Change Settings〉을 누른다.

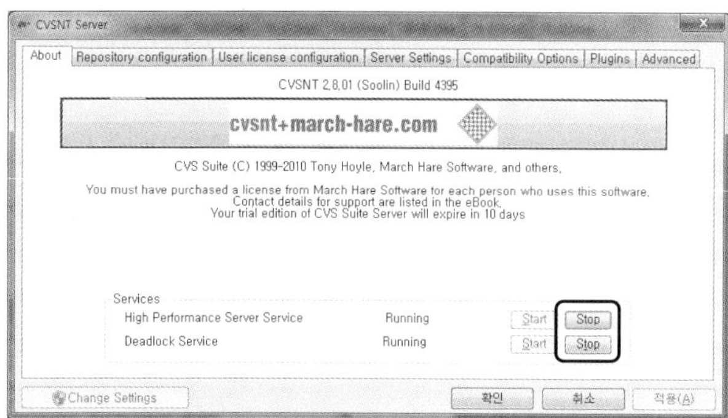

두 서비스 모두 〈Stop〉을 누른다.

다음으로 두 번째 [Repository configuration] 탭에서 실제 데이터를 관리할 영역을 등록해 준다. 아래 〈Add〉를 누르자.

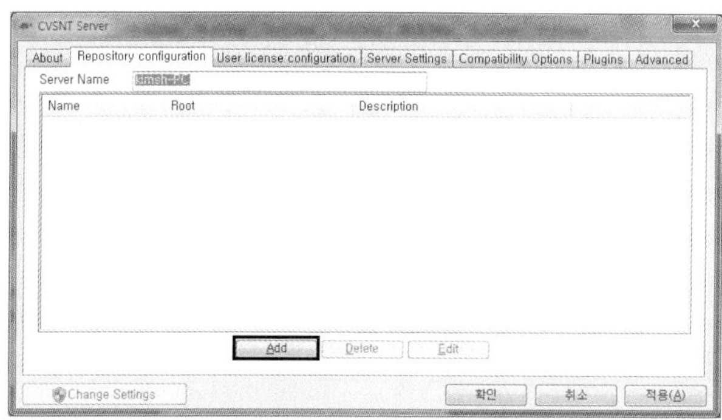

화면과 같이 설정하고 〈Add〉를 누른다.

[Repository Settings] 대화 상자의 [Location] 오른쪽에 보이는 〈...〉를 이용하여 원하는 위치를 선택하든, 새로 폴더를 만들어서 프로젝트를 저장할 영역을 선택하든 자동으로 이름은 설정된다. 될 수 있으면 이름을 그대로 사용하도록 하자. 〈OK〉를 누르자.

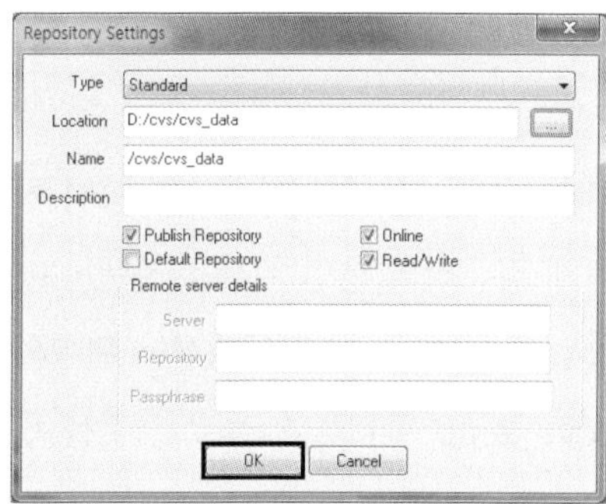

〈OK〉를 누른다.

〈OK〉를 누르면 저장소(Repository)를 초기화할 것인지 확인하는 창이 표시된다. 〈예〉를 누르자. 그런데 중간에 경고하는 창이 표시될 수 있다. 그러면 〈예〉를 누르자. 저장소를 초기화하고서 보안 경고 창이 뜨는 독자는 〈차단 해제〉를 눌러야 한다. 참고적으로 CVS라는 폴더 이름은 CVS의 저장소 이름으로 사용 시 충돌이 날 수 있기 때문에 가급적 독자 여러분은 다른 이름을 사용하기 바란다. 이 책에서는 가독성을 높이기 위해 CVS라는 폴더 이름을 D 드라이브에 만들어 사용하였다.

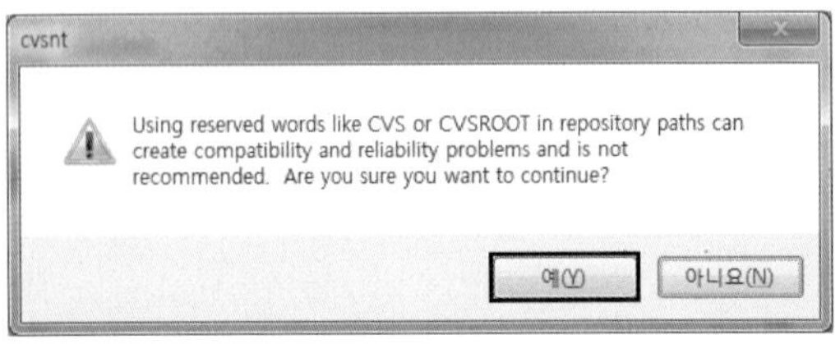

이런 경고 창이 뜨면 〈예〉를 누른다.

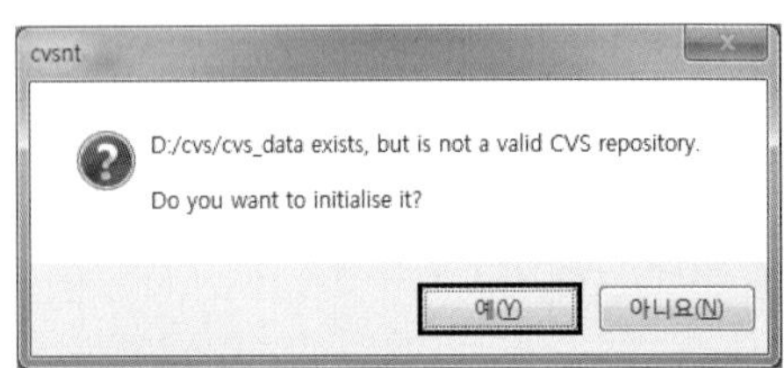

저장소를 초기화하는 확인 창이다. 〈예〉를 누른다.

저장소를 초기화하면 다음과 같이 저장소가 하나 등록된 화면이 보일 것이다.

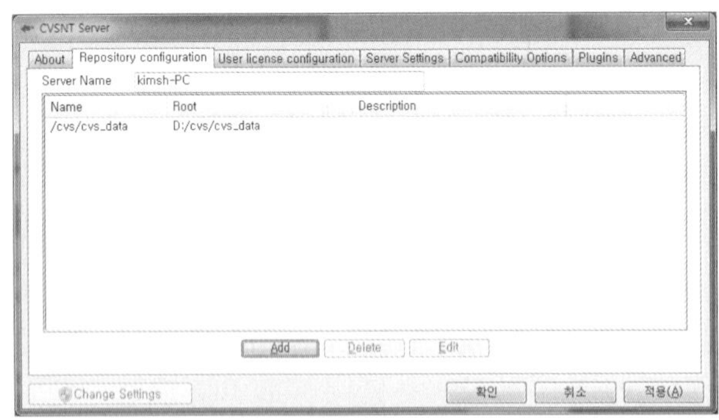

새롭게 등록된 저장소가 있다.

다음으로 네 번째 [Server Settings] 탭에서 CVS를 관리하는 서버 사용자를 선택하고 임시 저장소를 설정하자. [Run as] 필드에는 CVS 서버가 설치된 현재 컴퓨터의 본인 계정을 선택하고, [Default domain] 필드에는 컴퓨터 이름을 선택하자. 마지막 [Temporary] 필드에서는 왼쪽의 〈...〉를 이용하여 조금 전 저장소를 등록한 **D:/cvs** 폴더에 **cvs_temp** 폴더를 만들고 그것을 선택하자. 나머지는 기본값으로 두어도 무방하지만 본인 컴퓨터에서 2401번이나 2402번 포트를 다른 프로그램이 사용하면 포트 번호도 변경해야 한다. 여기까지 설정이 끝났으면 〈적용〉을 누르자. 아마 Run as와 Default Domain에 대해 경고를 보낼 것이지만 무시하자. 모두 〈아니오〉를 누르면 된다.

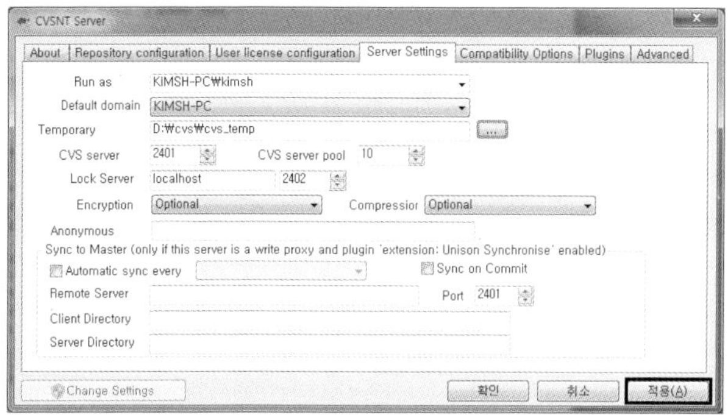

다시 첫 번째 [About] 탭으로 이동하여 정지했던 두 서비스를 다시 구동하자. 이때 DeadLock Service가 실행되지 않으면 화면 오른쪽 아래 시스템 트레이(화면 오른쪽 아래 시계 표시 영역)에 있는 [CVS Suite Server] 아이콘을 선택하고, 마우스 오른쪽을 클릭하여 바로 가기 메뉴 중 [Quit]을 선택해서 중지해 주어야 한다. 이유는 두 번째 탭에서 저장소를 등록하면서 초기화하는 작업을 했는데, 이 작업이 Lock Service를 데몬(Dcmon)으로 구동시키기 때문이다. 두 서비스가 구동되면 〈확인〉을 눌러 닫는다.

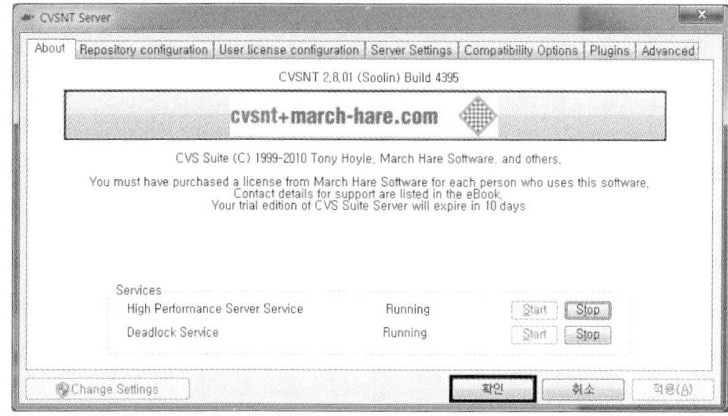

이제 CVS 서버에 접속할 사용자를 등록할 차례이다. 작업은 모두 명령 프롬프트 창에서 진행된다. 명령 프롬프트 창을 띄우고 C:\로 이동하자. 그리고 다음 내용을 차례로 실행해 보자.

CVS 루트를 설정한다. JAVA_HOME을 설정하는 것과 비슷한 개념이다. 띄워 쓰기에 주의하자.

```
set CVSROOT=:pserver:본인컴퓨터계정@CVS서버컴퓨터_IP:등록한_저장소

set CVSROOT=:pserver:kimsh@122.36.151.129:/cvs/cvs_data          예이다.
```

CVS 서버에 로그인하기 위하여 본인 컴퓨터 계정의 비밀번호를 입력해야 한다. 비밀번호가 12345678이라고 가정하자.

```
cvs login
본인컴퓨터계정의_로그인_비밀번호

cvs login
12345678           예이다.
```

CVS 클라이언트 계정을 만든다. cvsuser라는 계정으로 비밀번호는 1234로 가정하자.

```
cvs passwd -r 본인컴퓨터계정 -a 클라이언트계정
비밀번호
비밀번호          확인하기 위해서이다.

cvs passwd -r kimsh -a cvsuser
1234               예이다.
1234
```

이 과정을 무난히 따라왔으면 서버의 환경 설정은 완료가 되었을 것이다.

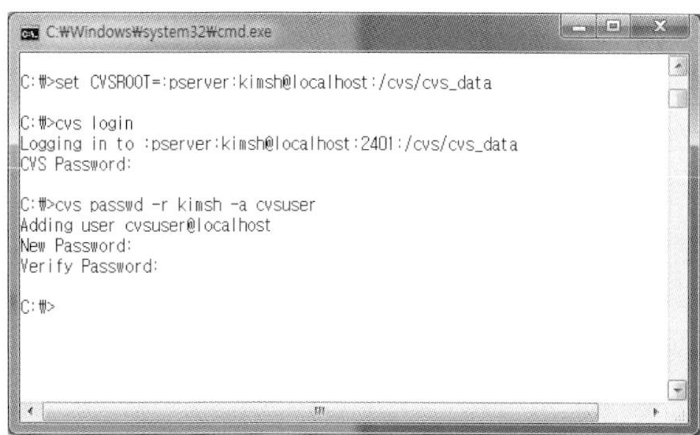

CVS에 대해서 좀더 자세한 환경 설정을 확인해 보고 싶으면 CVS 서버를 내려 받은 사이트의
매뉴얼을 참고하기 바란다. 다음으로 이렇게 설정된 CVS 서버에 프로젝트를 올리고 내려 받는
등의 사용법에 대해서 배우도록 하자.

7.2 CVS 사용법

우리가 익혀야 하는 CVS 사용법은 다음과 같다.

- 프로젝트의 공유와 체크 아웃 : 프로젝트를 CVS 서버에 등록하거나 클라이언드로 복사해 오는 작업이디.

- 파일의 버전 관리 : 업데이트와 커밋(Commit)을 통해 파일을 수정하고 히스토리를 관리하는 작업이다.

- 파일의 동기화 관리 : 업데이트와 커밋 중에 발생하는 충돌을 해결하는 작업이다.

이들 외에도 CVS로 관리할 수 있는 작업이 더 있지만(패치(Patch) 관리, 브랜치(Branch) 관리
등), 이번 라운드에서는 세 가지 작업만 설명하겠다.

▪ 프로젝트의 공유와 체크 아웃 ^{7.2.1}

첫 번째로 프로젝트를 공유하고 체크 아웃하는 작업을 해보도록 하자. 가상의 프로젝트를 하나
만들어서 해보자. 이클립스에서 다음과 같이 Round07 프로젝트를 Dynamic Web Project로
만들자.

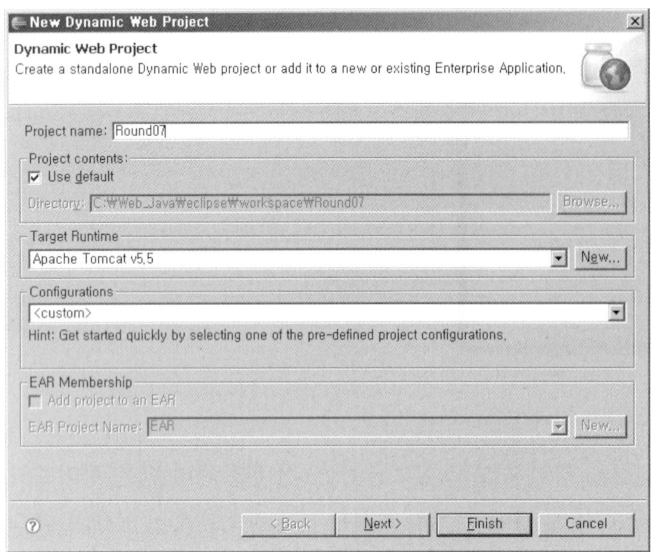

WebContent 폴더에 Round07_001.htm 파일을 하나 만들고, src 폴더에 Round07_002.java 파일을 하나 만들자.

예제 | Round07_001.htm

```html
<html>
    <head>
        <title>CVS TEST</title>
    </head>
    <body>
        CVS를 테스트 합니다.
    </body>
</html>
```

예제 | Round07_002.java

```java
public class Round07_002 {
    public static void main(String[ ] ar) {
        System.out.println("CVS를 테스트 합니다.");
    }
}
```

만든 프로젝트를 공유하기 위해 왼쪽 프로젝트 탐색기에서 **Round07**을 선택하고, 마우스 오른쪽을 클릭하여 바로 가기 메뉴를 띄워서 **[Team]** → [Share Project]를 차례로 선택하자.

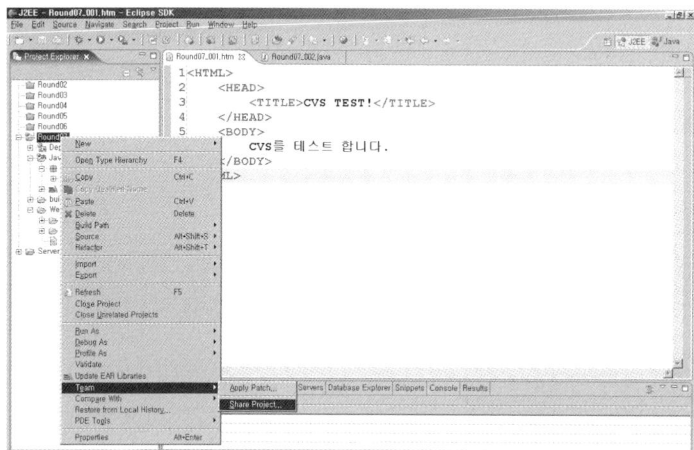

그러면 클라이언트에서 CVS 서버에 연결하기 위한 대화 상자가 다음과 같이 표시된다. 각 필드에 다음의 값들을 입력하고 〈Next〉를 누르자.

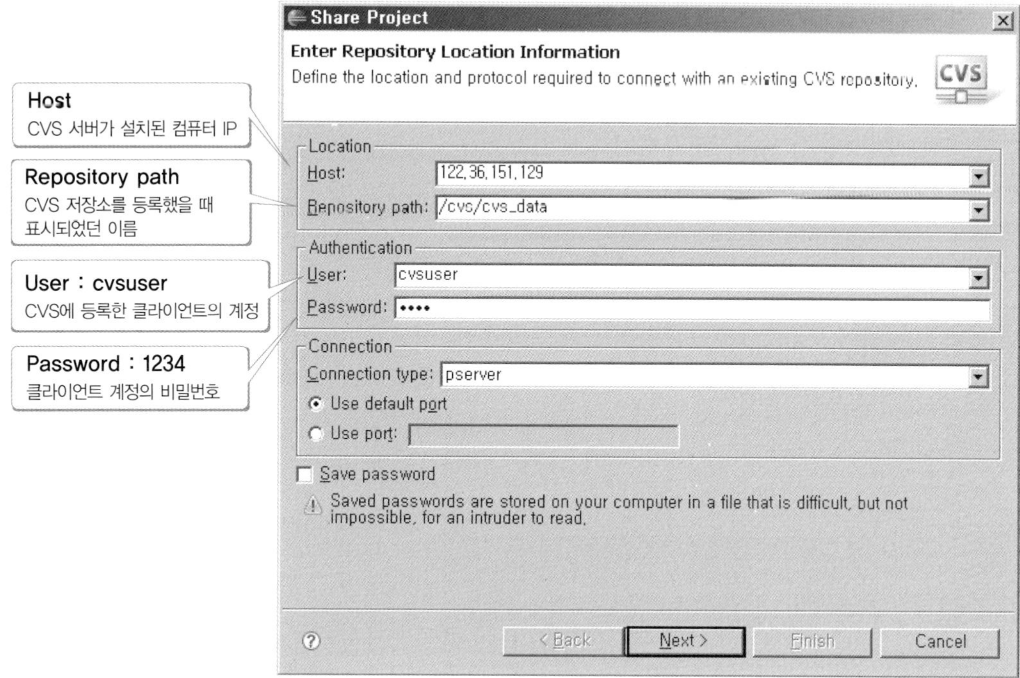

다음은 공유할 프로젝트의 이름(모듈명)을 설정하는 작업인데, 기본적으로 현재 프로젝트와 동일한 이름으로 등록이 된다. 대화 상자에서 두 번째 라디오 단추를 눌러 다른 이름으로 등록하는 것도 가능하고, 세 번째 라디오 단추를 눌러 현재 등록된 이름을 사용하는 것도 가능하다. 기본값으로 설정을 두고 〈Next〉를 누른다.

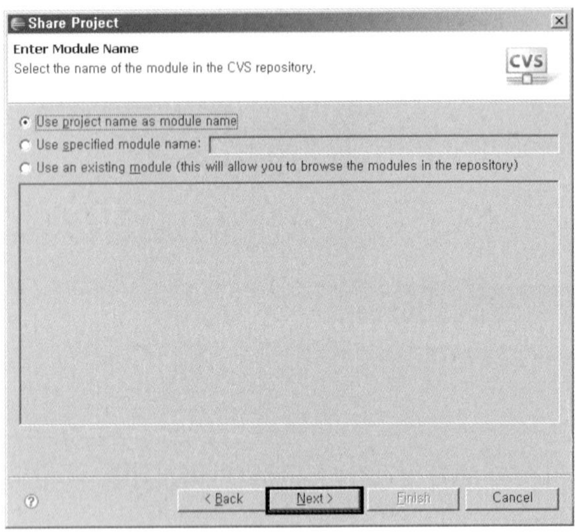

다음 대화 상자에서는 업로드될 파일의 목록이 트리 구조로 보인다. 만약 업로드할 필요가 없는 파일이 보인다면 바로 가기 메뉴를 이용해서 제거할 수 있다. 지금은 파일과 모듈을 모두 업로드할 것이므로 그냥 〈Finish〉를 누르자.

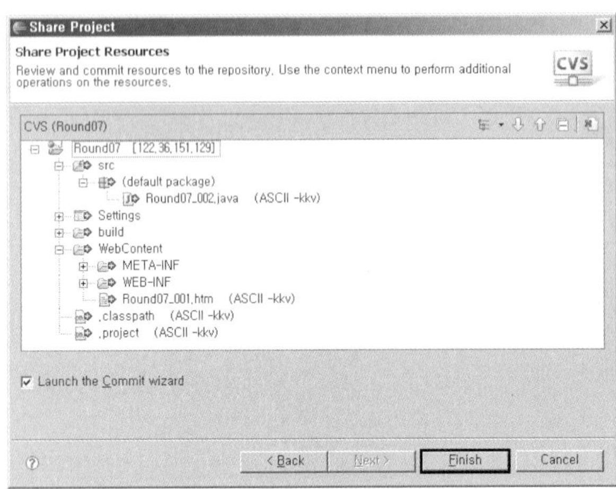

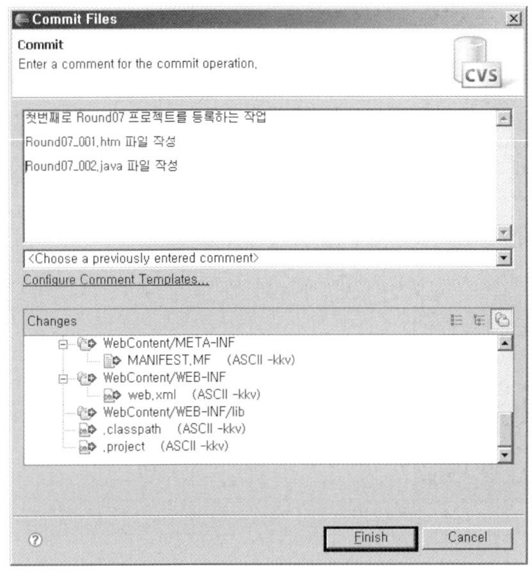

다음은 프로젝트를 등록하면서 주석을 추가하는 대화 상자이다. 나중에 히스토리를 관리하려면 여기서 추가한 내용이 중요한 근거가 된다. 잘 작성해 두기 바란다. 작성을 하고서 〈Finish〉를 누르자.

프로젝트를 공유하기 위해 서버에 파일을 업로드하고 나면 왼쪽 프로젝트 탐색기에서 Round07 프로젝트의 파일 이름에 변화가 생긴다. Round07_001.htm이나 Round07_002.java 파일 뒤에 **1.1**이라는 버전이 표시될 것이다. 이렇게 한번 프로젝트가 공유되면 서버의 원본을 삭제하기 전까지 이 프로젝트는 누구나 계정만 알고 있으면 복사해서 사용할 수 있다.

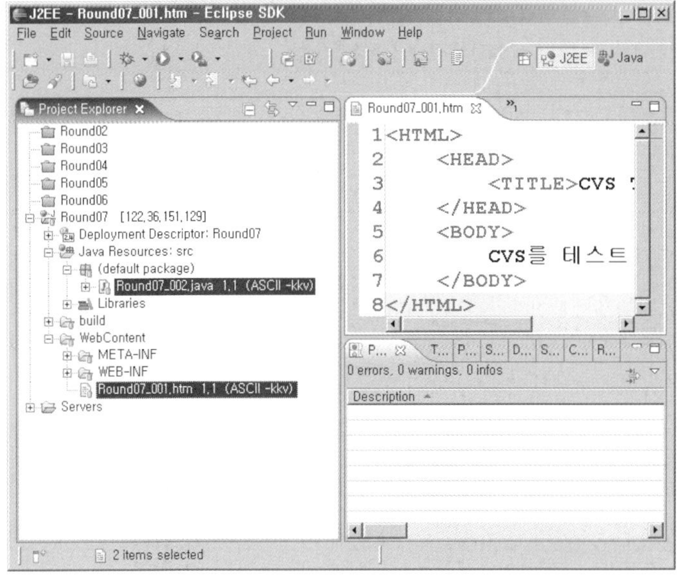

다음으로 서버에 저장된 프로젝트를 복사해 오는 작업을 해보도록 하자. Round07 프로젝트가 이미 서버에 저장되어 있기 때문에 이클립스에서 프로젝트를 삭제해도 무방하다. 왼쪽 프로젝트 탐색기에서 **Round07**을 선택하고, 마우스 오른쪽을 클릭하여 바로 가기 메뉴에서 [Delete]를 선택하자. 그런 다음 대화 상자에서 첫 번째 라디오 단추를 선택하면 삭제된다. 작업 영역 (Workspace)의 파일 전체를 삭제한다는 의미이다.

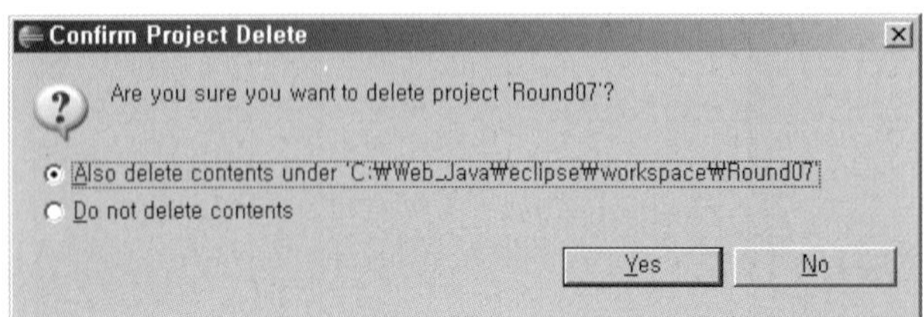

파일을 삭제하였으면 이클립스의 메뉴에서 **[Window]** → [Open Perspective] → [Other]를 선택한 후에 [CVS Repository Exploring]을 선택하고 〈OK〉를 누르자. 이클립스는 CVS 클라이언트를 자동으로 지원하기 때문에 다른 설치는 필요 없다.

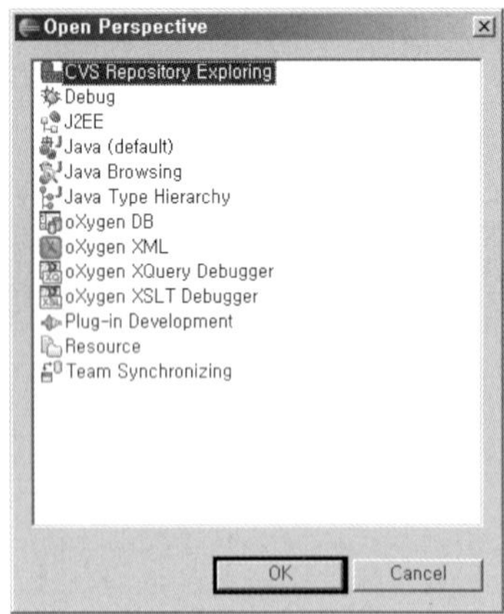

조금 전 서버에 프로젝트를 공유하면서 계정과 비밀번호를 등록했기 때문에 다른 인증 작업은 필요 없다. 다른 컴퓨터의 이클립스에서 지금과 같이 접속하면 앞서 했던 인증 작업을 해야 한다. 왼쪽 프로젝트 탐색기에서 접속된 CVS의 [HEAD]를 확장해 보면 우리가 업로드한 프로젝트가 보일 것이다.

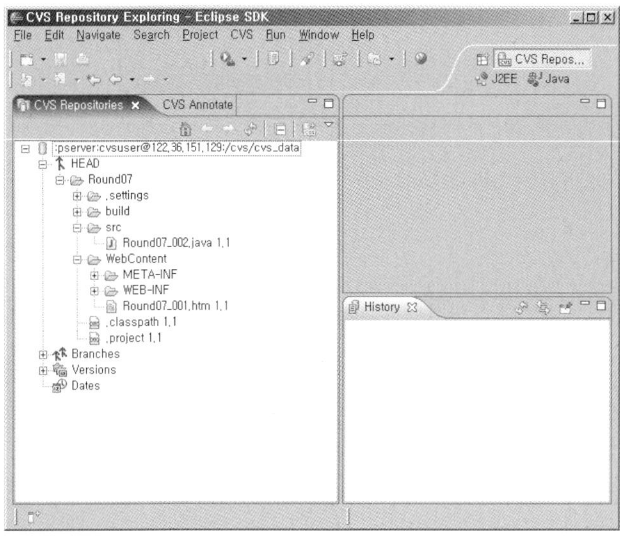

서버에서 프로젝트를 내려 받으려면 원하는 프로젝트를 선택하고, 마우스 오른쪽을 클릭하여 바로 가기 메뉴에서 [Check Out]이나 [Check Out As...]를 선택하면 된다. 프로젝트를 이름 그대로 내려 받기를 원하면 [Check Out] 메뉴를 선택하고, 이름을 바꾸고 싶으면 [Check Out As] 메뉴를 선택하자. 여기서는 [Check Out] 메뉴를 선택하겠다.

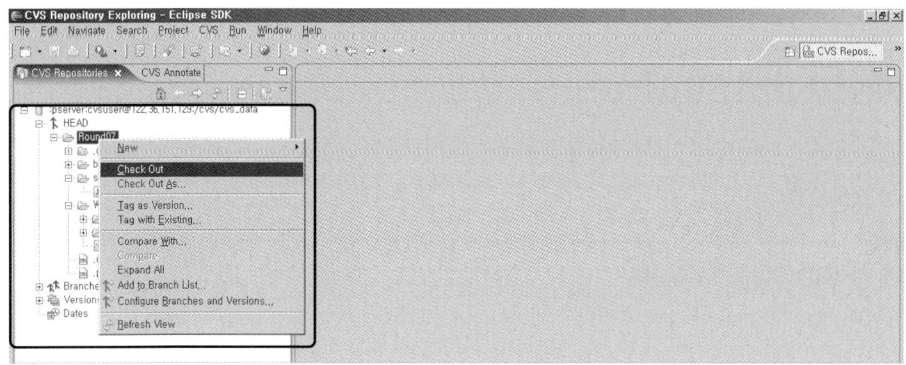

체크 아웃 작업이 완료되면 오른쪽 위 메뉴 중 [J2EE]를 선택해서 프로젝트가 정상적으로 내려 받아 졌는지 확인해 보자.

파일의 버전 관리 ^{7.2.2}

두 번째로 앞서 공유한 프로젝트의 파일에 대해서 버전을 관리해 보도록 하자. 버전 관리란 파일의 히스토리를 관리한다는 것이다. Round07_001.htm 파일의 내용을 다음과 같이 수정하자.

| 예제 | Round07_001.htm |

```html
<html>
    <head>
        <title>CVS TEST!</title>
    </head>
    <body>
        CVS를 테스트 합니다.
        <br/>
        내용을 추가하여 파일을 수정합니다.
    </body>
</html>
```

왼쪽 프로젝트 탐색기에서 **Round07**을 선택하고, 마우스 오른쪽을 클릭하여 바로 가기 메뉴에서 **[Team]** → [Commit]을 차례로 선택하자.

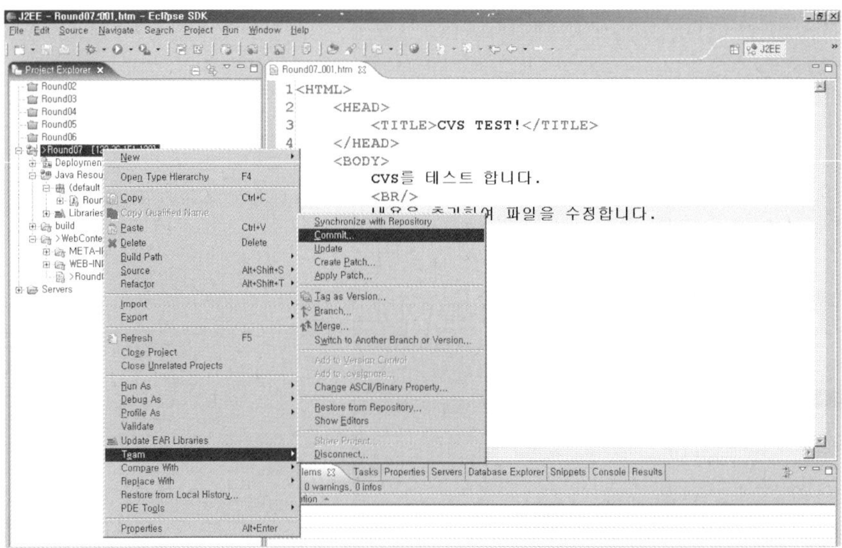

주석을 추가한 다음에 〈Finish〉를 누르자.

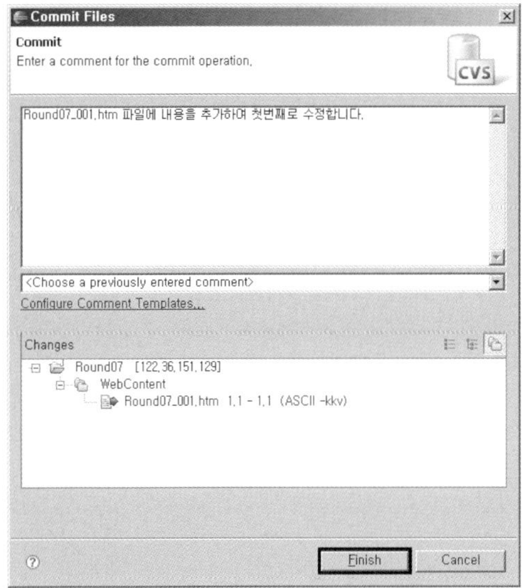

왼쪽 프로젝트 탐색기에서 해당 파일의 버전이 **1.2**로 바뀌었음을 확인하자.

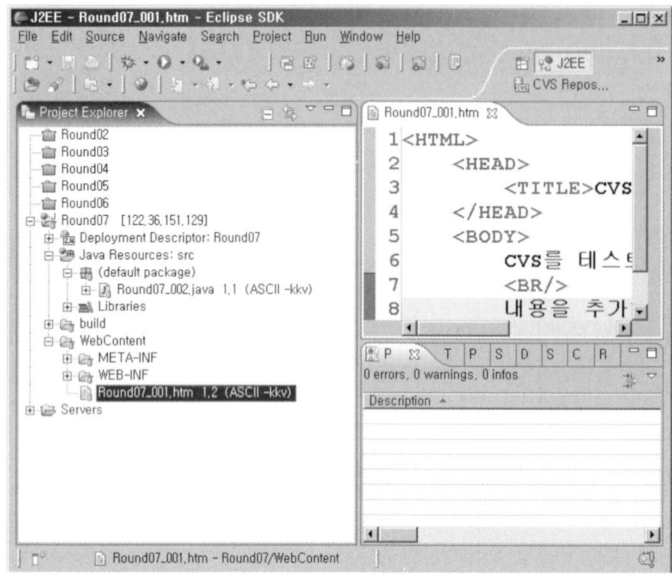

다시 Round07_001.htm 파일을 다음과 같이 수정하자.


```html
<html>
    <head>
        <title>CVS TEST!</title>
    </head>
    <body>
        CVS를 테스트 합니다.
        <br/>
        내용을 추가하여 파일을 수정합니다.
        <br/>
        내용을 한번 더 추가하여 파일을 수정합니다.
    </body>
</html>
```

앞서와 같이 **Round07**을 선택하고, 마우스 오른쪽을 클릭하여 바로 가기 메뉴에서 **[Team]** →
[Commit]을 차례로 선택하자. 왼쪽 프로젝트 탐색기에서 파일이 **1.3**으로 버전이 바뀌었음을 확
인하자.

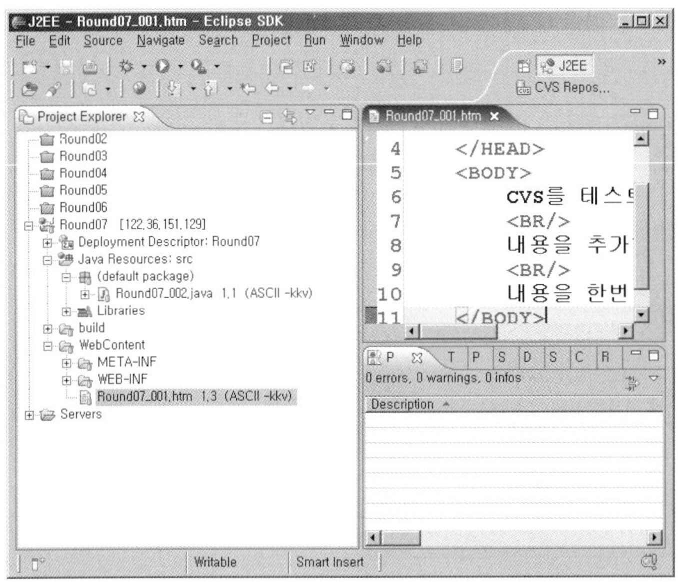

버전별로 파일의 내용을 확인하기 위해 왼쪽 프로젝트 탐색기에서 **Round07_001.htm** 파일을
선택하고, 마우스 오른쪽을 클릭하여 바로 가기 메뉴에서 **[Team]** → [Show History]를 차례로
선택하자.

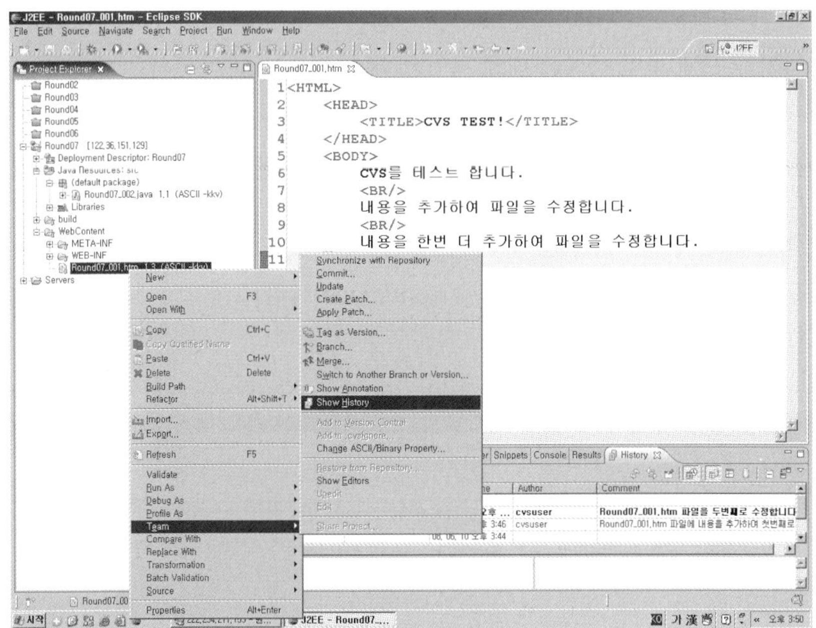

만약 이전 버전의 내용을 보고 싶으면 다음과 같이 오른쪽 아래 패널의 [History] 탭에서 해당 버전을 더블 클릭하여 화면에 나타내면 된다. 필요하면 현재 버전의 내용을 수정할 수도 있다. 물론 내용을 수정하고 저장하면 파일은 다시 **1.4** 버전으로 바뀔 것이다.

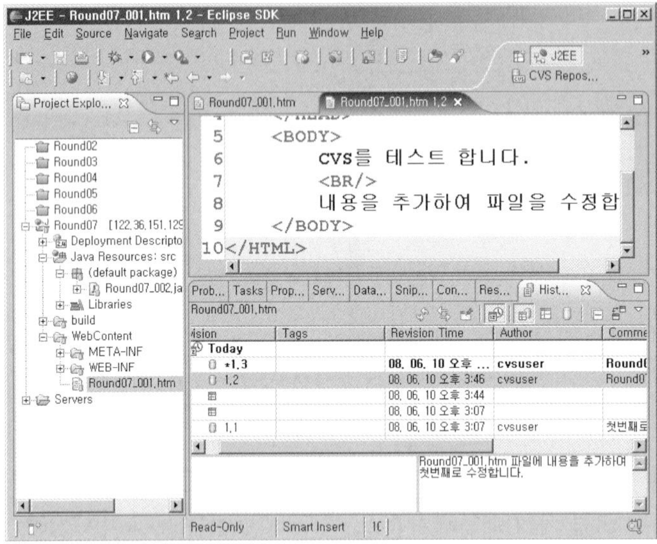

▪ 파일의 동기화 관리 ^{7.2.3}

세 번째는 여러 개발자가 동시에 파일 하나에 대해 작업할 때 고려해야 하는 동기화 관리에 대한 내용이다. 일단 이클립스는 작업 영역 하나에 작업 창을 하나만 띄울 수 있다. 때문에 다른 폴더를 가상으로 하나 잡아서 작업해야 할 것이다. 새로운 창을 다른 사용자라고 가정하자.

이클립스를 하나 더 실행하면 다음과 같은 에러가 보이면서 다른 작업 영역을 선택할 수 있는 대화 상자가 표시된다. 여기에서 [Workspace] 필드에 **workspace1**이라고 적고 〈OK〉를 누르면 이클립스가 하나 더 실행된다.

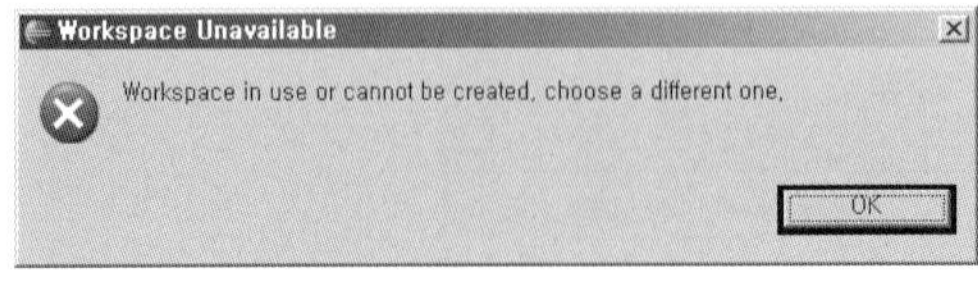

새로 실행된 이클립스의 메뉴에서 [Window] → [Open Perspective] → [Other]를 선택한 다음
에 대화 상자에서 [CVS Repository Exploring]을 선택하고 〈OK〉를 누르자.

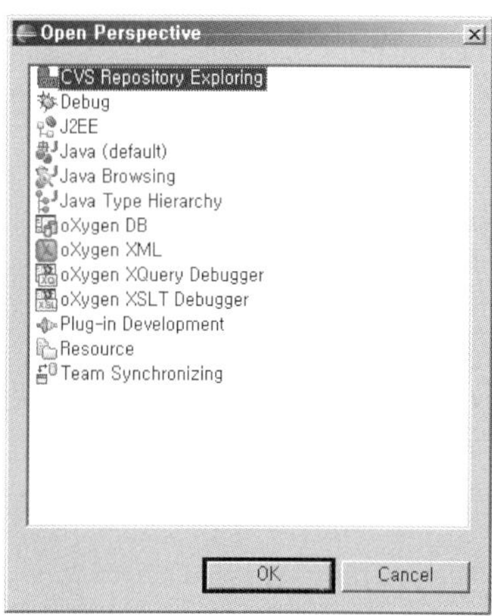

새로 실행된 이클립스에서 왼쪽 프로젝트 탐색기의 [CVS Repository] 영역에는 처음 이클립스
와는 달리 아무런 내용도 표시되지 않을 것이다. 여기서 마우스 오른쪽을 클릭하여 바로 가기
메뉴에서 [New] → [Repository Location...]을 차례로 선택하자.

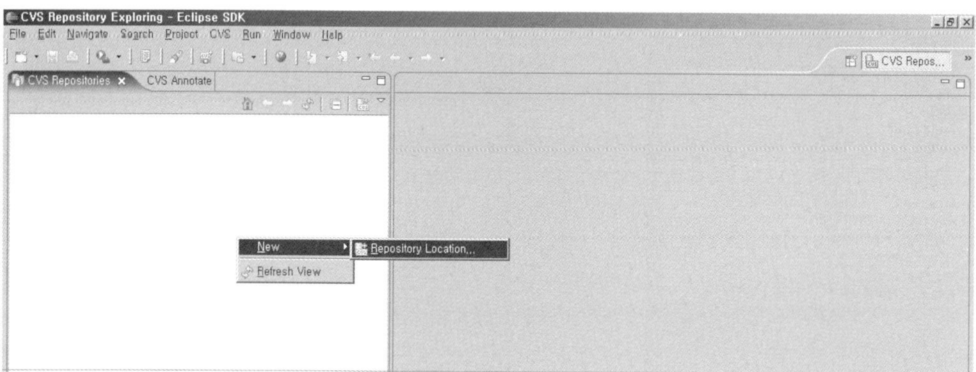

앞서 클라이언트에서 CVS 서버에 연결하기 위한 대화 상자에서 입력했던 것과 마찬가지로 각
필드에 값을 입력하자. 그러고 나서 〈Finish〉를 누르면 CVS 서버에 연결될 것이다. 이미
Round07_001.htm 파일은 **1.3**까지 버전이 올라가 있음을 확인할 수 있다.

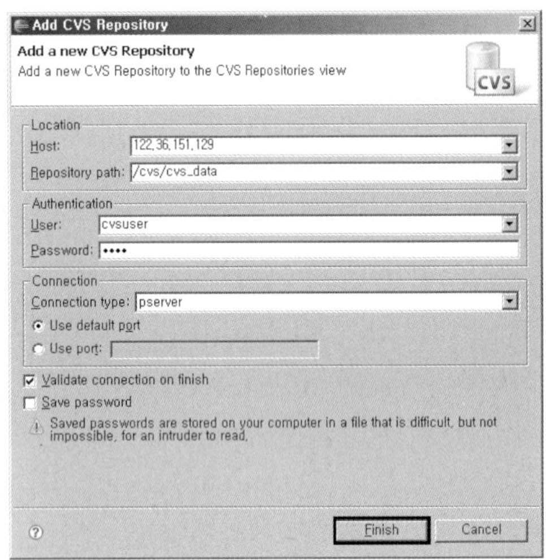

이 사용자 역시 동일한 프로젝트를 체크 아웃할 것이다. 체크 아웃은 앞에서 설명한 그대로 진행하면 된다. 이때 처음 웹 프로젝트가 만들어지는 것이기 때문에 라이센스에 동의하는 화면이 출력될 수 있다. 동의를 하면 된다.

체크 아웃 작업이 완료되면 이클립스의 메뉴에서 **[Window]** → [Open Perspective] → [Other]를 차례로 선택하자. 그런 다음 대화 상자에서 [J2EE]를 선택하여 실행하자.

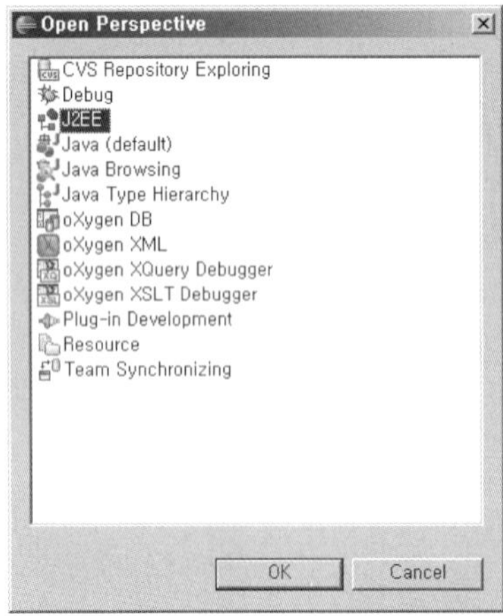

다음과 같이 내려 받아진 프로젝트가 보일 것이다.

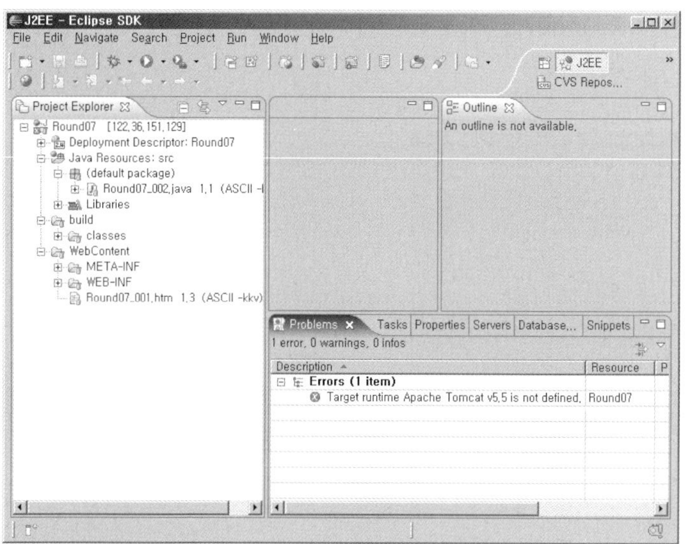

만약 톰캣의 설정 때문에 에러가 발생하면 이클립스의 메뉴에서 [**Window**] → [Preferences]를
선택하고서 왼쪽 패널의 트리에서 [**Server**] → [Installed Runtimes]를 선택하여 톰캣을 등록
해야 한다. **라운드 2**에서 이클립스와 서버를 연결하기 위해 톰캣을 등록할 때 진행했던 작업과
동일하다. 〈Add〉를 눌러 톰캣을 등록하면 된다.

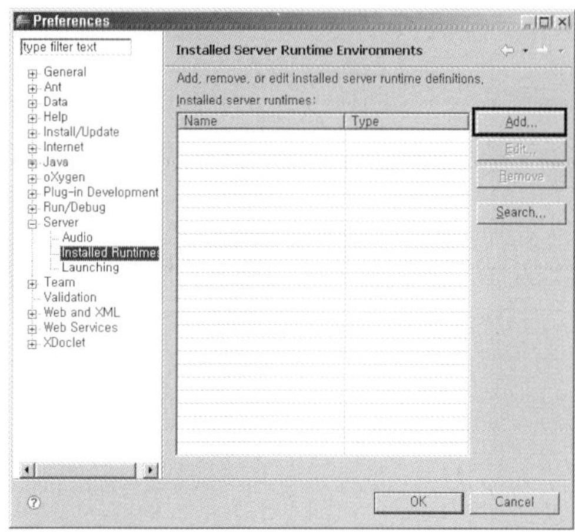

〈Add〉를 누른다.

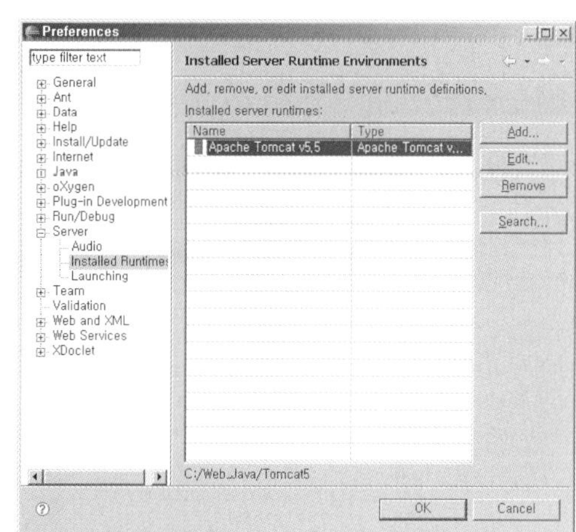

새롭게 등록된 톰캣이 있다.

다음으로 왼쪽 프로젝트 탐색기에서 **Round07**을 선택하고, 마우스 오른쪽을 클릭하여 바로 가기 메뉴에서 맨 아래 [Properties]를 선택하자.

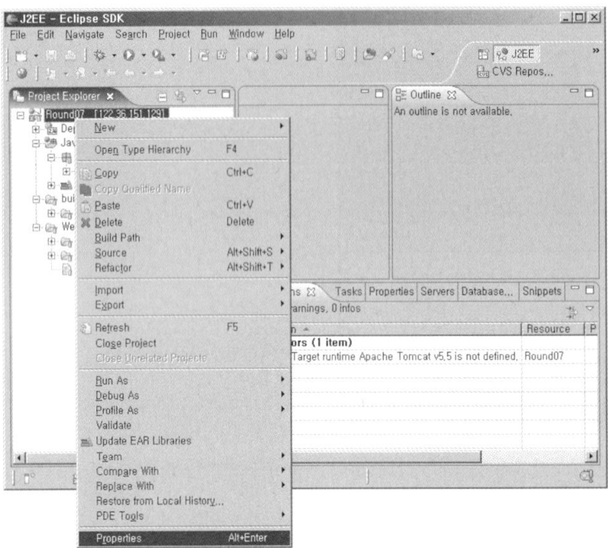

다음 대화 상자에서 왼쪽 패널의 [Java Build Path]를 선택하고 오른쪽 세 번째 [Libraries] 탭으로 이동하자. 톰캣이 언바운드(Unbound)되어 있으면 선택하고서 오른쪽의 〈Remove〉를 눌러서 삭제하자. 그런 다음 〈Add Library〉를 눌러 다시 톰캣을 등록해야 한다.

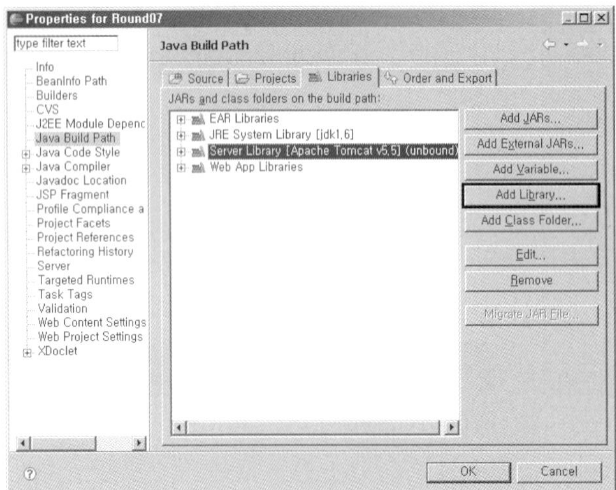

다음 대화 상자에서 [Server Runtime]을 선택하고 〈Next〉를 누르자.

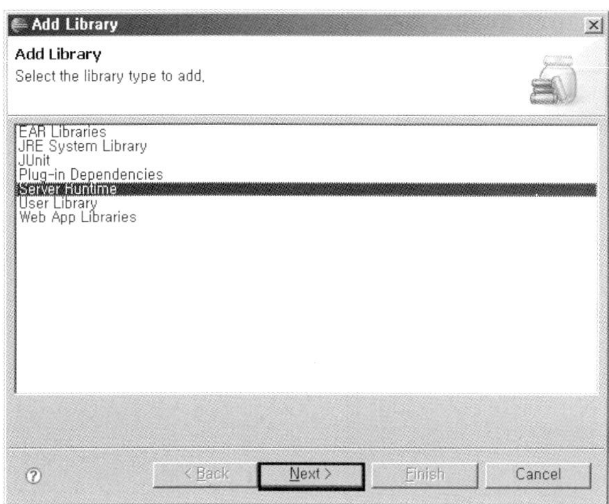

그러면 다음과 같이 톰캣이 새로 등록될 것이다. 〈Finish〉를 누르자.

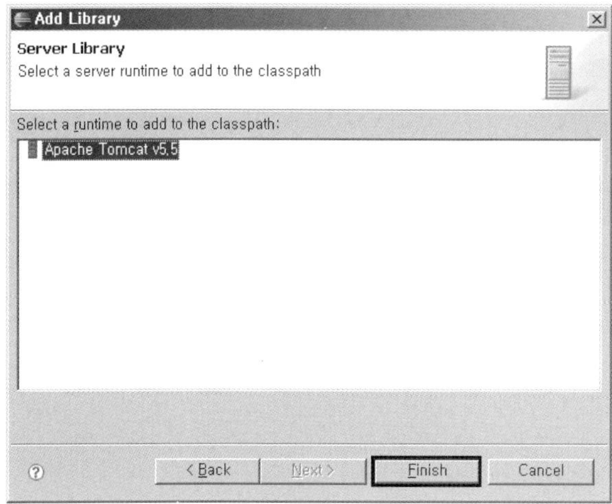

앞 화면에서와 다르게 톰캣이 언바운되어 있지 않다.

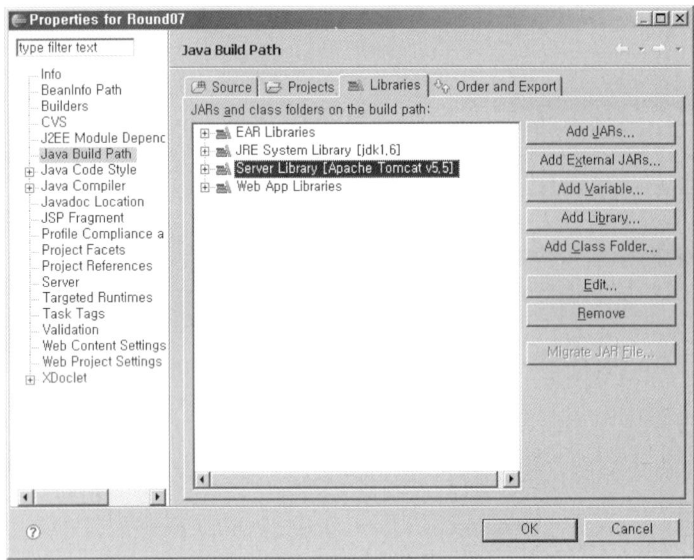

여하튼 힘들게 여기까지 작업을 했으면 파일의 동기화 관리를 해보도록 하자. 이 사용자에게 현재 **Round07_001.htm** 파일의 버전은 1.3이고, 앞서 우리가 작업하던 이클립스에서의 버전도 1.3이다. 그러면 여기서 이 사용자가 **Round07_001.htm** 파일의 내용을 수정하고 커밋(Commit)을 해보도록 하자.

예제 | Round07_001.htm

```
<html>
    <head>
        <title>CVS TEST!</title>
    </head>
    <body>
        CVS를 테스트 합니다.
        <br/>
        내용을 추가하여 파일을 수정합니다.
        <br/>
        내용을 한번 더 추가하여 파일을 수정합니다.
        <br/>
        새로운 유저가 내용을 추가 합니다.
    </body>
</html>
```

이렇게 하면 이 사용자의 버전은 **1.4**로 바뀔 것이다.

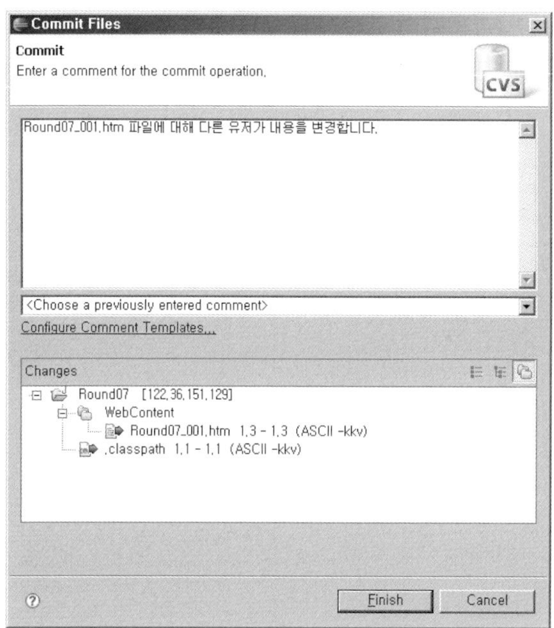

이런 경우 앞서의 처음 프로젝트를 올린 사용자는 여전히 1.3 버전일 것인데, 처음 사용자가 파일의 내용을 다음과 같이 수정하고서 커밋을 진행하면 어떻게 될까?

예제 | Round07_001.htm

```html
<html>
    <head>
        <title>CVS TEST!</title>
    </head>
    <body>
        CVS를 테스트 합니다.
        <br/>
        내용을 추가하여 파일을 수정합니다.
        <br/>
        내용을 한번 더 추가하여 파일을 수정합니다.
        <br/>
        처음 유저가 또다시 파일을 변경하여 수정을 진행합니다.
    </body>
</html>
```

이와 같이 이미 다른 사용자에 의해 파일의 내용이 수정되어 버린 경우라면 커밋 중에 충돌이
발생하며 에러가 생긴다.

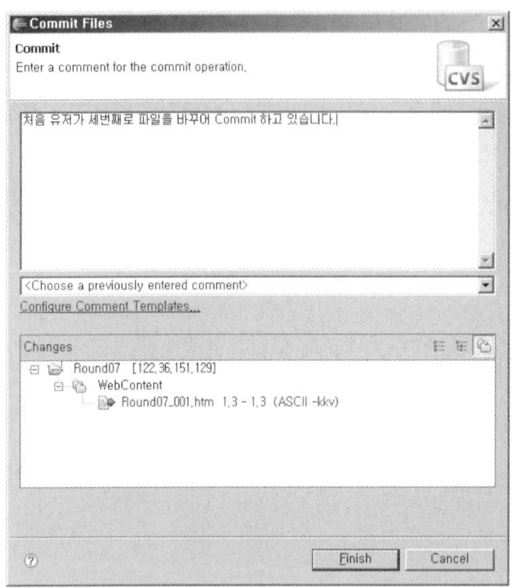
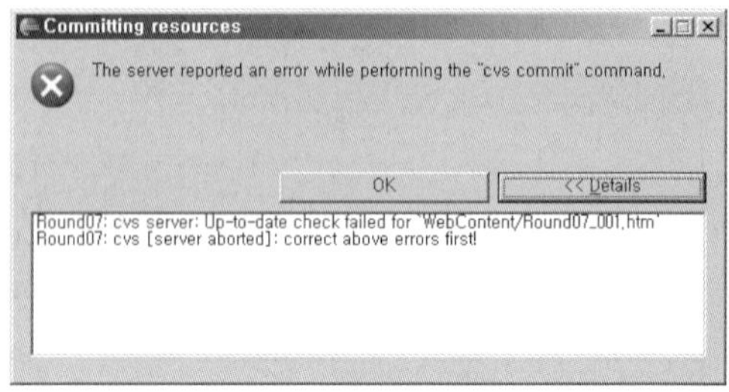

이런 경우에는 다른 사용자가 올린 내용을 자신이 업데이트하여 가져와서 다시 작업하든지 아
니면 다른 사용자가 올린 내용과 자신이 올릴 내용을 비교하여 적절히 수정하고서 강제로 커밋
을 해야 한다. 이 작업을 하려면 왼쪽 프로젝트 탐색기에서 **Round07**을 선택하고, 마우스 오른
쪽을 클릭하여 바로 가기 메뉴에서 **[Team]** → [Synchronize with Repository]를 차례로 선택
해야 한다.

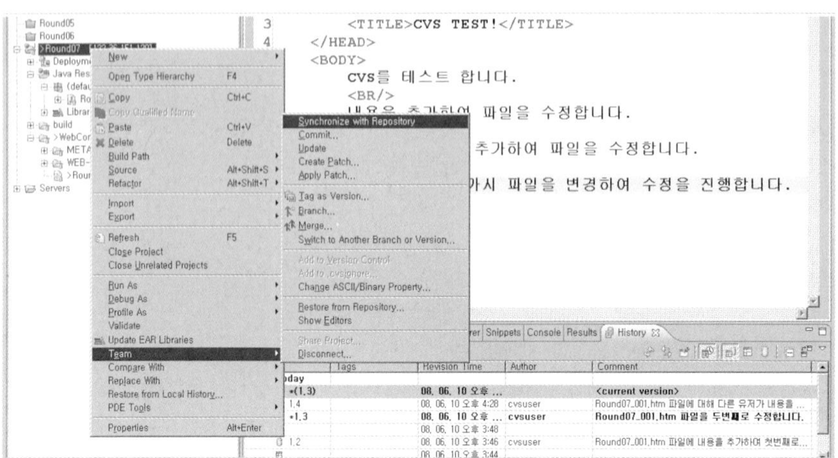

화면 구성(Perspective)을 변경한다는 경고 창이 뜨면 〈Yes〉를 누르면 된다. 업데이트는 자신이 작업하기 전에 서버의 내용을 가져올 용도로 많이 사용하는 것이고, 이미 자신이 파일을 수정한 후라면 업데이트보다 동기화를 통해 충돌을 해결하는 것이 효율적이다.

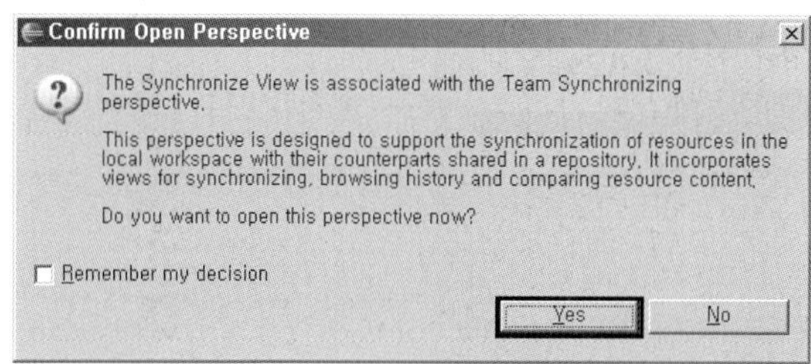

화면에서 충돌이 생긴 파일들은 양쪽 화살표 모양 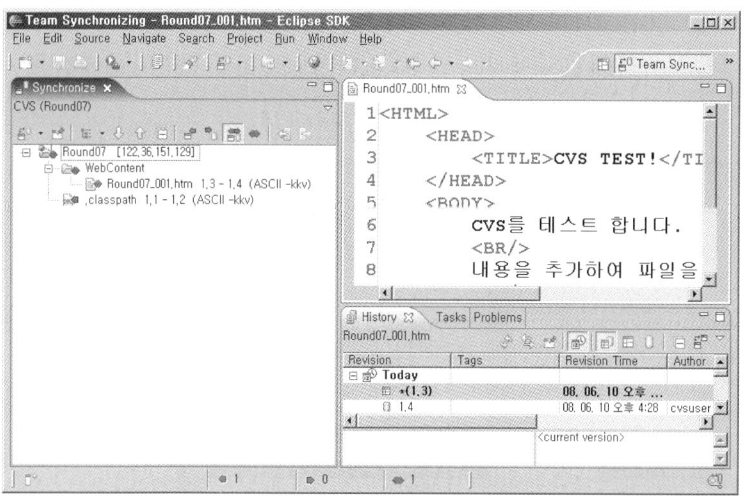 의 빨간색 아이콘이 표시된다. 이 아이콘을 더블 클릭하면 화면이 둘로 나누어진다.

다음과 같이 둘로 나누어진 화면에 현재 서버에 올려져 있는 내용과 자신의 파일 내용이 모두 표시된다. 둘 사이에 차이가 있는(빨간색 선으로 둘러싸인) 부분을 보면서 자신의 파일을 적절히 수정하면 된다.

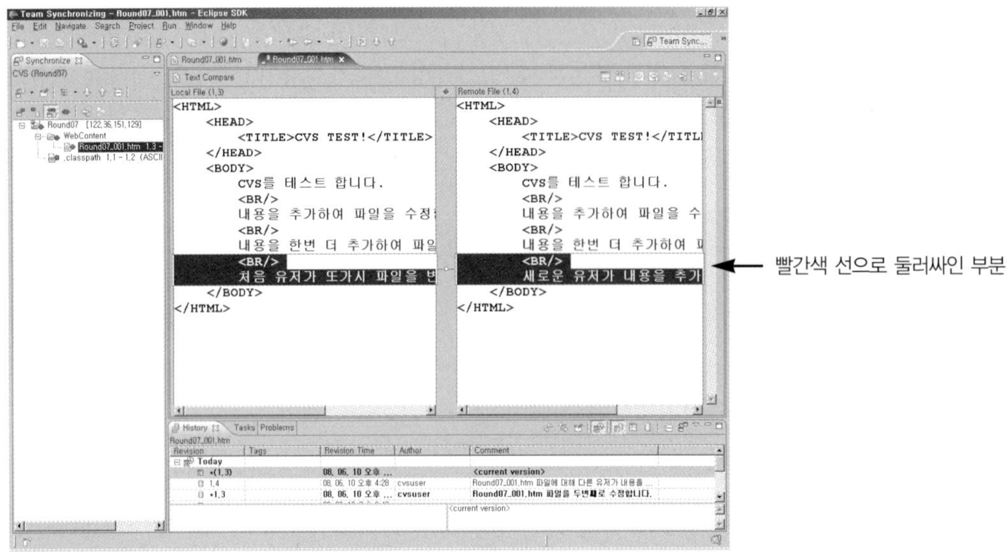

자신의 파일을 수정했으면 이제 강제로 커밋을 한다. 왼쪽 프로젝트 탐색기에서 충돌이 생긴 파일인 Round07_001.htm을 선택하고, 마우스 오른쪽을 클릭하여 바로 가기 메뉴에서 [Mark as Merged]를 선택하자. 그러면 서버의 파일 내용과 동일한 **1.4** 버전으로 파일 버전이 올라간다.

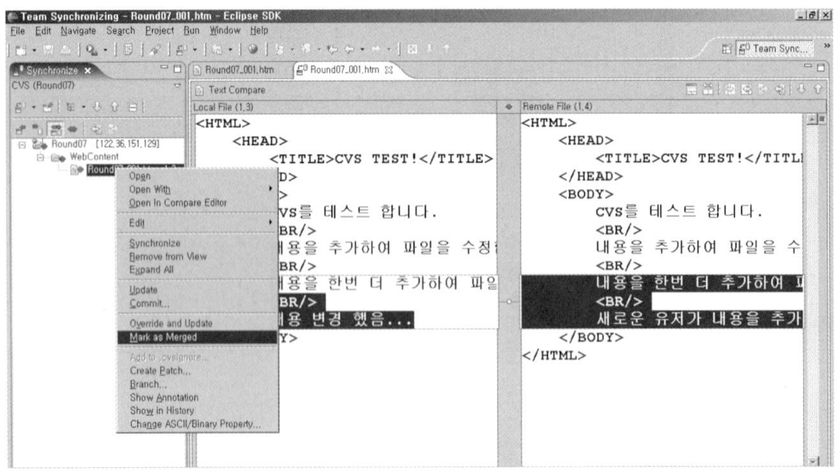

이렇게 버전이 맞춰지면 다시 해당 파일에서 마우스 오른쪽을 클릭하여 커밋을 진행하면 된다.

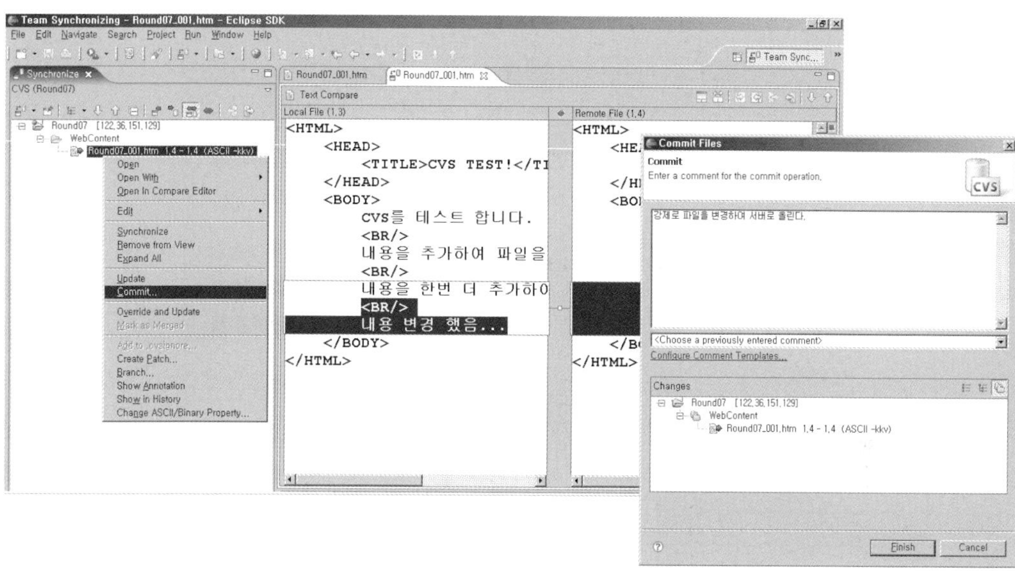

그런 다음 오른쪽 위 메뉴 중 [J2EE]를 선택하여 확인해 보면 파일이 **1.5** 버전으로 올라간 것을
확인할 수 있다.

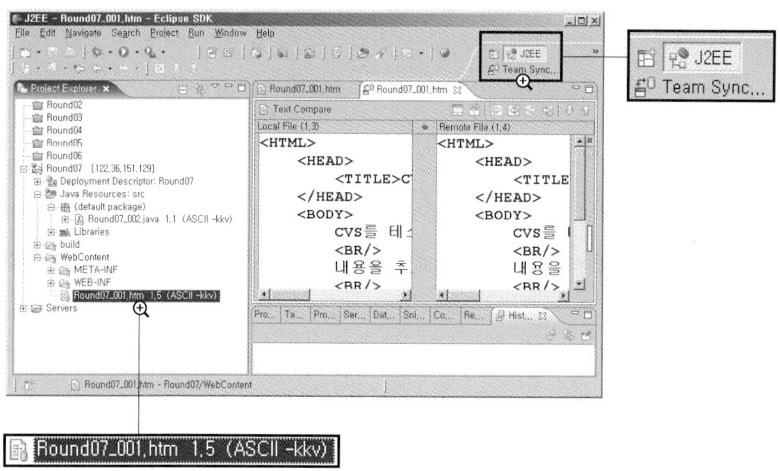

두 번째 이클립스에서 동기화하고 싶으면 두 번째 이클립스의 왼쪽 프로젝트 탐색기에서
Round07을 선택하고, 마우스 오른쪽으로 클릭하여 바로 가기 메뉴에서 [Update]를 선택하면
1.5 버전으로 업데이트된다.

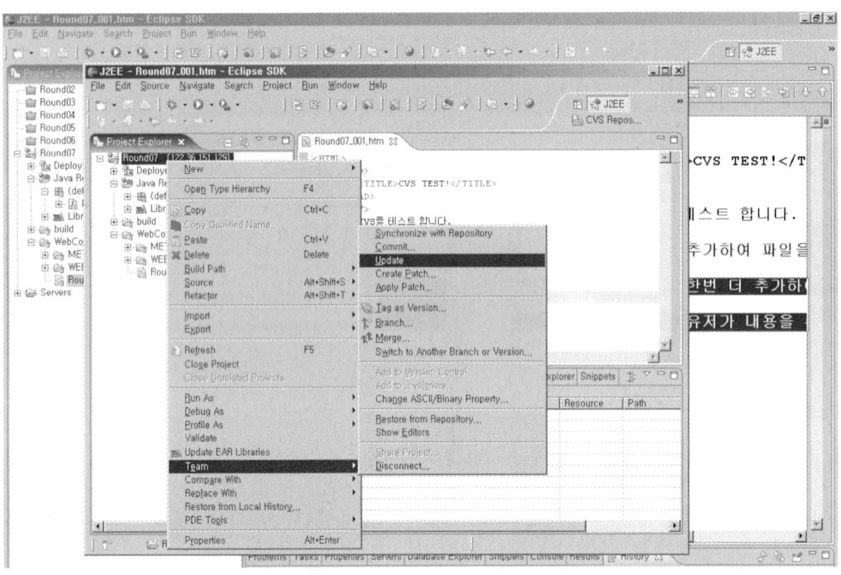

마무리 하면서

CVS 서버에 원본 소스가 저장되면, 그 순간부터 접속하는 모든 클라이언트는 원본 소스에 대한 복사본을 가지고 작업하게 된다. 그리고 파일을 다시 서버로 저장할 때 원본과의 차이에 대한 충돌을 해결함으로써 프로젝트 전체를 관리하게 된다. CVS를 처음 접하는 입장에서는 어떤 편의성이 있는지 제대로 인식하지 못할 수도 있다. 그러나 실무 프로젝트에 꼭 필요한 것이다. 지금 당장 필요성을 느끼지 못하더라도 간단한 사용법 정도는 익혀 두기 바란다.

제 8 장

빌드 자동화와 Ant

▌이번 라운드에서는 Ant라는 빌드 도구에 대해서 배운다. Part 2와 Part 3의 예제를 실행하는 데에도 도움이 되지만 실무에서는 일상적으로 사용한다. Ant를 몰라도 서블릿이나 JSP를 배우는 데는 문제가 없다. 하지만, 웹 프로그램을 배우는 독자라면 적어도 사용법은 익혀 두는 것이 바람직하다.

Round 08

8.1 Ant 환경 설정과 매뉴얼   **8.2** Ant의 기본 구문과 실행 방법   **8.3** Ant 활용

목표

· Ant 환경 설정에 대하여 안다.

· Ant의 기본 구문을 작성할 수 있다.

· Ant의 명령어들을 사용할 수 있다.

활용

Ant

웹 프로그램을 개발하면서 파일의 배치나 컴파일 등의 작업이 필요한 경우, Ant로 빌드하면 해당 작업들이 좀더 손쉽고 편해진다. 예를 들어 서블릿이나 JSP 파일의 배치라든지 EJB 프로젝트 파일의 압축 등 한두 번의 작업만으로는 불가능한 작업들이 클릭 한 번이나 명령어 한 줄로 가능해진다.

 들어가기 전에

Ant는 아파치 그룹의 프로젝트로 자바 기반의 빌드(Build) 도구이다. 여기서 빌드란 어떤 것을 만들거나 생산해 내는 작업을 의미한다. 예를 들어 A.java 파일을 컴파일하여 A.class 파일로 만드는 작업도 빌드일 수 있고, C:\work\A.java 파일을 C:\abcd 폴더로 복사하는 작업도 빌드일 수 있다. 결론적으로 빌드란 컴퓨터에서 발생하는 모든 동작이나 행위라고 생각하면 된다.

이런 빌드 도구는 왜 있는 것일까? 예를 들어 C:\work 폴더에 A.java 파일이 있는데, 이 파일을 컴파일하여 A.class 파일을 만든 다음, C:\abcd 폴더로 옮기려면 대략 여덟 단계의 작업을 거쳐야 한다. 컴퓨터가 손에 익은 사람이라도 반복하다 보면 짜증나지 않을까? 그런데 마우스 클릭 한 번이나 명령어 한 줄로 가능하다면 어느 방식을 선택하겠는가? 다양한 빌드 작업을 해주는 빌드 도구가 있는 이유이다.

그러면 왜 make, gnumake, nmake, jam 등과 같이 전부터 사용하던 빌드 도구를 사용하지 않고 Ant를 새로 배우려는 것일까? 자바가 플랫폼에 독립적인 특징이 있는데 반해 앞의 빌드 도구들은 플랫폼에 종속적이기 때문이다. 즉, make는 쉘(Shell) 기반에서만 실행된다든지 하는 문제가 있다. Ant는 자바 기반의 프로그램이기 때문에 다양한 플랫폼에서 실행된다. 이것 때문에 Ant를 배우려는 것이다.

8.1 Ant 환경 설정과 매뉴얼

Ant는 아파치 그룹의 프로젝트로 개발되었기 때문에 http://ant.apache.org 사이트에 접속하여 관련 프로그램과 함께 매뉴얼을 내려 받을 수 있다. 그런데 공교롭게도 이클립스 웹 버전인 Eclipse IDE for Java EE Developers에는 Ant 프로그램이 포함되어 있다. 따라서 환경을 설정하거나 프로그램을 설치하지 않아도 Ant를 사용할 수 있다. 단, 어떤 설정도 바꾸지 않고 사용하려면 파일 이름을 build.xml로 맞추어야 한다.

Ant도 하나의 프로그램이기 때문에 사용법을 익히는 것이 중요하다. 그런데 책도 없이 배우기에는 조금 힘이 든다. 다행스럽게도 Ant 프로젝트 사이트에서는 매뉴얼을 제공하고 있다.

먼저 http://ant.apache.org 사이트에 접속해 보자. 그런 다음 화면 왼쪽의 [Documentation] 영역 바로 아래에 있는 [Manual] 링크를 클릭하자.

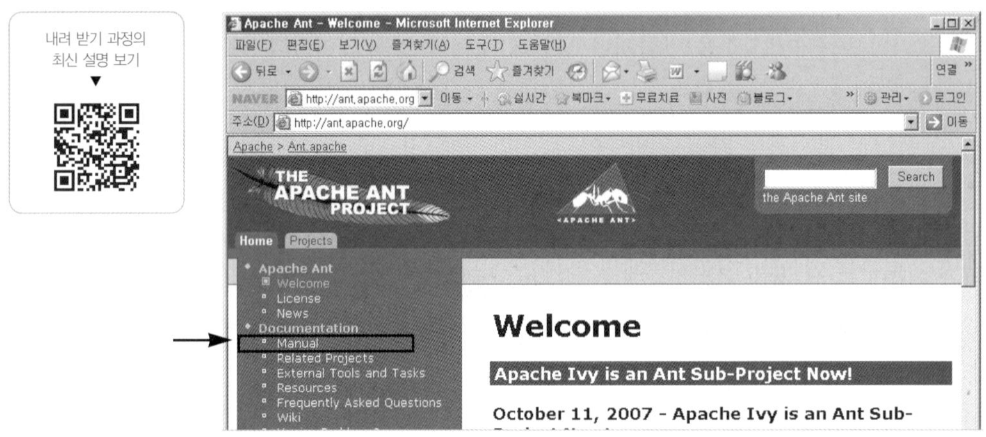

그러면 다음과 같이 Ant 매뉴얼이 보일 것이다. 이클립스에 설치되어 있는 Ant는 버전이 좀 낮지만 대부분은 호환이 되므로 그냥 사용해도 관계없다. 화면 왼쪽에서 [Ant Tasks] 링크를 클릭하자.

다음으로 화면 왼쪽의 [Core Tasks]나 [List of Tasks] 링크를 클릭하면 우리가 사용할 몇 가지 명령어들을 볼 수 있다.

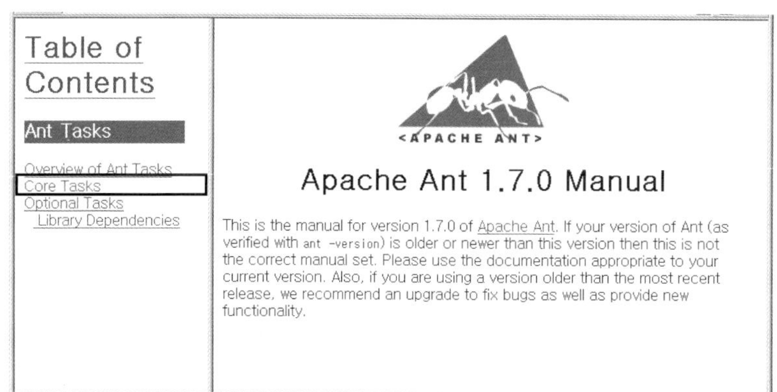

화면 왼쪽의 목록에서 [Copy] 링크를 클릭하면 사용 방법과 관련 내용이 화면 가운데 표시된다. 여기서는 Copy 명령어를 예로 든 것이다.

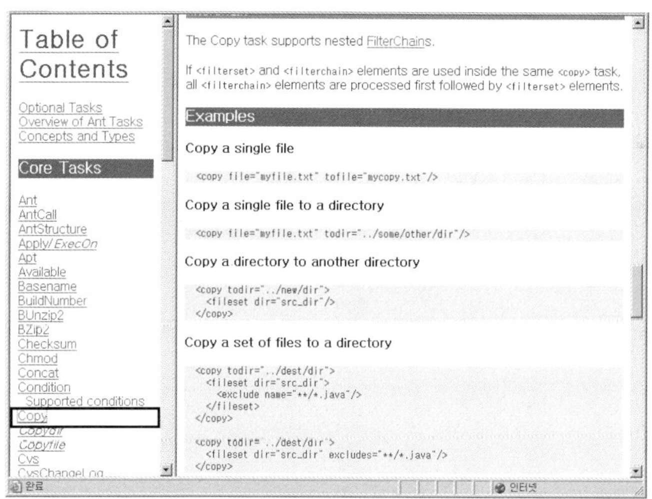

Ant를 배우면서 명령어를 익히는 것은 무엇보다 중요하다. 그런데 이 매뉴얼에 명령어에 대한 사용법이 있다. 자바의 Documentation API와 유사한 역할을 한다고 하겠다. 이어지는 절들에서 Ant의 기본 구문을 설명하고 명령어 몇 가지를 사용해 볼 것이다. 다른 명령어에 대한 내용은 매뉴얼을 확인하면서 배우기 바란다.

8.2 Ant의 기본 구문과 실행 방법

Ant는 모든 구문이 태그로 이루어져 있다. XML로 만들어진 프로그램이라는 의미이다. 앞에서 XML을 배웠기 때문에 태그가 낯설지는 않을 것이다. Ant는 기본 파일 이름으로 build를 사용한다. 따라서 파일을 만들 때 build.xml으로 이름을 지으면 이클립스는 자동적으로 Ant 파일로 인식한다.

Ant는 기본적으로 ⟨project⟩라는 태그로 프로젝트를 구분하고, 이 태그는 ⟨target⟩ 태그를 하나 이상 가진다. 모든 작업(Task)은 ⟨target⟩ 태그 내에서 이루어진다. 실제로 ⟨project⟩ 태그는 build.xml 파일에서 루트 태그 역할을 하기 때문에 한 번밖에 사용하지 못한다.

여기서 주의할 점이 있다. HTML에서는 태그의 대소문자를 굳이 구별하지 않고 사용하지만 Ant는 XML 기반이기 때문에 대소문자를 철저히 구별한다. 따라서 태그의 이름은 ⟨TASK⟩ 태그와 같이 특별한 경우를 제외하고는 소문자로 적어야 정상적으로 실행된다.

| ⟨project⟩ 태그

```
<project name="프로젝트이름" default="기본실행 target 태그이름" basedir="기본경로">
    <description />
    <property .../>
    <target ...>
        <TASK .../>
    </target>
</project>
```

표 ⟨project⟩ 태그의 속성

속성	설명
name	프로젝트를 구분해 주는 이름이다.
default	⟨target⟩ 태그들 중 어떤 것이 기본값인지를 지정한다.
basedir	build.xml 파일에서 사용하는 모든 경로의 기본 경로이다.

예를 들어 basedir 속성을 C:\work로 지정하고 ${basedir}\A.java라는 형식으로 사용하면,

C:\work\A.java라는 의미가 된다. 참고적으로 Ant에서 지정한 변수를 가져올 때는

```
${ 변수이름 }
```

라는 형식으로 사용한다. basedir 속성을 지정할 때 많이 사용하는 '.'이 있는데, 이것은 build.xml 파일이 있는 현재 경로를 나타낸다. 참고로 〈description〉 태그는 build.xml 파일에 대한 설명을 적는 부분이다. 이렇게 말고 다르게 주석 처리를 하고 싶다면 HTML 주석처럼 '〈!-- ~ --〉'를 사용해야 한다.

다음은 〈project〉 태그를 사용한 예이다.

```xml
<project name="Round08" default="init" basedir=".">
    <description> build.xml 사용 예시!! </description>
    <target name="init"> ... </target>
</project>
```

다음으로 〈project〉 태그 내에서 변수처럼 값을 지정하는 〈property〉 태그에 대해서 살펴보자. 〈property〉 태그는 기본적으로 사용자가 지정해서 사용해야 하지만, Ant에는 이미 값이 지정되어 있는 내장 〈property〉 태그도 있다. basedir 속성도 엄밀하게 말하면 내장 〈property〉 태그라고 하겠다. 단지 값만 우리가 지정하는 것뿐이다.

다음은 내장 〈property〉 태그의 예들이다.

- ant.file : build.xml 파일의 절대 경로

- ant.version : Ant의 버전 정보

- ant.project.name : 현재 실행 중인 Ant의 프로젝트 이름

- ant.java.version : 현재 Ant를 실행해 주는 JVM의 버전

Ant가 기본적으로 제공하는 변수 이외에는 사용자가 직접 지정해야 한다. 〈property〉 태그의 선언은 다음과 같이 한다.

- 〈property name="변수이름" value="값"/〉

- ⟨property name="변수이름" location="경로"/⟩

- ⟨property file="파일이름"/⟩

- ⟨property resource="property 파일이름"/⟩

- ⟨property url="웹경로와_웹경로_파일"/⟩

여기 다룬 것들 외에도 속성이 더 있지만 일반적으로 이 정도만 사용한다. ⟨property⟩ 태그가 지정하는 변수는 특정 경로이거나 파일 이름인 경우가 대부분이다. 변수 이름으로는 특수 문자인 '.'도 사용할 수 있다. 앞서 설명한 것처럼 이렇게 지정한 변수는 '${'와 '}' 사이에 변수 이름을 적어 사용할 수 있다.

다음은 ⟨property⟩ 태그를 사용한 예들이다.

- ⟨property name="ext" value="jre\lib\ext"/⟩ ────────── jar\lib\ext라는 이름을 대신해서 ${ ext }를 사용한다.

- ⟨property name="jar.path" location="C:\Web_Java\jdk1.6\${ ext }"/⟩ ── 자바에서 JAR 파일이 있는 위치를 ${ jar.path }로 지정한다.

- ⟨property file="${ jar.path }\sub.properties"/⟩

- ⟨property resource="${ jar.path }\sub.properties"/⟩

- ⟨property url="http://122.36.151.129:8080/Round08/sub.properties"/⟩ ── sub.properties 파일을 현재 위치로 읽어 온다.

이렇게 지정한 ⟨property⟩ 태그들은 ⟨target⟩ 태그 내의 ⟨TASK⟩ 태그에서 사용한다.

다음으로 ⟨target⟩ 태그는 ⟨TASK⟩ 태그들을 묶는 역할을 한다. 자바로 따지자면 메서드(Method)에 해당한다고 볼 수 있다. ⟨target⟩ 태그의 선언은 다음과 같이 한다.

```
<target name="target이름"> <TASK .../> </target>
<target name="target이름" depends="선실행_target이름">
    <TASK .../>
</target>
```

⟨target⟩ 태그는 ⟨TASK⟩ 태그들의 묶음이기 때문에 실행 중에 해당 묶음을 실행할지 여부를

지정해야 한다. 따라서 〈target〉 태그를 지칭하는 이름이 반드시 필요하다. name 속성은 〈target〉 태그의 이름을 지정해 준다.

그런데 해당 〈target〉 태그가 실행되기 전에 먼저 실행되어야 하는 〈target〉 태그가 있으면 어떻게 할 것인가? 자바라면 이렇게 코드를 작성할 것이다.

```java
public void aaa( ) { ... }
public void bbb( ) {
    aaa( );
    ...
}
```

예에서처럼 bbb( ) 메서드가 실행되기 전에 aaa( ) 메서드를 실행해야 하면 〈target〉 태그에서는 depends 속성을 사용한다. 예를 들자면 이렇다.

```
<target name="aaa"> <TASK .../> </target>
<target name="bbb" depends="aaa"> <TASK .../> </target>
```

예는 Ant에서 bbb라는 〈target〉 태그를 실행하면 이에 앞서 aaa라는 〈target〉 태그가 자동으로 실행되도록 한 것이다.

이들 외에도 if 속성이나 unless 속성을 사용해서 해당 〈target〉 태그가 실행되기 전에 처리해야 할 내용을 지정할 수도 있다. 〈target〉 태그 내부의 실행 명령어 태그인 〈TASK〉 태그들은 매뉴얼을 통해 배우기 바란다.

그러면 여기까지의 기본 구문을 실제 파일로 작성해서 실행을 해보자. 작업 과정은 다음과 같다.

❶ C:\my_ant라는 폴더를 만든다. ──────────────────── mkdir

❷ Round08 폴더의 Ant_Test_01.java 파일, Ant_Test_02.java 파일을 C:\my_ant 폴더로 복사한다. ─ copy

❸ ❷번의 자바 파일 두 개를 컴파일한다. ──────────────── javac

❹ 자바 파일을 삭제한다. ─────────────────────── delete

❺ Round08.jar 파일로 압축한다. ───────────────────── jar

❻ 클래스 파일을 삭제한다. ──────────────────────────────── delete

Round08 프로젝트를 만들고 Ant_Test_01.java 파일과 Ant_Test_02.java 파일을 만든다.

> **예제** | Ant_Test_01.java

```java
public class Ant_Test_01 {
    public static void main(String[ ] ar) {
        System.out.println("Ant_Test_01!!!");
    }
}
```

> **예제** | Ant_Test_02.java

```java
public class Ant_Test_02 {
    public static void main(String[ ] ar) {
        System.out.println("Ant_Test_02!!!");
    }
}
```

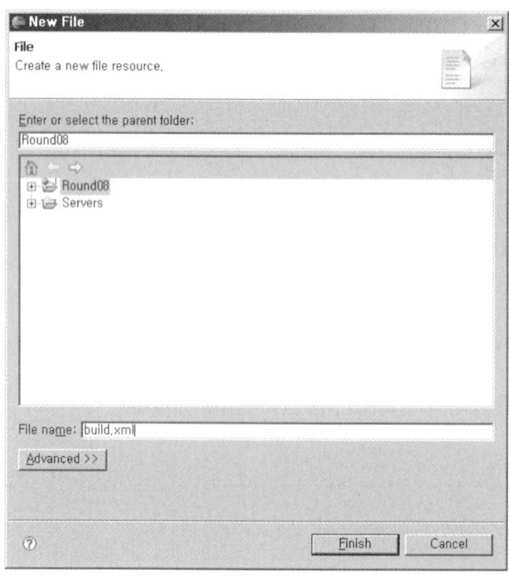

왼쪽 프로젝트 탐색기에서 Round08을 선택하고, 마우스 오른쪽을 클릭하여 바로 가기 메뉴 중 [New] → [File]을 선택하여 build.xml 파일을 만든다.

계속해서 build.xml 파일을 다음과 같이 작성하고 저장하자.


```xml
<project name="Round08" default="work_all" basedir=".">
    <!-- 현재 파일에 대한 설명 -->
    <description>
        Round08 ANT Exam File!!!
    </description>
    <!-- 원본 소스 파일의 경로와 대상 경로를 변수로 설정 -->
    <property name="source.path" location="${basedir}\src"/>
    <property name="dest.path" location="C:\my_ant"/>
    <!-첫번째 영역에서 폴더 생성과 파일 복사 -->
    <target name="work_one">
        <mkdir dir="${dest.path}"/>
        <copy file="${source.path}\Ant_Test_01.java" todir="${dest.path}"/>
        <copy file="${source.path}\Ant_Test_02.java" todir="${dest.path}"/>
    </target>
    <!-두번째 영역에서 자바 파일 컴파일과 자바파일 삭제 -->
    <target name="work_two">
        <javac srcdir="${dest.path}" destdir="${dest.path}" source="1.5"/>
        <delete file="${dest.path}\Ant_Test_01.java"/>
        <delete file="${dest.path}\Ant_Test_02.java"/>
    </target>
    <!-세번째 영역에서 jar 파일 생성과 클래스 파일 삭제 -->
    <target name="work_three">
        <jar destfile="${dest.path}\Round08.jar" basedir="${dest.path}"/>
        <delete>
            <fileset dir="${dest.path}" includes="**/*.class"/>
        </delete>
    </target>
    <!-- 전체 작업을 모두 진행시키는 영역 -->
    <target name="work_all" depends="work_one, work_two, work_three">
        <echo>작업 종료!</echo>
    </target>
</project>
```

화면 왼쪽 프로젝트 탐색기에서 **build.xml** 파일을 선택하고, 마우스 오른쪽을 클릭하여 바로 가기 메뉴 중 **[Run As]** → [3 Ant Build...]를 차례로 선택하자.

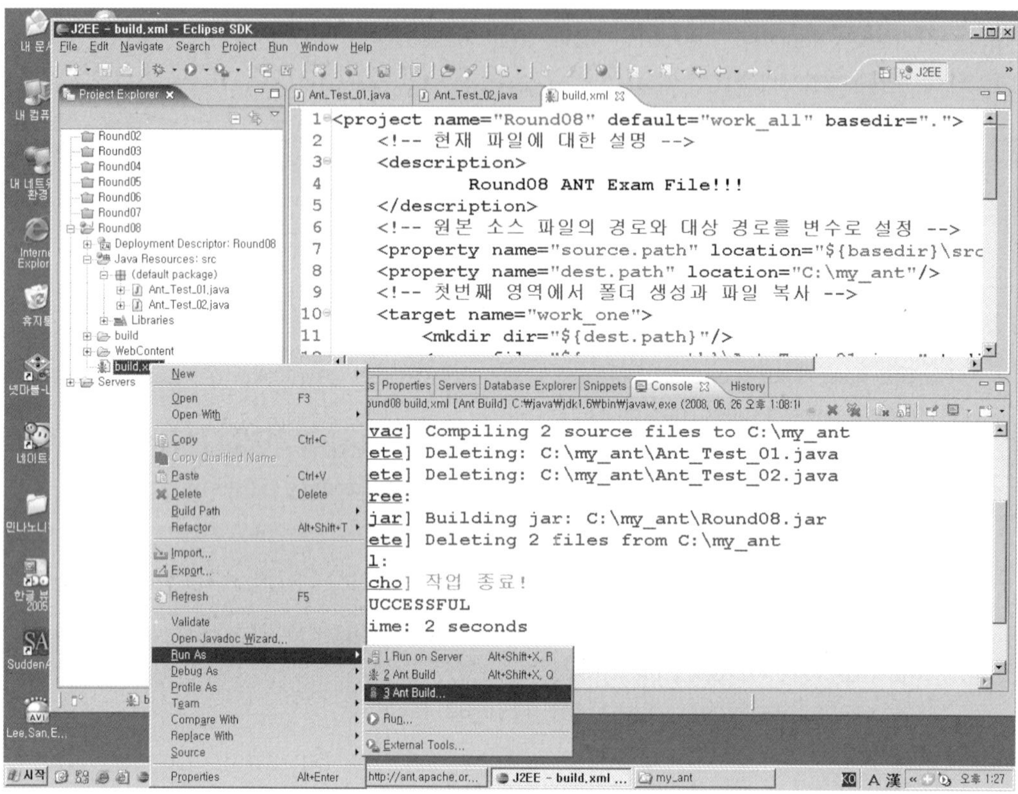

대화 상자의 [Targets] 탭에서 실행하려는 〈target〉 태그를 선택하고서 〈Run〉을 눌러 실행하자. 대화 상자를 보면 〈project〉 태그의 default 속성에 지정한 **work_all**이 기본으로 선택되어 있는 것을 확인할 수 있다. 만약 work_all을 사용하지 않으면 work_one과 work_two, work_three를 전부 선택해야 한다. 확인란에 선택한 것들은 순서대로 실행된다. 그러나 예제에서는 work_all이 세 개의 〈target〉 태그 모두를 depends 속성으로 연결하고 있기 때문에 [work_all] 확인란에만 선택하면 실행된다.

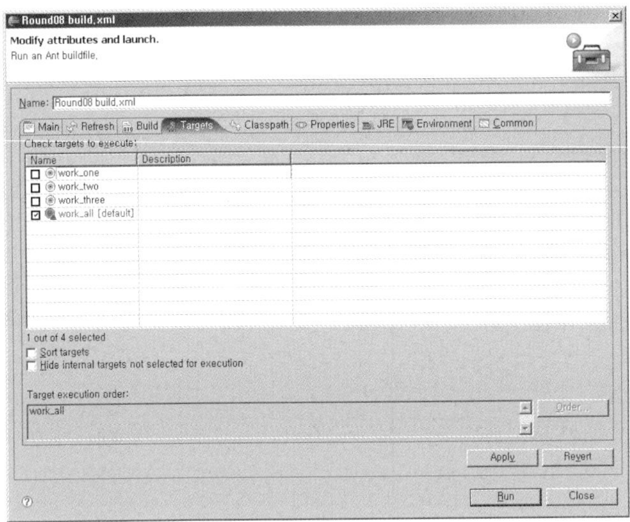

실행한 결과는 다음과 같다.

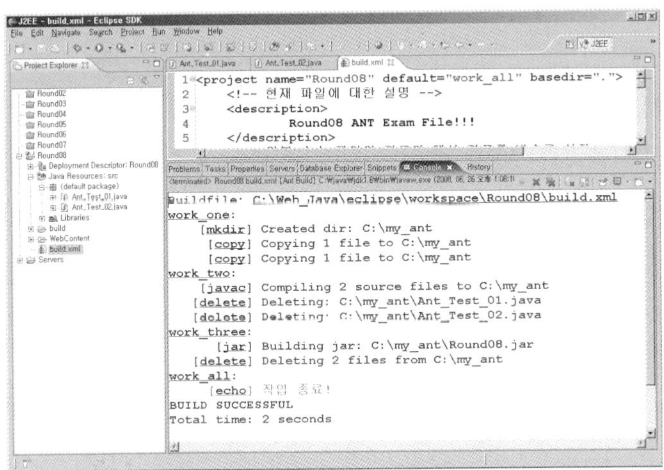

만약 실행 중에 에러가 발생하면 어떤 〈target〉 태그에서인지를 확인하고서 수정하면 된다. 실
행 결과를 확인하기 위해서 C:\my_ant 폴더를 보면 Round08.jar 파일이 있는 것을 알게 될 것
이다. 그리고 해당 파일의 압축을 풀고서 보면, Ant_Test_01.java 파일과 Ant_Test_02.java 파

일, 압축을 위한 Meta-INF 폴더가 보일 것이다. 이 과정을 다시 해보려면 C:\my_ant 폴더를 삭제하고서 해야 한다.

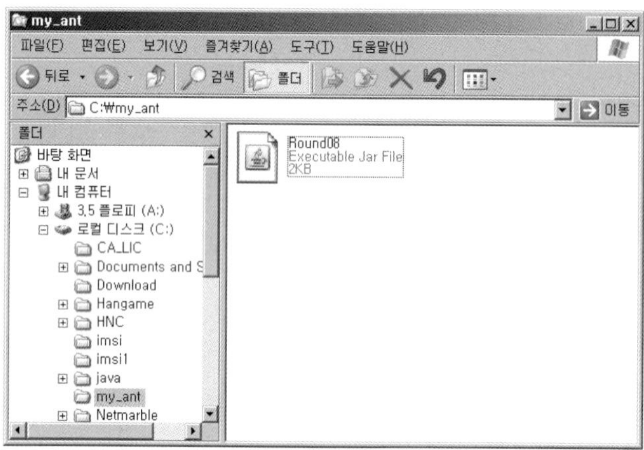

8.3 Ant 활용

이번에는 Part 2와 Part 3에서 사용할 build.xml 파일을 작성하고 내용을 분석해 보도록 하자. build.xml 파일을 작성하기에 앞서 서블릿과 JSP를 웹 서버에서 인식하는 경로에 대해 먼저 배워야 한다. 이유는 이 경로가 웹 컨테이너(Container)가 있는 웹 서버에서 미리 약속한 경로이기 때문이다. 반드시 지정한 경로에 해당 파일이 있어야만 인식이 된다.

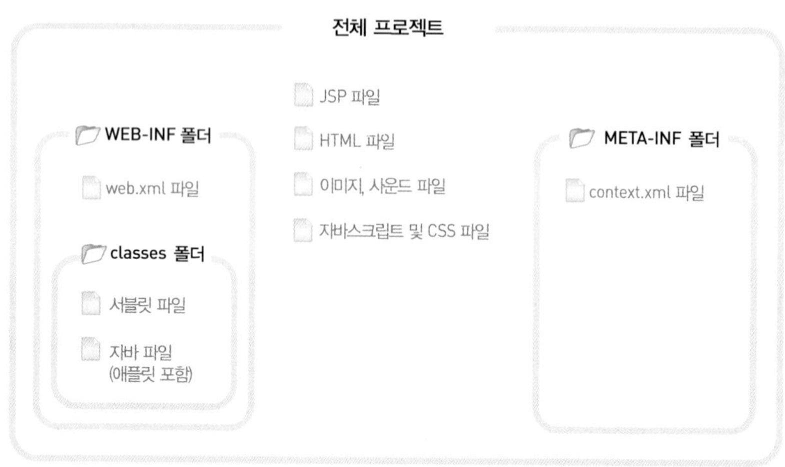

자바에서 웹 프로그램의 파일 구조(벤다이어그램)

다른 형태로 정리하면 다음과 같은 구조를 갖는다.

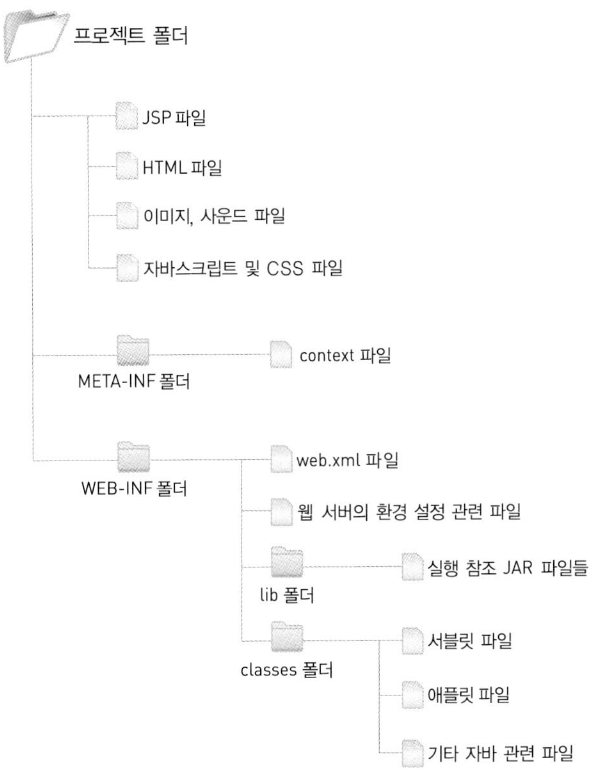

지바에서 웹 프로그램의 파일 구조(트리)

파일 구조를 보면 이름들도 낯설고 이해가 되지 않을 것이다. 그러나 이런 내용들은 Part 2와 Part 3에서 배울 것이므로 지금부터 걱정할 필요는 없다. 여하튼 자바를 웹 프로그램으로서 실행되게 하려면 앞의 파일 구조를 따라야 하고, 해당 프로젝트는 자바를 지원하는 웹 서버(톰캣이나 레진 등)의 webapps 폴더에 있어야 한다. 폴더 자체를 그냥 만들면 웹 서버가 인식하지 못한다. webapps 폴더에 저장할 때는 WAR(Web Archive File) 파일로 압축해서 저장해야 웹 서버가 설정 파일에 등록하면서 실행된다. 이렇게 실행되면서 WAR 압축이 해제되고 실제 폴더가 만들어진다.

참고로 앞서 설명한 대로 작성하지 않고, 이클립스 자체에서 바로 실행해도 실행은 된다. 그러나 이클립스는 개발자를 위한 테스트용 서버를 제공할 뿐 웹 서버와 연동해서 사용하기에는 그다지 안정적이지 못하다. 따라서 실무에서는 항상 WAR로 압축하고서 웹 서버의 webapps 폴더에 저장해야 한다.

그런데 문제는 이클립스의 파일 구조는 앞의 그림처럼 구성되어 있지 않다. 이렇게 되어 있으면 단순히 WAR 파일로 압축만 해서 복사하면 끝인데, 이클립스가 개발자의 편의를 위해서 다음과 같이 파일 구조를 바꾼 것이 오히려 문제다.

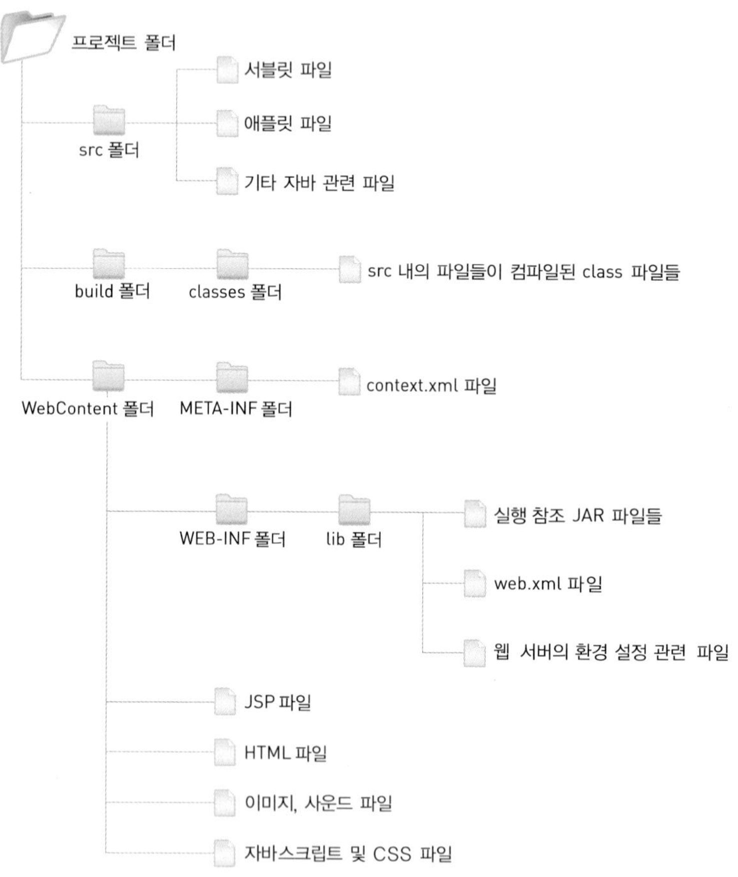

이클립스에서 웹 프로젝트의 파일 구조

따라서 이클립스에서 작성한 웹 프로젝트를 그대로 사용할 수가 없다. 이클립스 자체에서 테스트할 때는 문제가 없지만, 웹 서버로 압축해서 옮기려면 정말 복잡한 작업을 해야 한다. 이제 만들려는 build.xml 파일은 복잡한 작업을 마우스 클릭 한 번으로 해결해 준다. Part 2와 Part 3

에서 계속 사용하게 되므로 꼭 익혀 두기 바란다. 작업 과정은 다음과 같다. 컴파일 관련 작업은
이클립스가 자동으로 해줄 것이므로 필요 없다.

❶ 〈project〉 태그를 선언하고 basedir 속성을 현재 프로젝트로 지정한다.

❷ 경로에 관련된 변수를 선언한다.

❸ 가상 폴더 war를 만든다.

❹ war 폴더에 이클립스 프로젝트의 WebContent 폴더에 있는 모든 것들을 하위 폴더까지 복사한다.

❺ war 폴더에 복사한 것들 중 WEB-INF 폴더 내에 이클립스 프로젝트의 build 폴더에 있는 classes 폴더
를 통째로 복사해 넣는다. 여기까지 하면 파일 구조가 완성된다.

❻ 혹시나 있을지 모를 웹 서버의 webapps 폴더에 있는 과거 파일과 폴더를 삭제한다.

❼ war 폴더에 있는 모든 것들을 프로젝트.war 파일로 압축하여 웹 서버의 webapps 폴더로 옮긴다.

❽ 가상 폴더 war를 삭제한다.

이제 하나하나 작업 과정을 밟아 보자.

처음에 〈project〉 태그를 선언하고 basedir 속성을 현재 프로젝트로 지정한다.

```
<project namc-"Round08" default="war_set" basedir=".">
```

프로젝트의 이름은 이클립스의 프로젝트 이름과 동일하게 하자. basedir 속성을 '.'으로 지정하
는 이유는 build.xml 파일을 프로젝트의 이름 바로 아래에 둘 것이기 때문이다. 현재 프로젝트
를 나타낼 때 C:\Web_Java\clipse\workspace\Round08과 같은 형식의 전체 경로를 쓸 필요
없이 '.'이라고만 적으면 된다.

다음으로 경로에 관련된 변수를 선언한다.

```
<property name="content.path" location="${basedir}/WebContent"/>
<property name="build.path" location="${basedir}/build"/>
<property name="server.path" location="C:/Web_Java/Tomcat5/webapps"/>
<property name="virtual.path" location="${basedir}/war"/>
```

경로와 관련해서는 HTML, 자바스크립트, JSP 등의 파일이 있는 경로와, 서블릿과 자바 관련 파일이 있는 경로, 웹 서버의 프로젝트 경로, 가상 디렉터리의 경로만 지정하면 된다.

계속해서 가상 폴더 war를 만든다.

```
<mkdir dir="${virtual.path}"/>
```

가상 폴더는 자바 웹 프로그램의 파일 구조 때문에 만든다. war 폴더를 만들고 이 폴더에 파일 구조에 맞게 파일들을 배치할 것이다.

다음으로 war 폴더에 이클립스 프로젝트의 WebContent 폴더에 있는 모든 것들을 하위 폴더까지 복사해 넣는다.

```
<copy todir="${virtual.path}">
    <fileset dir="${content.path}">
        <include name="**/*"/>
    </fileset>
</copy>
```

이클립스의 WebContent 폴더에는 HTML, 자바스크립트, CSS, JSP, 이미지, 사운드 파일뿐만 아니라 WEB-INF 폴더와 META-INF 폴더가 있다. 그러나 서블릿 파일이나 애플릿 파일 그리고 자바 관련 파일은 없다. 따라서 이 부분은 다음 작업을 통해 복사해 넣어야 한다. '**/*'은 하위의 모든 폴더를 포함한다는 뜻이다.

다음으로 war 폴더에 복사한 것들 중 WEB-INF 폴더 내에 이클립스 프로젝트의 build 폴더에 있는 classes 폴더를 통째로 복사해 넣는다.

```
<copy todir="${virtual.path}/WEB-INF">
    <fileset dir="${build.path}">
        <include name="**/*"/>
    </fileset>
</copy>
```

그리고 혹시나 있을지 모를 웹 서버의 webapps 폴더에 남아 있는 과거 파일과 폴더를 삭제한다.

```
<delete dir="${server.path}/${ant.project.name}"/>
<delete file="${server.path}/${ant.project.name}.war"/>
```

한 번이라도 실행했으면 웹 서버의 webapps 폴더에는 프로젝트의 이름과 동일한 폴더와 WAR 파일이 만들어졌을 것이다. 새롭게 압축하여 추가하려면 과거 파일들은 삭제해야 정상적으로 실행된다.

계속해서 war 폴더에 있는 모든 것들을 프로젝트.war 파일로 압축하여 웹 서버의 webapps 폴더로 옮긴다.

```
<jar destfile="${server.path}/${ant.project.name}.war" basedir="${virtual.path}"/>
```

가상 폴더에 있는 모든 것들을 프로젝트.war 파일로 압축하면서 동시에 지정한 경로에 파일을 넣으라는 명령이다.

마지막으로 가상 폴더 war를 삭제한다.

```
<delete dir="${virtual.path}"/>
```

지금까지 작업이 끝나면 가상 폴더를 삭제하는 것이 혼두을 줄여 준다. 따라서 해당 폴더 자체를 삭제해 버린다. 다시 한번 말하지만 〈TASK〉 태그의 사용법은 매뉴얼을 통해 배우기 바란다.

이제 완성된 build.xml 파일을 살펴보자.

예제 | build.xml

```xml
<?xml version="1.0" encoding="UTF-8"?>
<project name="Round08" default="war_set" basedir=".">
    <property name="content.path" location="${basedir}/WebContent"/>
    <property name="build.path" location="${basedir}/build"/>
    <property name="server.path" location="C:/Web_Java/Tomcat5/webapps"/>
    <property name="virtual.path" location="${basedir}/war"/>
    <target name="war_set">
       <mkdir dir="${virtual.path}"/>
```

```xml
        <copy todir="${virtual.path}">
            <fileset dir="${content.path}">
                <include name="**/*"/>
            </fileset>
        </copy>
        <copy todir="${virtual.path}/WEB-INF">
            <fileset dir="${build.path}">
                <include name="**/*"/>
            </fileset>
        </copy>
        <delete dir="${server.path}/${ant.project.name}"/>
        <delete file="${server.path}/${ant.project.name}.war"/>
        <jar destfile="${server.path}/${ant.project.name}.war"
                                         basedir="${virtual.path}"/>
        <delete dir="${virtual.path}"/>
        <echo>작업 종료!</echo>
    </target>
</project>
```

build.xml 파일을 처음 실행하는 것이라면 삭제할 것이 없어서 다음과 같이 화면이 표시된다.

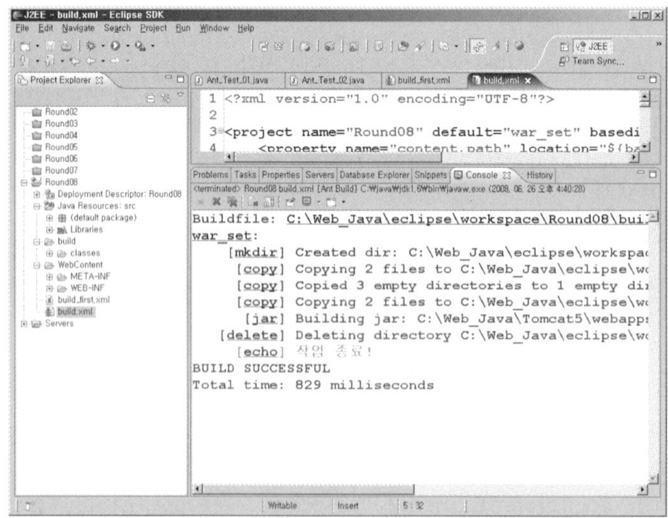

그러나 한 번이라도 실행한 후에 다시 실행하는 것이라면 다음과 같이 삭제가 진행된다.

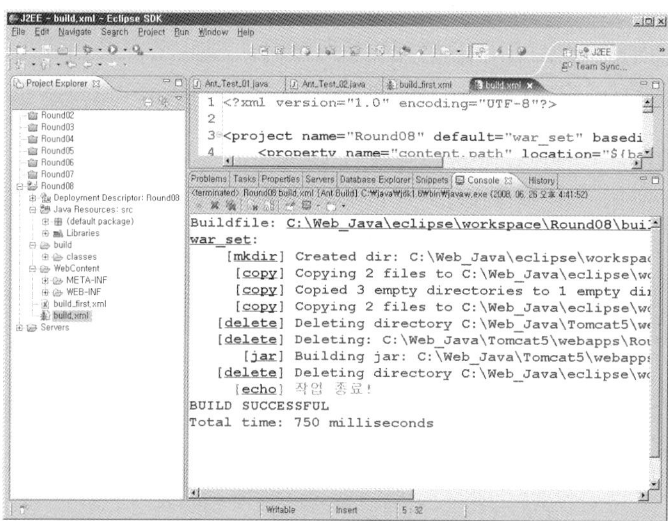

삭제가 끝나고 톰캣의 webapps 폴더를 살펴보면 WAR 파일 하나와 Round08이라는 폴더가
만들어진 것을 알 수 있다.

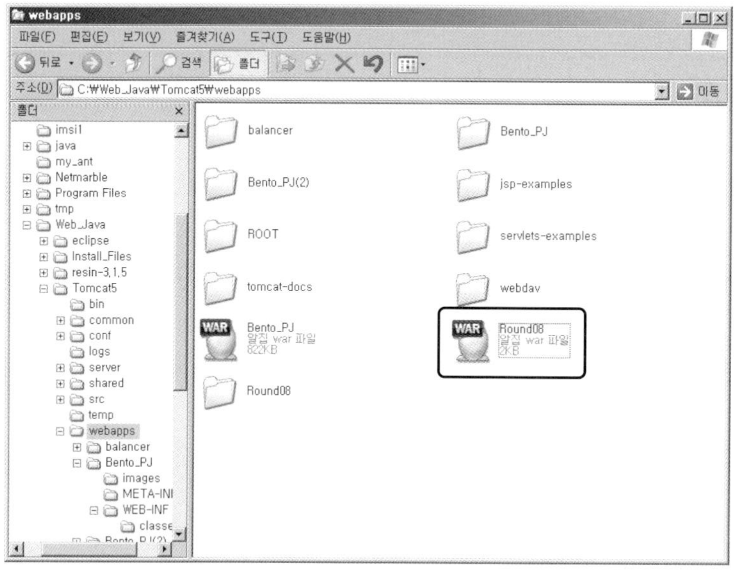

마무리 하면서

이번 라운드에서 Ant의 명령어를 다양하게 다루지는 못했지만 매뉴얼에 대해서 알려주었으므로 매뉴얼을 활용해서 많은 예제를 만들어 보기 바란다. 매뉴얼이 영어로 되어 있다고 쉽게 포기하는 독자도 있을 것이다. 영어가 부담스럽다면 매뉴얼의 예제들만이라도 한번씩 따라서 작성해 보도록 하자. 이것만으로도 Ant를 이해하는데 많은 도움이 된다.

제 9 장

웹 프로그램과 입출력, MySQL, JDBC

▌자바의 입출력(I/O)과 JDBC는 웹 프로그램뿐만 아니라 다른 응용 프로그램에서도 기본에 속하는 기술이다. 특히, 웹 프로그램이라는 것 자체가 네트워크 통신이므로 서로 다른 컴퓨터 간에 데이터를 교환하는 방법이 필요하고, 여러 사용자로부터 데이터를 입력받기 때문에 데이터를 관리하는 방법도 필요하다.

Round **09**

9.1 입출력(I/O)　**9.2** MySQL 환경 설정　**9.3** JDBC 프로그램의 작성

목표

· 스트림, 텍스트, 객체별 입출력 형식을 암기한다.

· 웹에서 JDBC를 사용하기 위한 환경을 설정할 수 있다.

· 데이터베이스 프로그램에 대하여 안다.

활용

자바 입출력(I/O)

자바의 입출력은 어떤 형태로든 데이터 전송과 연관되어 있다. 웹 프로그램은 기반이 네트워크 통신이기 때문에 입출력에 대한 기초가 있어야 한다.

JDBC(Java DataBase Connectivity)

데이터의 관리는 어떤 프로그램에서든 중요하다. JDBC는 자바의 데이터를 효율적으로 관리하기 위해 데이터를 DBMS라는 프로그램에게 전달하는 기술이다. 웹 프로그램에서도 JDBC를 활용해서 데이터를 좀더 효율적으로 관리할 수 있다.

 들어가기 전에

HTML로 회원 가입 페이지를 작성한다고 가정할 때 HTML 페이지를 사용자의 화면에 뿌려 주려면 어떤 방식이든 사용자와 네트워크 통신이 이루어져야 한다. 그리고 데이터를 저장하기도 해야 한다. 그런데 네트워크 통신에는 자바의 입출력 기술이 이용되고, 데이터의 저장에는 JDBC 기술이 이용된다. 웹 프로그램에서는 이런 경우가 빈번하므로 이번 라운드에서는 다시 한번 자바 입출력과 JDBC를 복습하려는 것이다. 자바 기초가 약한 독자들을 위한 라운드라 하겠다.

9.1 입출력(I/O)

자바를 배운 독자라면 이미 알고 있겠지만 자바 입출력은 하나의 형식만 기억하고 있으면 콘솔(Console)이나 파일, 네트워크 등 모든 입출력에 적용할 수 있다. 단지 입출력 방식이 스트림(Stream)이냐 텍스트냐 차이만 있을 뿐이다. 그래서 형식별로 입출력 방식을 정의해 두고 입출력에 대하여 설명할 것이다. 예제는 형식별로 하나씩만 작성하겠다.

■ 스트림 입출력 9.1.1

사바에서는 입력과 출력을 스트림에 의존한다. 다시 말해 모든 입력과 출력은 1바이트(Byte)의 데이터 흐름으로 여겨진다. 텍스트나 객체(Object)의 입출력도 모두 여기에서 파생된 것이다. 따라서 자바 입출력의 기본은 스트림 입출력이라고 하겠다.

그러면 스트림 입출력의 형식을 살펴보도록 하자.

| 1바이트 출력

```
FileOutputStrema fos = new FileOutputStream(FileDescriptor.out);
BufferedOutputStream bos = new BufferedOutputStream(fos, 1024);
DataOutputStream dos = new DataOutputStream(bos);
dos.write ...
```

콘솔

```
File file = new File("파일이름");
FileOutputStream fos = new FileOutputStream(file, false);
BufferedOutputStream bos = new BufferedOutputStream(fos, 1024);
DataOutputStream dos = new DataOutputStream(bos);
dos.write ...
```
파일

```
Socket soc = new Socket( ... );
BufferedOutputStream bos = new BufferedOutputStream(soc.getOutputStream(),
1024);
DataOutputStream dos = new DataOutputStream(bos);
dos.write ...
```
네트워크

| 1바이트 입력

```
FileInputStream fis = new FileInputStream(FileDescriptor.in);
BufferedInputStream bis = new BufferedInputStream(fis, 1024);
DataInputStream dis = new DataInputStream(bis);
dis.read ...
```
키보드

```
File file = new File("파일이름");
FileInputStream fis = new FileInputStream(file);
BufferedInputStream bis = new BufferedInputStream(fis, 1024);
DataInputStream dis = new DataInputStream(bis);
dis.read ...
```
파일

```
Socket soc = new Socket( ... );
BufferedInputStream bis = new BufferedInputStream(soc.getInputStream(), 1024);
DataInputStream dis = new DataInputStream(bis);
dis.read ...
```
네트워크

아직도 스트림 입출력 형식을 제대로 이해하고 있지 않으면, 여기에 있는 입력과 출력 형식을 암기하기 바란다. 그래야 지금부터 배우게 될 웹 프로그램을 따라올 수 있다.

그러면 스트림 입출력 형식을 적용한 예제를 하나 다루어 보자. 파일을 하나 만들어서 해당 파일에 한 줄씩 내용을 연속적으로 입력하고, 입력한 내용을 언제든 출력해서 볼 수 있는 예이다.

```java
01 : import java.io.*;
02 : import java.util.*;
03 : public class Round09_Stream {
04 :     public static void main(String[ ] ar) {
05 :         Scanner in = new Scanner(System.in);
06 :         File dir = new File("C:/imsi");
07 :         if(!dir.exists()) dir.mkdir();              폴더가 없으면 만든다.
08 :         File file = new File(dir, "data.dat");
09 :         DataOutputStream f_out = null;
10 :         DataInputStream f_in = null;
11 :         while(true) {
12 :             System.out.print("1.데이터저장 2.데이터출력 3.종료 = ");
13 :             int dist = in.nextInt();
14 :             in.nextLine();              Enter 키를 처리한다.
15 :             switch(dist) {
16 :             case 1:
17 :                 System.out.print("저장할 데이터 = ");
18 :                 try {
19 :                     f_out = new DataOutputStream(new BufferedOutputStream(new
                                    FileOutputStream(file, true), 1024));
20 :                     f_out.write((in.nextLine() + "\n").getBytes());
21 :                     f_out.close();
22 :                     System.out.println("저장완료!");
23 :                 } catch(IOException e) {
24 :                     System.out.println("저장실패 : " + e);
25 :                 }
26 :                 break;
27 :             case 2:
28 :                 try {
29 :                     f_in = new DataInputStream(new BufferedInputStream(new
                                    FileInputStream(file), 1024));
30 :                     byte[ ] by = new byte[1024];
31 :                     while(true) {
32 :                         int x = f_in.read(by, 0, by.length);
33 :                         if(x == -1) break;
34 :                         System.out.print(new String(by, 0, x));
35 :                     }
36 :                     f_in.close();
```

```
37 :                         System.out.println("\n출력 종료!");
38 :                     } catch(IOException e) {
39 :                         System.out.println("출력 실패 : " + e);
40 :                     }
41 :                     break;
42 :                 case 3:
43 :                     System.out.println("시스템 종료");
44 :                     System.exit(0);
45 :                 default:
46 :                     System.out.println("잘못 입력 하셨습니다.");
47 :                 }
48 :                 System.out.println();
49 :             }
50 :         }
51 : }
```

```
C:\WINDOWS\system32\cmd.exe
C:\Web_Java\eclipse\workspace\Round09\build\classes>java Round09_Stream
1.데이터저장 2.데이터출력 3.종료 = 1
저장할 데이터 = 안녕하세요!
저장완료!

1.데이터저장 2.데이터출력 3.종료 = 1
저장할 데이터 = 김승현입니다.
저장완료!

1.데이터저장 2.데이터출력 3.종료 = 1
저장할 데이터 = Teacher 지요!
저장완료!

1.데이터저장 2.데이터출력 3.종료 = 2
안녕하세요!
김승현입니다.
Teacher 지요!

출력 종료!

1.데이터저장 2.데이터출력 3.종료 = 3
시스템 종료

C:\Web_Java\eclipse\workspace\Round09\build\classes>
```

🔍 코드 설명

Line **5**
```
Scanner in = new Scanner(System.in);
```
키보드로부터 데이터를 읽는다. 버전 1.5부터 적용된다.

Line **8**
```
File file = new File(dir, "data.dat");
```
C:/imsi 폴더에 있는 data.dat 파일과 연결한다.

Line **9**
```
DataOutputStream f_out = null;
```
파일에 출력하기 위해 객체를 선언한다.

Line **10**   `DataInputStream f_in = null;`

파일로부터 데이터를 읽어 오기 위해 객체를 선언한다.

Line **19**   `f_out = new DataOutputStream(new BufferedOutputStream(new FileOutputStream(file, true), 1024));`

파일에 데이터를 저장하기 위해 객체를 생성한다. 추가(Append) 기능을 True로 지정하여 계속해서 추가적으로 저장한다.

Line **20**   `f_out.write((in.nextLine() + "\n").getBytes());`

한 줄을 읽어서 byte형 배열로 변경한 다음에 파일로 전송한다. "\n"은 읽은 문자열 다음에 개행 문자를 추가한 것이다.

Line **29**   `f_in = new DataInputStream(new BufferedInputStream(new FileInputStream(file), 1024));`

파일로부터 데이터를 읽어 오기 위해 객체를 생성한다.

Line **30**   `byte[ ] by = new byte[1024];`

읽은 데이터를 저장할 byte형 배열을 선언한다.

Line **32**   `int x = f_in.read(by, 0, by.length);`

by 배열에 데이터를 최대 1024바이트만큼씩 읽어 온다. 읽어 온 개수는 변수 x에 저장한다.

Line **33**   `if(x == -1) break;`

파일의 끝을 만나면 −1이 반환되기 때문에 빠져나간다.

Line **34**   `System.out.print(new String(by, 0, x));`

by 배열을 문자열로 변경하여 콘솔에 출력한다.

■ 텍스트 입출력 ^{9.1.2}

텍스트의 입력과 출력은 앞서 이야기한 것처럼 스트림을 텍스트로 변환하는 클래스를 사용하는 것 외에는 스트림의 입출력과 다른 점이 없다. 텍스트 스트림은 2바이트의 문자 체계를 가진(예를 들어 한글) 텍스트의 입력과 출력에 사용한다.

| 2바이트 출력

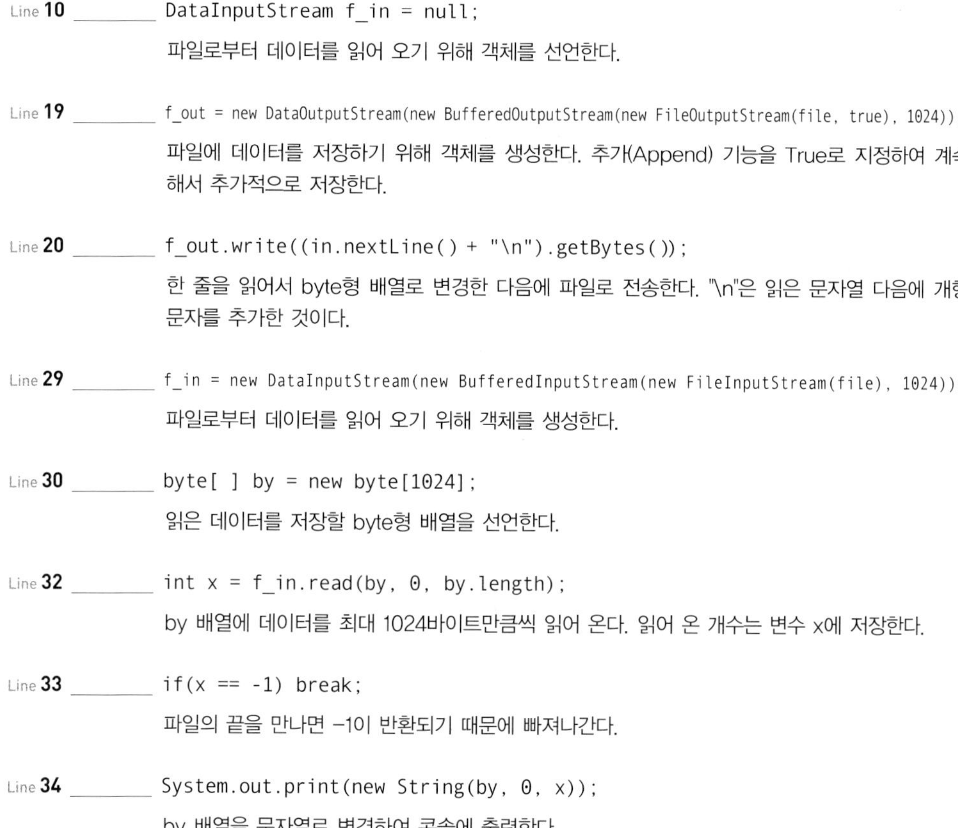


```
OutputStreamWriter osw = new OutputStreamWriter(System.out);
BufferedWriter bw = new BufferedWriter(osw);
PrintWriter pw = new PrintWriter(bw);
pw.println( ... );
```

```
File file = new File("파일이름");
FileWriter fw = new FileWriter(file);
BufferedWriter bw = new BufferedWriter(fw);
PrintWriter pw = new PrintWriter(bw);
pw.println( ... );
```

파일

```
Socket soc = new Socket( ... );
OutputStreamWriter osw = new OutputStreamWriter(soc.getOutputStream());
BufferedWriter bw = new BufferedWriter(osw);
PrintWriter pw = new PrintWriter(bw);
pw.println( ... );
```

네트워크

| 2바이트 입력

```
InputStreamReader isr = new InputStreamReader(System.in);
BufferedReader br = new BufferedReader(isr);
br.readLine();
```

키보드

```
File file = new File("파일이름");
FileReader fr = new FileReader(file);
BufferedReader br = new BufferedReader(fr);
br.readLine();
```

파일

```
Socket soc = new Socket( ... );
InputStreamReader isr = new InputStreamReader(soc.getInputStream());
BufferedReader br = new BufferedReader(isr);
br.readLine();
```

네트워크

앞으로 배울 네트워크 통신에서는 데이터를 입출력하면서 텍스트 입출력을 많이 사용한다. 때문에 네트워크 통신 예제를 다루어 보도록 하자. 클라이언트 쪽에서 데이터를 보내면 서버 쪽에서 데이터를 받아 화면에 출력하는 예이다. 실행할 때는 서버 프로그램을 먼저 구동해야 한다.

예제 | Round09_Text_In.java(서버 프로그램)

```
01 : import java.io.*;
02 : import java.net.*;
03 : import java.util.*;
04 : public class Round09_Text_In {
```

```
05 :        public static void main(String[ ] ar) {
06 :            ServerSocket server = null;
07 :            BufferedReader in = null;
08 :            try {
09 :                server = new ServerSocket(12345);
10 :                System.out.println("Server Ready...");
11 :                while(true) {
12 :                    Socket s = server.accept();
13 :                    in = new BufferedReader(new
                                    ↳ InputStreamReader(s.getInputStream()));
14 :                    while(true) {
15 :                        String str = in.readLine();
16 :                        if(str.equals(".")) break;
17 :                        System.out.println("전송된 데이터 : " + str);
18 :                    }
19 :                    System.out.println("연결종료 = " + s);
20 :                }
21 :            } catch(IOException e) {
22 :                System.err.println("Error = " + e);
23 :            }
24 :        }
25 : }
```


Q 코드 설명

Line **6**
ServerSocket server = null;
서버 역할을 하는 소켓 객체를 선언한다.

Line **7**
BufferedReader in = null;
클라이언트 소켓이 보낸 데이터를 받는 객체를 선언한다.

Line **9**
server = new ServerSocket(12345);
서버 포트 번호로 12345번을 연다.

Line **12** _________ Socket s = server.accept();

클라이언트가 보내는 연결 요청을 기다린다.

Line **13** _________ in = new BufferedReader(new InputStreamReader(s.getInputStream()));

클라이언트가 보낸 데이터를 읽는 객체를 생성한다.

Line **14** _________ while(true) {

클라이언트 한 명과 대화가 끝나기 전까지 다른 클라이언트가 보낸 연결 요청은 받지 않을 것이다. 그러므로 스레드(Thread)를 작성하지는 않는다.

예제 | Round09_Text_Out.java(클라이언트 프로그램)

```
01 : import java.io.*;
02 : import java.net.*;
03 : import java.util.*;
04 : public class Round09_Text_Out {
05 :     public static void main(String[ ] ar) {
06 :         Scanner in = new Scanner(System.in);
07 :         Socket socket = null;
08 :         PrintWriter out = null;
09 :         try {
10 :             socket = new
                    ↳ Socket(InetAddress.getByName("122.36.151.129"), 12345);
11 :             out = new PrintWriter(new BufferedWriter(new
                        ↳ OutputStreamWriter(socket.getOutputStream())));
12 :         } catch(IOException e) { }
13 :         while(true) {
14 :             System.out.print("전송할 문구(종료는 '.') = ");
15 :             String str = in.nextLine();
16 :             out.println(str);
17 :             out.flush();
18 :             if(str.trim().equals(".")) break;
19 :         }
20 :         out.close();
21 :         try {
22 :             socket.close();
23 :         } catch(IOException e) { }
24 :     }
25 : }
```

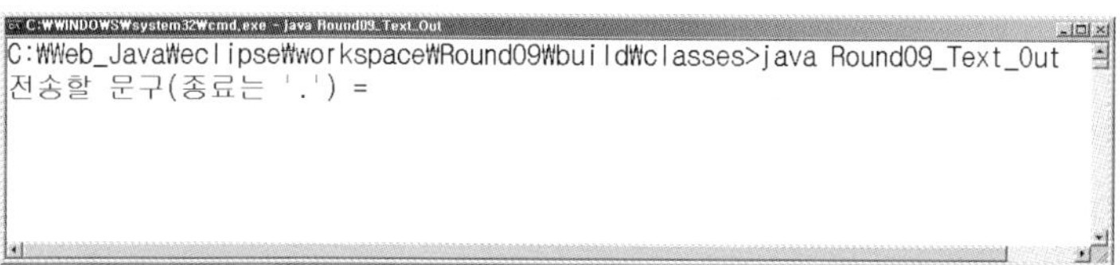

Q 코드 설명

Line **10** ________ `socket = new Socket(InetAddress.getByName("122.36.151.129"), 12345);`

대상 서버의 12345번 포트와 통신할 소켓 객체를 생성한다.

Line **11** ________ `out = new PrintWriter(new BufferedWriter(new`
`                          ↳ OutputStreamWriter(socket.getOutputStream())));`

해당 소켓으로 통신할 수 있는 출력 객체를 생성한다.

Line **17** ________ `out.flush();`

소켓으로 읽은 데이터를 전송한다. flush( ) 함수는 필수이다.

Line **18** ________ `if(str.trim().equals(".")) break;`

한 줄을 읽고 '.'을 만나면 while 문을 벗어난다.

서버와 클라이언트 두 예제를 실행하고, 클라이언트에서 문자를 입력하고 Enter 키를 치면 서버 화면에 클라이언트에서 입력한 문자들이 출력된다. 현재 IP 주소는 필자의 IP 주소를 기준으로 했다. 때문에 그대로 따라서 코드를 작성하지 말고 자신의 IP 주소로 테스트하기 바란다. 실행 결과는 다음과 같다.

```
C:\Web_Java\eclipse\workspace\Round09\build\classes>java Round09_Text_Out
전송할 문구(종료는 '.') = 안녕하세요!
전송할 문구(종료는 '.') = 김승현입니다.
전송할 문구(종료는 '.') = Teacher 지요!!!
전송할 문구(종료는 '.') = .

C:\Web_Java\eclipse\workspace\Round09\build\classes>
```

```
Server Ready...
전송된 데이터 : 안녕하세요!
전송된 데이터 : 김승현입니다.
전송된 데이터 : Teacher 지요!!!
연결종료 = Socket[addr=/122.36.151.129,port=1206,localport=12345]
```

이상에서 살펴본 것처럼 1바이트의 입출력이나 2바이트의 입출력은 크게 다르지 않다. 어떤 클래스를 사용하는가의 차이만 있을 뿐이다. 실제 자바가 지원하는 입출력 스트림은 1바이트밖에는 없다. 사용자의 편의를 위해 2바이트를 지원하는 것뿐이다. 앞의 예제들은 기초적인 내용들을 다루고 있지만 사용하는 형식은 실무에서도 그대로 적용된다. 잘 기억해 두기 바란다.

객체 입출력 ^{9.1.3}

객체의 입력과 출력도 스트림을 기반으로 한다. 객체의 입출력은 콘솔이나 키보드를 통해서는 이루어지지 않으므로 파일과 네트워크에 대해서만 설명하겠다. 객체의 입출력에서는 직렬화라는 개념이 반드시 필요하다. 클래스의 구성을 파일이나 네트워크로 정상적으로 전송하기 위해 형태를 재구성하는 것을 직렬화라고 생각하면 쉽다. 다시 말해 일렬로 줄을 세워야 한다는 것이다.

직렬화를 개발자가 매번 구현하려고 하면 만만치 않은 작업일 것이다. 그래서 자바측에서는 java.io.Serializable이라는 인터페이스를 제공한다. 우리는 전송하려는 객체에 대해 직렬화를 구현해 주기만 하면 된다. 이 인터페이스에는 아무런 메서드도 없다. 그래서 재정의할 메서드도 없다. 그냥 클래스의 선언부에 'implements Serializable'이라고만 적으면 된다.

| 객체 출력

```
File file = new File("파일이름");
FileOutputStream fos = new FileOutputStream(file);
BufferedOutputStream bos = new BufferedOutputStream(fos);
ObjectOutputStream oos = new ObjectOutputStream(bos);
oos.writeObject( ... );


Socket soc = new Socket( ... );
BufferedOutputStream bos = new BufferedOutputStream(soc.getOutputStream());
ObjectOutputStream oos = new ObjectOutputStream(bos);
oos.writeObject( ... );
```

| 객체 입력

```
File file = new File("파일이름");
FileInputStream fis = new FileInputStream(file);
BufferedInputStream bis = new BufferedInputStream(fis);
ObjectInputStream ois = new ObjectInputStream(bis);
try {
    Object obj = ois.readObject();
} catch(ClassNotFoundException ee) { }
```

파일

```
Socket soc = new Socket( ... );
BufferedInputStream bis = new BufferedInputStream(soc.getInputStream());
ObjectInputStream ois = new ObjectInputStream(bis);
try {
    Object obj = ois.readObject();
} catch(ClassNotFoundException ee) { }
```

네트워크

객체의 입출력을 다루는 예제로 친구 정보를 관리해 보자. 일단 친구 추가와 전체 보기는 벡터 (Vector)로 처리할 것이다. 벡터는 프로그램을 작성할 때에 무한 데이터를 관리하기에는 최적이 다. 그리고 프로그램을 종료하면 데이터를 유지할 수 없기 때문에 파일에 저장해야 한다. 객체 의 입출력은 벡터 객체를 파일로 저장할 때 사용할 것이다.

예제 | Round09_Object.java

```
001 : import java.io.*;
002 : import java.util.*;
003 :
004 : class Friend implements Serializable {          객체 직렬화
005 :     private String name;
006 :     private String tel;
007 :     private String addr;
008 :     public Friend() { }
009 :     public Friend(String name, String tel, String addr) {
010 :         super();
011 :         this.name = name;
012 :         this.tel = tel;
013 :         this.addr = addr;
014 :     }
```

```
015 :        public String getAddr() {
016 :            return addr;
017 :        }
018 :        public void setAddr(String addr) {
019 :            this.addr = addr;
020 :        }
021 :        public String getName() {
022 :            return name;
023 :        }
024 :        public void setName(String name) {
025 :            this.name = name;
026 :        }
027 :        public String getTel() {
028 :            return tel;
029 :        }
030 :        public void setTel(String tel) {
031 :            this.tel = tel;
032 :        }
033 : }
034 : public class Round09_Object {
035 :        public static void main(String[ ] ar) {
036 :            Vector<Friend> vc = new Vector<Friend>();
037 :            Scanner in = new Scanner(System.in);
038 :            ObjectOutputStream f_out = null;
039 :            ObjectInputStream f_in = null;
040 :            File dir = new File("C:/imsi");
041 :            if(!dir.exists()) dir.mkdir();
042 :            while(true) {
043 :                System.out.print("1.친구추가 2.전체보기 3.파일로저장 4.불러오기 5.종료 = ");
044 :                int dist = in.nextInt();
045 :                in.nextLine();
046 :                switch(dist) {
047 :                case 1:
048 :                    Friend f = new Friend();
049 :                    System.out.print("친구이름 = ");
050 :                    f.setName(in.nextLine());
051 :                    System.out.print("친구전화번호 = ");
052 :                    f.setTel(in.nextLine());
053 :                    System.out.print("친구집 주소 = ");
054 :                    f.setAddr(in.nextLine());
```

```
055 :                 vc.add(f);
056 :                 System.out.println("친구 정보가 추가되었습니다.");
057 :                 break;
058 :             case 2:
059 :                 for(Friend obj: vc) {
060 :                     System.out.print(obj.getName() + " : ");
061 :                     System.out.print(obj.getTel() + " : ");
062 :                     System.out.println(obj.getAddr());
063 :                 }
064 :                 System.out.println("전체 " + vc.size() + "명의 친구!");
065 :                 break;
066 :             case 3:
067 :                 System.out.print("저장할 파일명 = ");
068 :                 String filename = in.nextLine();
069 :                 try {
070 :                     f_out = new ObjectOutputStream(new BufferedOutputStream(new
                            ↳ FileOutputStream(new File(dir, filename)), 1024));
071 :                     f_out.writeObject(vc);
072 :                     f_out.close();
073 :                     System.out.println("친구 목록이 파일로 잘 저장되었습니다.");
074 :                 } catch(IOException e) { }
075 :                 break;
076 :             case 4:
077 :                 System.out.print("불러올 파일명 = ");
078 :                 filename = in.nextLine();
079 :                 try {
080 :                     File file = new File(dir, filename);
081 :                     if(!file.exists()) {
082 :                         System.out.println("파일이 존재하지 않습니다.");
083 :                         break;
084 :                     }
085 :                     f_in = new ObjectInputStream(new BufferedInputStream(new
                                        ↳ FileInputStream(file), 1024));
086 :                     Object obj = null;
087 :                     try {
088 :                         obj = f_in.readObject();
089 :                     } catch(ClassNotFoundException ee) { }
090 :                     f_in.close();
091 :                     vc.clear();
092 :                     vc = (Vector)obj;
```

```
093 :                     System.out.println("친구 목록을 읽어 왔습니다.");
094 :                 } catch(IOException e) { }
095 :                 break;
096 :             case 5:
097 :                 System.out.println("시스템 종료!");
098 :                 System.exit(0);
099 :             default:
100 :                 System.out.println("잘못 입력 하셨습니다.");
101 :             }
102 :             System.out.println();
103 :         }
104 :     }
105 : }
106 :
```

```
C:\WINDOWS\system32\cmd.exe - java Round09_Object

C:\Web_Java\eclipse\workspace\Round09\build\classes>java Round09_Object
1.친구추가 2.전체보기 3.파일로저장 4.불러오기 5.종료 = 1
친구이름 = 김승현
친구전화번호 = 02-1234-5678
친구집 주소 = 서울 양천구 목2동
친구 정보가 추가되었습니다.

1.친구추가 2.전체보기 3.파일로저장 4.불러오기 5.종료 = 1
친구이름 = 이승현
친구전화번호 = 053-4321-8765
친구집 주소 = 대구 북구
친구 정보가 추가되었습니다.

1.친구추가 2.전체보기 3.파일로저장 4.불러오기 5.종료 = 2
김승현 : 02-1234-5678 : 서울 양천구 목2동
이승현 : 053-4321-8765 : 대구 북구
전체 2명의 친구!

1.친구추가 2.전체보기 3.파일로저장 4.불러오기 5.종료 = 3
저장할 파일명 = kim_friend.dat
친구 목록이 파일로 잘 저장되었습니다.

1.친구추가 2.전체보기 3.파일로저장 4.불러오기 5.종료 =
```

Q 코드 설명

Line **4**
```
class Friend implements Serializable {
```
친구 정보를 저장하기 위한 Info 클래스이다.

Line **36**
```
Vector<Friend> vc = new Vector<Friend>();
```
친구 목록을 저장할 객체를 생성한다.

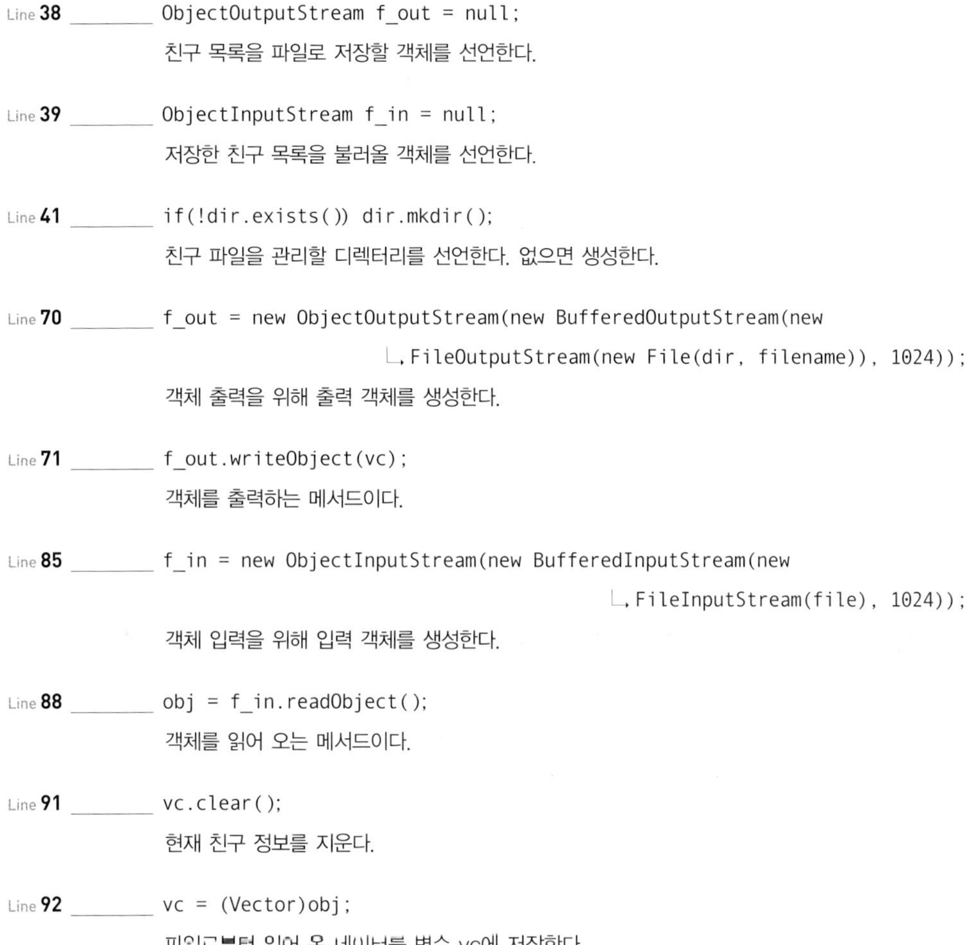

```
Line 38          ObjectOutputStream f_out = null;
                 친구 목록을 파일로 저장할 객체를 선언한다.

Line 39          ObjectInputStream f_in = null;
                 저장한 친구 목록을 불러올 객체를 선언한다.

Line 41          if(!dir.exists()) dir.mkdir();
                 친구 파일을 관리할 디렉터리를 선언한다. 없으면 생성한다.

Line 70          f_out = new ObjectOutputStream(new BufferedOutputStream(new
                        ↳,FileOutputStream(new File(dir, filename)), 1024));
                 객체 출력을 위해 출력 객체를 생성한다.

Line 71          f_out.writeObject(vc);
                 객체를 출력하는 메서드이다.

Line 85          f_in = new ObjectInputStream(new BufferedInputStream(new
                        ↳,FileInputStream(file), 1024));
                 객체 입력을 위해 입력 객체를 생성한다.

Line 88          obj = f_in.readObject();
                 객체를 읽어 오는 메서드이다.

Line 91          vc.clear();
                 현재 친구 정보를 지운다.

Line 92          vc = (Vector)obj;
                 파일로부터 읽어 온 네이너를 변수 vc에 저장한다.
```

객체의 입출력에서는 객체의 직렬화와, readObject( ) 메서드 사용 중 ClassNotFoundException 예외 발생이 중요하다. 이 부분만 잘 이해하면 다른 입출력과 크게 차이가 없다.

9.2 MySQL 환경 설정

자바 기초를 배운 독자들에게 JDBC의 중요성을 다시금 강조할 필요는 없을 것이다. JDBC 없이는 프로그램이 반쪽짜리에 불과하다는 사실에 충분히 공감할 것이다. 앞서 말했듯이 데이터베이스의 질의어인 DDL, DML, DCL, TCL 등은 스스로 배우기 바란다.

먼저 MySQL DBMS를 내려 받기 위해 http://www.mysql.com 사이트에 접속하자. 화면의 위쪽 [MySQL.com] 메뉴 옆에 [Downloads(GA)] 메뉴를 선택하면 버전별로 내려 받을 수 있는 화면이 나온다. 우리는 MySQL 5.0을 내려 받아 설치하도록 하자. 화면의 오른쪽 [New Releases(GA)] 영역에서 [MySQL Community Server 5.0] 링크를 클릭하자.

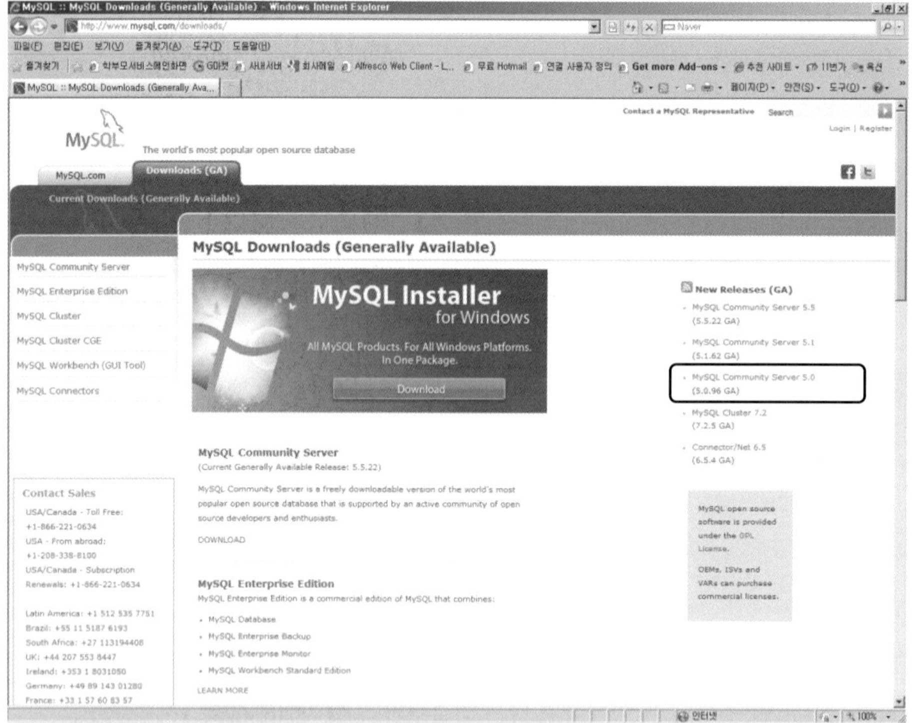

내려 받을 때 본인의 운영체제에 맞는 프로그램을 선택하기 바란다. MySQL 5.0의 실행 버전을 받고 싶으면 win32나 win64라는 이름이 붙어 있는 것을 내려 받아야 한다

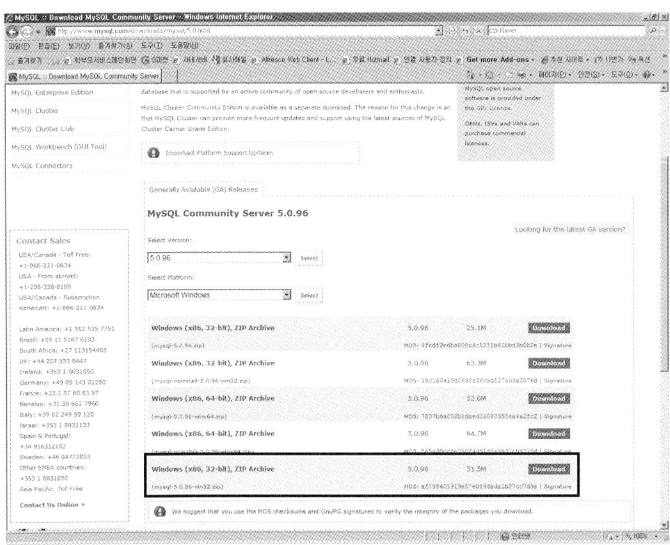

그러면 사이트에 로그인하라는 메시지가 표시되는데, 그냥 아래의 [No thanks, just take me to the downloads!] 링크를 클릭하자. 그러면 내려 받을 서버들이 표시된다. 내려 받을 서버로는 아무거나 괜찮다.

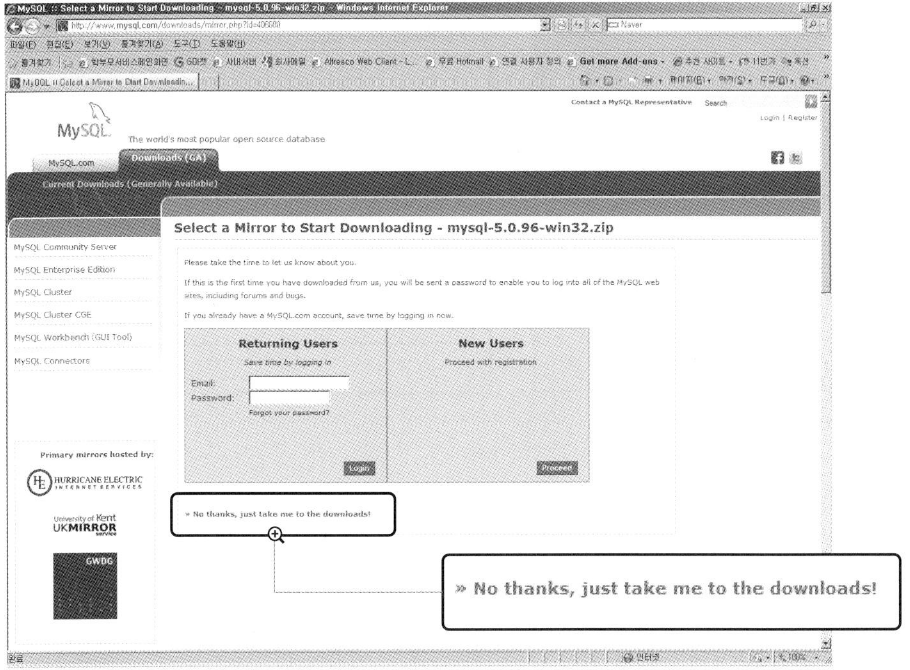

내려 받은 파일의 압축을 풀고 **Setup.exe**를 실행하면 첫 화면이 왼쪽 화면처럼 뜬다. 〈Next〉를 누르자. 그런 다음 **Complete**을 선택하여 설치를 진행하자. 설치 경로를 변경하고 싶으면 **Custom**을 선택하고 〈Next〉를 누르면 된다.

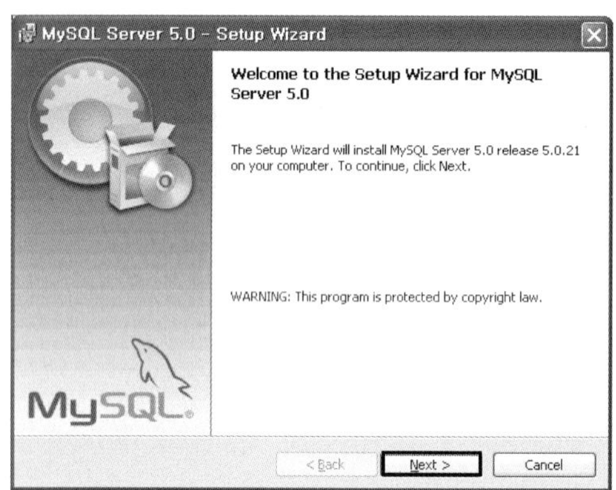

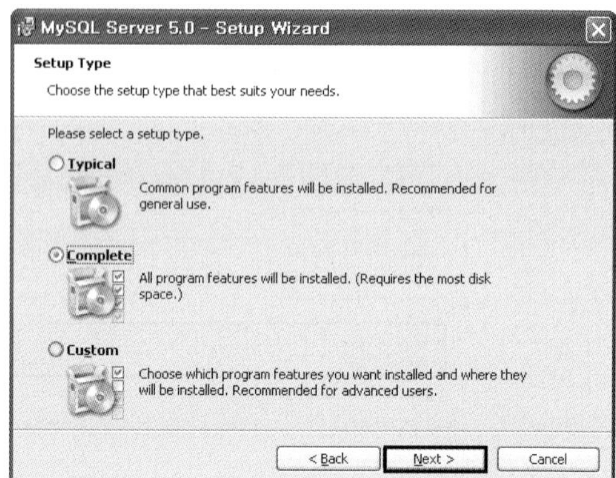

새로운 왼쪽 화면에서 〈Install〉을 누르면 된다. 설치가 완료되면 오른쪽 화면이 나오는데, [Skip Sign-Up] 라디오 단추를 선택하자.

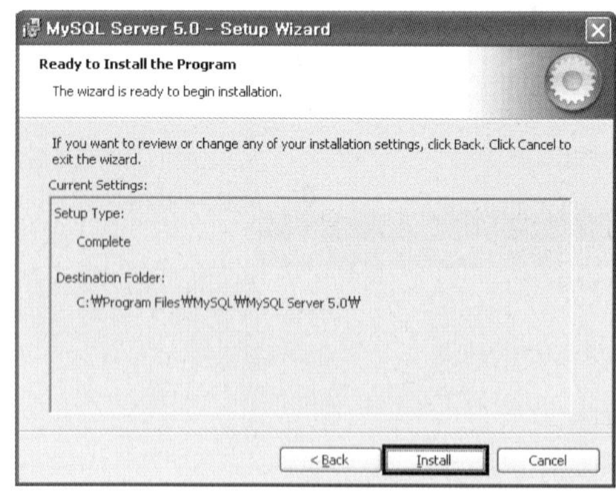

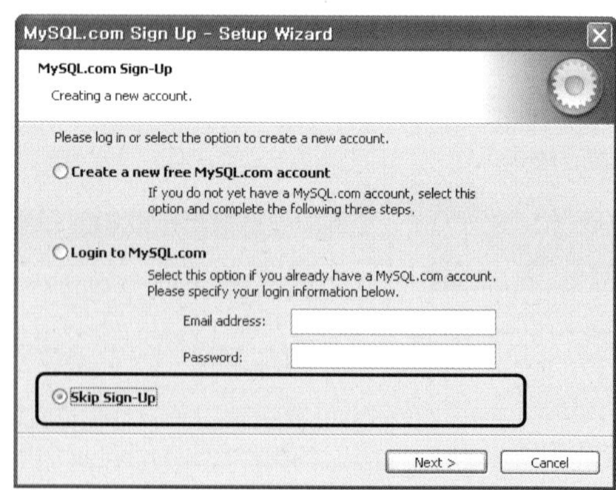

다음으로 〈Finish〉를 누른다. 그러면 설정 화면이 나온다. 계속해서 〈Next〉를 누르자.

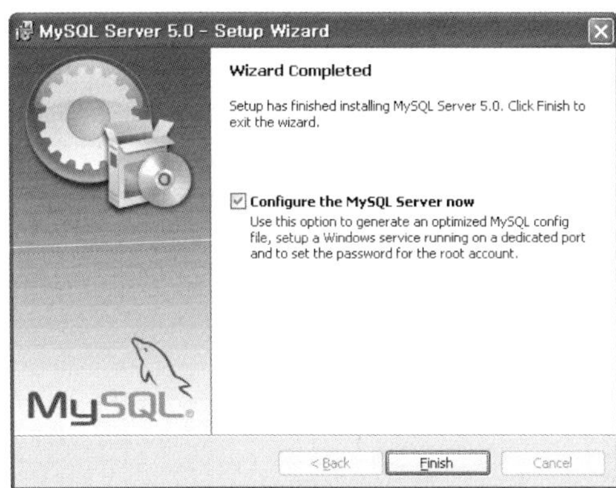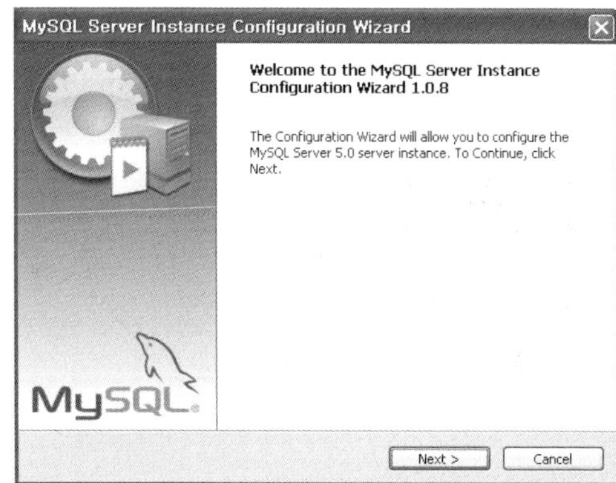

다음 화면이 나오는데 3306은 포트 번호이다.

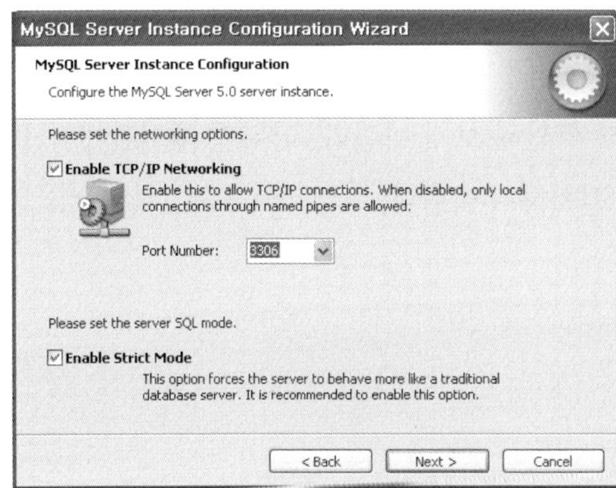

다음 화면에서는 한글을 설정하는 부분이 중요하다. 목록에서 **euc-kr**을 선택하자.

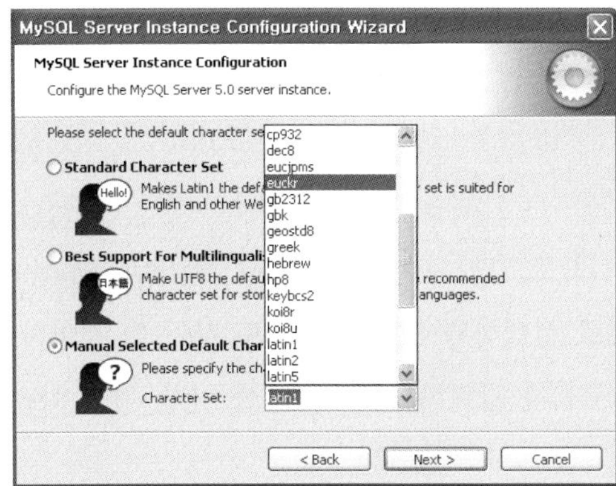

다음 화면에서는 비밀번호를 입력하고 원격 접속 여부에 선택하자. 비밀번호는 12345678로 하자. 〈Next〉를 누르고 〈Execute〉를 누르면 설치가 성공할 것이다.

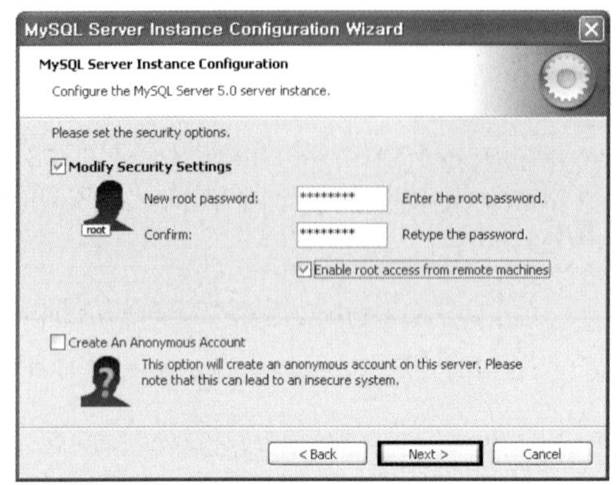
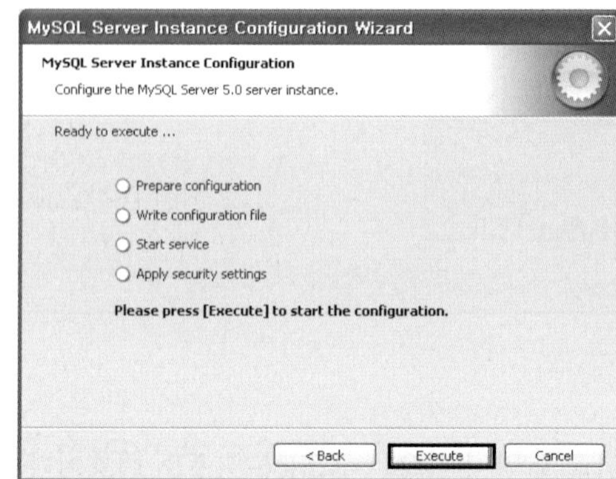

여기에서 에러가 발생하면 포트 번호가 충돌되는지 확인해 보기 바란다. 아니면 제어판에서 프로그램 추가/삭제를 통해 프로그램을 지우고 다시 설치하기 바란다.

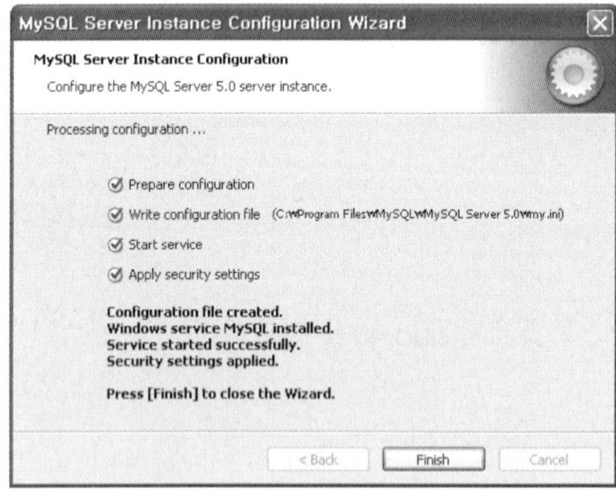

MySQL을 설치했으면 한번 실행해 보자. **[시작]** → [프로그램] → [MySQL] → [MySQL Server 5.0] → [MySQL Command Line Client]를 차례로 선택하면 명령 프롬프트 창이 뜰 것이다. 그러면 조금 전 설치 중에 입력한 비밀번호(12345678)를 입력하고 Enter 키를 치자. 다음 화면이 뜨면 설치가 성공한 것이다.

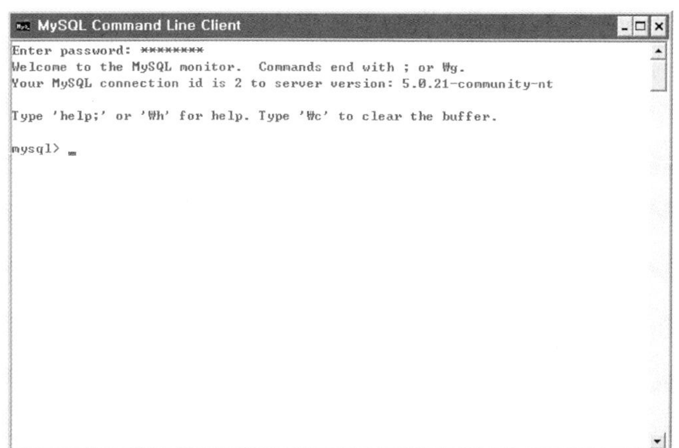

마지막은 데이터베이스와 자바를 연결하는 드라이버 프로그램을 설치하는 작업이다. 일반적으로 데이터베이스를 개발한 회사에서 자바와 연결하는 드라이버 프로그램을 제공한다. 조금 전에 데이터베이스를 내려 받은 페이지로 돌아가 보자.

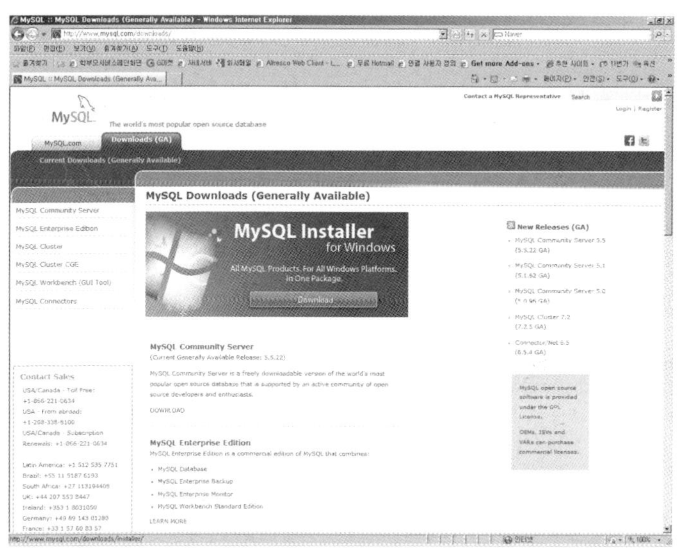

화면에서 조금만 아래쪽으로 가면 다음과 같은 내용이 보일 것이다. 화면 아래에 [MySQL Connectors] 영역이 있는데, 여기서 [Connector/J]를 주목해서 보자. 괜히 J가 붙어 있는 것이

아니다. 바로 자바와 연결하는 드라이버라는 뜻이다. 이 중에서 권장(Recommended)하는 버전은 5.1이므로 해당 링크를 클릭하여 내려 받자.

내려 받을 때 tar.gz 파일은 리눅스나 유닉스용이기 때문에 우리는 ZIP 파일을 내려 받아야 할 것이다. [Download]를 누르자.

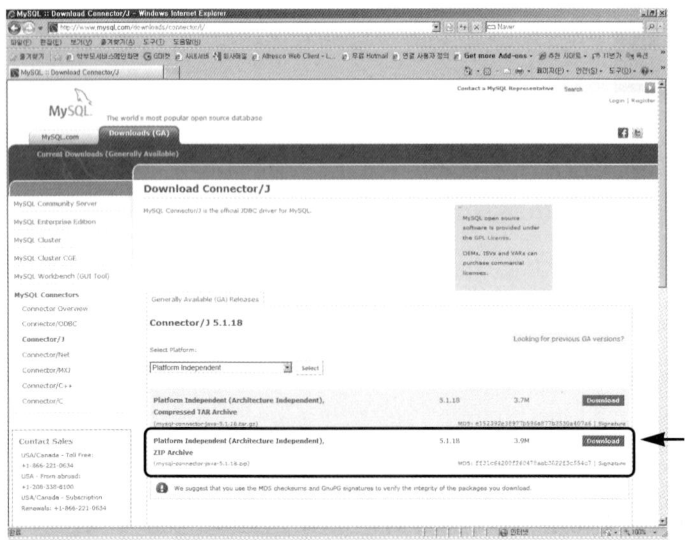

[Download]를 누르면 사이트에 로그인하라는 메시지가 표시되는데, 그냥 아래의 [No thanks, just take me to the downloads!] 링크를 클릭하여 이동하도록 하자.

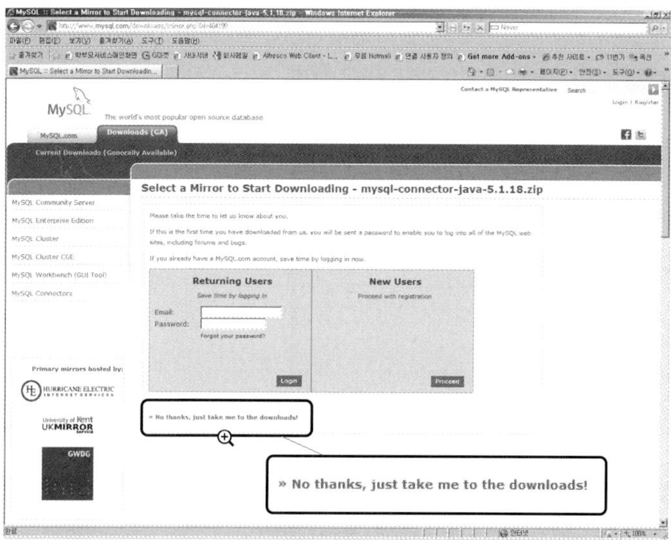

내려 받을 서버로는 아무거나 괜찮다. 원하는 서버에서 내려 받기 바란다.

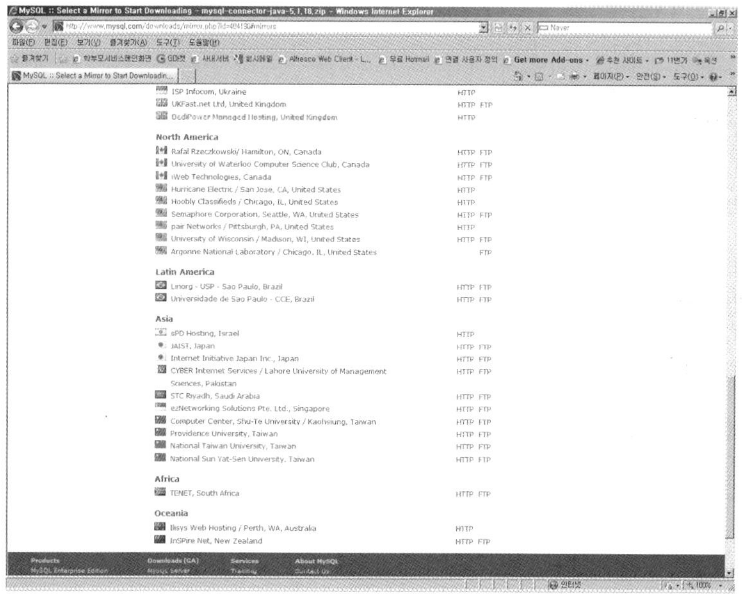

내려 받은 파일의 압축을 풀어서 보면 다음과 같이 **mysql-connector-java-5.1.xx-bin.jar**라는
파일이 하나 보일 것이다. 이 파일이 바로 자바와 DBMS를 연결해 주는 프로그램인 드라이버
클래스들이다.

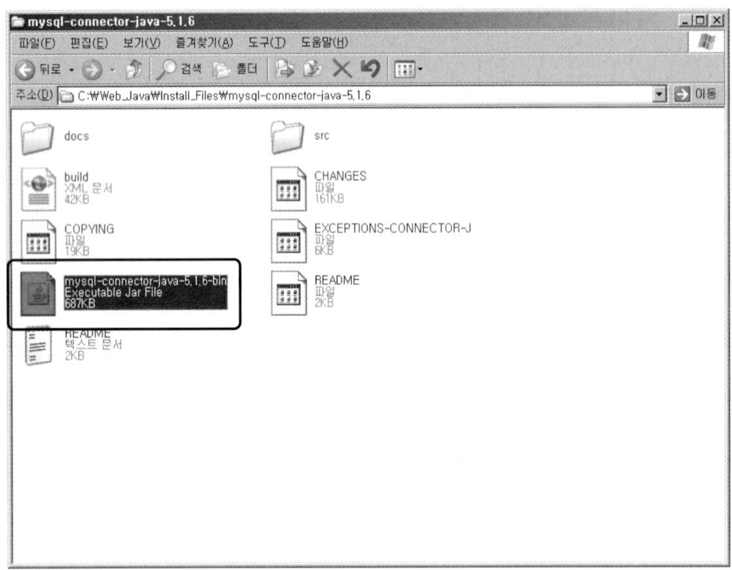

이 파일은 로컬 응용 프로그램, 애플릿, 웹 프로그램에서 각각 호출하여 사용하기 때문에 클래
스 경로(Class Path)를 지정해야 한다. 그런데 우리가 프로그램을 작성하다 보면, 이런 파일들
이 아주 많다는 것을 알게 된다. 그럴 때마다 클래스 경로를 지정한다면 너무 길어서 변수 관리
가 힘들 것이다. 자바에서는 각 프로그램의 클래스 경로를 미리 지정해 두었는데, 다음과 같이
세 경로가 있다.

- C:\Web_Java\jdk1.6\jre\lib\ext ——————— 로컬 응용 프로그램이 자동으로 인식하는 경로

- C:\Program Files\Java\jre1.6.0_05\lib\ext ——————— 애플릿이 자동으로 인식하는 경로

- C:\Web_Java\Tomcat5\common\lib ——————— 톰캣을 이용하는 웹 프로그램이 자동으로 인식하는 경로

세 경로 모두에 앞서 받은 JAR 파일을 복사해 넣으면 JDBC 프로그램을 위한 준비는 모두 끝난다.

다음으로는 이렇게 구성한 환경에서 기초적인 JDBC 프로그램을 작성해 보도록 하자. 웹 관련 JDBC 프로그램은 나중에 다루도록 하겠다.

9.3 JDBC 프로그램의 작성

JDBC 프로그램을 작성하는 과정은 다음과 같다.

❶ 데이터베이스와 연결하는 드라이버 클래스를 찾아 인스턴스를 생성한다.

❷ 연결을 관리하는 Connection 객체를 생성한다.

❸ 작업을 처리할 Statement, PreparedStatement, CallableStatement 객체를 생성한다.

❹ ResultSet 객체를 가지고 질의 결과를 처리한다. 데이터베이스의 구조는 ResultSetMetaData라는 클래스를 사용하면 된다.

❺ 생성된 객체를 모두 닫는다.

▪ 드라이버 인스턴스 생성 ^{9.3.1}

첫 번째로 데이터베이스와 연결하여 사용할 파일들이 있는지를 확인한다. 여기서 굳이 인스턴스를 생성하지 않고, 드라이버가 있는지만 확인해도 프로그램을 실행하는 데 지장이 없다.

드라이버 클래스를 찾는 방법은 Class라는 클래스의 forName( ) 메서드를 사용하면 된다. 이 메서드는 매개 변수로 받은 이름의 클래스를 찾아주는 역할을 한다. 해당 클래스를 찾지 못하면 ClassNotFoundException 예외를 발생시킨다.

```java
try {
    Class.forName("com.mysql.jdbc.Driver");
    System.out.println("드라이버 검색 성공");
} catch(ClassNotFoundException ee) {
    System.err.println("드라이버 검색 실패");
}
```

여기서 예외가 발생하지 않고 정상적으로 실행되면 드라이버 클래스를 찾았다는 이야기다. 그러면 다음으로 진행할 수 있다. 그런데 실무에서는 드라이버 클래스를 찾을 때 인스턴스도 함께 생성한다. 따라서 코드의 원형은 다음과 같다.

```java
try {
    Class cls = Class.forName("com.mysql.jdbc.Driver");
    System.out.println("드라이버 검색 성공");
    cls.newInstance();                              두 가지 예외를 더 발생시킨다.
    System.out.println("인스턴스 생성");
} catch(ClassNotFoundException ee) {
    System.err.println("드라이버 검색 실패");
} catch (InstantiationException e) {
    System.err.println("인스턴스 생성 실패");
} catch (IllegalAccessException e) {
    System.err.println("올바르지 않은 접근");
}
```

■ 연결 객체 생성 9.3.2

두 번째로 찾은 드라이버 클래스를 가지고 우리가 설치한 데이터베이스 서버와 연결하는 Connection 객체를 생성한다. Connection 객체는 DriverManager 클래스의 getConnection( ) 이라는 static 메서드로 생성한다. 여기에서 예외는 데이터베이스 서버와 연결할 때 발생하며, SQLException 예외를 발생시킨다.

```java
String url = "jdbc:mysql://localhost:3306/web_java";
String id = "root";
String pass = "12345678";
try {
    Connection conn = DriverManager.getConnection(url, id, pass);
    System.out.println("연결 성공");
} catch(SQLException ee) {
    System.err.println("SQL Error = " + ee.toString());
}
```

여기에서 url의 의미가 중요하다. getConnection( )의 첫 번째 매개 변수인 url은 어떤 데이터베이스의 어떤 폴더에 접근하고자 하는지를 선언하는 부분이다.

프로토콜 : 서브프로토콜 : SID ——————— URL 형식

프로토콜은 JDBC 프로그램에서는 무조건 jdbc이다. 다음으로 서브 프로토콜은 해당 데이터베이스마다 조금씩 차이가 있다. 각 데이터베이스의 readme.txt 파일을 참고하면 확인할 수 있다. MySQL에서는

```
mysql://database의_IP_주소:3306
```

이 서브 프로토콜이다. 마지막으로 SID는 폴더 이름 다시 말해 데이터베이스 이름이다. 새로운 데이터베이스를 생성하려면 MySQL에 접속해서 다음과 같은 코드를 실행해야 한다.

```
create database web_java;
```

코드는 대소문자를 구별하지 않지만 구문 마지막에는 반드시 세미콜론(;)을 붙여야 실행된다. 데이터베이스가 생성되었는지 확인하려면

```
show databases;
```

라는 질의를 실행하면 된다.

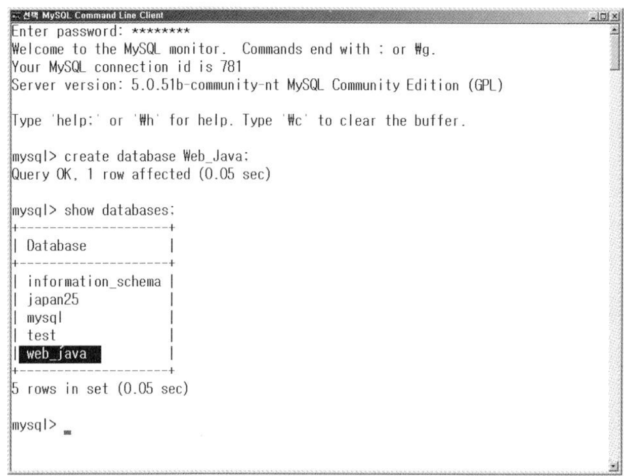

앞의 코드에서 localhost라고 적은 부분은 현재 자신의 컴퓨터가 데이터베이스가 설치된 서버라는 의미의 루프백 IP 주소이다. 루프백 IP 주소로는 127.0.0.1도 사용할 수 있다. 3306은 데이터베이스를 설치할 때 이야기한 것처럼 MySQL의 포트 번호이다.

MySQL은 기본적으로 사용자 이름(User Name)으로 root를 사용한다. 좀더 데이터베이스를 배워 보면 사용자 이름도 새로 만들 수 있다. 사실 프로그램에서 계정 root에 접근하는 것은 좋은 방식이 아니다. 마지막으로 비밀번호는 MySQL을 설치할 때 정한 12345678이다.

■ 작업 객체 생성 ^{9.3.3}

세 번째로 연결된 포트를 통해 질의문을 보낼 수 있도록 돕는 객체를 생성한다. 자바에서는 크게 세 가지 방법으로 질의를 처리한다. 첫 번째는 정적 질의를 처리할 때 유리한 객체인 Statement 객체를 생성하고, 두 번째는 동적 질의를 처리할 때 유리한 객체인 PreparedStatement 객체를 생성한다. 세 번째는 프로시저나 함수를 호출할 수 있게 해주는 객체인데, 여기서 프로시저는 데이터베이스를 조금 더 배워야 알 수 있지만, 간단히 설명하자면 데이터베이스에서의 메서드라 하겠다.

그러면 첫 번째로 Statement 객체부터 생성하기로 하자.

```
try {
    Statement stmt = conn.createStatement();
    System.out.println("Statement 객체 생성 성공!");
} catch(SQLException ee) {
    System.err.println("error = " + ee.toString());
}
```

Statement 객체는 연결만 확인하면 설정이 끝난다. 이후에 실제 사용하려는 질의가 있으면 매번 해당 질의문을 작성하여 데이터베이스로 보내야 한다.

```
try {
    ResultSet rs = stmt.executeQuery("select * from 테이블");
    stmt.exeucteUpdate("insert into 테이블 values (데이터1, 데이터2, ...");
} catch(SQLException ee) {
    System.err.println("error = " + ee.toString());
}
```

여기에서 주의 깊게 봐야 할 것이 있다. 데이터베이스로부터 질의 결과를 가져와야 하는 경우에는 executeQuery( ) 메서드를 사용하고, 특정 내용을 데이터베이스에 적용하는 경우에는 executeUpdate( ) 메서드를 사용한다는 것이다.

두 번째로 PreparedStatement 객체를 생성하는 방법을 살펴보도록 하자.

```java
try {
    PreparedStatement pstmt = conn.prepareStatement("select * from 테이블");
    PreparedStatement pstmt1 = conn.prepareStatement("insert into 테이블 values
                                          (데이터1, 데이터2, ...)");
} catch(SQLException ee) {
    System.err.println("error = " + ee.toString());
}
```

PreparedStatement 객체는 Statement 객체와는 다르게 객체를 생성하면서 기준 질의를 만든다. 기준 질의는 동적 질의의 기초가 되고, 동시에 특정 질의에 대해 데이터만 바뀐 상태로 빠른 실행이 가능하도록 해준다. 가능한 이유는 PreparedStatement 클래스가 setter( ) 메서드를 가지고 있어서이다. 이 메서드로 필요한 부분을 ?로 확인하고서 원하는 값을 해당 위치에 놓을 수 있다.

```java
try {
    PreparedStatement pstmt = conn.prepareStatement("select * from 테이블 where
                                          num = ?");
    pstmt.setInt(1, 10);

    PreparedStatement pstmt1 = conn.prepareStatement("insert into 테이블 values
                                          (?, ?, ?, ?)");
    pstmt1.setInt(1, 10);
    pstmt1.setString(2, "김승현");
    pstmt1.setString(3, "2006-12-25");
    pstmt1.setString(4, "서울 양천구 목2동");
} catch(SQLException ee) {
    System.err.println("error = " + ee.toString());
}
```

앞의 소스에서 ? 기호는 약속이다. ? 기호 대신에 ! 기호를 사용하면 당연히 질의상 에러이다. 모든 자료형에 대해서 setter( ) 메서드가 있다. 예를 들어, setBoolean( ), setByte( ), setShort( ), setInt( ), setLong( ), setFloat( ), setDouble( ) 등은 데이터를 ? 위치에 놓고자 할 때 사용하는 메서드들이다. 또한, setDate( ), setTime( ), setObject( ), setCharacterStream( ), setBlob( ) 등과 같이 객체나 특수한 데이터를 ? 위치에 놓고자 할 때 사용하는 메서드들도 있다.

이들 메서드는 항상 첫 번째 매개 변수로 숫자를 갖는데, 앞서 본 것처럼 질의를 앞에서부터 뒤로 읽어 가면서 ? 기호에 대하여 숫자를 부여한다. pstmt1 객체의 insert 질의를 보면 ? 기호가 4개 있는 것을 알 수 있다. 순서는 앞에서부터 1, 2, 3, 4번을 갖게 된다.

여하튼 정해진 질의에서 조건이나 데이터만 살짝 바꿀 생각이라면 PreparedStatement 객체를 사용하는 것을 고려해 보아야 한다. 이렇게 작성된 PreparedStatement 객체는 앞서 배운 Statement 객체와 동일한 방법으로 실행한다.

```
try {
    ResultSet rs = pstmt.executeQuery();
    pstmt1.executeUpdate();
} catch(SQLException ee) {
    System.err.println("error = " + ee.toString());
}
```

주의할 점은 객체를 생성할 때 질의를 만들었기 때문에 여기서는 execute( ) 메서드에 질의를 적으면 안 된다는 것이다. 여기에 질의를 적으면 JVM은 정말 난감해 한다. 어떤 질의를 실행해야 우리 주인이 만족할까 고민한다는 말이다. 절대로 PreparedStatement 객체에는 execute( ) 메서드에 질의를 적지 말자!!!

▌ 실행과 결과 획득 ^{9.3.4}

네 번째로 execute( ) 메서드 중 executeQuery( ) 메서드에 대한 내용이다. 앞서 executeQuery( ) 메서드를 사용하면 질의 결과를 ResultSet 객체로 가져올 수 있다. 물론 ResultSet 객체가 벡터처럼 질의의 결과물을 모두 갖고 있다는 이야기는 아니다. 단지 데이터베이스로부터 획득한 질의의 결과물을 관리만 할 뿐이다. 따라서 데이터베이스와 연결을 끊게 되면 ResultSet 객체는 더 이상 질의의 결과물을 관리할 수 없게 된다.

ResultSet 객체를 사용하는 방법은 다음과 같다.

```java
try {
    ResultSet rs = pstmt.executeQuery();
    while(rs.next()) {
        int a = rs.getInt(1);
        String b = rs.getString(2);
        String c = rs.getString(3);
        String d = rs.getString(4);
        System.out.println(a + ", " + b + ", " + c + ", " + d);
    }
} catch(SQLException ee) {
    System.err.println("error = " + ee.toString());
}
```

실제 예가 아니라서 조금 혼란스러울 수도 있지만 말로 한번 설명해 보겠다. executeQuery( ) 메서드로 실행하는 질의는 결과를 가져오는 select 질의이다. 따라서 각 레코드(Record)가 연결되어 결과로 넘어오게 된다. 레코드들은 ResultSet 객체의 next( ) 메서드에 의해 다음 레코드로 이동할 수 있다. 그래서 모든 레코드를 출력해 보려면 next( ) 메서드를 가지고 다음이나 그 다음으로 이동해야 한다. 여기서 다음 레코드가 있으면 next( ) 메서드는 True를 반환한다.

그리고 각 레코드에서 결과 값을 가져오는 것은 getter( ) 메서드의 몫이다. PreparedStatement 객체에서 setter( ) 메서드의 역할을 보았을 것이다. getter( ) 메서드는 setter( ) 메서드와 반대라고 생각하면 된다. getter( ) 메서드의 매개 변수로는 문자열이나 숫자를 사용할 수 있는데, 매개 변수에 테이블의 필드 이름을 적거나 해당 필드의 위치를 순번으로 직기 위해시이다.

앞서 설명한 예에서는 테이블에서 필드의 순번을 사용해 보았다. 예를 들어 다음과 같은 테이블이 있으면,

번호	이름	생년월일	주소
1	김승현	2005-12-25	서울 강서구 화곡동
2	서연희	2006-12-25	서울 양천구 목2동

여기서 필드의 위치는 번호가 1번이고, 이름이 2번, 생년월일이 3번, 주소가 4번의 순번을 갖게

된다. while 문으로 next( ) 메서드를 호출하면 검색된 모든 데이터가 출력되고, 그런 다음 실행을 마친다. 그런데 여기에도 주의할 점이 있다. 다음의 질의를 비교해 보자.

- A 형식 : select 이름, 번호, 주소, 생년월일 from 테이블

- B 형식 : select * from 테이블

B 형식은 앞서 설명한 것처럼 번호가 1번, 이름이 2번 등의 순번을 갖겠지만 A 형식은 이름이 1번, 번호가 2번, 주소가 3번, 생년월일이 4번의 순번을 갖게 된다. 결론적으로 검색된 결과에 따라 순번이 부여된다는 사실을 알고 있어야 한다. * 기호와 같은 예약어로 검색하면 테이블 내 필드의 순서를 따르겠지만 말이다.

▪ 생성된 객체 소멸 ^{9.3.5}

마지막으로 데이터베이스와 연결하기 위해 열어 둔 통로를 모두 닫는다. 일반적으로 Connection 객체만 닫으면 되지만 배우는 것이 목적이므로 모든 연결을 역순으로 닫도록 해 보자.

```
try {
    rs.close();
    stmt.close();
    pstmt.close();
    pstmt1.close();
    if(conn != null && !conn.isClosed()) conn.close();
} catch(SQLException ee) {
    System.err.println("error = " + ee.toString());
}
```

만약 Connection 객체를 닫지 않으면 데이터베이스의 부하가 너무 커져서 결국에 시스템이 다운 상태에 빠지게 된다. 반드시 사용한 Connection 객체는 반환하는 습관을 들이도록 하자.

▌ JDBC 프로그램 예제 ^{9.3.6}

앞서 설명한 내용을 토대로 해서 간단한 데이터를 입력하고 검색하는 프로그램을 작성해 보도
록 하자.

예제	Round09_JDBC.java

```java
01 : import java.sql.*;
02 : import java.util.*;
03 : public class Round09_JDBC {
04 :     public static void main(String[ ] ar) {
05 :         Scanner in = new Scanner(System.in);
06 :         try {
07 :             Class cls = Class.forName("com.mysql.jdbc.Driver");
08 :             cls.newInstance();
09 :         } catch(ClassNotFoundException e) {
10 :         } catch (InstantiationException e) {
11 :         } catch (IllegalAccessException e) { }
12 :         Connection conn = null;
13 :         Statement stmt = null;
14 :         PreparedStatement pstmt = null;
15 :         ResultSet rs = null;
16 :         String query = "";
17 :         try {
18 :             conn = DriverManager.getConnection("jdbc:
                                  ↳ mysql://122.36.151.129:3306/web_java",
                                                    ↳ "root", "12345678");
19 :             query = "drop table my_data";
20 :             stmt = conn.createStatement();
21 :             stmt.execute(query);
22 :             stmt.close();
23 :         } catch(SQLException e) { }
24 :         try {
25 :             query = "create table my_data(num int primary key
                          ↳ auto_increment, name varchar(20) not null, age int)";
26 :             stmt = conn.createStatement();
27 :             stmt.execute(query);
28 :             stmt.close();
29 :         } catch(SQLException e) { }
```

```
30 :
31 :                 up: while(true) {
32 :                     System.out.print("1.데이터추가 2.전체출력 3.종료 = ");
33 :                     int dist = in.nextInt();
34 :                     in.nextLine();                                          Enter 키를 처리한다.
35 :                     switch(dist) {
36 :                     case 1:
37 :                         System.out.print("이름 = ");
38 :                         String name = in.nextLine();
39 :                         System.out.print("나이 = ");
40 :                         int age = in.nextInt();
41 :                         in.nextLine();
42 :                         query = "insert into my_data values (null, ?, ?)";
43 :                         try {
44 :                             pstmt = conn.prepareStatement(query);
45 :                             pstmt.setString(1, name);
46 :                             pstmt.setInt(2, age);
47 :                             int res_int = pstmt.executeUpdate();
48 :                             if(res_int > 0)
49 :                                 System.out.println("정상적으로 추가 되었습니다.");
50 :                             else
51 :                                 System.out.println("추가에 실패 했습니다.");
52 :                             pstmt.close();
53 :                         } catch(SQLException e) {
54 :                             System.out.println("ERROR = " + e);
55 :                         }
56 :                         break;
57 :                     case 2:
58 :                         System.out.println("전체 정보 출력!");
59 :                         query = "select * from my_data";
60 :                         try {
61 :                             stmt = conn.createStatement();
62 :                             rs = stmt.executeQuery(query);
63 :                             while(rs.next()) {
64 :                                 int num = rs.getInt("num");
65 :                                 name = rs.getString("name");
66 :                                 age = rs.getInt("age");
67 :                                 System.out.println(num + "번 : " + name + "(" + age + "세)");
68 :                             }
69 :                             rs.close();
```

```java
70 :                    stmt.close();
71 :                } catch(SQLException e) {
72 :                    System.out.println("ERROR = " + e);
73 :                }
74 :                break;
75 :            case 3:
76 :                System.out.println("프로그램 종료!");
77 :                break up;
78 :            default: System.out.println("잘못 입력 하셨습니다.");
79 :            }
80 :            System.out.println();
81 :        }
82 :        try {
83 :            if(conn != null && !conn.isClosed())
84 :                conn.close();
85 :            conn = null;
86 :        } catch(SQLException e) { }
87 :    }
88 : }
```

```
MySQL Command Line Client
mysql> use web_java
Database changed
mysql> show tables:
+-------------------+
| Tables_in_web_java |
+-------------------+
| my_data           |
+-------------------+
1 row in set (0.00 sec)

mysql> desc my_data:
+-------+-------------+------+-----+---------+----------------+
| Field | Type        | Null | Key | Default | Extra          |
+-------+-------------+------+-----+---------+----------------+
| num   | int(11)     | NO   | PRI | NULL    | auto_increment |
| name  | varchar(20) | NO   |     | NULL    |                |
| age   | int(11)     | YES  |     | NULL    |                |
+-------+-------------+------+-----+---------+----------------+
3 rows in set (0.00 sec)

mysql>
```

```
C:\Web_Java\eclipse\workspace\Round09\build\classes>java Round09_JDBC
1.데이터추가 2.전체출력 3.종료 = 1
이름 = 김승현
나이 = 20
정상적으로 추가 되었습니다.

1.데이터추가 2.전체출력 3.종료 = 1
이름 = 이승현
나이 = 30
정상적으로 추가 되었습니다.

1.데이터추가 2.전체출력 3.종료 = 2
전체 정보 출력!
1번 : 김승현(20세)
2번 : 이승현(30세)

1.데이터추가 2.전체출력 3.종료 = 3
프로그램 종료!
```

Q 코드 설명

Line **21**   `stmt.execute(query);`
기존에 my_data라는 테이블이 있으면 삭제한다.

Line **27**   `stmt.execute(query);`
my_data라는 테이블을 생성한다. 필드는 자동 증가 번호로 관리되는 num과 이름을 저장할
name, 나이를 저장할 age로 구성된다.

Line **45**   `pstmt.setString(1, name);`
첫 번째 ? 위치에 이름을 배치한다.

Line **46**   `pstmt.setInt(2, age);`
두 번째 ? 위치에 나이를 배치한다.

Line **47**   `int res_int = pstmt.executeUpdate();`
질의를 수행한다.

Line **48**   `if(res_int > 0)`
질의가 성공적으로 수행되면 삽입된 개수가 반환된다. 여기에서는 1이 반환된다.

Line **63**   `while(rs.next()) {`
검색된 데이터가 있는 동안 반복적으로 수행한다.

Line **64**   `int num = rs.getInt("num");`
해당 레코드에서 번호를 가져온다.

Line **65**   `name = rs.getString("name");`
해당 레코드에서 이름을 가져온다.

Line **66**   `age = rs.getInt("age");`
해당 레코드에서 나이를 가져온다.

Line **83**   `if(conn != null && !conn.isClosed())`
만약 conn 객체가 null이 아니고 닫혀 있지 않으면 코드의 다음 행을 실행하고 닫는다.

마무리 하면서

이번 라운드에서는 웹 프로그램을 작성하면서 필요한 마지막 과정으로 자바의 입출력과 데이터
베이스 연동에 대해서 살펴보았다. 두 가지는 어떤 프로그램 언어에서도 중요하게 취급하는 기

술이다. 왜냐하면 컴퓨터의 기본 목적이 빠른 연산과 대용량의 데이터 관리인데, 입력과 출력은 연산 중에서 기본이고, 데이터베이스는 대용량의 데이터를 관리할 때 필수이기 때문이다.

웹 프로그램을 작성할 때도 두 가지 기술은 아주 중요하다. 사람에게 있어서 산소에 비유할 만하다고 할 수 있다. 없는 것처럼 느껴지지만, 실제로 산소가 없으면 살 수 없는 것처럼 웹 프로그램에서는 우리도 모르는 사이에 입출력과 데이터베이스를 사용하고 있다. 따라서 이번 라운드의 내용에만 한정 짓지 말고, 입출력과 JDBC 관련 전문 도서를 한 권씩 완독해 보기를 권한다.

제 10 장

MVC 패턴

▌ 패턴이란 무엇일까? 영어 사전을 보면 어떤 대상을 만들어 내기 위한 틀이나 견본 등으로 정의되어 있다. 실제로 프로그램에서 패턴이 갖는 의미도 여기서 크게 벗어나지 않는다. 그러나 프로그램에서 이야기하는 패턴은 견본이긴 하지만 아주 정교하고 검증된 견본을 이야기한다. 다시 말해서 어떤 작업을 수행함에 있어 수십 혹은 수백 명의 개발자들이 공통되게 코드를 작성하는 방식을 이야기한다.

Round 10

10.1 MVC 패턴 **10.2** DTO와 DAO 패턴 **10.3** 패턴 프로그램 예제

목표

· MVC 패턴을 정확하게 안다.

· DTO와 DAO 패턴을 활용할 수 있다.

· 모델 1과 모델 2 방식의 프로그램이 갖는 장단점을 안다.

활용

DTO 패턴

데이터를 하나의 객체로 묶어서 사용해야 하는 작업에 이 패턴을 사용한다.

> 예) 회원 가입처럼 많은 양의 데이터를 전송하면 보내는 쪽이나 받는 쪽에 부하가 발생한다. 그러나 객체지향 프로그래밍의 개념을 이용하여 하나의 클래스에 데이터를 전부 저장하여 객체 단위로 전송하면 부하를 줄일 수 있다.

DAO 패턴

JDBC처럼 데이터를 저장하고 처리하는 클래스를 생성하는 작업에 이 패턴을 사용한다.

> 예) 회원 가입에서 실제 데이터를 데이터베이스에 저장하는 코드를 클래스로 미리 작성해 두면 원하는 위치에서 메서드를 호출하는 것만으로 작업을 끝낼 수 있어서 효율적이다.

모델 1 방식의 프로그램

이 방식은 복잡하지 않고 단순한 프로그램의 개발에 적합하다.

> 예) 쇼핑몰처럼 작은 규모의 프로그램은 유지 보수에 신경을 덜 써도 된다. 비용 측면이나 개발 기간도 넉넉하지 않다. 이럴 때 여러 개의 파일로 나누어서 작업하는 것은 효율적이지 않다. 모델(Model)과 뷰(View), 컨트롤러(Controller)를 굳이 나누지 않고 파일 하나에 모든 내용을 포함하면 빠르고 저렴하게 개발할 수 있다.

모델 2 방식의 프로그램

이 방식은 복잡하고 유지 보수를 고려해야 하는 프로그램의 개발에 적합하다.

> 예) ERP나 CRM처럼 복잡하고, 자주 변경되는 프로그램에서는 한번 개발된 코드를 유지 보수 하기가 까다롭다. 이런 경우 MVC 패턴에 따라 작성된 모델 2 방식의 프로그램이 적합하다.

들어가기 전에

다음과 같은 코드를 볼 때 독자는 무엇이 떠오르는가?

```
String a = "java";
String b = "servlet";
String c = "java을(를) 배운 후에 servlet을(를) 배워야 합니다.";
String d = "java을(를) 공부하지 않고 servlet을(를) 배우면 힘듭니다.";
```

필자는 개발자들이 아마도 java라는 문자열과 servlet이라는 문자열을 변수를 이용해서 바꾸고 싶어한다고 생각한다. 왜냐하면 java와 servlet이라는 문자열이 언제 어떻게 바뀔지 모르기 때문이다.

다음과 같이 코드를 바꾸는 것이 효율적이라는 것은 개발자들의 공통적인 생각인 셈이다.

```
String a = "java";
String b = "servlet";
String c = a + "을(를) 배운 후에 " + b + "을(를) 배워야 합니다.";
String d = a + "을(를) 공부하지 않고 " + b + "을(를) 배우면 힘듭니다.";
```

이렇게 바꾸어 놓고 보니 코드는 조금 복잡할지 몰라도 효율성으로 보면 훨씬 나아졌다. 이런 방식이 다수의 개발자들이 선호하는 방식이며, 이것을 패턴이라 부른다.

10.1 MVC 패턴

MVC 패턴을 알려면 M과 V, C를 개별적으로 알아보는 것이 도움이 된다.

■ 모델(Model) ^{10.1.1}

첫째로 M은 Model의 약자이다. 조금 낯설지만 모델은 프로그램을 실행하는 과정에서 관여되는 직접적인 작업이 아니다. 데이터를 담거나 데이터베이스로 데이터를 보내는 작업과 관련된 객체들을 이야기한다. 다음 절에서 배울 DTO나 DAO 패턴에 의해 만들어지는 객체들은 모두 모델에 해당한다.

이해가 안 되면 붕어빵을 생각해 보자. 붕어빵을 찍어 낼 때 사용하는 틀이 바로 모델에 비유된다. 그러면 틀에 의해 찍혀 나온 붕어빵은 무엇에 비유될까? 그건 객체에 비유된다.(클래스의 객체도 같은 의미이다.) 만들어진 붕어빵의 모양은 똑같지만, 밀가루의 양이나 안에 넣는 소에 있어서는 붕어빵마다 차이가 있을 것이다.

MVC 패턴에서 모델은 데이터를 저장하는 객체를 생성해 내는 클래스를 이야기한다. 데이터 저장에는 클래스 자체의 저장뿐 아니라 데이터베이스로의 저장도 포함된다. 앞으로 모델이라고 하면 이런 의미라고 생각하면 된다.

```
class MyModel {
    private String name;
    private int age;
    private String tel;
}
```

예와 같이 MyModel 클래스로 객체를 생성하면 항상 name, age, tel이라는 변수를 갖는 객체가 생성된다. 객체 내에 저장되는 데이터는 차이가 있지만 클래스에 포함되어 있는 멤버 필드들은 동일하다. 이 클래스로 생성된 객체가 모델 객체이고 이 클래스를 모델이라 한다.

보통 모델 클래스는 setter( )와 getter( ) 메서드를 갖는다. 값을 저장하거나 불러올 수 있어야 하기 때문이다. 또한, 웹에서 데이터를 전송하는 목적이라면 java.io.Serializable 인터페이스를 구현하여 직렬화하는 것도 잊지 말아야겠다. 기본적으로 클래스들이 직렬화를 구현하고 있지만 명시하는 것이 좋다.

| 모델 수정

```
import java.io.*;
class MyModel implements Serializable {
    private String name;
    private int age;
```

```java
    private String tel;

    public MyModel() { }

    public void setName(String name) { this.name = name; }
    public String getName() { return this.name; }
    public void setAge(int age) { this.age = age; }
    public int getAge() { return this.age; }
    public void setTel(String tel) { this.tel = tel; }
    public String getTel() { return this.tel; }
}
```

그런데 이러한 모델은 단순히 틀이라는 역할에만 국한되지는 않는다. 조금만 의미를 넓혀 보면 모델에 저장되는 데이터를 검증하거나 데이터를 저장하는 것조차도 모델에 속한다.

예를 들어, 나이를 저장하는 setAge( )라는 메서드가 실행될 때 저장되는 데이터가 0 ~ 150세 사이의 나이만으로 한정된다면 비즈니스 논리가 필요할 것이다. 또한, 모든 데이터를 입력한 뒤에는 데이터들을 DBMS에 저장해야 한다고 가정하면 이러한 작업도 처리하는 부분이 있어야 한다. 자세한 내용은 DTO와 DAO 패턴에서 설명을 하겠지만 지금은 앞의 예에 이러한 내용들을 추가해 보도록 하자.

| 모델 재수정

```java
import java.io.*;
import java.sql.*;
class MyModel implements Serializable {
    private String name;
    private int age;
    private String tel;
    public MyModel() { }

    public void setName(String name) { this.name = name; }
    public String getName() { return this.name; }
    public void setAge(int age) {
        this.age = age;
        if(age < 0 || age > 150) {
            throw new Exception("나이의 범위는 0~150사이여야 합니다.");
```

```java
        }
      }
    public int getAge() { return this.age; }
    public void setTel(String tel) { this.tel = tel; }
    public String getTel() { return this.tel; }

    public void regist_data() throws Exception {
        Class.forName("org.gjt.mm.mysql.Driver");
        Connection conn = DriverManager.getConnection("jdbc:mysql://localhost:3306/
                                              SID", "id", "pw");
        PreparedStatement pstmt = conn.prepareStatement("insert into table
                                              values (?, ?, ?)");
        pstmt.setString(1, getName());
        pstmt.setInt(2, getAge());
        pstmt.setString(3, getTel());
        pstmt.executeUpdate();
        pstmt.close();
        conn.close();
    }
}
```

예를 완성하였지만 실행은 되지 않는다. 실행은 DTO와 DAO 패턴에서 살펴보도록 하겠다.

▪ 뷰(View) ^{10.1.2}

둘째로 V는 View의 약자이다. 영어 의미 그대로 보여지는 부분을 이야기한다. 자바 기본 도서
에서도 GUI나 애플릿을 통해 사용자 인터페이스를 만들 수 있음을 이미 배웠다. 또한, 앞서 간
단하게 살펴본 HTML을 통해서도 사용자 인터페이스를 만들 수 있음을 배웠다. 바로 사용자 인
터페이스를 뷰라고 한다. 이 책은 웹 프로그램을 다루고 있으므로 앞으로 뷰는 웹에서 사용자에
게 보여지는 사용자 인터페이스로 한정해서 설명할 것이다. 뷰 예를 만들어 보자.

```html
<html>
    <head>
        <title>VIEW 영역입니다.</title>
    </head>
    <body>
```

```html
<center>
<table width="40%" border="1">
    <tr>
        <th width="30%">이름</th>
        <td width="70%" align="CENTER">
        <input type="TEXT" name="NAME" size="27%"/>
        </td>
    </tr>
    <tr>
        <th width="30%">나이</th>
        <td width="70%" align="CENTER">
        <input type="TEXT" name="AGE" size="27%"/>
        </td>
    </tr>
    <tr>
        <th width="30%">전화</th>
        <td width="70%" align="CENTER">
        <input type="TEXT" name="TEL" size="27%"/>
        </td>
    </tr>
</table>
</center>
</body>
</html>
```

그런데 예에서 주목할 점이 있다. 앞서 웹의 표현 언어인 HTML을 배웠었다. 그러나 실무에서는 웹 프로그램 중에 뷰의 코드는 대부분 웹 디자이너가 작성한다. 웹 디자이너가 HTML 페이지를 작성해서 주면 개발자는 단지 필요한 부분에 〈form〉 태그를 적거나 데이터에 값을 지정하는 작업만 한다. 프리랜서로 혼자 작업할 때에도 대부분은 웹 디자이너의 도움을 받는다. 무슨 이야기를 하려고 서론이 길었는가 하면, 웹 디자이너는 단지 디자이너일뿐 개발자가 아니다. 따라서 다음과 같은 프로그램을 본다면 어떨지 한번 생각해 보자.

| 뷰 수정

```html
<html>
    <head>
    <%
```

```
        String title = "VIEW 영역입니다.";
        out.println("<title>" + title + "</title>");
    %>
    </head>
    <body>
        <center>
        <table width="40%" border="1">
        <%
            String[ ] subject = new String[ ] {"이름", "나이", "전화"};
            String[ ] names = new String[ ] {"NAME", "AGE", "TEL"};
            for(int i = 0; i < subject.length; ++i) {
                out.println("<tr>");
                out.println("<th width="30%">");
                out.println(subject[i] + "</th>");
                out.println("<td width='70%' align='CENTER'>");
                out.println("<input type='TEXT' ");
                out.println("NAME='" + names[i] + "' size='27%'/>");
                out.println("</td>");
                out.println("</tr>");
            }
        %>
        </table>
        </center>
    </body>
</html>
```

이렇게 프로그램을 작성해 놓고, 웹 디자이너에게 미소와 함께 한마디 날려 보자.

"예쁘게 디자인 입혀 주세요. ^^"

아마도 주먹이 날아오지 않을까? 실제 프로그램에서 이런 방식을 쓰면 안 된다는 것이 아니다. 웹 디자이너와의 공동 작업에서는 피해야 할 코드라는 것이다. 아니면 디자인이 끝난 다음에 이렇게 프로그램을 수정하는 것이 좋다. 물론 능력 있는 웹 디자이너라면 이런 것쯤은 충분히 감당할 수 있을 것이다. 그런데 팀 프로젝트에서는 이런 점을 고려해 가면서 작업을 할 만큼 여유롭지 못하다. 분량도 방대하고, 사람도 많다 보니 이것저것 가릴 수가 없다. 내가 맡은 작업을 처리하기도 바쁜데 남을 고려하다니 사치다. 그렇다고 앞서의 예와 같은 코드를 사용할 수는 없는 노릇이다.

그렇다면 방법은 하나이다. 비지니스 논리와 프레젠테이션을 분리하는 방법이다. 사실 완벽한 분리는 힘들다. 웹 디자이너와 개발자를 조금씩 고려했을 뿐이지. MVC 개념도 바로 이러한 영역의 분할에서 시작되었다. 웹 디자이너는 순수하게 디자인에만 신경 쓸 수 있게 하고, 개발자는 비즈니스 논리에만 신경 쓸 수 있게 하는 개념이 필요했던 것이다.

결국 뷰는 웹 디자이너의 영역으로 볼 수도 있기 때문에 서로 간에 이해가 편한 태그 언어를 사용하도록 권장하고 있는데, 바로 JSTL이다. 이 책의 후반부에 다루게 될 내용이다. 예를 다시 한번 수정해 보자.

| 뷰 재수정

```
<%
    DTO ap = new DTO("이름", "NAME");
    DTO bp = new DTO("나이", "AGE");
    DTO cp = new DTO("전화", "TEL");
    ArrayList list = new ArrayList();
    list.add(ap); list.add(bp);  list.add(cp);
    request.setAttribute("data", list);
%>
<html>
    <head>
        <title>${ title }</title>
    </head>
    <body>
        <center>
        <table width="40%" border="1">
        <c:forEach var="v" collection="${ requestScope.data }">
            <tr>
                <th width="30%">${ v.subject }</th>
                <td width="70%" align="CENTER">
                <input type="TEXT" name="${ v.names }" size="27%"/>
                </td>
            </tr>
        </c:forEach>
        </table>
        </center>
    </body>
</html>
```

> class DTO { String subject; String names; }라는 클래스가 있다고 가정

> 이 부분은 실제로 모델과 컨트롤러에서 처리되어 오기 때문에 필요 없다.

재수정한 예에서 제일 위에 코드는 뷰에서 작성하지 않는 것이다. 이해를 도우려고 적어 두었다. 따라서 〈html〉 태그 아래만 살펴보면 되는데, 이 경우 웹 디자이너의 입장에서도 이해가 쉽고, 개발자의 입장에서도 훨씬 작업하기가 쉽다. 나중에 디자인이 변경되어도 개발자 없이 웹 디자이너 혼자서도 작업이 가능해진다.

이렇듯 뷰는 자체로는 의미가 없지만 여러 작업 간에 이해가 얽혀 있을 때 사용하면 의미가 있다. 지겨웠겠지만 뷰에 대해 알았으면 하는 마음으로 지면을 조금 할애했다. 그리고 앞서 작성된 코드는 당연히 지금은 이해할 수는 없을 것이다. 그냥 살펴보고 지나치면 된다.

▪ 컨트롤러(Controller) ^{10.1.3}

마지막으로 C는 Controller의 약자이다. 우리가 알고 있는 것처럼 제어라는 의미를 갖고 있다. 그러면 무엇을 제어한다는 것일까? 정답은 모델과 뷰 사이를 제어한다는 것이다. 일반적으로 웹 프로그램의 실행 흐름을 보자면, 다음과 같다.

❶ 사용자가 웹 브라우저의 주소 표시줄에 사이트 주소를 입력한다.

❷ 컨트롤러는 사용자가 요청한 페이지를 인식하고 모델과 뷰를 연결해 준다.

❸ 사용자는 뷰에서 요구하는 데이터를 입력하고 전송 단추를 누른다.

❹ 컨트롤러가 해당 데이터를 처리할 모델을 찾아 데이터를 입력하고 관련 메서드를 호출하여 데이터를 처리한다.

❺ 컨트롤러는 처리한 결과에 따라 해당 뷰로 모델의 데이터를 이동시켜 준다.

❻ 뷰는 모델에 담겨 있는 결과를 화면에 출력한다.

반드시 이와 같은 실행 흐름은 아니지만, 나중에 설명할 모델 2의 프로그램을 잠깐 엿본다면 이와 같을 것이다. 보통 MVC 패턴은 모델 2에서 구분되어 사용되기 때문에 모델 1으로는 설명하기 곤란하다.

일단 이러한 실행 흐름을 보면 컨트롤러가 어떠한 역할을 하는지 어느 정도 이해가 될 것이다. 어떤 뷰를 선택해서 사용하고, 어떤 모델의 메서드를 호출하는지에 대한 제어권을 모두 갖는다고 볼 수 있다.

일부 프레임워크(예를 들면 스트럿츠와 같은)에서는 컨트롤러를 통해 전달되는 데이터를 담는 공간(DTO처럼)을 모델로 해석하지 않고 컨트롤러로 해석하기도 하는데, 이것은 처리 상황과 내용상으로 컨트롤러로 보는 게 옳다. 그러나 우리는 아직 이런 것까지 신경 쓸 필요는 없다. 앞으로 배우겠지만 컨트롤러는 JSP로도 작성할 수 있지만 보통 서블릿으로 작성한다. 다음 예를 보자.

```java
import java.io.*;
import javax.servlet.*;
import javax.servlet.http.*;
public MyController extends HttpServlet {
    public void doGet(HttpServletRequest request, HttpServletResponse response)
            throws IOException, ServletException {
        process(request, response);
    }
    public void doPost(HttpServletRequest request, HttpServletResponse response)
            throws IOException, ServletException {
        process(request, response);
    }
    public void process(HttpServletRequest request, HttpServletResponse response)
            throws IOException, ServletException {
        String uri = request.getRequestURI();
        if(uri가_첫_페이지를_요구한다면) {
            //메인 페이지를 찾아서 이동시킨다.
        }
        else if(uri가_로그인을_요구한다면) {
            String id = request.getParameter("id");
            String pw = request.getParameter("pw");

            DAO dao = new DAO();
            boolean bool = dao.check_login(id, pw);

            if(bool) {
                //로그인 성공 페이지로 이동
            }
            else {
                //로그인 실패 페이지로 이동
            }
        }
    }
}
```

예가 물론 낯설 것이다. 배우기 시작하는 독자들에게 제시하기가 참으로 난감하다. 대부분의 책에서는 MVC 패턴이나 모델 1, 모델 2 같은 것들을 부록이나 책의 끝에서 다룬다. 그러나 필자는 첫 부분에 다루어야 한다고 생각한다. MVC 패턴은 개발자에게 너무나 중요한 개념인데, 책의 마지막이나 부록에서 설명하면 대부분의 독자가 중요치 않게 생각하고 지나칠 것이기 때문이다. 그리고 Part 2의 서블릿과 Part 3의 JSP를 배우면서 스스로 이러한 패턴에 입각하여 프로그램을 생각해 본다면 훨씬 많은 도움이 된다.

결론적으로 MVC 패턴은 앞서 설명한 Model-View-Controller를 적절히 구분하여 사용하는 것이 효율성이 뛰어나다는 것을 말해 주는 검증된 견본인 셈이다. MVC 패턴을 사용하는 모델 1과 모델 2라는 프로그래밍 방식이 있는데, 모델 1은 모델이 독립적으로 존재하고 뷰와 컨트롤러가 하나의 JSP 페이지로 구성되어 유지 보수에서는 이점이 적으나 개발 속도 면에서 유리하다. 모델 2는 모델과 뷰, 컨트롤러가 완벽하게(?) 구분되어 개발 속도는 조금 더디지만 유지 보수와 재사용에 있어서는 이점이 있다. 개발 프로젝트의 규모와 종류, 특성 등을 고려해서 적절한 방식을 선택하면 여러모로 이득이 될 것이다. 그러면 다음으로 DTO와 DAO 패턴을 다루어 보자.

10.2 DTO와 DAO 패턴

우선 DTO는 Data Transfer Object의 약자이다. 데이터를 담아 전송하는 객체를 이야기한다. 앞 라운드에서 조금 설명하였지만 데이터를 객체 단위로 묶어서 전송하면 네트워크의 부하를 줄일 수 있을 뿐 아니라, 객체 자체가 데이터베이스의 레코드 하나에 해당하므로 관련 데이터를 관리하기가 편하다.

다음 예를 보자.

```java
class MyDTO {
    private String name;
    private int age;
    private String tel;
}
```

만약 서버로 사용자의 이름과 나이, 전화번호를 보내야 한다고 가정할 때, 데이터 하나하나를 따로 보내는 것은 비효율적이다. 또한, 여러 사용자가 동시에 데이터를 보내면 데이터들 간에 구별하기도 어려울 것이다. 물론 구별할 수 없다는 것은 아니다. IP 주소를 조사하고 요청 객체를 조사하면 구별은 할 수 있다. 그러나 예와 같이 MyDTO라는 클래스를 이용해 객체 단위로 데이터를 보내면, 이런 문제는 자연스럽게 해결된다.

당연한 이야기지만 이런 형태의 DTO 클래스에는 데이터를 저장하거나 불러오는 setter( )와 getter( ) 같은 메서드가 필요하다. 그리고 기본적으로 구현되어 있기는 하지만 명시적으로 객체를 직렬화해 주는 것이 좋다.

setter( )와 getter( ) 메서드란?

'setter( ) 메서드는 클래스의 객체에 데이터를 저장하는 메서드로 set으로 시작한다. set 다음의 문자는 멤버 필드의 첫 문자를 대문자로 바꾸어 사용하는 것을 원칙으로 한다. 접근 지정자와 결과형 반환 값은 public void이다. 거의 빈(Bean)과 유사한 형태이다.

예를 들어 멤버 필드가 'private int aaa;'라고 하면 setter( ) 메서드는

```
public void setAaa(int aaa) { ... }
```

라는 형태가 된다. 매개 변수는 당연히 멤버 필드와 자료형이 같아야 한다. getter( ) 메서드도 이와 유사한데, 클래스의 객체에서 데이터를 불러올 때 사용한다.

| DTO 수정

```
import java.io.*;
class MyDTO implements Serializable {
    private String name;
    private int age;
    private String tel;

    public void setName(String name) { this.name = name; }
    public String getName() { return this.name; }
    public void setAge(int age) { this.age = age; }
    public int getAge() { return this.age; }
    public void setTel(String tel) { this.tel = tel; }
    public String getTel() { return this.tel; }
}
```

이러한 DTO 클래스는 멤버 필드가 예와 같이 3개만 있으면 그럭저럭 작성하기가 쉽다. 그러나 ERP와 같이 100개 이상의 데이터를 다루는 경우라면 DTO 클래스를 작성하기가 너무 힘들다. 그래서 대부분의 개발 도구들은 setter( )와 getter( ) 같은 메서드를 자동으로 생성해 준다.

우리가 사용하는 이클립스에도 이와 같은 기능이 있다. 한번 사용해 보도록 하자. 참고로 다음 화면은 다른 버전의 이클립스에서 실행한 것이어서 왼쪽 패널의 트리가 Round01 ~ Round09 까지의 것과 다르게 보일 것이다. 그러나 작성 방법은 동일하기 때문에 신경 쓰지 말기 바란다.

이클립스에서 J2EE 화면 구성(Perspective)을 열고 Dynamic Web Project로 만들자.

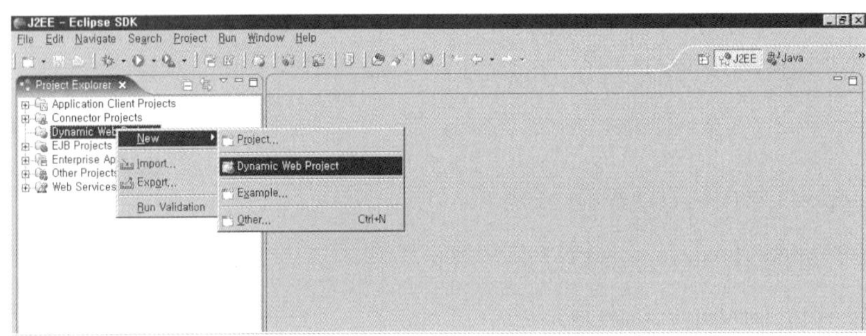

[Project Name] 필드에 **Round10**을 적고 〈Finish〉를 누르자.

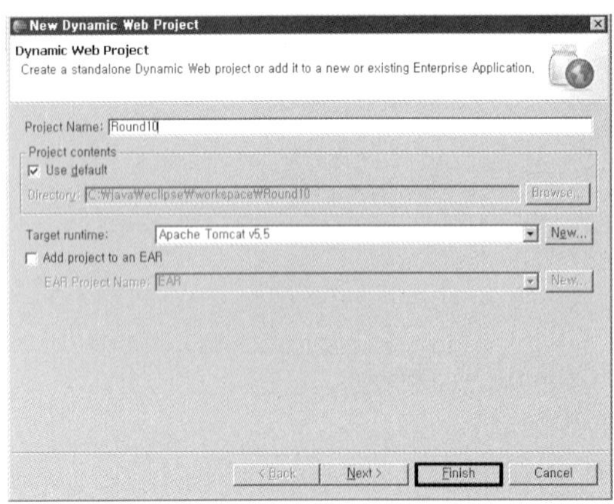

왼쪽 프로젝트 탐색기의 트리에서 **Round10**을 선택하고, 바로 가기 메뉴를 띄우고서 **[New]** →
[Class]를 차례로 선택하자.

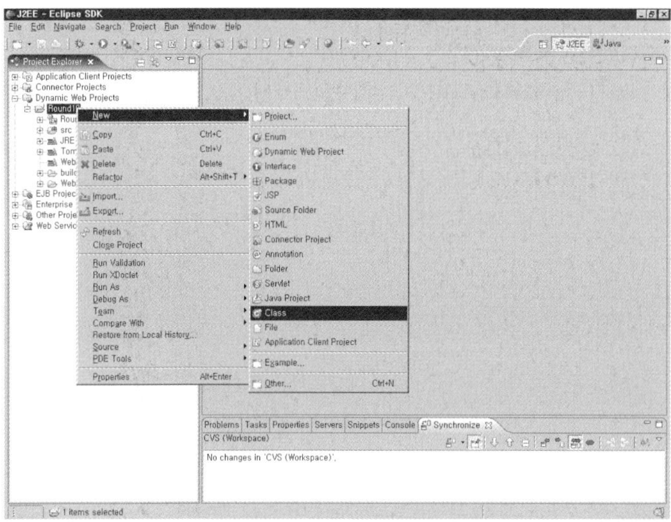

열린 대화 상자의 [Package] 필드에 **round10.models**라고 적고, [Name] 필드에 **MyDTO**라고
적는다. 그리고 [Interfaces] 필드에서 〈Add〉를 눌러 java.io 인터페이스의 직렬화를 구현한 다
음에 〈Finish〉를 누르자. 여기서 패키지는 소문자 r로 시작하여 프로젝트 이름과 다르게 적어
야 나중에 충돌을 피할 수 있다.

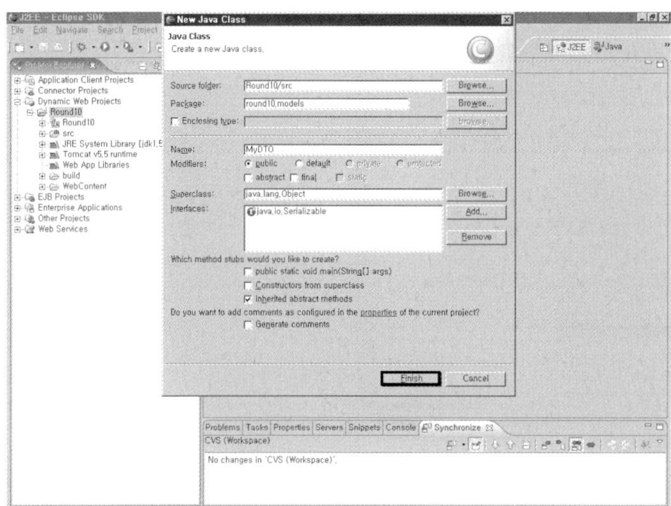

클래스 파일이 만들어지면 다음과 같이 코드를 작성하자.

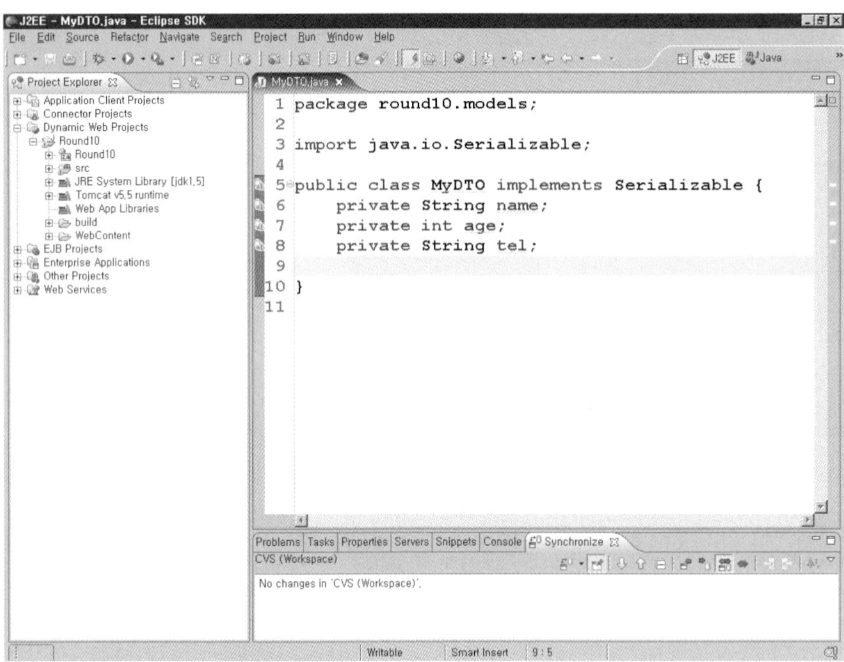

커서의 위치를 **9행**에 두고 바로 가기 메뉴를 띄워서 **[Source]** → [Generate getters and setters...]를 차례로 선택하자.

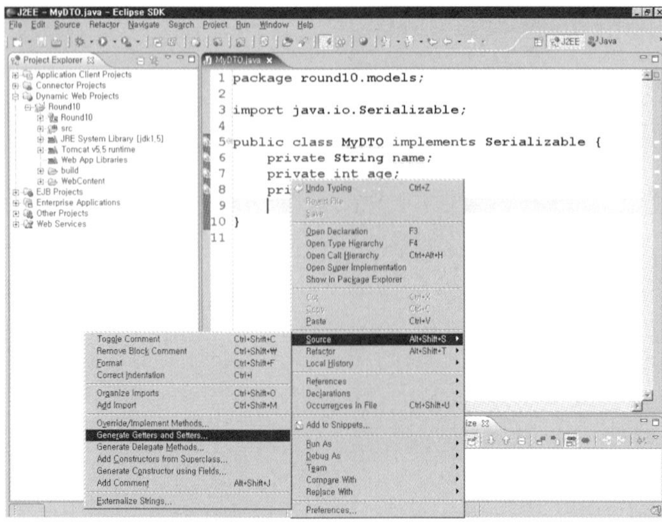

대화 상자에서 〈Select All〉을 누르고서 〈OK〉를 누르면 자동으로 메서드들이 만들어진다. 물론 원하는 속성에 대해서만 getter( )와 setter( ) 메서드를 만들 수도 있다.

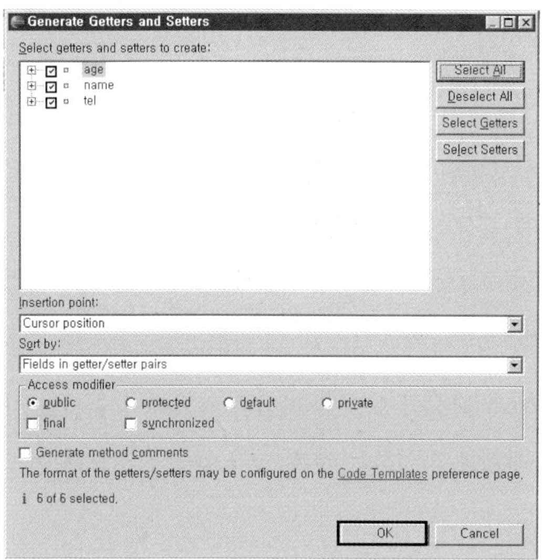

결과 화면은 다음과 같다. 개발 도구들마다 차이는 있지만 대부분은 이러한 기능을 제공한다. 어떤가? 편해 보이지 않는가? 여하튼 DTO는 객체 단위로 데이터를 전송하고 관리하기 위한 것이다.

그러면 이러한 DTO가 MVC 패턴 중에서 어떤 영역에서 동작할까? 해답은 MVC 패턴 전 영역이라고 할 수 있다. 모델은 자체로 DTO를 포함한다고 할 수 있고, DTO는 모델의 DAO에서 사용이 된다. DAO가 처리한 결과는 뷰 페이지로 DTO가 보내서 getter( ) 메서드에 의해 출력된다. 그래서 실행 영역에 모델과 뷰가 포함되는 것이다.

그런데 스트럿츠와 같은 프레임워크에서는 뷰에서 컨트롤러로 데이터들이 전달될 때 FormBean이라는 DTO와 형태가 유사한 객체가 사용된다. 이 객체는 단지 데이터만 특정 위치로 전달하는 것을 제어하는 역할을 하기 때문에 컨트롤러에 포함시킨다. 따라서 컨트롤러도 DTO를 사용한다고 볼 수 있다. (실제로는 FormBean을 DTO라고 부르지는 않는다. 말하자면 그렇다는 이야기다.)

여하튼 DTO는 웹에서 이루어지는 데이터 전송에서 핵심이 되므로 적절한 위치에서 수시로 사용할 수 있도록 연습을 많이 해야 한다. DTO 클래스를 작성하는 것은 그리 어렵지 않으니 어느 곳에서 사용하는지 잘 확인해 두자.

다음으로 DAO는 Data Access Object의 약자이다. DTO에 담겨서 넘어온 데이터들을 실제로 처리하는 객체이다. 여기서는 DBMS로 저장, 수정, 삭제 등의 작업을 처리한다. 이러한 처리에는 자바 기초인 JDBC를 배운 독자들이 생각해 봐도 상당한 양의 코드를 필요로 한다. 그런데 이런 작업을 웹 페이지를 보여주는 뷰나 데이터 전송을 제어하는 컨트롤러에서 처리한다면 유지 관리나 재사용에 상당한 제약이 따를 수밖에 없다.

따라서 이런 작업은 모델에서 독립적으로 처리하게 하는 것이 좋다. 방법으로 생각해 낸 것이 DAO를 이용하는 것이다. DAO 클래스의 메서드는 당연히 DTO를 매개 변수로 하여 각각의 데이터를 처리하게 된다. 다음의 예를 보자.

```java
import java.sql.*;
class MyDAO {
    private Connection conn;
    public MyDAO() throws Exception {
        Class.forName("org.gjt.mm.mysql.Driver");
        conn = DriverManager.getConnection("jdbc:mysql://localhost:3306/SID",
                                            "id", "pw");
    }
    public void registMember(MyDTO dto) {
```

```
        //DTO에서 값을 빼내어 DBMS에 저장하는 작업
    }
    public Boolean checkLogin(MyDTO dto) {
        //DTO에서 값을 빼내어 DBMS에 저장된 데이터를 검색하는 작업
    }
}
```

이와 같은 DAO 클래스를 미리 작성해 두고 사용하면 재사용이나 유지 보수에 유리하다는 것은
자명한 일이 될 것이다.

10.3 패턴 프로그램 예제

앞서 배운 웹 프로그램의 지식을 기반으로 간단하게 나마 DTO와 DAO 패턴을 사용하는 프로그
램을 작성해 보자. 작성하는 과정은 다음과 같다. (패키지들 : round10.models, round10.controllers)

❶ 사용자를 등록하는 HTML 페이지를 작성한다.(Round10_Register.htm) ──────────── 뷰

❷ HTML 페이지에서 넘어오는 데이터를 저장하는 DTO 클래스를 작성한다. ──────────── 모델
(Round10_MemberDTO.java)

❸ 사용자 데이터를 관리하는 DBMS의 테이블을 만든다.(Round10_Member) ──────── 물리적 저장

❹ DTO에서 넘어온 데이터를 실제 DBMS에 저장하는 작업을 처리하는 DAO 클래스를 작성한다. ── 모델
(Round10_MemberDAO.java)

❺ 사용자가 HTML 페이지에 입력한 데이터를 DTO에 담아 DAO 클래스의 관련 메서드에 전송하는 작업을
담당하고, 결과에 따라 이동할 페이지를 결정하여 제어하는 서블릿 클래스를 작성한다. ──── 컨트롤러
(Round10_MemberProcess.java)

❻ 처리 결과의 성공과 실패 여부를 출력하는 뷰 페이지를 작성한다.(Round10_Success.htm) ──── 뷰

이 과정을 살펴보다가 필자에게 한마디하고 싶은 독자도 있을 것이다. 웹 프로그램의 기초도 배
우지 않았는데, 이렇게 어려운 것을 어떻게 하냐고? 맞는 이야기다. 그러나 필자가 여기에서 이
야기하고 싶은 것은 DTO와 DAO 패턴이지 서블릿이 아니다. 서블릿은 다음 라운드부터 배우는

것이 맞다. 그러나 열심히 설명을 하고 이것을 프로그램으로 만들어 봤는데, 실행이 되지 않으면 이해도는 낮아질 수밖에 없을 것이다. 서블릿이나 JSP 없이는 웹 프로그램이 실행되지 않는다. 그래서 어쩔 수 없이 뒤에서 배울 서블릿을 잠시 빌려 왔다. 독자의 이해를 바란다. 그러면 이제부터 프로그램을 작성해 보도록 하자.

▪ 뷰 페이지 작성 10.3.1

먼저 사용자를 등록하는 HTML 페이지를 작성해 보자. HTML이나 JSP, 이미지 파일 등이 만들어지는 위치는 프로젝트 이름(여기서는 Round10) 아래 WebContent라는 폴더이다. (이것은 반드시 지켜야 한다.) 따라서 **WebContent** 폴더에서 바로 가기 메뉴를 띄우고 [New] 메뉴를 선택하자. 그러면 [HTML] 메뉴가 있을 것이다.

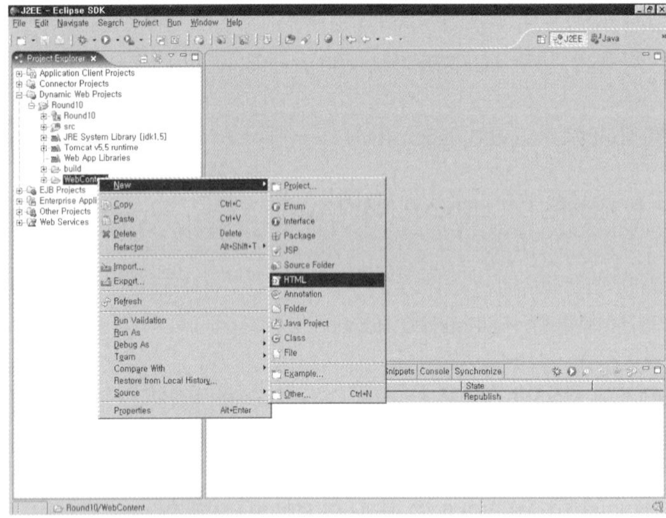

[HTML] 메뉴가 없으면 맨 아래에 있는 [Other...] 메뉴를 선택하고, 폴더 중에서 **Web**이라는 폴더를 살펴보면 찾을 수 있을 것이다.

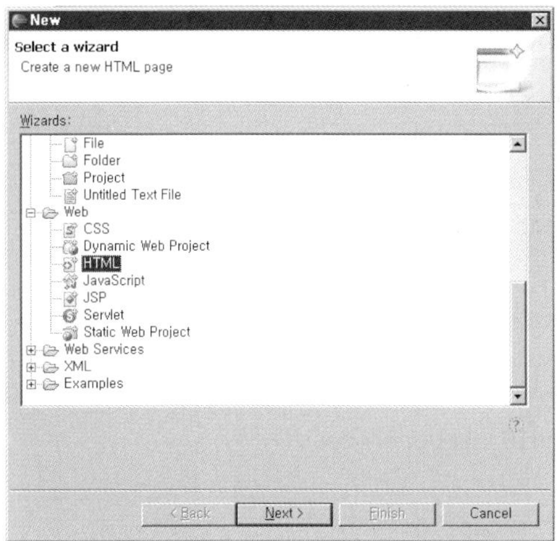

앞 라운드에서도 작성해 본 것처럼 [HTML] 메뉴를 선택하면 파일 이름을 적을 수 있는 대화 상자가 열린다. **Round10_Register.htm**이라고 적고 〈Finish〉를 누르면 파일이 만들어진다.

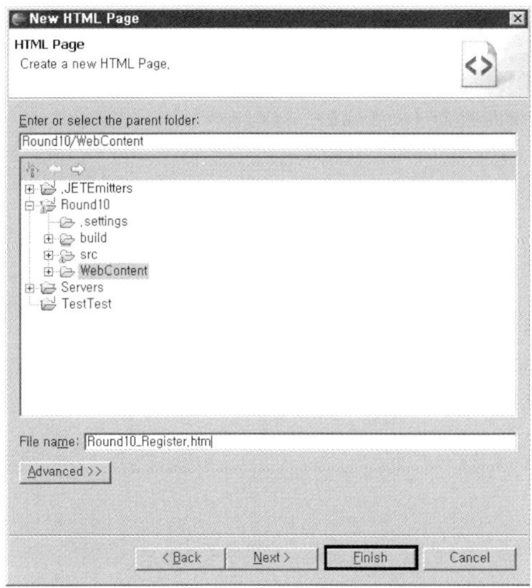

주의할 점은 가운데 트리 노드(Tree Node)에서 [WebContent] 항목이 선택되어 있는지 확인하는 것이다. 엉뚱한 항목에서 파일을 만들면 이클립스가 인식하지 못해서 서버 구동이 되지 않는다. 〈Finish〉를 눌러 파일이 만들어진 것을 확인했으면 다음의 코드를 작성하도록 하자.

```
01 : <!DOCTYPE HTML PUBLIC "-//W3C//DTD HTML 4.01 Transitional//EN">
02 : <html>
03 : <head>
04 : <meta http-equiv="content-type" content="text/html;charset=euc-kr">
05 : <title>회원 가입!</title>
06 : </head>
07 : <body>
08 :     <center>
09 :     <form method="post" action="Round10_MemberProcess">
10 :     <table width="40%" border="1">
11 :             <caption><h3>회 원 가 입 !</h3></caption>
12 :         <tr>
13 :                 <th width="30%">이름</th>
14 :                 <td width="70%" align="center">
15 :                 <input type="text" name="name" size="27%"/>
16 :                 </td>
17 :         </tr>
18 :         <tr>
19 :                 <th width="30%">전화</th>
20 :                 <td width="70%" align="center">
21 :                 <input type="text" name="tel" size="27%"/>
22 :                 </td>
23 :         </tr>
24 :         <tr>
25 :                 <th width="30%">주소</th>
26 :                 <td width="70%" align="center">
27 :                 <input type="text" name="addr" size="27%"/>
28 :                 </td>
29 :         </tr>
30 :     </table>
31 :     <br/>
32 :     <table width="40%">
33 :         <tr>
34 :                 <td align="right">
35 :                 <input type="submit" value="회원가입"/>
36 :                 </td>
37 :         </tr>
38 :     </table>
```

```
39 :          </form>
40 :          </center>
41 :    </body>
42 :    </html>
```

Q 코드 설명

Line **1~7** _________ 이클립스에 의해 자동으로 만들어지는 코드로 5행의 제목(Title)만 적절하게 수정해서 사용하면 된다.

Line **9** _________ `<form method="post" action="Round10_MemberProcess">`

웹 페이지에 적은 내용을 action 속성이 지정하는 곳으로 전송하는 태그이다. 메서드의 속성 값에 따라 GET이나 POST 방식의 전송을 지원한다.

Line **10~30** _________ 실제 웹 페이지에 보여지는 표에 대한 코드이다.

Line **35** _________ `<input type="submit" value="회원가입"/>`

9행의 〈form〉 태그를 통해 데이터를 전송하라는 명령을 담고 있는 단추를 누르면 비로소 action 속성에서 지정한 곳으로 전송된다.

⋮ DTO 클래스 작성 ^{10.3.2}

HTML 페이지에서 넘어오는 데이터를 저장하는 DTO 클래스를 작성해 보자. 웹 프로젝트에서는 대부분의 자바 파일을 src 폴더에 만든다. 여기에 있는 파일은 자동으로 build 폴더에 컴파일되어 저상되고, 이들 파일의 위치가 실제 실행 위지인 WEB-INF 쏠더의 아래 classes 쏠더로 자동적으로 바뀐다. 자세한 내용은 서블릿에서 배우도록 하자. DTO 클래스를 작성하는 방법은 DTO 패턴을 설명할 때 함께 이야기했으므로 여기서는 코드만 저도록 하겠다.

예제	Round10_MemberDTO.java(패키지 round10.models)

```java
01 : package round10.models;
02 : import java.io.Serializable;
03 : public class Round10_MemberDTO implements Serializable {
04 :      private int num;
05 :      private String name;
06 :      private String tel;
07 :      private String addr;
08 :      public String getAddr() { return addr; }
```

```
09 :        public void setAddr(String addr) { this.addr = addr; }
10 :        public String getName() { return name; }
11 :        public void setName(String name) { this.name = name; }
12 :        public int getNum() { return num; }
13 :        public void setNum(int num) { this.num = num; }
14 :        public String getTel() { return tel; }
15 :        public void setTel(String tel) { this.tel = tel; }
16 : }
```

Q 코드 설명

Line **4~7**   전송하려는 데이터를 저장하는 속성들로 DBMS 테이블의 필드들과 일대일로 매칭이 되도록 작성하면 사용하기 편하다. 이렇게 테이블의 모든 필드들과 매칭되는 DTO를 도메인 DTO라고 부른다. 참고로 모든 필드를 가지고 있지 않은 DTO는 사용자 정의 DTO라고 부른다.

Line **8~15**   이클립스의 자동 생성 도구를 통해 만들어진 setter()와 getter()메서드들이다

▥ DBMS의 테이블 생성 ^{10.3.3}

앞 라운드에서 설치한 MySQL의 web_java 데이터베이스에 Round10_Member 테이블을 만드는 작업이다. **[시작]** → [프로그램] → [MySQL] → [MySQL Command Line Client]를 차례로 선택하자.

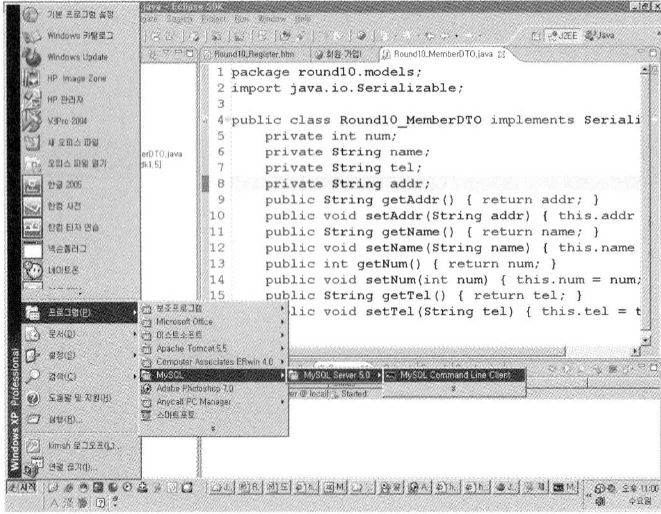

비밀번호는 당연히 12345678이다. MySQL에 접속해서는 web_java 데이터베이스에 접속을 하
자. web_java라는 데이터베이스는 앞 라운드에서 만들었다.

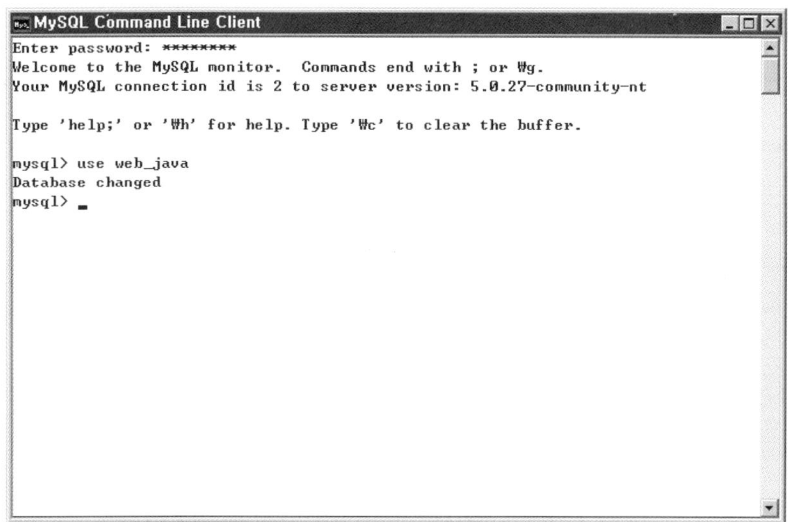

다음과 같이 코드를 작성하여 테이블을 만들자.

실행

```
create table Round10_Member(
num int primary key auto_increment,
name char(20) not null,
tel char(15),
addr char(100));
```

1행은 테이블 이름을 지정하는 코드이다. 2행은 번호(num) 필드를 자동으로 1씩 증가하게 하
고, 이 값을 기본(Primary) 키로 사용한다. 3행에서 이름은 반드시 입력하도록 not null 속성을
지정하고 이름의 길이는 20바이트로 한다.

▪ DAO 클래스 작성 ^{10.3.4}

네 번째로 DTO에서 넘어온 데이터를 실제 DBMS에 저장하는 작업을 처리하는 DAO 클래스를
작성해 보자. 여기서는 DTO 클래스를 작성한 패키지에 DAO 클래스를 작성하는 것이다. 이미

패키지는 만들어져 있으므로 해당 패키지에서 바로 가기 메뉴를 띄우고. [Class] 메뉴를 선택하
고 클래스를 작성하면 된다.

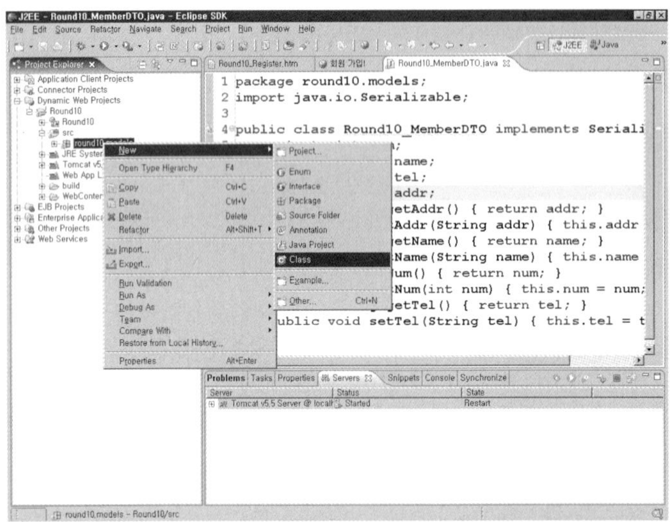

파일 이름을 적고 〈Finish〉를 누르면 파일이 만들어진다. 이렇게 하면 패키지 이름이 자동으로
설정되기 때문에 편하다.

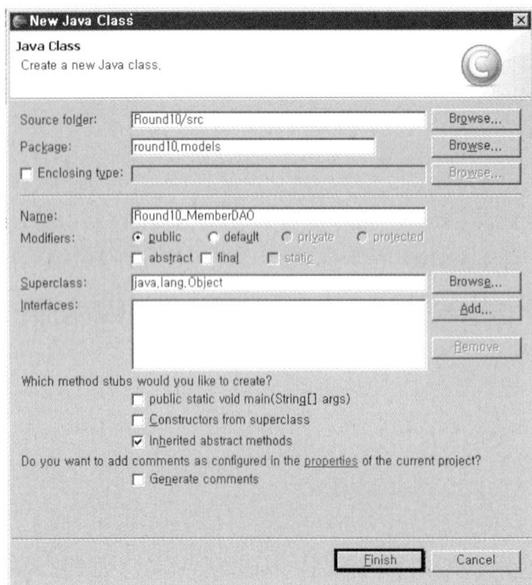

파일을 만들었으면 다음과 같이 코드를 작성하자.

| 예제 | Round10_MemberDAO.java(패키지 round10.models) |

```java
01 : package round10.models;
02 : import java.sql.*;
03 : public class Round10_MemberDAO {
04 :     private Connection conn;
05 :     public Round10_MemberDAO() throws ServletException {
06 :         try {
07 :             Class.forName("org.gjt.mm.mysql.Driver");
08 :         } catch(ClassNotFoundException ex) {
09 :             throw new ServletException("드라이버 오류!");
10 :         }
11 :         String url = "jdbc:mysql://localhost:3306/web_java";
12 :         String id = "root";
13 :         String pw = "12345678";
14 :         try {
15 :             conn = DriverManager.getConnection(url, id, pw);
16 :         } catch(SQLException ex) {
17 :             throw new ServletException("접속 오류!");
18 :         }
19 :     }
20 :     public boolean registerMember(Round10_MemberDTO dto) throws
                                                        ServletException {
21 :         String query = "insert into Round10_Member values (null, ?, ?, ?)";
22 :         try {
23 :             PreparedStatement pstmt = conn.prepareStatement(query);
24 :             pstmt.setString(1, dto.getName());
25 :             pstmt.setString(2, dto.getTel());
26 :             pstmt.setString(3, dto.getAddr());
27 :             pstmt.executeUpdate();
28 :             pstmt.close();
29 :         } catch(SQLException ex) {
30 :             throw new ServletException("등록 실패!");
31 :         } finally {
32 :             this.close();
33 :         }
34 :         return true;
35 :     }
```

```
36 :        private void close() {
37 :            try {
38 :                if(conn != null && !conn.isClosed()) conn.close();
39 :            } catch(SQLException ex) { conn = null; }
40 :        }
41 : }
```

Q 코드 설명

Line **6~8** MySQL과 연결할 수 있는 드라이버 클래스의 존재 유무를 확인한다.

Line **11~18** MySQL과의 연결을 담당하는 Connection 객체를 생성한다.

Line **20** `public boolean registerMember(Round10_MemberDTO dto)`

회원 가입을 할 때 호출할 메서드를 작성한다. DBMS에 데이터를 저장하는 작업을 진행하는데, 에러가 발생하면 예외가 발생하고 정상적으로 실행이 되면 True가 반환된다.

Line **23~28** DBMS에 데이터를 저장한다.

Line **31~33** 저장이 끝나면 36행의 close( ) 메서드를 호출하여 Connection 객체를 닫는다. 보통 이때에는 풀링(Pooling)을 이용하는 것이 효율적이다.

Line **36** `private void close() {`

클래스 내에서만 호출될 메서드이기 때문에 private 접근 지정자를 사용한다.

■ 서블릿 클래스 작성 ^{10.3.5}

사용자가 HTML 페이지에 입력한 데이터를 DTO에 담아 DAO 클래스의 관련 메서드에 전송하는 작업을 담당하고, 이 결과에 따라 이동할 페이지를 결정하여 제어하는 서블릿 클래스를 작성해 보자. 이 작업은 아직 배우지 않은 내용이다. 그러나 실행 흐름에서 가장 중요한 부분이고 DTO와 DAO 클래스의 메서드를 호출하는 작업을 하는 부분이므로 자세히 살펴보는 것이 좋다. 서블릿 클래스를 작성하기 쉽도록 이클립스의 모듈을 조금 사용하겠다. 다음 라운드부터는 이러한 모듈을 사용하지 않는 것이 바람직하다. 그냥 알아만 두자.

먼저 **src** 폴더에서 바로 가기 메뉴를 띄우고 **[New]** → [Class]를 차례로 선택하자.

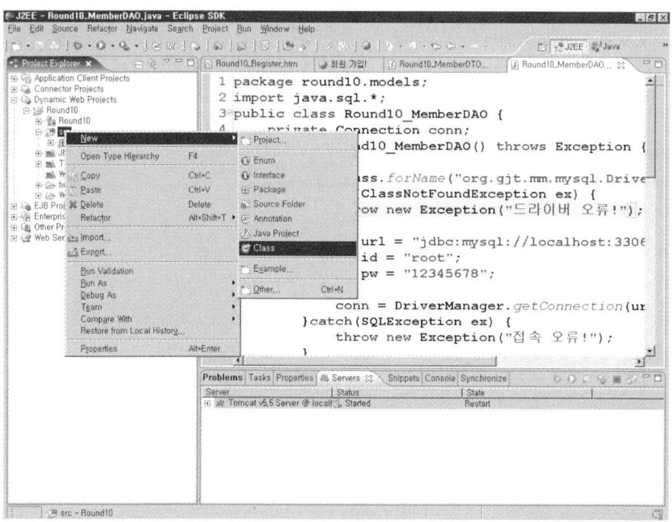

패키지 이름에 round10.controllers라고, 클래스 이름에 Round10_MemberProcess라고 적고서 [Superclass] 옆의 〈Browser...〉를 누르자. 이곳에서 [HttpServlet(javax.servlet.HttpServlet)]를 찾아서 선택한 다음에 〈Finish〉를 눌러서 파일을 만든다.

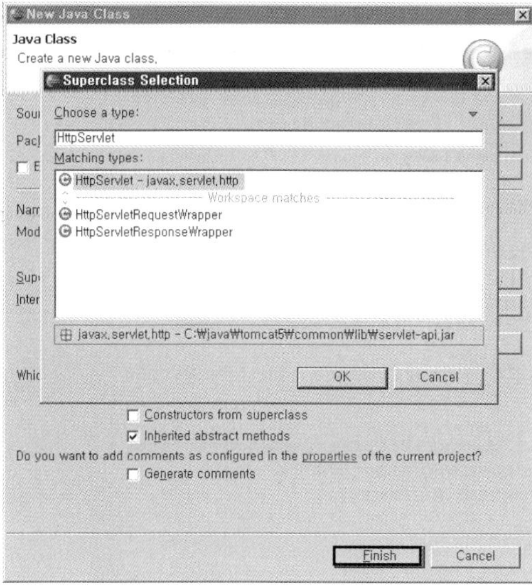

만들어진 파일에서 커서의 위치를 클래스 내부로 옮기고(6행 정도의 위치일 것이다.) 마우스 오른쪽을 클릭하여 [Source] → [Override / Implement Methods...] 메뉴를 차례로 선택하자.

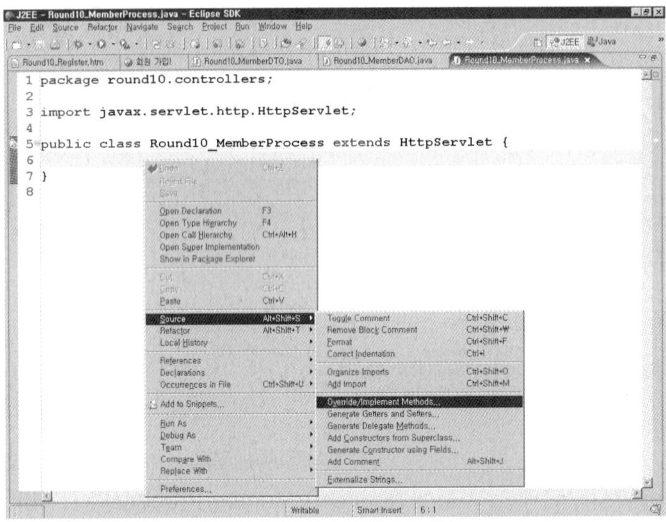

대화 상자가 하나 뜨는데, 여기에서 [doPost]에 선택하고 〈OK〉를 누르면 다음과 같은 코드가 자동으로 만들어진다.

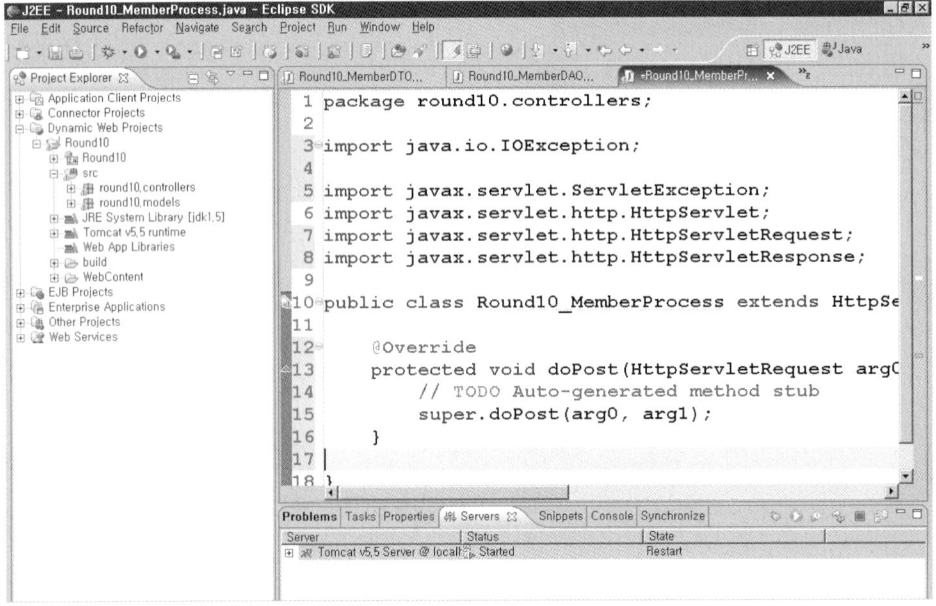

여기에서 doPost( ) 메서드의 매개 변수의 이름을 다음과 같이 변경하자. (super.doPost(arg0, arg1) 코드는 지운다.)

```
protected void doPost(HttpServletRequest request, HttpServletResponse response)
                            └ throws ServletException, IOException
```

그러면 완성된 코드를 프로그램이 실행되게 작성해 보자. 내용을 보면 어떻게 DTO와 DAO 패턴을 사용하는지 이해할 수 있을 것이다.

예제	Round10_MemberProcess.java(패키지 round10.controllers)

```
01 : package round10.controllers;
02 : import java.io.IOException;
03 : import javax.servlet.ServletException;
04 : import javax.servlet.http.HttpServlet;
05 : import javax.servlet.http.HttpServletRequest;
06 : import javax.servlet.http.HttpServletResponse;
07 : import round10.models.*;
08 : public class Round10_MemberProcess extends HttpServlet {
09 :     @Override
10 :     protected void doPost(
11 :         HttpServletRequest request, HttpServletResponse response) throws
                                        └ ServletException, IOException {
12 :         // TODO Auto-generated method stub
13 :         request.setCharacterEncoding("euc-kr");
14 :         String name = request.getParameter("name");
15 :         String tel = request.getParameter("tel");
16 :         String addr = request.getParameter("addr");
17 :         Round10_MemberDTO dto = new Round10_MemberDTO();
18 :         dto.setName(name);
19 :         dto.setTel(tel);
20 :         dto.setAddr(addr);
21 :         Round10_MemberDAO dao = new Round10_MemberDAO();
22 :         boolean bool = dao.registerMember(dto);
23 :         if(bool) {
24 :             response.sendRedirect("./Round10_Success.htm");
25 :         }
26 :     }
27 : }
```

Q 코드 설명

Line **7** `import round10.models.*;`
모델의 클래스들을 사용하기 위해 가져오기(Import)를 한다.

Line **10** `protected void doPost(`
이 메서드는 다음 라운드인 서블릿에서 배우게 된다.

Line **13** `request.setCharacterEncoding("euc-kr");`
넘어온 데이터에 대해 한글을 처리하도록 설정하는 작업이다.

Line **14~16** Round10_Register.htm 페이지로부터 넘어온 데이터를 얻어 내는 작업이다.

Line **17~20** DTO 클래스의 객체를 생성하여 HTML 페이지에서 넘어온 데이터를 저장하는 작업이다.

Line **21~22** 완성된 DTO 클래스의 객체를 DAO 클래스의 회원 등록 메서드에 넘겨 실제 DBMS에 저장하는
작업을 하고 이 결과로 boolean 값을 얻는다. 이 값에 따라 이동할 위치를 제어할 수 있다.

Line **23~25** 일단은 무조건 성공이라고 보고 Round10_Success.htm 페이지로 이동한다.

뷰 페이지 작성 10.3.6

마지막으로 처리 결과의 성공과 실패 여부를 출력하는 뷰 페이지를 작성해 보자. 특별한 작업은
없기 때문에 그냥 성공이라는 문자열만 출력하는 HTML 페이지를 작성하자. 다시 한번 이야기
하지만 WebContent 폴더에서 마우스 오른쪽을 클릭하여 HTML 페이지를 만들어야 한다.

예제 | Round10_Success.htm

```
01 : <!DOCTYPE HTML PUBLIC "-//W3C//DTD HTML 4.01 Transitional//EN">
02 : <html>
03 : <head>
04 : <meta http-equiv="content-type" content="text/html; charset=euc-kr">
05 : <title>결과 페이지!</title>
06 : </head>
07 : <body>
08 :     <center>
```

```
09 :              <h3>성공적으로  저장되었습니다.</h3>
10 :          </center>
11 :     </body>
12 : </html>
```

이제 실행만 해보면 된다. 시작 위치가 Round10_Register.htm 파일이므로 해당 파일을 열고, 이 화면에서 마우스 오른쪽을 클릭하자. 앞의 라운드에서 설명한 것처럼 이것은 서버 설정이 되어 있어야 한다. **[Run As]** → [Run On Server] 메뉴를 누르면 된다.

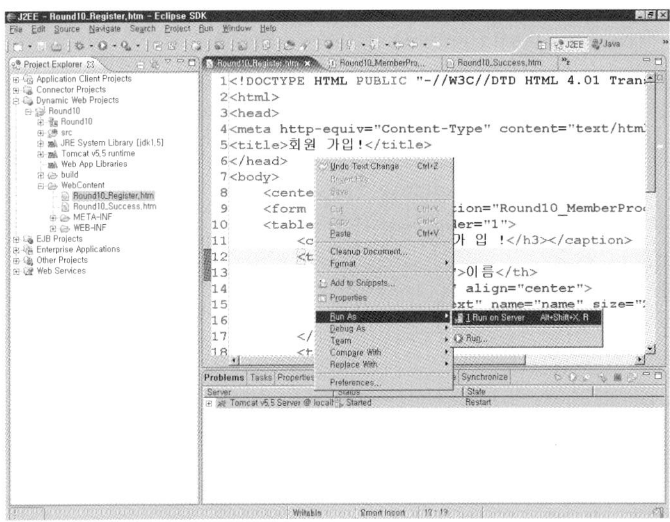

기억하세요

실행 전에 설정 파일을 수정해야 함!

서블릿의 환경 설정에서 설명할 내용이라 길게 설명하지는 않겠다. WebContent 폴더 내부를 보면 WEB-INF 폴더가 있다. 이 폴더 아래를 보면 web.xml 파일이 있는데, 이 파일에 다음의 내용을 추가하지 않으면 실행되지 않을 것이다. 암영 처리한 코드가 수정한 코드이다.

```
<?xml version="1.0" encoding="UTF-8"?>
<web-app id="WebApp_ID" version="2.4"
    xmlns=http://java.sun.com/xml/ns/j2ee
    xmlns:xsi="http://www.w3.org/2001/XMLSchema-instance"
    xsi:schemaLocation="http://java.sun.com/xml/ns/j2ee
    http://java.sun.com/xml/ns/j2ee/web-app_2_4.xsd">
```

```xml
<display-name>Round10</display-name>
<servlet>
    <servlet-name>Round10_MemberProcess</servlet-name>
    <servlet-class>
        round10.controllers.Round10_MemberProcess
    </servlet-class>
</servlet>
<servlet-mapping>
    <servlet-name>Round10_MemberProcess</servlet-name>
    <url-pattern>/Round10_MemberProcess</url-pattern>
</servlet-mapping>
<welcome-file-list>
    <welcome-file>index.html</welcome-file>
    <welcome-file>index.htm</welcome-file>
    <welcome-file>index.jsp</welcome-file>
    <welcome-file>default.html</welcome-file>
    <welcome-file>default.htm</welcome-file>
    <welcome-file>default.jsp</welcome-file>
</welcome-file-list>
</web-app>
```

실행을 하면 첫 화면은 다음과 같다. 각 필드에 데이터를 입력하고 회원 가입 단추를 누르자.

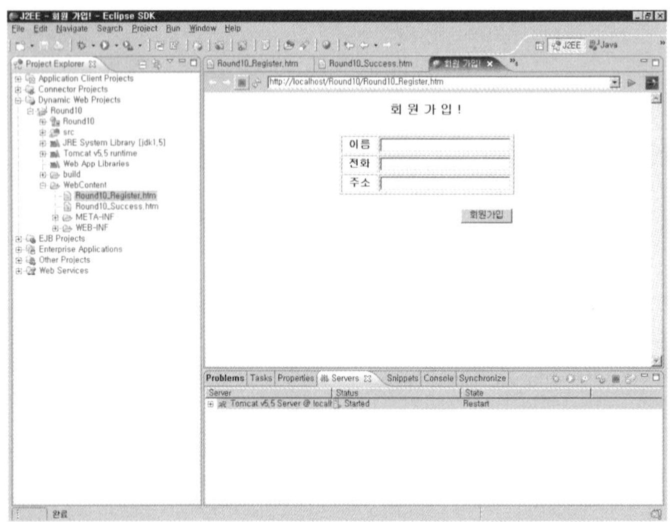

성공적으로 실행이 되면 다음과 같은 화면이 뜰 것이다.

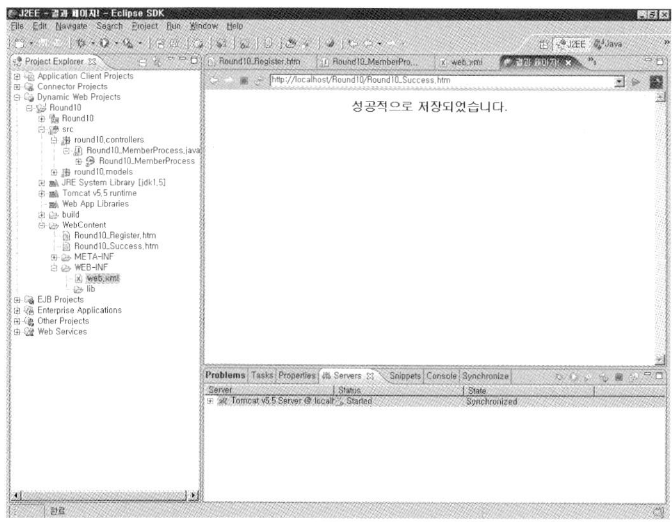

그러면 실제로 DBMS에 잘 저장이 되었을까? 확인해 보자.

- 질의문 : select * from Round10_Member;

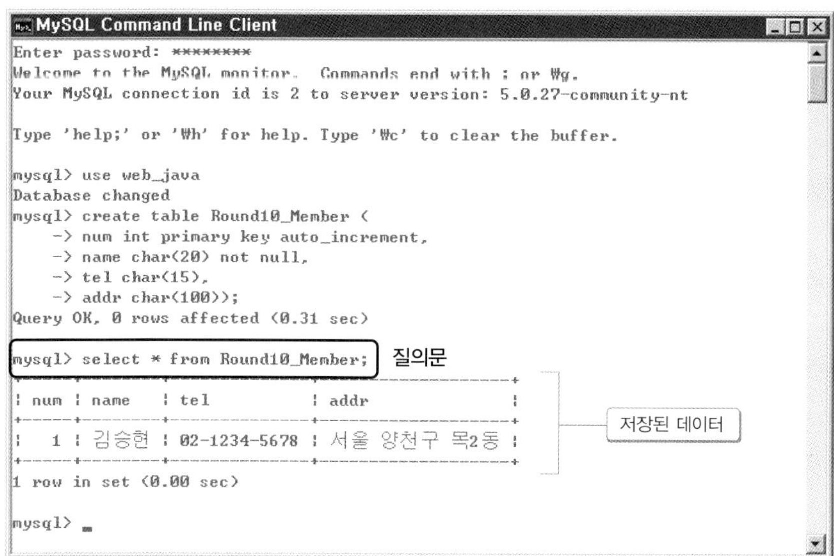

잘 저장이 되었다. 독자들도 잘 실행이 되었는가? 아마 실패한 사람이 있으면 인터넷 강의를 통해 다시 공부해야 할 것이다. 여하튼 DTO와 DAO 패턴을 사용하면 웹 프로그램에서 뷰와 컨트롤러의 코드들이 간결하고 깔끔하게 처리된다. 물론 유지 보수와 코드의 재사용 면에서도 이점이 많다. DTO와 DAO 패턴을 버리고 프로그램을 작성하면 너무 비효율적이다. 반드시 익혀서 사용해야 한다. 조금 복잡하다고 느낄지 모르겠지만 습관이 되면 독자들은 훌륭한 개발자가 될 수 있을 것이다.

마무리 하면서

이번 라운드에서 다룬 내용은 웹 프로그램을 작성하면서 종종 사용하곤 하는 패턴들에 대한 내용이었다. 패턴은 작업을 수행함에 있어 효율성이 검증된 방식을 이야기한다. 이러한 패턴을 어떤 방식으로 사용하는가에 따라 프로그램의 전체 성능이 향상될 수가 있다. 실무에서는 패턴의 사용이 거의 일반화되어 있다. 개발자들 사이에서는 패턴이 뭔지도 모르면서 자연스럽게 몸에 익혀 사용하는 경우가 대부분이다. 우리는 이번 라운드를 통해 패턴을 제대로 이해하고 바르게 사용할 수 있도록 해야 할 것이다.

여기까지 내용이 웹 프로그램을 배우기 전의 기초 단원이다. Part 1의 내용을 모두 알고서 웹 프로그램을 배운다면 더 빠르고 손쉽게 배울 수 있을 것이다. 이론 부분이 많아서 조금 지루했을지도 모르지만 다른 사람들보다 더 많은 것을 배웠다고 생각하자. 혹시 Part 1을 건너뛰고 Part 2부터 배우는 독자들이 있으면 한마디 충고해 주기 바란다. "진정한 개발자가 되고 싶지 않은가? 친구 ..."라고 말이다.

웹 프로그래밍 : 서블릿편

제 11 장

웹 프로그램과 서블릿

▌ 자바라는 프로그램 언어로 웹 서버 프로그램을 작성한다면 대부분의 개발자가 서블릿과 JSP를 떠올린다. 원래 자바에서 웹 서버 프로그램 언어는 서블릿 한 가지였다. 그런데 코드 작성이나 유지 보수, 개발 시간에 있어서 ASP나 PHP와 같은 언어에 대적할 만하지 못했다. 그래서 HTML과 같은 웹 프로그램 언어를 직접 표현할 수 있는 JSP를 만든 것이다. 그러나 사실 JSP는 겉으로 볼 때만 그렇고 내부에서는 실행 전에 다시 서블릿으로 변환된다. 그래야만 자바의 특수성을 유지할 수 있기 때문이다.

따라서 JSP를 공부하더라도 서블릿은 반드시 알고 있어야 한다. 간혹 개발자들 중에는 서블릿을 버리고 JSP만을 공부하기도 한다. 하지만, 조금만 멀리 본다면 절대 지나쳐서는 안 될 코드 형식이 서블릿이라는 것을 알게 될 것이다.

Round 11

11.1 웹 프로그램의 실행 순서 **11.2** 웹 프로그램의 실행 영역 **11.3** 웹 서버의 논리적 구분
11.4 웹 프로그램의 요청과 응답 **11.5** 웹 프로그램의 파일 구조

목표

· 웹 프로그램이 실행되는 원리를 안다.

· 웹 프로그램에서 클라이언트 프로그램과 서버 프로그램의 차이를 안다.

· 웹 프로그램의 파일 구조를 암기한다.

활용

웹 프로그램의 파일 구조

이클립스는 웹 프로젝트를 작성하면서 구분하기 쉽게 파일 구조가 되어 있다. 그러
나 이러한 구조는 자바에서 채택한 구조와는 차이가 있다. 따라서 파일 구조를 바꾸
어야 한다. 이런 작업 역시 이클립스가 해준다. 실제로 우리는 자바의 파일 구조를
기억해야 한다.

들어가기 전에

이번 라운드의 목표는 셋이다. 첫째는 웹 프로그램이 실행되는 원리를 아는 것이다. 그러려면 프로그램 실행 시의 순서를 알아야 한다. 그래야만 실행 순서를 따라가면서 프로그램 내부에서의 실행 원리를 이해할 수 있게 된다. 둘째는 웹 프로그램을 클라이언트 프로그램과 서버 프로그램으로 구분하는 것이다. 왜 구분해야 할까? 개발하려는 프로그램이 클라이언트 프로그램으로 적당한지 서버 프로그램으로 적당한지를 판단해야 하기 때문이다. 셋째는 웹 프로그램의 파일 구조를 암기하는 것이다. 웹 프로그램은 자바 파일, JSP 파일, HTML 파일, CSS 파일, 서블릿 파일 등 다양한 파일이 혼합되어 구성된다. 이러한 파일들이 웹 서버의 특정 위치에 있을 때만 정상적으로 웹 서버가 인식하여 웹 프로그램을 실행한다. 따라서 이들 파일의 위치는 상당히 중요하다.

11.1 웹 프로그램의 실행 순서

웹 프로그램(Web Application)의 실행 순서를 이야기하기 전에 콘솔(Console) 프로그램의 실행 순서를 먼저 정리해 보겠다. 콘솔 프로그램은 이제껏 우리가 작성한 로컬 응용 프로그램(Local Application)을 이야기한다. 파일의 확장자가 JAVA이고, 이 파일을 컴파일하면 확장자가 CLASS가 되어서 명령어 java로 실행되는 프로그램 말이다. 콘솔 프로그램은 실행 순서가 다음과 같았다.

❶ static 초기화 구문

❷ public static void main(String[ ] ar) 메서드

❸ protected void finalize( ) 메서드

void main( ) 메서드가 있는 클래스에 메서드가 모두 있으면 실행 순서는 앞서와 같을 것이다. 세 가지 예들을 비교하면서 살펴보자.

| 예 1

```
class A {
    public static void main(String[ ]) ar) {...}
}
```

실행 순서는
void main( ) → void finalize( )

| 예 2

```
class A {
    static {...}
}

class B {
    public static void main(String[ ] ar) {...}
}
```

실행 순서는
void main( ) → void finalize( )

| 예 3

```
class A {
    static {...}
    public static void main(String[ ] ar) {...}
}
```

실행 순서는
static {...} → void main( ) → void finalize( )

예 1은 static 초기화 구문이 없다. 그래서 void main( ) 메서드, void finalize( ) 메서드 순으로 실행된다. 예2는 static 초기화 구문이 있지만 void main( ) 메서드와 다른 클래스에 있어서 실행 순서가 역시 예1과 같다. 예3은 static 초기화 구문이 있고 void main( ) 메서드와 동일한 클래스에 있어서 앞서 정리한 순서대로 실행이 된다. 참고적으로 protected void finalize( ) 메서드는 특별한 선언이 없어도 로컬 응용 프로그램이 종료될 때 호출된다.

그러나 일반적으로는 실행 순서에 대해서 이렇게 복잡하게 이야기하지 않는다. 단순히 void main( ) 메서드의 시작 블록에서 프로그램이 시작되어 종료 블록에서 프로그램이 종료된다는 식으로 이야기한다. (멀티스레드를 제외한다고 가정하면...) 만약 여러 개의 클래스를 만들어서 실행한다고 해도 프로그램 실행의 시작과 종료는 바뀌지 않을 것이다. 여러 개의 클래스를 만들더라도 이들을 실행하는 void main( ) 메서드는 하나로 작성한다. 그러나 웹 프로그램은 양상이 조금 다르다.

웹 프로그램은 콘솔 프로그램에서 void main( )과 비슷한 역할을 하는 메서드를 모든 실행 클래스가 가진다. 그래야 정상적으로 실행이 된다. 콘솔 프로그램의 void main( ) 메서드와 비슷한 역할을 웹 프로그램에서는 void service( ) 메서드가 한다. 웹 프로그램과 콘솔 프로그램의 구성을 비교하자면 다음과 같을 것이다.

XML	콘솔 프로그램

<pre>public class A {
    public static void main
            ↳ (String[ ] ar) {...}
}
public class B {
    public static void main
            ↳ (String[ ] ar) {...}
}
public class C {
    public static void main
            ↳ (String[ ] ar) {...}
}</pre>
	<pre>class A {...}
	class B {...}
	public class C {
	    public static void main
	                ↳ (String[ ] ar) {
	        A ap = new A( );
	        B bp = new B( );
	        C cp = new C( );
	    }
	}</pre>

▶ 표에서는 service라는 메서드 이름 대신 main이라는 메서드 이름으로 콘솔 프로그램과 비교해
보았다. 즉, 웹 프로그램에서는 실행 클래스들이 저마다 main과 같은 메서드를 가진다는 의미이다.
실제로는 웹 프로그램 쪽에는 main 대신 service라고 적는 것이 올바르다.

웹 프로그램이 이런 특징을 갖는 이유는 웹에서 사용자가 어느 클래스로든 진입이 가능해야 하기 때문이다. 어떤 사용자는 A 클래스로 진입할 테고, 다른 사용자는 B 클래스로 진입할 테니 말이다. 독자 여러분이 웹 사이트의 주소를 즐겨찾기에 등록했다가 바로 원하는 위치로 진입하는 것을 생각하면 이해가 될 것이다.

예를 들어, 프리렉 사이트(http://www.freelec.co.kr)로 접속하고, 그 다음에 열혈강의 자바 프로그래밍을 클릭하여 강의 페이지를 본다고 하자. 이에 반해서 열혈강의 자바 프로그래밍의 강의 페이지 주소인

```
http://freelec.co.kr/book/catalogue_view.asp?UID=74
```

를 복사해서 주소 표시줄에 붙여넣기를 하면 앞의 두 과정 없이 바로 강의 페이지로 진입한다.

이처럼 웹에서 모든 페이지는 실행이 가능해야 한다. 그러려면 앞서 설명한 것처럼 모든 실행 클래스가 저마다 void service( ) 메서드를 가져야 한다.

이제 충분히 service( ) 메서드의 중요성은 강조했으리라 생각한다. 그러면 Part 2에서 다루는 서블릿이라는 웹 프로그램의 실행 순서는 어떻게 될까? 다음 라운드에서 자세히 배우겠지만 정리하면 다음과 같다.

```
❶ public void init() {...}

❷ public void service(HttpServletRequest request, HttpServletResponse response)
                        ┗, throws ServletException, IOException {...}

❸ public void destroy() {...}
```

첫 번째로 init( ) 메서드는 멤버 필드의 값을 초기화한다. 단, 서버를 구동하고 최초 호출하는 클라이언트에 의해서 한 번 실행된다. 즉, A라는 서블릿 클래스가 있을 때 kimsh와 leesh라는 사람이 웹 브라우저를 통해 A 클래스를 호출하면 먼저 호출한 사람에 의해 처음 한 번 init( ) 메서드가 실행된다는 이야기이다. kimsh라는 사람이 먼저 호출하면 kimsh라는 사람에 의해서는 init( ) 메서드와 service( ) 메서드 순서로 실행되지만 leesh라는 사람에 의해서는 service( ) 메서드만 실행되게 된다.

두 번째로 init( ) 메서드가 한 번 실행되어 있다고 가정할 때 service( ) 메서드는 다른 모든 사용자가 접속할 때 실행되는 시작점이 된다. 앞서 설명한 것처럼 service( ) 메서드는 콘솔 프로그램의 main( ) 함수와 같은 역할을 한다.

세 번째로 destroy( ) 메서드는 init( ) 메서드에 의해 초기화된 멤버 필드의 값을 소멸시킨다. 서버의 구동을 종료(Shutdown)할 때 한 번 실행된다. 만약 서버를 비정상적으로 종료하면 destroy( ) 메서드가 호출되지 않아서 프로그램의 값들이 꼬이는 경우도 있을 것이다. 참고로 특별한 경우가 아니라면 destroy( ) 메서드는 사용자가 호출하여 실행하지 않는다.

이들 내용을 보고 서블릿의 실행 순서가 애플릿과 유사하다고 생각하면 독자 여러분은 자바로 대성할 자질이 있다. 서블릿과 애플릿 모두 웹에서 실행되는 자바 프로그램이기 때문에 실행 순서가 유사하다. 단, init( )과 destroy( )와 같은 메서드가 실행되는 시점과 실행 주체가 다르다는 것만 제외하면 말이다.

11.2 웹 프로그램의 실행 영역

웹 프로그램은 실행되는 영역에 따라서 클라이언트 프로그램과 서버 프로그램으로 나눌 수 있다. 클라이언트 프로그램은 실행 코드가 사용자 컴퓨터로 내려 받아져 실행되므로 실행 주체가 사용자 컴퓨터이다. 따라서 웹 서버와의 네트워크 부하가 적고 실행 속도도 빠르다. Part 1에서 다루었던 HTML, 스타일 시트, 자바스크립트, 애플릿 등이 클라이언트 프로그램이다.

클라이언트 프로그램이 네트워크 부하와 속도 측면에서 우월하기 때문에 가능하다면 대부분의 웹 페이지는 클라이언트 프로그램으로 작성하는 것이 효율적이다. 그러나 클라이언트 프로그램으로는 웹 서버와의 실시간 상황이나 서버에 저장되어 있는 데이터를 읽어 오지 못한다. 따라서 회원 가입을 할 때 ID 중복이나 우편번호 검색 등의 작업을 할 수 없다. 그래서 등장한 것이 서버 프로그램이다.

서버 프로그램은 웹 서버에서 실행되는 비즈니스 논리를 구현해 놓은 프로그램이다. 즉, 클라이언트 프로그램으로부터 전달받은 각종 요청 사항을 미리 구현된 비즈니스 논리에 맞게 처리하여 그 결과를 클라이언트 프로그램으로 다시 반환하는 역할을 수행한다. JSP, ASP, PHP, CGI 등이 서버 프로그램이다.

따라서 데이터의 유지와 공유라는 측면에서 볼 때, 클라이언트 프로그램만으로 구성된 웹 페이지는 역할을 완벽하게 수행할 수 없다. 내가 저장한 데이터를 다른 사람이 참고하는 일이 빈번하게 일어날수록 서버 프로그램의 필요성은 더욱 부각된다.

서버 프로그램은 기본적으로 클라이언트 프로그램을 필요로 하고, 클라이언트 프로그램은 웹 브라우저를 통해 사용자 인터페이스를 구현할 때 많이 사용한다. 결론적으로 클라이언트 프로그램이 담당할 부분이 있고, 사용자 눈에는 보이지 않지만 서버 프로그램이 담당할 부분이 있다.

지금부터 회원 가입 예제를 가지고 클라이언트 프로그램으로 작성해야 할 영역과 서버 프로그램으로 작성해야 할 영역을 구분해 보도록 하자.

▍회원 가입에 사용하는 폼

회원 가입 폼은 사용자가 회원 정보를 입력할 수 있으면 되기 때문에 HTML로 클라이언트 프로그램을 작성한다.

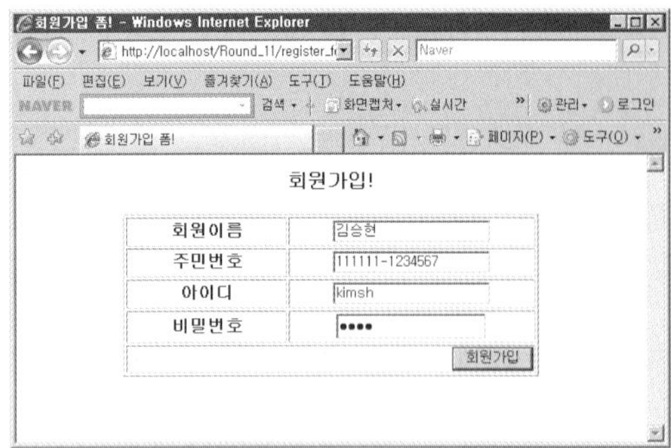

｜회원 가입 단추를 누를 때

사용자가 입력한 회원 정보를 데이터베이스에 저장하는 비즈니스 논리는 서버 프로그램으로 작
성한다. 회원 가입 단추를 누르면 회원 가입 폼에서 서버 프로그램으로 진입하게 된다.

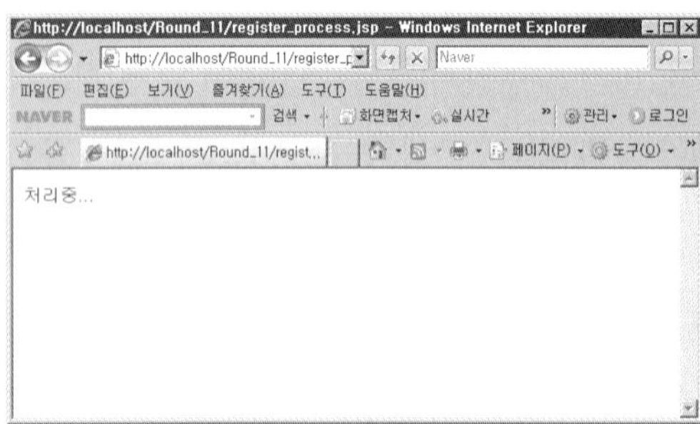

｜회원 가입 단추를 누른 후 결과 화면

회원 정보가 이미 데이터베이스에 저장되었기 때문에 단순히 메시지를 화면에 보여주면 된다.
따라서 결과 화면은 HTML로 클라이언트 프로그램을 작성한다.

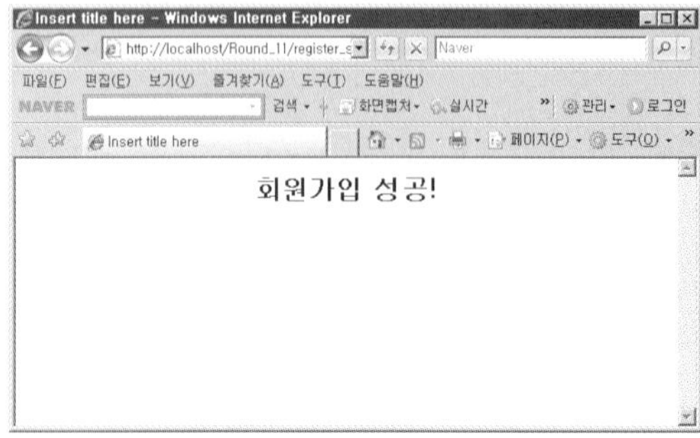

로그인에 사용하는 폼

사용자가 로그인 폼에서 회원 정보를 입력할 수 있으면 되기 때문에 HTML로 클라이언트 프로그램을 작성한다. 쿠키를 사용한다면 일부 비즈니스 논리는 서버 프로그램에서 구현해도 된다.

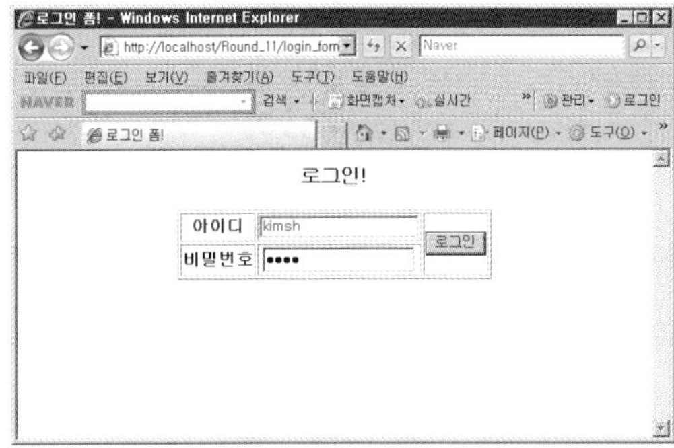

로그인 단추를 누를 때

사용자가 입력한 회원 정보와 데이터베이스에 저장된 회원 정보를 비교하는 비즈니스 논리를 서버 프로그램으로 작성한다. 두 정보가 일치하면 로그인이 성공한 페이지를 보여주고 그렇지 않으면 로그인이 실패한 페이지를 보여주게 된다.

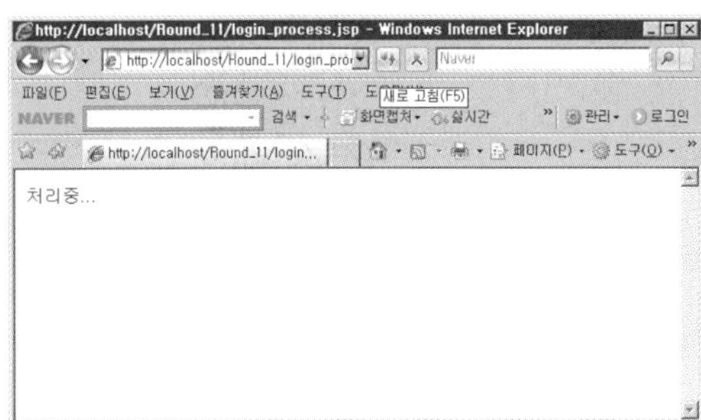

로그인이 성공한 후 결과 화면

단순히 HTML로 작성한 클라이언트 프로그램처럼 보이지만 로그인에 성공한 사용자의 회원 정보를 유지해야 하기 때문에 일부 비즈니스 논리를 서버 프로그램으로 작성해야 한다.

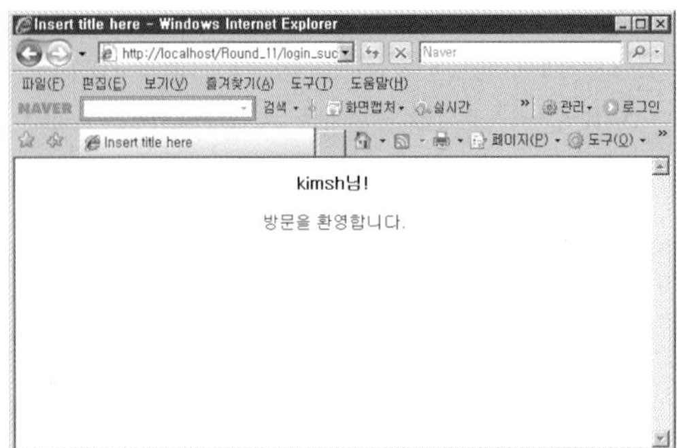

11.3 웹 서버의 논리적 구분

컴퓨터 분야에서 각각의 작업을 수행하는 논리적인 영역을 티어(Tier)라고 부른다. 다른 용어로는 레이어(Layer, 계층)가 있다. 티어를 웹 서버에 적용하면 데이터를 입력하는 프레젠테이션 영역(티어), 비즈니스 논리를 수행하는 영역, 데이터를 가공하고 유지 관리하는 영역으로 구분한다. 이러한 세 가지 영역을 담당하는 시스템의 구성에 따라서 단일 시스템, 2-Tier 시스템, 3-Tier 시스템으로 나뉜다.

단일 시스템은 앞서의 세 영역이 논리적으로 모두 하나의 시스템에서 동작함을 의미한다. 논리적이라는 개념이 와닿지 않는다면 그냥 물리적으로 생각하자. 즉, 컴퓨터 한 대에서 사용자에게 화면을 보여주고(프레젠테이션), 비즈니스 로직도 수행하면서 데이터의 관리까지 한다는 것이다. 네트워크나 인터넷 접속이 없는 상태에서의 컴퓨터를 상상하면 된다. 2-Tier 시스템은 프레젠테이션 영역을 클라이언트 컴퓨터가 담당하고 나머지 두 영역은 서버 컴퓨터가 담당한다.

2-Tier 시스템은 대부분의 비즈니스 논리가 서버에서 처리되기 때문에 서버의 부담이 상당히 많다. 채팅 프로그램이 예이며, 교보문고와 같은 대형 서점에서 찾으려는 도서의 위치를 중앙 서버가 전부 관리하고, 지점마다 배치된 검색 컴퓨터를 통해 책의 이름을 전송하면 해당 위치를 알려주는 구성도 예가 된다.

그러나 2-Tier 시스템은 서버 하나에 클라이언트가 많이 접속되어 있으면 서버에 부하가 걸려서 요즘에는 거의 사용하지 않는다. 조금 발전된 형태가 Fat 클라이언트/Fat 서버 형태이다. 서버의 부담을 줄이려고 일부 비즈니스 논리를 클라이언트에 넘겼지만 비즈니스 논리가 변하면 클라이언트 프로그램을 모두 변경해야 하는 부담이 새롭게 생긴다. 그래서 3-Tier 시스템이 도입된 것이다.

3-Tier 시스템은 클라이언트 컴퓨터와 서버 컴퓨터 두 개가 세 영역을 나누어서 담당한다. 즉 프레젠테이션 영역은 클라이언트 컴퓨터가 담당하고, 비즈니스 논리를 수행하는 서버 컴퓨터와 데이터를 가공하고 유지 관리하는 서버 컴퓨터가 별도로 구성된 형태이다.

3-Tier 시스템에서 비즈니스 논리를 수행하는 영역은 일반적으로 미들 티어(Middle-Tier)라고 불리며, 컴포넌트(Component)로 구성된다. C++의 COM, COM+ 등이 여기에 해당하고, 자바에서는 빈(Bean)이 여기에 해당한다. 이러한 컴포넌트들은 특정 작업에 대해서만 실행되기 때문에 별도로 관리할 프로그램이 필요하다. IIS나 MTS 서버들이 사용된다.

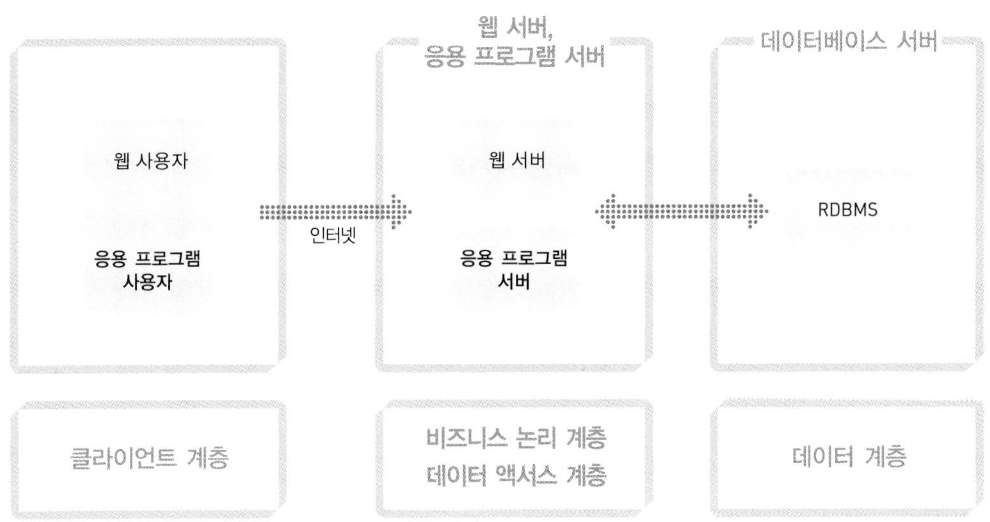

이러한 3-Tier 시스템의 미들 티어를 분산하여 여러 개의 3-Tier와 결합하면 N-Tier 시스템이라는 형태가 된다.

11.4 웹 프로그램의 요청과 응답

웹 사용자는 단순히 웹 브라우저를 열고 주소 표시줄에 http://www.freelec.co.kr과 같은 주소만 적으면 원하는 결과를 화면으로 볼 수 있다. 그러나 개발자는 사용자에 의해 발생하는 클라이언트의 요청을 서버에 전달하고 요청에 대한 서버의 응답을 클라이언트의 화면에서 사용자가 볼 수 있도록 웹 프로그램을 작성해야 한다.

그러면 웹 브라우저와 웹 서버 사이의 통신은 어떻게 이루어지는 것일까? 해답은 웹 브라우저에 적은 주소에서 첫 번째로 사용하는 HTTP라는 프로토콜에서 찾을 수 있다. 프로토콜이라는 것은 약속이나 규약이다. 특정 방식으로 통신하기 위해서는 해당 방식의 프로토콜을 지켜야 한다. 예를 들어 WWW(World Wide Web)로 통신하기 위해서는 HTTP(Hypertext Transfer Protocol) 프로토콜을 지켜야 한다.

HTTP는 웹에서 문서나 파일, 이미지 등을 TCP/IP 방식으로 주거나 받을 수 있도록 만든 프로토콜이다. 우리가 배우고 있는 웹 프로그램은 이 프로토콜을 따른다. 따라서 HTTP의 요청과 응답에 대해서 알아야 하고 이들 형식을 이해하는 것이 대단히 중요하다.

▪ 클라이언트의 요청 형식 11.4.1

클라이언트가 서버로 전달하는 요청 형식은 다음과 같이 세 부분으로 구분된다.

| HTTP 요청 형식

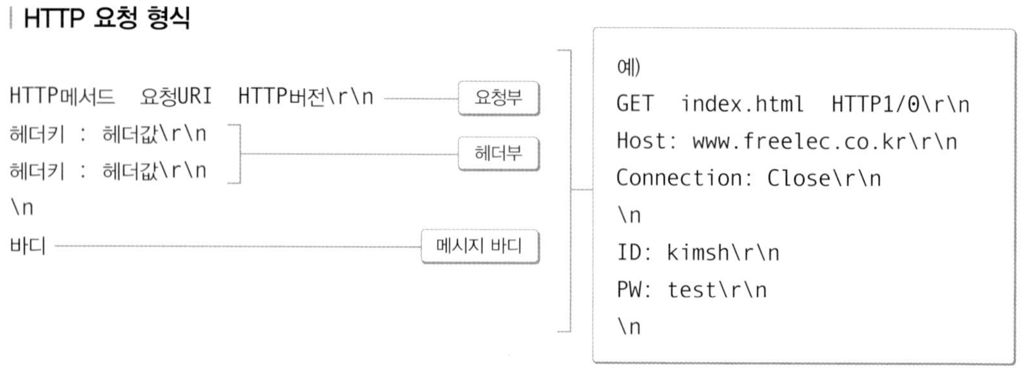

첫 번째 HTTP 메서드는 데이터를 요청하는 방식에 따라 GET, POST, HEAD, PUT, DELETE, OPTIONS, TRACE, CONNECT의 8가지로 나누어진다. 대부분 요청에 포함된 데

이터의 크기에 따라 GET 메서드와 POST 메서드를 사용한다. GET 메서드는 간단한 데이터가 포함된 요청에 사용하며, 대용량 데이터(파일 첨부와 같은)를 포함한 요청일 때는 POST 메서드를 사용한다. 다음은 HTTP 메서드들에 대한 간단한 설명이다.

- GET : URL에 있는 자원이나 파일을 가져오라고 요청한다. 질의에 제한적이지만 데이터를 추가할 수 있다.

- POST : 메시지 바디(Message Body)를 URL로 넘겨주라고 요청한다.

- HEAD : URL로부터 헤더만 가져오라고 요청한다.

- TRACE : 루프백 테스트를 요청한다. 요청이 서버에 전달되는지 테스트할 때 사용한다.

- PUT : 메시지 바디를 URL에 저장하라고 요청한다.

- DELETE : URL에 있는 자원이나 파일을 삭제하라고 요청한다.

- OPTIONS : URL이 응답할 수 있는 HTTP 메서드가 무엇인지 요청한다.

- CONNECT : 터널링으로 연결할 것을 요청한다.

두 번째 요청 URI로는 실제 서버로부터 전달받을 데이터가 있는 경로를 지정한다. 일반 HTML 파일일 수도 있고, CGI 파일일 수도 있고, 이미지 파일일 수도 있다. 요청부의 마지막 HTTP 버전으로는 요청에 사용하는 HTTP의 버전을 지정한다. 요즘은 대개 HTTP 1.1을 사용한다. 텔넷에서 사용할 때는 HTTP1/1이라고 지정한다. '\r\n'은 알고 있듯이 줄 바꿈을 의미한다.

다음으로 헤더부는 헤더의 키와 값을 서버로 보낼 수 있다. 요청할 때 보낼 헤더가 없으면 작성하지 않아도 된다. 맨 나중에 있는 '\n'은 데이터의 끝을 나타내는 문자이다. 무전기로 통신하면서 이야기 마지막에 사용하는 오버(Over)의 의미와 같다. 그러나 '\n' 다음에 메시지 바디를 포함하게 되면 여기까지의 내용은 헤더부에 대한 끝이라는 의미이고 메시지 바디 다음에 적게 되는 '\n'이 HTTP 요청의 끝을 의미한다.

예를 가지고 간단한 HTTP 요청을 테스트해 보자. 먼저 **[시작]** → [실행] → [cmd]를 차례로 선택하여 cmd 창을 실행하자. 명령줄에 **telnet**을 입력하고서 `Enter` 키를 친다. Windows7에서는 기본적으로 텔넷 클라이언트(Telnet Client)가 설치되어 있지 않다. 텔넷을 사용하려면 **[제어판]** → [프로그램] → [프로그램 및 기능] → [Windows 기능 사용/사용 안 함]을 차례로 선택하고서, 목록에서 [텔넷 클라이언트] 확인란에 선택으로 하면 된다.

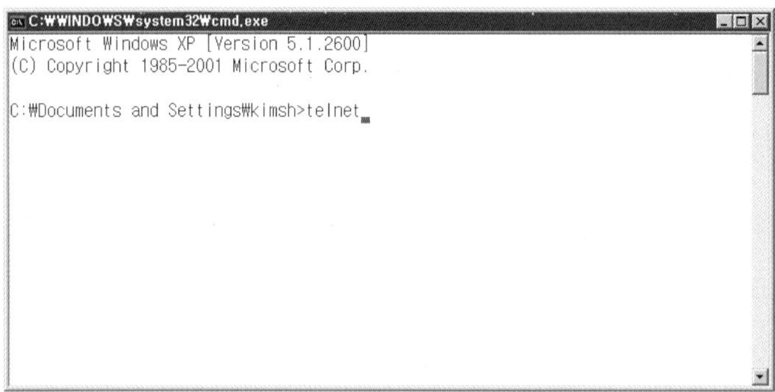

계속해서 명령줄에 **set localecho**를 입력하고서 `Enter` 키를 치자. 그러면 다음과 같이 로컬 에코가 켜졌다는 메시지가 보일 것이다.

명령줄에 **open www.freelec.co.kr 80**을 입력하고서 `Enter` 키를 치자.

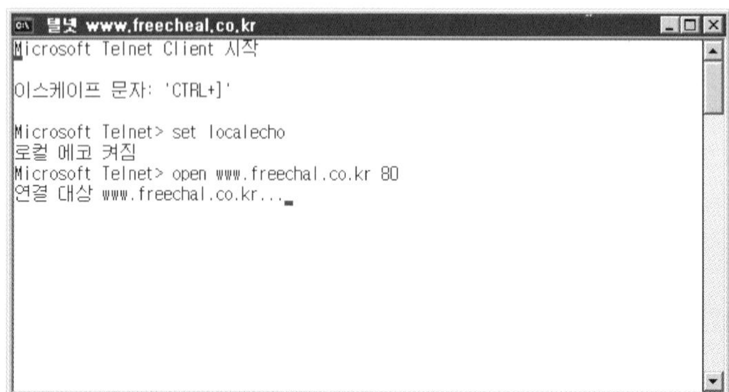

기다리지 말고 바로 GET http://www.freeec.co.kr/index.html HTTP/1.1을 입력하고서 Enter
키를 두 번 치자. 글자가 틀리지 않도록 주의해서 입력하도록 하자.(화면 지우기가 적용되지 않
아서 화면에 글자가 겹치는 현상이 있으나 관계없다.)

다음과 같이 결과가 보여지면 정상적으로 실행된 것이다. 많은 양의 데이터가 보여지지 않으면
입력을 잘못한 것이다. 띄어쓰기에 유의하면서 적으면 결과를 볼 수 있다. 결과로 보여지는 데
이터는 서버의 응답 형식에서 설명하도록 하겠다. 여기서 사용한 텔넷은 웹 브라우저처럼 사용
자 친화적인 프로그램은 아니다. 그래도 예전에 많이 사용했던 유니텔, 천리안 등의 PC 통신이
텔넷에 기반을 두었었다.

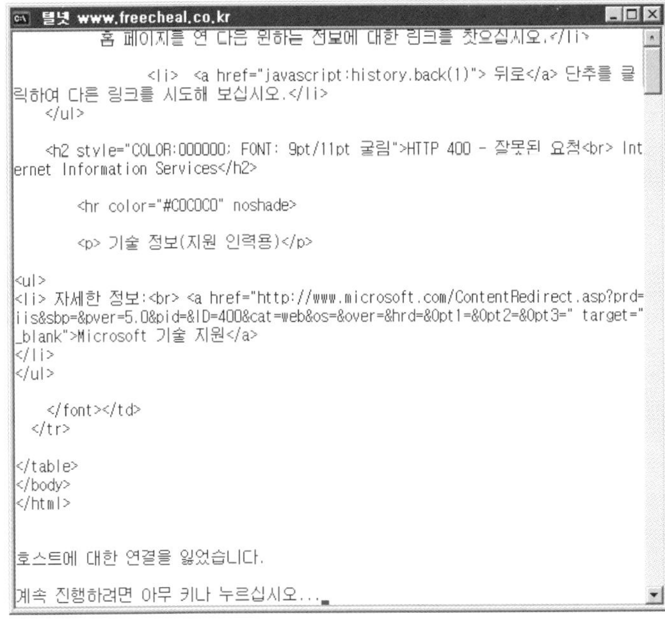

앞서 HTTP 요청을 위해 작성한 내용은

```
GET http://www.freelec.co.kr/index.html HTTP/1.1\r\n\n
```

요청의 HTTP 버전은 서버에 따라 'HTTP1/1'나 'HTTP/1.1' 형식 중 하나가 사용될 수 있으며, 서버가 HTTP 1.0을 지원한다면 'HTTP1/0'나 'HTTP/1.0'을 사용해야 한다. 현재 1.0과 1.1만 사용되고 있으며, 1.2 에 대해서는 향후 추가될 예정이다

이 전부이다. 다시 말해 헤더도 적지 않았고, 메시지 바디도 없다. 화면에서처럼 단순히 웹 브라 우저에 URL 주소만 적고 아무런 정보 없이도 결과가 되돌아온다. 다시 말해 HTTP의 요청 형 식이 어떤 결과를 보이는지만을 테스트했다고 생각하면 된다. 그러나 독자 여러분은 앞서 설명 한 요청 형식에 대해서 암기하고 있어야 한다. 웹 프로그램을 작성하다 보면 반드시 필요한 경 우가 생길 것이다.

서버의 응답 형식 11.4.2

앞서와 같이 클라이언트가 서버에 요청을 하면 서버는 적절한 형식으로 클라이언트에게 응답을 한다. 만약 전 세계가 MS사의 인터넷 익스플로러만 웹 브라우저로 사용한다면 굳이 응답 형식 을 정할 필요는 없었을 것이다. 그러나 웹 브라우저로는 인터넷 익스플로러, 넷스케이프, 파이 어폭스, 오페라, 사파리 등 다양하다. 서버의 응답 형식이 정해져 있지 않으면 이런 웹 브라우저 들은 정상적으로 서버의 내용을 표시하지 못하게 될 것이다.

| HTTP 응답 형식

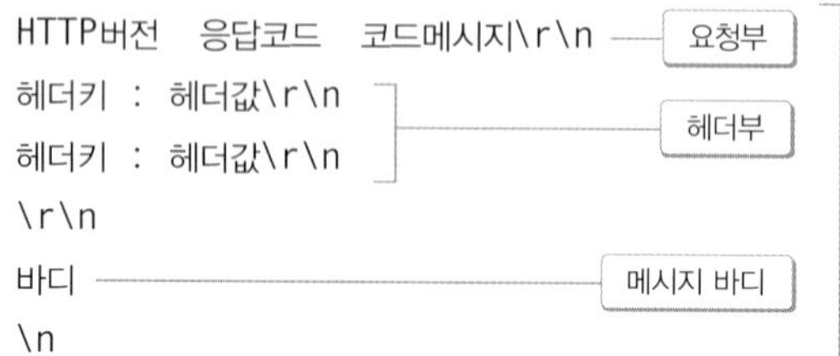


```
예)
HTTP/1.1 404 Object Not Found\r\n
Server: Microsoft-IIS/5.0\r\n
Date: Sun, 20 Nov 2011 04:35:54 GMT\r\n
Content-Type: text/html\r\n
Content-Length: 111\r\n
\n
<html><head><title>Site Not
     ↳ Found</title></head>
<body>No web site is configured at
     ↳ this address.</body></html>
\n
```

예는 파일을 발견할 수 없어 에러가 발생했을 때의 응답이다. 성공하면 응답 내용이 너무 길기 때문에 실패한 응답을 예로 사용했다. 첫 번째 HTTP 버전은 응답에 사용하는 HTTP의 버전을 의미한다. 두 번째 응답 코드는 요청에 대한 결과를 숫자에 대응해서 의미를 갖도록 한 것이다.

- 100 ~ 199 : 요청에 대하여 작업을 하고 있을 때 응답 코드이다.

- 200 ~ 299 : 요청에 대하여 성공적으로 응답할 때 응답 코드이다.

- 300 ~ 399 : URI에 대하여 데이터가 없을 때 응답 코드이다. 위치 이동이 대표적이다.

- 400 ~ 499 : 클라이언트의 요청이 형식에 맞지 않거나 인증되지 않을 때 응답 코드이다.

- 500 ~ 599 : 서버 에러로 인해 응답에 실패할 때 응답 코드이다.

100 ~ 599까지의 숫자가 모두 대응하는 의미를 갖고 있지는 않다. 많이 발생하는 메시지에 대해서만 처리할 수 있도록 응답 코드가 부여되어 있고, 나머지 숫자는 비어 있다. 따라서 뒤에서 배우겠지만 응답 코드를 우리가 직접 만들어서 사용하면 유용하다. 응답부의 마지막 코드 메시지는 응답 코드에 대한 간단한 설명이라고 생각하면 된다. 예를 들어,

```
HTTP1/1 302  FOUND
```

라는 응답이 왔으면 HTTP 1.1 버전의 응답이고, 응답 코드는 302번으로 응답 코드에 대한 설명이 FOUND인 것으로 봤을 때 '파일을 찾을 수 없다. 이동되지 않았을까?'라는 의미로 해석이 된다. 그리고 '\r\n'은 당연히 줄 바꿈을 의미한다.

다음으로 헤더부는 키와 값으로 구성된 헤더를 클라이언트로 보낼 수 있다. 마지막으로 메시지 바디는 실제로 전송되는 데이터들이다.

지금 우리가 배우는 웹 프로그램에서는 HTTP 프로토콜을 따르지 않으면 데이터 통신이 이루어지지 않는다. 그렇다고 웹 프로그램을 작성할 때마다 이와 같은 요청과 응답을 사용하기도 힘든 일이다. 이들 형식을 알고는 있어야 하겠지만 그렇다고 데이터 통신이 필요한 모든 프로그램에 이런 코드를 적을 수는 없는 것이다. 바로 이런 부담을 대신해 주는 것이 웹 브라우저와 웹 서버이다. 따라서 우리는 요청과 응답 형식만 잘 기억하고 있으면 된다.

11.5 웹 프로그램의 파일 구조

자바의 웹 프로그램은 앞서 설명한 것처럼 여러 종류의 파일들로 구성되어 있다. 때문에 파일들이 적절한 위치에 배치되어 있어야 실행에 문제가 없다. 파일 구조도 자바 시스템에서는 하나의 약속에 해당한다. 암기해야 한다.

문제는 파일 구조가 이클립스에서 조금 변형된다는 것이다. 그러나 이클립스도 결국 웹 프로그램을 실행할 때는 다시 정식 파일 구조로 바꾼다. 우리는 웹 프로그램을 작성하고 실행하고를 이클립스에서 하기 때문에 이클립스에서의 파일 구조도 기억해야 한다.

▪ 웹 프로그램의 파일 구조 ^{11.5.1}

자바로 작성하는 웹 프로그램은 어느 엔진(웹 컨테이너)을 사용하든 관계없이 다음과 같은 파일 구조를 갖는다.

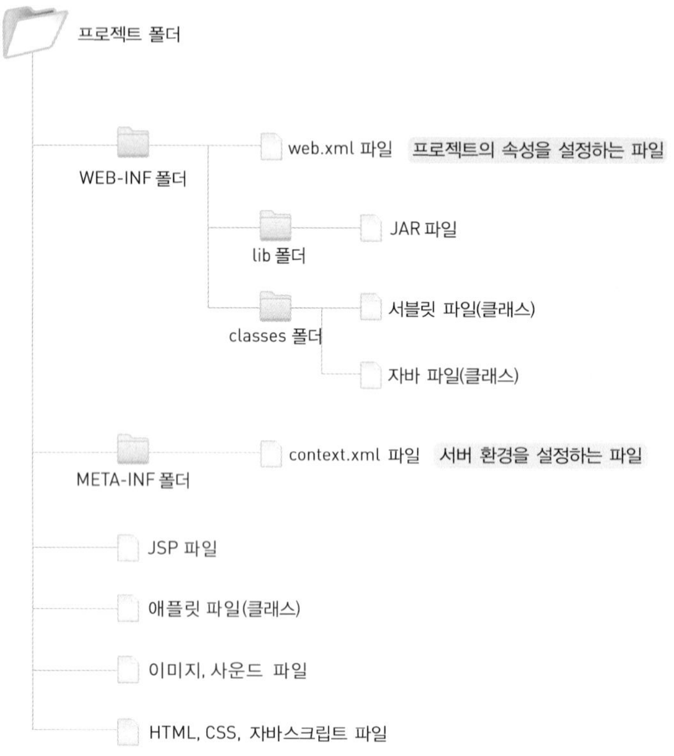

웹 프로그램의 파일 구조

여기서 가장 중요한 lib 폴더에는 실행에 필요한 JAR 파일들이 있다. 이것을 잘못 운용하면 파일들 간에 충돌도 발생한다. 라운드 9의 내용 중 「MySQL 환경 설정」에서 JAR 파일의 경로로 세 가지를 배웠다.

- 로컬 응용 프로그램을 실행하기 위한 %JAVA_HOME%\jre\lib\ext 폴더

- 애플릿을 실행하기 위한 [Program Files]\[jre버전]\lib\ext 폴더

- 톰캣을 이용하는 웹 프로그램을 실행하기 위한 [톰캣폴더]\common\lib 폴더

물론 세 번째는 사용하는 웹 컨테이너에 따라 조금씩 다르다. 웹 컨테이너의 종류는 JBoss, Resin, SAS 등 다양하다. 이 책에서는 웹 컨테이너로 톰캣을 선택한 것뿐이다. 우리가 작성하는 웹 프로젝트에서 만들어지는 JAR 파일은 모두 세 번째 폴더에 있다.

그러면 앞서 설명한 파일 구조의 WEB-INF 폴더에 있는 lib 폴더의 역할은 무엇일까? 바로 프로젝트별로 사용할 JAR 파일들이 있는 폴더이다. 예를 들어, A 프로젝트에서는 데이터베이스와 통신하는 JSP를 사용해야 하고, B 프로젝트에서는 사용하지 않아도 된다고 가정하자. 그러면 데이터베이스 연동에 사용하는 드라이버 JAR 파일을 B 프로젝트에서는 필요하지 않을 것이다. 이 경우 [톰캣폴더]\common\lib 폴더에 해당 드라이버 JAR 파일이 있을 필요가 없다. A 프로젝트의 WEB-INF\lib 폴더에만 해당 드라이버 JAR 파일이 있으면 된다.

JAR 파일은 있어야 하는 폴더에 있으면 되지만 특별한 경우에는 JAR 파일들 사이에 충돌이 발생한다. 예를 들어, 오라클 드라이버인 ojdbc14.jar 파일은 자바에서도 사용하고, JSP나 서블릿에서도 사용하고, 애플릿에서도 사용한다. 따라서 앞서 설명한 세 폴더 모두에 있어야 정상적으로 실행된다.

하지만, 앞으로 배울 파일 업로드에 사용하는 cos.jar 파일은 자바나 애플릿에서 사용하지 못한다. 일반적으로 파일 업로드는 웹에서 이루어지는 작업이기 때문에 JSP나 서블릿에서만 사용할 수 있다. 그런데 이 JAR 파일이 앞의 세 폴더에 모두 있는 상태로 실행을 하면 파일들 간에 충돌이 발생한다. 해당 클래스 파일을 찾을 수 없다는 메시지를 표시한다. 따라서 이 JAR 파일은 필요한 폴더에만 있어야 한다.

lib 폴더만 열심히 설명하고 있어서 자칫 전체 파일 구조를 암기하지 않는 독자가 있을지도 모른다. 단지 이 폴더가 중요하다는 이야기이다. 전체 파일 구조를 암기하지 않고서는 웹 프로그램을 작성하지 못한다.

이클립스에서 변형된 파일 구조 11.5.2

앞서 이야기했듯이 자바로 웹 프로그램을 작성하려면 반드시 파일 구조를 알고 있어야 한다. 그런데 이클립스에서는 작성이나 관리의 효율성을 고려해서 파일 구조를 조금 변형한다고도 했다. 물론, 실제 웹 프로그램이 실행될 때는 다시 원래의 파일 구조로 재편성이 되지만 말이다. 여기서는 이클립스가 지원하는 파일 구조를 살펴보도록 하자.

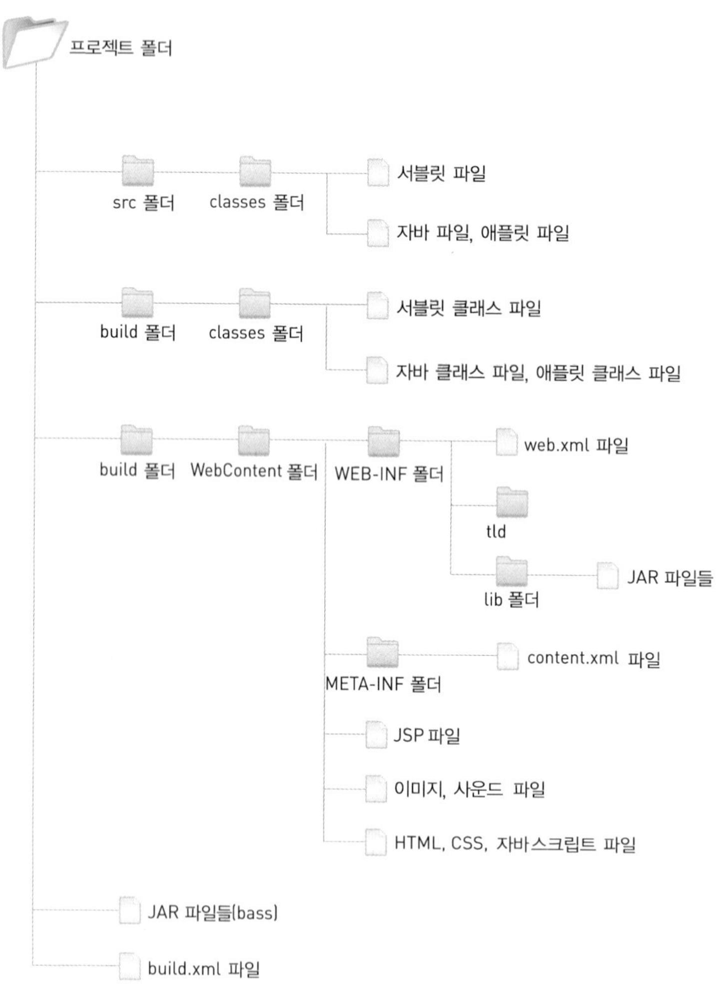

이클립스에서 웹 프로젝트의 파일 구조

이 파일 구조를 살펴보면 자바 파일이나 서블릿 파일이 원본 소스와 클래스 파일로 나누어져 관리되고 있는 것을 알 수 있다. 원본 소스는 src 폴더에 작성하면 되고, 원본 소스가 이클립스에 의해 자동으로 컴파일되는 곳이 build 폴더이다. 나머지 웹 관련 파일들은 WebContent 폴더에 작성하면 된다. 그런데 많은 개발자들이 실수로 프로젝트 바로 아래에 파일을 놓는다. 그러면 이클립스는 이들 파일을 인식하지 못한다. 따라서 실행도 되지 않는다.

마지막으로 프로젝트를 WAR 파일로 압축하여 웹 서버에 저장할 때 사용할 build.xml 파일은 프로젝트 바로 아래에 두도록 하자. 이 파일의 위치는 아무 곳이나 관계없지만 경로를 지정하면서 이 위치가 가장 유용하다.

파일 구조 중에서 아직 설명하지 않은 tld 폴더가 있다. 이 폴더는 JSTL을 위한 영역이므로 일단 덮어 두도록 하겠다. Part 3에서 다룬다. 또한, JAR 파일들(Base)도 있다. 이 폴더는 WEB-INF\lib 폴더에서 가져온(Import) JAR 파일들이 표시되는 영역일뿐이다.

관련된 이야기로 이클립스로 프로젝트를 작성하여 실행할 때는 따로 웹 서버로 옮기지 않고도 바로 실행할 수 있다. 그러나 개발 속도를 높이기 위한 방편일뿐이다. 실제 웹 서버로 운영하기에는 이클립스가 안정적이지 못하다. 따라서 build.xml 파일을 사용하든 아니면 강제로 파일 구조를 형성하든 WAR 파일로 변형하여 톰캣이나 레진과 같은 웹 서버로 옮겨서 실행하도록 하는 것이 바람직하다.

이클립스에서 웹 프로그램이 실행될 때는 파일 구조가 변경된다고 했는데 어디일까? 한 번이라도 이클립스에서 웹 프로그램을 실행한 후라면 다음 폴더를 살펴보기 바란다.

C:\Web_Java\eclipse\workspace\.metadata\.plugins\org.eclipse.wst.server.core\tmp0\webapps

▪ 웹 프로그램 맛보기 예제 11.5.3

아직 서블릿이나 JSP를 배우지 않았지만 앞서 설명한 파일 구조도 살펴볼 겸 간단히 예제를 작성해 보자. 이클립스의 왼쪽 프로젝트 탐색기에서 마우스 오른쪽을 클릭하고 [New] → [Dynamic Web Project]를 차례대로 선택하자. 그런 다음 대화 상자에서 프로젝트 이름에 **Round11**을 입력하고 〈Finish〉를 누르자. 만약 대화 상자 중간의 [Target Runtime] 필드가 [none]으로 설정되어 있으면 오른쪽 〈New〉를 누르고서 [Apache Tomcat 5.5]로 설정해야 한다.

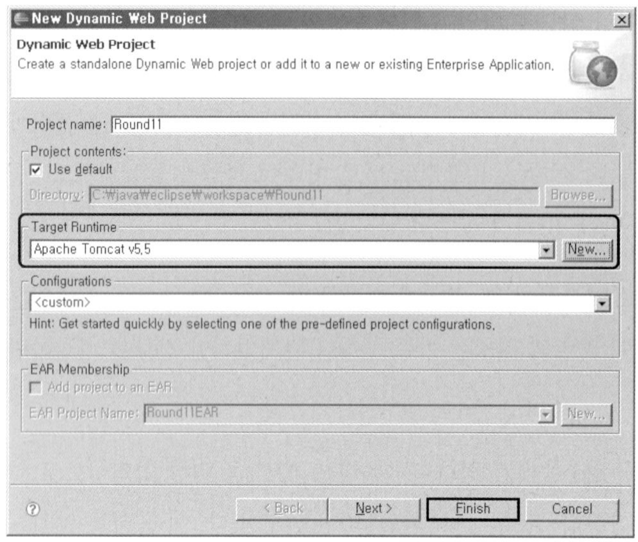

웹 프로젝트가 만들어지면 다음과 같이 src 폴더와 build 폴더, WebContent 폴더가 보일 것이다.

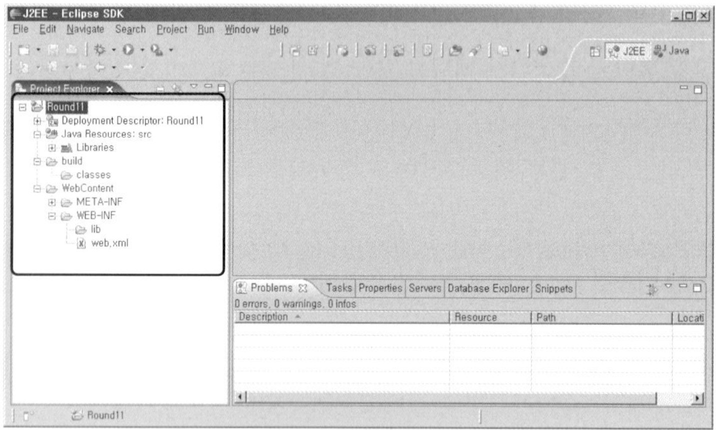

이제 HTML 파일과 스타일 시트 파일, 자바스크립트 파일을 작성하는데 반드시 WebContent 폴더에서 마우스 오른쪽을 클릭하여 만들어야 한다. 이 폴더에서 바로 가기 메뉴를 띄우고 [New] 메뉴를 선택하면 만들어진다. 만약 [New] 메뉴에 없는 파일들은 하위 메뉴 중에서 [Other...]를 선택해서 찾으면 된다.

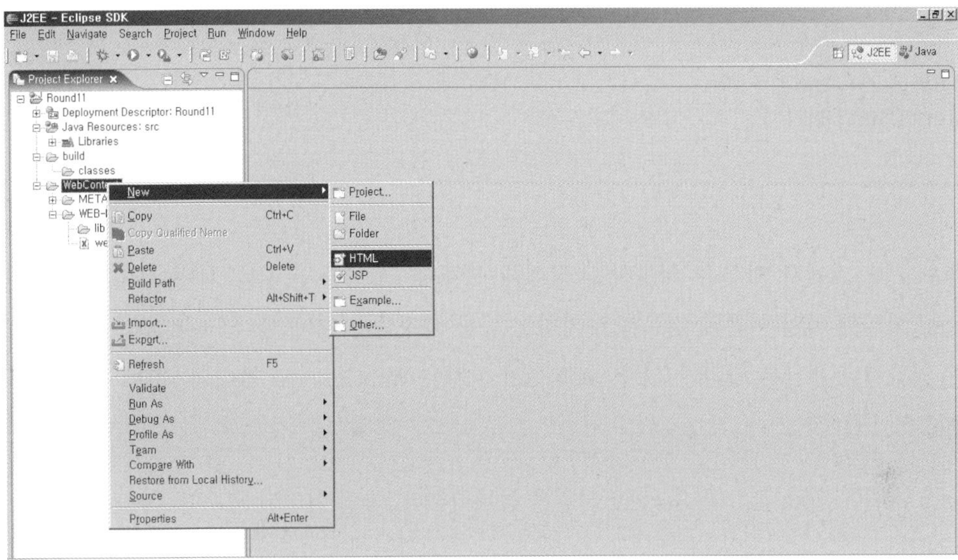

파일의 이름과 코드는 간단히 다음과 같이 작성하자.

| 예제 | Round11_01.htm |

```html
<html>
    <head>
        <link rel="stylesheet" type="text/css" href="Round11_01.css">
        <script language="javascript" src="Round11_01.js"></script>
    <title>예시</title>
    </head>
    <body onLoad="show msg()">
        안녕하세요! HTML 입니다.
    </body>
</html>
```

| 예제 | Round11_01.css |

```css
body {
    font-family : "굴림체";
    font-size : 10pt
}
```

예제 │ Round11_01.js

```javascript
function show_msg() {
    alert("WELCOME!");
}
```

다음으로 Part 2에서 다루는 서블릿을 작성해 보겠다. 작성한 파일을 실행이 되게 하려면 web.xml 파일에 파일 이름과 경로를 추가하는 등록 과정을 거쳐야 한다. web.xml 파일을 배우지는 않았지만 지금은 따라만 하자. web.xml 파일은 WebContent 폴더의 WEB-INF 폴더에 있다.

web.xml 파일에 Round11_01_Servlet 파일을 등록하겠다. 암영 처리된 코드만 추가하면 된다.

예제 │ web.xml

```xml
<?xml version="1.0" encoding="UTF-8"?>
<web-app id="WebApp_ID" version="2.4" xmlns="http://java.sun.com/xml/ns/j2ee"
                    xmlns:xsi="http://www.w3.org/2001/XMLSchema-instance"
                    xsi:schemaLocation="http://java.sun.com/xml/ns/j2ee
                    http://java.sun.com/xml/ns/j2ee/web-app_2_4.xsd">
    <display-name>Round11</display-name>

    <servlet>
        <servlet-name>MyServlet</servlet-name>
        <servlet-class>Round11_01_Servlet</servlet-class>
    </servlet>

    <servlet-mapping>
        <servlet-name>MyServlet</servlet-name>
        <url-pattern>/First</url-pattern>
    </servlet-mapping>

    <welcome-file-list>
        <welcome-file>index.html</welcome-file>
        <welcome-file>index.htm</welcome-file>
        <welcome-file>index.jsp</welcome-file>
        <welcome-file>default.html</welcome-file>
        <welcome-file>default.htm</welcome-file>
        <welcome-file>default.jsp</welcome-file>
    </welcome-file-list>
</web-app>
```

서블릿을 등록하였으면 이클립스의 왼쪽 프로젝트 탐색기의 [Java Resource: src] 폴더에서 마우스 오른쪽을 클릭하고 바로 가기 메뉴에서 **[New]** → [Class]를 차례로 선택하자.

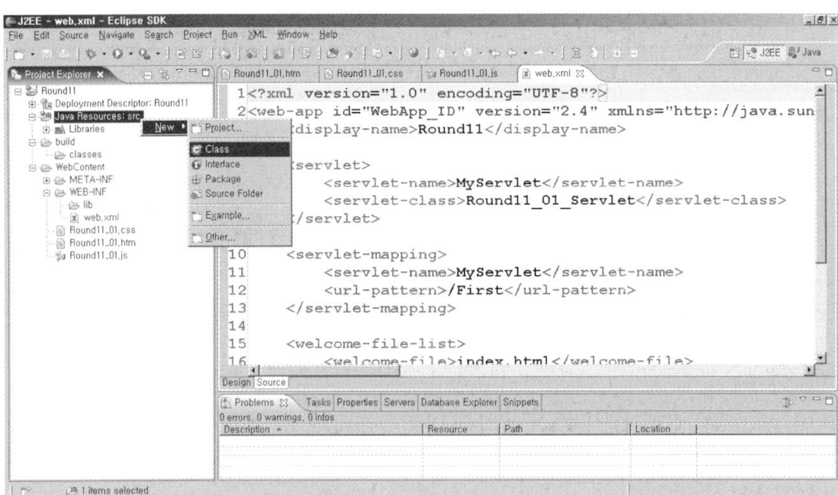

그런 다음 대화 상자에서 클래스 이름을 앞서 등록한 **Round11_01_Servlet**으로 적고 〈Finish〉를 눌러 서블릿을 만들자.

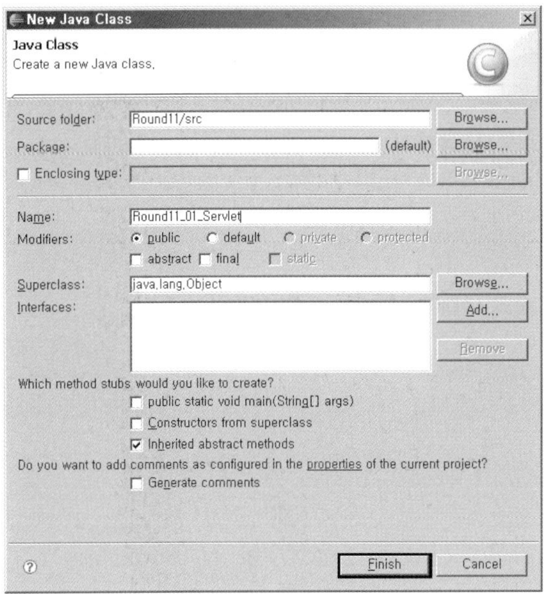

계속해서 다음과 같이 코드를 작성하자.

| 예제 | Round11_01_Servlet.java |

```java
import java.io.*;
import javax.servlet.*;
import javax.servlet.http.*;

public class Round11_01_Servlet extends HttpServlet {
    public void service(HttpServletRequest request, HttpServletResponse
                              ↳ response) throws IOException, ServletException {
        response.setContentType("text/html;charset=euc-kr");
        PrintWriter out = response.getWriter( );
        out.println("<html>");
        out.println("<head><title>서블릿 예시!</title></head>");
        out.println("<body>");
        out.println("안녕 서블릿!");
        out.println("</body>");
        out.println("</html>");
    }
}
```

마지막으로 Part 3에서 다루는 JSP 파일을 작성해 보자. JSP 파일은 web.xml 파일에 따로 등
록하는 내용이 없다. HTML 파일과 유사하게 실행된다. 이 파일 역시 WebContent 폴더에 있
지 않으면 인식되지 않기 때문에 유의하기 바란다. WebContent 폴더에서 마우스 오른쪽을 클
릭해서 JSP 파일을 만들고서 다음과 같이 코드를 작성하자.

| 예제 | Round11_01.jsp |

```jsp
<%@ page language="java" contentType="text/html; charset=EUC-KR"
                                  ↳ pageEncoding="EUC-KR" %>
<html>
    <head>
        <title>JSP 예시!</title>
    </head>
    <body>
        안녕 JSP!!!
```

```
    </body>
</html>
```

지금까지 작성한 파일들을 이클립스에서 실행하려면 해당 파일에서 마우스 오른쪽을 클릭하고 바로 가기 메뉴에서 **[Run As]** → [Run On Server]를 차례로 선택하면 된다. 그러나 우리는 해당 파일에 접근하는 방법도 알아야 하기 때문에 조금 다르게 하겠다.

우선 프로젝트의 이름에서 마우스 오른쪽을 클릭하여 **[Run As]** → [Run On Server]를 차례로 선택하면 다음과 같이 대화 상자가 표시된다. 〈Finish〉를 누르자.

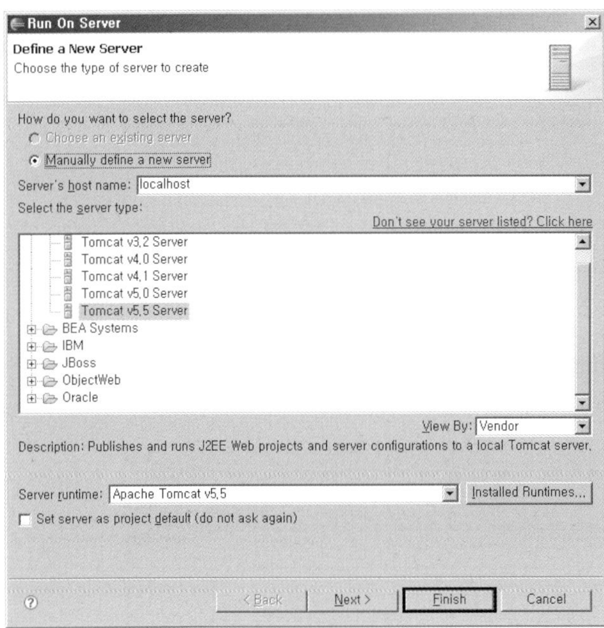

다음과 같은 실행 화면에서 주소 표시줄의 내용을 바꾸어 가면서 해당 파일에 접근해 보도록 하자.

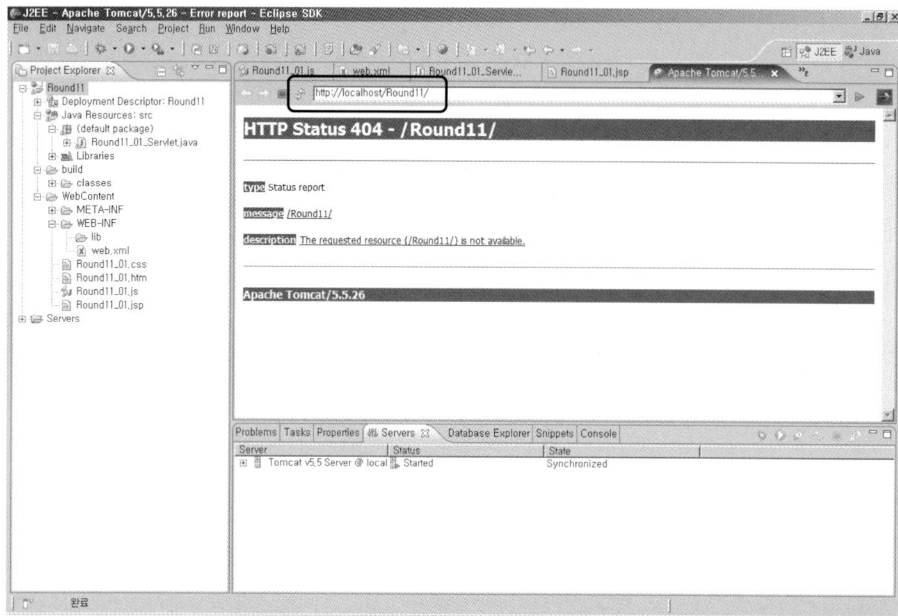

HTML 파일, 서블릿 파일, JSP 파일 순으로 주소 표시줄의 내용을 바꿔 가며 실행해 보자.

실행 ▶ `http://localhost/Round11/Round11_01.htm` ——————— HTML 파일을 실행하는 경우

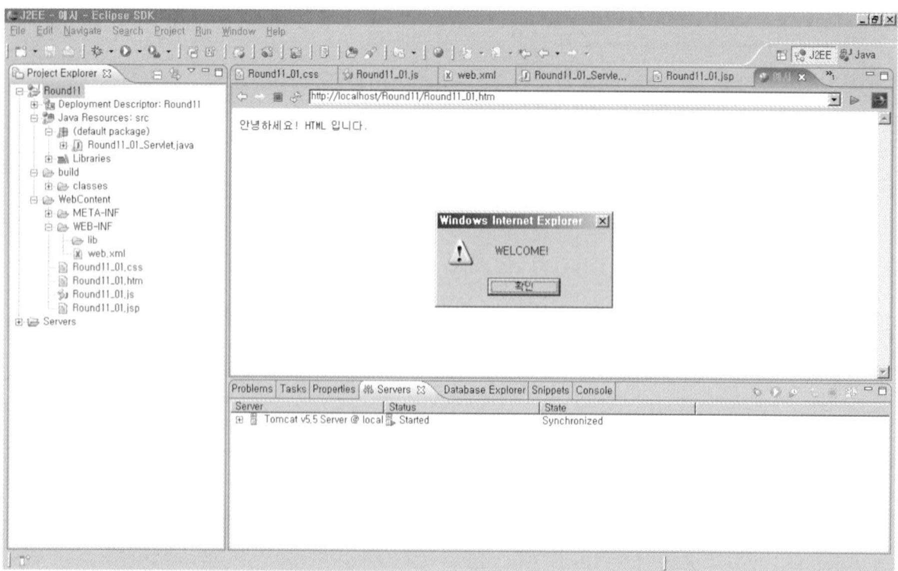

 `http://localhost/Round11/First` ——————— 서블릿 파일을 실행하는 경우

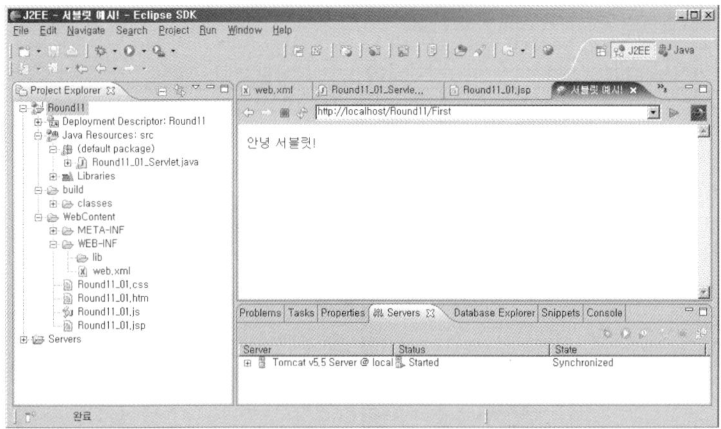

 `http://localhost/Round11/Round11_01.jsp` ——————— JSP 파일을 실행하는 경우

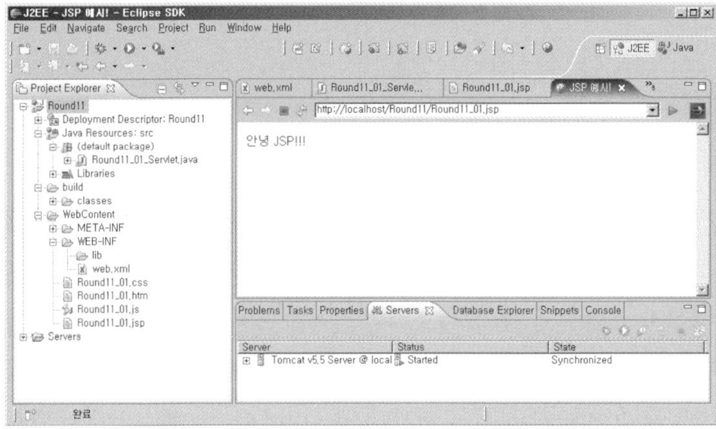

파일들을 다 실행해 보았으면 이클립스에서의 파일 구조를 한번 살펴보자. 그런 다음에 C:\Web_Java\eclipse\workspace\.metadata\.plugins\org.eclipse.wst.server.core\tmp0\ webapps 폴더에 있는 Round11 프로젝트의 파일 구조를 살펴보자. 두 파일 구조를 서로 비교해 보자. 파일 구조를 기억하고 있으면 웹 프로그램을 작성할 때 많은 도움이 된다.

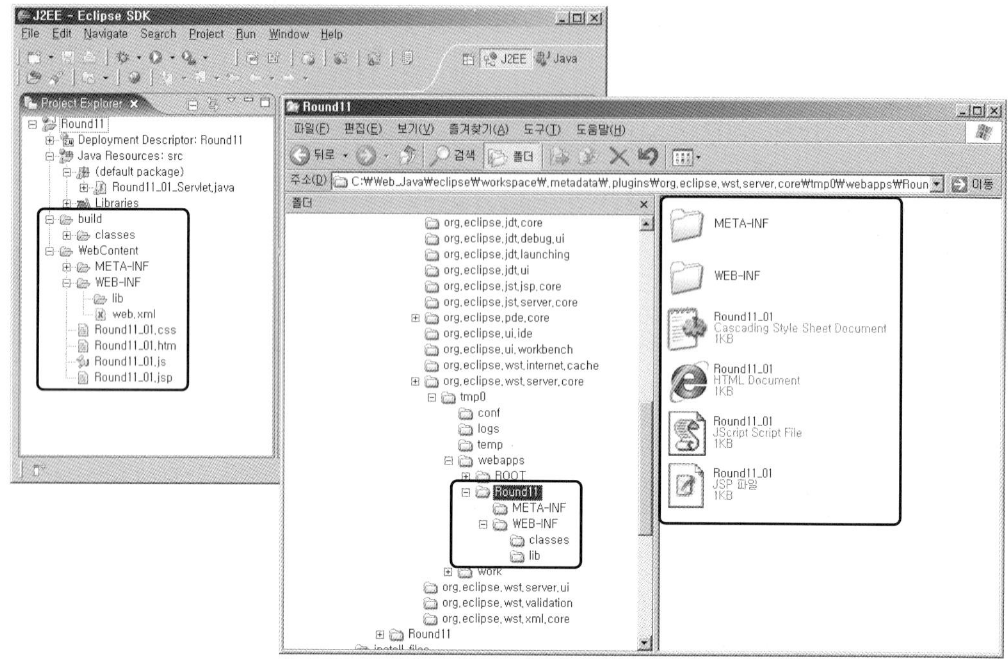

WAR 파일 압축 실행 11.5.4

웹 프로그램을 간단하게 작성해 보았는데 이러한 프로그램은 웹 서버가 안정적인 상태에서 실행되어야 한다. 그런데 앞서의 예제는 약간 불안정한 요소가 있다. 바로 실행 문제인데 이클립스는 웹 서비스를 하면서 톰캣의 일부 기능을 가져오거나 연결해서 사용한다. 그러다 보니 웹 서버의 변경 사항을 즉시 반영하기도 힘들고, 웹 브라우저의 속성을 처리하는 데도 한계가 있다. 또한, 한 단계를 거쳐 실행되기 때문에 예상하지 못한 상황이 발생할 수도 있다. 프로젝트를 개발할 때는 빠르고 쉽게 테스트할 수 있어서 장점이 되지만 웹 서비스를 할 때는 앞서의 단점들이 있다는 이야기다.

그래서 이클립스에서 프로젝트 개발이 끝나면 해당 프로젝트는 웹 서버로 옮겨야 한다. 그런데 프로젝트를 폴더 단위로 관리하다 보면 내부의 파일을 안정적으로 관리하기가 힘들다. 이 경우 압축 파일을 많이 사용하는데 이 압축 파일을 WAR(Web Archive) 파일이라고 부른다. WAR 파일은 Part 1의 라운드 8에서 다룬 적이 있다.

이번 예제에서도 build.xml 파일을 만들 것이고, 이 파일을 가지고 톰캣에서 실행을 해보자.

build.xml 파일을 프로젝트 바로 아래에 만들고서 다음과 같이 코드를 작성하자.

예제 | build.xml

```xml
<?xml version="1.0" encoding="UTF-8"?>

<project name="Round11" default="war_set" basedir=".">
    <property name="content.path" location="${basedir}/WebContent"/>
    <property name="build.path" location="${basedir}/build"/>
    <property name="server.path" location="C:/Web_Java/Tomcat5/webapps"/>
    <property name="virtual.path" location="${basedir}/war"/>
    <target name="war_set">
        <mkdir dir="${virtual.path}"/>
        <copy todir="${virtual.path}">
            <fileset dir="${content.path}">
                <include name="**/*"/>
            </fileset>
        </copy>
        <copy todir="${virtual.path}/WEB-INF">
            <fileset dir="${build.path}">
                <include name="**/*"/>
            </fileset>
        </copy>
        <delete dir="${server.path}/${ant.project.name}"/>
        <delete file="${server.path}/${ant.project.name}.war"/>
        <jar destfile="${server.path}/${ant.project.name}.war"
                                        basedir="${virtual.path}"/>
        <delete dir="${virtual.path}"/>
        <echo>작업 종료!</echo>
    </target>
</project>
```

build.xml 파일에서 마우스 오른쪽을 클릭하고 **[Run As]** → [2 Ant Build]를 차례로 선택하면 Round11 프로젝트는 WAR 파일로 압축되어 Tomcat5\webapps 폴더로 옮겨진다.

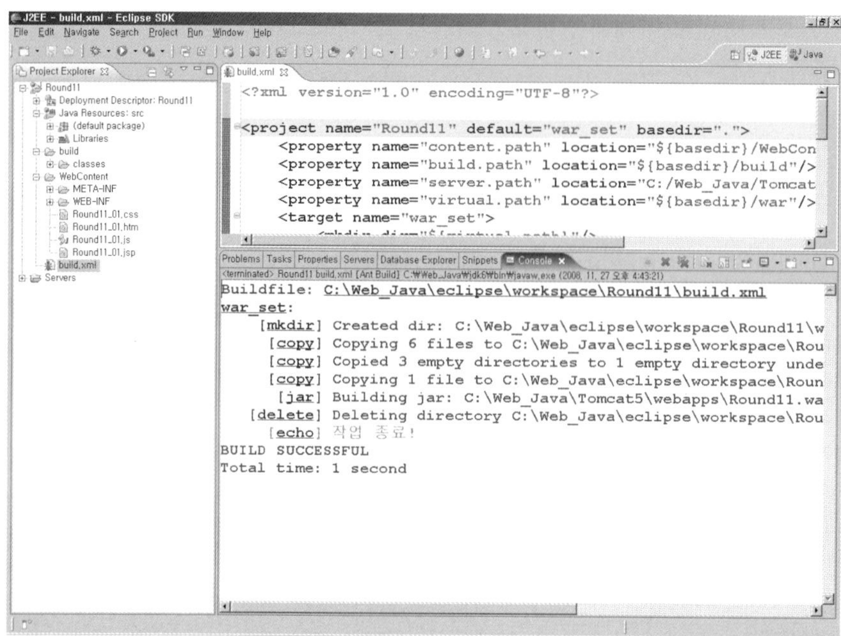

앞서와 같이 에러 없이 실행되면 해당 폴더로 가서 WAR 파일이 복사되었는지를 확인해 봐야
한다. 다음과 같이 경로는 C:\Web_Java\Tomcat5\webapps이다.

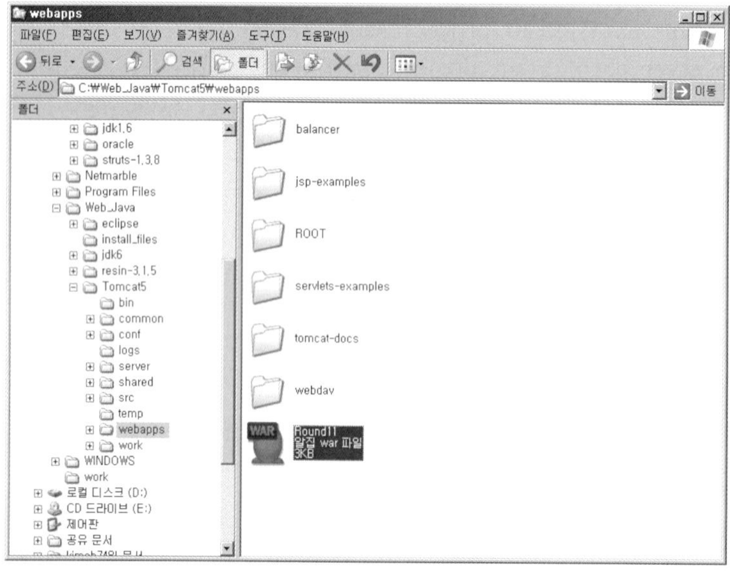

이제 이클립스에서 실행한 톰캣은 종료하자.

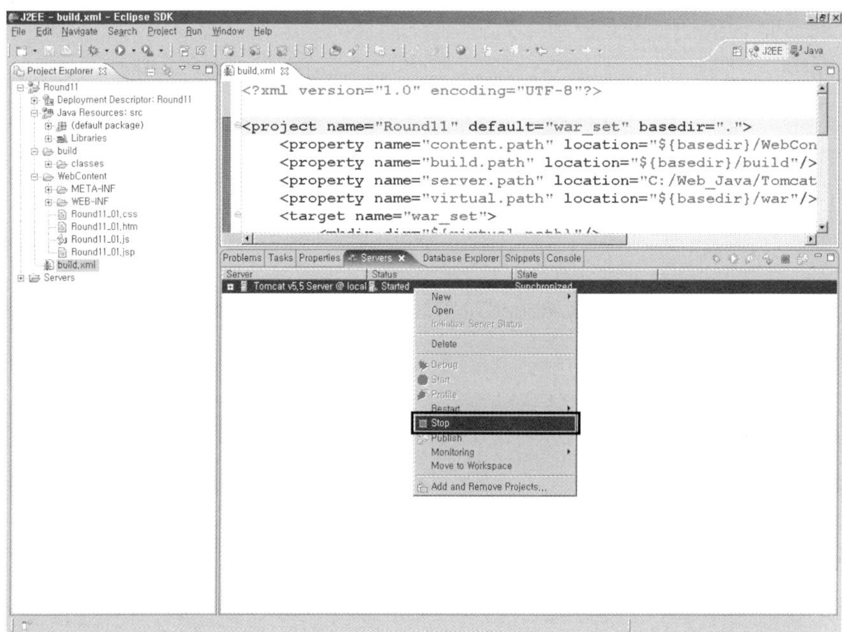

다음과 같이 직접 톰캣을 구동하도록 하자. 만약 여기서 에러가 나면 [Ctrl] + [Alt] + [Delete]] 키를 눌러 프로세스에서 tomcat5w 프로세스를 끝내고 다시 구동하면 된다.

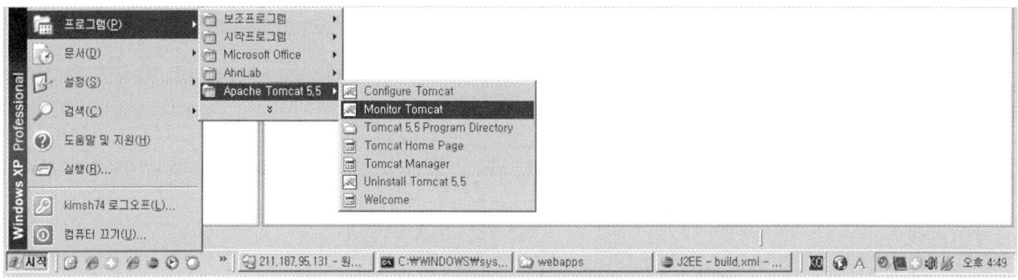

정상적으로 톰캣이 구동되면 다음과 같이 트레이 영역에 아파치 아이콘이 보인다. 여기에서 마우스 오른쪽을 클릭해서 [Start Service] 메뉴를 선택하면 된다.

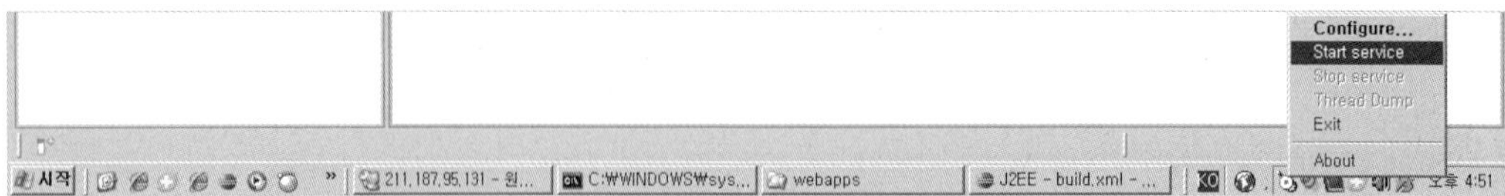

서비스가 실행되면 웹 브라우저를 열고 주소 표시줄에 HTML 파일, 서블릿 파일, JSP 파일 순
으로 다음과 같이 적어서 테스트를 해보자.

실행▶ `http://122.36.151.129/Round11/Round11_01.htm` ──── HTML 파일을 실행하는 경우

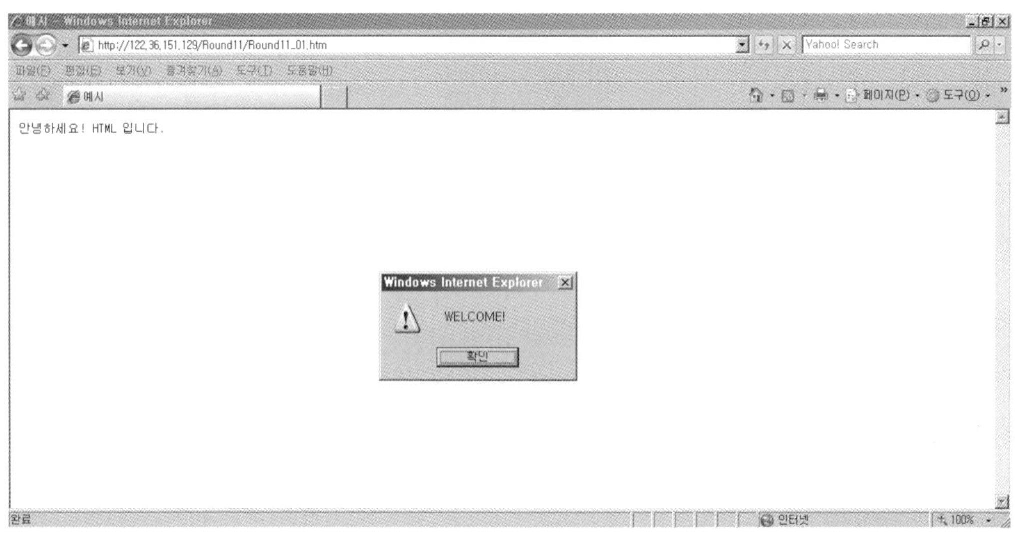

실행▶ `http://122.36.151.129/Round11/First` ──── 서블릿 파일을 실행하는 경우

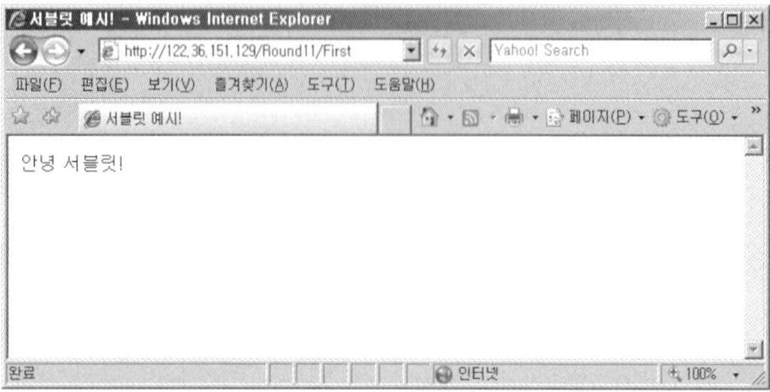

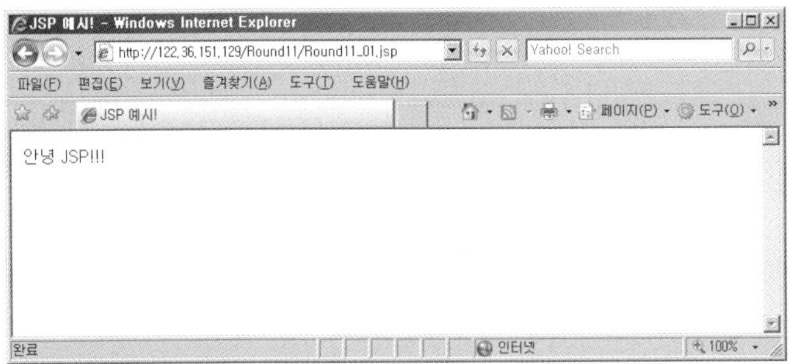

WAR 파일로 압축하여 웹 서버의 webapps 폴더에 넣어 두면 톰캣은 5초에 한 번씩 해당 WAR 파일에 대해 변경 사항을 감지하고 압축을 풀게 된다. 압축이 풀리면서 생겨나는 폴더는 WAR 파일 이름과 동일하며 이 이름이 컨텍스트 루트(Context Root)로 사용된다.

마무리 하면서

이번 라운드에서는 자바의 웹 프로그램을 작성하면서 지켜야 하는 기본 파일 구조를 배웠다. 초급 개발자가 많이 실수하는 부분이다. 꼭 알아 두어야 한다. 나중에 어느 정도 경력이 생기면 이에 관해서는 아무것도 아닌 것이 되겠지만 현재는 상당히 까다롭게 느껴질 것이다.

웹 특성상 파일 하나로는 특정 작업을 구현하기가 상당히 어렵다. 보통 100 ~ 1000여 개의 파일들로 프로젝트 하나가 구성되다 보니 파일들 서로 간의 연계에 관심을 많이 가져야 한다. 앞으로 웹 프로그램을 작성하면서 배울 EL이나 JSTL, 스트럿츠는 특히나 각 파일들과 XML 파일들 간의 관계에 밀접하다. 때문에 이런 기초 부분은 완벽히 알고서 다음 라운드로 넘어가는 것이 좋다.

제 12 장

서블릿의 라이프 사이클과
주요 클래스들

▌ 이번 라운드에서는 자바 기반의 웹 서버 프로그램인 서블릿의 실행 순서와 라이프 사이클에 대하여 살펴본다. 또한, 서블릿은 웹과 연계되어야 할 부분이 많기 때문에 이와 관련된 상속 클래스들이 있다. 따라서 이런 상속 클래스 역시 익숙하게 익혀야 한다.

Round 12

12.1 서블릿의 라이프 사이클 **12.2** 서블릿에서 web.xml 파일의 역할 **12.3** 서블릿의 주요 클래스들

목표

· 서블릿의 실행 순서를 안다.

· 서블릿의 라이프 사이클을 암기한다.

· 서블릿의 상속 관계와 주요 클래스들을 안다.

활용

서블릿의 라이프 사이클

서블릿은 자바 코드를 웹에서 실행되도록 한 것이다. 그런데 애플릿에서 배운 것처럼 웹에서 서블릿이 실행되면서 초기화와 서비스, 소멸 과정을 거친다. JSP에서도 동일하다. 때문에 라이프 사이클을 알면 적절한 위치에 원하는 코드를 넣을 수 있다.

web.xml 파일

웹 프로그램은 항상 자바를 지원하는 웹 컨테이너에서 실행된다. 때문에 해당 웹 컨테이너와의 연계를 반드시 염두에 두어야 한다. 프로젝트별로 환경을 설정하고 파일들 간에 관계를 설정할 때는 web.xml 파일이 기준이 된다. 그래서 web.xml 파일의 형식과 사용법을 알아야 한다.

 들어가기 전에

서블릿은 웹 서버와 네트워크 통신을 하는 형식을 갖추고 있다. 그러나 main( ) 메서드는 없다. main( ) 메서드가 없다는 것은 다른 형식(service(…) 메서드와 같은)의 실행 시작점과 끝점을 가지고 있다는 것을 의미한다. 서블릿에서 주의 깊게 살펴보아야 할 부분은 service( ) 메서드의 실행 시점이다. 그리고 web.xml 파일은 웹 서버(톰캣과 같은)가 서블릿 파일을 인식하게 해준다. 이 파일은 서블릿의 등록뿐 아니라 필터 클래스의 등록과 맵핑 등 다양한 설정을 지원한다. 따라서 web.xml 파일에 포함되는 내용과 용도를 정확히 아는 것이 중요하다.

서블릿은 서버 프로그램이라 클라이언트 프로그램과 네트워크 통신을 유지하고 있어야 한다. 그렇지 않으면 현재 연결된 사용자와 대화할 수 없다. 그렇다고 매번 서버 프로그램을 작성할 때마다 개발자가 입출력을 직접 처리하기에는 부담이 된다. 그래서 Sun사에서는 이러한 용도의 클래스를 만들었고 이것을 매개 변수로 전달하도록 구성했다. 서블릿을 작성하려면 이러한 클래스를 사용할 수 있어야 하는데 이 역시 이번 라운드에서 다룬다.

12.1 서블릿의 라이프 사이클

▪ 웹 서버의 구동과 종료 _{12.1.1}

이번 절에서 필자가 설명하려는 내용은 웹 서버를 구동할 때와 종료할 때 자동으로 실행되어 메모리에 적재되거나 적재된 데이터가 소멸되는 작업들의 순서이다. 여기서는 웹 서버로 톰캣을 사용한다고 가정한다.

다음은 웹 서버를 구동할 때이다.

❶ [톰캣폴더]\conf\server.xml : 웹 서버를 구동하면서 사용할 포트를 설정하기 위해 인식한다.

❷ [톰캣폴더]\conf\web.xml : 모든 프로젝트에 공통으로 적용되는 환경을 설정하기 위해 인식한다.

[톰캣폴더]\common\lib : 모든 프로젝트에 공통으로 적용되는 라이브러리 파일을 인식한다. %JAVA_HOME%\lib 폴더나 %JAVA_HOME%\jre\lib\ext 폴더 내의 JAR 파일들도 자동으로 인식한다.

❸ [프로젝트이름]\WEB-INF\web.xml : 프로젝트별로 적용되는 환경을 설정하기 위해 인식한다.
[프로젝트이름]\WEB-INF\lib : 프로젝트별로 적용되는 라이브러리 파일을 인식한다.

❹ [프로젝트이름]\WEB-INF\classes : 프로젝트별로 적용되는 서블릿 파일을 인식하고 설정에 따라 init( ) 메서드를 실행한다. 〈load-on-startup〉 태그로 정의한다.

다음은 웹 서버를 종료할 때이다.

❶ [프로젝트이름]\WEB-INF\classes : 프로젝트별로 적용되는 서블릿 파일을 인식하고 destroy( ) 메서드를 실행하여 메모리를 해제한다.

❷ 프로젝트별로 적용되는 환경을 설정하기 위해 사용된 메모리를 해제한다.

❸ 모든 프로젝트에 공통으로 적용되는 환경을 설정하기 위해 사용된 메모리를 해제한다.

❹ 웹 서버를 구동하면서 사용한 포트를 종료한다.

이들 순서에서 주목할 점은 web.xml 파일이 웹 서버를 구동할 때 읽혀진다는 것이다. 만일 특정 작업에 필요해서 web.xml 파일을 수정하고서 웹 서버를 재구동하지 않으면 당연히 web.xml 파일은 인식되지 않는다. 많은 초보 개발자가 실수하는 부분이다. 꼭 기억하자.

▪ 서블릿의 라이프 사이클 ^{12.1.2}

웹 서버가 구동되면 서블릿 파일들은 모두 실행이 가능한 상태가 된다. 이때 클라이언트의 요청에 의해 서블릿이 실행되면 이 파일은 다음과 같은 라이프 사이클을 따르게 된다.

❶ public void init( ) 또는 public void init(ServletConfig sc) {...} 메서드에 의한 초기화

web.xml 파일이 실행되면서나 최초 접속하는 클라이언트에 의해 실행된다.

❷ public void service(HttpServletRequest request, HttpServletResponse response) throws
↳ IOException, ServletException {...}

클라이언트의 요청에 의해 실행되는 메서드로 콘솔 프로그램의 main( ) 메서드와 같은 역할을 한다.

❸ public void destroy( ) {...} 메서드에 의한 메모리 해제

웹 서버가 종료될 때 실행되어 메모리를 해제한다.

기억하세요

서블릿의 라이프 사이클 관련 메서드를 사용하면서 초보자가 많이 하는 실수는 대소문자의
구분이다. 조금이라도 틀리면 해당 메서드를 인식하지 못한다. 당연히 실행도 되지 않는다.
꼭 기억해 두자.

service( ) 메서드는 클라이언트와의 네트워크 통신이 기본적으로 수행되어야 하기 때문에 IOException
예외 처리를 해야 한다. 또한, 웹에서 예외가 발생하기 때문에 ServletException 예외 처리도 해야 한다.
메서드와 함께 암기하는 것이 편하다.

서블릿은 자주 애플릿과 비교된다. 둘 모두 웹에서 실행되는 공통점이 있고 라이프 사이클도 유
사해서이다. 그러나 둘은 실행 영역이 클라이언트인가 서버인가로 구분되기 때문에 라이프 사
이클이 조금 틀리다.

애플릿은 클라이언트에서 실행되므로 항상 init( ) 메서드에서 시작해서 destroy( ) 메서드로 끝
이 난다. 그러나 서블릿은 서버에서 실행되므로 여러 클라이언트의 요청에 항상 대기하고 있어
야 하고, 초기화하는 값은 동일해야 한다. 따라서 init( ) 메서드는 최초의 클라이언트에 의해 한
번만 실행되고, destroy( ) 메서드도 웹 서버가 종료될 때 한 번만 실행된다. 따라서 최초의 클
라이언트를 제외한 클라이언트들은 모두 service( ) 메서드만 실행된다.

그래서 컴퓨터의 사양이 지금보다 좋지 않을 때 "자바 웹 프로그램은 최초 실행에서 항상 느리
다."라는 이야기가 있었다. 하지만, 최초의 클라이언트가 굳이 접속하지 않더라도 미리 init( )
메서드를 실행해 두는 방법이 있었다. 최초의 클라이언트가 접속하기 전에 미리 서블릿을 초기
화해야 할 때 사용하는 방법이다. web.xml 파일에 서블릿을 등록하면서 <load-on-startup>
태그를 사용하면 된다.

destroy( ) 메서드는 웹 서버를 종료할 때 데이터를 정리하고 메모리를 해제하는 역할을 한다.
웹 서버가 종료되면서 자동으로 destroy( ) 메서드가 실행되므로 따로 신경 쓸 필요가 없다.

우리가 관심을 가져야 할 메서드는 service( ) 메서드이다. 자바의 웹 프로그램에서 구현할 내용
을 모두 담고 있다. 콘솔 프로그램으로 비교하자면 main( ) 메서드에 해당한다고 하겠다. 그런
데 service( ) 메서드는 클라이언트와 항상 네트워크 통신을 해야 하고 데이터를 주고받을 수 있

어야 하기 때문에 기본적으로 입출력을 처리할 수 있어야 한다. 하지만, 개발자에게는 이런 문제를 해결하는 것이 상당히 부담스럽다.

그래서 service( ) 메서드는 입출력과 데이터 통신을 담당하는 매개 변수 두 개를 클래스형으로 가지고 있다. 첫 번째가 클라이언트가 보낸 데이터를 받아들이는 입력 담당 ServletRequest 클래스이고, 두 번째가 클라이언트에게 데이터를 보내는 출력 담당 ServletResponse 클래스이다. 그러나 HTTP 프로토콜의 기능을 사용하기에는 이들 클래스로만은 부족하다. 따라서 ServletRequest를 상속받은 HttpServletRequest와, ServletResponse를 상속받은 HttpServletResponse를 앞으로의 모든 예제에서 사용할 것이므로 기억해 두기 바란다.

서블릿의 라이프 사이클 예제 12.1.3

지금부터 서블릿의 라이프 사이클을 예제를 가지고 확인해 보도록 하자. Round12 프로젝트를 만들고, src 폴더에서 마우스 오른쪽을 클릭하여 **[New]** → [Class]를 차례로 선택하자. 그런 다음 대화 상자에서 클래스 이름을 **Round12_01_Servlet**이라고 적고 〈Finish〉를 누르자.

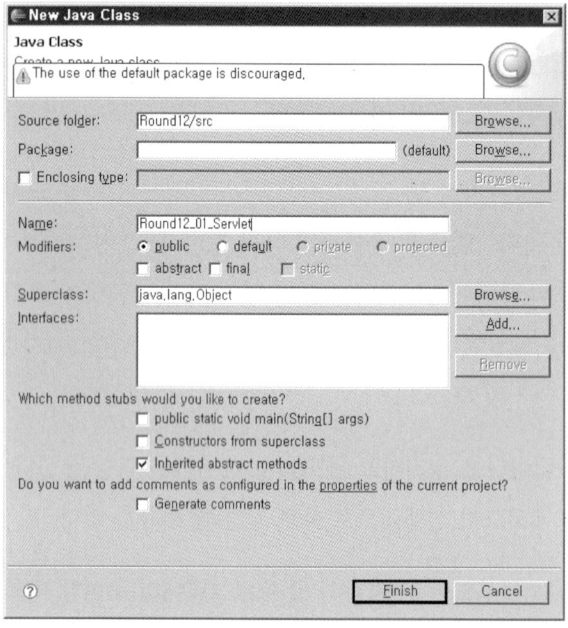

만들어진 서블릿에 다음과 같이 라이프 사이클 관련 메서드를 작성해 보자. 당연히 필요한 패키지인 javax.servlet과 java.io는 가져오기(Import)를 해야 한다. javax.servlet 패키지에는 웹 프로그램에 사용하는 클래스들이 있고, java.io 패키지에는 클라이언트와의 네트워크 통신에 사용하는 입출력 클래스들이 있다.

예제	Round12_01_Servlet.java

```
01 :  import java.io.*;
02 :  import javax.servlet.*;
03 :
04 :  public class Round12_01_Servlet extends GenericServlet {
05 :      public void init( ) {
06 :          System.out.println("서블릿 파일 초기화 부분!");
07 :      }
08 :      public void service(ServletRequest request, ServletResponse
                             ∟, response) throws ServletException, IOException {
09 :          System.out.println("서블릿 내용 부분");
10 :      }
11 :      public void destroy( ) {
12 :          System.out.println("서블릿 파일 데이터 소멸 부분!");
13 :      }
14 :  }
```

예제처럼 System.out.println( ) 메서드를 사용하면 실행 결과는 웹 서버를 실행한 콘솔 창에 보여진다. 실행이 되는지 확인만 하는 것이므로 System.out.println( ) 메서드를 사용하도록 하자. 또한, **4행**에서처럼 서블릿 클래스가 웹 서버 프로그램으로 인식되기 위해서는 반드시 GenericServlet이나 HttpServlet 클래스를 상속받아야 한다.

다음으로 web.xml 파일에 앞서 만든 서블릿을 등록하자. 이클립스의 왼쪽 프로젝트 탐색기에서 WebContent/WEB-INF/web.xml 파일을 처음 열면 다음과 같이 보인다. 화면 아래의 [Source] 탭을 누르면 코드를 적는 화면으로 바뀐다. 처음엔 [Design] 탭이 기본적으로 선택되어 있다.

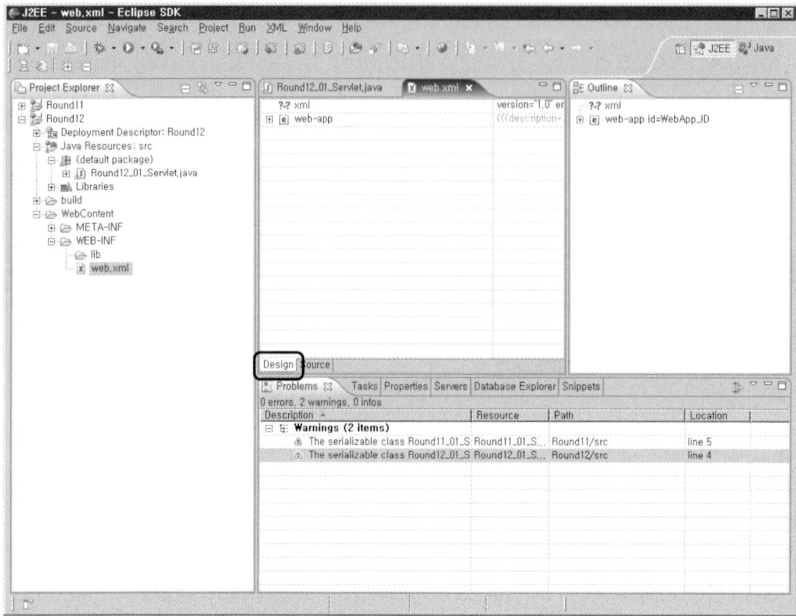

[Design] 탭이 선택되어 있는 화면이다.

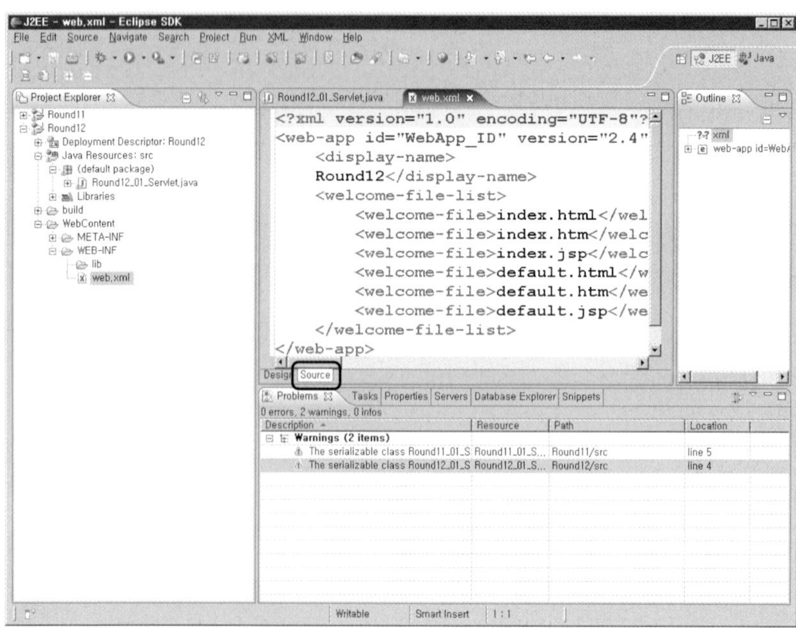

[Source] 탭을 선택한 화면이다.

web.xml 파일에 암영 처리된 코드만 추가하면 된다.

예제 | web.xml

```xml
<?xml version="1.0" encoding="UTF-8"?>
<web-app id="WebApp_ID" version="2.4" xmlns="http://java.sun.com/xml/ns/j2ee"
                        xmlns:xsi="http://www.w3.org/2001/XMLSchema-instance"
                        xsi:schemaLocation="http://java.sun.com/xml/ns/j2ee
                        http://java.sun.com/xml/ns/j2ee/web-app_2_4.xsd">
    <display-name>Round12</display-name>

    <servlet>
        <servlet-name>My01</servlet-name>
        <servlet-class>Round12_01_Servlet</servlet-class>
    </servlet>

    <servlet-mapping>
        <servlet-name>My01</servlet-name>
        <url-pattern>/Servlet01</url-pattern>
    </servlet-mapping>

    <welcome-file-list>
        <welcome-file>index.html</welcome-file>
        <welcome-file>index.htm</welcome-file>
        <welcome-file>index.jsp</welcome-file>
        <welcome-file>default.html</welcome-file>
        <welcome-file>default.htm</welcome-file>
        <welcome-file>default.jsp</welcome-file>
    </welcome-file-list>
</web-app>
```

❶은 서블릿을 웹 컨테이너에 등록하는 코드이다. ❷는 앞서 등록한 서블릿을 웹 브라우저에서 호출하면서 사용하는 이름을 등록하는 코드이다. 참고적으로 톰캣이 구동될 때 init( ) 메서드를 실행하고 싶다면 예제의 ❶에서 세 번째 줄 다음에 이런 코드를 추가하면 된다.

```xml
<load-on-startup>1</load-on-startup>
```

준비가 끝났으면 이클립스의 왼쪽 프로젝트 탐색기에서 Round12를 선택하고, 마우스 오른쪽을 클릭하여 바로 가기 메뉴에서 [**Run As**] → [Run on Server]를 차례로 선택하자. 화면 아래 탭은 실행 결과를 볼 수 있게 [Console] 탭을 선택하도록 한다.

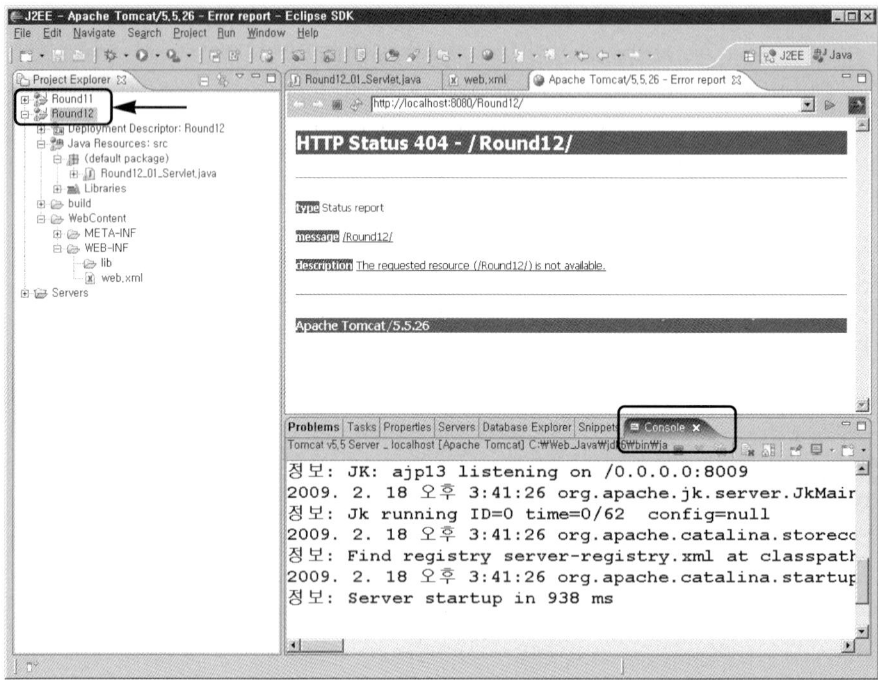

이제 우리가 만든 서블릿을 실행하기 위해서 web.xml 파일에 등록한 이름인 Servlet01을 사용하여 주소 표시줄에 http://localhost:8080/Round12/Servlet01이라고 적는다. 처음 실행, 처음이 아닌 실행, 웹 서버가 종료될 때 세 경우에 대해 출력되는 내용을 비교해 보자.

처음 실행에서는 init( ) 메서드와 service( ) 메서드의 문자열이 순차적으로 출력된다.

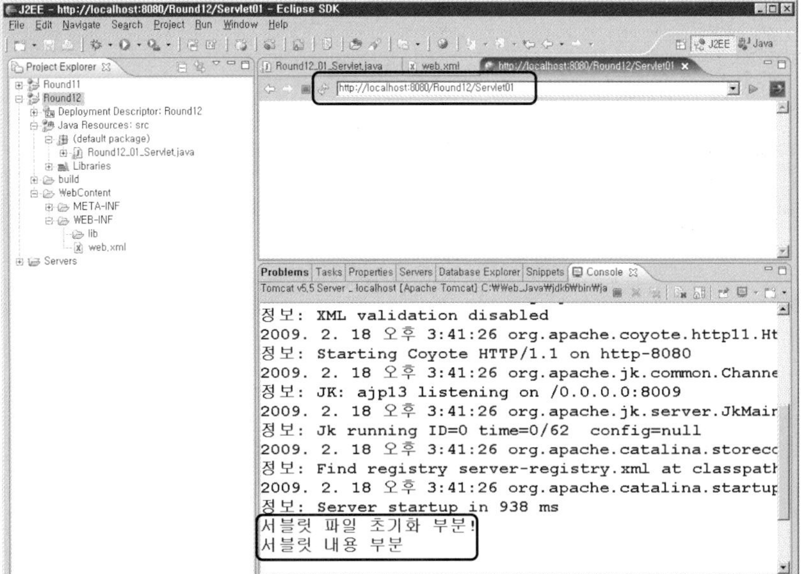

처음이 아닌 실행에서는 service( ) 메서드의 문자열만 계속해서 출력된다. 주소 표시줄의
refresh 아이콘을 세 번 누르면 세 번 연속해서 service( ) 메서드의 문자열만 출력된다.

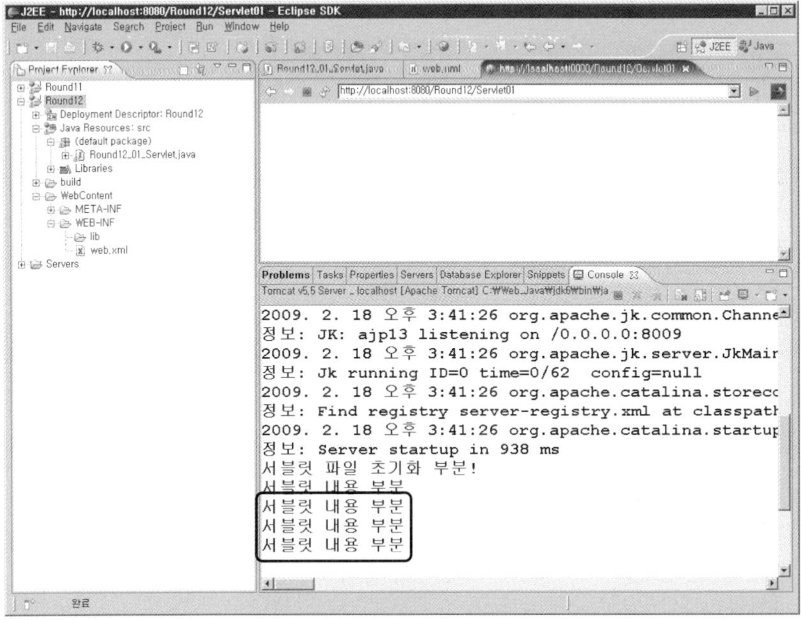

웹 서버를 종료하기 위해서 이클립스의 오른쪽 아래 탭 중 [Servers] 탭을 선택하자. 톰캣을 선택하고 마우스 오른쪽을 클릭하면 [stop] 메뉴가 있다. 이 메뉴를 선택하자.

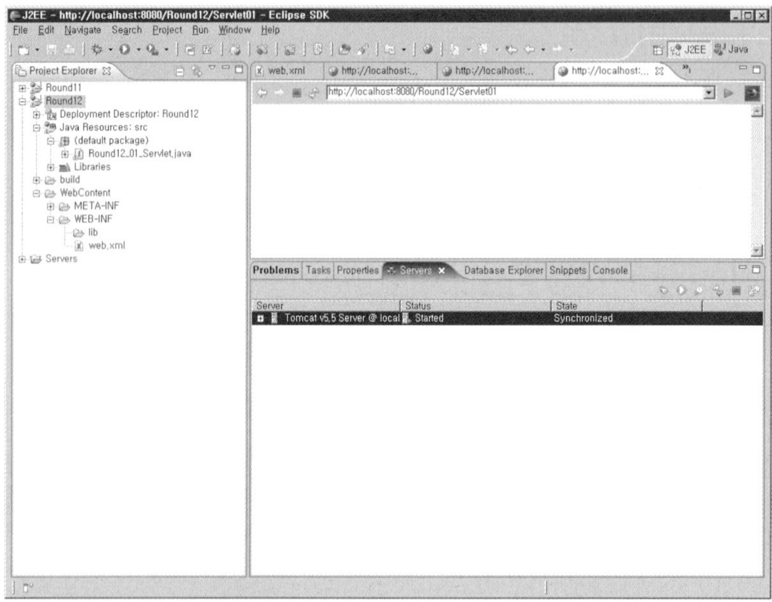

웹 서버가 종료되면서 destroy( ) 메서드가 실행되고 해당 문자열이 출력된다.

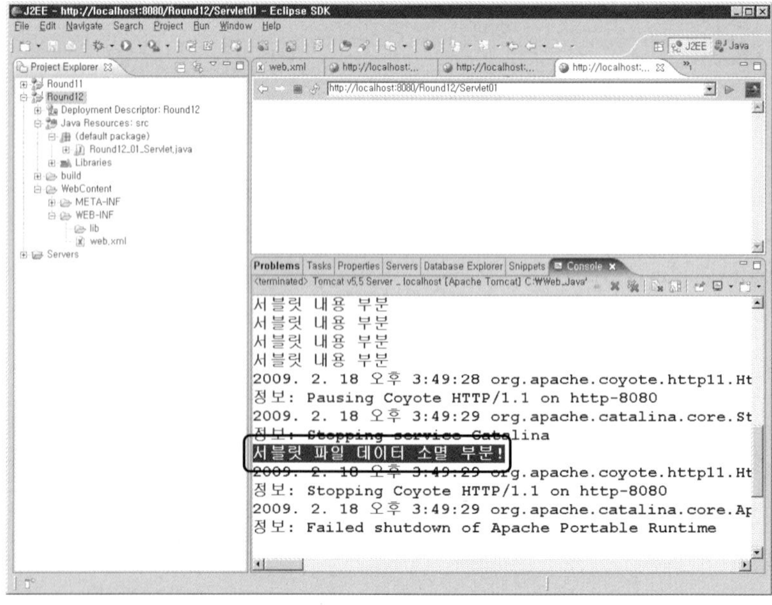

예제를 가지고 살펴본 것처럼 서블릿은 처음 접속하는 클라이언트에 의해 init( ) 메서드가 실행
되고 그 다음에는 한 번도 실행되지 않는다. 최초의 클라이언트를 제외한 나머지 클라이언트에
의해서는 service( ) 메서드만 실행될 뿐이다. 또한, destroy( ) 메서드도 웹 서버가 종료될 때 한
번만 실행된다. 이러한 서블릿의 라이프 사이클을 알고 있어야 적절한 위치에 코드를 넣어 작업
을 구현할 수 있다. 꼭 기억해 두도록 하자.

12.2 서블릿에서 web.xml 파일의 역할

web.xml 파일은 앞서 설명한 것처럼 웹 컨테이너와 웹 프로그램의 파일을 서로 연결하고 관리
하는 설정 파일이다. 이 파일을 제대로 사용하려면 여러 가지 태그들의 용도와 사용법을 익혀야
한다. 이제부터 기본적으로 알아야 하는 태그와 형식을 살펴보도록 하자.

예제	web.xml 파일(기초 태그만 포함)

```
01 : <web-app>
02 :     <display-name>프로젝트명</display-name>
03 :
04 :     <filter>
05 :         <filter-name>필터 닉 네임</filter-name>
06 :         <filter-class>필터 클래스 풀네임(패키지 명까지)</filter-class>
07 :         <init-param>
08 :             <param-name>매개변수명</param-name>
09 :             <param-value>값</param-value>
10 :         </init-param>
11 :     </filter>
12 :     <filter-mapping>
13 :         <filter-name>필터 닉 네임</filter-name>
14 :         <url-pattern>필터 클래스가 실행 될 위치</url-pattern>
15 :     </filter-mapping>
16 :
17 :     <servlet>
18 :         <servlet-name>서블릿 닉 네임</servlet-name>
19 :         <servlet-class>서블릿 클래스 풀네임(패키지 명까지)</servlet-class>
20 :         <init-param>
21 :             <param-name>매개변수명</param-name>
```

```
22 :              <param-value>값</param-value>
23 :          </init-param>
24 :          <load-on-startup>실행 순서 값(0값은 서버임의실행)</load-on-startup>
25 :      </servlet>
26 :      <servlet-mapping>
27 :          <servlet-name>서블릿 닉 네임</servlet-name>
28 :          <url-pattern>/url 패턴</url-pattern>
29 :      </servlet-mapping>
30 :
31 :      <welcome-file-list>
32 :          <welcome-file>기본 연결파일</welcome-file>
33 :      </welcome-file-list>
34 :  <web-app>
```

🔍 코드 설명

Line **2**
<display-name>프로젝트명</display-name>
web.xml 파일이 속한 프로젝트의 이름을 적는다.

Line **4 ~ 11**
프로젝트에서 사용할 필터 클래스를 등록한다.

Line **5**
<filter-name>필터 닉 네임</filter-name>
필터 클래스의 닉네임을 적는다. 임의로 정해도 된다.

Line **6**
<filter-class>필터 클래스 풀네임(패키지 명까지)</filter-class>
해당 필터 클래스에 대해 패키지의 이름까지 전체를 등록한다. 패키지가 아니면 클래스 이름만 등록한다.

Line **7 ~ 10**
해당 필터 클래스가 실행되면서 기본적으로 갖는 초기화 매개 변수를 적는다. 여러 개를 등록해도 된다. void main(String[ ] ar) 메서드의 ar[0]과 ar[1] 등과 같은 개념이라고 보면 된다. void main( ) 메서드에서는 ar이라는 이름으로 사용하지만 여기서는 변수의 이름과 값을 모두 등록해야 한다.

Line **12 ~ 15**
해당 필터 클래스가 실행되는 시점을 등록한다.

Line **13**
<filter-name>필터 닉 네임</filter-name>
실행될 필터 클래스의 닉네임을 적는다. 5행에서 적은 이름과 대소문자까지 같아야 한다.

Line **14**
<url-pattern>필터 클래스가 실행 될 위치</url-pattern>
실행될 시점을 지정한다.

Line **17 ~ 25**
서블릿을 등록하고 있다. 여러 개를 등록해도 된다.

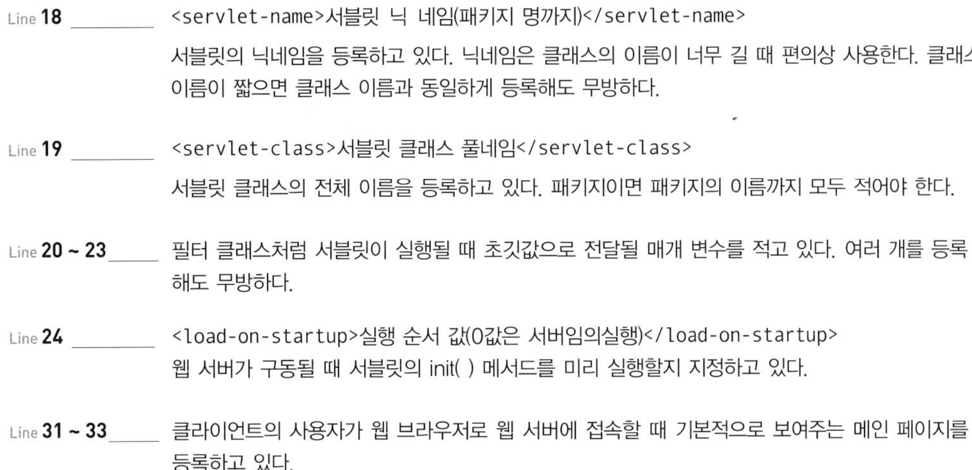

Line **18**　　　　　　`<servlet-name>`서블릿 닉 네임(패키지 명까지)`</servlet-name>`

서블릿의 닉네임을 등록하고 있다. 닉네임은 클래스의 이름이 너무 길 때 편의상 사용한다. 클래스 이름이 짧으면 클래스 이름과 동일하게 등록해도 무방하다.

Line **19**　　　　　　`<servlet-class>`서블릿 클래스 풀네임`</servlet-class>`

서블릿 클래스의 전체 이름을 등록하고 있다. 패키지이면 패키지의 이름까지 모두 적어야 한다.

Line **20 ~ 23**　　　　필터 클래스처럼 서블릿이 실행될 때 초깃값으로 전달될 매개 변수를 적고 있다. 여러 개를 등록해도 무방하다.

Line **24**　　　　　　`<load-on-startup>`실행 순서 값(0값은 서버임의실행)`</load-on-startup>`
웹 서버가 구동될 때 서블릿의 init( ) 메서드를 미리 실행할지 지정하고 있다.

Line **31 ~ 33**　　　　클라이언트의 사용자가 웹 브라우저로 웹 서버에 접속할 때 기본적으로 보여주는 메인 페이지를 등록하고 있다.

14행은 실행될 시점을 지정한다고 했다. 예를 들어, Servlet01 서블릿이 실행되기 전에 실행되는 필터 클래스라면 **/Servlet01**이라고 적는다. 만약 프로젝트의 파일이 실행되기 전에 필터 클래스가 실행되기를 원한다면 *라는 특수키를 사용할 수도 있다.

필터 클래스는 여러 개를 등록할 수 있다. 이때 필터 태그를 사용하면서 필터 맵핑 태그와 중첩되면 안 된다.

```
<filter>...</filter>
<filter-mapping>...</filter-mapping>
<filter>...</filter>
<filter-mapping>...</filter-mapping>
```

이와 같이 중첩해서 사용하면 정상적으로 인식되지 않는다.

필터 클래스 여러 개를 등록할 때는 다음과 같이 동일한 태그를 연속해서 작성하기 바란다.

```
<filter>...</filter>
<filter>...</filter>
<filter-mapping>...</filter-mapping>
<filter-mapping>...</filter-mapping>
```

이 원칙은 서블릿 태그와 서블릿 매핑 태그에서도 동일하게 적용된다.

24행에서 값을 0으로 지정하면 웹 서버가 임의로 init( ) 메서드를 실행하고, 0 이외의 정수를 값으로 지정하면 웹 서버가 구동될 때 이 순서대로 해당 서블릿의 init( ) 메서드가 차례로 실행된다. 예를 들어 A, B, C라는 서블릿이 있을 때 B의 init( ) 메서드를 먼저 실행하고 다음으로 A, 마지막으로 C 서블릿의 init( ) 메서드를 실행해야 한다면 B 서블릿을 등록할 때 load-on-startup 값을 1로 하고, A 서블릿의 load-on-startup을 2로, C 서블릿의 load-on-startup 값을 3으로 하면 웹 서버가 구동될 때 해당 순서대로 init( ) 메서드를 실행하게 된다는 의미이다.

메인 페이지 등록과 관련해서 추가적으로 설명하면 다음(Daum) 사이트에 접속할 때 http://www.daum.net/index.html이라고 적어야 정상적으로 메인 페이지를 볼 수 있다. 그러나 우리는 대개 **http://www.daum.net**이라고만 적는다. 당연하게도 이렇게 적어도 정상적으로 보여진다.

이유는 바로 앞서 welcome 파일을 등록했기 때문이다. 해당 프로젝트의 이름까지만 적을 때 실행될 파일을 welcome 파일로 지정할 수 있다.

```
<welcome-file-list>
    <welcome-file>Servlet01</welcome-file>
</welcome-file-list>
```

이 와 같 은 경 우 **http://localhost:8080/Round12**이 라 고 만 적 어 도 http://localhost:8080/Round12/Servlet01이라고 적은 것과 동일한 효과를 보인다.

그런데 Servlet01 파일이 없으면 어떻게 될까? 이럴 때를 대비해서 welcome 파일을 여러 개 등록할 수 있다. 적은 순서대로 찾다가 먼저 찾은 파일을 실행한다.

```
<welcome-file-list>
    <welcome-file>index.html</welcome-file>
    <welcome-file>Servlet01</welcome-file>
    <welcome-file>home.jsp</welcome-file>
</welcome-file-list>
```

이와 같이 되어 있으면 첫 번째 index.html 파일이 없기 때문에 건너뛰고 두 번째 Servlet01 파일은 있기 때문에 실행된다. 마지막 home.jsp 파일은 찾아보지도 않는다.

이처럼 web.xml 파일은 웹 서버에서 웹 프로그램과 관련된 파일들이 실행됨에 있어 필요한 환경을 설정한다. 따라서 web.xml 파일을 이해하지 않고서는 웹 프로그램을 작성할 수 없다. 꼭 명심하기 바란다.

만약 여기서 다룬 태그들 외에 다른 태그들을 더 알고 싶으면 http://java.sun.com/xml/ns/j2ee /web-app_2_4.xsd 파일을 참고하면 된다. 예전에는 DTD 파일로 되어 있었는데 서블릿 2.4버전 이후부터는 스키마 파일을 사용하기 때문에 XML을 조금 배우고 나서 보면 좋을 것이다.

12.3 서블릿의 주요 클래스들

12.1절에서 설명한 것처럼 서블릿을 사용하여 웹 프로그램을 작성할 때는 서블릿의 라이프 사이클을 그대로 지켜야 한다. 만약 라이프 사이클 관련 메서드들의 이름이 조금이라도 틀리면 서블릿은 실행되지 않는다. 그래서 Sun사에서는 개발자의 실수를 미연에 방지하고자 서블릿 클래스를 인터페이스와 추상 클래스 형태로 미리 만들어 두었다. 웹 프로그램을 작성하면서 반드시 이 인터페이스를 구현하도록 만들었다.

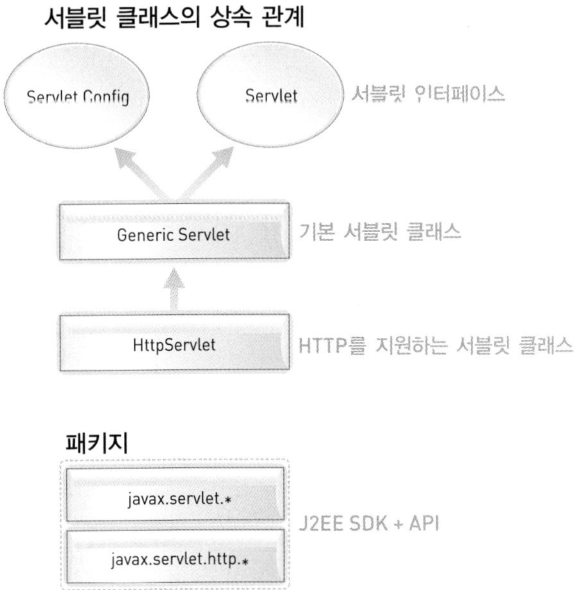

서블릿 클래스의 상속 관계와 패키지

API 공식 문서에서 javax.servlet 패키지를 보면 Servlet 인터페이스가 있다. 여기에 서블릿의 라이프 사이클 관련 메서드인 init( )와 service( ), destroy( )가 있는 것을 확인할 수 있다.

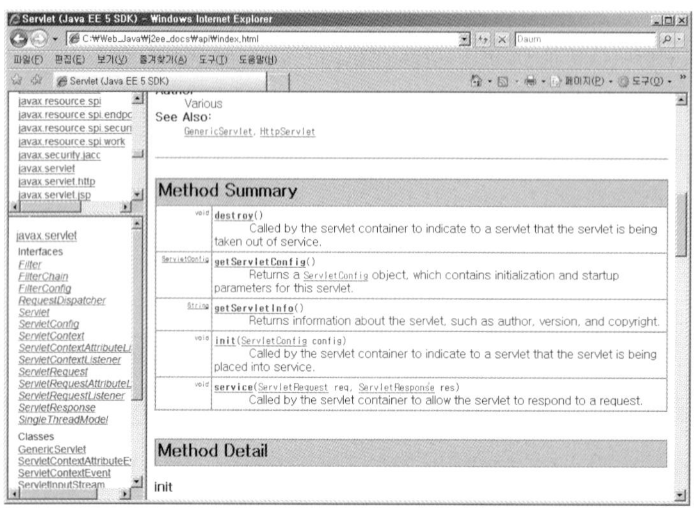

또한, 웹 프로그램을 작성하면서 페이지를 초기화하는 작업도 필요하다. 관련 메서드는 ServletConfig 인터페이스에 정의해 두었다. 페이지를 시작할 때 초기화 매개 변수를 전달하는 것과 작업 영역(실제 사용자에게 보여지는 부분)에 대한 객체를 획득하는 것이 대표적인 역할이다. API를 살펴보면 다음과 같다.

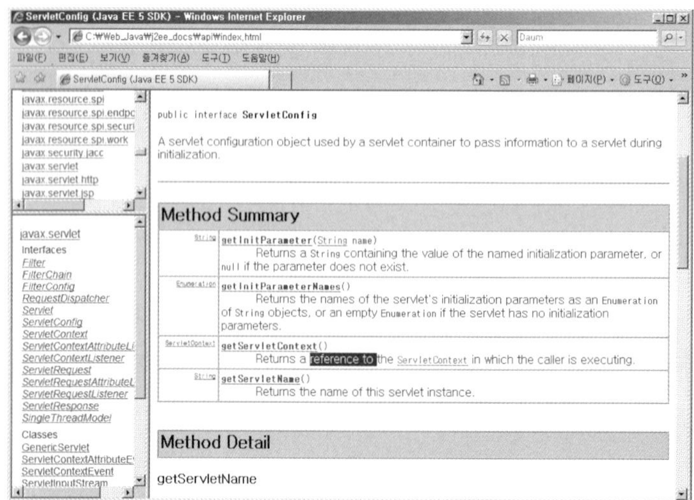

Servlet과 ServletConfig 인터페이스는 자바의 웹 프로그램을 작성할 때 반드시 필요하다. 상속 관계를 암기해 두자. Servlet과 ServletConfig 인터페이스를 상속받는 클래스는 다시 둘로 나누어진다. 하나는 프로토콜에 독립적인 GenericServlet 클래스이고, 다른 하나는 HTTP 프로토콜을 지원하는 HttpServlet 클래스이다. 상속 관계에서는 HttpServlet 클래스가 GenericServlet 클래스의 자식 클래스이다. 일반적으로 서블릿 클래스라고 하면 둘 중 하나를 상속받는다.

마지막으로 웹 서비스를 하는데 필수적인 클래스가 있다. service( ) 메서드의 매개 변수인 ServletRequest와 ServletResponse 클래스이다. 이들 클래스는 클라이언트와 서버 사이를 연결해 준다. 또한, HTTP 프로토콜을 지원하는 HttpServletRequest와 HttpServletResponse 클래스도 있다. 자세한 내용은 이제부터 살펴보도록 하자.

▪ 최상위 인터페이스 Servlet과 ServletConfig ^{12.3.1}

자바의 웹 관련 클래스들은 모두 Servlet 인터페이스를 구현해 주어야 한다. 이것이 명제다. 자바 프로그램에서 배웠던 것처럼 인터페이스를 구현할 때는 반드시 메서드를 모두 구현해 주어야 한다.

표 Servlet 인터페이스의 메서드들

반환형	메서드	설명
void	init(ServletConfig)	클라이언트에 의해 서블릿이 처음 실행될 때 웹 컨테이너에 의해 자동으로 실행되는 메서드이다.
void	service(ServletRequest, ServletResponse)	클라이언트에 의해 서블릿이 실행될 때마다 실행되는 메서드이다.
void	destroy( )	웹 서버가 종료될 때 웹 컨테이너에 의해 자동으로 실행되는 메서드이다.
String	getServletInfo( )	서블릿의 기본 정보를 반환한다.
ServletConfig	getServletConfig( )	서블릿의 초기화 관련 객체를 반환한다.

여기서 중요한 것은 서블릿의 라이프 사이클 관련 메서드들이다. 앞 절에서 예제로 다루었던 것처럼 init( ) → service( ) → destroy( ) 순으로 각 메서드가 언제 실행되는지를 기억해야 한다.

다음으로 서블릿의 또 다른 최상위 인터페이스인 ServletConfig에 대해서 살펴보자.

표 ServletConfig 인터페이스의 메서드들

반환형	메서드	설명
String	getInitParameter(String)	서블릿이 실행되면서 초기화 매개 변수로 전달받은 값을 획득하는 메서드이다.
Enumeration	getInitParameterNames( )	서블릿이 실행되면서 초기화 매개 변수로 전달받은 변수의 이름들을 획득하는 메서드이다.
String	getServletName( )	서블릿의 이름을 반환한다.
ServletContext	getServletContext( )	서블릿이 실행되는 웹 컨테이너의 환경 관련 객체를 반환한다.

ServletConfig 인터페이스에서 getServletContext( ) 메서드를 통해 ServletContext 객체를 획득할 수 있다는 것도 중요하지만 getInitParameter(String) 메서드를 통해 web.xml 파일에 설정된 초기화 매개 변수를 전달받을 수 있다는 것을 더 주의 깊게 바라보기 바란다. 초기화 매개 변수를 다루는 예제는 라운드 14에서 다루겠다.

간단히 설명하자면 web.xml 파일에 서블릿을 등록할 때 이 서블릿이 실행되면서 사용하는 초깃값도 함께 등록할 수 있다는 것이다. 이렇게 등록된 초깃값을 서블릿에서 추출하는 메서드가 바로 getInitParameter( )이다. 또한, 초기화 매개 변수를 여럿 등록했는데 변수가 기억나지 않으면 변수 이름 모두를 추출하는 메서드가 getInitParameterNames( )이다.

이상과 같이 Servlet과 ServletConfig 인터페이스의 메서드들은 웹 프로그램의 라이프 사이클과 초기화에 관련되어 있다. 메서드들의 수가 많지 않으므로 암기에 어려움은 별로 없다. 반드시 기억해야 한다.

기본 서블릿 클래스 GenericServlet ^{12.3.2}

GenericServlet 클래스는 프로토콜에 독립적인 웹 프로그램을 개발하면서 서블릿을 작성할 때 사용하는 기본 서블릿 클래스이다. 그러나 우리가 다루는 웬만한 웹 프로그램은 HTTP 프로토콜을 지원하기 때문에 사용 빈도가 높지는 않다. 다음 절에서 배우는 HttpServlet 클래스가 GenericServlet 클래스의 자식 클래스이기 때문에 따로 배울 필요도 없긴 하다.

한번 정도는 사용해 보는 것도 괜찮겠다 싶어서 메서드만 살펴보고 바로 예제를 작성해 보겠다. GenericServlet 클래스는 Servlet 인터페이스와 ServletConfig 인터페이스를 구현했기 때문에 앞서 소개한 9가지 메서드들은 기본적으로 재정의되어 있다.

표 GenericServlet 클래스의 메서드들

반환형	메서드	설명
void	init( )	ServletConfig 인터페이스 없이 사용하는 초기화 메서드이다. init(ServletConfig) 메서드 대신에 사용할 수 있다.
void	log(String)	에러를 서블릿 로그 파일에 남기는 메서드이다.
void	log(Stirng, Throwable)	에러와 주어진 예외를 서블릿 로그 파일에 남기는 메서드이다.

init( ) 메서드와 init(ServletConfig) 메서드는 초기화에 매개 변수를 사용하느냐의 차이만 있다. 실행에는 별다른 차이가 없다. 따라서 편의상 init( ) 메서드를 많이 사용한다.

- A 형식 : init(ServletConfig) → service(ServletRequest, ServletResponse) → destroy( )
- B 형식 : init( ) → service(ServletRequest, ServletResponse) → destroy( )

그러면 GenericServlet 클래스를 사용하여 화면에 메시지를 출력하는 페이지를 작성해 보자. 앞 절에서 만든 Round12 프로젝트를 그대로 활용하겠다. src 폴더에서 마우스 오른쪽을 클릭하여 [New] → [Class]를 차례로 선택하자. 대화 상자에서 클래스 이름을 Round12_02_Servlet 으로 하고 〈Finish〉를 누르자. 만들어진 서블릿에 다음과 같이 코드를 작성해 보자.

예제 | Round12_02_Servlet.java

```
01 : import java.io.*;
02 : import javax.servlet.*;
03 :
04 : public class Round12_02_Servlet extends GenericServlet {
05 :     public void init( ) { }
06 :     public void service(ServletRequest request, ServletResponse
                         ↳ response) throws IOException, ServletException {
07 :
08 :         String name = "Seung-Hyeon KIM";
```

```
09 :
10 :            PrintWriter out = response.getWriter( );
11 :            out.println("<html>");
12 :            out.println("<body>");
13 :            out.println("HELLO SERVLET!<br>");
14 :            out.println("My Name is " + name + "!");
15 :            out.println("</body>");
16 :            out.println("</html>");
17 :            out.close( );
18 :        }
19 :        public void destroy( ) {
20 :            log("서블릿 관련 데이터 소멸!");
21 :        }
22 : }
```

코드 설명

Line **10**   PrintWriter out = response.getWriter( );
클라이언트의 화면에 출력하기 위해 응답 객체(response)를 가지고 텍스트 출력 스트림을 획득한다.

Line **11 ~ 16**   텍스트 출력 스트림을 가지고 HTML로 메시지를 전송한다.

Line **17**   out.close( );
텍스트 출력 스트림을 닫는다.

Line **20**   log("서블릿 관련 데이터 소멸!");
서블릿 로그 파일에 메시지를 남긴다.

web.xml 파일에 Round12_02_Servlet 파일을 등록하자. 앞서 작성한 Round12_01_Servlet 파일을 등록하는 코드는 손대지 않도록 하자. 암영 처리된 코드만 추가하면 된다.

예제 | web.xml

```
<?xml version="1.0" encoding="UTF-8"?>
<web-app id="WebApp_ID" version="2.4" xmlns="http://java.sun.com/xml/ns/j2ee"
                  ↳ xmlns:xsi="http://www.w3.org/2001/XMLSchema-instance"
                   ↳ xsi:schemaLocation="http://java.sun.com/xml/ns/j2ee
                    ↳ http://java.sun.com/xml/ns/j2ee/web-app_2_4.xsd">
```

```xml
<display-name>Round12</display-name>

<servlet>
    <servlet-name>My01</servlet-name>
    <servlet-class>Round12_01_Servlet</servlet-class>
</servlet>
<servlet>
    <servlet-name>My02</servlet-name>
    <servlet-class>Round12_02_Servlet</servlet-class>
</servlet>

<servlet-mapping>
    <servlet-name>My01</servlet-name>
    <url-pattern>/Servlet01</url-pattern>
</servlet-mapping>
<servlet-mapping>
    <servlet-name>My02</servlet-name>
    <url-pattern>/Servlet02</url-pattern>
</servlet-mapping>

<welcome-file-list>
    <welcome-file>Servlet01</welcome-file>
    <welcome-file>index.htm</welcome-file>
    <welcome-file>index.jsp</welcome-file>
    <welcome-file>default.html</welcome-file>
    <welcome-file>default.htm</welcome-file>
    <welcome-file>default.jsp</welcome-file>
</welcome-file-list>
</web-app>
```

이제 GenericServlet 클래스를 사용하는 서블릿을 실행해 보자. Round12_02_Servlet 파일에서 그대로 마우스 오른쪽을 클릭하고서 **[Run As]** → [Run On Server]를 차례로 선택하면 자동으로 실행된다. web.xml 파일을 수정했기 때문에 반드시 웹 서버는 다시 구동해야 한다. 웹 서버를 종료할 때는 오른쪽 아래 탭 중에서 [Servers] 탭을 선택하고 목록 중 톰캣에서 마우스 오른쪽을 클릭하면 [Stop] 메뉴가 보인다. 이 메뉴를 선택하면 된다. 다음으로 주소 표시줄을 보면 web.xml 파일에 등록한 URL 패턴의 이름이 보이는 것을 확인할 수 있다. 원한다면 URL 패턴의 이름을 서블릿의 이름과 동일하게 작성해도 된다. 앞서 몇 번을 해봤기 때문에 어렵지는 않을 것이다.

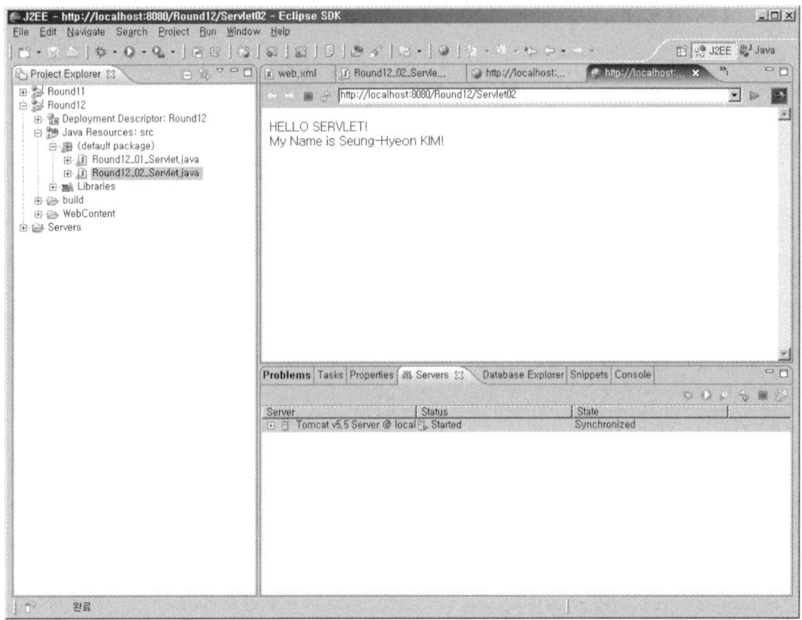

[Servers] 탭 아래 목록 중 톰캣의 [Started]에서 마우스 오른쪽을 클릭하여 웹 서버를 종료하
면 다음과 같이 destroy( ) 메서드가 실행되면서 log( ) 메서드가 남긴 메시지를 확인할 수 있다.

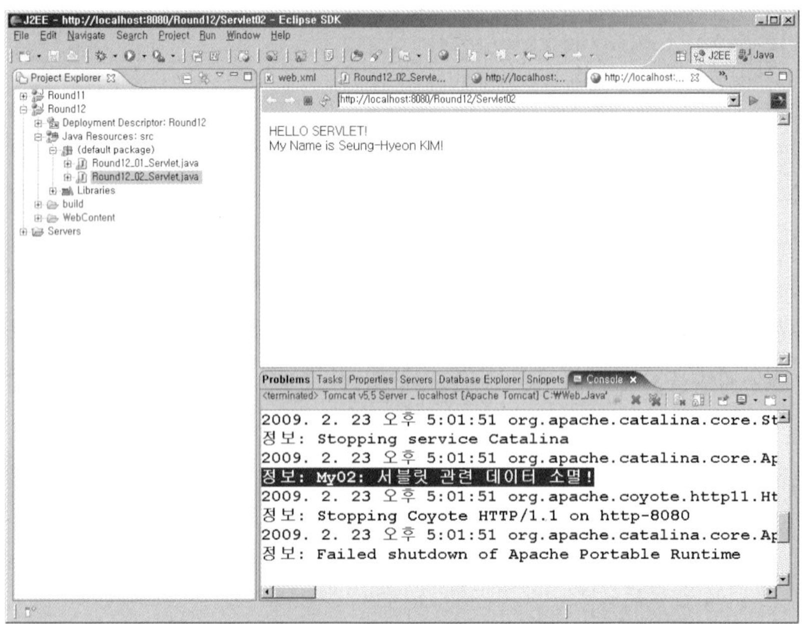

여기에서 한 가지 사실을 알 수 있는데 〈servlet-name〉 태그에 정의한 이름이 서블릿 이름으로 사용된다는 것이다. 실제 파일의 이름은 Round12_02_Servlet이지만 web.xml 파일에 등록할 때 사용한 이름에 따라 서블릿의 이름은 바뀐다.

▌ HTTP를 지원하는 서블릿 클래스 HttpServlet 12.3.3

HttpServlet 클래스는 HTTP 요청 메서드에 따라 서블릿 클래스 내부의 메서드를 구분하여 서비스하는 것이 주요 목적이다. 라운드 11에서 배운 것처럼 HTTP 요청 메서드는 GET, POST, HEAD, PUT, DELETE 등으로 구분된다. GenericServlet 클래스는 이러한 요청을 처리하는 과정에서 service( ) 메서드 하나에서 모두 관리한다. 그런데 요청별로 처리할 작업이 많으면 service( ) 메서드는 상당히 비대해지게 될 것이다.

그래서 HttpServlet 클래스는 HTTP의 GET 요청에는 doGet( ) 메서드가 대응하고, HTTP의 POST 요청에는 doPost( ) 메서드가 대응하게 service( ) 메서드를 재정의해 두었다. 그렇다고 HttpServlet 클래스를 상속받는 서블릿을 작성할 때 service( ) 메서드를 사용할 수 없다는 이야기는 아니다. 다만 HTTP 요청에 따라 메서드를 구분해서 사용하는 것이 일반적이고 관리도 편하다.

HttpServlet 클래스는 GenericServlet 클래스의 자식 클래스이기 때문에 GenericServlet 클래스가 가진 메서드를 모두 상속받는다. 따라서 중복된 메서드는 제외하고 설명하겠다. HttpServlet 클래스가 속해 있는 패키지는 javax.servlet.http이다.

표 HttpServlet 클래스의 메서드들(javax.servlet.http 패키지)

반환형	메서드	설명
long	lastModified(HttpServletRequest)	최종적으로 요청이 수정된 시간을 밀리초 단위로 반환한다. 1970년 1월 1일 0시 0분 0초를 기준으로 한다.
void	service(HttpServletRequest, HttpServletResponse)	HTTP 프로토콜을 지원하는 요청과 응답을 매개변수로 가지는 service( ) 메서드이다.
void	doHead(HttpServletRequest, HttpServletResponse)	HTTP의 HEAD 요청에 대응하는 메서드이다.
void	doGet(HttpServletRequest, HttpServletResponse)	HTTP의 GET 요청에 대해 대응하는 메서드이다.
void	doPost(HttpServletRequest, HttpServletResponse)	HTTP의 POST 요청에 대응하는 메서드이다.

→ 다음 페이지에 계속

← 전 페이지에 이어

반환형	메서드	설명
void	doPut(HttpServletRequest, HttpServletResponse)	HTTP의 PUT 요청에 대응하는 메서드이다.
void	doDelete(HttpServletRequest, HttpServletResponse)	HTTP의 DELETE 요청에 대응하는 메서드이다.
void	doOptions(HttpServletRequest, HttpServletResponse)	HTTP의 OPTIONS 요청에 대응하는 메서드이다.
void	doTrace(HttpServletRequest, HttpServletResponse)	HTTP의 TRACE 요청에 대응하는 메서드이다.

▶ doXXX( ) 메서드의 매개 변수는 HTTP 프로토콜을 지원하는
HttpServletRequest와 HttpServletResponse 인터페이스를 사용한다.
이 인터페이스들 역시 javax.servlet.http 패키지에 포함되어 있다.

HttpServlet 클래스를 상속받는 서블릿에서는 service( ), doOptions( ), doTrace( ) 메서드를 굳이 재정의해서 사용할 필요가 없다. 웹에서 사용하는 HTTP 요청은 기본적으로 GET, POST, PUT, DELETE 네 가지이기 때문이다. HTTP의 HEAD 요청은 페이지 정보를 다룰 때 가끔 사용한다.

그러면 service( ) 메서드를 사용하지 않고, init( ), doHead( ), doGet( ), doPost( ), doPut( ), doDelete( ), destroy( ) 메서드만 사용하는 예제를 작성해 보도록 하자. 물론 주소 표시줄에서 실행하면 doGet( ) 메서드만 실행된다. 나머지 메서드들은 라운드 13에서 다루는 GET과 POST 요청 방식을 배운 후에 독자 스스로 실행해 보길 바란다.

doXXX( ) 메서드를 사용하면서 대소문자로 인해 실행이 안 되는 에러가 의외로 많이 발생한다. 따라서 대소문자 사용에 주의하자.

Round12 프로젝트의 src 폴더에 Round12_03_Servlet 파일을 만들고서 다음과 같이 코드를 작성해 보자. 메서드들의 내용은 동일하게 작성하였다. javax.servlet.http 패키지를 가져오는 (Import) 것을 잊지 말기 바란다.

예제 │ Round12_03_Servlet.java

```java
import java.io.*;
import javax.servlet.*;
import javax.servlet.http.*;

public class Round12_03_Servlet extends HttpServlet {
    public void init( ) { }
     public void doHead(HttpServletRequest request, HttpServletResponse response)
                                    └, throws IOException, ServletException {
        PrintWriter out = response.getWriter( );
        out.println("Head Request.");
        out.close( );
     }
       public void doGet(HttpServletRequest request, HttpServletResponse response)
                                    └, throws IOException, ServletException {
        PrintWriter out = response.getWriter( );
        out.println("Get Request.");
        out.close( );
     }
      public void doPost(HttpServletRequest request, HttpServletResponse response)
                                    └, throws IOException, ServletException {
        PrintWriter out = response.getWriter( );
        out.println("Post Request.");
        out.close( );
     }
       public void doPut(HttpServletRequest request, HttpServletResponse response)
                                    └, throws IOException, ServletException {
        PrintWriter out = response.getWriter( );
        out.println("Put Request.");
        out.close( );
     }
      public void doDelete(HttpServletRequest request, HttpServletResponse response)
                                    └, throws IOException, ServletException {
        PrintWriter out = response.getWriter( );
        out.println("Delete Request.");
        out.close( );
     }
    public void destroy( ) { }
}
```

web.xml 파일에 Servlet12_03_Servlet 파일을 등록하자. 암영 처리된 코드만 추가하면 된다.

예제	web.xml

```xml
<?xml version="1.0" encoding="UTF-8"?>
<web-app id="WebApp_ID" version="2.4" xmlns="http://java.sun.com/xml/ns/j2ee"
                        ∟ xmlns:xsi="http://www.w3.org/2001/XMLSchema-instance"
                          ∟ xsi:schemaLocation="http://java.sun.com/xml/ns/j2ee
                             ∟ http://java.sun.com/xml/ns/j2ee/web-app_2_4.xsd">
    <display-name>Round12</display-name>

    <servlet>
        <servlet-name>My01</servlet-name>
        <servlet-class>Round12_01_Servlet</servlet-class>
    </servlet>
    <servlet>
        <servlet-name>My02</servlet-name>
        <servlet-class>Round12_02_Servlet</servlet-class>
    </servlet>
    <servlet>
        <servlet-name>My03</servlet-name>
        <servlet-class>Round12_03_Servlet</servlet-class>
    </servlet>

    <servlet-mapping>
        <servlet-name>My01</servlet-name>
        <url-pattern>/Servlet01</url-pattern>
    </servlet-mapping>
    <servlet-mapping>
        <servlet-name>My02</servlet-name>
        <url-pattern>/Servlet02</url-pattern>
    </servlet-mapping>
    <servlet-mapping>
        <servlet-name>My03</servlet-name>
        <url-pattern>/Servlet03</url-pattern>
    </servlet-mapping>

    <welcome-file-list>
        <welcome-file>Servlet01</welcome-file>
        <welcome-file>index.htm</welcome-file>
        <welcome-file>index.jsp</welcome-file>
```

```
        <welcome-file>default.html</welcome-file>
        <welcome-file>default.htm</welcome-file>
        <welcome-file>default.jsp</welcome-file>
    </welcome-file-list>
</web-app>
```

독자가 초보자라면 web.xml 파일에서 복사는 가급적 하지 않는 것이 좋다. 암기 때문이라도 그렇지만 잘못 복사하면 web.xml 파일 전체에 손상이 가기 때문이다. web.xml 파일이 잘못되면 이클립스에서는 프로젝트부터 다시 만들어야 하는 경우가 있다.

서블릿을 실행해 보자. Round12_03_Servlet 파일에서 마우스 오른쪽을 클릭하여 [Run As] → [Run On Server]를 선택하면 자동으로 실행되면서 doGet( ) 메서드의 문자열이 출력된다. Part 1에서도 배웠지만 주소 표시줄에서 하는 HTTP 요청은 GET 방식이다. 앞서 이야기한 것처럼 다른 형식의 요청은 라운드 13을 배운 다음에 직접 해보도록 하자. web.xml 파일을 수정한 다음에는 웹 서버를 종료했다가 다시 구동해야 하는 것에 주의하기 바란다.

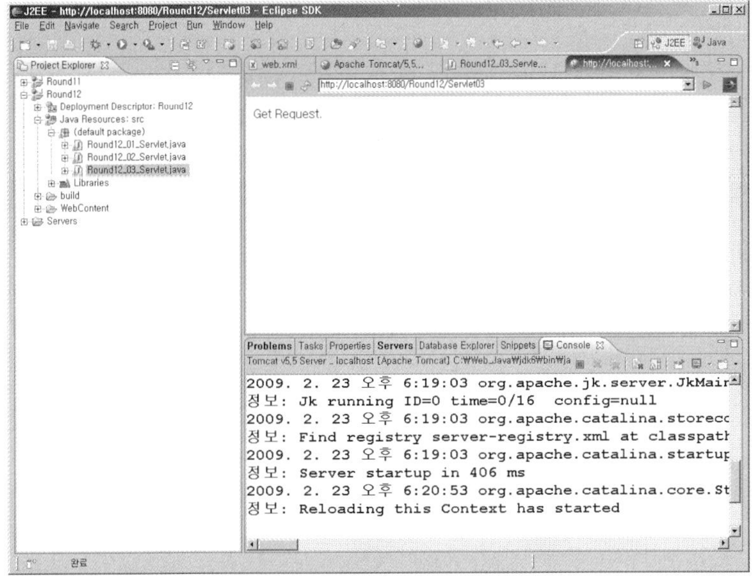

service( ) 메서드에서 클라이언트의 요청 형식에 따라 doXXX( ) 메서드를 구분하여 실행하게 된다. 즉, 클라이언트가 GET 방식의 요청을 하면 doGet( ) 메서드가 실행되고 POST 방식의 요

청을 하면 doPost( ) 메서드가 실행된다는 이야기다. 그러므로 실제 service( ) 메서드나 doXXX( ) 메서드는 모두 클라이언트의 요청에 따라 실행된다는 측면에서 같은 용도라고 보면 된다. 물론 실행 순서에서는 service( ) 메서드가 먼저 실행되고 그 내부에서 분기를 시켜서 doXXX( ) 메서드를 실행시켜 준다. 이 책에서는 service( ) 메서드보다는 doXXX( ) 메서드를 더 많이 사용한다. 때문에 이 절에서 다룬 내용을 확실히 이해하기 바란다.

요청을 관리하는 클래스 ServletRequest와 HttpServletRequest ^{12.3.4}

클라이언트로부터 요청이 오면 요청의 형식을 파악한다거나 데이터가 넘어오면 데이터를 처리할 방법이 필요하다. 다시 말해 클라이언트로부터 서버로 넘어오는 데이터를 받아 처리하는 입력 스트림이 필요하다. 하지만, 매번 입력 스트림을 생성하기에는 개발자에게 부담이 된다.

그래서 서블릿에서는 service( )나 doXXX( ) 메서드의 첫 번째 매개 변수로 입력 스트림을 쉽게 처리할 수 있게 ServletRequest 인터페이스를 두었다. 이 인터페이스의 메서드 대부분은 클라이언트로부터 넘어오는 데이터를 처리한다. 메서드들이 조금 많기는 하지만 서블릿을 이해하려면 모두 알고 있어야 한다. 암기하라고는 하지 않겠다. 자주 보면 자연히 암기가 된다.

자바 기초를 배운 입장에서 보면 이해가 되지 않는 부분이 있을 것이다. 인터페이스는 메서드를 선언만 하고 구현은 하지 않아서 객체를 생성할 수 없는데 "어떻게 인터페이스를 사용할 수 있지?"하는 의문 말이다. 그러나 걱정할 필요는 없다. 실제 service( ) 메서드나 doXXX( ) 메서드의 첫 번째 매개 변수인 ServletRequest 인터페이스에는 클라이언트로부터 요청이 오면 ServletRequestWrapper라는 구현 클래스의 객체가 담기게 된다. 그러므로 메서드는 모두 사용할 수 있게 된다. 바로 다형성 때문이다. 이해가 되지 않으면 다형성을 복습해 보기 바란다.

표 ServletRequest 인터페이스의 메서드들

반환형	메서드	설명
Enumeration	getParameterNames( )	현재 요청에 있는 매개 변수의 이름을 모두 획득하여 열거형으로 반환한다.
Map	getParameterMap( )	현재 요청에 있는 매개 변수의 값들을 획득하여 Map형으로 반환한다.
String	getParameter(String)	매개 변수의 값을 이름으로 획득하는 메서드이다.

→ 다음 페이지에 계속

← 전 페이지에 이어

반환형	메서드	설명
String[ ]	getParameterValues(String)	매개 변수에 같은 이름으로 여러 값이 있을 때 값 모두를 획득하여 배열로 반환한다.
Object	getAttribute(String)	현재 요청에 있는 속성과 값을 이름으로 획득하는 메서드이다.
void	setAttribute(String, Object)	현재 요청에 속성과 값을 추가하는 메서드이다.
void	removeAttribute(String)	현재 요청에서 속성과 값을 이름으로 제거하는 메서드이다.
Enumeration	getAttributeNames( )	현재 요청에 있는 속성의 이름을 모두 획득하여 열거형으로 반환한다.
ServletInput	getInputStream( )	클라이언트와의 통신에서 1바이트 입력 스트림을 획득하는 메서드이다.
Reader	getReader( )	클라이언트와의 통신에서 텍스트 입력 스트림을 획득하는 메서드이다.
String	getCharacterEncoding( )	현재 요청에 설정된 문자 변환 방식을 반환한다.
void	setCharacterEncoding(String)	현재 요청에 원하는 문자 변환 방식을 설정하는 메서드이다.
Request-Dispatcher	getRequestDispatcher(String)	RequestDispatcher 객체를 특정 경로와 연결하여 생성하는 메서드이다.
String	getLocalAddr( )	요청을 받는 서버의 IP 주소를 획득한다.
String	getLocalName( )	요청을 받는 서버의 이름을 획득한다.
int	getLocalPort( )	요청을 받는 서버가 클라이언트와 통신하기 위해 열어 둔 포트 번호를 획득한다.
String	getRemoteAddr( )	요청을 하는 클라이언트의 IP 주소를 획득한다.
String	getRemoteHost( )	요청을 하는 클라이언트의 이름을 획득한다.
int	getRemotePort( )	요청을 하는 클라이언트가 서버와 통신하기 위해 열어 둔 포트 번호를 획득한다.
int	getContentLength( )	현재 요청에 있는 내용부의 길이를 획득한다.
String	getContentType( )	현재 요청에 있는 내용부의 MIME 형식을 획득한다.
Locale	getLocale( )	클라이언트가 내용을 인식하기에 적절한 지역(Locale)을 획득한다. 일반적으로 언어와 국가를 설정한다.
Enumeration	getLocales( )	클라이언트가 내용을 인식하기에 적절한 지역 모두를 획득한다.
String	getProtocol( )	현재 요청에 사용된 프로토콜을 획득한다.

→ 다음 페이지에 계속

← 전 페이지에 이어

반환형	메서드	설명
String	getScheme( )	현재 요청에 사용된 스킴을 획득한다.
String	getServerName( )	요청을 받는 서버의 이름을 획득한다.
int	getServerPort( )	요청을 받는 서버의 포트 번호를 획득한다.
boolean	isSecure( )	현재 요청이 HTTPS와 같은 보안 채널을 사용하는지 여부를 확인한다.

이들 메서드는 앞으로 예제를 다루면서 모두 사용한다. 그러므로 여기서는 getLocalAddr( ) 메서드에서부터 isSecure( ) 메서드까지 데이터를 출력하는 메서드들만 사용해 보기로 하자.

Round12 프로젝트의 src 폴더에 Round12_04_Servlet 파일을 만들고서 다음과 같이 코드를 작성해 보자.

예제 | Round12_04_Servlet.java

```
01 : import java.io.*;
02 : import javax.servlet.*;
03 : import javax.servlet.http.*;
04 :
05 : import java.util.*;
06 :
07 : public class Round12_04_Servlet extends HttpServlet {
08 :     public void init( ) { }
09 :     public void doPost(HttpServletRequest request, HttpServletResponse
                         ↳ response) throws IOException, ServletException {
10 :         String local_addr = request.getLocalAddr( );
11 :         String local_name = request.getLocalName( );
12 :         int local_port = request.getLocalPort( );
13 :
14 :         System.out.println( );
15 :         System.out.println("local_addr = " + local_addr);
16 :         System.out.println("local_name = " + local_name);
17 :         System.out.println("local_port = " + local_port);
18 :         System.out.println( );
19 :
```

```
20 :            String remote_addr = request.getRemoteAddr( );
21 :            String remote_host = request.getRemoteHost( );
22 :            int remote_port = request.getRemotePort( );
23 :
24 :            System.out.println("remote_addr = " + remote_addr);
25 :            System.out.println("remote_host = " + remote_host);
26 :            System.out.println("remote_port = " + remote_port);
27 :            System.out.println( );
28 :
29 :            int content_length = request.getContentLength( );
30 :            String content_type = request.getContentType( );
31 :
32 :            System.out.println("content_length = " + content_length + "bytes");
33 :            System.out.println("content_type = " + content_type);
34 :            System.out.println( );
35 :
36 :            Locale locale = request.getLocale( );
37 :            Enumeration locales = request.getLocales( );
38 :
39 :            System.out.println("locale = " + locale);
40 :            while(locales.hasMoreElements( )) {
41 :                System.out.println("locales = " + (Locale)locales.nextElement( ));
42 :            }
43 :            System.out.println( );
44 :
45 :            String protocol = request.getProtocol( );
46 :            String scheme = request.getScheme( );.
47 :            String server_name = request.getServerName( );
48 :            int server_port = request.getServerPort( );
49 :            boolean secure = request.isSecure( );
50 :
51 :            System.out.println("protocol = " + protocol);
52 :            System.out.println("scheme = " + scheme);
53 :            System.out.println("server_name = " + server_name);
54 :            System.out.println("server_port = " + server_port);
55 :            System.out.println("is_secure = " + secure);
56 :            System.out.println( );
57 :        }
58 :        public void destroy( ) { }
59 : }
```

🔍 코드 설명

Line **5**   `import java.util.*;`
           Locale 클래스를 사용하기 위해 가져오기(Import)를 한다.

Line **9**   `public void doPost(HttpServletRequest request, HttpServletResponse`
                  `⌐, response) throws IOException, ServletException {`
           doGet( ) 메서드 대신 doPost( ) 메서드를 사용하였다.

Line **10**   `String local_addr = request.getLocalAddr( );`
           요청을 받는 서버의 IP 주소를 획득한다.

Line **11**   `String local_name = request.getLocalName( );`
           요청을 받는 서버의 이름을 획득한다.

Line **12**   `int local_port = request.getLocalPort( );`
           요청을 받는 서버에서 Listen 상태로 있는 포트 번호를 획득한다. 톰캣의 기본 포트는 8080이다.

Line **20**   `String remote_addr = request.getRemoteAddr( );`
           요청을 하는 클라이언트의 IP 주소를 획득한다.

Line **21**   `String remote_host = request.getRemoteHost( );`
           요청을 하는 클라이언트의 이름을 획득한다. 이름이 없으면 클라이언트의 IP 주소가 출력된다.

Line **22**   `int remote_port = request.getRemotePort( );`
           클라이언트가 서버와 통신하기 위해 열어 둔 포트 번호를 획득한다.

Line **29**   `int content_length = request.getContentLength( );`
           요청에 있는 내용부의 길이를 획득한다.

Line **30**   `String content_type = request.getContentType( );`
           요청에 있는 내용부의 MIME을 획득한다.

Line **36**   `Locale locale = request.getLocale( );`
           요청을 인식하기에 적절한 지역(Locale)을 획득한다. 일반적으로 우리 나라는 ko이다.

Line **37**   `Enumeration locales = request.getLocales( );`
           요청을 인식하기에 적절한 지역 모두를 획득한다.

Line **45**   `String protocol = request.getProtocol( );`
           요청에 사용된 프로토콜을 획득한다.

Line **46**   `String scheme = request.getScheme( );`
           요청에 사용된 스킴을 획득한다.

Line **47** _________ `String server_name = request.getServerName( );`
요청을 받는 서버의 이름을 획득한다.

Line **48** _________ `int server_port = request.getServerPort( );`
요청을 받는 서버의 포트 번호를 획득한다.

Line **49** _________ `boolean secure = request.isSecure( );`
보안 요청인지의 여부를 획득한다. 예를 들면 HTTPS와 같은 보안 요청을 이야기한다.

9행에서 doGet( ) 메서드 대신 doPost( ) 메서드를 사용한 것은 코드에 사용한 많은 메서드들의 값을 출력해 보기 위해서이다. doGet( ) 메서드를 사용하면 몇몇 메서드들에서는 결과를 공백으로 되돌려 줄 것이다. 클라이언트 요청에서 POST 방식을 사용하면 내용부에 대용량의 데이터를 담아 전송하는 것도 가능하다. 또한, 내용부의 MIME과 길이를 출력해 볼 수 있다.

web.xml 파일에 서블릿을 등록하자. 암영 처리된 코드만 추가하면 된다.

예제 | web.xml

```xml
<?xml version="1.0" encoding="UTF-8"?>
<web-app id="WebApp_ID" version="2.4" xmlns="http://java.sun.com/xml/ns/j2ee"
                    xmlns:xsi="http://www.w3.org/2001/XMLSchema-instance"
                       xsi:schemaLocation="http://java.sun.com/xml/ns/j2ee
                       http://java.sun.com/xml/ns/j2ee/web-app_2_4.xsd">
  <display-name>Round12</display-name>

  <servlet>
    <servlet-name>My01</servlet-name>
    <servlet-class>Round12_01_Servlet</servlet-class>
  </servlet>
  <servlet>
    <servlet-name>My02</servlet-name>
    <servlet-class>Round12_02_Servlet</servlet-class>
  </servlet>
  <servlet>
    <servlet-name>My03</servlet-name>
    <servlet-class>Round12_03_Servlet</servlet-class>
  </servlet>
  <servlet>
    <servlet-name>My04</servlet-name>
```

```xml
        <servlet-class>Round12_04_Servlet</servlet-class>
    </servlet>

    <servlet-mapping>
        <servlet-name>My01</servlet-name>
        <url-pattern>/Servlet01</url-pattern>
    </servlet-mapping>
    <servlet-mapping>
        <servlet-name>My02</servlet-name>
        <url-pattern>/Servlet02</url-pattern>
    </servlet-mapping>
    <servlet-mapping>
        <servlet-name>My03</servlet-name>
        <url-pattern>/Servlet03</url-pattern>
    </servlet-mapping>
    <servlet-mapping>
        <servlet-name>My04</servlet-name>
        <url-pattern>/Servlet04</url-pattern>
    </servlet-mapping>

    <welcome-file-list>
        <welcome-file>Servlet01</welcome-file>
        <welcome-file>index.htm</welcome-file>
        <welcome-file>index.jsp</welcome-file>
        <welcome-file>default.html</welcome-file>
        <welcome-file>default.htm</welcome-file>
        <welcome-file>default.jsp</welcome-file>
    </welcome-file-list>
</web-app>
```

클라이언트의 요청 페이지를 HTML 형식으로 작성해 보자. Round12 프로젝트의 WebContent 폴더에서 마우스 오른쪽을 클릭하여 [New] → [HTML] 메뉴를 차례로 선택하자. 그런 다음 대화 상자에서 파일 이름을 **Round12_04_Servlet.htm**으로 적고 〈Finish〉를 눌러 HTML 파일을 만든다. 만들어진 파일에 암영 처리된 코드만 추가하면 된다. HTTP 요청에 POST 방식을 사용하였다. 따라서 서블릿에서 doPost( ) 메서드가 실행된다. 자세한 내용은 라운드 13에서 다루겠다.

```html
<!DOCTYPE html PUBLIC "-//W3C//DTD HTML 4.01 Transitional//EN"
                         "http://www.w3.org/TR/html4/loose.dtd">
<html>
<head>
<meta http-equiv="Content-Type" content="text/html; charset=EUC-KR">
<title>Insert title here</title>
</head>
<body>
    <form method="post" action="Servlet04">
        DATA = <input type="text" name="data"/>
        <input type="submit" value="SEND"/>
    </form>
</body>
</html>
```

이제 실행해 보자. Round12_04_Servlet.htm 파일에서 마우스 오른쪽을 클릭하여 [Run As] → [Run On Server]를 선택하면 다음과 같이 실행된다. 여기에 아무런 내용이나 입력하고 SEND 단추를 누르자.

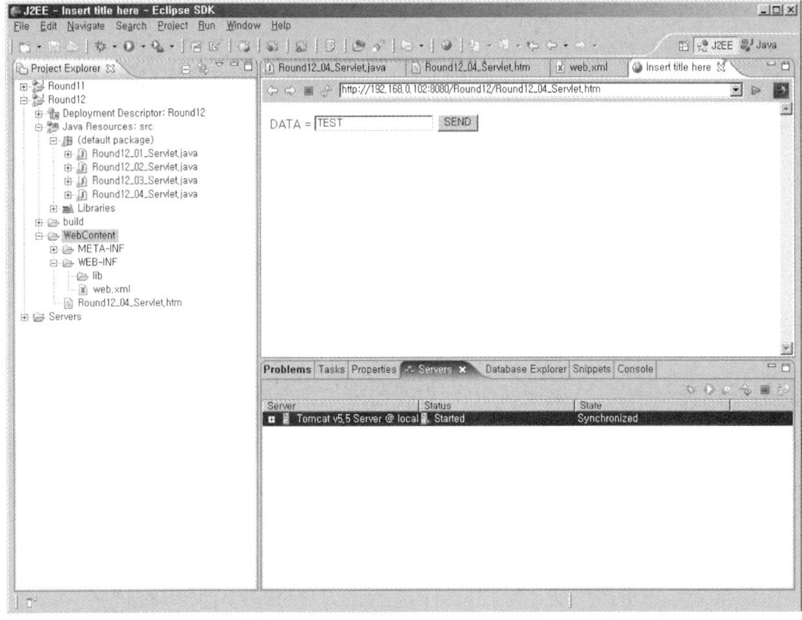

결과를 보고 어떤 내용이 ServletRequest 인터페이스를 통해 전달되는지를 확인해 두자. 실행 결과는 콘솔 창에 출력되는데 앞서 이야기했기 때문에 알고 있을 것이다.

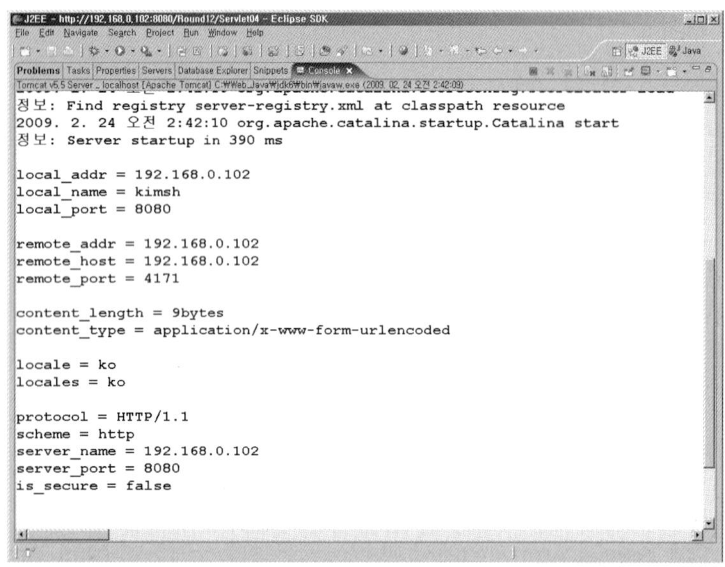

Local, Remote, Server 등의 이름이 포함된 메서드의 결과가 동일하게 표시된 것처럼 보여서 오해의 소지가 있을 듯하다. Local은 서버 자신을 이야기하는 것이고, Remote는 서버에 접근하는 클라이언트를 이야기하는 것이다. 마지막으로 Server는 서버 자신이긴 하지만 스스로가 바라 보는 자기 자신이 아니라 다른 사람이 바라 보는 서버를 이야기한다. 즉, 서버 컴퓨터의 이름이 AAA이고 Domain이 Freelec이라 면 LocalName을 호출했을 경우에는 AAA가 출력되고, ServerName을 호출하면 Freelec이 출력되는 원 리와 같은 것이다. 만약 조금 더 실제적인 결과를 출력해 보고 싶으면 서버를 구동하고 다른 컴퓨터에서 IP 주소로 실행해 보길 바란다.

이처럼 ServletRequest 인터페이스는 클라이언트의 요청이 있을 때 수많은 정보를 관리한다. 또한, 앞으로 배울 라운드에서는 예제에서 다루지 않은 메서드들도 사용하겠다.

그런데 ServletRequest 인터페이스는 프로토콜에 독립적이다. 그래서 HttpServlet 클래스를 상속받는 클래스에서는 HTTP 프로토콜을 좀더 지원하는 HttpServletRequest 인터페이스를 사용한다. 이 인터페이스는 ServletRequest 인터페이스를 상속받으며, ServletRequest 인터 페이스보다 메서드가 더 많다. 중복된 메서드는 제외하고 살펴보자.

표 HttpServletRequest 인터페이스의 메서드들

반환형	메서드	설명
String	getHeader(String)	현재 요청에 있는 헤더의 값을 이름(key)으로 획득한다.
int	getIntHeader(String)	현재 요청에 있는 헤더의 값을 이름으로 획득하여 정수형으로 반환한다.
long	getDateHeader(String)	현재 요청에 있는 헤더의 값을 이름으로 획득하여 날짜로 반환한다.
Enumeration	getHeaders(String)	현재 요청에 있는 헤더의 값 여러 개를 같은 이름으로 획득하여 열거형으로 반환한다.
Enumeration	getHeaderNames( )	현재 요청에 있는 헤더의 이름을 모두 획득하여 열거형으로 반환한다.
Cookie[ ]	getCookies( )	요청을 하는 클라이언트에 있는 쿠키를 모두 획득하여 배열형으로 반환한다.
HttpSession	getSession( )	현재 요청에 있는 세션을 획득하는 메서드이다.
HttpSession	getSession(boolean)	현재 요청에 있는 세션을 획득하는 메서드이다. boolean 값에 따라 기존 세션을 반환하거나 새로 생성해서 반환한다.
String	getAuthType( )	현재 요청에 사용된 사용자 인증 방식을 획득하는 메서드이다. 보안 관련 인증을 사용하지 않으면 Null을 반환한다.
String	getContextPath( )	요청 URI에서 웹 프로그램의 이름을 획득한다. 프로젝트의 이름과 같다고 생각하면 된다.
String	getMethod( )	현재 요청에 사용된 GET이나 POST 등과 같은 HTTP 요청 방식을 획득한다.
String	getPathInfo( )	URL과 연관된 부가 정보를 획득하는 메서드이다. 부가 정보가 없으면 Null을 반환한다.
String	getPathTranslated( )	getPathInfo( ) 메서드와 동일한 값을 획득하지만 가상 머신의 실제 경로를 획득한다. 부가 정보가 없으면 Null을 반환한다.
String	getQueryString( )	GET 방식으로 요청할 때 주소 표시줄에 표시되는 ? 이후의 질의(Query String)를 획득한다.
String	getRemoteUser( )	인증을 받은 사용자가 요청을 한 경우 사용자의 이름을 획득한다. 만약 사용자 인증을 사용하지 않으면 Null을 반환한다.
String	getRequestedSessionId( )	세션을 사용할 때 사용자를 구분하는 고유 ID를 획득한다. 세션이 없으면 Null을 반환한다.

→ 다음 페이지에 계속

← 전 페이지에 이어

반환형	메서드	설명
String	getRequestURI( )	URL 뒷부분에서 질의(Query String) 앞부분까지를 획득한다.
StringBuffer	getRequestURL( )	전체 URL 경로를 획득한다.
String	getServletPath( )	서블릿의 실제 이름을 획득한다. web.xml 파일에 등록된 이름이 출력된다.
Principal	getUserPrincipal( )	인증을 받은 사용자가 요청을 한 경우 사용자를 기준으로 Principal 객체를 획득한다. 사용자 인증을 사용하지 않으면 Null을 반환한다.
boolean	isRequestedSessionIdFromCookie( )	쿠키에 의해 생성된 세션 ID인지 여부를 확인한다.
boolean	isRequestedSessionIdFromURL( )	URL에 의해 생성된 세션 ID인지 여부를 확인한다.
boolean	isRequestedSessionIdValid( )	현재 요청에 있는 세션 ID가 유효한지 여부를 확인한다.
boolean	isUserInRole(String)	특정 롤(Role)에 포함된 인증 사용자인지 여부를 확인한다.

이들 메서드도 앞으로 자주 사용하게 된다. 여기서는 기본 정보만 출력하는 용도로 getAuthType( )에서부터 isUserInRole(String)까지의 메서드만 사용해 보겠다.

Round12 프로젝트의 src 폴더에 Round12_05_Servlet 파일을 만들고서 다음과 같이 코드를 작성해 보자. 예제에서는 doGet( )과 doPost( ) 메서드 모두를 사용하겠다. 왜냐하면 질의는 doGet( ) 메서드에서 확인하는 것이 이해가 빠르기 때문이다.

예제 | Round12_05_Servlet.java

```
01 : import java.io.*;
02 : import javax.servlet.*;
03 : import javax.servlet.http.*;
04 :
05 : import java.security.*;
06 :
07 : public class Round12_05_Servlet extends HttpServlet {
08 :     public void init( ) { }
09 :     public void doGet(HttpServletRequest request, HttpServletResponse
                         ↳ response) throws IOException, ServletException {
10 :         String auth_type = request.getAuthType( );
11 :         String context_path = request.getContextPath( );
```

```
12 :            String method = request.getMethod( );
13 :            String path_info = request.getPathInfo( );
14 :            String path_translated = request.getPathTranslated( );
15 :            String query_string = request.getQueryString( );
16 :            String remote_user = request.getRemoteUser( );
17 :            String requested_sessionid = request.getRequestedSessionId( );
18 :            String request_uri = request.getRequestURI( );
19 :            StringBuffer request_url = request.getRequestURL( );
20 :            String servlet_path = request.getServletPath( );
21 :            Principal principal = request.getUserPrincipal( );
22 :
23 :            System.out.println( );
24 :            System.out.println("auth_type = " + auth_type);
25 :            System.out.println("context_path = " + context_path);
26 :            System.out.println("method = " + method);
27 :            System.out.println("path_info = " + path_info);
28 :            System.out.println("path_translated = " + path_translated);
29 :            System.out.println("query_string = " + query_string);
30 :            System.out.println("remote_user = " + remote_user);
31 :            System.out.println("requested_sessionid = " + requested_sessionid);
32 :            System.out.println("request_uri = " + request_uri);
33 :            System.out.println("request_url = " + request_url.toString( ));
34 :            System.out.println("servlet_path = " + servlet_path);
35 :            System.out.println("principal = " + principal);
36 :            System.out.println( );
37 :
38 :            boolean is_requested_sessionid_from_cookie =
                            ↳ request.isRequestedSessionIdFromCookie( );
39 :            boolean is_requested_sessionid_from_url =
                            ↳ request.isRequestedSessionIdFromURL( );
40 :            boolean is_requested_sessionid_valid =
                            ↳ request.isRequestedSessionIdValid( );
41 :            boolean is_user_in_role = request.isUserInRole("");
42 :
43 :            System.out.println("is_requested_sessionid_from_cookie = " +
                            ↳ is_requested_sessionid_from_cookie);
44 :            System.out.println("is_requested_sessionid_from_url = " +
                            ↳ is_requested_sessionid_from_url);
45 :            System.out.println("is_requested_sessionid_valid = " +
                            ↳ is_requested_sessionid_valid);
```

```
46 :            System.out.println("is_user_in_role = " + is_user_in_role);
47 :            System.out.println( );
48 :        }
49 :        public void doPost(HttpServletRequest request, HttpServletResponse
                                 ↳ response) throws IOException, ServletException {
50 :            String auth_type = request.getAuthType( );
51 :            String context_path = request.getContextPath( );
52 :            String method = request.getMethod( );
53 :            String path_info = request.getPathInfo( );
54 :            String path_translated = request.getPathTranslated( );
55 :            String query_string = request.getQueryString( );
56 :            String remote_user = request.getRemoteUser( );
57 :            String requested_sessionid = request.getRequestedSessionId( );
58 :            String request_uri = request.getRequestURI( );
59 :            StringBuffer request_url = request.getRequestURL( );
60 :            String servlet_path = request.getServletPath( );
61 :            Principal principal = request.getUserPrincipal( );
62 :
63 :            System.out.println( );
64 :            System.out.println("auth_type = " + auth_type);
65 :            System.out.println("context_path = " + context_path);
66 :            System.out.println("method = " + method);
67 :            System.out.println("path_info = " + path_info);
68 :            System.out.println("path_translated = " + path_translated);
69 :            System.out.println("query_string = " + query_string);
70 :            System.out.println("remote_user = " + remote_user);
71 :            System.out.println("requested_sessionid = " + requested_sessionid);
72 :            System.out.println("request_uri = " + request_uri);
73 :            System.out.println("request_url = " + request_url.toString( ));
74 :            System.out.println("servlet_path = " + servlet_path);
75 :            System.out.println("principal = " + principal);
76 :            System.out.println( );
77 :
78 :            boolean is_requested_sessionid_from_cookie =
                                    ↳ request.isRequestedSessionIdFromCookie( );
79 :            boolean is_requested_sessionid_from_url =
                                    ↳ request.isRequestedSessionIdFromURL( );
80 :            boolean is_requested_sessionid_valid =
                                    ↳ request.isRequestedSessionIdValid( );
81 :            boolean is_user_in_role = request.isUserInRole("");
82 :
```

```
83 :            System.out.println("is_requested_sessionid_from_cookie = " +
                                   ↳, is_requested_sessionid_from_cookie);
84 :            System.out.println("is_requested_sessionid_from_url = " +
                                     ↳, is_requested_sessionid_from_url);
85 :            System.out.println("is_requested_sessionid_valid = " +
                                      ↳, is_requested_sessionid_valid);
86 :            System.out.println("is_user_in_role = " + is_user_in_role);
87 :            System.out.println( );
88 :        }
89 :
90 :        public void destroy( ) { }
91 : }
```

Q 코드 설명

Line **5** ________ `import java.security.*;`

Principal 클래스를 사용하기 위해 가져오기(Import)를 한다.

Line **8** ________ `public void init( ) { }`

초기화가 필요 없으면 작성하지 않아도 된다.

Line **10** ________ `String auth_type = request.getAuthType( );`

사용자 인증을 사용하지 않아서 Null을 반환한다.

Line **11** ________ `String context_path = request.getContextPath( );`

프로젝트의 이름과 같은 Round12를 반환한다.

Line **12** ________ `String method = request.getMethod( );`

GET 방식의 요청이므로 GET을 반환한다.

Line **13** ________ `String path_info = request.getPathInfo( );`

URL의 웹 경로상 부가 정보가 없어서 Null을 반환한다.

Line **14** ________ `String path_translated = request.getPathTranslated( );`

path_info가 Null이어서 실제 가상 머신의 경로상으로도 부가 정보가 없다.

Line **15** ________ `String query_string = request.getQueryString( );`

주소 표시줄의 ? 기호 다음 데이터인 'data = GET+DATA%21%21%21'의 값이 반환된다. '%21'은
! 기호를 인코딩한 것이다.

Line **16** ________ `String remote_user = request.getRemoteUser( );`

사용자 인증을 사용하지 않아서 Null을 반환한다.

```
Line 17    String requested_sessionid = request.getRequestedSessionId( );
           세션이 없어서 Null을 반환한다.

Line 18    String request_uri = request.getRequestURI( );
           URI를 반환한다. URI는 http://localhost:8080에서 ? 기호 앞까지이다.

Line 19    StringBuffer request_url = request.getRequestURL( );
           URL를 반환한다. URL은 http에서 ? 기호 앞까지이다.

Line 20    String servlet_path = request.getServletPath( );
           web.xml 파일에 등록된 실제 서블릿의 이름을 반환한다.

Line 21    Principal principal = request.getUserPrincipal( );
           사용자 인증을 사용하지 않아서 Null 객체를 생성한다.

Line 38    boolean is_requested_sessionid_from_cookie =
                                  ↳ request.isRequestedSessionIdFromCookie( );
           세션을 사용하지 않아서 False를 반환한다.

Line 39    boolean is_requested_sessionid_from_url =
                                  ↳ request.isRequestedSessionIdFromURL( );
           세션을 사용하지 않아서 False를 반환한다.

Line 40    boolean is_requested_sessionid_valid =
                                  ↳ request.isRequestedSessionIdValid( );
           세션을 사용하지 않아서 False를 반환한다.

Line 41    boolean is_user_in_role = request.isUserInRole("");
           사용자 인증을 사용하지 않아서 False를 반환한다.

Line 90    public void destroy( ) { }
           여기서 처리할 작업이 없으면 작성하지 않아도 된다.
```

web.xml 파일에 서블릿을 등록하자. 특별한 경우가 아니면 라운드 13부터는 설명하지 않겠다.
암영 처리된 코드만 추가하면 된다.

예제 | web.xml

```
<?xml version="1.0" encoding="UTF-8"?>
<web-app id="WebApp_ID" version="2.4" xmlns="http://java.sun.com/xml/ns/j2ee"
                ↳ xmlns:xsi="http://www.w3.org/2001/XMLSchema-instance"
                 ↳ xsi:schemaLocation="http://java.sun.com/xml/ns/j2ee
```

```
                              ↳ http://java.sun.com/xml/ns/j2ee/web-app_2_4.xsd">
<display-name>Round12</display-name>

<servlet>
    <servlet-name>My01</servlet-name>
    <servlet-class>Round12_01_Servlet</servlet-class>
</servlet>
<servlet>
    <servlet-name>My02</servlet-name>
    <servlet-class>Round12_02_Servlet</servlet-class>
</servlet>
<servlet>
    <servlet-name>My03</servlet-name>
    <servlet-class>Round12_03_Servlet</servlet-class>
</servlet>
<servlet>
    <servlet-name>My04</servlet-name>
    <servlet-class>Round12_04_Servlet</servlet-class>
</servlet>
<servlet>
    <servlet-name>My05</servlet-name>
    <servlet-class>Round12_05_Servlet</servlet-class>
</servlet>

<servlet-mapping>
    <servlet-name>My01</servlet-name>
    <url-pattern>/Servlet01</url-pattern>
</servlet-mapping>
<servlet-mapping>
    <servlet-name>My02</servlet-name>
    <url-pattern>/Servlet02</url-pattern>
</servlet-mapping>
<servlet-mapping>
    <servlet-name>My03</servlet-name>
    <url-pattern>/Servlet03</url-pattern>
</servlet-mapping>
<servlet-mapping>
    <servlet-name>My04</servlet-name>
    <url-pattern>/Servlet04</url-pattern>
</servlet-mapping>
<servlet-mapping>
    <servlet-name>My05</servlet-name>
    <url-pattern>/Servlet05</url-pattern>
```

```
    </servlet-mapping>

    <welcome-file-list>
        <welcome-file>Servlet01</welcome-file>
        <welcome-file>index.htm</welcome-file>
        <welcome-file>index.jsp</welcome-file>
        <welcome-file>default.html</welcome-file>
        <welcome-file>default.htm</welcome-file>
        <welcome-file>default.jsp</welcome-file>
    </welcome-file-list>
</web-app>
```

GET 방식과 POST 방식의 요청을 동시에 하는 HTML 파일을 만들도록 하자. Round12 프로
젝트의 WebContent 폴더에서 Round12_05_Servlet.htm 파일을 만들어서 다음과 같이 코드
를 작성하자.

예제 | Round12_05_Servlet.htm

```
<!DOCTYPE html PUBLIC "-//W3C//DTD HTML 4.01 Transitional//EN"
                                 ↳ "http://www.w3.org/TR/html4/loose.dtd">
<html>
<head>
<meta http-equiv="Content-Type" content="text/html; charset=EUC-KR">
<title>Insert title here</title>
</head>
<body>
    ※GET 방식 전송<br/>
    <form method="get" action="Servlet05">
        DATA = <input type="text" name="data"/>
        <input type="submit" value="GET SEND"/>
    </form>
    <br/><br/>
    ※POST 방식 전송<br/>
    <form method="post" action="Servlet05">
        DATA = <input type="text" name="data"/>
        <input type="submit" value="GET SEND"/>
    </form>
</body>
</html>
```

이제 실행해 보자. Round12_05_Servlet.htm 파일에서 마우스 오른쪽을 클릭하여 [Run As]
→ [Run On Server]를 선택하면 다음과 같이 실행된다.

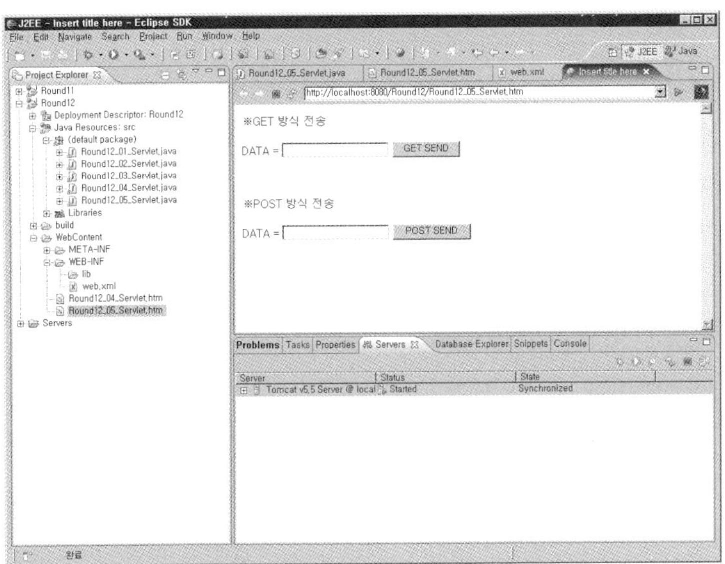

우선 GET 방식으로 요청하기 위해 GET 관련 입력 상자에 **GET DATA!!!**라고 적는다. GET
SEND 단추를 누르면 다음과 같은 결과를 볼 수 있다.

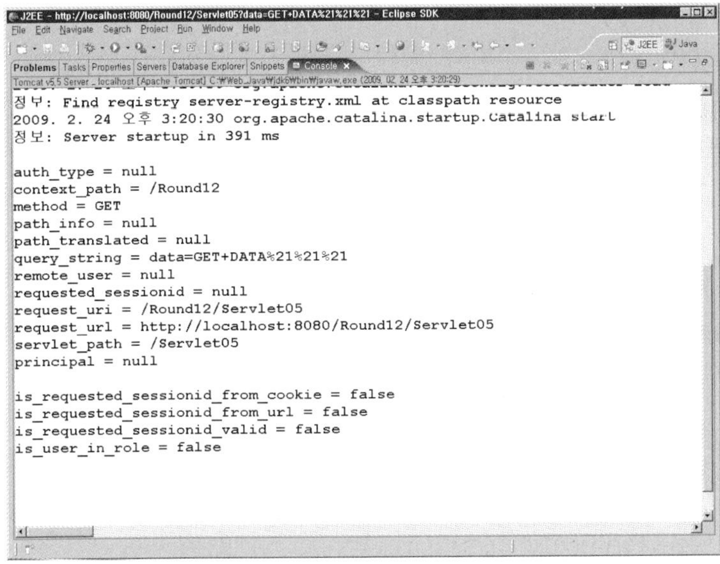

다음으로 다시 Round12_05_Servlet.htm 파일을 실행하고서 POST 관련 입력 상자에 **POST DATA!!!**라고 적는다. POST SEND 단추를 누르면 다음과 같은 결과를 볼 수 있다.

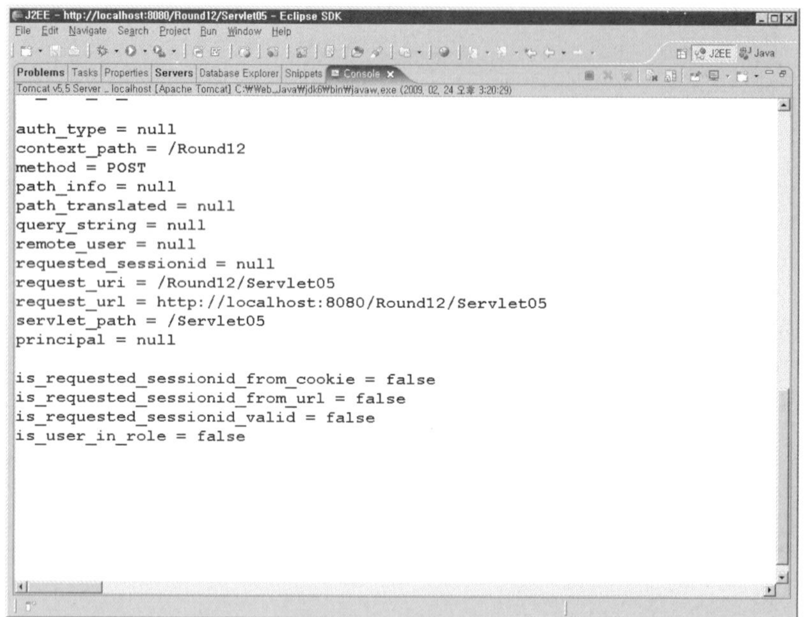

두 결과를 비교해 보면 getMethod( )와 getQueryString( ) 메서드에서 차이가 있다. 둘의 요청 방식이 다르기 때문에 이와 같은 결과를 보였다. 앞으로 두 방식의 차이 때문에 한글 처리가 괴로울 것이다. 또한, 여기에 Null이라는 값과 False라는 값을 반환하는 경우를 많이 보게 된다. 이유는 사용자 인증과 세션을 사용하지 않아서이다. 세션은 나중 라운드에서 다루므로 신경 쓰지 않아도 된다. 그러나 사용자 인증은 이 책에서 다루지 않으므로 별도로 공부하도록 하자.

Round12_05_Servlet.java 예제를 살펴보면 doGet( )과 doPost( ) 메서드의 내용부가 같다. 이런 경우에는 HttpServlet 클래스를 상속받더라도 굳이 doXXX( ) 메서드로 나누어 쓰지 말고 service(HttpServletRequest, HttpServletResponse) 메서드 하나로 만드는 것이 효율적이다. 필자는 규칙대로만 예제를 작성하려고 그냥 doXXX( ) 메서드를 사용한 것이다.

▌응답을 관리하는 클래스 ServletResponse와 HttpServletResponse ^{12.3.5}

클라이언트가 서버에 요청을 하면 서버는 클라이언트에게 응답을 해야 한다. 앞 절의 예제들을 보면 클라이언트의 요청에 대해서 System.out.println( )과 같은 메서드를 사용해서 서버의 화면에 출력하여 응답했다. 그런데 클라이언트의 화면은 그냥 백지 상태의 화면만 보였다. 물론, 웹 프로그램을 작성하다 보면 클라이언트로부터 데이터만 전달받고 아무것도 반환하지 않는 경우도 있지만 대부분 클라이언트의 화면에 뭔가를 출력한다.

그런데 이렇게 클라이언트의 화면에 뭔가를 출력하려면 출력 스트림이 필요하다. 그러나 앞서도 설명했지만 이러한 입출력 관련 객체를 웹 프로그램의 파일 모두에서 작성하기에는 개발자의 부담이 너무 크다.

그래서 서블릿에서는 입력 스트림뿐 아니라 출력 스트림에 대해서도 관리가 쉽게 ServletResponse 인터페이스를 만들어서 service( ) 메서드의 두 번째 매개 변수로 등록해 두었다. ServletRequest 인터페이스처럼 메서드가 그렇게 많지 않으므로 빠른 시간 안에 암기하기 바란다. ServletResponse 인터페이스도 HTTP 프로토콜을 지원하는 형태가 따로 있다. 두 가지를 모두 살펴보고서 예제는 하나만 작성하도록 하겠다. 역시 중첩되는 메서드는 생략한다.

표 ServletResponse 인터페이스의 메서드들

반환형	메서드	설명
int	getBufferSize( )	현재 응답에 사용하는 버퍼의 크기를 획득하는 메서드이다.
void	setBufferSize(int)	응답에 사용하는 버퍼의 크기를 설정하는 메서드이다.
void	flushBuffer( )	강제적으로 버퍼에 남아 있는 내용을 클라이언트에게 보내는 메서드이다.
void	resetBuffer( )	헤더와 상태에 대한 값은 유지하고 응답에 관련된 내용만 초기화하는 메서드이다.
void	reset( )	응답과 관련된 정보를 모두 초기화하는 메서드이다. 헤더와 상태도 포함한다.
String	getCharacterEncoding( )	현재 응답에 대해 문자 세트를 획득하는 메서드이다.
void	setCharacterEncoding(String)	현재 응답에 대해 문자 세트를 설정하는 메서드이다.
String	getContentType( )	현재 응답에 대해 MIME 형식을 획득하는 메서드이다.

→ 다음 페이지에 계속

← 전 페이지에 이어

반환형	메서드	설명
void	setContentType(String)	현재 응답에 대해 MIME 형식을 설정하는 메서드이다.
void	setContentLength(int)	현재 응답에 대해 내용부의 길이를 설정하는 메서드이다.
Locale	getLocale( )	현재 응답에 대해 지역(Locale)을 획득하는 메서드이다.
void	setLocale(Locale)	현재 응답에 대해 지역을 설정하는 메서드이다. 단, 응답이 커밋된(Commit) 다음에는 수정할 수 없다.
Servlet−getOutputStream( ) OutputStream		클라이언트와의 통신에서 1바이트 출력 스트림을 획득하는 메서드이다.
PrintWriter	getWriter( )	클라이언트와의 통신에서 텍스트 출력 스트림을 획득하는 메서드이다.
boolean	isCommitted( )	응답의 커밋(Commit) 여부를 확인한다.

표 HttpServletResponse 인터페이스의 메서드들

반환형	메서드	설명
void	addCookie(Cookie)	쿠키(Cookie)를 클라이언트로 전송하는 메서드이다.
void	addDateHeader(String, long)	응답에 헤더를 추가하는 메서드이다. 날짜 타입의 헤더 정보를 이름(key)과 long형의 time 정숫값(value)의 쌍으로 추가한다.
void	addHeader(String, String)	응답에 헤더를 추가하는 메서드이다. 이름과 값(value)의 쌍으로 추가한다.
void	addIntHeader(String, int)	응답에 헤더를 추가하는 메서드이다. 숫자 타입의 헤더 정보를 이름과 int형의 정숫값의 쌍으로 추가한다.
boolean	containsHeader(String)	특정 헤더가 있는지 여부를 확인한다.
void	setDateHeader(String, long)	응답에 헤더를 설정하는 메서드이다. 날짜 타입의 헤더 정보를 이름과 long형의 time 정숫값의 쌍으로 변경하여 설정한다.
void	setHeader(String, String)	응답에 헤더를 설정하는 메서드이다. 이름과 값의 쌍으로 변경하여 설정한다.
void	setIntHeader(String, int)	응답에 헤더를 설정하는 메서드이다. 숫자 타입의 헤더 정보를 이름과 int형의 정숫값의 쌍으로 변경하여 설정한다.
void	sendError(int)	특정 상태를 의미하는 코드로 에러 응답을 해주는 메서드이다.
void	sendError(int, String)	특정 상태를 의미하는 코드와 메시지로 에러 응답을 해주는 메서드이다.

→ 다음 페이지에 계속

← 전 페이지에 이어

반환형	메서드	설명
void	setStatus(int)	현재 응답에 대해 특정 상태를 의미하는 코드를 설정하는 메서드이다.
void	sendRedirect(String)	지정한 URL로 이동하게 하는 메서드이다. 응답과 관련된 정보는 모두 초기화된다.
String	encodeURL(String)	URL 경로에 세션 ID가 포함된 경우에 해당 URL을 인코딩하기 위해 사용하는 메서드이다.
String	encodeRedirectURL(String)	sendRedirect( ) 메서드의 매개 변수로 사용되는 URL의 인코딩이 필요할 때 사용하는 메서드이다. 일반적으로 세션 ID가 포함된 경우에 사용한다.

표로 정리한 메서드들은 웹 프로그램을 작성하다 보면 한번씩은 사용한다. 여기서는 단순하게 요청이 있을 경우 적절하게 MIME을 지정하여 클라이언트에게 응답하는 예제만 작성하도록 하자.

Round12 프로젝트의 src 폴더에 Round12_06_Servlet 파일을 만들고서 다음과 같이 코드를 작성해 보자.

예제 | Round12_06_Servlet.java

```java
01 : import java.io.*;
02 : import javax.servlet.*;
03 : import javax.servlet.http.*;
04 :
05 : public class Round12_06_Servlet extends HttpServlet {
06 :     //public void init( ) { }          필요 없어서 생략
07 :     //public void destroy( ) { }       필요 없어서 생략
08 :     public void doPost(HttpServletRequest request, HttpServletResponse
                            response) throws IOException, ServletException {
09 :         response.setContentType("text/html;charset=euc-kr");
10 :         PrintWriter out = response.getWriter( );
11 :         out.println("<html>");
12 :         out.println("<body>");
13 :         out.println("<center>");
14 :         out.println("<h2>요청에 응답합니다.</h2>");
15 :         out.println("</center>");
16 :         out.println("</body>");
17 :         out.println("</html>");
```

```
18 :
19 :            response.flushBuffer( );
20 :
21 :            out.close( );
22 :        }
23 : }
```

🔍 코드 설명

Line **9** ________ `response.setContentType("text/html;charset=euc-kr");`
MIME과 문자 세트를 지정한다. 한글 처리는 라운드 13에서 자세하게 다룰 것이다.

Line **10** ________ `PrintWriter out = response.getWriter( );`
텍스트 출력 스트림을 획득한다.

Line **11** ________ `out.println("<html>");`
MIME을 text/html로 지정해서 HTML 형식으로 응답하게 된다.

Line **19** ________ `response.flushBuffer( );`
응답 버퍼에 남아 있는 내용을 강제로 클라이언트에게 보낸다. 여기서는 필요 없는 작업이다.

Line **21** ________ `out.close( );`
출력 스트림을 모두 종료한다.

다음으로 web.xml 파일에 서블릿을 등록하자. 암영 처리된 코드만 추가하자.

예제 | web.xml

```xml
<?xml version="1.0" encoding="UTF-8"?>
<web-app id="WebApp_ID" version="2.4" xmlns="http://java.sun.com/xml/ns/j2ee"
                    ↳ xmlns:xsi="http://www.w3.org/2001/XMLSchema-instance"
                      ↳ xsi:schemaLocation="http://java.sun.com/xml/ns/j2ee
                        ↳ http://java.sun.com/xml/ns/j2ee/web-app_2_4.xsd">
    <display-name>Round12</display-name>

    <servlet>
        <servlet-name>My01</servlet-name>
        <servlet-class>Round12_01_Servlet</servlet-class>
    </servlet>
```

중간 생략

```
<servlet>
    <servlet-name>My05</servlet-name>
    <servlet-class>Round12_05_Servlet</servlet-class>
</servlet>
<servlet>
    <servlet-name>My06</servlet-name>
    <servlet-class>Round12_06_Servlet</servlet-class>
</servlet>

<servlet-mapping>
    <servlet-name>My01</servlet-name>
    <url-pattern>/Servlet01</url-pattern>
</servlet-mapping>
```

중간 생략

```
<servlet-mapping>
    <servlet-name>My05</servlet-name>
    <url-pattern>/Servlet05</url-pattern>
</servlet-mapping>
<servlet-mapping>
    <servlet-name>My06</servlet-name>
    <url-pattern>/Servlet06</url-pattern>
</servlet-mapping>

<welcome-file-list>
    <welcome-file>Servlet01</welcome-file>
    <welcome-file>index.htm</welcome-file>
    <welcome-file>index.jsp</welcome-file>
    <welcome-file>default.html</welcome-file>
    <welcome-file>default.htm</welcome-file>
    <welcome-file>default.jsp</welcome-file>
</welcome-file-list>
</web-app>
```

클라이언트의 요청 페이지를 HTML 형식으로 작성해 보자. 파일 이름은 Round12_06_Servlet
.htm이고 WebContent 폴더에 만들면 된다.

<table><tr><td>예제</td><td>Round12_06_Servlet.htm</td></tr></table>

```html
<!DOCTYPE html PUBLIC "-//W3C//DTD HTML 4.01 Transitional//EN"
                              "http://www.w3.org/TR/html4/loose.dtd">
<html>
<head>
<meta http-equiv="Content-Type" content="text/html; charset=EUC-KR">
<title>Insert title here</title>
</head>
<body>
    <form method="post" action="Servlet06">
        <input type="submit" value="REQUEST"/>
    </form>
</body>
</html>
```

이제 실행해 보자. Round12_06_Servlet.htm 파일에서 마우스 오른쪽을 클릭하여 **[Run As]**
→ [Run On Server]를 선택하면 다음과 같이 실행된다. REQUEST 단추를 누르자.

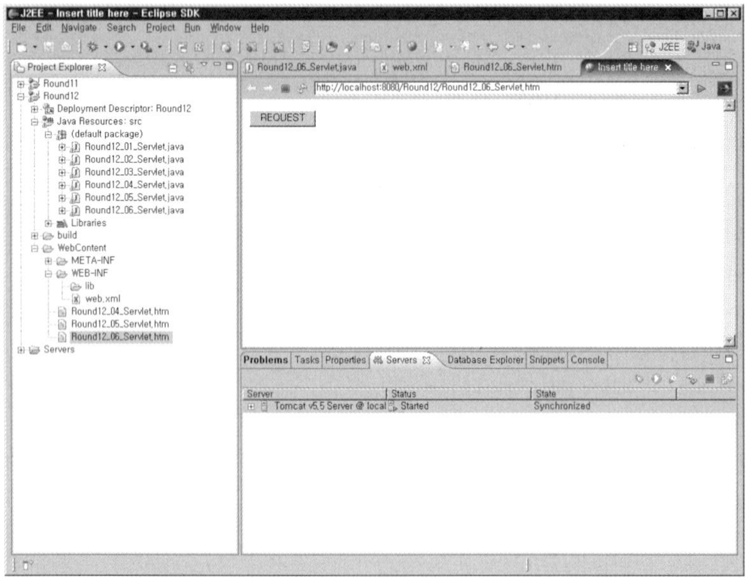

그러면 Round12_06_Servlet.java 파일이 실행되면서 클라이언트의 화면으로 응답이 보내진다. 다음은 결과 화면이다.

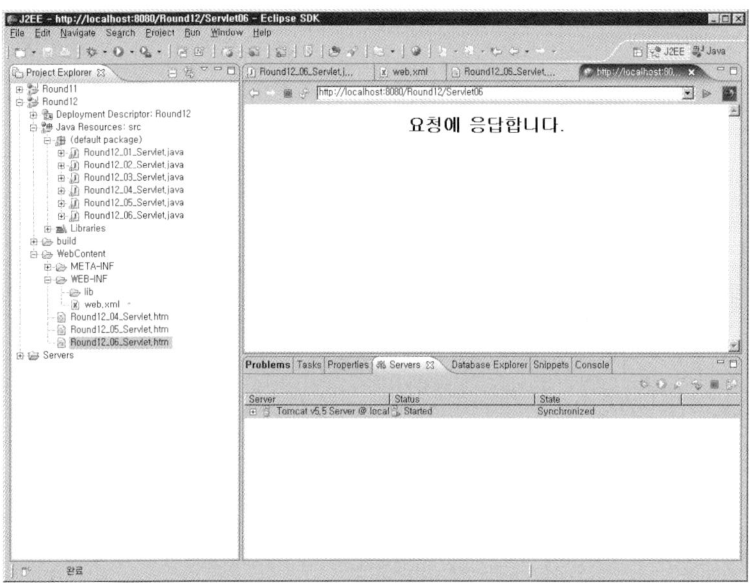

이처럼 웹 프로그램에서는 요청과 응답이 기본적으로 하나의 쌍을 이루어서 실행된다. 따라서 service( ) 메서드나 doXXX( ) 메서드의 매개 변수인 ServletRequest 클래스와 ServletResponse 클래스에 대해서 잘 아는 것이 웹 프로그램을 시작하면서 기초가 된다.

마무리 하면서

이번 라운드에서는 콘솔 프로그램과는 다른 서블릿의 라이프 사이클을 살펴보았다. 앞서 여러 번에 걸쳐 설명했지만 웹 프로그램은 웹 특성상 실행의 시작점이 다양하기 때문에 모든 파일이 실행의 주체가 될 수 있어야 한다. 또한, 자바 프로그램이 웹에서 실행되기 위해 웹 서버와의 연결에 대해서도 필히 숙지해야 한다. 따라서 서블릿의 라이프 사이클과 web.xml 파일의 이해는 무엇보다 우선되어야 하겠다. 마지막으로 자바는 API로 구성된 프로그램이기 때문에 클래스의 메서드들은 이 책에서 따로 이야기하지 않더라도 스스로 활용하는 습관을 갖도록 하자.

제 13 장

서블릿에서 데이터 통신과 한글 처리

▌ 웹 프로그램의 모든 영역은 요청과 응답에 의해 작업이 이루어진다. 그런데 어떤 요청은 서버로부터 페이지만 받는 경우가 있고, 어떤 요청은 클라이언트가 특정 데이터를 넘겨주어야만 서버로부터 정상적인 응답을 받는 경우가 있다. 이러한 요청을 처리하기 위해 HTTP 웹은 크게 GET과 POST라는 방식을 만들어 두었다. HTML에서 이미 다루었지만 여기서는 서블릿에서 처리를 어떻게 하는지 살펴볼 것이다. 또한, 한글 데이터의 전송과 변환은 어떻게 이루어지는지도 알아보도록 하자.

Round **13**

13.1 GET 방식과 POST 방식   **13.2** GET 방식의 요청에서 데이터 통신
13.3 POST 방식의 요청에서 데이터 통신   **13.4** 한글 처리

목표

· HTTP의 GET과 POST 방식의 요청을 처리할 수 있다.

· GET과 POST 방식의 요청이 있을 때 서블릿에서 데이터를 전송받을 수 있다.

· GET과 POST 방식의 요청이 있을 때 서블릿에서 한글과 다국어를 처리할 수 있다.

활용

HTTP 메서드 – GET과 POST

일반적으로 웹 프로그램은 클라이언트의 요청과 서버의 응답이 핵심이다. 클라이언
트의 요청은 GET 방식과 POST 방식으로 구분된다. 간단한 웹 페이지를 요청하거
나 용량이 작은 데이터를 요청할 때는 GET 방식을 사용한다. 반면 대용량 데이터를
전송할 때 요청의 메시지 바디에 데이터를 담아 전송할 때는 POST 방식을 사용한
다. 웹에서 파일을 전송하는 경우가 POST 방식에 해당한다.

한글 처리

웹에서 데이터는 다국어라는 특징을 갖는다. 우리나라는 한글을 사용하지만 일본은
일본어를 사용하고, 미국은 영어를 사용하므로 언어 변환은 상당히 중요하다. 여기
서 배우는 한글 처리를 활용하면 다양한 언어로 데이터를 변환할 수 있다.

 들어가기 전에

웹 페이지에서 발생하는 요청들은 대부분 GET과 POST 방식이다. 초보자의 입장에서는 일단 두 가지만 배우면 된다. 라운드 11에서 이야기한 8가지(GET, POST, HEAD, TRACE, OPTIONS, PUT, DELETE, CONNECT) 중에서 나머지 6가지는 생각할 필요가 없다. 이미 라운드 11에서 HTTP의 요청 형식과 응답 형식을 배웠기 때문에 이번 라운드에서는 서블릿과 연동하는 예제 위주로 살펴보겠다.

13.1 GET 방식과 POST 방식

우선 웹 프로그램에서 클라이언트의 요청은 다음과 같은 경우에 발생한다.

- 웹 브라우저의 주소 표시줄에서 접속하려는 URL을 직접 입력하는 경우
- 웹 페이지에서 링크를 클릭한 경우
- 웹 페이지에서 링크나 단추에 설정된 이벤트에 의해 자바스크립트가 실행되어 location.href에 의해 요청이 발생하는 경우
- 웹 페이지에서 링크나 단추에 설정된 이벤트에 의해 자바스크립트가 실행되어 window.open( ) 함수가 실행되는 경우
- 웹 페이지에서 링크나 단추에 의해 자바스크립트가 실행되어 〈form〉 태그에 의해 요청이 발생하는 경우
- INCLUDE 방식에 의해 웹 페이지가 포함되는(Include) 요청이 발생하는 경우
- FORWARD 방식에 의해 웹 페이지가 전달되는(Forward) 요청이 발생하는 경우
- REDIRECT 방식에 의해 웹 페이지가 이동되는(Redirect) 요청이 발생하는 경우

이것들 외에도 이미지와 서블릿이 연결되는 요청이 발생하는 경우도 있고, 플래시에서 액션 스크립트에 의해 요청이 발생하는 경우도 있다. 이들은 제외하였다. 너무 복잡한가? 알고 보면 단순하다. 웹 페이지에서 발생하는 요청 대부분은 GET과 POST 방식의 요청이다.

그러면 GET 방식과 POST 방식의 차이는 무엇일까? 웹 페이지에서 발생하는 요청은 기본적으로 GET 방식이다. 문제는 GET 방식의 요청에서 전송하는 데이터의 길이에 한계가 있고, 한글과 같은 유니코드는 2바이트 문자와 1바이트 문자를 혼합하여 전송하기 때문에 인코딩(Encoding)이 필요하다. 또한, 전송하는 데이터가 주소 표시줄에 그대로 표시되기 때문에 보안 문제가 있다.

그래서 이런 문제를 해결한 POST 방식이 등장했다. 그러면 모든 요청을 POST 방식으로 처리하면 되지 왜 GET 방식을 사용할까? 이유는 바로 속도에 있다. POST 방식은 GET 방식의 단점을 극복하기 위해 메시지 바디(Message Body)에 데이터를 숨긴다. 때문에 GET 방식에 비해 속도가 느리다. 따라서 우리는 두 방식 중 적절한 방식을 선택해야 한다.

앞서 나열한 경우들 중 다음 세 가지를 제외하고는 모두 GET 방식의 요청이라고 생각하면 된다. 첫 번째는 HTML에 의해 〈form〉 태그의 method 속성이 POST로 지정된 경우이고,

```
<form method="POST" action=....>
```

두 번째는 자바스크립트에 의해 method 속성이 POST로 지정되는 경우이고,

```
<script>
    function check_form() {
        myform.method="POST";
        return true;
    }
</script>
<form name="myform" method="GET" action="..." onSubmit="return check_form()">
```

세 번째는 〈form〉 태그에 의해 POST 방식으로 지정되어 넘어온 데이터들을 그대로 전달하는(Forward) 경우이다. 아직 전달하는 경우를 배우지 않아서 지금은 설명하기 곤란하다. 일단 알아만 두자.

다음으로 GET과 POST 방식의 요청에서는 언어 처리도 서로 다르게 한다. 왜냐하면 GET 방식은 요청 시 전송하는 데이터를 주소 표시줄에 달고 다니고, POST 방식은 메시지 바디에 갈무리해서 다니기 때문이다. 서버의 입장에서 데이터를 뽑아서 사용하려면 서로 다른 방식이 필요한 건 어쩌면 당연하다.

지금부터 데이터를 보내고 받는 서블릿을 본격적으로 익혀 보겠다. 여기서는 받은 데이터를 추출하는 메서드도 사용할 것이다. 참고로 대부분의 메서드는 앞서 배운 라운드 12의 API 메서드들이다.

13.2 GET 방식의 요청에서 데이터 통신

GET 방식의 요청에서는 질의(Query String)를 사용하여 데이터를 전송한다. 그러면 질의란 무엇일까? 클라이언트가 특정 웹 페이지를 요청할 때 요청한 페이지가 실행되는데 필요한 데이터를 서버에 전송해야 한다. 이때 데이터를 전송하는 형식이라고 보면 된다.

- URL의 구성 : 프로토콜 : // IP나_도메인 / 요청페이지 ? 질의

- 질의의 구성 : 객체(속성)=값 & 객체(속성)=값 & …

이렇게 서버에 질의로 데이터를 전송하면 주소 표시줄에 그대로 데이터가 표시된다. 그래서 보안 문제가 있다. 길이에도 제한이 있고 한글과 같은 데이터는 언어 변환 문제도 있다. 그러나 굳이 숨기지 않아도 되는 데이터나, 길이가 짧은 데이터나, 영문이나 숫자와 같은 데이터는 빠른 속도 때문에 질의를 사용한다.

지금부터 GET 방식의 요청을 다양한 형태로 받아 보도록 하자. 예제에서 서블릿은 하나만 만들 것이고, HTML을 적절하게 변경해서 GET 방식의 요청을 여러 형태로 만들 것이다.

Round13 프로젝트를 만들고, src 폴더에서 마우스 오른쪽을 클릭하여 [New] → [Class]를 차례로 선택하자. 그런 다음 대화 상자에서 클래스 이름을 Round13_01_Servlet이라고 적고 〈Finish〉를 누르자. 만들어진 서블릿에 다음과 같이 코드를 작성하자. 당연한 이야기지만, GET 방식의 요청으로 데이터를 전송할 것이므로 doGet( ) 메서드만 작성하도록 하자. init( )과 destroy( ) 메서드는 작업할 내용이 없어서 생략했다.

예제 | Round13_01_Servlet.java

```
01 : import java.io.*;
02 : import javax.servlet.*;
```

```
03 :  import javax.servlet.http.*;
04 :
05 :  import java.util.*;
06 :
07 :  public class Round13_01_Servlet extends HttpServlet {
08 :      public void doGet(HttpServletRequest request, HttpServletResponse
                              ↳ response) throws IOException, ServletException {
09 :          PrintWriter out = response.getWriter();
10 :
11 :          Enumeration names = request.getParameterNames();
12 :          while(names.hasMoreElements()) {
13 :              String name = (String)names.nextElement();
14 :              String value = request.getParameter(name);
15 :              //String[ ] values = request.getParameterValues(name)
16 :              out.println(name + " : " + value + "<br/>");
17 :          }
18 :      }
19 :  }
```

Q 코드 설명

Line **5**
```
import java.util.*;
```
열거(Enumeration)형 클래스를 사용하기 위해 가져오기(Import)를 한다.

Line **8**
```
public void doGet(HttpServletRequest request, HttpServletResponse
                    ↳ response) throws IOException, ServletException {
```
GET 방식의 요청에 대응하기 위해 doGet( ) 메서드를 사용한다.

Line **9**
```
PrintWriter out = response.getWriter( );
```
텍스트 출력 스트림을 생성한다.

Line **11**
```
Enumeration names = request.getParameterNames( );
```
질의로 넘어온 매개 변수의 이름을 전부 가져온다.

Line **13**
```
String name = (String)names.nextElement( );
```
매개 변수의 이름 하나하나를 추출한다.

Line **14**
```
String value = request.getParameter(name);
```
매개 변수의 이름과 일치하는 값을 추출하는 메서드이다. 동일한 이름으로 여러 값이 있으면 아래 주석으로 처리된 행을 사용한다.

web.xml 파일에 앞서 만든 서블릿을 다음과 같이 등록하고, 이클립스의 왼쪽 프로젝트 탐색기에서 Round13을 선택하고, 마우스 오른쪽을 클릭하여 바로 가기 메뉴에서 **[Run As]** → [Run On Server]를 선택하자. 웹 서버는 다시 구동해야 한다.

```xml
<servlet>
    <servlet-name>My01</servlet-name>
    <servlet-class>Round13_01_Servlet</servlet-class>
</servlet>

<servlet-mapping>
    <servlet-name>My01</servlet-name>
    <url-pattern>/Servlet01</url-pattern>
</servlet-mapping>
```

여기까지 준비가 되었으면 GET 방식의 요청을 형태별로 만들어 결과를 확인해 보도록 하겠다. 중요한 것은 GET 방식의 요청인지를 이해하는 것이다.

1 | 주소 표시줄에서 직접 URL을 입력하는 경우

웹 브라우저의 주소 표시줄에 다음과 같이 URL을 입력하고 결과를 확인해 보자.

실행 ▶ `http://localhost:8080/Round13/Servlet01?data1=aaa&data2=bbb&data3=ccc`

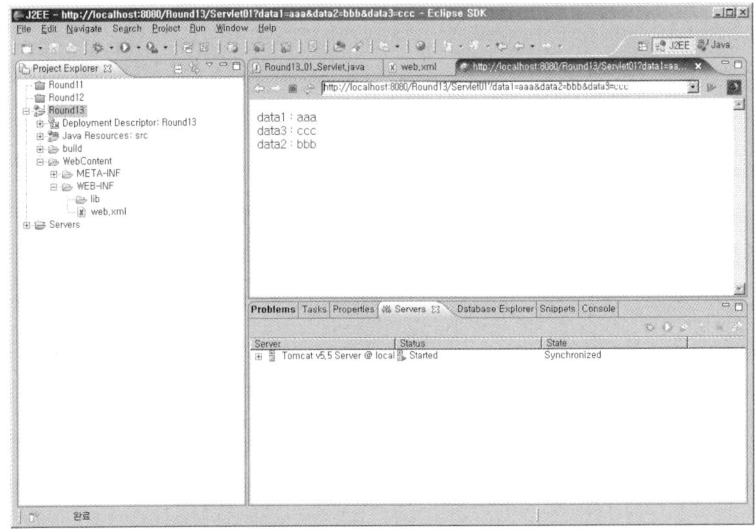

Servlet01이라는 URL 패턴 뒤에 있는 ? 기호를 기준으로 이어지는 문자들을 질의라고 한다.
값이 여러 개일 경우 & 기호로 연결한다. 여기서는

```
data1 = aaa, data2 = bbb, data3 = ccc
```

라는 세 개의 데이터를 전송하였고, 서블릿에서는 이들 모두를 전송받아 다시 클라이언트의 화
면으로 보내서 응답하였다.

2 | 웹 페이지에서 링크를 클릭한 경우

WebContent 폴더에 Round13_01_01_Servlet.htm 파일을 만들고서 다음과 같이 작성하자. 그
러고서 실행 화면에서 링크를 클릭해 보자. 역시 주소 표시줄을 주의 깊게 살펴봐야 한다.

예제 | Round13_01_01_Servlet.htm

```html
<!DOCTYPE html PUBLIC "-//W3C//DTD HTML 4.01 Transitional//EN"
                                  ↳ "http://www.w3.org/TR/html4/loose.dtd">
<html>
<head>
<meta http-equiv="Content-Type" content="text/html; charset=EUC-KR">
<title>Insert title here</title>
</head>
<body>
    <center>
    <a href="http://localhost:8080/Round13/Servlet01?name=kimsh&age=36">
        나의 이름과 나이
    </a>
    </center>
</body>
</html>
```

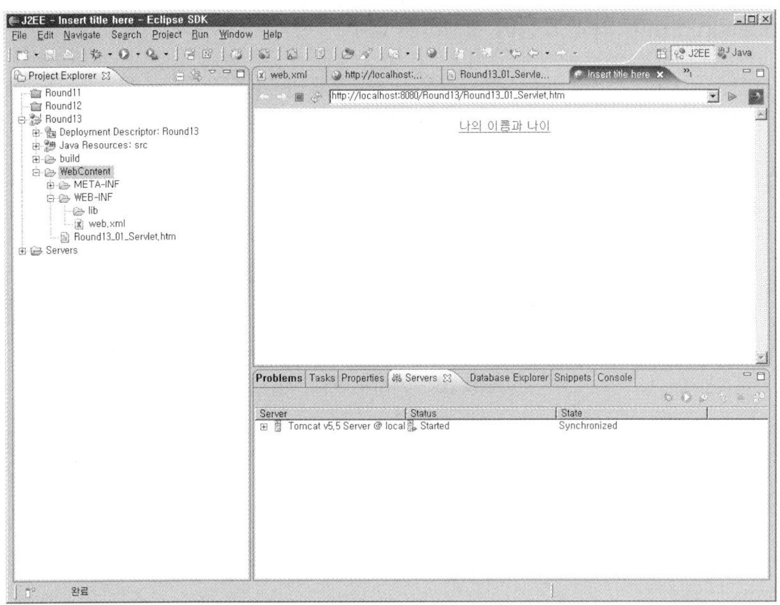

링크를 클릭한다.

이 경우에 〈a〉 태그 내에 질의를 추가하여 데이터를 전송하였다. 따라서 주소 표시줄에 표시되는 내용은 주소 표시줄에서 직접 URL을 입력하는 경우와 유사하게 표시된다.

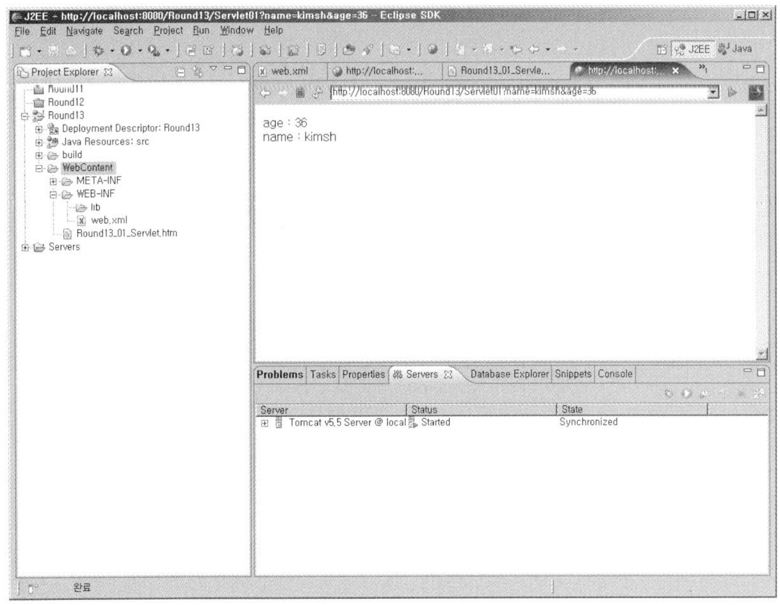

결과 화면이다.

3 자바스크립트의 location.href에 의해 요청이 발생하는 경우

WebContent 폴더에 Round13_01_02_Servlet.htm 파일을 만들고서 다음과 같이 작성하자. 그러고서 실행 화면에서 링크를 클릭하거나 단추를 눌러 결과를 확인해 보도록 하자. 역시 주소 표시줄을 확인해야 한다.

| 예제 | Round13_01_02_Servlet.htm |

```html
<!DOCTYPE html PUBLIC "-//W3C//DTD HTML 4.01 Transitional//EN"
                                    ↳ "http://www.w3.org/TR/html4/loose.dtd">
<html>
<head>
<meta http-equiv="Content-Type" content="text/html; charset=EUC-KR">
<title>Insert title here</title>

<script language="javascript">
<!--
    function send_data() {
        location.href= "http://localhost:8080/Round13/Servlet01?su1=100&su2=200";
    }
//-->
</script>

</head>
<body>
    <center>
        <a href="#" onClick="send_data()">링크</a>
          or  
        <input type="button" onClick="send_data()" value="버튼"/>
    </center>
</body>
</html>
```

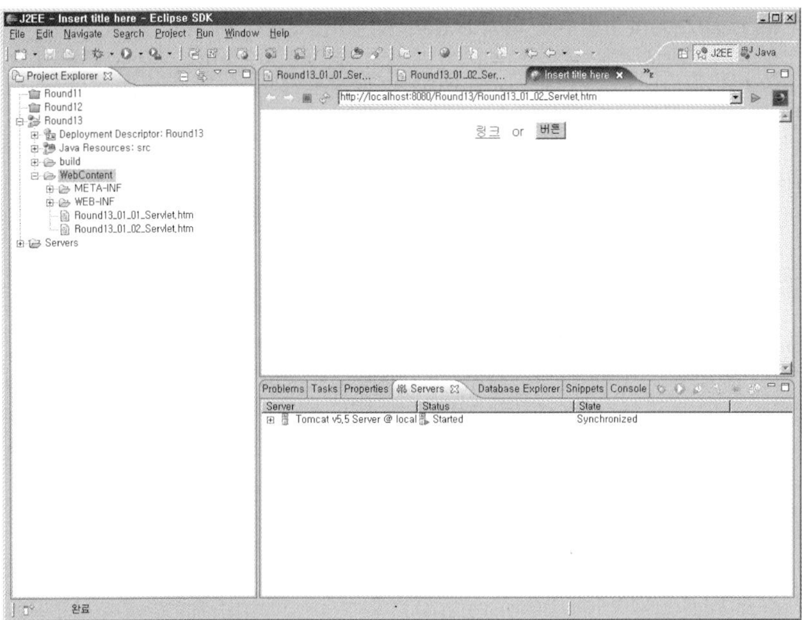

링크를 클릭하거나 단추를 누른다.

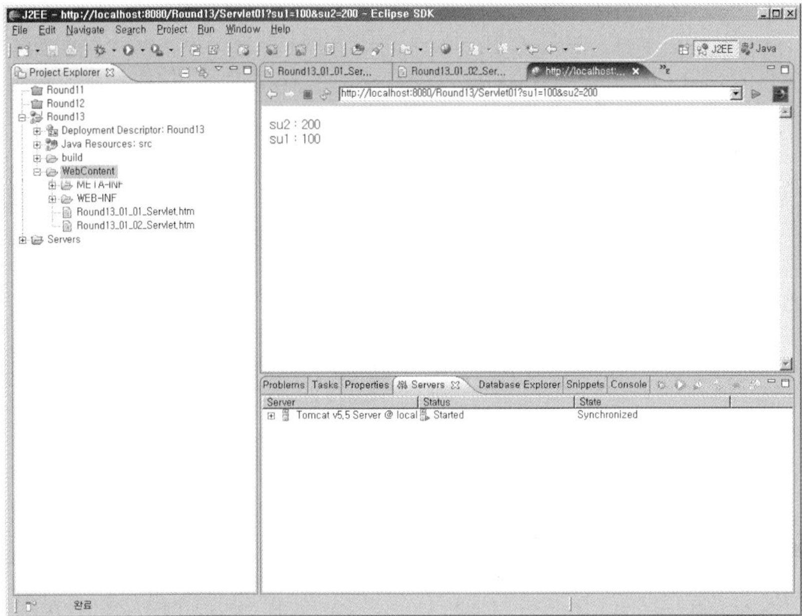

결과 화면이다.

4 자바스크립트의 window.open( ) 함수에 의해 요청이 발생하는 경우

WebContent 폴더에 Round13_01_03_Servlet.htm 파일을 만들고서 다음과 같이 작성하자. 그러고서 실행 화면에서 링크를 클릭하거나 단추를 눌러 결과를 확인해 보자. 이번에는 새 창의 주소 표시줄을 확인해야 한다.

예제 | Round13_01_03_Servlet.htm

```html
<!DOCTYPE html PUBLIC "-//W3C//DTD HTML 4.01 Transitional//EN"
                                    ↳ "http://www.w3.org/TR/html4/loose.dtd">
<html>
<head>
<meta http-equiv="Content-Type" content="text/html; charset=EUC-KR">
<title>Insert title here</title>

<script language="javascript">
<!--
    function send_data() {
        window.open("http://localhost:8080/Round13/Servlet01?su1=100&su2=200",
                            ↳ "popup", "location=yes, width=800, height=100");
    }
//-->
</script>

</head>
<body>
    <center>
        <a href="#" onClick="send_data()">링크</a>
          or  
        <input type="button" onClick="send_data()" value="버튼"/>
    </center>
</body>
</html>
```

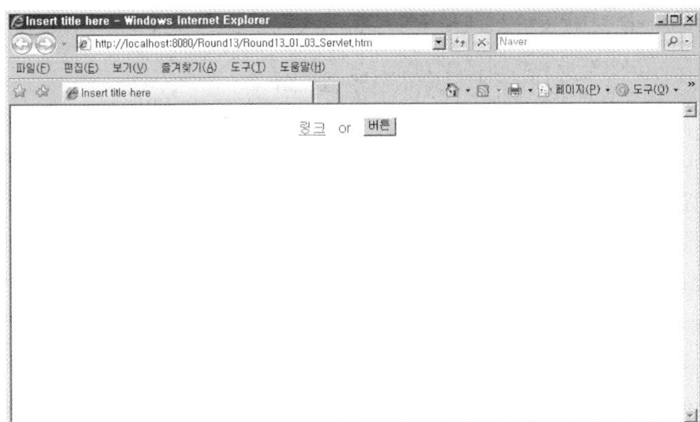

링크를 클릭하거나 단추를 누른다.

이클립스에서 실행하면 팝업 창의 경우 주소 표시줄이 표시되지 않는다. 웹 브라우저를 열고 테스트하기 바란다.

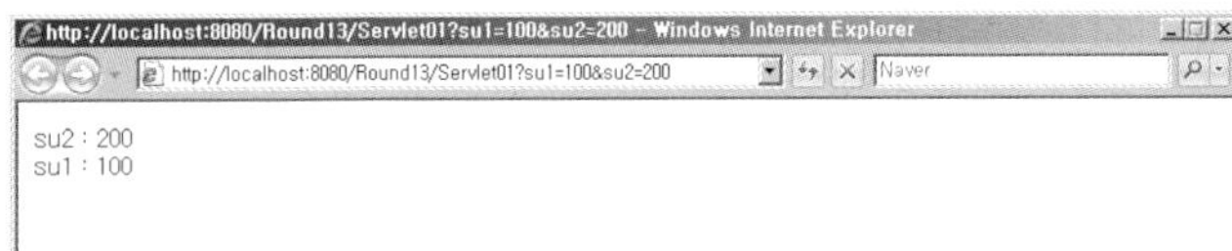

결과 화면이다.

5 자바스크립트의 〈form〉 태그에 의해 요청이 발생하는 경우

WebContent 폴더에 Round13_01_04_Servlet.htm 파일을 만들고서 다음과 같이 작성하사. 그러고서 실행 화면에서 단추를 눌러 결과를 확인해 보자. 주소 표시줄에 많은 내용이 표시될 것이다.

> 예제 | Round13_01_04_Servlet.htm

```html
<!DOCTYPE html PUBLIC "-//W3C//DTD HTML 4.01 Transitional//EN"
                       "http://www.w3.org/TR/html4/loose.dtd">
<html>
<head>
<meta http-equiv="Content-Type" content="text/html; charset=EUC-KR">
<title>Insert title here</title>
</head>
<body>
```

```html
<form method="GET" action="Servlet01">
    Name : <input type="text" name="name"/><br/>
    Jumin : <input type="text" name="ju1"/>-<input type="password" name="ju2"/><br/>
    Id : <input type="text" name="id"/><br/>
    Pass : <input type="password" name="pw"/><br/>
    <input type="submit" value="전송"/>
</form>
</body>
</html>
```

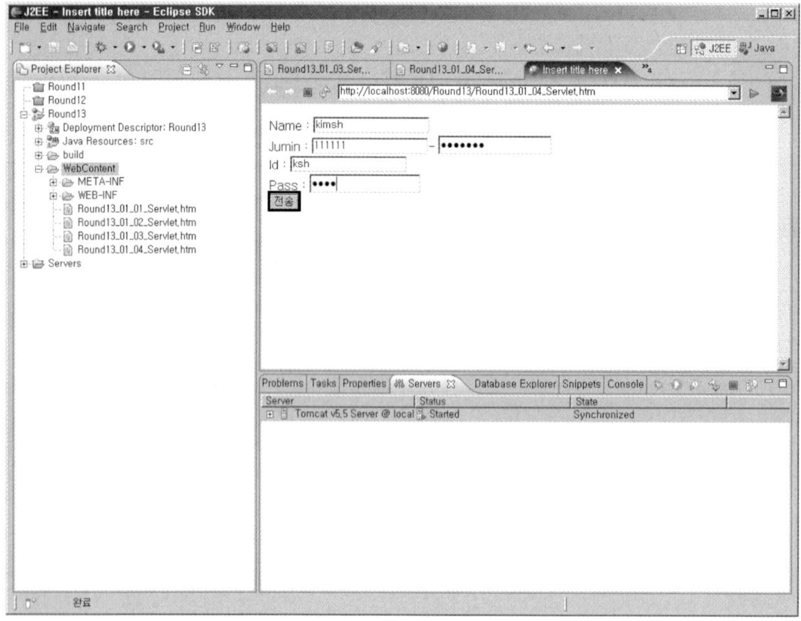

필드에 값을 입력하고서 단추를 누른다.

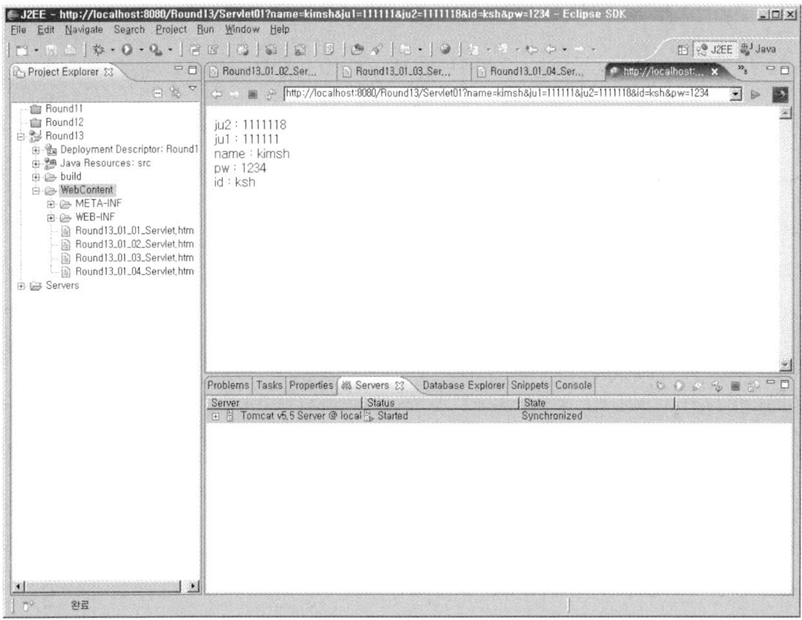

결과 화면이다.

이렇게 웹에서 이루어지는 데이터 전송은 대부분 GET 방식의 요청을 이용한다. 속도도 빠르고 작업도 수월해서이다. 그러나 앞서 이야기한 것처럼 GET 방식의 요청은 대용량의 데이터나 2 바이트 이상의 문자 세트를 처리하기는 상당히 힘들다. 따라서 적절한 경우 내에서 GET 방식의 요청으로 데이터를 전송해야 한다. 많이 경험해 보면 이해할 수 있으므로 성급하게 판단하지 않도록 하자.

13.3 POST 방식의 요청에서 데이터 통신

앞서 설명한 GET 방식의 요청에서는 데이터를 전송하는 형식이 다양하지만 POST 방식의 요청에서는 거의 한 가지이다. 물론 자바스크립트에 의해 method 속성이 변하는 경우와 〈form〉 태그에 의해 넘어온 데이터를 전달하는(Forward) 경우도 있지만 궁극적으로는 기원이 〈form〉 태그다. 따라서 POST 방식의 요청에서 데이터를 전송하는 형식은 〈form〉 태그의 method 속성을 POST로 지정하는 경우 하나라고 생각하면 편하다.

POST 방식의 요청에서 데이터를 전송하면 주소 표시줄에 질의가 표시되지 않기 때문에 보안 문제가 없고 데이터의 길이에도 제한이 없다. 그리고 문자 세트도 메시지 바디 채로 언어 변환이 가능하다. 즉 하나하나 변환할 필요 없이 전송할 때 일괄해서 변환할 수 있다.

그러면 POST 방식의 요청을 예제로 다루어 보도록 하자. 이번에는 HTML 파일부터 작성해 보자. WebContent 폴더에 Round13_02_Servlet.htm 파일을 만들고서 다음과 같이 작성하자.

예제 | Round13_02_Servlet.htm

```html
<!DOCTYPE html PUBLIC "-//W3C//DTD HTML 4.01 Transitional//EN"
                                    ⌐ "http://www.w3.org/TR/html4/loose.dtd">
<html>
<head>
<meta http-equiv="Content-Type" content="text/html; charset=EUC-KR">
<title>Insert title here</title>
</head>
<body>
    <form method="POST" action="Servlet02">
        Name : <input type="text" name="name"/><br/>
        Contents : <textarea cols="10" rows="3" name="contents"></textarea><br/>
        <input type="submit" value="SEND"/>
    </form>
</body>
</html>
```

src 폴더에 Round13_02_Servlet.java 파일을 만들고서 다음과 같이 코드를 작성하자. POST 방식의 요청에 대응하는 서블릿이 필요하므로 doPost( ) 메서드를 가진 서블릿 클래스를 작성한다. 코드는 앞서 작성한 GET 방식의 요청에서 만든 서블릿과 동일하다.

예제 | Round13_02_Servlet.java

```java
01 :  import java.io.*;
02 :  import java.util.Enumeration;
03 :
04 :  import javax.servlet.*;
05 :  import javax.servlet.http.*;
```

```
06 :
07 : public class Round13_02_Servlet extends HttpServlet {
08 :        public void doPost(HttpServletRequest request, HttpServletResponse
                              ↳response) throws IOException, ServletException {
09 :         PrintWriter out = response.getWriter();
10 :
11 :         Enumeration names = request.getParameterNames();
12 :         while(names.hasMoreElements()) {
13 :            String name = (String)names.nextElement();
14 :            String value = request.getParameter(name);
15 :            //String[ ] values=request.getParameterValues(name)
16 :            out.println(name + " : " + value + "<br/>");
17 :         }
18 :      }
19 : }
```

Q 코드 설명

Line **8** _________
```
public void doPost(HttpServletRequest request, HttpServletResponse
                   ↳response) throws IOException, ServletException {
```
POST 방식의 요청에 대응하기 위해 doPost( ) 메서드를 작성한다.

Line **9** _________
```
PrintWriter out = response.getWriter( );
```
텍스트 출력 스트림을 생성한다.

Line **11** _________
```
Enumeration names = request.getParameterNames( );
```
질의로 넘어온 매개 변수의 이름을 전부 가져온다.

Line **13** _________
```
String name = (String)names.nextElement( );
```
매개 변수의 이름 하나하나를 추출한다.

Line **14** _________
```
String value = request.getParameter(name);
```
매개 변수의 이름과 일치하는 값을 추출하는 메서드이다. 동일한 이름으로 여러 값이 있으면 아래 주석으로 처리된 행을 사용한다.

web.xml 파일에 앞서 만든 서블릿을 다음과 같이 등록하자. 음영 처리된 코드만 추가하면 된다.

```
<servlet>
    <servlet-name>My01</servlet-name>
```

```
        <servlet-class>Round13_01_Servlet</servlet-class>
    </servlet>
    <servlet>
        <servlet-name>My02</servlet-name>
        <servlet-class>Round13_02_Servlet</servlet-class>
    </servlet>

    <servlet-mapping>
        <servlet-name>My01</servlet-name>
        <url-pattern>/Servlet01</url-pattern>
    </servlet-mapping>
    <servlet-mapping>
        <servlet-name>My02</servlet-name>
        <url-pattern>/Servlet02</url-pattern>
    </servlet-mapping>
```

서블릿을 실행해서 결과를 확인해 보자. 주소 표시줄을 살펴보면 GET 방식과는 달리 질의가
표시되지 않는 것을 알 수 있다.

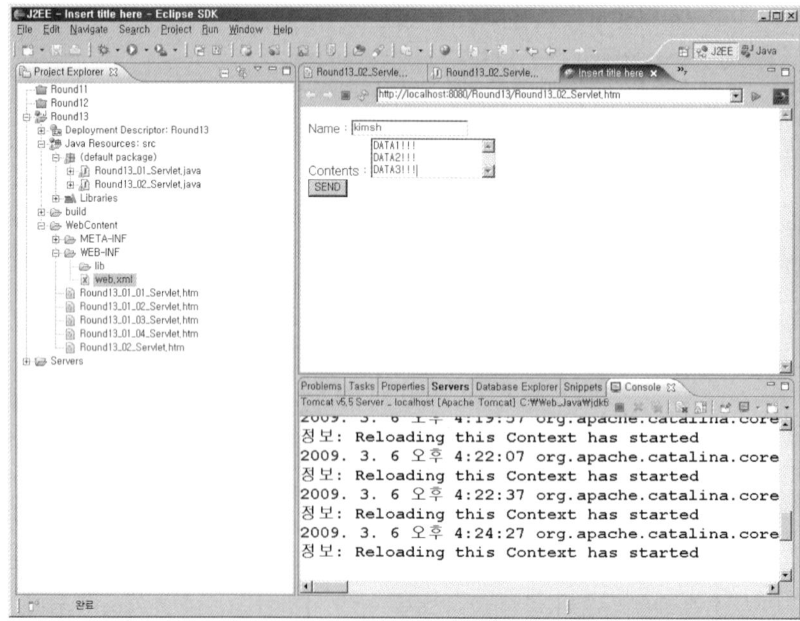

필드에 값을 입력하고서 단추를 누른다.

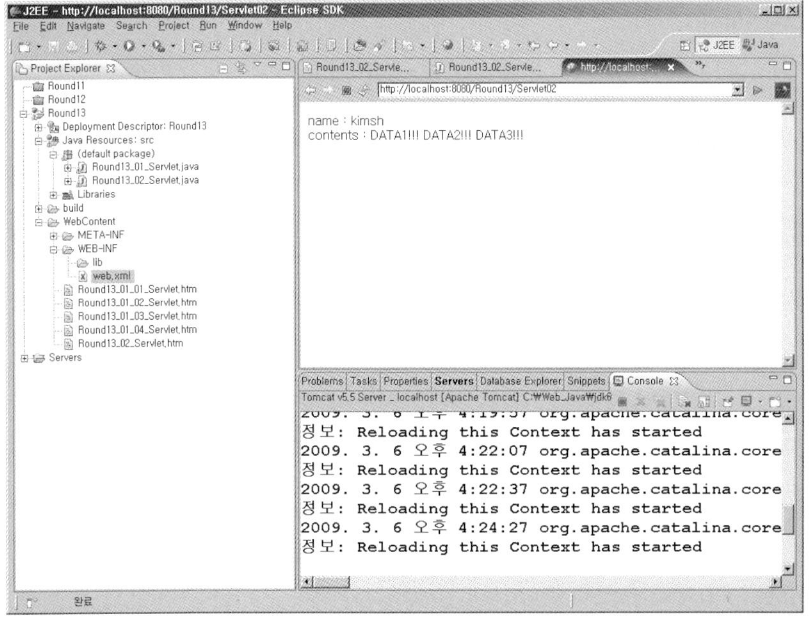

결과 화면이다.

이상과 같이 POST 방식이 GET 방식에 비해 데이터 길이의 제약이나 보안, 언어 변환에 있어 뛰어나다. 그러나 메시지 바디에 데이터를 담는 작업이 더 있어서 데이터를 전송할 때 속도는 GET 방식에 비해 떨어진다. 그래서 상황에 따라 적절한 방식의 요청을 선택해야 한다. 예를 들어, 웹 사이트에서 회원 가입의 경우 많은 양의 데이터가 안정적으로 전송되어야 한다. 때문에 POST 방식을 사용한다. 그러나 웹 사이트에서 게시판의 글을 읽기 위해 제목을 누르거나 페이지 번호를 누를 경우에는 간단한 데이터와 함께 빠르게 실행되어야 하기에 GET 방식이 더 유용하다.

13.4 한글 처리

웹에서 GET 방식이나 POST 방식의 요청으로 데이터를 전송할 때 고려해야 할 사항 중 하나가 언어 처리이다. 웹 프로그램을 작성하면서 전 세계가 1바이트 문자 체계인 영어나 ASCII 코드만을 사용하면 언어 처리에는 문제가 없지만, 1, 2, 3바이트의 다양한 문자 체계를 사용하기 때문에 문제가 된다. 예제를 가지고 문제를 살펴보도록 하자.

▪ GET 방식의 요청 예제 ^{13.4.1}

GET 방식의 요청으로 한글 처리가 제대로 되지 않는 예제를 먼저 다루어 보자. WebContent
폴더에 Round13_03_Servlet.htm 파일을 만들고서 다음과 같이 작성하자.

예제 | Round13_03_Servlet.htm

```html
<!DOCTYPE html PUBLIC "-//W3C//DTD HTML 4.01 Transitional//EN"
                                    ↳ "http://www.w3.org/TR/html4/loose.dtd">
<html>
<head>
<meta http-equiv="Content-Type" content="text/html; charset=EUC-KR">
<title>Insert title here</title>
<script language="javascript">
<!--
    function send_data() {
        var name = data_form.name.value;
        var addr = data_form.addr.value;
        location.href = "http://localhost:8080/Round13/Servlet03?name=" + name +
                                                    ↳ "&addr=" + addr;
    }
//-->
</script>
</head>
<body>
    <form name="data_form" method="GET" action="Servlet03">
        이름 : <input type="text" name="name"/><br/>
        주소 : <input type="text" name="addr" size="30"/><br/>
        <input type="button" value="전송1" onClick="send_data()"/>
        <input type="submit" value="전송2"/>
    </form>
</body>
</html>
```

src 폴더에 Round13_03_Servlet.java 파일을 만들어서 다음과 같이 코드를 작성하자.

| 예제 | Round13_03_Servlet.java |

```java
01 : import java.io.*;
02 : import javax.servlet.*;
03 : import javax.servlet.http.*;
04 :
05 : public class Round13_03_Servlet extends HttpServlet {
06 :     public void doGet(HttpServletRequest request, HttpServletResponse
                            ↳ response) throws IOException, ServletException {
07 :         String name = request.getParameter("name");
08 :         String addr = request.getParameter("addr");
09 :
10 :         System.out.println();
11 :         System.out.println("name = " + name);
12 :         System.out.println("addr = " + addr);
13 :         System.out.println();
14 :     }
15 : }
```

Q 코드 설명

Line **7**　　　　　`String name = request.getParameter("name");`
name이라는 이름으로 매개 변수에 담긴 값을 추출한다.

Line **8**　　　　　`String addr = request.getParameter("addr");`
addr이라는 이름으로 매개 변수에 담긴 값을 추출한다.

Line **13**　　　　　`System.out.println( );`
웹 서버로 넘어온 값들을 웹 서버의 콘솔 창에 출력한다.

web.xml 파일에 앞서 만든 서블릿을 다음과 같이 등록하자. 당연히 웹 서버는 다시 구동해야 한다.

```xml
<servlet>
    <servlet-name>My03</servlet-name>
    <servlet-class>Round13_03_Servlet</servlet-class>
</servlet>

<servlet-mapping>
    <servlet-name>My03</servlet-name>
    <url-pattern>/Servlet03</url-pattern>
</servlet-mapping>
```

앞서 만든 HTML 파일을 실행하고 필드에 영어로 데이터를 입력하자. 그런 다음 단추를 눌러
테스트해 보자. 어떤 단추를 눌러도 결과는 동일하다.

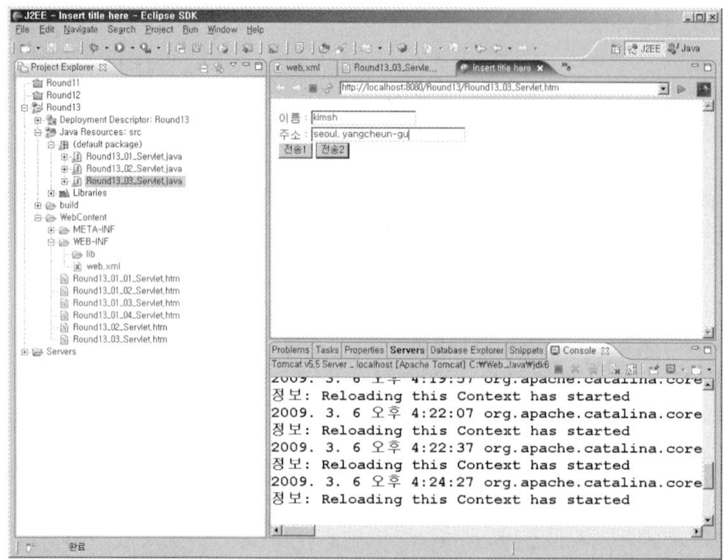

필드에 영어로 입력하고서 단추를 누른다.

영어로 데이터를 입력한 경우 결과를 보여주는 콘솔 창은 다음과 같이 내용이 제대로 보인다.

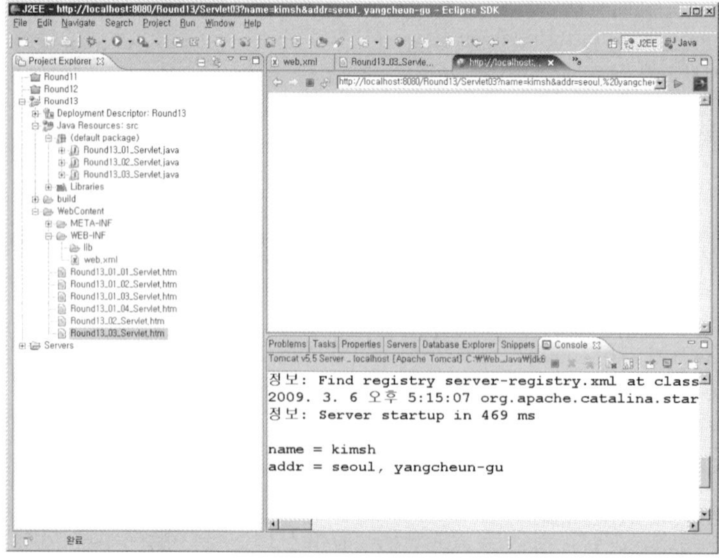

영어로 입력한 결과 화면이다.

이번에는 한글로 데이터를 입력하고서 단추를 눌러 테스트를 해보도록 하자.

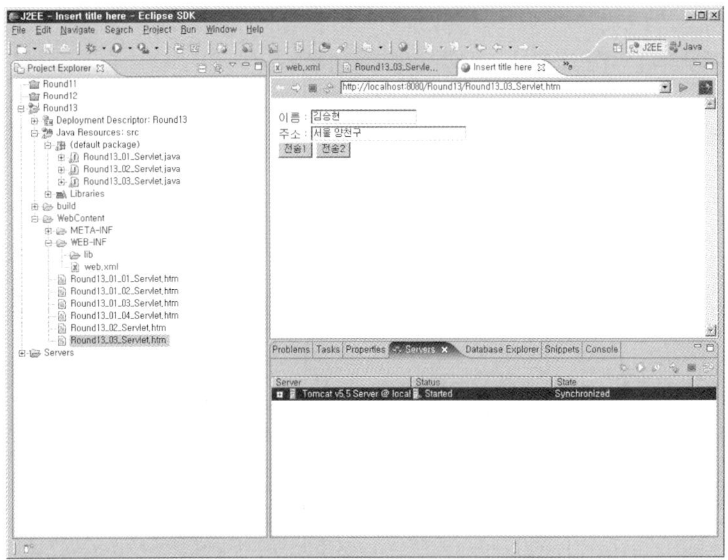

필드에 한글로 입력하고서 단추를 누른다.

전송1 단추를 누르면 주소 표시줄에는 한글이 그대로 표시된다. 그리고 결과를 보여주는 콘솔 창은 내용이 깨진 것처럼 보인다.

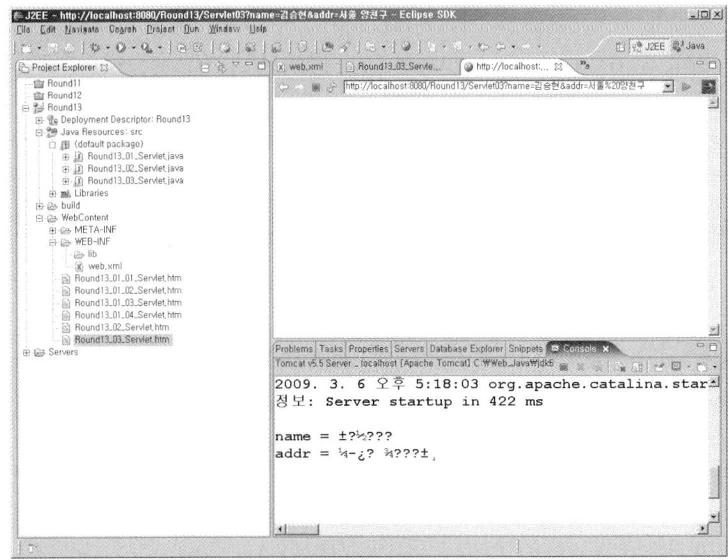

한글로 입력하고서 전송1 단추를 눌렀을 때 결과 화면이다.

전송2 단추를 누르면 주소 표시줄에는 질의가 만들어진다. 결과를 보여주는 콘솔 창은 내용이 여전히 깨진 것처럼 보인다.

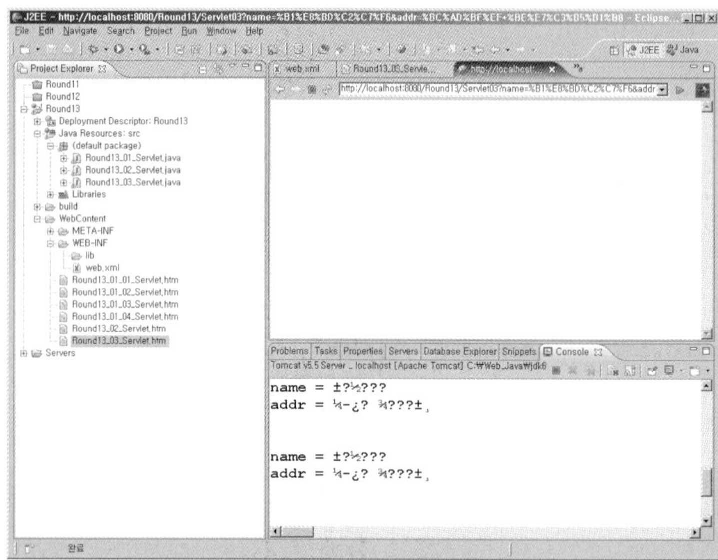

한글로 입력하고서 전송2 단추를 눌렀을 때 결과 화면이다.

GET 방식을 사용하여 한글 데이터를 전송하는 두 경우 모두 한글 처리가 정상적으로 되지 않았다.

그렇다면 한글 처리는 어떻게 해야 하나? 일단 웹 서버로 넘어오는 데이터는 몇 바이트의 문자 체계든 무조건 1바이트 문자 세트가 적용된다. 네트워크 통신의 기본 단위이기 때문이다. 이런 경우 String 클래스를 사용하면 해결된다. String 클래스에는 문자열을 특정 문자 세트로 나누고 재조합하여 문자열을 만드는 생성자가 있다.

Round13_03_Servlet.java 파일을 다음과 같이 수정하고서 테스트해 보도록 하자.

예제 | Round13_03_Servlet.java(파일 수정)

```java
01 : import java.io.*;
02 : import javax.servlet.*;
03 : import javax.servlet.http.*;
04 :
05 : public class Round13_03_Servlet extends HttpServlet {
06 :     public void doGet(HttpServletRequest request, HttpServletResponse
```

```
                        ㄴ, response) throws IOException, ServletException {
07 :            String name = request.getParameter("name");
08 :            name = new String(name.getBytes("ISO8859_1"), "euc-kr");
09 :            String addr = request.getParameter("addr");
10 :            addr = new String(addr.getBytes("ISO8859_1"), "euc-kr");
11 :
12 :            System.out.println();
13 :            System.out.println("name = " + name);
14 :            System.out.println("addr = " + addr);
15 :            System.out.println();
16 :        }
17 : }
```

Q 코드 설명

Line **8** _____________   `name = new String(name.getBytes("ISO8859_1"), "euc-kr");`

name의 문자열을 ISO8859_1 문자 세트로 분할하여 euc–kr 문자 세트로 재조합한다.

Line **10** _____________   `addr = new String(addr.getBytes("ISO8859_1"), "euc-kr");`

addr의 문자열을 ISO8859_1 문자 세트로 분할하여 euc–kr 문자 세트로 재조합한다.

앞서 만든 HTML 파일을 실행하고 필드에 한글로 데이터를 입력하자. 그런 다음 단추를 눌러
테스트해 보자.

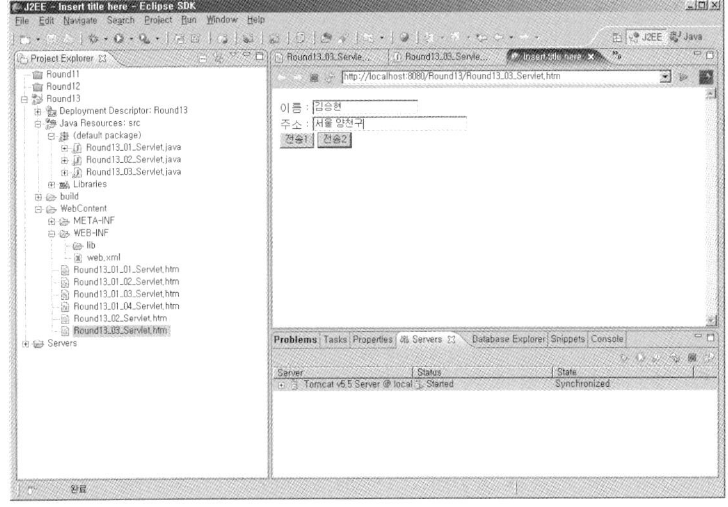

필드에 한글로 입력하고서 단추를 누른다.

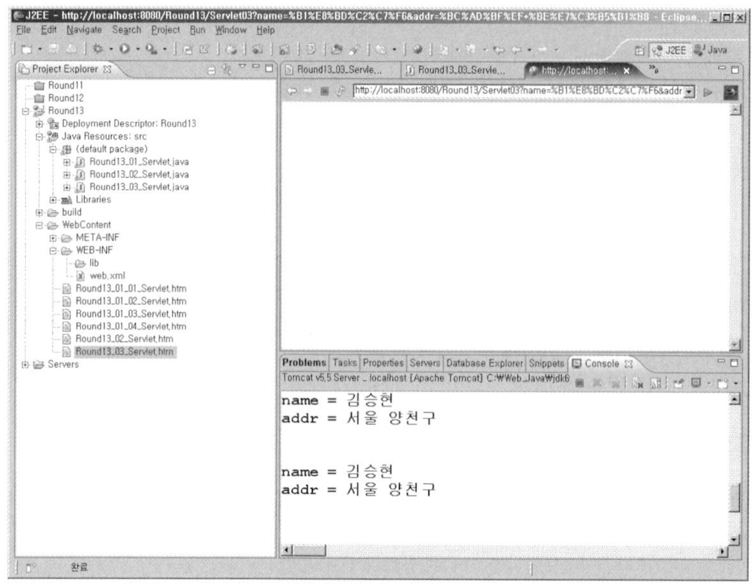

한글로 입력하고서 단추를 눌렀을 때 결과 화면이다.

ISO8859_1 문자 세트는 Latin-1 계열이고, 1바이트 문자 세트이며, 문자 표준이다. euc-kr이나 ksc5601과 같은 문자 세트는 한글을 처리할 때 사용하며 2바이트 문자 세트이다. 유니코드를 지원하는 utf-8이나 utf-16 문자 세트를 사용할 수도 있지만 자바에서는 utf-8의 경우 변형된 utf-8 문자 세트를 사용하기 때문에 웹에서 사용하기에는 적절하지 않을 수도 있다. 그러나 utf-8 문자 세트가 ASCII 코드와의 하위 호환성이나 다른 인코딩과의 상호 변환, 유니코드를 모두 지원한다는 장점 때문에 자바에서 많이 사용한다.

이렇게 서블릿의 코드를 수정하면 정상적으로 웹 서버에 한글 데이터가 전송된다는 사실을 알 수 있다. 영어의 경우도 정상적으로 표시된다.

그러나 수많은 데이터가 한꺼번에 전송되면 사실 감당하기 힘들다. 대부분의 개발자는 톰캣과 같은 서버의 환경 설정에서 URI 인코딩을 한글로 지정한다. 그렇게 하면 GET 방식으로 전송되는 한글 데이터를 일괄적으로 처리할 수 있다.

앞서 서블릿에서 수정한 코드를 지우고 다시 원래 코드로 되돌려 놓도록 하자. 그리고 이클립스의 오른쪽 아래 탭 중 [Servers] 탭을 선택하고 현재 실행 중인 웹 서버를 종료하고 삭제하자. 마우스 오른쪽을 클릭하면 [Delete] 메뉴가 있을 것이다. 이와 같은 메시지가 뜨면 확인란을 선택하고서 〈OK〉를 눌러 삭제하면 된다.

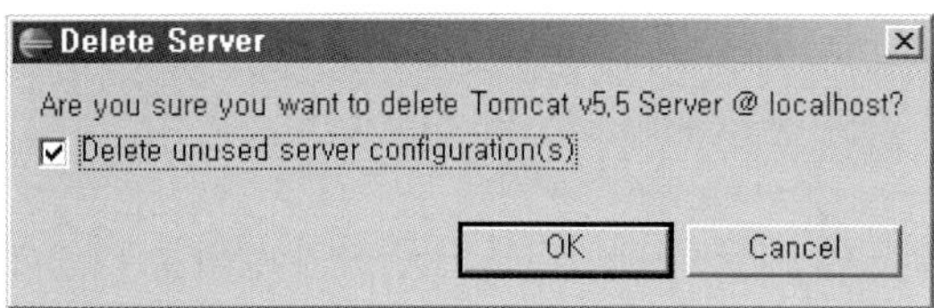

다음과 같이 [Servers] 탭이 선택된 상태에서 나열된 웹 서버가 없게 하고서 **C:\Web_Java\ Tomcat5\conf** 폴더로 이동하자. 여기서 Server.xml 파일을 워드패드로 열자.

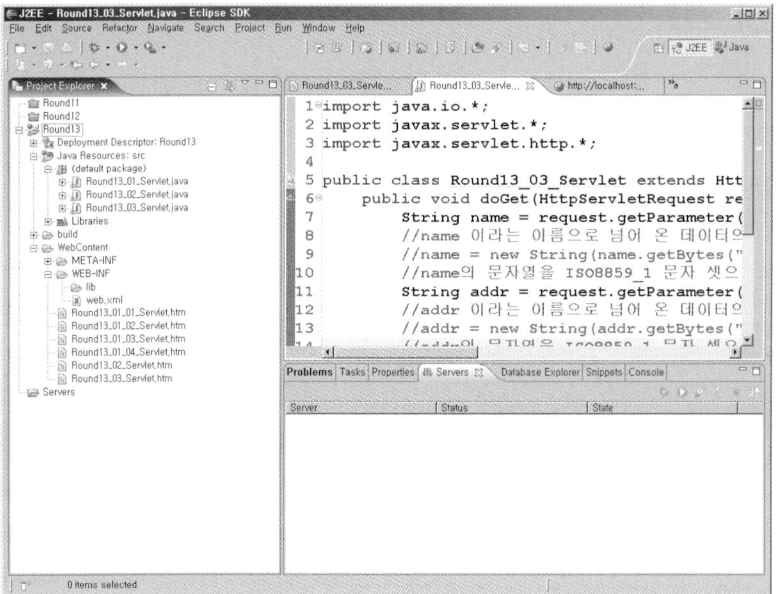

Server.xml 파일에서 다음의 내용을 찾아서 URIEncoding="EUC-KR"이라는 코드를 추가하자. 그런 다음 저장하고 닫자.

```
<!-- Define a non-SSL HTTP/1.1 Connector on port 8080 -->
    <Connector URIEncoding="EUC-KR"
        port="8080" maxHttpHeaderSize="8192"
        maxThreads="150" minSpareThreads="25" maxSpareThreads="75"
        enableLookups="false" redirectPort="8443" acceptCount="100"
        connectionTimeout="20000" disableUploadTimeout="true" />
<!-- Note : To disable connection timeouts, set connectionTimeout value to 0 -->
```

이렇게 Server.xml 파일을 사용해서 URI 인코딩을 한글로 지정하면 GET 방식으로 데이터를 전송할 때 자동으로 한글 문자 세트를 인식하여 따로 한글 변환 코드가 필요 없다.

그러면 앞서와 같이 HTML 파일을 실행하고 필드에 한글로 데이터를 입력하여 결과를 확인해보자. 한글 변환 코드가 없어도 한글 데이터가 잘 전송될 것이다.

한글 변환 코드를 사용하든 Server.xml 파일을 사용하든 한글 처리에는 모두 문제가 없다. 각각 필요한 경우가 있으므로 두 가지 모두 기억하기 바란다.

POST 방식의 요청 예제 ^{13.4.2}

다음으로는 POST 방식의 요청에서 한글 처리를 살펴보자. POST 방식은 메시지 바디에 데이터가 모두 담겨 전송되기 때문에 개발자에게는 언어 처리가 간단하다. 다음처럼 요청 객체(request)에 메서드로 문자 변환 방식을 설정하면 넘어오는 모든 데이터에 대해서 언어 처리가 이루어진다.

```
request.setCharacterEncoding("문자세트");
```

간단한 회원 가입의 예를 들어 한글 처리를 해보도록 하자. WebContent 폴더에 Round13_04_Servlet.htm 파일을 만들고서 다음과 같이 작성하자. 당연히 <form> 태그의 method 속성을 POST로 지정해야 한다.

예제 | Round13_04_Servlet.htm

```html
<!DOCTYPE html PUBLIC "-//W3C//DTD HTML 4.01 Transitional//EN"
                          "http://www.w3.org/TR/html4/loose.dtd">
<html>
<head>
<meta http-equiv="Content-Type" content="text/html; charset=EUC-KR">
<title>Insert title here</title>
</head>
<body>
    <form method="POST" action="Servlet04">
        이름 : <input type="text" name="name"/><br/>
        아뒤 : <input type="text" name="id"/><br/>
```

```
        비번 : <input type="password" name="pw"/><br/>
        주소 : <input type="text" name="addr"/><br/>
        <input type="submit" value="회원가입"/>
    </form>
</body>
</html>
```

src 폴더에 Round13_04_Servlet.java 파일을 만들고서 다음과 같이 코드를 작성하자.

예제 | Round13_04_Servlet.java

```java
import java.io.*;
import javax.servlet.*;
import javax.servlet.http.*;

public class Round13_04_Servlet extends HttpServlet {
    public void doPost(HttpServletRequest request, HttpServletResponse response)
                                    ↳ throws IOException, ServletException {
        request.setCharacterEncoding("euc-kr");

        String name = request.getParameter("name");
        String id = request.getParameter("id");
        String pw = request.getParameter("pw");
        String addr = request.getParameter("addr");

        System.out.println("name = " + name);
        System.out.println("id = " + id);
        System.out.println("pw = " + pw);
        System.out.println("addr = " + addr);
    }
}
```

만약 여기에서 request.setCharacterEncoding("euc-kr") 코드보다 먼저 request
.getParameter("name")과 같이 요청 객체(request)를 한 번이라도 사용하면 인코딩 값의 설정
은 전체에 걸쳐 반영되지 않는다. 주의하기 바란다. 요청 객체를 통해 어떤 작업을 하기에 앞서
언어 처리부터 해야 된다는 이야기다.

web.xml 파일에 앞서 만든 서블릿을 다음과 같이 등록하자. 당연히 doPost( ) 메서드로 작성할 것이다. 웹 서버는 다시 구동해야 한다.

```
중간 생략

<servlet>
    <servlet-name>My04</servlet-name>
    <servlet-class>Round13_04_Servlet</servlet-class>
</servlet>

중간 생략

<servlet-mapping>
    <servlet-name>My04</servlet-name>
    <url-pattern>/Servlet04</url-pattern>
</servlet-mapping>

중간 생략
```

앞서 만든 HTML 파일을 실행하고 필드에 한글로 데이터를 입력하자. 그런 다음 단추를 눌러 테스트해 보자.

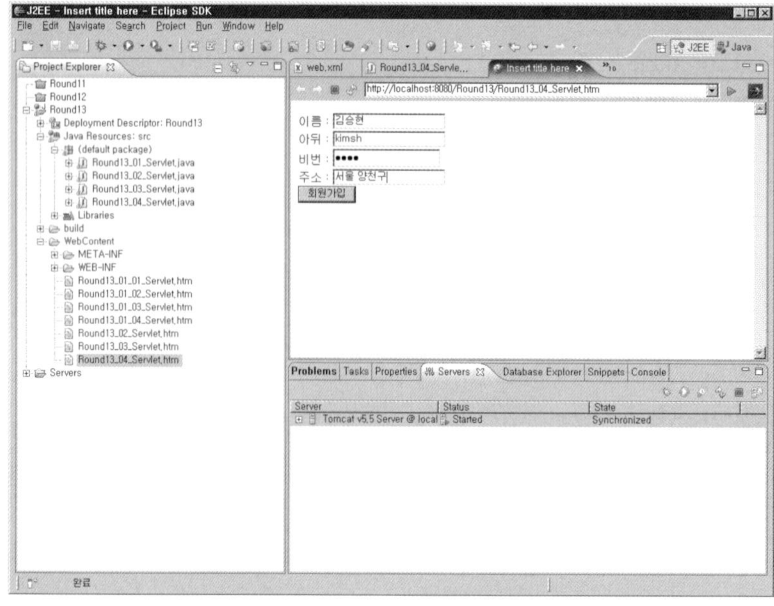

필드에 한글과 영어로 입력
하고서 단추를 누른다.

이렇게 정상적으로 웹 서버까지 한글이 잘 전송된다.

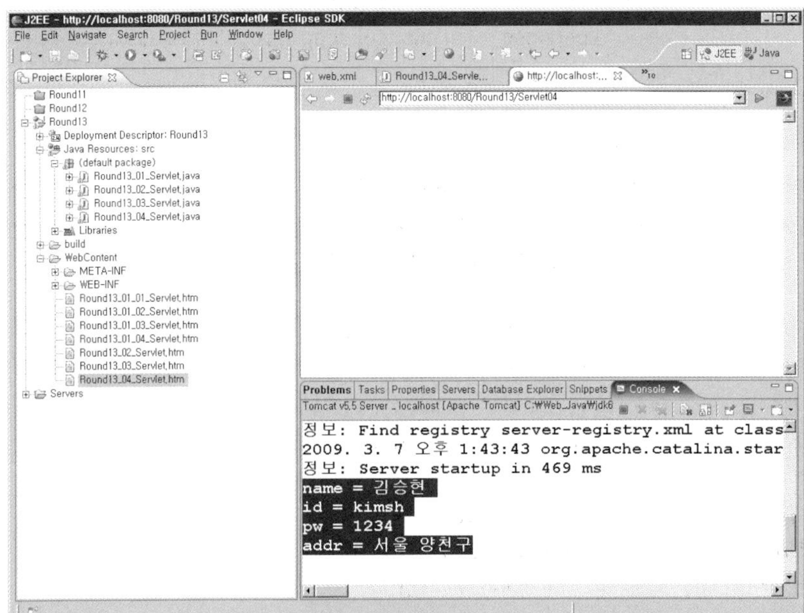

결과 화면이다.

▪ 응답 예제 [13.4.3]

GET 방식이든 POST 방식이든 개발자가 원하는 언어 설정으로 서버까지만 데이터를 잘 전송하면 서버가 클라이언트에게 다시 응답하는 언어 설정은 동일하다. 서버의 응답에 대한 모든 설정은 라운드 12에서 살펴본 것처럼 응답 객체를 통해 이루어진다. 즉, 인코딩 값의 설정이나 MIME 설정을 통해 원하는 형태로 응답할 수 있다는 이야기다.

Round13_04_Servlet.java 파일에서 콘솔 출력 부분을 주석으로 처리하고 다음과 같이 응답 객체의 설정으로 변경하여 재실행해 보도록 하자. 여기에서도 출력 객체를 생성하기 전에 인코딩 값을 설정하거나 MIME을 설정해야 정상적으로 실행된다는 것을 기억하자.

| 예제 | Round13_04_Servlet.java(파일 수정) |

```
01 :  import java.io.*;
02 :  import javax.servlet.*;
03 :  import javax.servlet.http.*;
```

```
04 :
05 : public class Round13_04_Servlet extends HttpServlet {
06 :      public void doPost(HttpServletRequest request, HttpServletResponse
                          ↳response) throws IOException, ServletException {
07 :          request.setCharacterEncoding("euc-kr");
08 :
09 :          String name = request.getParameter("name");
10 :          String id = request.getParameter("id");
11 :          String pw = request.getParameter("pw");
12 :          String addr = request.getParameter("addr");
13 :
14 :          //System.out.println("name = " + name);
15 :          //System.out.println("id = " + id);
16 :          //System.out.println("pw = " + pw);
17 :          //System.out.println("addr = " + addr);
18 :
19 :          response.setCharacterEncoding("euc-kr");
20 :          PrintWriter out = response.getWriter();
21 :          out.println("name = " + name + "<br/>");
22 :          out.println("id = " + id + "<br/>");
23 :          out.println("pw = " + pw + "<br/>");
24 :          out.println("addr = " + addr);
25 :          out.close();
26 :      }
27 : }
```

Q 코드 설명

Line **7**   request.setCharacterEncoding("euc-kr");

요청 객체(request)에 담겨 넘어오는 데이터에 대해 인코딩 값을 설정하고 있다. 요청 객체를 한 번
이라도 사용한 다음에는 인코딩 값의 설정이 반영되지 않는다.

Line **19**   response.setCharacterEncoding("euc-kr");

응답 객체에 대해 인코딩 값을 설정하고 있다.

Line **20**   PrintWriter out = response.getWriter( );

텍스트 출력 객체를 생성한다.

Line **25**   out.close( );

텍스트 출력 객체를 종료한다.

앞서 만든 HTML 파일을 실행하고 필드에 한글로 데이터를 입력하자. 그런 다음 단추를 눌러
테스트해 보자.

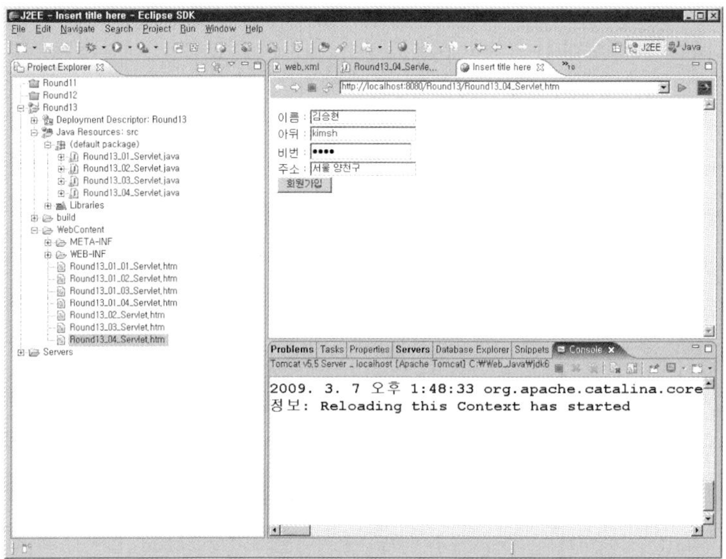

필드에 한글과 영어로 입력하고서 단추를 누른다.

다음과 같이 클라이언트에 한글로 응답된 화면이 보일 것이다.

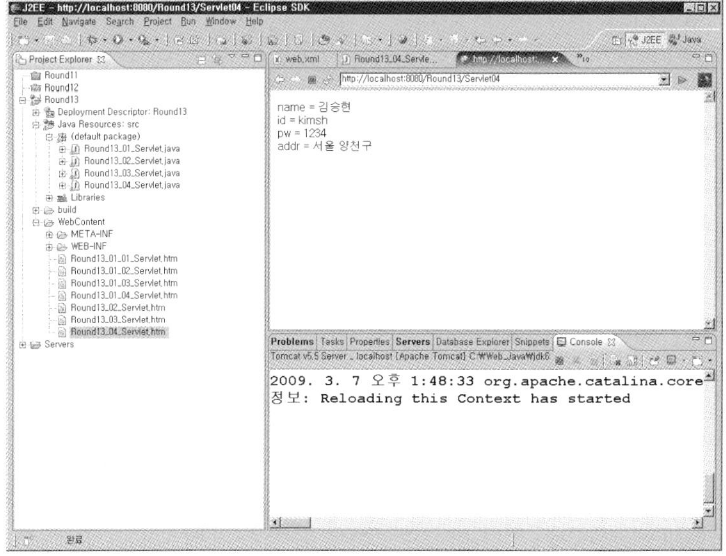

그런데 서버가 응답을 할 때는 이렇게 언어 설정만 하지 않고 일반적으로 MIME 설정도 함께 한다. 따라서 응답 객체에 대해 setCharacterEncoding( ) 메서드가 아닌 setContentType( ) 메서드를 사용한다. HTML 방식의 응답이 기본이므로 text/html로 MIME을 지정하면 된다.

- 변경 전 : response.setCharacterEncodign("euc-kr");

- 변경 후 : response.setContentType("text/html;charset=euc-kr");

여기서 text/html과 charset=euc-kr 사이에 ;(세미콜론)은 두 문장을 연결한다는 의미이다. 주의할 점은 text/html;charset=euc-kr 내에 공백이 있어서는 안 된다는 것이다.

수정을 끝낸 코드는 다음과 같다. response.setCharacterEncoding( ) 메서드는 주석으로 처리 하는 것에 주의하자.

예제 | Round13_04_Servlet.java(수정 완료)

```java
import java.io.*;
import javax.servlet.*;
import javax.servlet.http.*;

public class Round13_04_Servlet extends HttpServlet {
    public void doPost(HttpServletRequest request, HttpServletResponse response)
                                    └, throws IOException, ServletException {
        request.setCharacterEncoding("euc-kr");

        String name = request.getParameter("name");
        String id = request.getParameter("id");
        String pw = request.getParameter("pw");
        String addr = request.getParameter("addr");

        //System.out.println("name = " + name);
        //System.out.println("id = " + id);
        //System.out.println("pw = " + pw);
        //System.out.println("addr = " + addr);

        //response.setCharacterEncoding("euc-kr");
        response.setContentType("text/html;charset=euc-kr");

        PrintWriter out = response.getWriter();
        out.println("<html>");
```

```
        out.println("<body>");
        out.println("name = " + name + "<br/>");
        out.println("id = " + id + "<br/>");
        out.println("pw = " + pw + "<br/>");
        out.println("addr = " + addr);
        out.println("</body>");
        out.println("</html>");
        out.close();
    }
}
```

MIME은 기본값이 text/html이기 때문에 굳이 설정할 필요가 없지만 그래도 명시적으로 표현하는 것을 습관화하는 것이 나중에 유지 보수에도 도움이 된다.

마무리 하면서

이번 라운드에서는 GET 방식과 POST 방식의 요청에서 데이터를 전송하는 것에 대해서 살펴보았다. HTTP의 요청 메서드가 두 가지만 있지는 않다. PUT이나 DELETE, TRACE, OPTIONS 등 여러 요청 메서드가 있을 수 있다. 그러나 우리가 흔히 접하고 기본이 되는 것은 역시 GET과 POST 방식의 요청이다. 따라서 이들을 먼저 확실히 습득하고서 다른 요청 메서드는 응용하여 처리하면 쉬울 것이다. 또한, 클라이언트의 요청이 있을 경우 각 요청의 주체에 대해서 언어 처리는 필수적이므로 이번 라운드에서 배운 한글 처리는 확실히 익혀 두도록 하자.

제 14 장

서블릿 API

▌ 서블릿 API는 그리 많지 않다. 그러나 어떻게 사용하는가에 따라 수많은 경우의 수가 생긴다. 이번 라운드에서는 자주 접하는 형태의 예제들을 가지고 서블릿 API를 다루어 보겠다. 여기서 사용하는 클래스들은 API 공식 문서를 통해 꼭 살펴보아야 한다.

Round 14

14.1 초기화 매개 변수 **14.2** 헤더의 출력
14.3 에러 처리와 URL 이동 **14.4** RequestDispatcher 인터페이스

목표

· 서블릿에서 초기화 매개 변수를 등록하고 사용할 수 있다.

· 요청 객체와 응답 객체를 사용하는 예제들을 배운다.

· 서블릿에서 웹 페이지를 포함하고(Include) 전달할(Forward) 수 있다.

활용

초기화 매개 변수

초기화 매개 변수는 웹 페이지가 실행될 때 필요한 데이터를 전달해 준다. 웹 프로
그램은 모든 실행 시작점이 웹 서버의 구동이다. 이때 web.xml 파일이 자동으로 로
드된다. 여기에 초기화 매개 변수를 등록해서 웹 페이지가 매개 변수의 값을 읽어
들인다. 이렇게 해서 서블릿을 재컴파일하지 않고서도 원하는 초깃값을 웹 페이지에
전달할 수 있다.

웹 페이지 포함하기(Include)와 전달하기(Forward)

웹 페이지는 HTML을 기초로 하기 때문에 코드의 양이 많고 반복적인 코드도 많다.
이렇게 많은 코드를 파일 하나로 구성하기에는 부담스럽다. 그래서 작은 파일 여러
개로 나누고 프레임 하나에 이들 파일을 포함하는(Include) 방법을 사용한다. 에러
처리나 URL 이동을 손쉽게 해주는 이동하기(Redirect)와 전달하기(Forward)도 자주
사용한다.

 들어가기 전에

이번 라운드에서는 크게 네 가지 예제를 가지고 API를 다룬다. 초기화 매개 변수에 관련된 예제와, 각 페이지들의 속성 값을 저장하는 헤더에 관련된 예제, 에러가 발생했을 때 웹 프로그램에서 처리하는 방법에 관련된 예제, RequestDispatcher 인터페이스를 사용하는 포함하기(Include)와 전달하기(Forward)에 관련된 예제 등이다. 에러 처리 이외에 단순한 URL 이동(Redirect)도 다루는데, 전달하기(Forward)와의 차이도 비교해 보겠다.

14.1 초기화 매개 변수

초기화 매개 변수는 서블릿 프로그램이 처음 실행될 때 클라이언트가 아닌 서버로부터 넘겨받는 값이다. 만약 초기화 매개 변수를 사용하지 않고 서블릿 프로그램에 필요한 데이터를 변수로 저장해 둔다면 프로그램을 수정할 때마다 다시 컴파일하고 배치해야 하는 문제가 있다. web.xml 파일은 이미 배웠기 때문에 초기화 매개 변수의 위치는 기억하고 있을 것이다. 여기서는 콘솔 프로그램의 초기화 매개 변수와 애플릿 프로그램의 초기화 매개 변수, 서블릿 프로그램의 초기화 매개 변수를 차례로 비교해 보겠다.

■ 콘솔 프로그램 14.1.1

콘솔 프로그램의 초기화 매개 변수는 콘솔 창에서 프로그램을 처음 실행할 때 전달하도록 되어 있다. 직접 예제를 가지고 확인해 보자.

Round14 프로젝트를 만들자. 프로젝트는 [Dynamic Web Project] 메뉴로 만든다. src 폴더에 Round14_01_Console.java 파일을 만들고서 다음과 같이 코드를 작성하자.

| 예제 | Round14_01_Console.java |

```java
public class Round14_01_Console {
    public static void main(String[ ] ar) {
        System.out.println("매개변수 테스트 시작");
        for(int i = 0; i < ar.length; ++i) {
            System.out.println(i + "번째 매개변수 = " + ar[i]);
        }
        System.out.println("매개변수 테스트 끝");
    }
}
```

[**시작**] → [실행] → [cmd]를 차례로 선택하여 cmd 창을 실행하자. 그런 다음 C:\Web_Java\
eclipse\workspace\Round14\build\classes 폴더로 이동해서 다음과 같이 실행해 보자.

| 실행 | java Round14_01_Console 첫번째 두번째 세번째 네번째

이렇게 콘솔 프로그램에서는 프로그램이 처음 실행될 때 초기화 매개 변수를 String[ ] ar을 통
해 전달할 수 있다. 다음으로 애플릿 프로그램에서 초기화 매개 변수를 전달해 보자.

▪ 애플릿 프로그램 ^{14.1.2}

애플릿 프로그램의 초기화 매개 변수는 애플릿이 포함되는(Include) 웹 페이지에 값을 전달할 수 있다. 직접 예제를 가지고 확인해 보자.

일단 src 폴더에 Round14_01_Applet.java 파일을 만들고서 다음과 같이 코드를 작성하자.

예제 | Round14_01_Applet.java

```java
import java.awt.*;
import javax.swing.*;

public class Round14_01_Applet extends JApplet {
    private String name;
    private String addr;

    public void init( ) {
        name = this.getParameter("name");
        addr = this.getParameter("addr");
    }
    public void paint(Graphics g) {
        g.drawString(name, 50, 100);
        g.drawString(addr, 50, 150);
    }
}
```

초기화 매개 변수 name의 값을 획득한다.

초기화 매개 변수 addr의 값을 획득한다.

WebContent 폴더에 Round14_01_Applet.htm 파일을 만들고서 다음과 같이 코드를 작성하자. 애플릿에서는 ⟨applet⟩ 태그 내부에 ⟨param⟩ 태그를 사용하여 초기화 매개 변수를 전달한다.

예제 | Round14_01_Applet.htm

```html
<!DOCTYPE html PUBLIC "-//W3C//DTD HTML 4.01 Transitional//EN"
                            "http://www.w3.org/TR/html4/loose.dtd">
<html>
<head>
<meta http-equiv="Content-Type" content="text/html; charset=EUC-KR">
<title>Insert title here</title>
</head>
```

```
<body>
    <center>
        <h2>애플릿 파일 실행</h2>
        <applet code="Round14_01_Applet.class" width="300" height="200">
            <param name="name" value="김승현"/>
            <param name="addr" value="서울 양천구"/>
        </applet>
    </center>
</body>
</html>
```

C:\Web_Java\eclipse\workspace\Round14\build\classes 폴더로 윈도우 탐색기를 사용하여
이동하고서 Round14_01_Applet.class 파일을 복사한다.

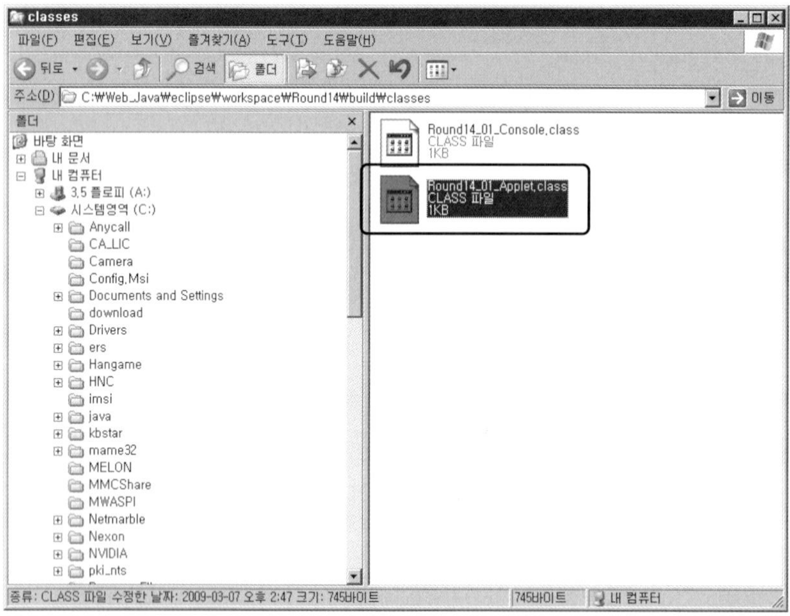

이 파일을 C:\Web_Java\eclipse\workspace\Round14\WebContent 폴더에 붙여넣기를 한다.
그런 다음 Round14_01_Applet.htm 파일을 더블 클릭하여 실행해 보자.

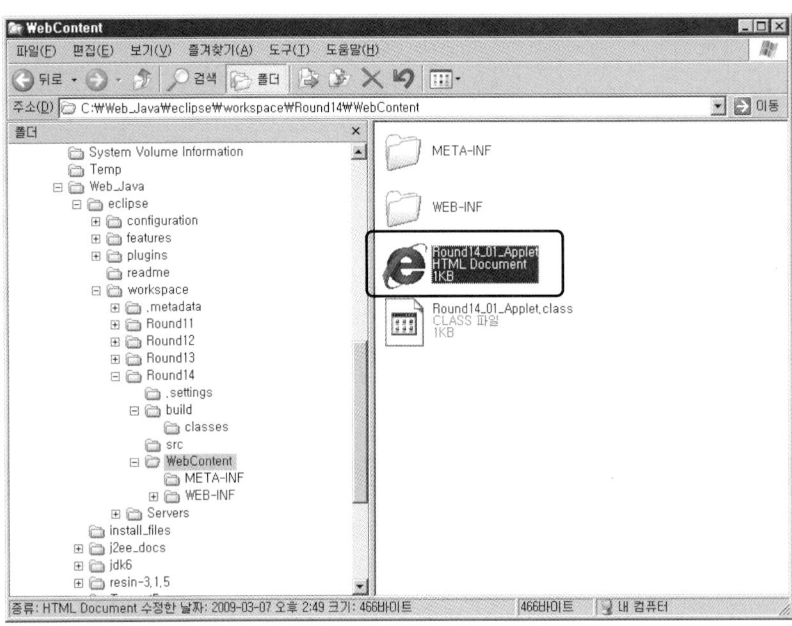

다음과 같이 초기화 매개 변수의 값이 제대로 전달된 것을 확인할 수 있다.

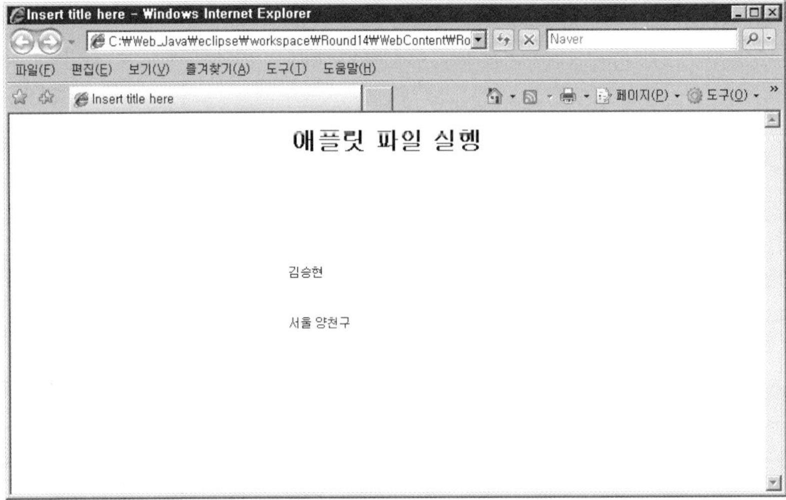

애플릿 프로그램의 초기화 매개 변수는 이런 방법으로 전달된다. 마지막으로 서블릿 프로그램에서 초기화 매개 변수를 전달해 보도록 하자.

▮ 서블릿 프로그램 14.1.3

서블릿 프로그램의 초기화 매개 변수도 자바 파일의 재컴파일이 필요 없다. 그러나 앞서의 두 가지와 다른 점은 web.xml 파일을 가지고 등록하기 때문에 웹 서버를 다시 구동해야 한다. 그래도 서블릿을 재컴파일하고 재배치하는 번거로움은 피할 수 있어서 상당히 매력적이라 하겠다.

예제에서는 초기화 매개 변수 두 개를 전달받아 두 수 사이의 합을 구하겠다. src 폴더에 Round14_01_Servlet.java 파일을 만들고서 다음과 같이 코드를 작성하자. 주소 표시줄을 통해 바로 호출할 것이므로 doGet( ) 메서드를 사용한다.

예제	Round14_01_Servlet.java

```java
01 : import java.io.*;
02 : import javax.servlet.*;
03 : import javax.servlet.http.*;
04 :
05 : public class Round14_01_Servlet extends HttpServlet {
06 :     public void doGet(HttpServletRequest request, HttpServletResponse
                          ↳ response) throws IOException, ServletException {
07 :         ServletConfig config = this.getServletConfig( );
08 :         String start = config.getInitParameter("start");
09 :         String end = this.getInitParameter("end");
10 :
11 :         int start_su = Integer.parseInt(start);
12 :         int end_su = Integer.parseInt(end);
13 :
14 :         int hap = 0;
15 :         for(int i = start_su; i <= end_su; ++i)
16 :             hap += i;
17 :
18 :         response.setContentType("text/html;charset=euc-kr");
19 :         PrintWriter out = response.getWriter( );
20 :         out.println("<html><body><center>");
21 :         out.println(start_su + " ~ " + end_su + "사이의 합은 ");
22 :         out.println(hap + "입니다.");
23 :         out.println("</center></body></html>");
24 :         out.close( );
25 :     }
26 : }
```

Q 코드 설명

Line **7**　　　　　 `ServletConfig config = this.getServletConfig( );`

ServletConfig 객체를 획득한다. 실제로는 HttpServlet 클래스가 ServletConfig 인터페이스를 구현했기 때문에 이렇게 config 객체를 따로 획득할 필요 없이 this를 사용해도 무방하다.

Line **9**　　　　　 `String end = this.getInitParameter("end");`

이렇게 this를 통해서도 초기화 매개 변수를 획득할 수 있다.

Line **12**　　　　 `int end_su = Integer.parseInt(end);`

초기화 매개 변수로 전달받은 값이 문자열이므로 숫자로 변환한다.

Line **16**　　　　 `hap += i;`

시작하는 수에서 끝나는 수까지의 총합을 구한다.

Line **18**　　　　 `response.setContentType("text/html;charset=euc-kr");`

응답 객체에 MIME과 인코딩 값을 동시에 설정한다.

Line **19**　　　　 `PrintWriter out = response.getWriter( );`

텍스트 출력 객체를 생성한다.

Line **24**　　　　 `out.close( );`

출력 객체를 종료한다.

web.xml 파일에 서블릿을 등록하면서 다음과 같이 초기화 매개 변수로 start와 end의 값을 등록하자. 등록되는 모든 데이터는 자료형이 String형이다.

중간 생략

```
<servlet>
    <servlet-name>My01</servlet-name>
    <servlet-class>Round14_01_Servlet</servlet-class>
    <init-param>
        <param-name>start</param-name>
        <param-value>1</param-value>
    </init-param>
    <init-param>
        <param-name>end</param-name>
        <param-value>10</param-value>
```

```
    </init-param>
</servlet>

<servlet-mapping>
    <servlet-name>My01</servlet-name>
    <url-pattern>/Servlet01</url-pattern>
</servlet-mapping>
```

중간 생략

웹 서버를 다시 구동하고, 주소 표시줄에 다음과 같이 입력하고 결과를 확인해 보자.

실행 ▶ `http://localhost:8080/Round14/Servlet01`

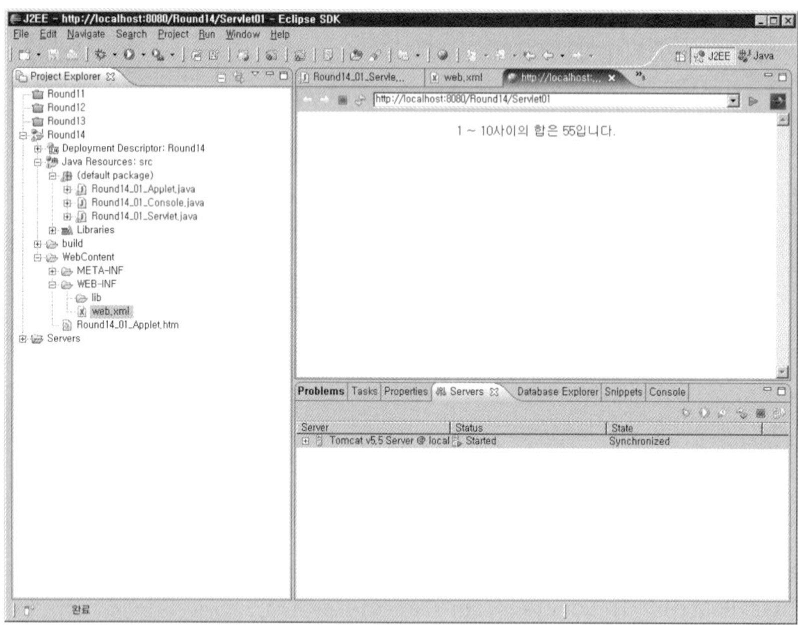

이상과 같이 각 프로그램에는 초기화 매개 변수를 처리하는 방법이 있고, 서블릿 역시 이러한 방법으로 초기화 매개 변수를 처리한다. 보통 파일의 경로나 파일 이름, 제한 수, 데이터베이스의 설정(드라이버 이름, URI, 계정, 비밀번호) 등 자주 변경되는 데이터는 프로그램 내부에 등록하지 않고, 초기화 매개 변수를 많이 사용한다.

14.2 헤더의 출력

웹 프로그램을 작성하다 보면 각 페이지의 속성이나 설정에 대한 값을 획득하거나 수정해야 하는 경우가 있다. 이런 작업을 위해 이름(key)과 값(value)으로 이루어진 헤더를 사용한다. 클라이언트가 요청을 하면서 보내온 헤더의 값은 확인만 할 수 있고, 응답을 하면서 보내는 헤더의 값은 변경할 수 있다.

지금부터 클라이언트의 요청으로부터 헤더를 확인하고 다시 클라이언트로 보내는 예제를 작성해 보자. WebContent 폴더에 Round14_02_Servlet.htm 파일을 만들고서 다음과 같이 코드를 작성하자. 이번에는 POST 방식의 요청을 사용한다.

예제 | Round14_02_Servlet.htm

```html
<!DOCTYPE html PUBLIC "-//W3C//DTD HTML 4.01 Transitional//EN"
                            "http://www.w3.org/TR/html4/loose.dtd">
<html>
<head>
<meta http-equiv="Content-Type" content="text/html; charset=EUC-KR">
<title>Insert title here</title>
</head>
<body>
    <form method="POST" action="Servlet02">
        ★ 이름 : <input type="text" name="name"/><br/>
        ★ 보유 SKIL을 모두 선택하세요!<br/>
        <input type="checkbox" name="skil" value="c"/>C<br/>
        <input type="checkbox" name="skil" value="c++"/>C++<br/>
        <input type="checkbox" name="skil" value="java"/>JAVA<br/>
        <input type="checkbox" name="skil" value="jsp"/>JSP<br/>
        <input type="submit" value="전송"/>
    </form>
</body>
</html>
```

src 폴더에 Round14_02_Servlet.java 파일을 만들고서 다음과 같이 코드를 작성하자. 그래서 헤더와 전송 내용에 모두 응답해 보자.

<table><tr><td>예제</td><td>Round14_02_Servlet.java</td></tr></table>

```java
01 : import java.io.*;
02 : import javax.servlet.*;
03 : import javax.servlet.http.*;
04 :
05 : import java.util.*;
06 :
07 : public class Round14_02_Servlet extends HttpServlet {
08 :     public void doPost(HttpServletRequest request, HttpServletResponse
                           ↳ response) throws IOException, ServletException {
09 :         request.setCharacterEncoding("euc-kr");
10 :         String name = request.getParameter("name");
11 :         String[ ] skils = request.getParameterValues("skil");
12 :
13 :         Enumeration enu = request.getHeaderNames( );
14 :         Vector names = new Vector( );
15 :         Vector values = new Vector( );
16 :         while(enu.hasMoreElements( )) {
17 :             String header_name = (String)enu.nextElement( );
18 :             String header_value = request.getHeader(header_name);
19 :
20 :             names.add(header_name);
21 :             values.add(header_value);
22 :         }
23 :
24 :
25 :         response.setContentType("text/html;charset=euc-kr");
26 :         PrintWriter out = response.getWriter( );
27 :         out.println("<html><body>");
28 :
29 :         out.println("★ 전달받은 데이터들 ★<br/>");
30 :         out.println("name : " + name + "<br/>");
31 :         out.println("skil : ");
32 :         for(int i = 0; i < skils.length; ++i) {
33 :             out.println(skils[i] + " ");
34 :         }
35 :         out.println("<br/><br/><br/><br/>");
36 :
37 :         out.println("★ 전달받은 헤더 정보들 ★<br/>");
```

```
38 :            for(int i = 0; i < names.size( ); ++i) {
39 :                String header_name = (String)(names.elementAt(i));
40 :                String header_value = (String)(values.elementAt(i));
41 :                out.println(header_name + " : ");
42 :                out.println(header_value + "<br/>");
43 :            }
44 :
45 :        out.println("</body></html>");
46 :        out.close( );
47 :        }
48 : }
```

헤더의 키와
값을 출력한다.

🔍 코드 설명

Line **5**
```
import java.util.*;
```
열거형 클래스와 벡터형 클래스를 사용하기 위해 가져오기를 한다.

Line **9**
```
request.setCharacterEncoding("euc-kr");
```
한글로 인코딩 값을 설정한다.

Line **10**
```
String name = request.getParameter("name");
```
name이라는 이름으로 전송받은 데이터를 획득한다.

Line **11**
```
String[ ] skils = request.getParameterValues("skil");
```
skil이라는 이름으로 전송받은 데이터를 획득한다. 단, 여러 데이터가 같은 이름으로 전송받을 수
있어서 getParameterValues( ) 메서드를 사용하여 배열로 획득하였나.

Line **13**
```
Enumeration enu = request.getHeaderNames( );
```
헤더의 이름(key)들을 모두 획득한다.

Line **14**
```
Vector names = new Vector( );
```
헤더의 이름들을 모두 담기 위해 벡터 클래스의 객체를 선언한다.

Line **15**
```
Vector values = new Vector( );
```
헤더의 값(value)들을 모두 담기 위해 벡터 클래스의 객체를 선언한다.

Line **17**
```
String header_name = (String)enu.nextElement( );
```
헤더의 이름들 중 하나를 추출한다.

Line **18**
```
String header_value = request.getHeader(header_name);
```
헤더의 이름으로 담겨 있는 값을 추출한다.

Line **21** `values.add(header_value);`
헤더의 이름과 값을 각각의 벡터 객체에 보관한다.

Line **25** `response.setContentType("text/html;charset=euc-kr");`
응답 객체에 MIME과 인코딩 값을 설정한다.

web.xml 파일에 서블릿을 다음과 같이 등록하고 웹 서버를 다시 구동하자.

중간 생략

```
<servlet>
    <servlet-name>My02</servlet-name>
    <servlet-class>Round14_02_Servlet</servlet-class>
</servlet>
```

중간 생략

```
<servlet-mapping>
    <servlet-name>My02</servlet-name>
    <url-pattern>/Servlet02</url-pattern>
</servlet-mapping>
```

중간 생략

계속해서 주소 표시줄에 다음과 같이 입력하여 HTML 파일부터 실행하고서 결과를 살펴보자.

실행 `http://localhost/Round14/Round14_02_Servlet.htm`

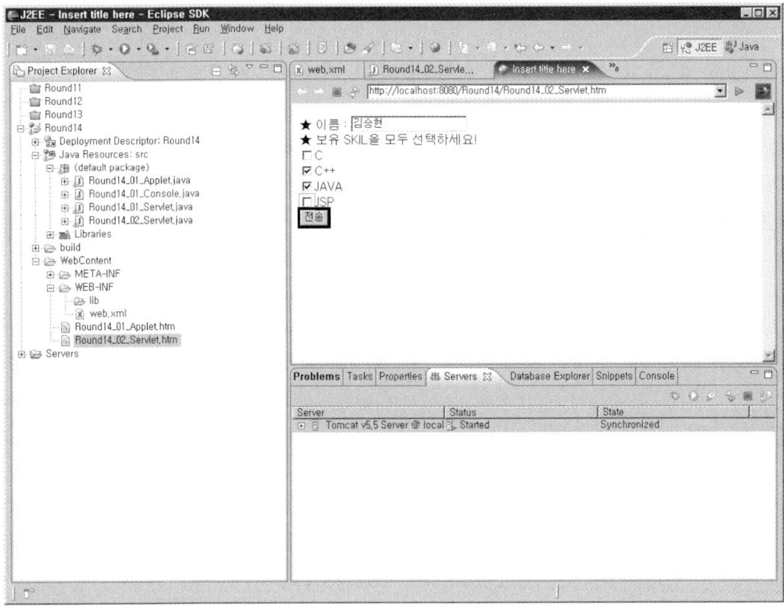

다음 화면에서 헤더를 보면 전송받은 데이터의 길이나 페이지의 주소, 언어 설정 등을 확인할 수 있다. 이러한 정보가 있어서 웹 페이지는 올바른 형식으로 데이터를 클라이언트의 화면에 출력할 수 있다.

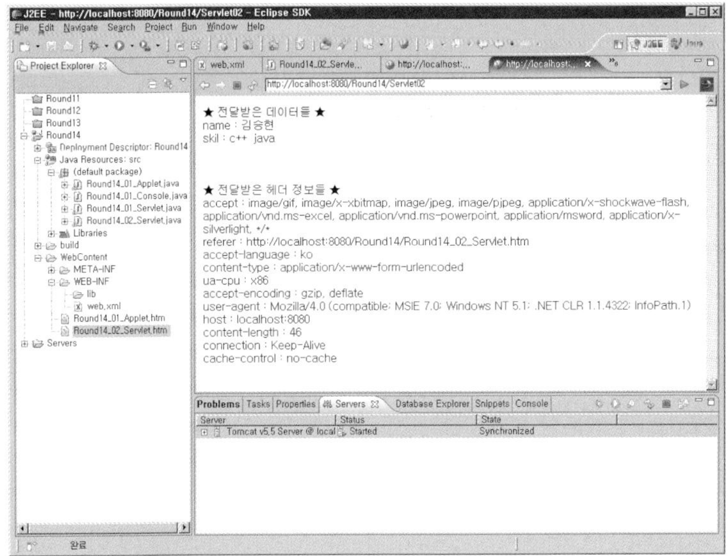

그러면 이번에는 서버가 응답하면서 헤더의 값을 조금 변경해서 현재 페이지를 3초에 한 번씩 다시 보여주도록 예제를 작성해 보겠다. src 폴더에 Round14_03_Servlet.java 파일을 만들고서 다음과 같이 코드를 작성하자.

예제 | Round14_03_Servlet.java

```java
import java.io.*;
import javax.servlet.*;
import javax.servlet.http.*;

public class Round14_03_Servlet extends HttpServlet {
    private int cnt = 0;                              변수 cnt를 전역 변수로 설정한다.
    public void doGet(HttpServletRequest request, HttpServletResponse response)
                                    ∟ throws IOException, ServletException {
        response.setContentType("text/html;charset=euc-kr");
        response.setHeader("refresh", "3");          헤더 속성 중 페이지를 갱신하는
                                                     refresh 속성을 3으로 설정하면 3
        PrintWriter out = response.getWriter( );     초에 한 번씩 페이지를 갱신한다.
        out.println("<html><body>");
        out.println("cnt = " + cnt++);               변수 cnt의 값이 바뀌면서 페이지
        out.println("</body></html>");               가 다시 보여주는 것을 확인한다.
        out.close( );
    }
}
```

web.xml 파일에 서블릿을 등록하고 웹 서버를 다시 구동하자. 그런 다음 주소 표시줄에 다음과 같이 입력하고 결과를 확인해 보자.

실행 http://localhost:8080/Round14/Servlet03

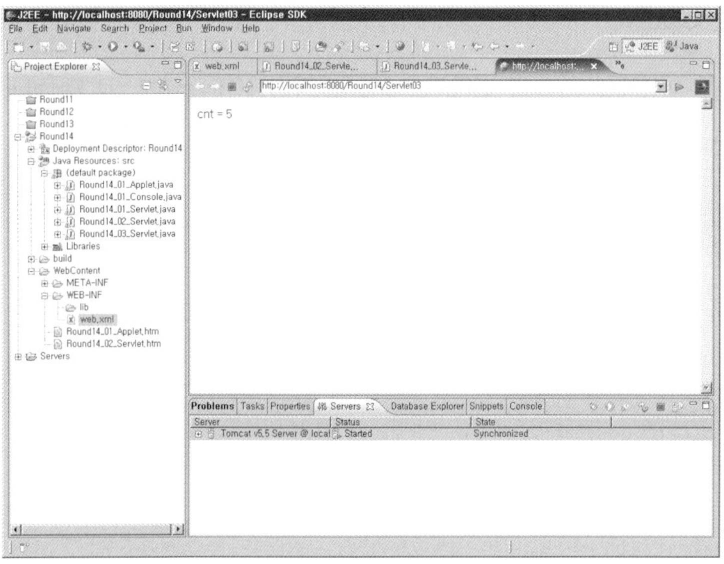

변수 cnt의 값이 3초마다 한 번씩 계속 증가하는 것을 확인할 수 있다.

14.3 에러 처리와 URL 이동

서블릿에서 클라이언트의 요청에 대해 서버가 응답하면서 특정 URL이나 페이지로 이동하게 하는 기술이 있다. 여기서 다루는 sendRedirect( )와 다음 절에서 다루는 forward( ) 두 가지가 이동과 관련된 메서드이다. 그리고 에러 처리를 위해 페이지를 이동하는 경우는 sendError( ) 메서드가 담당한다.

이들 중에서 sendRedirect( )와 forward( ) 메서드를 구분하는 것은 상당히 중요하다. sendRedirect( ) 메서드는 요청 객체를 다시 생성해서 새로운 연결을 만든다. 다시 말해 메시지 바디의 데이터가 모두 사라진다. 그러나 forward( ) 메서드는 기존 요청 객체를 그대로 새로운 페이지에 전달한다. 그러므로 메시지 바디의 데이터가 그대로 유지된다.

이런 차이 때문에 많은 개발자가 이동하기(Redirect)와 전달하기(Forward)를 하면서 세심한 고려를 하게 된다. 에러 처리는 응답 코드 500번 대의 메시지와 에러 추적(Trace)에 따른 출력이라서 이런 문제를 고려할 필요가 없다.

▮ sendError( ) 메서드 예제 [14.3.1]

먼저 에러 처리에 대한 예제를 작성해 보도록 하자. WebContent 폴더에 Round14_04_Servlet
.htm 파일을 만들고서 다음과 같이 코드를 작성하도록 하자.

| 예제 | Round14_04_Servlet.htm |

```html
<!DOCTYPE html PUBLIC "-//W3C//DTD HTML 4.01 Transitional//EN"
                                 ┗ "http://www.w3.org/TR/html4/loose.dtd">
<html>
<head>
<meta http-equiv="Content-Type" content="text/html; charset=EUC-KR">
<title>Insert title here</title>
</head>
<body>
    <form method="GET" action="Servlet04">
        ★ 나눗셈을 위해 두개의 수를 입력하세요! ★<br/>
        수1 : <input type="text" name="su1"/><br/>
        수2 : <input type="text" name="su2"/><br/>
        <input type="submit" value="나누기"/>
    </form>
</body>
</html>
```

src 폴더에 Round14_04_Servlet.java 파일을 만들어서 다음과 같이 코드를 작성하고,
web.xml 파일에 서블릿을 등록해 보자. 이제부터 web.xml 파일에 추가하는 코드는 표시하지
않도록 하겠다.

| 예제 | Round14_04_Servlet.java |

```java
01 : import java.io.*;
02 : import javax.servlet.*;
03 : import javax.servlet.http.*;
04 :
05 : public class Round14_04_Servlet extends HttpServlet {
06 :     public void doGet(HttpServletRequest request, HttpServletResponse
                          ┗ response) throws IOException, ServletException {
07 :         String su1_str = request.getParameter("su1");
08 :         String su2_str = request.getParameter("su2");
```

```
09 :
10 :            int su1 = Integer.parseInt(su1_str);
11 :            int su2 = Integer.parseInt(su2_str);
12 :
13 :            int result = 0;
14 :
15 :            response.setContentType("text/html;charset=euc-kr");
16 :            PrintWriter out = response.getWriter( );
17 :
18 :            result = su1 / su2;
19 :
20 :            out.println("<html><body><center>");
21 :            out.println(su1 + " / " + su2 + " = " + result);
22 :            out.println("</center></body></html>");
23 :            out.close( );
24 :        }
25 : }
```


예제에서는 한글 데이터를 전송하지 않기 때문에 한글로 인코딩 값을 설정할 필요가 없다. 웹
서버를 다시 구동하고, 주소 표시줄에 다음과 같이 입력하고 실행해 보자.

실행 http://localhost/Round14/Round14_04.htm

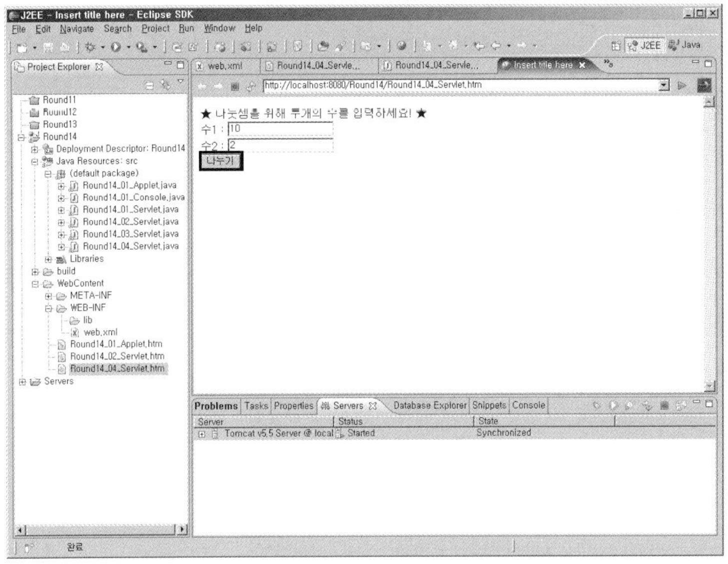

실행 결과는 다음과 같다.

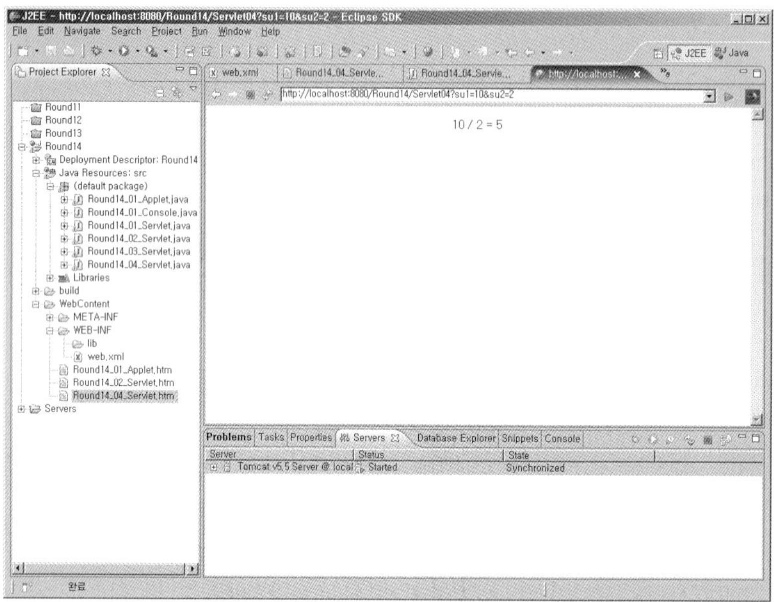

그런데 여기서 두 번째 수로 0을 넣거나 수가 아닌 글자를 입력하면 어떤 일이 발생할까? 다음
은 수1 필드에 10을 그리고 수2 필드에 0을 입력한 경우의 결과 화면이다.

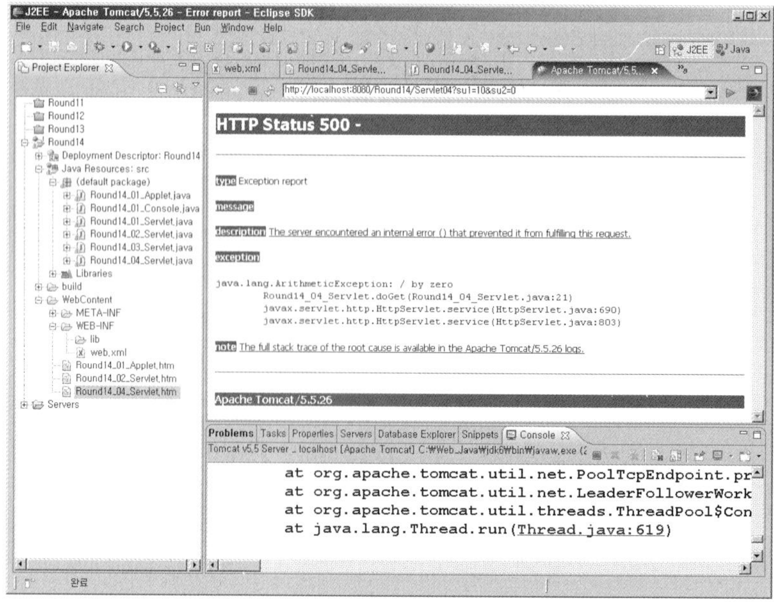

다음은 수1 필드에 10을 그리고 수2 필드에 글자를 입력한 경우의 결과 화면이다.

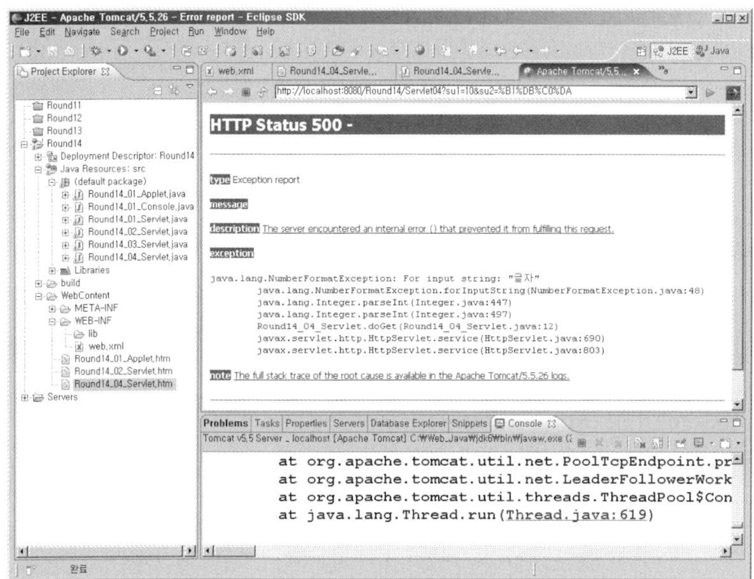

두 경우 모두 에러가 발생한다. 또한, 아래쪽 콘솔 창을 보면 웹 서버에도 영향이 있음을 알 수 있다.

이렇게 웹 프로그램에서 에러를 그대로 방치하면 나중에는 다른 정상적인 세션이나 데이터도 손상을 입는다. 이것을 방지하기 위해 에러 응답이라는 기술을 사용한다. 이미 자바 기초에서 배운 예외 처리를 사용하여 에러가 발생했을 때 에러 응답을 해보도록 하자.


```java
import java.io.*;
import javax.servlet.*;
import javax.servlet.http.*;

public class Round14_04_Servlet extends HttpServlet {
    public void doGet(HttpServletRequest request, HttpServletResponse response)
                                    ∟, throws IOException, ServletException {
        String su1_str = request.getParameter("su1");
        String su2_str = request.getParameter("su2");

        int su1 = 0, su2 = 0;
        try {
```

```java
            su1 = Integer.parseInt(su1_str);
            su2 = Integer.parseInt(su2_str);
        } catch(NumberFormatException e) {
            response.sendError(510, "정수를 입력하지 않은 오류!");
            return;
        }

        int result = 0;

        response.setContentType("text/html;charset=euc-kr");
        PrintWriter out = response.getWriter( );

        try {
            result = su1 / su2;
        }catch(ArithmeticException e) {
            response.sendError(511, "부적합 연산 관련 오류!");
            return;
        }

        out.println("<html><body><center>");
        out.println(su1 + " / " + su2 + " = " + result);
        out.println("</center></body></html>");
        out.close( );
    }
}
```

코드 두 곳의 try ~ catch 구문은 앞서 발생한 에러를 추출해 내도록 구성하였다. 이 예외 처리 부에서 에러 응답을 하기 위한 메서드로 sendError( )를 사용하였는데 첫 번째 매개 변수는 에러 코드이다. 몇몇 에러 코드는 자주 사용하므로 이미 정해져 있지만, 이것과 무관하게 500번대 내에서 우리 마음대로 에러 코드를 정의하여 사용할 수 있다. 두 번째 매개 변수는 에러 코드에 대한 설명이다.

이렇게 에러 응답을 사용하면 서버 쪽에서는 에러가 발생하더라도 정상적인 응답으로 처리하기 때문에 부담이 없어진다. 여기서 주의할 점은 에러 응답을 하고 나서는 다음 코드가 실행되지 않도록 return 문을 습관적으로 사용하기 바란다.

주소 표시줄에 다음과 같이 입력하고 실행해 보자. 수1 필드에 10을 그리고 수2 필드에 글자를 입력하여 에러를 발생해 보자.

 http://localhost/Round14/Round14_04.htm

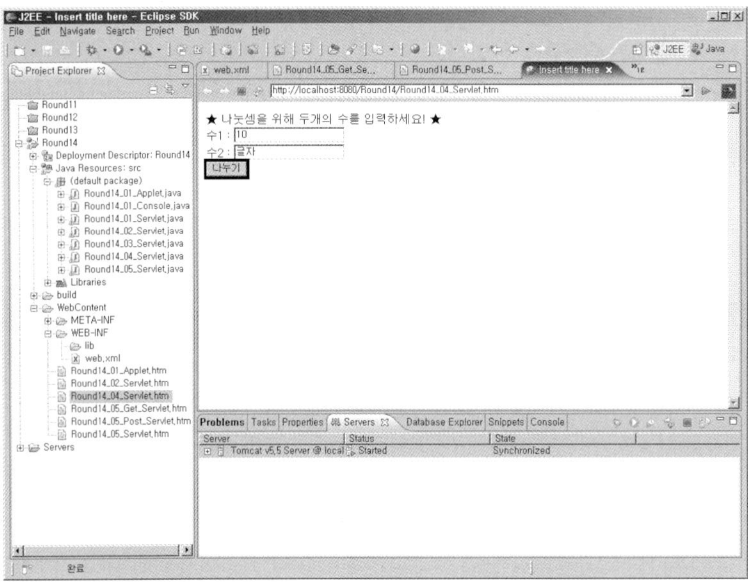

결과를 보면 다음과 같이 에러 상황에서는 화면에 에러 코드가 출력되지만, 아래쪽 콘솔 창을 보면 웹 서버는 아무런 문제가 없음을 알 수 있다.

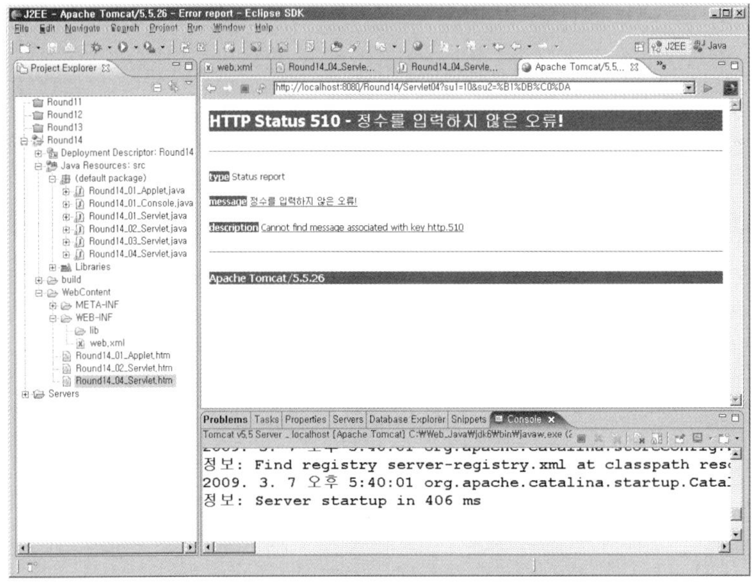

sendRedirect( ) 메서드 예제 14.3.2

다음으로 서블릿에서 특정 URL이나 페이지로 이동하게 하는 메서드인 sendRedirect( )를 사용하는 예제를 작성해 보도록 하자. 예제는 GET 방식의 요청이 오면 Round14_05_Get_Servlet.htm 파일로 이동하게 하고, POST 방식의 요청이 오면 Round14_05_Post_Servlet.htm 파일로 이동하게 한다. WebContent 폴더에 Round14_05_Servlet.htm 파일을 만들고서 다음과 같이 코드를 작성하자.

예제 | Round14_05_Servlet.htm

```html
<!DOCTYPE html PUBLIC "-//W3C//DTD HTML 4.01 Transitional//EN"
                            "http://www.w3.org/TR/html4/loose.dtd">
<html>
<head>
<meta http-equiv="Content-Type" content="text/html; charset=EUC-KR">
<title>Insert title here</title>
</head>
<body>
    <form method="GET" action="Servlet05">
        <input type="submit" value="GET 요청"/>
    </form>
    <form method="POST" action="Servlet05">
        <input type="submit" value="POST 요청"/>
    </form>
</body>
</html>
```

src 폴더에 Round14_05_Servlet.java 파일을 만들고서 다음과 같이 코드를 작성하자. 그리고 web.xml 파일에 서블릿을 등록하도록 하자. 이번에는 GET 방식과 POST 방식의 요청을 모두 처리하는 service( ) 메서드를 사용한다.

예제 | Round14_05_Servlet.java

```java
import java.io.*;
import javax.servlet.*;
import javax.servlet.http.*;
```

```java
public class Round14_05_Servlet extends HttpServlet {
    public void service(HttpServletRequest request, HttpServletResponse
                                response) throws IOException, ServletException {
        String method = request.getMethod( );
        if(method.equalsIgnoreCase("GET")) {
            response.sendRedirect("Round14_05_Get_Servlet.htm");

            return;
        }
        else if(method.equalsIgnoreCase("POST")){
            response.sendRedirect("Round14_05_Post_Servlet.htm");

            return;
        }
    }
}
```

여기서 response.sendRedirect( ) 메서드의 매개 변수는 특별한 경우를 제외하고는 절대 경로
로도 인식한다. 다시 말해

```java
response.sendRedirect("http://localhost:8080/Round14/
                                Round14_05_Post_Servlet.htm")
```

이라고 입력해도 된다는 뜻이다.

WebContent 폴더에 Round14_05_Get_Servlet.htm 파일과 Round14_05_Post_Servlet.htm
파일을 만들고서 각각 다음과 같이 코드를 작성하자.

예제 | Round14_05_Get_Servlet.htm

```html
<!DOCTYPE html PUBLIC "-//W3C//DTD HTML 4.01 Transitional//EN"
                                "http://www.w3.org/TR/html4/loose.dtd">
<html>
<head>
<meta http-equiv="Content-Type" content="text/html; charset=EUC-KR">
<title>Insert title here</title>
```

```
</head>
<body>
    <center>
        Get 방식 요청에 의해 이동된 페이지!
    </center>
</body>
</html>
```

| 예제 | Round14_05_Post_Servlet.htm |

```
<!DOCTYPE html PUBLIC "-//W3C//DTD HTML 4.01 Transitional//EN"
                              ↳ "http://www.w3.org/TR/html4/loose.dtd">
<html>
<head>
<meta http-equiv="Content-Type" content="text/html; charset=EUC-KR">
<title>Insert title here</title>
</head>
<body>
    <center>
        Post 방식 요청에 의해 이동된 페이지!
    </center>
</body>
</html>
```

그런 다음 주소 표시줄에 다음과 같이 입력하고 실행해 보자.

실행▶   http://localhost/Round14/Round14_05_Servlet.htm

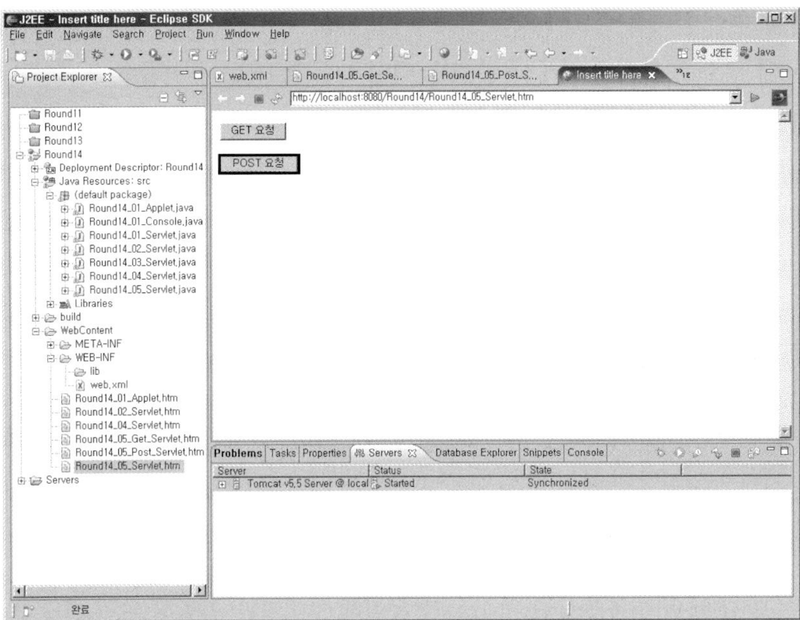

다음은 POST 요청 단추를 눌러서 Round14_05_Post_Servlet.htm 파일로 이동한 결과 화면이다.

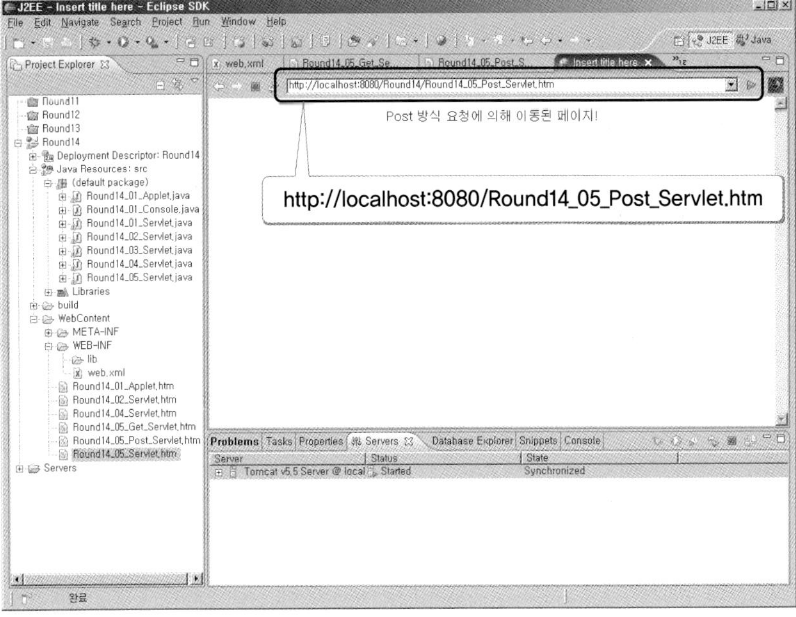

결과에서 주소 표시줄을 한번 살펴볼 필요가 있다. 이동하기(Redirect)는 새로운 연결이라는 개념으로 접근하기 때문에 주소 표시줄에 표시되는 URL 역시 이동된 URL이 정확히 표시된다. 이에 반해 전달하기(Forward)는 이동되기 이전의 URL이 그대로 표시된다. 정확한 구분은 다음 절에서 확인해 보면 알 것이다.

14.4 RequestDispatcher 인터페이스

RequestDispatcher 인터페이스는 include( )와 forward( ) 두 가지 메서드만 있다. 이 인터페이스는 웹 컨테이너로부터 객체를 획득하여 다른 서블릿을 현재 페이지 내에 포함하게(Include) 하거나 특정 URL로 전달하게(Forward) 한다.

URL 이동 측면에서는 앞서 배운 이동하기(Redirect)와 동일해 보이지만 엄밀히 보면 완전 다른 형태이다. 전달하기(Forward)는 클라이언트가 요청하면서 전송한 데이터를 그대로 유지한다. 이에 반해서 이동하기(Redirect)는 새로운 페이지로 완전히 이동해서 기존 데이터를 하나도 사용할 수 없다.

▌ forward( ) 메서드 예제 ^{14.4.1}

먼저 forward( ) 메서드에 대한 예제부터 다루어 보자. 예제는 회원 가입이라는 간단한 형태를 취하지만 거주지가 서울이냐 대구냐에 따라 응답을 다르게 한다. WebContent 폴더에 Round14_06_Servlet.htm 파일을 만들고서 다음과 같이 코드를 작성하자.

| 예제 | Round14_06_Servlet.htm |

```
<!DOCTYPE html PUBLIC "-//W3C//DTD HTML 4.01 Transitional//EN"
                          "http://www.w3.org/TR/html4/loose.dtd">
<html>
<head>
<meta http-equiv="Content-Type" content="text/html; charset=EUC-KR">
<title>Insert title here</title>
</head>
<body>
```

```
<form method="POST" action="Servlet06">
    이름 : <input type="text" name="name"/><br/>
    아뒤 : <input type="text" name="id"/><br/>
    비번 : <input type="password" name="pw"/><br/>
    지역 : <input type="radio" name="area" value="서울"/>서울 
        <input type="radio" name="area" value="대구"/>대구<br/>
    <input type="submit" value="회원가입"/>
</form>
</body>
</html>
```

src 폴더에 Round14_06_Servlet.java 파일을 만들어서 다음과 같이 코드를 작성하자. 그런 다음 web.xml 파일에 등록하도록 하자.

예제	Round14_06_Servlet.java

```
01 : import java.io.*;
02 : import javax.servlet.*;
03 : import javax.servlet.http.*;
04 :
05 : public class Round14_06_Servlet extends HttpServlet {
06 :     public void doPost(HttpServletRequest request, HttpServletResponse
                        ↳ response) throws IOException, ServletException {
07 :         request.setCharacterEncoding("euc-kr");
08 :
09 :         String area = request.getParameter("area");
10 :
11 :         ServletContext context = this.getServletContext( );
12 :         RequestDispatcher dispatcher = null;
13 :
14 :
15 :         if(area == null) {
16 :             response.sendError(512, "라디오 버튼 체크 오류!!!");
17 :             return;
18 :         }
19 :         else if(area.equals("서울")) {
20 :             dispatcher = context.getRequestDispatcher("/Servlet06_Seoul");
21 :         }
```

```
22 :        else if(area.equals("대구")) {
23 :            dispatcher = context.getRequestDispatcher("/Servlet06_Taegu");
24 :        }
25 :        dispatcher.forward(request, response);
26 :
27 :    }
28 : }
```

🔍 코드 설명

Line **7** __________
```
request.setCharacterEncoding("euc-kr");
```
한글로 인코딩 값을 설정한다.

Line **9** __________
```
String area = request.getParameter("area");
```
지역 정보만 먼저 가져온다.

Line **11** _________
```
ServletContext context = this.getServletContext( );
```
서블릿 환경 객체를 생성한다. 이 객체가 있어야 RequestDispatcher 객체를 생성할 수 있다.

Line **15** _________
```
if(area == null) {
```
라디오 단추를 선택하지 않았는지 판단한다.

Line **19** _________
```
else if(area.equals("서울")) {
```
서울 지역을 선택했는지 판단한다.

Line **20** _________
```
dispatcher = context.getRequestDispatcher("/Servlet06_Seoul");
```
서울 지역에 대한 서블릿으로 이동할 수 있도록 객체를 생성한다.

Line **22** _________
```
else if(area.equals("대구")) {
```
대구 지역을 선택했는지 판단한다.

Line **23** _________
```
dispatcher = context.getRequestDispatcher("/Servlet06_Taegu");
```
대구 지역에 대한 서블릿으로 이동할 수 있도록 객체를 생성한다.

Line **25** _________
```
dispatcher.forward(request, response);
```
RequestDispatcher 객체로 요청과 응답 객체를 넘긴다(Dispatch).

예제에서 주의할 코드는

```
dispatcher = context.getRequestDispatcher("/Servlet06_Seoul")
```

인데 이동하기(Redirect)와는 다르게 절대 경로를 사용할 수 없다. 상대 경로라도 반드시 / 기호 부터 시작해야 한다. / 기호의 의미는 'http://localhost:8080/Round14'이다. 따라서 이 URL 부터 시작하는 상대 경로로 모든 경로를 지정할 수 있다.

src 폴더에 Round14_06_Seoul_Servlet.java 파일과 Round14_06_Taegu_Servlet.java 파일 을 만들고서 다음과 같이 각각 코드를 작성하자. 주의할 점은 Round14_06_Servlet.java 파일 에서 POST 방식으로 데이터를 전송받기 때문에 전달하기(Forward) 하면 그대로 POST 방식 으로 전송받는다. 따라서 서블릿 두 개 역시 doPost( ) 메서드를 사용해야 한다.

| 예제 | Round14_06_Seoul_Servlet.java |

```java
import java.io.*;
import javax.servlet.*;
import javax.servlet.http.*;

public class Round14_06_Seoul_Servlet extends HttpServlet {
    public void doPost(HttpServletRequest request, HttpServletResponse response)
                                ↳ throws IOException, ServletException {
        request.setCharacterEncoding("euc-kr");

        String name = request.getParameter("name");
        String id = request.getParameter("id");
        String pw = request.getParameter("pw");
        String area = request.getParameter("area");

        response.setContentType("text/html;charset=euc-kr");
        PrintWriter out = response.getWriter( );
        out.println("<html><body>");
        out.println("그러므로 당신의 이름이 " + name);
        out.println("이라는 말이고,<br/>");
        out.println("당신이 사용하려는 아뒤가 " + id);
        out.println("라는 말인가?");
        out.println("</body></html>");
    }
}
```

> 전달하기(Forward) 하면 요청 객체 (request) 내부의 데이터는 그대로 유지 되기 때문에 데이터를 추출해 낼 수 있다.

예제 | Round14_06_Taegu_Servlet.java

```java
import java.io.*;
import javax.servlet.*;
import javax.servlet.http.*;

public class Round14_06_Taegu_Servlet extends HttpServlet {
    public void doPost(HttpServletRequest request, HttpServletResponse response)
                                    ↳ throws IOException, ServletException {
        request.setCharacterEncoding("euc-kr");

        String name = request.getParameter("name");
        String id = request.getParameter("id");
        String pw = request.getParameter("pw");
        String area = request.getParameter("area");

        response.setContentType("text/html;charset=euc-kr");
        PrintWriter out = response.getWriter( );
        out.println("<html><body>");
        out.println("그카니깐 니 이름이 " + name);
        out.println("이라는 말이고,<br/>");
        out.println("니가 사용할라 카는 아뒤가 " + id);
        out.println("라는 말이재?");
        out.println("</body></html>");
    }
}
```

> 전달하기(Forward) 하면 요청 객체 (request) 내부의 데이터는 그대로 유지되기 때문에 데이터를 추출해 낼 수 있다.

web.xml 파일에 다음과 같이 서블릿을 등록하도록 하자. 조금 특이해서 web.xml 파일의 코드를 적었다.

중간 생략

```xml
<servlet>
    <servlet-name>My06</servlet-name>
    <servlet-class>Round14_06_Servlet</servlet-class>
</servlet>
<servlet>
    <servlet-name>My06_Seoul</servlet-name>
```

```
    <servlet-class>Round14_06_Seoul_Servlet</servlet-class>
</servlet>
<servlet>
    <servlet-name>My06_Taegu</servlet-name>
    <servlet-class>Round14_06_Taegu_Servlet</servlet-class>
</servlet>
```

중간 생략

```
<servlet-mapping>
    <servlet-name>My06</servlet-name>
    <url-pattern>/Servlet06</url-pattern>
</servlet-mapping>
<servlet-mapping>
    <servlet-name>My06_Seoul</servlet-name>
    <url-pattern>/Servlet06_Seoul</url-pattern>
</servlet-mapping>
<servlet-mapping>
    <servlet-name>My06_Taegu</servlet-name>
    <url-pattern>/Servlet06_Taegu</url-pattern>
</servlet-mapping>
```

중간 생략

HTML 파일을 시작으로 지역을 다르게 지정해서 테스트해 보도록 하자. 지역 구분은 우리나라와 미국 등 언어 사용권이 틀릴 때 적용하는 것이 일반적이다. 주소 표시줄에 다음과 같이 입력하고 실행해 보자.

실행 ▶ `http://localhost/Round14/Round14_06_Servlet.htm`

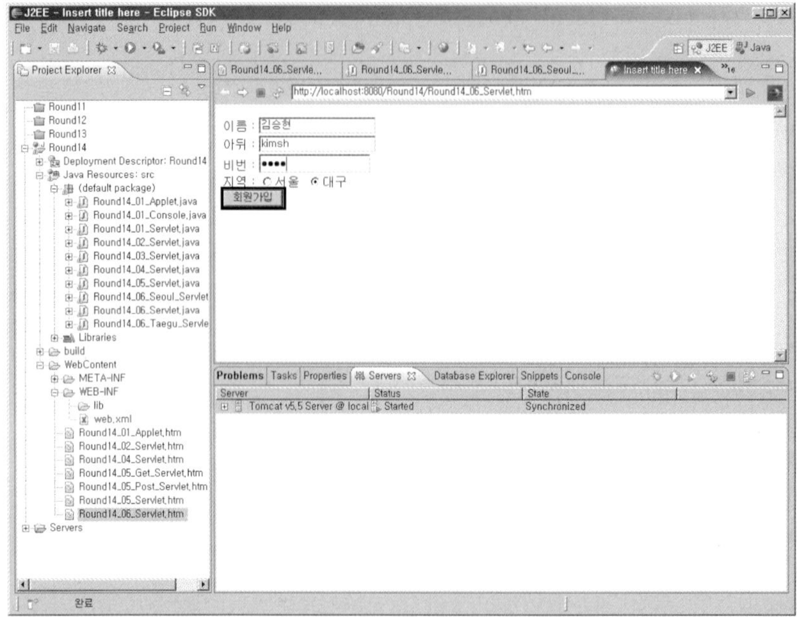

다음은 거주지로 대구를 선택하여 Round14_06_Taegu_Servlet.java 파일로 전달하기
(Forward)를 한 결과 화면이다.

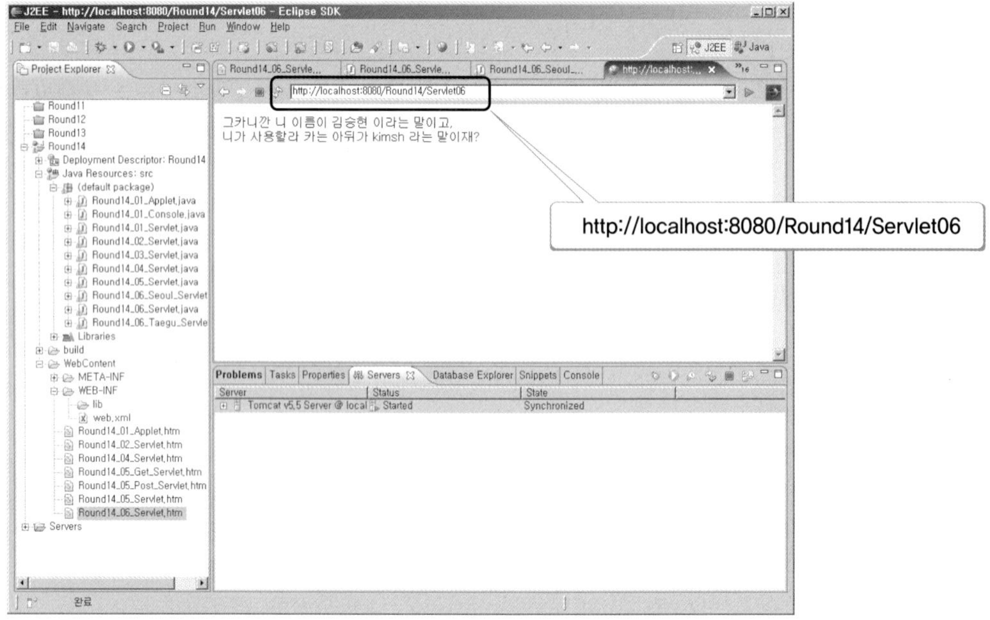

여기서 주목할 점은 주소 표시줄이다. 처음 이동한 URL인 http://localhost:8080/Round14 /Servlet06인 것을 확인할 수 있다. 실제 서블릿의 URL은 http://localhost:8080/Round14 /Servlet06_Taegu인데도 표시되지 않았다. 이것은 전달하기(Forward)가 이전의 데이터를 그 대로 유지하고 있다는 의미이다. 꼭 이동하기(Redirect)와 비교하여 기억하기 바란다.

⁞ include ( ) 메서드 예제 ^{14.4.2}

마지막으로 두 예제의 데이터를 페이지 하나에서 동시에 볼 수 있도록 이번에는 포함하기 (Include)를 해보자. include( ) 메서드 역시 요청 객체와 응답 객체를 그대로 전달하기 때문에 데이터를 유지할 수 있다. 앞 예제에서 Round14_06_Servlet.java 파일을 다음과 같이 수정하 고서 테스트해 보자. 주의할 점은 포함되는 파일에 out.close( ) 메서드와 같이 출력 객체를 종 료하는 코드가 있으면 안 된다는 것이다.

| 예제 | Round14_06_Servlet.java(파일 수정) |

```
01 : import java.io.*;
02 : import javax.servlet.*;
03 : import javax.servlet.http.*;
04 :
05 : public class Round14_06_Servlet extends HttpServlet {
06 :     public void doPost(HttpServletRequest request, HttpServletResponse
                         ⌐ response) throws IOException, ServletException {
07 :         request.setCharacterEncoding("euc-kr");
08 :
09 :         ServletContext context = this.getServletContext( );
10 :         RequestDispatcher dispatcher = null;
11 :
12 :         response.setContentType("text/html;charset=euc-kr");
13 :         PrintWriter out = response.getWriter( );
14 :         out.println("<html><body>");
15 :         out.println("★ 서울 지역 관련 정보 ★<br/>");
16 :         dispatcher = context.getRequestDispatcher("/Servlet06_Seoul");
17 :         dispatcher.include(request, response);
18 :         out.println("<br/><br/>");
19 :         out.println("★ 대구 지역 관련 정보 ★<br/>");
20 :         dispatcher = context.getRequestDispatcher("/Servlet06_Taegu");
```

```
21 :            dispatcher.include(request, response);
22 :            out.println("</body></html>");
23 :            out.close( );
24 :
25 :        }
26 : }
```

🔍 코드 설명

Line **7**________   `request.setCharacterEncoding("euc-kr");`
한글로 인코딩 값을 설정한다.

Line **9**________   `ServletContext context = this.getServletContext( );`
서블릿 환경 객체의 값을 획득한다. 이 객체가 있어야 RequestDispatcher 객체를 생성할 수 있다.

Line **17**________   `dispatcher.include(request, response);`
서울 지역 관련 서블릿을 포함하기(Include) 한다.

Line **21**________   `dispatcher.include(request, response);`
대구 지역 관련 서블릿을 포함하기 한다.

Line **23**________   `out.close( );`
출력 객체를 종료한다. 이 코드는 여기에만 있어야 한다.

주소 표시줄에 다음과 같이 입력하고 실행해 보자.

실행▶ `http://localhost/Round14/Round14_06_Servlet.htm`

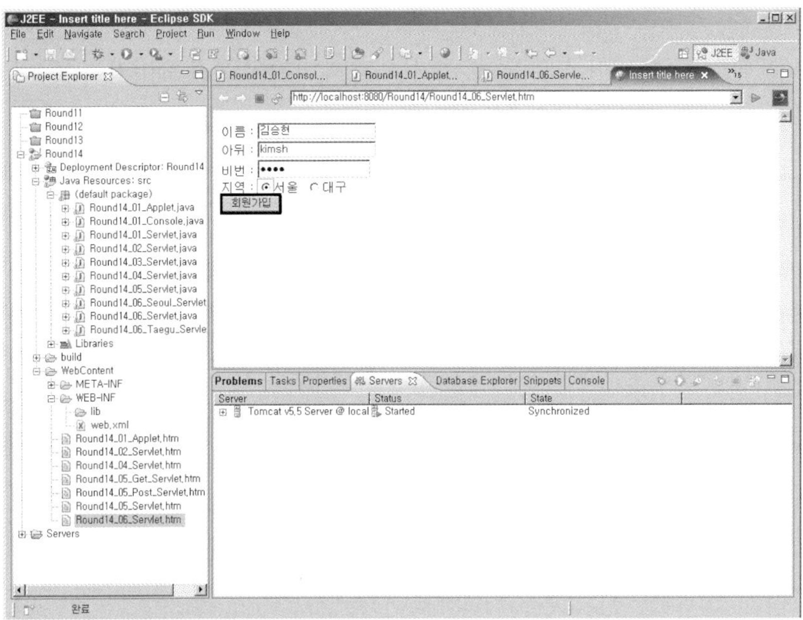

다음은 두 페이지 모두 포함하기(Include)를 한 결과 화면이다.

전달하기나 포함하기나 모두 주소 표시줄에 표시되는 URL은 Servlet06으로 같다는 것을 확인해 두자. 여하튼 RequestDispatcher 인터페이스로 복잡한 웹 페이지를 여러 페이지로 분할할수 있다. 꼭 기억하기 바란다.

마무리 하면서

이번 라운드에서는 서블릿에서 사용하는 API의 메서드들을 사용하여 간단한 예제들을 작성해 보았다. 조금 특이한 형태로 사용되는 듯하지만 모두 실무에서 자주 사용한다. 꼭 익혀 두기 바란다.

초기화 매개 변수가 등록되는 web.xml 파일에서 사용하는 태그는 앞서 배웠지만 사용하지 않으면 쉽게 잊어버린다. 그리고 JSP를 배우면 RequestDispatcher와 같은 인터페이스를 자주 사용하지 않아서 다른 내용들보다 더 빨리 잊어버린다. 따라서 이번 라운드에서 반복 학습을 해서 나중에 서블릿 기반의 프레임워크를 사용할 때 기억할 수 있도록 하자.

스트럿츠나 스프링 같은 프레임워크는 서블릿을 이해하지 못하면 배우기가 무척이나 힘들다. 당장은 JSP만 눈에 보이겠지만 자바 웹 프로그램의 원천은 서블릿이라는 사실을 잊지 말기 바란다.

제 15 장

서블릿에서의 데이터 저장

▌이번 라운드에서는 데이터의 저장에 대하여 배운다. 웹 프로그램에서는 하나의 클래스만 동작하는 것이 아니라 페이지별로 여러 개의 클래스들이 묶여서 구성되어 있다. 또한, 이런 페이지들도 여러 개가 서로 연관되어 동작한다. 어떤 데이터는 요청이 발생하는 페이지들 모두에서 사용할 수 있어야 하고, 어떤 데이터는 웹 브라우저를 닫기 전까지 유지되어야 한다. 이런 요구 사항들을 충족시키기 위해 웹 프로그램에서는 데이터를 보관하는 네 가지 영역을 만들어 두었다. 또한, 서버만 데이터를 저장하는 것이 아니라 클라이언트도 데이터를 저장할 수 있도록 구성해 두었다.

Round 15

목표

· 웹 프로그램에서 데이터를 저장하는 영역을 안다.

· 요청 객체와 세션 객체의 데이터를 사용할 수 있다.

· 쿠키 데이터를 사용할 수 있다.

활용

데이터 저장 영역

서블릿에서는 데이터를 저장하는 영역으로 페이지(Page) 객체, 요청 객체, 세션 객체, ServletContext 객체 네 가지를 사용할 수 있다. 페이지 객체는 현재 페이지 내에서만 사용할 변수를 저장하는 영역이고, 요청 객체는 요청 객체가 유지되는 영역에서 사용할 변수를 저장하는 영역이다. 세션 객체는 웹 브라우저가 종료되기 전까지나 세션이 끊어지기 전까지 사용할 변수를 저장하는 영역이고, ServletContext 객체는 서버가 종료되기 전까지 사용할 변수를 저장하는 영역이다. 이들 각 영역에 저장된 데이터를 사용해서 여러 페이지에 걸쳐 필요한 범위까지 변수를 선언할 수 있다.

쿠키(Cookie)

쿠키 데이터는 앞서 말한 데이터 저장 영역의 데이터와는 달리 클라이언트에 저장하는 데이터이다. 사용자별로 관리해야 하는 데이터 중 비중이 낮은 데이터를 굳이 서버에서 관리하여 부하를 늘릴 필요가 없다. 이런 데이터를 서버는 클라이언트의 Cookies 폴더에 저장했다가 필요할 때 다시 꺼내서 사용한다. 예를 들어, 사용자의 로그인 ID를 쿠키로 저장했다가 사이트에 접속할 때 사용자 정보를 꺼내서 사용하는 경우이다.

 들어가기 전에

콘솔 프로그램에서는 데이터를 저장하는 영역을 두 가지로 구분한다. 하나는 현재 클래스의 메서드 모두가 사용할 수 있는 클래스 변수이고, 다른 하나는 변수가 선언된 메서드 내에서만 사용하는 지역 변수이다. 그러나 웹에서는 데이터를 여러 페이지에 걸쳐 사용해야 하기 때문에 이렇게 제한적인 변수만으로는 코드를 작성하기가 힘들다. 또한, 웹 프로그램은 프로젝트 하나에 작게는 수십 개에서 많게는 수백 혹은 수천 개의 클래스와 웹 페이지가 있다. 이런 모든 곳에 파일이나 데이터베이스에서 데이터를 불러오는 코드를 작성하기란 상당히 소모적인 작업이다.

그래서 웹 프로그램은 콘솔 프로그램과 달리 데이터를 저장하는 영역을 여럿 두었다. 그럴 수 있도록 환경을 제공하는 것은 당연히 웹 서버와 웹 브라우저이다. 두 가지가 적절하게 상호 작용하여 손쉽게 데이터를 가져와서 사용할 수가 있다. 지금부터 웹 프로그램의 데이터 저장 영역과 저장 방법에 대해서 살펴보도록 하자.

15.1 데이터 저장 영역들

웹 프로그램에서 데이터를 저장하는 영역과 관련된 클래스는 네 가지이다. 첫 번째는 콘솔 프로그램과 마찬가지로 현재 클래스에 데이터를 저장하고 관리하는 this 객체이다. 이것을 웹에서는 페이지(Page) 객체로 따로 구분한다. 엄밀히 this 객체와 페이지 객체는 다르지만 일단은 같은 객체로 알아 두자. 원래 객체 자체는 동일하다.

두 번째는 요청(Request) 객체이다. 앞서 배웠던 HttpServletRequest 클래스의 getParameter( ) 메서드로 얻어 내는 데이터는 매개 변수의 값일 뿐이다. 즉, HTTP 요청의 메시지 바디에 담겨서 전달된 값일 뿐이다. 요청 객체에 저장되는 데이터와는 차이가 있다. 웹 프로그램을 많이 작성하다 보면 두 경우를 구분할 수 있게 될 것이다.

간단히 이해를 돕기 위해 큰 차이점 하나만 설명하자면 질의를 통해서 전달받는 데이터는 항상 문자열로 존재하지만 요청 객체(request)를 통해 변수로 저장되는 것은 객체 타입일 수도 있다.

즉, 「Date date = new Date( );」에서 date 객체를 저장해 둘 수도 있다는 이야기다.

요청 객체의 데이터는 사용자의 요청이 유지되는 동안 사용할 수 있는 변수이다. 한 페이지에서 데이터가 생겨서 전달하기(Forward)로 그대로 데이터를 다음 페이지로 전달하는 경우나 다른 페이지를 현재 페이지에 포함하기(Include)로 포함되는 페이지에 전달하는 경우나 모두 사용자의 요청이 유지되기 때문에 요청 객체에 저장된 데이터를 사용하면 된다. 예제를 작성해 보면 이해할 수 있을 것이다.

세 번째는 세션(Session) 객체이다. 클라이언트마다 독립적으로 데이터를 저장하고 관리할 수 있는 최고 범위(가장 넓은 범위)의 데이터 저장 영역이다. 여기에 저장되는 데이터는 클라이언트가 웹 브라우저를 종료하기 전까지나 세션이 끊어지기 전까지는 사라지지 않는다. 그러나 웹 브라우저를 종료하면 모든 데이터는 사라진다. 이 영역은 의외로 구분하기 쉽다.

이클립스에서 세션 객체에 저장된 데이터를 사용하다 보면 웹 브라우저를 종료했는데도 불구하고 데이터가 사라지지 않는 현상을 본다. 세션 객체가 잘못되어서 그런 것이 아니다. 이클립스의 플러그인 속성 때문에 생성된 세션 객체의 데이터가 웹 브라우저와 관계없이 유지되는 것 뿐이다. 따라서 세션 객체에 저장된 데이터를 사용하는 테스트를 할 때는 이클립스에서 웹 브라우저를 간접적으로 실행하지 말고 직접적으로 실행해야 한다. 주의하기 바란다.

네 번째는 ServletContext 객체이다. 서블릿에서 ServletContext 객체로 데이터를 저장하고 관리하는 데이터 저장 영역이다. 세션 객체의 데이터들과는 다르게 모든 클라이언트가 데이터를 공유할 수 있다. 데이터는 서버 자체에 저장되기 때문에 서버를 종료하지 않는 이상 유지된다. 따라서 모든 클라이언트가 공유해야 하는 꼭 필요한 데이터가 아니면 사용하는 것을 자제해야 한다.

데이터 저장 영역별로 데이터를 어떻게 추가하고 삭제하는지 살펴보자. 먼저 페이지 객체는 따로 데이터를 추가하거나 삭제하는 방법이 없다. 서블릿 클래스에서 선언하는 필드들이 모두 페이지 객체이다. 삭제는 가상 머신이 가비지 컬렉터(Garbage Collector)로 자동으로 처리해 준다.

다음으로 요청 객체는 데이터를 처리할 때 다음과 같이 한다.

- 객체 : ServletRequest 또는 HttpServletRequest 객체
- 추가 : request.setAttribute("키", 값)

- 삭제 : request.removeAttribute("키", 값)

- 획득 : Object obj = request.getAttribute("키")

요청 객체의 데이터는 매개 변수에 의해 전달받는 데이터와 구분하는 것이 무엇보다 중요하다. getParameter( ) 메서드로 매개 변수의 값을 추출하면 모두 String형이지만 다른 방법으로 데이터를 저장하고 획득하면 값이 Object형이다. 그래서 값이 Object형이 될 수 있어서 앞의 형식에서 값에 큰따옴표(")를 사용하지 않았다.

세션 객체도 데이터를 비슷하게 처리한다.

- 객체 : HttpSession 객체

- 생성 : session = request.getSession( ) 또는 request.getSession(boolean)

- 추가 : session.setAttribute("키", 값)

- 삭제 : session.removeAttribute("키", 값)

- 획득 : Object obj = session.getAttribute("키")

세션 객체를 사용하려면 각 페이지마다 객체를 생성해야 한다. 앞서 이야기한 것처럼 세션 객체에 저장된 데이터는 클라이언트별로 데이터를 저장하고 관리한다. 때문에 클라이언트의 요청을 관리하는 요청 객체로부터 세션 객체를 생성한다. 데이터의 추가나 삭제, 획득은 요청 객체에서와 방법이 같다.

ServletContext 객체도 데이터를 비슷하게 처리하지만 객체를 생성하는 방법이 조금 특이하다.

- 객체 : ServletContext 객체

- 생성 : application = this.getServletContext( );

- 추가 : application.setAttribute("키", 값)

- 삭제 : application.removeAttribute("키", 값)

- 획득 : Object obj = application.getAttribute("키")

특이한 점이자 중요한 점은 현재의 서블릿에서 ServletContext 객체를 획득한다는 것이다. 이것은 서버 자체의 저장 영역을 사용한다는 의미이다. 서블릿은 서버에서 실행이 되기 때문에 this는 서블릿 자체를 이야기하고, 서블릿과 연결되어 있는 서버는 모든 클라이언트에 공통적인 사항이다. 정리하면 서버의 데이터 저장 영역인 ServletContext 객체를 획득하면 여기에 저장된 데이터는 클라이언트가 모두 공유할 수 있다는 의미이다.

이상과 같이 서블릿에서 원하는 데이터 저장 영역에 데이터를 저장하고 관리하면 콘솔 프로그램처럼 파일이나 데이터베이스로부터 데이터를 어렵게 읽어 오지 않아도 된다. 그렇다고 파일이나 데이터베이스와의 네트워크 통신이 필요 없다는 이야기는 아니다. 군이 파기할 데이터에 대해서는 여기서 설명한 데이터 저장 영역들을 사용하는 것이 보다 효율적이라는 것 뿐이다.

데이터 저장 영역을 언제 어떻게 사용할지 다음 절부터 예제를 가지고 확인하겠지만 현재 페이지 객체인 this에는 값을 저장해 봐야 다음 페이지에서 사용하지 못하기 때문에 예제를 작성하지 않겠다. 이번 장에서 다룰 예제만으로는 완벽한 이해와 사용이 어려울 수 있다. 그러나 머지 않아 웹 프로그램에 익숙해지면 편하게 사용할 수 있다. 너무 걱정할 필요는 없다.

15.2 요청 객체의 데이터

요청 객체의 데이터는 둘로 나누어진다. 하나는 요청 객체의 매개 변수에 의해 전달받는 질의(Query String)이고, 다른 하나는 요청 객체 자체에 저장되는 데이터이다. 질의는 주소 표시줄의 URL 아래에 표시되는 문자열 이상의 의미는 없다. 그러나 요청 객체에 저장되는 데이터는 Object 클래스를 상속받는 모든 객체일 수 있다. 이러한 차이는 상당한 의미를 갖는다. 조금만 프로그램에 조예가 깊으면 문자열만을 저장해서 데이터를 관리하기가 상당히 곤란하다는 것을 알 것이다.

일단 다음의 예제를 살펴보자. 요청 객체의 질의와 요청 객체 자체에 저장되는 데이터를 동시에 사용하고 있다. Round15 프로젝트를 만들어서 src 폴더에 Round15_01_ReqArea_01.java 파일을 만들자. 그러고서 다음과 같이 코드를 작성하자.

```java
01 : import java.io.*;
02 : import javax.servlet.*;
03 : import javax.servlet.http.*;
04 :
05 : import java.util.*;        ──── 벡터 클래스를 사용하기 위해 가져오기를 한다.
06 :
07 : public class Round15_01_ReqArea_01 extends HttpServlet {
08 :     public void doGet(HttpServletRequest request, HttpServletResponse
                          ↳ response) throws IOException, ServletException {
09 :
10 :         String data1 = new String("java!");
11 :         Vector<String> data2 = new Vector<String>( );
12 :         data2.add("c");          ┐
13 :         data2.add("c++");        ┘   문자열 두 개를 추가한다.
14 :
15 :         request.setAttribute("data1", data1);
16 :         request.setAttribute("data2", data2);
17 :
18 :         ServletContext context = this.getServletContext( );
19 :         RequestDispatcher dispatcher = context.getRequestDispatcher
                          ↳ ("/Servlet01_02?data3=string&data4=ok");
20 :         dispatcher.forward(request, response);
21 :     }
22 : }
```

🔍 코드 설명

Line **10** _________ `String data1 = new String("java!");`
문자열 데이터를 작성한다.

Line **11** _________ `Vector<String> data2 = new Vector<String>( );`
벡터 객체를 생성한다.

Line **15** _________ `request.setAttribute("data1", data1);`
요청 객체에 data1이라는 이름으로 문자열을 저장한다.

Line **16** _________ `request.setAttribute("data2", data2);`
요청 객체에 data2라는 이름으로 벡터 객체를 저장한다.

Line **18** _________ `ServletContext context = this.getServletContext( );`
ServletContext 객체를 생성한다.

Line **19** _________ `RequestDispatcher dispatcher = context.getRequestDispatcher`
`⌐, ("/Servlet01_02?data3=string&data4=ok");`
전달하기(Forward) 하기 위해 RequestDispatcher 객체를 생성한다.

Line **20** _________ `dispatcher.forward(request, response);`
Servlet01_02라는 URL로 전달하기 한다.

19행에서 RequestDispatcher 객체를 생성할 때 주소 표시줄에 질의로 'data3=string&data4=ok' 를 넣어 준다. 문자열만 가능하다. **20행**에서 forward( ) 메서드는 sendRedirect( ) 메서드와는 다르게 저장된 값을 모두 가지고 이동한다.

Round15_01_ReqArea_01 파일에서 RequestDispatcher 객체를 통해 이동할 위치를 Servlet01_02 라는 경로로 설정하였다. 그러므로 Servlet01_02의 실제 파일인 Round15_01_ReqArea_02.java 파일을 만들고서 다음과 같이 코드를 작성하자.

예제 | Round15_01_ReqArea_02.java

```
01 : import java.io.*;
02 : import javax.servlet.*;
03 : import javax.servlet.http.*;
04 :
05 : import java.util.*;
06 :
07 : public class Round15_01_ReqArea_02 extends HttpServlet {
08 :     public void doGet(HttpServletRequest request, HttpServletResponse
                          ⌐, response) throws IOException, ServletException {
09 :
10 :         String data1 = (String)request.getAttribute("data1");
11 :         Vector data2 = (Vector)request.getAttribute("data2");
12 :         String data3 = request.getParameter("data3");
13 :         String data4 = request.getParameter("data4");
14 :
15 :         response.setContentType("text/html;charset=euc-kr");
16 :
17 :         PrintWriter out = response.getWriter( );
```

```
18 :            out.println("<html>");
19 :            out.println("<body>");
20 :
21 :            out.println("data1 = " + data1 + "<br/>");
22 :
23 :            out.println("data2 = ");
24 :            for(int i = 0; i < data2.size( ); ++i) {
25 :                out.println(data2.get(i) + "   ");
26 :            }
27 :
28 :            out.println("<br/>");
29 :            out.println("data3 = " + data3 + "<br/>");
30 :            out.println("data4 = " + data4 + "<br/>");
31 :
32 :            out.println("</body>");
33 :            out.println("</html>");
34 :        }
35 : }
```

> 벡터 객체에 저장된 데이터를 모두 출력한다. 제네릭(Generic)으로 인해 String형으로 형변환 없이 출력할 수 있다.

🔍 코드 설명

Line **8**
```
public void doGet(HttpServletRequest request, HttpServletResponse
                          ↳ response) throws IOException, ServletException {
```
전달하기에 의해 데이터를 전송받으려면 doGet( ) 메서드를 사용해야 한다. 전달하기는 GET 방식으로 데이터를 전달하기 때문이다.

Line **10**
```
String data1 = (String)request.getAttribute("data1");
```
요청 객체에 data1이라는 이름으로 저장된 문자열을 추출한다.

Line **11**
```
Vector data2 = (Vector)request.getAttribute("data2");
```
요청 객체에 data2라는 이름으로 저장된 벡터 객체를 추출한다.

Line **12**
```
String data3 = request.getParameter("data3");
```
질의로 넘어온 data3이라는 이름의 문자열이다. 질의는 문자열이므로 형변환이 필요 없다.

Line **13**
```
String data4 = request.getParameter("data4");
```
질의로 넘어온 data4라는 이름의 문자열이다.

Line **15**
```
response.setContentType("text/html;charset=euc-kr");
```
출력 객체에 MIME과 인코딩 값을 설정한다.

서블릿을 등록하기 위해 web.xml 파일에 다음의 코드를 추가하자.

```
<servlet>
    <servlet-name>My01_01</servlet-name>
    <servlet-class>Round15_01_ReqArea_01</servlet-class>
</servlet>
<servlet>
    <servlet-name>My01_02</servlet-name>
    <servlet-class>Round15_01_ReqArea_02</servlet-class>
</servlet>

<servlet-mapping>
    <servlet-name>My01_01</servlet-name>
    <url-pattern>/Servlet01_01</url-pattern>
</servlet-mapping>
<servlet-mapping>
    <servlet-name>My01_02</servlet-name>
    <url-pattern>/Servlet01_02</url-pattern>
</servlet-mapping>
```

Round15 프로젝트에서 마우스 오른쪽을 클릭하여 **[Run As]** → [Run On Server]를 차례로 선
택하고서 주소 표시줄에 다음과 같이 입력하여 실행해 보자.

실행 http://localhost:8080/Round15/Servlet01_01

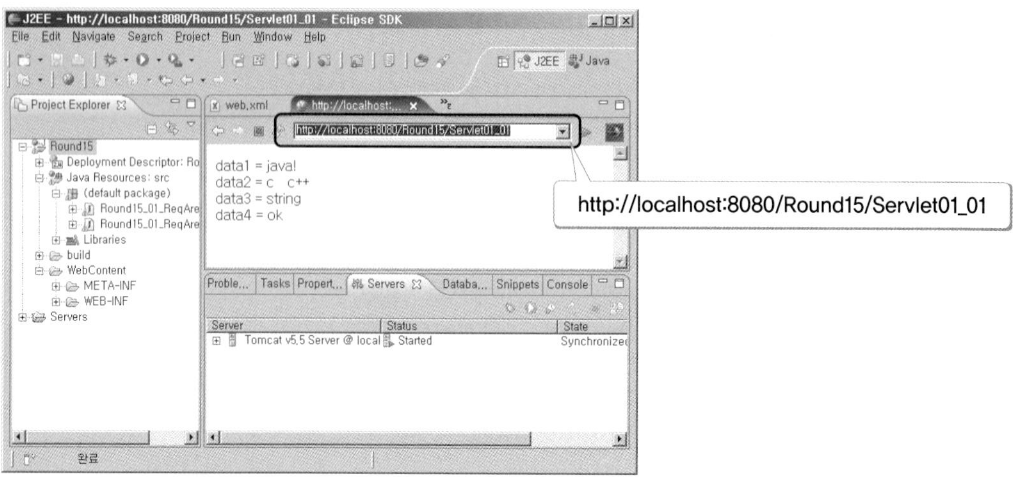

라운드 14에서 설명한 것처럼 전달하기(Forward)는 주소 표시줄에 표시되는 내용의 변화 없이 다음 페이지로 이동한다. 때문에 주소 표시줄 자체에는 Servlet01_02가 표시되지 않는다. 단지 Servlet01_02에 해당하는 Round15_01_ReqArea_02.java의 내용이 출력될 뿐이다. 따라서 Round15_01_ReqArea_01.java 파일에서 요청 객체에 저장된 두 데이터와 질의로 전달된 두 데이터가 고스란히 전송되어 Round15_01_ReqArea_02.java 화면에 출력된다. 주목할 점은 요청 객체의 질의로는 문자열만 전송할 수 있지만 요청 객체 자체에는 객체를 저장할 수 있다는 것이다. 꼭 잊지 말고 기억해 두자.

15.3 세션 객체의 데이터

다음은 세션 객체이다. 세션 객체에 저장되는 데이터는 웹 브라우저를 종료하여 현재 페이지가 종료될 때까지만 살아 있다. 그러나 이클립스에서는 웹 페이지가 종료되는 시점이 부정확하다. 따라서 직접 웹 브라우저를 열어서 세션 객체의 데이터를 테스트하는 것이 좋다. 이 책에서는 굳이 구분할 필요가 없어서 이클립스에서 테스트하도록 하겠다.

세션 객체의 데이터와 요청 객체의 데이터를 구별하기 위해 파일 세 개를 만들고 두 번째 파일까지는 두 경우 모두 전송이 되도록 구성하고, 세 번째 파일에서는 세션 객체의 데이터만 살아 있도록 해보자. src 폴더에 Round15_02_SesArea_01.java 파일을 만들고서 다음과 같이 코드를 작성하자.

예제 | Round15_02_SesArea_01.java

```
01 : import java.io.*;
02 : import javax.servlet.*;
03 : import javax.servlet.http.*;
04 :
05 : import java.util.*;          Calendar 클래스를 사용하기 위해 가져오기를 한다.
06 :
07 : public class Round15_02_SesArea_01 extends HttpServlet {
08 :     public void doGet(HttpServletRequest request, HttpServletResponse
                        ↳ response) throws IOException, ServletException {
09 :         request.setAttribute("data1", "김승현");
10 :
```

```
11 :          HttpSession session = request.getSession(true);
12 :          session.setAttribute("data2", "자바");
13 :          Calendar data3 = Calendar.getInstance( );
14 :          session.setAttribute("data3", data3);
15 :
16 :          ServletContext context = this.getServletContext( );
17 :          RequestDispatcher dispatcher =
                        ↳ context.getRequestDispatcher("/Servlet02_02");
18 :          dispatcher.forward(request, response);
19 :      }
20 : }
```

🔍 코드 설명

Line **9**　　　　　`request.setAttribute("data1", "김승현");`
요청 객체에 data1이라는 이름으로 문자열을 저장한다.

Line **11**　　　　`HttpSession session = request.getSession(true);`
HttpServletRequest 인터페이스의 getSession( ) 메서드를 사용해서 요청 객체로부터
HttpSession 객체를 획득한다.

Line **12**　　　　`session.setAttribute("data2", "자바");`
세션 객체에 data2라는 이름으로 문자열을 저장한다.

Line **13**　　　　`Calendar data3 = Calendar.getInstance( );`
오늘 날짜를 위해 Calendar 객체를 생성한다.

Line **14**　　　　`session.setAttribute("data3", data3);`
세션 객체에 data3이라는 이름으로 오늘 날짜의 Calendar 객체를 저장한다.

Line **18**　　　　`dispatcher.forward(request, response);`
Servlet02_02라는 이름으로 매핑(Mapping)된 URL로 전달하기를 한다.

11행에서 getSession( ) 메서드의 매개 변수의 True는 기존에 세션 객체가 없으면 새로운
HttpSession 객체를 생성하라는 의미이다.

Round15_02_SesArea_01 파일에서 Servlet02_02로 전달하기를 하기 때문에 이와 매핑될
Round15_02_SesArea_02.java 파일을 만들고서 다음과 같이 코드를 작성하자.

예제 | Round15_02_SesArea_02.java

```java
01 : import java.io.*;
02 : import javax.servlet.*;
03 : import javax.servlet.http.*;
04 :
05 : import java.util.*;        ─────  Calendar 클래스를 사용하기 위해 가져오기를 한다.
06 : import java.text.*;        ─────  SimpleDateFormat 클래스를 사용하기 위해 가져오기를 한다.
07 :
08 : public class Round15_02_SesArea_02 extends HttpServlet {
09 :       public void doGet(HttpServletRequest request, HttpServletResponse
                              ↳ response) throws IOException, ServletException {
10 :           String data1 = (String)request.getAttribute("data1");
11 :           HttpSession session = request.getSession( );
12 :           String data2 = (String)session.getAttribute("data2");
13 :           Calendar data3 = (Calendar)session.getAttribute("data3");
14 :           SimpleDateFormat format = new SimpleDateFormat("yyyy-MM-dd
                                                     ↳ HH:mm:ss");
15 :           String data4 = format.format(data3.getTime( ));
16 :
17 :           response.setContentType("text/html;charset=euc-kr");
18 :
19 :           PrintWriter out = response.getWriter( );
20 :           out.println("<html><body>");
21 :
22 :           out.println("data1 = " + data1 + "<br/>");
23 :           out.println("data2 = " + data2 + "<br/>");       각 데이터를 출력한다.
24 :           out.println("data3 = " + data4 + "<br/><br/>");
25 :
26 :           out.println("<a href='Servlet02_03'>다음페이지로</a>");
27 :
28 :           out.println("</body></html>");
29 :       }
30 : }
```

🔍 코드 설명

Line **9**
```java
public void doGet(HttpServletRequest request, HttpServletResponse
                  ↳ response) throws IOException, ServletException {
```
전달하기에 의한 이동이다. 이에 대응하기 위해 doGet( ) 메서드를 사용해야 한다.

```
Line 10 ________    String data1 = (String)request.getAttribute("data1");
```
요청 객체에 data1이라는 이름으로 저장된 데이터를 추출한다.

```
Line 11 ________    HttpSession session = request.getSession( );
```
요청 객체로부터 세션 객체를 획득한다.

```
Line 12 ________    String data2 = (String)session.getAttribute("data2");
```
세션 객체에 data2라는 이름으로 저장된 데이터를 추출한다.

```
Line 13 ________    Calendar data3 = (Calendar)session.getAttribute("data3");
```
세션 객체에 data3이라는 이름으로 저장된 데이터를 추출한다.

```
Line 14 ________    SimpleDateFormat format = new SimpleDateFormat("yyyy-MM-dd HH:mm:ss");
```
날짜를 출력하기 위해 Format 클래스의 객체를 생성한다.

```
Line 15 ________    String data4 = format.format(data3.getTime( ));
```
getTime( )에 의해 값을 가져오면 long형의 숫자가 넘어온다는 것을 알 것이다. 따라서 날짜를 출력하기 위해 형변환을 한다.

```
Line 26 ________    out.println("<a href='Servlet02_03'>다음페이지로</a>");
```
다음 페이지로 이동하여 요청 객체의 데이터는 더 이상 존재하지 않는다는 것을 확인한다.

26행에서 세션 객체의 데이터는 웹 페이지가 종료될 때까지 존재하기 때문에 이 링크를 클릭해도 변수를 사용하는 데에는 아무런 문제가 없을 것이다.

Round15_02_SesArea_02 파일에서 링크가 Servlet02_03으로 전달하기를 하게 되어 있으므로 매핑될 Round15_02_SesArea_03.java 파일을 만들고서 다음과 같이 코드를 작성하자.

예제	Round15_02_SesArea_03.java

```
01 : import java.io.*;
02 : import javax.servlet.*;
03 : import javax.servlet.http.*;
04 :
05 : import java.util.*;          Calendar 클래스를 사용하기 위해 가져오기를 한다.
06 : import java.text.*;          SimpleDateFormat 클래스를 사용하기 위해 가져오기를 한다.
07 :
08 : public class Round15_02_SesArea_03 extends HttpServlet {
09 :     public void doGet(HttpServletRequest request, HttpServletResponse
                        ↳ response) throws IOException, ServletException {
10 :
```

```
11 :        String data1 = (String)request.getAttribute("data1");
12 :        HttpSession session = request.getSession( );
13 :        String data2 = (String)session.getAttribute("data2");
14 :        Calendar data3 = (Calendar)session.getAttribute("data3");
15 :        SimpleDateFormat format = new SimpleDateFormat("yyyy-MM-dd
                                        ↳ HH:mm:ss");
16 :        String data4 = format.format(data3.getTime( ));
17 :
18 :        response.setContentType("text/html;charset=euc-kr");
19 :
20 :        PrintWriter out = response.getWriter( );
21 :        out.println("<html><body>");
22 :
23 :        out.println("data1 = " + data1 + "<br/>");
24 :        out.println("data2 = " + data2 + "<br/>");
25 :        out.println("data3 = " + data4 + "<br/><br/>");
26 :
27 :        out.println("</body></html>");
28 :    }
29 : }
```

Q 코드 설명

Line **9**
```
public void doGet(HttpServletRequest request, HttpServletResponse
                          ↳ response) throws IOException, ServletException {
```
⟨a⟩ 태그에 의한 호출이므로 doGet( ) 메서드를 작성한다.

Line **11**
```
String data1 = (String)request.getAttribute("data1");
```
요청 객체에 data1이라는 이름으로 저장된 데이터를 추출한다.

Line **12**
```
HttpSession session = request.getSession( );
```
요청 객체로부터 세션 객체를 획득한다.

Line **13**
```
String data2 = (String)session.getAttribute("data2");
```
세션 객체에 data2라는 이름으로 저장된 데이터를 추출한다.

Line **14**
```
Calendar data3 = (Calendar)session.getAttribute("data3");
```
세션 객체에 data3이라는 이름으로 저장된 데이터를 추출한다.

Line **15**
```
SimpleDateFormat format = new SimpleDateFormat("yyyy-MM-dd HH:mm:ss");
```
날짜를 출력하기 위해 Format 클래스의 객체를 생성한다.

Line **16** ________ String data4 = format.format(data3.getTime( ));
날짜를 출력하기 위해 형변환을 한다.

Line **23** ________ out.println("data1 = " + data1 + "<br/>");
Null을 출력한다.

마지막으로 각 서블릿을 web.xml 파일에 다음과 같이 등록하자.

```
<servlet>
    <servlet-name>My02_01</servlet-name>
    <servlet-class>Round15_02_SesArea_01</servlet-class>
</servlet>
<servlet>
    <servlet-name>My02_02</servlet-name>
    <servlet-class>Round15_02_SesArea_02</servlet-class>
</servlet>
<servlet>
    <servlet-name>My02_03</servlet-name>
    <servlet-class>Round15_02_SesArea_03</servlet-class>
</servlet>
```

- -
중간 생략
- -

```
<servlet-mapping>
    <servlet-name>My02_01</servlet-name>
    <url-pattern>/Servlet02_01</url-pattern>
</servlet-mapping>
<servlet-mapping>
    <servlet-name>My02_02</servlet-name>
    <url-pattern>/Servlet02_02</url-pattern>
</servlet-mapping>
<servlet-mapping>
    <servlet-name>My02_03</servlet-name>
    <url-pattern>/Servlet02_03</url-pattern>
</servlet-mapping>
```

웹 서버를 구동하고서 주소 표시줄에 다음과 같이 입력하여 실행해 보자.

실행 http://localhost:8080/Round15/Servlet02_01

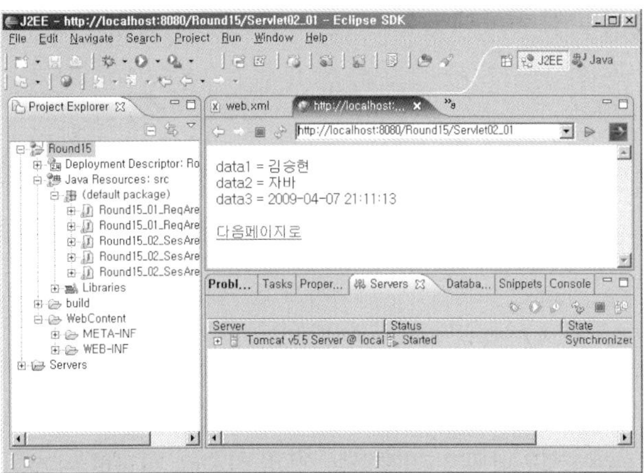

Servlet02_01 파일에서 전달하기를 하여 이동한 Servlet02_02 파일에서는 'data1=김승현'이라는 요청 객체의 데이터가 잘 출력된다.

그러면 여기서 요청 객체의 변수를 유지할 수 없는 링크를 사용하면 어떻게 될까? 링크를 사용하여 다음 페이지로 이동해 보자.

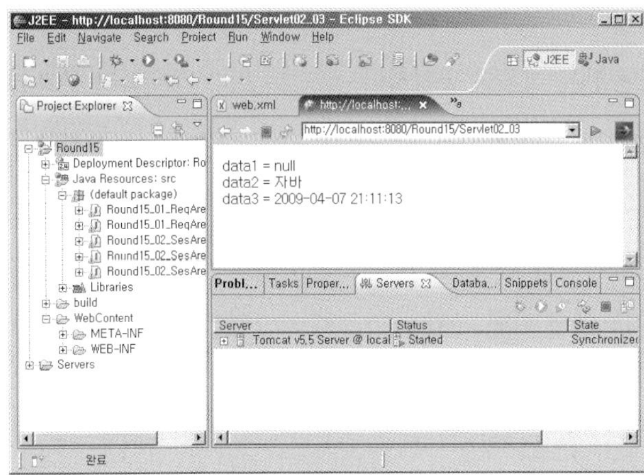

이렇게 링크로 이동하면 요청 객체의 데이터는 더 이상 사용할 수 없게 된다. 이미 링크가 적용되는 순간 해당 데이터가 폐기된 것이다. 그러나 세션 객체의 데이터는 data2, data3과 같이 여전히 존재한다. 이들 데이터가 유지되는 영역은 바로 웹 브라우저 전체인 것이다. 우리가 쇼핑몰에서 장바구니 같은 기능을 구현할 때처럼 웹 페이지가 유지되는 동안 저장할 내용이 있다면 세션 객체를 추천한다.

15.4 쿠키 데이터

데이터 저장 영역에 대해 배울 때 함께 알아야 할 사항이 있다. 바로 쿠키라는 데이터이다. 이 데이터는 클라이언트의 컴퓨터에 파일로 저장된다. 따라서 세션보다도 저장할 수 있는 범위가 더 넓다고 할 수 있지만 메모리로 기억하는 것과 파일로 저장하는 것은 실제로 비교하는 것이 무의미하다. 만약 그렇게 비교하자면 데이터베이스로 저장하는 것과 파일로 저장하는 것, 메모리로 저장하는 것 모두를 비교해야 할 것이고, 이것은 이 라운드의 주제와 맞지 않을 것이다.

쿠키 데이터가 세션 객체보다 넓은 범위에 적용할 수 있다고 해서 서버가 데이터를 저장하고 관리하는 ServletContext 객체에 저장되는 데이터와 비교하면 안 된다. 이유는 앞서 이야기한 것처럼 메모리에 저장되는지 파일에 저장되는지에 대한 차이도 있지만 더 큰 이유는 ServletContext 객체의 데이터는 클라이언트가 모두 공유하는데 반해 쿠키 데이터는 공유하지 못하기 때문이다.

쿠키 데이터는 요청 객체에서 질의를 사용하는 경우와 동일하다. 쿠키는 보다 객체화된 문자열이라고 하겠지만 그래도 문자열이다. 쿠키 데이터가 저장된 파일을 보면 문자열들의 집합으로 구성되어 있다.

앞서 필자가 쿠기는 파일에 저장된다고 이야기를 했다. 왜 파일로 저장하는 것일까? 예를 하나 보자. 독자 여러분이 네이버와 같은 사이트에서 회원 가입을 하고서 로그인을 할 때 입력 상자 부근에서 'ID저장'이라는 이름의 확인란을 볼 수 있다. 만약 이 확인란에 선택하고 로그인을 하면 어떤 일이 일어날까? 당장에는 별 변화가 없다. 그러나 웹 브라우저를 종료하고 컴퓨터를 껐다가 며칠이 지나서 다시 네이버에 들어가면 놀라운(?) 현상이 발생한다. 자신의 ID가 ID 입력 상자에 버젓이 적혀 있는 것이다.

어떻게 된 일일까? 네이버가 우리가 로그인한 흔적을 모두 저장하고 있다는 이야기는 아니다. 수많은 사용자의 흔적을 일일이 네이버가 저장하고 있을 수는 없다. 서버가 사용자의 컴퓨터에 파일을 남겼기 때문에 가능하다.

그러면 서버는 우리 컴퓨터의 모든 곳에 파일을 남길 수 있을까? 아니다. 서버가 클라이언트 컴퓨터의 모든 영역에 접근할 수 있다는 이야기는 아니고, 정해진 영역에만 접근할 수 있다. 이 영역의 경로가 윈도우 시스템에서는

```
C:\Document And Settings\자기계정폴더\Cookies
```

폴더이다. 시스템 파일로 숨겨져 있어서 확인하려면 윈도우 탐색기에서 버전에 따라 **[도구]** → **[옵션]**이나 **[구성]** → [폴더 및 검색 옵션]을 선택하여 폴더 옵션 대화 상자를 띄운다. 이 대화 상자에서 [보기] 탭을 선택하고 목록 중 [보호된 운영 체제 파일 숨기기] 확인란에 선택을 해제해야 한다. Cookies 폴더에는 서버가 클라이언트와의 네트워크 통신에 필요한 몇 가지 데이터를 파일로 남길 수 있다. 그리고 서버 자신이 남긴 파일에 한해서 접근할 수 있다. 이 폴더에 있는 파일의 데이터를 우리는 쿠키라고 부른다.

쿠키 데이터는 남겨질 때 사용될 수 있는 시간을 기록하는데 이 시간이 경과하면 더 이상 쿠키 데이터를 사용할 수 없다. 따라서 웹 브라우저가 종료될 때 사라지는 세션 객체의 데이터보다 쿠키 데이터는 시간이 한정되어 있지만 훨씬 오래 보관할 수 있다. 물론 임의로 Cookies 폴더의 파일을 지우면 즉시 데이터는 사라지고, 서버는 자신이 남긴 파일을 찾지 못하게 된다.

간략하게 나마 설명은 마치고 쿠키 데이터를 사용하는 예제를 작성해 보자. 예제에서는 네이버나 프리렉처럼 로그인이 필요할 때 ID를 저장하는 쿠키를 다룬다. 그러나 DBMS와 연동해서 실행하는 것이 아니므로 로그인 단추를 눌렀을 때 그냥 회원이라고 가정하고 다음 단계로 넘기도록 하겠다. 로그인 폼(Form)을 만들기 위해 src 폴더에 Round15_03_Cookie_01.java 파일을 만들고서 다음과 같이 코드를 작성하자.

예제 | Round15_03_Cookie_01.java

```
01 : import java.io.*;
02 : import javax.servlet.*;
03 : import javax.servlet.http.*;
04 :
05 : public class Round15_03_Cookie_01 extends HttpServlet {
06 :     public void doGet(HttpServletRequest request, HttpServletResponse
                         ↳ response) throws IOException, ServletException {
07 :         response.setContentType("text/html;charset=euc-kr");
```

```
08 :            PrintWriter out = response.getWriter( );
09 :
10 :            out.println("<html>");
11 :            out.println("<head><title>Log In!</title></head>");
12 :            out.println("<body>");
13 :            out.println("<center>");
14 :
15 :            out.println("<form method='post' action='Servlet03_02'>");
16 :            out.println("<table border='1'>");
17 :            out.println("<tr>");
18 :            out.println("<td align='right' width='30%'>아뒤 : </td>");
19 :            out.println("<td align='center'><input type='text' name='id'
                                              ↳ size='10'/></td>");
20 :            out.println("<td align='center' rowspan='2'><input type='submit'
                                              ↳ value='로그인'/></td>");
21 :            out.println("</tr>");
22 :            out.println("<tr>");
23 :            out.println("<td align='right'>비번 : </td>");
24 :            out.println("<td align='center'><input type='password' name='pw'
                                              ↳ size='9'/></td>");
25 :            out.println("</tr>");
26 :            out.println("<tr>");
27 :            out.println("<td align='left' colspan='3'><input type='checkbox'
                                      ↳ name='id_rem' value='chk'/>아이디 기억하기</td>");
28 :            out.println("</tr>");
29 :            out.println("</table>");
30 :            out.println("</form>");
31 :
32 :            out.println("</center>");
33 :            out.println("</body>");
34 :            out.println("</html>");
35 :       }
36 : }
```

Q 코드 설명

Line **15**   out.println("<form method='post' action='Servlet03_02'>");

로그인 단추를 누르면 web.xml 파일에 등록된 Servlet03_02라는 이름으로 매핑된 주소로 데이터들을 전송한다.

Line **27**   out.println("<td align='left' colspan='3'><input type='checkbox'
         ↳, name='id_rem' value='chk'/>아이디 기억하기</td>");

확인란이 선택되어 있으면 chk라는 값이 전달되도록 한다.

Round15_03_Cookie_01.java 파일에서 지정한 Servlet03_02와 매핑될 Round15_03_Cookie _02.java 파일을 만들고서 다음과 같이 코드를 작성하자.

예제	Round15_03_Cookie_02.java

```java
01 : import java.io.*;
02 : import javax.servlet.*;
03 : import javax.servlet.http.*;
04 :
05 : public class Round15_03_Cookie_02 extends HttpServlet {
06 :     public void doPost(HttpServletRequest request, HttpServletResponse
                       ↳ response) throws IOException, ServletException {
07 :         request.setCharacterEncoding("euc-kr");
08 :
09 :         String id = request.getParameter("id");
10 :         String pw = request.getParameter("pw");
11 :         String id_rem = request.getParameter("id_rem");
12 :
13 :         response.setContentType("text/html;charset=euc-kr");
14 :         PrintWriter out = response.getWriter( );
15 :         out.println("<html><body><center><h2>");
16 :         out.println(id + "(" + pw + ")님 로그인 성공!!!");
17 :         out.println("</h2></center></body></html>");
18 :
19 :         if(id_rem != null && id_rem.equals("chk")) {
20 :             Cookie id_cookie = new Cookie("id", java.net.URLEncoder.encode
                                       ↳ (id, "euc-kr"));
21 :             id_cookie.setComment("아이디 저장");
22 :             id_cookie.setPath("/");
23 :             id_cookie.setMaxAge(60 * 60 * 24 * 365);
24 :             response.addCookie(id_cookie);
25 :         }
26 :     }
27 : }
```

Q 코드 설명

Line **19**

```
if(id_rem != null && id_rem.equals("chk")) {
```
아이디 기억하기 확인란을 선택했는지 판단한다.

Line **20**

```
Cookie id_cookie = new Cookie("id", java.net.URLEncoder.encode
                              (id, "euc-kr"));
```
쿠키 객체를 생성한다. 쿠키의 이름은 id이고 객체에 ID의 실제 값을 담는다. 만약 ID가 한글이면
인코딩을 하고서 담아야 한다.

Line **21**

```
id_cookie.setComment("아이디 저장");
```
쿠키에 대한 설명이다.

Line **22**

```
id_cookie.setPath("/");
```
모든 웹 페이지에서 사용할 수 있는 쿠키로 경로를 설정한다.

Line **23**

```
id_cookie.setMaxAge(60 * 60 * 24 * 365);
```
쿠키 데이터를 사용할 수 있는 최대 시간이다. 60초 * 60분 * 24시간 * 365일 = 1년이다.

Line **24**

```
response.addCookie(id_cookie);
```
쿠키 데이터를 클라이언트 컴퓨터의 Cookies 폴더에 저장한다.

각 파일에 접근할 URL 패턴을 web.xml 파일에 다음과 같이 등록하자.

```xml
<servlet>
    <servlet-name>My03_01</servlet-name>
    <servlet-class>Round15_03_Cookie_01</servlet-class>
</servlet>
<servlet>
    <servlet-name>My03_02</servlet-name>
    <servlet-class>Round15_03_Cookie_02</servlet-class>
</servlet>
```

중간 생략

```xml
<servlet-mapping>
    <servlet-name>My03_01</servlet-name>
    <url-pattern>/Servlet03_01</url-pattern>
</servlet-mapping>
<servlet-mapping>
    <servlet-name>My03_02</servlet-name>
```

```
    <url-pattern>/Servlet03_02</url-pattern>
  </servlet-mapping>
```

웹 서버를 구동하고서 주소 표시줄에 다음과 같이 입력하여 실행해 보자.

실행 ▶ `http://localhost:8080/Round15/Servlet03_01`

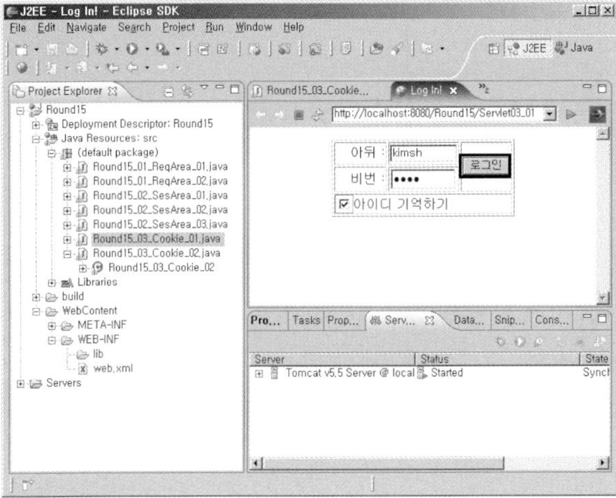

ID와 비밀번호로 아무거나 입력하고서 아이디 기억하기 확인란에 선택하고 로그인 단추를 누르자.

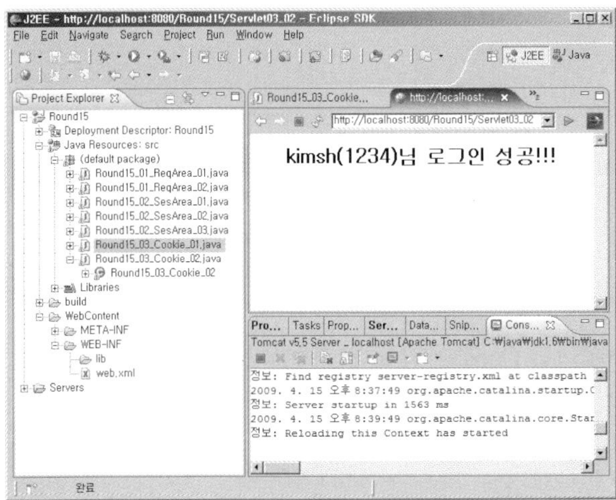

DBMS를 사용하여 검증을 하지 않았기 때문에 무조건 로그인에 성공했다는 메시지가 출력된다. 이 페이지를 무사히 보았다면 여러분의 컴퓨터에는 웹 서버가 남긴 파일 하나가 생겼을 것이다. 한번 살펴보도록 하자.

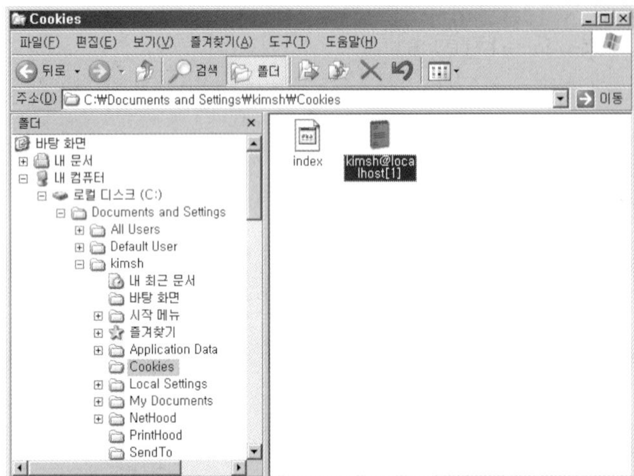

이 파일을 열어 보면 우리가 저장한 ID가 그대로 보인다. 쿠키 파일이 만들어지지 않는다면 인터넷 옵션에서 쿠키 사용에 대한 설정을 허용으로 변경해야 한다. 인터넷 검색으로 찾아보기 바란다. 그러나 웬만큼 보안 수준이 높지 않는 이상은 대부분 파일이 만들어질 것이다.

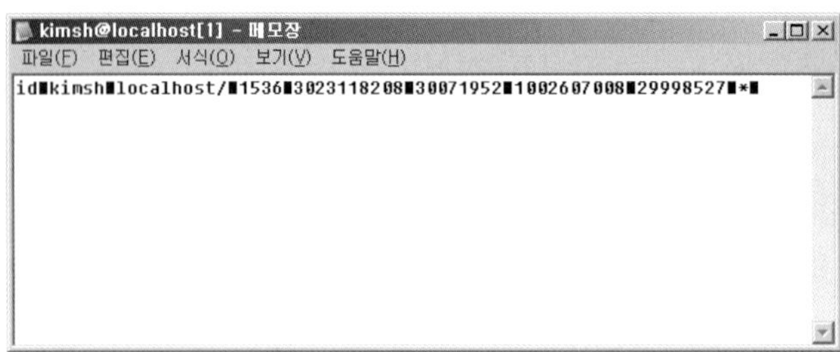

이제 웹 프로그램을 종료하고 다시 Round15_03_Cookie_01.java 파일을 실행해 보도록 하자.

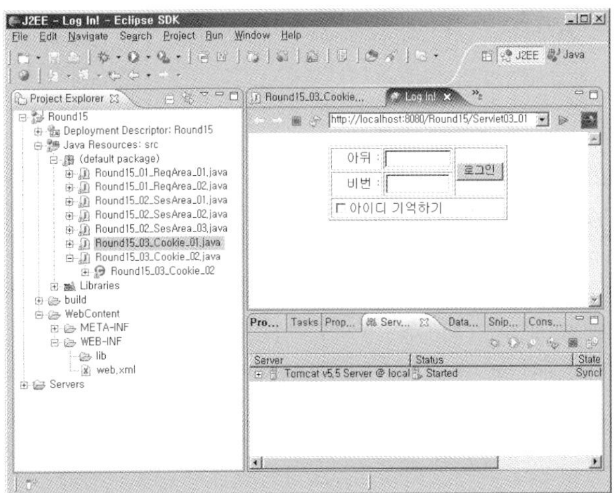

어떻게 되었는가? 분명히 아이디 기억하기 확인란에 선택하고, 쿠키 파일이 만들어진 것을 확인했는데도 불구하고 ID 입력 상자에는 아무런 내용도 적혀 있지 않다. 너무 놀라지 말기 바란다. 이것은 우리가 첫 번째 파일을 작성할 때 쿠키가 있으면 가져오라는 내용을 작성하지 않아서이다. Round15_03_Cookie_01.java 파일을 열고 다음과 같이 코드를 수정하여 다시 실행해 보자. 암영 처리된 코드가 수정한 내용이다.

| 예제 | Round15_03_Cookie_01.java(파일 수정) |

```
01 : import java.io.*;
02 : import javax.servlet.*;
03 : import javax.servlet.http.*;
04 :
05 : public class Round15_03_Cookie_01 extends HttpServlet {
06 :     public void doGet(HttpServletRequest request, HttpServletResponse
                          ↳ response) throws IOException, ServletException {
07 :
08 :         String id = "";
09 :
10 :         Cookie[ ] cookies = request.getCookies( );
11 :         for(int i = 0; cookies != null && i < cookies.length; ++i) {
12 :             String key = cookies[i].getName( );
13 :             if(key.equals("id")) {
14 :                 id = cookies[i].getValue( );
```

```
15 :                         id = java.net.URLDecoder.decode(id, "euc-kr");
16 :              }
17 :           }
18 :
19 :
20 :           response.setContentType("text/html;charset=euc-kr");
21 :           PrintWriter out = response.getWriter( );
22 :
23 :           out.println("<html>");
24 :           out.println("<head><title>Log In!</title></head>");
25 :           out.println("<body>");
26 :           out.println("<center>");
27 :
28 :           out.println("<form method='post' action='Servlet03_02'>");
29 :           out.println("<table border='1'>");
30 :           out.println("<tr>");
31 :           out.println("<td align='right' width='30%'>아뒤 : </td>");
32 :           out.println("<td align='center'><input type='text' name='id'
                                  ↳ value='" + id + "' size='10'/></td>");
33 :           out.println("<td align='center' rowspan='2'><input type='submit'
                                             ↳ value='로그인'/></td>");
34 :           out.println("</tr>");
35 :           out.println("<tr>");
36 :           out.println("<td align='right'>비번 : </td>");
37 :           out.println("<td align='center'><input type='password' name='pw'
                                             ↳ size='9'/></td>");
38 :           out.println("</tr>");
39 :           out.println("<tr>");
40 :           out.println("<td align='left' colspan='3'><input type='checkbox'
                                      ↳ name='id_rem' value='chk'/>아이디 기억하기</td>");
41 :           out.println("</tr>");
42 :           out.println("</table>");
43 :           out.println("</form>");
44 :
45 :           out.println("</center>");
46 :           out.println("</body>");
47 :           out.println("</html>");
48 :      }
49 : }
```

🔍 코드 설명

Line **8**
```
String id = "";
```
ID가 쿠키로 저장되어 있으면 가져와서 변수 id에 저장한다.

Line **10**
```
Cookie[ ] cookies = request.getCookies( );
```
클라이언트의 컴퓨터에 서버가 저장한 쿠키 파일의 데이터를 배열로 획득해 온다. 데이터가 지금처럼 하나일 수도 있지만 여러 개일 수도 있다. 쿠키 데이터는 키와 값의 쌍으로 있다.

Line **11**
```
for(int i = 0; cookies != null && i < cookies.length; ++i) {
```
배열 cookies에 넘어온 쿠키 데이터가 Null이 아니라면 for 문을 수행하면서 id라는 키를 찾아야 한다.

Line **12**
```
String key = cookies[i].getName( );
```
Cookie 클래스의 getName( ) 메서드를 사용해서 쿠키로부터 키를 가져온다.

Line **13**
```
if(key.equals("id")) {
```
키가 id이면 당연히 우리가 저장한 ID의 값을 가지고 있을 것이다.

Line **14**
```
id = cookies[i].getValue( );
```
키가 id이기 때문에 이 위치의 쿠키가 해당 값을 가지고 있을 것이다.

Line **15**
```
id = java.net.URLDecoder.decode(id, "euc-kr");
```
id가 한글일 때를 고려해서 저장할 때 인코딩을 했으므로 이번에는 반대로 URLDecoder 클래스의 decode( ) 메서드를 사용해서 디코딩을 해야 한다.

Line **28**
```
out.println("<form method='post' action='Servlet03_02'>");
```
로그인 단추를 누르면 web.xml 파일에 등록된 Servlet03_02라는 이름으로 매핑된 주소로 데이터들을 전송한다.

Line **32**
```
out.println("<td align='center'><input type='text' name='id'
                              └ value='" + id + "' size='10'/></td>");
```
변수 id의 값을 HTML 문서에 포함시킨다.

Line **40**
```
out.println("<td align='left' colspan='3'><input type='checkbox'
                         └ name='id_rem' value='chk'/>아이디 기억하기</td>");
```
확인란에 선택하면 chk라는 값이 전달되도록 한다.

다시 첫 번째 파일을 실행해 보자. 조금 전에 쿠키 파일로 저장된 데이터가 HTML 문서에 포함되어 다음과 같이 표시될 것이다.

 `http://localhost:8080/Round15/Servlet03_01`

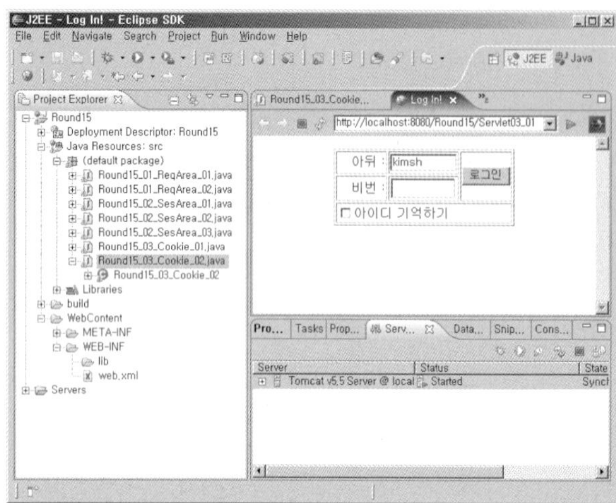

이렇게 클라이언트의 컴퓨터를 사용하여 데이터를 저장하는 방식을 쿠키라고 부른다. 그러나 앞서 설명한 것처럼 쿠키 데이터는 문자열로만 저장되기 때문에 그리고 메모리가 아닌 파일을 사용하기 때문에 데이터 저장 영역에 포함되지는 않는다. 마지막으로 ServletContext 객체에 저장되는 데이터를 살펴보도록 하자.

15.5 ServletContext 객체의 데이터

ServletContext 객체에 저장된 데이터는 다른 데이터 저장 영역의 데이터와는 확연히 구분된다. 바로 공유라는 점인데 공유라고 하면 일반적으로 static을 이야기한다. 그러나 static은 클래스 하나에서 생성된 모든 객체들이 공유하는 데이터인데 반해 ServletContext 객체의 데이터는 현재 서버에 접속한 모든 클라이언트에게 동일한 값을 제공할 수 있다. 이것은 데이터 저장 영역이 너무 넓기 때문에 생긴 현상이지 static과 같은 메모리적인 효과는 아니다.

또한, ServletContext 객체에 너무 많은 데이터를 저장하면 부하가 많이 걸리고 특정 데이터가 유출될 수도 있다. 때문에 가급적 사용을 자제해야 한다. ServletContext 객체에 저장된 데이터는 서버가 다운 상태에 빠지기 전까지 유효하다. 컴퓨터 여러 대로 예제를 확인해 보면 이해하기 쉽겠지만 현실적으로 무리이므로 이론적으로 나마 이해하도록 하자. 저장 방법은 요청 객체나 세션 객체와 동일하다.

src 폴더에 Round15_04_ServletContext_01.java 파일을 만들고서 다음과 같이 코드를 작성하자.

예제	Round15_04_ServletContext_01.java

```
01 : import java.io.*;
02 : import javax.servlet.*;
03 : import javax.servlet.http.*;
04 :
05 : public class Round15_04_ServletContext_01 extends HttpServlet {
06 :     public void doGet(HttpServletRequest request, HttpServletResponse
                          ↳ response) throws IOException, ServletException {
07 :         String intro = "안녕하세요! 우리 서버에 오신것을 환영합니다.";
08 :
09 :         ServletContext context = this.getServletContext( );
10 :         context.setAttribute("intro", intro);
11 :
12 :         response.setContentType("text/html;charset=euc-kr");
13 :         PrintWriter out = response.getWriter( );
14 :         out.println("<html><body>");
15 :         out.println("ServletContext 데이터 생성 완료!");
16 :         out.println("</body></html>");
17 :     }
18 : }
```

🔍 코드 설명

Line **7**　　　　String intro = "안녕하세요! 우리 서버에 오신것을 환영합니다.";
서버에 접속하는 모든 클라이언트에게 하는 인사 메시지이다.

Line **9**　　　　ServletContext context = this.getServletContext( );
ServletContext 객체를 생성한다.

Line **10**　　　　context.setAttribute("intro", intro);
ServletContext 객체에 intro 객체를 저장한다. 이렇게 저장된 데이터는 서버에 접속된 클라이언트 누구나 볼 수 있다. 서버가 종료되어야 비로소 데이터가 사라진다.

Round15_04_ServletContext_01.java 파일에서 생긴 데이터를 확인할 수 있는 별개의
Round15_04_ServletContext_02.java 파일을 만들고서 다음과 같이 코드를 작성하자.

| 예제 | Round15_04_ServletContext_02.java |

```java
01 : import java.io.*;
02 : import javax.servlet.*;
03 : import javax.servlet.http.*;
04 :
05 : public class Round15_04_ServletContext_02 extends HttpServlet {
06 :        public void doGet(HttpServletRequest request, HttpServletResponse
                             ↳ response) throws IOException, ServletException {
07 :
08 :            ServletContext context = this.getServletContext( );
09 :            String intro = (String)context.getAttribute("intro");
10 :
11 :            response.setContentType("text/html;charset=euc-kr");
12 :            PrintWriter out = response.getWriter( );
13 :
14 :            out.println("<html><body>");
15 :            out.println("서버의 인사말 = " + intro);
16 :            out.println("</body></html>");
17 :        }
18 : }
```

Q 코드 설명

Line **8**　　　 `ServletContext context = this.getServletContext( );`
ServletContext 객체를 생성한다.

Line **9**　　　 `String intro = (String)context.getAttribute("intro");`
ServletContext 객체에서 intro라는 키로 저장된 객체를 획득한다.

Line **15**　　　 `out.println("서버의 인사말 = " + intro);`
intro라는 키로 저장된 데이터를 출력해 본다. 예제를 여러 대의 컴퓨터에서 실행해 보면 동일하게
출력한다.

web.xml 파일에 URL 패턴을 등록하자.

```
<servlet>
    <servlet-name>My04_01</servlet-name>
    <servlet-class>Round15_04_ServletContext_01</servlet-class>
</servlet>
<servlet>
    <servlet-name>My04_02</servlet-name>
    <servlet-class>Round15_04_ServletContext_02</servlet-class>
</servlet>
```

중간 생략

```
<servlet-mapping>
    <servlet-name>My04_01</servlet-name>
    <url-pattern>/Servlet04_01</url-pattern>
</servlet-mapping>
<servlet-mapping>
    <servlet-name>My04_02</servlet-name>
    <url-pattern>/Servlet04_02</url-pattern>
</servlet-mapping>
```

웹 서버를 구동하고서 주소 표시줄에 다음과 같이 입력하여 실행해 보자.

실행 `http://localhost:8080/Round15/Servlet04_01`

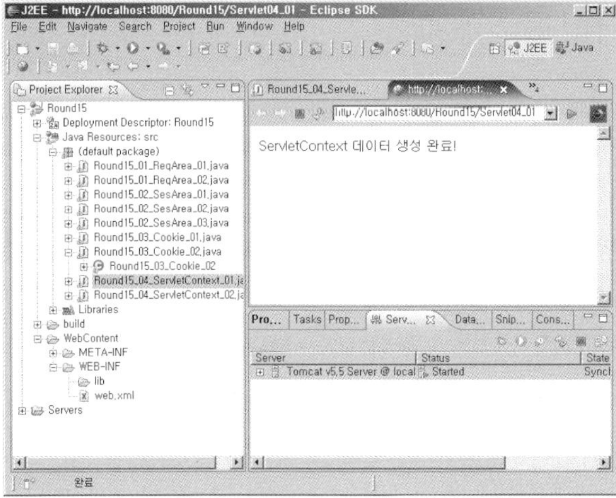

웹 서버만 종료하지 않은 상태에서 웹 브라우저 여러 개를 열고 주소 표시줄에 다음과 같이 입력하여 전부 동일하게 출력되는지 확인해 보자.

실행 ▶ `http://localhost:8080/Round15/Servlet04_02`

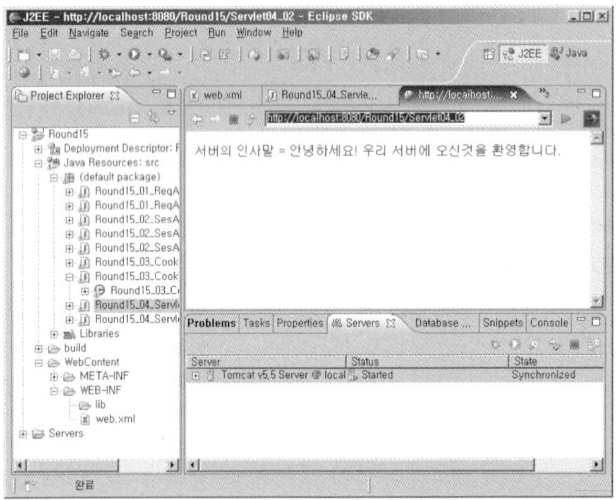

이렇게 웹 프로그램에서는 데이터를 저장하고 관리하는 방법을 여러 가지로 구분했다. 데이터 저장 영역에 따라 용도가 틀린 것은 당연한 일이다. Part 2를 배우면서는 모든 데이터를 세션 객체나 ServletContext 객체에 저장하고픈 마음이 든다. 그러나 조금씩 배우다 보면 발생하는 부하나 엉뚱한 결과 때문에 차츰 이들 영역을 이해하게 된다.

마무리 하면서

이번 라운드에서는 웹 프로그램에서 사용하는 데이터를 저장하고 관리하는 영역에 대해서 살펴보았다. 당연한 이야기지만 이들 영역은 저마다 용도가 있다. 지금 당장이야 어디에 어떤 데이터 영역을 사용해야 하는지 감을 잡지 못하지만 그렇다고 무턱대고 사용하다 보면 훌륭한 개발자와는 거리가 멀어진다. 따라서 각 데이터 영역에 데이터를 넣기 전에 인터넷으로 검색해서 어떤 데이터 영역을 사용해야 효율적인지를 확인하고 선택하는 습관을 들이기 바란다.

다시 한번 네 가지 데이터 저장 영역을 짚어 보면 페이지(Page) 객체 < 요청 객체 < 세션 객체 < ServletContext 객체 순으로 데이터의 저장 영역이 넓어진다. 물론 요청 객체의 질의나 쿠키와 같은 데이터 저장도 알아 두어야 한다. 두 가지는 문자열만을 저장하지만 아주 유용하다.

Part 2
웹 프로그래밍 : 서블릿편

제 16 장

서블릿에서의 파일 입출력과 전송, JDBC

▌ 콘솔 프로그램에서와 마찬가지로 웹 프로그램 역시 파일이나 데이터베이스와 통신이 가능하다. 방법 역시 동일하다. 문제는 경로이다. 웹은 경로의 시작이 웹 서버이기 때문이다. 예를 들어 톰캣을 C:\Web_Java\Tomcat5로 설치하면 웹에서 최상위 디렉터리는 C:\Web_Java\Tomcat5가 된다. 그리고 웹 프로젝트를 만들면 최상위 디렉터리는 C:\Web_Java\Tomcat5\webapps\프로젝트이름이 된다. 경로도 http://localhost:8080/프로젝트이름으로 인식되기 때문에 사용하기가 까다롭다. 데이터베이스는 그나마 괜찮다. 네이밍(Naming)만 적절히 하면 콘솔 프로그램에서와 거의 동일하다. 여하튼 이번 라운드를 통해서 파일이나 데이터베이스를 이용하는 방법을 배울 것이다.

Round **16**

16.1 파일 시스템과 DBMS **16.2** 서블릿에서의 파일 시스템
16.3 파일 전송과 관련 패키지 **16.4** 서블릿에서의 DBMS

목표

· 웹 프로그램에서 파일 입출력을 할 수 있다.

· 웹 프로그램에서 파일을 전송할 수 있다.

· DBMS와 연동하는 웹 프로그램을 작성하고 환경 설정을 할 수 있다.

활용

파일과 데이터베이스 비교

콘솔 프로그램이나 웹 프로그램이나 반영구적으로 데이터를 유지하려면 파일로 저장
하거나 데이터베이스로 저장해야 한다. 데이터를 메모리에만 저장하면 프로그램이 종
료되었을 때 여지 없이 사라지기 때문이다.

그런데 파일과 데이터베이스 중에서 언제 어떤 것을 사용할 것인가를 결정하는 것은
상당히 힘든 일이다. 일반적으로 알려진 내용을 기준으로 보면 빠른 속도와 단순한
값의 저장인 경우에는 파일을 사용하는 것이 좋다. 대용량 데이터에서 빠른 검색이나
수정, 삭제 등과 관련해서 DML(Data Manipulation Language)을 사용하고 싶으면
데이터베이스를 사용하는 것이 좋다. 데이터베이스 접속은 네트워크 부하가 발생하기
때문에 연결(Connection) 관리를 소홀히 해서는 안 된다는 것을 기억해야 한다.

 들어가기 전에

데이터가 지속성을 갖도록 웹 프로그램을 작성하는 것은 중요한 사안이다. 예를 들어 웹 사이트가 있다고 하자. 회원 정보를 관리하고 싶으면 회원 정보를 데이터로 유지해야 할 것이고, 상품을 팔고자 하면 상품 정보를 데이터로 유지해야 할 것이다. 또한, 게시판을 운영하고자 하면 역시 게시물의 내용을 데이터로 유지해야 한다.

이처럼 웹 프로그램의 전 영역에서 데이터를 유지하는 것이 중요하다 하겠다. 데이터를 유지하는 방법은 크게 둘로 나누어지는데 하나는 파일 시스템을 사용하는 것이고, 다른 하나는 DBMS를 사용하는 것이다. 둘 모두 장단점이 있다. 때문에 상황에 따라 판단을 잘해서 적절한 방법을 선택해야 한다.

16.1 파일 시스템과 DBMS

먼저 파일 시스템은 DBMS를 사용할 수 없는 경우에 많이 사용한다. DBMS를 사용할 수 없는 경우는 콘솔 프로그램일 때 더 많다. 예를 들어 MS사의 워드나 엑셀, 그림판, 계산기 등의 프로그램은 따로 DBMS와 연동되어 실행되지 않는 프로그램들이다. 이클립스도 DBMS가 따로 없는 프로그램이다. 따라서 이러한 프로그램에서 저장할 데이터들이 생기면 파일 시스템을 사용하는 것이 당연하다.

파일 시스템은 다른 프로그램을 설치하지 않아도 된다. 때문에 가볍고, 로컬 정보를 사용해서 빠르게 데이터를 저장할 수 있다. 그러나 보안에 취약하거나 데이터의 검색과 수정, 삭제 등의 작업이 느리다. 사용자의 에러로 인한 데이터 손실도 많이 발생한다. 때문에 데이터의 양이 많으면 파일 시스템으로 관리하지 않는 편이 좋다.

다음으로 DBMS는 파일 시스템의 단점을 보완하려는 경우에 많이 사용한다. 물론 DBMS를 하나도 사용하지 않고 파일 시스템만으로도 DBMS 기능을 구현할 수 있지만 너무 많은 자원을 소모한다. 따라서 데이터의 양이 많으면 DBMS를 설치하여 관리하는 편이 좋다.

DBMS를 사용하면 보안이 강화되고, 데이터의 검색과 수정, 삭제 등의 작업과 공간 관리, 계정 관리 등이 쉬어진다. 그러나 DBMS 서버와 네트워크 통신을 하면서 네트워크 부하가 발생하고, 이로 인해서 연결 관리를 해야 한다. 또한, 인터넷이나 네트워크 속도가 느리거나 끊길 때 데이터 손실이 발생할 수도 있다. 따라서 단순하고 작은 규모의 데이터 저장인 경우에는 DBMS를 사용하지 않는 편이 좋다.

여하튼 둘 다 웹 프로그램에서 자주 사용하는 시스템이고, 어떤 시스템이 절대적으로 우월하지는 않으므로 상황에 따라 잘 판단해서 선택해야 한다.

16.2 서블릿에서의 파일 시스템

서블릿에서 파일 시스템을 사용하여 데이터를 관리할 때 중요한 것은 경로 관리이다. 콘솔 프로그램은 C:\, D:\ 등과 같이 최상위 디렉터리가 경로의 시작이며, 여기서부터 원하는 파일에 접근할 수 있다. 하지만, 웹 프로그램은 경로의 시작이 웹 서버이기 때문에 경로 관리가 힘들다.

예를 들어 톰캣의 설치 경로를 C:\Web_Java\Tomcat5로 하여 설치하면 웹 프로그램이 인식하는 최상위 디렉터리는 C:\Web_Java\Tomcat5이며, 여기가 경로의 시작이 된다. 특히, 웹 프로젝트를 만들면 최상위 디렉터리는

```
C:\Web_Java\Tomcat5\webapps\프로젝트이름
```

이 된다. 또한, 경로도

```
http://localhost:8080/프로젝트이름
```

으로 인식되기 때문에 사용하기가 까다롭다.

일단 경로의 최상위 디렉터리를 현재 프로젝트라고 가정하고 해당 경로의 실제 주소를 추출할 때는 앞서 배운 ServletContext 객체를 사용하면 된다. 이 객체는 현재 서블릿이 실행되는 서버의 환경 정보를 관리하기 때문에 원하는 디렉터리까지의 주소를 추출할 수 있다.

```
ServletContext context = this.getServletContext( );
String real_path = context.getRealPath("/");
```

경로의 매개 변수로 / 기호를 사용하면 해당 프로젝트까지의 주소가 반환된다. 해당 프로젝트 아래 특정 디렉터리에 접근하고 싶으면 여기서부터 상대 경로를 사용하면 된다. 예를 들어 board 폴더가 해당 프로젝트 아래에 있으면

```
context.getRealPath("/board")
```

라고 적으면 된다.

그렇다고 경로를 콘솔 프로그램에서처럼 C:\나 D:\로 하면 안 된다는 것은 아니다. 다만, 다른 서버로의 이식성을 높이려면 이런 방식은 피해야 한다. 이렇게 경로를 설정한 다음에는 우리가 알고 있는 파일 입출력과 코드가 동일하다. 만약 파일 입출력을 잘 모른다면 다시 공부하기 바란다. 이번 라운드에서 자세히 다루기는 힘들다.

지금부터 두 가지 예제를 작성해 보겠다. 하나는 서블릿에서 직접 데이터를 저장하는 예제이고, 다른 하나는 초기화 매개 변수를 사용하여 방문자 수를 저장하는 예제이다. Round16 프로젝트를 만들고 WebContent 폴더에 Round16_01_Servlet.htm 파일을 만들어서 다음과 같이 코드를 작성하도록 하자.

예제 | Round16_01_Servlet.htm

```html
<!DOCTYPE html PUBLIC "-//W3C//DTD HTML 4.01 Transitional//EN"
                            "http://www.w3.org/TR/html4/loose.dtd">
<html>
<head>
<meta http-equiv="Content-Type" content="text/html; charset=EUC-KR">
<title>데이터 저장!</title>
<script language="javascript">
<!--
    function check_form( ) {
        var name = data_form.name.value;
        var age = data_form.age.value;
        var school = data_form.school.value;
        var filename = data_form.school.value;
```

```
        if(!blank_check('이름', name)) return false;
        if(!blank_check('나이', age)) return false;
        if(!blank_check('학교', school)) return false;
        if(!blank_check('파일명', filename)) return false;

        return true;
    }
    function blank_check(name, value) {
        if(value == '') {
            alert(name + " 영역이 비었습니다.");
            return false;
        }
        return true;
    }
//-->
</script>
</head>
<body>
    <h3>기초 정보 저장!</h3>
    <form method="POST" name="data_form" action="Servlet_01" onSubmit="return
                                    check_form( )">
        이름 : <input type="text" name="name" size="20"/><br/>
        나이 : <input type="text" name="age" size="20"/><br/>
        학교 : <input type="text" name="school" size="20"/><br/>
        파일 : <input type="text" name="filename" size="20"/><br/>
        <input type="submit" value="저장"/>
    </form>
</body>
</html>
```

각 영역이 비어 있는지를 확인한다.

name에 필드 이름이 오고, value에 필드의 값이 들어와 해당 값이 비어 있는지를 검증하는 스크립트이다.

HTML 파일에서 〈form〉 태그의 action 속성으로 지정한 Servlet_01 파일의 실제 파일인 Round16_01_Servlet.java 파일을 만들고서 다음과 같이 코드를 작성하자.

| 예제 | Round16_01_Servlet.java |

```
01 : import java.io.*;
02 : import javax.servlet.*;
```

```
03 :   import javax.servlet.http.*;
04 :
05 :   public class Round16_01_Servlet extends HttpServlet {
06 :       public void doPost(HttpServletRequest request, HttpServletResponse
                            ↳ response) throws IOException, ServletException {
07 :           request.setCharacterEncoding("euc-kr");
08 :
09 :           String name = request.getParameter("name");
10 :           String age = request.getParameter("age");
11 :           String school = request.getParameter("school");
12 :           String filename = request.getParameter("filename");
13 :
14 :           ServletContext context = this.getServletContext( );
15 :           String path = context.getRealPath("/personInfo");
16 :           File dir = new File(path);
17 :           if(!dir.exists( )) dir.mkdir( );
18 :           File file = new File(dir, filename);
19 :           PrintWriter f_out = new PrintWriter(new BufferedWriter
                                        ↳ (new FileWriter(file)));
20 :           f_out.println("name : " + name);
21 :           f_out.println("age : " + age);
22 :           f_out.println("school : " + school);
23 :           f_out.close( );
24 :
25 :           response.setContentType("text/html;charset=euc-kr");
26 :           PrintWriter out = response.getWriter( );
27 :           out.println("<html><body><center><h3>");
28 :           out.println(path + File.separator + filename + "의 파일에 정보가
                                        ↳ 저장되었습니다. ");
29 :           out.println("</h3></center></body></html>");
30 :       }
31 :   }
```


Q 코드 설명

Line **6**

```
public void doPost(HttpServletRequest request, HttpServletResponse
                            ↳ response) throws IOException, ServletException {
```

POST 방식의 요청을 사용해서 doPost( ) 메서드를 작성한다.

```
Line 7          request.setCharacterEncoding("euc-kr");
```
요청 객체에 담겨 넘어오는 데이터에 대해 POST 방식으로 한글을 처리한다.

```
Line 14         ServletContext context = this.getServletContext( );
```
서버의 환경 정보를 관리하는 객체를 생성한다.

```
Line 15         String path = context.getRealPath("/personInfo");
```
현재 프로젝트까지의 실제 경로에 personInfo 경로를 추가하여 추출한다.

```
Line 16         File dir = new File(path);
```
매개 변수 path를 기준으로 파일 객체를 생성한다.

```
Line 17         if(!dir.exists( )) dir.mkdir( );
```
만약 dir 디렉터리가 없으면 새로 디렉터리를 만든다.

```
Line 18         File file = new File(dir, filename);
```
매개 변수 dir의 디렉터리에 매개 변수 filename의 파일 이름을 가진 파일 객체를 생성한다.

```
Line 19         PrintWriter f_out = new PrintWriter(new BufferedWriter
                                          (new FileWriter(file)));
```
파일에 대하여 출력 객체를 생성한다.

```
Line 22         f_out.println("school : " + school);
```
매개 변수로 넘어온 데이터를 파일로 저장한다.

```
Line 23         f_out.close( );
```
파일 출력 객체를 종료한다.

```
Line 25         response.setContentType("text/html;charset=euc-kr");
```
응답 객체에 대해 MIME과 문자 세트를 지정한다.

```
Line 26         PrintWriter out = response.getWriter( );
```
응답 객체를 가지고 출력 객체를 생성한다.

```
Line 28         out.println(path + File.separator + filename + "의 파일에 정보가
                                          저장되었습니다.");
```
저장된 경로와 파일 이름을 클라이언트의 화면에 출력한다.

15행에서 웹 브라우저에서 직접 실행하면 경로가 C:\Web_Java\Tomcat5\wepapps\Round16
이 되겠지만 이클립스에서 실행하면 이클립스의 빌드 경로가 된다. 실행하고서 확인해 보기 바
란다.

web.xml 파일에 서블릿을 등록하고서 주소 표시줄에 다음과 같이 입력하여 HTML 파일부터
실행해 보자. 여기서 폼의 각 필드 중 하나라도 비어 있으면 자바스크립트에 의해 경고 창이 뜨
고 서블릿으로 전송되지 않는다.

실행 ▶ `http://localhost:8080/Round16/Round16_01_Servlet.htm`

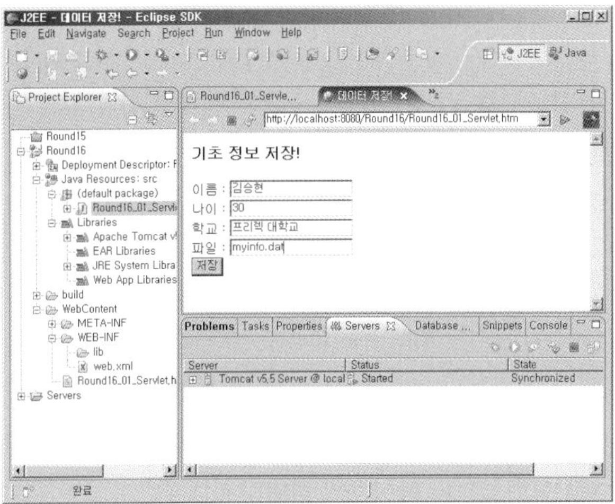

결과에서 보는 경로는 이클립스가 관리한다. 실제 웹 서버를 구동하면 경로 차이가 생긴다.

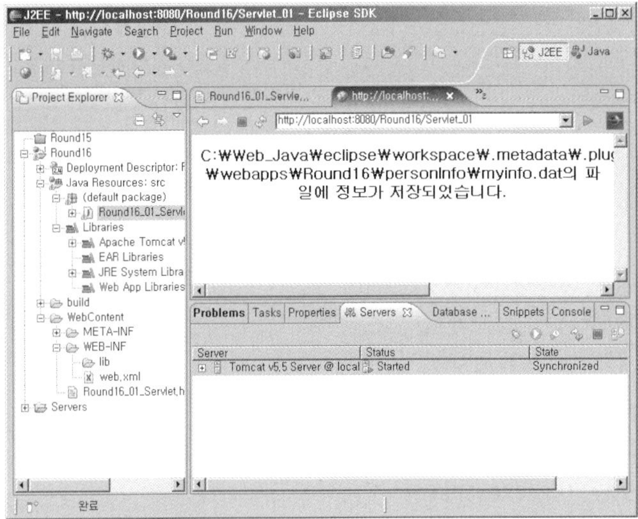

이클립스는 개발 기반의 프로그램이기 때문에 이 경로를 실제 경로와 혼돈해서는 안 된다. 실제 경로를 보고 싶으면 Ant를 사용하여 실제 webapps 폴더에 WAR 파일로 압축하여 배포하고서 웹 브라우저로 결과를 확인하기 바란다. 그러면 이 경로는

```
C:\Web_Java\Tomcat5\wepapps\Round16
```

이라고 출력될 것이다.

다음 예제는 앞서 말한 것처럼 사용자가 사이트에 접속하면 방문자 수를 하나씩 올려 파일에 저장하는 예이다. 그러나 여기서는 직접 경로를 관리하지 않고 저장하는 파일의 이름과 경로를 초기화 매개 변수로부터 가져올 것이다. 이렇게 관리하면 나중에 경로를 수정해도 서블릿을 다시 컴파일하는 번거로움이 없어진다.

주의할 점은 실제 웹 서버에서는 방문자 수의 입출력을 init( )과 destroy( ) 메서드에서 작성하지만 이 책에서는 doGet( ) 메서드에서 바로 작성하겠다. 왜냐하면 실제 웹 서버에서는 강제 종료가 없어서 정상적으로 init( )과 destroy( ) 메서드가 실행된다. 하지만, 이클립스에서는 강제 종료가 있다. 때문에 두 메서드가 정상적으로 실행되는지 확인하기 어렵다.

예제에서는 실제 사용하는 코드와 테스트하는 코드를 둘 다 작성할 것이다. 실행할 때는 두 번째 테스트할 코드로 하기 바란다. src 폴더에 Round16_02_Servlet.java 파일을 만들어서 다음과 같이 코드를 작성하자.

| 예제 | Round16_02_Servlet.java(실제 코드) |

```java
01 :  import java.io.*;
02 :  import javax.servlet.*;
03 :  import javax.servlet.http.*;
04 :
05 :  public class Round16_02_Servlet extends HttpServlet {
06 :      private File dir, file;
07 :      private int count = 1;
08 :
09 :      public void init( ) {
10 :          ServletContext context = this.getServletContext( );
11 :          String path = context.getRealPath("/");
12 :          String dirname = getInitParameter("dirname");
```

```
13 :        String filename = getInitParameter("filename");
14 :
15 :        dir = new File(path, dirname);
16 :        if(!dir.exists( )) dir.mkdir( );
17 :        file = new File(dir, filename);
18 :
19 :        if(file.exists( )) {
20 :          try {
21 :            DataInputStream f_in = new DataInputStream
                    ↳ (new BufferedInputStream(new FileInputStream(file)));
22 :            count = f_in.readInt( );
23 :            f_in.close( );
24 :          } catch(IOException e) {
25 :            System.err.println("file read error : " + e.getMessage());
26 :          }
27 :        }
28 :
29 :      }
30 :
31 :      public void doGet(HttpServletRequest request, HttpServletResponse
                        ↳ response) throws IOException, ServletException {
32 :        response.setContentType("text/html;charset=euc-kr");
33 :        PrintWriter out = response.getWriter( );
34 :        out.println("<html><body>");
35 :        out.println("<center><h3>");
36 :        out.println("당신은 " + count++ + "번째 방문자 이십니다.");
37 :        out.println("</h3></center>");
38 :        out.println("</body></html>");
39 :      }
40 :
41 :      public void destroy( ) {
42 :        try {
43 :          DataOutputStream f_out = new DataOutputStream
                      ↳ (new BufferedOutputStream(new FileOutputStream(file)));
44 :          f_out.writeInt(count);
45 :          f_out.close( );
46 :        } catch(IOException e) {
47 :          System.err.println("file write error : " + e.getMessage( ));
48 :        }
49 :      }
50 : }
```

> 방문자 수를 읽어 온다. 한 번이라도 웹 서버가 종료되었으면 방문자 수를 저장하는 파일이 생겼을 것이다. 그렇지 않으면 파일이 생기지 않았을 것이고 방문자 수는 1이다.

Q 코드 설명

Line **6**
```
private File dir, file;
```
파일을 저장할 디렉터리와 파일 객체를 선언한다.

Line **7**
```
private int count = 1;
```
방문자 수를 저장할 변수를 선언한다. 방문자 수는 개인별이 아니라 웹 서버에 접속하는 모든 사용자에 대하여 공통의 값이다. 처음에 방문자 수를 1로 초기화한다.

Line **9**
```
public void init( ) {
```
서블릿이 로드될 때 한 번 실행되는 초기화 메서드이다.

Line **10**
```
ServletContext context = this.getServletContext( );
```
서블릿의 환경 정보를 관리하는 객체를 생성한다.

Line **11**
```
String path = context.getRealPath("/");
```
현재 프로젝트까지의 실제 경로를 추출한다.

Line **12**
```
String dirname = getInitParameter("dirname");
```
파일을 저장할 폴더 이름을 초기화 매개 변수로부터 읽어 온다. 이 값은 web.xml 파일에 저장되어 있다.

Line **13**
```
String filename = getInitParameter("filename");
```
저장할 파일 이름을 초기화 매개 변수로부터 읽어 온다. 이 값도 web.xml 파일에 저장되어 있다.

Line **15**
```
dir = new File(path, dirname);
```
매개 변수 path를 기준으로 파일 객체를 생성한다.

Line **16**
```
if(!dir.exists( )) dir.mkdir( );
```
만약 dir 디렉터리가 없으면 새로 디렉터리를 만든다.

Line **17**
```
file = new File(dir, filename);
```
매개 변수 dir의 디렉터리에 매개 변수 filename의 파일 이름을 가진 파일 객체를 생성한다.

Line **21**
```
DataInputStream f_in = new DataInputStream(new BufferedInputStream
                                ↳ (new FileInputStream(file)));
```
파일로부터 데이터를 읽을 수 있는 입력 스트림을 생성한다.

Line **22**
```
count = f_in.readInt( );
```
파일 저장은 int형 4바이트로 할 것이므로 읽을 때도 int형 4바이트로 한다.

Line **23**
```
f_in.close( );
```
파일 읽기 객체를 종료한다.

Line **31** _________ `public void doGet(HttpServletRequest request, HttpServletResponse`
┗, `response) throws IOException, ServletException {`
웹 브라우저의 주소 표시줄에서 바로 실행할 것이므로 doGet( ) 메서드를 사용한다.

Line **32** _________ `response.setContentType("text/html;charset=euc-kr");`
응답 객체에 대하여 MIME과 문자 세트를 지정한다.

Line **33** _________ `PrintWriter out = response.getWriter( );`
응답 객체를 가지고 텍스트 출력 객체를 생성한다.

Line **36** _________ `out.println("당신은 " + count++ + "번째 방문자 이십니다.");`
방문자 수를 출력한다.

Line **41** _________ `public void destroy( ) {`
웹 서버가 종료될 때 한 번 실행되는 메서드이다.

Line **43** _________ `DataOutputStream f_out = new DataOutputStream`
┗,`(new BufferedOutputStream(new FileOutputStream(file)));`
웹 서버가 종료될 때 그때까지의 방문자 수를 저장하기 위해 파일 출력 스트림을 생성한다.

Line **44** _________ `f_out.writeInt(count);`
방문자 수를 4바이트 int형으로 저장한다.

Line **45** _________ `f_out.close( );`
파일 출력 스트림을 종료한다.

예제 | Round16_02_Servlet.java(테스트 코드)

```java
import java.io.*;
import javax.servlet.*;
import javax.servlet.http.*;

public class Round16_02_Servlet extends HttpServlet {
    private File dir, file;
    private int count = 1;

    public void doGet(HttpServletRequest request, HttpServletResponse response)
                                    ┗, throws IOException, ServletException {

        ServletContext context = this.getServletContext( );
        String path = context.getRealPath("/");
        String dirname = getInitParameter("dirname");
        String filename = getInitParameter("filename");
```

```java
        dir = new File(path, dirname);
        if(!dir.exists( )) dir.mkdir( );
        file = new File(dir, filename);

        if(file.exists( )) {
            try {
                DataInputStream f_in = new DataInputStream
                        ↳ (new BufferedInputStream(new FileInputStream(file)));
                count = f_in.readInt( );
                f_in.close( );
            } catch(IOException e) {
                System.err.println("file read error : " + e.getMessage( ));
            }
        }

        response.setContentType("text/html;charset=euc-kr");
        PrintWriter out = response.getWriter( );
        out.println("<html><body>");
        out.println("<center><h3>");
        out.println("당신은 " + count++ + "번째 방문자 이십니다.");
        out.println("</h3></center>");
        out.println("</body></html>");

        try {
            DataOutputStream f_out = new DataOutputStream
                    ↳ (new BufferedOutputStream(new FileOutputStream(file)));
            f_out.writeInt(count);
            f_out.close( );
        } catch(IOException e) {
            System.err.println("file write error : " + e.getMessage( ));
        }
    }

}
```

web.xml 파일에 초기화 매개 변수와 함께 서블릿을 다음과 같이 등록하자.

```xml
<servlet>
    <servlet-name>My_01</servlet-name>
    <servlet-class>Round16_01_Servlet</servlet-class>
</servlet>
```

```
<servlet>
    <servlet-name>My_02</servlet-name>
    <servlet-class>Round16_02_Servlet</servlet-class>
    <init-param>
        <param-name>dirname</param-name>
        <param-value>visit</param-value>
    </init-param>
    <init-param>
        <param-name>filename</param-name>
        <param-value>count.dat</param-value>
    </init-param>
</servlet>

<servlet-mapping>
    <servlet-name>My_01</servlet-name>
    <url-pattern>/Servlet_01</url-pattern>
</servlet-mapping>
<servlet-mapping>
    <servlet-name>My_02</servlet-name>
    <url-pattern>/Servlet_02</url-pattern>
</servlet-mapping>
```

주소 표시줄에 다음과 같이 입력하고 실행이 되는지 테스트해 보자. 실행하고서 refresh 단추
를 계속 누르면 방문자 수가 계속 증가할 것이다.

실행 ▶ `http://localhost:8080/Round16/Servlet_02`

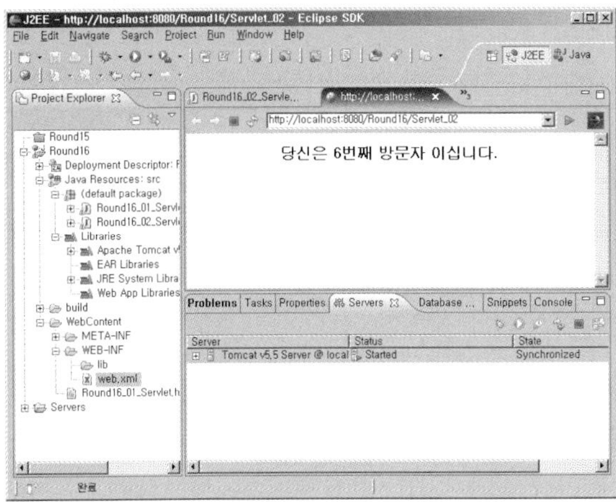

실제로 사용할 때는 IP 주소를 확인하고 방문자 수를 세션 영역에 담아 두어서 사용자 한 명이 refresh 단추를 누를 때에 방문자 수가 계속해서 증가하지 않도록 해야 한다.

16.3 파일 전송과 관련 패키지

웹 프로그램에서 파일을 사용하여 데이터를 저장하는 것을 응용하면 클라이언트에서 서버로 파일을 전송하는 것을 구현할 수 있다. 간단한 데이터는 매개 변수로 손쉽게 처리할 수 있지만 파일과 같은 데이터는 이런 방법으로 처리할 수 없다. 그러나 어떤 방법을 사용하든 서버까지만 데이터를 전달하면 파일 저장이든 데이터베이스 저장이든 할 수 있다. 이번 절에서는 대용량의 데이터를 서버로 전송하는 방법을 배워 보자.

먼저 일반 데이터나 파일과 같은 데이터가 어떻게 서버에 표시되는지 스트림(Stream)을 읽어서 표시하는 예제를 다음과 같이 작성할 것이다. WebContent 폴더에 Round16_03_Servlet.htm 파일을 만들고서 다음과 같이 코드를 작성하자. 일반 데이터와 파일을 전송하는 폼을 만들 것이다.

예제 | Round16_03_Servlet.htm

```
<!DOCTYPE html PUBLIC "-//W3C//DTD HTML 4.01 Transitional//EN"
                           ↳ "http://www.w3.org/TR/html4/loose.dtd">
<html>
<head>
<meta http-equiv="Content-Type" content="text/html; charset=EUC-KR">
<title>데이터와 파일 전송!</title>
</head>
<body>

    <h2>데이터와 파일 전송!</h2>
    <form method="post" action="Servlet_03" enctype="multipart/form-data">
    <!--
            enctype은 전송되는 parameter의 형식을 알려주는 것이다.
            일반적으로는 복합형식이 아닌 일반 text 데이터만 전송되기 때문에
            아무런 지정이 필요없다.
            그러나 file과 같이 일반 text 형식이 아닌 것이 전송시에 포함되어 있으면
            그 상황을 서버에 미리 알려 주어 전송되어온 내용을 누락시키지 않도록
            만들어 주어야 한다.
```

이러한 형식 지정은 smtp(simple mail transfer protocol)의 규약에서
사용하는 방식으로 웹에서도 유사한 방법으로 전송타입을 지정한다.
또한 multipart의 전송시에는 반드시 POST 방식의 전송이 필요하다.
GET 방식은 데이터의 길이에 제약을 받기 때문이다.

```html
  -->
    보낸이 : <input type="text" name="sender"/><br/>
    파일명 : <input type="file" name="attach"/><br/>
    <!-- 파일을 첨부할 경우에는 input type을 file로 지정한다. -->
    <input type="submit" value="전송"/>
  </form>

</body>
</html>
```

전송받은 데이터를 1바이트씩 끊어서 화면에 표시하도록 Round16_03_Servlet.java 파일을 다
음과 같이 작성해 보자.

예제 | Round16_03_Servlet.java

```java
01 : import java.io.*;
02 : import javax.servlet.*;
03 : import javax.servlet.http.*;
04 :
05 : public class Round16_03_Servlet extends HttpServlet {
06 :     public void doPost(HttpServletRequest request, HttpServletResponse
                              response) throws IOException, ServletException {
07 :         request.setCharacterEncoding("euc-kr");
08 :         ServletInputStream p_in = request.getInputStream( );
09 :
10 :         response.setContentType("text/html;charset=euc-kr");
11 :         ServletOutputStream p_out = response.getOutputStream( );
12 :
13 :         p_out.write("전송된 데이터 출력 시작!!!<br/>".getBytes( ));
14 :         while(true) {
15 :             int x = p_in.read( );
16 :             if(x == -1) break;
17 :             p_out.write((char)x);
18 :         }
19 :         p_out.write("<br/>전송된 데이터 출력 끝!!!".getBytes( ));
```

전송받은 모든 데이터를 출력할 때까지 반복한다.

```
20 :
21 :            p_in.close( );
22 :            p_out.close( );
23 :        }
24 : }
```

Q 코드 설명

Line **6**_________
```
public void doPost(HttpServletRequest request, HttpServletResponse
                          ↳, response) throws IOException, ServletException {
```
〈form〉 태그의 enctype 속성이 multipart인 데이터를 전송하기 위해 POST 방식의 요청에 대응하는 doPost( ) 메서드를 사용한다.

Line **7**_________
```
request.setCharacterEncoding("euc-kr");
```
전송받은 데이터에 대해 한글 처리를 하도록 지정한다.

Line **8**_________
```
ServletInputStream p_in = request.getInputStream( );
```
전송받은 데이터를 스트림으로 읽기 위해 객체를 선언한다.

Line **10** _________
```
response.setContentType("text/html;charset=euc-kr");
```
응답 객체에 MIME과 문자 세트를 지정한다.

Line **11** _________
```
ServletOutputStream p_out = response.getOutputStream( );
```
전송받은 데이터를 그대로 사용자에게 출력하기 위해 객체를 선언한다. 한글은 문제가 될 수 있으나 전송받은 형식을 살펴보기 위해 1바이트로 출력한다.

Line **16** _________
```
if(x == -1) break;
```
파일 전송이 끝나면 탈출한다.

Line **17** _________
```
p_out.write((char)x);
```
전송받은 데이터를 문자로 변환해서 출력한다.

web.xml 파일에 서블릿을 등록하고 주소 표시줄에 다음과 같이 입력하여 실행해 보자. 전송할 파일을 선택할 때는 용량이 작은 파일을 선택하는 것이 좋다. 파일 전송 관련 패키지를 사용하면 전송 용량을 적절하게 설정할 수 있지만 이 예제는 설정할 수 없어서 시간적 제약으로 파일 전송이 실패할 수 있기 때문이다. 필자는 C:\에 숨김 파일로 설정되어 있는 boot.ini 파일을 전송해 보았다.

 `http://localhost:8080/Round16/Round16_03_Servlet.htm`

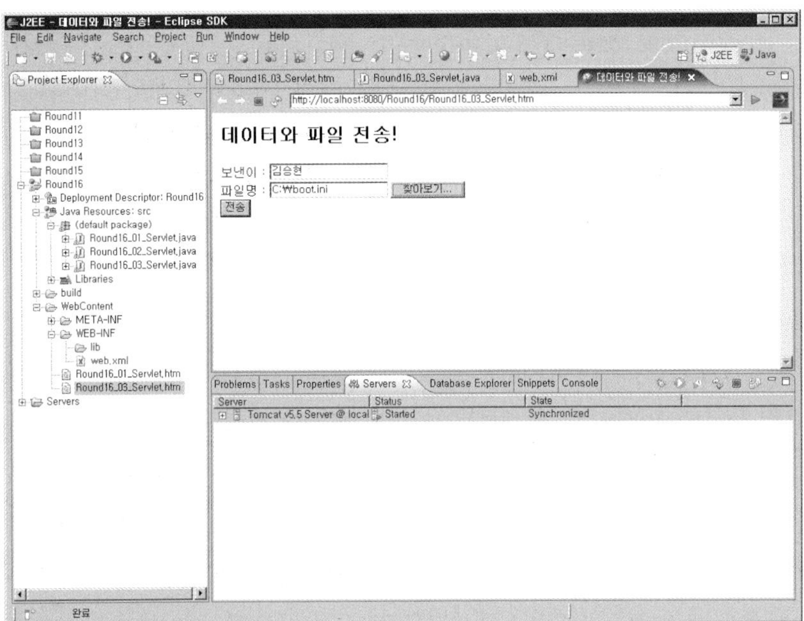

다음은 파일을 전송한 결과 화면이다.

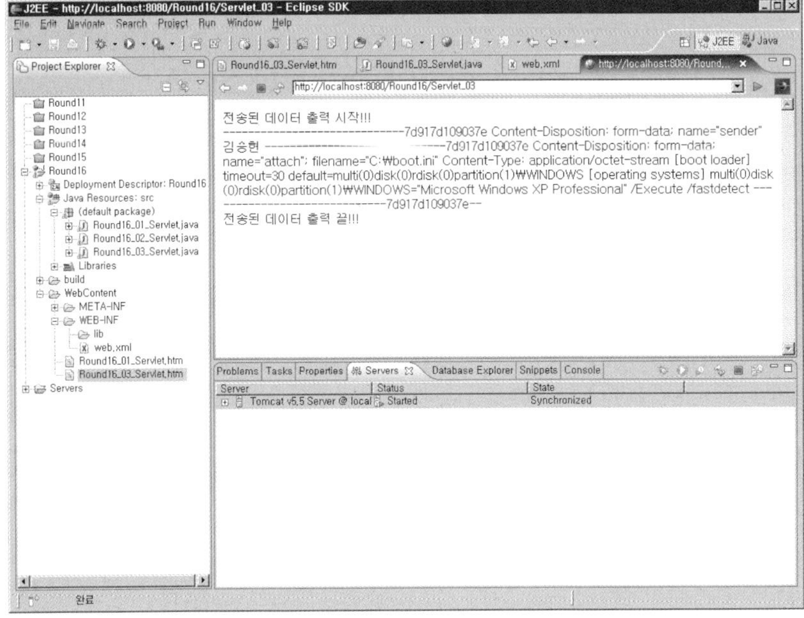

| 전송 결과

```
전송된 데이터 출력 시작!!!
-----------------------------7d917d109037e Content-Disposition: form-data; name=
"sender" 김승현 -----------------------------7d917d109037e Content-Disposition: form-data;
name="attach"; filename="C:\boot.ini" Content-Type: application/octet-stream [boot
loader] timeout=30 default=multi(0)disk(0)rdisk(0)partition(1)\WINDOWS [operating
systems] multi(0)disk(0)rdisk(0)partition(1)\WINDOWS="Microsoft Windows XP
Professional" /Execute /fastdetect -----------------------------7d917d109037e--
전송된 데이터 출력 끝!!!
```

이제 전송받은 데이터를 살펴볼 차례이다. 첫 번째로 "전송된 데이터 출력 시작!!!"이라는 문자
열은 소스에서 직접 입력한 것이므로 건너뛰겠다. 두 번째로 "----------------------
----------7d917d109037e"라는 문자열에 주목해 보자. 이 문자열은 전송받은 데이터 전체에
걸쳐 몇 번씩 출력된다. 경계 데이터(Boundary Data)라고 부른다. 말 그대로 경계를 표시하는
데이터라는 뜻이다. 이 경계 데이터를 기준으로 데이터를 끊어 보면 크게 두 영역으로 구분된
다. 첫 번째 영역은

```
Content-Disposition: form-data; name="sender" 김승현
```

이고, 두 번째 영역은

```
Content-Disposition: form-data; name="attach"; filename="C:\boot.ini"
Content-Type: application/octet-stream [boot loader] timeout=30
default=multi(0)disk(0)rdisk(0)partition(1)\WINDOWS [operating systems]
multi(0)disk(0)rdisk(0)partition(1)\WINDOWS="Microsoft Windows XP
Professional" /Execute /fastdetect
```

이다.

첫 번째 영역에서 Content-Disposition은 전송받은 데이터의 타입(Type)을 의미하는데 첫 화
면인 HTML에서 form-data 방식으로 전송했다는 것을 의미한다. 그 다음의 name="sender"
에서는 전송받은 매개 변수의 키가 sender라는 이름을 갖고 있음을 알 수 있다. 서버는 이 이름

을 근거로 데이터를 추출한다. 그 다음은 당연히 키에 해당하는 값이다. 따라서 서버는 sender 키로 김승현이라는 값을 추출할 수 있다.

두 번째 영역에서 Content-Disposition 역시 form-data이고 키는 attach로 설정되어 있다. 그러나 그 다음에서 차이가 있는데 전송받은 데이터가 단순히 텍스트가 아니라 이름(key)과 값 (value)의 쌍으로 이루어져 있다. 서버는 이런 유형에 대해 적절한 대응을 하도록 만들어져 있 기 때문에 filename에 대한 값을 스스로 추출하게 된다. filename은 전송받은 boot.ini라는 이 름이 되고, 이것을 획득하는 Content-Type으로는 1바이트 데이터 스트림인 application /octet-stream이라는 MIME 형식을 인식하기 때문에 해당 내용을 파일로 받아들이게 된다. 그 다음은 실제 파일의 내용이다.

이렇게 웹 프로그램에서는 네트워크상의 데이터 스트림을 구분하여 적절한 방식으로 해석한다. 서블릿 같은 웹 프로그램에서는 데이터를 손쉽게 가져올 수 있는 getParameter( )와 같은 메서 드를 미리 만들어서 개발자의 편의를 돕고 있다.

그러나 문제는 첫 번째 영역의 데이터는 쉽게 획득할 수 있지만 두 번째 영역의 데이터는 현재 의 서블릿 버전에서는 특별히 처리하는 메서드가 없다. 따라서 개발자가 직접 스트림으로 읽은 데이터를 경계 데이터로 분할해서 파일로 저장하도록 코드를 작성해야 한다. 자바 기초를 배운 독자라면 어려운 일이 아니지만 귀찮은 일임에는 틀림없다.

그래서 필자는 이런 귀찮은 일을 처리해 주는 고마운(?) API의 도움을 종종 받곤 한다. 필자가 파 일 업로드 컴포넌트로 사용하는 API는 아파치 Commons 프로젝트의 파일 업로드나 오렐리의 멀티파트 업로드이다. 가끔은 직접 개발한 API를 사용하기도 하지만 굳이 개발할 필요가 없다는 것이 지금의 생각이다. 지금 말한 두 컴포넌트는 많이 사용하는 파일 업로드용 컴포넌트이다.

둘 중에서 오렐리의 멀티파트 업로드가 사용법이 단순하지만 라이센스 문제가 있다. 실무에서 사용하려면 해당 컴포넌트 개발자의 책을 구입해야 한다. 아파치 Commons 프로젝트의 파일 업로드도 라이센스 문제가 있지만 책을 구입하는 것에 비하면 비용이 들지 않는다. 때문에 이 책에서 사용하려고 한다. 오렐리의 멀티파트 업로드(cos.jar)도 사용법이 유사하므로 실무가 아 니라면 사용해 보는 것도 괜찮다.

일단 설치를 하려면 API를 내려 받아야 한다. 아파치 Commons 프로젝트의 파일 업로드 라이 브러리들은 일반적으로 입출력을 자체적으로 해결하기 때문에 입출력과 관련된 API도 함께 받아 두자. 우선 http://jakarta.apache.org 사이트에 접속하자. 그런 다음 화면 왼쪽 아래 [Ex-Jakarta] 영역에서 세 번째 링크인 [Commons]를 클릭하자.

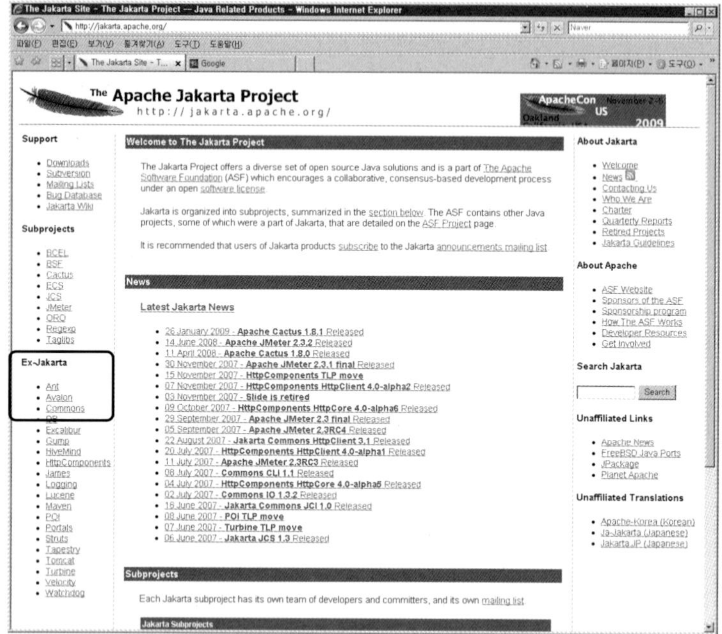

다음과 같은 화면이 표시된다. 화면에서 조금 내려가다 보면 [Components] 영역에 [FileUpload]와 [IO] 링크가 있다. 일단 [FileUpload] 링크를 클릭하자.

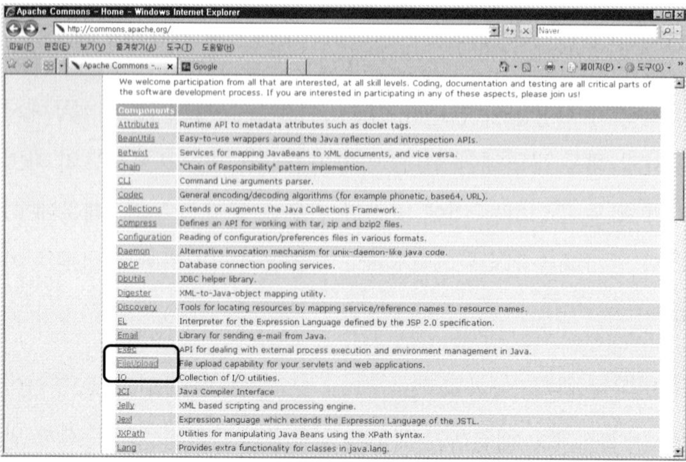

다음과 같은 화면이 표시된다. 화면의 [Full Releases] 영역에서 가장 최신 버전인 1.2.1의
[here] 링크를 클릭하자. 버전은 변할 수 있으니 최신 버전을 따라가도록 하자.

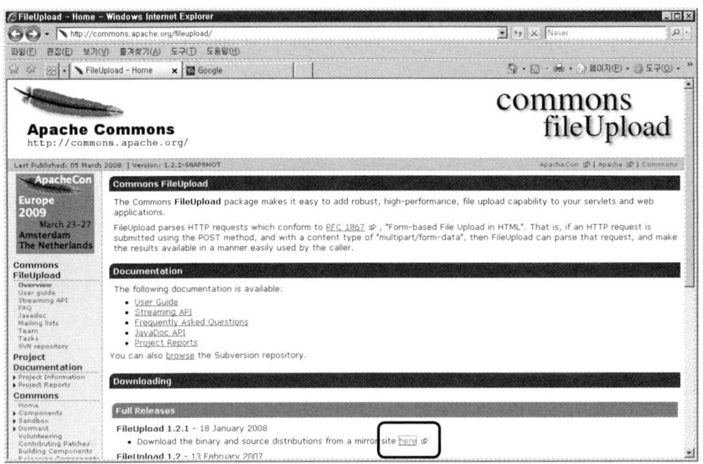

내려 받을 수 있는 페이지가 표시되는데 [1.2.1.zip] 링크를 클릭하여 적절한 폴더에 내려 받도
록 하자. 만약 버전에 따라 1.2.1_src.zip과 1.2.1_bin.zip으로 분류가 되어 있으면 bin이라는 이
름이 붙은 파일을 내려 받아야 다음의 내용과 동일하게 진행된다. 파일을 내려 받고서 압축을
풀면 다음과 같은 내용이 보인다.

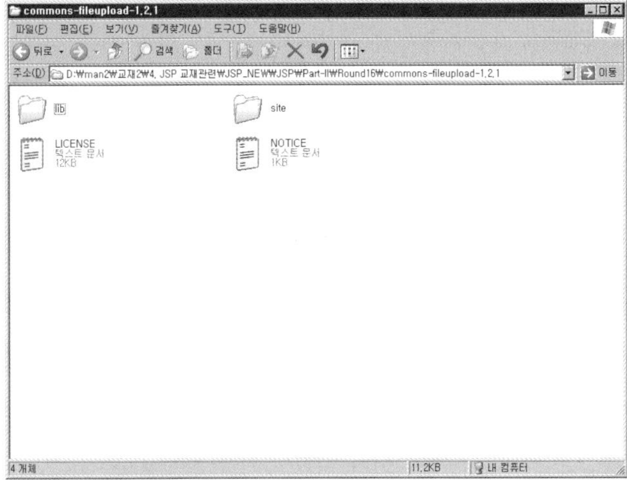

여기에서 lib 폴더로 들어가면 commons-fileupload-1.2.1.jar 파일이 있다. 이 파일을 복사해서 이클립스 Round16 프로젝트 아래 WebContent\WEB-INF\lib 폴더에 붙여넣으면 Round16\Java Resources: src\Libraries\Web App Libraries에 자동으로 포함된다.

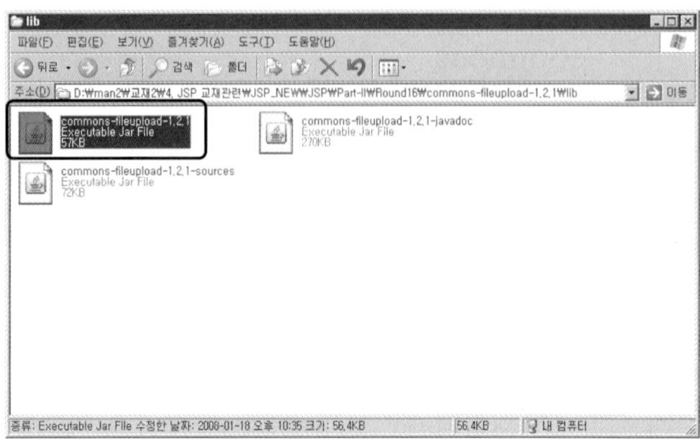

필자의 화면과 같은 경로에 없으면 Round16에서 마우스 오른쪽을 클릭하여 [Java Build Path]에서 라이브러리를 추가해야 한다.

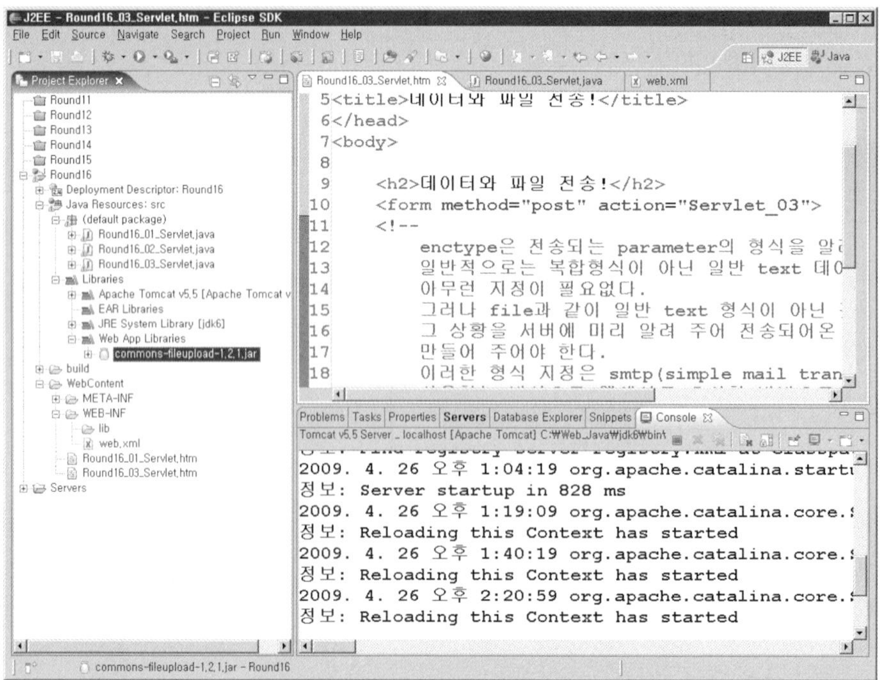

앞서 이야기한 IO API도 [IO] 링크를 클릭하고 이후 과정을 따라 내려 받아 설치하도록 하자.

이제 파일 업로드에 필요한 준비가 모두 완료되었다. 클라이언트가 파일을 서버로 전송하여 저장하는 예제를 작성해 보자. WebContent 폴더에 Round16_04_Servlet.htm 파일을 만들고서 다음과 같이 코드를 작성하자.

예제	Round16_04_Servlet.htm

```
<!DOCTYPE html PUBLIC "-//W3C//DTD HTML 4.01 Transitional//EN"
                              ∟ "http://www.w3.org/TR/html4/loose.dtd">
<html>
<head>
<meta http-equiv="Content-Type" content="text/html; charset=EUC-KR">
<title>Register Member!</title>
</head>
<body>
   <center>
   <h2>회원가입!</h2>
   <form method="post" action="Servlet_04" enctype="multipart/form-data">
   <table border="0" width="330">
      <tr>
          <th width="100">이름 : </th>
          <td align="center">
             <input type="text" name="name" size="25"/></td>
      </tr>
      <tr>
          <th width="100">아뒤 : </th>
          <td align="center">
             <input type="text" name="id" size="25"/></td>
      </tr>
      <tr>
          <th width="100">비번 : </th>
          <td align="center">
             <input type="password" name="pw" size="27"/></td>
      </tr>
      <tr>
          <th width="100">사진 : </th>
          <td align="center">
             <input type="file" name="picture" size="11"/></td>
```

```
            </tr>
            <tr>
                <td colspan="2" align="right">
                    <input type="submit" value="회원가입"/>
                       </td>
            </tr>
        </table>
        </form>
        </center>
</body>
</html>
```

src 폴더에 전송받은 사진을 파일로 저장하는 Round16_04_Servlet.java 서블릿을 만들고서 다음과 같이 코드를 작성하자. 조금 코드가 복잡하지만 이해를 못할 정도는 아니다. 이름이 특이한 클래스와 메서드가 사용되었을 뿐이다. 각각은 암기해서 사용하면 된다. 형식이 바뀌지는 않기 때문이다.

예제	Round16_04_Servlet.java

```
01 : import java.io.*;
02 : import javax.servlet.*;
03 : import javax.servlet.http.*;
04 : import java.util.*;
05 : import org.apache.commons.fileupload.*;
06 : import org.apache.commons.fileupload.disk.*;
07 : import org.apache.commons.fileupload.FileUploadBase
                              ⌐.SizeLimitExceededException;
08 : import org.apache.commons.fileupload.servlet.*;
09 :
10 : public class Round16_04_Servlet extends HttpServlet {
11 :     public void doPost(HttpServletRequest request, HttpServletResponse
                              ⌐ response) throws IOException, ServletException {
12 :
13 :         String name = "";
14 :         String id = "";
15 :         String pw = "";
16 :         String filename = "";
17 :
```

> 파일 업로드용 API를 사용하기 위해 가져오기를 한다.

```
18 :        boolean check = ServletFileUpload.isMultipartContent(request);
19 :
20 :      if(check) {
21 :          ServletContext context = this.getServletContext( );
22 :          String path = context.getRealPath("/upload");
23 :          File dir = new File(path);
24 :          if(!dir.exists( )) dir.mkdir( );
25 :
26 :          try {
27 :              DiskFileItemFactory factory = new DiskFileItemFactory( );
28 :              factory.setSizeThreshold(10 * 1024);
29 :              factory.setRepository(dir);
30 :              ServletFileUpload upload = new ServletFileUpload(factory);
31 :              upload.setSizeMax(10 * 1024 * 1024);
32 :              upload.setHeaderEncoding("EUC-KR");
33 :
34 :              ArrayList items = (ArrayList)upload.parseRequest(request);
35 :              for(int i = 0; i < items.size( ); ++i) {
36 :                  FileItem item = (FileItem)items.get(i);
37 :                  String value = item.getString("euc-kr");
38 :
39 :                  if(item.isFormField( )) {
40 :                      if(item.getFieldName( ).equals("name"))
41 :                          name = value;
42 :                      if(item.getFieldName( ).equals("id"))
43 :                          id = value;
44 :                      if(item.getFieldName( ).equals("pw"))
45 :                          pw = value;
46 :                  }
47 :                  else {
48 :                      if(item.getFieldName( ).equals("picture")) {
49 :                          filename = item.getName( );
50 :                          if(filename==null || filename.trim( ).length( )==0)
51 :                          continue;
52 :                          filename = filename.substring
                                          ↳(filename.lastIndexOf("\\") + 1);
53 :                          File file = new File(dir, filename);
54 :                          item.write(file);
55 :                      }
56 :                  }
57 :              }
58 :
```

```
59 :                    } catch(SizeLimitExceededException e) {
60 :                        e.printStackTrace( );
61 :                    } catch(FileUploadException e) {
62 :                        e.printStackTrace( );
63 :                    } catch(Exception e) {
64 :                        e.printStackTrace( );
65 :                    }
66 :
67 :                    response.setContentType("text/html;charset=euc-kr");
68 :                    PrintWriter out = response.getWriter( );
69 :
70 :                    out.println("<html><body>");
71 :                    out.println("회원 가입할 이름 : " + name + "<br/>");
72 :                    out.println("회원 가입할 아뒤 : " + id + "<br/>");
73 :                    out.println("회원 가입할 비번 : " + pw + "<br/>");
74 :                    out.println("회원 가입할 사진 저장 경로 : " + dir + "<br/>");
75 :                    out.println("회원 가입할 사진 파일 이름 : " + filename + "<br/>");
76 :            }
77 :        }
78 : }
```

Q 코드 설명

Line **4**
```
import java.util.*;
```
전송받은 데이터를 파싱(Parsing)하여 저장하기 위해 Collection 클래스를 가져오기를 한다.

Line **7**
```
import org.apache.commons.fileupload.FileUploadBase
                                    └.SizeLimitExceededException;
```
파일 크기 초과에 대해 예외를 처리하기 위해 Exception 클래스를 FileUploadBase 클래스의 내부(Inner) 클래스로 처리한다.

Line **18**
```
boolean check = ServletFileUpload.isMultipartContent(request);
```
전송받은 데이터의 인코딩 형식이 multipart인지를 확인한다. 만약 속성이 multipart가 아니라면 파일 전송을 처리하지 않는다.

Line **20**
```
if(check) {
```
파일이 전달된 요청 객체 내용에 포함된 상태라면 이하 코드를 실행한다.

Line **24**
```
if(!dir.exists( )) dir.mkdir( );
```
만약 dir 디렉터리가 없으면 새로 디렉터리를 만든다.

Line **27**   `DiskFileItemFactory factory = new DiskFileItemFactory( );`
파일 전송에 대하여 기본적인 설정을 한다. Factory 클래스를 생성한다.

Line **28**   `factory.setSizeThreshold(10 * 1024);`
메모리에 한 번에 저장할 데이터의 크기를 설정한다. 10KB씩 메모리에 데이터를 읽어 들인다.

Line **29**   `factory.setRepository(dir);`
전송받은 데이터를 저장할 임시 폴더를 지정한다.

Line **30**   `ServletFileUpload upload = new ServletFileUpload(factory);`
Factory 클래스를 가지고 실제 업로드되는 데이터를 처리할 객체를 선언한다.

Line **31**   `upload.setSizeMax(10 * 1024 * 1024);`
업로드되는 파일의 최대 용량을 10MB까지로 허용한다.

Line **32**   `upload.setHeaderEncoding("EUC-KR");`
업로드되는 파일에 대해 인코딩을 설정한다.

Line **34**   `ArrayList items = (ArrayList)upload.parseRequest(request);`
업로드 객체를 가지고 전송받은 모든 데이터를 Collection 객체에 담는다.

Line **36**   `FileItem item = (FileItem)items.get(i);`
Commons의 파일 업로드 API를 사용하여 전송받으면 모든 매개 변수는 FileItem 클래스에 하나씩 저장된다.

Line **37**   `String value = item.getString("euc-kr");`
넘어온 값에 대하여 한글 처리를 한다.

Line **39**   `if(item.isFormField( )) {`
일반 폼의 데이터라면 이하 코드를 실행한다.

Line **41**   `name = value;`
key의 값이 name이면 name 변수에 값을 저장한다.

Line **43**   `id = value;`
key의 값이 id이면 id 변수에 값을 저장한다.

Line **45**   `pw = value;`
key의 값이 pw이면 pw 변수에 값을 저장한다.

Line **47**   `else {`
item이 일반 폼의 데이터가 아니고 파일이라면 이하 코드를 실행한다.

Line **48**   `if(item.getFieldName( ).equals("picture")) {`
key의 값이 picture이면 파일을 저장한다.

Line **49** `filename = item.getName( );`

파일 이름을 획득한다. 자동으로 한글 처리를 한다.

Line **51** `continue;`

파일을 전송받지 못했다면 건너뛴다.

Line **52** `filename = filename.substring(filename.lastIndexOf("\\") + 1);`

파일 이름이 파일의 전체 경로까지 포함하기 때문에 이름만 추출해야 한다. 실제 C:\Web_Java\aaa.gif라면 aaa.gif만 추출한다.

Line **54** `item.write(file);`

파일을 업로드 경로에 실제로 저장한다. FileItem 객체를 가지고 바로 저장할 수 있다.

Line **59** `} catch(SizeLimitExceededException e) {`

업로드되는 파일의 크기가 지정된 크기를 초과할 때 발생하는 예외 처리이다.

Line **61** `} catch(FileUploadException e) {`

파일 업로드와 관련되어 발생하는 예외 처리이다.

web.xml 파일에 서블릿을 등록하고 주소 표시줄에 다음과 같이 입력하여 실행해 보자.

실행 `http://localhost:8080/Round16/Round16_04_Servlet.htm`

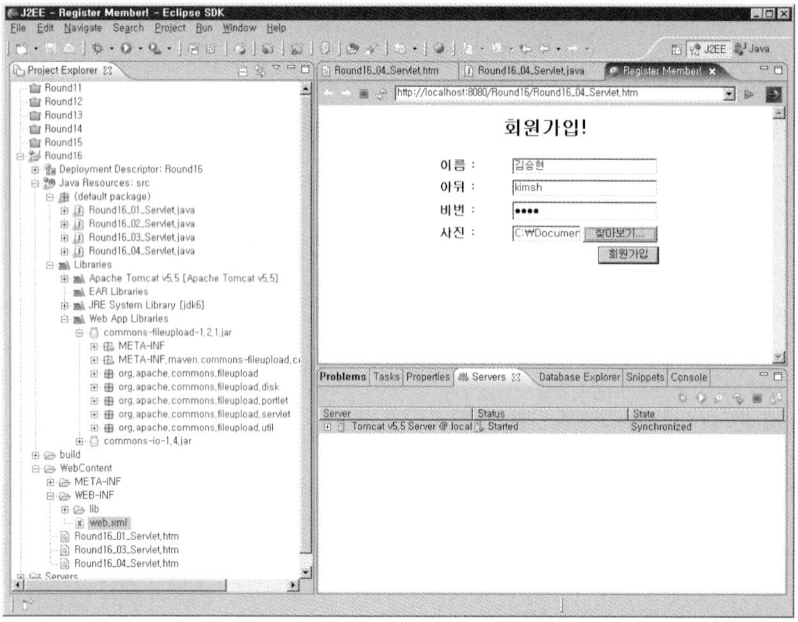

이클립스에서 실행하면 사진을 저장하는 경로가 상당히 길어지지만 실제 톰캣을 사용하여 배포하면 우리가 알고 있듯이 %TOMCAT_HOME%\webapps\Round16 폴더 아래에 파일이 저장된다. 따라서 결과에서 보는 경로는 이클립스의 특성일 뿐이라는 것을 잊지 말기 바란다.

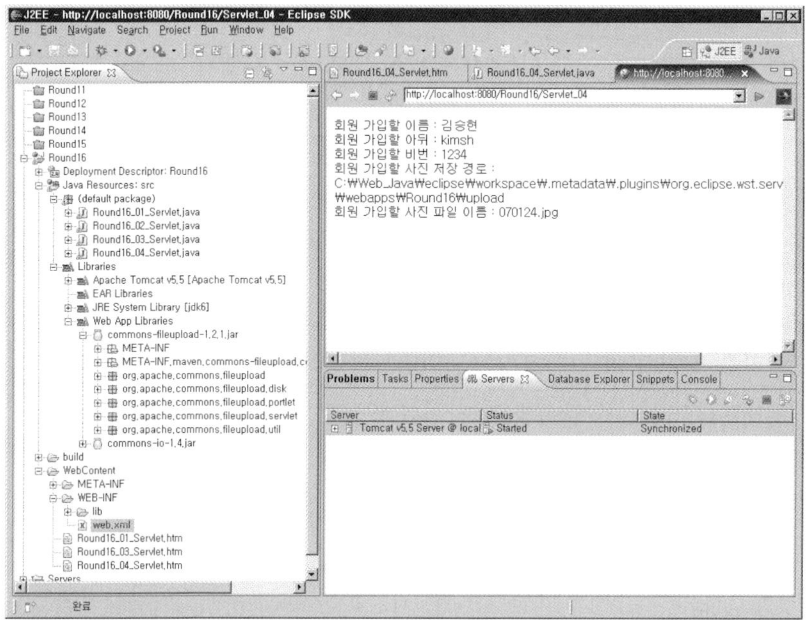

저장 경로를 찾아 폴더에 들어가 보면 다음과 같이 파일이 정상적으로 전송받아셨음을 알 수 있다.

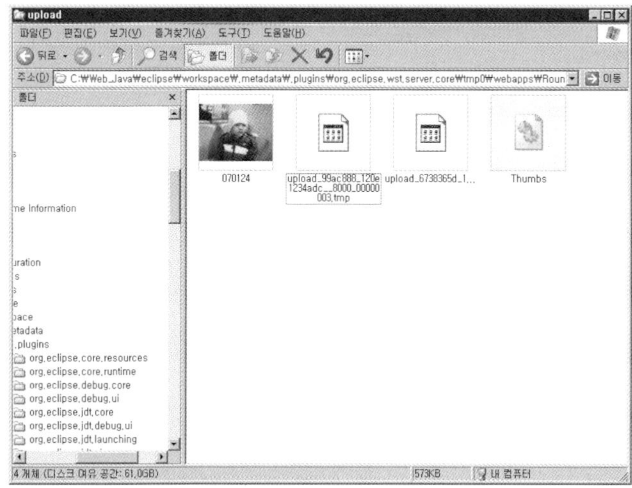

16.4 서블릿에서의 DBMS

파일 시스템과 관련된 내용을 배우면서 DBMS를 다루지 않으면 저장을 제대로 배운 것이 아니다. DBMS 역시 파일로 데이터를 유지한다는 입장은 같지만 내용적으로는 완벽하게 다르다. 파일은 단순히 데이터를 유지한다는 의미만 있을 뿐 데이터를 가공하여 유용한 형태로 만들거나 특정 부분을 수정하거나 추출하기는 상당히 힘들다. 반면에 DBMS는 자체가 하나의 프로그램이자 서버이다. 데이터에 대한 부분만큼은 상당히 세련된 형태로 관리할 수도 있다.

먼저 데이터베이스와 연동하는 간단한 예제부터 작성해 보겠다. DBMS는 라운드 9에서 설치한 MySQL을 사용할 것이다. 데이터베이스 역시 앞서 만든 web_java를 사용한다. 자세한 내용은 라운드 9를 살펴보기 바란다.

MySQL 명령 프롬프트 창을 띄워서 비밀번호(12345678)를 입력하자. 그런 다음 web_java 데이터베이스로 이동하여 테이블(Table)을 다음과 같이 하나 만들자. 필자는 이전 데이터를 모두 삭제하고 새로이 데이터베이스를 만들었기 때문에 데이터베이스가 비어 있다.

`실행`

```
Enter password : 12345678
mysql> use web_java
mysql> show tables;
```

`실행`

```
create table Round16_Table_01(
num int primary key auto_increment,
subject varchar(100) not null,
author varchar(20) not null,
contents text);
```

WebContent 폴더에 간단한 데이터를 입력하는 폼을 만드는 HTML 파일을 만들고서 다음과 같이 코드를 작성하자.

```html
<!DOCTYPE html PUBLIC "-//W3C//DTD HTML 4.01 Transitional//EN"
                          "http://www.w3.org/TR/html4/loose.dtd">
<html>
<head>
<meta http-equiv="Content-Type" content="text/html; charset=EUC-KR">
<title>게시글 작성!</title>
</head>
<body>
    <center>
    <h2>글 쓰 기 !</h2>
    <form method="post" action="Servlet_05">
    <table border="1" width="400">
            <tr>
                <th width="80">제목</th>
                <td align="center"><input type="text" name="subject"
                                            size="40"/></td>
            </tr>
            <tr>
                <th width="80">작성자</th>
                <td align="center"><input type="text" name="author"
                                            size="40"/></td>
            </tr>
            <tr height="150">
                <td colspan="2" align="center">
                    <textarea name="contents" cols="50" rows="10"></textarea></td>
            </tr>
            <tr>
                <td colspan="2" align="right">
                    <input type="submit" value="글쓰기"/>
                          </td>
            </tr>
    </table>
    </form>
    </center>
</body>
</html>
```

폼에서 입력한 내용을 전송받는 서블릿을 src 폴더에 만들고서 다음과 같이 코드를 작성하자.
이 코드는 일반 JDBC와 동일하기 때문에 따로 설명을 하지 않았다.

| 예제 | Round16_05_Servlet.java |

```java
import java.io.*;
import javax.servlet.*;
import javax.servlet.http.*;

import java.sql.*;

public class Round16_05_Servlet extends HttpServlet {
    public void doPost(HttpServletRequest request, HttpServletResponse response)
                                      ↳ throws IOException, ServletException {
        request.setCharacterEncoding("euc-kr");

        String subject = request.getParameter("subject");
        String author = request.getParameter("author");
        String contents = request.getParameter("contents");

        response.setContentType("text/html;charset=euc-kr");
        PrintWriter out = response.getWriter( );
        out.println("<html><body><center><h3>");

        //일반 JDBC 코드처럼 직접 DBMS에 접속하여 데이터를 설정하는 코드를 작성한다.
        try {
            Class.forName("org.gjt.mm.mysql.Driver").newInstance( );
        } catch(Exception e) { }
        Connection conn = null;
        PreparedStatement pstmt = null;
        String url = "jdbc:mysql://localhost:3306/web_java";
        String id = "root";
        String pw = "12345678";
        String query = "insert into Round16_Table_01 values (null, ?, ?, ?)";
        try {
            conn = DriverManager.getConnection(url, id, pw);
            pstmt = conn.prepareStatement(query);
            pstmt.setString(1, subject);
            pstmt.setString(2, author);
            pstmt.setString(3, contents);
            int res = pstmt.executeUpdate( );
```

```
        if(res > 0)
            out.println("Success Save!!");
        pstmt.close( );
        conn.close( );
    } catch(SQLException e) {
        out.println("SQL Process Error : " + e.getMessage( ));
    }

    out.println("</h3></center></body></html>");
    }
}
```

web.xml 파일에 서블릿을 등록하고 주소 표시줄에 다음과 같이 입력하여 실행해 보자.

실행 ▶ `http://localhost:8080/Round16/Round16_05_Servlet.htm`

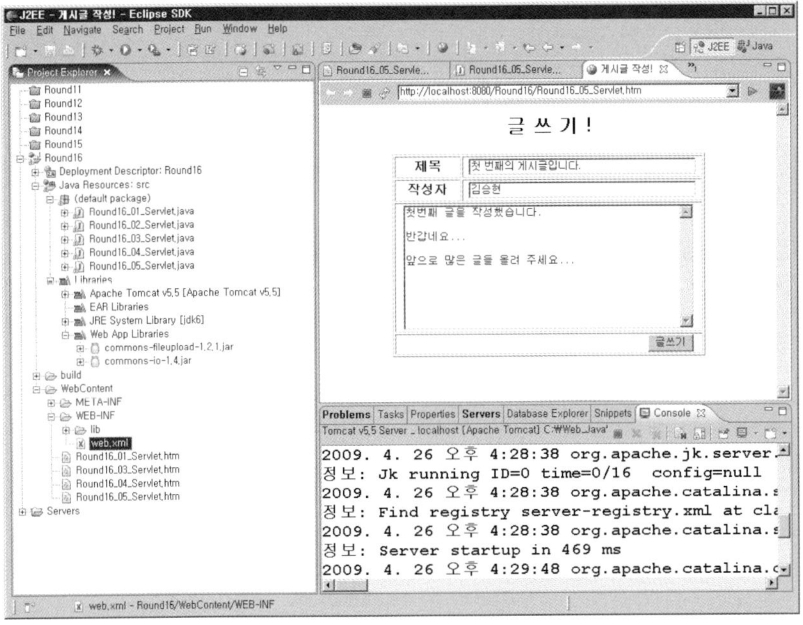

다음은 결과 화면이다.

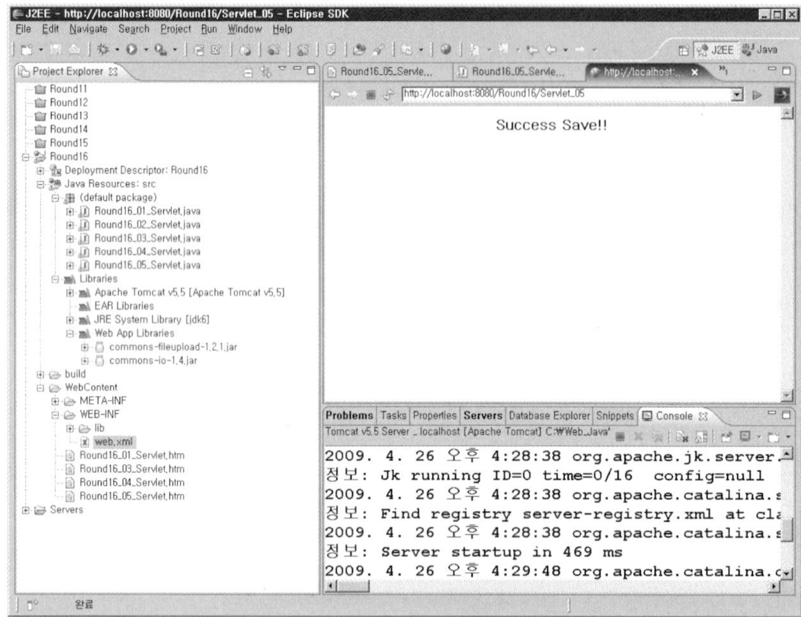

데이터베이스에 잘 저장되었는지 확인하는 것도 반드시 필요하다.

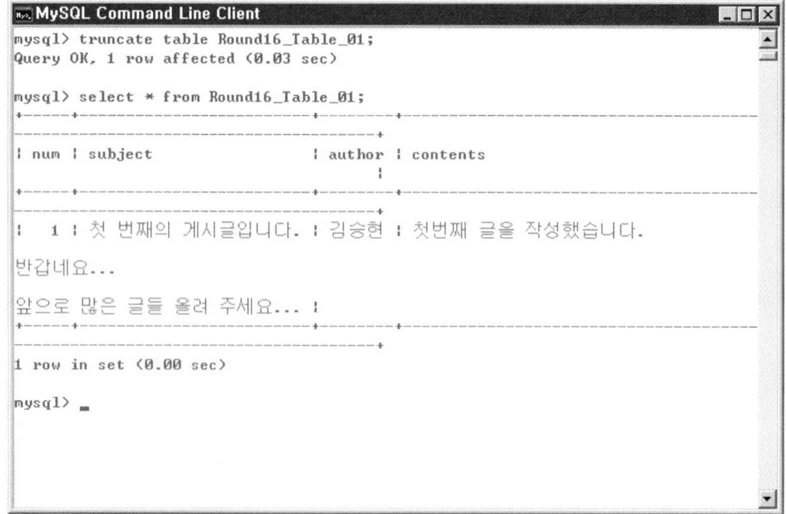

이상과 같이 웹에서도 일반 JDBC를 통해 데이터베이스와 통신하는 프로그램을 무난히 구현할 수 있다. 그러나 웹 프로그램은 수많은 사람이 페이지 하나에 동시 다발적으로 접근하는 특성 때문에 모든 파일에 대해 데이터베이스에 접근하도록 허용하면 곤란하다. 대부분의 웹 페이지가 데이터베이스를 사용하기 때문에 이런 코드를 빈번하게 사용하기도 곤란하고, 데이터베이스의 정보가 바뀐다면 수천 개의 웹 페이지를 일일이 바꾸어야 하는 상황이 생길 수도 있다.

웹 프로그램에서는 데이터베이스의 환경 설정과 연결 관리 등을 따로 XML 파일이나 속성 파일을 사용해서 관리하고, 이렇게 설정된 정보를 이름을 사용하여 획득하는 방법을 사용한다. 중요한 것은 연결 관리인데 사용자가 접근한다고 해서 무작정 연결을 허용하면 DBMS는 부하를 감당할 수가 없게 된다. 따라서 연결 개수를 적절히 설정해서 현재 연결된 사용자가 더 이상 Connection 객체를 사용하지 않을 때 해당 Connection 객체를 반환받아 다른 사용자에게 할당해야 한다. 이것을 Connection Pooling이라 하고 DBCP(DataBase Connection Pooling Service)라고 한다.

이런 작업은 개발자가 직접 코드를 작성해서 구현하는 것이 보통이지만 파일 업로드처럼 DBCP도 개발된 API가 있다. 더구나 우리가 사용하는 웹 서버인 톰캣에 포함되어 있기 때문에 따로 내려 받을 필요도 없다. 우리는 톰캣의 DBCP API를 통해 Connection Pooling을 설정할 것이고, 이를 사용할 수 있도록 환경 설정도 할 것이다.

이렇게 설정된 정보를 이름으로 획득하려면 자바의 네이밍 API를 사용해야 한다. 이 패키지는 자바 기초 내용 중 Network RMI를 다루면서 배운 바로 그것이다. 네이밍 패키지의 클래스를 가지고 이름으로 객체를 획득하는 것을 JNDI(Java Naming and Directory Interface)라고 한다. 그러면 톰캣이 지원하는 DBCP를 사용하여 JDBC를 사용하는 방법을 살펴보도록 하자.

먼저 WebContent 폴더의 META-INF 폴더에 Context.xml 파일을 만들어서 다음과 같이 리소스(Resource)를 등록하도록 하자.

예제 | Context.xml

```xml
<?xml version="1.0" encoding="UTF-8"?>

<Context>
    <!-- Resource를 등록하여 웹에서 JNDI로 호출할 이름과 정보를 설정한다. -->
    <Resource name="jdbc/myconn" auth="Container" type="javax.sql.DataSource"
```

```
factory="org.apache.tomcat.dbcp.dbcp.BasicDataSourceFactory"
driverClassName="org.gjt.mm.mysql.Driver"
url="jdbc:mysql://localhost:3306/web_java?autoReconnect=true"
username="root" password="12345678"
maxActive="100" maxIdle="30" maxWait="10000"
removeAbandoned="true" removeAbandonedTimeout="60"/>
<!--
    1. name : JNDI로 호출될 이름을 설정한다.
        (접근 -> java:comp/env/jdbc/myconn)
    2. auth : DBCP를 관리할 관리자 (Container or Application)
    3. type : 해당 resource의 return type
        (DataSource는 Connection 객체를 반환할 수 있다.)
    4. factory : dbcp를 유용하는 관리 클래스
        (Tomcat 5.x에 기본으로 존재하는 클래스)
        (직접 DBCP 클래스를 지정해도 동작하는데 문제가 없다.)
        (그러나, Factory 클래스를 이용하면 좀더 안정적으로 관리할 수 있다.)
    5. driverClassName : JDBC를 이용하기 위한 드라이버 클래스
    6. url : DB의 접속 URL (속성으로 자동 재 접속을 선택했다.)
    7. username : DB의 계정 명
    8. password : 계정에 대한 비밀번호
    9. maxActive : 최대 접속 허용 개수
    10. maxIdle : DB Pool에 여분으로 남겨질 최대 Connection 개수
    11. maxWait : DB 연결이 반환되는 Timeout의 최대 시간
        (-1은 무한 대기)
    12. removeAbandoned : Connection이 잘못 관리되어 버려진 연결을
        찾아 재활용할 것인지의 여부 설정
        (true 설정일 때 현재 DB 연결이 적으면 버려진 연결을 찾아 재활용)
    13. removeAbandonedTimeout : 버려진 연결로 인식할 기본 시간 설정
        (초 단위로 해당 시간이 지나면 버려진 연결로 인식한다.)
    -->

</Context>
```

web.xml 파일에 다음과 같이 JDNI로 정의할 이름을 등록하자. 등록 위치는 〈webcome-file-list〉 태그 바로 윗부분이다.

```
<servlet-mapping>
    <servlet-name>My_05</servlet-name>
    <url-pattern>/Servlet_05</url-pattern>
</servlet-mapping>

<resource-ref>
    <description>My SQL Resource</description><!-- 리소스 설명 -->
    <res-ref-name>jdbc/myconn</res-ref-name>
<!-- 리소스 이름(JNDI명) -->
    <res-type>javax.sql.DataSource</res-type><!-- 리턴 Type -->
    <res-auth>Container</res-auth><!-- 관리 계층 -->
</resource-ref>

<welcome-file-list>
    <welcome-file>index.html</welcome-file>
    <welcome-file>index.htm</welcome-file>
    <welcome-file>index.jsp</welcome-file>
    <welcome-file>default.html</welcome-file>
    <welcome-file>default.htm</welcome-file>
    <welcome-file>default.jsp</welcome-file>
</welcome-file-list>
```

Round16_05_Servlet.java 파일과 유사하게 Round16_06_Servlet.java 파일을 만들고서 다음
과 같이 코드를 작성하자.

예제	Round16_06_Servlet.java

```
01 : import java.io.*;
02 : import javax.servlet.*;
03 : import javax.servlet.http.*;
04 :
05 : import java.sql.*;
06 :
07 : import javax.sql.*;
08 : import javax.naming.*;
09 :
10 : public class Round16_06_Servlet extends HttpServlet {
11 :     public void doPost(HttpServletRequest request, HttpServletResponse
                         ↳ response) throws IOException, ServletException {
12 :         request.setCharacterEncoding("euc-kr");
```

```
13 :
14 :             String subject = request.getParameter("subject");
15 :             String author = request.getParameter("author");
16 :             String contents = request.getParameter("contents");
17 :
18 :             response.setContentType("text/html;charset=euc-kr");
19 :             PrintWriter out = response.getWriter( );
20 :             out.println("<html><body><center><h3>");
21 :
22 :             Connection conn = null;
23 :             PreparedStatement pstmt = null;
24 :             String query = "insert into Round16_Table_01 values (null, ?, ?, ?)";
25 :
26 :             try {
27 :                 Context context = new InitialContext( );
28 :                 DataSource source =
                        ┗ (DataSource)context.lookup("java:comp/env/jdbc/myconn");
29 :                 conn = source.getConnection( );
30 :             } catch(Exception e) { }
31 :
32 :             try {
33 :                 pstmt = conn.prepareStatement(query);
34 :                 pstmt.setString(1, subject);
35 :                 pstmt.setString(2, author);
36 :                 pstmt.setString(3, contents);
37 :                 int res = pstmt.executeUpdate( );
38 :                 if(res > 0)
39 :                     out.println("Success Save!!");
40 :                 pstmt.close( );
41 :                 conn.close( );
42 :             } catch(Exception e) {
43 :                 out.println("SQL Process Error : " + e.getMessage( ));
44 :             }
45 :
46 :             out.println("</h3></center></body></html>");
47 :         }
48 : }
```

Q 코드 설명

Line **7**
```
import javax.sql.*;
```
DataSource 클래스를 사용하기 위해 가져오기를 한다.

Line **8**
```
import javax.naming.*;
```
JNDI를 사용하기 위해 naming 패키지의 클래스를 사용해야 한다.

Line **27**
```
Context context = new InitialContext( );
```
JNDI를 사용하기 위해 객체를 생성한다.

Line **28**
```
DataSource source = (DataSource)context.lookup
                         ↳ ("java:comp/env/jdbc/myconn");
```
context 객체를 가지고 이름으로 리소스를 획득한다. JNDI의 이름은 기본적으로 java:comp/env
에 등록되어 있다. 해당 영역에서 jdbc/myconn으로 설정된 이름을 획득한다.

Line **29**
```
conn = source.getConnection( );
```
source 객체로부터 Connection 객체를 획득한다. 이 객체는 이제 웹 컨테이너의 DBCP에 의해
서 관리된다.

Round16_05_Servlet.htm 파일에서 〈form〉 태그의 action 속성을 Servlet_05에서
Servlet_06으로 수정하자. 그리고 web.xml 파일에 서블릿을 등록하고서 주소 표시줄에 다음
과 같이 입력하여 실행해 보자.

실행 ▶ `http://localhost:8080/Round16/Round16_05_Servlet.htm`

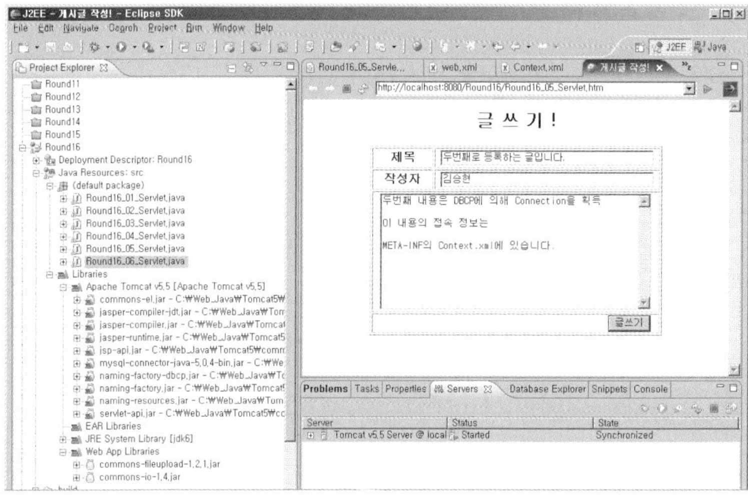

다음은 결과 화면이다.

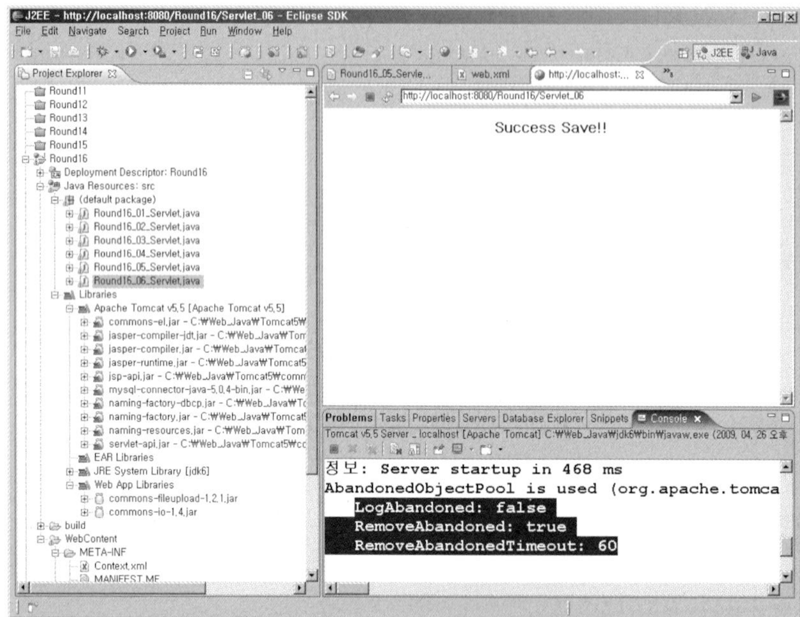

앞서 예제처럼 데이터베이스에 잘 저장된다.

이렇게 DBCP를 가지고 관리하는 것과 바로 이전처럼 직접 데이터베이스에 접속하여 처리하는 것이 코드 측면에서 차이가 크지는 않다. 그러나 앞서 설명한 것처럼 이렇게 관리를 하지 않으면 나중에 데이터베이스의 IP 주소나 계정에 변화가 생길 때 모든 웹 페이지를 찾아서 수정해야 하는 불상사가 생긴다. 또한, 다중의 사용자가 해당 사이트의 웹 페이지를 접속하여 연결할 때 수많은 Connection 객체들을 감당할 수 없게 된다. 따라서 우리는 웹 프로그램에서 데이터베이스를 사용할 때는 반드시 DBCP와 JNDI를 사용하여 접근하도록 하자.

마무리 하면서

이번 라운드에서 관건은 데이터의 지속성이었다. 웹 프로그램을 포함한 모든 프로그램에서 데이터의 지속성은 중요한 문제이다. 파일 시스템이냐 데이터베이스 시스템이냐는 선택도 중요하겠지만 이들이 어떤 특성을 갖고 있는지 그리고 이들을 어떤 경우에 사용해야 효율적인지가 더욱 중요하다는 것을 기억하기 바란다.

웹 프로그램에서 파일로 데이터를 전송하는 방법이나 데이터베이스로 데이터를 전송하는 방법이나 사용하는 클래스와 메서드만 암기하고 몇 번씩 코드를 작성하면 누구나 금방 익숙해진다. 하지만, 언제 어떻게 데이터의 지속성을 확보할 것인가를 판단하기는 한두 번 코드를 작성해서는 이해하지 못한다. 따라서 지속성을 갖는 데이터를 만들 때 모든 경우의 수를 고려해서 어떤 방법이 효율적인지 판단해야 한다. 여기서 경력자의 실력이 드러나게 된다. 독자 여러분도 고수의 반열에 들고 싶으면 이런 사소해 보이는 부분에 관심을 가져야 한다.

제 17 장

MIME 형식별 데이터 처리

▌우리가 익히 알고 있는 웹 프로그램은 그 자체가 주로 HTML과 같은 형태를 띤다. 그래서 보통 서블릿과 같은 웹 프로그램을 웹 페이지로 착각하는 경우가 많다. 그러나 서블릿은 그 자체가 웹 페이지일 수도 있지만 이미지일 수도 있고, MS 워드일 수도 있다. 무슨 말인고 하니 MIME의 설정에 따라 웹 서버가 서블릿을 전혀 다른 형태로 인식할 수 있다는 것이다. 이번 라운드에서는 이러한 MIME의 설정과 이에 따른 웹 서버의 인식에 대하여 다룰 것이다.

Round 17

17.1 이미지와 사운드 출력 **17.2** 응용 프로그램의 데이터 출력 **17.3** 동적인 차트 만들기

목표

· MIME을 설정하여 원하는 형식으로 데이터를 출력할 수 있다.

· 서블릿으로 GIF와 JPEG 등의 이미지를 화면에 보여줄 수 있다.

· 서블릿으로 동적인 차트를 만들 수 있다.

활용

MIME의 설정

웹에서 MIME 형식이 text/html만 있지는 않다. text/plain이나 image/gif, application/vnd.ms-excel 등과 같이 여러 형식이 있다. 이런 MIME으로 인해 웹 서버는 똑같은 서블릿이라도 다르게 해석한다. 결과도 일반 문서나 이미지, 엑셀 파일로 보여준다. 이런 MIME을 설정해서 웹에서 다양한 형식으로 데이터를 보여줄 수 있다.

서블릿의 차트

웹에서 차트를 보여주는 경우가 많다. 주식 시세나 통계 그래프가 그렇다. 이런 차트는 파일이나 데이터베이스와 연동하여 실시간으로 바뀐다. 만약 차트에 정적인 이미지가 사용된다면 상당히 많은 이미지가 필요할 것이다. 서블릿에서는 이런 부분을 동적으로 처리하여 동적인 차트를 구현하게 해준다. 서블릿은 데이터를 읽어 그 순간 필요한 이미지를 만들어 낸다. 그리고 이 이미지를 바로 웹 페이지에 적용할 수 있다.

 들어가기 전에

MIME은 약자로 Multipurpose Internet Mail Extensions인데 직역하면 다목
적의 인터넷 메일 확장이다. 의역해서 메일을 확장한 인터넷 표준이라고 하겠다.
의미가 그다지 중요하지는 않지만 시작은 이메일부터이다. 그러면 MIME이 왜 이메일에 사용된
것일까? 이메일은 송신자와 수신자가 서로 다른 곳에 있거나 서로 다른 시스템에서 데이터를 주
고받게 된다. 일반 텍스트만 보낼 때는 문제가 없지만 파일 하나를 첨부하면 받는 쪽에서는 상당
히 난처해진다. 그래서 이메일에서는 규약을 만들었고, 규약에는 보내는 쪽의 데이터 구성을 미
리 알려주도록 하였다. 그럼으로써 받는 쪽에서는 데이터를 처리할 수 있게 되었다. 이러한 데이
터 구성이 MIME 형식이라고 생각하면 된다. 이메일에서 헤더 데이터(Header Data)로 MIME
형식을 알리는데 HTTP 웹은 이메일의 MIME 형식을 그대로 프로토콜에 적용하였다.

웹에서 데이터를 상대방에게 보낼 때 헤더에 MIME을 지정하고, 상대방은 받은 데이터를 화면
에 보여줄 때 MIME 형식을 따르도록 했다. MIME만 제대로 설정하면 서블릿은 자체가 웹 페
이지가 되고, 이미지가 되며, 일반 프로그램의 파일이 된다. 그러면 MIME을 설정해서 이미지
와 MS 계열의 파일을 화면에 보여주자.

17.1 이미지와 사운드 출력

웹에서 이미지를 화면에 보여줄 때 MIME 형식은 40여 가지가 있다. 너무 많은가? 그러나 특별
한 경우가 아니라면 MIME 형식을 모두 알 필요는 없다. 다음은 이미지에 많이 사용하는
MIME 형식들이다.

- image/bmp : 확장자 BMP 파일의 MIME

- image/gif : 확장자 GIF 파일의 MIME

- image/jpeg : 확장자 JPG, JPEG, JPE 파일의 MIME

- image/png : 확장자 PNG 파일의 MIME

- image/x-icon : 확장자 ICO 파일의 MIME

이러한 MIME을 설정하면 서블릿이 어떻게 반응하는지를 예제로 작성해 보자. 이번 예제에서
는 이미지 파일을 읽어서 화면에 이미지(GIF나 JPEG)처럼 보여주는 서블릿을 작성할 것이다.
예제들을 실행하려면 WebContent 폴더에 images 폴더와 sounds 폴더를 만들고서 각각의 폴
더에 secon_son.bmp(이미지)와 bgsnd.wma(사운드) 파일을 넣어 두어야 한다. Round17 프로
젝트를 만들고, src 폴더에 Round17_01_Servlet.java 파일을 만들어서 다음과 같이 코드를 작
성하자.

예제 | Round17_01_Servlet.java

```
01 :  import java.io.*;
02 :  import javax.servlet.*;
03 :  import javax.servlet.http.*;
04 :
05 :  public class Round17_01_Servlet extends HttpServlet {
06 :      private File image;
07 :
08 :      public void init( ) {
09 :          ServletContext context = this.getServletContext( );
10 :          String path = context.getRealPath("/images");
11 :          image = new File(path, "secon_son.bmp");
12 :      }
13 :
14 :      public void doGet(HttpServletRequest request, HttpServletResponse
                       ↳ response) throws IOException, ServletException {
15 :
16 :          response.setContentType("image/bmp");
17 :
18 :          DataInputStream in = new DataInputStream(new BufferedInputStream
                                  ↳ (new FileInputStream(image)));
19 :          ServletOutputStream out = response.getOutputStream( );
20 :
21 :          byte[ ] data = new byte[512];
22 :          while(true) {
23 :              int x = in.read(data, 0, data.length);
24 :              if(x == -1) break;
25 :              out.write(data, 0, x);
26 :              out.flush( );
27 :          }
```

```
28 :            in.close( );
29 :            out.close( );
30 :        }
31 : }
```

Q 코드 설명

Line **6**

```
private File image;
```
이미지 파일을 저장할 파일 객체를 선언한다.

Line **8**

```
public void init( ) {
```
초기화 메서드를 가지고 이미지 파일을 연결한다.

Line **10**

```
String path = context.getRealPath("/images");
```
실제 이미지 파일이 있는 경로를 지정한다. WebContent 폴더에 images 폴더를 만들고서 원하는
이미지 파일을 미리 넣어 두어야 한다.

Line **11**

```
image = new File(path, "secon_son.bmp");
```
Image 객체를 생성한다. 첫 번째 매개 변수 path가 이미지의 경로이고 두 번째 매개 변수는 이미
지의 파일 이름이다.

Line **14**

```
public void doGet(HttpServletRequest request, HttpServletResponse
                        ↳, response) throws IOException, ServletException {
```
이미지를 읽을 때는 대부분 GET 방식을 사용한다. 그러므로 doGet( ) 메서드를 작성한다.

Line **16**

```
response.setContentType("image/bmp");
```
현재 서블릿의 MIME을 image/bmp로 지정하여 파일의 확장자와 동일하게 만든다.

Line **18**

```
DataInputStream in = new DataInputStream(new BufferedInputStream
                        ↳, (new FileInputStream(image)));
```
이미지 파일로부터 데이터를 읽을 수 있는 입력 스트림을 생성한다.

Line **19**

```
ServletOutputStream out = response.getOutputStream( );
```
읽은 데이터를 출력할 서블릿의 출력 객체를 1바이트 출력 스트림으로 지정한다.

Line **21**

```
byte[ ] data = new byte[512];
```
한 번에 읽을 수 있는 바이트 수를 512바이트로 제한한다.

Line **23**

```
int x = in.read(data, 0, data.length);
```
최대 512바이트씩 데이터를 읽는다. x에는 읽은 개수가 저장된다.

Line **24**

```
if(x == -1) break;
```
더 이상 읽을 데이터가 없으면 빠져나간다.

Line **25**   `out.write(data, 0, x);`

읽은 개수만큼 출력한다.

Line **26**   `out.flush( );`

클라이언트로 전송한다. flush( ) 메서드는 현재 버퍼의 데이터를 상대에게 보내고 비우는 역할을
한다.

16행에서 MIME을 지정할 때 실제 GIF나 JPG 등 이미지 데이터들은 같은 이미지 계열의
MIME을 지정해도 정상적으로 보인다. 그러나 실행 조건이나 속도에서 차이가 있기 때문에 정
확하게 MIME을 지정하는 것이 좋다. **19행**에서 일반적으로는 텍스트 출력 스트림(PrintWriter)
을 사용하지만 이미지나 응용 프로그램 같은 데이터는 각 바이트에 더 중요한 의미가 있고 깨질
우려가 있어서 1바이트 출력 스트림(ServletOutputStream)을 사용한다.

이렇게 만든 서블릿을 바로 실행해도 이미지를 볼 수 있지만 서블릿 자체가 이미지라는 것을 강
조하기 위해 Round17_01_Servlet.htm 파일을 WebContent 폴더에 만들고서 다음과 같이 코
드를 작성하자.

예제 | Round17_01_Serlvet.htm

```html
<!DOCTYPE html PUBLIC "-//W3C//DTD HTML 4.01 Transitional//EN"
                                    ㄴ "http://www.w3.org/TR/html4/loose.dtd">
<html>
<head>
<meta http-equiv="Content-Type" content="text/html; charset=EUC-KR">
<title>Image Print!</title>
</head>
<body>
   <center>
       <h2>이미지 출력!</h2>
       <img src="Servlet_01"/>
       <!-- 이미지 객체를 출력하는 태그 사용 -->
   </center>
</body>
</html>
```

web.xml 파일에 서블릿을 등록하고 주소 표시줄에 다음과 같이 입력하여 실행해 보자. HTML
에서 경로를 잘못 설정하면 이미지를 불러오지 못해서 이미지 위치에 X 표시가 대신 뜬다.

실행 ▶ `http://localhost:8080/Round17/Round17_01_Servlet.htm`

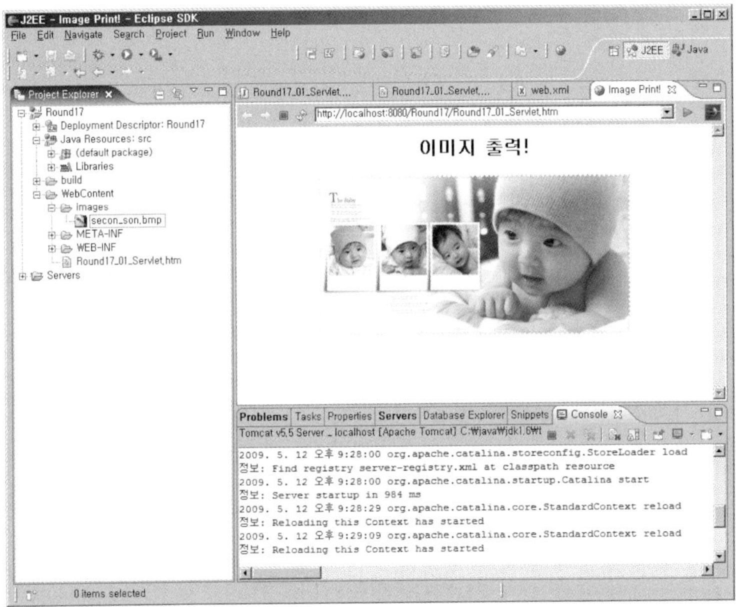

사실 이미지 하나를 띄우기 위해 서블릿까지 작성할 필요는 없다. HTML 코드에서

```
<img src="second_son.bmp"/>
```

라는 형식으로 이미지 파일을 지정하면 무난히 이미지를 화면에서 볼 수 있다.

그러면 힘들게 서블릿을 이미지화하는 코드를 작성하는 것은 왜일까? 정적인 이미지 파일이 아
니라 동적인 이미지 파일을 프로그램적으로 처리하기 위해서이다. 웹에서 통계 그래프를 이미
지화해서 보여주어야 한다면 어떻게 하겠는가? 통계 그래프별로 이미지를 모두 준비했다가 해
당 이미지를 띄울 것인가? 그건 거의 불가능에 가깝다.

그러나 지금처럼 서블릿으로 되어 있으면 데이터베이스로부터 데이터를 읽어서 이미지화할 수 있다. 그리고 MIME을 지정하여 서블릿을 이미지로 인식하게 하면 화면에서 동적인 이미지를 볼 수 있다. 자세한 내용은 이번 라운드의 마지막 절을 참고하도록 하자.

다음으로는 사운드 파일을 다루어 보겠다. 사운드 파일의 경로와 파일 이름은 web.xml 파일을 가지고 초기화 매개 변수로 정의하여 처리하자. src 폴더에 Round17_02_Servlet.java 파일을 만들고서 다음과 같이 코드를 작성하자.

| 예제 | Round17_02_Servlet.java |

```
01 :  import java.io.*;
02 :  import javax.servlet.*;
03 :  import javax.servlet.http.*;
04 :
05 :  public class Round17_02_Servlet extends HttpServlet {
06 :      private File file;
07 :      public void init( ) {
08 :          String path = this.getInitParameter("dir");
09 :          String filename = this.getInitParameter("filename");
10 :
11 :          ServletContext context = this.getServletContext( );
12 :          path = context.getRealPath(path);
13 :          file = new File(path, filename);
14 :      }
15 :      public void doGet(HttpServletRequest request, HttpServletResponse
                              ↳ response) throws IOException, ServletException {
16 :          if(file.getName( ).endsWith(".au") || file.getName( )
                                                  ↳ .endsWith(".snd")) {
17 :              response.setContentType("audio/basic");
18 :          }
19 :          else if(file.getName( ).endsWith(".wma")){
20 :              response.setContentType("audio/x-ms-wma");
21 :          }
22 :
23 :          DataInputStream in = new DataInputStream(new BufferedInputStream
                                          ↳ (new FileInputStream(file)));
24 :          ServletOutputStream out = response.getOutputStream( );
25 :
26 :          byte[ ] data = new byte[512];
```

```
27 :            while(true) {
28 :                int cnt = in.read(data, 0, data.length);
29 :                if(cnt == -1) break;
30 :                out.write(data, 0, cnt);
31 :                out.flush( );
32 :            }
33 :
34 :            in.close( );
35 :            out.close( );
36 :        }
37 : }
```


Q 코드 설명

Line **6**
```
private File file;
```
사운드 파일을 저장할 파일 객체를 선언한다.

Line **8 ~ 9**
web.xml 파일에 등록된 dir과 filename의 값을 초기화 매개 변수로부터 획득한다.

Line **12**
```
path = context.getRealPath(path);
```
dir의 실제 경로를 획득한다.

Line **13**
```
file = new File(path, filename);
```
파일 객체를 생성한다.

Line **15**
```
public void doGet(HttpServletRequest request, HttpServletResponse
                        ↳, response) throws IOException, ServletException {
```
이미지와 마찬가지로 GET 방식을 사용한다. 그러므로 doGet( ) 메서느를 작싱한다.

Line **17**
```
response.setContentType("audio/basic");
```
사운드에 대하여 기본값으로 MIME을 지정한다. basic은 확장자 AU와 SND를 지원하는 MIME 형
식이다.

Line **19**
```
else if(file.getName( ).endsWith(".wma")){
```
확장자가 WMA라면 이와 같은 MIME을 사용한다.

Line **23**
```
DataInputStream in = new DataInputStream(new BufferedInputStream
                                ↳,(new FileInputStream(file)));
```
사운드 파일로부터 데이터를 읽을 수 있는 입력 스트림을 생성한다.

Line **24**
```
ServletOutputStream out = response.getOutputStream( );
```
이미지와 마찬가지로 1바이트 출력 스트림으로 지정해야 정상적으로 표현된다.

Line **26**
```
byte[ ] data = new byte[512];
```
한 번에 읽을 수 있는 최대 바이트 수를 512바이트로 지정한다.

이미지와 마찬가지로 사운드 서블릿을 실행할 Round17_02_Servlet.htm 파일을 WebContent
폴더에 만들고서 다음과 같이 코드를 작성하자.

| 예제 | Round17_02_Servlet.htm |

```html
<!DOCTYPE html PUBLIC "-//W3C//DTD HTML 4.01 Transitional//EN"
                              ↳ "http://www.w3.org/TR/html4/loose.dtd">
<html>
<head>
<meta http-equiv="Content-Type" content="text/html; charset=EUC-KR">
<title>Sound Output!</title>
</head>
<body>
    <center>
        <h2>사운드 출력!</h2>
        <embed src="Servlet_02">
        <!-- 사운드 객체를 출력하는 태그 사용 -->
    </center>
</body>
</html>
```

web.xml 파일에 다음과 같이 초기화 매개 변수를 설정하고서 웹 서버를 다시 구동하자.

```
                    중간 생략

<servlet>
    <servlet-name>My_01</servlet-name>
    <servlet-class>Round17_01_Servlet</servlet-class>
</servlet>
<servlet>
    <servlet-name>My_02</servlet-name>
    <servlet-class>Round17_02_Servlet</servlet-class>
    <init-param>
        <param-name>dir</param-name>
        <param-value>/sounds</param-value>
    </init-param>
    <init-param>
        <param-name>filename</param-name>
```

```
        <param-value>bgsnd.wma</param-value>
    </init-param>
</servlet>

<servlet-mapping>
    <servlet-name>My_01</servlet-name>
    <url-pattern>/Servlet_01</url-pattern>
</servlet-mapping>
<servlet-mapping>
    <servlet-name>My_02</servlet-name>
    <url-pattern>/Servlet_02</url-pattern>
</servlet-mapping>
```

중간 생략

주소 표시줄에 다음과 같이 입력하여 HTML 파일부터 실행하자.

실행 `http://localhost:8080/Round17/Round17_02_Servlet.htm`

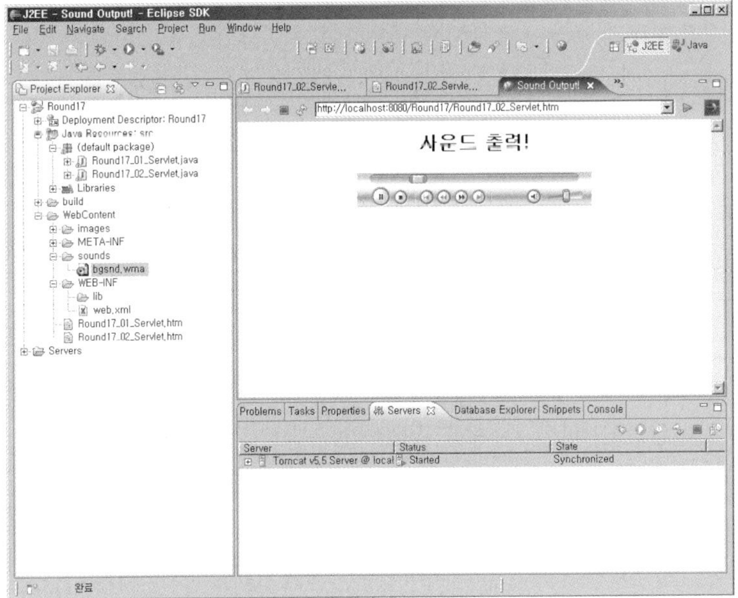

서블릿은 자체가 HTML 파일도 되지만 이상과 같이 MIME 형식이 지원하는 파일이 되기도 한다. 다음은 MIME 형식이 조금 특이한 응용 프로그램의 MIME을 배워 보도록 하자.

17.2 응용 프로그램의 데이터 출력

응용 프로그램의 MIME 형식대로 데이터를 보여주려면 해당 응용 프로그램이 컴퓨터에 설치되어 있어야 한다. 그렇지 않으면 데이터를 보여주려 할 때 서블릿의 데이터가 내려 받아지는 형태가 되어 버린다.

이번 절에서는 기존 파일을 그대로 전송하여 보여주는 예제와 옵션에 따라 MS 워드, MS 엑셀, MS 파워포인트 등의 응용 프로그램으로 보여주는 예제를 다루겠다. 두 예제는 1바이트 출력 스트림이나 텍스트 출력 스트림을 사용하는가에서 차이가 있다. MS 워드나 엑셀 파일은 1바이트 출력 스트림을 사용해야만 정상적으로 보이고, 서블릿에서 작성한 내용은 텍스트 출력 스트림을 사용해야만 정상적으로 보인다.

이유는 파싱(Parsing) 때문인데 자바 기초에서 스윙(Swing)으로 그림판의 이미지를 저장하던 것을 생각해 보면 된다. 즉, 개발자가 자신의 프로그램을 사용하여 스트림으로 저장한다는 것이다. 이 스트림은 일반 글자와는 차이가 있고 다시 읽어 올 때는 해당 프로그램이 아니면 해석이 불가능하다. 그다지 중요한 것은 아니지만 기본적으로 알고 있어야 한다.

여하튼 MS 워드나 MS 엑셀 같은 응용 프로그램의 파일을 다시 해당 프로그램으로 읽으려 할 때는 반드시 1바이트 출력 스트림을 사용하기 바란다.

예제를 다루어 보도록 하자. 앞서의 예제들과 별로 차이가 없다. 라운드 16에서 배운 파일 업로드를 함께 사용해서 전송받은 파일을 원하는 응용 프로그램으로 보여주도록 하겠다. 당연히 라운드 16처럼 파일 업로드에 관련된 JAR 파일 두 개를 WEB-INF 폴더의 lib 폴더에 추가해야 한다. Round17 폴더의 WebContent 폴더에 Round17_03_Servlet.htm 파일을 만들고서 다음과 같이 코드를 작성하자.

| 예제 | Round17_03_Servlet.htm |

```html
<!DOCTYPE html PUBLIC "-//W3C//DTD HTML 4.01 Transitional//EN"
                            ↳ "http://www.w3.org/TR/html4/loose.dtd">
<html>
<head>
<meta http-equiv="Content-Type" content="text/html; charset=EUC-KR">
<title>파일 전송!</title>
</head>
<body>
    <center>
    <form method="post" action="Servlet_03" enctype="multipart/form-data">
        전송 파일 : <input type="file" name="attach_file"/> 
        <!-- 파일 전송 객체를 생성한다. -->
        <input type="submit" value="전송"/>
    </form>
    </center>
</body>
</html>
```

src 폴더에 Round17_03_Servlet.java 파일을 만들고서 다음과 같이 코드를 작성하자. 14행에서 39행은 라운드 16에서 배운 파일 업로드 API를 사용한다. dir 경로에 파일을 업로드하는데 정상적으로 파일을 업로드했다고 가정하자.

| 예제 | Round17_03_Servlet.java |

```java
01 : import java.io.*;
02 : import java.util.*;
03 :
04 : import javax.servlet.*;
05 : import javax.servlet.http.*;
06 :
07 : import org.apache.commons.fileupload.*;
08 : import org.apache.commons.fileupload.disk.*;
09 : import org.apache.commons.fileupload.servlet.*;
10 :
11 : public class Round17_03_Servlet extends HttpServlet {
12 :     public void doPost(HttpServletRequest request, HttpServletResponse
                            ↳ response) throws IOException, ServletException {
```

파일 업로드용 API를 사용
하기 위해 가져오기를 한다.

```
13 :
14 :                 File dir = new File(this.getServletContext( )
                                            ↳ .getRealPath("/upload"));
15 :                 if(!dir.exists( )) dir.mkdir( );
16 :                 String filename = "";
17 :
18 :                 if(ServletFileUpload.isMultipartContent(request)) {
19 :                     try {
20 :                         DiskFileItemFactory factory = new DiskFileItemFactory( );
21 :                         factory.setSizeThreshold(10 * 1024);
22 :                         factory.setRepository(dir);
23 :                         ServletFileUpload upload = new ServletFileUpload(factory);
24 :                         upload.setSizeMax(10 * 1024 * 1024);
25 :                         upload.setHeaderEncoding("EUC-KR");
26 :                         ArrayList items = (ArrayList)upload.parseRequest(request);
27 :                         FileItem item = (FileItem)items.get(0);
28 :                         if(!item.isFormField( ) && item.getFieldName( )
                                                ↳ .equals("attach_file")) {
29 :                             filename = item.getName( );
30 :                             if(filename != null && filename.trim( ).length( ) != 0) {
31 :                                 filename =
                                        ↳ filename.substring(filename.lastIndexOf("\\") + 1);
32 :                                 File file = new File(dir, filename);
33 :                                 item.write(file);
34 :                             }
35 :                         }
36 :                     } catch(Exception e) {
37 :                         e.printStackTrace( );
38 :                     }
39 :                 }
40 :
41 :             String exten = filename.substring(filename.lastIndexOf("."));
42 :             String mime = "";
43 :             if(exten.equalsIgnoreCase(".doc"))
44 :                 mime = "application/msword";
45 :             else if(exten.equalsIgnoreCase(".xls"))
46 :                 mime = "application/vnd.ms-excel";
47 :             else if(exten.equalsIgnoreCase(".ppt"))
48 :                 mime = "application/vnd.ms-powerpoint";
49 :             else
50 :                 mime = "application/octet-stream";
```

43행 주석: MS 워드라면 이하 코드를 실행한다.

45행 주석: MS 엑셀이라면 이하 코드를 실행한다.

47행 주석: MS 파워포인트라면 이하 코드를 실행한다.

49행 주석: 나머지 경우라면 이하 코드를 실행한다.

```
51 :
52 :            response.setContentType(mime);
53 :
54 :            ServletOutputStream out = response.getOutputStream( );
55 :
56 :            DataInputStream in = new DataInputStream(new BufferedInputStream
                            ∟,(new FileInputStream(new File(dir, filename))));
57 :
58 :            byte[ ] data = new byte[1024];
59 :
60 :            while(true) {
61 :                int len = in.read(data, 0, data.length);
62 :                if(len == -1) break;
63 :                out.write(data, 0, len);
64 :                out.flush( );
65 :            }
66 :
67 :            in.close( );
68 :            out.close( );
69 :        }
70 : }
```

🔍 코드 설명

Line **41** ________
```
String exten = filename.substring(filename.lastIndexOf("."));
```
파일의 확장자를 획득한다.

Line **50** ________
```
mime = "application/octet-stream";
```
1바이트 스트림으로 MIME을 지정한다.

Line **52** ________
```
response.setContentType(mime);
```
지정된 MIME을 설정한다.

Line **54** ________
```
ServletOutputStream out = response.getOutputStream( );
```
앞서 이야기한 것처럼 기존의 파일을 제대로 보여주려면 1바이트 출력 스트림을 사용해야 한다.

Line **56** ________
```
DataInputStream in = new DataInputStream(new BufferedInputStream
                        ∟,(new FileInputStream(new File(dir, filename))));
```
전송받은 파일을 읽을 수 있는 입력 스트림을 생성한다.

Line **58** ________
```
byte[ ] data = new byte[1024];
```
한 번에 읽을 수 있는 바이트 수를 1024바이트로 제한한다.

web.xml 파일에 서블릿을 Servlet_03이라는 URL 패턴으로 등록하고 주소 표시줄에 다음과
같이 입력하여 실행해 보자. 전송할 파일(한글, 엑셀 등)은 미리 만들어야 한다.

실행 ▶ `http://localhost:8080/Round17/Round17_03_Servlet.htm`

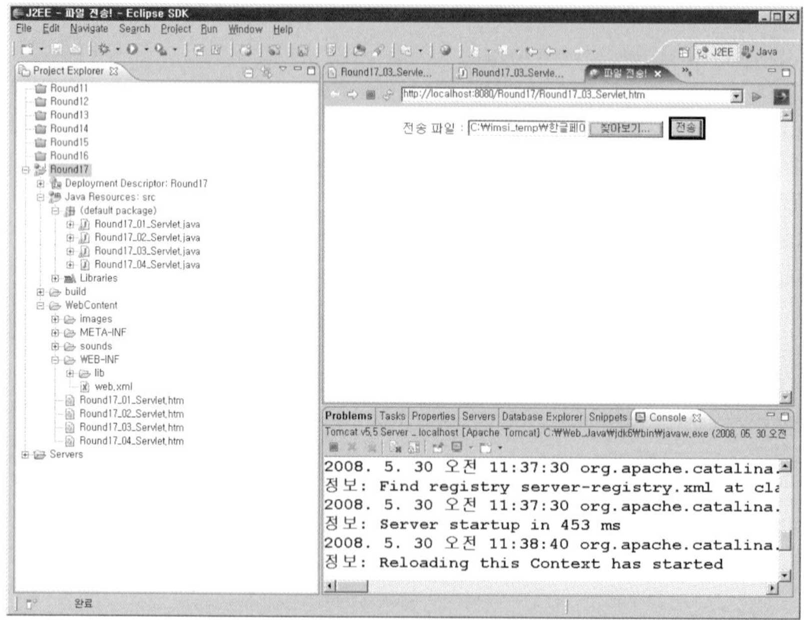

한글 파일을 선택하고 전송 단추를 누르자.

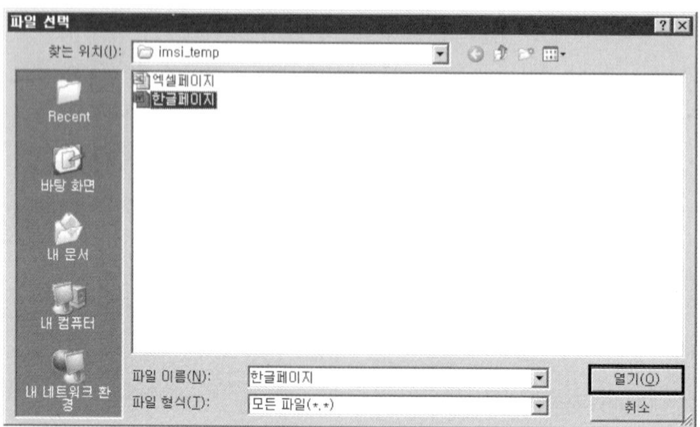

다음과 같이 대화 상자가 뜬다. 여기서 〈열기〉를 누르자.

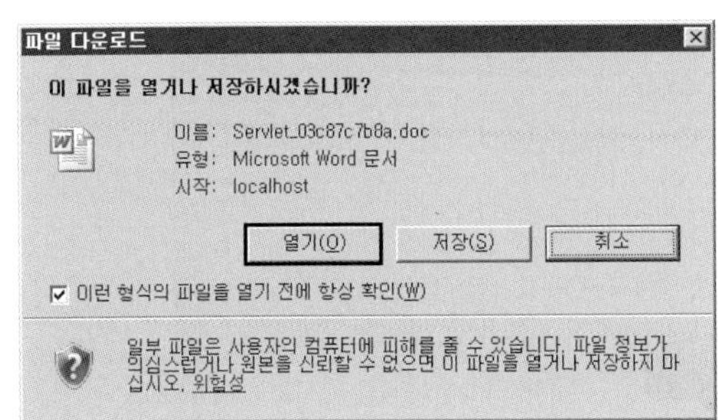

이클립스의 실행 화면에 다음과 같이 한글 파일이 결과로 보여진다.

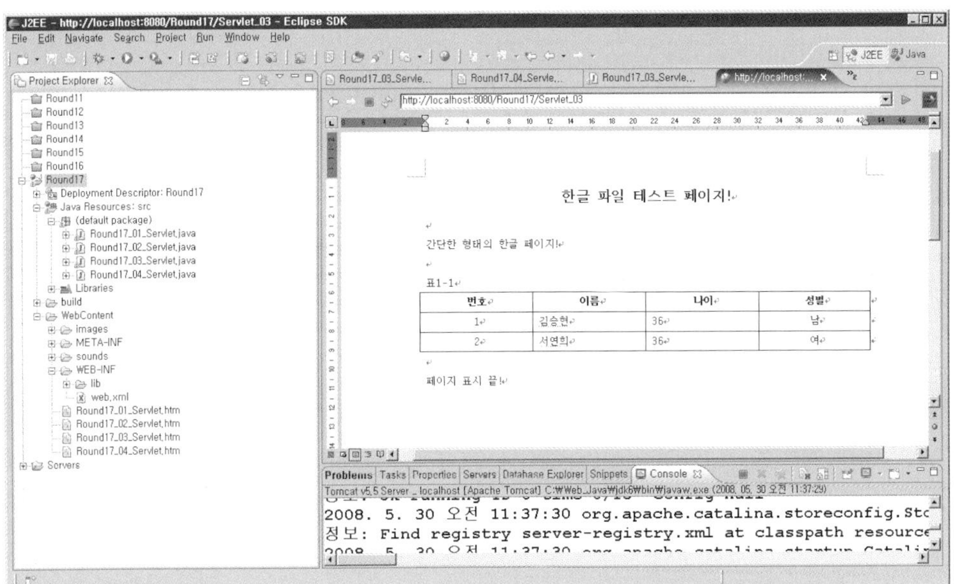

엑셀 파일을 선택하고 진행하면 다음과 같이 엑셀 파일이 정상적으로 보여진다. 다른 응용 프로
그램도 마찬가지이다.

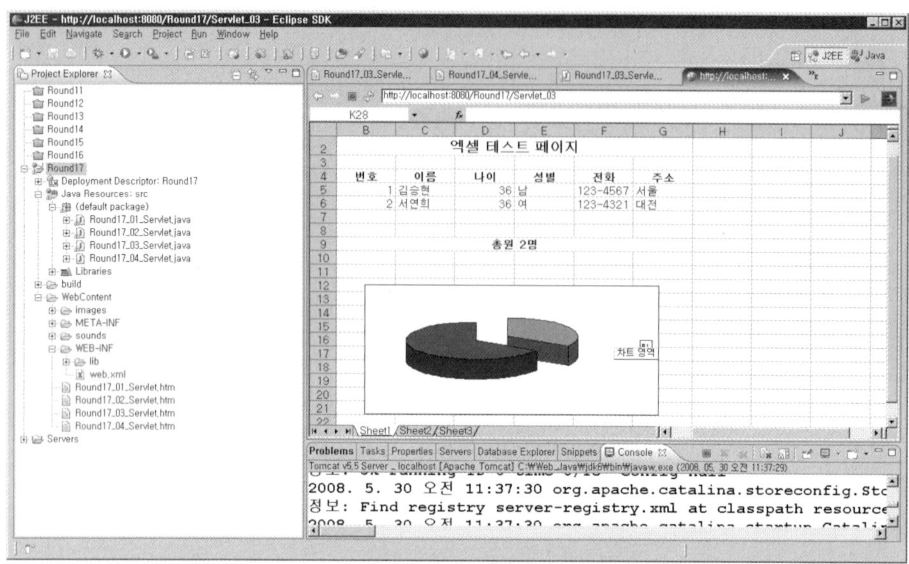

이번에는 우리가 직접 HTML 코드로 작성한 내용을 MIME을 선택함에 따라서 원하는 프로그
램으로 보여주는 예제이다. 즉, 실행 첫 페이지에서 HTML 코드를 입력하고 변환될 문서의 종
류를 MS-Word, MS-Excel, MS-PowerPoint 중에서 하나를 선택하여 전송하게 되면 해당 문
서에 맞게 표시되는 웹 프로그램이다. WebContent 폴더에 Round17_04_Servlet.htm 파일을
만들고서 다음과 같이 데이터를 입력할 수 있게 코드를 작성하자.


```html
<!DOCTYPE html PUBLIC "-//W3C//DTD HTML 4.01 Transitional//EN"
                            ↳ "http://www.w3.org/TR/html4/loose.dtd">
<html>
<head>
<meta http-equiv="Content-Type" content="text/html; charset=EUC-KR">
<title>파일 생성!</title>
</head>
<body>
    <center>
    <form method="post" action="Servlet_04">
        출력 형식 :
            <input type="radio" name="mime" value="application/msword"
                                        ↳ checked/>MS-WORD 
```

```
<input type="radio" name="mime" value="application/vnd.ms-excel"/>
                                              ┗ MS-EXCEL 
<input type="radio" name="mime" value="application/vnd.ms-powerpoint"/>
                                        ┗ MS-POWERPOINT 
<!-- 라디오 버튼으로 MIME을 선택할 수 있도록 작성한다. -->

  <input type="submit" value="전송"/><br/><br/>
  <textarea name="contents" cols="70" rows="10"></textarea>
  <!-- 생성된 Contents의 내용을 기재할 수 있는 영역 -->
 </form>
 </center>
</body>
</html>
```

src 폴더에 Round17_04_Servlet.java 파일을 만들고서 다음과 같이 코드를 작성하자.

예제	Round17_04_Servlet.java

```
01 : import java.io.*;
02 : import javax.servlet.*;
03 : import javax.servlet.http.*;
04 :
05 : public class Round17_04_Servlet extends HttpServlet {
06 :     public void doPost(HttpServletRequest request, HttpServletResponse
                          ┗ response) throws IOException, ServletException {
07 :         request.setCharacterEncoding("euc-kr");
08 :
09 :         String mime = request.getParameter("mime");
10 :         String contents = request.getParameter("contents");
11 :
12 :         response.setContentType(mime + "; charset=euc-kr");
13 :
14 :         PrintWriter out = response.getWriter( );
15 :         out.println(contents);
16 :         out.close( );
17 :     }
18 : }
```

Q 코드 설명

Line **7** ────────
```
request.setCharacterEncoding("euc-kr");
```
전송받은 데이터에 대해 한글 처리를 한다.

Line **10** ────────
```
String contents = request.getParameter("contents");
```
contents라는 이름으로 전송받은 값을 획득한다.

Line **12** ────────
```
response.setContentType(mime + "; charset=euc-kr");
```
선택한 MIME을 출력할 때의 MIME으로 사용하고 한글 처리도 함께 한다.

Line **15** ────────
```
out.println(contents);
```
텍스트 출력 스트림으로 전송받은 데이터를 출력한다.

앞서의 예제는 1바이트 출력 스트림을 그대로 출력하는 것이기 때문에 인코딩이 필요 없지만 이 예제는 직접 입력한 글자를 변환하는 것이므로 인코딩을 설정해야만 한글이 깨지지 않는다. web.xml 파일에 서블릿을 Servlet_04로 등록하고 주소 표시줄에 다음과 같이 입력하여 실행해 보자.

실행 ▶ `http://localhost:8080/Round17/Round17_04_Servlet.htm`

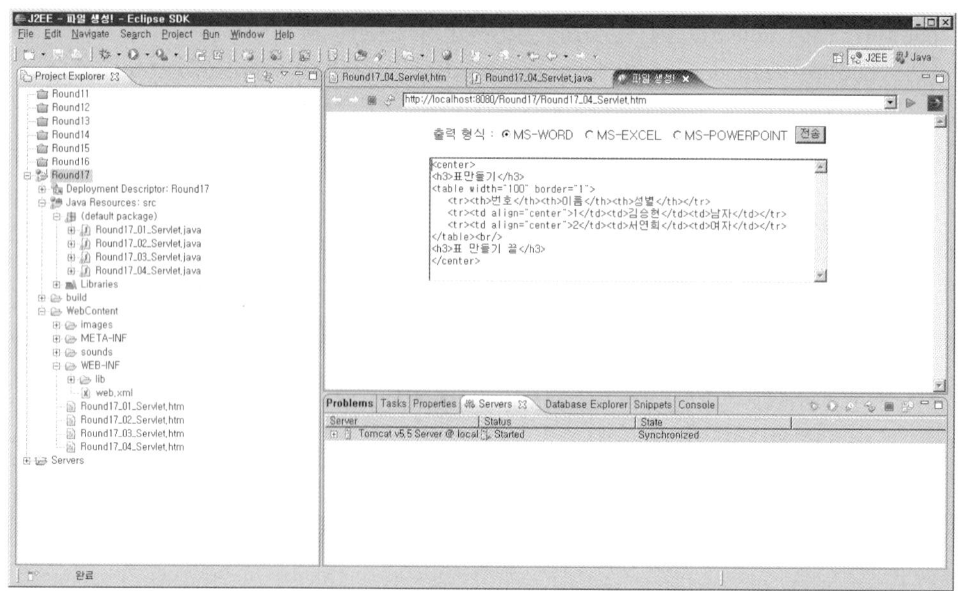

실행하고서는 TextArea 필드에 HTML 코드를 다음과 같이 입력하자.

```
<center>
<h3>표만들기</h3>
<table width="100" border="1">
    <tr><th>번호</th><th>이름</th><th>성별</th></tr>
    <tr><td align="center">1</td><td>김승현</td><td>남자</td></tr>
    <tr><td align="center">2</td><td>서연희</td><td>여자</td></tr>
</table><br/>
<h3>표 만들기 끝</h3>
</center>
```

그런 다음 MS-워드를 선택하고 전송 단추를 누르면 다음과 같이 결과가 보여진다.

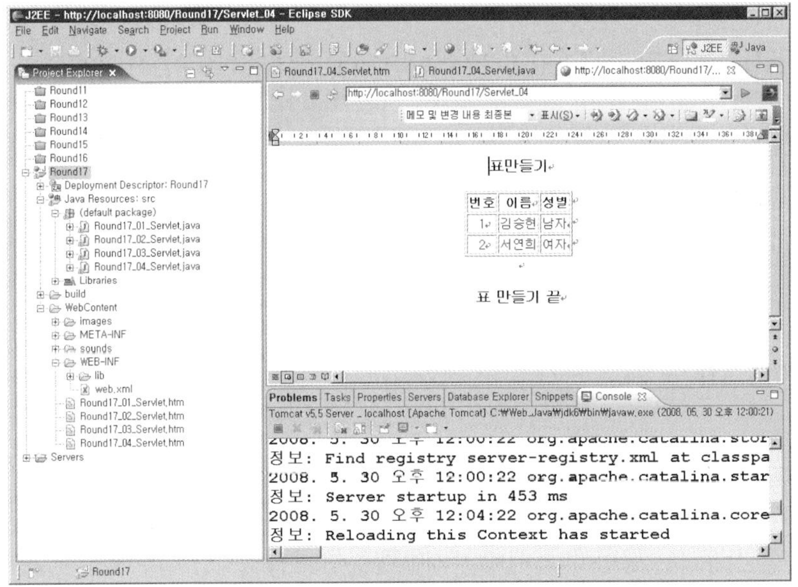

MS-엑셀을 선택하고 전송 단추를 누르면 다음과 같이 결과가 보여진다.

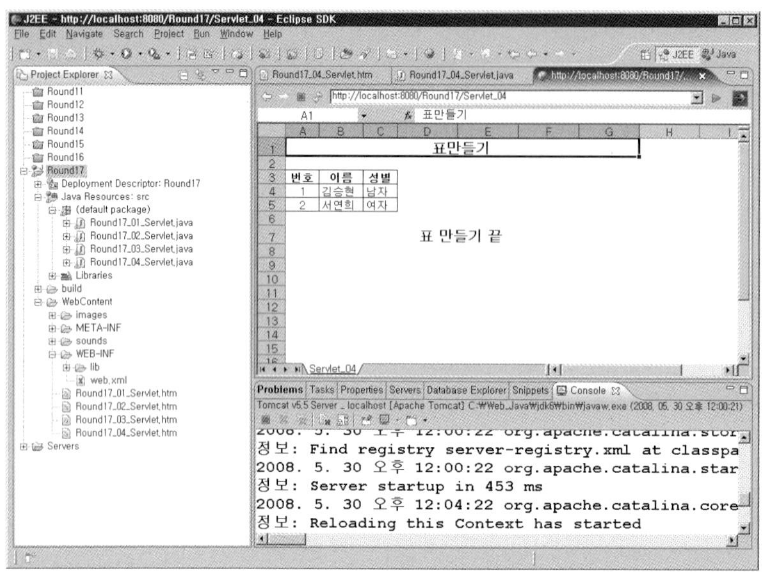

이상과 같이 서블릿은 단순히 웹 페이지가 아니라 자체가 이미지나 사운드, 응용 프로그램의 파일 등으로 변환될 수 있다. 천의 얼굴을 가지고 있다 하겠다. 이러한 특징을 조금 응용하면 다음에 배울 동적으로 바뀌는 차트를 만들 수 있다.

17.3 동적인 차트 만들기

서블릿으로 차트를 만드는 방법에는 두 가지가 있다. 하나는 우리가 익히 알고 있는 Graphics 클래스를 사용하여 직접 이미지를 만들어서 이 이미지를 인코딩하는 방법이고, 다른 하나는 차트를 만들어 주는 API를 사용하는 방법이다. 선택은 개발자 본인이 하겠지만 실무에서는 보통 후자를 선택한다. 할 수 있다고 해도 전자대로 차트나 통계 그래프를 만들려면 많은 시간이 소요되는 것이 이유이다. 지금은 배우는 입장이므로 두 가지 모두를 사용해서 차트를 만들도록 하겠다. 가능하면 단순한 예제를 사용하겠다.

일단은 예전 TV에서 방영했던 부부클리닉의 찬반 투표 결과를 그래프로 보여주는 예제들인데, 하나는 전자대로 작성하고 다른 하나는 후자대으로 작성하겠다. 후자에서는 실무에서 많이 사용하는 그리드(Grid)나 리포트(Report) 개발 도구를 사용하고 싶은 마음도 있지만 너무 비싸다.

배우는 입장에서 이런 API를 구입할 수는 없다. 필자는 독자 여러분이 무료로 사용할 수 있는 차트 개발 도구를 사용하겠다. 실무에서는 이런 개발 도구들의 라이센스를 구입해야 한다.

먼저 직접 차트를 만드는 예제를 다루어 보도록 하자. 실무에서 데이터는 데이터베이스에서 가져와야 하겠지만 여기서는 코드를 조금이라도 줄이기 위해 파일에서 가져오겠다. 사용할 파일은 초기화 매개 변수로 처리한다. WebContent 폴더에 Round17_05_Servlet.htm 파일을 만들고서 다음과 같이 코드를 작성하자.

예제 | Round17_05_Servlet.htm

```html
<!DOCTYPE html PUBLIC "-//W3C//DTD HTML 4.01 Transitional//EN"
                            ↳ "http://www.w3.org/TR/html4/loose.dtd">
<html>
<head>
<meta http-equiv="Content-Type" content="text/html; charset=EUC-KR">
<title>부부 클리닉!</title>
</head>
<body>
    <center>
    <h3>이 부부의 이혼에 찬성입니까? 반대입니까?</h3>
    <form method="post" action="Servlet_05">
        <input type="radio" name="choice" value="yes"/>찬성이에요.<br/>
        <input type="radio" name="choice" value="no"/>반대입니다.<br/><br/>
        <input type="submit" value="투표하기"/>
    </form>
    </center>
</body>
</html>
```

src 폴더에 Round17_05_Servlet.java 파일을 만들고서 다음과 같이 코드를 작성하자. 이 파일에서 찬성과 반대 표 수를 읽어서 Round17_05_Sub_Servlet.java 파일로 보내도록 구현하자. 실제로 차트는 Round17_05_Sub_Servlet.java 파일이 만든다.

예제 | Round17_05_Servlet.java

```java
01 : import java.io.*;
02 : import javax.servlet.*;
```

```
03 :  import javax.servlet.http.*;
04 :
05 :  public class Round17_05_Servlet extends HttpServlet {
06 :      public void doPost(HttpServletRequest request, HttpServletResponse
                              ↳ response) throws IOException, ServletException {
07 :          String path = this.getServletContext( ).getRealPath("/data");
08 :          String file_name = this.getInitParameter("result");
09 :
10 :          File dir = new File(path);
11 :          if(!dir.exists( )) dir.mkdir( );
12 :          File file = new File(dir, file_name);
13 :
14 :          int agree = 0;           ─────── 찬성 표
15 :          int disagree = 0;        ─────── 반대 표
16 :          if(file.exists( )) {
17 :             DataInputStream f_in = new DataInputStream
                         ↳ (new BufferedInputStream(new FileInputStream(file)));
18 :
19 :             try {
20 :                agree = f_in.readInt( );
21 :                disagree = f_in.readInt( );
22 :             } catch(Exception e) {
23 :                agree = 0;
24 :                disagree = 0;
25 :             }
26 :             f_in.close( );
27 :          }
28 :
29 :          String choice = request.getParameter("choice");
30 :
31 :          if(choice != null && choice.equalsIgnoreCase("yes")) agree++;
32 :          else if(choice != null && choice.equalsIgnoreCase("no")) disagree++;
33 :
34 :          DataOutputStream f_out = new DataOutputStream
                         ↳ (new BufferedOutputStream(new FileOutputStream(file)));
35 :          f_out.writeInt(agree);
36 :          f_out.writeInt(disagree);
37 :          f_out.close( );
38 :
39 :          response.setContentType("text/html;charset=euc-kr");
40 :          PrintWriter out = response.getWriter( );
```

```
41 :            out.println("<html><head><title>결과!</title></head>");
42 :            out.println("<body><center>");
43 :            out.println("<h3>찬/반 투표 결과!</h3>");
44 :            out.println("<img src='Servlet_05_Sub?agree=" + agree);
45 :            out.println("&disagree=" + disagree + "'/>");
46 :            out.println("</center></body></html>");
47 :        }
48 : }
```

Q 코드 설명

Line **7**
```
String path = this.getServletContext( ).getRealPath("/data");
```
파일을 저장하는 실제 경로를 획득한다.

Line **8**
```
String file_name = this.getInitParameter("result");
```
초기화 매개 변수로 설정된 파일 이름을 획득한다.

Line **11**
```
if(!dir.exists( )) dir.mkdir( );
```
해당 디렉터리가 없으면 새로 디렉터리를 만든다.

Line **12**
```
File file = new File(dir, file_name);
```
매개 변수 dir의 디렉터리에 매개 변수 filename의 파일 객체를 생성한다.

Line **16**
```
if(file.exists( )) {
```
이미 파일이 있으면 파일 내용을 읽어 온다.

Line **17**
```
DataInputStream f_in = new DataInputStream
            ┗(new BufferedInputStream(new FileInputStream(file)));
```
파일로부터 데이터를 읽을 수 있는 입력 스트림을 생성한다. 저장하는 내용은 찬성에서 반대 순이
되도록 할 것이다.

Line **22**
```
} catch(Exception e) {
```
파일이 올바르지 않아 에러가 발생하면 값을 초기화한다.

Line **26**
```
f_in.close( );
```
입력 스트림을 종료한다.

Line **29**
```
String choice = request.getParameter("choice");
```
방금 투표한 값을 획득한다.

Line **32**
```
else if(choice != null && choice.equalsIgnoreCase("no")) disagree++;
```
찬성이나 반대의 값이 넘어오면 해당 값을 증가시킨다.

Line **34** ________ `DataOutputStream f_out = new DataOutputStream`
                          `└,(new BufferedOutputStream(new FileOutputStream(file)));`

투표로 인해 변경된 값을 파일에 다시 저장한다. 기존의 내용에 덮어쓰게 되므로 기존 내용은 사라진다.

Line **45** ________ `out.println("&disagree=" + disagree + "'/>");`

이미지 형태의 서블릿을 포함시킨다.

src 폴더에 실제 차트를 만드는 Round17_05_Sub_Servlet.java 파일을 만들고서 다음과 같이 코드를 작성하자. 이 파일은 〈img〉 태그가 호출하기 때문에 doGet( ) 메서드로 작성해야 한다. 매개 변수는 반드시 숫자로 찬성과 반대를 넘겨받도록 구성되어 있다.

예제	Round17_05_Sub_Servlet.java

```
01 : import java.awt.*;
02 : import java.awt.image.*;
03 : import java.io.*;
04 : import javax.servlet.*;
05 : import javax.servlet.http.*;
06 :
07 : import com.sun.image.codec.jpeg.*;
08 :
09 : public class Round17_05_Sub_Servlet extends HttpServlet {
10 :     public void doGet(HttpServletRequest request, HttpServletResponse
                          └, response) throws IOException, ServletException {
11 :
12 :         int agree = Integer.parseInt(request.getParameter("agree"));
13 :         int disagree = Integer.parseInt(request.getParameter("disagree"));
14 :         int tot = agree + disagree;
15 :
16 :         Graphics2D g = null;
17 :         try {
18 :             int width = 300;
19 :             int height = 200;
20 :             BufferedImage img = new BufferedImage(width, height,
                                    └, BufferedImage.TYPE_INT_RGB);
21 :         g = img.createGraphics( );
22 :
23 :             int x_start = 30;
```

차트의 전체 폭 — (Line 18)
차트의 전체 넓이 — (Line 19)
그래프 시작 위치 — (Line 23)

```
24 :                 int agree_y_start = height * 1 / 4;          ── 찬성 그래프 시작 y축 위치
25 :                 int disagree_y_start = height * 3 / 5;
26 :                 int g_height = 25;
27 :                 int space = 5;                                ── 공통 여백
28 :                 int y_space = 20;                             ── Y축 여백
29 :
30 :                 g.setColor(Color.LIGHT_GRAY);                 ── 배경색 연회색
31 :                 g.fillRect(0, 0, width, height);              ── 배경색 색칠
32 :                 g.setColor(Color.BLACK);                      ── 그래프의 X, Y축과 기본 글자의 색상
33 :                 g.drawLine(x_start, space, x_start,
                            ↳ height - y_space);                  ── Y축 그리기
34 :                 g.drawLine(x_start, height - y_space,
                          ↳ width - space, height - y_space);     ── X축 그리기
35 :                 g.drawString("찬성", space, height * 1 / 3);   ── 찬성 글자 표시
36 :                 g.drawString("반대", space, height * 2 / 3);   ── 반대 글자 표시
37 :                 g.drawString("0%", x_start, height - space);   ── 0% 글자 표시
38 :                 g.drawString("50%", x_start + ((width -
                          ↳ (x_start + space)) / 2), height - space);  ── 50% 글자 표시
39 :                 g.drawString("100%", width - 30, height - space);  ── 100% 글자 표시
40 :
41 :                 g.setColor(Color.RED);
42 :                 g.fillRect(x_start, agree_y_start,
                          ↳ (width - (x_start + space)) * agree / tot, g_height);
43 :                 g.setColor(Color.GREEN);
44 :                 g.fillRect(x_start, disagree_y_start,
                          ↳ (width - (x_start + space)) * disagree / tot, g_height);
45 :
46 :
47 :             response.setContentType("image/jpeg");
48 :             ServletOutputStream out = response.getOutputStream( );
49 :             JPEGImageEncoder encode = JPEGCodec.createJPEGEncoder(out);
50 :             encode.encode(img);
51 :         } catch(Exception e) {
52 :             e.printStackTrace( );
53 :         } finally {
54 :             if(g != null)
55 :                 g.dispose( );
56 :         }
57 :     }
58 : }
```

Q 코드 설명

Line **20**
```
BufferedImage img = new BufferedImage(width, height,
                                    └ BufferedImage.TYPE_INT_RGB);
```
차트를 그리기 위해 그림판을 만든다.

Line **21**
```
g = img.createGraphics( );
```
그림판에 대하여 Graphic 객체를 생성한다.

Line **42**
```
g.fillRect(x_start, agree_y_start,
                  └ (width - (x_start + space)) * agree / tot, g_height);
```
찬성 그래프를 출력한다.

Line **44**
```
g.fillRect(x_start, disagree_y_start,
                  └ (width - (x_start + space)) * disagree / tot, g_height);
```
반대 그래프를 출력한다.

Line **47**
```
response.setContentType("image/jpeg");
```
MIME을 설정한다.

Line **48**
```
ServletOutputStream out = response.getOutputStream( );
```
데이터가 이미지이기 때문에 1바이트 출력 스트림을 생성한다.

Line **49**
```
JPEGImageEncoder encode = JPEGCodec.createJPEGEncoder(out);
```
Sun사에서 지원하는 인코딩 클래스이다.

Line **50**
```
encode.encode(img);
```
인코딩하여 출력한다.

Line **55**
```
g.dispose( );
```
Graphic 객체를 소멸시킨다.

마지막으로 web.xml 파일을 다음과 같이 수정해서 초기화 매개 변수를 구성하자.

중간 생략

```xml
<servlet>
    <servlet-name>My_05</servlet-name>
    <servlet-class>Round17_05_Servlet</servlet-class>
    <init-param>
        <param-name>result</param-name>
        <param-value>result.dat</param-value>
```

```
    </init-param>
</servlet>
<servlet>
    <servlet-name>My_05_Sub</servlet-name>
    <servlet-class>Round17_05_Sub_Servlet</servlet-class>
</servlet>
```

중간 생략

```
<servlet-mapping>
    <servlet-name>My_05</servlet-name>
    <url-pattern>/Servlet_05</url-pattern>
</servlet-mapping>
<servlet-mapping>
    <servlet-name>My_05_Sub</servlet-name>
    <url-pattern>/Servlet_05_Sub</url-pattern>
</servlet-mapping>
```

중간 생략

주소 표시줄에 다음과 같이 입력하여 실행해 보자. 찬성과 반대에 대해 투표를 하고 결과를 확인해 보자.

실행 http://localhost:8080/Round17/Round17_05_Servlet.htm

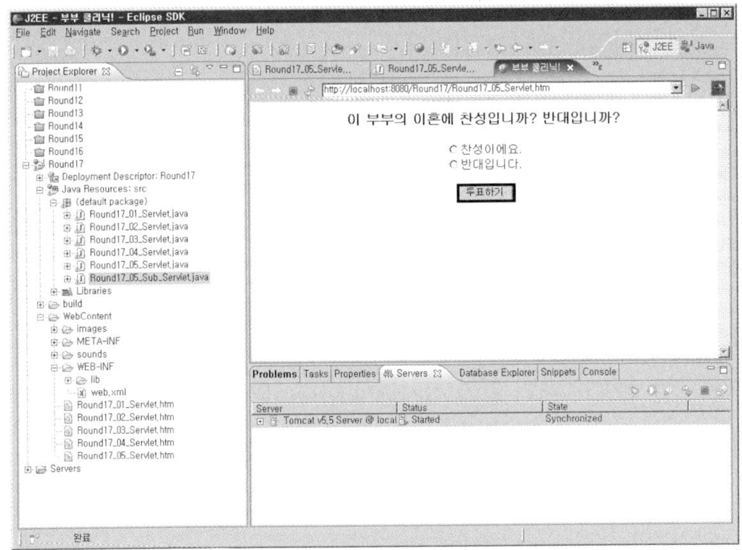

투표하기 단추를 누르면 얻어지는 결과는 다음과 같다. 여러 번 반복해서 실행해 보자.

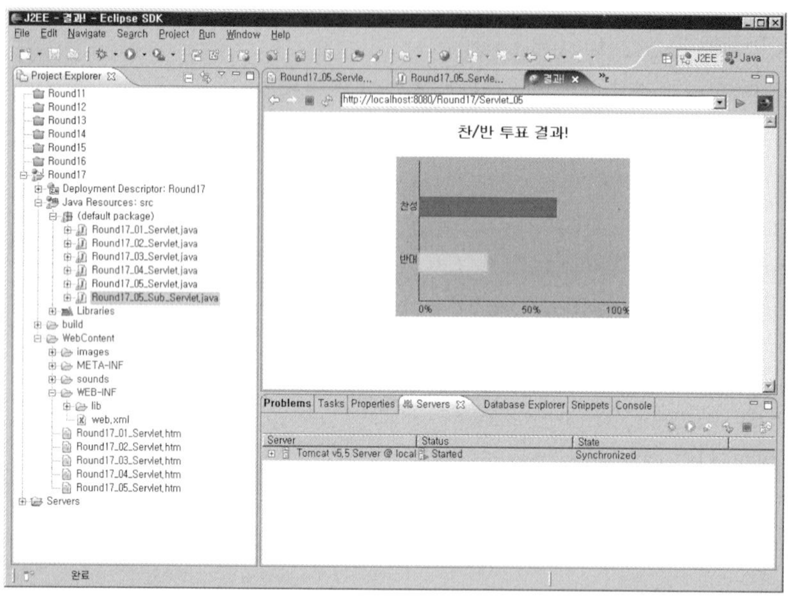

서블릿이 만드는 이미지는 데이터베이스나 파일로부터 데이터를 읽어서 보여주는 것이기 때문에 항상 동적이다. 다른 응용 프로그램에서도 마찬가지로 응용할 수가 있다. 실무에서 프로젝트를 하다 보면 이러한 경험을 많이 하는데 차트나 통계 그래프, 리포트 등은 거의 기본이라고 보면 된다. 문제는 차트를 만들기 위해 Round17_05_Sub_Servlet.java 서블릿처럼 이미지를 보여주는 파일을 작성하기가 그렇게 쉽지만은 않다는 것이다.

그래서 차트나 통계 그래프, 리포트만을 전문적으로 만들어주는 API들이 많이 개발되었고 상용화도 되었다. 문제는 전 세계적으로 이런 API를 개발하다 보니 공통의 형식이 없다는 것이다. 개발 도구를 사용하는 방법은 스스로 익혀야 한다. 너무 종류가 많아서 여기서 소개하기도 힘들다.

무료로 사용하는 API를 사용하여 앞서와 동일한 예제를 작성해 보겠다. API의 이름은 JFreeChart이다. 먼저 해당 API를 웹에서 내려 받아 설치해야 한다. JFreeChart 1.0.14를 내려 받을 수 있는 사이트 http://sourceforge.net/projects/jfreechart/files로 이동하자.

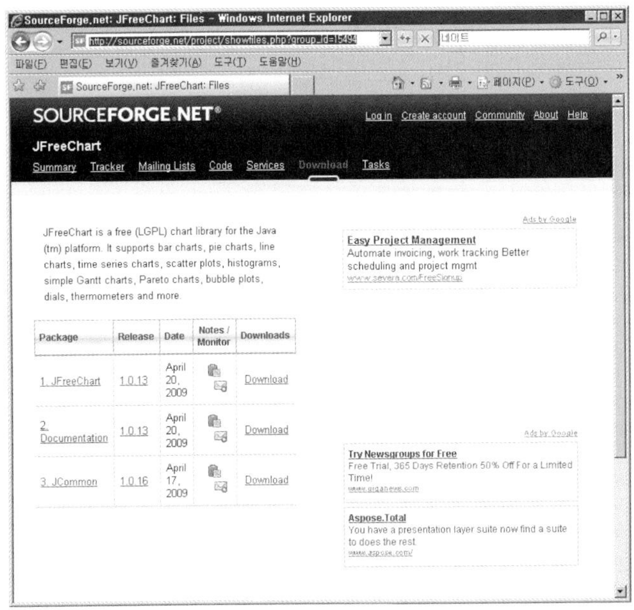

JFreeChart를 내려 받고서 압축을 풀어 lib 폴더에 있는 파일 중 jfreechart-1.0.14.jar와 jcommon-1.0.17.jar 파일만 WebContent/WEB-INF/lib 폴더에 복사하면 설치는 끝난다. 설치하는 방법은 라운드 16에서 파일 업로드 JAR 파일을 설치할 때와 동일하다. 공식 문서는 직접 내려 받아서 읽어 보기 바란다.

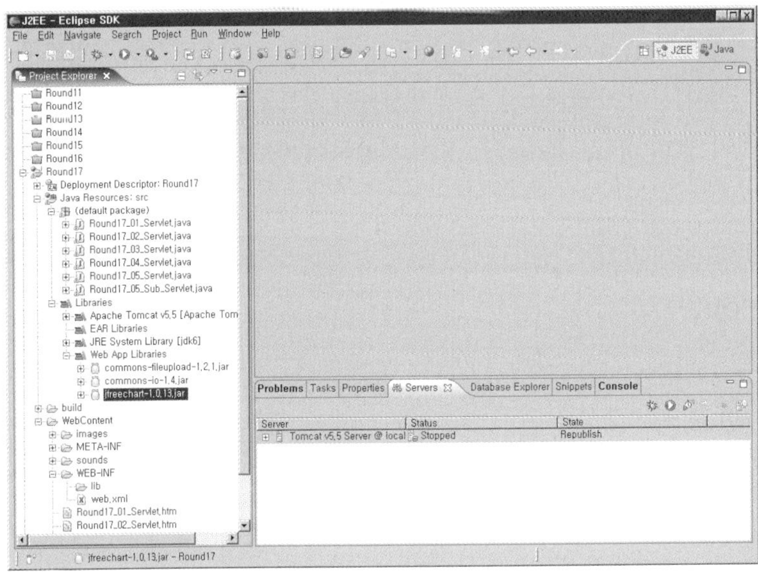

설치를 끝냈으면 앞서의 예제와 동일하게 작성해 보도록 하자. WebContent 폴더에 Round17_06_Servlet.htm 파일을 만들고서 다음과 같이 코드를 작성하자.

예제 | Round17_06_Servlet.htm

```html
<!DOCTYPE html PUBLIC "-//W3C//DTD HTML 4.01 Transitional//EN"
                                  ↳ "http://www.w3.org/TR/html4/loose.dtd">
<html>
<head>
<meta http-equiv="Content-Type" content="text/html; charset=EUC-KR">
<title>부부 클리닉!</title>
</head>
<body>
    <center>
    <h3>이 부부의 이혼에 찬성입니까? 반대입니까?</h3>
    <form method="post" action="Servlet_06">
        <input type="radio" name="choice" value="yes"/>찬성이에요.<br/>
        <input type="radio" name="choice" value="no"/>반대입니다.<br/><br/>
        <input type="submit" value="투표하기"/>
    </form>
    </center>
</body>
</html>
```

src 폴더에 Round17_06_Servlet.java 파일을 만들고서 다음과 같이 코드를 작성하자. Round17_05_Servlet 파일에서는 서브 클래스를 하나 생성하여 차트를 직접 만들었지만 여기서는 서브 클래스를 생성하지 않고, JFreeChart의 API를 사용하여 차트를 만든다.

예제 | Round17_06_Servlet.java

```java
01 :  import java.awt.Color;
02 :  import java.io.*;
03 :
04 :  import javax.servlet.*;
05 :  import javax.servlet.http.*;
06 :
07 :  import org.jfree.chart.*;
```

```
08 :  import org.jfree.chart.entity.*;
09 :  import org.jfree.chart.plot.*;
10 :  import org.jfree.chart.servlet.*;
11 :  import org.jfree.data.category.*;
12 :
13 :  public class Round17_06_Servlet extends HttpServlet {
14 :      public void doPost(HttpServletRequest request, HttpServletResponse
                            ↳ response) throws IOException, ServletException {
15 :          String path = this.getServletContext( ).getRealPath("/data");
16 :          String file_name = this.getInitParameter("result");
17 :
18 :          File dir = new File(path);
19 :          if(!dir.exists( )) dir.mkdir( );
20 :          File file = new File(dir, file_name);
21 :
22 :          int agree = 0; int disagree = 0;
23 :          if(file.exists( )) {
24 :            DataInputStream f_in = new DataInputStream(
                        ↳ new BufferedInputStream(new FileInputStream(file)));
25 :
26 :            try {
27 :               agree = f_in.readInt( );
28 :               disagree = f_in.readInt( );
29 :            } catch(Exception e) {
30 :               agree = 0;  disagree = 0;
31 :            }
32 :            f_in.close( );
33 :          }
34 :
35 :          String choice = request.getParameter("choice");
36 :          if(choice != null && choice.equalsIgnoreCase("yes")) agree++;
37 :          else if(choice != null && choice.equalsIgnoreCase("no")) disagree++;
38 :
39 :          DataOutputStream f_out = new DataOutputStream
                        ↳ (new BufferedOutputStream(new FileOutputStream(file)));
40 :          f_out.writeInt(agree);
41 :          f_out.writeInt(disagree);
42 :          f_out.close( );
43 :
44 :          int tot = agree + disagree;
45 :
```

```
46 :
47 :
48 :        DefaultCategoryDataset dataset = new DefaultCategoryDataset( );
49 :        dataset.addValue(100 * agree / tot, "Agree", "Agree");
50 :        dataset.addValue(100 * disagree/ tot, "DisAgree", "DisAgree");
51 :
52 :        JFreeChart chart = ChartFactory.createBarChart("", "", "",
                  ↳ dataset, PlotOrientation.HORIZONTAL, true, true, false);
53 :        chart.setBackgroundPaint(new Color(173, 172, 210));
54 :        chart.setTitle("Bar Graph Chart!");
55 :        ChartRenderingInfo info = new ChartRenderingInfo
                                      ↳ (new StandardEntityCollection( ));
56 :        String fileName = ServletUtilities.saveChartAsPNG
                              ↳ (chart, 300, 200, info, request.getSession( ));
57 :
58 :        response.setContentType("text/html;charset=euc-kr");
59 :        PrintWriter out = response.getWriter( );
60 :        out.println("<html><head><title>결과!</title></head>");
61 :        out.println("<body><center>");
62 :        out.println("<img src='jchart?filename=" + fileName + "'/>");
63 :        out.println("</center></body></html>");
64 :    }
65 : }
```

Q 코드 설명

Line **48** DefaultCategoryDataset dataset = new DefaultCategoryDataset( );
실제 출력될 막대 그래프의 데이터를 관리할 객체를 선언한다.

Line **49** dataset.addValue(100 * agree / tot, "Agree", "Agree");
찬성에 대하여 데이터를 추가한다.

Line **50** dataset.addValue(100 * disagree/ tot, "DisAgree", "DisAgree");
반대에 대하여 데이터를 추가한다.

Line **52** JFreeChart chart = ChartFactory.createBarChart("", "", "",
           ↳ dataset, PlotOrientation.HORIZONTAL, true, true, false);
원하는 차트로 객체를 선언하면서 값들을 전달한다.

Line **53** chart.setBackgroundPaint(new Color(173, 172, 210));
차트 전체의 배경색을 지정한다.

Line **54**   `chart.setTitle("Bar Graph Chart!");`
차트의 제목을 지정한다.

Line **55**   `ChartRenderingInfo info = new ChartRenderingInfo`
                              └ `, (new StandardEntityCollection( ));`
차트를 만들 때 해당 이미지를 임시로 저장하도록 도와주는 클래스이다.

Line **56**   `String fileName = ServletUtilities.saveChartAsPNG`
                           └ `, (chart, 300, 200, info, request.getSession( ));`
차트의 폭과 높이를 지정하여 info의 임시 영역에 이미지를 저장하고 그 경로를 되돌려 주는 클래스이다. 이상의 내용만으로 Round17_05_Sub_Servlet.java의 코드를 전부 구현할 수 있어서 보통 이런 차트 API를 사용한다.

Line **62**   `out.println("<img src='jchart?filename=" + fileName + "'/>");`
web.xml 파일에 정의된 JFreeChart의 클래스인 DisplayChart 객체를 이미지로 사용한다. filename이라는 변수에 동적으로 만들어진 결과 이미지의 파일 이름이 들어 있을 것이므로 이를 파일 이름 영역에 넣어 준다.

web.xml 파일에 Servlet_06으로 URL 패턴을 등록하고 주소 표시줄에 다음과 같이 입력하여 실행해 보자.

실행 ▶ `http://localhost:8080/Round17/Round17_06_Servlet.htm`

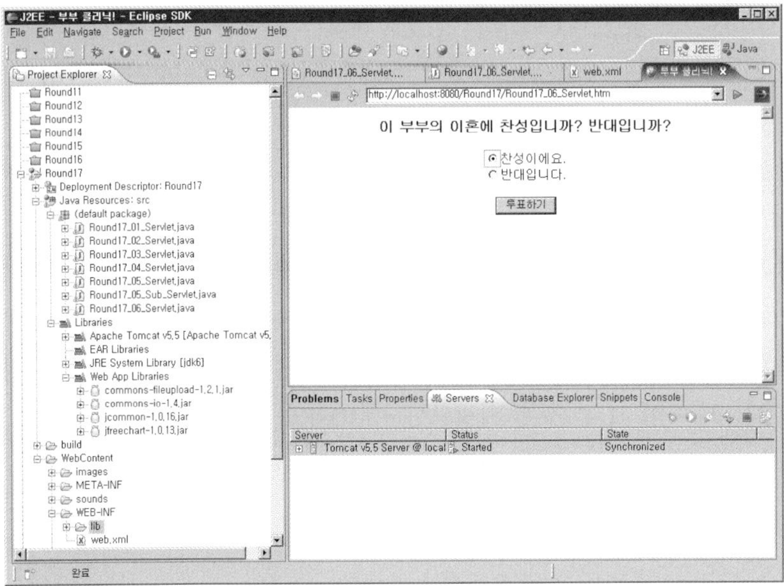

여러 번 반복해서 투표하기 단추를 누르면 얻어지는 결과는 다음과 같다.

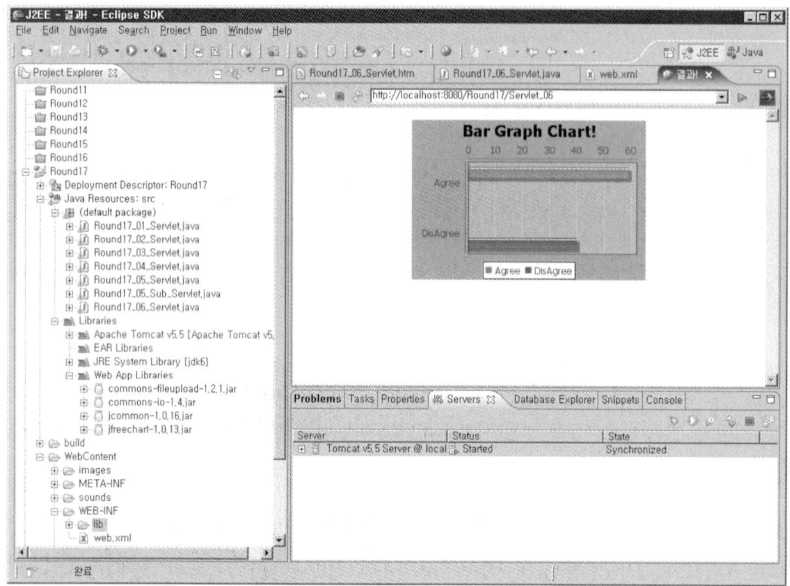

여기서 차트를 만드는 부분이 이해되지 않을 것이다. 앞서 이야기한 것처럼 차트를 만드는 방법은 API마다 다르다. 자바를 배울 때처럼 공식 문서를 활용하여 스스로 배우기 바란다. 실무에서 어떤 차트를 사용하게 될지는 모르겠지만 API 공식 문서가 있을 것이다. 필자가 말하고 싶었던 것은 직접 차트를 만드는 방법도 있고 이런 힘든 작업을 대신해 주는 API도 있다는 것이다.

마무리 하면서

이번 라운드에서는 서블릿에서 지원하는 MIME을 설정하는 것에 대해서 배웠다. MIME은 서블릿을 원하는 형식으로 데이터를 볼 수 있게 해준다. 물론, 현존하는 프로그램의 MIME을 모두 일일이 테스트할 수는 없지만 적어도 MIME이 무엇이고, 프로그램과 어떻게 접목되는지 정도는 이제 알 것이라 믿는다. 서버 프로그램을 작성하면서 MIME의 설정은 상당히 중요하다. 사용자의 새로운 요구와 함께 다양한 출력 형식의 지원이 웹 프로그램에서 더 나은 사용자 환경을 제공하기 때문이다.

제 18장

서블릿에서의 필터와 이벤트

▌ 서블릿은 웹에서 실행되는 프로그램이기 때문에 네트워크 통신의 사이 사이에서 특별한 동작을 만들어 낼 수 있다. 예를 들면, 홈 페이지에 접속하기 직전에 이벤트 창을 띄운다든지 아니면 데이터를 입력한 후 실제 저장하는 페이지로 넘어가기 전에 넘겨지는 데이터들에 대하여 한글 처리를 한다든지 등의 작업을 할 수 있다. 또한, 세션이 만들어지거나 삭제될 때 이것을 감지하는 작업도 할 수 있다. 이렇게 여러 가지 동작에 있어서 사이 사이에 끼워져서 실행되는 서블릿의 클래스를 필터(Filter)라 부르고 동작이 발생할 때 감지하는 것을 이벤트(Event)라 부른다. 이번 라운드에서는 서블릿의 이러한 기능들을 다룰 것이다.

Round **18**

18.1 서블릿 필터 **18.2** 서블릿 이벤트

목표

· 웹 프로그램에서 필터의 기능을 안다.

· 웹 프로그램에서 필터를 설정하고 클래스를 생성할 수 있다.

· 서블릿 이벤트의 용도를 안다.

· 서블릿의 이벤트 클래스를 작성하고 실행하게 할 수 있다.

활용

서블릿 필터

일반적으로 웹 프로그램은 A → B라는 식으로 실행 흐름이 있다. 그러나 기존의 흐름에 C라는 작업을 끼워 넣을 수 있다면 도움이 될 것이다. 예를 들어 A에서 B로 넘겨지는 데이터에 인코딩을 한다든지 데이터에 세션을 확인해서 B 페이지를 보여줄지 등의 작업을 할 수 있다.

서블릿 이벤트

자바 기초에서 이벤트 처리는 AWT나 스윙과 같은 GUI 기반의 프로그램을 통해서 했다. 특정 동작과 맞물려 이벤트를 발생시키거나 해당 이벤트를 잡아낼 수 있었다. 서블릿은 어떨까? 웹 프로그램이지만 웹 서버를 구동하는 것에서부터 데이터를 저장하는 메모리를 변환하는 것까지 특정 이벤트가 발생한다. 이것들을 잡아내어 처리할 수 있을까? 정답은 "그럴 수 있다."이다. 이런 이벤트를 가지고 웹 서버의 특정 작업을 코드로 구현할 수 있다.

 들어가기 전에

필터(Filter)는 말 그대로 여과 기능을 수행한다. 커피 포트를 예로 들면 처음의 물이 커피 필터를 지나면서 따뜻한 커피가 되는 것도 필터의 기능에 비유된다. 마찬가지로 웹 프로그램에서도 하나의 페이지에서 다른 페이지로 전달되는 데이터가 필터를 지나며 가공되거나 걸러지게 된다. 이런 필터 기능을 구현할 때 사용하는 클래스가 필터 클래스이다.

서블릿에는 필터 클래스와 동일하지는 않지만 비슷한 기능을 하는 이벤트 클래스도 있다. 우리가 AWT나 스윙 등에서 다루어 보았지만 특정 이벤트가 발생하면 자동으로 실행되는 클래스가 이벤트 클래스였다. 마찬가지로 서블릿에서도 특정 동작이 발생하면 자동으로 실행되는 이벤트 클래스가 있다.

여하튼 필터나 이벤트는 프로그램의 실행 흐름을 기본적으로 유지한 채로 새로 작업을 추가하려고 할 때 유용하다. 지금부터 두 가지 기능을 배워 보자.

18.1 서블릿 필터

앞서 설명한 것처럼 필터는 데이터를 가로채서 처리를 한다고 생각하면 된다. 하나의 작업에서 다른 작업으로 넘어갈 때나 어떤 작업이 또 다른 작업으로 넘어갈 때 데이터를 가로채서 처리를 할 수 있다. 요청이나 세션에 담긴 데이터뿐 아니라 헤더에도 필터가 적용될 수 있다. 기존 작업이 일어나기 직전(전처리)이나 일어난 직후(후처리) 모두 필터가 적용되는 시점이다. 필터가 웹 프로그램에서 사용되는 경우는 다음과 같다.

- 전달받은 데이터를 인코딩하는 경우

- 세션 데이터를 인증하는 경우

- 이벤트나 공지 등 팝업을 추가하는 경우

웹 관련 클래스가 모두 그러하듯이 필터 클래스의 메서드도 요청 객체와 응답 객체를 매개 변수로 가진다. 여기에 추가적으로 FilterChain 객체를 매개 변수로 갖는데, 이유는 필터 기능 자체가 페이지의 분기점에 있기 때문이다. 따라서 FilterChain 객체는 필터 기능이 완료되고 다음 페이지로 연결하는 기능에 사용된다. 또한, 서블릿의 일반 클래스처럼 web.xml 파일에 등록해야 한다. 당연하겠지만 일반 클래스가 아니므로 〈servlet〉 태그가 아니라 〈filter〉 태그를 사용한다.

필터 관련 클래스로는 javax.servlet.Filter, javax.servlet.FilterConfig, javax.servlet.FilterChain 등이 있으며, 기본 예제만 제대로 알면 이들 클래스를 사용하면서 어려움은 없을 것이다.

그러면 예제를 작성해 보도록 하자. 첫 번째는 실무에서도 많이 사용하는 인코딩 예이다. 데이터를 입력하는 페이지를 WebContent 폴더에 Round18_01_Servlet.htm 파일로 만들고서 다음과 같이 코드를 작성하자.

| 예제 | Round18_01_Servlet.htm |

```html
<!DOCTYPE html PUBLIC "-//W3C//DTD HTML 4.01 Transitional//EN"
                                  "http://www.w3.org/TR/html4/loose.dtd">
<html>
<head>
<meta http-equiv="Content-Type" content="text/html; charset=EUC-KR">
<title>데이터 전송!</title>
</head>
<body>
    <center>
        <form name='data_form' method='post' action='Servlet_01'>
            이름 : <input type='text' name='name'/><br/>
            전번 : <input type='text' name='tel'/><br/>
            주소 : <input type='text' name='addr'/><br/>
            <input type='submit' value='전송'/>
        </form>
    </center>
</body>
</html>
```

입력받은 데이터를 출력하는 서블릿을 src 폴더에 Round18_01_Servlet.java 파일로 만들고서
다음과 같이 코드를 작성하자.


```java
import java.io.*;
import javax.servlet.*;
import javax.servlet.http.*;

public class Round18_01_Servlet extends HttpServlet {
    public void init( ) { }
    public void doPost(HttpServletRequest request, HttpServletResponse response) throws
                                            ↳ ServletException, IOException {
        String name = request.getParameter("name");
        String tel = request.getParameter("tel");
        String addr = request.getParameter("addr");

        response.setContentType("text/html;charset=euc-kr");
        PrintWriter out = response.getWriter( );
        out.println("<html><head>");
        out.println("<style type='text/css'>");
        out.println(".n_border { border:none }");
        out.println("</style></head><body><center>");
        out.println("전송된 이름 = ");
        out.println("<input type='text' class='n_border' value='" + name + "'/><br/>");
        out.println("전송된 전번 = ");
        out.println("<input type='text' class='n_border' value='" + tel + "'/><br/>");
        out.println("전송된 주소 = ");
        out.println("<input type='text' class='n_border' value='" + addr + "'/><br/>");
        out.println("</center></body></html>");
    }
    public void destroy( ) { }
}
```

web.xml 파일을 다음과 같이 수정하자.

중간 생략

```
<servlet>
    <servlet-name>My_01</servlet-name>
    <servlet-class>Round18_01_Servlet</servlet-class>
</servlet>

<servlet-mapping>
    <servlet-name>My_01</servlet-name>
    <url-pattern>/Servlet_01</url-pattern>
</servlet-mapping>
```

중간 생략

주소 표시줄에 다음과 같이 입력하여 실행해 보자. 실행 화면의 필드를 채우고서 전송 단추를 누르자.

실행 ▶ `http://localhost:8080/Round18/Round18_01_Servlet.htm`

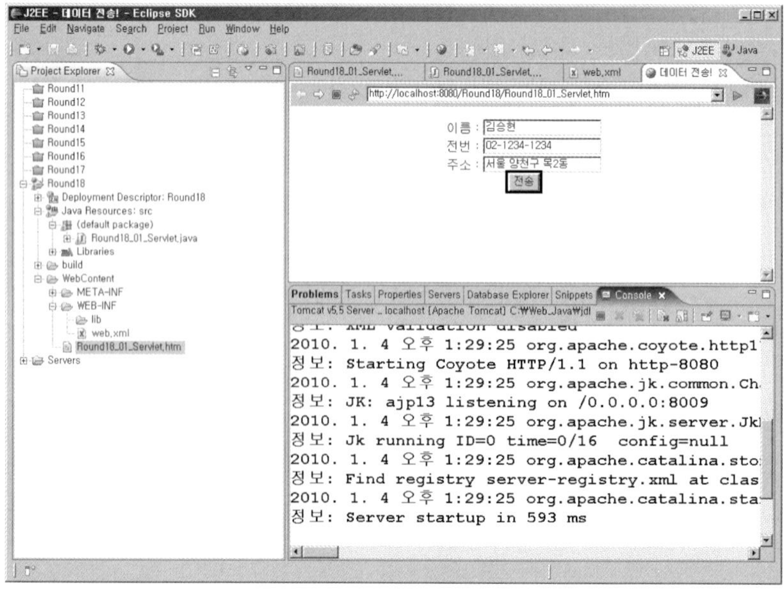

당연히 예상했듯이 한글이 여지 없이 깨진다.

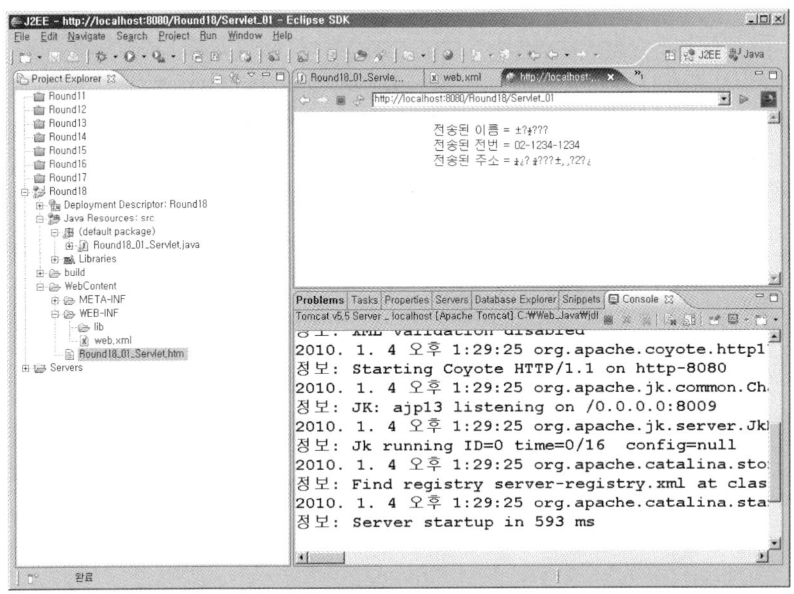

화면에 출력되는 한글은 응답 객체에 MIME과 문자 세트를 지정해서 인코딩에 문제가 없지만
전송받은 데이터는 요청 객체에 아무런 설정도 하지 않아서 인코딩에 문제가 있다. 따라서 한글
이 깨지는 것은 당연하다.

그러면 이제부터 한글 문제를 해결하기 위해 인코딩을 설정하도록 하자. 그러나 요청 객체에 대
한 인코딩을 각 서블릿에서 처리하지는 않을 것이다. 이번 라운드에서 배울 필터 클래스로 처리
해 보도록 하자.

요청에 POST 방식을 사용하면 데이터의 인코딩을 euc-kr로 변경해 주는 필터 클래스를 src 폴
더에 Round18_01_Filter.java 파일로 만들고서 다음과 같이 코드를 작성하자.

예제 | Round18_01_Filter.java

```
01 :  import java.io.*;
02 :  import javax.servlet.*;
03 :  import javax.servlet.http.*;
04 :
```

```
05 :  public class Round18_01_Filter implements Filter {
06 :       public void init(FilterConfig fc) throws ServletException { }
07 :
08 :       public void doFilter(ServletRequest request, ServletResponse response,
                         ↳ FilterChain chain) throws IOException, ServletException {
09 :          HttpServletRequest h_request = (HttpServletRequest)request;
10 :          String method = h_request.getMethod( );
11 :          if(method.equalsIgnoreCase("POST")) {
12 :             request.setCharacterEncoding("euc-kr");
13 :          }
14 :          chain.doFilter(request, response);
15 :       }
16 :
17 :       public void destroy( ) { }
18 : }
```

> POST 방식의 요청인지 확인하
> 고서 요청 객체로 넘어오는 데
> 이터에 한글 인코딩을 설정한다.

🔍 코드 설명

Line **5** `public class Round18_01_Filter implements Filter {`
필터는 Filter 인터페이스를 구현해야 한다.

Line **6** `public void init(FilterConfig fc) throws ServletException { }`
init( ) 메서드의 매개 변수는 FilterConfig 객체이다.

Line **8** `public void doFilter(ServletRequest request, ServletResponse response,`
`                ↳ FilterChain chain) throws IOException, ServletException {`
doFilter( ) 메서드를 사용하고, 매개 변수로는 반드시 ServletRequest, ServletResponse,
FilterChain 세 가지를 사용한다.

Line **9** `HttpServletRequest h_request = (HttpServletRequest)request;`
요청 객체를 HTTP 계열로 형변환은 가능하다.

Line **14** `chain.doFilter(request, response);`
필터 메서드 내용부의 마지막 코드는 현재까지 작업한 내용을 적용하고 연결된 페이지로 이동하도
록 만들어 준다. 이런 역할을 하는 메서드가 chain 객체의 doFilter( ) 메서드이다.

필터 클래스가 일반 서블릿 클래스와 다른 점은 Filter라는 인터페이스를 상속받는다는 것과 서
블릿의 service( )나 doGet( ), doPost( ) 메서드 대신에 doFilter( ) 메서드를 사용한다는 것이다.
또한, 매개 변수에는 HTTP 계열은 사용할 수 없고 코드에서처럼 HTTP를 지원하는 형으로 변

환을 해서 사용해야만 한다. 마지막으로 세 번째 매개 변수인 FilterChain 클래스의 객체인 chain을 이용해서 다른 필터나 서블릿과 연결하는 코드를 반드시 작성해야 한다.

기억하세요

웹 서버로 톰캣을 사용할 때는 web.xml 파일에서 태그의 순서가 부담을 주지 않지만 웹로직(WebLogic)이나 웹스피어(WebSpere)를 사용할 때는 태그의 순서에 따라 실행 자체가 되지 않을 수 있다.

작성한 필터 클래스를 web.xml 파일에 다음과 같이 등록하자. 〈filter〉 태그는 〈servlet〉 태그보다 앞에 놓여야 한다.

```
중간 생략

<display-name>Round18</display-name>

<filter>
    <filter-name>My_Ft_01</filter-name>
    <filter-class>Round18_01_Filter</filter-class>
</filter>

<filter-mapping>
    <filter-name>My_Ft_01</filter-name>
    <url-pattern>/Servlet_01</url-pattern>
    <!-- <url-pattern>/*</url-pattern> -->
</filter-mapping>

<servlet>
    <servlet-name>My_01</servlet-name>
    <servlet-class>Round18_01_Servlet</servlet-class>
</servlet>

중간 생략
```

여기 주석으로 처리한 URL 패턴에서 '/*'와 같이 적으면 모든 페이지에 접근하기 전에 해당 필터 클래스가 실행된다. web.xml 파일을 수정하였으니 웹 서버를 다시 구동해야 한다. 주소 표시줄에 다음과 같이 입력하여 HTML 파일을 실행해 보자.

실행   `http://localhost:8080/Round18/Round18_01_Servlet.htm`

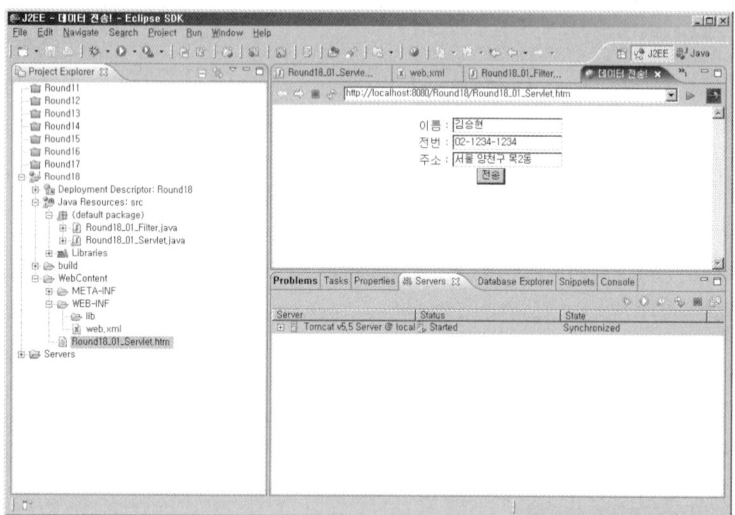

필터 클래스가 한글을 정상적으로 처리하였음을 알 수 있다.

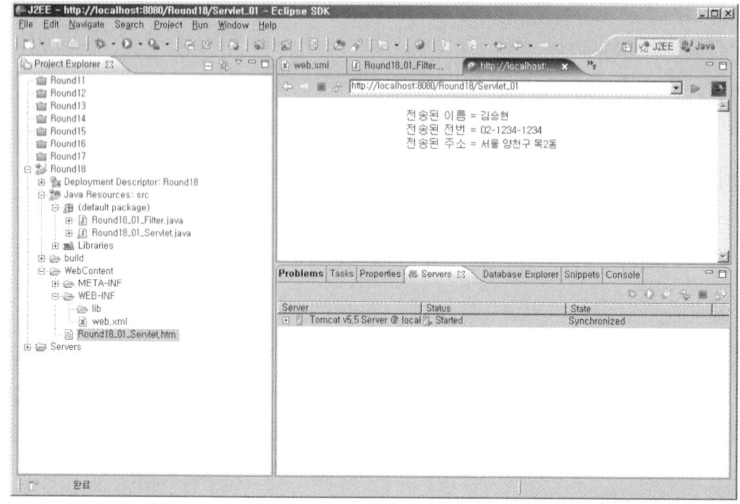

이렇게 하나의 페이지에서 다른 페이지로 연결되는 사이에 데이터를 가로채서 특정 기능을 수행하는 클래스가 필터 클래스이다.

다음 예제로 매개 변수를 조사하여 ID가 있으면 다음 페이지로 이동하고 그렇지 않으면 에러 페이지로 이동하는 필터 클래스를 작성해 보자. 링크가 있는 HTML 페이지를 WebContent 폴더에 Round18_02_Servlet.htm 파일로 만들고서 다음과 같이 코드를 작성하자.

예제 | Round18_02_Servlet.htm

```html
<!DOCTYPE html PUBLIC "-//W3C//DTD HTML 4.01 Transitional//EN"
                      ┗ "http://www.w3.org/TR/html4/loose.dtd">
<html>
<head>
<meta http-equiv="Content-Type" content="text/html; charset=EUC-KR">
<title>Filter Session 확인!</title>
</head>
<body>
   <center>
      <a href='Servlet_02'>아이디 없이 접근</a><br/><br/>
      <a href='Servlet_02?ID=kimsh'>아이디 포함 접근</a><br/>
   </center>
</body>
</html>
```

테스트를 위해 이와 같이 매개 변수로 ID를 전달하는 링크와 그렇지 않은 링크를 만든다. 링크를 클릭했을 때 접근할 서블릿을 src 폴더에 Round18_02_Servlet.java 파일로 만들고서 다음과 같이 코드를 작성하자.

예제 | Round18_02_Servlet.java

```java
import java.io.*;
import javax.servlet.*;
import javax.servlet.http.*;

public class Round18_02_Servlet extends HttpServlet {
    public void init( ) { }
    public void doGet(HttpServletRequest request, HttpServletResponse response)
```

```
                                            ↳, throws ServletException, IOException {
        String id = request.getParameter("ID");
        response.setContentType("text/html;charset=euc-kr");
        PrintWriter out = response.getWriter( );
        out.println("<html><body><center>");
        out.println(id + "님 반갑습니다.");
        out.println("</center></body></html>");
    }
    public void destroy( ) { }
}
```

이제 HTML 파일과 서블릿 파일 사이에서 ID의 존재 유무에 따라 이동할 페이지를 달리 하는
필터 클래스를 만들어 보자. src 폴더에 Round18_02_Filter.java 파일로 만들고서 다음과 같이
코드를 작성하자.

예제 | Round18_02_Filter.java

```
01 :  import java.io.*;
02 :  import javax.servlet.*;
03 :  import javax.servlet.http.*;
04 :
05 :  public class Round18_02_Filter implements Filter {
06 :      public void init(FilterConfig fc) throws ServletException { }
07 :
08 :      public void doFilter(ServletRequest request, ServletResponse response,
                        ↳ FilterChain chain) throws IOException, ServletException {
09 :        //HttpSession h_session = h_request.getSession( );
10 :        //Object id_obj = h_session.getAttribute("ID");
11 :
12 :        String id = request.getParameter("ID");
13 :        if(id == null || id.trim( ).length( ) == 0) {
14 :        HttpServletResponse h_response = (HttpServletResponse)response;
15 :            h_response.sendRedirect("Round18_02_Servlet_Error.htm");
16 :        }
17 :
18 :        chain.doFilter(request, response);
19 :      }
20 :
```

```
21 :        public void destroy( ) { }
22 :  }
```

만약 세션으로 데이터를 전송받으면 주석으로 처리한 9행과 10행과 같이 세션을 획득한다. 에러가 발생했을 때 이동할 페이지를 WebContent 폴더에 Round18_02_Servlet_Error.htm 파일로 만들고서 다음과 같이 코드를 작성하자.

예제 | Round18_02_Servlet_Error.htm

```
<!DOCTYPE html PUBLIC "-//W3C//DTD HTML 4.01 Transitional//EN"
                            ㄴ "http://www.w3.org/TR/html4/loose.dtd">
<html>
<head>
<meta http-equiv="Content-Type" content="text/html; charset=EUC-KR">
<title>Filter Session 확인!</title>
</head>
<body>
    <center>
        아이디가 없습니다.<br/>
        <a href='Round18_02_Servlet.htm'>다시시도</a>
    </center>
</body>
</html>
```

마지막으로 web.xml 파일을 다음과 같이 수정하자.

```
------------------------------------------------
    중간 생략
------------------------------------------------

<display-name>Round18</display-name>

<filter>
    <filter-name>My_Ft_01</filter-name>
    <filter-class>Round18_01_Filter</filter-class>
</filter>
<filter>
    <filter-name>My_Ft_02</filter-name>
```

```
    <filter-class>Round18_02_Filter</filter-class>
</filter>

<filter-mapping>
    <filter-name>My_Ft_01</filter-name>
    <url-pattern>/Servlet_01</url-pattern>
</filter-mapping>
<filter-mapping>
    <filter-name>My_Ft_02</filter-name>
    <url-pattern>/Servlet_02</url-pattern>
</filter-mapping>

<servlet>
    <servlet-name>My_01</servlet-name>
    <servlet-class>Round18_01_Servlet</servlet-class>
</servlet>
<servlet>
    <servlet-name>My_02</servlet-name>
    <servlet-class>Round18_02_Servlet</servlet-class>
</servlet>

<servlet-mapping>
    <servlet-name>My_01</servlet-name>
    <url-pattern>/Servlet_01</url-pattern>
</servlet-mapping>
<servlet-mapping>
    <servlet-name>My_02</servlet-name>
    <url-pattern>/Servlet_02</url-pattern>
</servlet-mapping>
```

중간 생략

주소 표시줄에 다음과 같이 입력하여 HTML 파일을 실행해 보자.

실행 ▶ http://localhost:8080/Round18/Round18_02_Servlet.htm

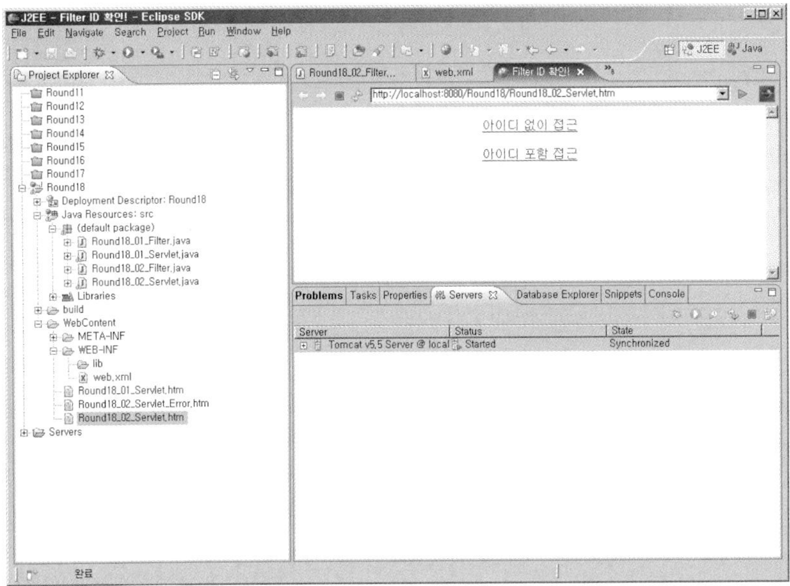

세션 객체에 ID 정보가 없는 경우의 결과 화면이다.

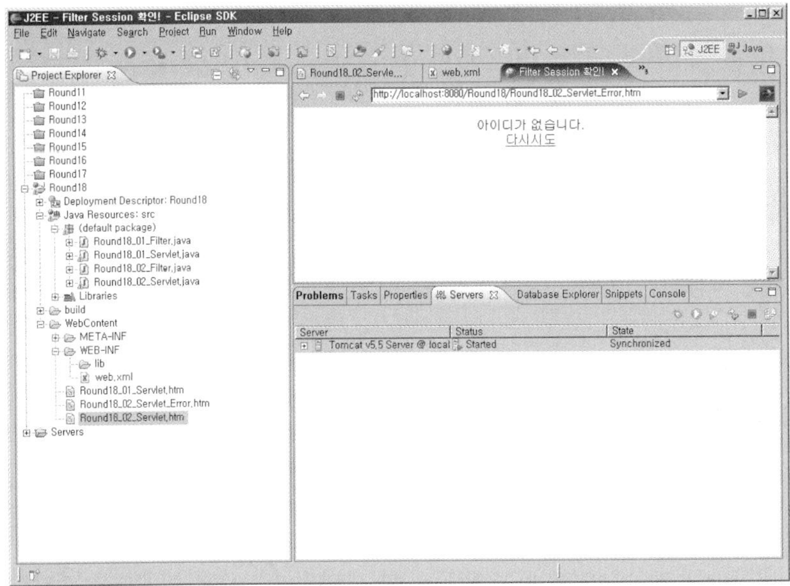

세션 객체에 ID 정보가 있는 경우의 결과 화면이다.

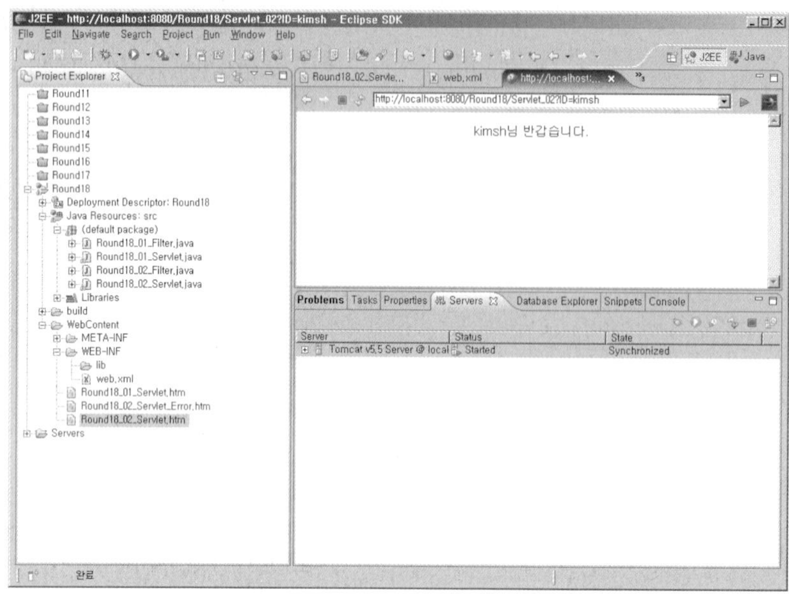

이렇게 필터 클래스를 사용하여 페이지를 분기하는 작업이 가능하다. 실무에서는 분기의 조건을 보통 세션으로 둔다. Round18_02_Filter.java 파일에서는 주석으로 처리하여 세션에 대한 분기 조건도 함께 적어 두었다. 참고하기 바란다.

18.2 서블릿 이벤트

이벤트가 웹 프로그램에서 사용되는 경우는 다음과 같다.

- 컨텍스트가 초기화되는 경우

- 세션이 생기거나 소멸되는 경우

- 속성이 바뀌는 경우

이런 이벤트에 대해서 미리 web.xml 파일에 등록해 두면 웹 서버는 자동으로 이벤트를 감지하고 우리가 지정한 클래스 내의 메서드를 실행해 준다. 이벤트는 외부의 변화보다는 내부의 변화를 처리하는 경우가 많다.

서블릿에서 이벤트 클래스가 실행되게 하려면 무엇보다 web.xml 파일의 설정이 중요하다. 초기에 웹 서버가 구동하면서 해당 이벤트를 대기 상태로 두기 때문이다. web.xml 파일에서 사용하는 태그로는 <listener>와 <context-param>이 있다. <listener> 태그는 서블릿의 이벤트를 대기 상태로 두고 <context-param> 태그는 초기화 매개 변수가 된다.

<listener> 태그를 가지고 설정할 수 있는 이벤트는 다음과 같다.

- **ServletContextListener** 이벤트

  ServletContext 객체가 초기화되거나 소멸될 때 발생하는 이벤트이다. `contextInitialized( )`, `contextDestroyed( )` 메서드가 있다.

- **ServletContextAttributeListener** 이벤트

  ServletContext 객체에 속성이 추가되거나 삭제되거나, 수정될 때 발생하는 이벤트이다. `attributeAdded( )`, `attributeRemoved( )`, `attributeReplaced( )` 메서드가 있다.

- **HttpSessionListener** 이벤트

  HttpSession 객체가 생성되거나 소멸될 때 발생하는 이벤트이다. `sessionCreated( )`, `sessionDestroyed( )` 메서드가 있다.

- **HttpSessionAtributeListener** 이벤트

  HttpSession 객체에 속성이 추가되거나 삭제되거나, 수정될 때 발생하는 이벤트이다. `attributeAdded( )`, `attributeRemoved( )`, `attributeReplaced( )` 메서드가 있다.

- **ServletRequestListener** 이벤트

  ServletRequest 객체가 초기화되거나 소멸될 때 발생하는 이벤트이다. `requestInitialized( )`, `requestDestroyed( )` 메서드가 있다.

- **ServletRequestAttributeListener** 이벤트

  ServletRequest 객체에 속성이 추가되거나 삭제되거나, 수정될 때 발생하는 이벤트이다. `attributeAdded( )`, `attributeRemoved( )`, `attributeReplaced( )` 메서드가 있다.

먼저 <context-param> 태그를 가지고 초기화 매개 변수를 설정하고 사용해 보자. 웹 서버가 구동하면서 web.xml 파일에서 회사 이름과 전화번호, 관리자 이메일 등을 가져오는 서블릿을 src 폴더에 Round18_03_Servlet.java 파일로 만들고서 다음과 같이 코드를 작성하자.

```java
import java.io.*;
import javax.servlet.*;
import javax.servlet.http.*;

public class Round18_03_Servlet extends HttpServlet {
    public void doGet(HttpServletRequest request, HttpServletResponse response)
                                          └, throws ServletException, IOException {

        ServletContext context = this.getServletContext( );

        String co_name = context.getInitParameter("co_name");
        String co_tel = context.getInitParameter("co_tel");
        String admin_email = context.getInitParameter("admin_email");

        response.setContentType("text/html;charset=euc-kr");
        PrintWriter out = response.getWriter( );
        out.println("<html><head>");
        out.println("<style type='text/css'>");
        out.println(".n_bo { border:none }");
        out.println("</style>");
        out.println("</head><body><center>");
        out.println("회사상호 : ");
        out.println("<input type='text' class='n_bo' value='" + co_name + "'/><br/>");
        out.println("회사전번 : ");
        out.println("<input type='text' class='n_bo' value='" + co_tel + "'/><br/>");
        out.println("대표메일 : ");
        out.println("<input type='text' class='n_bo' value='" + admin_email + "'/><br/>");
        out.println("</center></body></html>");
    }
}
```

⟨filter⟩ 태그보다 앞에 ⟨content-param⟩ 태그를 적어서 web.xml 파일을 다음과 같이 수정하자.

- -

중간 생략

- -

```xml
<display-name>Round18</display-name>

<context-param>
```

```
    <param-name>co_name</param-name>
    <param-value>승현 주식회사</param-value>
</context-param>
<context-param>
    <param-name>co_tel</param-name>
    <param-value>02-1234-1234</param-value>
</context-param>
<context-param>
    <param-name>admin_email</param-name>
    <param-value>kimsh@sh.com</param-value>
</context-param>

<filter>
    <filter-name>My_Ft_01</filter-name>
    <filter-class>Round18_01_Filter</filter-class>
</filter>
```

중간 생략

주소 표시줄에 다음과 같이 입력하여 서블릿을 실행해 보자.

실행   `http://localhost:8080/Round18/Servlet_03`

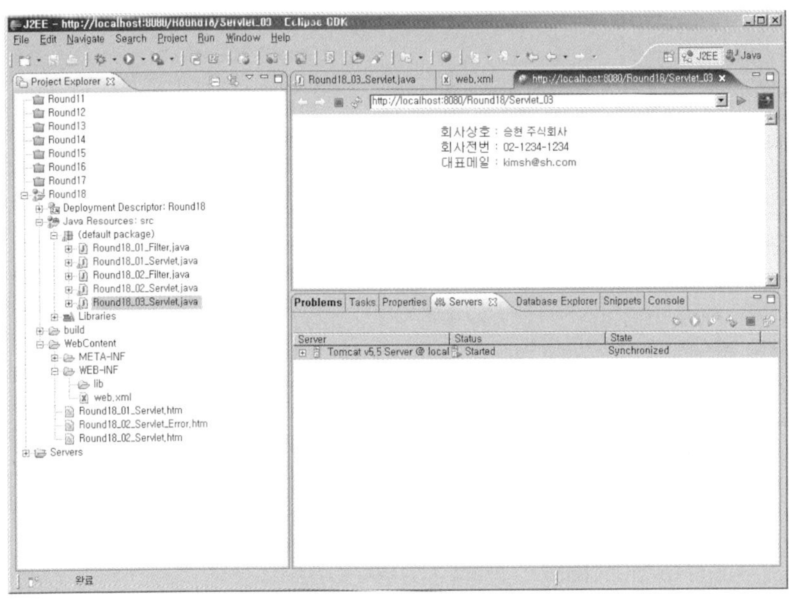

이렇게 ServletContext 객체를 가지고 web.xml 파일에 등록된 초기화 매개 변수들을 가져와서 사용할 수 있다. 그러나 ServletContext 객체와 관련된 이벤트에서는 이들 값의 추가, 삭제, 수정에 대한 정보를 확인할 수 없다. 이벤트가 관리하는 값들은 오직 해당 객체의 속성들뿐이며, 매개 변수는 관리 대상에서 제외된다. 잠시 후에 살펴볼 요청에서도 마찬가지이다.

이제 ServletContext 객체와 관련된 이벤트를 처리해 보도록 하자. 서블릿 이벤트 클래스를 src 폴더에 Round18_04_Servlet_Listener.java 파일로 만들고서 다음과 같이 코드를 작성하자. ServletContext 객체의 변화에 대해 반응하는 메서드들은 ServletContextListener와 ServletContextAttributeListener 인터페이스에 정의되어 있기 때문에 이를 구현해 주어야 한다.

| 예제 | Round18_04_Servlet_Listener.java |

```
01 :  import javax.servlet.*;
02 :
03 :  public class Round18_04_Servlet_Listener implements
                       ↳ ServletContextListener, ServletContextAttributeListener {
04 :      public void contextInitialized(ServletContextEvent e) {
05 :          System.out.println("ServletContext 가 초기화 되었습니다.");
06 :          System.out.println("init context = " + e.getServletContext( ));
07 :      }
08 :
09 :      public void contextDestroyed(ServletContextEvent e) {
10 :          System.out.println("ServletContext 가 소멸 되었습니다.");
11 :          System.out.println("dest context = " + e.getServletContext( ));
12 :      }
13 :
14 :      public void attributeAdded(ServletContextAttributeEvent e) {
15 :          System.out.println("Context 영역에 값이 추가 되었습니다.");
16 :          System.out.println("added = " + e.getName( ) + " : " + e.getValue( ));
17 :      }
18 :
19 :      public void attributeRemoved(ServletContextAttributeEvent e) {
20 :          System.out.println("Context 영역에 값이 삭제 되었습니다.");
21 :          System.out.println("removed = " + e.getName( ) + " : " + e.getValue( ));
22 :      }
23 :
24 :      public void attributeReplaced(ServletContextAttributeEvent e) {
25 :          System.out.println("Context 영역에 값이 변경 되었습니다.");
```

```
26 :            System.out.println("replaced = " + e.getName( ) + " : " + e.getValue( ));
27 :        }
28 : }
```

🔍 코드 설명

Line **4** _________ `public void contextInitialized(ServletContextEvent e) {`
톰캣이 구동될 때 실행된다.

Line **9** _________ `public void contextDestroyed(ServletContextEvent e) {`
톰캣이 종료될 때 실행된다.

Line **14** _________ `public void attributeAdded(ServletContextAttributeEvent e) {`
ServletContext 객체에 속성이 새로 추가될 때 실행된다.

Line **19** _________ `public void attributeRemoved(ServletContextAttributeEvent e) {`
ServletContext 객체의 속성이 삭제될 때 실행된다.

Line **24** _________ `public void attributeReplaced(ServletContextAttributeEvent e) {`
ServletContext 객체의 속성이 수정될 때 수정 직전에 실행된다.

다음으로 web.xml 파일에 이벤트 클래스를 등록하자. 이때 〈listener〉 태그를 〈content-param〉 태그보다 앞에 적는다.

```
                           중간 생략

<display-name>Round18</display-name>

<listener>
    <display-name>Context Listener</display-name>
    <listener-class>Round18_04_Servlet_Listener</listener-class>
</listener>

<context-param>
    <param-name>co_name</param-name>
    <param-value>승현 주식회사</param-value>
</context-param>

                           중간 생략
```

ServletContext 객체의 속성을 바꾸는 서블릿을 src 폴더에 Round18_04_Servlet.java 파일로
만들고서 다음과 같이 코드를 작성하자.

| 예제 | Round18_04_Servlet.java |

```java
import java.io.*;
import javax.servlet.*;
import javax.servlet.http.*;

public class Round18_04_Servlet extends HttpServlet {
    public void doGet(HttpServletRequest request, HttpServletResponse response)
                                        ↳ throws ServletException, IOException {
        response.setContentType("text/html;charset=euc-kr");
        PrintWriter out = response.getWriter( );
        out.println("<html><body><center>");
        out.println("<form method='post'>");
        out.println("<input type='submit' value='Context 값 할당 하기'/>");
        out.println("</form>");
        out.println("</center></body></html>");
    }
    public void doPost(HttpServletRequest request, HttpServletResponse response)
                                        ↳ throws ServletException, IOException {

        ServletContext context = this.getServletContext( );
        context.setAttribute("my_name", "김승현");        ──── 속성 추가
        context.setAttribute("my_name", "승현");          ──── 속성 수정
        context.removeAttribute("my_name");               ──── 속성 삭제

        response.setContentType("text/html;charset=euc-kr");
        PrintWriter out = response.getWriter( );
        out.println("<html><body><center>");
        out.println("Context 값 추가, 변경, 삭제 성공!");
        out.println("</center></body></html>");
    }
}
```

web.xml 파일에 서블릿을 Servlet_04라는 URL 패턴으로 등록하고서 웹 서버를 구동해 보자.

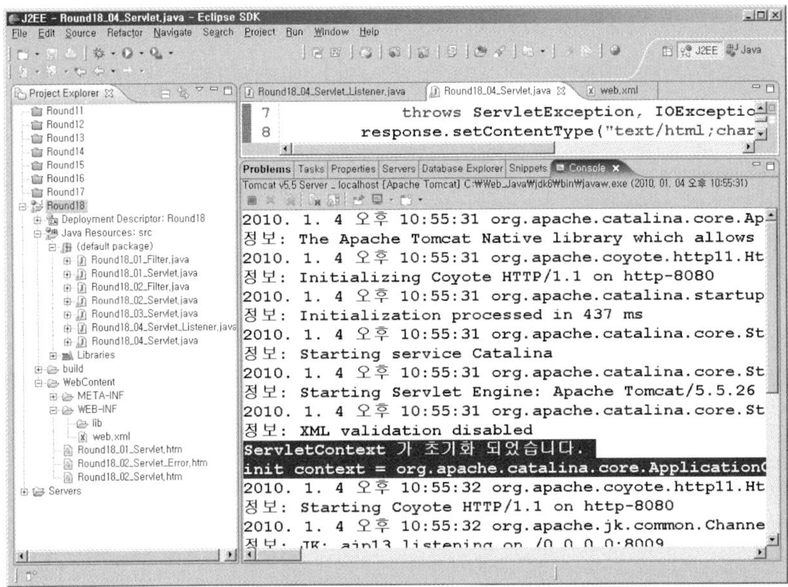

웹 서버가 구동되면 최초로 contextInitialized( ) 메서드가 실행되어 ServletContext 객체가 초
기화된다. 빈 웹 브라우저를 열고 해당 서블릿을 다음과 같이 실행해 보자.

실행 ▶ http://localhost:8080/Round18/Servlet_04

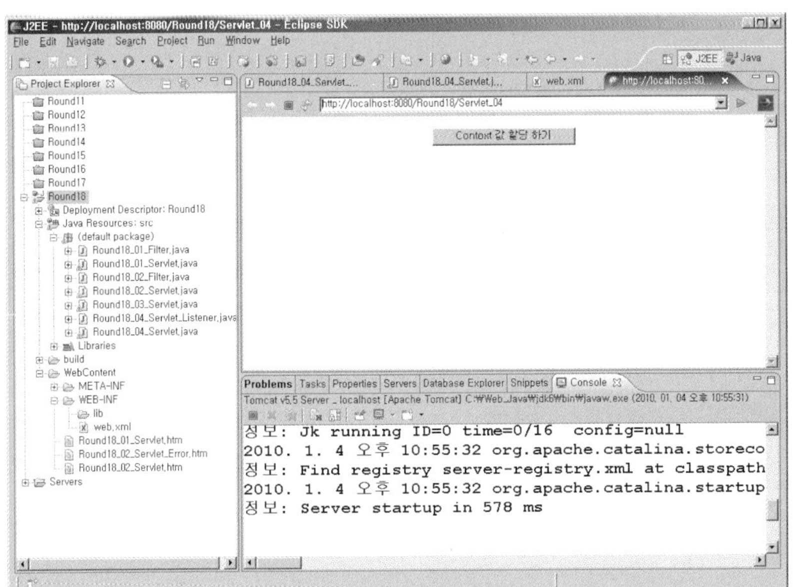

페이지가 열리고 아무런 이벤트도 발생하지 않는다. 여기에서 Context 값 할당 하기 단추를 누르면 doPost( ) 메서드가 실행되면서 ServletContextAttributeListener 이벤트가 발행하여 차례로 추가, 삭제, 수정 메시지를 확인할 수 있다.

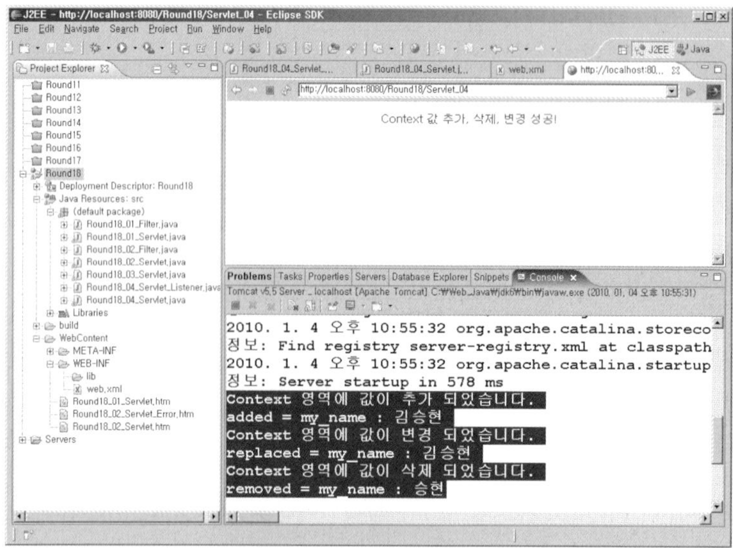

톰캣을 종료해 보자.

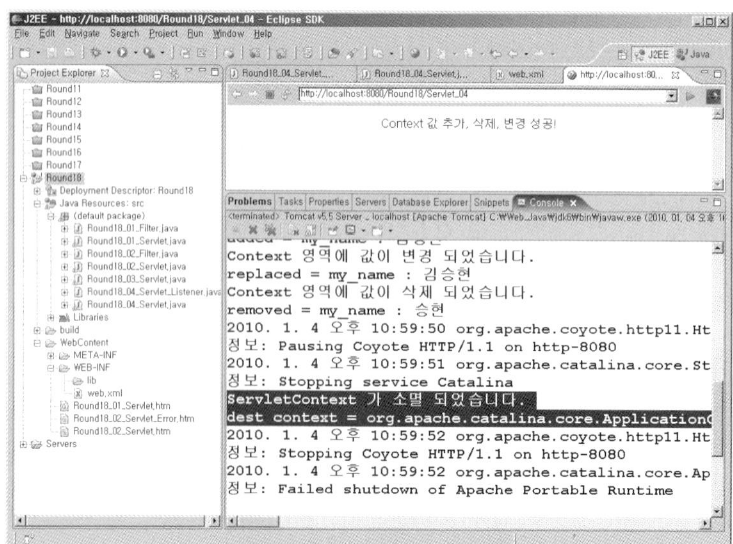

이상과 같이 이벤트를 web.xml 파일에 등록하면 웹에서 특정 동작에 이벤트가 발생해서 해당 메서드를 실행하게 된다. HttpSession과 ServletRequest 객체의 생성과 속성 관리 이벤트도 예제를 만들어 보겠지만 방식은 동일하다고 생각하면 된다. 세션과 요청에 대한 이벤트 관리는 예제를 하나로 묶어 처리하겠다.

세션과 요청에 대한 이벤트를 관리할 서블릿을 src 폴더에 Round18_05_Servlet_Listener.java 파일로 만들고서 다음과 같이 코드를 작성하자. 세션과 요청 객체의 변화에 대해 반응하는 메서드들은 각각 HttpSessionListener, HttpSessionAttributeListener, ServletRequestListener, ServletRequestAttributeListener 인터페이스에 정의되어 있기 때문에 이를 구현해 주어야 한다.

예제	Round18_05_Servlet_Listener.java

```
01 :  import javax.servlet.*;
02 :  import javax.servlet.http.*;
03 :
04 :  public class Round18_05_Servlet_Listener implements ServletRequestListener,
                        ↳ ServletRequestAttributeListener, HttpSessionListener,
                                    ↳ HttpSessionAttributeListener {
05 :      public void requestInitialized(ServletRequestEvent e) {
06 :          System.out.println("ServletRequest 객체가 초기화 되었습니다.");
07 :          System.out.println("request = " + e.getServletRequest( ));
08 :      }
09 :
10 :      public void requestDestroyed(ServletRequestEvent e) {
11 :          System.out.println("ServletRequest 객체가 소멸 되었습니다.");
12 :          System.out.println("request = " + e.getServletRequest( ));
13 :      }
14 :
15 :      public void attributeAdded(ServletRequestAttributeEvent e) {
16 :          System.out.println("ServletRequest 영역에 속성이 새로추가되었습니다.");
17 :          System.out.println("added = " + e.getName( ) + " : " + e.getValue( ));
18 :      }
19 :
20 :      public void attributeRemoved(ServletRequestAttributeEvent e) {
21 :          System.out.println("ServletRequest 영역의 속성이 삭제되었습니다.");
22 :          System.out.println("removed = " + e.getName( ) + " : " + e.getValue( ));
23 :      }
24 :
```

```
25 :        public void attributeReplaced(ServletRequestAttributeEvent e) {
26 :            System.out.println("ServletRequest 영역의 속성 값이 변경되었습니다.");
27 :            System.out.println("replaced = " + e.getName( ) + " : " + e.getValue( ));
28 :        }
29 :
30 :        public void sessionCreated(HttpSessionEvent e) {
31 :            System.out.println("HttpSession 객체가 생성 되었습니다.");
32 :            System.out.println("session = " + e.getSession( ));
33 :        }
34 :
35 :        public void sessionDestroyed(HttpSessionEvent e) {
36 :            System.out.println("HttpSession 객체가 소멸 되었습니다.");
37 :            System.out.println("session = " + e.getSession( ));
38 :        }
39 :
40 :        public void attributeAdded(HttpSessionBindingEvent e) {
41 :            System.out.println("HttpSession 영역에 속성이 새로 추가되었습니다.");
42 :            System.out.println("added = " + e.getName( ) + " : " + e.getValue( ));
43 :        }
44 :
45 :        public void attributeRemoved(HttpSessionBindingEvent e) {
46 :            System.out.println("HttpSession 영역의 속성이 삭제되었습니다.");
47 :            System.out.println("removed = " + e.getName( ) + " : " + e.getValue( ));
48 :        }
49 :
50 :        public void attributeReplaced(HttpSessionBindingEvent e) {
51 :            System.out.println("HttpSession 영역의 속성 값이 변경되었습니다.");
52 :            System.out.println("replaced = " + e.getName( ) + " : " + e.getValue( ));
53 :        }
54 : }
```

🔍 코드 설명

Line **5** `public void requestInitialized(ServletRequestEvent e) {`
ServletRequest 객체가 초기화될 때 발생한다.

Line **10** `public void requestDestroyed(ServletRequestEvent e) {`
ServletRequest 객체가 소멸될 때 발생한다.

Line **15** `public void attributeAdded(ServletRequestAttributeEvent e) {`
ServletRequest 객체에 속성이 새로 추가될 때 발생한다.

```
Line 20 ________        public void attributeRemoved(ServletRequestAttributeEvent e) {
                ServletRequest 객체의 속성이 삭제될 때 발생한다.

Line 25 ________        public void attributeReplaced(ServletRequestAttributeEvent e) {
                ServletRequest 객체의 속성이 수정될 때 발생한다.

Line 30 ________        public void sessionCreated(HttpSessionEvent e) {
                HttpSession 객체가 생성될 때 발생한다.

Line 35 ________        public void sessionDestroyed(HttpSessionEvent e) {
                HttpSession 객체가 소멸될 때 발생한다.

Line 40 ________        public void attributeAdded(HttpSessionBindingEvent e) {
                HttpSession 객체에 새로 속성이 추가될 때 발생한다.

Line 45 ________        public void attributeRemoved(HttpSessionBindingEvent e) {
                HttpSession 객체의 속성이 삭제될 때 발생한다.

Line 50 ________        public void attributeReplaced(HttpSessionBindingEvent e) {
                HttpSession 객체의 속성이 수정될 때 발생한다.
```

web.xml 파일에 〈listener〉 태그를 하나 더 추가하자.

```
                중간 생략

<listener>
    <display-name>Context Listener</display-name>
    <listener-class>Round18_04_Servlet_Listener</listener-class>
</listener>
<listener>
    <display-name>Session And Request Listener</display-name>
    <listener-class>Round18_05_Servlet_Listener</listener-class>
</listener>

<context-param>
    <param-name>co_name</param-name>
    <param-value>승현 주식회사</param-value>
</context-param>

                중간 생략
```

세션과 요청에 대한 이벤트를 관리하는 서블릿을 테스트하는 서블릿을
Round18_05_Servlet.java 파일로 만들고서 다음과 같이 코드를 작성하자.

예제 | Round18_05_Servlet.java

```java
import java.io.*;
import javax.servlet.*;
import javax.servlet.http.*;

public class Round18_05_Servlet extends HttpServlet {
    public void doGet(HttpServletRequest request, HttpServletResponse response)
                                        └, throws ServletException, IOException {
        response.setContentType("text/html;charset=euc-kr");
        PrintWriter out = response.getWriter( );
        out.println("<html><body><center>");
        out.println("<form method='post'>");
        out.println("<input type='submit' value='Session&Request 속성 처리'/>");
        out.println("</form></center></body></html>");
    }
    public void doPost(HttpServletRequest request, HttpServletResponse response)
                                        └, throws ServletException, IOException {

        request.setAttribute("my_name", "김승현");          요청 객체에 속성을 새로 추가
        request.setAttribute("my_name", "승현");            요청 객체의 속성 수정
        request.removeAttribute("my_name");                 요청 객체의 속성 삭제

        HttpSession session = request.getSession(true);     세션 객체 생성
        session.setAttribute("my_name", "김승현");          세션 객체에 속성을 새로 추가
        session.setAttribute("my_name", "승현");            세션 객체의 속성 수정
        session.removeAttribute("my_name");                 세션 객체의 속성 삭제

        response.setContentType("text/html;charset=euc-kr");
        PrintWriter out = response.getWriter( );
        out.println("<html><body><center>");
        out.println("Session 및 Request 속성 추가, 삭제, 변경 성공!");
        out.println("</center></body></html>");
    }
}
```

이 이벤트는 웹 서버의 구동과는 무관하다. 따라서 웹 서버를 구동하고서 다음과 같이 실행하면 요청에 대한 이벤트를 먼저 확인할 수 있다. 왜냐하면 요청은 각 페이지마다 객체를 생성하기 때문이다. web.xml 파일에 Servlet_05라는 URL 패턴으로 서블릿을 등록하고서 실행해 보자.

실행 `http://localhost:8080/Round18/Servlet_05`

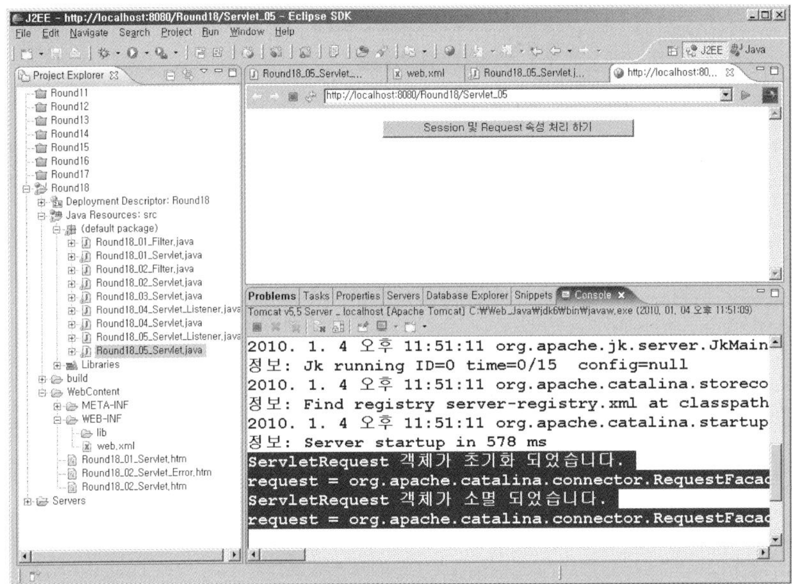

다음으로 단추를 누르면 요청에 대한 이벤트 메서드들과 세션에 대한 이벤트 메서드들이 차례대로 실행될 것이다.

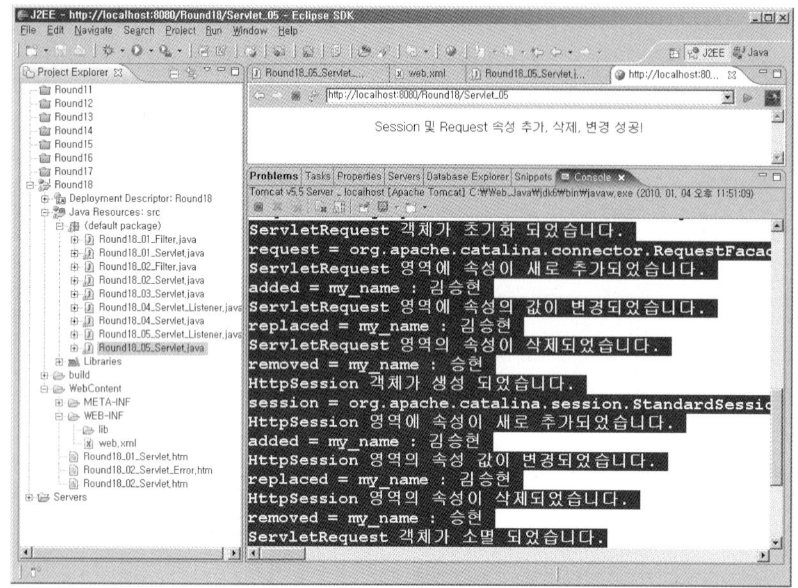

여기서 주목할 점은 세션 객체는 할당된 이후로 해당 세션이 종료될 때까지는 객체가 다시 생성되지 않는다. 따라서 다시 이전 페이지로 이동하고서 단추를 누르더라도 세션 객체가 생성되었다는 메시지는 보이지 않는다. 우리는 이것을 통해서 세션 객체에 저장된 데이터가 유지되는 범위도 짐작할 수 있다.

마무리 하면서

이번 라운드에서는 웹 프로그램에서 반드시 필요하면서도 구현하기 힘든 기술에 대해 자체적으로 제공하는 기능인 필터와 이벤트에 대해서 살펴보았다. 필터는 실제로 대부분의 웹 사이트에서 필요로 하는 인코딩과 세션을 확인하는 용도로 사용하고, 이벤트는 로그 관리와 배치(Batch) 프로그램의 작성과 내부 스레드(Inner Thread)의 기능으로 사용한다.

필더와 이벤트는 한 번 정도만 제대로 알아 둔다면 어려움 없이 자신의 것으로 만들 수 있다. 보통 프로젝트 초반이나 후반에 한 번 정도 설정을 하면서 사용하고 지나가 버려서 초급 개발자는 보지 못할 수도 있다. 그러나 이번 라운드를 제대로 기억해 두면 실무에서 바로 눈에 보일 것이다. 그러므로 후반부의 JSP를 배우면서도 필요하면 필터와 이벤트를 스스로 프로젝트에 추가하는 습관을 가지기 바란다.

제 19 장

서블릿과 애플릿 간의 데이터 전송

▌애플릿이 웹에서 실행되는 만큼 서블릿을 작업하면서도 애플릿을 이용하는 경우가 많다. 서블릿은 서버 측면에서 실행되는 것이지만 애플릿은 클라이언트 측면에서 실행되기 때문에 사용자 인터페이스적인 프로그램이 필요하다면 애플릿을 적극 활용해야 한다. 그런데 이런 애플릿에서 서블릿이 전송하는 내용을 담거나 서블릿으로 재전송해야 한다면 어떻게 해야 할까? 이번 라운드에서는 애플릿과 서블릿 사이의 네트워크 통신을 다룰 것이다.

Round **19**

19.1 서블릿과 애플릿 간의 데이터 전송   **19.2** 서블릿과 애플릿 간의 데이터 전송 예제

목표

· 서블릿과 애플릿 간의 데이터 전송을 안다.

활용

서블릿에서의 애플릿 클래스

웹 프로그램에서 사용자 인터페이스(UI)를 표현하고 이벤트를 처리하면서 HTML이
나 자바스크립트를 사용하기도 하지만, 자바의 AWT나 스윙을 직접 사용하기도 한
다. 웹 페이지 내에서 이러한 AWT나 스윙을 직접 포함시킬 수 있도록 만든 것이 애
플릿이다. 그런데 애플릿으로 사용자 인터페이스를 표현하면 웹 페이지와 별개로 스
레드로 실행할 수 있어서 보다 안정적인 페이지를 얻게 된다.

서블릿과 애플릿 간의 데이터 전송

서블릿과 애플릿 간에 데이터를 전송하려면 TCP/IP로 네트워크 통신을 해야 한다.
이를 위해 URLConnection 클래스의 객체로 생성된 스트림으로 애플릿의 데이터를
전송하거나 서블릿의 데이터를 전송받는 형태로 구현하면 된다.

 들어가기 전에

서블릿과 애플릿 간의 데이터 전송이 특별한 것은 아니지만 한번도 사용하지 않은 개발자에게는 조금 낯설 것이다. 그러나 원리를 알면 단순히 네트워크 통신을 응용한 것에 지나지 않는다고 이해하게 된다. 이러한 데이터 전송에 익숙해지면 웹 프로그램에서도 자바 기초에서 배운 AWT나 스윙을 사용하여 원하는 사용자 인터페이스를 구현할 수 있다. 특히, 스레드를 처리하지 않는 서블릿(자체 멀티스레드이므로)에서 웹 페이지의 특정 영역에 대하여 스레드를 처리하려는 경우 애플릿과 혼합해서 사용하면 상당히 유용한 웹 프로그램을 만들 수 있다.

19.1 서블릿과 애플릿 간의 데이터 전송

서블릿과 애플릿 간의 데이터 전송을 이해하려면 URLConnection 객체를 획득하고 해당 스트림을 가지고 GET이나 POST 방식의 메서드로 데이터를 주고받는 기술을 이해하는 것이 먼저이다. 그러면 서블릿에서 애플릿으로 데이터를 전송하는 방법과 애플릿에서 서블릿의 GET이나 POST 방식의 메서드를 호출하는 방법에 대해서 살펴보자.

```
<applet code="...class" codebase="http://localhost:8080/Round19" ... >
    <param name="..." value="..."/>
    <param name="..." value="..."/>
```
중간 생략
```
</applet>
```

일반적으로 애플릿이 HTML 코드에 포함되는 형식이다. 이 코드는 당연히 서블릿으로 구성된 HTML 코드에도 포함될 수 있다.

```
URL url = new URL("http://localhost:8080/Round19/서블릿파일");
URLConnection conn = url.openConnection( );
conn.setDoInput(true);        ──────  GET 방식의 호출
conn.setDoOutput(true);       ──────  POST 방식의 호출
```

setDoOutput( )과 setDoInput( ) 메서드 모두 매개 변수를 True로 지정하면 해당 URL은 POST 방식의 접근을 시도한다. 따라서 데이터의 입력과 출력이 모두 자유로워진다. 그러나 setDoInput( ) 메서드만 True로 지정하면 해당 URL은 GET 방식의 접근을 시도하며 해당 URL에서 보내오는 데이터만 읽어 들일 수 있다.

19.2 서블릿과 애플릿 간의 데이터 전송 예제

지금부터 서블릿과 애플릿 간에 데이터를 전송한다고 가정하고 프로그램을 작성해 보자. 우선 HTML 페이지에서 이름을 입력하고서 전송 단추를 누르면 서블릿은 이 이름을 매개 변수로 갖는 애플릿을 실행한다. 이어서 애플릿은 전달받은 이름의 길이를 구하고 그 값을 서블릿에게 넘겨준다. 이름과 이름의 길이를 전달받은 서블릿은 데이터베이스에 두 값을 저장하고서 결과를 화면에 보여준다. 프로그램을 작성하는 순서를 정리하면 다음과 같다.

❶ 이름을 입력받는 HTML 페이지를 작성한다.

❷ 이름을 전송받아 애플릿(이름을 매개 변수로 갖는)을 실행하는 서블릿을 작성한다.

❸ 애플릿이 초기화되어 실행되면서 매개 변수로 전달받은 이름을 화면에 뿌리고, 저장하는 서블릿에게 이름과 이름의 길이를 전송하도록 애플릿의 내용부를 작성한다.

❹ 저장하는 서블릿은 이름과 이름의 길이를 저장한 결과를 다시 자신을 호출한 애플릿으로 보내준다.

❺ 애플릿은 저장한 결과가 돌아오면 화면에서 이름 옆에 결과를 출력한다.

이렇게 작성하고서 실행하면 속도가 빨라 제대로 확인할 수 없을 것이다. 이를 확인하기 위해서 애플릿이 이름을 뿌리고 저장 결과를 받아 화면에 보여주는 사이에 Thread.sleep( ) 메서드를 실행하여 시간 지연이 되게 하였다.

이름을 입력받는 HTML 페이지를 WebContent 폴더에 Round19_01_Servlet.htm 파일로 만들어서 다음과 같이 코드를 작성하자.

| 예제 | Round19_01_Servlet.htm |

```html
<!DOCTYPE html PUBLIC "-//W3C//DTD HTML 4.01 Transitional//EN"
                        ↳ "http://www.w3.org/TR/html4/loose.dtd">
<html>
<head>
<meta http-equiv="Content-Type" content="text/html; charset=EUC-KR">
<title>이름 전달!</title>
</head>
<body>
    <center>
    <form name='name_form' method='get' action='Servlet_01'>
        이름 : <input type='text' name='name'/>
        <input type='submit' value='전송'/>
    </form>
    </center>
</body>
</html>
```

HTML 페이지로부터 이름을 전송받아 그 값을 애플릿의 초기화 매개 변수로 설정한 후 애플릿을 화면에 뿌려 주는 서블릿을 src 폴더에 Round19_01_Servlet_AppletView.java 파일로 만들고서 다음과 같이 코드를 작성하자.

| 예제 | Round19_01_Servlet_AppletView.java |

```java
01 : import java.io.*;
02 : import javax.servlet.*;
03 : import javax.servlet.http.*;
04 :
05 : public class Round19_01_Servlet_AppletView extends HttpServlet {
06 :     public void doGet(HttpServletRequest request, HttpServletResponse
                            ↳ response) throws ServletException, IOException {
07 :         request.setCharacterEncoding("euc-kr");
08 :         String name = request.getParameter("name");
09 :
10 :         response.setContentType("text/html;charset=euc-kr");
11 :         PrintWriter out = response.getWriter( );
12 :         out.println("<html><head><title>애플릿 출력!</title></head><body>");
```

```
13 :            out.println("<center><h2>이름을 전달받는 애플릿!</h2>");
14 :
15 :            //out.println("<applet codebase=\"http://localhost:8080/Round19\" ");
16 :            //out.println("code=\"Round19_01_Applet.class\" width=\"300\" ");
17 :            //out.println("height=\"200\">");
18 :            //out.println("  <param name=\"name\" value=\"" + name + "\"/>");
19 :            //out.println("</applet>");
20 :
21 :            out.println("<object ");
22 :            out.println("classid=\"clsid:CAFEEFAC-0016-0000-0005-
                                              ↳ ABCDEFFEDCBA\" ");
23 :            out.println("codebase=\"http://java.sun.com/update/
                    ↳ 1.6.0/jinstall-6u50-windows-i586.cab#Version=6,0,50,13\" ");
24 :            out.println("WIDTH = \"300\" HEIGHT = \"200\" > ");
25 :            out.println("<PARAM NAME=CODE VALUE=\"Round19_01_Applet.class\" > ");
26 :            out.println("<PARAM NAME=CODEBASE
                                  ↳ VALUE=\"http://localhost:8080/Round19\" > ");
27 :            out.println("<param name = \"type\" value = \"application/x-java-
                                      ↳ applet;jpi-version=1.6.0_05\"> ");
28 :            out.println("<param name = \"scriptable\" value = \"false\"> ");
29 :            out.println("<PARAM NAME = \"name\" VALUE=\"" + name + "\"/> ");
30 :            out.println("</object>");
31 :
32 :            out.println("</center></body></html>");
33 :        }
34 : }
```

예제의 코드 중 15 ~ 19행은 이미 애플릿을 배운 독자라면 익히 알 것이다. 우리가 작성하려는
프로그램을 실행할 때도 문제가 없을 것이다. 그러나 독자 중에 인터넷 익스플로러 버전을 7 이
상 설치하고 JDK 1.6을 사용하고 있으면 애플릿을 실행할 때 어려움이 있을 것이다. 바로 자바
플러그인의 인식 때문인데 몇 가지 처리를 해야 한다. 21 ~ 30행은 다음에 설명하는 자바 플러
그인의 인식 문제를 해결하는 방법들 중에서 세 번째 방법에 해당하는 것을 복사해서 사용한 것
이다.

자바 플러그인의 인식 문제를 해결하는 방법

• 방법 1

웹 브라우저에서 **[도구]** → [인터넷 옵션]으로 차례대로 메뉴를 선택한다. [인터넷 옵션] 대화 상자에서 [보안] 탭을 누르고 아래 〈사용자 지정 수준〉 단추를 누른다.

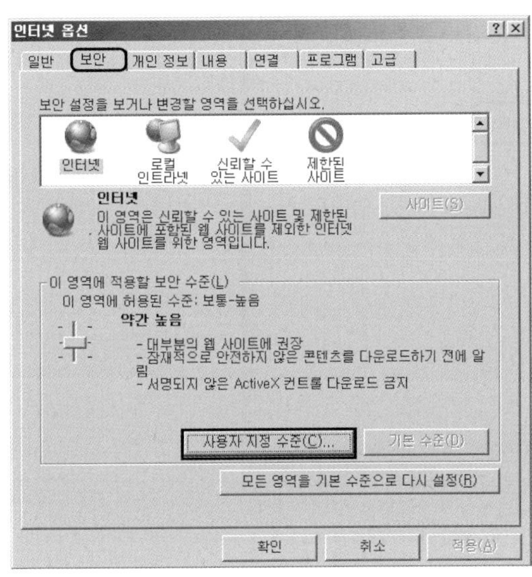

[보안 설정] 대화 상자의 제시된 목록 중 [Java 애플릿 스크립팅] 라디오 단추, 그 중에서 [사용]을 선택한다.

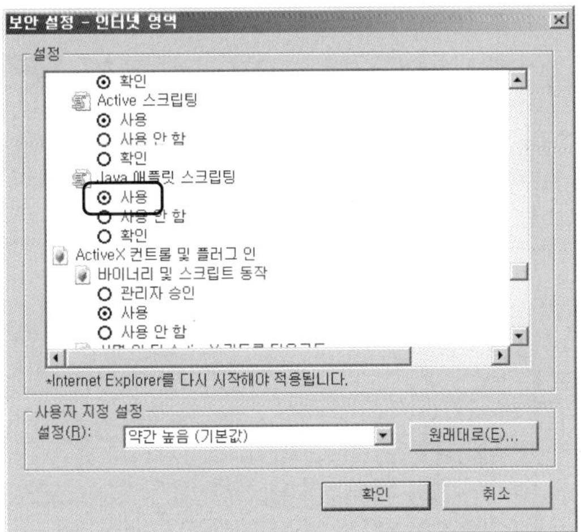

- 방법 2

[시작] → [설정] → [제어판]으로 메뉴를 차례대로 선택하고 [Java Plug-in] 아이콘을 클릭한다. [Java 제어판] 대화 상자에서 [고급] 탭을 누르고 제시된 목록 중 [브라우저용 기본 Java]에서 사용하려는 웹 브라우저를 선택한다.

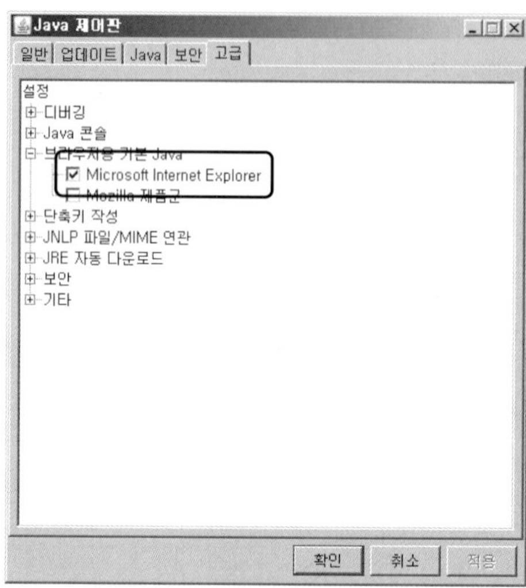

- 방법 3

앞의 예제 15 ~ 19행을 임의의 HTML 파일로 다시 작성하고서 **[시작]** → [실행]으로 cmd 창을 띄운다.

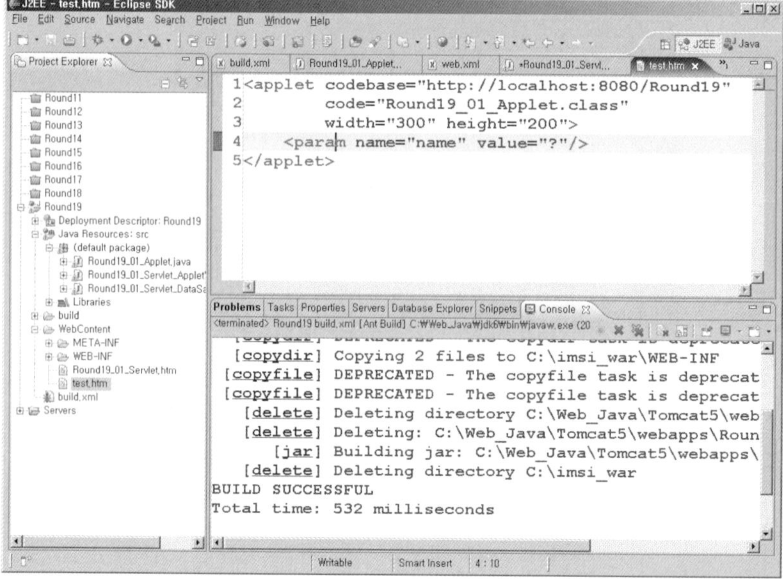

그런 다음 HtmlConverter 명령어를 사용해 MS사의 가상 머신이 인식할 수 있는 〈object〉 형태의 태그가
나온다. 다시 말해 test.htm이라는 임의의 파일에 앞의 예제 15 ~ 19행의 내용을 복사하여 넣은 후 저장
하고, cmd 창에서

```
HtmlConverter test.htm
```

이라고 실행하면 test.htm 파일의 내용이 〈object〉 태그의 형식으로 변경된다는 이야기이다.

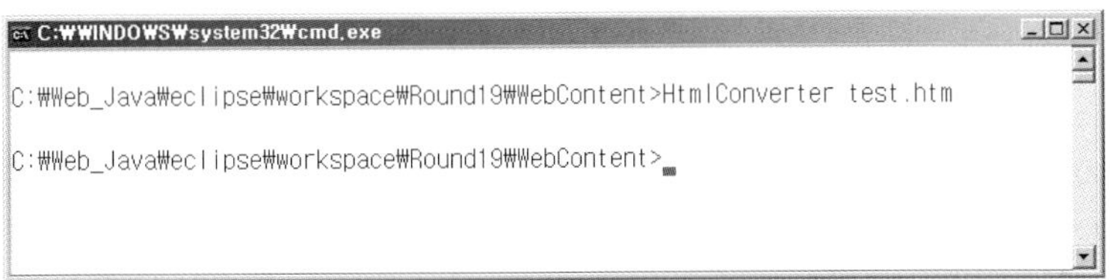

이것을 앞의 코드처럼 〈applet〉 태그는 주석으로 처리하고 그 아래에 붙여 넣으면 MS사의 가상 머신이
인식하는 애플릿이 되어 실행이 가능한 형태가 된다. 이 내용 중 〈comment〉 태그 사이에 있는 값은 굳이
사용할 필요가 없어서 필자의 코드에서는 뺐다. test.htm이라는 파일은 필요한 부분만 복사한 다음에 삭
제해도 된다.

```
 3<object
 4     classid = "clsid:CAFEEFAC-0016-0000-0005-ABCDEFFEDCBA"
 5     codebase = "http://java.sun.com/update/1.6.0/jinstall-6u50-windows
 6     WIDTH = "300" HEIGHT = "200" >
 7     <PARAM NAME = CODE VALUE = "Round19_01_Applet.class" >
 8     <PARAM NAME = CODEBASE VALUE = "http://localhost:8080/Round19" >
 9     <param name = "type" value = "application/x-java-applet;jpi-versio
10     <param name = "scriptable" value = "false">
11     <PARAM NAME = "name" VALUE="?"/>
12     <comment>
13     <embed
14          type = "application/x-java-applet;jpi-version=1.6.0_05" \
15          CODE = "Round19_01_Applet.class" \
16          JAVA_CODEBASE = "http://localhost:8080/Round19" \
17          WIDTH = "300" \
18          HEIGHT = "200" \
19          name ="?"/
20        scriptable = false
21        pluginspage = "http://java.sun.com/products/plugin/index.html#
22        <noembed>
23        </noembed>
24     </embed>
25     </comment>
26</object>
```

해당 서블릿에서 실행할 애플릿을 src 폴더에 Round19_01_Applet.java 파일이라는 이름으로
만들고서 다음과 같이 코드를 작성하자. 차후에 이 파일의 클래스 파일은 WebContent 폴더로
옮겨질 것이다. 이 파일의 내용은 자바 기초의 내용이므로 굳이 설명을 추가할 필요는 없을 듯
하다.

| 예제 | Round19_01_Applet.java |

```
01 : import java.io.*;
02 : import java.net.*;
03 : import java.awt.*;
04 : import javax.swing.*;
05 :
06 : public class Round19_01_Applet extends JApplet implements Runnable {
07 :     private String name;
08 :     private int cnt = 0;
09 :     private String result;
10 :
11 :     private Thread thread;
12 :
13 :     public void init( ) {
14 :         name = this.getParameter("name");
15 :
16 :         if(name.trim( ).length( ) != 0)
17 :           cnt = name.length( );
18 :
19 :         if(thread == null) {
20 :             thread = new Thread(this);
21 :             thread.setDaemon(true);
22 :             thread.start( );
23 :         }
24 :     }
25 :     public void destroy( ) {
26 :         if(thread != null) thread = null;
27 :     }
28 :     public void paint(Graphics g) {
29 :         g.setColor(new Color(0, 0, 255));
30 :         int x = 100;
31 :         int y = 80;
32 :
```

```
33 :            g.drawString(name, x, y);
34 :
35 :            if(result != null && result.trim( ).length( ) != 0) {
36 :                x = 150;
37 :                y = 120;
38 :                g.drawString(" : " + result, x, y);
39 :            }
40 :        }
41 :
42 :        public void run( ) {
43 :            try {
44 :                Thread.sleep(3000);
45 :            } catch(InterruptedException e) { }
46 :            try {
47 :                URL url = new URL("http://localhost:8080/Round19/Servlet_02");
48 :                URLConnection conn = url.openConnection( );
49 :                conn.setDoOutput(true);
50 :                conn.setDoInput(true);
51 :
52 :                PrintWriter out = new PrintWriter(new BufferedWriter
                        ↳ (new OutputStreamWriter(conn.getOutputStream( ))));
53 :                out.print("name=" + name + "&");
54 :                out.print("cnt=" + cnt);
55 :                out.flush( );
56 :                out.close( );
57 :
58 :                BufferedReader in = new BufferedReader
                        ↳ (new InputStreamReader(conn.getInputStream( )));
59 :                result = in.readLine( );
60 :                in.close( );
61 :
62 :                repaint( );
63 :            } catch(Exception ex) {
64 :                ex.printStackTrace( );
65 :                System.out.println("ERROR = " + ex.getMessage( ));
66 :            }
67 :        }
68 : }
```

코드 설명

Line **14** ──────── `name = this.getParameter("name");`
애플릿이 등록될 때 초기 매개 변수로 전달받은 이름의 값을 입력받는다.

Line **16** ──────── `if(name.trim( ).length( ) != 0)`
이름이 비어 있지 않으면 이름의 길이를 계산한다.

Line **19** ──────── `if(thread == null) {`
init( ) 메서드가 실행될 때 스레드를 데몬으로 실행시킨다.

Line **33** ──────── `g.drawString(name, x, y);`
이름을 먼저 출력한다.

Line **35** ──────── `if(result != null && result.trim( ).length( ) != 0) {`
결과 값이 있으면 그 아래에 결과를 출력한다.

Line **42** ──────── `public void run( ) {`
스레드 내에서 3초가 지난 후 URLConnection 객체를 생성하여 이름과 이름의 길이를 전송한 후 성공 유무를 돌려받는다. 결과가 전송되면 repaint( ) 메서드를 호출하여 paint( ) 메서드로 하여금 화면을 갱신하도록 한다.

Line **49** ──────── `conn.setDoOutput(true);`
POST 방식의 통신을 위해 반드시 지정되어야 한다.

Line **50** ──────── `conn.setDoInput(true);`
GET 방식의 통신을 원하면 이거 하나만 있으면 된다.

Line **52** ──────── `PrintWriter out = new PrintWriter(new BufferedWriter`
`                        ↳ (new OutputStreamWriter(conn.getOutputStream( ))));`
conn 객체와 연결된 서블릿에 데이터를 전송할 수 있는 텍스트 스트림 객체를 생성한다

Line **54 ~ 55** ──── flush( ) 메서드를 사용한다면 println( ) 메서드 대신에 print( ) 메서드를 사용해야 한다.

Line **56** ──────── `out.close( );`
반드시 close( ) 메서드를 실행하여 종료해 주고 다음 작업을 해야 한다.

Line **59** ──────── `result = in.readLine( );`
저장 결과를 돌려받기 위해 대기한다.

Line **62** ──────── `repaint( );`
결과를 전송받고서 화면을 갱신한다.

애플릿의 호출에 의해 요청 객체(request)의 매개 변수로 이름과 이름의 길이를 전달받아 데이터베이스에 저장하는 서블릿을 src 폴더에 Round19_01_Servlet_DataSave.java 파일로 만들고서 다음과 같이 코드를 작성하자.

| 예제 | Round19_01_Servlet_DataSave.java |

```
01 : import java.io.*;
02 : import java.sql.*;
03 : import javax.servlet.*;
04 : import javax.servlet.http.*;
05 :
06 : public class Round19_01_Servlet_DataSave extends HttpServlet {
07 :     public void doPost(HttpServletRequest request, HttpServletResponse
                            ↳ response) throws ServletException, IOException {
08 :         request.setCharacterEncoding("euc-kr");
09 :         String name = request.getParameter("name");
10 :         String cnt = request.getParameter("cnt");
11 :         if(cnt.trim( ).length( ) == 0) cnt = "0";
12 :
13 :         response.setContentType("text/plain;charset=euc-kr");
14 :         PrintWriter out = response.getWriter( );
15 :
16 :         try {
17 :             String query = "insert into NameCntTb values (null, ?, ?)";
18 :
19 :             Class.forName("org.gjt.mm.mysql.Driver");
20 :             Connection conn = DriverManager.getConnection("jdbc:mysql
                        ↳ ://localhost:3306/web_java", "root", "12345678")
21 :
22 :             PreparedStatement pstmt = conn.prepareStatement(query);
23 :             pstmt.setString(1, name);
24 :             pstmt.setInt(2, Integer.parseInt(cnt));
25 :             pstmt.executeUpdate( );
26 :
27 :             pstmt.close( );
28 :             conn.close( );
29 :
30 :             out.println("Success!");
```

전송받은 데이터에 한글 처리를 하고서 이름과 이름의 길이를 받는다. 변수 cnt에 공백이 들어오면 강제적으로 0을 설정한다.

출력 MIME은 text/html이나 text/plain 아무것이나 관계없다.

데이터베이스의 NameCntTb 테이블에 이름과 이름의 길이를 데이터로 저장한다.

호출한 곳으로 성공 메시지를 전송한다.

```
31 :            } catch(Exception ex) {
32 :                out.println("Fail!");
33 :            } finally {
34 :                out.flush( );
35 :                out.close( );
36 :            }
37 :        }
38 : }
```


실제 데이터가 저장될 데이터베이스의 테이블을 만든다. 간단히 하기 위해 MySQL과 연결하였
다. Part 1에서 만든 web_java 데이터베이스에 NameCntTb 테이블을 다음과 같이 만들자.

실행

```
create table NameCntTb (
num int primary key auto_increment,
name varchar(100) not null,
cnt int not null
);
```

web.xml 파일에 사용할 서블릿들을 각각 Servlet_01과 Servlet_02로 등록하자.

중간 생략

```
<display-name>Round19</display-name>

<servlet>
    <servlet-name>My_01</servlet-name>
    <servlet-class>Round19_01_Servlet_AppletView</servlet-class>
</servlet>
<servlet>
    <servlet-name>My_02</servlet-name>
    <servlet-class>Round19_01_Servlet_DataSave</servlet-class>
</servlet>

<servlet-mapping>
    <servlet-name>My_01</servlet-name>
    <url-pattern>/Servlet_01</url-pattern>
```

```xml
</servlet-mapping>
<servlet-mapping>
    <servlet-name>My_02</servlet-name>
    <url-pattern>/Servlet_02</url-pattern>
</servlet-mapping>

<welcome-file-list>
```

중간 생략

다음으로 이클립스에서 애플릿을 직접 실행하면 경로에 문제가 발생하기 때문에 실제 톰캣에
WAR 파일로 묶는다. 그런 다음에 옮길 것이다. 이때 주의할 점은 경로이다. Part 1에서 배운
Ant를 사용하므로 크게 부담스럽지는 않을 것이다. 프로젝트 루트(Root)에 build.xml 파일을
만들어서 다음과 같이 코드를 작성하자.

예제 | build.xml

```xml
<?xml version="1.0" encoding="UTF-8"?>

<project name="Round19" default="war_set" basedir=".">
    <target name="init">
        <property name="imsi" value="C:/imsi_war"/>
        <property name="tomcat" value="C:/Web_Java/Tomcat5/webapps"/>
    </target>
    <target name="war_set" depends="init">
        <mkdir dir="${imsi}"/>
        <copy todir="${imsi}">
            <fileset dir="${basedir}/WebContent"/>
        </copy>
        <copydir src="${basedir}/build" dest="${imsi}/WEB-INF"
                ↳ includes="**/*.class" excludes="**/Round19_01_Applet.class"/>
        <copyfile src="${basedir}/build/classes/Round19_01_Applet.class"
                                    ↳ dest="${imsi}/Round19_01_Applet.class"/>
        <copyfile src="${basedir}/build/classes/java.policy.applet"
                                    ↳ dest="${imsi}/java.policy.applet"/>

        <delete dir="${tomcat}/Round19"/>
        <delete file="${tomcat}/Round19.war"/>
```

```
            <jar destfile="${tomcat}/Round19.war" basedir="${imsi}"/>
            <delete dir="${imsi}"/>
        </target>
</project>
```

여기서 애플릿의 클래스 파일은 WEB-INF 폴더 아래로 보내지 말고 HTML 파일이 있는 위치로 복사해야 한다. 암영 처리된 코드가 WEB-INF 폴더 아래로 build 폴더의 클래스 파일을 복사할 때 애플릿 파일은 빼라는 의미이고, 그 아래는 애플릿을 HTML 파일이 있는 위치로 복사하라는 의미이다. 여기에 덤으로 java.policy.applet 파일도 함께 복사하면 된다. 그러나 이 파일은 의미가 크지는 않는다.

톰캣의 경로가 필자와 동일하면 〈property〉 태그로 지정한 tomcat을 그대로 사용하면 되지만 독자가 설치한 경로가 필자와 다르면 설치한 경로를 적어야 정상적으로 애플릿이 작동한다. 이제 build.xml 파일을 마우스 오른쪽을 클릭해서 Ant를 실행하자.

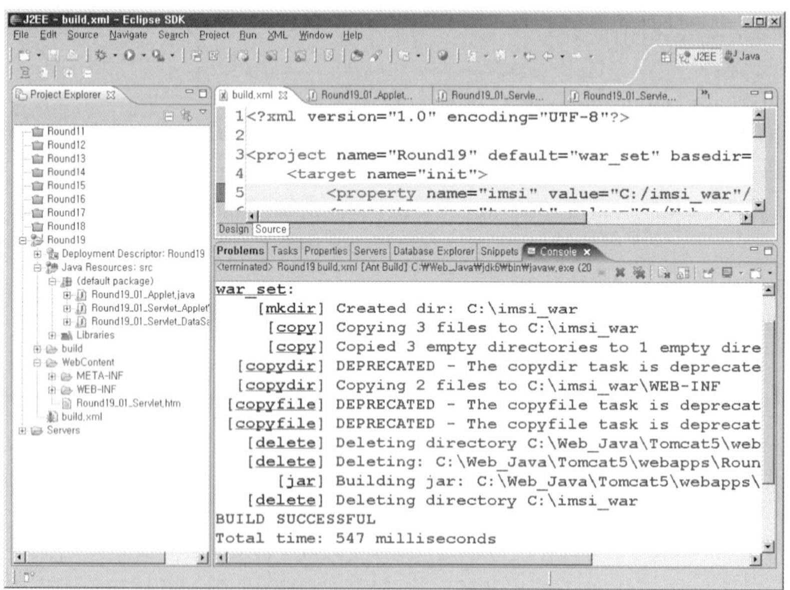

그러면 톰캣의 webapps 폴더에 Round19.war 파일이 만들어질 것이다.

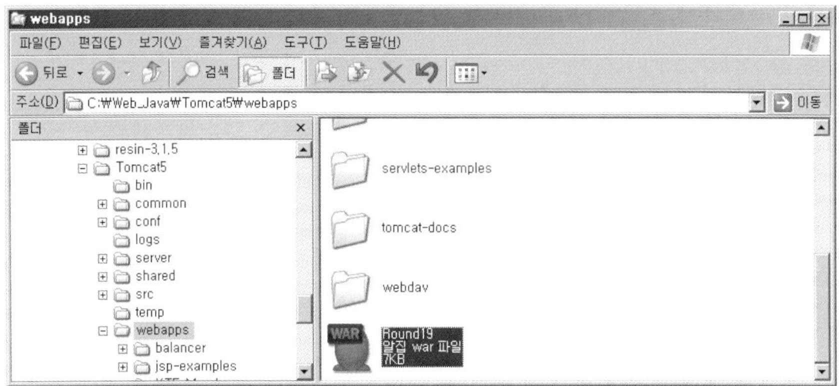

모든 작업이 완료되면 이클립스에서 실행한 톰캣은 종료하고, 외부에서 직접 톰캣을 구동하도록 하자. 시스템 트레이에 아파치 깃털이 보이지 않으면 **[시작]** → [프로그램] → [Apache Tomcat 5.5] → [Monitor Tomcat]을 차례대로 선택하면 된다. 아파치 깃털이 보이면 마우스 오른쪽을 클릭하여 [Start Service] 메뉴를 선택하면 웹 서버가 구동된다. 만약 웹 서버를 구동할 수 없다는 메시지가 출력되면 [Ctrl] + [Alt] + [Delet]] 키를 눌러 작업 관리자를 실행한다. 다음에 톰캣 관련 프로세스나 javaw 관련 프로세스를 모두 종료하고서 톰캣을 다시 구동해 보자. 톰캣을 구동하였으면 웹 브라우저를 열고 다음과 같이 실행하자. 그런 다음 이름을 입력하고서 3초를 기다리자.

실행 ▶ `http:localhost:8080/Round19/Round19_01_Servlet.htm`

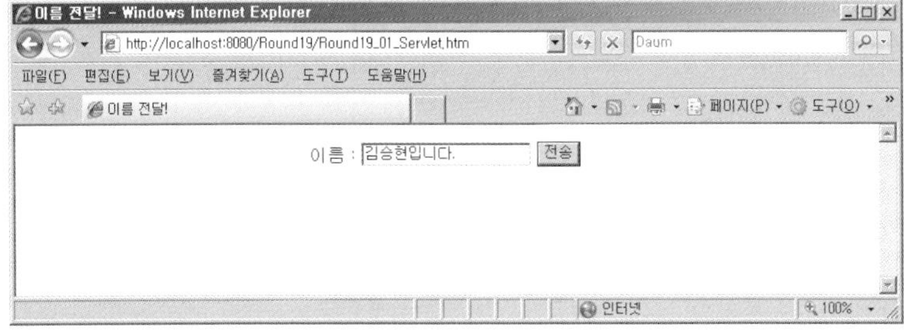

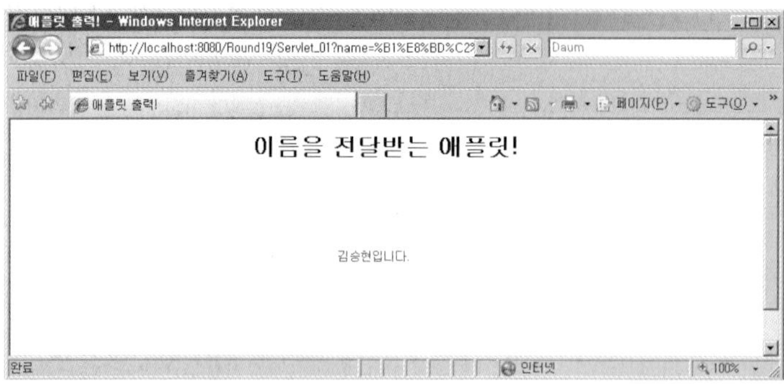

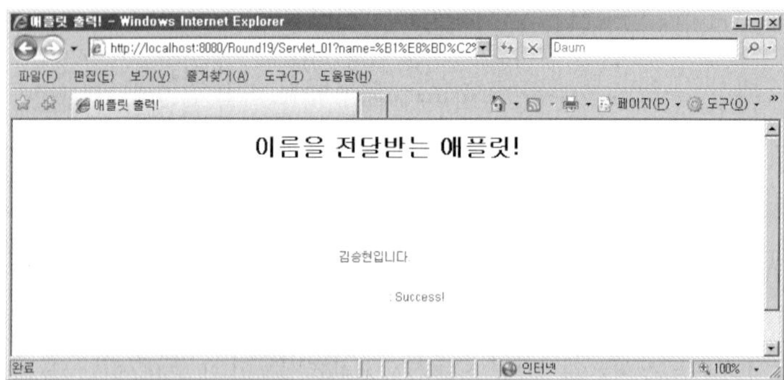

이와 같이 결과 처리가 끝나면 데이터베이스의 테이블에는 입력한 이름과 이름의 길이가 정상
적으로 저장된 것을 확인할 수 있다.

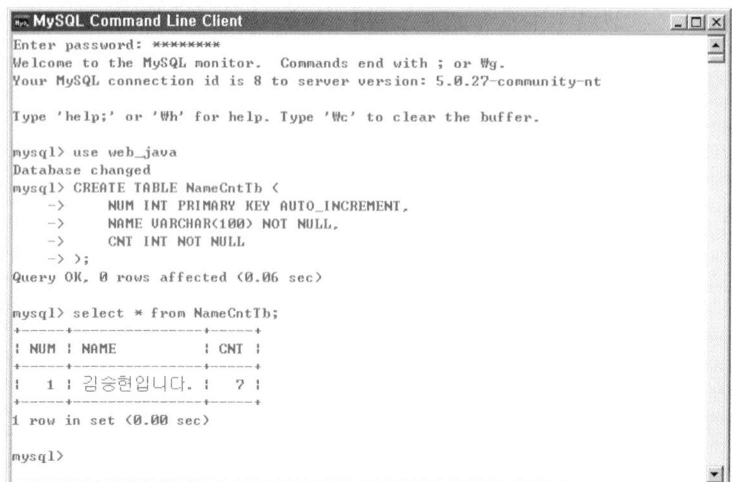

이번 예제를 보고 상당히 복잡하다고 생각할 수도 있다. 실무에서는 이렇게 애플릿과 서블릿을 이용하여 작업하는 것과 HTML과 자바스크립트로 작업하는 것에 차이가 별로 없다. 오히려 HTML과 자바스크립트를 활용해서 더 많은 작업을 할 것이다. 그러나 애플릿을 사용하면 웹 서버와의 통신을 지속적으로 유지하지 않고서도 빠르게 작업 처리를 할 수 있고, 그러면서도 서버에 필요한 정보를 전달할 수 있다. 애플릿은 클라이언트로 내려 받아져서 실행되기 때문에 실행 속도에서도 이득을 볼 수 있다. 사실 요즘은 자바스크립트가 너무 많이 발달하여 굳이 애플릿을 사용하려고 하지는 않지만 그래도 자바가 이런 애플릿으로 인해 매우 강력한 웹 프로그램 언어가 되었다는 사실을 이해한다면 사용법은 꼭 익혀 두기 바란다.

마무리 하면서

이번 라운드에서는 서블릿으로 웹 프로그램을 작성하는 코드에 애플릿을 넣을 수 있다는 것을 배웠다. 일반적으로 애플릿과 서블릿을 별개로 생각하는 경우가 많지만 실제로는 그렇지 않다. 애플릿과 서블릿은 둘 다 자바로 작성된 프로그램이다. 용도는 전자가 클라이언트 쪽 프로그램이고 후자가 서버 쪽의 프로그램으로 확실히 구분되어 있다.

사용자 인터페이스를 구현하는데 자바의 AWT나 스윙은 로컬 응용 프로그램을 위한 것이라고 Part 1에서 설명한 적이 있다. 웹 프로그램에서는 당연히 HTML이나 스타일 시트, 자바스크립트가 사용자 인터페이스를 표현한다. 속도나 표현의 단순함에 있어서는 HTML이나 스타일 시트를 따라가지 못하겠지만 클래스이기 때문에 가지는 이점(객체화나 라이프 사이클의 구성) 그리고 서버와의 통신을 위한 클래스(URLConnection 등)의 지원 등에 있어서는 HTML과 자바스크립트의 조합보다는 좋다는 의미이다.

웹 프로그래밍 : JSP편

Part 3
웹 프로그래밍 : JSP편

제 20 장

웹 프로그램과 JSP

▌ 서블릿은 자바 파일의 규칙을 그대로 따르기 때문에 따로 표현법을 다루지는
않았다. 그러나 JSP는 HTML 페이지 내에서 자바의 코드를 사용하도록 만든 형
태이기 때문에 표현법과 코드 규칙, 파일 내 구성 요소들을 기억하지 못하면 작업
자체가 불가능하다. 이번 라운드에서는 JSP 파일 내에 포함되는 구성 요소들과
표현법에 의해 나타난 JSP 페이지를 호출했을 때 실행되는 순서를 살펴보도록
할 것이다.

Round 20

20.1 JSP 파일의 생성과 실행   **20.2** JSP 파일의 구성 요소와 주석 처리
20.3 JSP 파일의 라이프 사이클

목표

· JSP 파일을 실행할 때 생성되는 파일에 대하여 안다.

· JSP 파일을 구성하는 요소들을 암기한다.

· JSP 파일의 라이프 사이클에 대하여 안다.

활용

JSP 파일과 컴파일

자바를 이용하여 웹 프로그램을 작성할 때도 자바의 규칙을 따라야만 한다. 즉, 서블릿만이 자바에서 웹을 표현할 수 있는 유일한 형태이다. 그러나 서블릿은 반복적인 코드와 객체 선언 등 여러 가지 원인에 의해 개발 속도가 더딘 것이 사실이다. 그래서 JSP가 도입되었고, 자체적으로 서블릿으로 변환하는 방식을 개발해 냈다. 실제 자바의 웹 프로그램에서 JSP 페이지를 호출하면 서블릿으로 변환되어 컴파일된 파일이 실행된다.

들어가기 전에

JSP(Java Server Page)는 웹 서버로 요청되는 클라이언트의 요구에 대해 적절한 응답을 HTML이나 XML 등과 같은 문서로 클라이언트에게 보내주는 서버측 파일이다. 실제로 JSP는 서블릿으로 변환되어 실행된다. 이번 라운드에서는 JSP가 표현하는 내용이 정말 서블릿으로 컴파일되는 것인지와 어떤 코드를 사용하였을 때 정상적으로 실행되는지를 다룰 것이다.

20.1 JSP 파일의 생성과 실행

실제로 J2EE에서는 서블릿과 JSP만으로 프로젝트를 구현하지는 않는다. 앞서 배운 HTML이나 XML, EJB, 자바 응용 프로그램 등이 함께 작성되어야 J2EE 프로젝트 하나가 완성된다. 서블릿과 JSP는 전체 웹 프로그램 중 일부일 뿐이다.

다음 그림에서는 멀티 계층(Multi-tier)과 웹 계층(Web-tier)에서 JSP가 놓인 위치를 볼 수 있다. 완벽히 이대로 프로그램을 작성해야 하는 것은 아니지만 유지 보수나 확장을 고려하면 다음과 같은 형태로 구성해야 한다. 익히 알고 있는 MVC 패턴과 비교해 보면 다소 차이가 있지만 기본적인 구성은 기억해 두기 바란다.

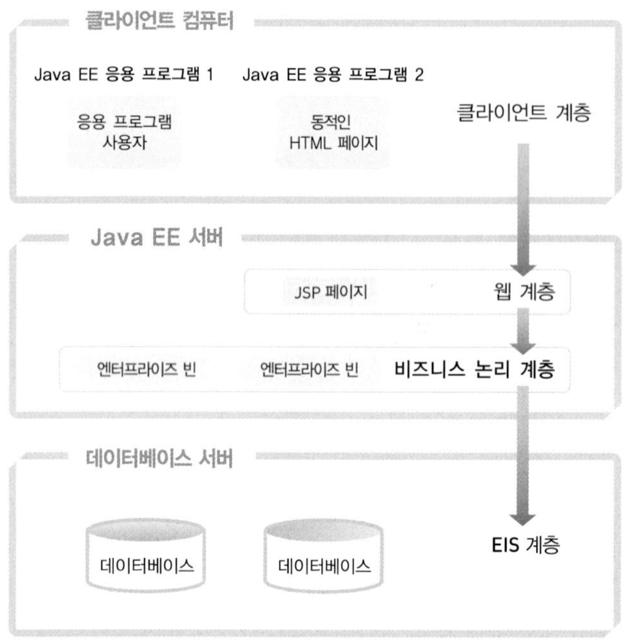

멀티 계층 응용 프로그램

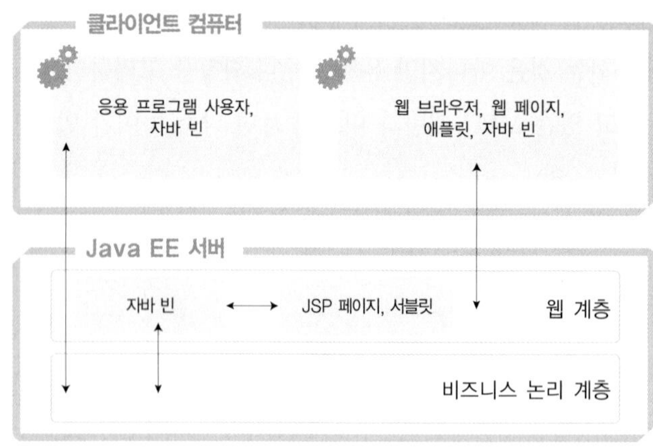

웹 계층 응용 프로그램

JSP에 대해 궁금한 점이 많겠지만 간단한 코드부터 작성해 보도록 하자. 이클립스를 사용하면 자동으로 빌드되고 컴파일되기 때문에 JSP 파일을 작성하여 저장한 후에 해당 파일에 어떤 변화가 생겼는지 살펴보자. 주의할 점은 JSP는 HTML 페이지 기반이기 때문에 만들어지는 위치가 이클립스에서 WebContent 폴더이다.

[Dynamic Web Project]를 선택하여 Round20 프로젝트를 만들자. WebContent 폴더에 Round20_01_Page.jsp 파일을 만들어서 다음과 같이 코드를 작성하자. 일단 코드는 이해하지 못해도 괜찮다.

예제 | Round20_01_Page.jsp

```jsp
<%@ page language="java" contentType="text/html; charset=EUC-KR"
                                    ㄴ pageEncoding="EUC-KR" %>
<%@ page import="java.util.*, java.text.*" %>

<%!
    private String title;
    private String time;
    public void init( ) {
        SimpleDateFormat format = new SimpleDateFormat("yyyy-MM-dd HH:mm:ss");
        time = format.format(new Date( ));
    }
%>


<%
    title = "JSP Hello!";
    int start_num = 1;
    int end_num = 5;
%>


<!DOCTYPE html PUBLIC "-//W3C//DTD HTML 4.01 Transitional//EN"
                            ㄴ "http://www.w3.org/TR/html4/loose.dtd">
<html>
<head>
<meta http-equiv="Content-Type" content="text/html; charset=EUC-KR">
<title><%= title %>(<%= time %>)</title>
</head>
<body>
    <center>
        <h2>INPUT BOX 5개 생성</h2>
        <% for(int i = start_num; i <= end_num; ++i) { %>
```

```
        <%= i %> : <input type='text' name='box_<%= i %>'/><br/>
    <% } %>
  </center>
</body>
</html>
```

JSP 파일을 작성하고서는 web.xml 파일에 특별히 등록할 필요 없이 만든 JSP 파일에서 마우스 오른쪽을 클릭하여 바로 가기 메뉴에서 **[Run On Server]**를 선택하자. 그런 다음 주소 표시줄에 다음과 같이 입력하여 실행해 보자.

실행▶ `http://localhost:8080/Round20/Round20_01_Page.jsp`

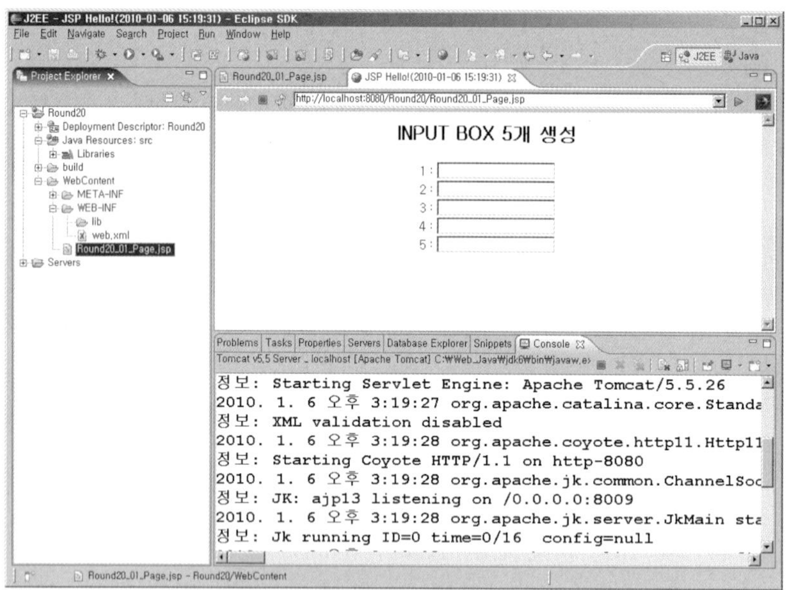

만약 JSP 파일이 초기화 매개 변수를 전달하든지 URL에 접근하는 이름을 수정하든지 하면 당연히 web.xml 파일에 등록하고서 사용해야 한다.

```
                                중간 생략

<display-name>Round20</display-name>

<servlet>
    <servlet-name>My_01</servlet-name>
    <jsp-file>/Round20_01_Page.jsp</jsp-file>
    <init-param>
        <param-name>path</param-name>
        <param-value>C:/Web_Java</param-value>
    </init-param>
</servlet>

<servlet-mapping>
    <servlet-name>My_01</servlet-name>
    <url-pattern>/Page_01</url-pattern>
</servlet-mapping>

<welcome-file-list>

                                중간 생략
```

여기서 차이점은 〈servlet-class〉 태그 대신에 〈jsp-file〉 태그를 사용하는 것과 이 태그의 내용부가 슬래시(/)로 시작하는 것이다. 이것만 주의하면 서블릿처럼 초기화 매개 변수를 전달하거나 URL에 접근하는 경로를 바꿀 수 있다. web.xml 파일을 현재와 같이 수정하면 실제 접근 경로는 다음과 같다. 결과는 동일하다.

```
http://localhost:8080/Round20/Page_01
```

그러면 이렇게 만든 JSP 파일은 과연 앞서 설명한 것처럼 서블릿으로 변환된 다음 실행된 것일까? 그렇다면 변환된 서블릿은 어디에 있을까? 우리가 사용하는 이클립스는 이렇게 변환되어 만들어진 서블릿을 특정 폴더에 모아서 관리한다. 이 폴더로 가서 해당 파일이 있는지 살펴보도록 하자.

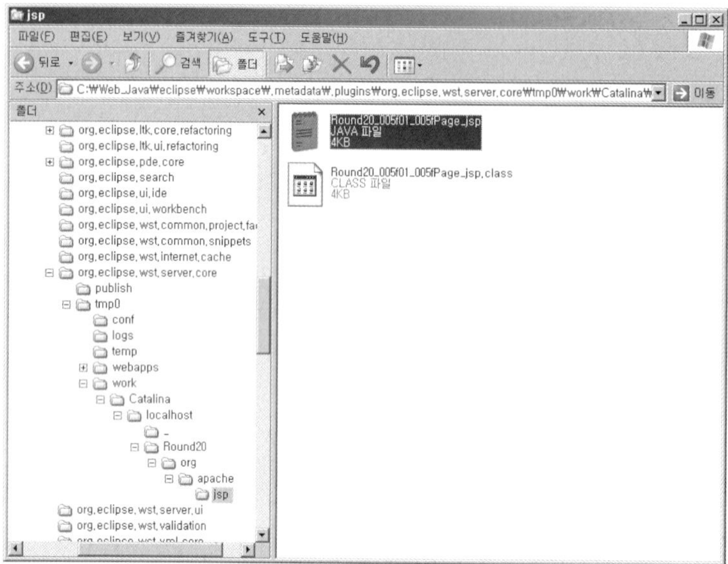

▶ 윈도우 탐색기 경로

C:\Web_Java\eclipse\workspace\.metadata\.plugins\org.eclipse.wst.server.core
          └ \tmp0\work\Catalina\localhost\Round20\org\apache\jsp

여기서 tmp0이라는 경로는 서버를 여러 개 사용하면 tmp1, tmp2 등으로 보일 수도 있다. 때문에 자신의 환경에 따라 적절히 찾아 가기 바란다.

이곳에는 Round20_005f01_005fPage_jsp.java 파일이 있을 텐데 이클립스나 에디트플러스(EditPlus), 워드패드 등으로 열어 보면 다음과 같이 서블릿 코드가 보일 것이다.

| 예제 | Round20_005f01_005fPage_jsp.java |

```java
package org.apache.jsp;

import javax.servlet.*;
import javax.servlet.http.*;
import javax.servlet.jsp.*;
import java.util.*;
import java.text.*;

public final class Round20_005f01_005fPage_jsp extends org.apache.jasper.
   └ runtime.HttpJspBase implements org.apache.jasper.runtime.JspSourceDependent {
```

```java
private String title;
private String time;
public void init( ) {
    SimpleDateFormat format = new SimpleDateFormat("yyyy-MM-dd HH:mm:ss");
    time = format.format(new Date( ));
}

private static java.util.List _jspx_dependants;

public Object getDependants( ) {
    return _jspx_dependants;
}

public void _jspService(HttpServletRequest request, HttpServletResponse
                        response) throws java.io.IOException, ServletException {
    JspFactory _jspxFactory = null;
    PageContext pageContext = null;
    HttpSession session = null;
    ServletContext application = null;
    ServletConfig config = null;
    JspWriter out = null;
    Object page = this;
    JspWriter _jspx_out = null;
    PageContext _jspx_page_context = null;

    try {
        _jspxFactory = JspFactory.getDefaultFactory( );
        response.setContentType("text/html; charset=EUC-KR");
        pageContext = _jspxFactory.getPageContext(this, request, response,
                                        null, true, 8192, true);
        _jspx_page_context = pageContext;
        application = pageContext.getServletContext( );
        config = pageContext.getServletConfig( );
        session = pageContext.getSession( );
        out = pageContext.getOut( );
        _jspx_out = out;

        out.write("\n");
        out.write("\r\n");
        out.write("\r\n");
        out.write('\r');
        out.write('\n');
```

```java
        title = "JSP Hello!";

        int start_num = 1;
        int end_num = 5;

        out.write("\r\n");
        out.write("\r\n");
        out.write("<!DOCTYPE html PUBLIC \"-//W3C//DTD HTML 4.01
          ↳ Transitional//EN\" \"http://www.w3.org/TR/html4/loose.dtd\">\n");
        out.write("<html>\n");
        out.write("<head>\n");
        out.write("<meta http-equiv=\"Content-Type\" content=\"text/html;
                                              ↳ charset=EUC-KR\">\n");
        out.write("<title>");
        out.print( title );
        out.write('(');
        out.print( time );
        out.write(")</title>\n");
        out.write("</head>\n");
        out.write("<body>\n");
        out.write("\t<center>\r\n");
        out.write("\t\t<h2>INPUT BOX 5개 생성</h2>\r\n");
        out.write("\t\t");

        for(int i = start_num; i <= end_num; ++i) {
            out.write("\r\n");
            out.write("\t\t\t");
            out.print( i );
            out.write(" : <input type='text' name='box_");
            out.print( i );
            out.write("'/><br/>\r\n");
            out.write("\t\t");
        }

        out.write("\r\n");
        out.write("\t</center>\n");
        out.write("</body>\n");
        out.write("</html>");
    } catch (Throwable t) {
        if(!(t instanceof SkipPageException)) {
            out = _jspx_out;
```

```
        if(out != null && out.getBufferSize( ) != 0)
            out.clearBuffer( );
        if(_jspx_page_context != null) _jspx_page_context
                                    ↳ .handlePageException(t);
        }
    } finally {
        if(_jspxFactory != null) _jspxFactory.releasePageContext
                                    ↳ (_jspx_page_context);
        }
    }
}
```

잘은 모르겠지만 중간 중간에 우리가 작성했던 코드들이 있다. 전체적으로 보면 _jspService( ) 메서드에 많은 코드가 있는 것 같은데 이 메서드가 서블릿에서 배웠던 service( ) 메서드이다. 매개 변수도 동일하다. 여하튼 의도하지는 않았지만 JSP 파일 자체가 서블릿으로 변환되었고, 이 파일 옆에는 클래스 파일도 있는 것을 알 수 있다. 이 클래스 파일이 JSP 페이지를 호출할 때 실행된다.

이상과 같이 Sun 진영에서는 모든 웹 프로그램은 규칙에 있어서 자바를 따라야 하고 서블릿도 예외는 아니다. JSP 역시도 이 규칙에서 벗어나지 못하고 서블릿으로 변환되어 처리된다. 그래서 최초에 JSP 페이지를 호출하면서 변환 때문에 속도 문제를 일으키게 되는 것이다. 그러나 한 번 변환되고 나면 다음부터는 속도 문제가 사라진다. 그게 걱정할 필요는 없다. 단지 기찮을 뿐이다.

20.2 JSP 파일의 구성 요소와 주석 처리

JSP 파일은 어떠한 요소들로 구성될까? 즉, 정상적으로 실행되기 위해서 필요한 구성 요소들은 무엇일까? 자바 파일을 기준으로 보면 클래스 파일 하나에 포함되는 구성 요소들은 다음과 같다.

자바 파일	JSP 파일
패키지를_선언하는_영역	page_원소를_선언하는_영역
패키지를_가져오는_영역	taglib_원소를_선언하는_영역
class 클래스이름 {	[
멤버_필드를_선언하는_영역	
멤버_함수를_선언하는_영역	include_원소를_선언하는_영역
기타_코드를_작성하는_영역	템플릿_데이터를_사용하는_영역
}	선언을_하는 영역
	식을_사용하는 영역
	스크립트렛을_사용하는_영역
	액션_원소를_사용하는_영역
	EL, JSTL, 사용자_정의_태그를_사용하는_영역
	]

조금 복잡해 보이지만 하나하나 사용하다 보면 쉽게 이해할 수 있다. 그러면 각 영역이 어떠한 동작을 하는지 간단히 정의해 보도록 하자.

| page 원소 선언

현재 JSP 페이지의 언어 속성이나 페이지 속성, 관련 참조 값 등에 관한 원소(Element)를 정의하고 선언하는 영역이다. 속성으로는 language, contentType, pageEncoding, info, extends, import, session, buffer, autoFlush, errorPage, isErrorPage, isThreadSafe, isELIgnored(2.0) 등이 있다.

| taglib 원소 선언

사용자가 미리 정의한 태그에 대해 현재 페이지에서 사용할 수 있도록 선언하는 영역이다. 이 선언과 관련되어 태그 클래스 API와 TLD 파일이 있어야 정상적으로 실행된다. 속성으로는 uri, prefix 등이 있다.

| include 원소 선언

이 구문이 있는 곳에 특정 페이지를 포함(Include)시킨다. 동적으로 자주 바뀌는 페이지이면 이 원소 대신에 액션 원소의 include를 사용해야 한다. 속성으로는 file 등이 있다.

| 템플릿 데이터

HTML, XML, 자바스크립트, 스타일 시트와 같이 자바 이외에 현재 페이지에서 사용하는 고정된 텍스트들을 템플릿 데이터라고 표현한다. JSP 엔진이 무시하고 결과 페이지에 전달한다.

| 선언

스크립팅 원소 중 하나이다. 서블릿으로 봤을 때 service( ) 메서드 외부에 있는 모든 작업을 적는 영역이다. 클래스 멤버 필드나 멤버 함수를 선언하는 영역이다.

| 식

스크립팅 원소 중 하나이다. 서블릿으로 봤을 때 service( ) 메서드 내부에 있는 출력문을 조금 편하게 사용하기 위한 형식이다.

| 스크립트렛

스크립팅 원소 중 하나이다. 서블릿으로 봤을 때 service( ) 메서드 내부에 있는 모든 작업을 적는 영역이다. 자바 코드로 작성하는 영역이다.

| 액션 원소

Sun사에서 쉽고 빠르게 코드를 작성하기 위해 제공하는 태그들의 집합이다. 액션으로는 useBean, setProperty, getProperty, plugin, param, forward, include 등이 있다.

| EL(Expression Language)

EL은 JSP2.0 이상부터 사용할 수 있으며 데이터 저장 영역의 디폴트 객체(page, request, session, application과 같은 각 범위에 사용되는 변수)에 쉽게 접근하게 해준다. XML이나 다른 언어에서도 사용하는 방식이다.

| JSTL(Jsp Standard Tag Library)

JSTL은 JSP의 유용한 기능들을 하나의 패키지로 묶어서 태그를 사용할 수 있게 해준다. 태그의 접두사로는 c, fmt, sql, x, fn 등이 있다.

이상과 같이 많은 구성 요소들을 JSP 파일에서 사용할 수 있다.

첫 번째로 템플릿 데이터와 스크립트렛을 사용하는 JSP를 작성해 보자. WebContent 폴더에 Round20_02_Page.jsp 파일을 만들어서 다음과 같이 코드를 작성해 보자.

예제 | Round20_02_Page.jsp

```
<!--
    page 지시어에 의해 선언되는 영역이 먼저 표시된다.
    language 속성은 아직까지 resin 서버를 제외하고는 무조건 java만 지원한다.
                resin 서버에서는 javascript도 인식한다.
    contentType 속성은 서블릿의 response.setContentType과 동일하다.
    pageEncoding 속성은 서블릿의 pageContext.setPageEncoding과 동일하다.
-->
<%@ page language="java" contentType="text/html; charset=EUC-KR"
                                        ↳ pageEncoding="EUC-KR" %>
<!--
    page 지시어는 여러 개로 나누어 작성할 수도 있다.
-->
<%@ page import="java.util.*" %>


<!--
    자바의 선언부 영역에 해당하는 부분을 작성할 수 있다.
-->
<%!
    private int total = 0;
%>


<!--
    일반 자바 코드를 작성하는 영역이다.
-->
<%
    for(int i = 1; i <= 100; ++i)
        total += i;
%>

<!--
    여기서 부터 기재되는 내용은 템플릿 데이터이다.
    HTML 코드와 동일하게 자동 표시되어 나타난다.
-->
```

```
<!DOCTYPE html PUBLIC "-//W3C//DTD HTML 4.01 Transitional//EN"
                            ┗ "http://www.w3.org/TR/html4/loose.dtd">
<html>
<head>
<meta http-equiv="Content-Type" content="text/html; charset=EUC-KR">
<title>JSP 포함 요소 테스트</title>
</head>
<body>
    <!--
        자바의 코드와 템플릿 데이터를 혼합해서 사용하는 영역이다.
    -->
    1 ~ 100 사이의 합은 <%= total %>입니다.
</body>
</html>
```

나머지 구성 요소들은 다음 라운드부터 차례로 상세하게 다루겠다. 이렇게 만든 JSP 파일에서 마우스 오른쪽을 클릭하여 바로 가기 메뉴에서 [Run On Server]를 선택하자. 그런 다음 주소 표시줄에 다음과 같이 입력하여 실행해 보자.

실행 ▶ `http://localhost:8080/Round20/Round20_02_Page.jsp`

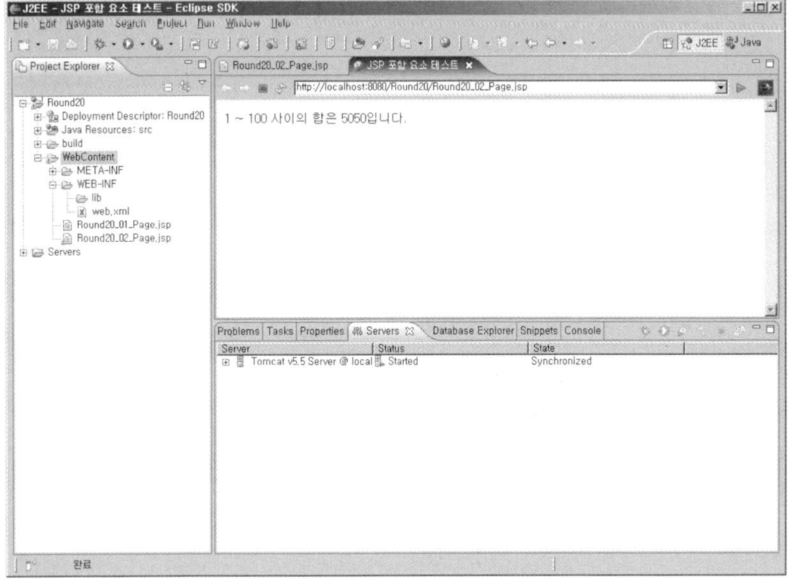

조금만 더 응용해서 두 개의 수와 연산자를 입력하고 연산한 결과를 출력하는 JSP를 작성해 보자. WebContent 폴더에 Round20_03_Page_Calc.jsp 파일을 만들어서 다음과 같이 코드를 작성하자. 이 페이지는 입력 페이지도 되지만 결과를 출력하는 페이지도 될 것이다.

예제 | Round20_03_Page_Calc.jsp

```jsp
<%@ page language="java" contentType="text/html; charset=EUC-KR"
                                    ↳ pageEncoding="EUC-KR" %>

<!--
    현재 페이지 내에서 사용할 멤버 변수와 멤버 메서드를 선언하는 영역이다.
    nvl 메서드는 매개변수로 들어오는 값에 대해 공백 여부를 체크하여
        null이나 공백이면 ""의 값을 되돌려 주고
        정상적인 값이 들어오면 해당 값을 trim( ) 해서 돌려준다.
-->
<%!
    private String su1 = "";
    private String su2 = "";
    private String yonsan = "";
    private String result = "";

    public String nvl(Object str) {
        if(str == null || ((String)str).trim( ).length( ) == 0) return "";
        return ((String)str).trim( );
    }
%>

<!--
    만약 request의 속성으로 어떤 값이 전달되어 오면 그것을 nvl 체크한 후
    멤버 변수에 값이 설정된다.
    최초로 이 페이지가 실행될 때에는 속성으로 전달되는 값이 없을 것이고,
    Calc_Process.jsp를 거쳐서 되돌아 오면 값을 가지고 있을 것이다.
-->
<%
    su1 = nvl(request.getAttribute("su1"));
    su2 = nvl(request.getAttribute("su2"));
    yonsan = nvl(request.getAttribute("yonsan"));
    result = nvl(request.getAttribute("result"));
%>
```

```
<!DOCTYPE html PUBLIC "-//W3C//DTD HTML 4.01 Transitional//EN"
                            ↳ "http://www.w3.org/TR/html4/loose.dtd">
<html>
<head>
<meta http-equiv="Content-Type" content="text/html; charset=EUC-KR">
<title>Text 계산기!</title>

<!--
    al_cen 이라는 style sheet 클래스를 선언한다.
    해당 영역의 글자를 중앙정렬 시켜 주는 역할을 한다.
-->
<style type='text/css'>
<!--
    .al_cen {
        text-align : center;
    }
-->
</style>
<script language='javascript'>
<!--
    /*
        form에 적혀 있는 값들이 전송되기 전에
            1. su1, su2, yonsan이 공백인지
            2. su1, su2 값이 숫자인지
            3. yonsan의 값이 +, -, *, / 중 하나인지
        의 여부를 제크하여 전송할 것인지의 어부를 체크힌다.
    */
    function check_form( ) {
        var su1 = calc_form.su1.value;
        var su2 = calc_form.su2.value;
        var yonsan = calc_form.yonsan.value;
        if(su1.length == 0 || su2.length == 0) return false;
        if(isNaN(su1)) {
            alert('피연산자는 숫자여야 합니다.');
            calc_form.su1.value = '';
            calc_form.su1.focus( );
            return false;
        }
        if(isNaN(su2)) {
            alert('피연산자는 숫자여야 합니다.');
            calc_form.su2.value = '';
```

```
            calc_form.su2.focus( );
            return false;
        }
        if(yonsan != '+' && yonsan != '-' && yonsan != '*' && yonsan != '/') {
            alert('연산자는 +, -, *, / 중 하나여야 합니다.');
            calc_form.yonsan.value = '';
            calc_form.yonsan.focus( );
            return false;
        }
        return true;
    }
//-->
</script>
</head>
<body>
    <center>
    <h2>Text 간편 계산기!</h2>
    <form name='calc_form' method='post' onSubmit='return check_form( )'
                                    ↳ action='Round20_03_Page_Calc_Process.jsp'>
        <input type='text' name='su1' value='<%= su1 %>' size='10'
                                                    ↳ class='al_cen'/> 
        <input type='text' name='yonsan' value='<%= yonsan %>' size='3'
                                                    ↳ class='al_cen'/> 
        <input type='text' name='su2' value='<%= su2 %>' size='10'
                                                    ↳ class='al_cen'/> 
    = 
        <input type='text' name='result' value='<%= result %>' size='20'
                                            ↳ readonly class='al_cen'/> 
        <input type='submit' value='계산'/>
    </form>
    </center>
</body>
</html>
```

연산을 실제로 처리하는 JSP를 작성해 보자. WebContent 폴더에 Round20_03_Page_Calc
_Process.jsp 파일을 만들어서 다음과 같이 코드를 작성하자.

```jsp
<%@ page language="java" contentType="text/html; charset=EUC-KR"
                                    pageEncoding="EUC-KR" %>

<%
    String result = "0";
    double su1 = Double.parseDouble(request.getParameter("su1"));
    double su2 = Double.parseDouble(request.getParameter("su2"));
    char yonsan = request.getParameter("yonsan").trim( ).charAt(0);


    switch(yonsan) {
    case '+': result = String.valueOf(su1 + su2); break;
    case '-': result = String.valueOf(su1 - su2); break;
    case '*': result = String.valueOf(su1 * su2); break;
    case '/':
        try {
            result = String.valueOf(su1 / su2);
        } catch(ArithmeticException ae) {
            result = "연산오류";
        }
    }

    request.setAttribute("su1", String.valueOf(su1));
    request.setAttribute("su2", String.valueOf(su2));
    request.setAttribute("yonsan", String.valueOf(yonsan));
    request.setAttribute("result", result);


    ServletContext context = this.getServletContext( );
    RequestDispatcher dispatcher =
                context.getRequestDispatcher("/Round20_03_Page_Calc.jsp");
    dispatcher.forward(request, response);
%>
```

앞서와 같은 방법으로 Round20_03_Page_Calc.jsp 파일을 실행해 보자. 그런 다음 값을 입력
하고 계산 단추를 누르자. 다음과 같은 결과를 확인할 수 있다.

실행 ▶ `http://localhost:8080/Round20/Round20_03_Page_Calc.jsp`

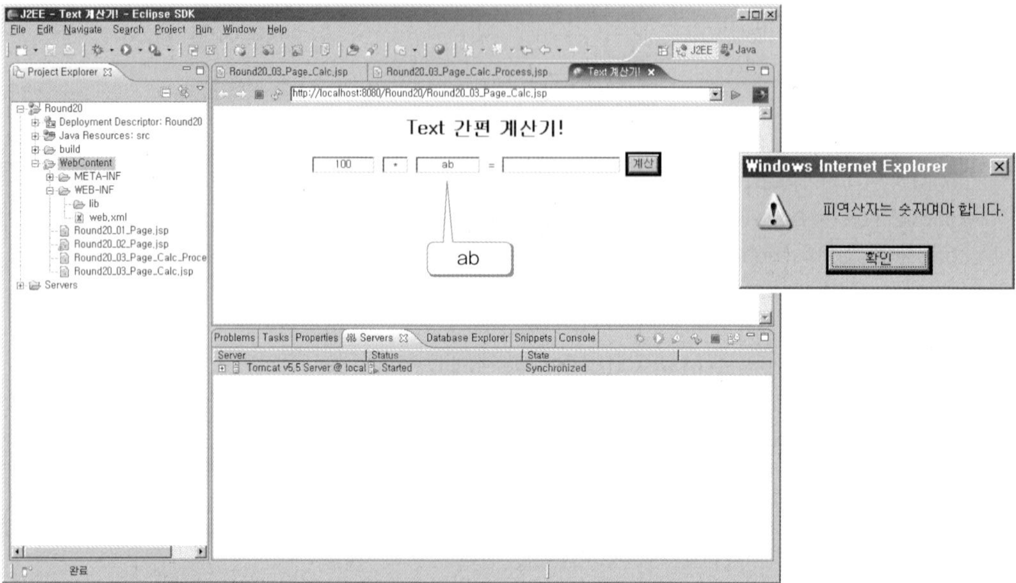

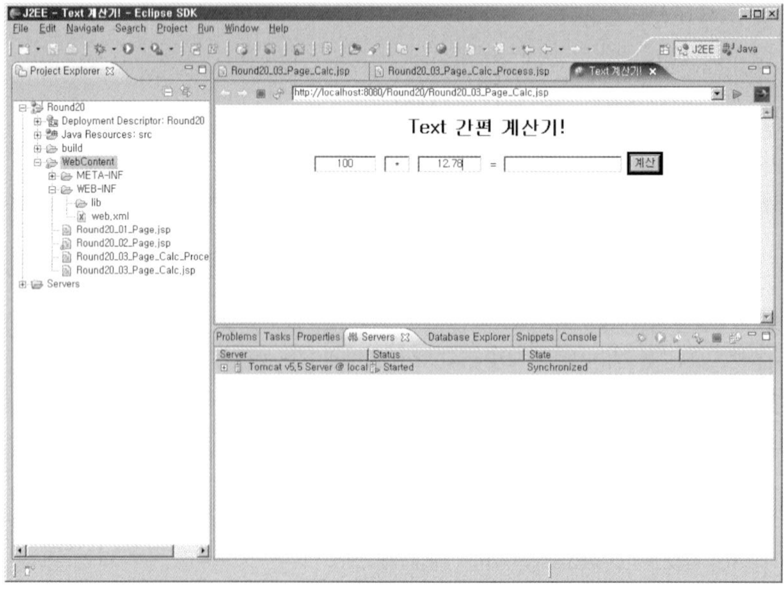

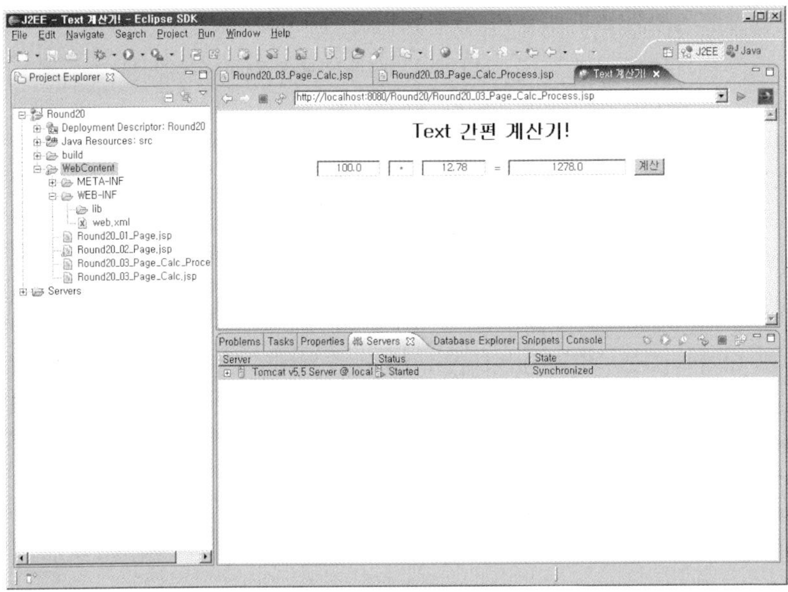

여기에서 연산을 실제로 처리하고 요청 객체의 속성을 설정하는 페이지인 Round20_03_Page _Calc_Process.jsp는 JSP가 아니라 서블릿으로 작업하는 것이 더 바람직할 것이다. 그러나 개발 속도 때문에 실무에서도 JSP로 모든 작업을 처리하는 경우가 많다.

이렇게 JSP 파일이 갖는 많은 구성 요소들이 모두 같은 방식으로 주석 처리를 할까? 그렇지 않다. HTML의 주석 처리가 다르고, 자바스크립트의 주석 처리가 다르다. 자바와 JSP의 주석 처리도 다르다. 정리하면 다음과 같다.

표 주석 처리

HTML, XML, 스타일 시트 외부	<!-- ~ -->
자바스크립트 외부	<!-- ~ //-->
자바스크립트 내부	한 줄이면 // 여러 줄이면 /* ~ */
자바, 스크립트렛, 선언, 식	한 줄이면 // 식에서는 사용할 수 없다. 여러 줄이면 /* ~ */
JSP	<%-- ~ --%>

물론 이렇게 구분되어 있지만 자바와 JSP 계열의 주석 처리를 제외하면 웹 브라우저에서 마우스 오른쪽을 클릭하여 소스 보기를 하면 코드에서 보인다. 따라서 완전히 코드에서도 지워 버리고 싶으면

```
<%-- ~ --%>
```

와 같이 JSP의 주석 처리를 다른 곳에서도 사용하면 된다. 그러나 이렇게 주석 처리를 하면 해당 부분은 완전히 페이지 내에서 없는 것처럼 처리되기 때문에 주의해야 한다. 그러나 JSP에서 주석 처리는 반드시

```
<%-- ~ --%>
```

을 사용해야 한다. 그렇지 않고

```
<!-- ~ -->
```

처럼 HTML 주석 처리를 하면 내부적으로 실행되기 때문에 많은 에러가 발생할 것이다.

앞의 표에서 주의할 점은 식에서는 한 줄 주석 처리가 되지 않는다는 것이다. 이것은 서블릿으로 변환될 상황을 생각해 보면 당연하다. 앞서 배운 내용처럼 JSP 파일을 실행한 후에 만들어진 서블릿의 코드를 살펴보면 알게 될 것이다.

그러면 주석 처리 방법이 모두 적용된 예제를 하나 작성해 보도록 하자. 주석 처리를 테스트하기 위해서 WebContent 폴더에 Round20_03_Page_Comment.jsp 파일을 만들고서 다음과 같이 코드를 작성하자.

| 예제 | Round20_03_Page_Comment.jsp |

```
<!-- Html 주석처리 입니다. -->
<%@ page language="java" contentType="text/html; charset=EUC-KR"
                                    pageEncoding="EUC-KR" %>

<!-- 필요없는 import에 대한 주석입니다. -->
<%-- <%@page import="java.io.*" %> --%>
```

```jsp
<%!
    // JSP 선언 시의 한줄 주석입니다.
    private String str = "Java World";
    /*
    이거는 여러줄 주석이군요.
    public void aaa( ) {

    }
    */
%>
<!DOCTYPE html PUBLIC "-//W3C//DTD HTML 4.01 Transitional//EN"
                                  ∟ "http://www.w3.org/TR/html4/loose.dtd">
<html>
    <head>
    <meta http-equiv="Content-Type" content="text/html; charset=EUC-KR">
    <title>Insert title here</title>

        <!--
            style sheet 내부의 코드가 인식되지 않는 브라우저를 위해
            기본적으로 주석을 하고 내부 코드를 작성합니다.
        -->
        <style type='text/css'>
        <!--
            .myfont { font-color : #ff0000; }
        -->
        </style>

        <!--
            java script 내부의 코드가 인식되지 않는 브라우저를 위해
            기본적으로 주석을 하고 내부 코드를 작성합니다.
        -->
        <script language='javascript'>
        <!--
            /*
                java script 내부의 여러줄 주석입니다.
            */
            function myfunction( ) {
                //여기는 java script 내부의 한줄 주석입니다.
            }
        //-->
```

```
        </script>
    </head>
    <body>
        <%
            //스크립트 렛 상에서의 한줄 주석입니다.
            /*
                당연히 여러줄 주석도 처리 됩니다.
            */
        %>

        <%--
            식에서는 한줄 주석은 안됩니다.
            <%= str //  한줄 주석이 안됩니다.  %>
        --%>
        <%= str /* 여러줄도 된답니다.  */ %>
    </body>
</html>
```

주소 표시줄에 다음과 같이 입력하여 JSP 파일을 실행해 보자.

실행 http://localhost:8080/Round20/Round20_03_Page_Comment.jsp

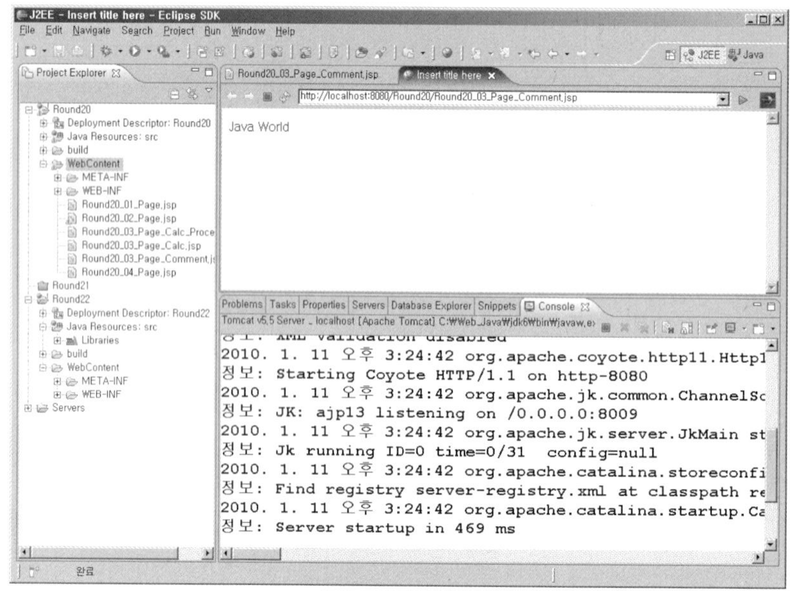

다음과 같이 소스 보기로 보이는 주석과 보이지 않는 주석을 비교해 보도록 하자.

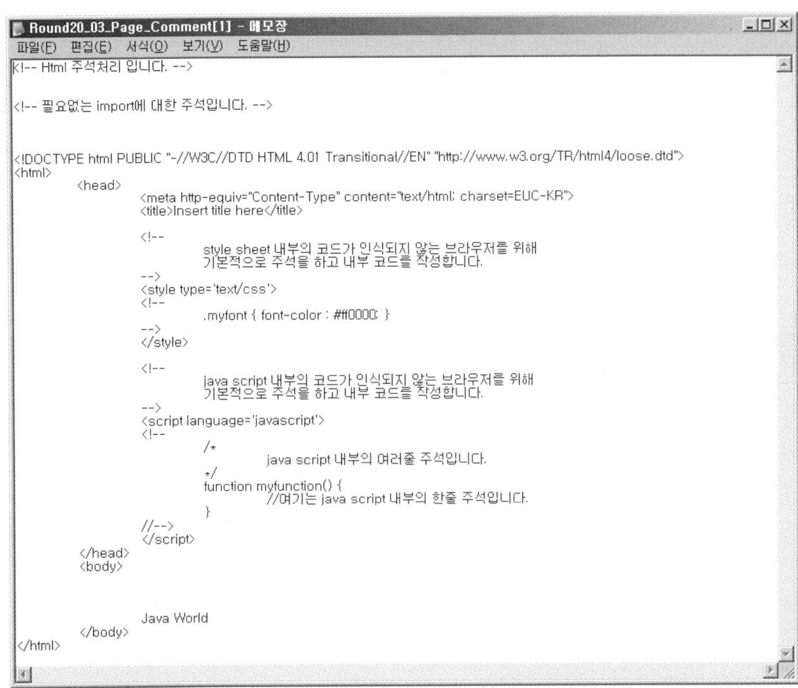

주석 처리는 여기까지 설명하겠다. 독자 여러분은 JSP 파일을 작성하면서 주석 처리를 습관적으로 해야 한다. JSP 파일은 많은 구성 요소들로 구성되어 있어서 유지 보수나 확장을 할 때 주석이 없으면 상당히 곤란해진다.

20.3 JSP 파일의 라이프 사이클

JSP와 서블릿의 라이프 사이클은 사실 특별한 차이가 없다. 서블릿은 우리가 직접 작성하면서 라이프 사이클을 배웠기 때문에 쉽게 이해하는 것뿐이고, JSP의 라이프 사이클은 코드에서는 숨겨져 있어서 잘 모르는 것뿐이다. JSP 파일은 다음과 같은 라이프 사이클을 따르게 된다.

❶ public void jsplnit( ) { ⋯ } ────────── 서블릿의 init( ) 메서드와 동일

❷ .public void _jspService(HttpServletRequest, HttpServletResponse) { ⋯ }

서블릿의 service(HttpServletRequest, HttpServletResponse) 메서드와 동일

❸ public void jspDestroy( ) { ⋯ } ────────── 서블릿의 destroy( ) 메서드와 동일

이와 같이 서블릿과 비교해 봐도 크게 차이가 나지 않는다. 단 작성할 때 구성 요소들이 어느 곳에 있는지를 배우고 익혀야 하는 사항이다. 서블릿과 형식을 비교하면서 보면 다음과 같다.

서블릿	JSP

`import java.io.*;`
`import javax.servlet.*;`
`import javax.servlet.http.*;`
`public class MyServlet extends`
`            ↳ HttpServlet {`
`    public void service`
`        ↳ (HttpServletRequest request,`
`      ↳ HttpServletResponse response)`
`          ↳ throws ServletException,`
`              ↳ IOException {`
	page_지시어의_import_속성이_있는_영역
	
	page_지시어에서_extends_속성이_있는_영역
	선언이_있는_영역(〈%! ~ %〉)

	템플릿_데이터가_있는 영역 page_지시어에서_contentType, ↳ pageEncoding_속성_등이_있는_영역 include 지시어가_있는_영역 사용자_정의_태그들이_있는_영역 스크립트렛과_식이_있는_영역 액션_원소가_있는_영역
`    }` `  }`	

이상과 같이 몇몇을 제외하고는 대부분의 JSP 구성 요소들이 전부 service( ) 메서드에 포함된다. 서블릿의 service( ) 메서드가 JSP에서는 _jspService( ) 메서드로 대체된다는 것만 차이일 뿐 실행의 흐름에는 차이가 없다.

이번에는 JSP 파일을 하나 간단히 작성하고 우리가 서블릿으로 직접 변환해 보자. 웹 컨테이너가 어떤 일을 하는지 대충이나마 살펴보는 계기가 될 것이다. 물론 앞서 변환된 서블릿을 살펴보았지만 웹 컨테이너가 자동으로 해주면서 조금 복잡한 형태가 되어 버렸다. WebContent 폴더에 Round20_04_Page.jsp 파일을 만들고서 다음과 같이 코드를 작성해 보자. 이전 날짜와 시간을 출력하고 현재 날짜와 시간을 출력하는 예제이다. 1초에 한 번씩 세 번 반복해서 출력하도록 코드가 작성되어 있다. 이때 시간이 흐르면서 결과를 바로 출력하기 위해서는 flush( ) 메서드를 적절히 사용해야 한다.

예제 | Round20_04_Page.jsp

```jsp
<%@ page language="java" contentType="text/html; charset=EUC-KR"
                                                    ↳ pageEncoding="EUC-KR" %>
<%@ page import="java.util.*, java.text.*" %>
<%!
    private String date_string;

    private static SimpleDateFormat format;
    static {
        format = new SimpleDateFormat("yyyy-MM-dd HH:mm:ss");
    }

    public void jspInit( ) {
        date_string = "0000-00-00 00:00:00";
    }
%>

<%
    String message = "날짜 출력!";
%>

<!DOCTYPE html PUBLIC "-//W3C//DTD HTML 4.01 Transitional//EN"
                                ↳ "http://www.w3.org/TR/html4/loose.dtd">
<html>
<head>
<meta http-equiv="Content-Type" content="text/html; charset=EUC-KR">
<title><%= message %></title>
</head>
<body>
    <center>
```

```
<h2><%= message %></h2>
<% out.flush( ); %>
<% for(int i = 0; i < 3; ++i) { %>
이전 날짜 &amp; 시간 : <%= date_string %><br/>
현재 날짜 &amp; 시간 : <%= (date_string = format.format(new Date( ))) %>
                                                   ↳ <br/><br/>
<%
    try {
        Thread.sleep(1000);
    } catch(InterruptedException ex) { }
    out.flush( );
%>
<% } %>
    </center>
</body>
</html>
```

일단 이렇게 작성된 JSP 파일을 실행하면 1초마다 한 번씩 날짜와 시간을 출력하면서 다음과
같은 결과를 보인다.

실행 ▶ `http://localhost:8080/Round20/Round20_04_Page.jsp`

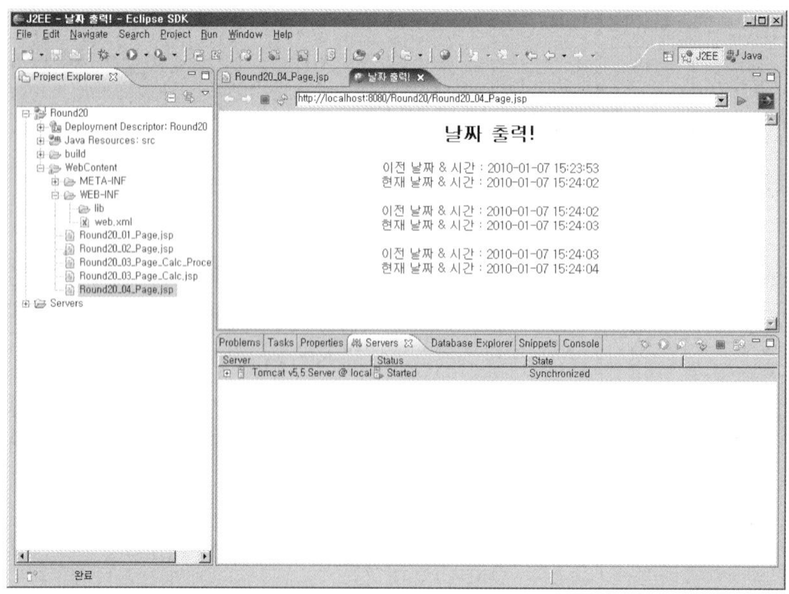

이번에는 그대로 응용해서 서블릿으로 프로그램을 재구성해 보도록 하자. 당연한 이야기지만 서블릿을 작성하여 실행할 때는 web.xml 파일에 해당 서블릿을 등록해야 한다. 사실 톰캣에서 는 이렇게 등록하지 않아도 자동으로 서블릿을 인식하게 하는 방법이 있다. 그러나 우리는 학습 이 목적이므로 그렇게 하지는 않았다. src 폴더에 Round20_04_Servlet.java 파일을 만들고서 다음과 같이 코드를 작성하자.

예제 | Round20_04_Servlet.java

```java
import java.io.*;
import java.util.*;
import java.text.*;
import javax.servlet.*;
import javax.servlet.http.*;

public class Round20_04_Servlet extends HttpServlet {
    private String date_string;
    private static SimpleDateFormat format;
    static {
        format = new SimpleDateFormat("yyyy-MM-dd HH:mm:ss");
    }
    public void init( ) {
        date_string = "0000-00-00 00:00:00";
    }
    public void service(HttpServletRequest request, HttpServletResponse response)
                                    ∟ throws ServletException, IOException {
        String message = "날짜 출력!";

        response.setContentType("text/html;charset=euc-kr");
        PrintWriter out = response.getWriter( );
        out.println("<!DOCTYPE html PUBLIC \"-//W3C//DTD HTML 4.01
                ∟ Transitional//EN\" \"http://www.w3.org/TR/html4/loose.dtd\">");
        out.println("<html>");
        out.println("\t<head>");
        out.println("\t\t<meta http-equiv=\"Content-Type\" content=\"text/html;
                                        ∟ charset=EUC-KR\">");
        out.println("\t\t<title>" + message + "</title>");
        out.println("\t</head>");
        out.println("\t<body>");
        out.println("\t\t<center>");
```

```java
out.println("\t\t\t<h2>" + message + "</h2>");
out.flush( );
for(int i = 0; i < 3; ++i) {
    out.println("\t\t\t이전 날짜 &amp; 시간 : " + date_string + "<br/>");
    out.println("\t\t\t현재 날짜 &amp; 시간 : " +
        ↳ (date_string = format.format(new Date( ))) + "<br/><br/>");

    try {
        Thread.sleep(1000);
    } catch(InterruptedException ex) { }
    out.flush( );
}
out.println("\t\t</center>");
out.println("\t</body>");
out.println("</html>");
    }
}
```

서블릿을 web.xml 파일에 등록하고 실행하면 조금 전의 JSP에서와 결과가 동일하다는 사실을 알 수 있다. 이렇듯 서블릿이나 JSP나 모두 라이프 사이클이 같다. 단지 JSP는 코드 작업이 좀 빠르다는 것이 전부이다. 실제 앞의 두 코드를 비교해 보아도 JSP의 코드가 효율적이라는 것을 알 수 있다.

실무에서 서블릿과 JSP 중에서 어느 것을 사용하느냐는 개발자에게 달려 있다. 작업의 효율성과 실행의 이점 등을 고려하여 적절한 방식으로 코드 작업을 해야 할 것이다. 예를 들어 사용자 인터페이스가 복잡하면 당연히 JSP가 제격이고 비즈니스 논리를 많이 처리해야 하면 서블릿이 제격이다는 식으로 결정한다.

마무리 하면서

이번 라운드에서는 JSP가 왜 필요한 지에 대해서 주안점을 두고 설명했다. 실제로 자바 웹 프로그램은 서블릿만 존재하고, 이것은 개발 속도를 더디게 하는 코드들을 많이 포함하고 있다. 해결책으로 제시된 것이 JSP이고 서블릿으로 변환되는 스크립트 언어인 것이다. 서블릿으로 처음 변환될 때에 시간이 좀 걸린다는 단점이 있지만 개발 속도를 높일 수 있기 때문에 충분히 보완 효과가 있다.

이렇게 JSP는 서블릿의 대안으로 사용되는 자바 웹 프로그래밍 기법이다. JSP 구성 요소 또한 모든 웹 코드와 자바 코드를 포함하기 때문에 JSP는 다른 언어에 비해 웹 프로그램 작성 도구로서 강력함을 갖는다. 서블릿으로 변환되어 실행되기 때문에 라이프 사이클도 역시 동일한 실행 흐름을 따르고, 코드도 서블릿에서 배운 것들을 그대로 사용할 수 있어서 배우고 익히는 데에는 부담이 없다.

제 **21** 장

디폴트 객체

▎디폴트 객체들은 웹 프로그램을 작성하는 데 있어 자주 사용된다. 특별한 매개
변수를 전달해 주지 않아도 생성되는 객체들이며, 웹 컨테이너가 자동으로 제공
하는 객체들이다. 우리는 단지 디폴트 객체들을 암기하여 사용할 수 있으면 된다.
또한, 디폴트 객체들 중에는 서블릿에서 배웠던 데이터의 저장 영역과 관련된 객
체들도 있으므로 함께 이번 라운드에서 다룰 것이다.

Round 21

21.1 디폴트 객체들 **21.2** request와 response, out 객체
21.3 데이터 저장과 관련된 객체들 **21.4** config 객체와 exception 객체

목표

· 디폴트 객체에 대하여 암기한다.

· 디폴트 객체를 활용할 수 있다.

· 디폴트 객체들 중 데이터 저장과 관련된 객체들을 안다.

활용

디폴트 객체

디폴트 객체란 JSP 파일이 서블릿 파일로 변환되면서 기본적으로 _jspService( )
메서드 내에 선언되는 객체를 말한다. 따라서 미리 해당 객체가 생성되어 있다고 가
정을 하고 JSP 파일을 작성하면 서블릿으로 컴파일되면서 적절하게 혼합되어 원하
는 결과를 얻을 수 있다. 이들 객체는 _jspService( ) 메서드의 첫 부분에 선언되기
때문에 JSP 파일에서의 다른 코드들이 NullPointerException 예외를 발생시킬 염
려가 없다.

 들어가기 전에

JSP는 서블릿을 좀더 쉽고 빠르게 개발할 수 있는 형태를 띄고 있다고 앞서 설명하였다. 이를 위해 JSP에서는 따로 선언하지 않고서도 사용할 수 있는 객체를 기본적으로 제공하고 있는데 이를 디폴트 객체라고 부른다. JSP의 디폴트 객체를 서블릿과 비교해 보면 코드의 낭비를 줄여 주는 상당히 효율적이라는 판단이 선다.

21.1 디폴트 객체들

서블릿에서 페이지에 내용을 출력하려면,

```java
response.setContentType("text/html;charset=euc-kr");
PrintWriter out = response.getWriter( );
```

라는 코드를 항상 작성해야 한다. 그런데 JSP에서는 문서 유형의 선언을 page 지시어가 담당하고 out 객체는 디폴트 객체로 있기 때문에 별다른 코드 없이 실행이 가능하다.

다시 말해서 서블릿의 문서 유형 선언이나 PrintWriter 객체의 선언에서 특별한 매개 변수를 호출하는 메서드 이름에 변화가 없는데도 불구하고 매번 객체를 선언한다면 개발자의 부담만 늘게 된다. 그래서 JSP에서는 이 구문을

```jsp
<%@ page contentType="text/html;charset=EUC-KR" %>
```

직접 개발자로 하여금 코드를 작성하게 하여 문서 유형을 선언할 수 있도록 하고,

```java
JspWriter out = pageContext.getOut( );
```

는 JSP가 서블릿으로 변환되면서 자동으로 생성되게 하여 개발자들이 따로 out 객체를 선언하지 않고서도 사용할 수 있도록 하였다.

이렇게 서블릿으로 변환되면서 자동으로 생성되는 객체를 디폴트 객체라고 부른다. 디폴트 객체들은 다음과 같이 기본적으로 9가지가 제공되고 상황에 따라서 모두 생성되거나 몇몇 가지는 생성되지 않기도 한다.

- HttpServletRequest **request**;
- HttpServletResponse **response**;
- PageContext **pageContext**;
- JspWriter **out**;
- Object **page**;
- HttpSession **session**;
- ServletContext **application**;
- ServletConfig **config**;
- Throwable **exception**;

다시 한번 강조하지만 디폴트 객체들은 모두 _jspService( ) 메서드 내에서만 사용할 수 있다. 따라서 뒤에서 배우겠지만 〈%! ~ %〉와 같이 선언을 하는 영역에서는 디폴트 객체들을 사용할 수 없다. 또한, 굵은 글씨체의 객체 이름들도 사용자 정의 명칭으로 선언하지 않도록 주의해야 한다.

21.2 request와 response, out 객체

디폴트 객체들 중에서 기본적으로 알 수 있는 객체들은 _jspService( ) 메서드의 매개 변수인 HttpServletRequest와 HttpServletResponse 두 가지와 관련된다. 이들 매개 변수가 _jspService( ) 메서드 내에서는 기본적으로 존재하는 객체들로 인식되고, 각각의 이름은 서블릿의 service( ) 메서드에서 습관적으로 적었던 요청 객체와 응답 객체로 고정되어 있다.

요청 객채와 응답 객체는 Part 2에서 어떤 용도로 사용하는지를 이미 배웠기 때문에 여기에서는 따로 설명하지는 않을 것이다. 다만, 정리하자면 요청 객체는 사용자의 모든 요청을 담아 서버로 넘어오는 객체이고, 응답 객체는 다시 사용자에게 어떠한 정보를 보여줄 목적으로 클라이언트에게 보내는 객체라는 것만 기억하자.

우선 예제를 가지고 이들 객체를 선언하지 않고 사용하는 것이 가능한지 확인해 보도록 하자. 첫 번째는 성적 처리를 하는 예제인데 입력 페이지에서 과목과 점수를 계속해서 원하는 만큼 입력하고서 계산 단추를 누르면 총점과 평균이 계산되는 예이다.

WebContent 폴더에 Round21_01_Page_Input.jsp 파일을 만들고서 다음과 같이 코드를 작성하자. 자바스크립트를 주목해서 보면 행(Row)의 추가와 삭제 그리고 폼(Form)의 검증 부분이 코드로 작성되어 있다. 실무에서도 자주 사용한다.

예제	Round21_01_Page_Input.jsp

```
01 : <%@ page language="java" contentType="text/html; charset=EUC-KR"
                                  ∟ pageEncoding="EUC-KR" %>
02 : <!DOCTYPE html PUBLIC "-//W3C//DTD HTML 4.01 Transitional//EN"
                                  ∟ "http://www.w3.org/TR/html4/loose.dtd">
03 : <html>
04 :     <head>
05 :         <meta http-equiv="Content-Type" content="text/html;charset=EUC-KR">
06 :         <title>입력 페이지!</title>
07 :         <script language='javascript'>
08 :         <!--
09 :             var cnt = 1;
10 :
11 :             function addRow( ) {
12 :                 var area = document.getElementById('area');
13 :                 var insert = area.insertRow(cnt + 1);
14 :                 var subject = "<input type='text' name='subject' size='8'/>";
15 :                 insert.insertCell( ).innerHTML = subject;
16 :                 var jumsu = "<input type='text' name='jumsu' size='15'/>";
17 :                 insert.insertCell( ).innerHTML = jumsu;
18 :
19 :                 cnt++;
20 :             }
21 :
22 :             function delRow( ) {
23 :                 if(cnt == 1) {
```

```
24 :              alert('더 이상 삭제할 수 없습니다.');
25 :              return;
26 :          }
27 :
28 :          var area = document.getElementById('area');
29 :          area.deleteRow( );
30 :
31 :          cnt--;
32 :      }
33 :
34 :      function check_form( ) {
35 :          var name = calc_form.name.value;
36 :          if(name == '') {
37 :             alert('수험자 이름을 기재하세요!');
38 :             calc_form.name.focus( );
39 :             return false;
40 :          }
41 :
42 :          if(cnt == 1) {
43 :             var subject = calc_form.subject.value;
44 :             var jumsu = calc_form.jumsu.value;
45 :             if(subject == '' || jumsu=='' || isNaN(jumsu)) {
46 :                alert('과목명이 비었거나 점수가 숫자가 아닙니다.');
47 :                return false;
48 :             }
49 :          }
50 :          else {
51 :             for(i = 0; i < cnt; ++i) {
52 :                var subject = calc_form.subject[i].value;
53 :                var jumsu = calc_form.jumsu[i].value;
54 :                if(subject == '' || jumsu == '' || isNaN(jumsu)) {
55 :                   alert('과목명이 비었거나 점수가 숫자가 아닙니다.');
56 :                   return false;
57 :                }
58 :             }
59 :          }
60 :
61 :          return true;
62 :      }
63 :  //-->
```

```
64 :            </script>
65 :        </head>
66 :        <body>
67 :          <center>
68 :            <h2>성적 계산!</h2>
69 :            <!-- submit 버튼 클릭시 form 유효성 체크를 진행한다. -->
70 :            <form name='calc_form' method='post'action='Round21_01_Page
                        ↳ _Output.jsp' onSubmit='return check_form( )'>
71 :              이름 : <input type='text' name='name'/><br/>
72 :              <h3>< 과목과 점수 ></h3>
73 :              <input type='button' value='추가' onClick='addRow( )'/>
74 :              <input type='button' value='삭제' onClick='delRow( )'/>
75 :              <input type='submit' value='계산'/><br/><br/>
76 :              <table id='area' width='300' border='1'>
77 :                <tr><th width='100'>과목</th>
78 :                   <th width='200'>점수</th></tr>
79 :                <!-- 하나의 Row를 생성해 둔다. -->
80 :                <tr>
81 :                   <td><input type='text' name='subject' size='8'/></td>
82 :                   <td><input type='text' name='jumsu' size='15'/></td>
83 :                </tr>
84 :              </table>
85 :            </form>
86 :          </center>
87 :        </body>
88 : </html>
```

🔍 코드 설명

Line **9**   `var cnt = 1;`

행의 개수를 설정하는 변수이다. 기본적으로 하나의 과목은 있어야 하기 때문에 1로 설정한다.

Line **11**   `function addRow( ) {`

행을 계속 추가하는 함수이다.

Line **12**   `var area = document.getElementById('area');`

<table> 태그로 선언되어 있는 영역을 가져온다.

Line **13**   `var insert = area.insertRow(cnt + 1);`

기본적으로 선언되어 있는 한 과목 다음 위치에 행을 삽입한다.

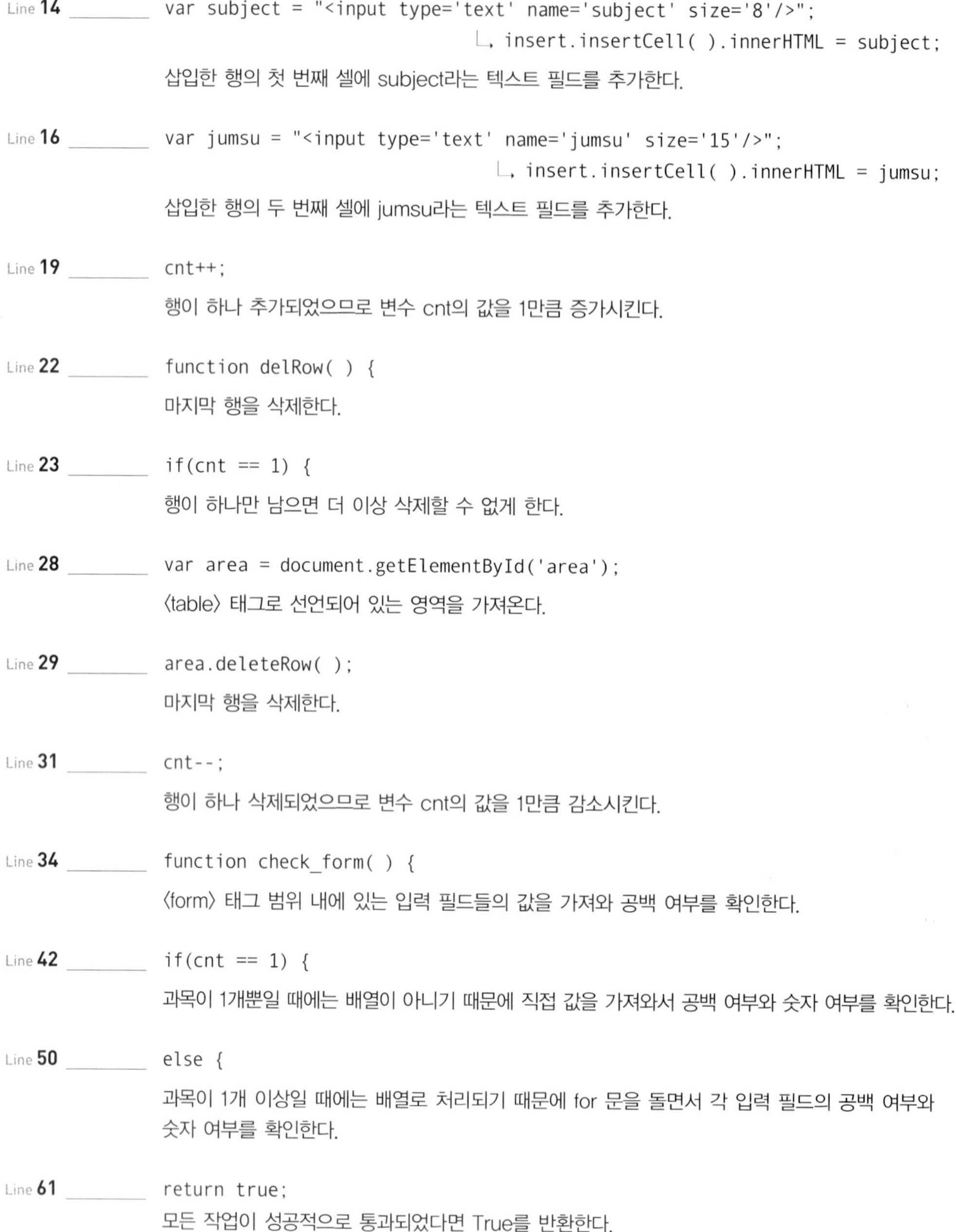

```
Line 14        var subject = "<input type='text' name='subject' size='8'/>";
                                    └, insert.insertCell( ).innerHTML = subject;
```
삽입한 행의 첫 번째 셀에 subject라는 텍스트 필드를 추가한다.

```
Line 16        var jumsu = "<input type='text' name='jumsu' size='15'/>";
                                    └, insert.insertCell( ).innerHTML = jumsu;
```
삽입한 행의 두 번째 셀에 jumsu라는 텍스트 필드를 추가한다.

```
Line 19        cnt++;
```
행이 하나 추가되었으므로 변수 cnt의 값을 1만큼 증가시킨다.

```
Line 22        function delRow( ) {
```
마지막 행을 삭제한다.

```
Line 23        if(cnt == 1) {
```
행이 하나만 남으면 더 이상 삭제할 수 없게 한다.

```
Line 28        var area = document.getElementById('area');
```
〈table〉 태그로 선언되어 있는 영역을 가져온다.

```
Line 29        area.deleteRow( );
```
마지막 행을 삭제한다.

```
Line 31        cnt--;
```
행이 하나 삭제되었으므로 변수 cnt의 값을 1만큼 감소시킨다.

```
Line 34        function check_form( ) {
```
〈form〉 태그 범위 내에 있는 입력 필드들의 값을 가져와 공백 여부를 확인한다.

```
Line 42        if(cnt == 1) {
```
과목이 1개뿐일 때에는 배열이 아니기 때문에 직접 값을 가져와서 공백 여부와 숫자 여부를 확인한다.

```
Line 50        else {
```
과목이 1개 이상일 때에는 배열로 처리되기 때문에 for 문을 돌면서 각 입력 필드의 공백 여부와 숫자 여부를 확인한다.

```
Line 61        return true;
```
모든 작업이 성공적으로 통과되었다면 True를 반환한다.

입력 페이지로부터 보내온 데이터들을 요청 객체를 통해 받아들여 결과를 계산하고 출력하는 페이지를 WebContent 폴더에 Round21_01_Page_Output.jsp라는 이름으로 파일을 만들고서 다음과 같이 코드를 작성하자.

```jsp
01 : <%@ page language="java" contentType="text/html; charset=EUC-KR"
                                    pageEncoding="EUC-KR" %>
02 :
03 : <%
04 :        request.setCharacterEncoding("euc-kr");
05 :
06 :        String name = request.getParameter("name");
07 :        String[ ] subject = request.getParameterValues("subject");
08 :        String[ ] jumsu = request.getParameterValues("jumsu");
09 :
10 :        double total = 0.0;
11 :        double avg = 0.0;
12 : %>
13 :
14 : <!DOCTYPE html PUBLIC "-//W3C//DTD HTML 4.01 Transitional//EN"
                                "http://www.w3.org/TR/html4/loose.dtd">
15 : <html>
16 : <head>
17 : <meta http-equiv="Content-Type" content="text/html; charset=EUC-KR">
18 : <title>계산 결과!</title>
19 : </head>
20 : <body>
21 :        <%= name %>님!<br/><br/>
22 :        시험 과목 .
23 :        <%
24 :        try {
25 :            for(int i = 0; i < subject.length; ++i) {
26 :                out.println(subject[i]);
27 :                if(i != subject.length - 1) out.println(", ");
28 :                total += Double.parseDouble(jumsu[i]);
29 :            }
30 :            avg = total / subject.length;
31 :        } catch(Exception ex) {
32 :            response.sendError(512, "연산 시 오류가 발생했습니다.");
33 :            return;
34 :        }
35 :        %><br/>
36 :
37 :        <!-- 계산 결과를 출력한다. -->
```

요청 객체를 통해 subject와 jumsu 이라는 이름으로 전송받은 배열 데이터를 획득한다. 데이터가 하나라도 배열의 형태로 받을 수 있다.

총점과 평균을 저장할 공간을 선언한다.

과목 수에 따라 평균을 계산한다.

```
38 :         총합 : <%= total %>점, 평균 : <%= avg %>점
39 : </body>
40 : </html>
```

🔍 코드 설명

Line **4** ________ `request.setCharacterEncoding("euc-kr");`
요청 객체를 통해 전송받는 데이터에 대해 한글 인코딩을 설정한다.

Line **6** ________ `String name = request.getParameter("name");`
요청 객체를 통해 name이라는 이름으로 전송받은 데이터를 획득한다.

Line **25** ________ `for(int i = 0; i < subject.length; ++i) {`
for 문을 돌면서 시험 과목을 출력하고 총합을 계산해 둔다.

Line **28** ________ `total += Double.parseDouble(jumsu[i]);`
총합을 계산하는 영역이다. 입력 페이지에서 공백 여부와 숫자 여부를 확인했기 때문에 바로
Double형으로 형변환을 해도 무방하다.

Line **32** ________ `response.sendError(512, "연산 시 오류가 발생했습니다.");`
계산 중에 에러가 발생하면 응답 객체를 통해 sendError( ) 메서드를 실행한다.

web.xml 파일에 등록하는 것과는 관계없이 입력 페이지를 다음과 같이 실행해 보자. 추가 단추
를 두 번 누른 후 값들을 입력하고 계산 단추를 누르면 결과는 다음과 같이 출력된다. 공간이 하
나라도 비어 있으면 자바스크립트에 의해 경고가 발생할 것이다.

실행▶ `http://localhost:8080/Round21/Round21_01_Page_Input.jsp`

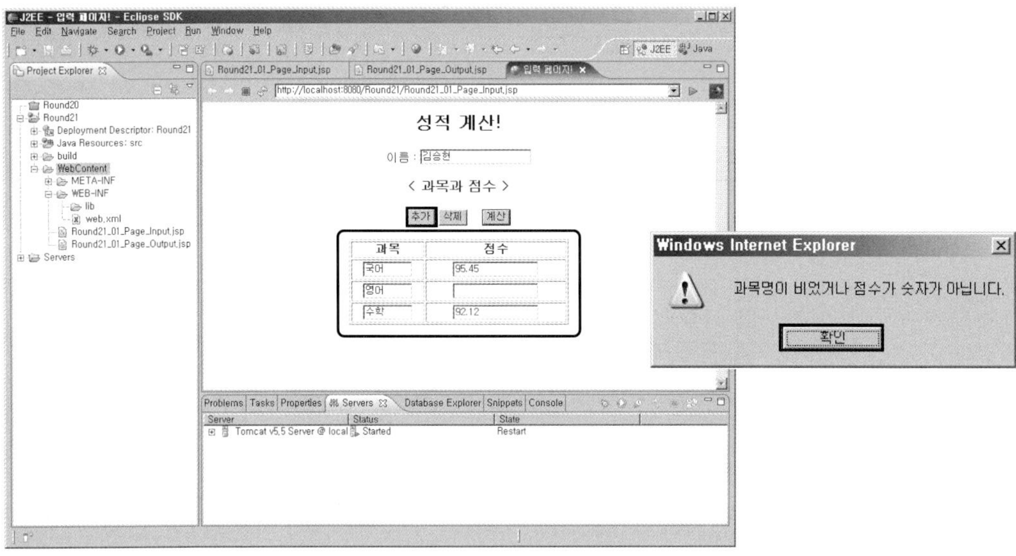

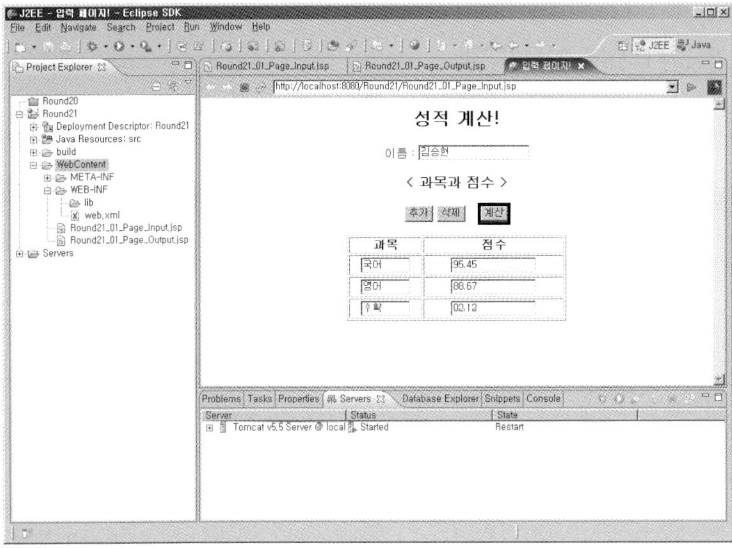

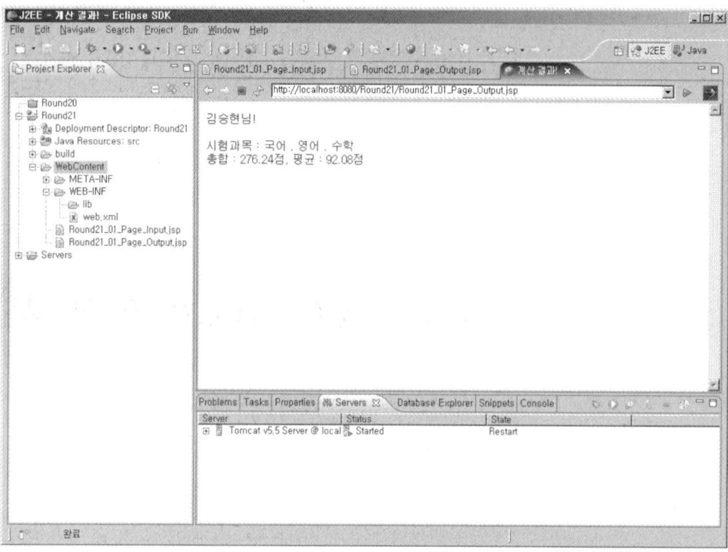

21.3 데이터 저장과 관련된 객체들

데이터 저장과 관련된 클래스는 이미 서블릿에서 배운 바가 있다. JSP에서는 이러한 데이터 저장 관련 객체들이 디폴트 객체로 선언되어 있다. 서블릿의 클래스와 각각 대응해서 살펴보면 다음과 같다.

• 서블릿에서

서블릿 클래스(this) < HttpServletRequest < HttpSession < ServletContext

• JSP에서

page < request < session < application

여기서 생각해 볼 것은 서블릿은 클래스를 직접 작성하는 것이기 때문에 해당 클래스에 대한 객체를 우리가 직접 선언한다. 따라서 객체의 이름은 우리가 정하기 나름이다. 예를 들어

```
void service(HttpServletRequest req, ...)
```

라고 선언하면 req가 HttpServletRequest의 객체 이름이 된다. 또한

```
HttpSession hs = request.getSession( );
```

이라고 선언하면 hs가 HttpSession의 객체 이름이 된다. 그러나 JSP에서는 자동으로 해당 객체가 생성되기 때문에 이름을 그대로 외워서 사용해야 한다. 이런 차이만 있을 뿐 나머지 작업이나 실행은 동일하다.

JSP 내부의 선언을 따로 표현해 보자면 _jspService( ) 메서드 내에는 다음과 같은 객체가 선언되어 있는 것이다. 다음은 JSP가 자동으로 생성하는 데이터 저장 관련 객체들이다.

- Object page = this;

- HttpServletRequest request;

- HttpSession session = request.getSession( ); ────── pageContext.getSession( )

- ServletContext application = this.getServletContext( ); ── pageContext.getServletContext( )

그런데 여기에서 이해해야 하는 것이 하나 있다. 실제 서블릿에서 우리가 데이터 저장 관련 객체를 선언할 때 HttpSession 객체는 요청 객체를 통해서 생성했고, ServletContext 객체는 this 객체를 통해 생성했었다. 그런데 실제로 모든 웹 페이지는 자신의 페이지 전체를 관리하는 PageContext 객체가 존재한다.

PageContext 객체는 하나의 서블릿 내에서 만큼은 데이터를 공유하여 사용할 수 있다. 즉, 페이지 내에서 만큼은 모든 객체를 생성하고 관리할 수 있다는 의미이다. 그래서 JSP에서는 각 객체를 생성하면서 _jspService( ) 메서드 내에서 pageContext 객체부터 먼저 생성한다. 그리고 out, session, application, config 등의 객체는 pageContext 객체로부터 추출하여 사용한다. 그래서 앞 부분의 JSP가 자동으로 생성하는 데이터 저장 관련 객체들의 설명에서 pageContext 객체에 의해 생성되는 모형을 함께 적어 두었다. 다음은 pageContext 객체가 생성되는 코드인데 그냥 참고만 하면 된다.

```
pageContext = _jspxFactory.getPageContext(this, request, response,
                                  ⌐ null, true, 8192, true);
```

이런 pageContext 객체는 서블릿과 JSP 내의 다른 객체들을 생성하고 관리하는 용도 이외에
도 RequestDispatcher 인터페이스의 기능인 전달하기(Forward)나 포함하기(include)도 담당
한다.

그러면 예제를 작성하여 데이터 저장과 pageContext 객체의 전달하기와 포함하기 기능들을
한꺼번에 처리해 보도록 하자. 이번 예제를 위해 테이블을 만들어 두도록 하자.

실행▶

```
create table USER_TB(
num int primary key auto_increment,
name varchar(100) not null,
id varchar(20) not null,
pw varchar(20) not null,
tel varchar(14)
);
```

첫 번째로 실행되는 페이지는 로그인 페이지로 WebContent 폴더에 Round21_02_Page
_Login.jsp 파일을 만들고서 다음과 같이 코드를 작성하자.

예제 | Round21_02_Page_Login.jsp

```
<%@ page language="java" contentType="text/html; charset=EUC-KR"
                                    ┗ pageEncoding="EUC-KR" %>
<%
    String id = (String)session.getAttribute("id");
    if(id == null) id = "";
%>
```

> 최초 로그인 페이지이지만 회원 가입을 하고 넘어오는 경우 세션으로 ID를 발생시켜 둘 것이므로 만약 ID가 있으면 해당 ID의 값을 가져온다.

```
<!DOCTYPE html PUBLIC "-//W3C//DTD HTML 4.01 Transitional//EN"
                          ┗ "http://www.w3.org/TR/html4/loose.dtd">
<html>
<head>
<meta http-equiv="Content-Type" content="text/html; charset=EUC-KR">
<title>Login Page!</title>
</head>
<body>
    <center>
```

```
<h2>Login Page!</h2>
<form name='login_form' method='post'
                         ↳ action='Round21_02_Page_Login_Process.jsp'>
<table width='300' border='1'>
    <tr>
        <th width='100'>아이디</th>
        <td>
        <!-- ID가 세션을 통해 넘어 오면 그 값을 설정해 둔다.  -->
        <input type='text' name='id' size='15' value='<%= id %>'/>
        </td>
    </tr>
    <tr>
        <th>비밀번호</th>
        <td>
            <input type='password' name='pw' size='15'/>
        </td>
    </tr>
    <tr>
        <td colspan='2' align='right'>
            <input type='submit' value='로그인'/>
        </td>
    </tr>
</table>
</form>
</center>
</body>
</html>
```

이 페이지에서 세션 객체에 ID가 없으면 ID 필드에는 아무런 값도 표시되지 않을 것이지만, 이후 만들게 될 등록(Register) 페이지를 거쳐서 오면 ID가 세션 객체에 저장될 것이기 때문에 해당 ID의 값을 추출하여 화면에 보여줄 수 있게 된다.

다음으로 로그인 단추를 누를 때 해당 사용자의 정보가 있는지를 확인하는 프로세스(Process) 페이지로 WebContent 폴더에 Round21_02_Page_Login_Process.jsp 파일을 만들고서 다음과 같이 코드를 작성하자.

예제 | Round21_02_Page_Login_Process.jsp

```jsp
<%@ page language="java" contentType="text/html; charset=EUC-KR"
                                    ㄴ pageEncoding="EUC-KR" %>
<%@ page import="java.sql.*" %>

<%
    request.setCharacterEncoding("euc-kr");

    String id = request.getParameter("id");
    String pw = request.getParameter("pw");
    String name = "", tel = "";

    Connection conn = null;
    try {
        Class.forName("org.gjt.mm.mysql.Driver");
        conn = DriverManager.getConnection(
                ㄴ "jdbc:mysql://localhost:3306/web_java", "root", "12345678");
        String query = "SELECT * FROM USER_TB WHERE ID = ? AND PW = ?";
        PreparedStatement pstmt = conn.prepareStatement(query);
        pstmt.setString(1, id);
        pstmt.setString(2, pw);
        ResultSet rs = pstmt.executeQuery( );
        if(rs.next( )) {
            name = rs.getString("name");
            tel = rs.getString("tel");
        }
        else throw new Exception( );
        rs.close( );
        pstmt.close( );
    } catch(Exception ex) {
        response.sendRedirect("Round21_02_Page_Register.jsp");
        return;
    } finally {
        if(conn != null) conn.close( );
        conn = null;
    }

    session.setAttribute("name", name);
    session.setAttribute("id", id);
    session.setAttribute("tel", tel);
    pageContext.forward("Round21_02_Page_Main.jsp");
%>
```

데이터베이스를 검색해서 해당 사용자가 있으면 이름과 전화번호를 얻는다.

해당 사용자가 없으면 예외를 강제로 발생시킨다.

예외 발생시 이동할 페이지는 회원 가입 페이지이다.

성공시 이름, 아이디, 전화번호를 세션 객체에 담아 둔다.

pageContext 객체를 사용하여 요청 객체의 데이터를 그대로 가지고 이동한다.

이 페이지에서는 로그인한 정보를 토대로 데이터베이스를 검색하여 해당 사용자가 가입되어 있는지를 확인한다. 만약 해당 사용자의 정보가 없으면 강제로 예외를 발생시켜서 회원 가입 페이지로 이동하게 한다. 만약 회원으로 가입되어 있으면 pageContext 객체를 통해 로그인 정보를 유지하면서 메인(Main) 페이지로 전달하기((Forward) 형태로 이동한다.

예외가 발생했을 때 이동할 등록(Register) 페이지를 WebContent 폴더에 Round21_02_Page _Register.jsp 파일로 만들고서 다음과 같이 코드를 작성하자.

예제 | Round21_02_Page_Register.jsp

```jsp
<%@ page language="java" contentType="text/html; charset=EUC-KR"
                                        ↳ pageEncoding="EUC-KR" %>
<!DOCTYPE html PUBLIC "-//W3C//DTD HTML 4.01 Transitional//EN"
                                ↳ "http://www.w3.org/TR/html4/loose.dtd">
<html>
<head>
    <meta http-equiv="Content-Type" content="text/html; charset=EUC-KR">
    <title>Register Page!</title>
    <script language='javascript'>
    <!--
        function isNull2(obj) {
            var data = obj.value;
            if(data == '') {
                alert(obj.name + '필느는 공백일 수 없습니다.');
                obj.focus( );
                return true;
            }
            return false;
        }
        function check_form( ) {
            if(isNull2(reg_form.name)) return false;
            if(isNull2(reg_form.id)) return false;
            if(isNull2(reg_form.pw)) return false;
            if(isNull2(reg_form.tel)) return false;
            return true;
        }
    //-->
    </script>
</head>
```

> 폼 내에 있는 객체를 전달하면 공백 여부를 확인하도록 함수를 만든다.

> 각 폼의 공백 여부를 확인하여 공백이 하나라도 있으면 회원 가입이 실행되지 않도록 한다.

```html
<body>
    <center>
        <h2>Register Page!</h2>
        <form name='reg_form' method='post' onSubmit='return check_form( )'
                               action='Round21_02_Page_Register_Process.jsp'>
        <table width='300' border='1'>
            <tr>
                <th width='100'>이름</th>
                <td>
                    <input type='text' name='name' size='15'/>
                </td>
            </tr>
            <tr>
                <th width='100'>아이디</th>
                <td>
                    <input type='text' name='id' size='15'/>
                </td>
            </tr>
            <tr>
                <th>비밀번호</th>
                <td>
                    <input type='password' name='pw' size='15'/>
                </td>
            </tr>
            <tr>
                <th width='100'>전화번호</th>
                <td>
                    <input type='text' name='tel' size='15'/>
                </td>
            </tr>
            <tr>
                <td colspan='2' align='right'>
                    <input type='submit' value='회원가입'/>
                </td>
            </tr>
        </table>
        </form>
    </center>
</body>
</html>
```

등록 페이지에서는 자바스크립트를 사용하여 유효성 검사를 하는데 isNull2( ) 함수를 만들고 객체를 전달하여 NULL 처리를 하는 기법을 사용하였다.

사용자가 회원 정보를 입력하고서 회원 가입 단추를 누르면 해당 정보를 가지고 실제 데이터베이스에 저장할 프로세스(Process) 페이지를 WebContent 폴더에 Round21_02_Page_Register _Process.jsp 파일을 만들고서 다음과 같이 코드를 작성하자.

예제 | Round21_02_Page_Register_Process.jsp

```jsp
<%@ page language="java" contentType="text/html; charset=EUC-KR"
                                        pageEncoding="EUC-KR" %>
<%@ page import="java.sql.*" %>

<%
    request.setCharacterEncoding("euc-kr");

    String name = request.getParameter("name");
    String id = request.getParameter("id");
    String pw = request.getParameter("pw");
    String tel = request.getParameter("tel");

    Connection conn = null;
    try {
        Class.forName("org.gjt.mm.mysql.Driver");
        conn = DriverManager.getConnection(
            "jdbc:mysql://localhost:3306/web_java",
            "root", "12345678");
        String query = "INSERT INTO USER_TB VALUES (null, ?, ?, ?, ?)";
        PreparedStatement pstmt = conn.prepareStatement(query);
        pstmt.setString(1, name);
        pstmt.setString(2, id);
        pstmt.setString(3, pw);
        pstmt.setString(4, tel);
        pstmt.executeUpdate( );
        pstmt.close( );
    } catch(Exception ex) {
        response.sendRedirect("Round21_02_Page_Register.jsp");
        return;
    } finally {
```

> 만들어 둔 USER_TB라는 테이블에 회원 정보를 저장한다.

> 에러가 발생하면 회원 가입 페이지로 이동한다.

```
        if(conn != null) conn.close( );
        conn = null;
    }

    session.setAttribute("id", id);
    response.sendRedirect("Round21_02_Page_Login.jsp");
%>
```

> 성공시 세션 객체에 ID를 저장하고 로그인 페이지로 이동한다. sendRedirect( ) 메서드는 요청 객체를 비우고 이동하는 메서드이다.

회원 가입이 성공하면 세션 객체에 ID를 저장하고 로그인 페이지로 이동한다. 따라서 앞서 만든 로그인 페이지에서는 세션 객체의 ID를 획득하여 ID 필드에 설정할 수 있게 된다.

다음은 로그인에 성공한 후 메인 페이지로 하위(Sub) 페이지가 포함되도록 화면을 구성한다. WebContent 폴더에 Round21_02_Page_Main.jsp 파일을 만들고서 다음과 같이 코드를 작성하자.

예제 | Round21_02_Page_Main.jsp

```
<%@ page language="java" contentType="text/html; charset=EUC-KR"
                                        ↳ pageEncoding="EUC-KR" %>

<%
    request.getParameter("euc-kr");

    String id = request.getParameter("id");
%>
```

> Login_Process 페이지에서 pageContext 객체를 사용하여 전달하기를 했기 때문에 ID의 값이 그대로 전달되어 넘어올 것이다.

```
<!DOCTYPE html PUBLIC "-//W3C//DTD HTML 4.01 Transitional//EN"
                                ↳ "http://www.w3.org/TR/html4/loose.dtd">
<html>
<head>
<meta http-equiv="Content-Type" content="text/html; charset=EUC-KR">
<title>Hello <%= id %>!</title>
</head>
<body>
    <center>
        <h2>방문을 환영합니다.</h2>
        <%
            pageContext.include("Round21_02_Page_Main_Sub.jsp", true);
```

> pageContext 객체의 include( ) 메서드를 가지고 하위 페이지의 테이블을 포함시킨다.

```
        %>
    </center>
</body>
</html>
```

마지막으로 메인 페이지에 포함될 하위 페이지로 Round21_02_Page_Main_Sub.jsp 파일을 만들고서 다음과 같이 코드를 작성하자.

〈예제〉 Round21_02_Page_Main_Sub.jsp

```
<%@ page language="java" contentType="text/html; charset=EUC-KR"
                                    ∟, pageEncoding="EUC-KR" %>

<%
    String name = (String)session.getAttribute("name");
    String id = (String)session.getAttribute("id");
    String tel = (String)session.getAttribute("tel");
%>
```

> Login_Process 페이지에서 설정한 세션 객체의 데이터를 가져와 화면을 구성한다. 이 페이지는 Main.jsp 페이지에 포함되는 하위 페이지이다.

```
<table width='370' border='1'>
    <colgroup span="3" align="center">
    <tr>
        <th width='100'>이름</th>
        <th width='120'>아이디</th>
        <th width='150'>전화번호</th>
    </tr>
    <tr>
        <td><%= name %></td>
        <td><%= id %></td>
        <td><%= tel %></td>
    </tr>
</table>
```

모든 페이지에 대해 작업이 끝나면 로그인 페이지부터 시작해서 예제를 실행해 보도록 하자.

실행 ▶ `http://localhost:8080/Round21/Round21_02_Page_Login.jsp`

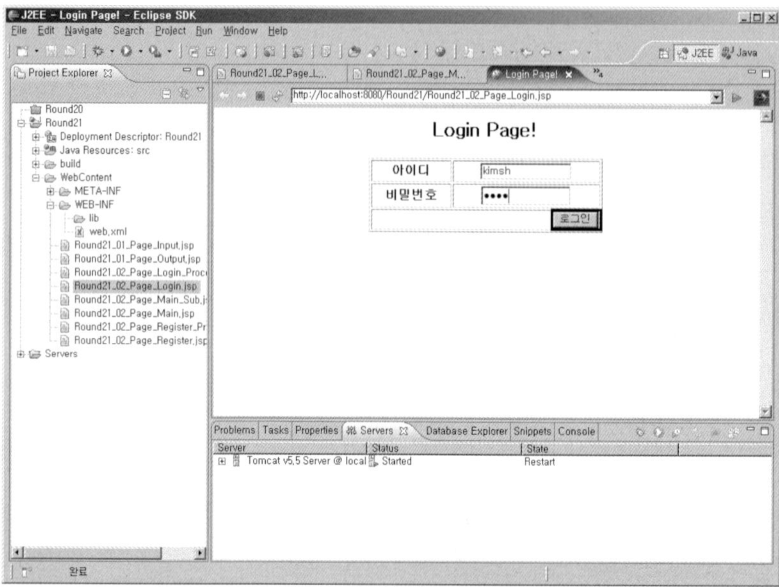

로그인 단추를 누르면 회원으로 가입되어 있지 않아서 회원 가입 페이지로 이동한다.

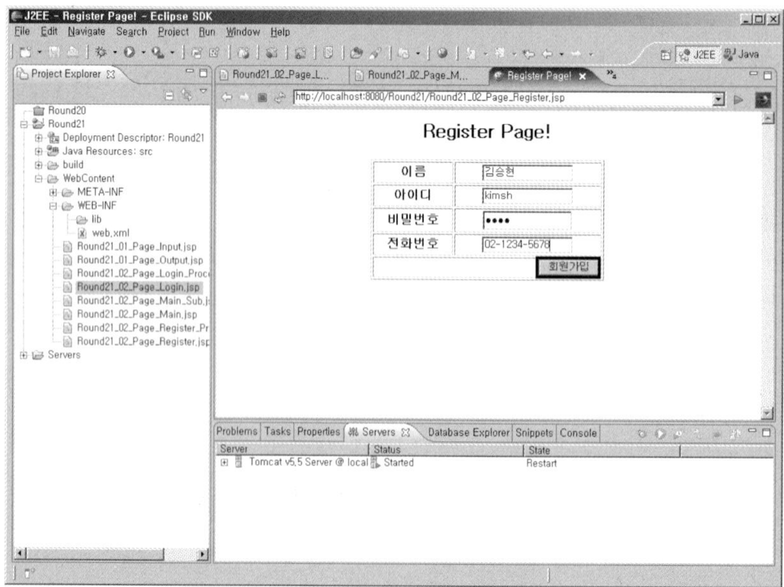

회원 정보를 입력하고서 회원 가입 단추를 누르면 해당 정보가 데이터베이스에 저장되고 다시 로그인 페이지로 이동한다.

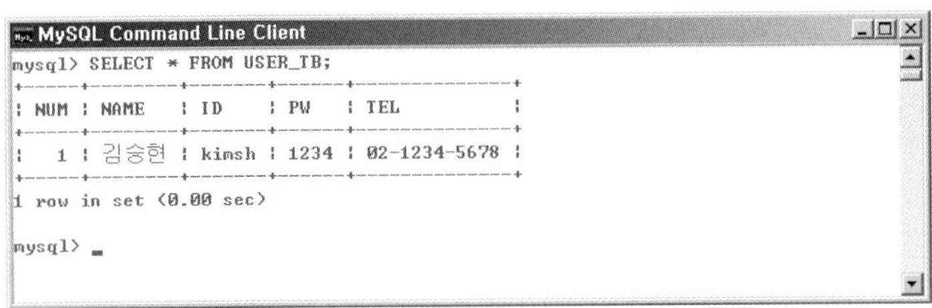

로그인 페이지로 이동하면서 ID를 세션 객체로 가져가기 때문에 ID 필드에 정보가 표시된다. 여기서 다시 로그인 단추를 누르면 회원 정보가 일치하는 것이 있어서 메인 페이지가 표시되고 메인 페이지에서는 하위 페이지의 테이블 내용을 함께 표시한다.

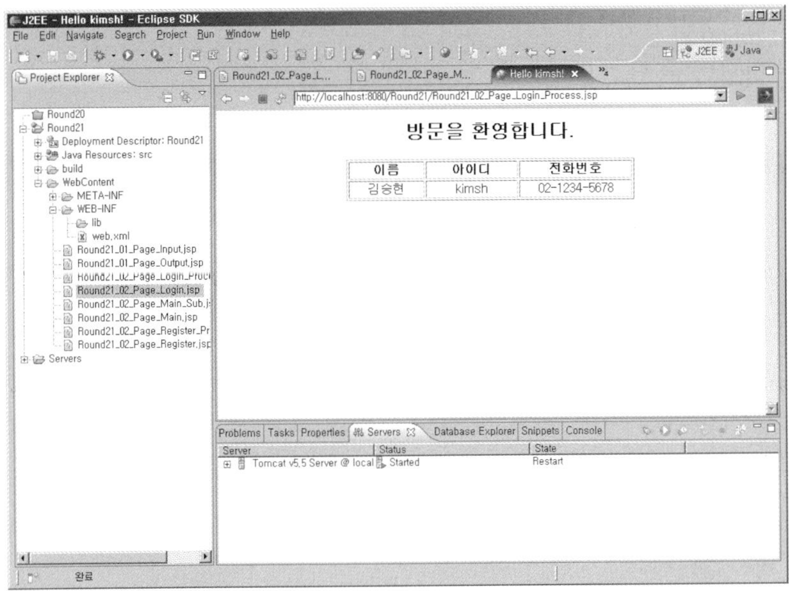

이미 서블릿에서 데이터 저장과 관련된 객체는 살펴보았기 때문에 여기서는 세션 객체와 요청 객체의 데이터에 대해서만 살펴보았다. 다른 객체들은 이후의 라운드에서도 종종 만나게 될 것 이므로 여기서는 이 정도 예제만 다루도록 하겠다.

21.4 config 객체와 exception 객체

디폴트 객체들 중 마지막으로 config 객체와 exception 객체가 있다. config 객체는 해당 페이지의 초기화 매개 변수의 이름이나 값의 획득에 많이 사용한다. 따라서 이 경우에는 web.xml 파일에 초기화 정보를 입력해 두고, 이 정보를 가져와 처리를 하는 정도의 예제를 다루어 볼 수 있겠다.

다음으로 exception 객체는 page 지시어와 연결되어 있는데 page 지시어의 속성 중 isErrorPage 속성이 True일 때만 생성되는 객체이다. exception 객체를 사용하면 발생된 에러가 자바의 Throwable 클래스의 객체로 생성되고 원한다면 예외 내용을 출력해 볼 수도 있다.

그러면 첫 번째 예제로 JSP가 실행되면서 초기화 매개 변수를 가져와 그 정보를 기준으로 데이터베이스에 접속하여 원하는 테이블을 출력해 보는 페이지를 작성해 보자.

테이블 이름과 가져올 데이터의 검색 조건을 입력하여 테이블 정보 획득 단추를 누르면 동일한 페이지에서 결과를 테이블로 뿌려 주는 페이지로 WebContent 폴더에 Round21_03_Page.jsp 파일을 만들고서 다음과 같이 코드를 작성하자.

예제 | Round21_03_Page.jsp

```
<%@ page language="java" contentType="text/html; charset=EUC-KR"
                                    ↳ pageEncoding="EUC-KR" %>
<%@ page import="java.sql.*" %>


<!DOCTYPE html PUBLIC "-//W3C//DTD HTML 4.01 Transitional//EN"
                              ↳ "http://www.w3.org/TR/html4/loose.dtd">
<html>
<head>
    <meta http-equiv="Content-Type" content="text/html; charset=EUC-KR">
    <title>테이블 정보 출력!</title>
    <script language='javascript'>
<!--
        function check_form( ) {
            var table_name = myform.table_name.value;
            if(table_name == '') {
                alert('테이블 명은 반드시 입력해야 합니다.');
                myform.table_name.focus( );
```

테이블 이름은 반드시 입력해야 하기 때문에 공백 여부를 확인한다.

```
            return false;
        }
    }
    //-->
    </script>
</head>
<body>
    <center>
        <h2>테이블 정보 출력!</h2>
    <%
    if(request.getMethod( ).equalsIgnoreCase("GET")) {
    %>
    <form name='myform' method='post' onSubmit='return check_form( )'>
        <table width='340' border='0'>
            <tr>
            <th width='100' align='right'>테이블명</th>
            <td><input type='text' name='table_name' size='30'/></td>
            </tr>
            <tr>
            <th width='100' align='right'>조건절</th>
            <td><input type='text' name='table_where' size='30'/></td>
            </tr>
            <tr>
            <td colspan='2' align='right'>
                <input type='submit' value='테이블 정보 획득'/> 
            </td>
            </tr>
        </table>
    </form>
    <%
    } else if(request.getMethod( ).equalsIgnoreCase("POST")) {
        String table_name = request.getParameter("table_name");
        String table_where = request.getParameter("table_where");
        if(table_where == null) table_where = "";
    %>
    <form name='myform' method='post' onSubmit='return check_form( )'>
        <table width='340' border='0'>
            <tr>
            <th width='100' align='right'>테이블명</th>
            <td><input type='text' name='table_name' size='30' value='<%=
                                        table_name %>'/></td>
```

```
            </tr>
            <tr>
            <th width='100' align='right'>조건절</th>
            <td><input type='text' name='table_where' size='30' value='<%=
                                    table_where %>'/></td>
            </tr>
            <tr>
            <td colspan='2' align='right'>
                <input type='submit' value='테이블 정보 획득'/> 
            </td>
            </tr>
        </table>
    </form>
<%
    String driver = config.getInitParameter("driver");
    String url = config.getInitParameter("url");
    String user_id = config.getInitParameter("user_id");
    String user_pw = config.getInitParameter("user_pw");
    Connection conn = null;
    try {
        Class.forName(driver);
        conn = DriverManager.getConnection(url, user_id, user_pw);
        String query = "SELECT * FROM " + table_name;
        if(table_where != null && table_where.trim( ).length( ) != 0)
            query += " " + table_where;
        Statement stmt = conn.createStatement( );

        ResultSet rs = stmt.executeQuery(query);
        ResultSetMetaData rsmd = rs.getMetaData( );
%>
<table width='600' border='1'>
    <tr>
    <%
        for(int i = 1; i <= rsmd.getColumnCount( ); ++i) {
            out.println("<td>" + rsmd.getColumnName(i) + "</td>");
        }
    %>
    </tr>
    <%
```

config 객체를 가지고 web.xml 파일에 설정된 초기화 매개 변수의 값들을 읽어 온다.

데이터베이스와 연동할 때 해당 변수의 값들로 설정한다.

조건절이 있다면 질의에 추가한다.

질의를 수행한 결과셋을 가져온다.

결과셋으로 가져온 데이터의 헤더를 획득한다. 헤더의 메타 정보는 Column_Name, Column_Type 등이 있다.

메타 정보를 통해 Column_Name을 먼저 출력한다.

```
        while(rs.next( )) {
            out.println("<tr>");
            for(int i = 1; i <= rsmd.getColumnCount( ); ++i) {
                if(rsmd.getColumnTypeName(i).equalsIgnoreCase("Date"))

                    out.println("<td>" + rs.getDate(i) + "</td>");
                else
                    out.println("<td>" + rs.getString(i) + "</td>");
            }
            out.println("</tr>");
        }
    %>
    </table>
    <%
        } catch(Exception ex) {
            out.println("ERROR : " + ex.getMessage( ) + "<br/><br/>");
        } finally {
            if(conn != null) conn.close( );
            conn = null;
        }
    }
    %>
    </center>
</body>
</html>
```

> 결과셋을 통해 열별로 데이터들을 추출한다. 여기서 자료형들은 getString( ) 메서드로 추출할 수 있지만 Date형은 반드시 getDate( ) 메서드로 추출해야 에러가 없다.

이 예제를 실행하면서 필요한 초기화 매개 변수를 등록하기 위해 web.xml 파일에 다음과 같이 〈servlet〉 태그를 추가하자. JSP도 서블릿의 다른 표현법이기 때문에 태그는 〈servlet〉으로 사용하고 내용부에 〈servlet-class〉 태그로 표현하던 부분만 〈jsp-file〉 태그로 변경하면 된다.

중간 생략

```
<display-name>Round21</display-name>

<servlet>
    <servlet-name>My_01</servlet-name>
    <jsp-file>/Round21_03_Page.jsp</jsp-file>
    <init-param>
```

```
        <param-name>driver</param-name>
        <param-value>org.gjt.mm.mysql.Driver</param-value>
</init-param>
<init-param>
<param-name>url</param-name>
<param-value>jdbc:mysql://localhost:3306/web_java</param-value>
</init-param>
<init-param>
        <param-name>user_id</param-name>
        <param-value>root</param-value>
</init-param>
<init-param>
        <param-name>user_pw</param-name>
        <param-value>12345678</param-value>
</init-param>
</servlet>

<servlet-mapping>
    <servlet-name>My_01</servlet-name>
    <url-pattern>/My_Page_01</url-pattern>
</servlet-mapping>

<welcome-file-list>
```

중간 생략

실행을 하려면 주소 표시줄에 반드시 URL 패턴에 적은 주소를 적어야 한다. 그렇지 않으면 config 객체는 정상적으로 매개 변수들을 읽어 오지 못한다. 해당 JSP 파일에서 마우스 오른쪽 을 눌러 실행하면 정상적인 결과를 보지 못할 수도 있다.

실행 ▶ http://localhost:8080/Round21/My_Page_01

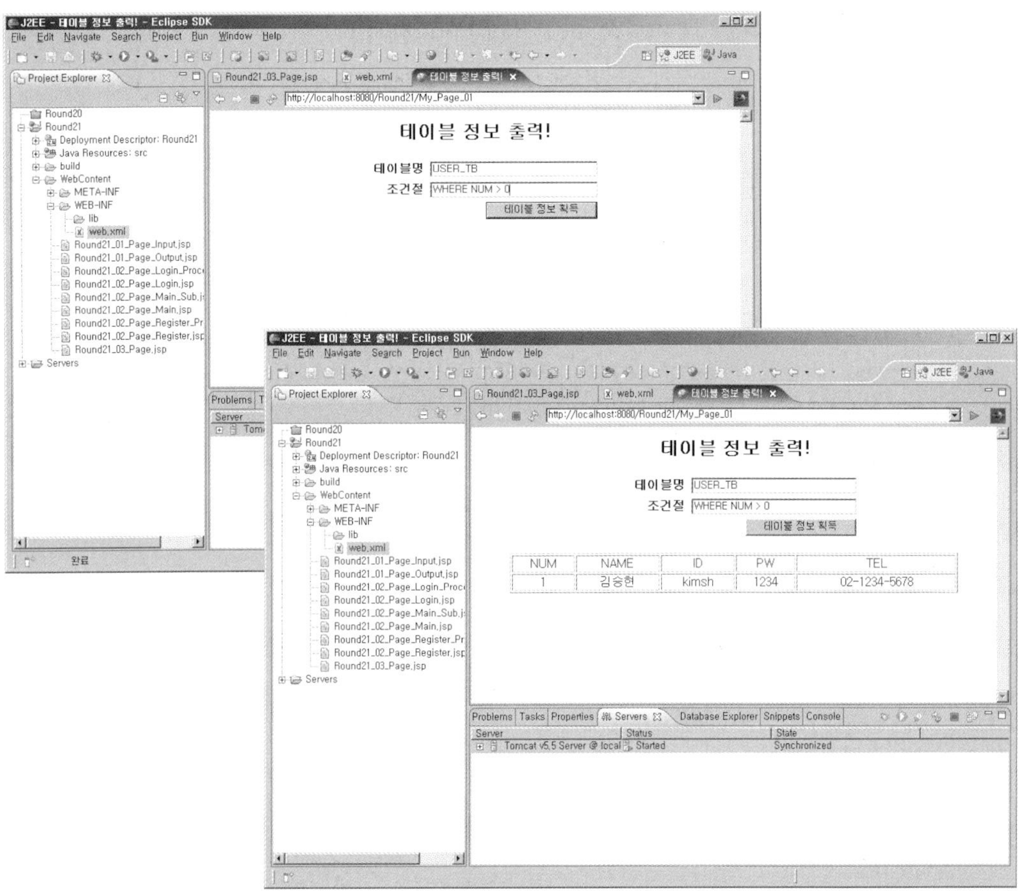

다음 예제로는 exception 객체를 사용해 보도록 하자. 여기서는 다음 라운드에서 공부할 page
지시어를 조금 사용해야 한다. 예세의 내용은 입력 페이지에서 여러 개의 숫자를 ','(쉼표)를 사
용하여 입력한 후 전송하면 결과 페이지에서 해당 수들을 크기순으로 나열하는 예이다. 그런데
만약 숫자가 아닌 데이터가 포함되어 있으면 사용자가 정의한 에러 페이지로 이동한다.

이때 page 지시어의 errorPage 속성과 isErrorPage 속성을 사용해야 하는데, errorPage 속성
에는 해당 페이지 내에서 에러가 발생하면 이동할 페이지 이름을 적어야 하고, isErrorPage 속
성에는 에러를 표시할 페이지 위에 True라고 표기해서 이 페이지가 에러를 출력하는 페이지임
을 알려야 한다. 다시 한번 강조하지만 isErrorPage 속성의 값이 True로 표시된 페이지에서만
exception 객체를 사용할 수 있다.

숫자들을 입력하는 페이지로 Round21_04_Page_Input.jsp 파일로 만들고서 다음과 같이 코드를 작성하자.

예제 | Round21_04_Page_Input.jsp

```
<%@ page language="java" contentType="text/html; charset=EUC-KR"
                                        ┗ pageEncoding="EUC-KR" %>
<!DOCTYPE html PUBLIC "-//W3C//DTD HTML 4.01 Transitional//EN"
                                ┗ "http://www.w3.org/TR/html4/loose.dtd">
<html>
<head>
<meta http-equiv="Content-Type" content="text/html; charset=EUC-KR">
<title>입력 페이지~</title>
</head>
<body>
    <center>
        <h2>수 나열 입력</h2>
        <form method='post' action='Round21_04_Page_Output.jsp'>
        숫자 나열(,(콤마)로 나열하세요!) :
        <input type='text' name='nums' size='50'/>
        <input type='submit' value='전송'/>
        </form>
    </center>
</body>
</html>
```

입력받은 문자열을 ','(쉼표)를 기준으로 분할하여 크기순으로 나열하여 출력하는 페이지로 WebContent 폴더에 Round21_04_Page_Output.jsp 파일로 만들고서 다음과 같이 코드를 작성하자.

예제 | Round21_04_Page_Output.jsp

```
<%@ page language="java" contentType="text/html; charset=EUC-KR"
                                        ┗ pageEncoding="EUC-KR" %>
<%@ page import="java.util.*" %>
<!--
    errorPage 속성은 현재 페이지에서 에러가 발생했을 때
```

이동할 페이지를 지정할 수 있다.

```jsp
-->
<%@ page errorPage="Round21_04_Page_Error.jsp" %>

<%
    String nums = request.getParameter("nums");            매개 변수로 넘어오는 nums의 값을 획득한다.
    StringTokenizer token = new StringTokenizer(nums, ",");    ','(쉼표)를 기준으로 문자열을 분할한다.
    int[ ] num = new int[token.countTokens( )];            분할된 문자의 개수를 센다.
    int pos = 0;

    while(token.hasMoreTokens( )) {
        num[pos++] = Integer.parseInt(token.nextToken( ).trim( ));
    }
                                                           토큰의 개수만큼 돌면서 해당 토큰을 int형
    for(int i = 0; i < num.length; ++i) {                  정수로 변환한다. 이렇게 변환하다가 예외
        for(int j = i; j < num.length; ++j) {              가 발생되면 errorPage 속성으로 지정된
            if(num[i] > num[j]) {                          페이지로 자동으로 이동한다.
                int imsi = num[i];
                num[i] = num[j];                           오름차순으로 정렬한다.
                num[j] = imsi;
            }
        }
    }
%>

<!DOCTYPE html PUBLIC "-//W3C//DTD HTML 4.01 Transitional//EN"
                                    "http://www.w3.org/TR/html4/loose.dtd">
<html>
<head>
<meta http-equiv="Content-Type" content="text/html; charset=EUC-KR">
<title>수 나열 결과!</title>
</head>
<body>
    <center>
        <h2>수 나열 결과!</h2>
        <%
            for(int i = 0; i < num.length; ++i) {
                out.println(num[i]);                       정렬된 결과를 출력한다.
                if(i != num.length - 1) out.println(" ≤ ");
            }
        %>
```

```
        </center>
    </body>
</html>
```

결과를 처리하다가 에러가 발생하면 에러를 표시할 페이지로 WebContent 폴더에 Round21_04_Page_Error.jsp 파일로 만들고서 다음과 같이 코드를 작성하자. 이 페이지에서 exception 객체를 사용한다.

예제 | Round21_04_Page_Error.jsp

```
<%@ page language="java" contentType="text/html; charset=EUC-KR"
                                          ↳ pageEncoding="EUC-KR" %>
<%@ page import="java.io.*" %>
<!--
    현재 페이지가 에러를 출력하는 페이지라는 의미로
    isErrorPage 속성의 값을 true로 설정했다.
    이 값이 true일 경우 exception 객체가 디폴트로 생겨난다.
-->
<%@ page isErrorPage="true" %>

<%
    PrintWriter out2 = response.getWriter( );
    out2.println("<center>");
    out2.println("<h2>에러 페이지!</h2>");
    out2.println("<hr width='80%'/>");
    out2.println("Error Message : " + .getMessage( ));
    out2.println("<hr width='80%'/>");
    out2.println("</center><br/>");

    exception.printStackTrace(out2);
%>
```

> 순서대로 출력하기 위해서는 동일 스레드에서 출력해야 한다. 때문에 기본으로 제공하는 JspWriter 클래스의 out 객체 대신에 서블릿에서 사용하던 PrintWriter 객체를 생성하여 사용한다.

> printStackTrace( ) 메서드가 기본적으로 PrintStream과 PrintWriter 객체를 매개 변수로 가지기 때문에 PrintWriter 객체를 선언하였다.

입력 페이지에서 시작해서 숫자만으로 실행해 보고, 문자열을 섞어서 실행해 보면 각 경우가 다르게 출력되는 것을 확인할 수 있다.

 `http://localhost:8080/Round21/Round21_04_Page_Input.jsp`

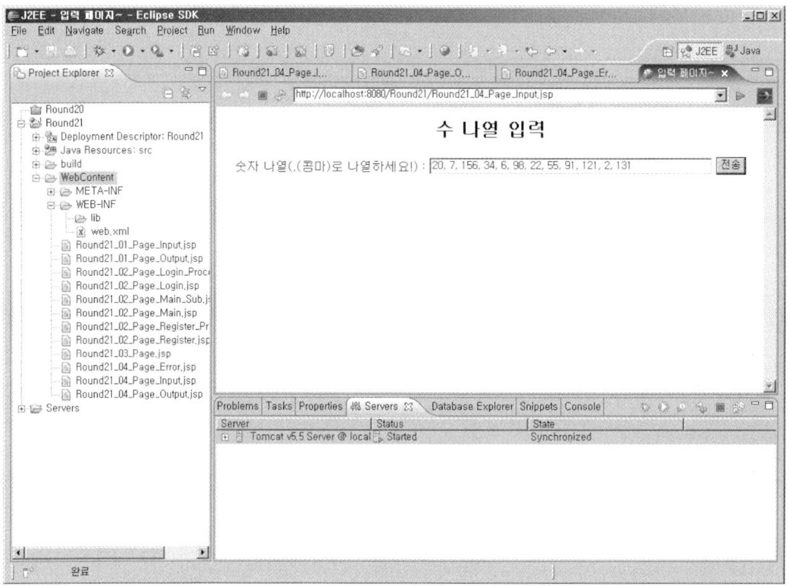

다음은 필드에 숫자만 입력하여(20, 7, 156, 34, 6, 98, 22, 55, 91, 121, 2, 131) 정상적으로 실행된 경우이다.

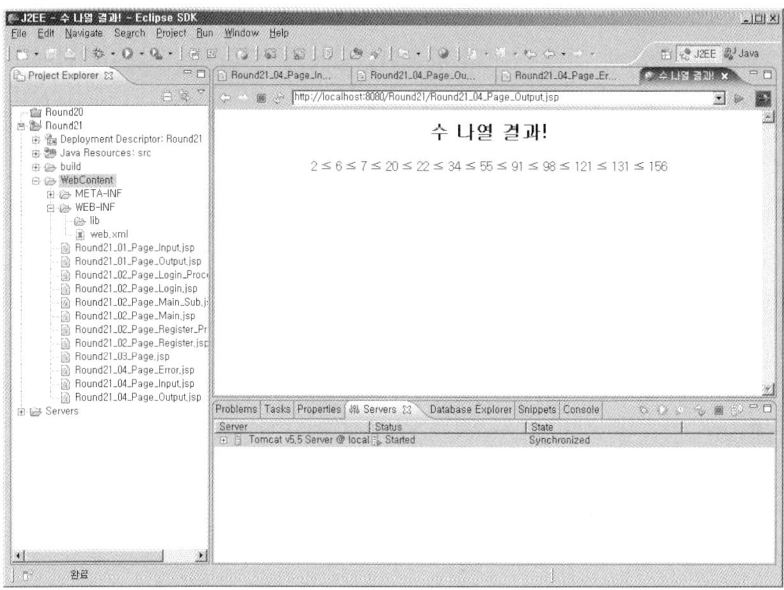

다음은 필드에 숫자와 문자를 섞어서 입력하여(20, bb, 156, cc, aa, 98, 22, 55, 91, 121, 2, 131) 비정상적으로 실행된 경우이다.

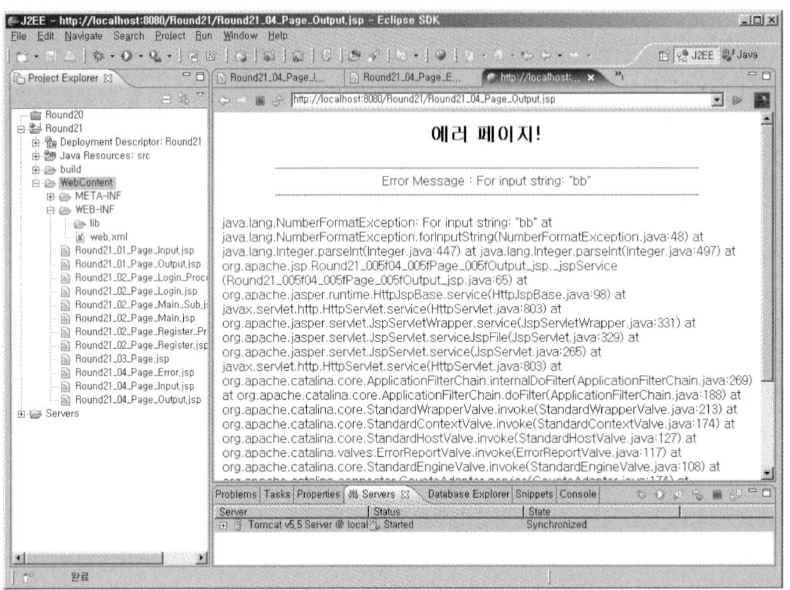

마무리 하면서

이번 라운드에서는 JSP 내에서 별다른 선언 없이 사용할 수 있는 디폴트 객체에 대해 배웠다. JSP의 원래 용도가 서블릿의 단순화와 개발 속도의 향상이었던 만큼 디폴트 객체는 개발자의 코드 부담을 더는 역할을 한다. 그러나 모든 디폴트 객체가 _jspService( ) 메서드에서만 사용되기 때문에 새롭게 선언하는 메서드와의 연결에 있어서는 매개 변수를 통해 전달하는 번거로움이 있고, 디폴트 객체의 이름이 예약어로 사용되기 때문에 변수를 선언할 때도 동일한 이름에 대해서는 주의를 기울여야 한다. 이런 몇몇 제약만 잘 지킨다면 디폴트 객체는 JSP로 웹 프로그램을 작성하는 개발자들에게 있어 상당한 도움이 된다.

제 22 장

스크립팅 원소와 지시어 원소

▌이번 라운드에서는 JSP의 기초가 되는 스크립팅 원소와 지시어 원소에 대해서 배운다. 지시어 원소는 page, include, taglib의 세 가지로 구성되지만, taglib 지시어는 액션 원소를 어느 정도 이해하고 있어야 만들어 사용할 수 있기 때문에 이후 라운드에서 다룬다.

Round 22

22.1 스크립팅 원소 **22.2** 지시어 원소

목표

· 스크립팅 원소을 이해하고 사용 방법을 안다.

· page 지시어의 속성을 암기한다.

· page 지시어의 속성들이 동작하는 위치와 내용을 이해한다.

· include 지시어로 정적인 페이지를 포함시킬 수 있는 능력을 갖춘다.

활용

스크립팅 원소

스크립팅 원소는 선언과 식. 스크립트렛으로 구성되어 있다.

지시어 원소

지시어 원소는 〈%@ ~ %〉의 형식으로 사용되어 페이지의 특성을 지시한다. 종류로
는 page, include, taglib가 있으며, page로는 현재 페이지의 속성을 지정하고,
include로는 현재 페이지에 다른 정적인 페이지를 포함시키며, taglib로는 사용자
정의 태그를 생성하여 사용한다.

들어가기 전에

스크립팅 원소는 JSP 파일을 작성하면서 기초가 되는 기법으로 반드시 익혀 두어야 한다. 다음으로 지시어 원소는 JSP가 생성될 때 거의 항상 따라오는 속성이다. 일단 page 지시어는 현재 JSP 파일을 작성함에 있어 공통적이고, 동작에 필요한 값들의 집합이라고 생각하면 된다. include 지시어는 하나의 페이지에 여러 개의 작은 페이지들을 포함시킬 때 사용하는 기술인데 일반적으로 정적인 페이지(예를 들면, TXT, HTML 등)를 현재 페이지에 포함시킬 때 사용한다.

22.1 스크립팅 원소

스크립팅 원소는 선언, 식, 스크립트렛으로 구성되어 있는데 이들의 역할과 사용법을 익혀야 한다. 여기서 짚고 넘어가야 하는 사실은 JSP 파일이 서블릿으로 변환될 때 스크립팅 원소 중 선언만 _jspService( ) 메서드 외부에 생성되고, 식과 스크립트렛은 _jspService 메서드( ) 내부에 생성된다는 것이다. 따라서 선언에서는 디폴트 객체를 사용할 수 없다.

■ 선언 [22.1.1]

스크립팅 원소의 선언은 JSP의 라이프 사이클 중 _jspService( ) 메서드의 외부에 작성하는 모든 코드 영역을 관리할 수 있는 부분이다. 여기에는 내부 클래스(Inner Class)의 선언이나 멤버 필드나 멤버 함수, 재정의 메서드를 선언한다.

선언의 표현식은 다음과 같다.

```
<%!          %>
```

선언은 JSP 내에 어느 곳에나 올 수 있으며, 한 번이나 그 이상 표현해도 무방하다. 그러나 선언은 _jspService( ) 메서드 외부에 있기 때문에 JSP의 디폴트 객체들은 사용할 수가 없다.

만약 사용하고자 한다면 매개 변수를 가지고 해당 객체를 전달받아 사용해야 한다. 예제로 살펴볼 것이다.

첫 번째 예제에서는 선언 표현식을 살펴보겠다. 멤버 필드와 내부 클래스를 선언하고 이 클래스를 사용하는 페이지로 WebContent 폴더에 Round22_00_Page_Declare.jsp 파일을 만들고서 다음과 같이 코드를 작성해 보자.

예제 | Round22_00_Page_Declare.jsp

```
<%@ page language="java" contentType="text/html; charset=EUC-KR"
                                        ↳ pageEncoding="EUC-KR" %>
<%@ page import="java.io.*" %>


<%--
    선언을 이용하여 멤버 필드와 Life Cycle 및
    InnerClass를 선언한다.
--%>
<%!
    private String id;                          ← 멤버 필드를 선언한다.
    private String pw;

    public void jspInit( ) {                     ← JSP 라이프 사이클 메서드인 init( ) 메서드를 재정의한다.
        id = "kimsh";
        pw = "1234";
    }

    public class My_Data implements Serializable {   ← 내부 클래스를 선언한다.
        private String name;
        private String tel;
        private String addr;

        public My_Data( ) { }
        public void setName(String name) { this.name = name; }
        public void setTel(String tel) { this.tel = tel; }
        public void setAddr(String addr) { this.addr = addr; }
        public String getName( ) { return this.name; }
        public String getTel( ) { return this.tel; }
        public String getAddr( ) { return this.addr; }
    }
```

```jsp
%>

<%
    My_Data data = new My_Data( );
    data.setName("김승현");
    data.setTel("02-1234-5678");
    data.setAddr("서울 양천구 목2동");
%>
```

└ 내부 클래스의 객체를 생성하고 값을 설정한다.

```html
<!DOCTYPE html PUBLIC "-//W3C//DTD HTML 4.01 Transitional//EN"
                                    ↳ "http://www.w3.org/TR/html4/loose.dtd">
<html>
<head>
<meta http-equiv="Content-Type" content="text/html; charset=EUC-KR">
<title>WelCome Page!</title>
</head>
<body>
    <center>
    <h2>WelCome Page!</h2>
    <!-- 설정된 값들을 각 영역에 출력한다. -->
    아뒤 : <input type='text' readonly value='<%= id %>' size='20'
                                    ↳ style='border:none'/><br/>
    비번 : <input type='text' readonly value='<%= pw %>' size='20'
                                    ↳ style='border:none'/><br/>
    이름 : <input type='text' readonly value='<%= data.getName( ) %>' size='20'
                                    ↳ style='border:none'/><br/>
    전번 : <input type='text' readonly value='<%= data.getTel( ) %>' size='20'
                                    ↳ style='border:none'/><br/>
    주소 : <input type='text' readonly value='<%= data.getAddr( ) %>' size='20'
                                    ↳ style='border:none'/><br/>
    </center>
</body>
</html>
```

주소 표시줄에 다음과 같이 입력하여 JSP 파일을 실행해 보자.

실행 ▶ http://localhost:8080/Round22/Round22_00_Page_Declare.jsp

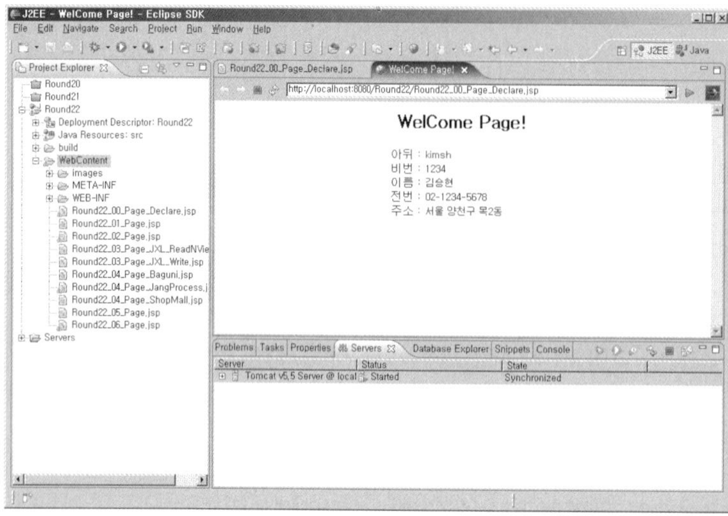

두 번째 예제는 출력 객체인 out을 매개 변수로 전달하여 데이터를 출력하는 메서드를 선언해
서 만들어 보기로 하자. WebContent 폴더에 Round22_00_Page_Declare2.jsp 파일을 만들고
서 다음과 같이 코드를 작성하자.

예제 | Round22_00_Page_Declare2.jsp

```jsp
<%@ page language="java" contentType="text/html; charset=EUC-KR"
                                    ↳ pageEncoding="EUC-KR" %>
<%!
    public void printData(JspWriter out, String title, String value) {
        try {
            out.println(title);
            out.println(" : ");
            out.println("<input type='text' value='" + value + "' ");
            out.println("size='20' style='border:none' /><br/>");
        } catch(java.io.IOException ie) { }
    }
%>
<!DOCTYPE html PUBLIC "-//W3C//DTD HTML 4.01 Transitional//EN"
                        ↳ "http://www.w3.org/TR/html4/loose.dtd">
<html>
<head>
<meta http-equiv="Content-Type" content="text/html; charset=EUC-KR">
```

printData 메서드에서 매개 변
수로 out 객체를 전달받아 사
용하는 출력 형식을 작성한다.

```
<title>Parameter Send!</title>
</head>
<body>
    <center>
    <h2>Parameter Send!</h2>
    <!--
        메서드를 실행할 때 out 객체를 전달하여
        출력을 할 수 있도록 한다.
    -->
    <% printData(out, "아뒤", "kimsh"); %>
    <% printData(out, "비번", "1234"); %>
    <% printData(out, "이름", "김승현"); %>
    <% printData(out, "전번", "02-1234-5678"); %>
    <% printData(out, "주소", "서울 양천구 목2동"); %>
    </center>
</body>
</html>
```

주소 표시줄에 다음과 같이 입력하여 JSP 파일을 실행해 보자. 실행하면 결과는 앞의 예제와
동일하다.

실행 http://localhost:8080/Round22/Round22_00_Page_Declare2.jsp

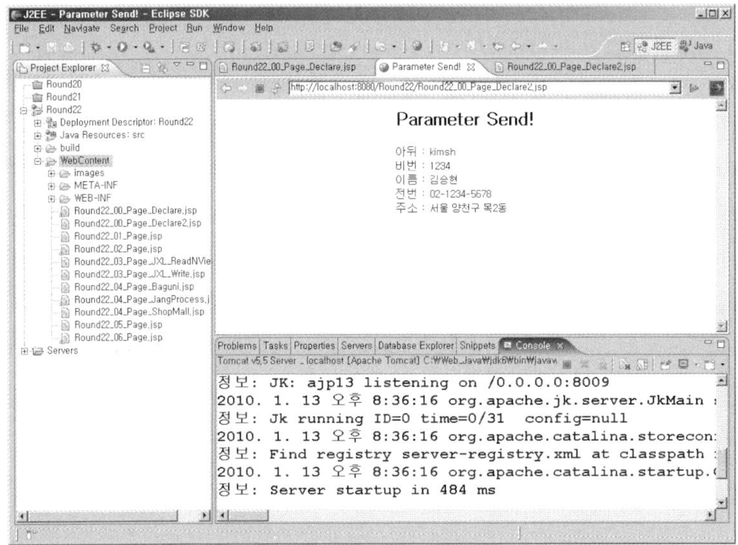

이렇게 메서드나 또 다른 클래스의 선언과 멤버 필드의 선언은 다른 원소에서는 작성하지 못하고 스크립팅 원소의 선언에서만 가능하다.

■ 식 22.1.2

스크립팅 원소의 식은 데이터를 출력하는 표현식을 축약한 형태이다. 따라서 복잡한 연산이나 조건을 표현할 때는 사용하기 힘들거나 불가능할 수 있다. 그렇지만 단순한 데이터를 출력할 때라면 상당히 효율적이다.

식의 표현식은 다음과 같다.

```
<%=          %>
```

식으로 표현되는 내용과 일반 데이터로 표현되는 내용을 비교해 보면 차이점을 알 수 있을 것이다. 굳이 식이라는 표현식을 빌리지 않아도 사용하는 데 지장이 없지만 개발 속도 면에서 보자면 상당히 도움이 된다.

WebContent 폴더에 Round22_00_Page_Form.jsp 파일을 만들고서 다음과 같이 코드를 작성하자.

| 예제 | Round22_00_Page_Form.jsp |

```jsp
<%@ page language="java" contentType="text/html; charset=EUC-KR"
                                        ↳ pageEncoding="EUC-KR" %>

<%!
    String data1 = "일반 출력 데이터";
    String data2 = "식으로 출력하는 데이터";
%>
<!DOCTYPE html PUBLIC "-//W3C//DTD HTML 4.01 Transitional//EN"
                            ↳ "http://www.w3.org/TR/html4/loose.dtd">
<html>
<head>
<meta http-equiv="Content-Type" content="text/html; charset=EUC-KR">
<title>일반 출력과 식</title>
</head>
```

```
<body>
    <center>
    <!-- 일반 출력 데이터 -->
    DATA1 =
    <%
        out.println(data1);
    %>
    <br/><br/>

    <!-- 식으로 출력하는 데이터 -->
    DATA2 = <%= data2 %><br/>
    </center>
</body>
</html>
```

주소 표시줄에 다음과 같이 입력하여 JSP 파일을 실행해 보자.

실행 `http://localhost:8080/Round22/Round22_00_Page_Form.jsp`

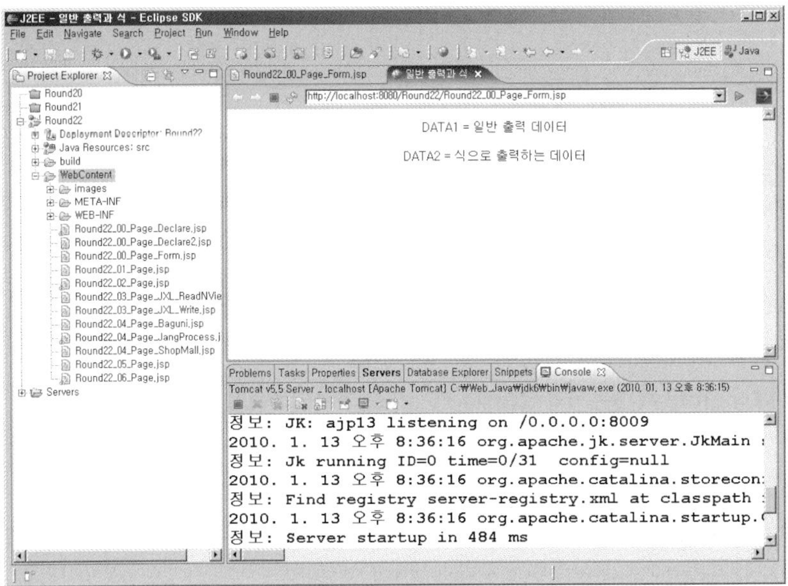

출력되는 결과는 동일하지만 식을 살펴보면 상당히 깔끔하다는 것을 알 수 있다. 식으로 표현이 가능한 범위는 해당 내용의 결과가 String이나 int 등과 같은 자료형이어야 한다는 것이다. 예를 들어,

```
public String getName( ) { return "김승현"; }
```

이라는 함수가 있다면 결과가 String형으로 반환되기 때문에 식의 표현식을 빌어

```
<%= getName( ) %>
```

이라고 사용할 수 있지만

```
public void printData(JspWriter out) { out.println("DATA 출력!"); }
```

과 같이 내용부에는 out 객체가 있지만 결과가 void형으로 반환되기 때문에 값이 없는 경우에는

```
<%= printData( ) %>
```

처럼 사용할 수가 없다. 또한, 조건식을 사용할 때도

```
<%= (k == 0 ? "K는 0과 같습니다." : "K는 0과 다릅니다.") %>
<%= "K는 0과" + (k == 0 ? "같습니다." : "다릅니다.") %>
```

결과가 자료형이 있는 데이터로 나오기 때문에 사용할 수 있지만

```
<%= if(k == 0) out.println("K는 0과 같습니다.") else out.println("K는 0과
                                                            다릅니다.") %>
```

결과가 내부에서 종결지어져 결과가 void형처럼 되어 버리는 경우에는 사용할 수 없다. 즉, 식 내부에 표현되는 내용은 자체가 데이터여야 한다는 의미이다.

여하튼 식은 서블릿으로 변환될 때 _jspService( ) 메서드 내부에서

```
out.println(식_내부_내용);
```

처럼 변환된다.

■ 스크립트렛 ^{22.1.3}

스크립팅 원소 중 마지막으로 스크립트렛(Scriptlet)이 있다. 이 원소는 _jspService( ) 메서드의 내용부에서 표현될 자바 코드를 작성하는 영역이다. 어떠한 코드이든 서블릿의 service( ), doGet( ), doPost( ) 등의 메서드에서 사용하던 코드라면 무엇이든 작성할 수 있다. 스크립트렛은 템플릿 데이터(HTML, 자바스크립트, 스타일 시트 등)와 혼용할 수 있어서 코드 작업 면에서도 상당히 효율적이다.

스크립트렛의 표현식은 다음과 같다.

```
<%            %>
```

그러나 어느 정도 JSP를 다루어 보았으면 스크립트렛이 페이지를 해석하는 데에 있어서는 가독성을 떨어뜨린다는 것에 동의할 것이다. 그래서 이후의 라운드에서는 가독성을 높이기 위해 EL과 JSTL이라는 기법을 배우게 될 것이다. 여기는 스크립트렛을 설명하는 절이니 이것에 집중하도록 하자.

기억할 것은 스크립트렛으로 표현된 데이터는 JSP가 실행될 때 값이 정해지기 때문에 자바스크립트에서 호출한다고 해서 매번 값이 바뀌는 것이 아니라는 사실이다. 사용자가 해당 페이지에 접속하여 페이지가 열려 버리면 해당 스크립트렛의 값들은 모두 정해진다는 의미이다.

간혹 개발자 중에서 자바스크립트를 스크립트렛의 형식으로 만들어 두고는 매번 자바스크립트 함수를 호출할 때마다 다르게 실행되기를 꿈꾸는데 스크립트렛의 특성을 잘못 이해하는 것이다. 여하튼 해당 페이지가 열리고 나면 스크립트렛이든 무엇이든 내용에는 더 이상 변화가 생기지 않는다는 사실을 명심하자.

앞서의 라운드에서도 스크립트렛은 기본적으로 많이 사용하였으므로 여기서는 예제 하나만 다루고 넘어가도록 하겠다. 예제에서는 스크립트렛과 자바스크립트, 스크립트렛과 템플릿 데이터가 혼용되고 있다. WebContent 폴더에 Round22_00_Page_Scriptlet.jsp 파일을 만들고서 다음과 같이 코드를 작성하자.

예제 | Round22_00_Page_Scriptlet.jsp

```jsp
<%@ page language="java" contentType="text/html; charset=EUC-KR"
                                        ↳ pageEncoding="EUC-KR" %>
<%
    request.setCharacterEncoding("euc-kr");
    String print = request.getParameter("print");
    String name = request.getParameter("name");
    String addr = request.getParameter("addr");
%>
<!DOCTYPE html PUBLIC "-//W3C//DTD HTML 4.01 Transitional//EN"
                                ↳ "http://www.w3.org/TR/html4/loose.dtd">
<html>
<head>
    <meta http-equiv="Content-Type" content="text/html; charset=EUC-KR">
    <title>Scriptlet</title>
    <script language='javascript'>
    <!--
        var name_sc = '<%= name %>';


        function readyData( ) {
            alert('name = <%= name %>');
            alert('name2 = ' + name_sc);
            if('<%= addr %>' != '') {
                alert('addr = <%= addr %>');
            }
        }

        <%
        if(print != null && print.trim( ).equalsIgnoreCase("Y")) {
            out.println("function movePage( ) {");
            out.println("\t\t\talert('잘 가세요!" + name + "님!');");
            out.println("\t\t}");
        }
```

매개 변수로 넘어온 자바의 name 변수를 자바스크립트의 name_sc 변수에 대입한다.

onLoad 이벤트에 실행될 함수를 지정한다.

자바 변수의 값을 alert( ) 함수로 출력한다.

자바스크립트 변수의 값을 alert( ) 함수로 출력한다.

자바의 변수에 대해 Null인지 확인한다.

print라는 매개 변수가 들어왔다면 movePage( )라는 자바스크립트 함수를 생성한다.

```
    %>
  //-->
  </script>
</head>
<!-- print라는 매개 변수가 들어왔다면 onLoad와 onUnload 이벤트를 처리한다. -->
<% if(print != null && print.trim( ).equalsIgnoreCase("Y")) { %>
  <body onLoad='readyData( )' onUnload='movePage( )'>
<% } else { %>
<body>
<% } %>

    <center>스크립트렛과 혼용하여 사용</center>

</body>
</html>
```

주소 표시줄에 다음과 같이 입력하여 JSP 파일을 실행해 보자. 실행한 결과는 소스 보기로 확인해야 정확하게 내용을 알 수 있다. 각 조건에 맞도록 템플릿 데이터가 구성되었는지 확인해야 한다.

실행▶ `http://localhost:8080/Round22/Round22_00_Page_Scriptlet.jsp`

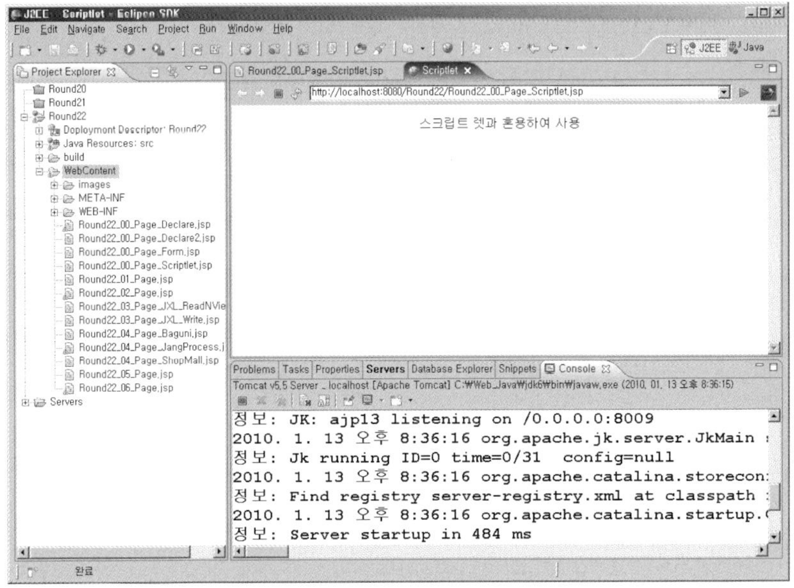

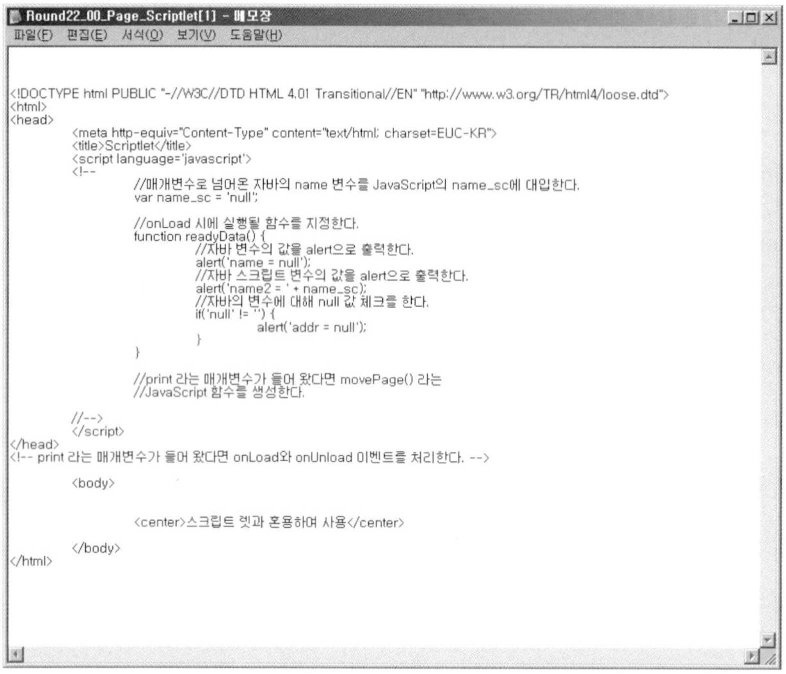

```
Round22_00_Page_Scriptlet[1] - 메모장
파일(F)  편집(E)  서식(O)  보기(V)  도움말(H)

<!DOCTYPE html PUBLIC "-//W3C//DTD HTML 4.01 Transitional//EN" "http://www.w3.org/TR/html4/loose.dtd">
<html>
<head>
        <meta http-equiv="Content-Type" content="text/html; charset=EUC-KR">
        <title>Scriptlet</title>
        <script language='javascript'>
        <!--
                //매개변수로 넘어온 자바의 name 변수를 JavaScript의 name_sc에 대입한다.
                var name_sc = 'null';

                //onLoad 시에 실행될 함수를 지정한다.
                function readyData() {
                        //자바 변수의 값을 alert으로 출력한다.
                        alert('name = null');
                        //자바 스크립트 변수의 값을 alert으로 출력한다.
                        alert('name2 = ' + name_sc);
                        //자바의 변수에 대해 null 값 체크를 한다.
                        if('null' != '') {
                                alert('addr = null');
                        }
                }

                //print 라는 매개변수가 들어 왔다면 movePage() 라는
                //JavaScript 함수를 생성한다.

        //-->
        </script>
</head>
<!-- print 라는 매개변수가 들어 왔다면 onLoad와 onUnload 이벤트를 처리한다. -->

        <body>

                <center>스크립트 렛과 혼용하여 사용</center>

        </body>
</html>
```

주소 표시줄에 다음과 같이 조건을 입력하여 JSP 파일을 실행해 보자. 이번에도 실행한 결과는 소스 보기로 확인해야 한다.

실행 ▶ `http://localhost:8080/Round22/Round22_00_Page_Scriptlet`
`.jsp?print=Y&name=kimsh&addr=Seoul_Mokdong`

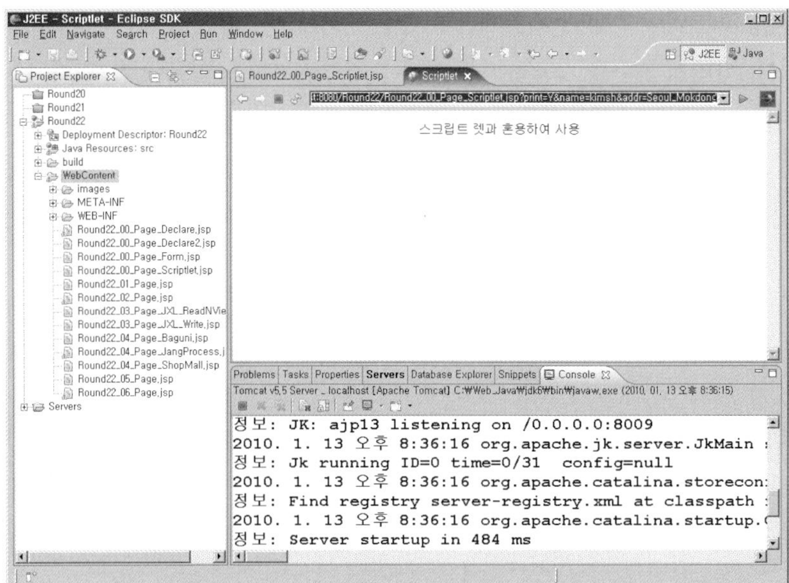

Round22_00_Page_Scriptlet[1] - 메모장

```html
<!DOCTYPE html PUBLIC "-//W3C//DTD HTML 4.01 Transitional//EN" "http://www.w3.org/TR/html4/loose.dtd">
<html>
<head>
        <meta http-equiv="Content-Type" content="text/html; charset=EUC-KR">
        <title>Scriptlet</title>
        <script language='javascript'>
        <!--
                //매개변수로 넘어온 자바의 name 변수를 JavaScript의 name_sc에 대입한다.
                var name_sc = 'kimsh';

                //onLoad 시에 실행될 함수를 지정한다.
                function readyData() {
                        //자바 변수의 값을 alert으로 출력한다.
                        alert('name = kimsh');
                        //자바 스크립트 변수의 값을 alert으로 출력한다.
                        alert('name2 = ' + name_sc);
                        //자바의 변수에 대해 null 값 체크를 한다.
                        if('Seoul_Mokdong' != '') {
                                alert('addr = Seoul_Mokdong');
                        }
                }

                //print 라는 매개변수가 들어 왔다면 movePage() 라는
                //JavaScript 함수를 생성한다.
                function movePage() {
                        alert('잘 가세요!kimsh님!');
                }

        //-->
        </script>
</head>
<!-- print 라는 매개변수가 들어 왔다면 onLoad와 onUnload 이벤트를 처리한다. -->

        <body onLoad='readyData()' onUnload='movePage()'>

                <center>스크립트 렛과 혼용하여 사용</center>

        </body>
</html>
```

이상의 내용처럼 스크립트렛은 JSP에서 어느 곳에든 사용할 수 있으며, 화면을 제어하는 중요한 표현식 중의 하나이다. 따라서 JSP를 사용하는 동안에는 스크립트렛을 잊을 일은 없다. 스크립트렛은 ASP나 PHP 등에서도 그대로 사용하기 때문에 웹 프로그램을 배우는 입장에서는 반드시 알아야 한다.

22.2 지시어 원소

지시어 원소는 JSP가 어떻게 구성되어 있고, 어떠한 API를 사용하며, 어떤 디폴트 객체를 사용할 것인지, 현재 페이지에서 어떤 언어를 스크립트로 사용할 것인지를 알려준다. 그래야만 웹 컨테이너가 정상적으로 동작할 수 있다. 지시어 원소의 종류와 속성에 대해서 알아보자

▋ 지시어 원소 page ^{22.2.1}

page 지시어로는 현재 페이지의 속성을 지정하는 것이 대부분이다. 때문에 일반적으로 페이지의 위에 적는다. 선언 하나에 모든 속성을 적어도 되고 여러 개의 선언으로 나누어서 적어도 된다. 속성별로 사용법과 특성에 대해서 살펴보도록 하자.

page 지시어의 선언은 다음과 같다.

```
<%@ page 속성=값 속성=값 ...%>
```

1 language 속성

language 속성은 해당 페이지에서 사용하는 스크립팅 원소의 언어를 지정한다. 예를 들어 기본값인 java를 속성으로 지정하면 스크립팅 원소에는 자바 코드를 작성할 수 있고, javascript를 속성으로 지정하면 스크립팅 원소에는 자바스크립트 코드를 작성할 수 있다.

그러나 모든 웹 컨테이너가 language 속성을 java로 고정해 두었다. 과거 2.x.x의 레진에서는 javascript로 지정하는 것이 일부 허용되었으나 3.x.x 이후로는 다시 허용되지 않는다.

```jsp
<%@page language="java" %>
<html>
    <body>
    <%
        out.println("안녕하세요 자바입니다.");
    %>
    </body>
</html>
```

2 │ info 속성

info 속성은 현재 페이지에 대한 주석이나 메모의 목적으로 간단한 내용을 작성할 수 있도록 해 준다. 페이지의 용도를 적을 때 주로 사용한다.

```jsp
<%@page language="java" %>
<%@page info="Main 페이지(Intro 용도)" %>
<html> ... </html>
```

3 │ extends 속성

JSP도 웹 프로그램으로 실행되기 위해서는 서블릿처럼 특정 클래스를 상속받아 라이프 사이클에 관련된 내용을 재정의해 주어야 한다. 서블릿이 GenericServlet이나 HttpServlet 클래스를 상속받듯이 JSP도 서블릿으로 변환되기 위해서는 특정 클래스를 상속받아야 한다. 기본적으로 extends 속성을 지정하지 않으면 HttpJspBase 클래스를 상속받아 내용부를 재정의하게 된다. 당연히 내용부에는 jspInit( ), _jspService( ), jspDestory( ) 메서드의 라이프 사이클이 포함되어 있다.

그런데 만약 개발자가 특정 내용을 포함하는 JSP를 공통적으로 구현해서 사용하고 싶다면 extends 속성으로 직접 개발한 클래스를 지정해야 하는데 이때 반드시 JSP로서 실행될 수 있는 기본 내용을 작성해야 한다. 보통은 HttpJspBase 클래스를 상속받는 클래스를 작성하고서 extends 속성의 값으로 지정한다

이 속성과 관련된 예제를 직접 작성해 보도록 하자. src 폴더에 round22.base.MyJspBase .java 파일을 만들고서 다음과 같이 코드를 작성하자.

예제 | round22.base, MyJspBase.java

```java
package round22.base;

import java.io.*;

import javax.servlet.*;
import javax.servlet.http.*;

import org.apache.jasper.runtime.HttpJspBase;

public class MyJspBase extends HttpJspBase {
    protected String base_msg;

    @Override
    public void jspInit( ) {
        base_msg = "이건 항상 기본 메시지";
    }
    @Override
    public void _jspService(HttpServletRequest arg0, HttpServletResponse arg1)
                                      ↳ throws ServletException, IOException {

        // TODO Auto-generated method stub

    }
}
```

해당 클래스를 확장하여(Extend) JSP를 생성하는 파일을 WebContent 폴더에 Round22_01
_Page.jsp라는 이름으로 만들어서 다음과 같이 코드를 작성하자.

예제 | Round22_01_Page.jsp

```jsp
<%@page language="java" contentType="text/html;charset=EUC-KR"
                                      ↳ pageEncoding="EUC-KR" %>
<%@page info="상속 클래스 재정의" %>
<!-- 상속 클래스를 재정의한다. -->
<%@page extends="round22.base.MyJspBase" %>

<!DOCTYPE html PUBLIC "-//W3C//DTD HTML 4.01 Transitional//EN"
                                      ↳ "http://www.w3.org/TR/html4/loose.dtd">
```

```html
<html>
<head>
<meta http-equiv="Content-Type" content="text/html; charset=EUC-KR">
<title>상속 클래스 재정의</title>
</head>
<body>
    <%
        out.println("base_msg = " + super.base_msg + "<br/>");
    %>
</body>
</html>
```

> 상속받은 클래스의 멤버
> 필드를 출력해 본다.

주소 표시줄에 다음과 같이 입력하여 실행해 보자.

실행 http://localhost:8080/Round22/Round22_01_Page.jsp

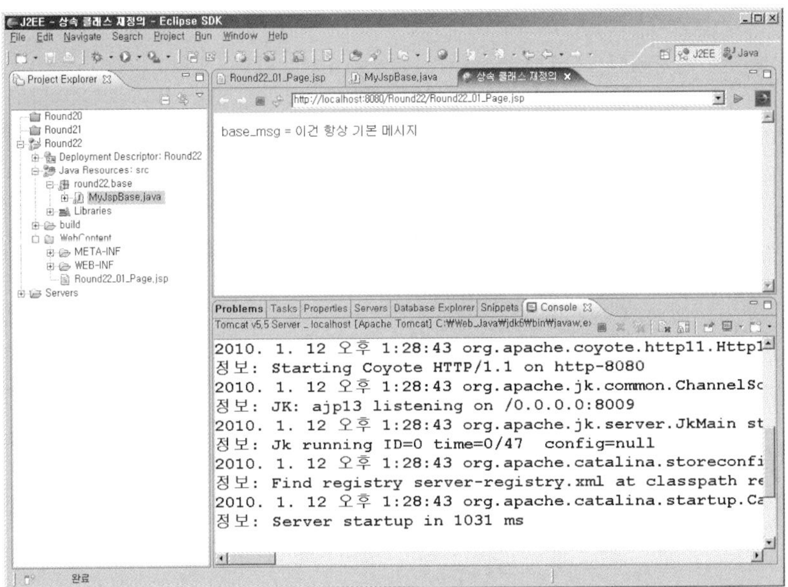

4   contentType과 pageEncoding 속성

contentType과 pageEncoding 속성은 실제로 다르게 동작한다. 그러나 많은 개발자는 이들 속성의 용도를 구분하지 못한다. pageEncoding 속성은 현재 작성 중인 JSP의 인코딩을 지정한다. 우리가 코드를 작성할 때 쓰는 글자의 인코딩 기준을 지정한다는 것이다. 예를 들어,

```
<html>
    <body>
        Hi, Every Body!
    </body>
</html>
```

과 같이 모든 글씨가 영어로 되어 있으면, 컴파일에 모든 언어 맵을 1바이트 기준으로 처리하면 되기 때문에 pageEncoding 속성을

```
<%@ page pageEncoding="ISO8859_1" %>
```

로 지정하든 아니면 생략하든 저장과 컴파일에 문제가 없게 되지만

```
<html>
    <body>
        안녕, 여러분!
    </body>
</html>
```

과 같이 한글이 포함되어 있으면 pageEncoding 속성을 지정하지 않았을 때 자동으로 ISO8859_1 인코딩 때문에 컴파일 중에 문제가 발생한다. 이클립스는 저장할 때 자동으로 컴파일이 되어서 저장도 되지 않을 것이다. 이와 같이 pageEncoding 속성은 현재 작성 중인 JSP 내에 주석 처리조차도 포함하여 모든 코드에 대한 인코딩을 처리하도록 해준다.

반면, contentType 속성은 MIME의 설정과 함께 인코딩을 지정한다. 다시 말해 실제 사용자에게 응답을 통해 출력하는 내용의 MIME과 인코딩을 지정한다는 의미이다. 만약 다음과 같은 코드가 있다면 어떻게 해석해야 할까?

```
<%@ page contentType="text/html; charset=ISO8859_1" %>
<%@ page pageEncoding="EUC-KR" %>
<html>
    <body>
        안녕, 여러분!
    </body>
</html>
```

이것은 데이터에 한글이 포함되어 있기 때문에 저장과 컴파일을 위해서는 pageEncoding 속성이 EUC-KR로 설정되어야 한다. 따라서 이 코드는 저장과 컴파일은 잘 된다. 그러나 실행해서 사용자에게 전송할 때에는 contentType 속성에서 인코딩을 ISO8859_1로 지정했기 때문에 출력되는 한글이 깨지게 될 것이다.

그래서 일반적으로 contentType 속성의 인코딩을 지정하는 것과 pageEncoding 속성을 지정하는 것은 동일한 값으로 하는 것이 원칙이다. 가끔은 규칙에서 벗어나는 경우도 있지만 WAS의 인코딩과 충돌이 날 때 변칙적으로 사용하기 위해서 그렇게 하는 것이다. 거의 그런 경우는 없다. 앞의 예제가 정상적으로 처리되려면 다음과 같이 코드를 수정해야 한다.

```
<%@ page contentType="text/html; charset=EUC-KR" %>
<%@ page pageEncoding="EUC-KR" %>
<html>
    <body>
        안녕, 여러분!
    </body>
</html>
```

contentType 속성으로 인코딩의 지정 이외에도 MIME도 지정한다. 앞서 서블릿에서 MIME을 다루어 보아서 여기서는 엑셀 출력에 대해서만 예제를 작성해 보도록 하겠다. WebContent 폴더에 Round22_02_Page.jsp 파일을 만들고서 다음과 같이 코드를 작성하자.

```jsp
<%@ page language="java" %>

<%-- 엑셀을 출력하기 위한 MIME을 지정한다.  --%>
<%@ page contentType="application/vnd.ms-excel; charset=EUC-KR" %>

<%@ page pageEncoding="EUC-KR" %>

<!DOCTYPE html PUBLIC "-//W3C//DTD HTML 4.01 Transitional//EN"
                                    ↳ "http://www.w3.org/TR/html4/loose.dtd">
<html>
<head>
<meta http-equiv="Content-Type" content="text/html; charset=EUC-KR">
<title>엑셀 데이터 표현</title>
</head>
<body>
    <center>
    <table width='500' border='1'>
        <caption><h2>엑셀 데이터 표현</h2></caption>
        <thead>
            <tr height='25'>
                <th width='80'>이름</th><th width='70'>나이</th>
                <th width='150'>연락처</th><th width='200'>주소</th>
            </tr>
        </thead>
        <tbody>
            <col align='center'/>
            <col align='center'/>
            <col align='center'/>
            <col align='left'/>
            <tr>
                <td>김승현</td><td>20</td>
                <td>02-1234-5678</td><td>서울 강서구 화곡동</td>
            </tr>
            <tr>
                <td>이지윤</td><td>30</td>
                <td>053-4321-8765</td><td>대구 남구 대명동</td>
            </tr>
            <tr>
```

```
            <td>박지후</td><td>40</td>
            <td>031-1122-3344</td><td>경기도 부천시 중구</td>
        </tr>
    <tbody>
</table>
</center>
</body>
</html>
```

주소 표시줄에 다음과 같이 입력하여 실행해 보자. 여기서 기억해 두어야 할 것은 오피스 2007이 설치되어 있는 사용자는 웹 브라우저 내에 결과가 표시되지 않고 오피스가 직접 열리면서 결과를 보여준다. 이런 경우는 설정이 그렇게 되어 있기 때문인데 결과는 동일하다고 생각하면 된다.

실행 http://localhost:8080/Round22/Round22_02_Page.jsp

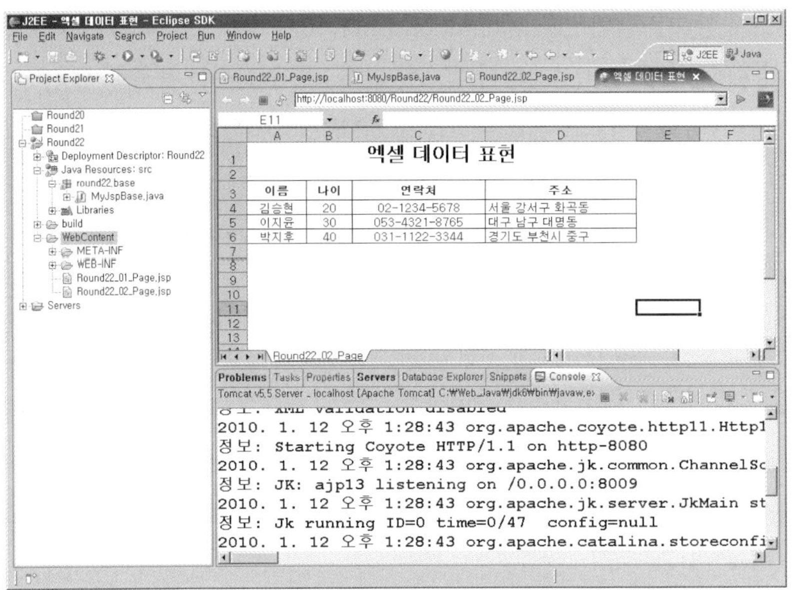

그런데 실무에서 데이터를 다루다 보면 엑셀 관련 작업을 직접 처리하는 경우는 드물다. 보통 실무에서는 JExcel(JXL)이나 POI(Poor Obfuscation Implementation) 등의 API를 사용한다.

5 | import 속성

import 속성은 말 그대로 필요한 API의 패키지나 클래스를 현재 페이지에서 사용하겠다는 선언에 사용한다. 기본적으로 import javax.servlet.*, import javax.servlet.http.*, import javax.servlet.jsp.*를 포함하고 있다.

그러면 앞서 만들기로 한 엑셀 관련 API를 현재 페이지로 가져와서(Import) 예제를 작성해 보도록 하자. 엑셀 관련 API로는 앞서 말한 것처럼 JXL과 POI가 대표적이다. 엑셀의 단순 읽기나 쓰기에서는 JXL이 속도에서 유리하지만 섬세한 제어나 안정성은 POI가 뛰어나다고 한다. 사용하면서 개발자 스스로에게 필요한 API를 선택하기 바란다. 둘 다 API 사용법을 익히는 정도이기 때문에 이 책에서는 JXL 코드를 작성하겠다. 독자 여러분은 예제를 작성하고 나서 스스로 인터넷을 검색해 POI의 사용법에 대해서도 익혀 두기 바란다. 방식은 동일하다.

```
http://www.andykhan.com/jexcelapi/download.html
```

이 사이트에서 내려 받고서 압축을 풀면 Documentation API가 있는 docs 폴더와 jxl.jar 파일이 보인다. docs 폴더의 API는 JXL을 사용하면서 필요한 클래스들을 살펴볼 용도로 사용하면되고, 일단 필요한 것은 jxl.jar 파일이므로 해당 파일을 Round22 프로젝트의 WEB-INF에 있는 lib 폴더에 복사해서 넣어 두도록 하자. 이 파일이 정상적으로 옮겨졌는지 확인하려면 이클립스 왼쪽 프로젝트 탐색기에서 Round22\src\ Libraries\Web App Libraries 폴더를 살펴보면 된다. 해당 파일이 있으면 폴더에 jxl.jar가 보일 것이다.

엑셀 파일을 만드는 작업을 먼저 진행하기 위해 WebContent 폴더에 Round22_03_Page_JXL _Write.jsp 파일을 만들고서 다음과 같이 코드를 작성하자.

| 예제 | Round22_03_Page_JXL_Write.jsp |

```jsp
<%@ page language="java" %>
<%@ page info="JXL을 이용한 엑셀 파일 생성" %>
<%@ page contentType="text/html; charset=EUC-KR" %>
<%@ page pageEncoding="EUC-KR" %>

<%-- import는 여러 번 사용해도 무방하다. --%>
<%@ page import="java.io.*" %>
```

```jsp
<%-- JXL 관련 API를 import한다. --%>
<%@ page import="jxl.*, jxl.write.*" %>

<%
    String path = application.getRealPath("/excel_data");
    File dir = new File(path);

    if(!dir.exists( )) dir.mkdir( );
    File excel_file = new File(dir, "Sample_Excel.xls");

    WritableWorkbook workbook = Workbook.createWorkbook(excel_file);

    WritableSheet sheet = workbook.createSheet("Sample Sheet", 0);

    Label name_lb = new Label(1, 0, "엑셀 데이터 표현");

    WritableFont name_font = new WritableFont(WritableFont.COURIER, 14,
                        WritableFont.BOLD);
    WritableCellFormat name_format = new WritableCellFormat(name_font);

    name_lb.setCellFormat(name_format);
    sheet.addCell(name_lb);

    String[ ] header_str = new String[ ]{"이름", "나이", "연락처", "주소"};

    WritableFont[ ] header_font = new WritableFont[4];
    WritableCellFormat[ ] header_format = new
                            WritableCellFormat[header_str.length];

    for(int i = 0; i < header_str.length; ++i) {
        header_font[i] = new WritableFont(WritableFont.COURIER, 12,
                                    WritableFont.BOLD);
        header_format[i] = new WritableCellFormat(header_font[i]);

        header_format[i].setAlignment(jxl.format.Alignment.CENTRE);

        Label header_lb = new Label(i, 2, header_str[i]);
        header_lb.setCellFormat(header_format[i]);
        sheet.addCell(header_lb);
    }

    Object[ ][ ] data_str = new Object[ ][ ] {
        {"김승현", 20, "02-1234-5678", "서울 강서구 화곡동"},
```

주석 설명:
- 현재 프로젝트가 실행되는 실제 경로의 excel_data 폴더의 경로를 획득한다.
- excel_data 폴더가 없으면 새로 만든다.
- 엑셀 파일에 데이터를 쓸 수 있는 객체를 생성한다.
- 엑셀은 여러 개의 시트로 구성되어 있으므로 0번째 시트를 먼저 만든다. 모든 엑셀 관련 데이터는 배열처럼 0번부터 시작한다.
- 제목을 엑셀에 넣기 위한 작업으로 Label 객체를 생성한다. x축으로 1번째 셀, y축으로 0번째 셀에 데이터가 추가된다.
- Font 속성을 설정할 수 있는 객체를 생성한다.
- 엑셀의 셀 형식을 설정할 수 있는 객체를 생성한다.
- Label에 셀 형식을 설정한다.
- 시트에 추가한다.
- 테이블의 머리글 데이터를 넣기 위한 작업으로 배열을 사용한 것을 제외하고는 제목을 엑셀에 넣는 방법과 동일하다.
- 데이터의 중앙 정렬을 사용한다. 여기서 주의할 점은 CENTER가 아니라 CENTRE라는 필드 이름이다.
- 테이블의 실제 데이터를 넣기 위한 작업이다.

```java
            {"이지윤", 30, "053-4321-8765", "대구 남구 대명동"},
            {"박지후", 40, "031-1122-3344", "경기도 부천시 원미구"}
    };

    WritableFont left_font = new WritableFont(WritableFont.COURIER, 10,
                        ↳ WritableFont.BOLD);
    WritableCellFormat left_format = new WritableCellFormat(left_font);
    left_format.setAlignment(jxl.format.Alignment.LEFT);

    WritableFont cen_font = new WritableFont(WritableFont.COURIER, 10,
                        ↳ WritableFont.BOLD);
    WritableCellFormat cen_format = new WritableCellFormat(cen_font);
    cen_format.setAlignment(jxl.format.Alignment.CENTRE);

    for(int i = 0; i < data_str.length; ++i) {
        for(int j = 0; j < data_str[i].length; ++j) {
            WritableCell data = null;
            if(j == 1)
                data = new jxl.write.Number(j, 3 + i,
                                ↳ ((Integer)data_str[i][j]).intValue( ));
            else
                data = new Label(j, 3 + i, (String)data_str[i][j]);

            if(j == 3)
                ((WritableCell)data).setCellFormat(left_format);
            else
                ((WritableCell)data).setCellFormat(cen_format);

            sheet.addCell(((WritableCell)data));
        }
    }

    CellView tel_view = new CellView( );
    tel_view.setAutosize(true);
    sheet.setColumnView(2, tel_view);

    CellView addr_view = new CellView( );
    addr_view.setAutosize(true);
    sheet.setColumnView(3, addr_view);
```

좌측 정렬을 지정하기 위하여 객체를 생성한다.

중앙 정렬을 지정하기 위하여 객체를 생성한다.

숫자일 경우에는 Label이 아닌 Number 객체를 사용한다.

문자열일 경우에는 Label 객체를 사용한다.

주소가 들어가는 위치는 좌측 정렬 클래스의 객체를 사용한다.

나머지는 모두 중앙 정렬 클래스의 객체를 사용한다.

2번째 전화번호 열의 데이터의 길이가 길기 때문에 자동으로 크기를 설정하도록 한다.

3번째 주소 열의 데이터 길이도 길 것이므로 자동으로 크기를 설정하도록 한다.

```
    workbook.write( );          ──────── 엑셀의 통합문서에 데이터를 전부 출력한다.
    workbook.close( );          ──────────────── 통합문서를 닫는다.
%>


<center>
    Excel 파일 생성 완료!
</center>
```

다음으로 작성된 엑셀을 읽기 위한 JSP로 WebContent 폴더에 Round22_03_Page _JXL_ReadNView.jsp 파일을 만들어서 다음과 같이 코드를 작성하자.

| 예제 | Round22_03_Page_JXL_ReadNView.jsp |

```jsp
<%@ page language="java" %>
<%@ page info="JXL을 이용한 엑셀 파일 생성" %>
<%@ page contentType="text/html; charset=EUC-KR" %>
<%@ page pageEncoding="EUC-KR" %>

<%-- import는 여러 번 사용해도 무방하다. --%>
<%@ page import="java.io.*" %>

<%-- JXL 사용을 위한 API를 import한다. --%>
<%@ page import="jxl.*" %>

<%
    String path = application.getRealPath("/excel_data");    ── 엑셀의 실제 경로를 획득한다.
    File dir = new File(path);
    if(!dir.exists( )) dir.mkdir( );
    File excel_file = new File(dir, "Sample_Excel.xls");

    Workbook workbook = Workbook.getWorkbook(excel_file);  ──┐
            workbook 객체를 생성하는 것이 아니라 이미 생성되어 있는 엑셀 파일로부터 가져온다.

    Sheet sheet = workbook.getSheet(0);         ──────────── 0번째 시트를 얻어 온다.

    int rows = sheet.getRows( );           ──┐  엑셀에 들어 있는 모든 데이터를 기준
    int cols = sheet.getColumns( );          │  으로 가장 많은 데이터가 들어 있는
                                                행의 개수와 열의 개수를 획득한다.

    String title = sheet.getCell(1, 0).getContents( );  ──┐
            제목은 x = 1, y = 0 위치의 셀에 있었으므로 그곳에서 값을 획득한다.
```

```
String[ ] header = new String[cols];
```

머리글 데이터는 x = 0 ~ 3, y = 2의 위치에 있었으므로 각각의 위치에서 데이터를 가져와 배열에 담는다.

```
for(int i = 0; i < header.length; ++i) {
    header[i] = sheet.getCell(i, 2).getContents( );
}

String[ ][ ] data = new String[rows - 3][cols];
```

실제 데이터는 x = 0 ~ 3, y = 3 ~ 5의 위치에 있었으므로 각각의 위치에서 데이터를 가져와 2차원 배열에 담는다.

```
for(int i = 0; i < data.length; ++i) {
    for(int j = 0; j < data[i].length; ++j) {
        data[i][j] = sheet.getCell(j, i + 3).getContents( );
    }
}

if(workbook != null) workbook.close( );
```

엑셀의 통합문서를 닫는다.

```
%>

<!DOCTYPE html PUBLIC "-//W3C//DTD HTML 4.01 Transitional//EN"
                          "http://www.w3.org/TR/html4/loose.dtd">
<html>
<head>
<meta http-equiv="Content-Type" content="text/html; charset=EUC-KR">
<title>Excel 정보 읽고 출력하기</title>
</head>
<body>
    <center>
        <h2>Sample Excel 내용 읽어서 출력하기</h2>
        <hr width='80%'/>
        <h2><%= title %></h2>
        <table width='500' border='1'>
            <thead>
            <tr>
            <%
            String[ ] width = new String[ ]{"80", "70", "150", "200"};
            for(int i = 0; i < header.length; ++i) {
                out.println("<th width='" + width[i] + "'>" + header[i] + "</th>");
            }
            %>
            </tr>
            </thead>
```

```
        <tbody>
        <col align='center'/>
        <col align='center'/>
        <col align='center'/>
        <col align='left'/>
        <%
        for(int i = 0; i < data.length; ++i) {
            out.println("<tr>");
            for(int j = 0; j < data[i].length; ++j) {
                out.println("<td>" + data[i][j] + "</td>");
            }
            out.println("</tr>");
        }
        %>
        </tbody>
    </table>
  </center>
</body>
</html>
```

엑셀 파일을 만들기 위해 먼저 Write 페이지를 실행해 보자.

실행 ▶ `http://localhost:8080/Round22/Round22_03_Page_JXL_Write.jsp`

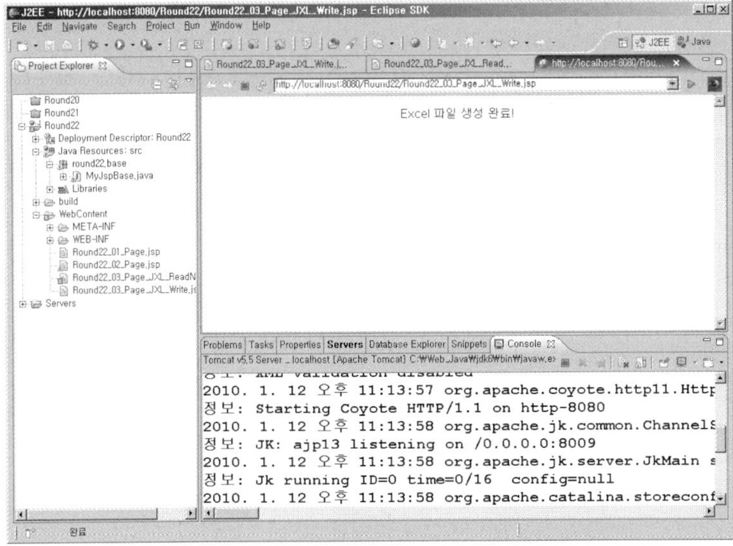

실제로 엑셀 파일이 만들어지는 경로는 다음과 같다.

```
C:\Web_Java\eclipse\workspace\.metadata\.plugins\org.eclipse.wst.server.core\
                                    └ .tmp0\webapps\Round22\excel_data
```

엑셀 파일을 열어 보면 다음과 같다.

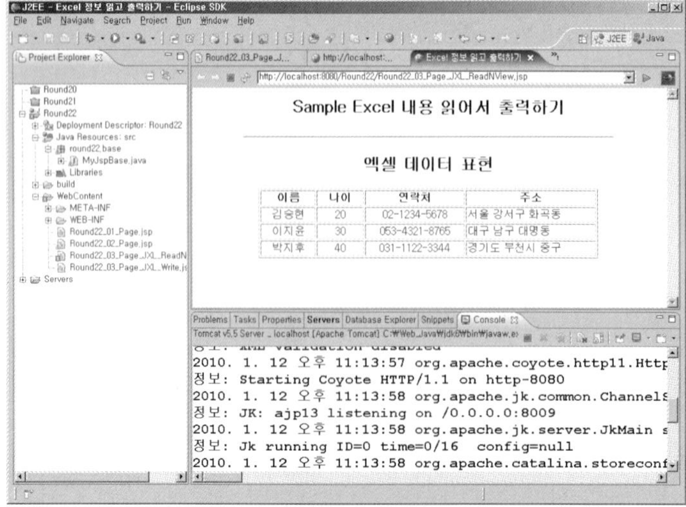

결과를 확인하기 위해서 ReadNView 페이지를 실행하자.

실행 http://localhost:8080/Round22/Round22_03_Page_JXL_ReadNView.jsp

POI도 클래스 이름이 좀 다를 뿐 비슷한 방식을 따르므로 직접 작성해 보기 바란다. 실제로 엑셀 관련 작업에 사용하는 경우가 많기 때문에 익혀 두면 도움이 된다.

6 │ session 속성

session 속성은 현재 페이지를 세션에 참가시킬지의 여부를 지정한다. 기본값은 True로 세션 객체를 사용할 수 있는 상태이다. 이미 세션이 무엇인지는 서블릿에서 배웠기 때문에 따로 설명할 필요는 없지만 복습의 의미로 짚고 넘어가자면 웹 브라우저가 실행되는 동안 사용자별로 데이터를 저장하여 유지할 수 있는 디폴트 객체이다.

그런데 JSP에서 session 속성이 필요한 이유는 현재 페이지에서 session이라는 디폴트 객체를 사용하도록 할 것인지 확인하기 위해서이다. 기본적으로 모든 페이지는 세션 객체가 생성될 수 있도록 값을 True로 지정하고 있다. 따라서 굳이

```
<%@page session="true" %>
```

라고 지정할 필요는 없다. 그렇다면 session 속성의 값을 False로 지정하면 해당 페이지는 완전히 세션 객체를 사용할 수 없을까? 아니다. 만약 session 속성의 값을 False로 지정하여 session 디폴트 객체를 사용하지 못한다면 서블릿에서 배운 것처럼 세션 객체를 직접 생성해서 사용하면 된다. 다음과 같이 session 속성을 False로 하더라도 세션 객체는 생성할 수 있다.

```
        중간 생략

<%@page session="false" %>

        중간 생략

<%
    HttpSession hs = request.getSession(true);

        중간 생략

%>

        중간 생략
```

그러면 session 속성은 어떤 의도로 만들어진 것일까? 이 속성은 해당 페이지를 세션에 참가하지 않도록 하려는 선언에 목적이 있다. 이러한 용도를 무시하고 앞에서처럼 사용할 개발자는 아마 없을 것이다.

여하튼 session 속성을 지정할 일은 별로 없다. 바로 예제를 작성해 보도록 하자. 예제에서는 세션을 다룰 때 항상 등장하는 장바구니를 간소하게 해서 작성해 보도록 하겠다. 원래 쇼핑몰 페이지는 물품들의 정보를 데이터베이스로부터 가져오는 것이 정석이지만 여기서는 그냥 페이지에 배열로 선언해 두고 사용한다. 예제를 실행하려면 다음 이름으로 된 이미지가 9개 필요하다. (cpoint.gif, java.gif, jsp.gif, mfc.gif, net.gif, oracle.gif, python.gif, tcpip.gif, xml.gif) 이들 파일을 WebContent 폴더에 images 폴더를 만들어서 넣어 두어야 한다.

WebContent 폴더에 Round22_04_Page_ShopMall.jsp 파일을 만들고서 다음과 같이 코드를 작성하자. 이 페이지는 쇼핑몰의 첫 페이지에 해당한다.

예제 | Round22_04_Page_ShopMall.jsp

```jsp
<%@ page language="java" %>
<%@ page info="쇼핑몰 페이지" %>
<%@ page contentType="text/html; charset=EUC-KR" %>
<%@ page pageEncoding="EUC-KR" %>
<%-- 현재 페이지를 session에 참여시킨다. --%>
<%@ page session="true" %>

<%
    String[ ] img = new String[ ] {                      이미지 파일 이름을 배열로 선언한다.
        "cpoint", "java", "jsp", "mfc", "net", "oracle", "python", "tcpip", "xml"
    };

    String[ ] name = new String[ ] {                     해당 제품의 이름을 배열로 선언한다.
        "C포인터", "자바", "JSP & Servlet", "MFC", "닷넷", "오라클", "파이썬",
                                          "TCP/IP", "XML 웹 서비스"
    };

    String[ ] price = new String[ ] {                    해당 제품의 가격을 배열로 선언한다.
        "20,000", "32,000", "29,000", "35,000", "29,000", "25,000", "32,000",
                                          "28,000", "30,000"
    };
%>
```

```
<!DOCTYPE html PUBLIC "-//W3C//DTD HTML 4.01 Transitional//EN"
                            ↳ "http://www.w3.org/TR/html4/loose.dtd">
<html>
<head>
<meta http-equiv="Content-Type" content="text/html; charset=EUC-KR">
<title>프리렉 쇼핑몰!</title>
<script language='javascript'>
<!--
    function jang(name, price) {              ──── 선택한 물품을 장바구니에 담기 위해 이동한다.
        location.href='./Round22_04_Page_JangProcess.jsp?name=' + name +
                                            ↳ '&price=' + price;
    }


    function move_jang( ) {              ──── 장바구니 목록 페이지로 이동한다.
        location.href='./Round22_04_Page_Baguni.jsp';
    }
//-->
</script>
</head>
<body>
    <center>
    <h2>프리렉 쇼핑몰!</h2>
    <table width='400' border='0'>
        <tr>
            <td align='right' colspan='3'>
                <input type='button' value='내 장바구니' onClick='move_jang( )'
                                            ↳ style='border:none'/>
            </td>
        </tr>
        <%
        for(int i = 0; i < img.length; ++i) {
            if(i % 3 == 0) out.println("<tr>");      ──── 물품을 세 개씩 한 줄에 표시하는 조건식이다.
            out.println("<td><table border='0'>");
            out.println("<tr height='100'><td align='center'>");
            out.println("<img src='./images/" + img[i] + ".gif' ");   ──── 이미지를 출력한다.
            out.println("width='80' height='100'/>");
            out.println("</td></tr>");

            out.println("<tr height='20'><td align='center'>");
```

```
            out.println("<B>" + name[i] + "</B></td></tr>");
            out.println("<tr height='20'><td align='center'>");
            out.println("가격 : " + price[i] + "원</td></tr>");
            out.println("<tr height='20'><td align='right'>");

            out.println("<input type='button' value='담기' ");
```

물품 이름을 출력한다.

물품 가격을 출력한다.

물품 이름과 가격을 매개 변수로 장바구니에 담을 수 있도록 jang( )이라는 스크립트 함수를 호출한다. 실제 데이터베이스에서 물품을 가져왔다면 기본키(PK)를 매개 변수로 해야 한다.

```
            out.println("onClick='jang(\"" + name[i] + "\",\"" + price[i] + "\")'
                             style='border:none'/>");
            out.println("</td></tr>");
            out.println("</table></td>");
            if(i % 3 == 2) out.println("</tr>");
        }
    %>
    </table>
    </center>
</body>
</html>
```

물품을 세 개씩 한 줄에 표시하는 조건식이다.

선택한 제품을 세션에 담는 작업을 처리할 페이지를 작성하자. WebContent 폴더에 Round22 _04_Page_JangProcess.jsp 파일로 만들고서 다음과 같이 코드를 작성하자.

예제 | Round22_04_Page_JangProcess.jsp

```
<%@ page language="java" %>
<%@ page info="장바구니 처리" %>
<%@ page contentType="text/html; charset=EUC-KR" %>
<%@ page pageEncoding="EUC-KR" %>
<%@ page import="java.util.*, round22.base.*" %>
<%@ page session="true" %>

<%
    ArrayList baguni = null;
    Object obj = session.getAttribute("jang");

    if(obj == null) baguni = new ArrayList( );
    else baguni = (ArrayList)obj;
```

세션에 들어 있는 정보를 배열로 가져오기 위해 선언한다.

세션 객체에 jang이라는 이름으로 등록된 값을 획득한다.

세션 정보가 없으면 배열 ArrayList를 새로 생성한다.

세션 정보가 있으면 해당 정보를 강제로 형변환한다.

```
request.setCharacterEncoding("euc-kr");          넘겨온 매개 변수에 대해 한글로 처리한다.

String name = request.getParameter("name");
String price = request.getParameter("price");     물품 이름과 가격을 획득한다.

//

int pos = -1;
for(int i = 0; i < baguni.size( ); ++i) {
    JangBaguni jang = (JangBaguni)baguni.get(i);
    if(jang.getName( ).equals(name)) {            장바구니 세션에 이미 동일한 물
        pos = i;                                   품이 담겨 있으면 변수 Count를
        jang.setCnt(jang.getCnt( ) + 1);           1만큼 증가시킨다.
        break;
    }
}

if(pos == -1) {                                    장바구니 세션에 동일한 물품이 등록되어
    JangBaguni jang = new JangBaguni( );           있지 않다면 새로운 JangBaguni 객체를
    jang.setName(name);                            생성하여 배열 ArrayList에 등록한다.
    jang.setPrice(Integer.parseInt(price.replaceAll(",", "")));
        물품 가격을 받아 왔을 때 숫자에 ,(콤마)가 찍혀 있으므로 제거하고 숫자로 해석한다.
    jang.setCnt(1);
    baguni.add(jang);                              배열 ArrayList에 해당 물품을 등록한다.
}

session.setAttribute("jang", baguni);             세션에 jang이라는 이름으로 배열
%>                                                 ArrayList를 등록한다. 이미 세션에 해
<script language='javascript'>                     당 정보가 있었더라도 덮어 씌어진다.
<!--
    alert('장바구니에 담았습니다.');
    history.go(-1);                                쇼핑몰 페이지로 되돌아간다.
//-->
</script>
```

프로세스(Process) 페이지에서 사용할 DTO 클래스를 위해 src 폴더의 round22.base 패키지
아래에 JangBaguni.java 파일을 만들고서 다음과 같이 코드를 작성하자.

> **예제** | round22.base, JangBaguni.java

```java
package round22.base;

import java.io.Serializable;

/*

 * 장바구니 구현을 위해 해당 물품의 정보를 관리할
 * DTO 클래스를 생성한다.
 *
 */
public class JangBaguni implements Serializable {
    private String name;      ──────[ 물품 이름 ]
    private int price;        ──────[ 물품 가격 ]
    private int cnt;          ──────[ 물품 이름 ]

    public JangBaguni( ) { }
    public void setName(String name) {
        this.name = name;
    }
    public void setPrice(int price) {
        this.price = price;
    }
    public void setCnt(int cnt) {
        this.cnt = cnt;
    }
    public String getName( ) {
        return name;
    }
    public int getPrice( ) {
        return price;
    }
    public int getCnt( ) {
        return cnt;
    }
}
```

장바구니의 목록을 살펴보는 페이지를 작성하자. WebContent 폴더에 Round22_04_Page
_Baguni.jsp 파일을 만들어서 다음과 같이 코드를 작성하자. 원래 이 페이지에서는 결제 쪽과
연결해야 한다.

| 예제 | Round22_04_Page_Baguni.jsp |

```jsp
<%@ page language="java" %>
<%@ page info="장바구니 처리" %>
<%@ page contentType="text/html; charset=EUC-KR" %>
<%@ page pageEncoding="EUC-KR" %>
<%@ page import="java.util.*, round22.base.*" %>
<%@ page session="true" %>

<%
    ArrayList baguni = null;                              ── 세션에 들어 있는 정보를 배열로 가져오기 위해 선언한다.
    Object obj = session.getAttribute("jang");  ── 세션 객체에 jang이라는 이름으로 등록된 값을 획득한다.


    if(obj == null) baguni = new ArrayList( );  ── 세션 정보가 없으면 배열 ArrayList를 새로 생성한다.
    else baguni = (ArrayList)obj;                        ── 세션 정보가 있으면 해당 정보를 강제로 형변환한다.
%>
<!DOCTYPE html PUBLIC "-//W3C//DTD HTML 4.01 Transitional//EN"
                                    ↳ "http://www.w3.org/TR/html4/loose.dtd">
<html>
<head>
<meta http-equiv="Content-Type" content="text/html; charset=EUC-KR">
<title>내 장바구니</title>
</head>
<body>
    <center>
    <h2>내 장바구니!</h2>
    <table width='600' border='1'>
        <tr height='25'>
            <th width='60'>번호</th>
            <th width='300'>제품명</th>
            <th width='60'>수량</th>
            <th width='80'>가격</th>
            <th width='100'>총가격</th>
        </tr>
        <%
        if(baguni.size( ) == 0) {                ── 세션의 jang 정보에 내용이 없으면 출력한다.
            out.println("<tr><td align='center' colspan='5'>");
            out.println("구입하신 물품이 없습니다.");
            out.println("</td></tr>");
        }
```

```
        else {
            int total = 0;
            for(int i = 0; i < baguni.size( ); ++i) {
                JangBaguni jang = (JangBaguni)baguni.get(i);
                out.println("<tr><td align='center'>");
                out.println(i + 1 + "</td>");
                out.println("<td align='left'>" + jang.getName( ) + "</td>");
                out.println("<td align='right'>" + jang.getCnt( ) + "개</td>");
                out.println("<td align='right'>" + jang.getPrice( ) + "원</td>");
                out.println("<td align='right'>" + jang.getCnt( )
                                                    * jang.getPrice( ));
                out.println("원</td></tr>");
                total += jang.getCnt( ) * jang.getPrice( );
            }
            out.println("<tr><td align='right' colspan='4'>전체 합계</td>");

            out.println("<td align='right'>" + total + " 원</td></tr>");
        }
        %>
    </table>
    </center>
</body>
</html>
```

> 배열 ArrayList에 있는 정보를 for 문을 통해 모두 출력한다.

> 하나의 항목이 출력될 때마다 총합을 계산한다.

> 총합을 출력한다.

쇼핑몰의 첫 페이지에서부터 실행하여 장바구니 페이지에서 결과를 확인하면 된다.

실행▶ http://localhost:8080/Round22/Round22_04_Page_ShopMall.jsp

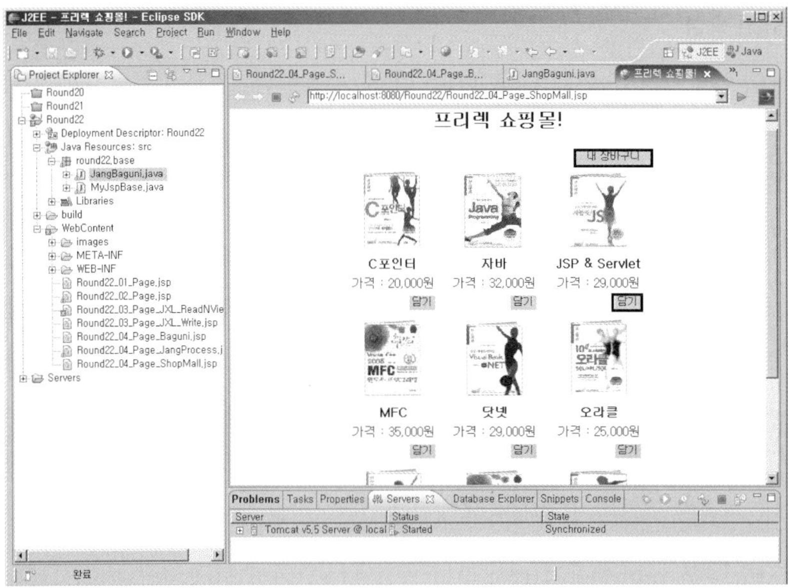

목록에서 담기 단추를 몇 번 누르고서 내 장바구니 단추를 누르면 내가 선택한 물품과 전체 가격을 살펴볼 수 있다.

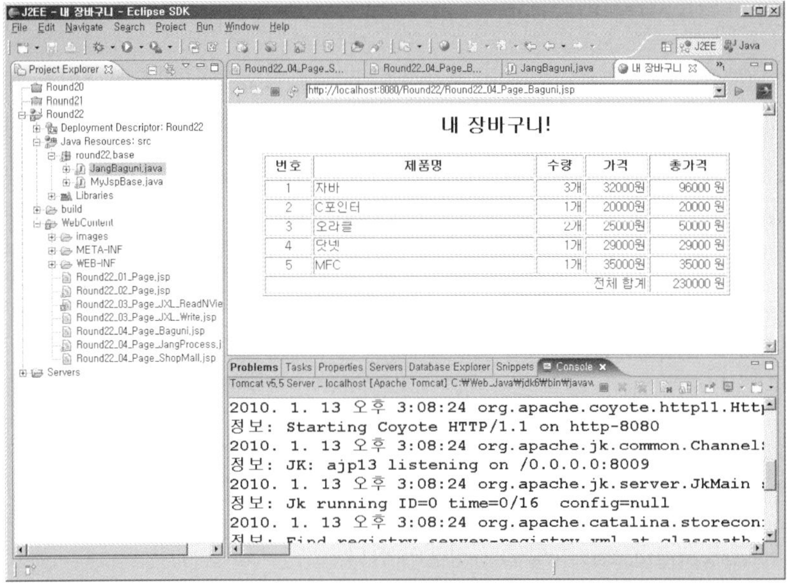

7 | buffer와 autoFlush 속성

buffer 속성은 현재 페이지의 내용을 어느 정도 버퍼링할지 지정한다. 기본값은 8192바이트 (8Kb)이다. 버퍼는 현재 페이지에 작성되어 출력될 내용을 담아 두는 메모리이다. 버퍼를 사용하는 이유는 속도 때문이다.

예를 들어 ABCD라는 네 글자를 사용자에게 보낼 때 A를 보내고, 다음 B를 보내고 다음 C를 보내는 식으로 처리하면 웹 서버는 부하가 많이 걸릴 것이다. 또한, 즉시 출력되어 버리기 때문에 출력 내용을 취소하거나 변경할 수도 없다. 따라서 이런 경우 ABCD를 하나의 버퍼에 넣고 한 번에 보내면 아무래도 하나씩 보내는 것보다는 부하가 적게 걸릴 것이다. 출력되는 내용을 취소하거나 변경하는 것도 가능해질 것이다. 그렇다고 무작정 버퍼를 크게 하면 페이지 하나가 차지하는 메모리가 낭비된다. 적절한 크기의 버퍼가 중요해진다.

기본적으로 JSP 각 페이지는 8KB(8192바이트)의 버퍼 크기를 유지하고 있다. JSP를 테스트해 본 결과 평균적으로 가장 높은 성능을 보였기 때문이라고 한다. 간혹 개발자들은 페이지의 내용에 따라서 기본값을 기준으로 조금 크게나 조금 작게 수정해서 사용하기도 하지만 일반적으로는 잘 손대지 않는다.

autoFlush 속성은 버퍼와 항상 연계하여 생각해야 한다. 이 속성은 버퍼가 찼을 때 버퍼의 내용을 사용자에게로 자동으로 출력할지 여부를 지정한다. 기본값은 True이다. 따라서 버퍼가 가득 차면 자동으로 사용자에게로 출력이 된다. 만약 버퍼가 다 채워지지 않았더라도 출력하고 싶다면 out 객체를 사용하여 flush( ) 메서드를 호출하면 된다. 그렇지 않으면 해당 페이지는 버퍼 오버플로우(Buffer Overflow) 예외가 발생한다. 실제로는 jsp.error.page.badCombo가 발생한다. 가장 극단적인 경우는 다음과 같다.

```
<%@ page buffer = "none" %>
<%@ page autoFlush = "false" %>
```

이것은 버퍼를 사용하지 않겠다는 것인데 자동 플러시 기능도 꺼 버렸다. 이렇게 되면 데이터가 저장될 메모리가 없는데 자동으로 출력도 되지 않으니 참 곤란한 상황이 된다. 따라서 버퍼를 적절하게 사용하는 것과 함께 autoFlush 속성도 지정해야 한다.

buffer와 autoFlush 속성은 기본값으로 다음과 같이 지정한다.

```
<%@ page buffer = "8kb" %>
<%@ page autoFlush = "true" %>
```

8 | errorPage와 isErrorPage 속성

이들 속성은 실제 예제를 라운드 21에서 먼저 다루어 보았다. 여기서는 이론적인 부분만 다시 짚고 넘어가도록 하자. errorPage 속성은 해당 페이지에서 에러가 발생했을 때 에러 정보를 가지고 이동하는 페이지를 지정한다. 여기서 에러는 Throwable 클래스의 하위 클래스에 의한 예외를 말한다. 시스템이나 코드 에러를 처리하는 것이 아니라는 말이다.

일단 각 페이지에 대해 에러 페이지를 지정하는 형식은 다음과 같다.

```
<%@ page errorPage="에러를_출력하는_페이지.jsp" %>
```

주의할 점은 exception 객체를 에러를 지정하는 페이지에서 사용하는 것이 아니라 에러를 출력하는 페이지에서 사용하는 것이다. 따라서 에러를 출력하는 페이지에게는 현재 페이지가 에러를 출력하는 페이지라는 것을 알려주어야 한다.

```
<%@ page isErrorPage="true" %>
```

isErrorPage 속성은 현재 페이지가 에러를 출력하는 페이지인지 여부를 지정한다. 기본값은 False이기 때문에 일반 JSP에서는 exception 객체가 기본적으로 생성되지 않는다. 만약 True이면 exception 객체를 사용할 수 있다.

그런데 만약 에러가 발생하지도 않았는데 isErrorPage="true"로 지정되어 있는 페이지를 호출하면 어떻게 될까? 이 경우에는 해당 페이지가 에러를 출력하는 페이지라고 해도 일반 페이지인 것처럼 정상적으로 실행된다. 단, exception 객체를 사용하지 않아야 한다.

왜냐하면 exception 객체는 isErrorPage="true"라고 지정된 페이지라고 하더라도 에러가 발생하지 않은 상태에서 넘어오면 객체 자체가 Null을 가지기 때문이다. 따라서 이때 exception 객체를 사용하면 NullPointerException 예외가 발생되는 상황을 보게 된다.

한 가지 덧붙이자면 에러 페이지로 지정된 페이지에서 또 다른 에러 페이지를 지정할 수도 있다. 그러므로 errorPage 속성의 지정과 isErrorPage="true"의 지정은 함께 할 수 있는 형태이다.

9 isThreadSafe 속성

isThreadSafe 속성은 해당 페이지가 멀티스레드 접속에 안전한가에 대하여 지정한다. 만약 False라고 지정하면 서블릿으로 변환될 때 SingleThreadModel 인터페이스가 구현되어 오직 하나의 인스턴스만을 생성하게 된다. 기본값은 True이다.

원래 웹 페이지는 기본적으로 멀티스레드를 지원해야 하는데 특정 상황에서 스레드 하나가 실행을 마칠 때까지 실행 권한을 선점해야 하는 경우가 생긴다. 이때를 위해 서블릿 스펙 2.4 이전에는 SingleThreadModel 인터페이스를 구현해서 자체적으로 잠금(Lock) 처리를 구현하였다.

그러나 SingleThreadModel 인터페이스를 가지고 구현한 페이지가 스레드 교착 상태에 빠질 때 해당 페이지를 선점하지 못하는 비선점 문제를 자주 유발하게 되자, 자바 진영에서는 해당 페이지의 스레드 단일 처리는 개발자의 역량에 맡기도록 하고 해당 인터페이스를 제외해 (Deprecate) 버린 것이다. 따라서 isThreadSafe 속성을 False로 바꾸어 스레드 단일 처리를 허용하는 페이지를 만드는 것은 다시 한번 생각해 볼 필요성이 있다.

다음 예제를 다루다 보면 isThreadSafe 속성의 용도를 어느 정도 이해하게 될 것이다. 예제를 작성하고서 웹 브라우저를 두 개 이상 열어 실행해 보아야 한다. 두 브라우저 모두 동일하게 프리렉 사이트를 띄워 놓고서 지금 작성하는 페이지를 거의 동시에 호출하면 먼저 호출된 페이지가 실행되려고 할 것이고, 나머지 페이지는 먼저 실행된 페이지가 실행을 끝내야 비로소 실행될 것이다. 이렇게 해본 후에 isThreadSafe 속성을 True로 바꾸고 또다시 실행해 보면 차이점을 구분할 수 있다. WebContent 폴더에 Round22_05_Page.jsp 파일을 만들고서 다음과 같이 코드를 작성하자.

예제 | Round22_05_Page.jsp

```jsp
<%@ page language="java" %>
<%@ page info="버퍼 테스트" %>
<%@ page contentType="text/html; charset=EUC-KR" %>
<%@ page pageEncoding="EUC-KR" %>
<%@ page session="true" %>
```

```jsp
<%@ page buffer="none" %>
<%@ page autoFlush="true" %>

<%-- 다중 쓰레드를 지원하지 않겠다는 의미이다. --%>
<%@ page isThreadSafe="false" %>

<!DOCTYPE html PUBLIC "-//W3C//DTD HTML 4.01 Transitional//EN"
                            ↳ "http://www.w3.org/TR/html4/loose.dtd">
<html>
<head>
<meta http-equiv="Content-Type" content="text/html; charset=EUC-KR">
<title>SingleThreadModel!</title>
</head>
<body>
    <center>
    <h2>Single Thread!</h2>
    <%
    for(int i = 0; i < 10; ++i) {
       try {
            Thread.sleep(1000);
       } catch(InterruptedException ie) { }
       out.println("Single Thread : " + i + "th!<br/>");
       out.flush( );
    }
    %>
    </center>
</body>
</html>
```

둘 이상의 웹 브라우저를 열어 동일한 페이지를 실행하고서 다음과 같이 실행해 보자.

실행 ▶ http://localhost:8080/Round22/Round22_05_Page.jsp

해당 페이지에 아무도 진입하지 않은 초기 상태이다.

하나의 인스턴스가 생성되어 해당 페이지가 실행되고 있는 상태이다.

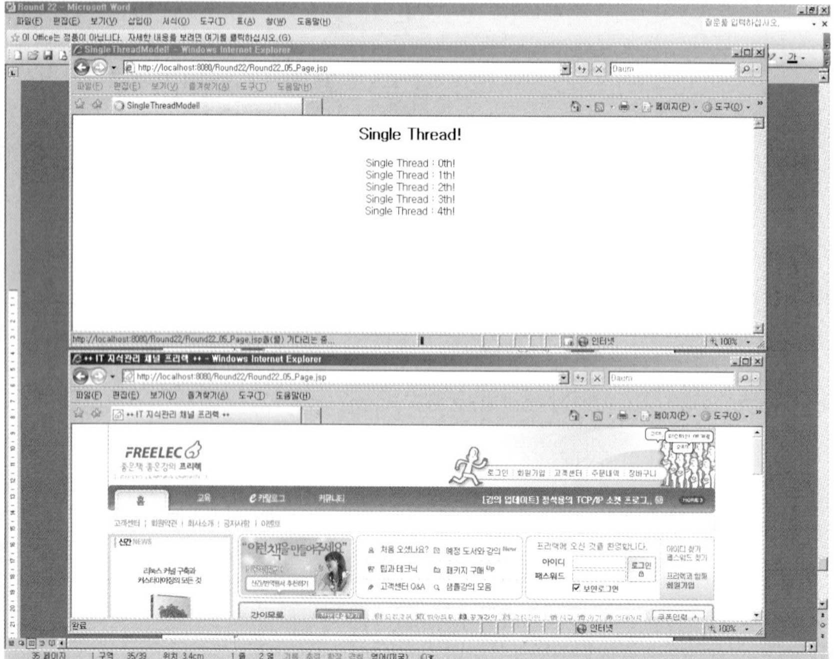

둘 이상의 인스턴스가 생성되어 해당 페이지가 순차적으로 실행되는 상태이다.

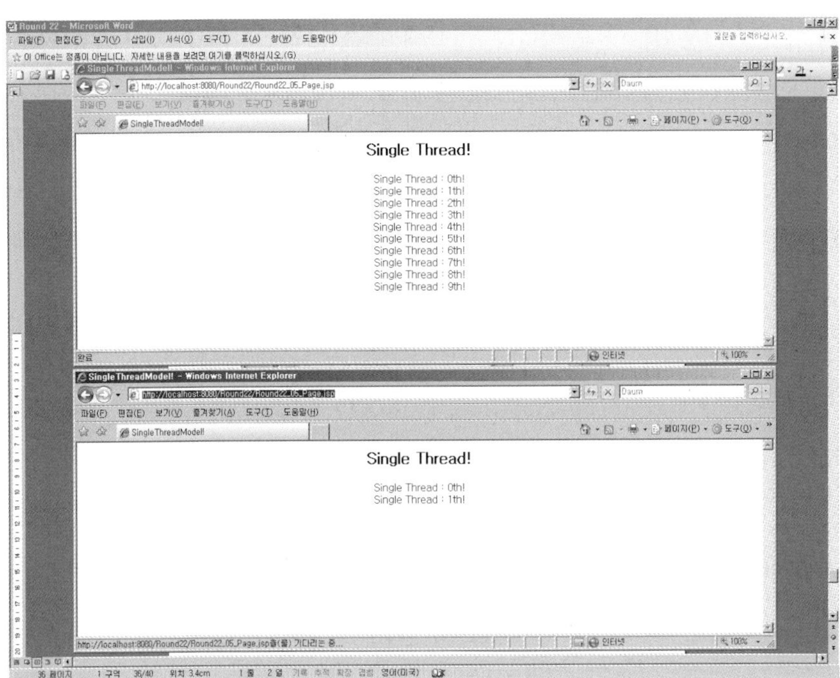

앞의 예처럼 isThreadSafe 속성을 False로 두게 되면 하나의 인스턴스가 실행이 종료된 후 다른 인스턴스가 실행된다. 그러나 이렇게 하나의 스레드만 실행되도록 하는 것은 isThreadSafe 속성을 False로 두지 않고서도 데이터베이스 처리나 비즈니스 논리(Business Logic)를 가지고 충분히 가능하다. 때문에 가급적 사용을 자제하기 바란다. 기본값은 True이므로 따로 지정할 필요가 없다.

10   isELIgnored(2.0) 속성

isELIgnored 속성은 JSP 2.0 이상부터 지원되는 page 지시어의 속성으로 EL(Expression Language)을 사용할 것인지 여부를 지정한다. 기본값은 False이며 EL을 사용할 수 있게 해준다. EL은 앞서 배운 스크립팅 원소처럼 JSP에서 값을 표현하는 용도로 사용되는 언어이다. 다음 라운드에서 배울 JSTL의 값을 표현할 때 표현식의 중첩을 방지하는 효과를 준다. JSTL을 사용할 때는 서버의 버전이나 다른 속성과의 충돌을 고려해 일반적으로 False라고 지정하여 사용한다.

```
<%@ page isELIgnored="false" %>
```

EL이 JSP에만 국한적으로 사용되는 것은 아니다. 가깝게는 XML에서도 EL은 사용되고 있다. 다만 내용과 형식이 조금 상이할 뿐이다. 이러한 EL은 '${'를 여는 기호로 하고, '}'를 닫는 기호로 하여 이들 기호 사이에 표현식이 놓인다. EL도 내장 객체가 있는데 여기서 설명할 내용은 아니므로 그냥 단순한 예제 하나만 작성해 보도록 하자. 만약 isELIgnored 속성을 지정하고서 에러가 발생하면 해당 서버나 WAS가 JSP 2.0을 지원하지 않는 것이다. WebContent 폴더에 Round22_06_Page.jsp 파일을 만들고서 다음과 같이 코드를 작성하자.

예제 | Round22_06_Page.jsp

```
<%@ page language="java" %>
<%@ page info="버퍼 테스트" %>
<%@ page contentType="text/html; charset=EUC-KR" %>
<%@ page pageEncoding="EUC-KR" %>
<%@ page session="true" %>
<%@ page buffer="none" %>
<%@ page autoFlush="true" %>
<%@ page isThreadSafe="false" %>

<%-- EL을 사용할 수 있도록 설정한다. --%>
<%@ page isELIgnored="false" %>

<%
    request.setAttribute("title", "EL Print!");        요청 객체에 title 속성을 설정한다.
    session.setAttribute("name", "kimsh");             세션 객체에 name 속성을 설정한다.
%>

<!DOCTYPE html PUBLIC "-//W3C//DTD HTML 4.01 Transitional//EN"
                        "http://www.w3.org/TR/html4/loose.dtd">
<html>
<head>
<meta http-equiv="Content-Type" content="text/html; charset=EUC-KR">
<title>EL (Expression Language)</title>
</head>
<body>
```

```
    <center>
        <!-- EL을 통해 request 영역의 title 속성을 가져온다. -->
        <h2>${ requestScope.title }</h2>

        <!-- EL을 통해 session 영역의 name 속성을 가져온다. -->
        NAME : ${ sessionScope.name }
    </center>
</body>
</html>
```

주소 표시줄에 다음과 같이 입력하여 JSP 파일을 실행하여 결과를 확인해 보자.

실행▶ http://localhost:8080/Round22/Round22_06_Page.jsp

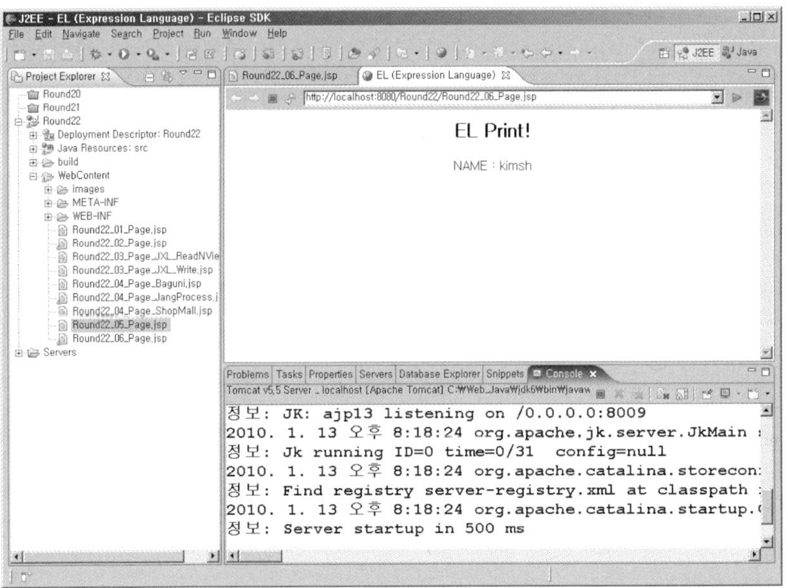

여기까지 page 지시어의 속성들을 살펴보았다. 이들 속성의 기능을 이해하는 것이 JSP를 좀더
효율적으로 작성하는 지름길이 될 것이다.

지시어 원소 include ^{22.2.2}

include 지시어는 앞서 배운 pageContext 디폴트 객체의 include( ) 메서드와 유사하다. 차이점이 있다면 include( ) 메서드는 매번 실행되면서 변경된 내용을 동적으로 반영해서 해당 파일을 읽어 오는데 반해 include 지시어는 처음 작성할 때 포함되는 페이지를 읽어 하나의 서블릿으로 생성해 내는 정적인 형태이다.

따라서 실행 속도는 include 지시어가 더 빠르다고 할 수 있다. 그러나 포함되는 파일이 변경되어도 파일을 검사하지 않기 때문에 즉시 반영되지 않는다. 그러므로 운영상 자주 변경되는 파일에는 부적합하다. 만약 포함되는 파일이 변경되면 이 파일을 포함하는 파일 또한 변경하고 다시 저장해야 정상적으로 인식된다.

```
<%@ include file="포함되는 파일" %>
```

그러면 include 지시어로 전체 화면을 구성하도록 예제를 작성해 보자. 예제에서는 서블릿에서 배운 세션과 쿠키를 사용하는 로그인도 포함하도록 하겠다. 로그인과 함께 메인 페이지로 WebContent 폴더에 Round22_07_Page_Login.jsp 파일을 만들고서 다음과 같이 코드를 작성하자.

예제	Round22_07_Page_Login.jsp

```
<%@ page language="java" %>
<%@ page info="Include 테스트" %>
<%@ page contentType="text/html; charset=EUC-KR" %>
<%@ page pageEncoding="EUC-KR" %>
<%@ page session="true" %>
<%@ page buffer="none" %>
<%@ page autoFlush="true" %>
<%@ page isThreadSafe="true" %>

<!DOCTYPE html PUBLIC "-//W3C//DTD HTML 4.01 Transitional//EN"
                            "http://www.w3.org/TR/html4/loose.dtd">
<html>
<head>
<meta http-equiv="Content-Type" content="text/html; charset=EUC-KR">
<title>Login Page!</title>
</head>
```

```
<body>
    <table width='700' border='1'>
        <tr height='100'>
            <td colspan='2' align='center'>
                <!--
                TOP 영역에 들어갈 페이지를 include 지시어를 통해
                포함시킨다.
                -->
                <%@ include file="Round22_07_Page_Login_Top.jsp" %>
            </td>
        </tr>
        <tr height='300'>
            <td width='230' valign='top'>
                <!--
                LEFT 영역에 들어갈 페이지를 include 지시어를 통해
                포함시킨다.
                -->
                <%@ include file="Round22_07_Page_Login_Left.jsp" %>
            </td>
            <td width='500' valign='top'>
                <!--
                CENTER 영역에는 직접 데이터를 작성한다.
                -->
                <center>
                    <h3>메인 페이지 입니다!</h3>
                    <img src='./images/back.jpg' width='480' height='270'/>
                </center>
            </td>
        </tr>
        <tr height='80'>
            <td colspan='2' align='center' bgcolor='#cccccc'>
                <!--
                BOTTOM 영역에 들어갈 페이지를 include 지시어를 통해
                포함시킨다.
                -->
                <%@ include file="Round22_07_Page_Login_Bottom.jsp" %>
            </td>
        </tr>
    </table>
</body>
</html>
```

위쪽(Top) 영역에 들어갈 페이지로 WebContent 폴더에 Round22_07_Page_Login_Top.jsp 파일을 만들고서 다음과 같이 코드를 작성하자.

| 예제 | Round22_07_Page_Login_Top.jsp |

```jsp
<%@ page language="java" %>
<%@ page info="Include 테스트" %>
<%@ page contentType="text/html; charset=EUC-KR" %>
<%@ page pageEncoding="EUC-KR" %>
<%@ page session="true" %>
<%@ page buffer="none" %>
<%@ page autoFlush="true" %>
<%@ page isThreadSafe="true" %>

<head>
<!-- Style Sheet를 통해 배경색을 설정한다. -->
<style type='text/css'>
<!--
    .bg { background-color : #98aa2b; }
-->
</style>
</head>

<center class='bg'>
    <h2>Main Page!</h2>
    <table width='650' border='0'>
        <tr>
            <td align='right'>
                <a href='#'>HOME</a> 
                <a href='#'>Login</a> 
                <a href='#'>Site Map</a> 
                <a href='#'>Contact Us</a>
            </td>
        </tr>
    </table>
</center>
```

아래쪽(Bottom) 영역에 들어갈 페이지로 WebContent 폴더에 Round22_07_Page_Login _Bottom.jsp 파일을 만들고서 다음과 같이 코드를 작성하자.

예제 | Round22_07_Page_Login_Bottom.jsp

```jsp
<%@ page language="java" %>
<%@ page info="Include 테스트" %>
<%@ page contentType="text/html; charset=EUC-KR" %>
<%@ page pageEncoding="EUC-KR" %>
<%@ page session="true" %>
<%@ page buffer="none" %>
<%@ page autoFlush="true" %>
<%@ page isThreadSafe="true" %>

<center>
<table width='400' border='1'>
    <col align='center'/>
    <col align='left'/>
    <tr>
        <th width='100'>회사명</th>
        <td>JSP 주식회사</td>
    </tr>
    <tr>
        <th>대표자</th>
        <td>김승현</td>
    </tr>
    <tr>
        <th>회사주소</th>
        <td>서울시 양천구 목2동</td>
    </tr>
</table>
</center>
```

왼쪽(Left) 영역에 들어갈 페이지로 WebContent 폴더에 Round22_07_Page_Login_Left.jsp
파일을 만들고서 다음과 같이 코드를 작성하자.

예제 | Round22_07_Page_Login_Left.jsp

```jsp
<%@ page language="java" %>
<%@ page info="Include 테스트" %>
<%@ page contentType="text/html; charset=EUC-KR" %>
<%@ page pageEncoding="EUC-KR" %>
```

```
<%@ page session="true" %>
<%@ page buffer="none" %>
<%@ page autoFlush="true" %>
<%@ page isThreadSafe="true" %>

<%
    String u_id = (String)session.getAttribute("id");        ──── 세션에 id 속성이 있으면 값을 획득한다.

    if(u_id == null || u_id.trim( ).length( ) == 0) {        ──── 세션에 id 속성의 값이 없으면
        Cookie[ ] cks = request.getCookies( );              ──── 쿠키 정보를 통해 id 속성의 값이 있는지
        String id = "";                                          확인하여 값이 있다면 id 필드에 넣는다.
        if(cks != null) {
            for(int i = 0; i < cks.length; ++i) {
                String name = cks[i].getName( );
                if(name.equals("id")) {
                    id = cks[i].getValue( );
                    break;
                }
            }
        }
    }
%>

<!-- 세션에 id 값이 없을 때에는 로그인을 할 수 있는 페이지를 보여준다.  -->
<center>
    <form method='post' action='Round22_07_Page_Login_Process.jsp'>
        <table width='220' border='1'>
            <tr>
                <td width='50' align='center'>아뒤</td>
                <td width='70' align='left'>
                    <input type='text' name='id' size='10' value='<%= id %>'/>
                </td>
                <td rowspan='2' align='center'>
                    <input type='submit' value='Login'/>
                </td>
            </tr>
            <tr>
                <td width='50' align='center'>비번</td>
                <td width='60' align='left'>
                    <input type='password' name='pw' size='10'/>
                </td>
            </tr>
        </table>
```

```jsp
        </form>
</center>
<%
    }
    else {
%>
<!-- 세션에 id 값이 있다면 환영 메시지를 띄운다. -->
    <B><%= u_id %></B>님!<br/>
      방문을 환영합니다.<br/>
      <a href='Round22_07_Page_Logout.jsp'>Logout</a>
<%  } %>
```

로그인을 처리하는 페이지로 WebContent 폴더에 Round22_07_Page_Login_Process.jsp 파일을 만들고서 다음과 같이 코드를 작성하자.

| 예제 | Round22_07_Page_Login_Process.jsp |

```jsp
<%@ page language="java" %>
<%@ page info="Include 테스트" %>
<%@ page contentType="text/html; charset=EUC-KR" %>
<%@ page pageEncoding="EUC-KR" %>
<%@ page session="true" %>
<%@ page buffer="none" %>
<%@ page autoFlush="true" %>
<%@ page isThreadSafe="true" %>

<%
    request.setCharacterEncoding("euc-kr");
    String id = request.getParameter("id");
    String pw = request.getParameter("pw");

    session.setAttribute("id", id);        ──── 데이터베이스를 통해 회원 여부
                                                가 확인되면 세션을 생성한다.

    Cookie ck = new Cookie("id", id);      ──── 쿠키를 사용자 쪽에 밀어 넣는다.
    ck.setMaxAge(60 * 60 * 24 * 365);      ──── 쿠키가 존재하는 시간은 1년이다.
    response.addCookie(ck);

    response.sendRedirect("Round22_07_Page_Login.jsp");
%>
```

페이지를 로그인 페이지로 이동시킨다. 이미 세션이 생성되어 있기 때문에 로그인 페이지로 이동해도 로그인 폼이 아닌 환영 메시지가 출력될 것이다.

로그아웃을 처리하는 페이지로 Round22_07_Page_Logout.jsp 파일을 WebContent 폴더에
만들고서 다음과 같이 코드를 작성하자.

| 예제 | Round22_07_Page_Logout.jsp |

```jsp
<%@ page language="java" %>
<%@ page info="Include 테스트" %>
<%@ page contentType="text/html; charset=EUC-KR" %>
<%@ page pageEncoding="EUC-KR" %>
<%@ page session="true" %>
<%@ page buffer="none" %>
<%@ page autoFlush="true" %>
<%@ page isThreadSafe="true" %>

<%
    session.removeAttribute("id");                       세션 영역에서 id 속성을 삭제한다.

    response.sendRedirect("Round22_07_Page_Login.jsp");

%>
```

다시 로그인 페이지로 이동하면 세션 정
보가 삭제되었으므로 로그인하는 폼이
보여질 것이다.

주소 표시줄에 다음과 같이 입력하여 로그인 페이지를 실행해 보면 각 영역에 포함된 파일이 정
상적으로 표시되고 로그인과 로그아웃 작업을 실행했을 때 세션과 쿠키가 동작하는 모습을 볼
수 있다.

실행 ▶ http://localhost:8080/Round22/Round22_07_Page_Login.jsp

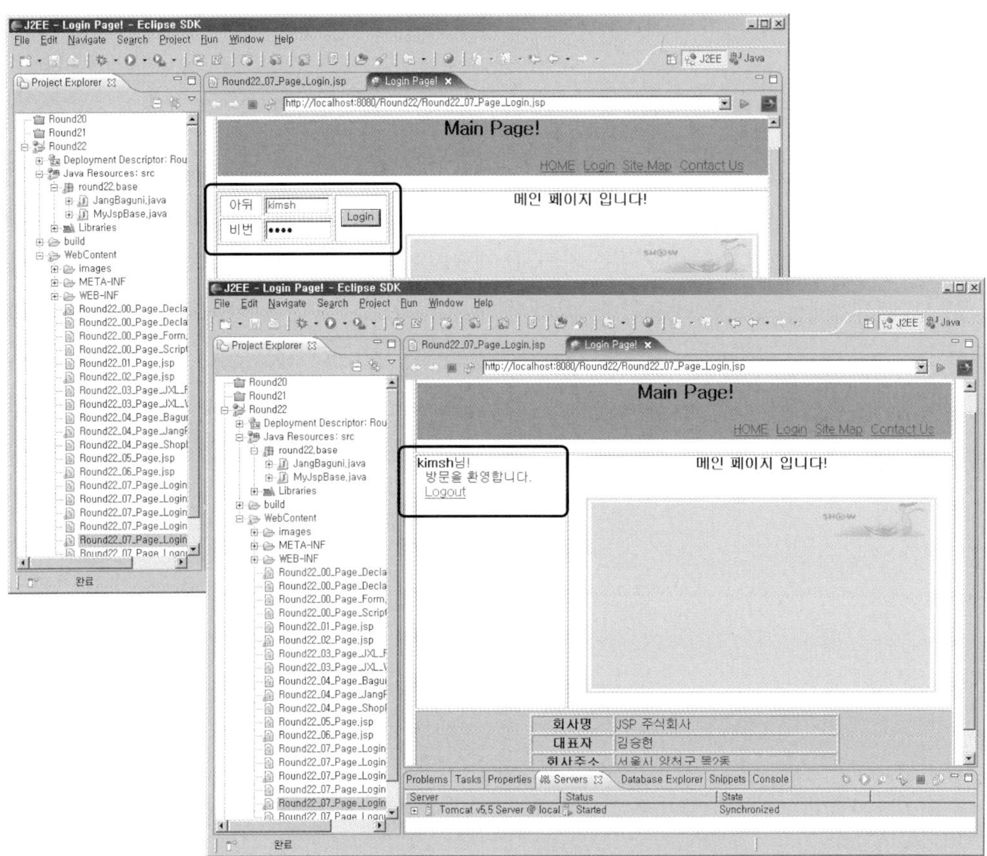

include 지시어에서 사용하는 페이지를 반드시 JSP로 작성할 필요는 없다. 경우에 따라서는 XML이 될 수도 있고, 텍스트 파일이 될 수도 있다. 또한, HTML과 같은 웹 페이지도 가능하다. 예제에서 굳이 JSP만으로 작성한 이유는 실무에서 모든 영역에 동적으로 변경될 가능성을 염두에 두었기 때문이다.

거의 변경이 안 된다고는 하지만 위쪽이나 아래쪽 영역도 충분히 변경될 수가 있고, 이러한 변경이 있을 때 매번 코드를 수정해야 한다는 것은 어려운 일이다. 따라서 이러한 정보들도 데이터베이스에서 가져와서 처리할 수 있게 형태를 구성하는 것이 바람직하고 그렇기 때문에 JSP로 페이지를 작성해야 하는 것이다.

마무리 하면서

이번 라운드에서는 조금 많은 듯하게 내용과 예제를 다루었다. 지시어 원소 중 page 하나만 해도 13가지 이상의 속성을 가지고 있고, 하나하나가 실무에서 중요한 속성이기 때문에 대충 넘어갈 수는 없었다. 또한, Part 3으로 넘어와서 자주 사용해 본 스크립팅 원소에서도 주의할 점과 정확한 용도를 알아야 한다. 이번 라운드가 JSP 개발자에게는 사소한 것일지 모르지만 초보자가 배우고 익히기에는 중요한 내용이다. 따라서 내용 하나도 소홀함 없이 배우고 기억해야 할 것이다.

제 23 장

액션 원소

▌ JSP는 서블릿에 비해 효율적인 코드를 사용할 수 있도록 만들었지만 해당 페이지의 가독성은 좀 떨어지는 편이다. 이런 부분을 보완하기 위해서 특정 동작을 수행하는 코드를 태그의 형태로 만들어 두고 사용하는데, 액션 원소가 이에 해당한다. 이번 라운드에서는 JSP의 액션 원소들에 대해서 전반적으로 살펴본다.

Round 23

23.1 액션 원소의 소개 **23.2** 액션 원소 useBean, setProperty, getProperty
23.3 액션 원소 param, plugin **23.4** 액션 원소 include, forward **23.5** XML로 작성하는 JSP 문서

목표

· 액션 원소의 종류와 사용법을 암기한다.

· 액션 원소별 속성과 동작 방식을 안다.

· 액션 원소별 동작과 맵핑되는 서블릿 기능을 안다.

활용

액션 원소

액션 원소는 다른 말로 JSP 태그라고도 한다. JSP가 기본적으로 제공하는 태그와
사용자가 정의해서 사용하는 태그로 나뉜다. 이 중에서 JSP 표준 태그(액션 원소)는
"<jsp: ~ />"의 형태로 되어 있다. 이러한 액션 원소를 사용하면 일반 스크립팅 원소
에 비해서 코드의 양을 줄일 수도 있고, 페이지의 가독성도 높일 수 있다.

 들어가기 전에

액션 원소들은 스크립트렛 내에서 구현이 가능한 것들이지만 태그를 이용하면서 한층 더 코드의 효율성과 가독성을 높일 수 있다. 배울 액션 원소로는 useBean, setProperty, getProperty, plugin, param, include, forward 등이 있다.

23.1 액션 원소의 소개

액션 원소는 JSP에서 자주 사용하는 특정 동작들에 대해서 미리 만든 예약어라고 할 수 있다. 그런데 자바 코드가 아닌 태그 형태를 띠고 있다. 액션 원소의 표현식은 다음과 같다.

```
<접두어:태그이름 속성="값" 속성="값" ... />

<jsp:태그이름 속성="값" 속성="값" ... />  ————  JSP 액션 원소
```

액션 원소별 동작은 미리 클래스에 정의되어 있고 해당 액션 원소의 속성은 TLD(Tag Library Definition) 파일에 정의되어 있다. JSP 액션 원소는 웹 컨테이너에 내장되어 있어서 바로 사용할 수 있지만 사용자가 정의한 태그나 JSTL 같은 태그는 해당 클래스와 TLD 파일이 필요하다.

그러면 JSP 액션 원소들부터 살펴보자.

| useBean

자바 클래스의 객체를 생성해서 JSP 내의 원하는 데이터 저장 영역(Scope)에 배치되게 해주는 액션 원소이다.

```
<jsp:useBean 속성="값" 속성="값" ... />
```

setProperty

JSP의 데이터 저장 영역 내에 있는 객체(직접 생성하거나 useBean 액션 원소로 생성한)에 속성을 지정하는 액션 원소이다. 매개 변수로 넘겨지는 값 하나를 지정할 수도 있고, 모든 값을 한 번에 지정할 수도 있다.

```
<jsp:setProperty 속성="값" 속성="값" ... />
```

getProperty

JSP의 데이터 저장 영역 내에 있는 객체로부터 속성의 값을 가져와서 출력하게 해주는 액션 원소이다.

```
<jsp:getProperty 속성="값" ... />
```

param

플러그인이나 포함하기, 전달하기와 같은 동작에서 해당 페이지로 특정한 매개 변수를 전송할 때 사용하는 액션 원소이다. 데이터 저장 영역에 있는 값을 추출하여 전송할 수도 있고, 강제로 지정한 값을 전송할 수도 있다.

```
<jsp:param 속성="값" 속성="값" ... />
```

plugin

자바로 생성한 애플릿이나 빈을 JSP 페이지 내에 포함시켜 주는 액션 원소이다. param 속성과 함께 사용하여 매개 변수를 전달할 수도 있다.

```
<jsp:plugin 속성="값" 속성="값" ... />
```

include

동적으로 변경되는 페이지를 현재 JSP 페이지 내에 포함시켜 주는 액션 원소이다. include 지시어처럼 페이지가 처음 만들어질 때 서블릿 코드가 만들어지는 것이 아니라 실행 중에 매번 페이지를 다시 만든다. 따라서 include 액션 원소는 RequestDispatcher 인터페이스의 include( ) 메서드나 pageContext 객체의 include( ) 메서드와 동일하다.

```
<jsp:include 속성="값" 속성="값" ... />
```

forward

현재 JSP 페이지에서 지정한 페이지로 강제로 이동시켜 주는 액션 원소이다. 응답 객체의 sendRedirect( ) 메서드와 달리 현재 페이지가 전송받은 요청 객체의 매개 변수와 속성을 그대로 가지고 이동하는 페이지까지 전달한다.

```
<jsp:forward 속성="값" 속성="값" ... />
```

23.2 액션 원소 useBean, setProperty, getProperty

액션 원소 중 useBean과 setProperty는 프레임워크를 사용하지 않고 일반 JSP 파일을 작성할 때 가장 많이 사용한다. 이들 액션 원소는 웹 페이지 사이에서 전달되는 데이터를 관리할 때 아주 유용하다.

useBean 23.2.1

일단 useBean 액션 원소를 배우기에 앞서 서블릿과 JSP의 데이터 저장 영역에 대해서 한번 되짚어 볼 필요성이 있다. 왜냐하면 useBean 액션 원소로 객체를 선언할 때 이들 영역들 중에서 하나를 사용해야 하기 때문이다.

- **서블릿에서**

서블릿 클래스(this) < HttpServletRequest < HttpSession < ServletContext

- **JSP에서**

page < request < session < application

알고 있듯이 두 가지는 모두 동일한 것이다. 단지 클래스 이름으로 이야기한 것이냐 아니면 내장 객체로 이야기한 것이냐의 차이일 뿐이다. 그러면 useBean 액션 원소는 어떤 동작을 하는 것일까? 다음 예를 보자.

| 예 1

```
<%
SampleClass sample = new SampleClass( );
sample.setName("김승현");
sample.setAddr("서울 양천구 목2동");
session.setAttribute("sample", sample);
%>
```

예를 보면 SampleClass 클래스의 객체를 sample이라는 이름으로 선언하고 속성 값을 몇 개 넣은 후 세션 객체에 sample이라는 이름으로 등록하고 있다. 이렇게 등록하면 sample 객체는 세션 객체가 유지되는 동안에는 계속 사용할 수 있다. 웹 프로그램에서 이런 코드는 상당히 많은 페이지에서 사용된다. 그러면 다음 예를 보자.

| 예 2

```
<jsp:useBean id="sample" class="SampleClass" scope="session"/>
<jsp:setProperty name="sample" property="name" value="김승현"/>
<jsp:setProperty name="sample" property="addr" value="서울 양천구 목2동"/>
```

예는 앞서 제시한 예 1을 useBean과 setProperty 액션 원소를 사용하여 작성한 것이다. 물론 두 가지 예는 모두 SampleClass 클래스가 있다는 것을 가정한 것이다. 예들을 비교해 보면 그다지 효율적으로 느껴지지는 않을 것이다. 오히려 스크립트렛으로 작업하는 방식이 손에 익어서 더 마음에 들지 모른다. 그러나 가독성만 놓고 보면 이렇게 작성한 태그 형태의 코드가 JSP에 어울린다는 것은 인정할 것이다.

앞의 예들에서 setProperty 액션 원소의 이점은 다음에 설명하기로 하고 객체 생성과 데이터 저장 영역을 지정하는 코드만 떼어내 생각해 보자. 그러면 약간이지만 코드가 더 깔끔해지는 것을 느낄 것이다.

| 예 3

```
<%
SampleClass sample = new SampleClass( );
session.setAttribute("sample", sample);
%>
```

→ `<jsp:useBean id="sample" class="SampleClass" scope="session"/>`

가슴에 와 닿지 않으면 어쩔 수 없지만 이렇게 태그를 사용하는 것이 실제 개발에서 많은 코드를 줄여 준다. 또한, 이렇게 선언된 객체와 setProperty나 getProperty 액션 원소를 결합하면 코드 면에서 더 많은 혜택을 볼 수 있다.

다음은 useBean 액션 원소의 속성들이다.

- id : 해당 클래스의 객체 이름을 지정하는 속성이다.
- type : 생성된 객체의 타입을 지정하는 속성이다. 타입이란 객체를 생성해 준 클래스의 부모 클래스로 일반 클래스나 추상 클래스, 인터페이스를 말한다.
- class : 객체를 생성해 주는 클래스를 지정하는 속성이다.
- scope : 해당 객체가 유지되는 데이터 저장 영역을 지정한다. 기본값은 page이며, 네 가지(page | request | session | application) 중에서 선택할 수 있다.

useBean 액션 원소에서 id 속성은 객체 이름을 지정할 때 사용하며, scope 속성과 함께 사용될 때는 해당 데이터 저장 영역에서의 속성 이름과도 동일하다. 앞서의 세 번째 예에서 sample이라는 객체 이름과 session.setAttribute("sample", sample)에서 속성 이름이 모두 id 속성으로 지정된 이름과 동일한 것을 보면 된다.

다음으로 scope 속성은 해당 객체를 사용하는 데이터 저장 영역을 지정한다. 이번 라운드의 처음에 데이터 저장 영역을 다시 짚어 보았는데 이들 중 하나를 지정한다. 만약 scope 속성을 page라고 지정하면 해당 객체는 현재 페이지를 벗어나 사용할 수 없고, request라고 지정하면 요청 객체에서만 사용할 수 있다. scope 속성을 session으로 지정하면 웹 브라우저가 종료될 때까지 사용할 수 있어서 사용자 개개인이 갖는 데이터 저장 영역 중 가장 넓다. scope 속성을 application으로 지정하기도 하지만 전체 사용자가 공유하기 때문에 속성을 제대로 알고서 지정해야 한다. 보통은 WAS(Web Application Server)가 구동되면서 공유 데이터를 지정하는 용도로 사용하기 때문에 개별 페이지에서 사용할 일은 거의 없다.

useBean 액션 원소에서 남은 두 가지는 type과 class이다. 두 속성은 모두 해당 객체를 생성하는 클래스를 지정한다. type 속성은 다형성(Polymorphism) 측면에서 부모 클래스라고 보면 된다. 부모 클래스라고 해서 무조건 클래스여야 한다는 것이 아니라 추상 클래스나 인터페이스도 상속 관계가 맺어져 있으면 부모 클래스로 인식한다.

다음 예를 보자. 여기서 모든 클래스는 round23.util 패키지에 들어 있다고 가정하자. 왜냐하면 JSP에서 사용하는 클래스는 이클립스상의 검색에서 패키지 내부에 있지 않은 클래스에 대해 오류를 발생시키기 때문이다.

| 예 1

```
class A { ... }
class B extends A { ... }
```

```
❶ A ap = new A( );

❷ B bp = new B( );

❸ A cp = new B( );
```

예에서 ❶과 ❷는 자신의 클래스를 기준으로 객체를 생성하고 있다. 그러나 ❸은 다형성 측면에서 부모 클래스인 A 클래스의 객체에 자식 클래스인 B 클래스의 인스턴스를 할당했다. 이런 상황을 useBean 액션 원소로 표현하면 다음과 같을 것이다.

| 예 2

```
class A { ... }
class B extends A { ... }
```

```
❶ <jsp:useBean id="ap" class="round23.util.A" scope="page"/>

❷ <jsp:useBean id="bp" class="round23.util.B" scope="page"/>

❸ <jsp:useBean id="cp" type="round23.util.A" class="round23.util.B" scope="page"/>
```

다시 말해 type 속성의 값은 객체를 선언할 때 지정하는 클래스를 의미한다. 이렇게 지정하려면 type과 class 속성에 적은 클래스들은 서로 상속 관계에 있어야만 한다. 즉 instanceof 연산자로 비교했을 때 True를 보여야 한다. 선언한 클래스와 인스턴스를 생성하는 클래스가 동일하면 class 속성만 지정하면 된다.

그러면 과연 class 속성을 지정하지 않고 type 속성만 지정하는 경우도 있을까? 결론부터 말하자면 있다. 사실 글로 설명하기가 조금 힘들지만 독자 여러분이라면 어렵지 않게 이해할 수 있으리라 믿는다. 일단 Page1.jsp 파일에서 다음과 같이 useBean 액션 원소를 사용하여 객체를 생성했다고 가정해 보자.

```
<jsp:useBean id="cp" type="round23.util.A" scope="request"/>
```

이 페이지를 실행하면 일단 에러가 발생한다. 마치 class 속성을 지정하지 않고서는 type 속성만 따로 지정할 수 없는 것처럼 보인다. 그러나 에러의 내용은 그렇게 말하고 있지 않다.

```
java.lang.InstantiationException : bean cp not found within scope
```

해당 데이터 저장 영역에서 cp 객체를 인스턴스화하다가 에러가 발생했다는 것이다. type 속성만을 지정했을 때는 기존 인스턴스를 찾아서 담을 수만 있다는 이야기이다. 즉 요청 객체에서 cp라는 이름의 인스턴스를 찾아서 A 클래스 타입(type)인 cp 객체에 담겠다는 것이다. 이것을 자바 코드로 표현하면 다음과 같다.

```
    <%
01 : // round23.util.B bp = new round23.util.B( );
02 : // request.setAttribute("cp", bp);
03 : round23.util.A cp = (round23.util.A)request.getAttribute("cp");
04 : request.setAttribute("cp", cp);
    %>
```

예를 살펴보면 03행에서 요청 객체로부터 cp라는 이름으로 등록되어 있는 값을 획득하는 코드가 보인다. 01 ~ 02행이 없으면 당연히 해당 객체에는 cp 속성이 없을 것이다. 결론적으로 useBean 액션 원소는 인스턴스화가 기본인데 속성 중에 해당 이름의 속성이 없어서 인스턴스화가 되지 못했고 그래서 에러가 발생했다.

그렇다면 앞의 조건만 만족하면 에러 없이 실행이 잘될 것인가? 당연하다. 사실 앞의 조건이 만족되려면 페이지 하나에서 사용하기는 힘들다. 동일한 이름의 변수를 페이지 하나에서 선언할 수 없기 때문이다. 다음의 예를 보자.

```
<jsp:useBean id="cp" class="round23.util.B" scope="request"/>
<jsp:forward page="Page2.jsp" />


<jsp:useBean id="cp" type="round23.util.A" scope="request"/>
```

Page1.jsp

Page2.jsp

예와 같이 Page1 페이지에서는 실제 class 속성을 가지고 cp라는 객체를 인스턴스화하고 이것을 요청 객체에 담는다. 그런 다음 Page2 페이지로 전달하게 되면 일단 페이지 하나에서 동일한 변수 이름을 사용할 수 없다는 규칙은 피하게 된다.

Page2 페이지에서는 type 속성으로 A 클래스형을 선언하고 객체 이름은 동일하게 cp로 둔다. 그런 다음 요청 객체에 담겨 있는 인스턴스화된 객체를 찾으면 문제없이 할당되는 것이다. 당연히 A와 B 클래스는 상속 관계에 있어야 한다.

여기서 주의할 점은 이렇게 데이터를 넘겨받아 할당할 때는 받는 쪽의 useBean 액션 원소 내용부에서는 데이터를 변경하지 못한다는 것이다. 이것은 setProperty 액션 원소와 관련된 속성이기는 한데 잠시 설명해 보도록 하겠다. A와 B 클래스가 다음과 같이 정의되어 있다고 가정해 보자.

```
package round23.util;
public abstract class A {
    public abstract void setData(String data);
    public abstract String getData( );
}
```

A.java

```
package round23.util;
public class B extends A {
    private String data;
    public void setData(String data) { this.data = data; }
    public String getData( ) { return this.data; }
}
```

B.java

예를 살펴보면 A나 B 클래스를 사용하여 data라는 데이터를 변경하거나 가져올 수 있다. 앞서 작성한 예를 조금 수정해 보도록 하자.

```
<jsp:useBean id="cp" class="round23.util.B" scope="request">
    <jsp:setProperty name="cp" property="data" value="김승현"/>
</jsp:useBean>
<jsp:forward page="Page2.jsp"/>
```

Page1.jsp

```
<jsp:useBean id="cp" type="round23.util.A" scope="request">
    <jsp:setProperty name="cp" property="data" value="홍길동"/>
</jsp:useBean>
```

Page2.jsp

예처럼 〈jsp:useBean ... /〉이라고 태그를 마치지 않고

```
<jsp:useBean ... > ~ </jsp:useBean>
```

와 같이 내용부를 만들면 해당 객체의 속성에 초깃값을 지정할 수 있다. 그런데 이 부분에서 Page1 페이지에서 data가 "김승현"이라고 지정되어 넘어오면 Page2 페이지에서는 내용부를 만들어서 초깃값을 할당해도 해당 값이 적용되지 않고 넘겨져 온 객체에 있는 김승현이라는 값만 유지된다. 내용부는 무용지물이라는 의미이다.

만약 Page2 페이지에서 앞에서 넘어온 객체를 찾지 않고 직접 다른 id로 객체를 인스턴스화하게 된다면 당연히 홍길동이라는 이름으로 초기화되겠지만 이렇게 연계된 페이지 사이에서 넘어온 객체를 해당 데이터 저장 영역에서 찾는 작업을 하면 내용부의 초기화 부분은 무시하게 된다는 의미이다.

여하튼 useBean 액션 원소는 일반 클래스를 인스턴스화해서 객체로 사용할 때 유용하다. 이렇게 사용함으로써 JSP 코드를 간결하게 해준다. 따라서 프레임워크를 사용하지 않고서 JSP로만 순수하게 작업하려면 useBean 액션 원소를 잘 활용해야 한다. 관련 예제는 setProperty와 getProperty 액션 원소를 다루고서 작성하도록 하겠다.

▌ setProperty와 getProperty ^{23.2.2}

useBean 액션 원소와 더불어서 setProperty와 getProperty 액션 원소를 기억해야 한다. 두 액션 원소는 useBean 액션 원소에 의해 생성된 객체의 속성에 값을 지정하거나 속성에서 값을 읽어서 화면에 출력하는 용도로 사용한다.

다음은 setProperty 액션 원소의 속성들이다.

- name : useBean 액션 원소에 의해 생성된 객체의 id이다.

- property : 생성된 객체에 지정할 속성의 이름으로 setXXX 메서드 형태로 되어야 한다. 만약 특수키 *를 사용하면 매개 변수와 일치하는 모든 속성의 값을 자동으로 채운다.

- value : 속성에 들어갈 값을 지정한다.

- param : 매개 변수의 값을 해당 속성에 자동으로 채운다.

자세한 내용은 잠시 후에 살펴보도록 하고, 일반적인 클래스 객체에 속성을 지정하는 예를 작성해 보도록 하자.

```java
package round23.util.*;
public class C {
    private String name;
    public void setName(String name) { this.name = name; }
}
```
C.java

```jsp
<%
    round23.util.C cp = new round23.util.C( );
    cp.setName("김승현");
    request.setAttribute("cp", cp);
%>
```
Page3.jsp

예를 살펴보면 C 클래스를 작성하고 해당 객체의 속성의 이름을 김승현으로 지정하고 있다.

이것을 useBean 액션 원소를 사용하여 객체를 생성하고 setProperty 액션 원소로 값을 지정하고서 요청 객체에 cp라는 이름으로 등록해 보면 다음과 같이 된다.

```
<jsp:useBean id="cp" class="round23.util.C" scope="request">
    <jsp:setProperty name="cp" property="name" value="김승현"/>
</jsp:useBean>
```

Page3.jsp 변형

그런데 두 가지를 비교해 보면 그다지 효율성이라고는 찾아볼 수 없다. 단지 표현 방식이 다를 뿐이라는 생각이 든다. 맞는 말이다. 사실 이런 정도라면 이미 알고 있는 스크립트렛으로 객체를 선언해서 사용하는 것이 더 낫다.

그러면 이것 이상의 다른 기능이 있다는 말인가? 당연하다. 아주 훌륭한 기능이 있다. 일단 다음과 같은 페이지 연계를 살펴보자. 클래스로는 C 클래스를 그대로 사용하겠다.

```
<form action="Page4.jsp">
    이름 : <input type='text' name='data'/>
<input type='submit' value='전송'/>
</form>
```

Page4.htm

```
<% request.setCharacterEncoding("euc-kr"); %>
<jsp:useBean id="cp" class="round23.util.C" scope="request">
    <jsp:setProperty name="cp" property="name" param="data"/>
</jsp:useBean>
```

Page4.jsp

예를 보면 앞 페이지에서 보낸 data라는 매개 변수의 값을 JSP 페이지에서 property 속성의 값(name)으로 지정하는 부분이 있다. 만약 이 코드를 스크립트렛으로 표현하면 다음과 같을 것이다.

```
<%
    request.setCharacter("euc-kr");
    String data = request.getParameter("data");
    round23.util.C cp = new round23.util.C( );
    cp.setName(data);
    request.setAttribute("cp", cp);
%>
```

매개 변수 하나가 추가될 때마다 매번 값을 받아와서 지정해야 하기 때문에 2행씩 추가된다. 실제로 상당한 부담이다. 페이지 하나에서 단순한 객체를 선언하는 것이면 몰라도 이렇게 페이지

간의 연계는 setProperty 액션 원소가 더 효율적이다. 이와 더불어 앞서 매개 변수를 보내는 페이지의 객체 이름과 C 클래스의 속성 이름이 동일하면 굳이 param 속성을 사용하지 않아도 자동으로 값이 지정된다.

```
<form action="Page4.jsp">
    이름 : <input type='text' name='name'/>
<input type='submit' value='전송'/>
</form>
```

Page4.htm

```
<% request.setCharacterEncoding("euc-kr"); %>
<jsp:useBean id="cp" class="round23.util.C" scope="request">
<%-- <jsp:setProperty name="cp" property="name" param="name"/> --%>
    <jsp:setProperty name="cp" property="name"/>
</jsp:useBean>
```

Page4.jsp

따라서 데이터를 주고받는 useBean 액션 원소의 객체 DTO(Data Transfer Object)나 VO(Value Object)를 생성할 때에는 사용자 인터페이스나 데이터베이스와의 연계를 모두 고려해야 한다.

이런 원리를 조금 더 확대해서 적용하면 다음과 같은 많은 데이터를 한꺼번에 지정하는 것도 가능해진다.

```
package round23.util;
class D {
    private String aaa;
    private String bbb;
    private String ccc;
    public void setAaa(String aaa) { this.aaa = aaa; }
    public void setBbb(String bbb) { this.bbb = bbb; }
    public void setCcc(String ccc) { this.ccc = ccc; }
    public String getAaa( ) { return this.aaa; }
    public String getBbb( ) { return this.bbb; }
    public String getCcc( ) { return this.ccc; }
}
```

첫글자 대문자 금지

D.java

```
<form action="Page4.jsp">
    AAA : <input type='text' name='aaa'/>
    BBB : <input type='text' name='bbb'/>
    CCC : <input type='text' name='ccc'/>
<input type='submit' value='전송'/>
</form>
```

Page5.htm

```
<% request.setCharacterEncoding("euc-kr"); %>
<jsp:useBean id="dp" class="round23.util.D" scope="request">
    <%-- <jsp:setProperty name="dp" property="aaa"/> --%>
    <%-- <jsp:setProperty name="dp" property="bbb"/> --%>
    <%-- <jsp:setProperty name="dp" property="ccc"/> --%>
    <jsp:setProperty name="dp" property="*" />
</jsp:useBean>
```

Page5.jsp

세 줄 코드와 한 줄 코드는 동일한 결과를 나타낸다.

이와 같이 HTML의 매개 변수로 넘겨지는 객체 이름과 D 클래스와 같은 DTO 클래스나 VO 클래스의 속성 이름이 동일하면 특수키 *를 사용하여 일치하는 모든 값을 자동으로 지정하게 할 수 있다. 데이터가 수십이든 수백이든 자동으로 할당되니 얼마나 편리한 방법인가?

주의할 점은 HTML의 객체 이름과 DTO 클래스의 속성 이름의 첫 글자를 대문자로 해서는 안 된다는 것이다. 그리고 반드시 setter와 getter 메서드를 작성해야 한다는 것이다. 이유는 setter와 getter 메서드는 자신의 클래스에서 속성으로 선언된 변수의 첫 글자를 대문자로 해야 성립되는 명명 규칙을 따른다. 때문에 속성을 처음부터 대문자로 하면 변환하고서 해당 속성을 찾아갈 수가 없다. 알아 두기 바란다.

한 가지 더 알아야 하는 것이 있는데, 반드시 DTO 클래스의 모든 속성과 일치하도록 HTML 폼을 작성할 필요는 없다는 것이다. 예를 들어 Page5.htm에서 aaa와 ccc의 ⟨input type ... /⟩만 있어도 된다는 뜻이다. 이렇게 실행하면 bbb의 값은 전달되지 않기 때문에 JSP에서 특수키 *로 값을 모두 받으면 aaa와 ccc에는 정상적인 값이 들어가고 bbb에는 Null이 들어간다. 따라서 에러는 발생하지 않는다.

대부분의 개발자가 useBean 액션 원소를 사용할 때는 setProperty 액션 원소의 이러한 속성이 필요해서 사용하는 것이다. 실제 getProperty 액션 원소는 드물게 사용되지만 setProperty 액션 원소는 자주 사용된다. 그렇다고 getProperty 액션 원소를 무시하지는 말고 일단 알아 두도록 하자.

다음은 getProperty 액션 원소의 속성들이다.

- name : useBean 액션 원소에 의해 생성된 객체 id이다.

- property : 생성된 객체에서 출력할 속성 이름으로 getXXX 메서드 형태로 되어야 한다.

getProperty 액션 원소는 useBean 액션 원소의 객체로부터 getXXX 메서드를 통해 값을 가져오기만 하는 것이 아니라 이것을 화면에 출력하는 out.println(…)의 기능도 함께 구현되어 있다.

앞의 예인 Page5.jsp에서 값들을 출력해 보면 다음과 같다.

```
<% request.setCharacterEncoding("euc-kr"); %>
<jsp:useBean id="dp" class="round23.util.D" scope="request">
<jsp:setProperty name="dp" property="*"/>
</jsp:useBean>
<body>
    aaa : <jsp:getProperty name="dp" property="aaa"/><br/>
    bbb : <jsp:getProperty name="dp" property="bbb"/><br/>
    ccc : <jsp:getProperty name="dp" property="ccc"/><br/>
</body>
```

Page5.jsp

출력할 때 특수키 *와 같은 출력 형태는 없으므로 따로 노력하지 않기 바란다.

액션 원소 useBean, setProperty, getProperty를 활용한 예제 [23.2.3]

그러면 세 가지 액션 원소를 가지고 간단한 데이터를 저장하는 예제를 작성해 보자. 예제는 간단한 게시판을 작성하는 폼으로 액션 원소로 데이터를 전송하고 DAO 클래스를 가지고 저장하는 것까지 작성하도록 하겠다.

게시판의 목록을 보여주기 위해 WebContent 폴더에 Round23_Page_BBS_List.jsp 파일을 만들고서 다음과 같이 코드를 작성하자.

예제 | Round23_Page_BBS_List.jsp

```
<%@ page language="java" contentType="text/html; charset=EUC-KR"
                                    pageEncoding="EUC-KR" %>
```

```jsp
<%@ page import="java.util.*" %>
<%
    /*
    여기서 획득하는 ArrayList는 Write_Process.jsp에서 저장 후 session 영역에 저장되는 데이터이다.
    실제 이 페이지 진입 전에 데이터를 획득해야 하지만 지금은 편의상 글쓰기 이후에 획득하는 것으로 처리한다.
    따라서 반드시 글쓰기를 한번 해야지만 리스트가 보이게 될 것이다.
    */
    ArrayList<round23.dto.BoardDTO> list =
                ↳ (ArrayList<round23.dto.BoardDTO>)session.getAttribute("list");
%>

<!DOCTYPE html PUBLIC "-//W3C//DTD HTML 4.01 Transitional//EN"
                                    ↳ "http://www.w3.org/TR/html4/loose.dtd">
<html>
<head>
<meta http-equiv="Content-Type" content="text/html; charset=EUC-KR">
<title>Board List!</title>
<script language='javascript'>
<!--
    /*
    이 함수는 글쓰기 버튼을 눌렀을 때 글쓰기 페이지로 이동하기 위한 함수이다.
    */
    function move_write( ) {
        location.href='Round23_Page_BBS_Write.jsp';
    }
//-->
</script>
</head>
<body>
    <center>
        <h2>게시판</h2>
        <table border='0' width='500'>
            <tr>
                <td align='right'>
                    <input type='button' value='글쓰기' onClick='move_write( )'/>
                </td>
            </tr>
        </table>
        <table border='1' width='500'>
            <tr height='25'>
```

```jsp
            <th width='60'>번호</th>
            <th width='200'>제목</th>
            <th width='90'>작성자</th>
            <th width='100'>작성일</th>
        </tr>
        <!--
        상단에서 획득한 list 객체의 size( )를 조사하여
        데이터가 없다면 데이터 없음을 출력하고,
        데이터가 있으면 해당 수만큼 반복하면서 데이터를 출력한다.
        -->
        <% if(list == null || list.size( ) == 0) { %>
        <tr>
        <td colspan='4' align='center'>등록된 글이 없습니다.</td>
        </tr>
        <%
            } else {
                for(int i = 0; i < list.size( ); ++i) {
                round23.dto.BoardDTO dto = (round23.dto.BoardDTO)list.get(i);
        %>
            <tr>
            <td align='center'><%= dto.getContent_num( ) %></td>
            <td align='left'><%= dto.getContent_title( ) %></td>
            <td align='center'><%= dto.getContent_writer( ) %></td>
            <td align='center'><%= dto.getContent_regdate( ) %></td>
            </tr>
        <%
                }
            }
        %>
        </table>
    </center>
</body>
</html>
```

> 저장된 데이터는 BoardDTO 타입이기 때문에 해당 클래스의 이름으로 획득한다.

예제의 첫 부분에서 세션 객체의 목록을 읽어 오는데 이것은 원래 이 페이지에 진입하기 직전에 데이터베이스로부터 값을 읽어서 세션 객체나 요청 객체에 저장해야 하는 것이다. 그러나 여기 서는 useBean과 setProperty, getProperty 액션 원소만 다루는 예제이므로 이 부분을 따로 처리하지는 않겠다.

목록 페이지에서 글쓰기 단추를 누르면 이동하는 페이지로 WebContent 폴더에 Round23_
Page_BBS_Write.jsp 파일을 만들고서 다음과 같이 코드를 작성하자.

| 예제 | Round23_Page_BBS_Write.jsp |

```jsp
<%@ page language="java" contentType="text/html; charset=EUC-KR"
                                    ∟ pageEncoding="EUC-KR" %>
<!DOCTYPE html PUBLIC "-//W3C//DTD HTML 4.01 Transitional//EN"
                                    ∟ "http://www.w3.org/TR/html4/loose.dtd">
<html>
<head>
<meta http-equiv="Content-Type" content="text/html; charset=EUC-KR">
<title>Board Write!</title>
<script language='javascript'>
<!--
    function move_list( ) {
        location.href='Round23_Page_BBS_List.jsp';
    }
//-->
</script>
</head>
<body>
    <center>
        <h2>게시판 글쓰기</h2>
        <form method='post' action='Round23_Page_BBS_Write_Process.jsp'>
        <table border='1' width='500'>
            <tr>
                <th width='150'>
                    글제목
                </th>
                <td>
            <!--
여기의 객체 이름은 반드시 BoardDTO 속의 속성 이름과 동일해야 한다. 첫글자를 소문자로 처리해 주어야
DTO에서 setter와 getter를 생성할 때 합성어의 첫글자에 대한 대문자 변환이 무리없이 이루어진다.
            -->
                    <input type='text' name='content_title' size='40'/>
                </td>
            </tr>
            <tr>
```

```
                <th width='150'>
                    작성자
                </th>
                <td>
                    <input type='text' name='content_writer' size='40'/>
                </td>
            </tr>
            <tr>
                <td colspan='2'>
                    <textarea name='content_contents' cols='60' rows='8'></textarea>
                </td>
            </tr>
        </table>
        <table border='0' width='500'>
            <tr>
                <td align='left'>
                    <input type='button' value='리스트로' onClick='move_list( )'/> 
                </td>
                <td align='right'>
                    <input type='submit' value='글쓰기'/>
                    <input type='reset' value='초기화'/>
                </td>
            </tr>
        </table>
        </form>
    </center>
</body>
</html>
```

글쓰기 페이지에서 Submit 단추를 누르면 프로세스 페이지로 이동하는데 이 페이지로 데이터를 넘겨줄 DTO 클래스로 src 폴더에 round23.dto.BoardDTO.java 파일을 만들고서 다음과 같이 코드를 작성하자.

| 예제 | round23.dto, BoardDTO.java |

```
package round23.dto;

import java.io.Serializable;
```

```java
import java.text.SimpleDateFormat;

/**
 * 페이지 상단의 데이터 이동을 담당하는 DTO 클래스이다.
 * content_num과 content_regdate는 DB에 저장시 자동으로 할당된다.
 * content_regdate의 경우에는 값이 저장될 때 원하는 형태로 변형시켜야 한다.
 *
 * @author kimsh
 *
 */
public class BoardDTO implements Serializable {
    private int content_num;
    private String content_title;
    private String content_writer;
    private String content_contents;
    private String content_regdate;

    public BoardDTO( ) { }

    public int getContent_num( ) {
        return content_num;
    }

    public void setContent_num(int contentNum) {
        content_num = contentNum;
    }

    public String getContent_title( ) {
        return content_title;
    }

    public void setContent_title(String contentTitle) {
        content_title = contentTitle;
    }

    public String getContent_writer( ) {
        return content_writer;
    }

    public void setContent_writer(String contentWriter) {
```

```
        content_writer = contentWriter;
    }

    public String getContent_contents( ) {
        return content_contents;
    }

    public void setContent_contents(String contentContents) {
        content_contents = contentContents;
    }

    public String getContent_regdate( ) {
        return content_regdate;
    }

    public void setContent_regdate(java.sql. Timestamp regdate) {
        SimpleDateFormat format = new SimpleDateFormat("yyyy-MM-dd HH:mm:ss");
        content_regdate = format.format(new java.util.Date(regdate.getTime( )));
    }
}
```

> content_regdate에 값이 할당될 때 해당 값을 원하는 날짜로 변경한다.

DTO 클래스를 통해 전달받은 후 프로세스 페이지에서 데이터를 저장하려면 데이터베이스와 DAO 클래스가 있어야 한다. 먼저 데이터베이스에 BBS_CONTENT_TB라는 테이블을 다음과 같이 만들자.

실행

```
create table BBS_CONTENT_TB(
content_num int primary key auto_increment,
content_title varchar(100) not null,
content_writer varchar(20) not null,
content_contents text not null,
content_regdate datetime
);
```

테이블을 만들었으면 데이터를 저장하고, 모든 데이터를 추출할 수 있는 DAO 클래스를 작성하도록 하자. DAO 클래스로는 src 폴더에 round23.dao.BoardDAO.java 파일을 만들고서 다음과 같이 코드를 작성하자.

```java
package round23.dao;

import java.sql.Connection;
import java.sql.DriverManager;
import java.sql.PreparedStatement;
import java.sql.ResultSet;
import java.sql.SQLException;
import java.sql.Statement;
import java.util.ArrayList;

import round23.dto.BoardDTO;

public class BoardDAO {
    private Connection conn;

    /**
     * DB와의 접속을 위해 Connection 객체를 생성하는 생성자 메서드이다.
     */
    public BoardDAO( ) {
        try {
            Class.forName("org.gjt.mm.mysql.Driver");
        } catch(ClassNotFoundException ex) { }
        String url = "jdbc:mysql://localhost:3306/web_java";
        try {
            conn = DriverManager.getConnection(url, "root", "12345678");
        } catch(SQLException ex) {
            System.err.println("Create Error = " + ex.getMessage( ));
            ex.printStackTrace( );
        }
    }

    /**
     * useBean으로 생성된 객체가 매개 변수로 전달되면 그 값들을 이용하여
     * DB에 저장하는 작업을 진행하는 메서드이다.
     *
     * @param dto
     * @return result
     */
```

```java
public int registerMember(BoardDTO dto) {
    int result = 0;
    try {
        String query = "INSERT INTO BBS_CONTENT_TB VALUES (null, ?, ?, ?,
                                                         ↳ now( ))";
        PreparedStatement pstmt = conn.prepareStatement(query);
        pstmt.setString(1, dto.getContent_title( ));
        pstmt.setString(2, dto.getContent_writer( ));
        pstmt.setString(3, dto.getContent_contents( ));
        result = pstmt.executeUpdate( );
        pstmt.close( );
    } catch(SQLException ex) {
        System.err.println("Register Error = " + ex.getMessage( ));
        ex.printStackTrace( );
        return -1;
    }
    return result;
}


/**
 * List 페이지에서 출력될 데이터를 이 메서드를 이용하여 획득한다.
 * 결과값을 ArrayList의 Type이고 페이징 처리 없이 전체 값을 획득한다.
 *
 * @return list
 */
public ArrayList<BoardDTO> getBoardList( ) {
    ArrayList<BoardDTO> list = new ArrayList<BoardDTO>( );
    try {
        String query = "SELECT * FROM BBS_CONTENT_TB";
        Statement stmt = conn.createStatement( );
        ResultSet rs = stmt.executeQuery(query);
        while(rs.next( )) {
            BoardDTO dto = new BoardDTO( );
            dto.setContent_num(rs.getInt(1));              ← content_num 값 획득 후 저장
            dto.setContent_title(rs.getString(2));         ← content_title 값 획득 후 저장
            dto.setContent_writer(rs.getString(3));        ← content_writer 값 획득 후 저장
            dto.setContent_contents(rs.getString(4));      ← content_contents 값 획득 후 저장
            dto.setContent_regdate(rs.getTimestamp(5));    ← content_regdate 값 획득 후 저장
            list.add(dto);
        }
```

```
            rs.close( );
            stmt.close( );
        } catch(SQLException ex) {
            System.err.println("getList Error = " + ex.getMessage( ));
            ex.printStackTrace( );
            return null;
        }
        return list;
    }
}
```

이제 준비가 끝났으면 WebContent 폴더에 Round23_Page_BBS_Write_Process.jsp 파일을
만들고서 다음과 같이 코드를 작성하자.

예제 | Round23_Page_BBS_Write_Process.jsp

```jsp
<%@ page language="java" contentType="text/html; charset=EUC-KR"
                                      ↳ pageEncoding="EUC-KR" %>
<%@ page import="round23.dao.*" %>

<%
    request.setCharacterEncoding("euc-kr");
%>
<!--
    글쓰기에서 넘어온 데이터를 useBean과 setProperty를 이용하여 획득한다.
    setProperty에서 property 값을 "*"로 설정하면 속성과 이름이 동일한 객체는 자동으로 값이 설정된다.
-->
<jsp:useBean id="board" class="round23.dto.BoardDTO" scope="request">
    <jsp:setProperty name="board" property="*"/>
</jsp:useBean>
```

데이터베이스에 저장하는 DAO 객체를 생성한다.

resigerMember( ) 메서드에 useBean
액션 원소로 생성된 DTO 객체인 board
를 매개 변수를 전달하여 저장한다.

```jsp
<%
    BoardDAO dao = new BoardDAO( );
    int result =
dao.registerMember((round23.dto.BoardDTO)request.getAttribute("board"));
    session.setAttribute("list", dao.getBoardList( ));
%>
```

저장이 완료되면 세션 객체에 list라는
이름으로 데이터베이스의 모든 행을
획득하여 ArrayList 클래스의 객체로
저장한다.

```
<script language='javascript'>
<!--
    if(<%= result %> == -1) {
        alert('저장에 실패했습니다.');
        history.go(-1);
    }
    else {
        alert('성공적으로 저장되었습니다.');
        location.href='Round23_Page_BBS_List.jsp';
    }
//-->
</script>
```


저장된 결과는 registerMember( ) 메서드를 통해 int형으로 반환된다. 반환 값에 따라 저장이
성공했는지를 확인할 수 있고, 다음으로 이동할 페이지도 지정할 수 있다.

지금까지 작업이 완료되었으면 다음과 같이 입력하여 실행해 보자.

실행 ▶ `http://localhost:8080/Round23/Round23_Page_BBS_List.jsp`

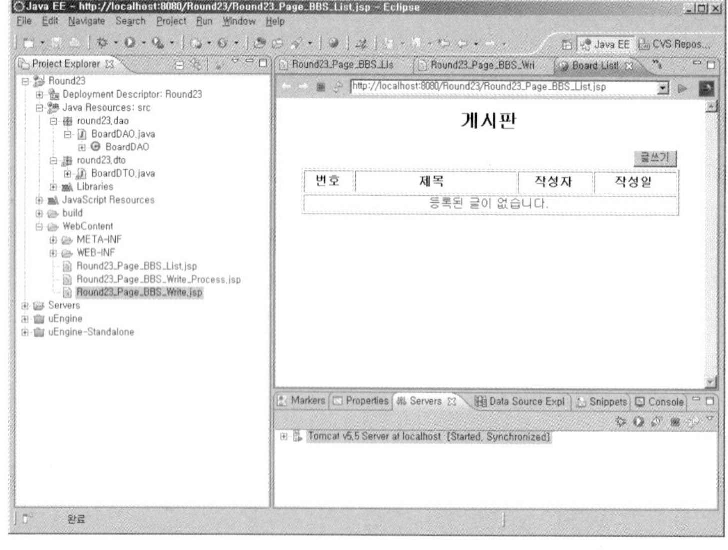

이 페이지에서는 세션 객체에 list 속성이 있는지의 여부에 따라 데이터를 보여줄지를 결정한다. 처음 접속할 때는 당연히 세션 객체에 아무런 속성도 없으므로 앞서와 같이 빈 화면이 뜬다. 여기서 글쓰기 단추를 누르면 다음 페이지로 이동한다.

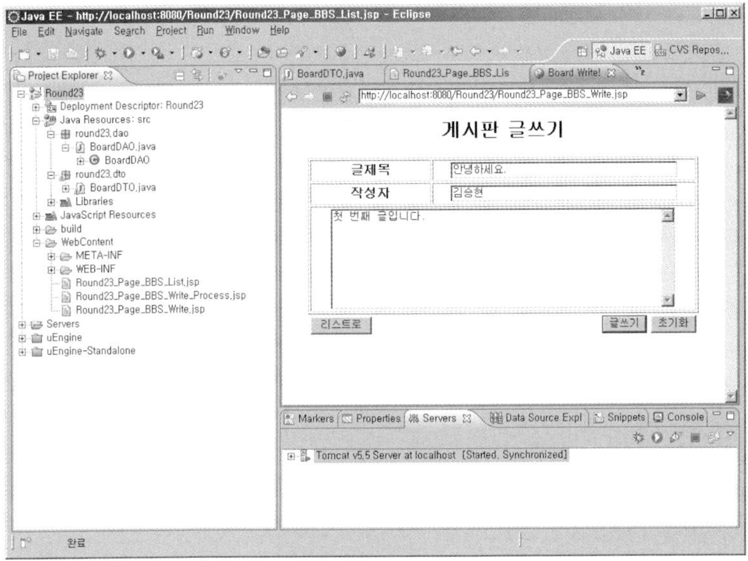

이동된 글쓰기 페이지에서 글을 작성하고서 글쓰기 단추를 누르면 데이터베이스에 실제 내용이 저장되고 성공 메시지가 출력된다. 여기서 에러가 발생하면 데이터베이스가 정상적인지를 먼저 확인하고 다음으로 DAO 클래스의 메서드를 테스트해 봐야 한다.

저장이 성공했는지는 다음과 같이 데이터베이스를 통해 확인하자.

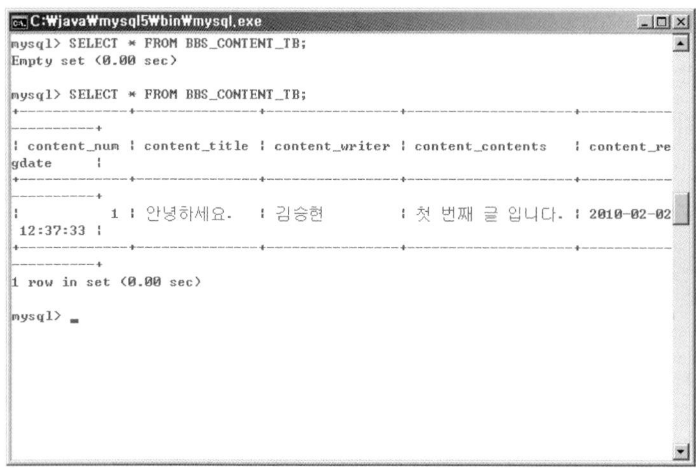

성공 메시지의 확인 단추를 누르면 목록 페이지로 이동하는데 이때 list라는 객체가 생성되어 있어서 데이터가 다음과 같이 표시된다.

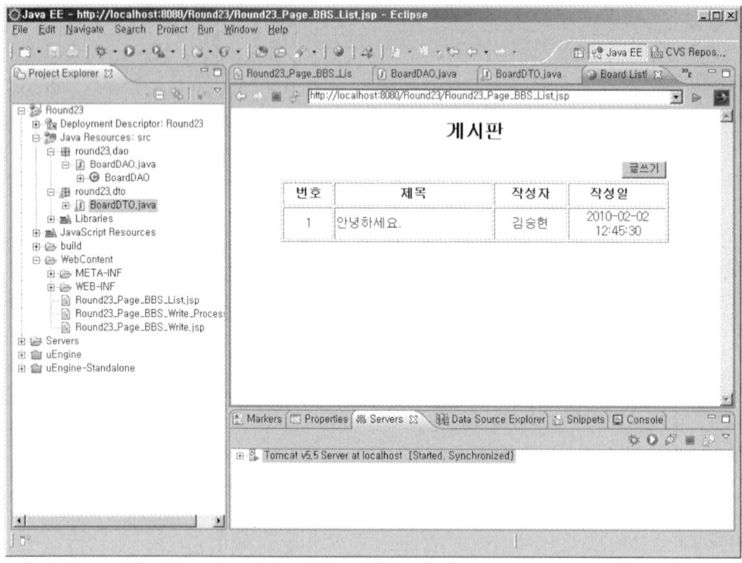

예제에서 주목할 사항은 웹 페이지 사이에서 전달되는 데이터의 이동에서 JSP의 기본적인 액션 원소를 사용하는 부분이다. 실무상 프레임워크가 없는 프로젝트에서는 자주 활용하는 방식이므로 기억해 두기 바란다.

23.3 액션 원소 param, plugin

▪ param 23.3.1

param 액션 원소는 plugin, include, forward 액션 원소 등과 같이 다른 컴포넌트나 다른 페이지들과 연계하여 매개 변수를 전달하는 용도로 사용한다. 기본적으로 웹에서는 HttpServletRequest나 HttpSession 인터페이스를 통해 데이터를 전달하고 관리하지만 웹이 아닌 다른 영역과의 데이터 교환은 처리할 방법이 없다. 동일한 웹이라면 요청 객체나 세션 객체를 사용하지 않고서도 질의(Query String)로 처리할 수 있지만 이것도 정형화된 방법이라고 할 수는 없다.

이런 경우에 매개 변수를 좀더 효율적으로 관리하게 해주는 액션 원소가 바로 param이다. 주의할 점은 param 액션 원소 여러 개를 묶어야 할 때는 〈params〉 태그를 다음과 같이 사용한다.

```
<jsp:params>
    <jsp:param 속성="값" 속성="값" ... />
    <jsp:param 속성="값" 속성="값" ... />

    중간 생략

</jsp:params>
```

> plugin 액션 원소를 사용할 때만 필요하다. include나 forward 액션 원소에서 사용하면 에러가 발생한다.

다음은 param 액션 원소의 속성들이다.

- name : 매개 변수의 이름을 지정한다.
- value : 매개 변수의 값을 지정한다.

서블릿을 배우면서 애플릿을 사용할 때 이미 〈param〉 태그를 본 적이 있다. 차이는 〈params〉 태그로 묶는다는 것과 접두어로 jsp가 붙는다는 두 가지밖에 없다. 그러나 이것도 plugin 액션 원소에서만 〈params〉 태그로 묶는 것이고, include나 forward 액션 원소를 사용할 때는 2개 이상의 param 액션 원소를 사용하더라도 〈params〉 태그로 묶어서는 안 된다. 실제 예제는 plugin이나 include, forward 액션 원소에서 사용하도록 하자.

▪ plugin ^{23.3.2}

다음으로 살펴볼 액션 원소는 plugin이다. 자바로 만든 애플릿이나 빈을 현재 페이지에 추가하는 용도로 사용한다. 일반 〈applet〉 태그를 사용해도 되지만 그렇게 했을 때 웹 브라우저에 따라 애플릿이 정상적으로 실행되지 않는 경우를 앞서서도 종종 보아 왔다. 그럴 때 htmlConversion 명령으로 〈applet〉 태그를 다시 변환해서 사용하는 것보다는 〈jsp:plugin〉 태그를 사용하는 것이 효율적이다. 이 태그는 자동적으로 Object ID를 생성시켜 줄 뿐만 아니라 직접 플러그인의 URL도 지정할 수 있어서 애플릿을 사용하면서의 어려움이 적어진다. 속성은 다음과 같이 표로 정리하였다.

표 plugin 액션 원소의 필수 속성

속성	값	설명
type	applet 또는 bean	해당 위치에 추가할 컴포넌트의 형식을 지정한다.
codebase	url	코드에서 지정할 파일의 경로를 지정한다.
code	filename	애플릿이나 빈으로 지정할 파일의 이름을 지정한다.

표 plugin 액션 원소의 필요 속성

속성	값	설명
width	pixel	화면에 표시할 컴포넌트의 폭을 지정한다.
height	pixel	화면에 표시할 컴포넌트의 높이를 지정한다.

표 plugin 액션 원소의 기타 속성

속성	값	설명
name	unique name	동일 페이지에서 구분할 이름을 지정한다.
align	left, right, top, middle, bottom	화면에서 표시할 컴포넌트의 상대 위치를 지정한다.
archive	압축 filename	리소스(클래스, 이미지 등)를 압축한 파일을 지정한다. 확장자는 JAR이다.
hspace	pixel	컴포넌트의 가로 방향(왼쪽, 오른쪽) 공백을 지정한다.
vspace	pixel	컴포넌트의 세로 방향(위, 아래) 공백을 지정한다.

→ 다음 페이지에 계속

← 전 페이지에 이어

속성	값	설명
ieplugin	url	인터넷 익스플로러에서 실행할 때 해당하는 플러그인을 내려 받는 위치를 지정한다.
nsplugin	url	넷스케이프에서 실행할 때 해당하는 플러그인을 내려 받는 위치를 지정한다.
jreversion	version	이 컴포넌트를 실행할 JRE 버전을 지정한다.

실무에서 작업하다 보면 애플릿과 연동하는 경우는 특수한 프로젝트를 제외하고는 좀처럼 접할 기회가 없다. 그래서 plugin 액션 원소는 잘 모르더라도 별 문제가 없다. 그러나 param 액션 원소는 include나 forward 액션 원소에서 자주 사용하기 때문에 잘 기억해 두어야 한다.

▪ 액션 원소 param, plugin를 활용한 예제 ^{23.3.3}

이번 예제는 param과 plugin 액션 원소를 연동하여 애플릿을 실행하도록 구성하였다. 앞서 설명한 것처럼 param 액션 원소를 여러 개 묶어서 전송할 때는 〈params〉 태그로 묶어야 한다. 이렇게 하지 않으면 plugin 액션 원소의 종료점을 찾지 못해서 에러가 발생한다. 주의하기 바란다.

첫 번째로 plugin 액션 원소가 있는 페이지로 WebContent 폴더에 Round23_Page_ MoveChar.jsp 파일을 만들고서 다음과 같이 코드를 작성하자.

예제 | Round23_Page_MoveChar.jsp

```
<%@ page language="java" contentType="text/html; charset=EUC-KR"
                                    ↳ pageEncoding="EUC-KR" %>
<!DOCTYPE html PUBLIC "-//W3C//DTD HTML 4.01 Transitional//EN"
                          ↳ "http://www.w3.org/TR/html4/loose.dtd">
<html>
<head>
<meta http-equiv="Content-Type" content="text/html; charset=EUC-KR">
<title>Move Character!</title>
</head>
```

```html
<body>
    <center>
        <h2>Move Character!</h2>
    <!--
        plugin 태그를 이용하여 폭 300, 높이 200의 애플릿을 포함시킨다.
    -->
        <jsp:plugin type="applet" width="300" height="200" jreversion="1.2"
            └, code="MoveCharacter.class" codebase="http://localhost:8080/Round23">
    <!--
        parameter들을 묶어서 관리한다.
        만약 param이 묶여 있지 않으면 plugin의 영역이 정상적으로  지정되지 않아 오류가 발생한다.
    -->
                <jsp:params>
                    <jsp:param name="data" value="Hello JSP!"/>
                    <jsp:param name="cnt" value="100"/>
                </jsp:params>
            </jsp:plugin>
    </center>
</body>
</html>
```

다음으로는 plugin 액션 원소가 포함시킨 애플릿으로 src 폴더에 Move_Character.java 파일을 만들고서 다음과 같이 코드를 작성하자. 이 애플릿은 매개 변수로 받은 문자열을 지정된 횟수만큼 오른쪽으로 이동하게 해준다.

| 예제 | MoveCharacter.java |

```java
import java.applet.*;
import java.awt.*;
import javax.swing.*;


public class MoveCharacter extends Applet implements Runnable {
    private String data;            // 매개 변수를 통해 얻는 문자열이다.
    private int cnt;                // 매개 변수를 통해 얻을 문자열의 이동 횟수이다.

    private int x_pos;              // 현재 표시될 문자열의 X축 위치이다.
    private Thread thread;          // 계속 이동하면서 표시하게 X축 값을 관리할 스레드이다.
```

```java
public void init( ) {
    data = this.getParameter("data");
    cnt = Integer.parseInt(this.getParameter("cnt"));
}
public void start( ) {
    thread = new Thread(this);
    thread.setDaemon(true);
    thread.start( );
}

public void run( ) {
    int gap = this.getWidth( ) / cnt;

    for(int i = 0; i < this.getWidth( ); i += gap) {
        x_pos = i;
        repaint( );
        try {
            Thread.sleep(500);
        } catch(InterruptedException ie) { }
    }
}

public void paint(Graphics g) {
    g.setColor(Color.WHITE);
    g.fillRect(0, 0, this.getWidth( ), this.getHeight( ));
    int height = this.getHeight( ) / 2;
    g.setColor(Color.BLACK);
    g.setFont(new Font("Sans-Serif", Font.BOLD, 12));
    g.drawString(data, x_pos, height);
}
public void destroy( ) { }
}
```

매개 변수로 넘어오는 값을 받는다.

매개 변수의 값을 획득하고서는 스레드를 데몬으로 실행한다.

애플릿이 표시될 전체 영역을 이동 횟수로 나눈다.

이동 횟수만큼 반복하면서 X축 값을 바꾸고 화면을 갱신한다. 화면의 갱신 시간은 0.5초로 한다.

흰색으로 화면을 초기화하고 검은색으로 문자열을 X축 위치에 출력한다.

이미 알고 있듯이 이렇게 구성된 애플릿과 JSP는 특별한 플러그인 없이 이클립스에서 바로 실행되지 않는다. 때문에 WAR 파일로 압축하여 배포하고서 실행해야 한다. 만약 WAR 파일로 압축하는 build.xml 파일을 작성할 수 없거나 기억이 나지 않으면 앞서 배운 라운드 19를 다시 보기 바란다. 주의할 점은 애플릿 파일과 JSP 파일이 동일한 폴더에 있도록 하는 것이다.

직접 해당 파일을 압축하고 싶으면 C:\ imsi 폴더를 만들고서, 이클립스가 설치된 폴더의 작업 영역 (workspace 폴더)에 있는 Round23 폴더로 가서 WebContent 폴더의 Round23_Page_MoveChar.jsp 파일과 WEB-INF 폴더를 복사해서 C:\imsi 폴더에 붙인다. 그런 다음 Round23\build\classes 폴더의 MoveCharacter.class 파일도 C:\imsi 폴더에 붙인다. 다음으로 cmd 창을 띄우고 C:\imsi 폴더로 이동 해서

```
jar -cvf Round23.war *.*
```

라고 실행하면 imsi 폴더에 Round23.war가 만들어진다. 이것을 톰캣이 설치된 폴더의 webapps 폴더에 붙이고서 톰캣을 구동하면 된다.

웹 서버를 구동하였으면 다음과 같이 실행해서 결과를 확인해 보도록 하자.

실행 ▶ `http://localhost:8080/Round23/Round23_Page_MoveChar.jsp`

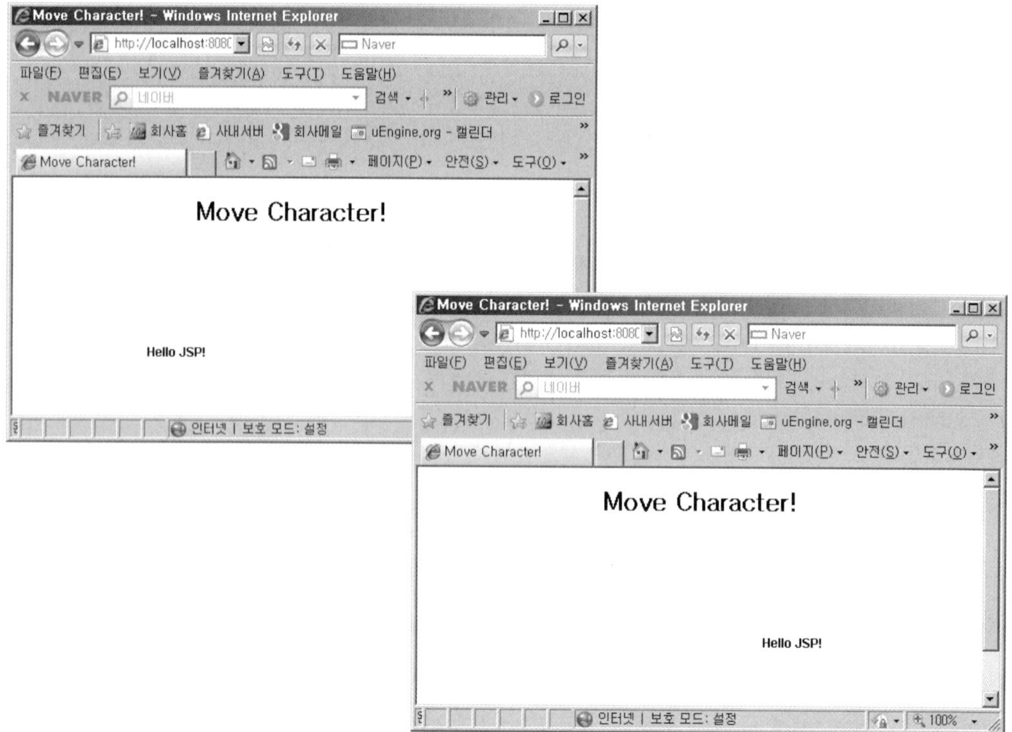

23.4 액션 원소 include, forward

웹 페이지 간의 관계를 연결짓는 액션 원소로 include와 forward가 있다. 앞서 PageContext 클래스의 객체를 가지고 사용해 본 적이 있다. 물론 앞서 서블릿에서는 RequestDispatcher 인터페이스를 가지고도 사용해 보았다. 어떠한 방법으로 사용하든 동일한 개념이다. 여기서는 include와 forward 액션 원소만을 익히고 예제를 작성하도록 하겠다.

▌ include   23.4.1

앞서도 설명했지만 include 지시어와 include 액션 원소는 파일 내용을 완전하게 포함시키느냐 아니냐의 차이가 크다. include 지시어(⟨%@ include file="~" %⟩)는 포함시키는 파일의 코드 자체가 현재 페이지에 포함되어서 하나의 서블릿으로 컴파일된다. include 액션 원소나 PageContext 객체의 include( ) 메서드나 RequestDispatcher 인터페이스의 include( ) 메서드는 포함시키려는 페이지의 실행 결과만 가져오기 때문에 실제 서블릿으로 변환될 때는 따로 작성된다. 따라서 변수를 공유할 때는 include 지시어를 사용하기 바란다. include 액션 원소는 파일이 따로 작성되기 때문에 변수를 공유할 수가 없다.

다음은 include 액션 원소의 속성들이다.

- page : 현재 페이지에 포함시킬 페이지를 지정한다.
- flush : 포함시킬 페이지로 이동하기 전에 현재까지의 버퍼 내용을 사용자에게 전송할지 여부를 지정한다.

include 지시어와는 달리 동적인 변화가 많은 페이지는 include 액션 원소를 사용하는 것이 바람직할 것이다. 포함시키는 페이지의 경로는 상대 경로로 지정해야 한다. 주의할 점은 flush 속성인데, include 액션 원소로 페이지를 포함시킬 때 그 위치까지의 내용을 버퍼에서 비울 것인지의 여부를 지정하게 해준다. 예를 들어 다음과 같은 코드가 있을 경우,

```
<body>
    <h2>테스트</h2>
    <hr/>
        AAA
    <jsp:include page="…" flush="…" />
```

중간 생략

```
</body>
```

이 페이지를 실행하면 위에서부터 한 줄씩 화면에 로드된다. 시작 위치에서부터 AAA라는 위치까지의 내용이 버퍼에 차곡차곡 쌓이게 되는 것이다. 그렇게 읽어 가다가 〈jsp:include ... /〉를 만나면 해당 내용을 실행하기 위해 실행 권한이 넘어간다.

이때 AAA 위치까지 읽은 내용을 사용자 화면으로 보내고 〈jsp:include ... /〉를 실행할 것인지 아니면 〈jsp:include ... /〉를 실행한 결과가 돌아올 때까지 버퍼에 보관할지 여부를 지정해야 한다. flush 속성이 False로 지정되어 있으면 〈jsp:include ... /〉까지 모두 실행한 후 결과를 화면으로 보내고 True로 지정되어 있으면 〈jsp:include ... /〉 실행 여부와 관계없이 버퍼를 비워 버린다.

별 상관이 없을 것이라 생각할지도 모르지만 실제로 버퍼를 비우면 헤더에 지정된 정보가 함께 출력되기 때문에 〈jsp:include ... /〉를 실행해서 해당 정보를 변경하고 싶어도 할 수가 없다. 굳이 변경할 이유가 없는 페이지는 flush="true"라고 지정해도 되지만 그렇지 않으면 flush="false"라고 지정하기 바란다.

그러면 메인 화면을 구성하는 예제를 include 지시어와 include 액션 원소를 혼용해서 만들어 보도록 하자. 전체 화면을 구성하는 페이지로 WebContent 폴더에 Round23_Page_IncludeMain.jsp 파일을 만들고서 다음과 같이 코드를 작성하자.

예제 | Round23_Page_IncludeMain.jsp

```
<%@ page language="java" contentType="text/html; charset=EUC-KR"
                                  ↳ pageEncoding="EUC-KR" %>

<%
    /*
        CENTER 영역에 나타나는 페이지를 매개 변수를 이용하여 Control 한다.
        처음 contents_page 라는 속성이 없을 때에는 main.jsp를 표시하고, contents_page 라는 속성이
        존재하게 되면 그 값을 페이지명으로 호출한다.
    */
```

```jsp
    String contents_page = request.getParameter("contents_page");
    if(contents_page == null || contents_page.trim( ).length( ) == 0) {
        contents_page = "./template/main.jsp";
    }
    else {
        contents_page = "./template/" + contents_page;
    }
%>

<!DOCTYPE html PUBLIC "-//W3C//DTD HTML 4.01 Transitional//EN"
                                       "http://www.w3.org/TR/html4/loose.dtd">
<html>
<head>
<meta http-equiv="Content-Type" content="text/html; charset=EUC-KR">
<title>Main Page!</title>
</head>
<body>
    <table border="1" width="800">
        <tr>
            <td colspan="2" align="center" valign="middle">
                <!--
                지시어 원소를 이용하여 top.jsp를 포함시킨다.
                이렇게 포함된 페이지는 서블릿으로 변환될때 코드 자체가 포함된다.
                -->
                <%@ include file="./template/top.jsp" %>
            </td>
        </tr>
        <tr height="300">
            <td align="center" valign="top" width="250">
                <!--
                액션 원소를 이용하여 jsp 페이지를 포함시킨다. 이때에는 소스 코드를 포함하여 컴파일 되는 것
                이 아니라 단지 호출에 의해 결과 페이지만 표시할 뿐이다. 또한 flush 값에 의해 이 코드 이전
                까지의 내용을 화면으로 전송할지 여부를 결정한다. 현재는 화면이 전부 로드될 때까지 전송하지
                않고 기다린다.
                -->
                <jsp:include page="./template/left.jsp" flush="false"/>
            </td>
            <td valign="top" width="550">
                <!--
                매개 변수의 값에 따라 포함될 페이지를 동적으로  결정한다. 호출된 결과가 담기게 된다.
```

```
                    -->
                    <jsp:include page="<%= contents_page %>" flush="false"/>
                </td>
            </tr>
            <tr>
                <td colspan="2" align="center" valign="middle">
                    <%@ include file="./template/bottom.jsp" %>
                </td>
            </tr>
        </table>
    </body>
</html>
```

WebContent 폴더에 template 폴더를 만든다. 각 영역에 포함시킬 페이지를 다음과 같이 각각
만들고서 코드를 작성해 보자.

예제 | WebContent/template, top.jsp

```
<%@ page language="java" contentType="text/html; charset=EUC-KR"
                                         ↳ pageEncoding="EUC-KR" %>

<center>
    <h2>Main Page!</h2>
    <table width="800" border="0">
        <tr>
            <td align="right">
                <a href="#">Home</a> 
                <a href="#">Manager</a> 
                <a href="#">Site Map</a>
            </td>
        </tr>
    </table>
</center>
```

예제 | WebContent/template, bottom.jsp

```jsp
<%@ page language="java" contentType="text/html; charset=EUC-KR"
                              pageEncoding="EUC-KR" %>

<center>
    <table width="400" border="0">
        <tr>
            <td width="80" align="center">
                <select name="condition">
                    <option value="title">제목</option>
                    <option value="contents">내용</option>
                    <option value="tnc">제목+내용</option>
                </select>
            </td>
            <td width="170">
                <input type="text" name="search" size="35"/>
            </td>
            <td width="100">
                <input type="button" value="검색"/>
            </td>
        </tr>
    </table>

    <br/>

    <font size="2">
    <table width="400" border="0">
        <tr>
            <th width="100">회사상호</th>
            <td align="left">(주)프리렉 주식회사</td>
        </tr>
        <tr>
            <th width="100">회사주소</th>
            <td align="left">(123-321) 서울 양천구 목2동 123-12번지</td>
        </tr>
        <tr>
            <th width="100">회사전번</th>
            <td align="left">(02) 1234-4321 </td>
```

```
            </tr>
        </table>
        </font>
</center>
```



```
<%@ page language="java" contentType="text/html; charset=EUC-KR"
                                    pageEncoding="EUC-KR" %>


<center>
    <form method="post" action="">
        <table width="200" border="0">
            <tr>
                <th width="50">아뒤</th>
                <td width="100">
                    <input type="text" name="id" size="8"/>
                </td>
                <td rowspan="2" width="50">
                    <input style="width:50px;height:50px;border:none"
                                            type="button" value="로그인"/>
                </td>
            </tr>
            <tr>
                <th width="50">비번</th>
                <td>
                    <input type="password" name="pw" size="7"/>
                </td>
            </tr>
        </table>
    </form>
</center>
```



```
<%@ page language="java" contentType="text/html; charset=EUC-KR"
                                    pageEncoding="EUC-KR" %>
```

```
<center>
    <h3>MAIN PAGE!</h3>
    <br/>
    <a href="Round23_Page_IncludeMain.jsp?contents_page=board.jsp">게시판으로 이동</a>
</center>
```



```
<%@ page language="java" contentType="text/html; charset=EUC-KR"
                                    ↳ pageEncoding="EUC-KR" %>

<script language="javascript">
<!--
    function move_list( ) {
        location.href = "Round23_Page_IncludeMain.jsp?contents_page=main.jsp";
    }
//-->
</script>

<center>
    <h3>게시판 리스트</h3>
    <font size='2'>
    <table width="480" border="1">
        <tr>
            <th width="50">번호</th>
            <th width="250">제목</th>
            <th width="80">작성자</th>
            <th width="100">작성일</th>
        </tr>
        <%
        for(int i = 0; i < 5; ++i) {
            out.println("<tr>");
            out.println("<td align='center'>" + (i + 1) + "</td>");
            out.println("<td align='left'>
            <a href='#'>안녕하세요! #" + (i + 1) + "</a></td>");
            out.println("<td align='center'>김승현</td>");
            out.println("<td align='center'>2010-02-01</td>");
            out.println("</tr>");
        }
```

```
            %>
        </table>
        <table width="480" border="0">
            <tr>
                <td align="center">
                        <a href='#'>&lt;&lt;</a> 
                        <a href='#'>&lt;</a> 
                        <a href='#'>1</a> 
                        <a href='#'>&gt;</a> 
                        <a href='#'>&gt;&gt;</a> 
                </td>
            </tr>
        </table>
        </font>
        <table width="480" border="0">
            <tr>
                <td align="left">
                    <input type="button" value="리스트" onClick="move_list( )"/>
                </td>
                <td align="right">
                    <input type="button" value="글쓰기"/>
                </td>
            </tr>
        </table>
    </center>
```

지금까지 작성한 내용을 실행해 보자. 다음과 같은 결과를 확인할 수 있다.

실행 http://localhost:8080/Round23/Round23_Page_IncludeMain.jsp

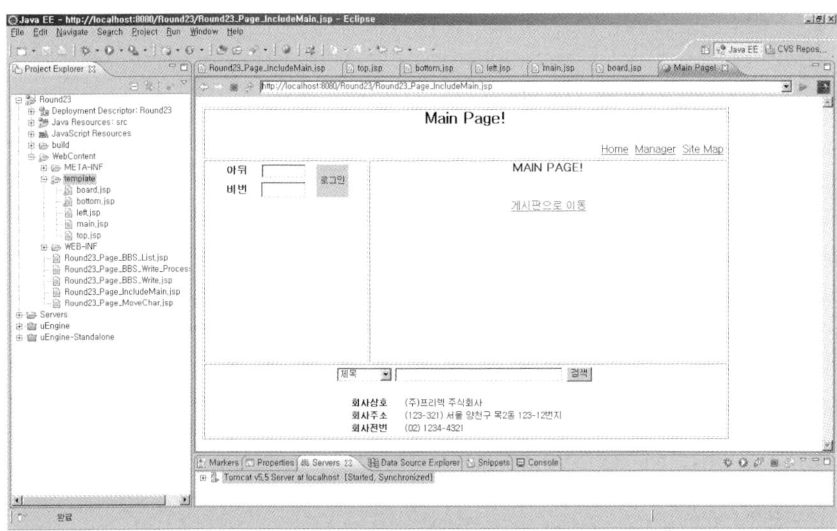

게시판으로 이동 링크를 클릭하면 다음과 같이 게시판 화면이 보인다.

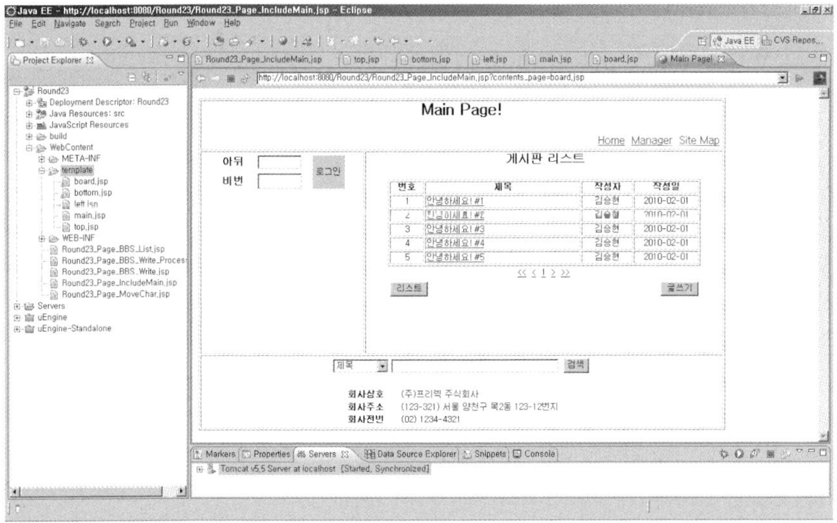

▍ forward 23.4.2

include 액션 원소가 특정 페이지를 포함시키는 용도라면 forward 액션 원소는 특정 페이지로 완전히 이동하게 하는 용도이다. 서블릿에서 배웠던 RequestDispatcher 인터페이스의 forward( ) 메서드나 PageContext 클래스의 forward( ) 메서드와 특별히 다른 점이 없다.

다음은 forward 액션 원소의 속성이다.

• page : 현재 페이지에 포함시킬 페이지를 지정한다.

이번 예제는 데이터를 입력하고서 전송 단추를 눌러 특정 페이지로 이동하는데 보내는 값에 따라 sendRedirect와 forward 방식으로 이동하는 예이다. 또한, 이동한 페이지도 각각 다르게 하나는 에러 페이지이고 나머지 하나는 뷰(View) 페이지이다. 처음 데이터를 입력하는 페이지로 WebContent 폴더에 Round23_Page_InputData.jsp 파일을 만들고서 다음과 같이 코드를 작성하자.

예제 | Round23_Page_InputData.jsp

```jsp
<%@ page language="java" contentType="text/html; charset=EUC-KR"
                                    pageEncoding="EUC-KR" %>
<!DOCTYPE html PUBLIC "-//W3C//DTD HTML 4.01 Transitional//EN"
                                    "http://www.w3.org/TR/html4/loose.dtd">
<html>
<head>
<meta http-equiv="Content-Type" content="text/html; charset=EUC-KR">
<title>Input For Forward!</title>
</head>
<body>
    <center>
        <form method="post" action="Round23_Page_InputData_Rouse.jsp">
            Input Data : <input type="text" name="data"/>
            <input type="submit" value="전송"/>
        </form>
    </center>
</body>
</html>
```

다음으로 전송받은 데이터를 기준으로 숫자면 뷰 페이지로 이동하게 하고, 공백이나 문자열이면 에러 페이지로 이동하게 한다. 이 페이지로 WebContent 폴더에 Round23_Page_InputData_Rouse.jsp 파일을 만들고서 다음과 같이 코드를 작성하자.

```jsp
<%@ page language="java" contentType="text/html; charset=EUC-KR"
                                     pageEncoding="EUC-KR" %>

<%

    String input_data = request.getParameter("data");          전송받은 데이터를 획득한다.

    boolean check = false;                                     전송받은 데이터의 공백 여부
                                                               를 확인한다.

    if(input_data != null && input_data.trim( ).length( ) != 0) {
        try {
            Integer.parseInt(input_data);                      숫자로 변환할 때 에러가 발생하는지 확인한다.
            check = true;                                      숫자로 변환할 때 에러가 없으면
        } catch (NumberFormatException nfe) { }                check 값을 True로 지정한다.
    }
                                                check 값이 False이면
                                                에러 페이지로 이동한다.
    if(!check) {
        response.sendRedirect("Round23_Page_InputData_Error.jsp");
        return;
    }

%>


<!--
    check의 값이 true 이면 출력 페이지로 forward 한다.
    forward가 되면 이 페이지로 전달된 "data"는 그대로 다음 페이지로 전송된다.
-->
<jsp:forward page="Round23_Page_InputData_View.jsp"/>
```

마지막의 〈jsp:forward … /〉는 if 문에 걸리지 않았을 때만 실행된다.

정상적으로 처리되었을 때 화면에 결과를 출력하는 페이지로 WebContent 폴더에 Round23_Page_InputData_View.jsp 파일을 만들고서 다음과 같이 코드를 작성하자.

예제 | Round23_Page_InputData_View.jsp

```jsp
<%@ page language="java" contentType="text/html; charset=EUC-KR"
                                    ↳ pageEncoding="EUC-KR" %>

<%
    String data = request.getParameter("data");
%>
```

전달하기에 의해 매개 변수로 전송받은 data를 획득한다.

```jsp
<!DOCTYPE html PUBLIC "-//W3C//DTD HTML 4.01 Transitional//EN"
                                    ↳ "http://www.w3.org/TR/html4/loose.dtd">
<html>
<head>
<meta http-equiv="Content-Type" content="text/html; charset=EUC-KR">
<title>Result View!</title>
</head>
<body>
    <center>
        <!-- data 의 값을 출력한다. -->
        결과 Data : <%= data %>
    </center>
</body>
</html>
```

공백이나 숫자가 아닌 데이터가 들어왔을 때 에러를 표시할 페이지로 WebContent 폴더에
Round23_Page_InputData_Error.jsp 파일을 만들고서 다음과 같이 코드를 작성하자. 이 페이
지에서는 〈meta〉 태그의 Refresh 속성을 사용하여 3초 후에 입력 페이지로 강제로 이동하게
코드를 작성하자.

예제 | Round23_Page_InputData_Error.jsp

```jsp
<%@ page language="java" contentType="text/html; charset=EUC-KR"
                                    ↳ pageEncoding="EUC-KR" %>
<!DOCTYPE html PUBLIC "-//W3C//DTD HTML 4.01 Transitional//EN"
                                    ↳ "http://www.w3.org/TR/html4/loose.dtd">
<html>
<head>
<meta http-equiv="Content-Type" content="text/html; charset=EUC-KR">
```

```
<!--
    meta 태그를 이용하여 3초 후에 입력 페이지로 다시 이동하도록 설정한다.
    Refresh 태그는 현재 페이지를 갱신하는 속성으로 cotent 영역에 url을 설정하면 해당 페이지로 이동하도록
    만들어 준다.
-->
<meta http-equiv="Refresh" content="3;url=Round23_Page_InputData.jsp">
<title>Error Page!</title>
</head>
<body>
    <center>
        DATA는 공백이 아니고 숫자여야 합니다.<br/>
        3초 후 입력 페이지로 이동합니다.
    </center>
</body>
</html>
```

다음과 같이 입력 페이지를 실행해 보자. 공백이나 문자열을 입력하면 에러 페이지로 이동하고,
3초 후에 다시 입력 페이지로 이동한다. 숫자를 입력하면 정상적으로 뷰 페이지가 표시된다.

실행 http://localhost:8080/Round23/Round23_Page_InputData.jsp

첫 번째로 문자열을 입력하고 전송 단추를 누른다.

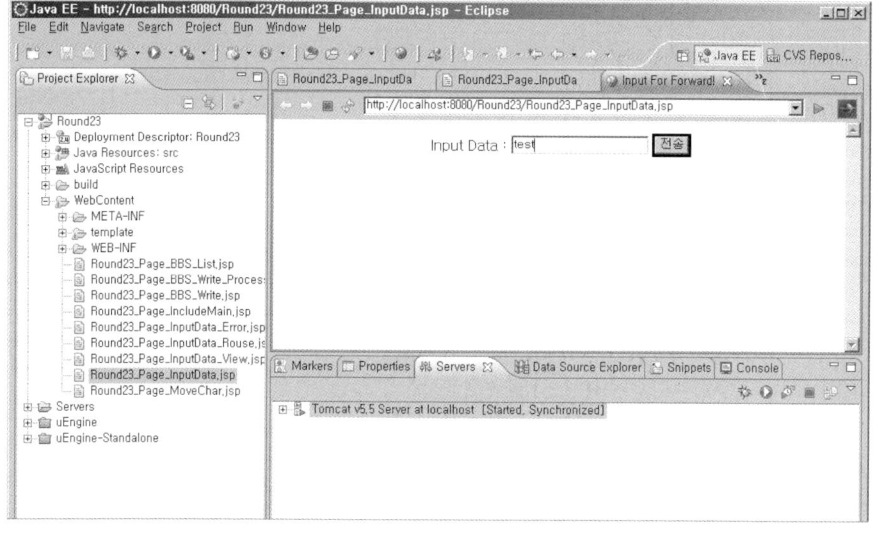

숫자로 변환할 수 없기 때문에 에러 페이지로 이동한다.

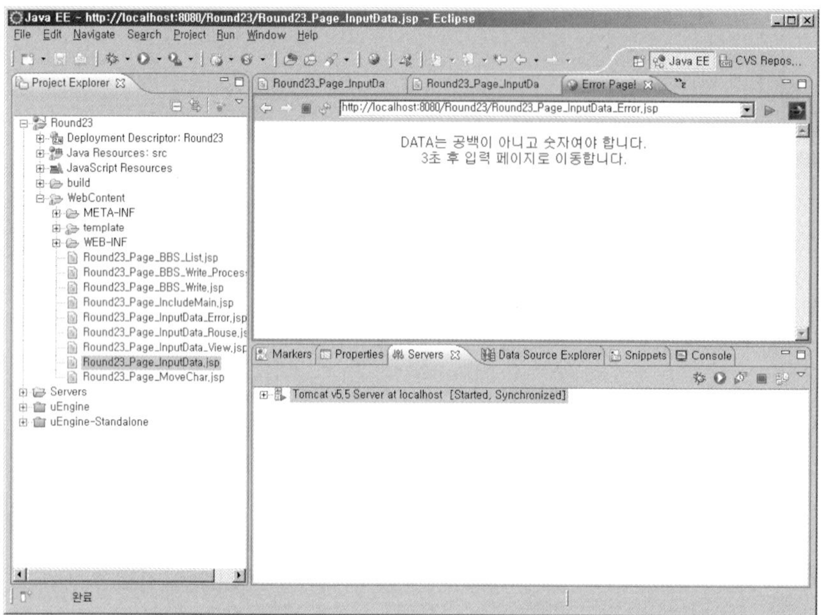

다음은 정상적으로 숫자를 입력하고 전송 단추를 누른다.

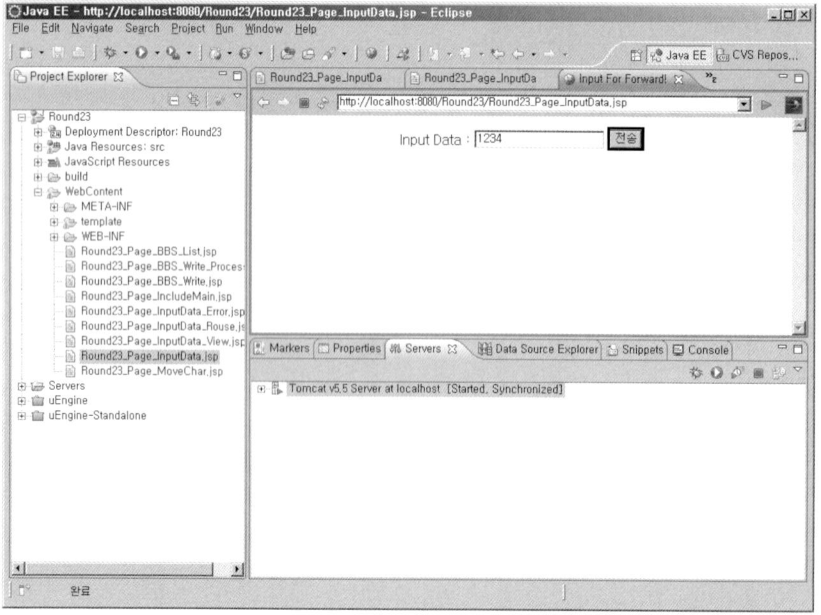

숫자는 비즈니스 논리 측면에서 에러를 발생하지 않기 때문에 입력한 데이터를 출력하는 페이지로 이동한다.

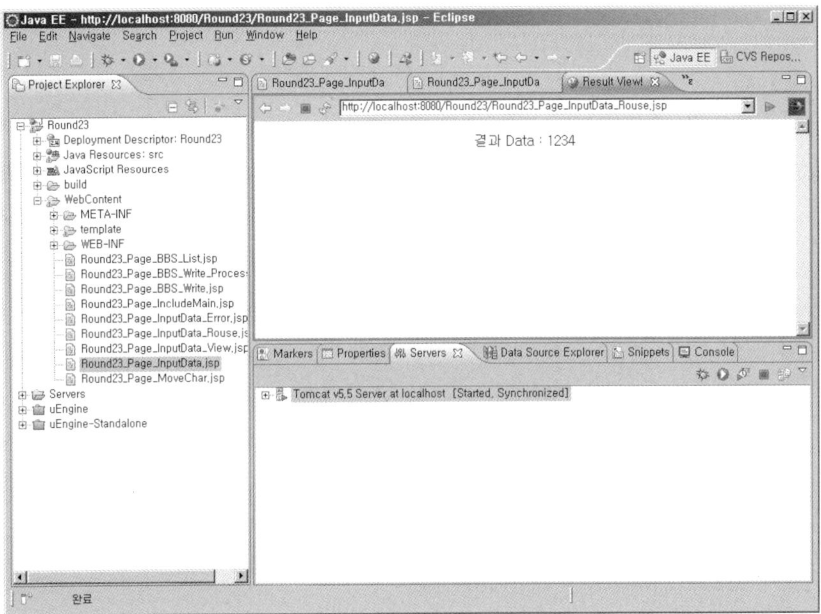

23.5 XML로 작성하는 JSP 문서

JSP 페이지를 작성할 때 앞서 다룬 것처럼 자체로 작성하기도 하지만 XML 문서로 작성하기도 한다. 이것을 JSP 문서라고 부른다. 일반적으로 JSP라고 하면 JSP 페이지를 이야기하는 것이지만 XML이 점점 확장되고 있는 현재는 JSP 페이지조차도 XML 문서로 변할 것 같다. 그래서 Sun 진영에서는 JSP의 기능을 그대로 사용하면서 XML 문서로 표현하는 태그들을 제공하고 있다. 파일 이름은 그대로 확장자 JSP를 사용하지만 문서의 위에는 XML 선언부를 두어서 다음과 같은 기본 구문을 유지한다.

```
<?xml version="1.0" encoding="EUC-KR"?>
내용부
```

JSP 문서로 작성하려는 의도는 태그의 고유 표현 양식을 따르려는 것이다. 때문에 지시어 원소를 사용하거나 스크립팅 원소를 사용하거나 태그 형태로 변환하여 처리해야 하고 XML 문법을 따라야 한다. 다시 말해 〈% 기호는 배제하고 작성하자는 이야기이다.

⫶ root ^{23.5.1}

XML 문서가 모두 그러하듯이 내용부에는 최상위 엘리먼트(Element)가 있어야 한다. JSP의 최상위 엘리먼트는 root로 정해져 있다. 규약이기 때문에 반드시 지켜야 한다. 다음은 root 엘리먼트의 형식이다.

```
<jsp:root xmlns:jsp="JSP_네임스페이스_URI"    xmlns:다른_태그_접두어="해당_네임스페이스_UR"
    version="버전">
    내용부
</jsp:root>
```

| 예

```
<jsp:root xmlns:jsp="http://java.sun.com/JSP/Page"
    [ xmlns:taglibPrefix="URI" ]+ ...
    version="1.2 | 2.0">
    JSP Page
</jsp:root>
```

root 엘리먼트로는 JSP 문서에서 사용할 태그들의 스키마를 정의하는 위치와 버전을 지정한다. 다음은 JSP 문서의 기본 형태를 보이는 예이다.

```
<?xml version="1.0" encoding="EUC-KR"?>
<jsp:root xmlns:jsp="http://java.sun.com/JSP/Page" version="2.0">

    중간 생략

</jsp:root>
```

Round23_page_XmlDoc.jsp

여기서 xmlns:jsp 속성은 해당 스키마가 있는 위치이므로 암기해서 사용하면 되고 version 속성은 JSP의 버전으로 1.2나 2.0을 사용하면 된다. 당연히 모든 태그로부터 지원을 받고자 한다면 2.0을 사용해야 할 것이다.

▪ text ^{23.5.2}

root 엘리먼트 내에서 문자열을 출력할 때는 일반 JSP의 템플릿 데이터를 사용할 수도 있다. 하지만 선언 내용이나 특수한 데이터를 출력하거나 주석을 출력할 때는 text 엘리먼트를 사용한다. 이 엘리먼트를 사용할 때는 데이터 파싱(Parsing)에 문제가 생기지 않도록 하기 위해 "<![CDATA[...]]>"를 혼용한다. 다음은 text 엘리먼트의 형식이다.

```
<jsp:text><![CDATA[내용부]]></jsp:text>
```

보통 출력되는 내용의 XML 선언이나 문서 유형의 선언 등을 text 엘리먼트를 사용하여 표현한다. 앞서 만든 예에 다음 내용을 추가해서 예제를 작성해 보자.

| 예제 | Round23_Page_XmlDoc.jsp |

```xml
<?xml version="1.0" encoding="EUC-KR"?>
<jsp:root xmlns:jsp="http://java.sun.com/JSP/Page" version="2.0">
    <jsp:text><![CDATA[
        <?xml version="1.0" encoding="EUC-KR"?>
    ]]></jsp:text>
    <jsp:text><![CDATA[
        <!DOCTYPE html PUBLIC "-//W3C//DTD XHTML 1.0 Transitional//EN"
        "http://www.w3.org/TR/xhtml1/DTD/xhtml1-transitional.dtd">
    ]]></jsp:text>
</jsp:root>
```

사실 JSP 문서를 작성하는 HTML 태그는 XHTML을 기준으로 하기 때문에 문서 유형의 선언도 이에 맞추어서 해야 한다. 여기서 표현된 DOCTYPE 속성은 XHTML에 대한 DTD의 URL이다.

⋮ output ^{23.5.3}

XML 문법에 따라 JSP 문서를 작성하면 출력에 대한 속성을 지정해야 한다. 우리가 Part 1에서
XML에 대해 다룬 것에서는 없었지만 output 엘리먼트는 자바와 XML 간의 통신 프로그램을
작성할 때 기본적으로 사용한다. 우리가 배우는 범위와는 관계가 없지만 기회가 되면 자바와
XML의 연동 부분을 배워 보기 바란다. 다음은 output 엘리먼트의 형식이다.

```
<jsp:output (omit-xml-declaration="들여쓰기여부(yes|no|true|false)")
    {문서유형}/>


    문서유형(doctypeDecl) ::= (doctype-root-element="rootElement"
                               doctype-public="PubidLiteral"
                               doctype-system="SystemLiteral")
                             | (doctype-root-element="rootElement"
                                doctype-system="SystemLiteral")
```

| 예

```
<jsp:output omit-xml-declaration="yes"
    {doctype-root-element="rootElement"
    doctype-public="PubidLiteral"
    doctype-system="SystemLiteral"}/>
```

역시 예제에 output 엘리먼트를 추가해 보도로 하겠다.

| 예제 | Round23_Page_XmlDoc.jsp

```
<?xml version="1.0" encoding="EUC-KR"?>
<jsp:root xmlns:jsp="http://java.sun.com/JSP/Page" version="2.0">
    <jsp:output omit-xml-declaration="yes"/>
    <jsp:text><![CDATA[
        <?xml version="1.0" encoding="EUC-KR"?>
    ]]></jsp:text>
    <jsp:text><![CDATA[
        <!DOCTYPE html PUBLIC "-//W3C//DTD XHTML 1.0 Transitional//EN"
        "http://www.w3.org/TR/xhtml1/DTD/xhtml1-transitional.dtd">
    ]]></jsp:text>
</jsp:root>
```

▎ body ²³·⁵·⁴

JSP 문서의 기본적인 조건을 충족했다면 실제 내용부를 작성하기 위해 XHTML의 root 엘리먼트를 선언하고 헤더와 본문을 지정하면 된다. 본문 내에서 JSP로 작성할 본문도 선언해 두면 가독성을 높일 수 있다. body 엘리먼트 내에서는 실제 표시할 내용부를 작성하면 된다. 다음은 body 엘리먼트의 형식이다.

```
<jsp:body>요소나_데이터</jsp:body>
```

XHTML의 root 엘리먼트를 선언할 때는 해당 태그의 네임스페이스를 함께 선언해야 한다. 따라야 하는 형식이므로 암기하기 바란다.

예제 | Round23_Page_XmlDoc.jsp

```
<?xml version="1.0" encoding="EUC-KR"?>
<jsp:root xmlns:jsp="http://java.sun.com/JSP/Page" version="2.0">
    <jsp:output omit-xml-declaration="yes"/>
    <jsp:text><![CDATA[
        <?xml version="1.0" encoding="EUC-KR"?>
    ]]></jsp:text>
    <jsp:text><![CDATA[
        <!DOCTYPE html PUBLIC "-//W3C//DTD XHTML 1.0 Transitional//EN"
        "http://www.w3.org/TR/xhtml1/DTD/xhtml1-transitional.dtd">
    ]]></jsp:text>
    <html xmlns="http://www.w3.org/1999/xhtml">
    <head>
    <meta http-equiv="Content-Type" content="text/html; charset=EUC-KR"/>
    <title>XML Document Test!</title>
    </head>
    <body>
        <jsp:body>
            내용부 작성 영역
        </jsp:body>
    </body>
    </html>
</jsp:root>
```

▪ directive 23.5.5

JSP 문서도 XML 문법을 따른다고 하지만 지시어 원소는 필요하다. 속성을 추가하거나 문서를 포함시키려면 당연하다. 이 경우 directive 엘리먼트를 사용하여 지시어 원소를 사용할 수 있다.

페이지 지시어(⟨%@ page ... %⟩)는

```
<jsp:directive.page ... />
```

라고 사용하면 되고, include 지시어(⟨%@ include %⟩)는

```
<jsp:directive.include ... />
```

라고 사용하면 된다. 내용부에 포함되는 속성은 동일하므로 혼란스럽지는 않을 것이다.

간단한 파일을 하나 추가로 만들고서 포함시키는 것까지 예제를 확장해 보자. 주의할 점은 포함시키려는 파일은 JSP 페이지로 만들어도 되고, JSP 문서로 만들어도 된다. 하지만 문서의 유형은 동일해야 한다. 예를 들어 포함시키려는 문서의 유형이 text/xml인데 포함하는 문서에 contentType 속성을 text/html로 지정하면 충돌이 발생한다는 이야기이다. 따라서 포함시키는 파일에서는 그냥 pageEncoding 속성만 선언하는 것이 좋다.

예제 | Round23_Page_XmlDoc_Inner.jsp

```
<%@ page pageEncoding="EUC-KR" %>
<center>
    <h3>Inner Data!!</h3>
    포함되는 페이지 입니다.
</center>
```

예제 | Round23_Page_XmlDoc.jsp

```
<?xml version="1.0" encoding="EUC-KR"?>
<jsp:root xmlns:jsp="http://java.sun.com/JSP/Page" version="2.0">
```

```
<jsp:directive.page language="java" contentType="text/html;charset=EUC-KR"
                                              ↳ pageEncoding="EUC-KR"/>
<jsp:output omit-xml-declaration="yes"/>
<jsp:text><![CDATA[
    <?xml version="1.0" encoding="EUC-KR"?>
]]></jsp:text>
<jsp:text><![CDATA[
    <!DOCTYPE html PUBLIC "-//W3C//DTD XHTML 1.0 Transitional//EN"
                   ↳ "http://www.w3.org/TR/xhtml1/DTD/xhtml1-transitional.dtd">
]]></jsp:text>
<html xmlns="http://www.w3.org/1999/xhtml">
<head>
<meta http-equiv="Content-Type" content="text/html; charset=EUC-KR"/>
<title>XML Document Test!</title>
</head>
<body>
    <jsp:body>
    <jsp:include page="Round23_Page_XmlDoc_Inner.jsp" flush="false"/>
    <jsp:directive.include file="Round23_Page_XmlDoc_Inner.jsp"/>
    </jsp:body>
</body>
</jsp:root>
```

여기서는 지시이 include와 액션 원소 include 모두 사용할 수 있다. 상황에 맞게 사용하면 된다.

▪ element 23.5.6

HTML의 기본 태그들을 그냥 사용해도 되지만 element 엘리먼트를 사용해서 작성해도 된다.
굳이 이렇게 element 엘리먼트를 추가한 이유는 XML처럼 확장된 태그를 사용하면 문서의
파싱에 에러가 발생하기 때문에 미리 방지하기 위해서이다. 다음은 element 엘리먼트의 형식
이다.

```
<jsp:element name="elementName"
(/> | > (요소나_데이터</jsp:element>))
```

또는

```
<jsp:element name="elementName">
    [<jsp:attribute name="attributeName"
        [ trim="true | false" ]
    (/> | (요소나_데이터</jsp:attribute태그>))] +
    [<jsp:body>요소나_데이터</jsp:body>]
</jsp:element>
```

| 예

```
<jsp:element name="elementName">
    <jsp:attribute name="attributeName" trim="true">
        Hello!
    </jsp:attribute>
    <jsp:body>
        There!
    </jsp:body>
</jsp:element>
```

일단 우리는 알고 있는 태그인 〈center〉와 〈h2〉만 element 엘리먼트를 가지고 사용해 보도록
하겠다.

예제 | Round23_Page_XmlDoc.jsp

```
<?xml version="1.0" encoding="EUC-KR"?>
<jsp:root xmlns:jsp="http://java.sun.com/JSP/Page" version="2.0">
    <jsp:directive.page language="java" contentType="text/html;charset=EUC-KR"
                                        ⌐, pageEncoding="EUC-KR"/>
    <jsp:output omit-xml-declaration="yes"/>
    <jsp:text><![CDATA[
        <?xml version="1.0" encoding="euc-kr"?>
    ]]></jsp:text>
    <jsp:text><![CDATA[
        <!DOCTYPE html PUBLIC "-//W3C//DTD XHTML 1.0 Transitional//EN"
                    ⌐, "http://www.w3.org/TR/xhtml1/DTD/xhtml1-transitional.dtd">
    ]]></jsp:text>
    <html xmlns="http://www.w3.org/1999/xhtml">
```

```
<head>
<meta http-equiv="Content-Type" content="text/html; charset=EUC-KR"/>
<title>XML Document Test!</title>
</head>
<body>
    <jsp:body>
    <jsp:element name="center">
        <jsp:element name="h2">
            <jsp:text><![CDATA[
            제목
            ]]></jsp:text>
        </jsp:element>
    </jsp:element>
        <jsp:include page="Round23_Page_XmlDoc_Inner.jsp" flush="false"/>
        <jsp:directive.include file="Round23_Page_XmlDoc_Inner.jsp"/>
</jsp:body>
    </body>
</jsp:root>
```

지금까지 작성한 예제를 실행해 보면 결과는 다음과 같다.

실행 ▶ `http://localhost:8080/Round23/Round23_Page_XmlDoc.jsp`

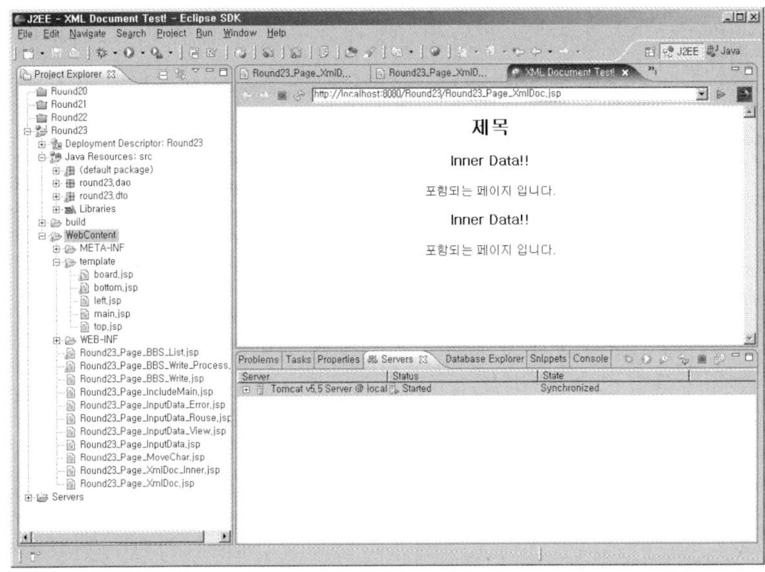

이 JSP 문서에서 마우스 오른쪽을 클릭하여 소스 보기를 해보면 좀 지저분해 보이지만 XML 문서로 구성되어 있는 것을 확인할 수 있다.

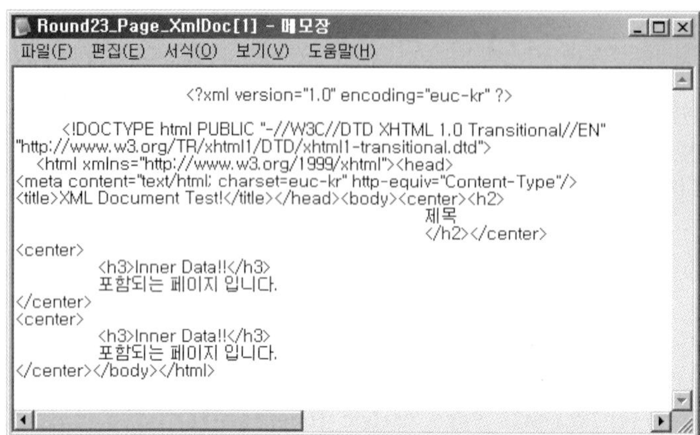

이처럼 JSP 문서라는 형식도 JSP 페이지를 작성하는 방법 중의 하나이다. 그러나 아직은 범용적으로 사용되지 않고 있으므로 이런 정도로만 기억해 두기 바란다.

마무리 하면서

실무에서 프로그램을 작성하다 보면 앞서 배운 스크립팅 원소보다는 액션 원소로 작업하는 경우가 훨씬 더 많다. 이유는 코드에 대한 가독성과 액션 원소에 대한 규칙성 때문이다. 그러나 여기서 다룬 액션 원소만으로는 뭔가 부족하다. 분명히 조금은 기능적으로 개선이 된 것 같고, 코드가 조금이라도 줄어든 것 같기는 하지만 만족스럽지는 않다.

그래서 이후의 라운드에서는 이러한 액션 원소들을 확장해서 사용하는 방법에 대해서 배울 것이다. 이미 아파치의 그룹 중 JSP에서 사용하는 태그를 확장하는 프로젝트가 있다. 또한, 그것조차 부족하다면 우리가 직접 태그를 만들어서 사용할 수도 있다. 여하튼 액션 원소를 사용하여 JSP를 작성하는 것은 이제 충분히 일반화가 되어 있다. 웬만해서는 스크립팅 원소를 사용하지는 않는다. 그러므로 이후 배우는 내용에 집중하기 바란다.

제 24 장

사용자 정의 태그

JSP에서는 사용자가 태그를 만들어서 사용할 수 있도록 클래스를 제공한다. 이 클래스를 이용하면 사용자가 원하는 작업을 수행하는 태그를 만들 수 있다. 이 번 라운드에서는 JSP 액션 원소(표준 태그)처럼 동작하는 사용자 정의 태그를 만들어 본다.

Round **24**

24.1 사용자 정의 태그 24.2 TLD 파일과 태그 클래스 24.3 사용자 정의 태그를 활용한 예제

목표

· 사용자 정의 태그를 만드는 방법을 안다.

· TLD 파일의 태그들을 안다.

· 사용자 정의 태그를 동작시키는 클래스의 종류와 방법을 안다.

활용

사용자 정의 태그

JSP 액션 원소(표준 태그)를 사용하면서 코드를 조금 더 유용하게 관리할 수 있다. 그런데 JSP 액션 원소 역시 자바 코드와 서블릿, JSP의 규약에 의해 만들어진 것이다. 따라서 우리도 직접 태그를 만들어서 사용할 수 있고, 이런 태그들을 가지고 코드를 효율적으로 관리할 수 있다.

 들어가기 전에

액션 원소에서 살펴본 것처럼 JSP를 좀더 효율적이고 가독성을 높이기 위해서
는 태그를 사용하는 것이 좋다. 그러나 JSP 표준 태그들은 그 수가 많지 않다.
그래서 사용자가 원하는 작업을 JSP 표준 태그로 모두 하기는 힘들다.

24.1 사용자 정의 태그

사용자 정의 태그는 우리가 직접 정의하는 동작을 수행할 수 있는 태그를 이야기한다. 사용자
정의 태그를 이해하려면 JSP 표준 태그도 서블릿 코드로 만들어졌다는 것을 이해해야 하는데
일단 설명해 보자면 이렇다. 다음과 같은 클래스가 있다고 가정해 보자.

```java
public class A {
    private String id;
    private String scope;
    private String classname;
    public A(String id, String scope, String classname, HttpServletRequest
                                                        ↳ request) {
        this.id = id;
        this.scope = scope;
        this.classname = classname;
        process(request);
    }
    public void process(HttpServletRequest request) {
        try {
            Class cls = Class.forName(classname);
            Object obj = cls.newInstance( );
            if(scope.equals("request")) {
                request.setAttribute(id, obj);
            }
            else if(scope.equals("session")) {
                request.getSession( ).setAttribute(id, obj);
            }
        } catch(Exception e) { }
    }
}
```

이 클래스는 useBean 액션 원소가 동작하는 원리를 설명하기 위해 필자가 임의로 작성한 것이다. 간단히 생각해서 useBean 액션 원소는 객체를 생성하고 이것을 원하는 데이터 저장 영역에 저장한다고 봤을 때 이와 같다는 것이다. 이런 클래스가 있다고 가정하고 다음 코드를 살펴보자.

```
<jsp:useBean id="ap" classname="abc.MemDto" scope="session"/>
```

> 실제 useBean 액션 원소에는 classname 속성이 없다. 단지 이해를 도우려고 클래스에서 생성자와 이름을 맞춘 것이다.

이 코드는 abc 패키지의 MemDto 클래스의 객체를 ap라는 이름으로 생성하고, 세션 객체에 저장하려는 의도를 갖고 있다.

이런 동작을 수행하려면 클래스에서처럼 인스턴스를 생성하고, 지정한 데이터 저장 영역에 저장해야 한다. 즉, 〈jsp:useBean ... /〉이라고 사용하면 A 클래스가 실행되면 되는 것이다. 그렇다면 어디선가 태그 이름과 클래스를 연결하는 작업이 필요하다. 다음을 보자.

```
<tag>
    <name>useBean</name>
    <tag-class>A</tag-class>
    <attribute>id</attribute>
    <attribute>classname</attribute>
    <attribute>scope</attribute>
</tag>
```

이렇게 useBean이라는 이름과 A 클래스가 서로 연결이 되도록 작성하고, 현재 시스템이 인식한다고 가정하자. 그런 다음 우리가 JSP 페이지에서 useBean 액션 원소를 사용하면 자동으로 A 클래스가 실행되어 원하는 작업이 수행된다. 이것이 JSP 표준 태그의 실행 원리이다. JSP 표준 태그들은 겉으로만 보면 예약어인 것처럼 보일 뿐이나 내부적으로는 이런 연결 관계가 있다.

우리는 지금부터 태그를 만들고, 만든 태그와 관련해서 실제로 실행되는 클래스를 작성하고, JSP 페이지에서 만든 태그를 사용해 볼 것이다. 당연한 이야기이지만 클래스와 태그 둘을 연결하는 파일도 작성할 것이다. 이 파일이 TLD 파일이다. 사용자 정의 태그를 만드는 과정은 다음과 같다.

❶ 특정 작업을 수행하는 태그 클래스를 작성한다.

❷ 해당 태그를 사용하여 JSP 페이지를 작성한다.

❸ 해당 태그와 태그 클래스를 연결하는 TLD 파일을 작성한다.

단순한 형태로 사용자 정의 태그를 만들어 보도록 하자. 앞서 정리한 세 과정이 전부이다. src 폴더에 round24.tags라는 패키지에 HelloTag.java 파일을 만들고서 다음과 같이 코드를 작성 하자. 상속받는 클래스는 뒤에 따로 배우도록 하겠다. 일단은 코드를 먼저 작성하고 실행해 보 도록 하자.

| 예제 | round24.tags, HelloTag.java |

```
01 : package round24.tags;
02 :
03 : import javax.servlet.jsp.JspException;
04 : import javax.servlet.jsp.JspWriter;
05 : import javax.servlet.jsp.PageContext;
06 : import javax.servlet.jsp.tagext.Tag;
07 :
08 : public class HelloTag implements Tag {
09 :     private PageContext pageContext;
10 :     private Tag parent;
11 :
12 :     public int doStartTag( ) throws JspException {
13 :         return Tag.SKIP_BODY;
14 :     }
15 :
16 :     public int doEndTag( ) throws JspException {
17 :         JspWriter out = pageContext.getOut( );
18 :         try {
19 :             out.println("안녕 반가워요...!!!");
20 :             out.flush( );
21 :         } catch(Exception ex) { }
22 :         return Tag.EVAL_PAGE;
23 :     }
24 :
25 :     public void setPageContext(PageContext pageContext) {
26 :         this.pageContext = pageContext;
```

```
27 :        }
28 :
29 :        public Tag getParent( ) { return parent; }
30 :        public void setParent(Tag parent) { this.parent = parent; }
31 :        public void release( ) { }
32 : }
```

부모 태그에 대한 정보를 설정하거나 얻을 수 있다.

Q 코드 설명

Line **9**   `private PageContext pageContext;`
JSP 페이지의 pageContext 객체를 저장하는 메모리이다.

Line **10**   `private Tag parent;`
부모 태그 값을 저장하는 메모리이다.

Line **12**   `public int doStartTag( ) throws JspException {`
시작 태그를 만났을 때 실행되는 메서드이다.

Line **13**   `return Tag.SKIP_BODY;`
시작 태그와 끝 태그 사이의 내용부에 대한 처리를 담당한다. SKIP_BODY는 시작 태그와 끝 태그
사이 내용부를 건너뛴다는 의미이다.

Line **16**   `public int doEndTag( ) throws JspException {`
끝 태그를 만났을 때 실행되는 메서드이다.

Line **17**   `JspWriter out = pageContext.getOut( );`
JSP 페이지의 출력 객체를 획득한다.

Line **19**   `out.println("안녕 반가워요...!!!");`
출력하고자 하는 내용을 출력한다.

Line **22**   `return Tag.EVAL_PAGE;`
태그 실행을 마치고서 JSP 페이지의 나머지 내용을 실행할지 여부를 결정한다. EVAL_PAGE는 나
머지 내용을 실행한다는 것이다.

Line **25**   `public void setPageContext(PageContext pageContext) {`
JSP 페이지의 pageContext 객체를 지정하는 메서드이다.

Line **26**   `this.pageContext = pageContext;`
pageContext 객체를 지정한다.

Line **31**   `public void release( ) { }`
태그 실행을 종료하고서 사용하는 리소스를 해제하는 메서드이다.

태그 클래스를 작성하였으면 해당 태그를 사용할 JSP 페이지로 WebContent 폴더에
Round24_Page_HelloTagView.jsp 파일을 만들고서 다음과 같이 코드를 작성하자.

| 예제 | Round24_Page_HelloTagView.jsp |

```jsp
<%@ page language="java" contentType="text/html; charset=EUC-KR"
                                          ↳ pageEncoding="EUC-KR" %>

<!--
    사용자가 정의한 태그와 클래스를 연결시킨 파일인
    tld 파일을 현재 페이지에서 인식할 수 있도록 선언한다.
    이 선언은 지시어 taglib 를 통해 지정할 수 있고,
    prefix는 접두어로 사용된다.
    tld 파일의 위치는 uri로 지정한다.
    url이라고 적으면 오류가 발생한다.
    tld 파일의 위치는 반드시 WEB-INF 아래에 존재할 필요는 없다.
    그러나 WEB-INF 폴더 아래에 tld라는 폴더를 생성하고
    만드는 것이 일반적이다.
-->
<%@ taglib prefix="ksh" uri="WEB-INF/tld/mytags.tld" %>

<!DOCTYPE html PUBLIC "-//W3C//DTD HTML 4.01 Transitional//EN"
                                  ↳ "http://www.w3.org/TR/html4/loose.dtd">
<html>
<head>
<meta http-equiv="Content-Type" content="text/html; charset=EUC-KR">
<title>Insert title here</title>
</head>
<body>
    <center>
        <!--
            생성한 태그클래스를 hello라는 이름으로 실행한다.
            hello라는 이름은 tld 파일에서 설정한 명칭이다.
        -->
        태그로 인사 : <ksh:hello>이건 건너 뛰어 짐</ksh:hello>
    </center>
</body>
</html>
```

마지막으로 hello라는 이름의 태그와 태그 클래스를 연결할 파일을 mytags.tld라는 이름으로
만들고서 다음과 같이 코드를 작성하자. 이 파일은 WEB-INF 폴더의 tld 폴더에 두도록 한다.

예제 | mytags.tld

```xml
<?xml version="1.0" encoding="EUC-KR"?>
<!--
    이 파일은 xml 문서의 규칙을 따른다.
    아래의 DOCTYPE은 정해진 양식이기 때문에 그대로 적어야 한다.
-->
<!DOCTYPE taglib
    PUBLIC "-//Sun Microsystems, Inc.//DTD JSP Tag Library 1.1//EN"
    "http://java.sun.com/j2ee/dtds/web-jsptaglibrary_1_1.dtd">

<!-- taglib가 root Element이다. -->
<taglib>
    <!--
        taglib Element는 tlibversion, jspversion,
        shortname, uri, info, tag의 순서로
        자식 Element를 가지며 이 중에서 생략할 수 없는
        Element는 tlibversion, shortname, tag 이다.

        tlibversion : taglib 버전을 설정한다.(필수)
        jspversion : 사용하는 jsp 버전을 설정한다.
        shortname : 접두어를 지정한다.(필수)
        uri : 실제 웹에서 사용한다면 uri를 지정해야 한다.
                여기서는 임의로 아무렇게나 주소를 지정한 것이다.
        info : 이 tld 파일의 정보를 기재한다.
        tag : 실제 태그에 관련된 정보를 기재한다.
                반드시 하나 이상을 작성해야 한다.(필수)
    -->
    <tlibversion>1.1</tlibversion>
    <jspversion>2.0</jspversion>
    <shortname>ksh</shortname>
    <uri>http://www.kimsh.com/ksh</uri>
    <info>기초 태그</info>
    <tag>
        <!--
            tag Element는 name, tagclass, tieclass,
```

```
                 bodycontent, info, attribute의 순서로
                 자식 Element를 가지며 이 중에서 필수 태그는
                 name과 tagclass이다.

                 name : 태그의 이름을 설정한다.(필수)
                       태그 클래스와 연동될 이름을 설정하면된다.
                 tagclass : 이 이름과 연결될 실제 클래스명이다.(필수)
                       패키지 명까지 풀네임으로 기재해야 한다.
                 tieclass : 태그 정보 설정 및 출력을 위해
                       TagExtraInfo 클래스를 재정의한 클래스명이다.
                       포함 정보 : name, type, 변수 필요여부, scope
                 bodycontent : 태그 Body 영역의 구성 요소에 대한
                          설정으로 JSP(기본 값), tagdependent, empty의
                          세가지 중 한 가지 값을 가진다.
                          JSP나 tagdependent로 선언 되어도 body는
                          empty일 수 있다.
                 into : 태그의 정보를 서술한다.
                 attribute : 태그의 속성에 대한 정보를 기재한다.
                       여러 개를 작성할 수 있다.
          -->
          <name>hello</name>
          <tagclass>round24.tags.HelloTag</tagclass>
     </tag>
</taglib>
```

지금까지 과정을 순조롭게 마쳤으면 다음과 같이 실행해서 결과를 확인해 보자.

실행▶ http://localhost:8080/Round24/Round24_Page_HelloTagView.jsp

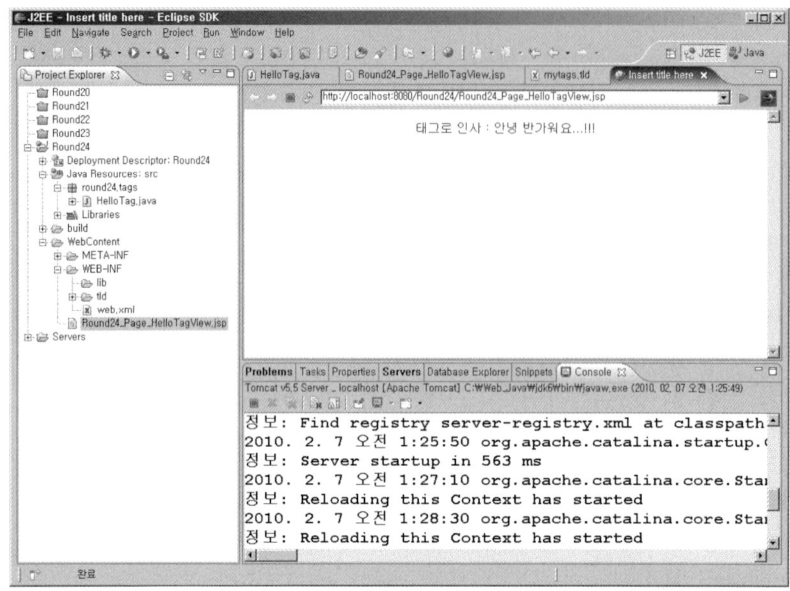

이상의 내용과 같이 JSP 페이지에서 〈ksh:hello/〉 태그를 사용하면 우리가 작성한 태그 클래스
가 실행되어 메시지가 출력된다. 만일 태그의 속성이나 내용부 등을 사용하면 복잡한 작업도 간
단하게 처리할 수 있다.

24.2 TLD 파일과 태그 클래스

그러면 TLD 파일과 태그 클래스에 대해 하나하나 짚어 보도록 하자. TLD 파일은 구조가 XML
형식으로 되어 있다. 따라서 기본 구조는 XML 문서의 구조인 서두(Prolog)와 본문(Body)으로
구성된다. 서두는 다시 XML 선언부와 프로세싱 지시자, 문서 유형의 선언으로 구성되고, 본문
은 루트 태그와 자식 태그들로 구성된다. 일단 TLD 파일에만 국한적으로 사용하면 다음 구문은
고정된다. 프로세싱 지시자는 이 파일에 필요 없으므로 보이지 않는다.

| TLD 파일 기본 형식 1

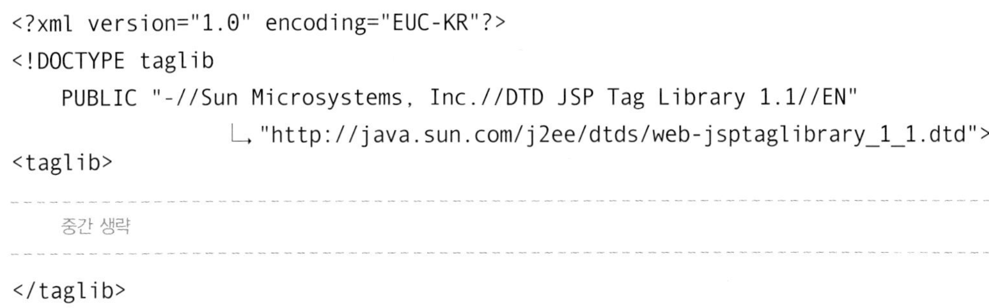

향후 태그 라이브러리의 버전이 변하지 않는 이상 계속 이러한 구문으로 작성해야 할 것이다. Part 1에서 XML 문서에 대해 간단히 배운 것처럼 DTD 파일이 문서 유형으로 선언되면 해당 DTD에 지정한 대로 태그를 순서대로 사용해야 한다.

⟨taglib⟩ 태그는 (tlibversion, jspversion?, shortname, uri?, info?, tag+)의 형태로 DTD에 선언되어 있다. 따라서 ⟨tlibversion⟩과 ⟨shortname⟩ 태그를 반드시 한 번 적어야 하고 ⟨tag⟩ 태그는 반드시 한 번 이상 적어야 한다. ⟨jspversion⟩과 ⟨uri⟩, ⟨info⟩ 태그는 ? 연산자로 되어 있으므로 적지 않아도 된다. 혹시 ? 연산자와 + 연산자를 모른다면 다시 Part 1로 돌아가 XML 을 복습하기 바란다.

표 ⟨taglib⟩ 태그의 자식 태그

태그	설명
tlibversion	taglib 버전을 지정한다. 필수이다.
jspversion	사용하는 JSP 버전을 지정한다.
shortname	접두어를 지정한다. 필수이다.
uri	실제 웹에서 사용한다면 URL을 지정해야 한다.
info	TLD 파일의 정보를 적는다.
tag	실제 태그에 관련된 정보를 적는다. 반드시 한 번 이상을 작성해야 한다. 필수이다.

표 〈tag〉 태그의 자식 태그

태그	설명
name	태그의 이름을 지정한다. 태그 클래스와 연결될 이름을 지정하면 된다. 필수이다.
tagclass	태그 이름과 연결될 실제 클래스 이름이다. 패키지 이름까지 풀네임으로 적어야 한다. 필수이다.
tieclass	태그 정보를 지정하고 출력하기 위해 TagExtraInfo 클래스를 재정의한 클래스 이름이다.
bodycontent	태그 내용부의 구성 요소에 대한 지정으로 JSP(기본값), tagdependent, empty의 세 가지 중 하나를 가진다. JSP나 tagdependent로 선언되어도 내용부는 empty일 수 있다.
info	태그의 정보를 적는다.
attribute	태그의 속성에 대한 정보를 적는다. 여러 개를 작성할 수 있다.

다음으로 〈tag〉 태그는 (name, tagclass, tieclass?, bodycontent?, info?, attribute*)의 형태로 DTD에 선언되어 있다. 따라서 〈name〉과 〈tagclass〉 태그는 반드시 한 번 적어야 한다. 〈attribute〉 태그는 0번 이상 적으면 되므로 필요할 때 사용하면 된다. 따라서 TLD 파일은 최소한 다음 구문까지는 적어야 에러가 없게 된다.

| TLD 파일 기본 형식 2

```xml
<?xml version="1.0" encoding="EUC-KR"?>
<!DOCTYPE taglib
    PUBLIC "-//Sun Microsystems, Inc.//DTD JSP Tag Library 1.1//EN"
                 ↳ "http://java.sun.com/j2ee/dtds/web-jsptaglibrary_1_1.dtd">
<taglib>
    <tlibversion>1.1</tlibversion>
    <shortname>ksh</shortname>
    <tag>
        <name>hello</name>
        <tagclass>round24.tags.HelloTag</tagclass>
    </tag>
    <tag>

        중간 생략

    </tag>
</taglib>
```

이와 같은 TLD 파일이 있으면 이 파일을 사용하는 JSP 페이지에서는 〈shortname〉 태그와 〈tag〉 태그 내의 〈name〉 태그를 조합하여 사용하면 된다. 즉, 〈ksh:hello/〉라는 식이 된다. 그러면 연결된 태그 클래스가 실행되어 결과를 출력한다. 또 다른 태그를 만들고 싶으면 〈tag〉 태그를 연속해서 적으면 되고 접두어는 계속 ksh라는 이름이 된다.

앞서의 예에서는 배우지 않았지만 태그에 속성을 사용하려면 〈attribute〉 태그를 사용해야 한다. 이 태그는 (name, required?, rtexprvalue?)의 형태로 DTD에 선언되어 있다. 필수 자식 태그는 〈name〉뿐이지만 일반적으로 〈required〉와 〈rtexprvalue〉 태그도 가급적 적는 것이 좋다.

〈name〉 태그에는 속성의 이름을 적고, 〈required〉 태그에는 이 속성을 반드시 적어야 하는지 여부를 True | False | Yes | No로 지정한다. 〈required〉 태그에서 지정한 값이 True나 Yes라면 해당 태그를 사용할 때 반드시 해당 속성을 적어야 한다. 그렇지 않으면 XML을 검증할 때 에러가 발생한다.

〈rtexprvalue〉 태그 역시 True | False | Yes | No로 지정하는데 해당 속성에 동적 데이터(예를 들면 〈%= … %〉와 같이 실행할 때 결정되는 값)를 입력할 수 있는지 여부를 결정하게 해준다. True나 Yes로 지정하면 동적 데이터를 입력하도록 허용하는 것이고, False나 No로 지정하면 해당 속성에는 정적 데이터만 입력할 수 있게 된다.

예를 들어 이런 선언이 있다고 가정하자.

```
<tag>
    <name>hello</name>
    <tagclass>round24.tags.HelloTag</tagclass>
<attribute>
        <name>name</name>
        <required>true</required>
        <rtexprvalue>false</rtexprvalue>
</attribute>
<attribute>
        <name>value</name>
        <required>false</required>
        <rtexprvalue>true</rtexprvalue>
</attribute>
</tag>
```

태그를 사용할 수 있는 형태는 다음과 같다.

```
<ksh:hello name="aa"/>
<ksh:hello name="bb" value="김승현"/>
<ksh:hello name="cc" value="<%= str %>"/>
```

그러나 다음과 같은 형태로는 태그를 사용하지 못한다.

```
<ksh:hello/>
<ksh:hello name="<%= request.getParameter("name") %>"/>
```


〈rtexprvalue〉 태그는 동적 변화에 대한 처리를 할 것인지 여부를 지정한다. 예를 들어

```
<%
    String str = request.getParameter("aaa");
%>
```

이렇게 입력받은 데이터에 대해서

```
<ksh:hello value="<%= str %>"/>
```

이라고 지정하면 정적 데이터이므로 〈rtexprvalue〉 태그의 값이 False라도 인식이 되지만

```
<ksh:hello value="<%= request.getParameter("aaa") %>"/>
```

또는

```
<ksh:hello value="${ param.aaa }"/>
```

는 태그를 사용하면서 동시에 값을 받아들이므로 〈rtexprvalue〉 태그의 값이 False일 경우에는
사용하지 못한다.

여하튼 TLD 파일을 작성하고 나면 JSP 파일에서는 taglib 지시어를 사용하여 불러다 쓸 수 있다. 〈taglib〉 태그는 prefix와 uri 속성만 가지고 있고 해당 태그를 사용하기 전에만 호출해 주면 된다. 다음은 taglib 지시어의 형식이다.

```
<%@ taglib prefix=" TLD_파일의_shortname" uri="TLD_파일의_위치" %>
```

기본적으로 이렇게 TLD 파일을 작성하고 JSP 페이지에서 taglib 지시어를 통해 TLD 파일을 호출해서 사용하면 된다. TLD 파일에 이것 이상의 내용은 없다. 실제 사용자 정의 태그를 만들어서 사용할 때는 이런 TLD 파일이나 JSP 페이지에서의 호출보다 태그 클래스를 작성하는 것이 더 중요하다.

태그 클래스는 javax.servlet.jsp.tagext.Tag 인터페이스를 구현한 것이라면 어떤 것이든 사용할 수 있다. 앞서의 예에서는 Tag 인터페이스를 직접 구현하여 사용해 보았다. 그래서 코드가 조금 복잡해졌었다. 실제 태그 클래스를 구현할 때에는 BodyTagSupport 클래스를 사용하는데 이 클래스의 상속 관계는 다음과 같다.

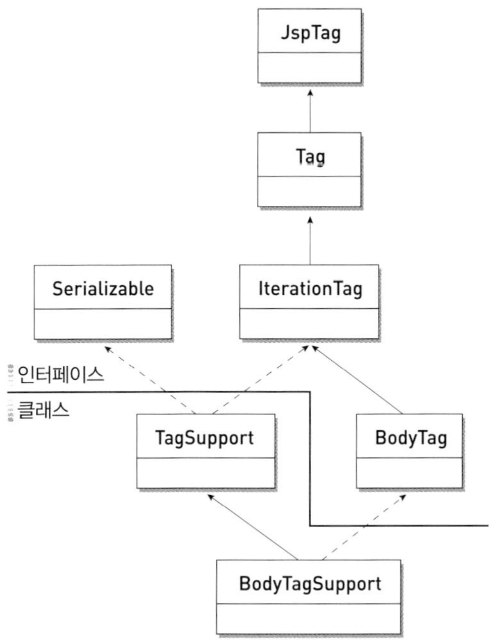

BodyTagSupport 클래스 계층도

BodyTagSupport 클래스는 모든 태그 관련 메서드를 상속받기 때문에 이 클래스를 사용하여 태그를 만들면 된다. 또한, 대부분의 메서드를 일정 부분 구현해 두었기 때문에 Tag 인터페이스를 구현해서 사용한 앞서의 예처럼 모든 메서드를 재정의할 필요도 없다. BodyTagSupport 클래스의 멤버 필드(멤버 변수)와 메서드(멤버 함수)를 살펴보자.

표 BodyTagSupport 클래스의 멤버 필드

자료형	필드	설명
BodyContent	bodyContent	태그의 내용부를 관리한다.
int	EVAL_BODY_AGAIN	내용부를 반복한다.
int	EVAL_BODY_BUFFERED	내용부를 버퍼에 저장한다.
int	EVAL_BODY_INCLUDE	내용부를 한 번 출력한다.
int	EVAL_PAGE	태그 실행을 종료하고서 나머지 내용을 실행한다.
String	id	태그의 ID 값이. 없으면 Null이다.
PageContext	pageContext	JSP 페이지의 PageContext 객체를 획득하고 관리한다.
int	SKIP_BODY	태그의 내용부를 건너뛴다.
int	SKIP_PAGE	태그 실행을 종료하고서 나머지 내용을 무시한다.

표 BodyTagSupport 클래스의 메서드

메서드	설명
doAfterBody	태그의 내용부가 실행된 후에 실행되는 메서드이다.
doEndTag	끝 태그를 만났을 때 실행되는 메서드이다.
doInitBody	태그의 내용부가 실행되기 전에 실행되는 메서드이다.
doStartTag	시작 태그를 만났을 때 실행되는 메서드이다.
getBodyContent	내용부를 관리하는 객체를 획득하는 메서드이다.
getId	태그의 ID 값을 획득하는 메서드이다.
getParent	부모 태그를 획득하는 메서드이다.
getPreviousOut	JSP 페이지의 out 객체를 획득하는 메서드이다.
getValue	특정 키 값으로 지정된 속성의 값을 획득하는 메서드이다.
getValues	특정 키 값으로 지정된 속성의 값 여러 개를 획득하는 메서드이다.
release	태그 실행을 종료하고서 사용하는 리소스를 해제하는 메서드이다.

→ 다음 페이지에 계속

← 전 페이지에 이어

메서드	설명
removeValue	특정 키 값으로 지정된 속성을 제거하는 메서드이다.
setBodyContent	내용부를 관리하는 객체를 지정하는 메서드이다.
setId	태그의 ID 값을 지정하는 메서드이다.
setPageContext	JSP 페이지의 PageContext 객체를 지정하는 메서드이다.
setParent	부모 태그를 지정하는 메서드이다.
setValue	특정 키 값으로 속성을 등록하는 메서드이다.

24.3 사용자 정의 태그를 활용한 예제

앞서 만든 〈ksh:hello/〉 태그는 단순히 우리가 지정한 메서드를 출력하는 용도였다. 이번에는 태그의 내용부를 사용하여 메시지를 구성하도록 예제를 작성해 보자. 사용하는 방식은 〈ksh:hello2〉김승현〈/ksh:hello2〉이고, 시작 태그를 만나서 '안녕하세요!'를 출력하고, 끝 태그를 만나서 '님!'을 출력한다. 결국 '안녕하세요! 김승현 님!'이 출력된다.

태그 클래스로 src 폴더의 round24.tags 패키지에 Hello2Tag.java 파일을 만들고서 다음과 같이 코드를 작성하자.

예제 | round24.tags, Hello2Tag.java

```java
01 : package round24.tags;
02 :
03 : import javax.servlet.jsp.JspException;
04 : import javax.servlet.jsp.JspWriter;
05 : import javax.servlet.jsp.PageContext;
06 : import javax.servlet.jsp.tagext.BodyTagSupport;
07 :
08 : public class Hello2Tag extends BodyTagSupport {
09 :     public JspWriter getPreviousOut( ) {
10 :         return pageContext.getOut( );
11 :     }
12 :
13 :     public int doStartTag( ) throws JspException {
```

```
14 :            try {
15 :                getPreviousOut( ).println("안녕하세요! ");
16 :            } catch(Exception ex) { }
17 :            return BodyTagSupport.EVAL_BODY_INCLUDE;
18 :        }
19 :
20 :        public int doEndTag( ) throws JspException {
21 :            try {
22 :                getPreviousOut( ).println("님!");
23 :                getPreviousOut( ).flush( );
24 :            } catch(Exception ex) { }
25 :            return BodyTagSupport.EVAL_PAGE;
26 :        }
27 : }
```

🔍 코드 설명

Line **9**   `public JspWriter getPreviousOut( ) {`
JSP 페이지의 PageContext 객체로부터 out 객체를 획득한다.

Line **13**   `public int doStartTag( ) throws JspException {`
시작 태그를 만났을 때 실행된다.

Line **17**   `return BodyTagSupport.EVAL_BODY_INCLUDE;`
시작 태그의 내용부를 포함시킨다.

Line **20**   `public int doEndTag( ) throws JspException {`
끝 태그를 만났을 때 실행된다.

Line **25**   `return BodyTagSupport.EVAL_PAGE;`
태그를 종료한 후에 JSP 페이지의 나머지 부분을 실행한다.

앞서 작성한 mytags.tld 파일에 태그 하나를 추가한다.

예제 | mytags.tld

```xml
<?xml version="1.0" encoding="EUC-KR"?>
<!DOCTYPE taglib PUBLIC "-//Sun Microsystems, Inc.//DTD JSP Tag Library 1.1//EN"
            "http://java.sun.com/j2ee/dtds/web-jsptaglibrary_1_1.dtd">
```

```
<taglib>
    <tlibversion>1.1</tlibversion>
    <jspversion>2.0</jspversion>
    <shortname>ksh</shortname>
    <uri>http://www.kimsh.com/ksh</uri>
    <info>기초 태그</info>
    <tag>
        <name>hello</name>
        <tagclass>round24.tags.HelloTag</tagclass>
    </tag>
    <tag>
        <name>hello2</name>
        <tagclass>round24.tags.Hello2Tag</tagclass>
        <!-- bodycontent에 포함되는 내용은 JSP 기본이다. -->
        <bodycontent>JSP</bodycontent>
    </tag>
</taglib>
```

hello 태그와 hello2 태그를 모두 사용하는 뷰 페이지로 WebContent 폴더에 Round24_Page
_Hello2TagView.jsp 파일을 만들고서 다음과 같이 코드를 작성하자.

| 예제 | Round24_Page_Hello2TagView.jsp |

```
<%@ page language="java" contentType="text/html; charset=EUC-KR"
                                            ↳ pageEncoding="EUC-KR" %>

<%@ taglib prefix="ksh" uri="WEB-INF/tld/mytags.tld" %>

<!DOCTYPE html PUBLIC "-//W3C//DTD HTML 4.01 Transitional//EN"
                                ↳ "http://www.w3.org/TR/html4/loose.dtd">
<html>
<head>
<meta http-equiv="Content-Type" content="text/html; charset=EUC-KR">
<title>Insert title here</title>
</head>
<body>
    <center>
        태그로 인사 : <ksh:hello>이건 건너 뛰어 짐</ksh:hello>
```

```
        <br/><br/>
        태그2로 인사 :  <ksh:hello2>김승현</ksh:hello2>
    </center>
</body>
</html>
```

주쇼 표시줄에 다음과 같이 입력하여 실행해 보자.

실행   http://localhost:8080/Round24/Round24_Page_Hello2TagView.jsp

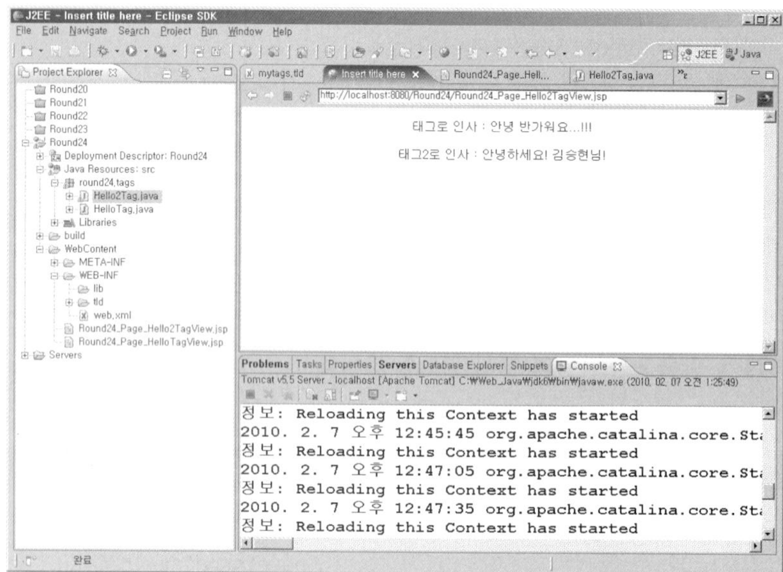

이번에는 메시지를 단순히 한 번 출력하는 것이 아니라 버퍼에 저장하여 변수에 담은 후에 세 번 정도 반복해서 출력하도록 예제를 작성해 보도록 하겠다. src 폴더의 round24.tags 패키지 에 Hello3Tag.java 파일을 만들고서 다음과 같이 코드를 작성하자.

예제   round24.tags, Hello3Tag.java

```java
package round24.tags;

import javax.servlet.jsp.JspException;
```

```java
import javax.servlet.jsp.JspWriter;
import javax.servlet.jsp.PageContext;
import javax.servlet.jsp.tagext.BodyTagSupport;

public class Hello3Tag extends BodyTagSupport {
    private JspWriter out;

    public JspWriter getPreviousOut( ) {
        return pageContext.getOut( );
    }
    public int doStartTag( ) throws JspException {
        try {
            out = getPreviousOut( );
            out.println("안녕하세요! ");
        } catch(Exception ex) { }
        return BodyTagSupport.EVAL_BODY_BUFFERED;
    }
    public int doAfterBody( ) throws JspException {
        String bodydata = bodyContent.getString( );
        for(int i = 0; i < 3; ++i) {
            try {
                out.println(bodydata);
                if(i < 2) out.println(", ");
            } catch(Exception ex) { }
        }
        return BodyTagSupport.EVAL_PAGE;
    }
    public int doEndTag( ) throws JspException {
        try {
            out.println("님!");
            out.flush( );
        } catch(Exception ex) { }
        return BodyTagSupport.EVAL_PAGE;
    }
}
```

> doAfterbody에서는 getPreviousOut( ) 메서드의 객체를 BodyContentImpl로 가져오기 때문에 반드시 JspWriter의 객체를 선언하고 doStartTag( ) 메서드에서 값을 입력한 후 그것을 통해 출력을 해야 정상적인 결과를 확인할 수 있다.

> 시작 태그의 내용부를 버퍼에 담는다.

> 내용부가 실행된 직후 실행된다.

mytags.tld 파일에 태그를 추가하자.

예제 | mytags.tld

```xml
<?xml version="1.0" encoding="EUC-KR"?>
<!DOCTYPE taglib PUBLIC "-//Sun Microsystems, Inc.//DTD JSP Tag Library 1.1//EN"
                  "http://java.sun.com/j2ee/dtds/web-jsptaglibrary_1_1.dtd">

<taglib>
    <tlibversion>1.1</tlibversion>
    <jspversion>2.0</jspversion>
    <shortname>ksh</shortname>
    <uri>http://www.kimsh.com/ksh</uri>
    <info>기초 태그</info>
    <tag>
        <name>hello</name>
        <tagclass>round24.tags.HelloTag</tagclass>
    </tag>
    <tag>
        <name>hello2</name>
        <tagclass>round24.tags.Hello2Tag</tagclass>
        <bodycontent>JSP</bodycontent>
    </tag>
    <tag>
        <name>hello3</name>
        <tagclass>round24.tags.Hello3Tag</tagclass>
        <bodycontent>JSP</bodycontent>
    </tag>
</taglib>
```

뷰 페이지로 WebContent 폴더에 Round24_Page_Hello3TagView.jsp 파일을 만들고서 다음
과 같이 코드를 작성하자.

예제 | Round24_Page_Hello3TagView.jsp

```jsp
<%@ page language="java" contentType="text/html; charset=EUC-KR"
                                        pageEncoding="EUC-KR" %>

<%@ taglib prefix="ksh" uri="WEB-INF/tld/mytags.tld" %>
```

```
<!DOCTYPE html PUBLIC "-//W3C//DTD HTML 4.01 Transitional//EN"
                          ↳ "http://www.w3.org/TR/html4/loose.dtd">
<html>
<head>
<meta http-equiv="Content-Type" content="text/html; charset=EUC-KR">
<title>Insert title here</title>
</head>
<body>
    <center>
        태그로 인사 : <ksh:hello>이건 건너 뛰어 짐</ksh:hello>
        <br/><br/>
        태그2로 인사 : <ksh:hello2>김승현</ksh:hello2>
        <br/><br/>
        태그3로 인사 : <ksh:hello3>김승현</ksh:hello3>
    </center>
</body>
</html>
```

주소 표시줄에 다음과 같이 입력하여 실행해 보자.

실행 http://localhost:8080/Round24/Round24_Page_Hello3TagView.jsp

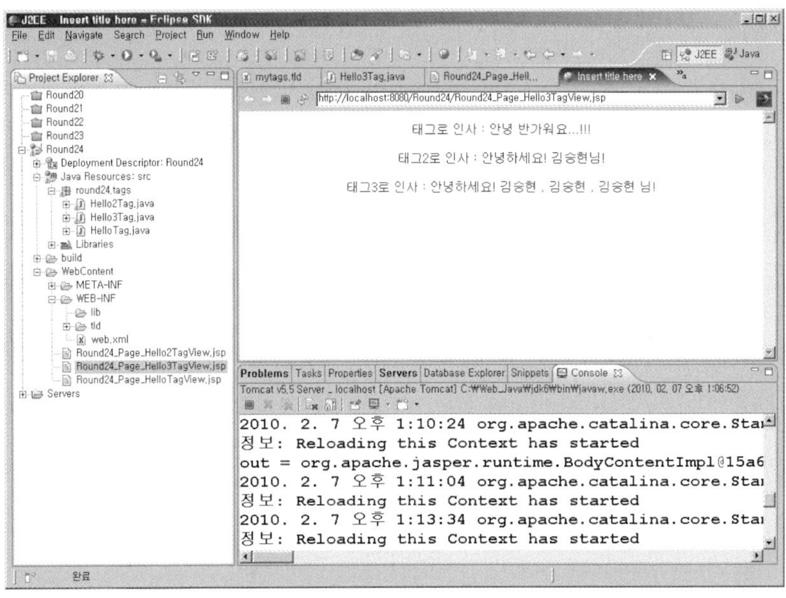

다음은 속성을 사용하는 태그이다. 속성을 사용하려면 TLD 파일과 연계하여 작업해야 한다. 간단한 예제를 먼저 작성해 보고 실무에서 활용되는 예제를 작성해 보도록 하겠다. 행과 열의 정보를 속성으로 입력받아 표(Table) 형태로 출력하는 태그를 작성해 보도록 하겠다. 한 가지 앞서의 예제와 차이는 속성으로 사용되는 이름은 태그 클래스에서 멤버 필드로 선언해 주고 setter( ) 메서드를 작성해 주어야 한다는 것이다. 그렇게 해야 전달되는 속성 값을 태그 클래스가 인식할 수 있다.

src 폴더의 round24.tags 패키지에 ViewTableTag.java 파일을 만들고서 다음과 같이 코드를 작성하자. 페이지에서 속성으로 사용되는 데이터는 문자열의 형태로 멤버 필드 선언을 해주어야 한다. 필요하다면 사용하는 곳에서 적절히 변형하여 사용하기 바란다.

| 예제 | round24.tags, ViewTableTag.java |

```java
package round24.tags;

import javax.servlet.jsp.JspException;
import javax.servlet.jsp.JspWriter;
import javax.servlet.jsp.tagext.BodyTagSupport;

public class ViewTableTag extends BodyTagSupport {
    private JspWriter out;

    private String cols;
    private String rows;

    public String getCols( ) {
        return cols;
    }
    public void setCols(String cols) {
        this.cols = cols;
    }
    public String getRows( ) {
        return rows;
    }
    public void setRows(String rows) {
        this.rows = rows;
    }

    public JspWriter getPreviousOut( ) {
```

```java
        return pageContext.getOut( );
    }
    public int doStartTag( ) throws JspException {
        try {
            out = getPreviousOut( );
        } catch(Exception ex) { }
        return BodyTagSupport.EVAL_BODY_BUFFERED;
    }
    public int doAfterBody( ) throws JspException {
        int col = 1;
        if(this.cols != null && this.cols.trim( ).length( ) != 0) {
            try {
                col = Integer.parseInt(this.cols);
            } catch(NumberFormatException nfe) { }
        }
        int row = 1;
        if(this.rows != null && this.rows.trim( ).length( ) != 0) {
            try {
                row = Integer.parseInt(this.rows);
            } catch(NumberFormatException nfe) { }
        }

        String bodydata = bodyContent.getString( );
        StringBuffer buffer = new StringBuffer( );
        buffer.append("<table width='300' border='1'>\n");
        for(int i = 0; i < row; ++i) {
            buffer.append("<tr>\n");
            for(int j = 0; j < col; ++j) {
                buffer.append("<td>" + bodydata + "</td>\n");
            }
            buffer.append("</tr>\n");
        }
        buffer.append("</table>\n");

        try {
            out.println(buffer.toString( ));
            out.flush( );
        } catch(Exception ex) { }
        return BodyTagSupport.EVAL_PAGE;
    }
    public int doEndTag( ) throws JspException {
```

> row와 col은 기본값으로 설정하고 rows와 cols 속성으로 들어온 데이터에 값이 있으면 숫자로 변형하여 row와 col 변수에 대입한다. 숫자가 아닌 값이 들어오면 무시한다.

> StringBuffer 클래스를 사용하여 테이블 구조를 생성한다. row와 col 변수를 사용하여 행렬을 작성한다.

> 완성된 표를 화면에 출력한다.

```java
        return BodyTagSupport.EVAL_PAGE;
    }
}
```

작성된 태그 클래스와 연결하기 위해 mytags.tld 파일에 태그와 속성을 추가하자.

예제 | mytags.tld

```xml
<?xml version="1.0" encoding="EUC-KR"?>
<!DOCTYPE taglib PUBLIC "-//Sun Microsystems, Inc.//DTD JSP Tag Library 1.1//EN"
                  ㄴ "http://java.sun.com/j2ee/dtds/web-jsptaglibrary_1_1.dtd">

<taglib>
    <tlibversion>1.1</tlibversion>
    <jspversion>2.0</jspversion>
    <shortname>ksh</shortname>
    <uri>http://www.kimsh.com/ksh</uri>
    <info>기초 태그</info>
    <tag>
        <name>hello</name>
        <tagclass>round24.tags.HelloTag</tagclass>
    </tag>
    <tag>
        <name>hello2</name>
        <tagclass>round24.tags.Hello2Tag</tagclass>
        <bodycontent>JSP</bodycontent>
    </tag>
    <tag>
        <name>hello3</name>
        <tagclass>round24.tags.Hello3Tag</tagclass>
        <bodycontent>JSP</bodycontent>
    </tag>
    <tag>
        <name>viewTable</name>
        <tagclass>round24.tags.ViewTableTag</tagclass>
        <bodycontent>JSP</bodycontent>
        <attribute>
            <name>cols</name>
            <required>false</required>
```

```
                <rtexprvalue>true</rtexprvalue>
            </attribute>
            <attribute>
                <name>rows</name>
                <required>false</required>
                <rtexprvalue>true</rtexprvalue>
            </attribute>
        </tag>
</taglib>
```

뷰 페이지에서 결과를 확인해 보자. WebContent 폴더에 Round24_Page_ViewTable.jsp 페이지를 만들고서 다음과 같이 코드를 작성하자.

예제 │ Round24_Page_ViewTable.jsp

```
<%@ page language="java" contentType="text/html; charset=EUC-KR"
                                            ↳ pageEncoding="EUC-KR" %>

<%@ taglib prefix="ksh" uri="WEB-INF/tld/mytags.tld" %>

<!DOCTYPE html PUBLIC "-//W3C//DTD HTML 4.01 Transitional//EN"
                                    ↳ "http://www.w3.org/TR/html4/loose.dtd">
<html>
<head>
<meta http-equiv="Content-Type" content="text/html; charset=EUC-KR">
<title>Insert title here</title>
</head>
<body>
    <center>
        <h3>Table View</h3>
        <ksh:viewTable cols="5" rows="10">
            김승현
        </ksh:viewTable>
    </center>
</body>
</html>
```

주쇼 표시줄에 다음과 같이 입력하여 실행해 보자.

실행 ▶ `http://localhost:8080/Round24/Round24_Page_ViewTable.jsp`

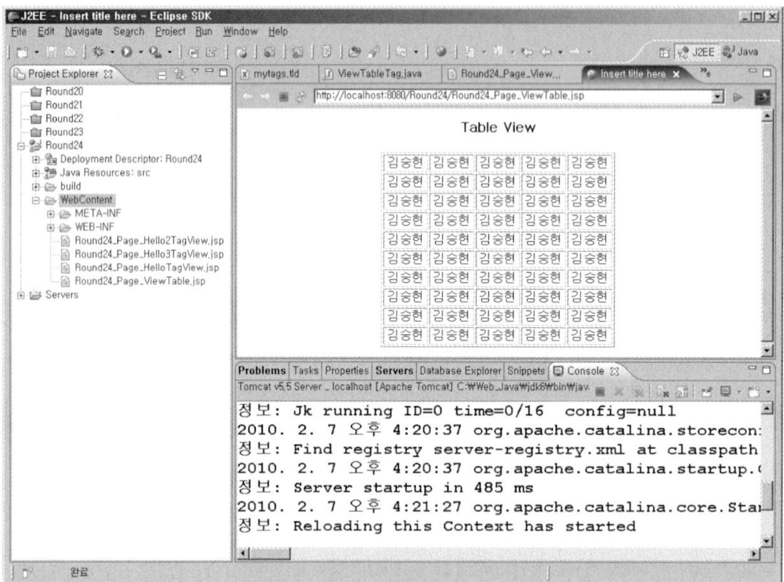

다음으로 실무에서 자주 만나는 사용자 인터페이스 폼을 하나 만들어 보도록 하자. 이 태그는 〈select〉 태그를 가지고 연도, 월, 일 등의 날짜를 입력받을 수 있도록 해준다.

src 폴더의 round24.tags 패키지에 BirthCreateTag.java 파일을 만들고서 다음과 같이 코드를 작성하자.

예제 | round24.tags, BirthCreateTag.java

```java
package round24.tags;

import java.util.Calendar;

import javax.servlet.jsp.JspException;
import javax.servlet.jsp.JspWriter;
import javax.servlet.jsp.tagext.BodyTagSupport;

public class BirthCreateTag extends BodyTagSupport {
```

```java
private JspWriter out;

private String Nname;
```
필수 속성으로 폼으로 생성할 객체의 이름을 저장한다.

```java
public String getName( ) { return name; }
public void setName(String name) { this.name = name; }
```
반드시 setter( ) 메서드가 있어야 한다.

```java
public JspWriter getPreviousOut( ) {
    return pageContext.getOut( );
}
public int doStartTag( ) throws JspException {
    try {
        out = getPreviousOut( );
    } catch(Exception ex) { }
    return BodyTagSupport.SKIP_BODY;
}
public int doEndTag( ) throws JspException {
    StringBuffer buffer = new StringBuffer( );
```
끝 태그에서 작업을 처리한다.

```java
    buffer.append("<select name='" + name + "_year'>\n");
    Calendar ca = Calendar.getInstance( );
    for(int i = ca.get(Calendar.YEAR); i >= 1900; --i) {
        buffer.append("<option value='" + i + "'>"
                    + i + "</option>\n");
    }
    buffer.append("</select>\n");
    buffer.append("<select name='" + name + "_month'>\n");
    for(int i = 1; i <= 12; ++i) {
        buffer.append("<option value='" + i + "'>"
                    + i + "</option>\n");
    }
    buffer.append("</select>\n");
    buffer.append("<select name='" + name + "_day'>\n");
    for(int i = 1; i <= 31; ++i) {
        buffer.append("<option value='" + i + "'>"
                    + i + "</option>\n");
    }
    buffer.append("</select>\n");

    try {
```
name으로 전달된 이름 뒤에 _year, _month, _day를 붙여 select 객체를 3개 생성하고, option을 각각 입력해 둔다.

```
        out.println(buffer.toString( ));
        out.flush( );
    } catch(Exception ex) { }
    return BodyTagSupport.EVAL_PAGE;
  }
}
```

구성이 완료된 내용을 화면으로 출력한다.

태그를 mytags.tld 파일에 추가하자.

예제 | mytags.tld

중간 생략

```
<tag>
    <name>birthDate</name>
    <tagclass>round24.tags.BirthCreateTag</tagclass>
    <bodycontent>JSP</bodycontent>
    <attribute>
        <name>name</name>
        <required>true</required>
        <rtexprvalue>false</rtexprvalue>
    </attribute>
</tag>
```

필수 입력으로 처리하기 위해 True로 지정한다.

동적이 아닌 정적 데이터만 입력받는다.

중간 생략

해당 태그를 사용할 JSP 페이지로 WebContent 폴더에 Round24_Page_BirthView.jsp 파일을 만들고서 다음과 같이 코드를 작성하자.

예제 | Round24_Page_BirthView.jsp

```
<%@ page language="java" contentType="text/html; charset=EUC-KR"
                              pageEncoding="EUC-KR" %>

<%@ taglib prefix="ksh" uri="WEB-INF/tld/mytags.tld" %>

<!DOCTYPE html PUBLIC "-//W3C//DTD HTML 4.01 Transitional//EN"
```

```html
        └, "http://www.w3.org/TR/html4/loose.dtd">
<html>
<head>
<meta http-equiv="Content-Type" content="text/html; charset=EUC-KR">
<title>Insert title here</title>
</head>
<body>
    <center>
        <h3>Birth View</h3>
        생년월일 : <ksh:birthDate name="mybirth"/>
        <input type="button" value="전송"/>
    </center>
</body>
</html>
```

주쇼 표시줄에 다음과 같이 입력하여 실행해 보자.

실행▶ `http://localhost:8080/Round24_Page_BirthView.jsp`

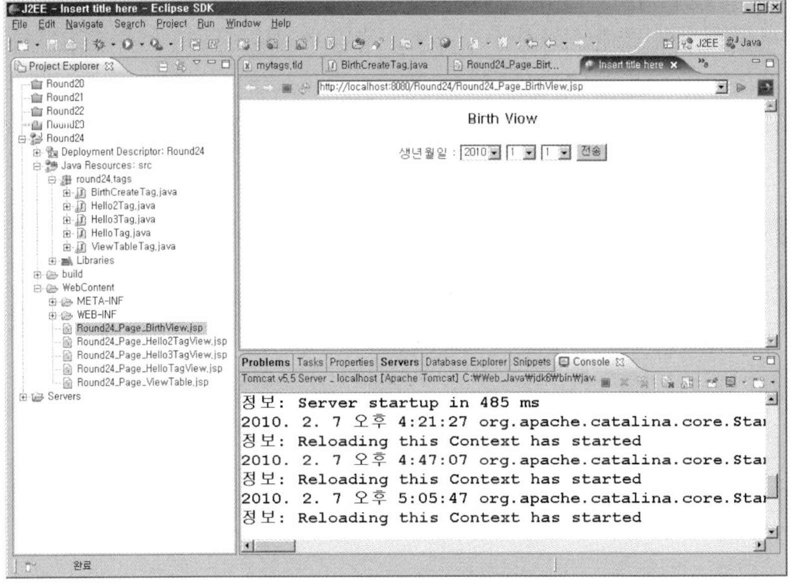

다음은 소스 보기를 한 화면이다.

```
Round24_Page_BirthView[2] - 메모장
파일(F)  편집(E)  서식(O)  보기(V)  도움말(H)
<!DOCTYPE html PUBLIC "-//W3C//DTD HTML 4.01 Transitional//EN" "http://www.w3.org/TR/html4/loose.dtd">
<html>
<head>
<meta http-equiv="Content-Type" content="text/html; charset=EUC-KR">
<title>Insert title here</title>
</head>
<body>
        <center>
                <h3>Birth View</h3>
                생년월일 : <select name='mybirth_year'>
<option value='2010'>2010</option>
<option value='2009'>2009</option>
<option value='2008'>2008</option>
<option value='2007'>2007</option>
......
<option value='1902'>1902</option>
<option value='1901'>1901</option>
<option value='1900'>1900</option>
</select>
<select name='mybirth_month'>
<option value='1'>1</option>
<option value='2'>2</option>
......
<option value='11'>11</option>
<option value='12'>12</option>
</select>
<select name='mybirth_day'>
<option value='1'>1</option>
<option value='2'>2</option>
......
<option value='30'>30</option>
<option value='31'>31</option>
</select>

                <input type="button" value="전송"/>
        </center>
</body>
</html>
```

이상과 같이 많이 사용하는 코드에 대해서 자신만의 사용자 정의 태그를 만들면 나중에 유용하게 사용할 수 있을 것이다.

마무리 하면서

액션 원소들은 보통 프레임워크에서 사용자 인터페이스로 많이 제공된다. 그러나 회사마다 자주 작성하는 코드가 틀리기 때문에 이렇게 공통적으로 제공하는 액션 원소로는 분명 한계가 있다. 그러므로 사용자 정의 태그를 만들어서 자주 하는 작업에 사용하면 좀더 작업이 효율적일 것이다.

제 25 장

EL과 JSTL

▌ EL(Expression Language)은 JSP 페이지의 모든 영역에 있는 데이터에 대해 표현식을 이용하여 출력하거나 조건식을 사용할 수 있다. EL과 함께 사용하는 JSTL(JSP Standard Tag Library)이 있는데 아파치 그룹에서 JSP를 겨냥해 미리 만들어 둔 사용자 정의 태그이다. 이번 라운드에서는 EL과 JSTL에 대해서 다룬다.

Round 25

25.1 EL **25.2** JSTL

목표

· EL 표현식을 작성하는 방법을 안다.

· ⟨c⟩ 태그의 속성과 사용법을 안다.

· ⟨fmt⟩ 태그의 속성과 사용법을 안다.

· ⟨sql⟩ 태그의 속성과 사용법을 안다.

활용

JSTL

JSP가 기본적으로 제공하는 태그는 jsp로 시작되는 표준 태그뿐이다. 그러나 태그의 가독성과 효율성 때문에 많은 오픈 그룹에서 태그들을 제공하기 시작했다. 그러나 자바 표준과는 조금 거리가 있고 환경에 따라 사용법이 달랐다. 그래서 자바는 표준적인 태그와 비표준적인 태그로 구분하였고, 사용자는 필요에 따라 이들 태그를 골라 사용하게 되었다. JSTL은 표준적인 태그에 속하는 아파치 Taglibs이다.

들어가기 전에

EL(Expression Language)은 JSP 페이지에서 데이터를 표현할 때 사용하는 언어이고 JSTL(JSP Standard Tag Library)은 사용자가 정의한 태그이다. EL은 단독으로 사용하기도 하지만 대부분은 JSTL 태그들과 함께 사용한다. JSTL 태그들은 사용자들이 공통적으로 사용하는 기능 위주로 만들었기 때문에 범용적이다. 그런데 JSTL에서 기본 표현식을 스크립팅 원소로 하지 않고 EL로 하였다. 이유는 EL이 스크립팅 원소보다는 기능적으로는 떨어질지 몰라도 코드 효율성은 높다는 판단에서다.

25.1 EL

EL은 앞서 말한 것처럼 JSP 페이지에서 데이터를 표현하기 위한 언어이다. 사실 EL을 알지 못해도 웹 프로그램을 작성하는 데 문제는 없다. 또한, JSP 2.0 미만의 버전에서는 EL을 사용할 수도 없다. 이전 버전에서는 스크립팅 원소를 사용해야 한다. 그러나 잠시 후에 배울 JSTL을 사용할 때는 EL이 상당히 중요해진다.

EL을 사용하기 위해 JSP 2.0 버전부터 page 지시이에 대해서 isELIgnored 속성을 지원힌다. 이 속성은 EL을 현재 페이지에서 사용하는지 여부를 지정하는데 False로 지정하면 EL을 사용할 수 있다. 기본값이 False여서 따로 지정하지 않아도 사용할 수 있다. 조금 혼란이 있을 수 있는데 예를 들면,

```
<%@ page isELIgnored="false" %>
```


False가 EL을 사용하겠다는 의미가 된다. 여하튼, JSP 페이지 위쪽에 이 구문을 적어도 되고 적지 않아도 JSP 2.0 버전에서는 EL을 사용할 수 있다.

EL은 ${와 } 사이에 지정된 표현식을 사용하도록 구성되어 있다. 아마도 PHP나 다른 언어에서 사용해 본 독자도 있을 것이다. EL은 사실 JSP에서만 통용되는 형식이 아니다. XML에서도 변수 처리에 사용하고 있다. EL의 표현식은 다음과 같다.

```
${ 표현식 }
```

- ${ 변수 }
- ${ 객체.속성 }
- ${ 객체["속성"] }
- ${ 배열객체[번호] } ──────── 배열의 경우
- ${ 배열객체["번호"] } ──────── 배열의 경우

EL은 변수를 선언하기 위한 언어가 아니라 데이터를 표현하기 위한 언어이다. 때문에 변수나 객체를 선언해서 사용하지는 않는다. 기존의 데이터를 가져와서 사용한다. 우리가 데이터나 변수, 객체를 획득하려면 EL에 기본적으로 내장되어 있는 객체를 알고 있어야 한다. 다음은 EL의 내장 객체들이다. 암기하기 바란다.

데이터 저장 영역 관련 객체

- pageScope : JSP의 page 객체와 동일한 데이터 저장 영역에서 속성(Attribute)을 관리한다.
- requestScope : JSP의 요청 객체와 동일한 데이터 저장 영역에서 속성을 관리한다.
- sessionScope : JSP의 세션 객체와 동일한 데이터 저장 영역에서 속성을 관리한다.
- applicationScope : JSP의 application 객체와 동일한 데이터 저장 영역에서 속성을 관리한다.
- pageContext : JSP의 pageContext 객체와 동일한 데이터 저장 영역에서 속성을 관리한다.

매개 변수 관련 객체

- initParam : web.xml 파일에 등록된 초기화 매개 변수를 관리한다.
- param : 요청 객체에 의해 전달받은 데이터를 관리한다.
- paramValues : 요청 객체에 의해 전달받은 데이터를 배열로 관리한다.

쿠키 관련 객체

- cookie : 쿠키 정보를 데이터로 저장하고 관리한다.

| 헤더 관련 객체

- header : 헤더 정보를 데이터로 저장하고 관리한다.

- headerValues : 헤더 정보를 데이터로 저장하고 관리할 때 배열을 사용한다.

데이터 저장 영역 관련 객체에 대해서는 한 가지 알고 있어야 한다. 특정 영역에 동일한 이름의 속성이 등록되어 있을 때 데이터 저장 영역 관련 객체 없이 사용하면 기본적으로 requestScope 객체를 먼저 찾고 다음으로 sessionScope 객체, 마지막으로 applicationScope 객체를 찾는다. 그렇게 해서 데이터를 얻도록 되어 있다.

```
<%
    request.setAttribute("a", "100");
    session.setAttribute("a", "200");
    application.setAttribute("a", "300");
%>
```

이와 같은 경우 a라는 객체를 찾으려고

```
${ sessionScope.a }
```

이렇게 EL로 지정하면 당연히 세션 객체에 지정된 200이 출력된다. 그러나

```
${ a }
```

이렇게 데이터 저장 영역 관련 객체 없이 사용하면 요청 객체에서 먼저 a 객체를 찾고, 찾지 못하면 세션 객체로 찾는 데이터 저장 영역을 옮겨간다.

일단 간단히 매개 변수를 가져와 사용하는 예제를 작성하고, 계속해서 설명하도록 하겠다. 예제는 JSP 페이지에서 보낸 데이터를 화면에 출력하는 예이다. WebContent 폴더에 Round25_Page_Input.jsp 파일을 만들고서 다음과 같이 코드를 작성하자.

예제 | Round25_Page_Input.jsp

```jsp
<%@ page language="java" contentType="text/html; charset=EUC-KR"
                                         pageEncoding="EUC-KR" %>

<%
    application.setAttribute("uri", request.getRequestURI( ));

    session.setAttribute("id", "kimsh");
    session.setAttribute("pw", "1234");

    String[ ] subject = new String[ ]{"국어", "영어", "수학"};
    session.setAttribute("subject", subject);
%>
<!DOCTYPE html PUBLIC "-//W3C//DTD HTML 4.01 Transitional//EN"
                                  "http://www.w3.org/TR/html4/loose.dtd">
<html>
<head>
<meta http-equiv="Content-Type" content="text/html; charset=EUC-KR">
<title>Data Input!</title>
</head>
<body>
    <!-- request Param으로 name과 addr을 전송한다. -->
    <form method="post" action="Round25_Page_Output.jsp">
        이름 : <input type="text" name="name"/><br/>
        주소 : <input type="text" name="addr"/><br/>
        선택 : <input type="checkbox" name="language" value="c"/>C언어
         <input type="checkbox" name="language" value="java"/>JAVA언어
         <input type="checkbox" name="language" value="basic"/>BASIC언어
        <br/>
        <input type="submit" value="전송"/>
    </form>
</body>
</html>
```

다음에서 작성할 Round25_Page_Output.jsp 파일에서 initParam 객체로 데이터를 추출하기
위해 web.xml 파일의 위쪽에 다음의 내용을 추가하자.

```xml
<?xml version="1.0" encoding="UTF-8"?>
<web-app id="WebApp_ID" version="2.4" xmlns="http://java.sun.com/xml/ns/j2ee"
                      xmlns:xsi="http://www.w3.org/2001/XMLSchema-instance"
                         xsi:schemaLocation="http://java.sun.com/xml/ns/j2ee
                            http://java.sun.com/xml/ns/j2ee/web-app_2_4.xsd">
    <display-name>Round25</display-name>

    <context-param>
        <param-name>ipAddress</param-name>
        <param-value>127.0.0.1</param-value>
    </context-param>

    <welcome-file-list>
        <welcome-file>index.html</welcome-file>
        <welcome-file>index.htm</welcome-file>
        <welcome-file>index.jsp</welcome-file>
        <welcome-file>default.html</welcome-file>
        <welcome-file>default.htm</welcome-file>
        <welcome-file>default.jsp</welcome-file>
    </welcome-file-list>
</web-app>
```

이제 모든 데이터 저장 영역에 지정되어 있는 값들을 출력하기 위해 WebContent 폴더에 Round25_Page_Output.jsp 파일을 만들고서 다음과 같이 코드를 작성하자.

예제 | Round25_Page_Output.jsp

```jsp
<%@ page language="java" contentType="text/html; charset=EUC-KR"
                                    pageEncoding="EUC-KR" %>
<%@ page isELIgnored="false" %>  ————— 이렇게 선언하지 않아도 EL은 사용할 수 있다.
<!-- 넘어온 매개 변수의 한글 처리를 위해 선언한다. -->
<% request.setCharacterEncoding("euc-kr"); %>
<!DOCTYPE html PUBLIC "-//W3C//DTD HTML 4.01 Transitional//EN"
                                    "http://www.w3.org/TR/html4/loose.dtd">
<html>
<head>
<meta http-equiv="Content-Type" content="text/html; charset=EUC-KR">
<title>Output Data</title>
</head>
```

```html
<body>
    <!-- 초기화 매개 변수 ipAddress의 값을 추출한다. -->
    initParam ipAddress : ${ initParam.ipAddress }<br/><br/>

    <!-- application 영역의 데이터 uri를 추출한다. -->
    Application URI : ${ applicationScope.uri }<br/><br/>

    <!-- session 영역의 데이터 id와 pw를 추출한다. -->
    Session 아뒤 : ${ sessionScope.id }<br/>
    Session 비번 : ${ sessionScope.pw }<br/><br/>

    <!-- request Parameter인 name과 addr을 추출한다. -->
    Request 이름 : ${ param.name }<br/>
    Request 주소 : ${ param.addr }<br/><br/>

    <!-- session 영역의 배열을 하나씩 추출한다. -->
    0번 과목 : ${ sessionScope.subject[0] }<br/>
    1번 과목 : ${ sessionScope.subject[1] }<br/>
    2번 과목 : ${ sessionScope.subject[2] }<br/><br/>

    <!--
    request Parameter인 language를 배열로 추출한다.
    일단은 두개만 선택하여 결과를 확인한다.
    그러면 마지막 부분은 공백이 출력될 것이다.
    -->
    0번 선택 내용 : ${ paramValues.language[0] }<br/>
    1번 선택 내용 : ${ paramValues.language[1] }<br/>
    2번 선택 내용 : ${ paramValues.language[2] }<br/>
</body>
</html>
```

다음과 같이 입력 페이지에서부터 실행해 보자.

실행 ▶ http://localhost:8080/Round25/Round25_Page_Input.jsp

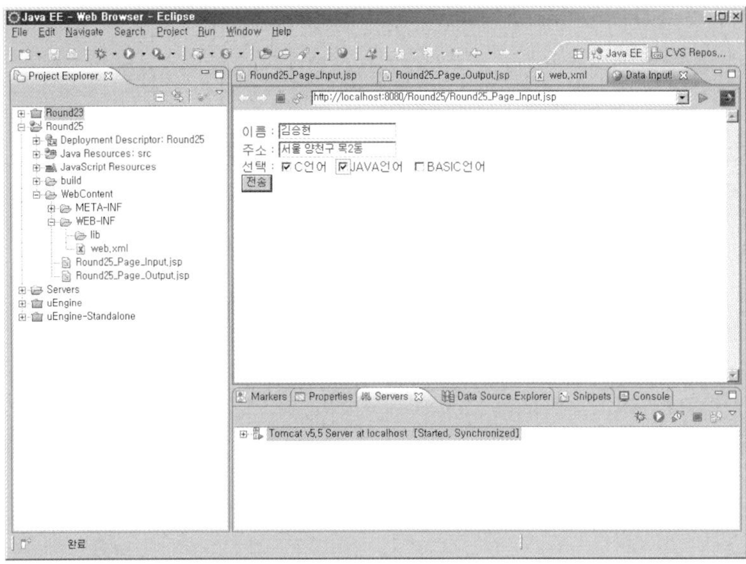

실행 결과를 보면 데이터가 모두 정상적으로 출력되는 것을 알 수 있다.

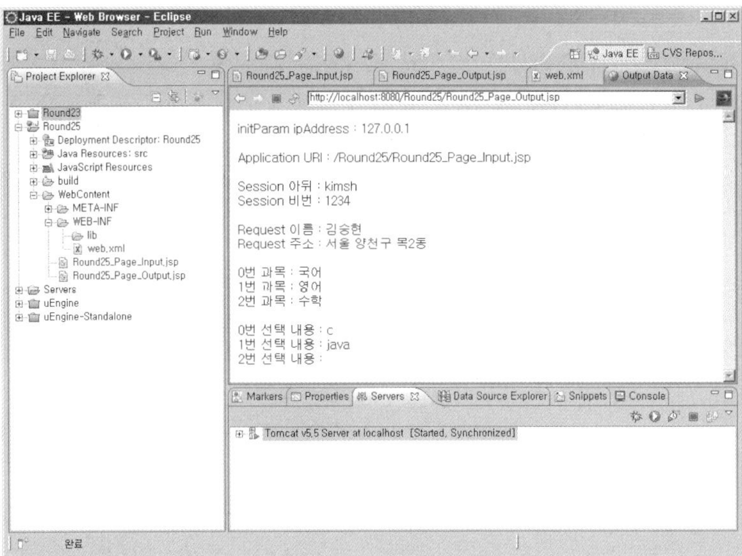

이와 같이 데이터 저장 영역별로 데이터를 관리하는 기법은 JSP의 스크립팅 원소보다 EL이 코
드의 가독성이나 효율성 측면에서 뛰어나다. 그러나 해당 데이터에 대해서 여러 가지 작업을 처

리할 때 EL은 한계를 드러낸다. 그래서 이렇게 넘겨받은 데이터를 JSTL과 결합해서 작업하게
된다. JSP 페이지에서 하는 웬만한 작업은 JSTL로 해결할 수 있다.

기본적인 EL 표현식을 살펴보았다면 다음으로는 EL의 연산자를 살펴보자. 연산자는 우선순위
로 정리하였다.

❶ [ ]   .

❷)

❸ -   not   !   empty

❹ *   /   %   div   mod   +   -

❺ <   >   <=   >=   lt   gt   le   ge   ==   !=   eq   ne

❻ &&   and || or

EL은 표현 언어라 기본 연산은 자바와 동일하다. 특이한 점은 웹 페이지에서 사용되기 때문에
태그와 중첩되는 기호는 축약된 예약어로 대체된다. 예를 들어 비교 연산자 <는 시작 태그와 기
호가 중첩되기 때문에 lt(less than)이라는 예약어를 더 많이 사용한다. 비교 연산자 <를 인식하
지 못하는 것이 아니라 가독성을 높이기 위해서이다. 비교 연산자 != 대신에 ne(not equal) 예약
어를 사용하는 것도 같은 맥락이다. 예제를 작성하면서 몇 가지 연산자를 사용해 보도록 하자.

WebContent 폴더에 Round25_Page_ELView.jsp 파일을 만들고서 다음과 같이 코드를 작성해
보자.

예제 | Round25_Page_ELView.jsp

```
<%@ page language="java" contentType="text/html; charset=EUC-KR"
                                          ↳ pageEncoding="EUC-KR" %>
<%@ page isELIgnored="false" %>


<%!
    public class Inner {          ─── EL 내장 객체를 통해 사용할 내부 클래스를 선언한다.
        private String data;
        public void setData(String data) { this.data = data; }
        public String getData( ) { return this.data; }
    }
```

```jsp
%>

<%
    Inner inner = new Inner( );
    inner.setData("김승현");
    request.setAttribute("inner", inner);

    request.setAttribute("su1", "100");
    request.setAttribute("su2", "30");

    request.setAttribute("bool", "false");
    request.setAttribute("data", "");
%>

<!DOCTYPE html PUBLIC "-//W3C//DTD HTML 4.01 Transitional//EN"
                                    ↳ "http://www.w3.org/TR/html4/loose.dtd">
<html>
<head>
<meta http-equiv="Content-Type" content="text/html; charset=EUC-KR">
<title>EL 연산자</title>
</head>
<body>
    <h3>EL 연산 사용!</h3>
    inner.data : ${ requestScope.inner.data }<br/>
    inner["data"] : ${ requestScope.inner["data"] }<br/>
    su1 * (su2 + 3) : ${ requestScope.su1 * (requestScope.su2 + 3) }<br/>
    !bool : ${ !requestScope.bool }<br/>
    not bool : ${ not requestScope.bool }<br/>
    empty(data) : ${ empty(requestScope.data) }<br/>
    su1 / su2 : ${ requestScope.su1 / requestScope.su2 }<br/>
    su1 div su2 : ${ requestScope.su1 div requestScope.su2 }<br/>
    su1 != su2 : ${ requestScope.su1 != requestScope.su2 }<br/>
    su1 ne su2 : ${ requestScope.su1 ne requestScope.su2 }<br/>
    (su1 % 2 == 0) and (su2 mod 4 == 0) : ${ (requestScope.su1 % 2 == 0) and
                                    ↳ (requestScope.su2 mod 4 == 0) }<br/>
</body>
</html>
```

내부 클래스의 객체를 선언하고 요청 객체에 등록한다.

연산에 사용할 피연산자들을 등록한다. 숫자로 등록된 데이터는 사칙 연산에서 자동적으로 숫자로 변환된다.

주소 표시줄에 다음과 같이 입력하여 실행해서 결과를 보자.

실행 ▶ `http://localhost:8080/Round25/Round25_Page_ELView.jsp`

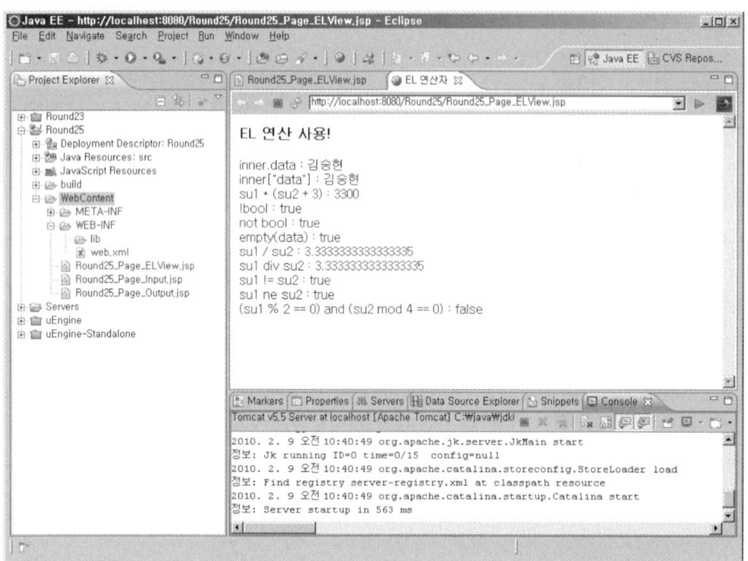

25.2 JSTL

JSTL의 움직임은 2000년 들어서 시작되었다. 처음에는 여러 프로젝트에서 유틸리티용 태그들을 만들다가 점차 사용자 인터페이스에 대한 보조 태그와 JSP 액션 원소의 확장 등으로 발전해 나갔다. 그러나 프로젝트가 너무 많은 형태로 존재하다 보니 표준화가 필요했고, 자바 표준과 비교해서 대부분의 프로젝트가 비표준적인 태그로 규정되었다. 2008년과 2009년에 대부분의 프로젝트가 사라졌고, 마지막까지 남은 표준적인 태그가 지금의 아파치 Taglibs이다.

그래서 보통 JSTL이라고 하면 아파치 Taglibs(과거에는 자카르타 Taglibs라고 불렀다.)를 이야기하는 것이다. 물론 비표준적인 태그를 사용하지 않는 것은 아니지만 가급적이면 표준적인 태그만 사용하는 것이 호환성이나 확장성을 고려할 때 바람직하다.

JSTL을 사용하려면 몇 가지 사전 작업이 필요하다. 라운드 24에서 사용자 정의 태그를 사용하기 위해서 태그 클래스를 작성한 것처럼 JSTL에서도 아파치 Taglibs를 사용하기 위해서는 태그 클래스들을 작성해야 한다. 또한, JSP 페이지에서 사용하기 위해 태그와 태그 클래스를 연결할 TLD 파일들도 필요하다.

이들과 관련된 파일을 내려 받기 위해 http://jakarta.apache.org 사이트에 접속하자. 왼쪽에 [Taglibs] 링크가 보인다. 이 링크를 클릭하면 아파치 Taglibs 페이지로 이동한다.

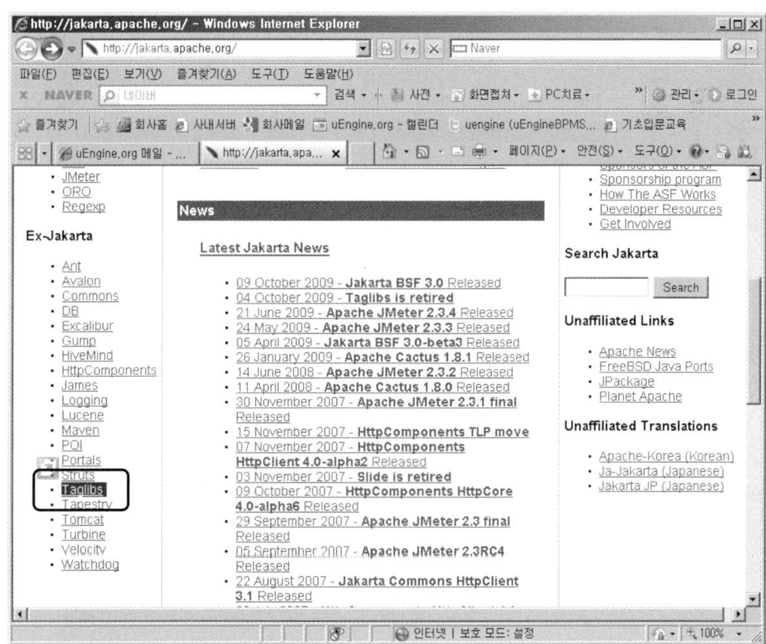

이동한 페이지에서 중앙에 있는 [Apache Standard Taglib] 링크를 클릭하여 이동하자.

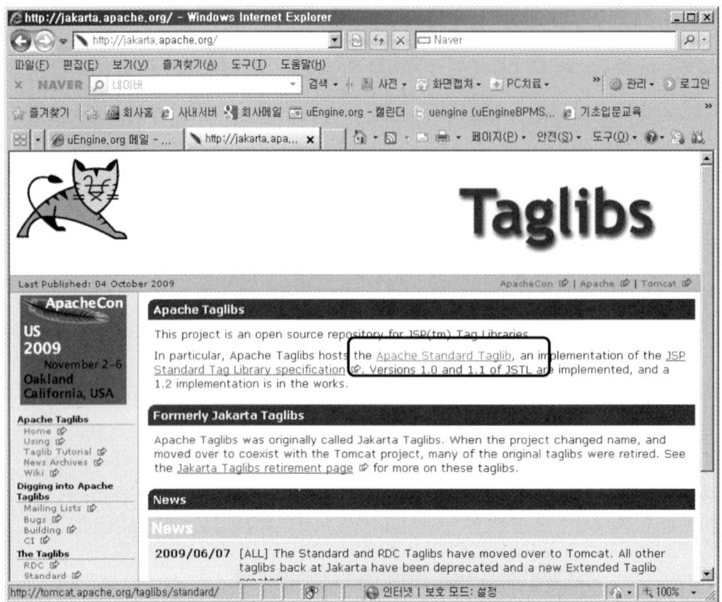

이곳에서 Servlet 2.4와 JSP 2.0(이 버전부터 EL이 지원된다.) 버전을 지원하는 [JSTL 1.1] 옆의 [download] 링크를 클릭하도록 하자. 아직 JSTL 1.2는 승인된 버전이 아니다.

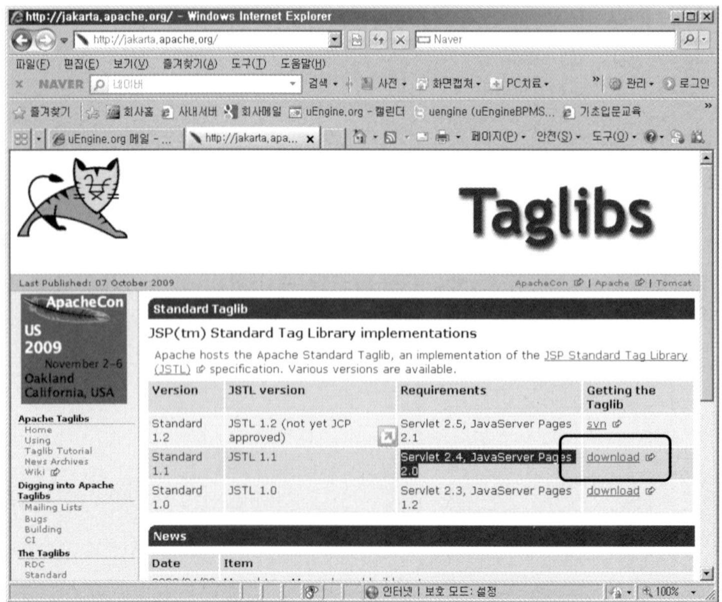

바이너리 버전 중 자신의 운영체제에 맞는 압축 파일을 내려 받는데 윈도우 운영체제를 사용한다면 ZIP 파일을 내려 받으면 된다. 파일을 압축 해제하고 폴더를 살펴보면 다음과 같이 lib 폴더와 tld 폴더가 보인다.

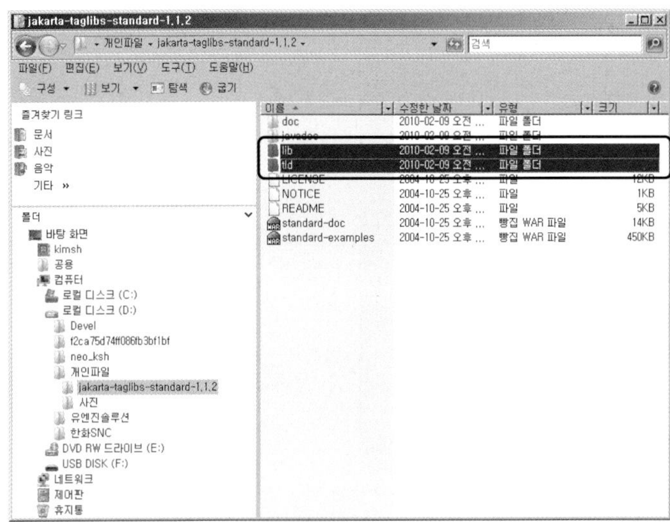

이중 lib 폴더에 있는 jstl.jar와 standard.jar 파일은 톰캣 5.5 홈 디렉터리의 common\lib 폴더에 복사한다.

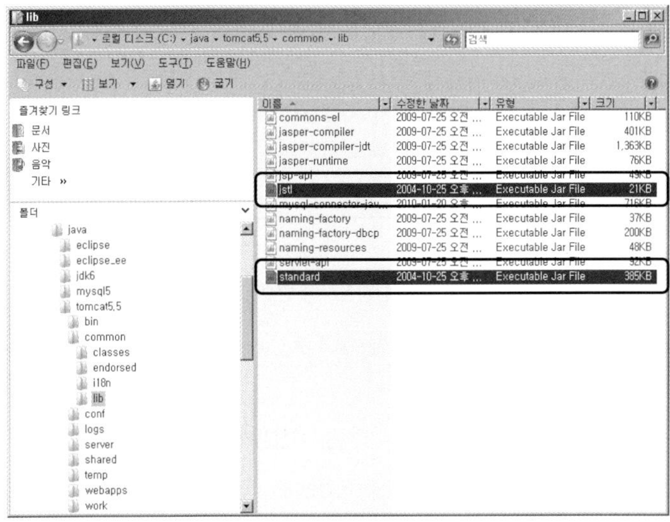

tld 폴더는 폴더 채로 Round25 프로젝트의 WebContent\WEB-INF 폴더에 복사하면 된다.
실제 우리가 설치한 경로는 C:\Web_Java\tomcat5\common\lib이다.

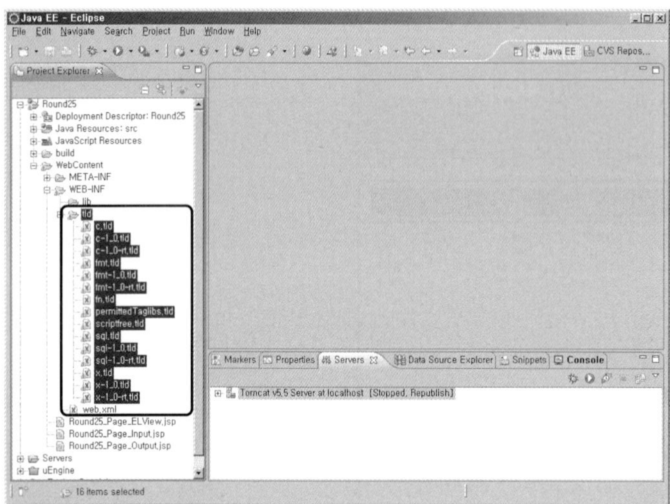

사용자 정의 태그 때와 차이점은 없다. jstl.jar와 standard.jar 파일을 설치하는 것이 다르다고
생각할지 모르지만 우리가 만든 태그를 다른 사용자에게 제공할 때는 TLD 파일과 함께 태그 클
래스를 JAR로 묶어서 배포해야 하기 때문에 원리는 동일하다.

▪ 〈c〉 태그 ^{25.2.1}

JSTL 태그 중 〈c〉 태그가 기본이다. 파일 c.tld를 살펴보면 다음과 같은 태그들이 있다.

표 〈c〉 태그 라이브러리

태그	속성	설명
set		변수를 선언할 때 사용한다. 특정 영역을 지정하여 변수를 선언한다.
	var	선언할 변수의 이름이다.
	value	변수에 할당할 값이다.
	target	특정 객체에 값을 할당할 때 대상이 되는 객체를 지정한다.
	property	특정 속성에 값을 할당할 때 속성의 이름을 지정한다.
	scope	변수를 저장하는 데이터 저장 영역(page, request, session, application)을 지정한다.

→ 다음 페이지에 계속

← 전 페이지에 이어

태그	속성	설명
remove		특정 영역에 할당된 변수를 삭제할 때 사용한다.
	var	삭제하는 변수의 이름이다.
	scope	해당 변수를 저장하는 데이터 저장 영역을 지정한다.
out		화면으로 데이터를 출력할 때 사용한다.
	value	출력할 값이다.
	default	value 속성이 없으면 기본적으로 출력되는 값이다.
	escapeXml	HTML이나 XML과 관련된 표현식을 문자열로 인식할 것인지 XML 문법으로 인식할 것인지를 지정한다. 기본값은 True이며 문자열로 인식한다.
param		매개 변수로 전달할 데이터를 지정할 때 사용한다.
	name	매개 변수의 이름을 지정한다.
	value	해당 매개 변수에 의해 전달되는 값이다.
import		include 액션 원소처럼 동적인 페이지를 보여주는 것과 함께 절대 경로를 통한 외부 서버의 페이지까지 현재 페이지에서 보여준다.
	url	포함시킬 페이지나 절대 경로 URL이다.
	vars	해당 페이지를 담는 변수이다. 이 속성을 사용하면 페이지가 출력되지 않고 변수에만 담긴다.
	scope	해당 변수를 저장하는 데이터 저장 영역을 지정한다.
	varReader	Reader 객체로 해당 페이지와 연결한다
	context	url 속성의 값이 '/'로 시작하는 경로일 때 컨텍스트 루트(Context Root)를 지정한다.
	charEncoding	읽혀지는 페이지의 인코딩을 지정한다. 해당 페이지에 인코딩이 지정되어 있으면 해당 값으로 우선 처리된다.
redirect		특정 위치로 이동(sendRedirect)하게 할 때 사용한다.
	url	이동하는 위치이다.
	context	url 속성 값이 '/'로 시작하는 경로일 때 컨텍스트 루트를 지정한다.
url		<import> 태그는 페이지 자체를 저장하지만 <url> 태그는 경로만 저장하여 관리한다.
	value	경로를 페이지 이름이나 절대 경로로 지정한다.
	var	경로를 저장하는 변수의 이름이다.
	scope	해당 변수를 저장하는 데이터 저장 영역을 지정한다.
	context	URL이 '/'로 시작하는 경로일 때 컨텍스트 루트를 지정한다.

→ 다음 페이지에 계속

← 전 페이지에 이어

태그	속성	설명
catch		예외를 처리하여 변수로 관리할 때 사용한다.
	var	예외의 내용을 담는 변수의 이름이다.
if		특정 조건에서의 실행 여부를 관리할 때 사용한다.
	test	조건을 기술한다.
	var	기술한 조건의 결과를 담는 변수의 이름이다.
	scope	해당 변수를 저장하는 데이터 저장 영역을 지정한다.
choose		여러 조건 중 하나를 선택해서 실행할 때 사용한다. if 문과 동일하다.
when		〈choose〉 태그 내부에서 분기 조건을 지정할 때 사용한다.
	test	분기 조건을 기술한다.
otherwise		〈choose〉 태그 내부에서 모든 조건이 만족하지 않을 때 실행한다.
forEach		컬렉션이나 배열 등 수치에 의한 반복에 사용한다. for 문과 동일하다.
	var	반복문을 수행할 때 구문에서 사용하는 변수의 이름이다.
	items	컬렉션 타입의 데이터를 지정한다.
	begin	시작 수를 기술한다.
	end	끝 수를 기술한다.
	step	반복 시마다 증가하는 수를 기술한다.
	varStatus	시작 수와 끝 수에 관계없이 순서를 관리한다.
forTokens		특정 내용을 구분자를 통해 분기한 다음 for 문으로 반복해서 수행할 때 사용한다.
	var	반복문을 수행할 때 구문에서 사용하는 변수의 이름이다.
	delims	토큰의 데이터를 분할할 기준을 지정한다.
	items	컬렉션 타입의 데이터를 지정한다.
	begin	시작 수를 기술한다.
	end	끝 수를 기술한다.
	step	반복 시마다 증가하는 수를 기술한다.
	varStatus	시작 수와 끝 수에 관계없이 순서를 관리한다.

〈c〉 태그를 사용하는 예를 다양하게 들어 보겠다. 태그별로 간단하게 사용법을 알아보고, 전체 예제는 마지막에 작성할 것이다.

c:set 태그

변수를 선언하는 태그이다.

```
<c:set var="x" value="100"/>
```
x 변수를 선언하여 100을 할당한다.

```
<c:set var="x" value="100" scope="request"/>
```
x 변수를 선언하고 100을 할당하여 요청 객체에 저장한다.

```
<c:set var="x' value="${ requestScope.data }"/>
```
x 변수를 선언하고, requestScope 객체에 있는 data 값을 추출하여 대입한다. 만약 값이 없으면 빈 상태로 있는다.

```
class A { private String name; public void setName ... void getName ... }
<jsp:useBean id="ap" class="A">
    <c:set target="${ ap }" property="name" value="김승현"/>
</jsp:useBean>
```
특정 객체에 속성 name의 값을 '김승현'으로 지정한다.

c:remove 태그

변수를 삭제하는 태그이다.

```
<c:remove var="x" scope="request"/>
```
요청 객체에 저장된 변수를 삭제한다.

c:out 태그

화면으로 데이터를 출력하는 태그이다.

```
<c:out value="김승현"/>
```
화면에 '김승현'이 출력된다.

```
<c:out value="${ requestScope.x }" default="해당 속성이 존재하지 않습니다."/>
```
requestScope 객체에서 x를 찾아 출력하는데 만약 x라는 속성이 없으면 default 속성에 있는 값을 화면에 출력한다.

```
<c:out value="<h2>JAVA</h2>" escapeXml="false"/>
```
〈h2〉 태그가 동작하여 JAVA가 헤더 글씨체로 표시된다.

```
<c:out value="<h2>JAVA</h2>" escapeXml="true"/>
```
〈h2〉가 태그로서 인식되지 않고 문자열로 인식되어 화면에 그대로 출력된다.

c:param 태그

〈import〉, 〈url〉, 〈redirect〉 태그를 사용할 때 데이터를 전달하는 매개 변수를 지정하는 태그이다.

```
<c:param name="str" value="데이터"/>
```
str이라는 매개 변수에 '데이터'라는 값을 저장하여 전달한다.

c:import 태그

지정한 경로의 페이지를 가져오는 태그이다.

```
<c:import url="http://localhost:8080/Round25/Round25_Page_ELView.jsp"/>
```
Round25_Page_ELView.jsp 페이지를 현재 위치에 보여준다.

```
<c:import url="/Round25_Page_ELView.jsp" context="/Round25"/>
```
Round25_Page_ELView.jsp 페이지를 현재 위치에 보여준다.

```
<c:import url="http://localhost:8080/Round25/Round25_Page_ELView.jsp"
    var="el_view" scope="request"/>
```
해당 페이지를 el_view라는 변수에 담아서 요청 객체에 저장한다.

```
<c:import url="http://localhost:8080/Round25/Round25_Page_ELView.jsp"
    var="el_view" scope="request" charEncoding="EUC-KR"/>
```
해당 페이지를 EUC-KR로 인코딩하여 저장한다.

```
<c:import url="http://localhost:8080/Round25/Round25_Page_ELView.jsp"
        varReader="in" charEncoding="EUC-KR">
    <jsp:useBean id="ap" class="MyReaderClass">
        <c:set target="${ ap }" property="in_obj" value="${ in }"/>
    </jsp:useBean>
</c:import>
```

마지막 예는 해당 페이지와 연결된 InputStreamReader 객체를 MyReaderClass 클래스의
in_obj 객체에 넣어 준다. 이렇게 전달받은 객체를 가지고 해당 페이지를 프로그램에서 읽을 수
있다.

c:redirect 태그

특정 위치로 이동(sendRedirect)하게 하는 태그이다.

```
<c:redirect url="http://localhost:8080/Round25/Round25_Page_Input.jsp"/>
```
url 속성의 위치로 이동한다.

```
<c:redirect url="/Round25_Page_Input.jsp" context="/Round25"/>
```
컨텍스트 루트의 URL 위치로 이동한다.

```
<c:redirect url="http://localhost:8080/Round25/Round25_Page_Input.jsp">
        <c:param name="str" value="데이터"/>
</c:redirect>
```

마지막 예는 url 속성의 위치로 매개 변수 str을 가지고 이동한다.

| c:url 태그

URL 주소를 저장하는 태그이다. 〈import〉 태그는 페이지를 저장하므로 서로 다르다.

```
<c:url value="http://localhost:8080/Round25/Round25_Page_Input.jsp"/>
```

> value 속성의 주소를 그대로 화면에 출력한다. 〈c:out value="http://..." /〉와 동일한 결과를 보인다.

```
<c:url value=" http://localhost:8080/Round25/Round25_Page_Input.jsp" var =
                                    ∟ "input_url" scope="request"/>
```

마지막 예는 value 속성에 지정된 URL을 저장하는 변수 input_url을 요청 객체에서 선언하고 저장한다.

| c:catch 태그

예외를 처리하는 태그이다.

```
<c:catch var="ex">
    <% Integer.parseInt("abcd"); %>
</c:catch>
Error : <c:out value="${ ex }"/>
```

예는 에러가 발생하면 에러 내용을 변수 ex에 담는다.

| c:if 태그

if 문을 처리하는 태그이다.

```
<c:set var="x" value="10" scope="request"/>
<c:if test="${ not empty(requestScope.x) and (requestScope.x % 2 == 0) }"
        var="res" scope="request">
    RESULT = <c:out value="${ requestScope.res }"/>
</c:if>
```

requestScope 객체의 x 값이 비어 있지 않고 짝수이면 'RESULT = true'가 출력된다. var 속성으로 선언한 변수에 test 속성의 조건에 의한 결과가 저장된다.

| c:choose, c:when, c:otherwise 태그

if ~ else if ~ else 문을 처리하는 태그이다.

```
<c:set var="x" value="ab" scope="request"/>
<%-- <c:set var="x" value="10" scope="request"/> --%>
<c:catch var="ex2">
    <c:choose>
        <c:when test="${ requestScope.x % 2 == 0 }">
            <c:out value="짝수입니다."/><br/><br/>
        </c:when>
        <c:when test="${ requestScope.x % 2 == 1 }">
            <c:out value="홀수입니다."/><br/><br/>
        </c:when>
        <c:otherwise>
<!-- 처음에 수로 인식되었기 때문에 이부분은 실행 안되고 에러걸림 -->
<c:out value="수가 아닙니다.[이 부분은 실행 안되고 에러 걸림 ]"/><br/><br/>
        </c:otherwise>
    </c:choose>
</c:catch>
<c:if test="${ not empty(ex2) }">
    exception2 : <c:out value="${ ex2 }"/><br/><br/>
</c:if>
```

〈c:out〉 태그로 변수를 선언하는 부분을 숫자로 테스트해 보고 문자열로도 테스트해서 결과를
확인하면 숫자일 때는 홀수와 짝수가 출력되고 숫자가 아닐 때는 에러가 발생한다.

| c:forEach 태그

for 문처럼 반복해서 실행하며 결과를 표시하는 태그이다.

```
<c:forEach var="i" begin="1" end="9" step="1">
    9 * <c:out value="${ i }"/> = <c:out value="${ 9 * i }"/><br/>
</c:forEach>
```

예는 구구단 9단을 출력하는 for 문이다.

```jsp
<%
    java.util.ArrayList<String> list = new java.util.ArrayList<String>( );
    list.add("aaa"); list.add("bbb"); list.add("ccc"); list.add("ddd");
    session.setAttribute("list", list);
%>
<c:forEach var="obj" items="${ sessionScope.list }"
            begin="2" end="3" step="1" varStatus="pos">
    <c:out value="${ pos.count }"/> : <c:out value="${ obj }"/><br/>
</c:forEach>
```

예는 컬렉션(Collection)에 담겨 있는 내용을 루프를 돌면서 출력하는 구문이다. 이 예가 실행되면 begin 속성과 end 속성의 지정에 의해 배열의 세 번째 데이터에서 네 번째 데이터까지 출력된다. 배열이 0번이라는 숫자에서 시작하는 것과 동일하다. step 속성을 지정해 두면 begin에서 end까지 step에 정해둔 값만큼 증가하면서 출력된다. 만약 begin 속성과 end 속성 그리고 step 속성을 모두 제거하면 배열의 모든 데이터가 출력된다.

c:forTokens 태그

특정 구분자를 기준으로 데이터를 분할하여 반복해서 수행하는 태그이다.

```jsp
<c:set var="delim_str" value="김승현,이승현,박승현,최승현" scope="request"/>
<c:forTokens var="obj" items="${ delim_str }" delims="," varStatus="pos">
    <c:out value="${ pos.count }"/> : <c:out value="${ obj }"/><br/>
</c:forTokens>
```

구분자가 있는 데이터를 해당 구분자로 분할하여 반복해서 수행하는 구문이다. 구분자가 반드시 ','일 필요는 없다.

이상을 종합하여 하나의 페이지에 전부 넣고 테스트를 해보자.

| 예제 | round25.out, DataOut.java |

```java
package round25.out;

import java.io.IOException;
import java.io.Reader;
```

```java
public class DataOut {
    private Reader in;

    public Reader getIn( ) { return in; }
    public void setIn(Reader in) { this.in = in; viewData( ); }

    public void viewData( ) {
        try {
            while(true) {
                int x = in.read( );
                if(x == -1) break;
                System.out.print((char)x);
            }
        } catch(IOException ie) {
        } finally {
            try {
                in.close( );
            } catch(IOException ie) { }
        }
    }
}
```



```jsp
<%@ page language="java" contentType="text/html; charset=EUC-KR"
                                      ↳ pageEncoding="EUC-KR" %>
<%@ taglib uri="http://java.sun.com/jsp/jstl/core" prefix="c" %>
<!DOCTYPE html PUBLIC "-//W3C//DTD HTML 4.01 Transitional//EN"
                          ↳ "http://www.w3.org/TR/html4/loose.dtd">
<html>
<head>
<meta http-equiv="Content-Type" content="text/html; charset=EUC-KR">
<title>C Tag Library</title>
</head>
<body>
    <!-- 간단히 에러를 발생 시키고 출력하는 구문이다. -->
    <c:catch var="ex">
        <% Integer.parseInt("abcd"); %>
    </c:catch>
```

```jsp
exception : <c:out value="${ ex }"/><br/><br/>


<!-- 조건으로 분기 실행 시키고 에러가 있으면 에러를 출력하는 구문이다. -->
<c:set var="x" value="ab" scope="request"/>
<%-- <c:set var="x" value="10" scope="request"/> --%>
<c:catch var="ex2">
    <c:choose>
        <c:when test="${ requestScope.x % 2 == 0 }">
            <c:out value="짝수입니다."/><br/><br/>
        </c:when>
        <c:when test="${ requestScope.x % 2 == 1 }">
            <c:out value="홀수입니다."/><br/><br/>
        </c:when>
        <c:otherwise>
<!-- 처음에 수로 인식되었기 때문에 이부분은 실행 안되고 에러걸림 -->
<c:out value="수가 아닙니다.[이 부분은 실행 안되고 에러 걸림 ]"/><br/><br/>
        </c:otherwise>
    </c:choose>
</c:catch>
<c:if test="${ not empty(ex2) }">
    exception2 : <c:out value="${ ex2 }"/><br/><br/>
</c:if>


<!-- 구구단 9단을 출력하는 for 구문이다. -->
<c:forEach var="i" begin="1" end="9" step="1">
    9 * <c:out value="${ i }"/> = <c:out value="${ 9 * i }"/><br/>
</c:forEach>
<br/>


<!-- Collection에 담겨 있는 내용을 loop 돌면서 출력하는 구문이다. -->
<!-- 출력할 것은 배열 [2] ~ [3] 까지만 출력한다. -->
<!-- [0]:aaa [1]:bbb [2]:ccc [3]:ddd -->
<!-- begin, end, step를 제거하면 모두 출력된다. -->
<%
    java.util.ArrayList<String> list = new java.util.ArrayList<String>( );
    list.add("aaa"); list.add("bbb"); list.add("ccc"); list.add("ddd");
    session.setAttribute("list", list);
%>
<c:forEach var="obj" items="${ sessionScope.list }"
            begin="2" end="3" step="1" varStatus="pos">
```

```
        <c:out value="${ pos.count }"/> : <c:out value="${ obj }"/><br/>
</c:forEach>
<br/>

<!-- 구분자를 가지는 데이터를 해당 구분자로 분할하여 반복 수행하는 구문 -->
<!-- 구분자가 반드시 ","일 필요는 없다. -->
<c:set var="delim_str" value="김승현,이승현,박승현,최승현" scope="request"/>
<c:forTokens var="obj" items="${ delim_str }" delims="," varStatus="pos">
    <c:out value="${ pos.count }"/> : <c:out value="${ obj }"/><br/>
</c:forTokens>
<br/>


<!-- url 태그를 이용하여 경로를 관리하는 구문이다. -->
<c:url value="http://localhost:8080/Round25/Round25_Page_ELView.jsp"/><br/>
<c:url value="/Round25_Page_ELView.jsp" context="/Round25"/><br/>
<c:url value="http://localhost:8080/Round25/Round25_Page_ELView.jsp"
                                        ↳ var="elurl" scope="request"/>
<c:import url="${ requestScope.elurl }"/><br/><br/>
<hr/>

<!-- import를 통해 해당 경로의 내용을 출력하는 구문이다. -->
<c:import url="http://localhost:8080/Round25/Round25_Page_ELView.jsp"/>
<c:import url="http://localhost:8080/Round25/Round25_Page_ELView.jsp"
                                        ↳ var="elview" scope="request"/>
<c:import url="/Round25_Page_ELView.jsp" context="/Round25" varReader="in">
    <jsp:useBean id="dataout" class="round25.out.DataOut">
        <!?Console 영역에 출력된다. -->
        <c:set target="${ dataout }" property="in" value="${ in }"/>
    </jsp:useBean>
</c:import>
<br/><hr/>

<!-- out 태그의 escapeXml 속성을 테스트하는 구문이다. -->
<c:out value="<H2>JAVA</H2>" escapeXml="true"/><br/>
<c:out value="<H2>JAVA</H2>" escapeXml="false"/><br/>
&lt;XML&gt;java&lt;XML&gt;[escapeXml:true] =
              ↳ <c:out value="A : <XML>java</XML>" escapeXml="true"/><br/>
&lt;XML&gt;java&lt;XML&gt;[escapeXml:false] =
              ↳ <c:out value="B : <XML>java</XML>" escapeXml="false"/><br/>
<hr/>
<c:out value="${ requestScope.elview }" default="객체가 존재하지 않습니다."
                                        ↳ escapeXml="false"/>
```

```
<%--
// redirect를 통해 원하는 위치로 이동하는 구문이다.
<c:redirect url="http://localhost:8080/Round25/Round25_Page_Input.jsp"/>
--%>
</body>
</html>
```

주소 표시줄에 다음과 같이 입력하여 실행해서 결과를 보자.

실행▶ `http://localhost:8080/Round25/Round25_Page_C_Tag.jsp`

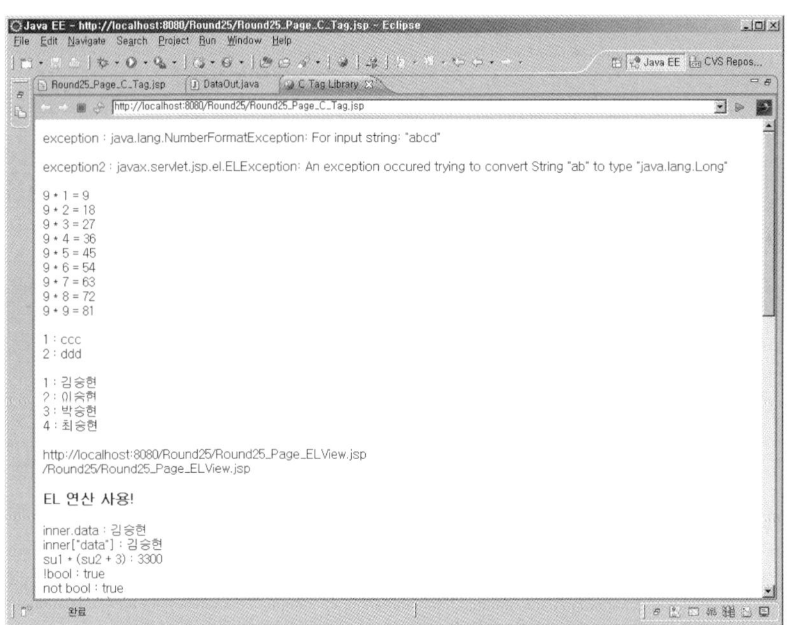

화면에 출력되는 결과를 확인하고서 콘솔 창도 확인해 보자. 〈import〉 태그의 varReader 속성
을 사용하여 콘솔 창에서도 결과 페이지가 출력되도록 작성했기 때문이다.

▪ 〈fmt〉 태그 ^{25.2.2}

다음으로 살펴볼 〈fmt〉 태그는 포맷(Format)에 관련된 내용을 다루는 태그이다. 파일 fmt.tld
를 살펴보면 다음과 같은 태그들이 있다.

표 〈fmt〉 태그 라이브러리

태그	속성	설명
requestEncoding		요청 객체로 전달받는 데이터에 대하여 인코딩을 지정할 때 사용한다.
	value	인코딩(ISO8859_1, EUC-KR, UTF-8 등)을 지정한다.
setLocale		지역 정보(Locale)를 지정할 때 사용한다.
	value	언어 코드 2자리(소문자)와 국가 코드 2자리(대문자)로 구성된 지역 정보 코드를 지정한다. 혼합하여 지정할 때 '-'나 '_' 모두 사용할 수 있다. 예) ko-KR, en_US 등
	scope	지역 정보를 저장할 데이터 저장 영역을 지정한다.
	variant	벤더(Vendor)나 실행 환경을 지정한다. 혼합하여 지정할 때 '-'나 '_' 모두 사용할 수 있다. 예) WIN, MAC, Traditional_WIN 등
timeZone		표준 시간대 객체를 데이터 저장 영역으로 관리할 때 사용한다.
	value	JVM이 지원하는 표준 시간대 객체의 ID를 지정한다. 예) America/Los_Angeles, Korea/Seoul 등
setTimeZone		페이지의 표준 시간대 객체를 지정할 때 사용한다.
	value	JVM이 지원하는 표준 시간대 객체의 ID를 지정한다. 예) America/Los_Angeles, Korea/Seoul 등
	var	표준 시간대 객체의 이름이다.
	scope	해당 객체를 저장하는 데이터 저장 영역을 지정한다.
bundle		메시지의 종류를 데이터 저장 영역으로 관리할 때 사용한다.
	basename	메시지 파일을 지정한다. 확장자는 생략한다.
	prefix	메시지의 공통 접두어를 지정한다.
setBundle		페이지에서 사용하는 메시지 번들을 관리할 때 사용한다.
	basename	메시지 파일을 지정한다.
	var	메시지 번들 변수의 이름이다.
	scope	해당 변수를 저장하는 데이터 저장 영역을 지정한다.

→ 다음 페이지에 계속

← 전 페이지에 이어

태그	속성	설명
message		메시지 번들을 통해 메시지를 출력할 때 사용한다.
	key	메시지에 기술된 키를 지정한다.
	var	변수의 이름이다.
	scope	해당 변수를 저장하는 데이터 저장 영역을 지정한다.
	bundle	사용할 메시지 번들을 지정한다.
param		메시지 번들로 매개 변수를 전달할 때 사용한다.
	value	전달할 매개 변수를 지정한다.
formatNumber		숫자의 포맷을 지정하고서 출력할 때 사용한다.
	value	출력할 숫자를 지정한다.
	var	지정된 숫자의 포맷 변수의 이름이다.
	scope	해당 변수를 저장하는 데이터 저장 영역을 지정한다
	type	[number | currency | percent] 중 타입을 지정한다.
	pattern	사용자가 지정하는 패턴을 지정한다.
	currencyCode	ISO 4217을 기준으로 통화 코드를 지정한다.
	currencySymbol	현재 통화가 지원하는 심볼을 지정한다.
	groupingUsed	그룹화 사용 유무를 지정한다.
	maxIntegerDigits	정수부 최대 수를 지정한다.
	minIntegerDigits	정수부 최소 수를 지정한다.
	maxFractionDigits	소수부 최대 수를 지정한다.
	minFractionDigits	소수부 최소 수를 지정한다.
parseNumber		숫자의 포맷을 변경하여 관리할 때 사용한다.
	value	변경할 숫자를 지정한다.
	var	변수의 이름이다.
	scope	해당 변수를 저장하는 데이터 저장 영역을 지정한다.
	type	[number | currency | percent] 중 타입을 지정한다.
	pattern	사용자가 지정하는 패턴을 지정한다.
	parseLocale	변경할 숫자의 지역 정보를 지정한다.
	integerOnly	정수만 사용할지 여부를 지정한다. True나 False이다.

→ 다음 페이지에 계속

← 전 페이지에 이어

태그	속성	설명
formatDate		날짜의 포맷을 설정하고서 출력할 때 사용한다.
	value	날짜를 지정한다.
	var	변수의 이름이다.
	scope	해당 변수를 저장하는 데이터 저장 영역을 지정한다.
	type	[time | date | both] 중 타입을 지정한다.
	dateStyle	[default | short | medium | long | full] 중 날짜 스타일 지정한다.
	timeStyle	[default | short | medium | long | full] 중 시간 스타일 지정한다.
	pattern	사용자가 지정하는 패턴을 지정한다.
	timeZone	날짜와 시간에 대하여 표준 시간대를 지정한다.
parseDate		날짜의 포맷을 변경하여 관리할 때 사용한다.
	value	날짜를 지정한다.
	var	변수의 이름이다.
	scope	해당 변수를 저장하는 데이터 저장 영역을 지정한다.
	type	[time | date | both] 중 타입을 지정한다.
	dateStyle	[default | short | medium | long | full] 중 날짜 스타일 지정한다.
	timeStyle	[default | short | medium | long | full] 중 시간 스타일 지정한다.
	pattern	사용자가 지정하는 패턴을 지정한다.
	timeZone	날짜와 시간에 대하여 표준 시간대를 지정한다.
	parseLocale	변경할 날짜의 지역 정보를 지정한다.

〈fmt〉 태그를 사용하는 예를 들어 보겠다. 모두를 종합한 예제는 마지막에 있다.

| fmt:requestEncoding 태그

요청 객체에 의해 전달받는 데이터에 대해 인코딩을 지정하는 태그이다.

```
<fmt:requestEncoding value="EUC-KR"/>
```

예는 매개 변수에 EUC-KR로 인코딩을 지정한다.

| fmt:setLocale 태그

현재 페이지나 특정 영역에 지역 정보를 지정하는 태그이다.

```
<fmt:setLocale value="ko_KR"/>
<fmt:setLocale value=" en_US" scope="request"/>
```


마지막 예는 요청 객체에 미국 지역으로 영어를 지정한다.

| fmt:timeZone 태그

특정 영역에 표준 시간대를 지정하는 태그이다.

```
<fmt:timeZone value="Korea/Seoul">
    <fmt:formatDate value="<%= new Date( ) %>"/>
</fmt:timeZone>
```

예는 해당 영역의 시간을 한국의 표준 시간대로 출력한다.

| fmt:setTimeZone 태그

현재 페이지에 표준 시간대를 지정하거나 특정 영역에 표준 시간대를 저장하는 태그이다.

```
<fmt:setTimeZone value="America/Los_Angeles"/>
<fmt:setTimeZone value="Korea/Seoul" var="mytzone" scope="session"/>
```


마지막 예는 한국의 표준 시간대 객체를 mytzone이라는 이름으로 세션 객체에 저장한다.

| fmt:bundle 태그

특정 영역에 메시지 번들을 지정하는 태그이다.

```
<fmt:bundle basename="round25.proeprties.messages">
    <fmt:message key="ksh.msg.hello"/>
</fmt:bundle>
<fmt:bundle basename="round25.proeprties.messages" prefix="ksh.msg.">
    <fmt:message key="hello"/>
</fmt:bundle>
```

마지막 예는 src 폴더의 round25.properties 패키지에 있는 messages.properties의
ksh.msg.라는 접두어로 시작하는 hello라는 키의 값을 출력한다.

| fmt:setBundle 태그

현재 페이지의 메시지 번들을 지정하거나 특정 영역에 메시지 번들의 값을 저장하는 태그이다.

```
<fmt:setBundle basename="round25.properties.messages"/>
```

예는 현재 페이지의 모든 메시지를 basename 속성에 지정한 파일로부터 추출한다.

| fmt:message 태그

메시지 번들로 지정된 곳으로부터 키로 지정된 값을 읽어 출력한다.

```
<fmt:message key="hello"/>
```

예는 hello라는 이름으로 지정된 값을 출력한다.

| fmt:param 태그

메시지 번들로 지정된 곳의 키에 특정 매개 변수를 전달하는 태그이다.

```
<fmt:bundle basename="round25.proeprties.messages" prefix="ksh.msg.">
    <fmt:message key="hello">
        <fmt:param value="김승현"/>
    </fmt:message>
</fmt:bundle>
```

예는 hello라는 키로 되어 있는 곳에 첫 번째 매개 변수로 '김승현'을 전달하여 출력한다. 매개 변수는 해당 번들에 {0}, {1}, {2} … 등으로 순차적으로 증가하게 지정하고, 해당 숫자의 개수만큼 매개 변수를 전달한다.

| fmt:formatNumber 태그

숫자에 대한 포맷을 지정하여 출력하거나 특정 영역에 저장하는 태그이다.

```
<fmt:formatNumber value="1234.56"/>
<fmt:formatNumber value="1234.56" type="number"/>
<fmt:formatNumber value="1234.56" type="currency" currencySymbol="$"/>
<fmt:formatNumber value="1234.56" type="percent"/>
<fmt:formatNumber value="1234.56" pattern="#,###.0"/>
<fmt:formatNumber value="1234.56" maxIntegerDigits="3"/>
<fmt:formatNumber value="1234.56" maxFractionDigits="1"/>
```

- 숫자로 1234.5678을 출력한다.
- 숫자로 1234.56을 출력한다.
- 달러로 $1234.56을 출력한다.
- 퍼센트로 123,456%을 출력한다.
- 사용자 정의 패턴으로 1,234.6으로 반올림하여 출력한다.
- 정수부의 최대 수가 3이므로 234.56을 출력한다.

마지막 예는 소수부의 최대 수가 1이므로 1,234.6(자동 반올림)이 출력된다.

| fmt:parseNumber 태그

〈formatNumber〉 태그와 유사하지만 변경 전후 관리가 목적인 태그이다.

```
<fmt:parseNumber value="1234.56" integerOnly="true"/>
```

예는 정수부만 출력하도록 파싱한다.

| fmt:formatDate 태그

날짜에 대한 포맷을 지정하여 출력하거나 특정 영역에 저장하는 태그이다. 지역 정보의 지정과 함께 사용한다.

```
<fmt:formatDate value="<%= new java.util.Date( ) %>" type="time"/>
```
현재 시간만 출력한다.
```
<fmt:formatDate value="<%= new java.util.Date( ) %>" type="date"/>
```
현재 날짜만 출력한다.
```
<fmt:formatDate value="<%= new java.util.Date( ) %>" type="both"/>
```

마지막 예는 현재 시간과 날짜를 모두 출력한다.

| fmt:parseDate 태그

〈formatDate〉 태그와 유사하지만 변경 전후 관리가 목적인 태그이다.

```
<fmt:parseDate value="20100216" pattern="yyyyMMdd" var="mydate"/>
    DATE : <fmt:formatDate value="${ mydate }" pattern="yyyy-MM-dd"/>
```

예는 날짜로 변경된 데이터가 '2010-02-16'으로 포맷이 지정되어 출력된다.

이상을 종합하여 세 가지 정도의 예제로 나누어서 작성해 보자. 첫 번째는 인코딩에 관한 예제이다.

예제 | Round25_Page_Fmt_Tag_Input.jsp

```
<%@ page language="java" contentType="text/html; charset=EUC-KR"
                                        pageEncoding="EUC-KR" %>
<!DOCTYPE html PUBLIC "-//W3C//DTD HTML 4.01 Transitional//EN"
                                "http://www.w3.org/TR/html4/loose.dtd">
<html>
<head>
<meta http-equiv="Content-Type" content="text/html; charset=EUC-KR">
<title>Data Input!</title>
</head>
<body>
    <form name="" method="post" action="Round25_Page_Fmt_Tag.jsp">
        DATA : <input type="text" name="data"/><br/>
        DATA2 : <input type="text" name="data2"/>
        <input type="submit" value="전송"/>
    </form>
```

```
    </body>
    </html>
```



```
<%@ page language="java" contentType="text/html; charset=EUC-KR"
                                        ↳ pageEncoding="EUC-KR" %>
<%@ taglib uri="http://java.sun.com/jsp/jstl/core" prefix="c" %>
<%@ taglib uri="http://java.sun.com/jsp/jstl/fmt" prefix="fmt" %>

<!-- 전송된 데이터에 대한 한글 처리 -->
<fmt:requestEncoding value="EUC-KR"/>

<fmt:setLocale value="ko_KR"/>
<fmt:setTimeZone value="KR/Seoul"/>

<c:set var="str" value="Hello Data!" scope="request"/>
<c:set var="str2" value="안녕 데이터!" scope="session"/>

<!DOCTYPE html PUBLIC "-//W3C//DTD HTML 4.01 Transitional//EN"
                                        ↳ "http://www.w3.org/TR/html4/loose.dtd">
<html>
<head>
<meta http-equiv="Content-Type" content="text/html; charset=EUC-KR">
<title>Fmt 태그 사용!</title>
</head>
<body>
    Requested Data : ${ param.data }<br/>
    Requested Data2 : ${ param.data2 }<br/><br/>
    <hr/>
    str : <c:out value="${ requestScope.str }"/><br/>
    str2 : <c:out value="${ sessionScope.str2 }"/><br/><br/>
    <hr/>

    <c:set var="date" value="<%= new java.util.Date( ) %>"/>
    <fmt:formatDate value="${ date }" pattern="yyyy-MM-dd hh:mm a zz"/><br/>
    <fmt:timeZone value="US/Eastern">
    <fmt:formatDate value="${ date }" pattern="yyyy-MM-dd hh:mm a zz"/><br/>
    </fmt:timeZone>
    <br/>
    <hr/>
</body>
</html>
```

주소 표시줄에 다음과 같이 입력하여 실행해서 결과를 보자.

실행 ▶ `http://localhost:8080/Round25/Round25_Page_Fmt_Tag_Input.jsp`

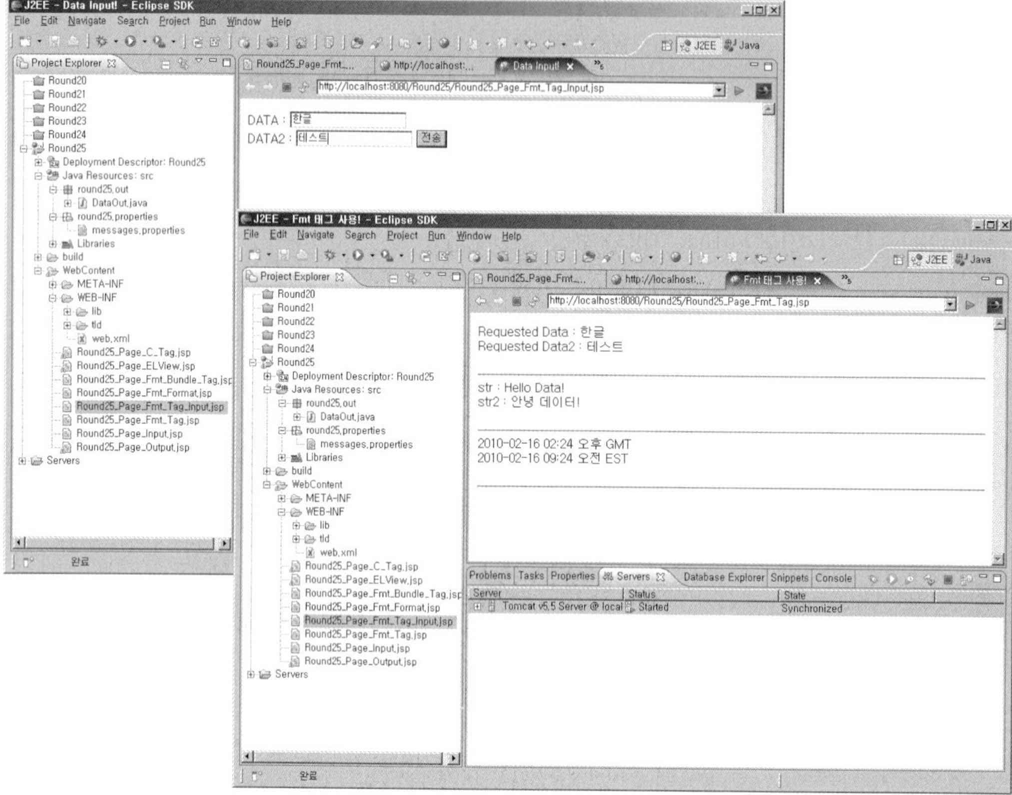

두 번째는 메시지 번들에 대한 예제이다.

예제 | round25.properties, messages.properties

```
#bundle normal
ksh.msg.hello : Hello~{0}
ksh.msg.name  : Name
ksh.msg.age   : Age
```

```jsp
<%@ page language="java" contentType="text/html; charset=EUC-KR"
                                  ↳ pageEncoding="EUC-KR" %>
<%@ taglib uri="http://java.sun.com/jsp/jstl/core" prefix="c" %>
<%@ taglib uri="http://java.sun.com/jsp/jstl/fmt" prefix="fmt" %>

<!DOCTYPE html PUBLIC "-//W3C//DTD HTML 4.01 Transitional//EN"
                                  ↳ "http://www.w3.org/TR/html4/loose.dtd">
<html>
<head>
<meta http-equiv="Content-Type" content="text/html; charset=EUC-KR">
<title></title>
</head>
<body>
    <fmt:bundle basename="round25.properties.messages" prefix="ksh.msg.">
        <fmt:message key="hello">
            <fmt:param value="김승현"/>
        </fmt:message>
        <br/>
        <fmt:message key="name"/>
    </fmt:bundle>
    <hr/>
    <fmt:setBundle basename="round25.properties.messages"/>
    <fmt:message key="ksh.msg.name"/> : <input type="text" name="name"/><br/>
    <fmt:message key="ksh.msg.age"/> : <input type="text" name="age"/><br/>
</body>
</html>
```

주소 표시줄에 다음과 같이 입력하여 실행해서 결과를 보자.

실행 ▶ http://localhost:8080/Round25/Round25_Page_Fmt_Bundle_Tag.jsp

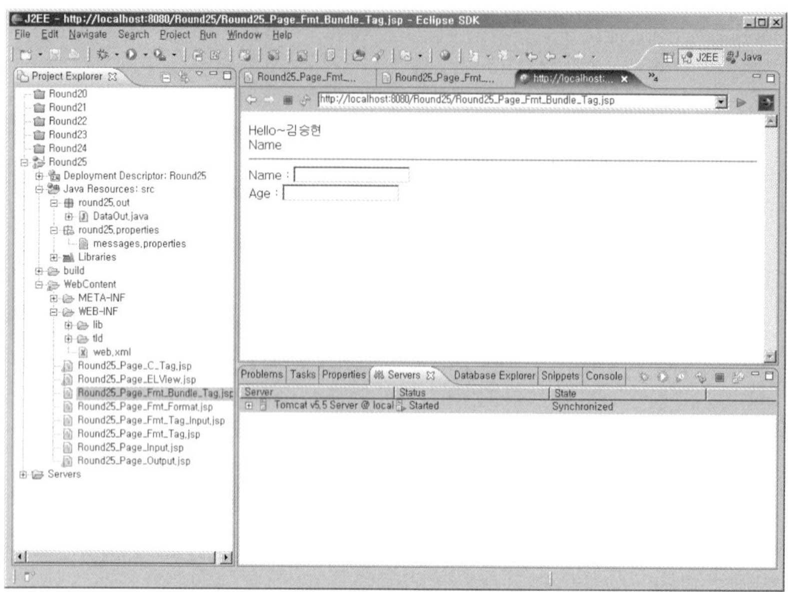

세 번째는 포맷 변환에 관한 예제이다.

예제 | Round25_Page_Fmt_Format.jsp

```
<%@ page language="java" contentType="text/html; charset=EUC-KR"
                                      ↳ pageEncoding="EUC-KR" %>
<%@ taglib uri="http://java.sun.com/jsp/jstl/core" prefix="c" %>
<%@ taglib uri="http://java.sun.com/jsp/jstl/fmt" prefix="fmt" %>
<!DOCTYPE html PUBLIC "-//W3C//DTD HTML 4.01 Transitional//EN"
                                      ↳ "http://www.w3.org/TR/html4/loose.dtd">
<html>
<head>
<meta http-equiv="Content-Type" content="text/html; charset=EUC-KR">
<title>format 설정</title>
</head>
<body>
    number type  : <fmt:formatNumber value="1234.56" type="number"/><br/>
    currency type : <fmt:formatNumber value="1234.56" type="currency"
                                      ↳ currencySymbol="$"/><br/>
    percent type : <fmt:formatNumber value="1234.56" type="percent"/><br/>
    pattern type : <fmt:formatNumber value="1234.567" pattern="#,###.0"/><br/>
    max digits : <fmt:formatNumber value="1234.56" maxIntegerDigits="3"/><br/>
```

```
max fractions : <fmt:formatNumber value="1234.56" maxFractionDigits="1"/><br/>
parse number : <fmt:parseNumber value="1234.56" integerOnly="true"/><br/><br/>
<hr/><br/>
<c:set var="datetime" value="<%= new java.util.Date( ) %>" scope="request"/>
normal type : <c:out value="${ datetime }"/><br/>
date type : <fmt:formatDate value="${ datetime }" type="time"
                                        ↳ timeStyle="full"/><br/>
time type : <fmt:formatDate value="${ datetime }" type="date"
                                        ↳ dateStyle="full"/><br/>
both type : <fmt:formatDate value="${ datetime }" type="both"
                                    ↳ dateStyle="full" timeStyle="full"/><br/>
pattern type :
    <fmt:parseDate value="20100216201524" pattern="yyyyMMddHHmmss"
                                                    ↳ var="mydate"/>
    <fmt:formatDate value="${ mydate }" pattern="yyyy-MM-dd HH:mm:ss"/>
</body>
</html>
```

주소 표시줄에 다음과 같이 입력하여 실행해서 결과를 보자.

실행 http://localhost:8080/Round25/Round25_Page_Fmt_Format.jsp

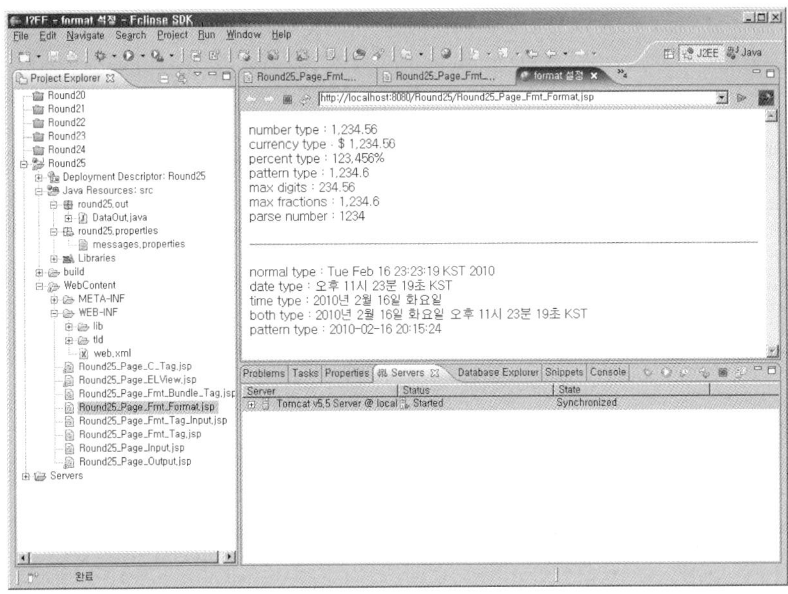

▪ ⟨sql⟩ 태그 ^{25.2.3}

⟨sql⟩ 태그는 프레임워크나 DTO, DAO를 사용하지 않을 경우 데이터베이스와 통신할 때 아주 유용하다. 단순한 CRUD(Create/Read/Update/Delete)성 작업에서 이 태그보다 유용한 태그는 없을 것이다. 복잡한 구조나 BLOB, CLOB와 같은 데이터를 관리할 때는 사용할 수 없는 것이 안타까운 점이다. 이후 버전이나 사용자 정의 태그를 만들어서 직접 관리하면 이런 단점을 극복할 수 있다. 파일 sql.tld를 살펴보면 다음과 같은 태그들이 있다.

표 ⟨sql⟩ 태그 라이브러리

태그	속성	설명
setDataSource		데이터베이스와 통신하는 DataSource 객체를 생성하여 관리할 때 사용한다.
	dataSource	dataSource 객체의 이름이다.
	var	dataSource 객체를 관리하는 변수 이름이다.
	scope	변수를 저장하는 데이터 저장 영역을 지정한다.
	driver	데이터베이스 접속에 사용하는 드라이버의 클래스이다.
	url	데이터베이스에 접속할 URL이다.
	user	데이터베이스의 사용자 계정이다.
	password	데이터베이스의 계정 비밀번호이다.
query		RequestSet 객체로 결과를 획득하는 SQL 질의를 수행할 때 사용한다.
	dataSource	데이터베이스와 통신하도록 설정된 DataSource 객체의 이름이나 변수의 이름이다.
	var	질의를 수행한 결과를 결과셋으로 담을 변수의 이름이다.
	scope	변수를 저장하는 데이터 저장 영역을 지정한다.
	query	실제 수행할 SQL 질의이다.
	startRow	결과의 시작 행 위치를 지정한다.
	maxRows	결과의 최대 행 개수를 지정한다. −1로 지정하거나 maxRows를 지정하지 않으면 개수를 제한하지 않고 모든 결과를 획득한다.
update		데이터베이스에 변동을 요구하는 Inert, Update, Delete 등의 질의를 수행할 때 사용한다.
	dataSource	데이터베이스와 통신하도록 지정된 DataSource 객체의 이름이나 변수의 이름이다.

→ 다음 페이지에 계속

← 전 페이지에 이어

태그	속성	설명
	var	질의를 수행한 결과를 결과셋으로 담을 변수의 이름이다.
	scope	변수를 저장하는 데이터 저장 영역을 지정한다.
	query	실제 수행할 SQL 질의이다.
param		동적 쿼리에 대해 지정된 위치에 특정 값을 지정할 때 사용한다.
	value	동적 쿼리의 위치에 값을 지정한다.
dateParam		동적 쿼리 중 날짜에 대한 값을 넣도록 지정할 때 사용한다.
	value	동적 쿼리에 날짜를 지정한다.
	type	[data	time	timestamp] 중 타입을 지정한다.
transaction		데이터베이스의 작업들을 트랜잭션으로 묶어서 관리할 때 사용한다.
	dataSource	데이터베이스와 통신하도록 지정된 DataSource 객체의 이름이나 변수의 이름이다.
	isolation	격리 수준을 지정한다. [read_committed	read_uncommitted	repeatable_read	serializable] 중 하나의 값을 지정한다.

<sql> 태그를 사용하는 예를 다양하게 들어 보겠다. 태그별로 간단하게 사용법을 알아보고, 종합 예제는 마지막에 작성하겠다.

| sql:setDataSource 태그

데이터베이스와 통신하는 DataSource 객체를 생성하는 태그이다.

```
<sql:setDataSource var="ds" scope="session"
    driver="org.gjt.mm.mysql.Driver"
    url="jdbc:mysql://localhost:3306/web_java"
    user="root" password="12345678"/>
```

예는 DataSource 객체를 ds라는 이름으로 생성하고 세션 객체에 저장한다.

| sql:query 태그

질의를 수행하여 결과셋을 획득하는 태그이다.

```
<sql:query dataSource="${ sessionScope.ds }" var="rs" scope="request"
        sql="select * from MemberTb where num > ?">
    <sql:param value="2"/>
</sql:query>

<sql:query dataSource="${ sessionScope.ds }" var="rs" scope="request">
    select * from MemberTb where num > ?
    <sql:param value="2"/>
</sql:query>
```

num 값이 2보다 큰 레코드를 획득하여 결과셋을 rs에 담는다. rs는 요청 객체에 저장한다.

마지막 예는 질의를 내용부에 직접 작성해도 결과는 동일하다.

| sql:update 태그

삽입(Insert), 갱신(Update), 삭제(Delete) 등의 질의를 수행하는 태그이다.

```
<sql:update dataSource="${ sessionScope.ds }"
    sql="insert into MemberTb values (null, ?, ?, ?, ?)">
        <sql:param value="김승현"/>
        <sql:param value="kimsh"/>
        <sql:param value="1234"/>
        <sql:dateParam value="<%= java.util.Date(110, 2, 2) %>"/>
</sql:update>

<sql:update dataSource="${ sessionScope.ds }">
        insert into MemberTb values (null, ?, ?, ?, ?)
        <sql:param value="김승현"/>
        <sql:param value="kimsh"/>
        <sql:param value="1234"/>
        <sql:dateParam value=" <%= java.util.Date(110, 2, 2) %>"/>
</sql:update>
```

?에 해당하는 값을 각각 입력하여 삽입 질의를 수행한다.

마지막 예는 질의를 내용부에 직접 작성해도 결과는 동일하다.

sql:transaction 태그

여러 개의 질의를 트랜잭션으로 묶어서 수행할 때 트랜잭션을 관리하는 태그이다.

```
<sql:transaction dataSource="${ sessionScope.ds }" isolation=
                                              "read_uncommitted">
    <sql:update>
        insert into MemberTb values (null, ?, ?, ?, ?)
        <sql:param value="김승현"/>
        <sql:param value="kimsh"/>
        <sql:param value="1234"/>
        <sql:dateParam value=" <%= java.util.Date(110, 2, 2) %>"/>
    </sql:update>

    <sql:query var="rs" scope="request">
        select max(num) as m_num from MemberTb
    </sql:query>
    <c:forEach var="obj" items="${ rs.rows }">
        <c:set var="num" value="${ obj.m_num }" scope="request"/>
    </c:forEach>

    <sql:update>
        update MemberTb set regDate=? where num = ?
        <sql:dateParam value=" <%= java.util.Date(110, 2, 5) %>"/>
        <sql:param value="${ requestScope.num }"/>
    </sql:update>
</sql:transaction>
```

예는 트랜잭션 내에서 하나의 레코드를 입력한 후 레코드의 번호를 추출하고 해당 번호에 해당하는 날짜를 변경한다.

앞서의 내용들을 종합하여 하나의 예제를 작성해 보도록 하자. 앞에서도 많이 보았던 사용자가 기본 정보를 입력하고 데이터베이스에 저장하는 단순한 예이다. 결과 화면으로는 해당 테이블에 있는 모든 레코드를 forEach 문을 통해 출력할 것이다. 단순한 CRUD 작업의 경우에는 JSTL의 〈sql〉 태그를 사용하면 편하다.

WebContent 폴더에 Round25_Page_Sql_Tag_Input.jsp 파일을 만들고서 다음과 같이 코드를 작성하자. 따로 이야기하지 않아도 알겠지만 이 예제를 다루면서는 드라이버 파일이 프로젝트에 포함되어 있어야 한다. 우리는 이미 톰캣 자체에 넣었기 때문에 신경 쓰지 않아도 되겠지만 이 파일을 지웠다면 프로젝트의 WEB-INF/lib 폴더에 넣어야 한다.

예제 | Round25_Page_Sql_Tag_Input.jsp

```jsp
<%@ page language="java" contentType="text/html; charset=EUC-KR"
                                    pageEncoding="EUC-KR" %>

<%@ taglib uri="http://java.sun.com/jsp/jstl/sql" prefix="sql" %>

<!-- 세션 영역에 dataSource 객체를 ds라는 이름으로 생성해 둔다. -->
<sql:setDataSource var="ds" scope="session"
    driver="org.gjt.mm.mysql.Driver"
    url="jdbc:mysql://localhost:3306/web_java"
    user="root" password="12345678"/>

<!DOCTYPE html PUBLIC "-//W3C//DTD HTML 4.01 Transitional//EN"
                                "http://www.w3.org/TR/html4/loose.dtd">
<html>
<head>
<meta http-equiv="Content-Type" content="text/html; charset=EUC-KR">
<title>Sql Tag Input!</title>
</head>
<body>
    <form name="reg_form" method="post" action="Round25_Page_Sql_Tag_Save.jsp">
        이름 : <input type="text" name="name" size="20"/><br/>
        아뒤 : <input type="text" name="id" size="20"/><br/>
        비번 : <input type="password" name="pw" size="21"/><br/>
        <input type="submit" value="저장"/>
    </form>
</body>
</html>
```

다음으로 전송받은 데이터를 저장하는 페이지로 Round25_Page_Sql_Tag_Save.jsp 파일을 만들고서 다음과 같이 코드를 작성하자.

예제 | Round25_Page_Sql_Tag_Save.jsp

```jsp
<%@ page language="java" contentType="text/html; charset=EUC-KR"
                                     ↳ pageEncoding="EUC-KR" %>


<%@ taglib uri="http://java.sun.com/jsp/jstl/core" prefix="c" %>
<%@ taglib uri="http://java.sun.com/jsp/jstl/fmt" prefix="fmt" %>
<%@ taglib uri="http://java.sun.com/jsp/jstl/sql" prefix="sql" %>


<!-- 한글 인코딩 변환을 하여 데이터를 받는다. -->
<fmt:requestEncoding value="EUC-KR"/>


<!-- 에러가 발생하면 ex에 예외 내용을 담는다. -->
<c:catch var="ex">
<!-- 여러 작업을 하나의 트랜잭션으로 관리한다. -->
<sql:transaction dataSource="${ sessionScope.ds }" isolation=
                                     ↳ "read_uncommitted">
    <!--
    앞에서 넘어온 name, id, pw의 값을 DB에 입력한다.
    날짜는 임의로 2010년 3월 2일로 고정한다.
    Date클래스는 1900년대가 기준이므로 110을 더하면 2010년이다.
    월은 배열이므로 0번이 1월이다.
    -->
    <sql:update>
        insert into MemberTb values (null, ?, ?, ?, ?)
        <sql:param value="${ param.name }"/>
        <sql:param value="${ param.id }"/>
        <sql:param value="${ param.pw }"/>
        <sql:dateParam value="<%= new java.util.Date(110, 2, 2) %>"/>
    </sql:update>


    <!--
    방금 입력한 레코드의 번호를 획득한다.
    (방금 입력한 데이터가 최고 번호 일테니깐.)
    -->
    <sql:query var="rs" scope="request">
        select max(num) as num from MemberTb
    </sql:query>


    <!--
```

```
    query를 통해 얻은 데이터는 항상 for 문을 돌면서 결과를 출력하는데
    어차피 결과가 하나일 것이므로 그냥 num이라는 변수에 담는다.
    위에서 얻은 ResultSet의 결과 rs에서 데이터 전체를 추출하는
    예약어는 rows이다.
    -->
    <c:forEach var="obj" items="${ rs.rows }">
        <c:set var="num" value="${ obj.num }" scope="request"/>
    </c:forEach>


    <!--
    이 레코드의 등록일을 3월 5일로 수정한다.
    -->
    <sql:update>
        update MemberTb set regDate=? where num = ?
        <sql:dateParam value="<%= new java.util.Date(110, 2, 5) %>"/>
        <sql:param value="${ requestScope.num }"/>
    </sql:update>
</sql:transaction>
</c:catch>

<!--
    에러가 발생하면 에러 메시지를 띄우고
    그렇지 않으면 MemberTb 테이블의 모든 값을 가지고
    출력 페이지로 Forward 이동한다.
-->
<c:choose>
    <c:when test="${ !empty(ex) }">
        ERROR : <c:out value="${ ex }"/>
    </c:when>
    <c:otherwise>
        <sql:query var="rs" scope="request" dataSource="${ sessionScope.ds }">
            select * from MemberTb
        </sql:query>
        <jsp:forward page="Round25_Page_Sql_Tag_Output.jsp"/>
    </c:otherwise>
</c:choose>
```

결과를 출력하는 페이지로 Round25_Page_Sql_Tag_Output.jsp 파일을 만들고서 다음과 같이
코드를 작성하자.

| 예제 | Round25_Page_Sql_Tag_Output.jsp |

```jsp
<%@ page language="java" contentType="text/html; charset=EUC-KR"
                                  ↳ pageEncoding="EUC-KR" %>

<%@ taglib uri="http://java.sun.com/jsp/jstl/core" prefix="c" %>

<!DOCTYPE html PUBLIC "-//W3C//DTD HTML 4.01 Transitional//EN"
                                  ↳ "http://www.w3.org/TR/html4/loose.dtd">
<html>
<head>
<meta http-equiv="Content-Type" content="text/html; charset=EUC-KR">
<title>Sql Tag Output!</title>
</head>
<body>
    <table width="400" border="1">
        <tr>
            <th>번호</th>
            <th>이름</th>
            <th>아이디</th>
            <th>비밀번호</th>
            <th>작성일</th>
        </tr>
        <!--
            for 문을 돌면서 결과를 출력한다.
            앞서 설명했던 것 같이 ResultSet의 레코드들 모두 획득하는
            객체는 rows 라는 이름으로 정해져 있다.
        -->
        <c:forEach var="obj" items="${ requestScope.rs.rows }">
            <tr>
                <td><c:out value="${ obj.num }"/></td>
                <td><c:out value="${ obj.name }"/></td>
                <td><c:out value="${ obj.id }"/></td>
                <td><c:out value="${ obj.pw }"/></td>
                <td><c:out value="${ obj.regDate }"/></td>
            </tr>
        </c:forEach>
    </table>
</body>
</html>
```

MySQL에 테이블을 다음과 같이 만들자.

실행

```
create table MemberTb(
num int primary key auto_increment,
name varchar(20) not null,
id varchar(20) not null,
pw varchar(20) not null,
regDate date
);
```

테이블을 만드는 것까지 끝났으면 다음과 같이 실행해 보도록 하자.

실행 http://localhost:8080/Round25/Round25_Page_Sql_Tag_Input.jsp

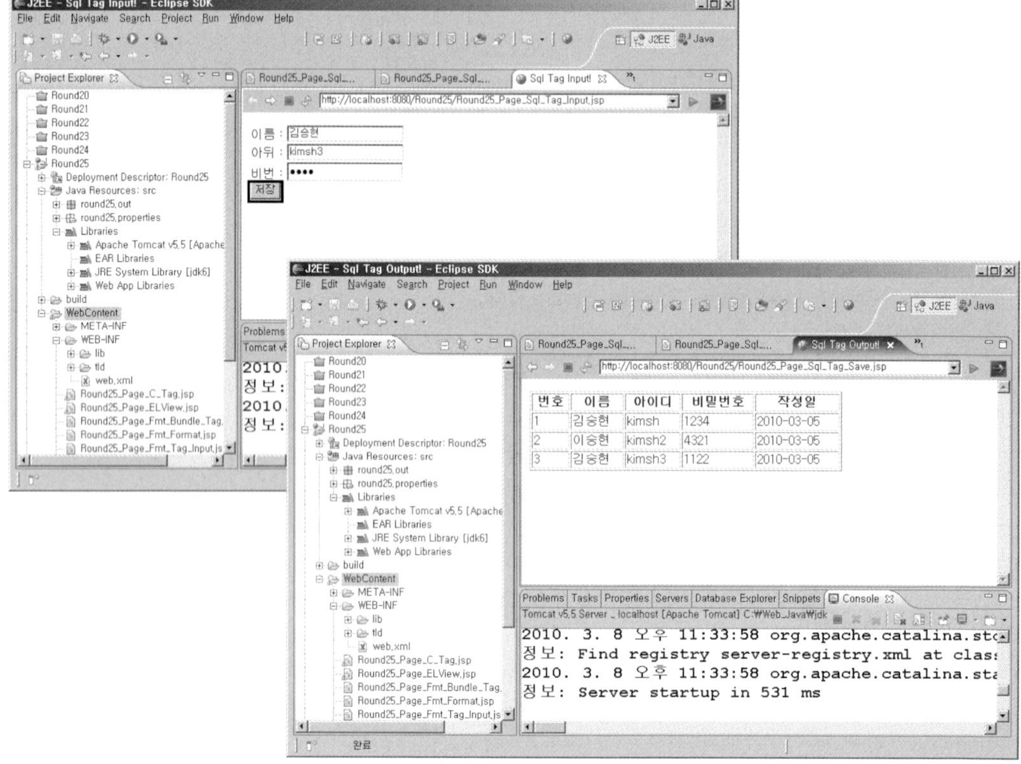

몇 번을 실행하고서 결과를 데이터베이스에서 확인해 보면 날짜는 모두 우리가 정한 대로 2010년 3월 5일로 바뀌어 있다.

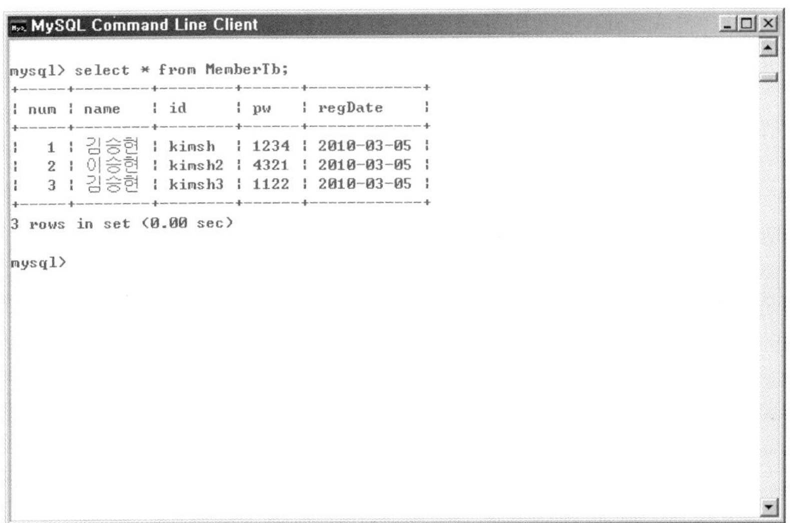

이렇게 〈sql〉 태그는 데이터베이스 작업을 쉽게 해주는 사용자 정의 태그이다. 이미 이야기했지만 프레임워크나 DTO, DAO를 사용하지 않는 프로젝트에서는 유용하지만, 실제로 그렇게 진행하는 프로젝트는 별로 없다. 아마 실무에서 사용하려면 이런 태그를 확장해서 자신만의 태그를 만들어야 할 것이다. 일단 이린 대그들도 있다는 사실만 기어하자.

JSTL 태그 중에는 XML과의 파싱이나 XML에서의 조건 처리를 위한 태그들도 있다. 그러나 이들을 사용하려면 XML과 DOM의 이해가 선행되어야 한다. 기초적인 XML을 습득한 우리로서는 범위를 넘어서는 듯하다. 그래서 여기서는 다루지 않았다. 만약 참고하고 싶으면 자바와 XML이라는 주제를 다루는 책으로 먼저 공부하고 JSTL을 사용하여 〈x:···/〉 태그를 사용해 보기 바란다. 〈c〉, 〈fmt〉, 〈sql〉 등과 크게 사용법이 다르지 않다. 단지 XML 문서가 작업 대상이라는 차이만 있을 뿐이다.

마무리 하면서

이번 라운드에서는 아파치 그룹에서 만든 사용자 정의 태그를 살펴보았다. 사용자 정의 태그는 자신이 만들건 다른 사람이 만들건 편리하다면 사용하는 것이 효율적이다. 그러나 태그들을 사용하면서 원리를 모르고 사용하면 상당히 위험하다 하겠다.

나중에 프로젝트가 한참 진행되고 있을 때 태그를 사용했던 부분에 대하여 수정 요구가 오면 적절히 변경해야 하는데 태그의 원리를 모르면 어디서부터 손을 대야 할지 상당히 난감해진다. 따라서 어떤 태그를 사용하든지 해당 태그의 대체적인 원리와 흐름 정도는 파악해 두자. 덧붙이자면 JSTL에서 〈c〉 태그는 필수라고 할 만큼 기억해야 한다. 다른 태그들은 프로젝트에 따라 자주 사용하지 않지만 〈c〉 태그는 대부분의 프로젝트에서 사용하기 때문이다.

이로써 우리는 JSP에 대한 대체적인 내용들을 모두 배웠다. 남은 것은 이렇게 배운 지식을 토대로 실제로 사용해 보는 것이다. 머리나 눈으로 보고 익힌 것은 오래 기억되지 않는다고 믿는다. 따라서 배운 내용을 토대로 스스로 프로젝트를 만들어 보는 것도 상당히 도움이 될 것이다.

INDEX

A

B

C

D

E

T

U

W

X